# 自然系统的水质工程
## ——水环境的迁移转化过程

（原著第二版）

**Water-Quality Engineering in Natural Systems:**
Fate and Transport Processes in the Water Environment
（Second Edition）

[美]戴维·A·秦（David A. Chin） 著
程 荣 郑 祥 译

中国建筑工业出版社

著作权合同登记图字：01-2014-4800 号

**图书在版编目（CIP）数据**

自然系统的水质工程：水环境的迁移转化过程 /（美）戴维 · A. 秦著；程荣，郑祥译 . —北京：中国建筑工业出版社，2019.10

书名原文：Water-Quality Engineering in Natural Systems: Fate and Transport Processes in the Water Environment

ISBN 978-7-112-24192-7

Ⅰ . ①自… Ⅱ . ①戴… ②程… ③郑… Ⅲ . ①水质处理 Ⅳ . ① TU991.21

中国版本图书馆 CIP 数据核字（2019）第 203001 号

Water-Quality Engineering in Natural System: Fate and Transport Processes in the Water Environment, second edition/ David A. Chin, 978-1118078600



责任编辑：于 莉 董苏华
责任校对：党 蕾 芦欣甜

**自然系统的水质工程——水环境的迁移转化过程（原著第二版）**
[美] 戴维 · A · 秦（David A. Chin） 著
程 荣 郑 祥 译
*
中国建筑工业出版社出版、发行（北京海淀三里河路 9 号）
各地新华书店、建筑书店经销
北京雅盈中佳图文设计公司制版
北京中科印刷有限公司印刷
*
开本：880 × 1230 毫米 1/16 印张：22 字数：692 千字
2019 年 11 月第一版 2019 年 11 月第一次印刷
定价：99.00 元
ISBN 978-7-112-24192-7
（34261）

# 目 录

# 第1章 引言

## 1.1 问题缘起

天然水体可分为地表水、地下水和近海水域，每类水体都具备独特的特点和流体特征，却又彼此相通。地表水和地下水是人类饮用水的来源，它们和沿海水域一起构成了水生生物的栖息地。然而，这些水体也是人类排放物和工业废水的受纳地。因此，排入天然水体的废水与由此产生的受纳水体的水质之间的关系是水质管理的核心。

水质管理的科学基础包括水文学、化学、生物学和生态学。水文学研究水的循环和运动规律；化学研究物质的性质及它们之间的相互反应；生物学研究有机体的结构和功能；生态学研究生命体和环境的相互作用关系。生态水文学是生态学与水文学的交叉学科。然而，生态水文学有时更加狭义地理解为研究植物和水的相互作用。土木和环境工程通常是与水质控制系统设计有关的专业学科，特别关注地表水、地下水、化学污染物和非化学应激物、水量和土地管理之间的相互关系。

改变土地用途、增加新的污染源、建立新的水文连接以及改造景观中的自然连通性可能会对生态系统造成重大影响。例如，自由流动的河流改造后用于发电或供水，以及向湿地排水，会对水生生态系统造成各种有害的影响，包括物种多样性的丧失和洪泛区肥力与生物过滤能力的下降。全球关注的具体环境问题包括向湿地排水引起的候鸟和野生动物数量区域性减少，新建水库中鱼类和野生动植物体内甲基汞的积聚，以及由于高度缺硅和富营养化河流水体排放而导致的河口和沿海生态系统的恶化。

地表以上的水称为地表水，地表以下的水称为地下水。尽管地表水和地下水直接相通，但这些水域通常被视为独立的水体，通常根据不同的规章和条例进行管理。地表水体的一个关键特征是流域，它是由水体周围的地形高点来划定的，在流域内，所有地表径流都有注入该地表水体的趋势。因此，地表水体可能是流域内各处地表径流中所含污染物的潜在受体。对河流而言，河段的流域面积随着向下游移动而增加。由于河流污染物大多源自陆地，因此地表水最好在流域尺度上进行管理，而不是在单个水体的尺度。这是水质管理的流域管理方法。实施流域管理方法的主要局限性在于我们无法量化至关重要的大部分流域尺度污染物的传输过程。来自大气的污染物的输入也是水质管理计划的重要环节，在这些情况下，污染源贡献的区域被称作空气域。与地表水相反，地下水水质主要受地表和地下活动的影响，地下水污染的潜在来源受上覆土地利用和地下地质的影响。流域概念不适用于地下水。然而，地下水是人类和动物饮用水的重要来源，覆盖地下水的土地的管理是一项重要的工作。

在许多情况下，污染水体的识别是显而易见的，如图1.1所示的带有漂浮垃圾的小河。但是，还有一些受污染的水体并不是那么明显，例如一个受到酸雨污染的湖泊，严重影响了其水生生物的生存。

## 1.2 水污染的来源

水污染的来源大致可以分为点源和非点源。点源是污染物的局部排放，包括工业和市政污水排放口、化粪池排放口和危险废物溢出点。非点源包括分布在

图1.1 带有漂浮垃圾的河流

大面积地区的污染源，或者由许多点源组成，包括来自农业作业的径流、大气沉降和城市径流。地表径流在雨水管汇集并通过管道排入受纳水体。因为它起源于陆地表面的漫流径流，所以仍被认为是非点源污染。来自非点源的污染负荷通常称为分散性负荷。河道中的大部分污染都是由非点源污染造成的，而不是点源污染。虽然大多数污染源可以分为点源或非点源，但也存在着其他不太常见的污染源分类，例如主要与海洋环境有关的移动源，特别是与船舶相关的污染源，如舱底水、压载水和海上事故造成的污染。

雨天排放是指由降水事件（如降雨和融雪）引起的排放。雨天排放包括暴雨径流、合流制污水溢流（combined sewer overflows，CSOs）和雨天生活污水溢流（wet-weather sanitary sewer overflows，SSOs）。暴雨径流穿越陆地，携带了沿途的污染物，例如石油和油脂、营养物、金属、细菌和其他有毒物质。分流制和合流制污水溢流包含未经处理的污水、工业废水和雨水的混合物，可能导致海滩关闭、珊瑚礁破坏和美学问题。

### 1.2.1　点源

点源的识别特征是它们在可识别的单点或多点位置将污染物排入接收水域。典型的点源污染如图 1.2 所示，其中废水直接排入河道。在大多数国家，这些点源污染是受到强制管制的，并且需要许可证来操作废水排放系统。管理地表水时需要关注的点源污染包括生活污水排放、工业排放和意外泄漏。

#### 1.2.1.1　生活污水排放

大多数城市污水处理厂将出水排入河流、湖泊或海洋。对于向河流中排放处理后的生活污水，通常最关心的是其对河流中溶解氧、病原体水平和营养水平的影响。河流中的溶解氧含量降低可能会对水生生物造成伤害，病原体会导致人类疾病，而营养水平的增加会刺激藻类的生长，从而消耗氧气（在夜间和衰退期间），并使水体不适合作为娱乐使用和作为饮用水的来源。对于向海洋中排放处理后的生活污水，其病原体和重金属浓度通常最受关注。排放到海洋中的病原微生物可以感染在娱乐区（例如海滩）与海水接触的人。从化粪池排放到地下的生活污水中含有大量病原微生物，因为它们能够在地下水中移动相当长的距离，所以病毒尤其令人担忧。

图 1.2　点源污染

经过合理设计、操作和维护，下水道系统会收集和运输生活污水至污水处理厂。然而，几乎每个系统都偶尔会无意地从城市生活污水管道中排放未经处理的污水。这些类型的排放统称为生活污水溢流(sanitary sewer overflows，SSOs)，原因具有多种，包括但不限于极端天气、系统运行和维护不当以及故意破坏。未经处理的生活污水溢流会污染受纳水体，造成严重的水质问题。这些生活污水溢流也可能侵入到地下室，造成财产损失并威胁公众健康。

#### 1.2.1.2　合流制污水溢流

合流制排水系统利用同一管道系统同时收集雨水径流、生活污水和工业废水。大多数情况下，合流制排水系统将所有废水输送到污水处理厂，在那里进行处理并排放到受纳水体。在强降雨或融雪期间，合流制排水系统的废水量可能超过排水系统或污水处理厂的容量。因此，合流制排水系统被设计为偶尔溢出，并将溢出的废水直接排放到附近的溪流、河流或其他水体中。这些被称为 CSOs 的溢流不仅包含雨水，还包含未经处理的人类排泄物和工业废物、有毒物质和碎片。

#### 1.2.1.3　雨水排放

雨水排放是由降雨期间的透水区域（如草坪）和不透水区域（如铺设的街道、停车场和建筑物屋顶）产生的。雨水径流往往含有大量的污染物，可能会对受纳水体的水质产生不利影响。图 1.3 显示了一个典型的雨水排出口（雨水从排出口进入受纳水道）。雨水排出口将来自图片背景中的高速公路上的冲刷雨水排入受纳水体中。尽管雨水径流通常通过单一排污管道排放，但由于这些排放是收集和运输整个集水区的污染物，所以更准确地将其分类为非点源污染。控制雨水排放质量和数量的主要方法是采用最佳管理措施。

#### 1.2.1.4　工业排放

工业废水种类繁多，往往含有较高浓度的营养物质、重金属、热或有毒有机化学物质。一些工厂会将其产生的工业废水进行预处理再排入地表水，或排入市政排水系统与生活污水一起进一步处理。在美国以外的一些国家或地区，允许工厂在没有经过充分预处理的情况下排放废水，这对人类和环境造成了严重的影响。

#### 1.2.1.5 泄漏

泄漏、意外或有意释放可能以各种方式发生。高速公路和铁路货运线上的运输事故可能导致重大化学品泄漏事故，而石油产品储存设施的意外泄漏是意外泄漏的另一常见原因。地下储存罐泄漏到地下水中尤其令人担忧，因为这些泄漏可能会长时间未被发现。

### 1.2.2 非点源

非点源污染通常发生在大面积地区，并且由于其分散性，比点源更加复杂且难以控制。非点源污染是土地利用模式和径流控制的直接结果，因此解决非点源污染的办法在于找到更有效的方法来管理土地和雨水径流。许多非点源污染发生在暴雨和融雪期间，产生了零星的大流量，使得治理更加困难。管理水体时通常必须考虑的非点源污染包括农业径流和城市径流。城市和农业地区的径流通常是地表水污染的主要来源。

来自化粪池、地下储存池泄漏或废弃物注入井的地下水污染很常见，当地下水作为生活饮用水水源时，地下水污染尤其值得关注。表 1.1 列出了各种水污染源的特征。从这些数据可以看出，高浓度的污染物可以从各种来源进入水体，对这些污染源的有效控制是水质管理至关重要的环节。

#### 1.2.2.1 农业径流

包括农药、除草剂和化肥施用在内的农业活动会影响地表水和地下水的水质，因为被农业活动污染的径流会汇入地表水或渗入地下水。化肥施用会增加地表径流中溶解的营养物质，进而促进藻类的生长和地表水中氧气的消耗，因此被高度关注。硝态氮是农业区域地下水中的常见污染物，对人类尤其是婴儿有害。此外，由不恰当的耕作技术造成的侵蚀会通过增加水体的沉淀物负荷、颜色和浊度，从而对水质产生不利影响。

#### 1.2.2.2 畜牧养殖

饲养场是地下水中硝酸盐和地表水中病原微生物的来源之一。过度放牧减少了能够防止侵蚀的植被覆盖，增加了地表水域的沉积物负荷。在极端情况下，牲畜可能会进入河流，直接造成河流污染，如图 1.4 所示。应尽可能避免这种做法，因为这会导致病原体对溪流的直接污染。

图 1.3 流入排水道的雨水排出口

图 1.4 在溪流中饮水的牲畜

各种点源和非点源的强度 表 1.1

| 来源 | $BOD_5$（mg/L） | TSS（mg/L） | TN（mg/L） | TP（mg/L） | 总大肠菌群（MPN/100 mL） |
|---|---|---|---|---|---|
| 城市雨水 | 10~250（30）[a] | 3000~11000（650） | 3~10 | 0.2~1.7（0.6） | $10^3$~$10^8$ |
| 施工现场径流 | NA[b] | 10000~40000 | NA | NA | NA |
| 合流制污水溢流 | 60~200 | 100~1100 | 3~24 | 1~11 | $10^5$~$10^7$ |
| 轻工业区 | 8~12 | 45~375 | 0.2~1.1 | NA | 10 |
| 屋顶径流 | 3~8 | 12~216 | 0.5~4 | NA | $10^2$ |
| 典型的未处理污水 | 190~50 | 210~300 | 40~50 | 7~16 | $10^7$~$10^9$ |
| 典型国有二级处理厂出水 | （20） | （20） | （30） | （10） | $10^4$~$10^6$ |

a 括号中的值指平均值。
b NA 指无有效数据。

#### 1.2.2.3　城市径流

城市径流中含有来自路面清洗并被输送到地表水体的污染物。城市径流中的污染物包括石油产品、重金属（如镉和铅）、盐等除冰化合物，以及来自道路和人行道表面的土地侵蚀和磨损的淤泥和沉积物。来自人类和动物的细菌污染也经常出现在城市径流中。暴雨期间，污染物的初始“冲刷”通常会使得地表径流中的污染物浓度形成初始峰值，随着污染物被冲走，浓度逐渐降低。

与受纳水体损害有关的一个主要因素是与城市径流系统直接相连的不透水区域的数量。图 1.5 显示了直接连接不透水区域的一个例子。前景中的不透水区域围绕雨水口，因此来自不透水区域的径流直接流入雨水口，而不流过任何透水区域。背景中则是透水区域——草地。雨水口通常将收集到的雨水直接排入受纳水体或其他排水通道。典型的经验法则是：当流域内的不透水区域超过 10% 时，可能发生受纳河流退化；当流域内的不透水区域超过 30%时，退化是不可避免的。

#### 1.2.2.4　垃圾填埋场

垃圾填埋场的渗滤液可能成为水体的污染源，特别是对地下水。垃圾填埋场的渗滤液中含有许多有毒成分，典型的控制方法是用低渗透性的封盖覆盖垃圾填埋场，并在垃圾填埋场下面安装渗滤液收集系统。然而，许多老的垃圾填埋场并没有渗滤液收集系统。

#### 1.2.2.5　娱乐活动

娱乐活动，如游泳、划船和野营，可能会对水质产生重大影响。相关报道经常提到人类活动导致水体中病原微生物的增加。

图 1.5　直接连接不透水区域的雨水口

## 1.3　水污染控制

污水（polluted water）被定义为不符合水质要求或相关使用标准的水。水污染的控制最终要求控制从点源和非点源引入的污染物水平，使受纳水体满足其适用的水质要求和标准。不同的水体类型、设计用途和当地情况，其污染物受到的关注程度不同。对于河流和溪流而言，最常见的水质问题是高浓度的病原微生物、河流淤积、生境改变、过量可降解有机物或营养物质导致的氧耗尽，以及有可能在鱼类和其他水生生物体内积累的重金属。在湖泊和水库中，富营养水平加剧导致的低氧水平是最常见的水质问题。在地下水中，源自地面溢出物的致癌有机物质污染、有害物质的不良处理方式以及来自化粪池的致病病毒是常见的水质问题。

在任何特定情况下，水质问题类型通常取决于水体类型，这主要是因为不同物质在不同类型的水体中的迁移转化过程会有很大差异。例如，河流的流速较快，是最常见的不受控制的地表径流和废水排放的受纳水体；湖泊的流速缓慢，深度较大，容易截留营养物质和其他人为污染物；地下水通常是一种原始的缓慢流动的直接饮用水源，容易受到地表溢出的有害物质的污染，这些有害物质以独特的方式与地下固体基质相互作用。鉴于不同类型的水体中污染物的迁移和归趋之间的差异，污染控制的方法需要考虑水体类型。因此，本书不同章节分别介绍了河流、地下水、湖泊和水库以及沿海水域的主要迁移和归趋过程。

点源污染是最容易控制的，因为它们具有可确定的排放位置。通常可以对点源的排放废水进行监测，并在排放之前进行适当的处理。与点源污染相比，非点源污染不易识别，其排放的废水也难以监测。因此，控制非点源污染通常是通过在流域层面实施最佳管理措施来实现。理想情况下，流域尺度的污染物迁移和归趋模型可以用来模拟污染物从陆源到受纳水体的迁移和衰减，这种模拟有助于建立流域控制与受纳水体中水质之间的联系。

一旦水体受到污染，就需要采取修复措施。一种有效的修复方案的设计需要对水体中污染物的迁移和归趋有基本的了解，并且需要了解污染物如何对各种修复措施作出反应。任何有效的修复措施还必须伴随着符合水质要求的污染源控制措施。

本书介绍了天然水体水质控制所需的工具和概念。其中包括对水质标准的理解、天然水体中污染物的迁移和归趋基本原理、污染负荷的估算以及修复系统的设计。

# 第 2 章　水质

## 2.1　引言

天然水体可接受的水质通常取决于其目前和未来最有益的用途。水体的一般设计用途包括公共供水、娱乐用途、渔业和贝类生产、农业和工业用水供应、水生生物和航行等。上述每一种设计用途都有对应的一套水质要求，涉及与设计用途相对应的物理、化学和生物属性。水质要求通常考虑到人类健康和水生生物影响。基于人类健康的水质要求考虑到人类接触程度、接触过程中人体摄入量以及人类从水体中摄取的水生生物（如鱼类）的数量等多方面因素。水生生物的水质要求来自于特定生物暴露于各种污染水平水体的死亡率研究，以及衡量水生生态系统健康的其他因素。总体而言，制定水质要求是为了保持水体的物理、化学和生物特性的完整性，其物理和 / 或化学条件的变化通常会导致生物状况的变化。

根据定义，水质要求可能不具有法律约束力，亦可强制执行；然而，当它们被列为监管要求（在法律上可执行）时，它们通常被称为水质标准。天然水体的质量通常应根据水质要求或与其指定用途相关的水质标准来衡量。

## 2.2　物理指标

直接影响水生生物栖息地质量的物理指标包括水流条件、基质、溪流生境、沿岸生境和热工况。

### 2.2.1　水流条件

根据斜度和速度可将河流分成四类：山间溪流、山麓溪流、山谷溪流、平原与沿海溪流。山间溪流有时被称为鳟鱼溪流，具有陡峭的梯度和很快的流速，是由岩石、巨石、砂子（有时有）和砾石组成的河床，通风良好，温度很少超过 20℃。山麓溪流比山间溪流大，深度达 2m（6 英尺），不同流速的水体交替，有浅滩（浅但流速快的水体）和深潭（深且流速慢的水域），而且其河床通常由砾石组成。图 2.1 显示了伊丽莎白布鲁克（马萨诸塞州）典型的深潭和浅滩。

山谷溪流具有中等坡度，交替出现急流和比山麓

（*a*）

（*b*）

图 2.1　伊丽莎白布鲁克（马萨诸塞州）典型的深潭和浅滩
（*a*）典型的深潭；（*b*）典型的浅滩

溪流更宽阔的平静水域。平原与沿海溪流通常是低海拔的河流和运河，夏季具有低流速、高温和低溶解氧等特性，且通常是浑浊的。

深潭/浅滩比（pool/riffle）或曲直比（bend/run）指河流浅滩间或弯曲段的长度与河流宽度的比值。深潭/浅滩比(pool/riffle)用于区分坡度较大的河流(山间、山麓和山谷)，而曲直比（bend/run）用于区分缓慢移动的低地溪流。这些比值的最佳取值在5~7范围内，比值大于20的一般是直河道，其对于许多水生物种而言并不适宜生存。平直-浅滩-深潭(run–riffle–pool)序列的破坏对大型濒危物种和鱼类种群有不利影响，而生境多样性与天然河流和渠道化河流的蜿蜒程度直接相关。

### 2.2.2 基质

基质是组成河床的材料。砂子和砾石是常见的基质材料。基质的类型受溪流流速的显著影响，基质类型和流速的典型关系如表2.1所示。砂子在河流速度小于25~120cm/s（0.8~3.9ft/s）时沉降，砾石在河流速度小于120~170cm/s（3.9~5.6ft/s）时沉降，并且砂子和砾石河床的侵蚀出现在河流速度大于170cm/s(5.6ft/s）的情况下。低于10cm/s（0.3ft/s）的水流速度为慢流速，25~50cm/s（0.8~1.6ft/s）为中等流速，而大于50cm/s（1.6ft/s）为快流速。一般来说，清洁和移动的砂子和淤泥是最贫瘠的栖息地。一侧是基岩、砾石和碎石，另一侧是黏土和泥土，尤其是与砂子混合时，可支持生物量增长。含有50%以上卵石的基质被视为优质栖息地；含有小于10%卵石的基质被认为是不良的栖息地。具有卵石层和砾石层的快流速河道具有最大的无脊椎动物多样性。

基质类型和流速的典型关系　　表2.1

| 流速 | | 基质类型 |
|---|---|---|
| （cm/s） | （ft/s） | |
| ＜20 | ＜0.7 | 淤泥和底泥 |
| 20~40 | 0.7~1.3 | 淤泥和砂子 |
| 40~50 | 1.3~1.6 | 砂子 |
| ＞50 | ＞1.6 | 砾石和岩石 |

嵌入性是较大基质颗粒的表面积被较细沉积物包围程度的衡量指标。反映了主要基质（例如卵石）埋在更细的沉积物中的程度。嵌入性指标可用于评估基质作为底栖大型无脊椎动物、鱼类产卵和孵化等栖息地的适宜性。嵌入性为0~25%的砾石、卵石和巨石颗粒基质是优质栖息地；而当嵌入性超过75%时，基质不适宜作为栖息地。

### 2.2.3 溪流生境

最常见的河道改造活动包括渠道化、蓄水航行和发电、河道取直、取水活动（减少流量）、河岸植被清除、建造垂直堤防和防洪墙等。这些改造活动的影响涵盖了从轻微影响到完全破坏溪流生境等不同程度。对岛或边滩影响极小的河道改造对维持生境是最理想的；带来大量细粒物质沉积、加速边滩开发以及大量填潭等河道改造活动对栖息地产生最大（负面）影响。定量来看，当少于5%的河道底部受分流与沉积影响时，河道改造活动影响最小；当超过50%的河道底部受到影响，或者导致只有大型岩石或浅滩显露时，河道改造活动将产生重大影响。导致不稳定边坡（＞60%）或侵蚀增加的河道改造显然会对溪流生境造成负面影响。图2.2展示了一个严重的河道侵蚀的例子。

### 2.2.4 沿岸生境

森林河岸缓冲区能提供树荫，从而保持较低的溪流温度；能过滤和吸附污染物；能为沉积物沉积提供一个区域；能促进微生物分解有机物和营养物质；能尽量减少或防止溪流侵蚀；能提供陆地、河岸和水生等栖息地，促进物种多样性；能提供野生动物廊道;能提供渗透作用，补充地下水和冷流基流；并能促进基流衰减。图2.3显示了一个保存良好的河岸区域。

树林和灌木植被的减少或消除将减少野生动物栖

图2.2　河道侵蚀对溪流生境的影响

图 2.3　沿岸生境

息地、树冠覆盖物和树荫。河岸植被树荫的减少，会增加水面的太阳辐射，提高水体温度，从而降低水质。较冷的水流含有更多的氧气，更有利于水生生物的生长。部分由于阳光的增加和溪流温度的升高，未遮荫的溪流促进了不受欢迎的丝状藻类的生长；而遮荫的溪流则支持了有益硅藻的生长。

当 80% 以上的河岸被植被、巨石或卵石覆盖时，存在优质的栖息地条件；当不足 25% 的河岸被植被、砾石或较大的物质覆盖时，存在较差的栖息地条件。灌木可提供优越的河岸覆盖。当河流 50% 以上没有植被，且主要物质是土壤或岩石时，存在较差的栖息地条件。

河岸湿地的减少或退化将减少水生生物和陆生生物的栖息地，并且使得河流丧失了对周边土地扩散污染物的缓冲能力。同时，考虑到河岸湿地可为鱼类和其他生物提供栖息地，这可能对河流和其他地表水域的物种多样性与组成产生不利影响。

随着河流规模的增加，相邻河岸生态系统对流域整体水质的综合影响随之下降。流域内的土地利用对大江大河的影响大于河岸缓冲区内土地利用的影响。相反，一阶河流或较小的间歇河流，其上梯度贡献的流域面积较小，流程较短；因此，河岸缓冲区的条件可能会对这些河流的水质产生重大影响。

### 2.2.5　热污染

热污染通常与大量的热水排入较冷的受纳水体有关。热污染的影响包括降低含氧量和改变受纳水体的自然生态。尽管生活污水从污水处理厂排入冷水溪，也可将受纳水体的水温提高到不可接受的水平，但热污染的主要来源是核电和化石能源发电厂的余热废水。通常，有问题的热废水排放是指比受纳水体的自然温度高大约 10℃的排放。通常发电厂使用燃料产生的一半能量将作为废热散发到废水中，并流向邻近的水体。许多鱼类（如鲑鱼）对温度极其敏感，不能马上适应较温暖的水体环境。相反，某些鱼类在发电厂附近较温暖的水域繁殖，当发电厂因定期维护或计划外停机而发生关闭时，这些鱼类可能因温度骤降而受到严重损害。此外，水温升高会增加水生生物的呼吸速率。温度每升高 10℃，水生生物的呼吸速率将增加一倍，并降低水中氧气饱和浓度，从而增加水生生物的压力。大多数现代发电厂都需要安装冷却塔，将废热排放到大气中而不是水体中。

对于将热废水排放到温带海域的沿海发电站而言，热废水排放通常影响不大，但在夏季温度已经接近许多生物体的热死亡临界点的热带海域，温度升高可能导致大量生物死亡。

## 2.3　化学指标

一些化合物或化合物的组合被认为对人类和水生生物有毒，并有可能在水环境中达到有害水平。在某些情况下，应当关注的并不是有毒物质的存在，而是对水生生态系统健康至关重要的物质的缺失，例如溶解氧。

### 2.3.1　溶解氧

溶解氧（dissolved oxygen，DO）是影响水生生态系统健康、鱼类死亡率、气味和地表水其他审美特性的最重要的水质参数之一。将可氧化的有机物质排入水体会导致氧气消耗和 DO 水平下降。如果 DO 水平过低，对鱼类的影响包括从减少繁殖能力到窒息和死亡。与成熟鱼相比，幼虫和幼鱼对 DO 尤其敏感，且需要更高的 DO 水平。湖泊和水库浅处的氧气消耗会带来铁和锰溶解的还原条件，缺氧 / 厌氧衰变产物（如硫化氢）的释放会产生味道和气味问题。地表水的富营养化通常表现为过量的氧气产生，导致某些情况下氧气过度饱和，以及大量植物生长的深水区的低氧或缺氧。

DO 的饱和水平随着温度升高而降低。标准大气压（101kPa）下，两者的关系如表 2.2 所示。

用于估算饱和溶解氧浓度 $DO_{sat}$ 的最常用的经验公式之一是：

不同温度下的饱和溶解氧浓度　　表 2.2

| 温度（℃） | DO（mg/L） |
|---|---|
| 0 | 14.6 |
| 5 | 12.8 |
| 10 | 11.3 |
| 15 | 10.1 |
| 20 | 9.1 |
| 25 | 8.2 |
| 30 | 7.5 |
| 35 | 6.9 |

$$\ln \mathrm{DO_{sat}} = -139.34411 + \frac{1.575701\times10^5}{T_a} - \frac{6.642308\times10^7}{T_a^2} + \frac{1.243800\times10^{10}}{T_a^3} - \frac{8.621949\times10^{11}}{T_a^4} \quad (2.1)$$

式中　$T_a$——水的绝对温度（K）。

公式（2.1）通常被称为 Benson-Krause 方程，有时使用更简单的等式替代，如下式所示：

$$\mathrm{DO_{sat}} = \frac{468}{31.5+T} \quad (2.2)$$

式中　$T$——水温（℃）。

与公式（2.1）相比，公式（2.2）可精确到 0.03mg/L 以内（基于表 2.2 的数据）。水中氧气的饱和浓度受氯化物（盐）的影响，氯化物在低温（5~10℃）时会使氧气饱和浓度降低约 0.015mg/L 每 100mg/L 氯化物，而在较高温度（20~30℃）下降低值约为 0.008 mg/L 每 100 mg/L 氯化物。公式（2.3）可用于计算盐度对 $\mathrm{DO_{sat}}$ 的影响：

$$\ln \mathrm{DO_S} = \ln \mathrm{DO_{sat}} - S\left(1.764\times10^{-2} - \frac{10.754}{T_a} + \frac{2140.7}{T_a^2}\right) \quad (2.3)$$

式中　$\mathrm{DO_s}$——盐度 $S$（ppt）下的饱和溶解氧浓度（mg/L）。

对于高海拔的河流和湖泊，气压的作用很重要，公式（2.4）用于量化压力对饱和溶解氧浓度的影响：

$$\mathrm{DO_P} = \mathrm{DO_{sat}} P\left[\frac{\left[1-\frac{P_{wv}}{P}\right](1-\theta P)}{(1-P_{wv})(1-\theta)}\right] \quad (2.4)$$

式中　$\mathrm{DO_p}$——压力 $P$（atm）下的饱和溶解氧浓度；

$P_{wv}$——水蒸气的分压（atm），可以用公式（2.5）估算：

$$\ln P_{wv} = 11.8671 - \frac{3840.70}{T} - \frac{216961}{T^2} \quad (2.5)$$

式中　$T$——温度（℃）；

$\theta$——经验常数，可采用公式（2.6）计算：

$$\theta = 0.000975 - 1.426\times10^{-5}T + 6.436\times10^{-8}T^2 \quad (2.6)$$

## 【例题 2.1】

（1）将公式（2.1）给出的 20℃淡水中的饱和溶解氧浓度与表 2.2 给出的值进行比较。

（2）请比较这些值与公式（2.2）给出的饱和浓度。

（3）如果咸水侵入导致氯离子浓度从 0 增加到 2500mg/L，对饱和溶解氧浓度的影响是什么？

（4）请比较在大气压为 101kPa 时，迈阿密 20℃淡水的饱和溶解氧浓度与大气压为 83.4kPa 时，丹佛 20℃淡水的饱和溶解氧浓度。

### 【解】

（1）公式（2.1）以绝对温度 $T_a$ 表示 $\mathrm{DO_{sat}}$，其中 $T_a$=273.15+20=293.15K。因此，由公式（2.1）得到：

$$\begin{aligned}\ln \mathrm{DO_{sat}} &= -139.34411 + \frac{1.575701\times10^5}{T_a} - \frac{6.642308\times10^7}{T_a^2} + \frac{1.243800\times10^{10}}{T_a^3} - \frac{8.621949\times10^{11}}{T_a^4} \\ &= -139.34411 + \frac{1.575701\times10^5}{293.15} - \frac{6.642308\times10^7}{293.15^2} + \frac{1.243800\times10^{10}}{293.15^3} - \frac{8.621949\times10^{11}}{293.15^4} \\ &= 2.207\end{aligned}$$

因此可得：

$$\mathrm{DO_{sat}} = e^{2.207} = 9.1\ \mathrm{mg/L}$$

这与表 2.2 给出的淡水 $\mathrm{DO_{sat}}$ 值相同。

（2）根据公式（2.2）得：

$$\mathrm{DO_{sat}} = \frac{468}{31.5+T} = \frac{468}{31.5+20} = 9.1\ \mathrm{mg/L}$$

这是利用公式（2.2）计算得到的，与表 2.2 中给出的值相同（9.1mg/L）。由于公式（2.2）与公式（2.1）的结果在误差 0.03mg/L 以内一致，因此计算结果是可以预期的。

（3）盐度对饱和溶解氧浓度的影响由公式（2.3）给出，海水中氯离子浓度 $c$ 和盐度 $S$ 之间的关系如下式所示：

$$S = 1.80655c \tag{2.7}$$

式中 $S$ 和 $c$ 的单位为千分之一。在本例中，$c$=2500mg/L=2.5kg/m$^3$=2.50ppt，其中水的密度取为 1000kg/m$^3$。应用公式（2.7）来估计盐度可得到：

$$S = 1.80655c = 1.80655 \times 2.50 = 4.52 \text{ ppt}$$

同时，根据公式（2.3）可计算出对应的溶解氧为：

$$\begin{aligned}\ln \mathrm{DO_S} &= \ln \mathrm{DO_{sat}} - S\left(1.764\times10^{-2} - \frac{10.754}{T_a} + \frac{2140.7}{T_a^2}\right)\\ &= \ln 9.1 - 4.52\left(1.764\times10^{-2} - \frac{10.754}{293.15} + \frac{2140.7}{293.15^2}\right)\\ &= 2.18\end{aligned}$$

即可得：

$$\mathrm{DO_S} = \mathrm{e}^{2.18} = 8.8 \text{ mg/L}$$

因此，将氯离子浓度从 0 增加到 2500mg/L 可将饱和溶解氧浓度从 9.1mg/L 降低到 8.8mg/L，减少约 3%。

（4）大气压对饱和溶解氧浓度的影响由公式（2.4）给出。在这种情况下，$\mathrm{DO_{sat}}$=9.1mg/L，$P$=83.4kPa=83.4/101.325=0.823atm，并且 $P_{wv}$ 由公式（2.5）可得到：

$$\begin{aligned}\ln P_{wv} &= 11.8671 - \frac{3840.70}{T} - \frac{216961}{T^2}\\ &= 11.8671 - \frac{3840.70}{20} - \frac{216961}{20^2}\\ &= -722.57\end{aligned}$$

即可得：

$$P_{wv} \approx 0 \text{ atm}$$

而 $\theta$ 由公式（2.6）可得到：

$$\begin{aligned}\theta &= 0.000975 - 1.426\times10^{-5}T + 6.436\times10^{-8}T^2\\ &= 0.000975 - 1.426\times10^{-5}\times20 + 6.436\times10^{-8}\times20^2\\ &= 0.000716\end{aligned}$$

代入公式（2.4）后得到：

$$\begin{aligned}\mathrm{DO_P} &= \mathrm{DO_{sat}}P\left[\frac{\left(1-\frac{P_{wv}}{P}\right)(1-\theta P)}{(1-P_{wv})(1-\theta)}\right]\\ &= 9.1\times0.823\times\left[\frac{[1-0](1-0.000716\times0.823)}{(1-0)(1-0.000716)}\right]\\ &= 7.5 \text{ mg/L}\end{aligned}$$

该结果表明饱和溶解氧的浓度大致随大气压成比例下降。在 20℃时，丹佛的饱和溶解氧浓度（7.5mg/L）比迈阿密（9.1mg/L）低 18%。

由于 DO 与温度成反比，所以冷水通常含有比温水更高的溶解氧，因此，在温暖的夏季，溪流和湖泊中的水生生物通常比在凉爽的冬季承受更大的氧气压力。不同水生生态系统所需的最低溶解氧水平通常约为 5mg/L。不同鱼类对低溶解氧的耐受性水平不同，例如溪鳟鱼可能需要约 7.5mg/L 的溶解氧，而鲤鱼可以在 3mg/L 溶解氧环境下存活。通常，较理想的商业鱼和野味鱼需要更高水平的溶解氧。

### 2.3.2 生化需氧量

细菌降解是将有机分子氧化成稳定的无机化合物的过程，而生化需氧量（biochemical oxygen demand，BOD）是生化反应中氧化水中存在的有机物质所需的氧量。BOD 对应的好氧细菌利用溶解氧进行有机物分解，类似于葡萄糖（$C_6H_{12}O_6$）的分解反应，如下式所示：

$$C_6H_{12}O_6 + 6O_2 \rightarrow 6H_2O + 6CO_2$$

因此，1mol 葡萄糖消耗 6mol 氧。含有大量可生物降解有机物的废物具有高 BOD 水平，并在受纳水体中消耗大量溶解氧，从而降低溶解氧水平并对水生生物产生不利影响。如果有机物质是蛋白质，那么分解过程会带来氮和磷的释放。通常与地表水中氧消耗相关的可生物降解的有机废物包括人和动物粪便、食物垃圾和工业操作中的有机残余物（如造纸厂和食品加工厂的残余物）等。

BOD 测量每单位体积水消耗的氧气量，通常用 mg/L 表示。工业废水的 $BOD_5$ 值可高达几千毫克每升，如制浆厂、炼糖厂和一些食品加工厂。相反，未经处理的污水的 $BOD_5$ 值通常约为 200mg/L。图 2.4（$a$）显示了一个典型的 BOD 曲线，其中 BOD 由碳化 BOD（CBOD）和硝化 BOD（NBOD）组成。

CBOD 是指异养生物发挥作用，从有机碳基质氧化获得能量过程中的需氧量，而 NBOD 是指硝化细菌氧化废水中的含氮化合物过程中的需氧量。CBOD 通常先发挥作用，而硝化细菌的生长滞后。正常情况下，未经处理的污水的含氮氧化仅在过量氧气存在下氧化 8~10d 后才会出现；对于处理过的污水，由于污水中通常会存在大量硝化细菌，因此 1~2d 后含氮氧化过程可能占主要作用。

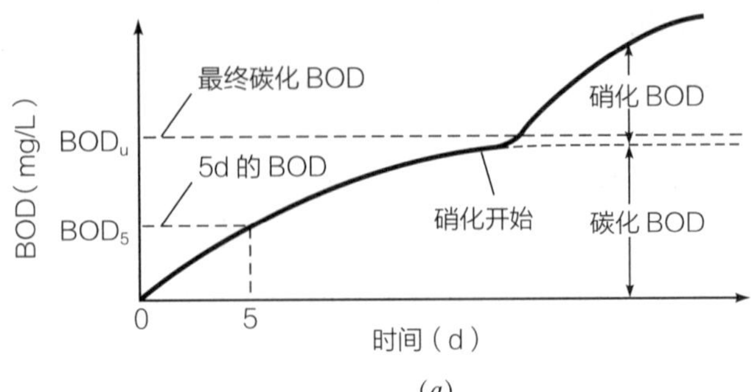


(*a*)

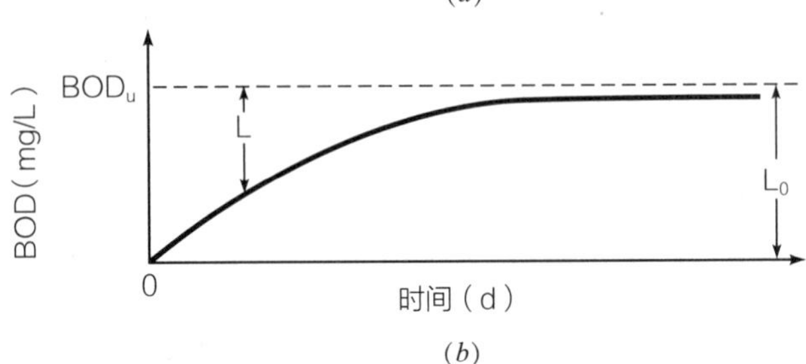


(*b*)

图 2.4 BOD 及 CBOD 曲线
（*a*）典型的 BOD 曲线；（*b*）CBOD 曲线

BOD 测量采用 300mL 具塞玻璃瓶进行，在瓶中将一小部分污水与含磷酸盐缓冲液和无机营养素的氧饱和水混合。将玻璃瓶放在 20℃的黑暗中孵育，并且测量混合物中的溶解氧随时间变化的函数，通常至少 5d。由于样品在黑暗中孵育，光合作用不可能发生，所以氧气浓度应保持不变或下降。由于生物和化学过程都可能导致氧浓度下降，因此 BOD 应理解为生化需氧量，而不是简单的生物需氧量。如果在 BOD 测试中怀疑有硝化问题，可以在水样中添加特定的硝化抑制剂，以便只测量 CBOD。

5d 后污水的累计需氧量称为五日生化需氧量，通常写为 $BOD_5$。碳化 BOD（CBOD）的时间曲线如图 2.4（*b*）所示，可以用下面的一阶模型来近似表示：

$$\frac{dL}{dt}=-k_1L \tag{2.8}$$

式中 $L$——在时间 $t$（T）时剩余的 CBOD（$ML^{-3}$）；

$k_1$——速率常数（$T^{-1}$）。

如果 $L_0$ 是在时间 $t=0$ 时剩余的 CBOD，即最终的 CBOD，则求解公式（2.8）可得到

$$L=L_0e^{-k_1t} \tag{2.9}$$

由于时间 $t$ 时的 CBOD 与 $L_0$ 相关，如下式所示：

$$\text{CBOD}=L_0-L \tag{2.10}$$

因此，CBOD 是时间的函数，通过联立公式（2.9）和公式（2.10）可得到：

$$\text{CBOD}=L_0(1-e^{-k_1t}) \tag{2.11}$$

最终的 CBOD，即 $L_0$ 可以用 5d 的 CBOD，即 $CBOD_5$ 来表示，如下式所示：

$$L_0=\frac{CBOD_5}{1-e^{-5k_1}} \tag{2.12}$$

$CBOD_5$ 和 $k_1$ 都来自 BOD 测试数据。$k_1$ 的值取决于许多因素，例如废物成分的性质、微生物降解废物的能力以及温度等。对于二级处理的城市污水，$k_1$ 在 20℃时通常在 0.1~0.3$d^{-1}$ 范围内，这使得 $L_0/CBOD_5$ 约为 1.6。Schnoor 建议市政废水中 $L_0/CBOD_5$ 的值为 1.47，Lung 报告的数据表明 $L_0/CBOD_5$ 取 2.8 可能更为可靠。平均而言，对于大多数生活污水来说，大约 60~70d 内可完成生物氧化，尽管在大约 20d 后几乎没有另外的氧耗尽。$CBOD_5$ 小于或等于 30mg/L 的城市污水排放通常被认为是可以接受的，建议社区将经过处理的生活污水排入湖泊或原始溪流，将其 $CBOD_5$ 降至 10 mg/L 以下，以保护本地水生生物生活。

值得注意的是，BOD 测量中最初选择使用 5d 是为表达 BOD 的标准持续时间，因为 BOD 测量是由英格兰的卫生工程师设计的，泰晤士河的出海时间不到 5d，所以不需要考虑更长时间的氧气需求。选择 5d 的另一个考虑因素是前 5d 硝化作用很少，所以 5d 的 BOD 通常只是碳化 BOD 的测量值。

## 【例题 2.2】

二级污水处理的 BOD 测试结果为 $BOD_5$=25mg/L，速率常数为 0.2$d^{-1}$。（1）估算最终碳化 BOD 和 90%碳化 BOD 所需时间。（2）如果最终硝化 BOD 是最终碳化 BOD 的 20%，估算每立方米废水的氧气需求量。

**【解】**

（1）根据给定的数据，$BOD_5$=25mg/L 和 $k_1$=0.2$d^{-1}$；因此，最终碳化 BOD，即 $L_0$ 由公式（2.12）得到：

$$L_0=\frac{CBOD_5}{1-e^{-5k_1}}=\frac{25}{1-e^{-5\times0.2}}=39.5\text{ mg/L}$$

假设 $t^*$ 为 BOD 达到其最终值的 90%的时间，则由公式（2.11）得：

$$0.9\times39.5=39.5\times(1-e^{-0.2t^*})$$

即得到：

$$t^* = 11.6\,\mathrm{d}$$

（2）由于最终硝化 BOD 是最终碳化 BOD 的 20%，因此最终 BOD 为：

最终 BOD=1.2$L_0$=1.2 × 39.5=47.4mg/L

由于 $1m^3$=1000L 废水，生物化学反应所消耗的最终氧气量为：

47.4 × 1000 =47400mg/$m^3$=47.4g/$m^3$

如果废水排入地表水中，则这些氧气将从周围的水中获取。

如果溶解氧浓度低于约 1.5 mg/L，则需氧生物氧化速率降低。在没有充足的溶解氧的情况下，厌氧细菌可以在不使用溶解氧的情况下氧化有机分子，但最终产物包括诸如硫化氢（$H_2S$）、氨（$NH_4$）和甲烷（$CH_4$）的化合物，对许多水生生物有毒。

来自非点源（扩散源）的废物排放很少导致受纳水体中溶解氧的显著减少。例外情况包括来自浓缩动物饲养操作（CAFOs）的高浓度可生物降解有机物和来自受冻土壤上肥料扩散的田间春季径流。$BOD_5$ 低于 5mg/L 的河水可被视为未受污染，而 $BOD_5$ 高于 10mg/L 的河水被视为严重污染。鲑鱼或鳟鱼用水的 $BOD_5$ 值应低于 3mg/L，淡水鱼（即鲑鱼、鳟鱼除外）用水的 $BOD_5$ 值应低于 6mg/L，饮用水源的 $BOD_5$ 值可高达 7mg/L。

化学需氧量（chemical oxygen demand，COD）。化学需氧量是当水中的物质被强化学氧化剂氧化时所消耗的氧气量。通过将水样在铬酸和硫酸的混合物中回流 2h 来测量 COD。这种氧化过程几乎总是导致比标准 BOD 方法需要更大的耗氧量，因为很多不能立即用作水生微生物食物的有机物质（例如纤维素）容易被铬酸和硫酸的沸腾混合物氧化。生活污水的 $BOD_5$/COD 比通常在 0.4~0.5 之间。$BOD_5$ 和 COD 的比较可以帮助识别废水的毒性条件或指示废水的可生化性。例如，$BOD_5$/COD 比接近 1 表示废水可高度生物降解；接近 0 表示废水的可生化性差。

### 2.3.3 悬浮固体

悬浮固体（suspended solids，SS）是指在水中悬浮的物质。通常通过将一定体积的水用 1.2 μm 超细纤维过滤器进行过滤，将过滤器在 105℃下干燥，然后将保留在过滤器上的固体质量除以过滤水的体积来计算 SS 值。通过 1.2μm 过滤器的水中颗粒的浓度称为总溶解性固体（total dissolved solids，TDS）。大小为 0.001~1.2μm 的颗粒被分类为胶体固体。悬浮固体浓度通常以 mg/L 表示，地表径流中的 SS 浓度通常很高。高浓度的 SS 会使受纳水体变得浑浊，阻挡水生植物所需的阳光，并阻塞鱼类的鳃。受纳水体中悬浮固体的沉降可能导致沉积物中有机物的积累，产生需氧量较高的淤泥沉积物。这种淤泥沉积物还会对鱼类种群造成不利影响，例如降低其生长速度和对疾病的抵抗力，阻止鱼卵和幼虫的发育，并减少水体底部的食物量等。人类活动造成的土地侵蚀，如采矿、建筑、采伐和农业，是造成地表径流中悬浮泥沙含量高的主要原因。

运行良好的市政污水处理厂能将污水的 SS 值控制在 30mg/L 以内。但是，建议社区将经过处理的生活废水排入湖泊或原始溪流时，其 SS 值须降至 10mg/L 以下，以保护受纳水体中的水生生物。

## 【例题 2.3】

废水通过排污口排放到一个大约长 300m、宽 100m、深 20m 的防洪湖中。废水中悬浮固体浓度为 30mg/L，废水排放量为 0.05$m^3$/s，沉降固体的堆积密度为 1600kg/$m^3$。假设所有悬浮固体最终都沉淀在湖中，估计沉积物在湖底积聚 1cm 所需的时间。

**【解】**

废水中的 SS 浓度为 30mg/L=0.03kg/$m^3$，废水排放量为 0.05$m^3$/s。在稳态条件下，悬浮固体排入湖中的速率等于湖底沉积物的沉积速率，由下式给出：

沉积物质量沉积速率 =0.03 × 0.05=0.0015kg/s

由于沉降固体的堆积密度为 1600kg/$m^3$，则体积累积速率为：

$$\text{沉积物体积累积速率} = \frac{0.0015}{1600} = 9.38 \times 10^{-7}\ \mathrm{m^3/s}$$

至于覆盖湖底部 300m × 100m 范围内 1cm 深（=0.01m），沉积物的体积为 0.01 × 300 × 100=300$m^3$。因此，300$m^3$ 沉积物积累所需的时间为：

$$\text{沉积物积聚 1cm 所需时间} = \frac{300}{9.38 \times 10^{-7}} = 3.20 \times 10^8\text{s} = 3700\text{d}$$

$$= 10.1\ \text{年}$$

值得注意的是，在这种沉积速度下，湖泊将在大约 2 万年内完全被填满。

### 2.3.4 营养物质

营养元素是维持生长和生命功能的基本要素。在元素周期表的约 100 个元素中，约 30 个元素是生物的组成成分，可以被归为营养元素。其中一些营养元素需求量相对较大，被称为宏量营养元素，而另一些营养元素只需要痕量即可，被称为微量营养元素。尽管有些元素只需要很少量，但是它们的可用性可能会控制整个生态系统的生产力。其中，N 和 P 是潜在的限制元素。氮和磷广泛用于肥料和含磷家用洗涤剂中，常见于食品加工废物及动物和人类的排泄物中，并且是地表水中营养元素过度富集的主要原因。肥料中的营养物质往往与土壤中的黏土和腐殖质颗粒结合，易于通过侵蚀和径流输送至地表水体。营养元素的另一个重要来源包括发生故障的化粪池和污水处理厂的出水。当营养元素浓度足以引起水生植物的过度生长时，它们被认为是污染物。营养元素过量，导致水生植物过度生长，进而导致水体中的氧气消耗，最终导致水生生物（例如鱼类）的生存压力增加。除了威胁水生生物的生存之外，过量的藻类和腐烂的有机物会产生难以去除的颜色，增加水的浊度，产生令人讨厌的气味和令人不适的口感，大大降低了水体作为家庭饮用水来源的可接受性。

在大多数情况下，磷是淡水水生系统中的限制性养分，而氮是河口和沿海水域的限制性养分。

#### 2.3.4.1 氮

氮可以促进藻类的生长，并且含氮物质的氧化会消耗大量的氧气。氮可以以多种形式存在于水中，包括有机氮（如蛋白质、氨基酸和尿素）、氨氮（$NH_4^+$ 和 $NH_3$）、亚硝酸盐氮（$NO_2^-$）、硝酸盐氮（$NO_3^-$）和溶解性氮气（$N_2$）。凯氏氮（total Kjeldahl nitrogen，TKN）测出的是有机氮和氨氮的总和（TKN= 有机氮 + 氨氮）。对于与大气接触的水，氮的最充分氧化态为 +5 价，氮化合物的氧化按如下方式进行：

$$\begin{aligned}\text{有机氮} + O_2 &\rightarrow NH_3-N+O_2\\ &\rightarrow NO_2-N+O_2\\ &\rightarrow NO_3-N\end{aligned}$$

在水生环境中，微生物通过分解有机氮来释放氨。在称为氨化或脱氨的过程中，氨（$NH_3$）在称为硝化的过程中转化为 $NO_3$–N。氨化可发生在沉积物、水和土壤中。非离子态氨（$NH_3$）和铵离子（$NH_4^+$）可根据溶液的 pH 值，按照如下反应式相互转化：

$$NH_4^+ + OH^- \rightleftharpoons NH_3 + H_2O$$

当 pH ≤ 7 时，大多数 $NH_3$ 会被转化成 $NH_4^+$；当 pH>9 时，$NH_3$ 的比例会增加。$NH_3$ 对鱼类有毒；$NH_4^+$ 是藻类和水生植物的营养物质，会产生溶解氧的需求。非离子氨是一种可以从水中挥发的气体，水质标准通常限制总氨氮（$NH_3$+$NH_4^+$）的浓度。在正常的 pH 值下，氨态氮以带正电荷的 $NH_4^+$ 形式存在，易于被带负电荷的土壤颗粒（有机和黏土）吸附。

通过硝化反应，铵离子可以转化为硝酸盐，反应式如下：

$$NH_4^+ + 2O_2 \rightarrow NO_3 + 2H^+ + H_2O$$

按照化学计量，理论上 $NH_4^+$ 的需氧量为 4.56 mg $O_2$/mg $NH_4^+$。

能够被植物吸收和利用的 N 是 $NH_3$ 和 $NH_4^+$，而 $NH_3$ 和 $NH^+_4$ 在农业土壤中通常是短缺的，因此经常采用施肥的方式增加氨氮含量。硝酸盐氮通常来自肥料使用量较大的农业地区径流，而城市污水中常见的是有机氮。如果将含水层中的水资源用作饮用水供应，那么必须考虑地下水中硝酸盐含量，因为硝酸盐会通过干扰血液中的氧气转移而对婴儿造成健康威胁。此外，在过渡水域（如河口）中，N 是藻类和其他杂草生物生长中的限制性营养物质。

在缺氧条件下，硝酸根离子成为有机物氧化反应中的电子受体。该反应称为反硝化，反应式如下：

$$5CH_2O + 4NO_3^- + 4H^+ \rightarrow 5CO_2 + 7H_2O + 2N_2$$

其中 $n$$CH_2O$ 代表有机碳的一种形式，并且几种形式的有机碳（例如来自沉积物厌氧分解产生的甲烷）可用作该反应中的能源。上述反应式描述的反硝化过程表示由于产生的氮气挥发到空气中从而导致从水中损失氮气。反硝化作用是通过兼性厌氧菌完成的，如真菌在厌氧条件下繁殖与生长。

氮在水生环境中不断循环，其速率是由温度控制的，因此是季节性的。水生生物将可用的溶解态无机氮结合到蛋白质中。死亡的生物体分解，氮以铵离子形式释放，然后转化为亚硝酸盐和硝酸盐，完成一次循环。如果地表水中缺乏足够的氮，固氮生物可将氮气从其气相转化为铵离子。

#### 2.3.4.2 磷

因为含磷矿物的溶解度一般比较低，所以大多数

地表水中自然含磷量非常少。磷通常以极少量存在于流域中，通常来源于废水排放、家用清洁剂以及与施肥和集中畜牧业相关的农业径流。未经处理的生活污水中含有 5~15mg/L 的 P，其浓度比健康地表水（<0.02mg/L）要高出两个数量级以上。因此，通常需要显著的除磷作为废水处理过程的一部分。

淡水和海洋系统中的磷以有机或无机形式存在。有机磷可以是颗粒形式或非颗粒形式。颗粒状有机磷包括浮游生物和碎屑等活体和死亡颗粒物，非颗粒状有机磷包括生物体排出的溶解有机磷和胶体磷化合物。无机磷也可以是颗粒形式或非颗粒形式。颗粒状无机磷包括磷沉淀物、吸附在颗粒物质上的磷和无定形磷。非颗粒状（可溶性）无机磷包括正磷酸盐（$H_2PO_4^-$、$HPO_4^{2-}$ 和 $PO_4^{3-}$），也被称为溶解性磷酸盐（SRP）。

正磷酸盐容易被植物和藻类利用。对于与大气接触的水，磷的最充分氧化态为 +5 价。肥料、清洁剂和有机废物中的磷酸盐（$H_2PO_4^-$）会吸附在通过侵蚀和沉淀过程而形成的沉积物中。

磷的形态和价态在淡水环境中是不断变化的。一些磷会吸附到水柱或底部的沉积物中，并从循环中除去。浮游植物、附生植物和细菌同化 SRP 并将其转化为有机磷。这些有机物可能会被腐食者生物分解，然后将一些有机磷分泌为 SRP，而 SRP 迅速被植物和微生物吸收，并不停循环。

水中所有形式的磷（包括上述所有无机和有机颗粒及可溶形式）的总和称为总磷（TP）。总磷没有区分植物目前无法获得的磷（有机和微粒）和可利用的磷（SRP）。然而，有机和微粒形式的磷以各种速率转化为更多生物可利用的形式，而这取决于微生物作用或环境条件。在停留时间相对较短的溪流中，从不可用形式到可用形式的磷的转化不太可能发生，此时 SRP 是生物可利用养分的最准确估计。然而，在湖泊中，停留时间更长的 TP 一般被认为是生物可利用磷的适当估计。磷通常是溪流和湖泊中藻类生长的限制性养分。对于美国北部的湖泊没有藻类滋生，普遍接受的 TP 浓度上限为 10μg/L。

### 2.3.5 金属

金属污染是水污染形式之一，因为某些有毒金属可能对人体健康产生明显（负面）影响。金属离子通过许多过程进入水生系统，包括土壤和岩石的风化、大气沉降、火山爆发等自然活动，以及涉及采矿、工业使用、汽车尾气和轮胎沉积等的各种人类活动。城市径流是许多水体中锌的主要来源（源自轮胎磨损），该类金属离子倾向于积聚在底部沉积物中。水体中的有毒金属通常包括砷（Ar）、镉（Cd）、铜（Cu）、铬（Cr）、铅（Pb）、汞（Hg）、镍（Ni）和锌（Zn）。这些金属有时被归类为重金属，这是一个未精确定义的术语，但通常被认为是原子序数在 21~84 范围内的金属。重金属有时被定义为相对密度大于 4~5 的金属。溶解金属通常是造成毒性的原因，溶解金属包含在通过 0.45μm 过滤器的水中。pH 值、温度和盐度等环境条件会显著影响金属溶解度，其中金属溶解度在接近中性的水中比在酸性或强碱性的水中低。在毒性水平上，大多数金属都会对人体内部器官产生不良影响。下面介绍几种金属的具体问题。

砷（Ar）是环境中天然存在的元素，其在天然水体（特别是地下水）中的出现主要是由风化岩石和土壤溶解的矿物质造成的。

镉（Cd）广泛用于金属电镀，是可充电电池的有效成分。镉会造成高血压和肾脏损害，并且可能是人类致癌物质。

铬（Cr）是普通土壤中的痕量成分，是煤中的天然杂质，广泛用于制造不锈钢。铬在环境中以两种氧化态存在（+3 价和 +4 价）。$Cr^{3+}$ 是人体膳食中必需的微量元素，而 $Cr^{4+}$ 会引起各种不利的健康影响，包括肝脏和肾脏损害、内部出血、呼吸系统疾病和癌症。

铅（Pb）在其对健康的不利影响为人所知之前被广泛用于几种商业产品中。它被应用于室内涂料和餐具的釉料中。铅还用于水分配系统中的管道和焊料以及汽油添加剂四乙基铅（$(C_2H_5)_4Pb$）中。尽管通过减少汽油中的铅含量，已经使得人体铅暴露程度大幅下降，但老旧住宅的油漆和管道以及道路附近的土地仍存在铅的遗留问题。血液中铅的积累会导致贫血、肾脏损伤、血压升高和中枢神经系统影响（如智力迟钝）等不良健康影响。婴幼儿尤其容易受铅中毒的影响，因为它们比老年人更容易摄取铅。铅是一种可能的人类致癌物质。

汞（Hg）是地表水中特别受到关注的一种金属元素。通过食物链富集作用，淡水食用鱼类中的汞对人类健康有重大危害。排放到环境中的大量汞首先作为空气污染物，但是最具破坏性影响的通常是湖泊中的甲基汞。汞通过大气移动沉积到湖中，然后经历甲基化，汞与碳分子结合。甲基汞是影响中枢神经系统的特别有毒的汞形式。人体暴露于甲基汞的主要途径是食用受污染的鱼类和海鲜。

与生物有关的金属也可以分为以下三类：轻金属（例如 Na、K 和 Ca），其通常作为水溶液中的可动阳离子来运输；过渡金属（例如 Fe、Cu、Co 和 Mn），它们在低浓度时是必需的，但在高浓度时可能是有毒的；类金属（例如 Hg、Pb、Sn、Se 和 Ar），它们一般不是代谢活性所必需的并且在低浓度时是有毒的。

### 2.3.6 合成有机物

合成有机物（synthetic organic chemicals，SOCs）包括农药、多氯联苯、工业溶剂、石油碳氢化合物、表面活性剂、有机金属化合物和酚类等。许多合成有机物在浓度相对较低的情况下就能对人体产生有害作用。目前，工业生产和社会消费的合成化学品中只有一小部分可以获得完整的毒性和危害信息。

#### 2.3.6.1 农药

农药经常出现在接收径流或农业地区渗透水的地下水和地表水中。根据农药作用对象分类，最常见的农药可以广义地定义为除草剂、杀虫剂或杀真菌剂，分别用于杀死植物、昆虫和真菌。杀虫剂，如氯丹和克百威，在环境中具有高度的持久性，因为它们不易在自然生态系统中分解，因此倾向于积聚在接近食物链顶部（如鸟类和鱼类）的有机体组织中。

#### 2.3.6.2 挥发性有机物

挥发性有机物（volatile organic compounds，VOCs）是一类具备挥发性的有毒有机化合物，包括特别关注的物质，如氯乙烯、四氯化碳、二氯乙烷、四氯乙烯和三氯乙烯。该类化合物通常用作工业或家庭溶剂以及化学制造过程中的原料。许多挥发性有机物对人类和水生生态系统的健康有疑似或已知的危害，并且这些化合物都具有相似的化学和物理特性使得它们能够在水和空气之间自由移动。挥发性有机物的突出特点是分子量低、蒸汽压高、水中溶解度低。由于它们易于蒸发，地表水中挥发性有机物的浓度通常比地下水中的低。VOCs 在地表水中通常以 μg/L 浓度存在，而在地下水中通常以 mg/L 浓度存在。VOCs 是地下水中最常见的污染物之一。

### 2.3.7 放射性核素

放射性核素具有不稳定原子核。当放射性核素发生放射性衰变时，其释放的能量可损伤暴露的组织。过量的放射性会对人体产生影响，包括发育问题、非遗传性出生缺陷、可能由后代遗传的遗传缺陷以及各种类型的癌症。水中的大多数放射性与环境本底值有关，但也存在着来自各种工业和医疗过程的放射性核素污染的威胁。放射性原子不稳定，通过发射 α 粒子、β 粒子和 / 或 γ 射线来转变为更稳定的状态。

作为饮用水污染物的放射性物质有镭（Ra）、铀（U）、氡（Rn）和人造放射性核素。这些物质简要描述如下：

镭。在有镭岩石的地区，地下水中存在一定量的镭。同时，由于采矿和工业生产产生径流的结果，镭也可能在地表水中被发现。饮用水中关注的镭的两种同位素是主要发射 α 粒子的 Ra-226 及发射 β 粒子和 α 粒子的 Ra-228。镭与钙的化学性质相似，因此被人体摄入的镭，约 90% 会进入骨骼。因此，摄入镭的主要风险是骨癌。

铀。在含铀砂岩、页岩和其他岩石中浸出的地下水中可能会发现天然铀。铀也可能会出现在地表水中，主要是由于采矿作业产生的废水排入造成的。铀的价态及其存在形式取决于溶液的种类及其 pH 值。铀的主要副作用是对人体肾脏的毒性。

氡。氡是一种天然放射性气体，无色、无味。氡来自铀的放射性衰变，并且是 Ra-226 的直接放射性衰变产物之一。氡的最高浓度出现在含铀的土壤和岩石中。从健康的角度来看，任何地质构造类型的地层（包括未固结的地层）的地下水中都可能发现较高浓度的氡。从公共供水的角度来看，氡气的问题在于：如果氡存在于水中，随着水的使用，大量的氡气将被释放到建筑物中。淋浴、洗衣机和洗碗机的使用或运行有利于将氡气释放到空气中。吸入氡被认为是导致肺癌的重要原因之一。从水中释放的氡使得渗入建筑物内的氡含量增加，加剧了人体健康风险。

人造放射性核素。由于核试验、泄漏和灾害之后的大气沉降，地表水中的重要人造放射性核素水平被记录下来。否则，地表水中通常含有很少或不含放射性核素。锶 -90 和氚是核电厂、废物处理场或医疗设施意外排放时，最有可能存在的人造放射性核素。

### 2.3.8 pH

水的 pH 值定义为氢离子活度的负对数（mol/L），通常表示为

$$pH = -\log_{10}[H^+] \tag{2.13}$$

天然水体的 pH 值会影响生物和化学反应，影响金属离子的溶解度和形态，影响自然水生生物。例如，诸如溪鳟鱼和湖鳟鱼等鱼类的生存力在 pH ≤ 5.5 时显著降低，并且大多数鱼类在 pH<5.0 的水域中不能存活。随着河流中的 pH 值降低，更多的金属离子将在溶液中存在。对于鱼类来说，它们在低 pH 值水域中的存活，溶解铝含量至关重要。对于海洋生物和淡水生物而言，它们的理想 pH 范围依次为 6.5~8.5 和 6.5~9.0。大多数天然水体的 pH 范围为 6~9。

采矿作业和废弃矿山废物一直是溪流、湖泊中酸负荷的主要来源。例如，煤矿开采时会释放含硫矿物，这些矿物在与采矿作业中使用的工艺用水接触时会形成稀硫酸，或者通过降雨从废渣中浸出酸性物质并将其运送到附近的地表水中。

大气酸沉降是酸性水的另一个重要来源。美国东北部和加拿大记录的雨水 pH 值经常在 4~5 范围内，这种酸雨导致阿迪朗达克山脉的数百个湖泊中的一些鱼类消失，如溪鳟鱼。由于大气中存在可以溶解的二氧化碳，所以大部分不受产生酸雨的人为排放影响的雨水的 pH 值约为 5.6。

## 2.4 生物指标

水质的生物指标可以分为两大类：(1) 直接与人类健康相关的指标；(2) 与水生生态系统健康相关的指标。第一类与水体中病原微生物的浓度有关，第二类与水体支撑的物种组成、多样性和功能组织的能力有关，这些能力可与区域内类似自然生境的物种相媲美。超出相关生物标准都可能导致水体受损。

### 2.4.1 人类病原微生物

微生物结构微小，肉眼不可见。一般而言，和其他生物相比，微生物的尺寸小于 100 μm。病原微生物通常起源于感染人或动物肠内的致病微生物。病原微生物主要通过城市雨水径流、家庭和市政废水排放、合流制下水道、化粪池系统以及牧场和动物饲养场的径流来运输。

受病原微生物影响的水用途包括洗澡、钓鱼和贝类捕捞。在大多数情况下，在小溪中游泳或在海中游泳不会导致人类生病，因为人必须首先接触病原体，其次病原体必须进入人体，并且病原体的剂量必须足够大，足以克服身体的天然防御。在极少数情况下，感染可由单一病原微生物发展而来，但病原菌的最低感染剂量通常在 $10^2$~$10^6$ 范围内，并且与其种类相关。 这表明娱乐性水域不需要绝对没有病原体，但病原体浓度越高，接触水体导致疾病的可能性就越大。

表 2.3 列出了天然水域中典型的病原微生物，并且这些病原微生物主要源于人类粪便。从水质角度来看，最受关注的病原微生物是病毒、细菌、原生动物、蠕虫和藻类。

常见于地表水中的病原微生物 表 2.3

| 病原微生物 | | | 相关疾病 |
|---|---|---|---|
| 病毒 | 腺病毒 | | 呼吸系统疾病、眼部感染 |
| | 肠道病毒 | 脊髓灰质炎病毒 | 无菌性脑膜炎、小儿麻痹症 |
| | | 艾柯病毒 | 无菌性脑膜炎、呼吸道感染、腹泻 |
| | | 柯萨奇病毒 | 无菌性脑膜炎、疱疹性咽峡炎 |
| | | 其他肠道病毒 | 脑炎 |
| | 甲肝病毒 | | 传染性肝炎 |
| | 诺沃克病毒和相关的胃肠道病毒 | | 肠胃炎 |
| | 呼吸道肠道病毒 | | 轻度上呼吸道和胃肠道疾病 |
| | 轮状病毒 | | 胃肠炎、腹泻 |
| 细菌 | 伤寒沙门氏菌 | | 伤寒 |
| | 乙型副伤寒沙门氏菌 | | 副伤寒 |
| | 其他沙门氏菌 | | 沙门氏菌病、胃肠炎 |
| | 志贺氏菌 | | 细菌性痢疾 |
| | 霍乱弧菌 | | 霍乱 |
| | 大肠杆菌 | | 胃肠炎 |
| | 小肠结肠炎耶尔森氏菌 | | 胃肠炎 |
| | 空肠弯曲杆菌 | | 胃肠炎 |
| | 蓝藻细菌 | | |
| | 军团菌 | | |
| | 细螺旋体属 | | |
| | 类志贺邻单胞菌 | | |
| | 绿脓杆菌 | | |
| 原生动物 | 卡氏棘阿米巴属 | | 脑膜炎 |
| | 结肠小袋绦虫 | | 痢疾 |
| | 痢疾变形虫 | | 痢疾 |
| | 蓝氏贾第鞭毛虫 | | 贾第虫病（肠胃炎）、腹泻 |
| | 隐孢子虫 | | 隐孢子虫病、腹泻 |
| | 纳氏虫属 | | |

续表

| | 病原微生物 | 相关疾病 |
|---|---|---|
| 蠕虫 | 十二指肠钩虫 | 钩虫 |
| | 蛔虫 | 蛔虫病 |
| | 微小膜壳绦虫病 | 膜壳绦虫病 |
| | 美洲钩虫 | 钩虫 |
| | 血吸虫 | 血吸虫病 |
| | 粪类圆线虫 | 线虫病 |
| | 牛肉绦虫 | 绦虫 |
| | 毛首鞭形线虫 | 鞭虫病 |

病毒是一种复杂的分子，通常包含围绕遗传物质脱氧核糖核酸（DNA）或核糖核酸（RNA）的蛋白质外壳。病毒没有独立的新陈代谢，依靠宿主活细胞繁殖。它们的直径范围为 0.01~0.4μm。病毒不能脱离人体或动物体而长期生存。但是病毒可以在高温、干燥和化学试剂中存活。超过 130 种肠道病毒通过人类的粪便和尿液排放到环境中。病毒性病原体能够造成脊髓灰质炎、无菌性脑膜炎、传染性肝炎、胃肠炎、上呼吸道感染和皮疹等疾病。与指示生物相比，病毒对一般的水处理技术的抗性更大。因此，满足标准中细菌指标的安全生活用水和娱乐用水，实际上可能含有危险浓度的病毒。

细菌是具有细胞壁和单链 DNA 的单细胞微生物，通过二元分裂繁殖，不能进行光合作用（如植物），也不需要日光再生。它们没有明确的细胞核，也不含叶绿素。细菌的常见形状是球体、棒状、螺旋和分枝细丝以及丝状体。细菌的直径范围为 0.1~10μm，长度为 2~4 μm。大多数都是一种像运动尾巴般的鞭毛结构。细菌可通过水传播疾病，如霍乱和伤寒。人类特别关注的致病菌是沙门氏菌（*Salmonella*）、大肠杆菌（*Escherichia coli*）、志贺氏菌（*Shigella*）和军团菌。图 2.5 显示了大肠杆菌的电镜图。机会致病菌（Opportunistic bacterial pathogens）通常不会对身体健康的人造成危害，但它们可能会导致处于虚弱状态的人患病或死亡，尤其是新生儿，老人和已经患有严重疾病的人。机会致病菌包括假单胞菌属（*Pseudomonas spp.*）、嗜水气单胞菌（*Aeromonas hydrophila*），迟钝爱德华氏菌（*Edwardsiella tarda*）、黄杆菌属、克雷伯氏菌属（*Klebsiella*）、肠杆菌属（*Enterobacter*）、沙雷氏菌属、变形杆菌属（*Proteus*）、普罗维登斯菌属（*Providencia*）、柠檬酸杆菌属（*Citrobacter*）和不动杆菌属（*Acinetobacter*）。

原生动物是具有细胞核但没有细胞壁的单细胞微生物，通过裂变繁殖，并以细菌为食。原生动物大小通常在 5μm ~2cm 范围内，科学家已经确定了约 40000 种原生动物。许多原生动物寄生在包括人类在内的温血动物的肠道中。贾第鞭毛虫和隐孢子虫是饮用水源中最受关注的原生动物。这些原生动物如图 2.6 所示，下面简要介绍。

贾第鞭毛虫。贾第鞭毛虫是一种长 9~17μm、宽 7~12μm 的原生动物，可以造成贾第虫病（也称为“海狸热”）。贾第虫病的症状包括皮疹、类似流感症状、腹泻、疲劳和严重痉挛。原生动物附着于上肠道并产生囊肿，其通过粪便排出。贾第虫病仍旧成为水传播疾病的一个主要原因是囊肿能够在不利条件下很好地存活。贾第虫囊对氯具有很强的抵抗力，并且可以在冷水中存活数月。在美国，几乎所有的贾第虫病都出现在山区，在这些地区，徒步旅行者和露营者频繁使用未过滤、易受污染的地表水，这加速了该病的传播。贾第鞭毛虫的三大宿主是人类、海狸和麝鼠；海狸被

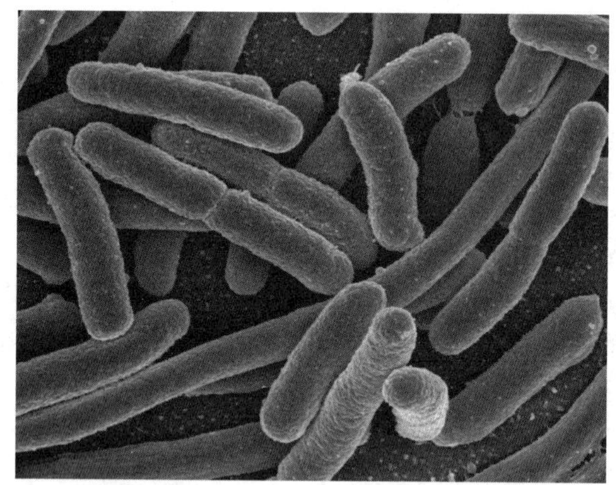

图 2.5 大肠杆菌

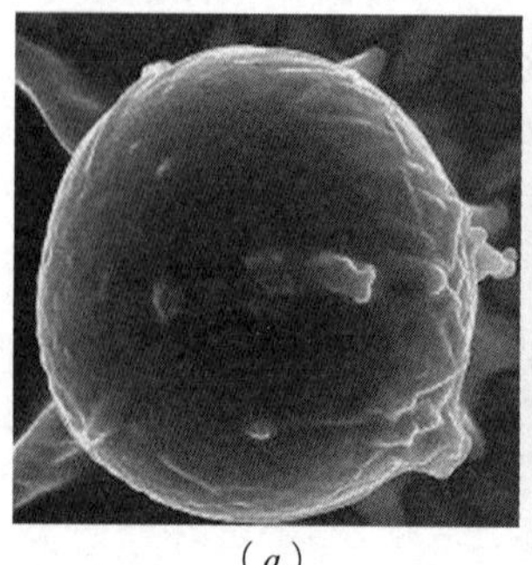

（*a*）

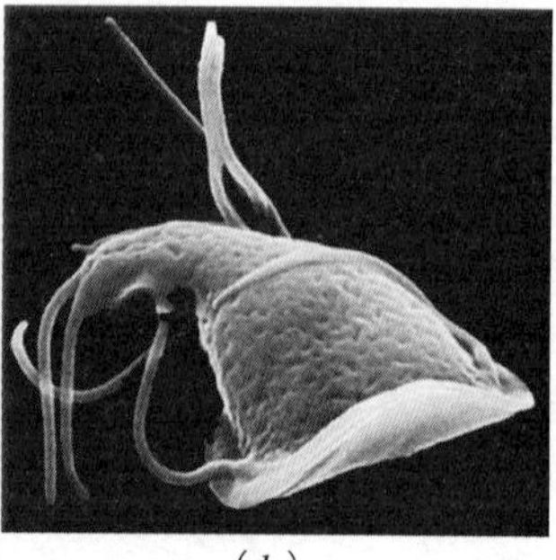

（*b*）

图 2.6 原生动物

（*a*）隐孢子虫；（*b*）贾第鞭毛虫

认为是地表水中贾第鞭毛虫的一个重要来源。虽然水是传播贾第虫病的主要方式，但病例记录中最大比例的病因是由人与人之间的接触造成的，尤其是在儿童保健中心。

隐孢子虫。隐孢子虫是一种有效直径为 3~7μm 的原生动物，可导致隐孢子虫病并造成严重的健康风险。目前已知至少 10 种隐孢子虫属，其中在国内小鼠中发现的隐孢子虫是引起人类疾病的主要物种。在健康人群中，隐孢子虫病会导致 7~14d 的腹泻，并可能出现低烧、恶心和腹部痉挛。免疫功能低下者可能会受到生命威胁，目前没有抗生素能够治疗隐孢子虫病。免疫力严重低下的人员应避免与湖泊和河流中的水接触，并且不应饮用这些水。隐孢子虫会产卵，卵囊不容易被氯杀死，只能通过过滤去除。感染隐孢子虫的人每天可能会排出多达 $10^8$ 个卵囊。

蠕虫发现于生活污水中。大多数蠕虫通过口腔进入人体，少部分通过皮肤进入人体。采用包括消毒在内的现代水处理技术可以防止蠕虫污染饮用水，然而，在污水污染的水域游泳或涉水可能会导致肠道蠕虫感染。这类事件在美国对公众健康的影响不大，但在世界其他地区更为普遍。最出名的蠕虫是生活在人类肠道中的牛带绦虫，感染者每天可以通过其粪便排出多达 $10^6$ 个虫卵。绦虫感染的症状包括腹痛、消化障碍和体重减轻。血液中流通的血吸虫的某些物种寄生在人体中，可能会引起被称为血吸虫病的衰弱性疾病。图 2.7 为一对曼氏血吸虫的电子显微照片。血吸虫幼虫对皮肤的渗透可能会引起被称为“游泳者瘙痒”的皮疹。该疾病更严重的症状通常直到 4~8 周后才显示，包括发烧、寒战、出汗和头痛。

藻类是原生生物界成员中的一组简单生物。藻类不是植物界的成员，但像植物一样，大多数藻类利用光能通过光合作用制作自己的食物。藻类缺乏植物典型的根、叶和其他结构。浮游或游动的微型藻类称为浮游植物，大小通常在 1~100μm 之间。许多天然水域中发现的藻类通常不造成健康问题；然而，某些物种可能产生内毒素或外毒素，如果摄入足够高的浓度，则可能有害。三种蓝绿藻如鱼腥藻、铜绿微囊藻和水华束丝藻能够产生外毒素。能够产生毒素的鱼腥藻如图 2.8 所示。藻华期间的毒素能够导致摄入足够剂量的哺乳动物、鸟类和鱼发病或死亡。

海水中过量的营养物质（氮和磷）常常导致赤潮的发生，这是藻类以高强度（每升 $50 \times 10^6$ 个细胞）爆发导致的海水变色。相关的颜色不总是红色，也可能是白色、黄色或棕色。许多动物，包括具有重要商业价值的鱼类，在发生赤潮的地区，由于其鳃或其他结构被堵塞，或者由于藻类的毒性而死亡。棕囊藻能形成难看的棕色泡沫，容易被误认为是污水污染。海洋藻类是浮游植物的主要成分，浮游植物是海洋食物链的基础。与蓝藻一起，海洋藻类被原生动物和微生物消耗，然后被鱼捕食。

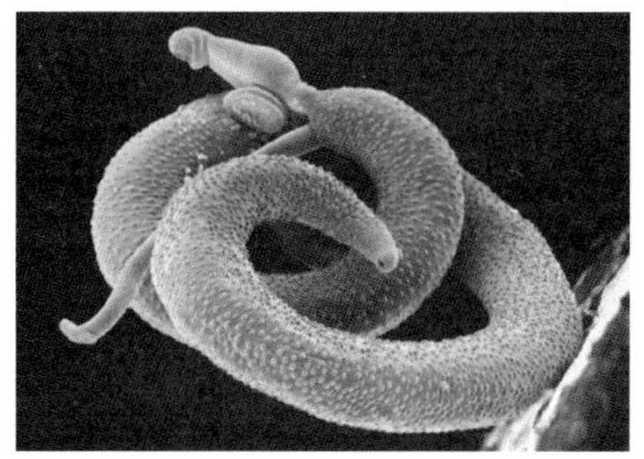

图 2.7 一对曼氏血吸虫

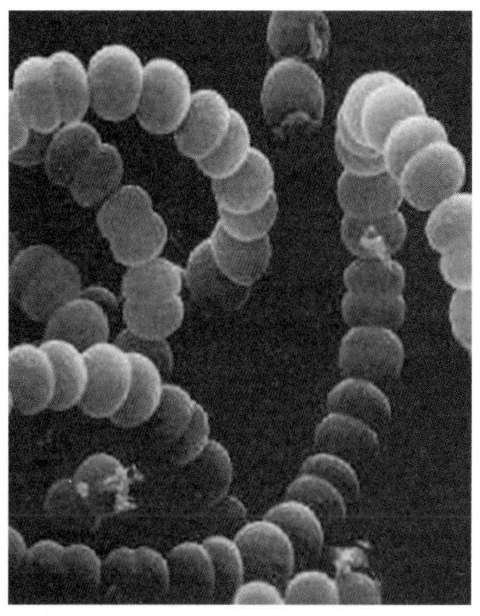

图 2.8 鱼腥藻细胞

### 2.4.2 指示生物

检测水样中各种各样的病原体通常是不现实的，指示生物通常作为人类或其他恒温动物粪便污染的度量指标。指示生物的理想特征如下：

（1）指示生物应该存在于人类和其他恒温动物的消化道中。

（2）指示生物应该大量存在于排泄物中。

（3）当有病原微生物存在时，指示生物应始终存在，并且不存在于清洁未受污染的水中。

（4）指示生物应该以类似于目标病原体的方式对

自然环境条件作出反应，或者在水中比病原体存活的时间更长。

（5）指示生物应易于分离、识别和列举。

（6）指示生物与病原体的比例应该很高。

（7）指示生物和病原体的来源应该相同。

（8）指示生物不应该是致病的。

一些微生物被用作指示生物，最常用的是总大肠菌群（TCs）、粪大肠菌群（FCs）、大肠杆菌、粪链球菌和肠球菌。

大肠菌群。大肠菌群被定义为所有厌氧和兼性厌氧、革兰氏阴性、无孢子形成的棒状细菌，其在35℃下48h内能够发酵乳糖并产生气体。美国环保局（USEPA）通过的用于大肠菌群检测的方法之一是膜过滤法（MF），该方法使用纤维素膜材料，其孔径约为0.47μm。水能够自由通过膜，但大肠菌群截留在膜表面。水样经过膜过滤后，将其在35℃的大肠菌群培养基中温育24h。大肠菌群产生的菌落具有明显的金属绿色光泽；图2.9为这种菌落的一个例子。大肠菌群的定义是开放的而不是分类学定义，并包含多种生物体，主要来源于肠道。大肠菌群中的细菌符合理想指示生物的所有标准。这些细菌通常是不致病的，但它们通常存在于病原体存在的地方。大肠菌群比病原体更丰富，并且可以在水环境中长时间存活。使用TCs作为指示生物的缺点是它们可以在水中再生，从而成为天然水生生物的一部分。通常，饮用含有可检测到大肠菌群的水是不安全的。

粪大肠菌群。与TCs相比，粪大肠菌群更能表示粪便病原体的存在。FCs是TCs的一个亚组，在实验室中通过高温检测（43~44.5℃，取决于检测）进行区分。尽管该检测确定了粪便来源的大肠菌群，但它不能区分是来源于人还是动物。膜过滤法也可用于检测FCs的存在。水样经过过滤器过滤后，将其在44.5℃的特殊培养基中培养，FCs呈蓝色菌落。FCs的浓度通常远低于TCs的浓度。作为参考，人类粪便中约含有$10^7$FCs/g[①]，受合流制排污口污水污染的河流可能具有超过$10^6$CFU/100mL的FCs。

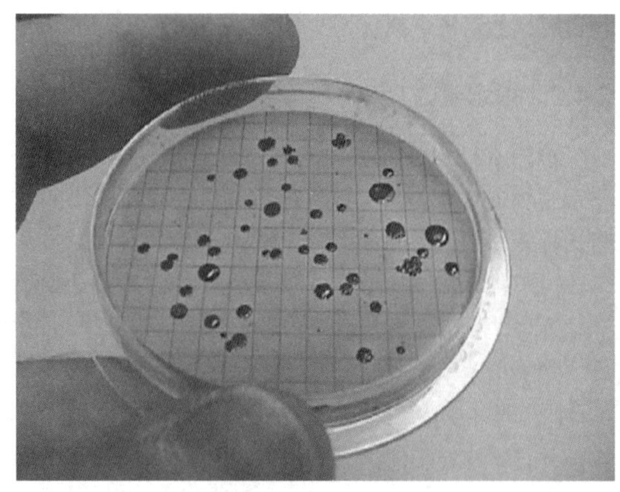

图2.9　大肠菌群的膜过滤检测

大肠杆菌和肠球菌。大肠杆菌和肠球菌通常用作娱乐用水水质指标，因为它们与游泳者胃肠炎的相关性更好。大肠杆菌是FCs中与恒温动物的排泄物最相关的物种，而肠球菌属是粪链球菌的亚群，其包括来自于人类的主要链球菌物种并且消除了牲畜和野生动物粪便中的一些主要链球菌物种。遗憾的是，大多数牲畜和野生动物粪便仍然是肠球菌属物种的来源，因此肠球菌密度并不完全表明人类粪便污染。人类粪便和污水中的肠球菌通常比大肠杆菌的密度低，这可能会影响其作为指示生物的实用性。另一方面，肠球菌特别耐盐碱的特性使其成为海水中更理想的指示生物。

TCs和FCs作为水中病原体指示生物的可靠性取决于病原微生物相对于大肠菌群的持续性。在地表水中，致病菌往往比大肠菌死亡更快，而病毒和原生动物能生存更久。在休闲湖泊和溪流中，FCs小于200CFU/100mL通常被认为是可接受的。如果没有检测到大肠菌群，则认为水并未被污染。

大肠杆菌和肠球菌都适用于预测淡水环境中病原体的存在，肠球菌更适合预测海洋环境中病原体的存在。这些特性在水质标准中得到了广泛的反映，典型的几何平均标准为：大肠杆菌126MPN/100mL，淡水中肠球菌33CFU/100mL，海水中肠球菌35CFU/100mL。

在地下水中，FCs的浓度不是病原微生物污染的可靠指标，因为比病毒大的微生物很少迁移这么长的距离，并且FCs的存在与病原微生物之间没有关系。在地下水中，源于化粪池流出物的病毒尤其令人担忧，并且由于其体积小（通常为0.01~0.03μm），可以通过多孔介质移动。由于病毒难以在地下水中检测到，并且FCs并不是一个可靠的指标，因此通常需要对病毒源头（如化粪池和最低消毒要求）规定最小回退距离来保护饮用水入口（井）免受病毒污染。

① 通常称为菌落数（CFU）。

### 2.4.3 生物完整性

生物完整性被定义为水体能够支持和维持的一个平衡的、完整的和适应性的生物群落，这个生物群落的物种组成、多样性和功能组织能够与区域内的自然生境相当。典型的水生生态系统包括河流、湖泊、湿地和河口。

鱼类、昆虫、藻类、植物和其他生物的出现、状况和数量是提供特定水体健康状况直接信息的生物指标。使用这些生物指标来评估水体健康状况的方法称为生物评估。生物标准描述了水体维持所需状况时必须具备的品质，并将其作为与生物指标测量值进行比较的基准。生物标准用叙述或数字表达，描述了特定水生生物栖息水域的水生生物完整性参考标准。生物标准基于已经存在的生物体的数量和类型，并且代表了被认为是最小程度受损的参考条件。

生物指示物种是独特的环境指标，因为它们提供了水体中生物状况的信息。生物指标可以作为生态系统污染或退化的预警措施。主要的生物指标包括鱼、无脊椎动物、附生植物和大型藻类。海洋环境中使用的生物指标与淡水水体中使用的生物指标不同。

在海洋和河口水域，底栖大型无脊椎动物是反映水质的良好指标，因为它们对污染物的反应与在淡水系统中相当。多毛类（俗称蠕虫）是耐受性最强的海洋生物之一（如低氧、沉积物有机污染、污水污染），所以它们通常用作生物指示物种。此外，大型无脊椎动物也具有有限的移动性和足够长的寿命，以远离污染物并准确反映环境压力来源。通常，评估海洋和河口状况要困难得多，因为这些生态系统的参考条件通常很难评估。典型的海洋和河口指标包括：浮游植物、浮游动物、底栖生物、淹没水生植被、鱼类。

在考虑生物标准的应用时，牢记生物水质指标和化学水质指标之间的差异非常重要。生物水质指标提供了生物群落对所有压力源累积响应的直接测量。因此，生物标准设定了水质能够被管理的生物质量目标或对象，而不是水体中污染物或其他水质条件的最大允许水平。物理和化学水质标准旨在保护水体中的生物群落免受不同类型的压力，如污染物的毒性水平和不健康的物理条件。

评估地表水水质最有意义的方法之一是直接观察栖息在其中的植物和动物群落。由于水生植物和动物不断受到各种压力因素的影响，这些群体不仅反映了水体当前的状况，也反映了随着时间的推移产生的压力和变化对它们的累积影响。生物评估数据对管理水生资源和生态系统非常重要。它们可以用来设定保护和恢复目标，决定要监测什么和如何解释发现的情况，确定水体的压力并决定如何控制压力，以及评估和报告各种补救措施的成效。

传统的化学和物理水质评估不能完全回答有关水体生态完整性的问题，也不能确定水资源是否受到保护。仅仅依靠传统化学水质评估可能导致虽然满足了化学标准但不足以完全保护水生群落的情况出现；或者相反，尽管未能达到化学标准，但水生群落仍保持良好状态。通常需要一整套的量度和指标来表征水体的生态健康状况。鱼、无脊椎动物、两栖动物、藻类和植物的存在、状况和数量共同提供了特定水体健康的直接信息。生物评估数据也可以帮助区分潜在的压力源。建立压力源与危害之间可信的关系能够帮助识别问题的可能原因。生物评估数据也可以作为评估管理行动有效性的一种指标，反映在生物群体的响应和改善的生存条件上。

## 习题

1. 海水倒流入河流使氯化物的平均浓度增加到3000mg/L。如果夏季水温约为 25℃，冬季水温约为15℃，比较夏季与冬季的饱和溶解氧水平。

2. 在什么温度下，水中的饱和溶解氧浓度下降到低于 5mg/L 的最低期望水平？

3. 工业废水的 BOD 检测表明，5d 的 BOD 为49mg/L，最终的碳化 BOD 为 75mg/L。估算衰减因子。

4. 工业废水的分析表明，硝化 BOD（NBOD）在培养 10d 后开始出现，并且可以用与碳化 BOD（CBOD）相同的指数函数来描述。如果速率常数为 0.1 $d^{-1}$，并且 5d 的 BOD 为 20mg/L，估计 20d 后的总 BOD 和最终的 BOD。

5. 您居住地区的水质标准是什么？

# 第3章　迁移和归趋原理

## 3.1　引言

液体中示踪剂的扩散称为混合，这是示踪剂中的大量颗粒沿不同路径以不同速度移动的结果。单个示踪剂粒子的速度既有微观成分也有宏观成分。微观成分与示踪剂分子的随机运动即布朗运动有关，宏观成分与包含示踪剂粒子的连续流体的运动相关。在某些情况下，（连续）流体流动为湍流的地方，在空间中任何一点的宏观速度可以进一步划分为局部（时间平均）速度加上与湍流流量相关的随机波动速度。基于分子尺度的随机速度波动的混合称为分子扩散，基于随机湍流的宏观速度波动的混合称为湍流扩散。局部（时间平均）速度的空间变化可能导致额外的混合，这种混合机制称为分散。水环境下的混合特性受周围速度场的时空特性以及示踪剂颗粒区域大小的显著影响。一些常见的混合特性如图 3.1 所示。在图 3.1（*a*）中，流体具有空间均匀的速度场，流动不是湍流，混合仅仅基于分子扩散作用。值得注意的是，空间均匀的层流流动超出分子扩散的范围不会造成混合。在图 3.1（*b*）中，流体具有空间均匀的（时间平均）速度场，流动是湍流，混合基于湍流扩散和分子扩散作用。在这种情况下，由于湍流扩散强度通常比分子扩散强度大得多，湍流扩散在层流流动下会使示踪剂扩散到更大的区域。在图 3.1（*c*）中，速度不是空间均匀的，流动是湍流，混合基于分散、湍流扩散和分子扩散作用。请注意，速度的空间变化导致示踪剂在不同区域以不同的速度运动，从而“撕裂”示踪剂区域，这是分散过程。

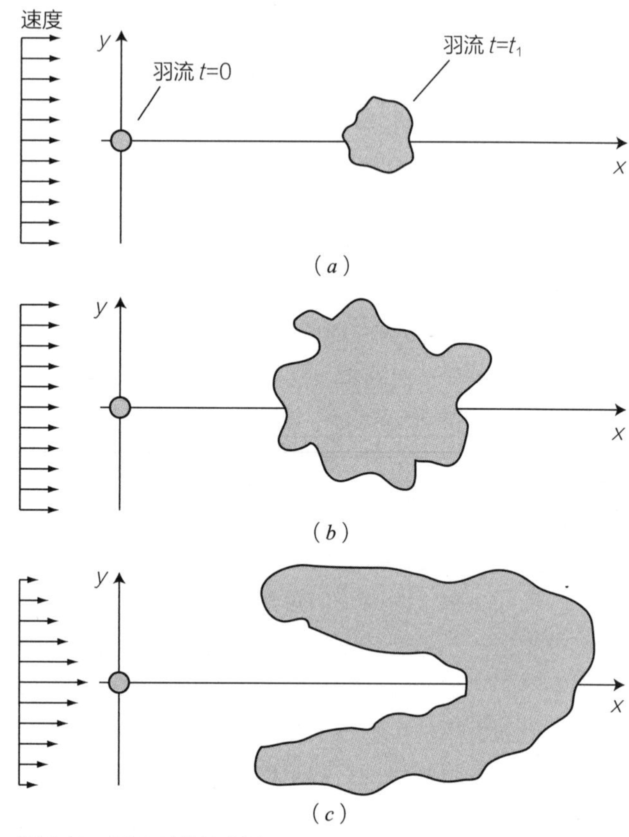


图 3.1　对流和扩散示意图

（*a*）均匀对流 + 分子扩散；（*b*）均匀对流 +（分子扩散 + 湍流扩散）；（*c*）分散 +（分子扩散 + 湍流扩散）

## 3.2　对流 - 扩散方程

基于分子扩散和湍流扩散的混合原理上基本相似，因为它们都与粒子的随机运动有关，分子尺度的运动造成分子扩散，而宏观尺度的流体运动造成湍流扩散。鉴于这种相似性，分子扩散和湍流扩散通常可以由菲克定律来描述，其广义表达形式为：

$$q_i^{\mathrm{d}} = -D_{ij}\frac{\partial c}{\partial x_j} \tag{3.1}$$

式中　$q_i^{\mathrm{d}}$——在 $x_i$ 方向上的扩散引起的示踪剂质量通量（$\mathrm{ML^{-2}T^{-1}}$）①；

$D_{ij}$——扩散系数张量（$\mathrm{L^2T^{-1}}$）；

$c$——示踪剂浓度（$\mathrm{ML^{-3}}$）；

$x_j$——$x_j$ 方向的坐标测量（L）。

① 文本中的尺寸单位显示在括号内。

虽然菲克定律最初用来描述分子扩散，但在大多数应用中，它被用来同时描述分子扩散和湍流扩散，因此扩散系数 $D_{ij}$ 可被理解为分子扩散系数 $D_m$ 和湍流扩散系数 $\varepsilon_{ij}$ 的总和，如下：

$$D_{ij}=D_m+\varepsilon_{ij} \tag{3.2}$$

由于 $\varepsilon_{ij}$>>$D_m$，因此 $D_{ij}$ 主要考虑湍流扩散系数（即 $D_{ij}\approx\varepsilon_{ij}$）。

在（组合）扩散系数 $D_{ij}$ 随方向变化的情况下，扩散过程称为各向异性；而在扩散系数独立于方向的情况下，扩散过程称为各向同性。因此，对于各向同性扩散，$D_{ij}$=$D$（$i\in\forall$，$j\in\forall$），这种情况下，菲克定律（公式（3.1））可表达为：

$$q_i^d=-D\frac{\partial c}{\partial x_i} \tag{3.3}$$

鉴于公式（3.3）给出的菲克关系式将宏观速度变化的混合效应参数化，并且相关长度尺度小于菲克关系的支持尺度，示踪剂分子也被大规模的流体运动引动对流。与较大规模（对流）流体运动相关的质量通量如下所示：

$$q_i^a=V_i c \tag{3.4}$$

式中　$q_i^a$——在 $x_i$ 方向上的对流引起的示踪剂质量通量（$ML^{-2}T^{-1}$）；

$V_i$——$x_i$ 方向上的大尺度流体速度（$LT^{-1}$）。

由于示踪剂通过对流和扩散同时传输，因此流体内示踪剂的总通量是对流通量和扩散通量的总和。

$$q_i=q_i^a+q_i^d=V_i c-D\frac{\partial c}{\partial x_i} \tag{3.5}$$

式中　$q_i$——在 $x_i$ 方向上的示踪剂通量。

公式（3.5）也可以写成矢量形式：

$$q=Vc-D\nabla c \tag{3.6}$$

式中　$q$——通量矢量；

$V$——大尺度流体速度。

示踪剂通量在对流和扩散分量方面的表达通常与长度尺度 $L$ 有关，该尺度通过测量平均体积来估计对流速度 $V$ 和扩散系数 $D$。对流和扩散之间的主要区别在于对流与示踪剂质量中心的净移动相关，而扩散与示踪剂质量中心的分布有关。

考虑图 3.2 中显示的有限控制体积，其中该控制体积固定在空间中并位于运输示踪剂的流体内。根据质量守恒定律，进入控制体积中示踪剂的净通量（$MT^{-1}$）必须等于控制体积内示踪剂质量（$MT^{-1}$）的变化率。质量守恒定律可以表示为：

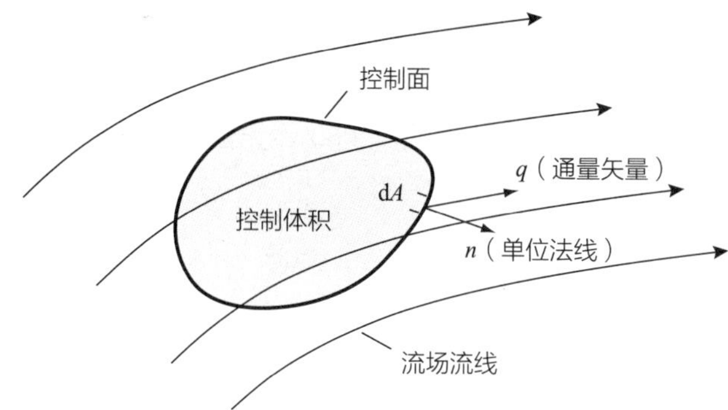


图 3.2　在流体运输示踪剂中的控制体积

$$\underbrace{\int_V S_m\,dV}_{\text{A项}}=\underbrace{\frac{\partial}{\partial t}\int_V c\,dV}_{\text{B项}}+\underbrace{\int_A q\cdot n\,dA}_{\text{C项}} \tag{3.7}$$

式中　$V$——控制体积的体积（$L^3$）；

$c$——示踪剂浓度（$ML^{-3}$）；

$A$——控制体积的表面积（$L^2$）；

$q$——通量矢量（$ML^{-2}T^{-1}$）；

$n$——控制体积外的法向量（无量纲）；

$S_m$——控制体积内单位体积的质量通量（$ML^{-3}T^{-1}$）。

在方程（3.7）中，A 项是向控制体积内添加示踪剂的速率，B 项是控制体积内示踪剂的质量累积速率，C 项是示踪剂离开控制体积的速率。方程（3.7）可以使用散度定理来简化，该散度定理通过方程（3.8）将表面积分与体积积分相关联。

$$\int_A q\cdot n\,dA=\int_V \nabla\cdot q\,dV \tag{3.8}$$

结合方程（3.7）和方程（3.8）推导出：

$$\int_V S_m\,dV=\frac{\partial}{\partial t}\int_V c\,dV+\int_V \nabla\cdot q\,dV \tag{3.9}$$

由于控制体积在空间和时间上是固定的，体积积分相对于时间的导数等于体积相对于时间的导数的积分，方程（3.9）可以写成：

$$\int_V\left(\frac{\partial c}{\partial t}+\nabla\cdot q-S_m\right)dV=0 \tag{3.10}$$

这个等式要求对于任意的控制体积，括号内数量的积分必须为零，并且只有被积函数本身为零时，这才是有效的。按照这个逻辑，方程（3.10）要求：

$$\frac{\partial c}{\partial t}+\nabla\cdot\mathbf{q}-S_{\mathrm{m}}=0 \tag{3.11}$$

这个方程可以与方程（3.6）给出的质量通量的表达式结合起来并写成扩展形式：

$$\frac{\partial c}{\partial t}+\nabla\cdot(Vc-D\nabla c)=S_{\mathrm{m}} \tag{3.12}$$

简化为：

$$\frac{\partial c}{\partial t}+V\cdot\nabla c+c(\nabla\cdot V)=D\nabla^2 c+S_{\mathrm{m}} \tag{3.13}$$

该方程适用于所有流体中的所有示踪剂。在典型水环境中的不可压缩流体中，质量守恒定律要求：

$$\nabla\cdot V=0 \tag{3.14}$$

结合方程（3.13）和公式（3.14）产生以下具有各向同性扩散的不可压缩流体的扩散方程：

$$\frac{\partial c}{\partial t}+V\cdot\nabla c=D\nabla^2 c+S_{\mathrm{m}} \tag{3.15}$$

在没有示踪剂质量源（即原始示踪剂）的情况下，$S_{\mathrm{m}}$ 为零，方程（3.15）变为：

$$\frac{\partial c}{\partial t}+V\cdot\nabla c=D\nabla^2 c \tag{3.16}$$

如果扩散系数 $D$ 是各向异性的，则扩散系数的主要成分可以写为 $D_i$，并且扩散方程变成：

$$\frac{\partial c}{\partial t}+\sum_{i=1}^{3}V_i\frac{\partial c}{\partial x_i}=\sum_{i=1}^{3}D_i\frac{\partial^2 c}{\partial x_i^2}+S_{\mathrm{m}} \tag{3.17}$$

其中 $x_i$ 为扩散系数张量的主要方向。方程（3.17）是描述污染物在水生环境中混合的最常用的关系式，它被称为对流–扩散方程。

### 3.2.1　无量纲形式

通常可以定义参考浓度 $C$（例如污染物的背景浓度）、参考速度 $V$ 和参考长度 $L$，其表征空间尺寸（污染物在其中移动）。浓度 $c$、坐标 $x_i$、时间 $t$ 和速度分量 $V_i$ 可以根据这些参考量进行标准化以生成以下无量纲变量：

$$c^*=\frac{c}{C} \tag{3.18}$$

$$x_i^*=\frac{x_i}{L} \tag{3.19}$$

$$t^*=\frac{t}{L/V} \tag{3.20}$$

$$V_i^*=\frac{V_i}{V} \tag{3.21}$$

星号表示该变量为无量纲量。在污染物不保守的情况下，对流–扩散方程（方程（3.17））中的源项 $S_{\mathrm{m}}$ 不为零。在非保守污染物呈现一阶衰减的特殊情况下，源项 $S_{\mathrm{m}}$ 可以表示为：

$$S_{\mathrm{m}}=-kc \tag{3.22}$$

式中　$k$——衰减常数。

将公式（3.18）~ 公式（3.21）代入方程（3.17），使 $S_{\mathrm{m}}=-kc$，并简化后得到以下无量纲形式的对流–扩散方程：

$$\frac{\partial c^*}{\partial t^*}+\sum_{i=1}^{3}V_i^*\frac{\partial c^*}{\partial x_i^*}=\sum_{i=1}^{3}\left(\frac{VL}{D_i}\right)^{-1}\frac{\partial^2 c^*}{\partial x_i^{*2}}-\left(\frac{kL}{V}\right)c^* \tag{3.23}$$

这种无量纲表示的作用是所有只涉及无量纲变量的项是统一的（即“1”），因为每个无量纲变量已经被周围环境特征的参考量归一化了。因此，大小不一定一致的项只有扩散项和衰减项，它们的大小分别由无量纲组 $VL/D_i$ 和 $kL/V$ 来确定。这些无量纲组的物理意义如下：

$VL/D_i$：这个无量纲组表示对流通量（$VC$）与扩散通量（$D_iC/L$）的比值，称为 Péclet 数。Péclet 数通常用 $Pe_i$ 表示，其中 $i$ 表示扩散的坐标方向。因此：

$$Pe_i=\frac{\text{对流通量}}{\text{扩散通量}}=\frac{VC}{D_iC/L}=\frac{VL}{D_i} \tag{3.24}$$

大的 $Pe_i$ 值表明对流通量在 $x_i$ 方向占主导地位，小的 $Pe_i$ 值表明扩散通量在 $x_i$ 方向占主导地位。

$kL/V$：这个无量纲组表示对流时间尺度（$L/V$）与衰减时间尺度（$1/k$）的比值，称为 Damköhler 数，用 $Da$ 表示。因此，Damköhler 数被定义为：

$$Da=\frac{\text{对流时间尺度}}{\text{衰减时间尺度}}=\frac{L/V}{1/k}=\frac{kL}{V} \tag{3.25}$$

大的 $Da$ 值表明对流时间尺度比衰减时间尺度长得多，因此需要考虑衰减；相反，小的 $Da$ 值表明衰减时间尺度比对流时间尺度长得多，因此衰减相对不重要。

规定 $Pe_i$（$=VL/D_i$）和 $Da$（$=kL/V$）后，方程（3.23）可写为：

$$\frac{\partial c^*}{\partial t^*}+\sum_{i=1}^{3}V_i^*\frac{\partial c^*}{\partial x_i^*}=\sum_{i=1}^{3}(Pe_i)^{-1}\frac{\partial^2 c^*}{\partial x_i^{*2}}-(Da)c^* \quad (3.26)$$

根据方程（3.26），当 $Pe_i >> 1$ 时，扩散项可以忽略不计（即对流支配）；而当 $Pe_i << 1$ 时，扩散是一个应该考虑的影响过程。同样，当 $Da >> 1$ 时，应该考虑衰减；而当 $Da << 1$ 时，衰减可以忽略不计。当扩散和衰减同时存在时，$Da$ 与 $1/Pe_i$ 的比率给出了衰减与扩散相对重要性的量度，并且该比率由 $Da \cdot Pe_i$ 得到，其中：

$$Da \cdot Pe_i=\frac{kL}{V}\cdot\frac{VL}{D_i}=\frac{kL^2}{D_i} \quad (3.27)$$

因此，当 $kL^2/D_i >> 1$ 时，衰减比扩散更重要。相反，当 $kL^2/D_i << 1$ 时，扩散比衰减更重要。实际上，这意味着当 $kL^2/D_i >> 1$ 时，考虑到衰减时可以忽略扩散。

显然，Péclet 数（$Pe_i$）和 Damköhler 数（$Da$）提供了对流–扩散方程中所包含的对流、扩散和衰减过程的相对重要性的基本度量。这些无量纲参数也可以用来解释和简化对流–扩散方程的解析解。

### 3.2.2 扩散方程的转换

通过将方程（3.17）转化为一个简单的扩散方程（无对流），可以获得对流–扩散方程的几个实际解析解，其中许多解析解已经在其他领域的工程中得到了发展。下面介绍最常用的转换。

#### 3.2.2.1 保守示踪剂

在示踪剂总质量保持不变的情况下，污染物被称为保守的，方程（3.17）中的 $S_m=0$。这种情况下污染物的传输可以表示为：

$$\frac{\partial c}{\partial t}+\sum_{i=1}^{3}V_i\frac{\partial c}{\partial x_i}=\sum_{i=1}^{3}D_i\frac{\partial^2 c}{\partial x_i^2} \quad (3.28)$$

当扩散示踪剂以恒定的平均速度 $V_i$ 对流时，方程（3.28）可以通过将自变量 $x_i$ 和 $t$ 改变为 $x'_i$ 和 $t$ 来简化，其中新变量 $x'_i$ 定义为：

$$x'_i=x_i-V_i t \quad (3.29)$$

其中相对于示踪剂颗粒平均位置的 $x'_i$ 坐标测量位置由 $V_i t$ 得到。坐标系的变换如图 3.3 所示，其中点 $O$ 是时间为零的示踪剂颗粒的平均位置，点 $O'$ 是时间 $t$ 处的示踪剂颗粒的平均位置，$P$ 是空间中的固定点。这种坐标变换是示踪剂相对于 $x'_i$ 轴对称分布情况下的简化描述。（$x'_i$, $t$）空间中的导数与（$x'_i$, $t$）空间中的导数通过链式法则相关联。

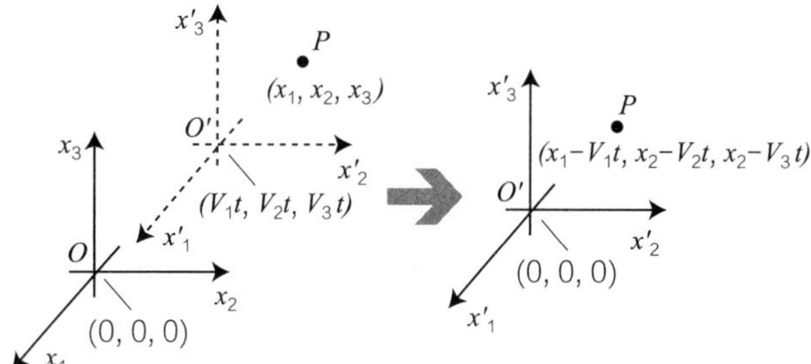


图 3.3　坐标系变换示意图

$$\frac{\partial(\cdot)}{\partial x_i}=\sum_{j=1}^{3}\frac{\partial(\cdot)}{\partial x'_j}\frac{\partial x'_j}{\partial x_i} \quad (3.30)$$

$$\frac{\partial(\cdot)}{\partial t}=\sum_{j=1}^{3}\frac{\partial(\cdot)}{\partial x'_j}\frac{\partial x'_j}{\partial t}+\frac{\partial(\cdot)}{\partial t} \quad (3.31)$$

其中（·）表示 $x_i$ 和 $t$ 的任何标量函数。结合方程（3.29）~ 方程（3.31）有：

$$\frac{\partial(\cdot)}{\partial x_i}=\frac{\partial(\cdot)}{\partial x'_i} \quad (3.32)$$

$$\frac{\partial(\cdot)}{\partial t}=-\sum_{j=1}^{3}V_j\frac{\partial(\cdot)}{\partial x'_j}+\frac{\partial(\cdot)}{\partial t} \quad (3.33)$$

将方程（3.32）和方程（3.33）代入对流–扩散方程（3.28），得到（$x'_i$, $t$）空间中的变换方程：

$$\frac{\partial c}{\partial t}=\sum_{i=1}^{3}D_i\frac{\partial^2 c}{\partial x_j'^2} \quad (3.34)$$

通常写为笛卡尔形式（Cartesian）：

$$\frac{\partial c}{\partial t}=D_x\frac{\partial^2 c}{\partial x'^2}+D_y\frac{\partial^2 c}{\partial y'^2}+D_z\frac{\partial^2 c}{\partial z'^2} \quad (3.35)$$

方程（3.35）通常称为扩散方程。这个方程已经在许多工程和科学应用中进行了详细研究，特别是在热传导的背景下可以获得各种初始条件和边界条件下的解析解。将这些解与方程（3.29）给出的变换一起使用，可以获得许多有意义的结果，这些结果可以用来描述水环境中平均流量、$V_i$ 稳定且空间均匀情况下的混合过程。

#### 3.2.2.2 一阶衰减的非保守示踪剂

在非保守示踪剂发生一阶衰减的情况下，源通量

$S_m$ 由下式给出：

$$S_m=-kc$$

因此控制对流—扩散方程由下式给出：

$$\frac{\partial c}{\partial t}+\sum_{i=1}^{3}V_i\frac{\partial c}{\partial x_i}=\sum_{i=1}^{3}D_i\frac{\partial^2 c}{\partial x_i^2}-kc \quad (3.36)$$

如果实际浓度 $c$ 以修正浓度 $c'$ 表示，其中：

$$c'=ce^{kt} \quad (3.37)$$

然后将方程（3.37）代入方程（3.36），根据修正浓度生成以下控制微分方程：

$$\frac{\partial c'}{\partial t}+\sum_{i=1}^{3}V_i\frac{\partial c'}{\partial x_i}=\sum_{i=1}^{3}D_i\frac{\partial^2 c'}{\partial x_i^2} \quad (3.38)$$

可以明显看到，一阶衰减的项已经消失，因此当用修正浓度 $c'$ 表示时，示踪剂表现为保守物质。实际上，这意味着在一阶衰减下处理示踪剂，示踪剂可以被看作是保守物质以确定浓度分布 $c'$，然后计算的浓度分布乘以 $e^{-kt}$ 用来确定实际的浓度分布。

### 3.2.3　扩散方程的瞬时性

扩散方程的瞬时性是使用保守示踪剂（如染料）从现场测量估计扩散系数的基础。方程（3.35）给出了示踪剂相对于其中心轴的扩散：

$$\frac{\partial c}{\partial t}=D_x\frac{\partial^2 c}{\partial x'^2}+D_y\frac{\partial^2 c}{\partial y'^2}+D_z\frac{\partial^2 c}{\partial z'^2}$$

其中 $x'$、$y'$ 和 $z'$ 是相对于质心轴的坐标。将方程（3.35）乘以 $x'^2$ 并且在 $\pm\infty$ 之间对 $x'$ 进行积分得：

$$\int_{-\infty}^{\infty}\frac{\partial c}{\partial t}x'^2\mathrm{d}x'=D_x\int_{-\infty}^{\infty}x'^2\frac{\partial^2 c}{\partial x'^2}\mathrm{d}x'+D_y\int_{-\infty}^{\infty}x'^2\frac{\partial^2 c}{\partial y'^2}\mathrm{d}x'+D_z\int_{-\infty}^{\infty}x'^2\frac{\partial^2 c}{\partial z'^2}\mathrm{d}x' \quad (3.39)$$

为了评估这些积分，假设在 $x'=\pm\infty$ 处示踪剂浓度等于零，这需要以下边界条件：

$$\begin{cases}\dfrac{\partial c}{\partial x_i'}=0, & \text{当 } x_i'=\pm\infty \text{ 时}\\ c=0, & \text{当 } x_i'=\pm\infty \text{ 时}\end{cases} \quad (3.40)$$

将这些边界条件应用到方程（3.39），并进行分部积分，得到：

$$\frac{\partial}{\partial t}\int_{-\infty}^{\infty}x'^2c\,\mathrm{d}x'=2D_x\int_{-\infty}^{\infty}c\,\mathrm{d}x'+D_y\frac{\partial^2}{\partial y'^2}\int_{-\infty}^{\infty}x'^2c\,\mathrm{d}x'+D_z\frac{\partial^2}{\partial z'^2}\int_{-\infty}^{\infty}x'^2c\,\mathrm{d}x' \quad (3.41)$$

将方程（3.41）相对于 $y'$ 从 $-\infty$ 积分到 $+\infty$，并应用方程（3.40）给出的边界条件，简化得到：

$$\frac{\partial}{\partial t}\int_{-\infty}^{\infty}\int_{-\infty}^{\infty}x'^2c\,\mathrm{d}x'\mathrm{d}y'=2D_x\int_{-\infty}^{\infty}\int_{-\infty}^{\infty}c\,\mathrm{d}x'\mathrm{d}y'+D_z\frac{\partial^2}{\partial z'^2}\int_{-\infty}^{\infty}\int_{-\infty}^{\infty}x'^2c\,\mathrm{d}x'\mathrm{d}y' \quad (3.42)$$

将方程（3.42）相对于 $y'$ 从 $-\infty$ 积分到 $+\infty$，并应用方程（3.40）给出的边界条件，简化得到：

$$\frac{\partial}{\partial t}\int_{-\infty}^{\infty}\int_{-\infty}^{\infty}\int_{-\infty}^{\infty}x'^2c\,\mathrm{d}x'\mathrm{d}y'\mathrm{d}z'=2D_x\int_{-\infty}^{\infty}\int_{-\infty}^{\infty}\int_{-\infty}^{\infty}c\,\mathrm{d}x'\mathrm{d}y'\mathrm{d}z' \quad (3.43)$$

方程（3.43）右边的积分项等于示踪剂的总质量 $M$，即：

$$M=\int_{-\infty}^{\infty}\int_{-\infty}^{\infty}\int_{-\infty}^{\infty}c\,\mathrm{d}x'\mathrm{d}y'\mathrm{d}z' \quad (3.44)$$

对于保守示踪剂，$M$ 在扩散过程中为常数。因此方程（3.43）可以写成：

$$D_x=\frac{1}{2}\frac{\mathrm{d}}{\mathrm{d}t}\left[\frac{1}{M}\int_{-\infty}^{\infty}\int_{-\infty}^{\infty}\int_{-\infty}^{\infty}x'^2c\,\mathrm{d}x'\mathrm{d}y'\mathrm{d}z'\right] \quad (3.45)$$

其中关于时间的偏微分可以被替换为时间的全微分，因为被微分的量仅取决于时间[①]。沿着 $x'$ 轴浓度分布的方差 $\sigma_{x'}^2$ 定义为：

$$\sigma_{x'}^2=\frac{1}{M}\int_{-\infty}^{\infty}\int_{-\infty}^{\infty}\int_{-\infty}^{\infty}x'^2c\,\mathrm{d}x'\mathrm{d}y'\mathrm{d}z' \quad (3.46)$$

因此积分扩散方程式（3.45）可以写成如下形式：

$$D_x=\frac{1}{2}\frac{\mathrm{d}\sigma_{x'}^2}{\mathrm{d}t} \quad (3.47)$$

结果表明，在均匀流场中，扩散系数 $D_x$ 等于方差增长率 $\sigma_{x'}^2$ 的一半，与初始条件或浓度分布无关。对于 $D_y$ 和 $D_z$，通过在积分之前将原始扩散方程乘以 $y'^2$ 和 $z'^2$ 可获得相似的结果，即：

① 空间维数已通过积分去除。

$$D_y = \frac{1}{2}\frac{d\sigma_{y'}^2}{dt} \quad (3.48)$$

$$D_z = \frac{1}{2}\frac{d\sigma_{z'}^2}{dt} \quad (3.49)$$

方程（3.47）~ 方程（3.49）的实际作用是可以从现场测量值确定保守示踪剂分布的方差，然后用于计算水环境中所有示踪剂（保守或非保守）的扩散系数。这些计算得到的扩散系数可用于系统的分析和设计以控制污染物传输。

## 【例题 3.1】

将 10kg 罗丹明 WT 染料块投放到海洋中，在可以看到染料颜色期间，每 3h 测量染料的浓度分布，于白天持续 12h。表 3.1 列出了染料团随时间的水平变化。估算水平扩散系数。

染料团随时间的水平变化情况　　表 3.1

| 时间 $t$（h） | $\sigma_{x'}^2$（cm²） | $\sigma_{y'}^2$（cm²） |
|---|---|---|
| 0 | $10^4$ | $10^4$ |
| 3 | $3.0\times10^7$ | $2.7\times10^7$ |
| 6 | $1.4\times10^8$ | $1.3\times10^8$ |
| 9 | $3.7\times10^8$ | $3.3\times10^8$ |
| 12 | $7.2\times10^8$ | $6.5\times10^8$ |

**【解】**

根据方程（3.47）和方程（3.48），扩散系数可以近似为：

$$D_{x'} \approx \frac{1}{2}\frac{\Delta\sigma_{x'}^2}{\Delta t}, \qquad D_{y'} \approx \frac{1}{2}\frac{\Delta\sigma_{y'}^2}{\Delta t}$$

因此，在 $t$=0 到 $t$=3h 之间：

$$D_{x'} \approx \frac{1}{2}\times\frac{3\times10^7-10^4}{(3-0)\times3600}=1.4\times10^3\ \text{cm}^2/\text{s}$$

$$D_{y'} \approx \frac{1}{2}\times\frac{2.7\times10^7-10^4}{(3-0)\times3600}=1.2\times10^3\ \text{cm}^2/\text{s}$$

以上扩散系数可以作为 $t$ =（0+3）/2=1.5h 时的近似值。对后续时间间隔重复此分析，列出时间函数的扩散系数见表 3.2。

扩散系数计算结果　　表 3.2

| 时间 $t$（h） | $D_{x'}$（cm²/s） | $D_{y'}$（cm²/s） |
|---|---|---|
| 1.5 | $1.4\times10^3$ | $1.2\times10^3$ |
| 4.5 | $5.1\times10^3$ | $4.8\times10^3$ |
| 7.5 | $1.1\times10^4$ | $9.3\times10^4$ |
| 10.5 | $1.6\times10^4$ | $1.5\times10^4$ |

从计算结果可以看出，随着时间的延长扩散系数逐渐增大。随着染料团的扩大，它会经历更多的洋流变化，因此，混合随着时间的推移得以更快的发生。

## 3.3　对流—扩散方程的基本解

任何对流—扩散问题的完整数学表述由对流—扩散方程加上该特定问题的初始条件和边界条件组成。显然，对流—扩散方程的解有很多种，不同的解对应于不同的初始条件和边界条件。

对流—扩散方程的几个基本解构成了大量其他解的基础。这些基本解通常对应具有空间均匀速度场的无限（无界）环境中示踪剂的瞬时释放。根据前面描述的均匀速度场变换（3.2.2 节），这些基本解是在只有扩散的变换空间中得到的，而对流是通过只有扩散的基本解的逆变换组成的。逆变换通常具有以下形式：$x'_i=x_i-V_it$，其中 $x'_i$ 和 $x_i$ 分别是变换和未变换空间中的坐标，$V_i$ 是对流速度，$t$ 是时间。下面的章节给出了一维、二维和三维扩散方程的基本解和示例应用。

### 3.3.1　一维扩散

考虑示踪剂在 $y$ 方向和 $z$ 方向上均匀分布而仅在 $x$ 方向上发生扩散的情况。这种情况如图 3.4 所示，示踪剂在横截面上完全混合，并且进一步的混合只在 $x$ 方向上发生。扩散方程如下：

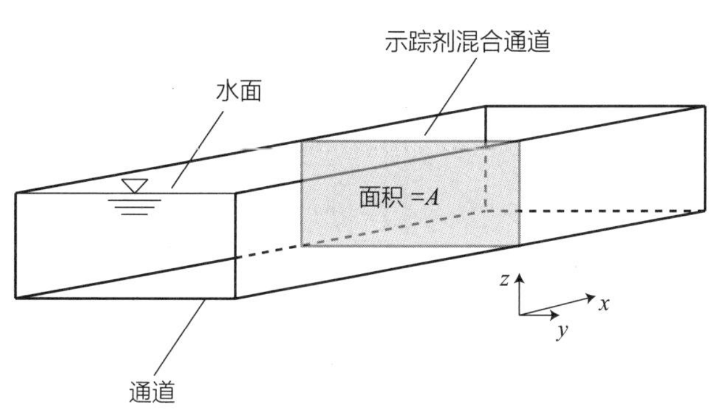

图 3.4　一维扩散示意图

$$\frac{\partial c}{\partial t}=D_x\frac{\partial^2 c}{\partial x^2} \quad (3.50)$$

假设质量为 $M$ 的示踪剂在 $t=0$ 时刻从 $x=0$ 处引入（在 $y$ 轴和 $z$ 轴上能很好地混合），并且示踪剂浓度 $x=\pm\infty$ 时总是等于零，初始条件和边界条件如下：

$$\begin{cases} c(x,0)=\dfrac{M}{A}\delta(x) \\ c(\pm\infty,t)=0 \end{cases} \quad (3.51)$$

式中 $A$——污染物在 $yz$ 平面中充分混合的面积；

$\delta(x)$——Dirac δ 函数，定义如下：

$$\delta(x)=\begin{cases}\infty & x=0\\ 0 & x\neq 0\end{cases} \text{ 且 } \int_{-\infty}^{+\infty}\delta(x)\mathrm{d}x=1 \quad (3.52)$$

图 3.5 描述了以 $x_0$ 为中心的 Dirac δ 函数。方程（3.50）的解受方程（3.51）给出的初始条件和边界条件的限制，解如下：

$$c(x,t)=\frac{M}{A\sqrt{4\pi D_x t}}\exp\left(-\frac{x^2}{4D_x t}\right) \quad (3.53)$$

结果表明，质量 $M$ 的瞬时引入产生的浓度分布符合高斯分布，其方差随时间增长，如图 3.6 中给出的方程（3.53）所示。为了验证方程（3.53）给出的浓度分布是高斯分布，考虑高斯分布的一般方程如下：

$$f(x)=\frac{A_0}{\sigma\sqrt{2\pi}}\exp\left[-\frac{1}{2}\left(\frac{x-\mu}{\sigma}\right)^2\right] \quad (3.54)$$

式中 $\mu$——分布的均值；

$\sigma$——分布的标准偏差；

$A_0$——曲线下的总面积。

注意，除了曲线下的面积 $A_0$ 等于 1 外，正态分布与高斯分布相同。比较扩散方程（3.53）和高斯分布（方程（3.54））的基本解，可以清楚地看出，基本解是高斯分布，其均值和标准偏差如下：

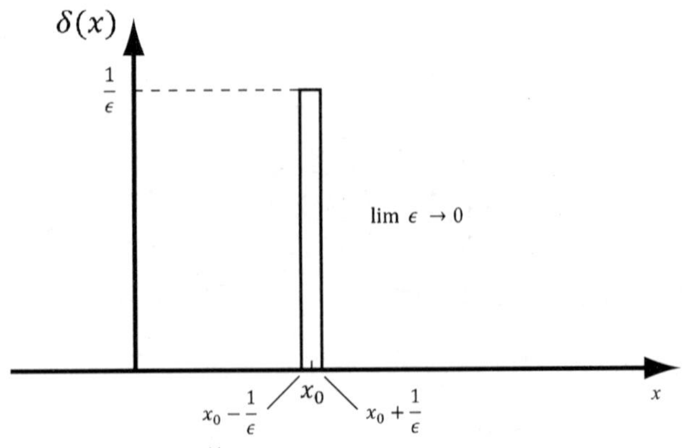


图 3.5 Dirac δ 函数

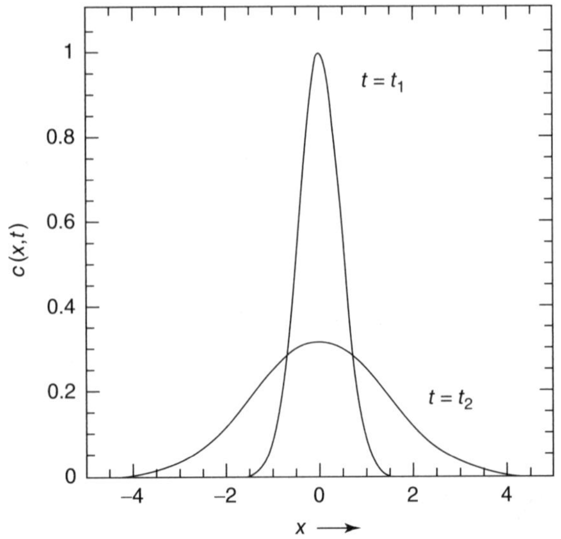


图 3.6 一维扩散示意图

$$\begin{cases}\mu=0\\ \sigma=\sqrt{2D_x t}\end{cases} \quad (3.55)$$

结果表明，瞬间释放至一个停滞流体中的一团污染物将会达到高斯浓度分布，最大浓度出现在物质释放的位置，并且分布的标准偏差与物质从释放开始经过的时间的平方根成正比增长。高斯分布曲线下面积的 95% 落在平均值的 $\pm 2\sigma$ 内，在这种情况下，95% 的释放质量在 $\mu\pm 2\sigma$ 以内。因此，污染区域的大小 $L_x$ 通常取为 $L_x=4\sigma$。

流体以恒定速度运动的一维对流－扩散方程如下：

$$\frac{\partial c}{\partial t}+V\frac{\partial c}{\partial x}=D_x\frac{\partial^2 c}{\partial x^2} \quad (3.56)$$

式中 $V$——$x$ 方向上的流体速度。

方程（3.56）在 $x'$–$t$（$x'=x-Vt$）域中可导出：

$$\frac{\partial c}{\partial t}=D_x\frac{\partial^2 c}{\partial x'^2} \quad (3.57)$$

对应于 $x=0$ 和 $t=0$ 处（具有无穷远边界）瞬时释放的初始条件和边界条件是：

$$\begin{cases} c(x',0)=\dfrac{M}{A}\delta(x') \\ c(\pm\infty,t)=0 \end{cases} \quad (3.58)$$

式中 $A$——在 $yz$ 平面上污染物混合良好的面积。

方程（3.57）的解受限于方程（3.58）给出的初始条件和边界条件，但与静止不动的流体的基本解相同，因此有：

$$c(x',t)=\frac{M}{A\sqrt{4\pi D_x t}}\exp\left(-\frac{x'^2}{4D_x t}\right) \quad (3.59)$$

在 $x-t$ 域中则是：

$$c(x,t)=\frac{M}{A\sqrt{4\pi D_x t}}\exp\left[-\frac{(x-Vt)^2}{4D_x t}\right] \quad (3.60)$$

方程（3.60）和图3.7所示的浓度分布描述了示踪剂瞬间释放入流体中的混合，其中示踪剂进行一维扩散。如果流体处于静止状态（即 $V=0$），则得到的浓度分布在 $x=0$ 附近是对称的，并由方程（3.53）描述。如果污染物发生一阶衰减，则根据第3.2.2.2节的结果，浓度分布由下式给出：

$$c(x,t)=\frac{Me^{-kt}}{A\sqrt{4\pi D_x t}}\exp\left[-\frac{(x-Vt)^2}{4D_x t}\right] \quad (3.61)$$

式中 $k$——一阶衰减常数。

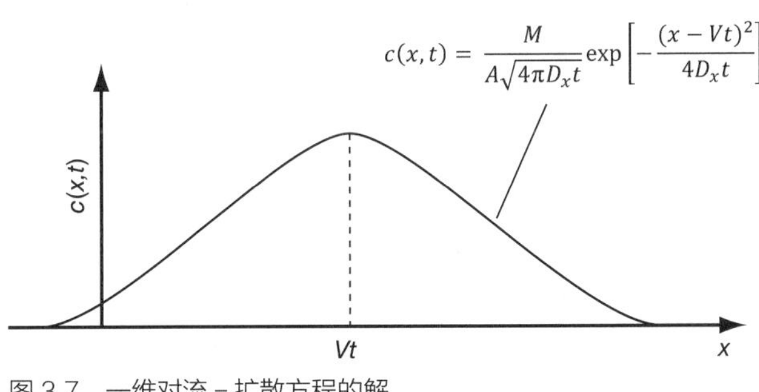


图3.7 一维对流－扩散方程的解

## 【例题3.2】

100kg的污染物抛掷到一条小河中，并认为瞬间混合入整个河流的横断面。河流的横断面形状大致呈梯形，底宽5m，侧倾2：1（$H$：$V$），流动深度为3m。据估计，河流流量为30m$^3$/s，沿河混合的扩散系数估计为10m$^2$/s。估计：（1）什么时候在泄漏点下游10km处的公园娱乐区观察到最大污染物浓度？（2）公园内预期达到的最大浓度为多少？（3）如果娱乐水域污染物浓度的安全水平为10μg/L，那么泄漏后多长时间，园区会恢复正常运行？（4）如果污染物经历一阶衰减并且衰减速率为7.85d$^{-1}$，请将公园中的浓度表示为时间的函数。

## 【解】

（1）根据给定的数据，$M=100$kg，$D_x=10$m$^2$/s，河流流量 $Q$ 为30m$^3$/s。河流的横截面积 $A$ 由下式给出：

$$A=by+my^2$$

其中 $b=5$m，$y=3$m，$m=2$；因此：

$$A=5\times3+2\times3^2=33\ \text{m}^2$$

$$V=\frac{Q}{A}=\frac{30}{33}=0.909\ \text{m/s}$$

在任何时间 $t$，泄漏位置与最大浓度的距离 $x_m$ 由下式给出：

$$x_m=Vt$$

因此，当 $x_m=10\text{km}=10000\text{m}$ 时，有：

$$t=\frac{x_m}{V}=\frac{10000}{0.909}=11000\ \text{s}=3.06\ \text{h}$$

因此，在泄漏发生3.06h后，公园可以看到污染物浓度的峰值。

（2）在任何位置（$x$）的最大污染物浓度出现在 $t=x/V$ 处，由方程（3.60）给出：

$$c(x,t)=\frac{M}{A\sqrt{4\pi D_x t}}=\frac{100}{33\sqrt{4\pi\times10\times11000}}$$
$$=2.58\times10^{-3}\ \text{kg/m}^3=2.58\ \text{mg/L}$$

因此，在娱乐区观察到的最大污染物浓度预计为2.58mg/L。

（3）当娱乐场所的浓度为10μg/L = 10$^{-5}$kg/m$^3$ 时，方程（3.60）要求：

$$c(x,t)=\frac{M}{A\sqrt{4\pi D_x t}}\exp\left[-\frac{(x-Vt)^2}{4D_x t}\right]$$

$$10^{-5}=\frac{100}{33\sqrt{4\pi\times10t}}\exp\left[-\frac{(10000-0.909t)^2}{4\times10t}\right]$$

解为 $t=9400$s 和12850s。显然，从 $t=9400$s 到12850s，浓度超过10μg/L，并且在泄漏后 $t>12850\text{s}=3.57\text{h}$ 时，公园用水预计会变得安全。

（4）如果污染物经历一阶衰减且 $k=7.85\text{d}^{-1}=9.09\times10^{-5}\text{s}^{-1}$，则方程（3.61）给出了园区的污染物浓度与时间的函数关系式：

$$c(x,t)=\frac{Me^{-kt}}{A\sqrt{4\pi D_x t}}\exp\left[-\frac{(x-Vt)^2}{4D_x t}\right]$$

$$c_{\text{park}}=\frac{100e^{-9.09\times10^{-5}t}}{33\sqrt{4\pi\times10t}}\exp\left[-\frac{(10000-0.909t)^2}{4\times10t}\right]$$
$$=\frac{0.270}{\sqrt{t}}\exp\left[-\frac{(10000-0.909t)^2}{40t}-9.09\times10^{-5}t\right]$$

尽管这些计算提供了有用的结果，但在泄漏之后恢复正常工作之前，需要进行水质监测以确保娱乐区域的用水安全。

#### 3.3.1.1　时空分布源

一维对流－扩散方程的基本解可以用来推导用于空间或时间分布的示踪源的一维对流－扩散方程的其他解。这些推导基于叠加原理，它指出线性微分方程（如对流－扩散方程）的多个解的和也是微分方程的解，并且相应的边界条件和初始条件也是多个边界条件和初始条件的总和。

空间分布源：考虑图 3.8 所示的污染物的初始浓度分布，其中初始一维浓度分布由下式确定：

$$c(x,0)=f(x) \tag{3.62}$$

该初始浓度分布相当于在 $x_L$ 和 $x_R$ 之间沿 $x$ 轴定位的无限数量的相邻瞬时质量源 $f(x)A\mathrm{d}x$，其中 $A$ 是污染物混合良好的横截面积。对于每个距离原点为 $\xi$ 的增量源，可应用一维扩散方程的基本解，并且所得到的浓度分布如下：

$$c(x,t)=\frac{f(\xi)\mathrm{d}\xi}{\sqrt{4\pi D_x t}}\exp\left[-\frac{(x-\xi)^2}{4D_x t}\right] \tag{3.63}$$

使用叠加原理将所有增量源的解求和，得到整体解：

$$c(x,t)=\int_{x\mathrm{L}}^{x\mathrm{R}}\frac{f(\xi)\mathrm{d}\xi}{\sqrt{4\pi D_x t}}\exp\left[-\frac{(x-\xi)^2}{4D_x t}\right] \tag{3.64}$$

下面说明该方程的应用，以推导半无限体积源和有限体积源的对流－扩散方程的解。

半无限体积源：一个经常遇到的情况是初始浓度在 $x\leqslant 0$ 时等于固定非零值，在 $x>0$ 时等于零。该初始浓度分布是图 3.9 中所示的阶梯函数，其写为：

$$c(x,0)=f(x)=\begin{cases}c_0, & x\leqslant 0\\ 0, & x>0\end{cases} \tag{3.65}$$

将此初始条件代入方程（3.64），有：

$$c(x,t)=\int_{-\infty}^{0}\frac{c_0\mathrm{d}\xi}{\sqrt{4\pi D_x t}}\exp\left[-\frac{(x-\xi)^2}{4D_x t}\right] \tag{3.66}$$

将变量由 $x$ 改为 $u$，其中：

$$u=\frac{x-\xi}{\sqrt{4D_x t}} \tag{3.67}$$

方程（3.66）变为：

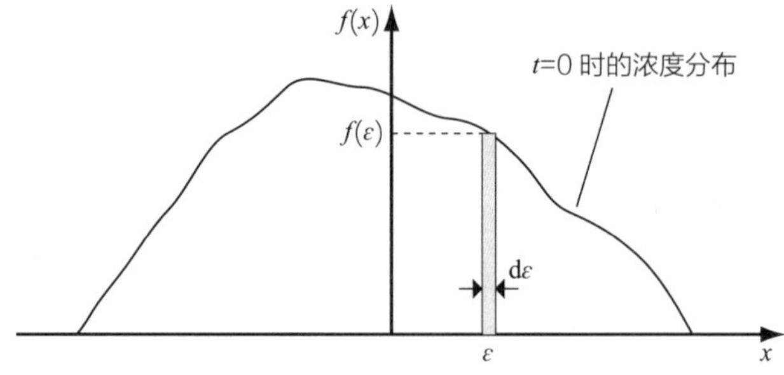


图 3.8　初始浓度分布示意图

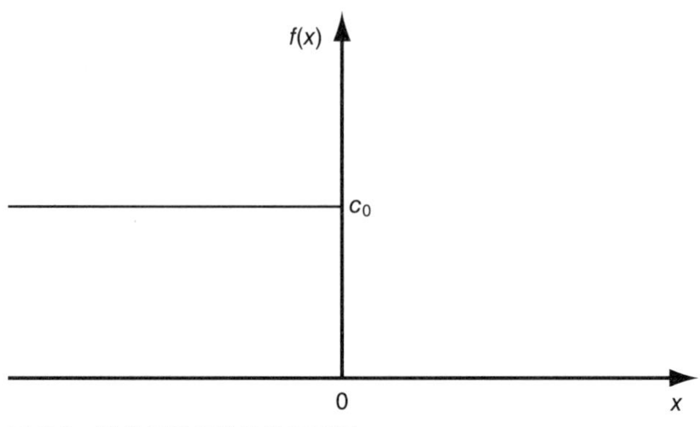


图 3.9　阶梯函数初始条件示意图

$$c(x,t)=\frac{c_0}{\sqrt{\pi}}\int_{\frac{x}{\sqrt{4D_x t}}}^{\infty}\mathrm{e}^{-u^2}\mathrm{d}u \tag{3.68}$$

该积分不能通过解析求解，但类似于数学中的一个特殊函数，称为误差函数 erf（$z$），定义为：

$$\mathrm{erf}(z)=\frac{2}{\sqrt{\pi}}\int_0^z \mathrm{e}^{-\xi^2}\mathrm{d}\xi \tag{3.69}$$

该函数的值列在附录 D.1 中。注意以下特性：

$$\mathrm{erf}(-z)=-\mathrm{erf}(z) \tag{3.70}$$

$$\mathrm{erf}(0)=0 \tag{3.71}$$

$$\mathrm{erf}(\infty)=1 \tag{3.72}$$

比较扩散方程（3.68）的解与误差函数的定义（3.69），有：

$$\begin{aligned}c(x,t)&=\frac{c_0}{\sqrt{\pi}}\left[\int_0^{\infty}\mathrm{e}^{-u^2}\mathrm{d}u-\int_0^{\frac{x}{\sqrt{4D_x t}}}\mathrm{e}^{-u^2}\mathrm{d}u\right]\\&=\frac{c_0}{\sqrt{\pi}}\left[\frac{\sqrt{\pi}}{2}-\frac{\sqrt{\pi}}{2}\mathrm{erf}\left(\frac{x}{\sqrt{4D_x t}}\right)\right]\\&=\frac{c_0}{2}\left[1-\mathrm{erf}\left(\frac{x}{\sqrt{4D_x t}}\right)\right]\end{aligned} \tag{3.73}$$

互补误差函数 erfc（$z$）的定义可以使方程（3.73）

进一步简化，其中：

$$\mathrm{erfc}(z)=1-\mathrm{erf}(z) \tag{3.74}$$

方程（3.73）给出的解因此可写为：

$$c(x,t)=\frac{c_0}{2}\mathrm{erfc}\left(\frac{x}{\sqrt{4D_x t}}\right) \tag{3.75}$$

浓度分布 $c(x, t)$ 如图 3.10 所示。流体以速度 $V$ 移动的相应解由下式给出：

$$c(x,t)=\frac{c_0}{2}\mathrm{erfc}\left(\frac{x-Vt}{\sqrt{4D_x t}}\right) \tag{3.76}$$

当以速度为 $V$ 的原点为参照观看时，该浓度分布与图 3.10 中所示的相同。

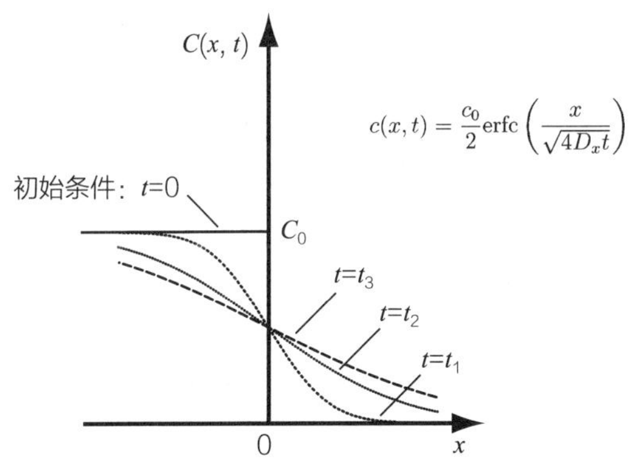


图 3.10　阶梯函数初始条件的扩散示意图

## 【例题 3.3】

一条长的运河在下游端被封闭，用以保留农业区的径流。估计进入运河的径流将侵入地下水。在强风暴过后，河道中有毒农药的浓度上升到 5mg/L，并在整个河道中均匀分布。由于洪水的威胁，运河下游端的闸门被打开，运河中的水流流速为 20cm/s。（1）如果管道中的纵向扩散系数为 $5\mathrm{m^2/s}$，则给出在闸门下游 400m 处关于时间的浓度表达函数。（2）闸门打开后多长时间，下游位置的浓度等于 1mg/L？

**【解】**

（1）根据给定的数据，$c_0=5\mathrm{mg/L}=0.005\mathrm{kg/m^3}$，$V=20\mathrm{cm/s}=0.20\mathrm{m/s}$，$D_x=5\mathrm{m^2/s}$。当 $x=400\mathrm{m}$ 时，方程（3.76）给出浓度与时间的函数关系有：

$$c(x,t)=\frac{c_0}{2}\mathrm{erfc}\left(\frac{x-Vt}{\sqrt{4D_x t}}\right)$$

$$c(400,t)=\frac{0.005}{2}\mathrm{erfc}\left(\frac{400-0.20t}{\sqrt{4\times 5t}}\right)$$

$$=0.0025\ \mathrm{erfc}\left(\frac{89.4-0.0447t}{\sqrt{t}}\right)\mathrm{kg/m^3}$$

（2）当闸门下游 400m 处的浓度等于 $1\mathrm{mg/L}=0.001\mathrm{kg/m^3}$ 时，

$$0.001=0.0025\ \mathrm{erfc}\left(\frac{89.4-0.0447t}{\sqrt{t}}\right)$$

则：

$$\mathrm{erfc}\left(\frac{89.4-0.0447t}{\sqrt{t}}\right)=0.4\ \text{或者}\ \mathrm{erf}\left(\frac{89.4-0.0447t}{\sqrt{t}}\right)=0.6$$

使用附录 D.1 中列出的误差函数，

$$\frac{89.4-0.0447t}{\sqrt{t}}=0.595$$

求得 $t=1487\mathrm{s}=24.8\mathrm{min}$

因此，闸门打开后大约 24.8min，闸门下游 400m 处的浓度将达到 1mg/L。

有限体积源：这种情况发生在质量为 $M$ 的示踪剂瞬间且均匀地释放在横截面积 $A$ 上和纵向间隔 $x_L<x<x_R$ 上。这种情况下，对流—扩散方程的初始条件是：

$$c(x,0)=f(x)=\begin{cases} c_0=\dfrac{M}{A(x_R-x_L)}, & x_L\leqslant x\leqslant x_R \\ 0, & x<x_L\ \text{或}\ x>x_R \end{cases} \tag{3.77}$$

将该初始条件代入方程（3.64），得到以下用于一阶衰减的流动环境中的浓度分布的解：

$$c(x,t)=\frac{c_0}{2}\left\{\mathrm{erf}\left[\frac{(x-x_L)-Vt}{\sqrt{4D_x t}}\right]-\mathrm{erf}\left[\frac{(x-x_R)-Vt}{\sqrt{4D_x t}}\right]\right\}\mathrm{e}^{-kt} \tag{3.78}$$

式中　$k$——一阶衰减常数；

$V$——流体速度。

在周围环境停滞并且示踪剂保守的情况下可分别通过 $V=0$ 和 $k=0$ 进行修改。在半无限体积源的特殊情况下，取 $x_L\to-\infty$ 和 $x_R=0$ 得到以前推导出的方程（3.75）。

## 【例题 3.4】

30kg 的有毒物质在 3m 长的河流中泄漏。泄漏出的物质最初充分混合在整个河流中，并且该物质的一

阶衰减常数为 $1d^{-1}$。溪流宽 10m、深 2m，平均流速 2cm/s，纵向扩散系数 $2m^2/s$。估计在 1d 后距离泄漏中心下游 1800m 处的河流中的浓度。

**【解】**

根据给定的数据：$M$=30kg，$L$=3m，$k=1d^{-1}$，$W$=10m，$H$=2m，$V$=2cm/s=0.02m/s，$D_x=2m^2/s$，$x$=1800m，$t$=1d。使用方程（3.77），初始浓度 $c_0$ 由下式给出：

$$c_0=\frac{M}{A(x_\mathrm{R}-x_\mathrm{L})}=\frac{M}{(W\times H)L}=\frac{30}{10\times2\times3}$$
$$=0.5\ \mathrm{kg/m^3}=500\ \mathrm{mg/L}$$

取 $x_L=-L/2=-1.5$m，$x_R=+L/2=+1.5$m，所需浓度由公式（3.78）得：

$$c(x,t)=\frac{c_0}{2}\left\{\mathrm{erf}\left[\frac{(x-x_\mathrm{L})-Vt}{\sqrt{4D_xt}}\right]-\mathrm{erf}\left[\frac{(x-x_\mathrm{R})-Vt}{\sqrt{4D_xt}}\right]\right\}\mathrm{e}^{-kt}$$

$$c(1800,1)=\frac{500}{2}\left\{\mathrm{erf}\left[\frac{1800+1.5-0.02\times1\times86400}{\sqrt{4\times2\times1\times86400}}\right]-\mathrm{erf}\left[\frac{1800-1.5-0.02\times1\times86400}{\sqrt{4\times2\times1\times86400}}\right]\right\}\mathrm{e}^{-1\times1}$$
$$=0.372\ \mathrm{mg/L}$$

因此，1d 后，泄漏中心下游 1800m 处的浓度为 0.372mg/L。

瞬时源：假设污染源位于沿 $x$ 轴的单个点上，并且污染源泄漏污染物的质量通量随时间变化 $\dot{m}(t)$，均匀地位于停滞流体的横截面积 $A$ 上。这种情况相当于质量 $\dot{m}(t)\,\mathrm{d}t$ 在每个连续的时间间隔 $\mathrm{d}t$ 内释放。浓度分布 $\mathrm{d}c(x,t)$ 是瞬时质量 $\dot{m}(\tau)\,\mathrm{d}\tau$ 在时刻 $\tau$ 时从 $x$=0 处释放的结果，由下式给出：

$$\mathrm{d}c(x,t)=\frac{\dot{m}(\tau)\mathrm{d}\tau}{A\sqrt{4\pi D_x(t-\tau)}}\exp\left[-\frac{x^2}{4D_x(t-\tau)}\right]\qquad(3.79)$$

叠加所有产生的浓度分布量得：

$$c(x,t)=\int_0^t\frac{\dot{m}(\tau)\mathrm{d}\tau}{A\sqrt{4\pi D_x(t-\tau)}}\exp\left[-\frac{x^2}{4D_x(t-\tau)}\right]\qquad(3.80)$$

该方程描述了在 $x$=0 处由瞬时源产生的浓度分布。在具有质量通量 $\dot{m}(x,t)$ 的空间分布瞬时源的情况下，叠加原理表明由此得到的浓度分布由下式给出：

$$c(x,t)=\int_0^t\int_{x_\mathrm{L}}^{x_\mathrm{R}}\frac{\dot{m}(\xi,\tau)\,\mathrm{d}\xi\,\mathrm{d}\tau}{A\sqrt{4\pi D_x(t-\tau)}}\exp\left(-\frac{(x-\xi)^2}{4D_x(t-\tau)}\right)\qquad(3.81)$$

式中　$x_L$、$x_R$——示踪源位置的上限和下限。

#### 3.3.1.2　防渗边界

在迄今引用的叠加实例中，边界条件要求当 $x$ 接近无穷时，示踪剂浓度接近零。因此，叠加浓度分布都具有边界条件，当 $x$ 接近无穷时，示踪剂浓度接近零。如果渗透边界存在于靠近示踪源的地方，则扩散方程必须满足边界条件，而边界条件要求渗透边界上的质量流量为零。这个场景如图 3.11 所示。由于质量流量 $\dot{M}_x$ 由 Fickian 扩散方程控制，即：

$$\dot{M}_x=-D_x\frac{\partial c}{\partial x}\qquad(3.82)$$

一个不可渗透的边界（质量通量等于零）需要浓度梯度 $\partial c/\partial x$ 在边界处等于零。参照图 3.11，如果示踪源位于 $x$= 0 处，不可渗透边界位于 $x=L$ 处，在 $x=2L$ 处叠加相同的示踪源，则所得到的（叠加的）浓度分布在域 $x\in[-\infty, L]$ 内具有以下属性：（1）满足扩散方程（通过线性）；（2）满足 $x$=0 时的瞬时质量释放的初始条件；（3）由于 $x=L$ 附近叠加解的对称性，在 $x=L$ 时 $\partial c/\partial x=0$。这些结果显示，图像源的对称放置生成满足扩散方程的解，以及所需的初始条件和边界条件。将这个结果应用于距离防渗边界为 $L$ 处的瞬时质量源 $M$，所得到的浓度分布由下式给出：

$$c(x,t)=\frac{M}{A\sqrt{4\pi D_xt}}\left[\exp\left(-\frac{x^2}{4D_xt}\right)+\exp\left(-\frac{(x-2L)^2}{4D_xt}\right)\right]\qquad(3.83)$$

值得注意的是，如果源位于边界上（即 $L\rightarrow0$），则方程（3.83）给出的浓度分布为：

$$c(x,t)=\frac{2M}{A\sqrt{4\pi D_xt}}\exp\left(-\frac{x^2}{4D_xt}\right)\qquad(3.84)$$

这是质量 $M$ 被包含在分布的一半中（即 $x$> 0）的高斯分布。

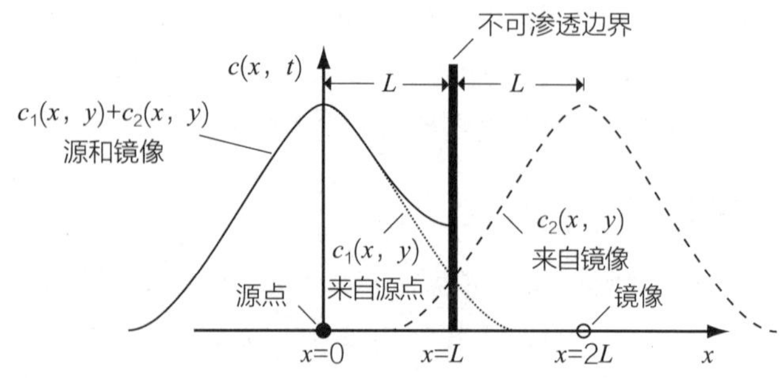


图 3.11　防渗边界条件示意图

## 【例题 3.5】

1kg 的污染物在距离渠道末端 50m 的位置泄漏入明渠。该渠道具有 10m 宽、2m 深的矩形横截面，并且沿渠道的扩散系数估计为 10m²/s。（1）假设污染物最初在渠道内混合良好，在渠道末端将浓度表示为时间的函数。（2）上游 25m 处（沿渠道末端方向）的污染物浓度比泄漏下游 25m 处（远离渠道末端方向）的浓度高 10%，需要多长时间？

**【解】**

（1）浓度分布由下式给出：

$$c(x,t)=\frac{M}{A\sqrt{4\pi D_x t}}\left[\exp\left(-\frac{x^2}{4D_x t}\right)+\exp\left(-\frac{(x-2L)^2}{4D_x t}\right)\right]$$

其中 $x$ 坐标是从渠道末端方向的泄漏位置开始测量的。根据给定的数据，$M=1\text{kg}$，$A=10\times2=20\text{m}^2$，$D_x=10\text{m}^2/\text{s}$，$L=50\text{m}$，$x=50\text{m}$（在渠道末端）。渠道末端的浓度与时间的函数关系由此给出：

$$c(50,t)=\frac{1}{20\sqrt{4\pi\times10t}}\left[\exp\left(-\frac{50^2}{4\times10t}\right)+\exp\left(-\frac{(50-2\times50)^2}{4\times10t}\right)\right]$$

导出： $c(50,t)=\dfrac{0.00892}{\sqrt{t}}\exp\left(-\dfrac{62.5}{t}\right)\text{kg/m}^3$

（2）泄漏上游 25m 处（$x$=25m）的浓度由下式给出：

$$c(25,t)=\frac{1}{20\sqrt{4\pi\times10t}}\left[\exp\left(-\frac{25^2}{4\times10t}\right)+\exp\left(-\frac{(25-2\times50)^2}{4\times10t}\right)\right]=\frac{0.00446}{\sqrt{t}}\left[\exp\left(-\frac{15.6}{t}\right)+\exp\left(-\frac{141}{t}\right)\right]$$

泄漏下游 25m 处（$x$=−25m）的浓度由下式给出：

$$c(-25,t)=\frac{1}{20\sqrt{4\pi\times10t}}\left[\exp\left(-\frac{25^2}{4\times10t}\right)+\exp\left(-\frac{(-25-2\times50)^2}{4\times10t}\right)\right]=\frac{0.00446}{\sqrt{t}}\left[\exp\left(-\frac{15.6}{t}\right)+\exp\left(-\frac{391}{t}\right)\right]$$

当 $c$（25，$t$）比 $c$（−25，$t$）高 10% 时，有：

$$\frac{c(25,t)}{c(-25,t)}=1.1 \text{ 或者 } \frac{\exp\left(-\frac{15.6}{t}\right)+\exp\left(-\frac{141}{t}\right)}{\exp\left(-\frac{15.6}{t}\right)+\exp\left(-\frac{391}{t}\right)}=1.1$$

解此方程得 $t$=55s。因此，在 55s 之后，泄漏上游和下游 25m 处的浓度相差 10%。

在某些实际情况下，源头位于两个不可渗透的边界之间，如图 3.12 所示。在这种情况下，源头距离左边界的距离为 $d_1$，距离右边界的距离为 $d_2$。为了模拟右边界的存在，将图像源放置在点 1 处，其中 $x=2d_2$，为了模拟左边界的存在，将图像源放置在点 1' 处，其中 $x=-2d_1$。然而，这里的方案并没有结束，因为放置在点 1 处的图像源相对于左边界产生的图像不平衡（从而违反了左边界上的不透水条件），并且类似地，放置在点 1' 处的图像源会造成相对于右侧边界产生的图像不平衡。为了纠正这些不平衡，必须在点 2 和点 2′ 处分别放置额外的图像，其中在 $x=2(d_1+d_2)$ 处为点 2 和 $x=-2(d_1+d_2)$ 处为点 2'。这些额外的图像再次造成不平衡，造成额外的图像和无限的需求，因此边界之间产生的浓度为：

$$c(x,t)=\frac{M}{A\sqrt{4\pi D_x t}}\left\{\exp\left(-\frac{x^2}{4D_x t}\right)+\sum_{n=1}^{\infty}\left[\exp\left(-\frac{(x-x_n)^2}{4D_x t}\right)+\exp\left(-\frac{(x-x_n')^2}{4D_x t}\right)\right]\right\} \tag{3.85}$$

其中 $x_n$ 和 $x'_n$ 是由图像源给出的位置：

$$x_n=\begin{cases}n(d_1+d_2)+(d_2-d_1)\text{，当 } n \text{ 为奇数时}\\ n(d_1+d_2)\text{，当 } n \text{ 为偶数时}\end{cases} \tag{3.86}$$

$$x_n'=\begin{cases}-n(d_1+d_2)+(d_2-d_1)\text{，当 } n \text{ 为奇数时}\\ -n(d_1+d_2)\text{，当 } n \text{ 为偶数时}\end{cases} \tag{3.87}$$

由于方程（3.85）是基于单一实际源和无限图像的浓度分布的叠加，因此为了方便有时将方程（3.85）表达为：

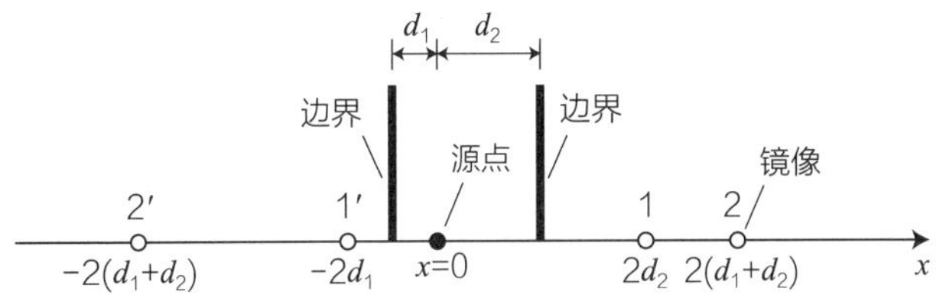

图 3.12　两个防渗边界

$$c(x,t)=c_0(x,t)+\sum_{n=1}^{\infty}[c_0(x-x_n,t)+c_0(x-x_n',t)] \quad (3.88)$$

其中 $c_0$（$x$，$t$）是一维扩散问题的基本解，由下式给出：

$$c_0(x,t)=\frac{M}{A\sqrt{4\pi D_x t}}\exp\left(-\frac{x^2}{4D_x t}\right) \quad (3.89)$$

虽然方程（3.88）包含图像贡献的无限总和，但随着图像源距有界（实）域的距离的增加，有界域内的示踪剂浓度的图像贡献通常减小到零。这里显示的叠加方法可以类似地应用于推导其他有界域的扩散解。

## 【例题 3.6】

在一个宽 50m、长 50m、深 5m 的湖泊中，用小船从湖面的一侧穿到湖面的另一侧投放除藻剂。如图 3.13 所示，该船从湖泊一侧 15m 的路径上投放 100kg 的除藻剂。湖泊中除藻剂的扩散系数估计为 50m²/d。如果除藻剂几乎瞬间释放并且在沿湖深方向上混合良好，计算 30d 后湖中间的浓度为多少？

## 【解】

根据给定的数据：$L$=50m，$W$=50m，$d$=5m，$M$=100kg，$D_x$=50m²/d，$t$=30d，$d_1$=35m，$d_2$=15m。湖的横截面面积为 $A$=50×5=250m²，如果初始示踪点位于 $x$=0 处，则在湖中心 $x$=−10m。只考虑真实源并忽略湖泊边界，30d 后湖中心的浓度由下式给出：

$$c_0(x,t)=\frac{M}{A\sqrt{4\pi D_x t}}\exp\left(-\frac{x^2}{4D_x t}\right)$$

$$c_0(-10,30)=\frac{100}{250\sqrt{4\pi\times 50\times 30}}\exp\left(-\frac{(-10)^2}{4\times 50\times 30}\right)$$

$$=0.002865\ \text{kg/m}^3=2.865\ \text{mg/L}$$

可以使用公式（3.86）和公式（3.87）来计算图像点位置 $x_n$ 和 $x'_n$，并且在 $x$=−10m 和 $t$=30d 时在湖中心的相应浓度是：

$$c_0(x-x_n,t)=\frac{M}{A\sqrt{4\pi D_x t}}\exp\left[-\frac{(x-x_n)^2}{4D_x t}\right]$$

$$c_0(x-x_n',t)=\frac{M}{A\sqrt{4\pi D_x t}}\exp\left[-\frac{(x-x_n')^2}{4D_x t}\right]$$

在表 3.3 中总结这些计算的结果。

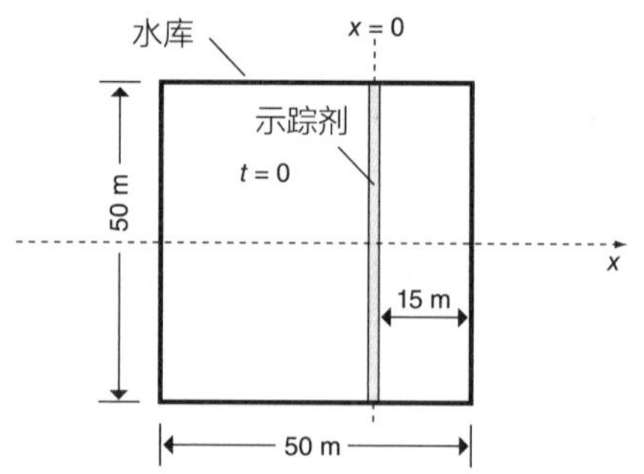


图 3.13 湖泊示意图

【例题 3.6】计算结果 表 3.3

| $n$ | $x_n$（m） | $c_0$（$x$−$x_n$，$t$）（mg/L） | $x'_n$（m） | $c_0$（$x$−$x'_n$，$t$）（mg/L） |
|---|---|---|---|---|
| 1 | 30 | 2.232 | −70 | 1.599 |
| 2 | 80 | 0.755 | −120 | 0.388 |
| 3 | 130 | 0.111 | −170 | 0.041 |
| 4 | 180 | 0.007 | −220 | 0.002 |
| 5 | 230 | 0.000 | −270 | 0.000 |
| 合计 |  | 3.105 |  | 2.030 |

显而易见的是，第四个图像点之后的点对湖中心浓度的贡献都可以忽略不计。方程（3.88）和表 3.3 中的结果给出了在 30d 后湖中心的浓度为 2.865+3.105+2.030=8.000mg/L。

### 3.3.1.3 连续平面源

考虑从覆盖整个横截面区域的源点连续释放示踪剂的情况，这通常称为连续平面源。在实践中遇到两个不同的边界条件：固定源浓度和固定源质量通量。前一种情况的一个例子是废水排放与水流混合以在混合物中产生恒定浓度的污染物，而后一种情况的例子是废水在水流横截面上均匀排放。这两种情况造成的理论浓度是不同的，下面分别给出：

固定源浓度：在这种情况下，源点的示踪剂浓度在特定的时间段内保持不变。这里考虑的两种情况如图 3.14 所示，其中图 3.14（$a$）显示了从 $t$=0 开始无限期持续释放示踪剂，图 3.14（$b$）显示了在时间 $\tau$ 内持续释放示踪剂，然后突然切断。下面给出了一维对流—扩散方程对一阶衰减下示踪剂无限释放的解。

$$c(x,t)=\frac{c_0}{2}\left\{\exp\left[\frac{Vx}{2D_x}(1-\Gamma)\right]\text{erfc}\left(\frac{x-Vt\Gamma}{2\sqrt{D_x t}}\right)+\exp\left[\frac{Vx}{2D_x}(1+\Gamma)\right]\text{erfc}\left(\frac{x+Vt\Gamma}{2\sqrt{D_x t}}\right)\right\} \quad (3.90)$$

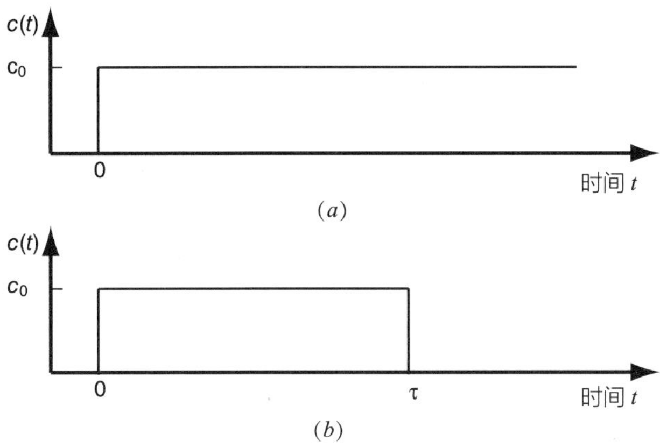


图 3.14　连续来源的时间浓度分布
（a）无限期时间来源；（b）有限期时间来源

其中：
$$\Gamma=\sqrt{1+4\left(\frac{kD_x}{V^2}\right)} \tag{3.91}$$

$k$ 是一阶衰减常数。在示踪剂持续释放的时间 $\tau$ 内，如图 3.14（$b$）所示，由方程（3.90）给出的解适用于 $t\leqslant\tau$，但当 $t>\tau$ 时，浓度 $c$（$x$，$t$）如下式：

$$c(x,t)=\frac{c_0}{2}\left\{\exp\left[\frac{Vx}{2D_x}(1-\Gamma)\right]\left[\operatorname{erfc}\left(\frac{x-Vt\Gamma}{2\sqrt{D_xt}}\right)-\operatorname{erfc}\left(\frac{x-V(t-\tau)\Gamma}{2\sqrt{D_x(t-\tau)}}\right)\right]+\exp\left[\frac{Vx}{2D_x}(1+\Gamma)\right]\left[\operatorname{erfc}\left(\frac{x+Vt\Gamma}{2\sqrt{D_xt}}\right)-\operatorname{erfc}\left(\frac{x+V(t-\tau)\Gamma}{2\sqrt{D_x(t-\tau)}}\right)\right]\right\} \tag{3.92}$$

## 【例题 3.7】

排放的废水与河流中的流体混合，使得离开混合区域的混合流体的体积流量为 9m$^3$/s，污染物浓度为 100mg/L。这条河宽 10m、深 3m，预计污染物的纵向扩散系数为 6m$^2$/s，衰减常数为 130d$^{-1}$。供水口位于混合区下游 1km 处，如图 3.15 所示。（1）供水口预计最大污染物浓度是多少？（2）如果废水每天仅排放 1h，这个最大浓度将受到何种影响？

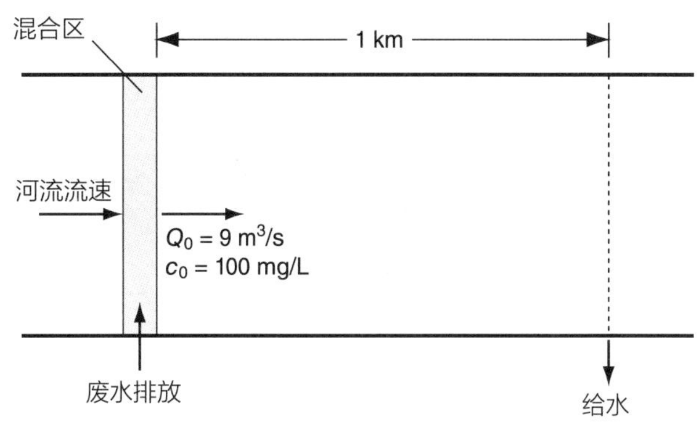


图 3.15　废水排入河流示意图

## 【解】

根据给定的数据：$Q$ =9m$^3$/s，$c_0$= 100mg/L，$W$ =10m，$d$ =3m，$D_x$=6m$^2$/s，$k$=130d$^{-1}$=0.001505s$^{-1}$，$x$=1000m。基于这些数据，$A$=10×3=30m$^2$，并且 $V$ =$Q$/$A$=9/30=0.30m/s。参数 $\Gamma$ 由公式（3.91）得：

$$\Gamma=\sqrt{1+4\left[\frac{kD_x}{V^2}\right]}=\sqrt{1+4\times\left(\frac{0.001505\times6}{0.30^2}\right)}=1.184$$

（1）当废水排放持续进行时，最大污染物浓度出现在供水口处。在这种情况下，进口处的污染物浓度由方程（3.90）得：

$$c(x,t)=\frac{c_0}{2}\left\{\exp\left[\frac{Vx}{2D_x}(1-\Gamma)\right]\operatorname{erfc}\left(\frac{x-Vt\Gamma}{2\sqrt{D_xt}}\right)+\exp\left[\frac{Vx}{2D_x}(1+\Gamma)\right]\operatorname{erfc}\left(\frac{x+Vt\Gamma}{2\sqrt{D_xt}}\right)\right\}$$

$$c(1\,\text{km},t)=\frac{100}{2}\left\{\exp\left[\frac{0.30\times1000}{2\times6}\times(1-1.184)\right]\operatorname{erfc}\left(\frac{1000-0.30\times1.184t}{2\sqrt{6t}}\right)+\exp\left[\frac{0.30\times1000}{2\times6}\times(1+1.184)\right]\operatorname{erfc}\left(\frac{1000+0.30\times1.184t}{2\sqrt{6t}}\right)\right\}$$

$$c(1\,\text{km},t)=50\left\{0.01012\operatorname{erfc}\left(\frac{204.1-0.07250t}{\sqrt{t}}\right)+5.158\times10^{23}\operatorname{erfc}\left(\frac{204.1+0.07250t}{\sqrt{t}}\right)\right\} \tag{3.93}$$

在 $x$= 1 km 处的最大浓度出现在 $t\to\infty$ 时，所以下面的恒等式（从公式（3.70）~ 公式（3.72）得到）在这方面是有用的：

$$\operatorname{erfc}(\infty)=0 \tag{3.94}$$

$$\operatorname{erfc}(-\infty)=2 \tag{3.95}$$

在 $t\to\infty$ 时，方程（3.93）变成：

$$\begin{aligned}c(1\,\text{km},t)&=50[0.01012\operatorname{erfc}(-\infty)+5.158\times10^{23}\operatorname{erfc}(\infty)]\\&=50\times(0.01012\times2+5.158\times10^{23}\times0)\\&=1.012\text{ mg/L}\end{aligned}$$

因此，混合区下游 1km 处的最大浓度为 1.012mg/L。下游位置浓度随时间的变化由方程（3.93）给出，并绘制在图 3.16 中。

（2）如果废水排放被限于每天 1h，那么直到 $t$=1h 的浓度分布由方程（3.93）给出，超过该时间则由方程（3.92）给出，其中 $\tau$=1h=60min=3600s。因此，对于 $t$>1h，由方程（3.92）导出：

$$c(x,t)=\frac{c_0}{2}\left\{\exp\left[\frac{Vx}{2D_x}(1-\Gamma)\right]\left[\operatorname{erfc}\left(\frac{x-Vt\Gamma}{2\sqrt{D_x t}}\right)-\operatorname{erfc}\left(\frac{x-V(t-\tau)\Gamma}{2\sqrt{D_x(t-\tau)}}\right)\right]+\exp\left[\frac{Vx}{2D_x}(1+\Gamma)\right]\left[\operatorname{erfc}\left(\frac{x+Vt\Gamma}{2\sqrt{D_x t}}\right)-\operatorname{erfc}\left(\frac{x+V(t-\tau)\Gamma}{2\sqrt{D_x(t-\tau)}}\right)\right]\right\}$$

$$c(1\,\mathrm{km},t)=\frac{100}{2}\left\{\exp\left[\frac{0.30\times1000}{2\times6}\times(1-1.184)\right]\left[\operatorname{erfc}\left(\frac{1000-0.30\times1.184t}{2\sqrt{6t}}\right)-\operatorname{erfc}\left(\frac{1000-0.30\times(t-3600)\times1.184}{2\sqrt{6(t-3600)}}\right)\right]+\exp\left[\frac{0.30\times1000}{2\times6}\times(1+1.184)\right]\left[\operatorname{erfc}\left(\frac{1000+0.30\times1.184t}{2\sqrt{6t}}\right)-\operatorname{erfc}\left(\frac{1000+0.30\times(t-3600)\times1.184}{2\sqrt{6(t-3600)}}\right)\right]\right\}$$

$$c(1\,\mathrm{km},t)=50\left\{0.01012\left[\operatorname{erfc}\left(\frac{204.1-0.07250t}{\sqrt{t}}\right)-\operatorname{erfc}\left(\frac{204.1-0.07250(t-3600)}{\sqrt{t-3600}}\right)\right]+5.158\times10^{23}\left[\operatorname{erfc}\left(\frac{204.1+0.07250t}{\sqrt{t}}\right)-\operatorname{erfc}\left(\frac{204.1+0.07250(t-3600)}{\sqrt{t-3600}}\right)\right]\right\}\quad(3.96)$$

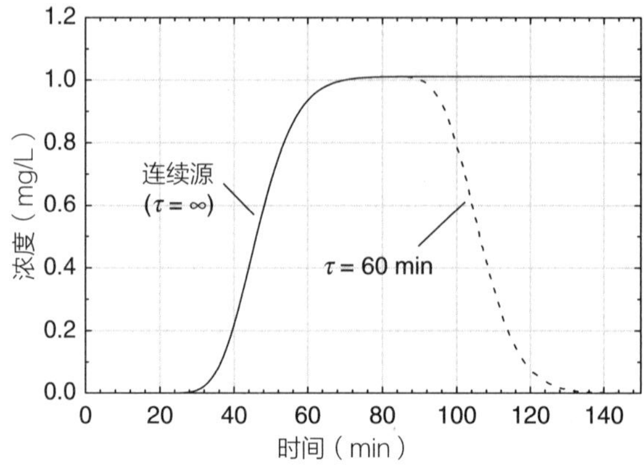

图 3.16　混合区下游 1 km 处浓度示意图

$t$>60min 时，$c$（1km，$t$）的最大值可以用数字确定，并且在 $t$=84min 时等于 1.011mg/L。如图 3.16 所示，在 $\tau$=60min 时，$c$（1km，$t$）随 $t$ 的变化如方程（3.93）和方程（3.96）所示。这些结果显示，通过将废水排放限制为 1h/d，供水口的最大浓度不会显著降低。

固定源质量通量：固定源质量通量的情况与固定源浓度的情况不同。在源头以 $\dot{M}$（$MT^{-3}$）的速率在区域 $A$（$L^2$）上持续有效时间 $\tau$（T）释放质量的情况下，分别表示 $t\leqslant\tau$ 和 $t>\tau$ 时所得的浓度场。对于 $t\leqslant\tau$ 的情况：

$$c(x,t)=\frac{\dot{M}}{2AV\Gamma}\left\{\exp\left[\frac{Vx}{2D_x}(1+\Gamma)\right]\left[\operatorname{erf}\left(\frac{x+Vt\Gamma}{2\sqrt{D_x t}}\right)\mp1\right]-\exp\left[\frac{Vx}{2D_x}(1-\Gamma)\right]\left[\operatorname{erf}\left(\frac{x-Vt\Gamma}{2\sqrt{D_x t}}\right)\mp1\right]\right\}\quad(3.97)$$

其中 $\Gamma$ 由公式（3.91）定义，并且用“–”符号表示 $x$>0，用“+”符号表示 $x$<0。方程（3.97）也表示源质量通量在 $t$=0 处开始并且无限连续的情况。在这种情况下，源（$x$= 0）处的浓度可以表示为：

$$c(0,t)=\frac{\dot{M}}{AV\Gamma}\operatorname{erf}\left(\frac{Vt\Gamma}{2\sqrt{D_x t}}\right)\quad(3.98)$$

如果源头继续以恒定速率无限释放质量，那么从方程（3.97）导出的稳态浓度为：

$$c(x,\infty)=\frac{\dot{M}}{AV\Gamma}\exp\left[\frac{Vx}{2D_x}(1\mp\Gamma)\right]\quad(3.99)$$

如果忽略纵向扩散（即 $Pe$ >> 1），则方程（3.99）可简化为：

$$c(x,\infty)=\frac{\dot{M}}{AV}\exp\left(-\frac{kx}{V}\right) \tag{3.100}$$

在质量释放只持续有限时间 $\tau$ 的情况下，$t>\tau$ 的浓度分布由下式给出：

$$\begin{aligned}c(x,t)=\frac{\dot{M}}{2AV\Gamma}\Bigg\{&\exp\left[\frac{Vx}{2D_x}(1+\Gamma)\right]\\&\left[\mathrm{erf}\left(\frac{x+Vt\Gamma}{2\sqrt{D_xt}}\right)-\mathrm{erf}\left(\frac{x+V(t-\tau)\Gamma}{2\sqrt{D_x(t-\tau)}}\right)\right]-\\&\exp\left[\frac{Vx}{2D_x}(1-\Gamma)\right]\\&\left[\mathrm{erf}\left(\frac{x-Vt\Gamma}{2\sqrt{D_xt}}\right)-\mathrm{erf}\left(\frac{x-V(t-\tau)\Gamma}{2\sqrt{D_x(t-\tau)}}\right)\right]\Bigg\}\end{aligned} \tag{3.101}$$

将这些方程式应用于平面源连续质量流体的示例如下所示。

## 【例题 3.8】

污水在河流的横截面上均匀排放，因此污染物以 2kg/s 的速率流入河流。河流宽约 5m、深 2m，平均流速为 20cm/s，估计的纵向扩散系数为 $10\text{m}^2/\text{s}$。河中污染物的衰减速率估计为 $0.1\text{min}^{-1}$。（1）污染物释放开始 10min 后，污染源下游 100m 处的浓度如何？（2）源头下游 100m 处的稳态浓度是多少？（3）污染物释放开始 10min 后，污染源的浓度是多少？（4）源头处的稳态浓度是多少？

## 【解】

根据给定的数据：$\dot{M}$=2kg/s，$A=5\times2=10\text{m}^2$，$V$=20cm/s=0.20m/s，$D_x=10\text{m}^2/\text{s}$，$k=0.1\text{min}^{-1}=0.00167\text{s}^{-1}$。

（1）研究的位置和时间是 $x$= 100m 和 $t$ = 10min = 600s。基于给定的数据，由公式（3.91）得：

$$\Gamma=\sqrt{1+4\left(\frac{kD_x}{V^2}\right)}=\sqrt{1+4\times\left(\frac{0.00167\times10}{0.20^2}\right)}=1.63$$

所需浓度由方程（3.97）给出：

$$\begin{aligned}c(x,t)=\frac{\dot{M}}{2AV\Gamma}\Bigg\{&\exp\left[\frac{Vx}{2D_x}(1+\Gamma)\right]\left[\mathrm{erf}\left(\frac{x+Vt\Gamma}{2\sqrt{D_xt}}\right)\mp1\right]\\&-\exp\left[\frac{Vx}{2D_x}(1-\Gamma)\right]\left[\mathrm{erf}\left(\frac{x-Vt\Gamma}{2\sqrt{D_xt}}\right)\mp1\right]\Bigg\}\end{aligned}$$

$$\begin{aligned}c(100,600)=\frac{2}{2\times10\times0.20\times1.63}\Bigg\{&\exp\left[\frac{0.20\times100}{2\times10}\times(1+1.63)\right]\\&\left[\mathrm{erf}\left(\frac{100+0.20\times600\times1.63}{2\sqrt{10\times600}}\right)-1\right]\\&-\exp\left[\frac{0.20\times100}{2\times10}\times(1-1.63)\right]\\&\left[\mathrm{erf}\left(\frac{100-0.20\times600\times1.63}{2\sqrt{10\times600}}\right)-1\right]\Bigg\}\\=0.234\ \text{kg/m}^3=234\ \text{mg/L}&\end{aligned}$$

因此，10min 后源头下游 100m 处的浓度为 234mg/L。

（2）$x$=100m 处的稳态浓度由方程（3.99）给出：

$$c(x,\infty)=\frac{\dot{M}}{AV\Gamma}\exp\left[\frac{Vx}{2D_x}(1\mp\Gamma)\right]$$

$$c(100,\infty)=\frac{2}{10\times0.20\times1.63}\exp\left[\frac{0.20\times100}{2\times10}\times(1-1.63)\right]$$
$$=0.325\ \text{kg/m}^3=325\ \text{mg/L}$$

因此，源头下游 100m 处的稳态浓度为 325mg/L。

（3）当 $t$=10min=600s 时，源头处的浓度由方程（3.98）给出：

$$c(0,t)=\frac{\dot{M}}{AV\Gamma}\mathrm{erf}\left[\frac{Vt\Gamma}{2\sqrt{D_xt}}\right]$$

$$c(0,600)=\frac{2}{10\times0.20\times1.63}\mathrm{erf}\left[\frac{0.20\times600\times1.63}{2\sqrt{10\times600}}\right]$$
$$=0.567\ \text{kg/m}^3=567\ \text{mg/L}$$

因此，10min 后源头处的浓度为 567mg/L。

（4）通过在方程（3.98）中取极限 $t\to\infty$ 来获得源头处的稳态浓度：

$$c(0,\infty)=\frac{\dot{M}}{AV\Gamma}\mathrm{erf}(\infty)=\frac{\dot{M}}{AV\Gamma}$$

$$c(0,\infty)=\frac{2}{10\times0.20\times1.63}=0.612\ \text{kg/m}^3=612\ \text{mg/L}$$

因此，源头处的稳态浓度为 612mg/L。

### 3.3.2　二维扩散

示踪剂在一维上完全混合的情况下，只能在其他两个维度上进一步混合。图 3.17 说明了这样一种情况——在任何（$x$，$y$）位置，如果已经在 $z$ 方向上完全混合，进一步混合只能出现在 $x$ 和 $y$ 方向上。描述二维扩散的基本扩散方程由下式给出：

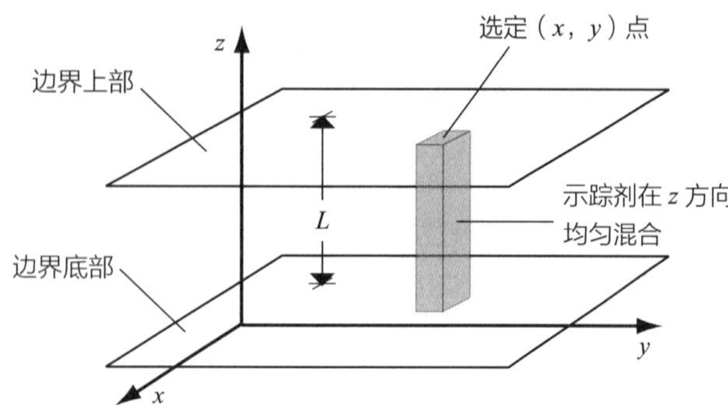


图 3.17　二维扩散示意图

$$\frac{\partial c}{\partial t}=D_x\frac{\partial^2 c}{\partial x^2}+D_y\frac{\partial^2 c}{\partial y^2} \tag{3.102}$$

其中初始条件和边界条件为：

$$\begin{cases} c(x,y,0)=\dfrac{M}{L}\delta(x,y) \\ c(\pm\infty,\pm\infty,t)=0 \end{cases} \tag{3.103}$$

式中　$M$——在 $t=0$ 时瞬间注入的示踪剂的质量；

$L$——质量在 $z$ 方向上均匀分布的长度；

$\delta(x,y)$——二维 Dirac δ 函数，其定义为：

$$\delta(x,y)=\begin{cases}\infty & x=0,y=0\\ 0 & \text{其他情况}\end{cases}\quad 且\ \int_{-\infty}^{+\infty}\int_{-\infty}^{+\infty}\delta(x,y)\mathrm{d}x\mathrm{d}y=1 \tag{3.104}$$

这种情况下的源头可以看作长度为 $L$ 的瞬时线源，并且这个基本的二维扩散问题的解由下式给出：

$$c(x,y,t)=\frac{M}{4\pi tL\sqrt{D_xD_y}}\exp\left(-\frac{x^2}{4D_xt}-\frac{y^2}{4D_yt}\right) \tag{3.105}$$

该浓度分布是具有均值 $\mu$ 和标准偏差 $\sigma_x$ 和 $\sigma_y$ 的二维高斯分布，由下式给出：

$$\begin{cases}\mu=0\\ \sigma_x=\sqrt{2D_xt}\\ \sigma_y=\sqrt{2D_yt}\end{cases} \tag{3.106}$$

由于高斯分布下 95% 的面积在平均值的 ± $2\sigma$ 范围内，$x$ 和 $y$ 方向上受污染区域的范围 $L_x$ 和 $L_y$ 通常分别取为 $L_x=4\sigma_x$ 和 $L_y=4\sigma_y$。如果示踪剂进行一阶衰减，则浓度分布由下式给出：

$$c(x,y,t)=\frac{M\mathrm{e}^{-kt}}{4\pi tL\sqrt{D_xD_y}}\exp\left(-\frac{x^2}{4D_xt}-\frac{y^2}{4D_yt}\right) \tag{3.107}$$

式中　$k$——一阶衰减常数。

**【例题 3.9】**

1 kg 的污染物泄漏在一个 4m 深的水池中的某点，并在池深方向上瞬间混合。（1）如果在 N-S 和 E-W 方向上的扩散系数分别为 $5\text{m}^2/\text{s}$ 和 $10\text{m}^2/\text{s}$，则计算泄漏点以北 100m 和以东 100m 处的浓度与时间的函数关系。（2）5min 后泄漏点的浓度是多少？

**【解】**

（1）浓度分布由下式给出：

$$c(x,y,t)=\frac{M}{4\pi tL\sqrt{D_xD_y}}\exp\left(-\frac{x^2}{4D_xt}-\frac{y^2}{4D_yt}\right)$$

根据给定的数据，$M$=1kg，$L$=4m，$D_x=5\text{m}^2/\text{s}$（N-S），$D_y=10\text{m}^2/\text{s}$（E-W）。在泄漏点以北 100m 处，$x$=0m，$y$=100m，作为时间函数的浓度由下式给出：

$$c(0,100,t)=\frac{1}{4\pi t\times 4\sqrt{5\times 10}}\exp\left(-\frac{100^2}{4\times 10t}\right)=\frac{0.00281}{t}\exp\left(-\frac{250}{t}\right)\text{kg/m}^3$$

在泄漏点以东 100m 处，$x$=100m，$y$=0m，作为时间函数的浓度由下式给出：

$$c(100,0,t)=\frac{1}{4\pi t\times 4\sqrt{5\times 10}}\exp\left(-\frac{100^2}{4\times 10t}\right)=\frac{0.00281}{t}\exp\left(-\frac{500}{t}\right)\text{kg/m}^3$$

（2）在泄漏位置，$x$=0m，$y$=100m，作为时间函数的浓度由下式给出：

$$c(0,0,t)=\frac{1}{4\pi t\times 4\sqrt{5\times 10}}=\frac{0.00281}{t}$$

当 $t$=5min=300s 时：

$$c(0,0,300)=\frac{0.00281}{300}=9.37\times 10^{-6}\ \text{kg/m}^3=9.37\mu\text{g/L}$$

因此，5min 后泄漏点的浓度为 9.37μg/L。

#### 3.3.2.1　时空分布源

叠加原理可应用于二维扩散方程的基本解，以产生由初始质量分布 $g(x,y)$ 产生的浓度分布 $c(x,y,t)$，如：

$$c(x,y,t)=\int_{x_1}^{x_2}\int_{y_1}^{y_2}\frac{g(\xi,\eta)\mathrm{d}\xi\mathrm{d}\eta}{4\pi tL\sqrt{D_xD_y}}\exp\left[-\frac{(x-\xi)^2}{4D_xt}-\frac{(y-\eta)^2}{4D_yt}\right] \tag{3.108}$$

污染源位于区域 $x \in [x_1, x_2], y \in [y_1, y_2]$。图 3.18 显示了一个二维矩形源的扩散示例，其中 $D_x = D_y$ 造成对称扩散模式。时间积分也可以借助连续质量加入 $\dot{m}(t)$ 来产生浓度分布 $c(x, y, t)$。

$$c(x,y,t)=\int_0^t \frac{\dot{m}(\tau)\mathrm{d}\tau}{4\pi(t-\tau)L\sqrt{D_x D_y}} \exp\left[-\frac{x^2}{4D_x(t-\tau)}-\frac{y^2}{4D_y(t-\tau)}\right] \quad (3.109)$$

其中瞬时源头位于 $x=0$，$y=0$ 处。在分布式瞬态源头 $\dot{m}(x, y, t)$ 的情况下，得到的浓度分布 $c(x, y, t)$ 由下式给出：

$$c(x,y,t)=\int_0^t\int_{x_1}^{x_2}\int_{y_1}^{y_2} \frac{\dot{m}(\xi,\eta,t)\mathrm{d}\xi\mathrm{d}\eta\mathrm{d}t}{4\pi(t-\tau)L\sqrt{D_x D_y}} \exp\left[-\frac{(x-\xi)^2}{4D_x(t-\tau)}-\frac{(y-\eta)^2}{4D_y(t-\tau)}\right] \quad (3.110)$$

### 3.3.2.2 连续线源

在流体环境中从线源（在 $z$ 方向上）连续释放的非保守物质产生的浓度分布可以从方程（3.109）推导出来为：

$$c(x,y,t)=\int_0^t \frac{\dot{m}(\tau)\mathrm{d}\tau}{4\pi(t-\tau)L\sqrt{D_x D_y}} \exp\left[-\frac{(x-Vt)^2}{4D_x(t-\tau)}-\frac{y^2}{4D_y(t-\tau)}-k(t-\tau)\right] \quad (3.111)$$

式中 $V$——在 $x$ 方向上的平均速度；

$k$——一阶衰减常数。

恒定通量线源产生的稳态浓度是通过取方程（3.111）的极限值 $t\to\infty$ 得到的：

$$c(x,y)=\frac{\dot{M}}{2\pi L\sqrt{D_x D_y}}\exp\left(\frac{Vx}{2D_x}\right)K_0(2\beta_2) \quad (3.112)$$

式中 $\dot{M}$——恒定质量通量（$MT^{-1}$）；

$K_0$——第二类零阶修正的 Bessel 函数。

$\beta_2$ 定义为：

$$\beta_2=\frac{\sqrt{(D_y x^2+D_x y^2)(V^2 D_y+4D_x D_y k)}}{4D_x D_y} \quad (3.113)$$

Bessel 函数 $K_0$ 在附录 D.2 中有解释，同样列出了此函数的列表值。Bessel 函数内置于常用的电子表格中。

在忽略纵向扩散（即 $Pe >> 1$）的情况下，方程（3.112）给出的稳态浓度分布变为：

$$c(x,y)=\frac{\dot{M}}{L\sqrt{4\pi xVD_y}}\exp\left(-\frac{Vy^2}{4D_y x}-\frac{kx}{V}\right) \quad (3.114)$$

下面的例子显示了这些方程的应用。

## 【例题 3.10】

垂直扩散器将工业废水以 $5m^3/s$ 的流量均匀排放到 5m 深的储水池中，其中平均速度为 10cm/s，扩散系数为各向同性并等于 $10m^2/s$。废水中含有 50mg/L 的有毒污染物，其一阶衰减常数为 $0.05_{min}{}^{-1}$。（1）确定在扩散器下游 100m 处污染物浓度作为时间函数的表达式。（2）这个地点的稳态浓度是多少？（3）比较精确的稳态浓度和忽略纵向扩散得到的近似稳态浓度。

**【解】**

根据给定的数据：$Q=5m^3/s$，$c=50mg/L$，$k=0.05min^{-1}=0.000833s^{-1}$，$L=5m$，$V=10cm/s=0.10m/s$，$D_x=D_y=10m^2/s$，$x=100m$，$y=0m$。污染物质量通量 $\dot{M}$ 为：

$$\dot{M}=Qc=5\times50\times10^{-3}=0.25\ \mathrm{kg/s}$$

（1）作为时间函数的浓度分布由方程（3.111）给出：

$$c(x,y,t)=\int_0^t \frac{\dot{m}(\tau)\mathrm{d}\tau}{4\pi(t-\tau)L\sqrt{D_x D_y}} \exp\left[-\frac{(x-Vt)^2}{4D_x(t-\tau)}-\frac{y^2}{4D_y(t-\tau)}-k(t-\tau)\right]$$

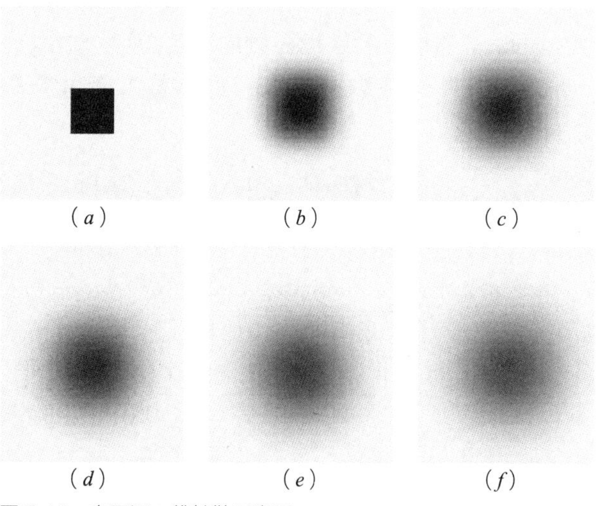


图 3.18 有限源二维扩散示意图

（a）$t=t_1$；（b）$t=t_2$；（c）$t=t_3$；（d）$t=t_4$；（e）$t=t_5$；（f）$t=t_6$

$$c(100,0,t)=\int_0^t \frac{0.25}{4\pi(t-\tau)\times 5\sqrt{10\times 10}}\exp\left[-\frac{(100-0.10t)^2}{4\times 10(t-\tau)}-\frac{0^2}{4\times 10(t-\tau)}-0.000833(t-\tau)\right]d\tau$$

$$c(100,0,t)=0.000398\int_0^t \frac{1}{(t-\tau)}\exp\left[-\frac{(100-0.10t)^2}{40(t-\tau)}-0.000833(t-\tau)\right]d\tau \text{ kg/m}^3$$

这个方程需要通过数值积分来确定浓度的时间函数。

（2）稳态浓度可以用方程（3.112）和公式（3.113）确定，其中：

$$\beta_2=\frac{\sqrt{(D_y x^2+D_x y^2)(V^2 D_y+4D_x D_y k)}}{4D_x D_y}$$
$$=\frac{\sqrt{(10\times 100^2+10\times 0^2)(0.10^2\times 10+4\times 10\times 10\times 0.000833)}}{4\times 10\times 10}$$
$$=0.520$$

代入方程（3.112）后给出稳态浓度：

$$c(x,y)=\frac{\dot{M}}{2\pi L\sqrt{D_x D_y}}\exp\left(\frac{Vx}{2D_x}\right)K_0(2\beta_2)$$

$$c(100,0)=\frac{0.25}{2\pi\times 5\sqrt{10\times 10}}\exp\left(\frac{0.10\times 100}{2\times 10}\right)K_0(2\times 0.520)$$
$$=0.000521\text{ kg/m}^3=521\ \mu\text{g/L}$$

因此，垂直线源下游 100m 处的稳态浓度为 521μg/L。

（3）如果忽略纵向扩散，则稳态浓度由方程（3.114）得：

$$c(x,y)=\frac{\dot{M}}{L\sqrt{4\pi xVD_y}}\exp\left[-\frac{Vy^2}{4D_y x}-\frac{kx}{V}\right]$$

$$c(100,0)=\frac{0.25}{5\sqrt{4\pi\times 100\times 0.10\times 10}}\exp\left[-\frac{0.10\times 0^2}{4\times 10\times 100}-\frac{0.000833\times 100}{0.10}\right]$$
$$=0.000613\text{ kg/m}^3=613\ \mu\text{g/L}$$

因此，近似稳态解为 613μg/L。这与 521μg/L 的精确稳态解相差 18%。这种差异可归因于 $Pe=Vx/D_x=0.10\times 100/10=1$，因此这种情况不满足方程（3.114）所需的 $Pe>>1$ 的条件。

### 3.3.2.3 连续平面源

在一个坐标方向上混合良好的连续平面源将经历二维扩散。图 3.19 显示了在环境应用中出现的两种配置。下面分别讨论这些源头下游稳态浓度的解。

半无限源：半无限源在 $x=0$ 处出现并覆盖平面区域 $-\infty<y<0$ 和 $-\infty<z<\infty$。假设纵向对流通量远大于纵向扩散通量（即 $Pe=Vx/D_x>>1$），则描述稳态浓度分布的对流—扩散方程可简化为：

$$V\frac{\partial c}{\partial x}=D_y\frac{\partial^2 c}{\partial y^2}-kc \quad (3.115)$$

方程（3.115）对连续质量通量 $\dot{M}$（$MT^{-1}$）的解由下式给出：

$$c(x,y)=\frac{\dot{M}}{2AV}\exp\left(-\frac{kx}{V}\right)\operatorname{erfc}\left(\frac{y}{2}\sqrt{\frac{V}{D_y x}}\right) \quad (3.116)$$

其中 $A$ 是质量通量 $\dot{M}$ 发生的区域。既然源头在理论上是无限的，那么 $\dot{M}/A$ 可以被认为是描述平面源上的质量通量密度（$ML^{-2}T^{-1}$）的单个参数。

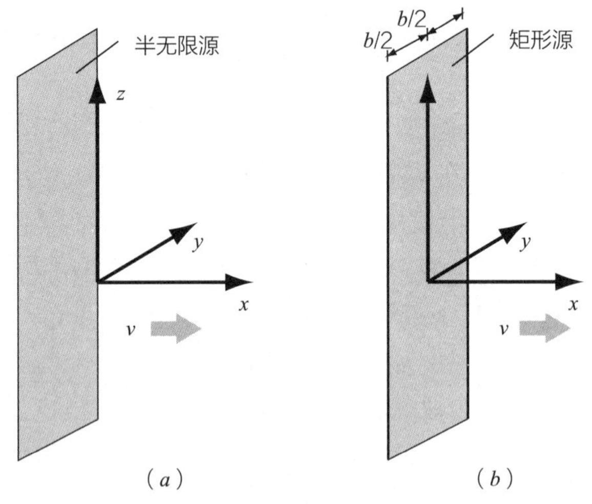


图 3.19 平面源二维扩散示意图
（a）半无限源；（b）矩形源

## 【例题 3.11】

图 3.20 显示了一条小型受污染河流和一条宽阔清洁河流的相互关系，污染河流宽 3m、深 2m。混合水流的平均速度为 10cm/s，纵向和横向扩散系数分别为

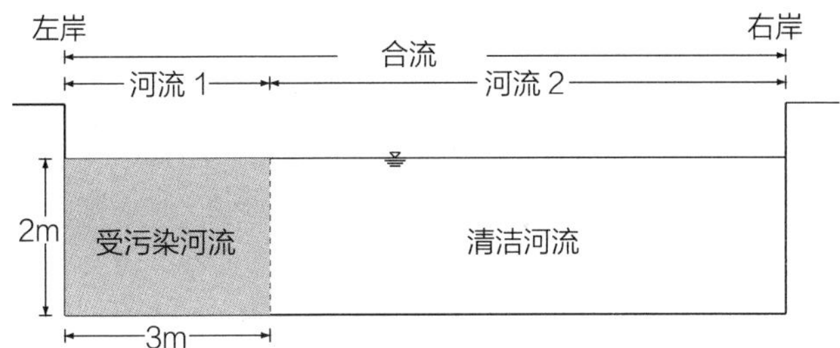

图 3.20　两条河流的相对位置

$5m^2/s$ 和 $0.1m^2/s$。如果污染河流中保守污染物的通量为 0.5kg/s，试估算距离该水流左岸 9m 处下游 15m 处的浓度。这个浓度与紧邻下游左岸 9 m 处的浓度相比如何？忽略图中河流边缘的影响因素。

**【解】**

根据给定的数据：$w$=3m，$d$=2m，$V$=10cm/s=0.10m/s，$D_x=5m^2/s$，$D_y=0.1m^2/s$，$\dot{M}$=0.5kg/s，$y$=9−3=6m，$x$=15m。由于污染物是保守的，所以 $k$=0。将这些数据代入方程（3.116）得：

$$c(x,y)=\frac{\dot{M}}{2AV}\exp\left(\frac{kx}{V}\right)\mathrm{erfc}\left(\frac{y}{2}\sqrt{\frac{V}{D_y x}}\right)$$

$$c(15,6)=\frac{0.5}{2\times(3\times2)\times0.10}\exp\left(\frac{0\times15}{0.10}\right)\mathrm{erfc}\left(\frac{6}{2}\sqrt{\frac{0.10}{0.1\times15}}\right)$$

$$=0.114\ \mathrm{kg/m^3}=114\ \mathrm{mg/L}$$

因此，距离下游 15m 和左岸 9 m 处的预期浓度为 114mg/L。紧靠河流的下游，距离左岸 9m 处的浓度大约等于零，因为它深入干净的河流 6m。

矩形源：在图 3.19（$b$）所示的矩形平面源中，宽度 $b$ 的源头在 $y=\pm b/2$ 和 $z=\pm\infty$ 之间。在源头浓度为 $c_0$（$ML^{-3}$）的连续释放条件下，源头下游的稳态浓度分布由下式给出：

$$c(x,y)=\frac{c_0}{2}\exp\left(\frac{kx}{V}\right)\left[\mathrm{erf}\left(\frac{y+b/2}{2}\sqrt{\frac{V}{D_y x}}\right)-\mathrm{erf}\left(\frac{y-b/2}{2}\sqrt{\frac{V}{D_y x}}\right)\right] \tag{3.117}$$

这个方程式最初被提出是用于估算长度为 $b$ 的海底排污口下游的污染物浓度。在这些应用中，排污口下游任何给定距离 $x$ 处的最大浓度出现在羽流中心线上（其中 $y$= 0），因此大多数的关注点通常在估计 $c$（$x$，0）上。此外，在海洋环境中，众所周知，（湍流）扩散系数 $D_y$ 随着羽流尺寸的增加而增加，因此 $D_y$ 通常被视为羽流宽度 $L$ 的函数，即：

$$L=2\sqrt{3}\sigma_y(x) \tag{3.118}$$

式中　$\sigma_y$（$x$）——距离源头 $x$ 处羽流浓度分布的标准偏差。

表 3.4 给出了与各种扩散系数函数形式相对应的中心线浓度。特别值得注意的是，扩散系数依赖于羽流对 4/3 能量处的长度尺度，这通常被认为是代表海洋中的湍流特性。虽然扩散系数的“4/3 法则”可以从湍流理论中得到，但它也表明，4/3 关系存在于海洋环境中，其中剪切扩散主导混合过程。基于这些考虑，$D_y$ 的 4/3 关系通常被用作海洋环境中的默认假设。

**各扩散系数函数对应的中心线浓度**　　表 3.4

| 扩散系数 $D_y$ | 中心线浓度 $c$（$x$，0） | 羽流宽度 $L/b$ |
|---|---|---|
| $D_{y0}$ | $c_0\exp\left(-\frac{kx}{V}\right)\mathrm{erf}\left(\frac{b}{4}\sqrt{\frac{V}{D_y x}}\right)$ | $\sqrt{1+\frac{24D_y x}{Vb^2}}$ |
| $D_{y0}\frac{L}{b}$ | $c_0\exp\left(-\frac{kx}{V}\right)\mathrm{erf}\left[\frac{3/2}{\left(1+\frac{12D_{y0}x}{Vb^2}\right)^2-1}\right]$ | $\sqrt{1+\frac{12D_{y0}x}{Vb^2}}$ |
| $D_{y0}\left(\frac{L}{b}\right)^{\frac{4}{3}}$ | $c_0\exp\left(-\frac{kx}{V}\right)\mathrm{erf}\left[\frac{3/2}{\left(1+\frac{8D_{y0}x}{Vb^2}\right)^2-1}\right]$ | $\sqrt{1+\frac{8D_{y0}x}{Vb^2}}$ |

注：$L$ 被定义为 $2\sqrt{3}\sigma_y$。

## 【例题 3.12】

废水从 35m 长的扩散器排入海洋，使扩散器在初始混合后的污染物浓度达到 100mg/L。扩散器处的海洋流速在垂直于扩散器的方向上为 10cm/s，对应于初始羽流尺寸 35m 处的扩散系数为 $0.5m^2/s$。污染物的一阶衰减常数估计为 $0.04min^{-1}$。估计扩散器下游 100m 处羽流的最大浓度和宽度。

**【解】**

根据给定的数据：$b$=35m，$c_0$=100mg/L，$V$=10cm/s=0.10m/s，$D_{y0}=0.5m^2/s$，$k=0.04min^{-1}=0.000667s^{-1}$，$x$=100m。由于来源是海洋排放口扩散器，因此使用表 3.4 中的 4/3 法则是适当的。因此：

$$c(x,0)=c_0\exp\left(\frac{kx}{V}\right)\mathrm{erf}\left[\frac{3/2}{\left(1+\frac{8D_{y0}x}{Vb^2}\right)^2-1}\right]$$

$$c(100,0)=100\exp\left(\frac{0.000667\times100}{0.10}\right)\mathrm{erf}\left[\frac{3/2}{\left(1+\frac{8\times0.5\times100}{0.10\times35^2}\right)^2-1}\right]=30.6\ \mathrm{mg/L}$$

$$\frac{L}{b}=\sqrt{1+\frac{8D_{y0}x}{Vb^2}}=\sqrt{1+\frac{8\times0.5\times100}{0.10\times35^2}}=8.81$$

$$L=8.81b=8.81\times35=308\ \mathrm{m}$$

根据这些结果，扩散器下游 100m 处的最大浓度为 30.6mg/L，此处羽流的宽度为 308m。

### 3.3.3　三维扩散

三维扩散方程由下式给出：

$$\frac{\partial c}{\partial t}=D_x\frac{\partial^2c}{\partial x^2}+D_y\frac{\partial^2c}{\partial y^2}+D_z\frac{\partial^2c}{\partial z^2}\qquad(3.119)$$

基本解对应于以下初始条件和边界条件：

$$\begin{cases}c(x,y,z,0)=M\delta(x,y,z)\\c(\pm\infty,\pm\infty,\pm\infty,t)=0\end{cases}\qquad(3.120)$$

其中 $\delta(x,y,z)$ 是三维 Dirac $\delta$ 三角函数，定义为：

$$\delta(x,y,z)=\begin{cases}\infty & x=0,y=0,z=0\\0 & 其他情况\end{cases}$$

且　(3.121)

$$\int_{-\infty}^{+\infty}\int_{-\infty}^{+\infty}\int_{-\infty}^{+\infty}\delta(x,y,z)\mathrm{d}x\mathrm{d}y\mathrm{d}z=1$$

基本三维扩散问题的解由下式给出：

$$c(x,y,z,t)=\frac{M}{(4\pi t)^{\frac{3}{2}}\sqrt{D_xD_yD_z}}\exp\left(-\frac{x^2}{4D_xt}-\frac{y^2}{4D_yt}-\frac{z^2}{4D_zt}\right)\qquad(3.122)$$

这个浓度分布是一个三维高斯分布，其均值 $\mu$ 和标准偏差 $\sigma_x$、$\sigma_y$ 和 $\sigma_z$ 由下式给出：

$$\begin{cases}\mu=0\\\sigma_x=\sqrt{2D_xt}\\\sigma_y=\sqrt{2D_yt}\\\sigma_z=\sqrt{2D_zt}\end{cases}\qquad(3.123)$$

由于高斯分布下面积的 95% 在平均值的 $\pm2\sigma$ 范围内，$x$、$y$ 和 $z$ 方向上污染区域的范围 $L_x$、$L_y$ 和 $L_z$ 通常取为 $L_x=4\sigma_x$、$L_y=4\sigma_y$、$L_z=4\sigma_z$。如果示踪剂经历一阶衰减，则浓度分布为：

$$c(x,y,z,t)=\frac{Me^{-kt}}{(4\pi t)^{\frac{3}{2}}\sqrt{D_xD_yD_z}}\exp\left(-\frac{x^2}{4D_xt}-\frac{y^2}{4D_yt}-\frac{z^2}{4D_zt}\right)\qquad(3.124)$$

式中　$k$——一阶衰减常数。

## 【例题 3.13】

1kg 有毒污染物被释放到海洋深处，并在三个坐标方向上传播。N-S，E-W 和垂直扩散系数分别为 $10m^2/s$、$15m^2/s$ 和 $0.1m^2/s$。（1）计算北方 100m、东方 100m 以及释放点以上 10m 处的浓度（作为时间的函数）。（2）24h 后释放点的浓度是多少？

**【解】**

（1）作为时间函数的浓度由下式给出：

$$c(x,y,z,t)=\frac{M}{(4\pi t)^{\frac{3}{2}}\sqrt{D_xD_yD_z}}\exp\left(-\frac{x^2}{4D_xt}-\frac{y^2}{4D_yt}-\frac{z^2}{4D_zt}\right)$$

在这种情况下，$M$=1kg，$D_x$=10m²/s，$D_y$=15m²/s，$D_z$= 0.1m²/s，因此，在 $x$ =100m，$y$ =100m，$z$ =10m 时作为时间函数的浓度，由下式给出：

$$c(100,100,10,t)=\frac{1}{(4\pi t)^{\frac{3}{2}}\sqrt{10\times15\times0.1}}\exp\left(-\frac{100^2}{4\times10t}-\frac{100^2}{4\times15t}-\frac{10^2}{4\times0.1t}\right)=\frac{0.00580}{t^{\frac{3}{2}}}\exp\left(-\frac{667}{t}\right)\text{kg/m}^3$$

（2）释放点 $x$ = 0，$y$ = 0，$z$ = 0 处的浓度 $c_0$ 由下式给出：

$$c_0=\frac{1}{(4\pi t)^{\frac{3}{2}}\sqrt{10\times15\times0.1}}=\frac{0.00580}{t^{\frac{3}{2}}}\text{kg/m}^3$$

当 $t$ = 24h = 86400s 时，释放点的浓度 $c_0$ 由下式给出：

$$c_0=\frac{0.00580}{86400^{\frac{3}{2}}}=2.29\times10^{-10}\ \text{kg/m}^3=2.29\times10^{-4}\mu\text{g/L}$$

出于实际目的，此级别的浓度不可检测，污染物浓度可视为零。

#### 3.3.3.1 时空分布源

叠加原理可应用于三维扩散方程的基本解，以生成由初始质量分布（单位体积）$g$（$x$，$y$，$z$）产生的浓度分布 $c$（$x$，$y$，$z$，$t$），如：

$$c(x,y,z,t)=\int_{x_1}^{x_2}\int_{y_1}^{y_2}\int_{z_1}^{z_2}\frac{g(\xi,\eta,\zeta)\,\text{d}\xi\,\text{d}\eta\,\text{d}\zeta}{(4\pi t)^{\frac{3}{2}}\sqrt{D_xD_yD_z}}\exp\left[-\frac{(x-\xi)^2}{4D_xt}-\frac{(y-\eta)^2}{4D_yt}-\frac{(z-\zeta)^2}{4D_zt}\right]\tag{3.125}$$

污染源位于区域 $x\in[x_1,x_2],y\in[y_1,y_2],z\in[z_1,z_2]$。时间叠加也可用于由连续质量引入 $\dot{m}(t)$ 产生的浓度分布 $c$（$x$，$y$，$z$，$t$）：

$$c(x,y,z,t)=\int_0^t\frac{\dot{m}(\tau)\,\text{d}\tau}{[4\pi(t-\tau)]^{\frac{3}{2}}\sqrt{D_xD_yD_z}}\exp\left[-\frac{x^2}{4D_x(t-\tau)}-\frac{y^2}{4D_y(t-\tau)}-\frac{z^2}{4D_z(t-\tau)}\right]\tag{3.126}$$

其中瞬态源位于 $x$= 0，$y$= 0，$z$= 0 处。在分布式瞬态源 $\dot{m}$（$x$，$y$，$z$，$t$）的情况下，得到的浓度分布 $c$（$x$，$y$，$z$，$t$）由下式给出：

$$c(x,y,z,t)=\int_0^t\int_{x_1}^{x_2}\int_{y_1}^{y_2}\int_{z_1}^{z_2}\frac{\dot{m}(\xi,\eta,\zeta,\tau)\,\text{d}\xi\,\text{d}\eta\,\text{d}\zeta\,\text{d}\tau}{[4\pi(t-\tau)]^{\frac{3}{2}}\sqrt{D_xD_yD_z}}\exp\left[-\frac{(x-\xi)^2}{4D_x(t-\tau)}-\frac{(y-\eta)^2}{4D_y(t-\tau)}-\frac{(z-\zeta)^2}{4D_z(t-\tau)}\right]\tag{3.127}$$

#### 3.3.3.2 剪切流中的瞬时点源

在沿海水域中通常遇到瞬间释放的示踪剂扩散到水环境中，其平均速度在一个或多个坐标方向的空间上变化。考虑一个三维流体环境，其中速度 $V$ 沿 $x$ 轴取向并有如下关系式：

$$V=V_0(t)+\lambda_yy+\lambda_zz\tag{3.128}$$

其中 $\lambda_y$ 和 $\lambda_z$ 分别为 $y$ 和 $z$ 坐标方向上速度随距离的变化率，$V_0$（$t$）是坐标系原点处速度随时间变化的幅度。在原点瞬间释放质量 $M$ 所导致的浓度分布由下式给出：

$$c(x,y,z,t)=\frac{M}{4\pi t\sqrt{4\pi D_xD_yD_zt}\sqrt{1+\phi^2t^2}}\exp\left\{-\frac{\left[x-\int_0^tV_0(\tau)\,\text{d}\tau-\frac{1}{2}(\lambda_yy+\lambda_zz)t\right]^2}{4D_xt(1+\phi^2t^2)}-\frac{y^2}{4D_yt}-\frac{z^2}{4D_zt}-kt\right\}\tag{3.129}$$

式中 $k$——一阶衰减常数；

$\phi$ 被定义为：

$$\phi^2=\frac{1}{12}\left(\lambda_y^2\frac{D_y}{D_x}+\lambda_z^2\frac{D_z}{D_x}\right)\tag{3.130}$$

下面的例子介绍了这个方程的应用。

## 【例题 3.14】

100kg 的示踪剂被释放到平均流速为 20cm/s 的深海中，水平横向和垂直横向剪切速度分别为 $0.1\text{s}^{-1}$ 和 $0.05\text{s}^{-1}$，纵向、水平横向和垂直横向的扩散系数分别为 10m²/s、5m²/s 和 0.1m²/s。示踪剂的一阶衰减常数为 $0.01\text{min}^{-1}$。估算 10min 后释放点下游 100m 处的浓度。

【解】

根据给定的数据：$M$=100kg，$V_0$=20cm/s=0.20m/s，$\lambda_y$=0.1s$^{-1}$，$\lambda_z$=0.05s$^{-1}$，$D_x$=10m$^2$/s，$D_y$=5m$^2$/s，$D_z$=0.1m$^2$/s，$k$=0.01min$^{-1}$=0.000167s$^{-1}$，$x$=100m，$y$=$z$=0m，$t$=10min=600s。使用这些数据，给出以下内容：

$$\phi^2=\frac{1}{12}\left(\lambda_y^2\frac{D_y}{D_x}+\lambda_z^2\frac{D_z}{D_x}\right)=\frac{1}{12}\left(0.1^2\times\frac{5}{10}+0.05^2\times\frac{0.1}{10}\right)$$
$$=0.000419\ \text{s}^{-2}$$

$$1+\phi^2t^2=1+0.000419^2\times600^2=1.063$$

将给定的数据和导出参数的值代入方程（3.129）得：

$$c(x,y,z,t)=\frac{M}{4\pi t\sqrt{4\pi D_xD_yD_zt}\sqrt{1+\phi^2t^2}}\exp\left\{-\frac{\left[x-\int_0^t V_0(\tau)\,\mathrm{d}\tau-\frac{1}{2}(\lambda_y y+\lambda_z z)t\right]^2}{4D_xt(1+\phi^2t^2)}-\frac{y^2}{4D_yt}-\frac{z^2}{4D_zt}-kt\right\}$$

$$c(100,0,0,600)=\frac{100}{4\pi\times600\sqrt{4\pi\times10\times5\times0.1\times600}\times\sqrt{1.063}}\exp\left\{-\frac{\left[100-0.20\times600-\frac{1}{2}(0.1\times0+0.05\times0)\times600\right]^2}{4\times10\times600\times1.063}-\frac{0^2}{4\times5\times600}-\frac{0^2}{4\times0.1\times600}-0.000167\times600)\right\}$$
$$=2.40\times10^{-5}\ \text{kg/m}^3=24.0\mu\text{g/L}$$

因此，10min后释放点下游100m处的浓度估计为24.0μg/L。

### 3.3.3.3 具有恒定扩散系数的连续点源

考虑稳定连续点源将示踪剂释放到具有空间均匀速度$V$的周围环境中的情况。如果我们进一步假定在下游方向平流通量$Vc$远大于扩散通量$D_x\partial c/\partial x$（即$Pe_x$>>1），则稳态条件下（即$\partial c/\partial t$=0）的对流—扩散方程可简化为：

$$V\frac{\partial c}{\partial x}=D_y\frac{\partial^2c}{\partial y^2}+D_z\frac{\partial^2c}{\partial z^2}\tag{3.131}$$

式中 $c$——示踪剂浓度；

$x$——下游方向的坐标；

$y$、$z$——横向坐标；

$D_y$、$D_z$——扩散系数的$y$和$z$分量。

方程（3.131）的解是通过将坐标从（$x$，$y$，$z$）改变为（$\tau$，$y$，$z$）来实现的，其中：

$$\tau=\frac{x}{V}\tag{3.132}$$

结合方程（3.131）和公式（3.132）给出了下列控制方程：

$$\frac{\partial c}{\partial\tau}=D_y\frac{\partial^2c}{\partial y^2}+D_z\frac{\partial^2c}{\partial z^2}\tag{3.133}$$

这是二维扩散方程的形式（尽管这是一个三维问题），$\tau$是从源头到下游任意距离$x$的平均行进时间。对于稳定质量释放率为$\dot{m}$的污染源，方程（3.133）的解可以在图3.21中直观反应,其中以速度$V$移动的“流体板”与源头相交，注入的流体质量$M$为：

$$M=\dot{m}\frac{w}{V}\tag{3.134}$$

式中 $w$——流体板的宽度。

一旦流体板通过源头，注入的质量就会在板内横向扩散。在板坯宽度$w$很小的限制下，必须寻求方程（3.133）的解，以满足下面的边界条件和初始条件：

$$\begin{cases}c(y,z,0)=\dfrac{M}{w}\delta(y,z)\\ c(\pm\infty,\pm\infty,\tau)=0\end{cases}\tag{3.135}$$

发现根据方程（3.135）给出的条件求得的方程（3.133）的解与二维基本扩散问题完全相同，因此解由下列给出：

$$c(y,z,\tau)=\frac{\dot{m}\frac{w}{V}}{4\pi w\tau\sqrt{D_yD_z}}\exp\left(-\frac{y^2}{4D_y\tau}-\frac{z^2}{4D_z\tau}\right)\tag{3.136}$$

用$x/V$取代$\tau$简化方程导出在距离下游$x$处的连续源的稳态解：

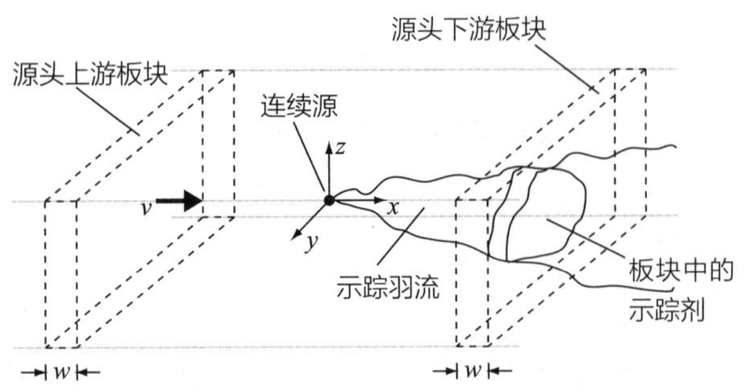

图 3.21 稳定连续源

$$c(x,y,z)=\frac{\dot{m}}{4\pi x\sqrt{D_yD_z}}\exp\left(-\frac{Vy^2}{4D_yx}-\frac{Vz^2}{4D_zx}\right) \quad (3.137)$$

这个方程描述了横向扩散不受限制情况下的稳态浓度，然而，在横向边界存在的情况下，叠加原理可以用来确定图像源的位置，使得横向浓度梯度在边界处等于零。

## 【例题 3.15】

示踪剂以 10kg/s 的速度释放到海洋深处，平均海洋流速为 25cm/s，扩散系数是各向同性的，等于 $0.1\mathrm{m}^2/\mathrm{s}$。在下列条件下估计源头下游 100m 处的浓度：(1) 源头在海洋深处并且示踪剂是保守的；(2) 源头在海洋深处并且示踪剂进行速率为 $0.1\mathrm{min}^{-1}$ 的一阶衰减；(3) 源头在海洋表面下 5m 并且示踪剂进行速率为 $0.1\mathrm{min}^{-1}$ 的一阶衰减。

### 【解】

根据给定的数据：$\dot{m}$=10kg/s，$V$=25cm/s=0.25m/s，$D_x=D_y=D_z=0.1\mathrm{m}^2/\mathrm{s}$，$x$=100m。

(1) 对于在无界环境中散射的保守示踪剂，浓度分布可以近似为方程 (3.137)。在源头下游 100 m 处，$y$=0m，$z$=0m，由方程 (3.137) 得：

$$c(x,y,z)=\frac{\dot{m}}{4\pi x\sqrt{D_yD_z}}\exp\left[-\frac{Vy^2}{4D_yx}-\frac{Vz^2}{4D_zx}\right]$$

$$\begin{aligned}c(100,0,0)&=\frac{10}{4\pi\times100\sqrt{0.1\times0.1}}\\&\quad\exp\left[-\frac{0.25\times0^2}{4\times0.1\times100}-\frac{0.25\times0^2}{4\times0.1\times100}\right]\\&=0.0796\ \mathrm{kg/m^3}=79.6\ \mathrm{mg/L}\end{aligned}$$

因此，源头下游 100m 处的浓度为 79.6mg/L。

(2) 如果示踪剂经历衰减常数为 $k=0.1\mathrm{min}^{-1}=0.001667\mathrm{s}^{-1}$ 的一阶衰减，则源头下游 100m 处的浓度为：

$$\begin{aligned}c(100,0,0)&=79.6\exp\left(-k\frac{x}{V}\right)\\&=79.6\exp\left(-0.001667\times\frac{100}{0.25}\right)\\&=40.9\ \mathrm{mg/L}\end{aligned}$$

因此，源头下游 100m 处的浓度为 40.9mg/L。

(3) 如果示踪剂经历一阶衰减并且在海面以下 5m，则必须在海面以上 5m 处增加一个图像源，以说明海面的零通量边界条件。通过取 $y$=0m 和 $z$=10m，方程 (3.137) 给出了由图像引起的源头下游 100m 处的浓度，因此图像浓度 $c_i$ 为：

$$c_i(x,y,z)=\frac{\dot{m}}{4\pi x\sqrt{D_yD_z}}\exp\left(-\frac{Vy^2}{4D_yx}-\frac{Vz^2}{4D_zx}\right)$$

$$\begin{aligned}c_i(100,0,10)&=\frac{10}{4\pi\times100\sqrt{0.1\times0.1}}\\&\quad\exp\left(-\frac{0.25\times0^2}{4\times0.1\times100}-\frac{0.25\times10^2}{4\times0.1\times100}\right)\\&=0.0426\ \mathrm{kg/m^3}\\&=42.6\ \mathrm{mg/L}\end{aligned}$$

源头和图像浓度的叠加给出了保守示踪剂的预测浓度，即 79.6+42.6=122.2mg/L。对于 $k=0.1\mathrm{min}^{-1}=0.001667\mathrm{s}^{-1}$ 的非保守示踪剂，浓度由下式给出：

$$\begin{aligned}c(100,0,0)&=(122.2)\exp\left(-k\frac{x}{V}\right)\\&=(122.2)\exp\left(-0.001667\times\frac{100}{0.25}\right)\\&=62.7\ \mathrm{mg/L}\end{aligned}$$

因此，源头下游 100m 的浓度为 62.7mg/L。

类似的分析可用于连续源在一个横向尺寸上混合良好的情况，并且在另一个横向尺寸中扩散是无限制的。这种情况通过一维扩散方程的基本解来描述，并且如果示踪剂在垂直维度上的深度 $Z$ 处混合良好，则：

$$c(y,\tau)=\frac{\dot{m}\frac{w}{V}}{wZ\sqrt{4\pi D_y\tau}}\exp\left(-\frac{y^2}{4D_y\tau}\right) \quad (3.138)$$

通过用 $x/V$ 取代 $\tau$ 来简化，并导出：

$$c(x,y)=\frac{\dot{m}}{Z\sqrt{4\pi D_yxV}}\exp\left(-\frac{Vy^2}{4D_yx}\right) \quad (3.139)$$

用于实际例子，这个方程可以代表示踪剂在宽阔河流下游中的浓度，其中示踪剂在深度上混合良好，但是横向扩散尚未受到河岸阻碍。

## 【例题 3.16】

污染物以 1kg/s 的速率从宽阔的河流中心释放，其中河流深度为 1.0m，流速为 30cm/s，横向扩散系数为 $0.5\mathrm{m}^2/\mathrm{s}$。如果最初污染物在深度上充分混合，则估计排放下游 100m 处，距离河流中心 2m 处的河流入口的污染物浓度。

【解】

根据给定的数据：$\dot{m}$=1kg/s，$Z$=1.0m，$V$=30cm/s=0.30m/s，$D_y$=0.5m²/s，$x$=100m，$y$=2m。忽略河流横向边界的影响，下游入口位置的浓度由方程（3.139）得：

$$c(x,y)=\frac{\dot{m}}{Z\sqrt{4\pi D_y xV}}\exp\left(-\frac{Vy^2}{4D_y x}\right)$$

$$\begin{aligned}c(100,2)&=\frac{1}{1.0\sqrt{4\pi\times0.5\times100\times0.30}}\exp\left(-\frac{0.30\times2^2}{4\times0.5\times100}\right)\\&=0.0733\ \mathrm{kg/m^3}\\&=73.3\ \mathrm{mg/L}\end{aligned}$$

因此，下游入口的浓度为 73.3mg/L。

使用“流体板”近似（即方程（3.137）和方程（3.139））得到的稳定连续点源的解可应用于 Péclet 数流，其中纵向对流通量远大于纵向扩散通量。在这种近似无效的情况下，连续点源下游的浓度分布由下式给出：

$$c(x,y,z,t)=\frac{d\sqrt{\pi}}{2\sqrt{a}}\{\exp(2\sqrt{ab})[\mathrm{erf}(F_1+F_2)-\mathrm{erf}(F_3+F_4)]+\exp(-2\sqrt{ab})[\mathrm{erf}(F_1-F_2)-\mathrm{erf}(F_3-F_4)]\}\tag{3.140}$$

方程（3.140）中的参数分别为：

$$a=\frac{(x-x_1)^2}{4D_x}+\frac{(y-y_1)^2}{4D_y}+\frac{(z-z_1)^2}{4D_z}\tag{3.141}$$

$$b=\frac{V^2}{4D_x}+k\tag{3.142}$$

$$d=\frac{\dot{m}}{(4\pi)^{\frac{3}{2}}\sqrt{D_xD_yD_z}}\exp\left[\frac{(x-x_1)V}{2D_x}\right]\tag{3.143}$$

$$F_1=\sqrt{\frac{a}{t-t_1}}\tag{3.144}$$

$$F_2=\sqrt{b(t-t_1)}\tag{3.145}$$

$$F_3=\sqrt{\frac{a}{t}}\tag{3.146}$$

$$F_4=\sqrt{bt}\tag{3.147}$$

式中　$x_1$、$y_1$、$z_1$——源点位置的坐标；

$t_1$——连续释放的持续时间；

$k$——一阶衰减常数。

方程（3.140）来源于瞬时释放后时间的积分（叠加）。对于连续喷射，喷射时间 $t_1$ 设定为等于喷射时间 $t$。

当 $t\to\infty$ 时，稳态解得自方程（3.140）：

$$c(x,y,z,t)=\frac{d\sqrt{\pi}}{\sqrt{a}}\exp\left(-2\sqrt{ab}\right)\tag{3.148}$$

## 【例题 3.17】

示踪剂自潜水艇中以 10kg/s 的速率释放到深海中，释放 1min，其中海洋环境具有 1cm/s 的小剪切流，并且在三个坐标方向中的扩散系数估计为 1.0m²/s。估计示踪剂具有 0.1d⁻¹ 的一阶衰减常数。（1）估计 10min 后在释放点下游 50m 处的两个目标点的浓度，一个点位于羽流中心线上，另一个点偏离中心线 25m。（2）如果示踪剂继续以 10kg/s 的速率释放，那么目标点处的稳态浓度是多少？这些浓度与使用流体板近似溶液计算的浓度相比如何？

【解】

根据给定的数据：$\dot{m}$=10kg/s，$V$=1cm/s=0.01m/s，$D_x=D_y=D_z$=1.0m²/s，$k$=0.1d⁻¹=1.157×10⁻⁶s⁻¹，$x_1=y_1=z_1$=0m。两个兴趣点（$x$，$y$，$z$）是中心线点（50m，0m，0m）和偏移点（50m，25m，0m）。

（1）对于有限的释放时间，$t_1$=1min=60s，$t$=10min=600s，并且中心线点（50m，0m，0m）的参数由公式（3.141）~公式（3.147）得：

$$\begin{aligned}a&=\frac{(x-x_1)^2}{4D_x}+\frac{(y-y_1)^2}{4D_y}+\frac{(z-z_1)^2}{4D_z}\\&=\frac{(50-0)^2}{4\times1.0}+\frac{(0-0)^2}{4\times1.0}+\frac{(0-0)^2}{4\times1.0}=625\end{aligned}$$

$$b=\frac{V^2}{4D_x}+k=\frac{0.01^2}{4\times1.0}+1.157\times10^{-6}=2.62\times10^{-5}$$

$$\begin{aligned}d&=\frac{\dot{m}}{(4\pi)^{\frac{3}{2}}\sqrt{D_xD_yD_z}}\exp\left[\frac{(x-x_1)V}{2D_x}\right]\\&=\frac{10}{(4\pi)^{\frac{3}{2}}\sqrt{1.0\times1.0\times1.0}}\exp\left[\frac{(50-0)\times0.01}{2\times1.0}\right]=0.288\end{aligned}$$

$$F_1=\sqrt{\frac{a}{t-t_1}}=\sqrt{\frac{625}{600-60}}=1.076$$

$$F_2=\sqrt{b(t-t_1)}=\sqrt{2.62\times10^{-5}\times(600-60)}=0.119$$

$$F_3=\sqrt{\frac{a}{t}}=\sqrt{\frac{625}{600}}=1.021$$

$$F_4=\sqrt{bt}=\sqrt{2.62\times10^{-5}\times600}=0.125$$

将这些导出的参数代入方程（3.140），得出 10min 后中心线点（50 m，0 m，0 m）上的浓度 $c_0$ 为：

$$c_0=\frac{0.288\times\sqrt{\pi}}{2\sqrt{625}}\left\{\exp\left(2\sqrt{625\times2.62\times10^{-5}}\right)\right.$$
$$[\mathrm{erf}(1.076+0.119)-\mathrm{erf}(1.021+0.125)]$$
$$+\exp\left(-2\sqrt{625\times2.62\times10^{-5}}\right)$$
$$\left.[\mathrm{erf}(1.076-0.119)-\mathrm{erf}(1.021-0.125)]\right\}$$
$$=7.41\times10^{-4}\ \mathrm{kg/m^3}$$
$$=0.741\ \mathrm{mg/L}$$

因此，10min 后释放点下游 50m 处的预期浓度为 0.741mg/L。重复以上计算（唯一的区别是 $y$=25m）得到偏离中心线 25m 处的预期浓度 $c_{25}$。计算结果为：

$$c_{25}=0.563\ \mathrm{mg/L}$$

因此，在偏移点处的预期浓度为 0.563mg/L。

（2）以 10kg/s 的速率持续释放示踪剂，对中心线点（50m，0m，0m）的参数推导与（1）中计算的参数相同。将这些导出的参数代入方程（3.148）得到中心线点（50m，0m，0m）处的稳态浓度 $c_0$ 为：

$$c_0=\frac{d\sqrt{\pi}}{\sqrt{a}}\exp\left(-2\sqrt{ab}\right)$$
$$=\frac{0.288\sqrt{\pi}}{\sqrt{625}}\exp\left(-2\sqrt{625\times2.62\times10^{-5}}\right)$$
$$=0.0158\ \mathrm{kg/m^3}$$
$$=15.8\ \mathrm{mg/L}$$

相反，如果使用近似的“流体板”方程，则估计的中心线浓度 $c'_0$ 由方程（3.137）给出为：

$$c'_0=\frac{\dot{m}}{4\pi(x-x_1)\sqrt{D_yD_z}}\exp\left[-\frac{V(y-y_1)^2}{4D_y(x-x_1)}-\frac{V(z-z_1)^2}{4D_z(x-x_1)}\right]$$
$$=\frac{10}{4\pi(50-0)\sqrt{1.0\times1.0}}$$
$$\exp\left[-\frac{0.01\times(0-0)^2}{4\times1.0\times(50-0)}-\frac{0.01\times(0-0)^2}{4\times1.0\times(50-0)}\right]$$
$$=0.0159\ \mathrm{kg/m^3}$$
$$=15.9\ \mathrm{mg/L}$$

因此，使用扩散方程的精确解计算的中心线浓度（15.8mg/L）与使用近似溶液计算的中心线浓度（15.9mg/L）略有不同。在偏移点 $c_{25}$ 和 $c'_{25}$ 处的相应浓度使用相同的方法计算，唯一的区别是 $y$=25m。结果如下：

$$c_{25}=13.7\ \mathrm{mg/L}$$
$$c'_{25}=15.4\ \mathrm{mg/L}$$

显然，使用精确溶液得到的浓度（13.7mg/L）与使用近似“流体板”溶液得到的浓度（15.4mg/L）之间存在显著差异。由于 $Pe=Vx/D_x$=0.01 × 50/1.0=0.5，这 12% 的差异主要归因于纵向扩散通量与对流通量相比不能忽略。然而，尽管这个 Péclet 数值相对较低，但中心线浓度却非常接近。

#### 3.3.3.4　具有可变扩散系数的连续点源

在水环境中，特别是在海洋和地下水中，扩散系数随着离源头的距离的增加而增加。这种情况的出现，是因为示踪云所在的周围速度范围随着行进距离的增加而增加，并且由于扩散系数直接取决于云团所在的速度范围，因此扩散系数必然随着行进距离的增加而增加。然而，经过一段距离后，示踪云所经历的速度范围不再增加，扩散系数也渐渐趋于恒定值。扩散系数不是常数的扩散过程称为 non-Fickian 过程。

考虑一个连续的点源，其中横向扩散系数是与源点距离的函数，纵向扩散与对流质量通量相比可以忽略不计（即 $Pe>>1$），控制扩散方程由下式给出：

$$V\frac{\partial c}{\partial x}=D_y(x)\frac{\partial^2 c}{\partial y^2}+D_z(x)\frac{\partial^2 c}{\partial z^2}\qquad(3.149)$$

其中 $D_y(x)$ 和 $D_z(x)$ 分别是水平横向扩散系数和垂直横向扩散系数，它们都是坐标 $x$ 的函数。通过以下关系表示 $D_y(x)$ 和 $D_z(x)$：

$$D_y(x)=a_yx^{\alpha}\qquad(3.150)$$

$$D_z(x)=a_zx^{\beta}\qquad(3.151)$$

其中 $a_y$、$a_z$、$\alpha$ 和 $\beta$ 是常数，通过连续点源产生了以下浓度分布：

$$c(x,y,z)=\frac{\dot{M}}{2\pi}\sqrt{\frac{(1+\alpha)(1+\beta)}{a_ya_z}}x^{-\left(1+\frac{\alpha+\beta}{2}\right)}\exp\left[-\frac{(1+\alpha)V}{4x^{1+\alpha}}\frac{y^2}{a_y}-\frac{(1+\beta)V}{4x^{1+\beta}}\frac{z^2}{a_z}\right]\qquad(3.152)$$

式中　$\dot{M}$——质量释放速率（$MT^{-1}$）。

通过下面的例题说明方程（3.152）的具体应用。

## 【例题 3.18】

有毒物质以 0.5kg/s 的速率从源点释放到开放海域，研究表明，示踪剂的水平扩散系数可由下式计算得到：

$$D = 2.06L^{1.15}$$

其中 $D$ 是水平面内的扩散系数（$cm^2/s$），$L$ 是示踪羽流的行进距离（m）。在释放位置，垂直扩散系数估计为 $1.0cm^2/s$，平均剪切速度为 20cm/s。估算源头下游 100m 处释放物质的最大浓度。

### 【解】

根据给定的数据：$\dot{M}$=0.5kg/s，$V$=20cm/s=0.20m/s，$x$=100m。扩散系数可以表示为：

$$D_y = 2.06x^{1.15}\ \mathrm{cm^2/s} = 0.000206x^{1.15}\ \mathrm{m^2/s}$$

$$D_z = 1.0\ \mathrm{cm^2/s} = 0.0001\ \mathrm{m^2/s}$$

方程（3.150）和方程（3.151）中的参数为：$a_y$=0.000206m²/s，$\alpha$=1.15，$a_z$=0.0001m²/s，$\beta$=0。使用方程（3.152）估算源头下游 100m 处的最大浓度，设 $y$=$z$=0m，这使得指数项等于 1，方程（3.152）导出为：

$$c(x,0,0) = \frac{\dot{M}}{2\pi}\sqrt{\frac{(1+\alpha)(1+\beta)}{a_y a_z}}x^{-\left(1+\frac{\alpha+\beta}{2}\right)}$$

$$c(100,0,0) = \frac{0.5}{2\pi}\sqrt{\frac{(1+1.15)(1+0)}{0.000206\times 0.0001}}\times 100^{-\left(1+\frac{1.15+0}{2}\right)}$$
$$= 0.576\ \mathrm{kg/m^3}$$
$$= 576\ \mathrm{mg/L}$$

因此，源头下游 100m 处的最大浓度为 576mg/L。

#### 3.3.3.5 瞬时线源

在沿着 $z$ 轴的有限线上均匀地瞬时释放示踪剂的情况下，浓度分布由叠加给出为：

$$c(x,y,z,t) = \frac{M/L}{(4\pi t)^{\frac{3}{2}}\sqrt{D_x D_y D_z}}\exp\left[-\frac{x^2}{4D_x t}-\frac{y^2}{4D_y t}\right]\int_{z_1}^{z_2}\exp\left[-\frac{(z-\zeta)^2}{4D_z t}\right]d\zeta \quad (3.153)$$

式中 $M$——释放的质量；

$L$——源头的长度。

如果线源处于 $-L/2 \leqslant z \leqslant L/2$ 范围内，则方程（3.153）可以用更方便的分析形式表示：

$$c(x,y,z,t) = \frac{M/L}{8\pi t\sqrt{D_x D_y}}\exp\left[-\frac{x^2}{4D_x t}-\frac{y^2}{4D_y t}\right]\left[\mathrm{erf}\left(\frac{z+L/2}{\sqrt{4D_z t}}\right)-\mathrm{erf}\left(\frac{z-L/2}{\sqrt{4D_z t}}\right)\right] \quad (3.154)$$

下面的例子说明了这个方程的应用。

## 【例题 3.19】

在垂直深度为 5m 的深海瞬间释放出 100kg 的示踪剂。海洋流速为 10cm/s，纵向、水平横向和垂直横向的扩散系数分别为 $1m^2/s$、$0.1m^2/s$ 和 $0.1m^2/s$。示踪剂的一阶衰减常数为 $0.01min^{-1}$。估计 2min 后源点下游 20m 处示踪剂的最大浓度。

### 【解】

根据给定的数据：$M$=100kg，$L$=5m，$V$=10cm/s=0.10m/s，$D_x$=1m²/s，$D_y$=0.1m²/s，$D_z$=0.1m²/s，$k$=0.01min⁻¹=0.000167s⁻¹，$x$=20m，$t$=2min=120s。源点下游 20m 处的最大浓度发生在（20m，0m，0m）处。使方程（3.154）适应非零洋流和一阶衰减的情况：

$$c(x,y,z,t) = \frac{M/L}{8\pi t\sqrt{D_x D_y}}\exp\left[-\frac{(x-Vt)^2}{4D_x t}-\frac{y^2}{4D_y t}-kt\right]\left[\mathrm{erf}\left(\frac{z+L/2}{\sqrt{4D_z t}}\right)-\mathrm{erf}\left(\frac{z-L/2}{\sqrt{4D_z t}}\right)\right]$$

$$c(20,0,0,120) = \frac{100/5}{8\pi\times 120\sqrt{1\times 0.1}}\exp\left[-\frac{(20-0.10\times 120)^2}{4\times 1\times 120}-\frac{0^2}{4\times 0.1\times 120}-0.000167\times 120\right]\left[\mathrm{erf}\left(\frac{0+5/2}{\sqrt{4\times 0.1\times 120}}\right)-\mathrm{erf}\left(\frac{0-5/2}{\sqrt{4\times 0.1\times 120}}\right)\right]$$
$$= 0.0140\ \mathrm{kg/m^3}$$
$$= 14.0\ \mathrm{mg/L.}$$

因此，2min 后源点下游 20m 处的最大浓度为 14.0mg/L。

#### 3.3.3.6 瞬时体积源

通过将 $g$（$x$，$y$，$z$）表示的单位体积质量作为常数并且等于 $M/V$，可以直接从方程（3.125）推导出在有限体积上瞬时释放示踪剂的一般解，其中 $M$ 是在体积 $V$ 上释放的示踪剂质量。

$$c(x,y,z,t)=\frac{M/V}{(4\pi t)^{\frac{3}{2}}\sqrt{D_xD_yD_z}}\int_{x1}^{x2}\int_{y1}^{y2}\int_{z1}^{z2}\exp\left[-\frac{(x-\xi)^2}{4D_xt}-\frac{(y-\eta)^2}{4D_yt}-\frac{(z-\zeta)^2}{4D_zt}\right]\mathrm{d}\xi\mathrm{d}\eta\mathrm{d}\zeta \tag{3.155}$$

下面的例子说明了这个方程的应用。

## 【例题 3.20】

10 kg 的污染物以 1m×2m×2m 的平行六面体的形式释放到深海中。N–S、E–W 和垂直扩散系数分别为 $10\mathrm{m}^2/\mathrm{s}$、$5\mathrm{m}^2/\mathrm{s}$ 和 $0.05\mathrm{m}^2/\mathrm{s}$。求在北方 50m、东方 50m、最初释放质心上方 10m 处的浓度作为时间的函数。

## 【解】

根据给定的数据：$M$=10kg，$V$=1×2×2=4m$^3$，$D_x$=10m$^2$/s，$D_y$=5m$^2$/s，$D_z$=0.05m$^2$/s，$x$=50m，$y$=50m，$z$=10m。浓度分布由方程（3.155）给出得：

$$c(x,y,z,t)=\frac{M/V}{(4\pi t)^{\frac{3}{2}}\sqrt{D_xD_yD_z}}\int_{x1}^{x2}\int_{y1}^{y2}\int_{z1}^{z2}\exp\left[\begin{matrix}-\dfrac{(x-\xi)^2}{4D_xt}\\-\dfrac{(y-\eta)^2}{4D_yt}\\-\dfrac{(z-\zeta)^2}{4D_zt}\end{matrix}\right]\mathrm{d}\xi\mathrm{d}\eta\mathrm{d}\zeta$$

$$c(50,50,10,t)=\frac{10/4}{(4\pi t)^{\frac{3}{2}}\sqrt{10\times5\times0.05}}\int_{-0.5}^{0.5}\int_{-1}^{1}\int_{-1}^{1}\exp\left[\begin{matrix}-\dfrac{(50-\xi)^2}{4\times10t}\\-\dfrac{(50-\eta)^2}{4\times5t}\\-\dfrac{(10-\zeta)^2}{4\times0.05t}\end{matrix}\right]\mathrm{d}\xi\mathrm{d}\eta\mathrm{d}\zeta$$

$$=\frac{0.0355}{t^{\frac{3}{2}}}\int_{-0.5}^{0.5}\int_{-1}^{1}\int_{-1}^{1}\exp\left[\begin{matrix}-\dfrac{(50-\xi)^2}{40t}\\-\dfrac{(50-\eta)^2}{20t}\\-\dfrac{(10-\zeta)^2}{0.2t}\end{matrix}\right]\mathrm{d}\xi\mathrm{d}\eta\mathrm{d}\zeta\ \mathrm{kg/m^3}$$

这个积分式可以用 $t$ 的特定值来确定 $c$（50，50，10，$t$）的值。

## 3.4　悬浮颗粒的迁移

对流–扩散方程适用于描述以与环境水体相同速度对流的溶解性污染物的迁移与转化。在有悬浮颗粒的情况下，颗粒的沉降受颗粒的大小、形状和密度以及环境流速的影响。悬浮颗粒沉降到水体底部的过程称为沉降。考虑直径为 $D$、密度为 $\rho_s$ 的球形颗粒沉降到密度为 $\rho_f$ 的流体中，沉降速度 $v_s$ 满足下面的颗粒动量方程：

$$\underbrace{\rho_s\left(\frac{\pi D^3}{6}\right)\frac{\mathrm{d}v_s}{\mathrm{d}t}}_{\text{动量变化率}}=\underbrace{(\rho_s-\rho_f)\left(\frac{\pi D^3}{6}\right)g}_{\text{沉没重量}}-\underbrace{\frac{1}{2}C_D\rho_f\left(\frac{\pi D^2}{4}\right)v_s^2}_{\text{阻力}} \tag{3.156}$$

式中　$g$——重力加速度；

$C_D$——阻力系数。

方程（3.156）说明颗粒动量变化率等于颗粒沉没重量减去阻力。随着沉降速度的增加，它最终达到终点速度，此时颗粒的沉没重量等于阻力，$\mathrm{d}v_s/\mathrm{d}t$= 0，方程（3.156）变为：

$$v_s=\left[\frac{4}{3}\frac{gD(\rho_s-\rho_f)}{\rho_fC_D}\right]^{\frac{1}{2}} \tag{3.157}$$

阻力系数 $C_D$ 取决于颗粒的雷诺数，$Re_p=v_sD/v$，$C_D$ 与 $Re_p$ 的关系如下：

$$C_D=\begin{cases}\dfrac{24}{Re_p}+\dfrac{3}{\sqrt{Re_p}}+0.34 & 1<Re_p<10^4\\ \dfrac{24}{Re_p} & Re_p<1\end{cases} \tag{3.158}$$

其他公式也建议用于 $Re_p$> 1 的情况，例如 Pazwash 提出了如下关系式：

$$C_D=\frac{24}{Re_p}\left(1+\frac{Re_p^{\frac{2}{3}}}{6}\right),\quad 1<Re_p<10^4 \tag{3.159}$$

对于非常大的粒状颗粒，如粗砂和砾石，其 $Re_p$>1000，阻力系数 $C_D$ 接近 $C_D$=1.2 的渐近线。很明显，确定沉降速度需要同时求解方程（3.157）和公式（3.158）。$Re_p$<1 的情况大致对应于粒径小于或等于 0.1mm 的颗粒（砂和粉砂），并且在这些情况下，方程（3.157）和公

式（3.158）组合产生所谓的斯托克斯方程，如下所示：

$$v_s = \alpha \frac{(\rho_s / \rho_f - 1)gD^2}{18\nu} \tag{3.160}$$

$\alpha$ 是衡量颗粒形状影响的无量纲形状因子，$\alpha=1$ 表示球形颗粒。形状因子 $\alpha$ 有时称为球形度，定义为具有与颗粒相同体积的球体的表面积与颗粒表面积的比率。天然水体中的颗粒具有复杂的形状，通常 $\alpha<1$；然而，沙滩颗粒往往是近似球形的，在这种情况下 $\alpha \approx 1$。由斯托克斯方程（方程（3.160））给出的沉降速度称为斯托克斯速度。表 3.5 给出了天然水体中典型的沉降速度。作为一般认知，对于直径小于约 1μm 的颗粒（黏土），沉降并不重要。水中的颗粒直径只有大于约 10μm，并能在 1h 或更短的时间内沉降几厘米的距离，这类颗粒才称为沉降固体。在环境水体以水平速度 $V$ 运动的情况下，悬浮颗粒倾向于以速度 $V$ 水平移动，并且在沉降速度下垂直移动。

天然水体中典型的沉降速度　　表 3.5

| 颗粒类型 | | 直径（μm） | 沉降速度 [a]（m/d） |
|---|---|---|---|
| 浮游植物 | 梅尼小环藻 | 2 | 0.08（0.24） |
| | 海链藻 | 4~5 | 0.1~0.28 |
| | 四尾栅藻 | 8 | 0.27（0.89） |
| | 美丽星杆藻 | 25 | 0.2（1.48） |
| | 圆海链藻 | 19~34 | 0.39~0.21 |
| | 线性圆筛藻 | 50 | 1.9（6.8） |
| | 阿卡西直链藻 | 55 | 0.67（1.87） |
| | 粗根管藻 | 84 | 1.1（4.7） |
| 颗粒有机碳 | | 1~10 | 0.2 |
| | | 10~64 | 1.5 |
| | | >64 | 2.3 |
| 淤泥 | | 10~20 | 3~30 |
| 黏土 | | 2~4 | 0.3~1 |

a　括号中的数字代表微生物生长的稳定期。

天然水体中的悬浮固体有两个主要来源：流域盆地的地表径流和光合作用的产物。天然水体中的悬浮固体浓度范围通常是从清水中的低于 1mg/L 到高浊度水中的超过 100mg/L。来自光合作用的悬浮固体往往比地表径流所产生的悬浮固体有机物含量更高，但浓度更小。应用斯托克斯方程来计算生物颗粒的沉降速度时应谨慎，因为一些浮游植物，如蓝绿藻，由于内部气泡的发展而变得易上浮。

许多污染物能牢固地吸附在悬浮颗粒上，因此预测悬浮颗粒的迁移和转化对于描述这些吸附污染物在天然水体中的迁移和转化至关重要。重金属和疏水性有机化合物，如多氯联苯，是两类能够牢固地吸附在悬浮颗粒上的污染物。粪便污染的微生物指标如肠球菌属、大肠埃希氏菌属也能够明显的吸附在悬浮颗粒上。

## 【例题 3.21】

对湖泊水进行分析表明悬浮固体的浓度为 50mg/L。悬浮颗粒近似为球形，平均直径为 4μm，密度为 2650kg/m³。（1）如果水温为 20℃，计算悬浮颗粒的沉降速度。（2）如果悬浮颗粒多为黏土，将计算的沉降速度与表 3.5 中的数据进行比较。（3）如果每千克悬浮颗粒有 1g 重金属离子，确定重金属通过沉淀离开湖泊的速率。

**【解】**

（1）根据给定的数据：$\alpha=1$（球形颗粒），$\rho_s=2650\text{kg/m}^3$，20 ℃ 时 $\rho_w=998\text{kg/m}^3$，$D=4\mu\text{m}=4\times10^{-6}\text{m}$，$\nu_w=1.00\times10^{-6}\text{m}^2/\text{s}$。代入斯托克斯方程（方程 3.160）得：

$$\begin{aligned} v_s &= \alpha \frac{(\rho_s / \rho_w - 1)gD^2}{18\nu_w} \\ &= 1\times\frac{(2650/998-1)\times9.81\times(4\times10^{-6})^2}{18\times1.00\times10^{-6}} \\ &= 1.44\times10^{-5}\ \text{m/s} \\ &= 1.25\ \text{m/d} \end{aligned}$$

（2）该结果与表 3.5 中所给的黏土颗粒的沉降速度一致，这表明 4μm 的黏土颗粒将具有约 1m/d 的沉降速度。

（3）由于悬浮颗粒浓度 $c=50\text{mg/L}=0.05\text{kg/m}^3$，因此沉积物在湖底积聚的速率为：

悬浮颗粒去除率 $=v_s c=1.25\times0.05=0.0625\text{kg/}(\text{d}\cdot\text{m}^2)$

由于重金属以 1g/kg 的比率附着在沉积物上，因此重金属的去除率为：

重金属去除率 $=1\times0.0625=0.0625\text{g/}(\text{d}\cdot\text{m}^2)$

## 3.5　湍流扩散[①]

迄今为止，已经断言由紊流速度波动引起的分子

① 本部分包含高等基础知识，在第一节关于迁移化的课程中可以省略。

水平混合和宏观水平混合都适用于菲克定律。因此，对流—扩散方程可以用来描述这两个过程。在本节中，我们仔细研究湍流的本质以及假定湍流混合为 Fickian 的基本原理。

湍流以随机速度波动为特征，因此必须用统计术语来描述。典型地，湍流中的局部速度可用均值和标准偏差表征，速度波动的标准偏差通常称为湍流强度。

方程（3.15）给出的一般扩散方程适用于所有不可压缩流体流动中的所有示踪剂，而不管流体是层流还是湍流。然而，为了应用扩散方程，环境速度场必须是已知的，并且其中进入湍流的作用。对于大多数流体，特别是在湍流情况下，由于速度场中的不确定性或随机性，流场的详细描述是不可能的。在这些条件下，一般扩散方程中的示踪剂浓度 $c$、环境流体速度 $V$ 和源质量流量 $S_{\mathrm{m}}$ 必须被视为随机变量。这些数量可以用它们的期望值和扰动来表示，如下所示：

$$c(x,t)=\bar{c}(x,t)+c'(x,t) \tag{3.161}$$

$$V_i(x,t)=\bar{V}_i(x,t)+v_i'(x,t) \tag{3.162}$$

$$S_{\mathrm{m}}(x,t)=\bar{S}_{\mathrm{m}}(x,t)+S_{\mathrm{m}}'(x,t) \tag{3.163}$$

其中上划线表示平均值，引发数量表示与平均值的随机或不确定的偏差。根据引发数量的定义，有：

$$\overline{c'}(x,t)=0 \tag{3.164}$$

$$\overline{v_i'}(x,t)=0 \tag{3.165}$$

$$\overline{S_{\mathrm{m}}'}(x,t)=0 \tag{3.166}$$

一般扩散方程的表示形式为：

$$\frac{\partial c}{\partial t}+\nabla\cdot(\mathbf{V}c)=D\nabla^2 c+S_{\mathrm{m}} \tag{3.167}$$

将方程（3.161）~ 方程（3.163）代入方程（3.167）得：

$$\begin{aligned}&\frac{\partial}{\partial t}(\bar{c}+c')+\sum_{i=1}^{3}\frac{\partial}{\partial x_i}\left[(\bar{c}+c')\left(\bar{V}_i+v_i'\right)\right]\\&=D_{\mathrm{m}}\sum_{i=1}^{3}\frac{\partial^2}{\partial x_i^2}(\bar{c}+c')+\left(\bar{S}_{\mathrm{m}}+S_{\mathrm{m}}'\right)\end{aligned} \tag{3.168}$$

式中　$D_{\mathrm{m}}$——分子扩散系数。

对于不可压缩的流体，质量守恒需要满足：

$$\sum_{i=1}^{3}\frac{\partial}{\partial x_i}\bar{V}_i=0 \tag{3.169}$$

$$\sum_{i=1}^{3}\frac{\partial}{\partial x_i}v_i'=0 \tag{3.170}$$

结合方程（3.168）~ 方程（3.170），并且取所有项的总体平均值得：

$$\frac{\partial\bar{c}}{\partial t}+\sum_{i=1}^{3}\bar{V}_i\frac{\partial\bar{c}}{\partial x_i}=-\sum_{i=1}^{3}\frac{\partial}{\partial x_i}\overline{v_i'c'}+D_{\mathrm{m}}\sum_{i=1}^{3}\frac{\partial^2\bar{c}}{\partial x_i^2}+\bar{S}_{\mathrm{m}} \tag{3.171}$$

$\overline{v_i'c'}$ 称为涡流相关性，代表与随机速度扰动相关的净示踪剂质量通量，这一过程与分子扩散过程基本相似，尽管其规模更大。进一步考虑这种相似性，可以定义湍流扩散系数 $\varepsilon_{ij}$，以将与随机速度扰动相关的质量通量与平均浓度梯度相关联为：

$$\overline{v_i'c'}=-\sum_{j=1}^{3}\varepsilon_{ij}\frac{\partial\bar{c}}{\partial x_j} \tag{3.172}$$

结合方程（3.171）和方程（3.172），并选择扩散系数张量主方向的坐标轴，$\varepsilon_{ij}$ 变为：

$$\frac{\partial\bar{c}}{\partial t}+\sum_{i=1}^{3}\bar{V}_i\frac{\partial\bar{c}}{\partial x_i}=\sum_{i=1}^{3}\frac{\partial}{\partial x_i}\left[(\varepsilon_i+D_{\mathrm{m}})\frac{\partial\bar{c}}{\partial x_i}\right]+\bar{S}_{\mathrm{m}} \tag{3.173}$$

式中　$\varepsilon_i$——$\varepsilon_{ij}$ 在 $x_i$ 方向主要分量。

这个方程被称为湍流对流—扩散方程，并且将平均示踪剂浓度 $\bar{c}$ 与平均速度场 $\bar{V}_i$ 及湍流扩散系数 $\varepsilon_i$ 相关联，说明了随机速度波动的影响。湍流对流—扩散方程的形式与方程（3.15）给出的一般对流—扩散方程的形式相同，但要理解浓度、速度和污染物源是平均数量，湍流扩散系数与环境速度场中的随机扰动相关联。

### 3.5.1　湍流扩散系数与速度场的关系

在推导湍流对流—扩散方程时，方程（3.173）假设由 $\overline{v_i'c'}$ 表示的湍流质量迁移是 Fickian 过程，如方程（3.172）所假设的那样。在本节中，确定了这个假设成立的条件，并且量化了湍流扩散系数 $\varepsilon_i$ 与环境速度场之间的关系。

考虑在流体环境中分布的示踪剂，从位置 $x_i=0$ 处释放 $t$ 时间后示踪剂颗粒的 $x_i$ 坐标由下式给出：

$$x_i(t)=\int_0^t v_i(\tau)\,\mathrm{d}\tau \tag{3.174}$$

式中　$v_i$——时间 $\tau$ 处污染物颗粒的速度。

速度场 $v_i$（$\tau$）称为拉格朗日速度场，与欧拉速度场 $V$（$x$，$\tau$）有关，关系式为：

$$v_i(\tau)=V(x(\tau),\tau) \tag{3.175}$$

式中 $x$——时间 $\tau$ 处粒子的位置矢量。

如果颗粒从相同的初始位置多次重复释放，由于在其路径中遇到的湍流速度波动的随机性，每个示踪剂颗粒最终将处于不同的位置。粒子轨道的实际组合称为一个集合，示踪剂颗粒在释放 $t$ 时间后的扩散称为湍流扩散。令 $\langle v_i \rangle$ 为释放粒子所经历的整体平均速度，这对于统计均匀的速度场而言是独立于空间和时间的。此外，令 $x'_i$ 是相对于以平均速度 $\langle v_i \rangle$ 运动的原点的坐标，其中：

$$x'_i(t)=x_i(t)-\langle v_i\rangle t \qquad (3.176)$$

如果 $v'_i$ 是相对于平均速度 $\langle v_i \rangle$ 的速度的 $i$ 分量，那么：

$$v'_i(t)=v_i(t)-\langle v_i\rangle \qquad (3.177)$$

将方程（3.176）和方程（3.177）代入方程（3.174）得：

$$x'_i+\langle v_i\rangle t=\int_0^t[\langle v_i\rangle+v'_i(\tau)]\mathrm{d}\tau=\langle v_i\rangle t+\int_0^t v'_i(\tau)\mathrm{d}\tau \qquad (3.178)$$

因此：

$$x'_i(t)=\int_0^t v'_i(\tau)\mathrm{d}\tau \qquad (3.179)$$

该表达式描述了在无限次数的颗粒轨道实现之后，示踪剂颗粒的位置与颗粒在时间 $t$ 处具有的平均位置的偏差。在研究颗粒迁移过程中，我们的兴趣在于大量实现后示踪剂颗粒位置的可变性。这种可变性是通过示踪剂颗粒分布的方差 $\sigma_{ij}(t)$ 来测量的，并且与 $x'_i$ 有关：

$$\sigma_{ij}(t)=\langle x'_i(t)x'_j(t)\rangle \qquad (3.180)$$

结合方程（3.179）和方程（3.180）有：

$$\begin{aligned}\sigma_{ij}&=\left\langle\left(\int_0^t v'_i(\tau)\mathrm{d}\tau\right)\left(\int_0^t v'_j(\tau)\mathrm{d}\tau\right)\right\rangle\\&=\left\langle\int_0^t\int_0^t v'_i(\tau_1)v'_j(\tau_2)\mathrm{d}\tau_1\mathrm{d}\tau_2\right\rangle\\&=\int_0^t\int_0^t\langle v'_i(\tau_1)v'_j(\tau_2)\rangle\mathrm{d}\tau_1\mathrm{d}\tau_2\end{aligned} \qquad (3.181)$$

方程（3.181）右边的被积函数是拉格朗日速度场的协方差 $C_{ij}(\tau_1,\tau_2)$，其中：

$$C_{ij}(\tau_1,\tau_2)=\langle v'_i(\tau_1)v'_j(\tau_2)\rangle \qquad (3.182)$$

如果拉格朗日速度在统计上是均匀的[①]，那么时间 $\tau_1$ 和 $\tau_2$ 处速度之间的协方差仅取决于时间间隔 $\tau_2-\tau_1$，而不取决于 $\tau_1$ 和 $\tau_2$ 各自的值。在这些条件下，方程（3.182）可以写成：

$$C_{ij}(\tau_2-\tau_1)=\langle v'_i(\tau_1)v'_j(\tau_2)\rangle \qquad (3.183)$$

将方程（3.183）代入方程（3.181）得：

$$\sigma_{ij}(t)=\int_0^t\int_0^t C_{ij}(\tau_2-\tau_1)\mathrm{d}\tau_1\mathrm{d}\tau_2 \qquad (3.184)$$

将被积函数中的变量（$\tau_1$，$\tau_2$）变为（$s$，$\tau$），其中 $s=\tau_2-\tau_1$，$\tau=(\tau_1+\tau_2)/2$，方程（3.184）变为：

$$\sigma_{ij}(t)=2\int_0^t(t-s)C_{ij}(s)\mathrm{d}s \qquad (3.185)$$

这个公式提供了示踪剂颗粒分布的方差（$\sigma_{ij}$）和引起示踪剂颗粒扩散的拉格朗日速度场（$C_{ij}$）之间的直接关系。这种关系对湍流扩散的研究至关重要，因为通常可以估算速度场的统计值。将方程（3.185）中的积分展开得到：

$$\sigma_{ij}(t)=2\left(t\int_0^t C_{ij}(s)\mathrm{d}s-\int_0^t sC_{ij}(s)\mathrm{d}s\right) \qquad (3.186)$$

一个典型的拉格朗日速度协方差函数 $C_{ij}(s)$ 如图 3.22 所示，其中 $C_{ij}(s)$ 的一个关键特征是当速度波动变得不相关时，该函数在大的滞后时间时接近零。因此，当 $t\to\infty$ 时，方程（3.186）中的两个积分项都接近这样的有界常数：

$$\int_0^t C_{ij}(s)\mathrm{d}s=K_1,\quad t\geqslant t_\infty \qquad (3.187)$$

$$\int_0^t sC_{ij}(s)\mathrm{d}s=K_2,\quad t\geqslant t_\infty \qquad (3.188)$$

其中 $K_1$ 和 $K_2$ 是取决于函数 $C_{ij}(s)$ 形式的常数，$t_\infty$ 是与拉格朗日速度波动不相关的滞后时间。将方程（3.187）和方程（3.188）代入方程（3.186）得到：

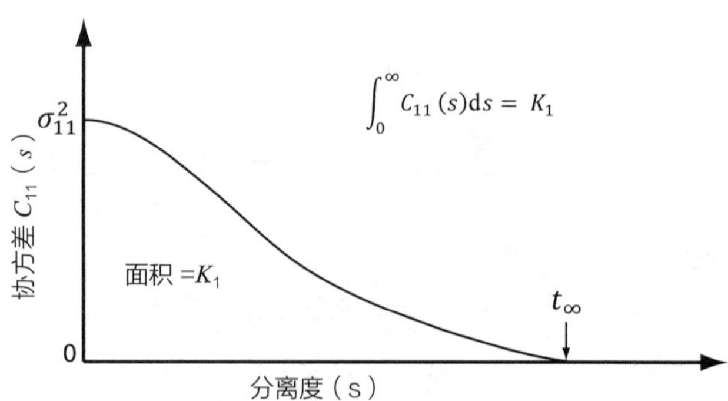


图 3.22 典型的拉格朗日协方差函数

① 统计均匀性意味着速度时间序列的统计特性与时间无关。

$$\sigma_{ij}(t)=2(tK_1-K_2),\quad t\geqslant t_\infty \tag{3.189}$$

取方程（3.189）的导数可得到如下有用的结果：

$$\frac{1}{2}\frac{\mathrm{d}\sigma_{ij}}{\mathrm{d}t}=K_1,\quad t\geqslant t_\infty \tag{3.190}$$

用污染物云的方差增长率与拉格朗日速度场的协方差相关的显式形式书写得到：

$$\frac{1}{2}\frac{\mathrm{d}\sigma_{ij}}{\mathrm{d}t}=\int_0^\infty C_{ij}(s)\mathrm{d}s \tag{3.191}$$

扩散方程的瞬时特性确保了扩散系数 $\varepsilon_{ij}$ 与方差增长率有关，如下：

$$\varepsilon_{ij}=\frac{1}{2}\frac{\mathrm{d}\sigma_{ij}}{\mathrm{d}t} \tag{3.192}$$

因此扩散系数可以用拉格朗日速度协方差函数表示：

$$\varepsilon_{ij}=\int_0^\infty C_{ij}(s)\mathrm{d}s \tag{3.193}$$

这个方程首先是由 Taylor 推导出来的，并且一直是许多将扩散系数与环境速度场特征联系起来的理论的基石。

### 3.5.2 欧拉近似

应用方程（3.193）计算扩散系数的一个复杂因素是扩散系数是用拉格朗日速度协方差函数表示的，而不是用可以很容易测量的欧拉速度协方差函数表示的。在统计均匀速度场中，欧拉速度协方差函数 $C_{ij}$（$\Delta x$）被定义为：

$$C_{ij}(\Delta x)=\overline{V_i'(x)V_j'(x+\Delta x)} \tag{3.194}$$

这里的上划线表示时间平均值（与拉格朗日统计中使用的整体平均值相比），$\Delta x$ 是速度测量值之间的间隔，$V'_i$（$x$）是 $x$ 处速度的 $i$ 分量与（齐次）平均速度 $\bar{V}i$ 的偏差，由下式给出：

$$V_i'(x)=V_i(x)-\bar{V}_i \tag{3.195}$$

大多数情况下，欧拉速度的时间平均值等于拉格朗日速度的总体平均值，这样的速度场被称为遍历性的。（可测量的）欧拉速度协方差函数 $C_{ij}$（$\Delta x$）和决定湍流扩散系数的拉格朗日速度协方差函数 $C_{ij}$（$\tau$）之间的关系通常是未知的，并且随着流速场的特性而变化。然而,这种关系可以通过用“冻结湍流”（frozen turbulence）假设来近似，其中拉格朗日速度协方差函数中的滞后时间 $\tau$ 与欧拉速度协方差函数中的滞后空间 $\Delta$x 的关系为：

$$\Delta x=\bar{V}\tau \tag{3.196}$$

式中 $\bar{V}$——平均流速。

拉格朗日速度协方差函数通过近似关系与欧拉速度协方差函数相关：

$$C_{ij}(\tau)\approx C_{ij}\left(\bar{V}\tau\right) \tag{3.197}$$

结合公式（3.197）给出的近似关系和方程（3.193）给出的精确关系可以用来估计扩散系数 $\varepsilon_{ij}$，根据（可测量的）欧拉速度协方差函数 $C_{ij}$ 得：

$$\varepsilon_{ij}\approx\int_0^\infty C_{ij}\left(\bar{V}\tau\right)\mathrm{d}\tau \tag{3.198}$$

## 【例题 3.22】

明渠中流速纵向分量的协方差函数可近似为以下关系式：

$$C_{11}(\Delta_x)=0.25\exp\left(-\frac{\Delta x}{10}\right)\mathrm{m^2/s^2}$$

其中 $\Delta x$ 是流量方向的滞后空间，单位为 m。如果平均流速为 2m/s，请估计纵向速度波动的拉格朗日协方差和纵向扩散系数。

**【解】**

根据“冻结湍流”假设，滞后空间 $\Delta x$ 与滞后时间 $\tau$ 有如下关系：

$$\Delta x=\bar{V}\tau$$

由于 $\bar{V}$= 2 m/s，所以在这种情况下，$\Delta x$ = 2$\tau$。纵向速度波动的拉格朗日协方差可以通过如下关系来估计：

$$C_{11}(\tau)\approx0.25\exp\left(-\frac{2\tau}{10}\right)=0.25\exp(-0.2\tau)\ \mathrm{m^2/s^2}$$

纵向扩散系数由方程（3.193）根据拉格朗日协方差函数定义为：

$$\begin{aligned}\varepsilon_{11}&=\int_0^\infty C_{11}(\tau)\mathrm{d}\tau\approx0.25\int_0^\infty \mathrm{e}^{-0.2\tau}\mathrm{d}\tau\\&=0.25\left[-5\mathrm{e}^{-0.2\tau}\right]_0^\infty\\&=1.25\ \mathrm{m^2/s}\end{aligned}$$

因此，对应于给定的欧拉速度协方差函数的纵向扩散系数约为 1.25m²/s。

拉格朗日时间尺度：拉格朗日时间尺度（$T_{ij}$）是时间滞差 $\tau$ 的度量，在这个时间滞差上拉格朗日速度波动 $v'_i(t)$ 和 $v'_i(t+\tau)$ 是显著相关的。拉格朗日时间尺度定义为：

$$T_{ij} = \int_0^\infty \rho_{ij}(\tau)\,\mathrm{d}\tau \tag{3.199}$$

其中 $\rho_{ij}(\tau)$ 是速度波动 $v'_i(t)$ 和 $v'_i(t+\tau)$ 的相关性，由下式给出：

$$\rho_{ij}(\tau) = \frac{\langle v'_i(t)v'_j(t+\tau)\rangle}{\sigma_{v_i}\sigma_{v_j}} \tag{3.200}$$

式中　$\sigma_{vi}$、$\sigma_{vj}$——分别是速度分量 $v_i$ 和 $v_j$ 的标准偏差。

拉格朗日速度自相关函数与拉格朗日时间尺度之间的关系如图 3.23 所示。

由于拉格朗日速度相关函数 $\rho_{ij}(\tau)$ 与拉格朗日速度协方差函数 $C_{ij}(\tau)$ 有关，有：

$$C_{ij}(\tau) = \sigma_{v_i}\sigma_{v_j}\rho_{ij}(\tau) \tag{3.201}$$

结合方程（3.201）、方程（3.199）和方程（3.193），均匀速度场中的湍流扩散系数可以用拉格朗日时间尺度 $T_{ij}$ 表示，关系式如下：

$$\begin{aligned}\varepsilon_{ij} &= \sigma_{v_i}\sigma_{v_j}\int_0^\infty \rho_{ij}(\tau)\,\mathrm{d}\tau \\ &= \sigma_{v_i}\sigma_{v_j}T_{ij}\end{aligned} \tag{3.202}$$

如果坐标轴取自速度波动的主方向①，非零扩散系数分量可写为：

$$\varepsilon_{ii} = \begin{cases}\sigma_{v_i}^2 T_{ii}, & i = 1, 3 \\ 0，其他情况\end{cases} \tag{3.203}$$

或者采用更为常见的笛卡尔形式：

$$\varepsilon_x = \sigma_{v_x}^2 T_x \tag{3.204}$$

$$\varepsilon_y = \sigma_{v_y}^2 T_y \tag{3.205}$$

$$\varepsilon_z = \sigma_{v_z}^2 T_z \tag{3.206}$$

以类似的方式，使用相关时间尺度来测量与拉格朗日坐标系中速度波动保持相关的滞后时间，使用相关长度尺度来测量与欧拉参考系中速度波动保持

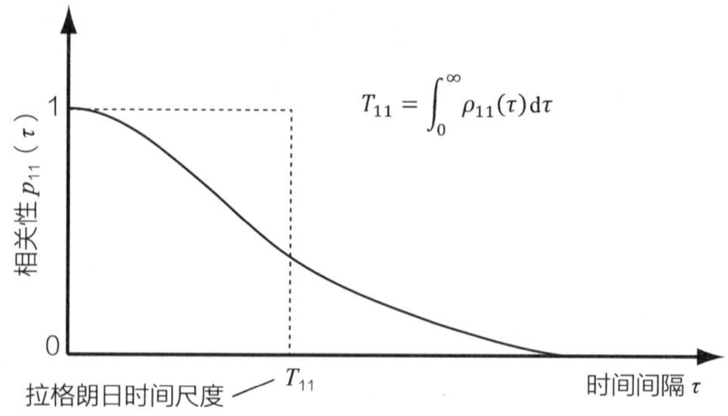


图 3.23　拉格朗日时间尺度与速度自相关函数的关系

相关的滞后距离。欧拉参考系中的相关长度尺度 $L_{ij}$ 定义为：

$$L_{ij} = \int_0^\infty R_{ij}(s)\,\mathrm{d}s \tag{3.207}$$

其中 $R_{ij}(s)$ 是欧拉速度相关函数，由下式给出：

$$R_{ij}(s) = \frac{\overline{V'_i(x)V'_j(x+s)}}{\sigma_{V_i}\sigma_{V_j}} \tag{3.208}$$

式中　$V'_i$、$V'_j$——欧拉速度的 $i$ 和 $j$ 分量与各自平均值 $\bar{V}_i$ 和 $\bar{V}_j$ 的偏差；

$s$——在平均流动方向测量的速度之间的滞后距离；

$\sigma_{vi}$、$\sigma_{vj}$——分别是 $V_i$ 和 $V_j$ 的标准偏差。

如果速度场是平稳且均匀的，则欧拉速度和拉格朗日速度的方差相等，并且由“冻结湍流”假设导出拉格朗日速度协方差函数 $\rho_{ij}(\tau)$ 和欧拉速度协方差函数 $R_{ij}(s)$ 之间的关系：

$$\rho_{ij}(\tau) \approx R_{ij}(\bar{V}\tau) \tag{3.209}$$

结合方程（3.209）与方程（3.193）导出湍流扩散系数 $\varepsilon_{ij}$ 与欧拉速度场参数之间的以下近似关系：

$$\varepsilon_{ij} \approx \sigma_{v_i}\sigma_{v_j}\frac{1}{\bar{V}}\int_0^\infty R_{ij}(s)\,\mathrm{d}s \tag{3.210}$$

进而导出：

$$\varepsilon_{ij} = \sigma_{v_i}\sigma_{v_j}\frac{L_{ij}}{\bar{V}} \tag{3.211}$$

这个关系在利用欧拉速度可测量性上估计湍流扩散系数方面特别有用。通过比较方程（3.202）和方程（3.211），很明显，欧拉速度相关长度尺度 $L_{ij}$ 与拉格朗日速度相关时间尺度 $T_{ij}$ 有关，其关系近似为：

① 当坐标轴在速度波动的主方向上时，速度协方差矩阵是对角的，在这种情况下，交叉协方差等于零。

$$T_{ij} \approx \frac{L_{ij}}{\overline{V}}$$

## 【例题 3.23】

表 3.6 给出了海洋中速度波动的欧拉协方差函数，其中滞后距离是在流动方向上测量的。如果平均流速为 25 cm/s，请估计流量方向上的相关长度尺度、相关时间尺度和扩散系数。

海洋中速度波动的欧拉协方差函数 表 3.6

| 协方差 $C_{11}$（$m^2/s^2$） | 滞后距离 $s$（m） |
|---|---|
| 225 | 0 |
| 110 | 1 |
| 53 | 2 |
| 19 | 3 |
| 9 | 4 |
| 5 | 5 |
| 1 | 6 |
| 0.4 | 7 |
| -0.01 | 8 |
| 0.01 | 9 |
| 0.01 | 10 |

**【解】**

由于速度方差等于零滞后时的协方差，因此流速方向上的速度方差 $\sigma_{v1}^2$ 等于 $225cm^2/s^2$。欧拉相关函数 $R_{11}$（$s$）与欧拉协方差函数 $C_{11}$（$s$）有如下关系：

$$R_{11}(s) = \frac{C_{11}(s)}{\sigma_{v1}^2}$$

因此欧拉相关函数 $R_{11}$（$s$）由表 3.7 给出。

在流量方向上，$R_{11}$（$s$）的数值积分产生相关长度尺度 $L_{11}$ 的以下估计：

$$\begin{aligned}L_{11} &= \int_0^{\infty} R_{11}(s)\mathrm{d}s \approx \sum R_{11}(s)\Delta s \\ &= 1\times0.5 + (0.49+0.24+0.084+0.022+0.0044 \\ &\quad +0.0018-0.00004+0.00004)\times1+0.00004\times0.5 \\ &= 0.13\ \mathrm{m}\end{aligned}$$

因此，流量方向上的相关长度尺度 $L_{11}$ 等于 0.13 m。拉格朗日时间尺度 $T_{11}$ 近似为：

欧拉相关函数 $R_{11}$（$s$） 表 3.7

| $R_{11}$（$s$） | 滞后距离 $s$（m） |
|---|---|
| 1 | 0 |
| 0.49 | 1 |
| 0.24 | 2 |
| 0.084 | 3 |
| 0.04 | 4 |
| 0.022 | 5 |
| 0.0044 | 6 |
| 0.0018 | 7 |
| -0.00004 | 8 |
| 0.00004 | 9 |
| 0.00004 | 10 |

$$T_{11} \approx \frac{L_{11}}{\overline{V}} = \frac{0.13}{0.25} = 0.54\mathrm{s}$$

这些结果表明，纵向速度波动在 0.13 m 量级的距离上和 0.54 s 量级的时间上保持相关。流动方向上估计的纵向扩散系数 $\varepsilon_{11}$ 为：

$$\varepsilon_{11} \approx \sigma_{v1}^2 \frac{L_{11}}{\overline{V}} = \sigma_{v1}^2 T_{11} = 225\times0.54 = 122\mathrm{cm}^2/\mathrm{s}$$

## 3.6 分散

分散被定义为由平均速度的空间变化引起的混合。在明渠中经常会遇到分散情况，其中平均速度的横向变化导致示踪剂沿纵向分散。这通常称为纵向分散或剪切分散，如图 3.24 所示。术语“剪切”用于表征分散，因为速度梯度与剪切相关。考虑图 3.24 顶部所示的纵剖面，其中分散是由速度的垂直变化引起的。在这些条件下，最初均匀分布在垂直方向（时间点 $t_1$）上示踪剂在之后的时间点（$t_2$）分布成使得更靠近水面的示踪剂比更靠近渠道底部的示踪剂更向下游移动。垂直混合也是由速度剪切引起的垂直浓度梯度的增加（因此垂直扩散增加）而加强的。如图 3.24 底部所示，一种类似的机制发生在速度横向变化的渠道内。在这种情况下，靠近渠道中心的示踪剂向下游移动的速度比靠近渠道一侧的示踪剂快，因而横向浓度梯度的增加引起纵向分散和增强横向混合。

作为进一步的说明，考虑图 3.25 所示的情况，其中流体在两个边界之间流动，$x$ 和 $y$ 是纵向和横向上的坐标，$u(y)$ 是横向上变化的纵向流动速度，$W$ 是两个边界之间的距离。如果我们假设流动是湍流并且湍流扩散远大于分子扩散，那么流体内示踪剂的混合可以用下式给出的对流－扩散方程来描述：

$$\frac{\partial c}{\partial t}+u\frac{\partial c}{\partial x}=\frac{\partial}{\partial x}\left(\varepsilon_x\frac{\partial c}{\partial x}\right)+\frac{\partial}{\partial y}\left(\varepsilon_y\frac{\partial c}{\partial y}\right) \quad (3.212)$$

式中 $c$——示踪剂浓度；

$t$——时间；

$\varepsilon_x$、$\varepsilon_y$——纵向和横向的湍流扩散系数。

示踪剂浓度 $c$ 和流体速度 $u$ 可以用它们的横向平均值表示，例如：

$$c(x,y)=\bar{c}(x)+c'(x,y);\ u(y)=\bar{u}+u'(y) \quad (3.213)$$

其中：

$$\bar{c}(x)=\frac{1}{W}\int_0^W c(x,y)\mathrm{d}y;\ \bar{u}=\frac{1}{W}\int_0^W u(y)\mathrm{d}y \quad (3.214)$$

其中上划线表示横向平均值，$\bar{u}$ 与 $x$ 无关，而 $\bar{c}$ 是 $x$ 的函数。结合方程（3.212）和方程（3.213）得：

$$\frac{\partial(\bar{c}+c')}{\partial t}+u\frac{\partial(\bar{c}+c')}{\partial x}=\frac{\partial}{\partial x}\left[\varepsilon_x\frac{\partial(\bar{c}+c')}{\partial x}\right]+\frac{\partial}{\partial y}\left[\varepsilon_y\frac{\partial c'}{\partial y}\right] \quad (3.215)$$

鉴于这种对称性通常是通过观察相对于坐标轴的示踪剂浓度分布来实现，所以可以进行以下变换：

$$x'=x-\bar{u}t \quad (3.216)$$

如图 3.25 所示，其中 $x'$ 是相对于以平均流体速度 $\bar{u}$ 移动的原点测量的纵坐标。在这一点上，我们将做出第一个主要假设（随后证实）——纵向分散对示踪剂浓度衰减的影响比纵向湍流扩散的影响大得多，因此纵向湍流扩散在这个分析中可以忽略不计。结合方程方程（3.215）和公式（3.216）并且取 $\varepsilon_x=0$ 得：

$$\frac{\partial\bar{c}}{\partial t}+\frac{\partial c'}{\partial t}+u'\frac{\partial\bar{c}}{\partial x'}+u'\frac{\partial c'}{\partial x'}=\frac{\partial}{\partial y}\left(\varepsilon_y\frac{\partial c'}{\partial y}\right) \quad (3.217)$$

取方程（3.217）中每一项的横向平均值，并注意引发数量 $u'$ 和 $c'$ 的横向平均值等于零，得：

$$\frac{\partial\bar{c}}{\partial t}+\overline{u'\frac{\partial c'}{\partial x'}}=0 \quad (3.218)$$

从方程（3.217）中减去方程（3.218）得出：

$$\frac{\partial c'}{\partial t}+u'\frac{\partial\bar{c}}{\partial x'}+\left[u'\frac{\partial c'}{\partial x'}-\overline{u'\frac{\partial c'}{\partial x'}}\right]=\frac{\partial}{\partial y}\left(\varepsilon_y\frac{\partial c'}{\partial y}\right) \quad (3.219)$$

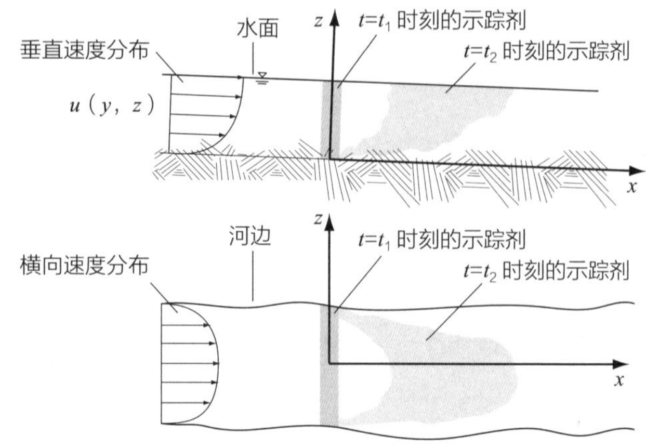


图 3.24 分散过程

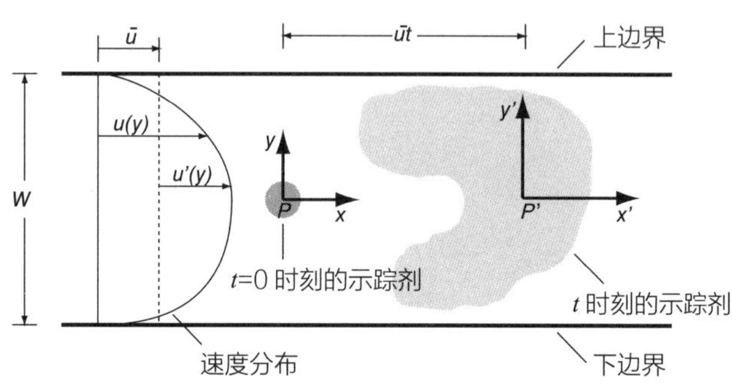


图 3.25 纵向分散

方程（3.219）的进一步简化可以通过进一步假设 $\bar{c}$ 和 $c'$ 随时间缓慢变化，并且 $c'\ll\bar{c}$ 得到。这些假设对应于 $\partial c'/\partial t\approx 0$，并且方括号中的项远小于方程（3.219）中的第二项。这些假设的物理理由是，当示踪剂沿纵向分散时，示踪剂浓度中的横向梯度增强了横向扩散，从而减小了浓度的横向变化 $c'(y)$，从而导致 $c'\ll\bar{c}$，并且 $\bar{c}$ 变化缓慢。根据这些假设导出方程（3.219）的简化形式：

$$u'\frac{\partial\bar{c}}{\partial x'}=\frac{\partial}{\partial y}\left(\varepsilon_y\frac{\partial c'}{\partial y}\right) \quad (3.220)$$

对方程（3.220）进行积分，要注意 $\bar{c}$ 只是 $x$ 的一个函数，$u'$ 只是 $y$ 的一个函数，而零通量边界要求边界上的 $\partial c'/\partial y=0$：

$$c'(y)=\frac{\mathrm{d}\bar{c}}{\mathrm{d}x'}\int_0^y\frac{1}{\varepsilon_y}\int_0^y u'\mathrm{d}y\mathrm{d}y+c'(0) \quad (3.221)$$

在纵向的任何部分上的平均质量流量 $\dot{M}$，由下式给出：

$$\dot{M}=\overline{(\bar{u}+u')(\bar{c}+c')}=\bar{u}\bar{c}+\overline{u'c'} \quad (3.222)$$

即 $\dot{M}$ 等于对流通量 $\bar{u}\bar{c}$ 加上由分散引起的附加质

量通量 $\overline{u'c'}$。方程（3.221）可以用来估计由分散引起的质量通量，即分散质量通量：

$$\overline{u'c'}=\left(\frac{1}{W}\int_0^W u'\int_0^y \frac{1}{\varepsilon_y}\int_0^y u'\mathrm{d}y\mathrm{d}y\mathrm{d}y\right)\frac{\mathrm{d}\bar{c}}{\mathrm{d}x'} \quad (3.223)$$

这里的关键结果是纵向分散质量通量 $\overline{u'c'}$ 与纵向浓度梯度成正比，因此纵向分散系数 $K_x$ 可以用菲克定律来描述：

$$-K_x\frac{\mathrm{d}\bar{c}}{\mathrm{d}x'}=\left(\frac{1}{W}\int_0^W u'\int_0^y \frac{1}{\varepsilon_y}\int_0^y u'\mathrm{d}y\mathrm{d}y\right)\frac{\mathrm{d}\bar{c}}{\mathrm{d}x'} \quad (3.224)$$

$K_x$ 为：

$$K_x=-\frac{1}{W}\int_0^W u'\int_0^y \frac{1}{\varepsilon_y}\int_0^y u'\mathrm{d}y\mathrm{d}y\mathrm{d}y \quad (3.225)$$

该方程显示了如何直接从横向速度分布 $u'(y)$ 和横向湍流扩散系数 $\varepsilon_y(y)$ 来确定 $K_x$。因此，适当的对流—分散方程由下式给出：

$$\frac{\partial\bar{c}}{\partial t}=K_x\frac{\partial^2\bar{c}}{\partial x'^2} \quad (3.226)$$

使用公式（3.216）转换回固定（$x$, $y$）坐标给出：

$$\frac{\partial\bar{c}}{\partial t}+\bar{u}\frac{\partial\bar{c}}{\partial x}=K_x\frac{\partial^2\bar{c}}{\partial x^2} \quad (3.227)$$

这说明纵向分散可以用一维对流—扩散方程来描述，所以基本解的所有解析解都可用于描述纵向分散。

由方程（3.225）给出的纵向分散系数的推导表达式适用于渠道深度在横截面上不变的情况。在渠道深度变化的情况下，纵向分散系数可以类似地推导出来，有：

$$K_x=-\frac{1}{A}\int_0^W u'h(y)\int_0^y \frac{1}{\varepsilon_y h(y)}\int_0^y u'h(y)\mathrm{d}y\mathrm{d}y\mathrm{d}y \quad (3.228)$$

式中　$h(y)$——渠道中的流动深度，它是横坐标 $y$ 的函数；

$A$——渠道的总横截面积。

在用一维对流—扩散方程来描述纵向分散时，要牢记做出这种等价性的假设，并在可能时进行验证。具体而言，与纵向分散（$K_x \gg \varepsilon_x$）相比，纵向湍流扩散可忽略不计，横向浓度波动相对于横向平均浓度（$c' \ll \bar{c}$）更小，并且当从以平均速度运动的参考框架观察时，浓度的时间变化很小。在这些假设无效的情况下，纵向分散不是 Fickian 过程。

由方程（3.227）给出的对流—扩散方程通常用于描述污染物在河流和溪流中的分散，其中 $K_x$ 是根据渠道上测量的速度分布或基于现场测量的示踪剂色散的经验公式来计算。在这些应用中，横向速度变化发生在垂直横向和水平横向两个方向上，并且方程（3.225）可以使用这些速度变化中的任意一个来计算 $K_x$。在大多数实际情况下，深度平均速度的水平横向变化比垂直横向变化产生的 $K_x$ 大得多，因此纵向分散系数通常使用水平横向速度变化来计算。

## 【例题 3.24】

在 10m 宽的水流中以 1m 的间隔测量速度和深度，测量结果如表 3.8 所示：

速度和深度测量结果　　表 3.8

| 距离（m） | 速度（m/s） | 深度（m） |
|---|---|---|
| 0 | 0.00 | 0.0 |
| 1 | 0.15 | 1.2 |
| 2 | 0.27 | 2.6 |
| 3 | 0.32 | 3.5 |
| 4 | 0.38 | 3.8 |
| 5 | 0.40 | 4.0 |
| 6 | 0.40 | 3.6 |
| 7 | 0.37 | 3.5 |
| 8 | 0.30 | 2.7 |
| 9 | 0.15 | 1.7 |
| 10 | 0.00 | 0.0 |

水流中的横向扩散系数估计为 200cm$^2$/s，请估计纵向分散系数。

**【解】**

根据给定的数据：$\Delta y$=1m，$W$=10m，$\varepsilon_y$=200cm$^2$/s=0.02m$^2$/s，并且 $u(y)$ 和 $h(y)$ 已给出。水流中的总面积 $A$、总流量 $Q$ 和平均流速 $\bar{u}$ 由下式给出：

$$A=\sum_{i=1}^{10}\Delta A_i=\sum_{i=1}^{10}h_i\Delta y$$

$$Q=\sum_{i=1}^{10}\Delta Q_i=\sum_{i=1}^{10}u_i h_i\Delta y$$

$$\bar{u}=\frac{Q}{A}$$

其中 $h_i$ 和 $u_i$ 是第 $i$ 个测量位置的深度和速度。渠道横截面的离散化如图 3.26 所示。

$A$、$Q$ 和 $\bar{u}$ 的计算结果总结在表 3.9 中。

$A$、$Q$ 和 $\bar{u}$ 的计算结果　　表 3.9

| y（m） | u（m/s） | h（m） | ΔA（$m^2$） | ΔQ（$m^3$/s） | u′（m/s） |
|---|---|---|---|---|---|
| 0 | 0.00 | 0.0 | 0.0 | 0.000 | −0.33 |
| 1 | 0.15 | 1.2 | 1.2 | 0.180 | −0.18 |
| 2 | 0.27 | 2.6 | 2.6 | 0.702 | −0.06 |
| 3 | 0.32 | 3.5 | 3.5 | 1.120 | −0.01 |
| 4 | 0.38 | 3.8 | 3.8 | 1.444 | 0.05 |
| 5 | 0.40 | 4.0 | 4.0 | 1.600 | 0.07 |
| 6 | 0.40 | 3.6 | 3.6 | 1.440 | 0.07 |
| 7 | 0.37 | 3.5 | 3.5 | 1.295 | 0.04 |
| 8 | 0.30 | 2.7 | 2.7 | 0.810 | −0.03 |
| 9 | 0.15 | 1.7 | 1.7 | 0.255 | −0.18 |
| 10 | 0.00 | 0.0 | 0.0 | 0.000 | −0.33 |
| 合计 | | | 26.6 | 8.846 | |

基于这些结果，$A$ =26.6m$^2$，$Q$ = 8.846m$^3$/s，因此 $\bar{u}$=8.846/26.6 = 0.333m/s。$u'$ 的值取决于其定义，即 $u'=u-\bar{u}=u-0.333$m/s。由于渠道的深度不同，纵向分散系数 $K_x$ 由方程（3.228）给出：

$$K_x = -\frac{1}{A}\underbrace{\left\{\int_0^W u'h(y)\underbrace{\left[\int_0^y \frac{1}{\varepsilon_y h(y)}\underbrace{\left(\int_0^y u'h(y)\,\mathrm{d}y\right)}_{I_1}\mathrm{d}y\right]}_{I_2}\mathrm{d}y\right\}}_{I_3} \tag{3.229}$$

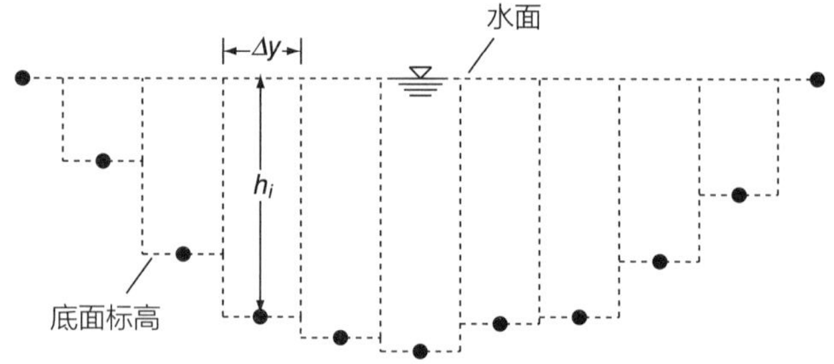


图 3.26　渠道横截面离散化

其中用于评估 $K_x$ 的次积分用 $I_1$、$I_2$ 和 $I_3$ 表示。使 Δ$y$=1m，使用表 3.9 中的数据计算 $K_x$ 的积分数值评估总结在表 3.10 中。

根据表 3.10 中的结果，$y$ =10m 时 $I_3$ 值为 −9.13m$^4$/s，因此根据方程（3.229），$K_x$ 由下式给出：

$$K_x = -\frac{I_3}{A} = -\frac{-9.13}{26.6} = 0.34\ \mathrm{m}^2/\mathrm{s}$$

因此，水流中估计的纵向分散系数是 0.34m$^2$/s。

## 习题

1. 对于不可压缩流体，证明 $\nabla\cdot V$=0，其中 $V$ 是流体中的速度场。

2. 在区域 $A$ 上瞬时释放的质量为 $M$ 的非保守示踪剂的扩散方程的基本解由下式给出：

$$c(x,t) = \frac{M\mathrm{e}^{-kt}}{A\sqrt{4\pi D_x t}}\exp\left(-\frac{x^2}{4D_x t}\right)$$

其中 $k$ 是一阶衰减常数，$D_x$ 是扩散系数。如果非

$I_1$、$I_2$ 和 $I_3$ 计算结果　　表 3.10

| y（m） | $u'h\Delta y$（$m^3$/s） | $I_1=\sum u'h\Delta y$（$m^3$/s） | $I_1/(\varepsilon_y h)\Delta y$（m） | $I_2=\sum I_1/(\varepsilon_y h)\Delta y$（m） | $I_2 u'h\Delta y$（$m^4$/s） | $I_3=\sum I_2 u'h\Delta y$（$m^4$/s） |
|---|---|---|---|---|---|---|
| 0 | 0.000 | 0.000 | 0.00 | 0.00 | 0.00 | 0.00 |
| 1 | −0.219 | −0.219 | -9.13 | -9.13 | 2.00 | 2.00 |
| 2 | −0.163 | −0.382 | −7.34 | −16.47 | 2.68 | 4.68 |
| 3 | −0.044 | -0.426 | −6.08 | −22.25 | 0.99 | 5.67 |
| 4 | 0.180 | -0.245 | −3.23 | −25.78 | −4.65 | 1.02 |
| 5 | 0.270 | 0.024 | 0.30 | −25.47 | −6.87 | −5.85 |
| 6 | 0.243 | 0.267 | 3.71 | −21.76 | −5.28 | −11.13 |
| 7 | 0.131 | 0.398 | 5.69 | −16.07 | −2.11 | −13.24 |
| 8 | −0.088 | 0.310 | 5.75 | −10.33 | 0.91 | −12.33 |
| 9 | −0.310 | 0.000 | 0.00 | −10.33 | 3.20 | -9.13 |
| 10 | 0.000 | 0.000 | 0.00 | −10.33 | 0.00 | -9.13 |

保守示踪剂以流速 $V$ 和参考长度 $L$ 横跨河流均匀释放，则将所得的浓度分布表示为非二维形式。确定关键的无量纲参数，并讨论其重要性。

3. 你现在负责一个示踪试验，以确定距迈阿密海滩 8km 远的海洋扩散系数。在开始任务之前，在坐标 $x$= 0m，$y$= 0m 处将 10kg 的示踪剂释放到距海洋表面 3m 深的地方，并且释放 1 h 后渔民（帮助同时取样）采集到的示踪剂浓度（以 mg/L 为单位）分布见表 3.11。使用样品浓度来估计扩散系数和平均海流的组成。并确定你刚刚得到的扩散系数有什么实际用途？

4. 50kg 有毒物质均匀地流入运河。该运河为梯形，底宽 3m，侧倾 2.5 ： 1（$H$ ： $V$），深度为 1.7m。排入运河的流量为 16m$^3$/s，纵向扩散系数为 7m$^2$/s。

（1）泄漏后多久会在泄漏下游 12km 处观测到峰值浓度，该位置预计的最大浓度是多少？

（2）如果娱乐用水中这种污染物的安全水平为 15μg/L，那么下游位置的水非安全期是多久？

（3）泄漏后 2h，运河被污染的长度是多长？

5. 储存在闸门后面水库中的水含有浓度为 1mg/L 的有毒污染物。如果闸门打开，水流以 30 cm/s 的速度流出，纵向扩散系数为 10m$^2$/s，闸门打开后多长时间，下游 1 km 处的污染物浓度将等于 10μg/L？

6. 将 50kg 示踪剂倾倒在 3m 长的河流中，其中示踪剂最初在河流中充分混合，示踪剂的一阶衰减常数为 0.5d$^{-1}$。河流宽 5m、深 3m，平均流速为 1cm/s，纵向扩散系数为 1m$^2$/s。估计 1d 后泄漏中心下游 900m 处的河流中的浓度。

7. 将 2kg 污染物在距离渠道末端 20m 处的位置撒入明渠中。该渠道具有 8m 宽、2m 深的矩形截面，并且沿渠道的扩散系数估计为 5m$^2$/s。

（1）假设污染物最初在渠道内很好地混合，在渠道末端将浓度表示为时间的函数。

（2）泄漏点上游 10m 处（沿渠道方向）的污染物浓度比下游 10m 处（远离渠道端的方向）的浓度高 20% 需要多久？

8. 将 50kg 示踪剂瞬间释放到 25m 宽、60m 长、3m 深的整个湖泊上。如果示踪剂在湖的正中央释放并且扩散系数估计为 30m$^2$/d，请估计 60d 后湖岸线上的浓度。

9. 在废水排放的位置，污染物在 5m 宽、1m 深的河流中混合良好。河流流量为 2m$^3$/s，污染物浓度为 200mg/L，纵向扩散系数为 3m$^2$/s，衰减常数为 50d$^{-1}$。

（1）污水排放下游 2km 处的最大污染物浓度是多少？

（2）如果废水排放仅限于每天运行 30min，这个最大浓度将受到什么影响？

10. 污染物以 1kg/s 的速率均匀排放到 10m × 3m 的河流中。河流的平均流速为 10cm/s，纵向扩散系数为 5m$^2$/s。污染物的衰减速率为 0.2min$^{-1}$。

（1）污染物释放 5min 后，污染源下游 60m 处的浓度是多少？

（2）污染源下游 60m 处的稳态浓度是多少？

（3）污染物释放 5min 后，污染源的浓度是多少？

（4）源头的稳态浓度是多少？

11. 将 2kg 污染物从点源泄漏到 3 m 深的水库中。污染物在 $x$=0m，$y$=0m 时泄漏，并在整个深度（沿 $z$ 方向）方向上瞬间混合。

（1）如果 $x$（E–W）和 $y$（N–S）方向上的扩散系数分别为 10m$^2$/s 和 20m$^2$/s，请计算泄漏点北部 50m、东部 50m 处浓度作为时间的函数。

（2）1min 后泄漏点的浓度是多少？

12. 垂直扩散器将废水以 3m$^3$/s 的速率均匀排放到 4m 深的水库中。如果废水含有 100mg/L 的保守示踪剂 20h，请计算 20h 内在距离扩散器 150m 处的污染物浓

样品测量浓度（mg/L） 表 3.11

| $y$↓ $x$→ | −200m | −150m | −100m | −50m | 0 m | 50 m | 100 m | 150 m | 200 m | 250 m | 300 m | 350 m |
|---|---|---|---|---|---|---|---|---|---|---|---|---|
| 150 m | 4.32E−06 | 2.40E−05 | 9.43E−05 | 2.62E−04 | 5.13E−04 | 7.12E−04 | 6.97E−04 | 4.82E−04 | 2.36E−04 | 8.15E−05 | 1.99E−05 | $3.44 \times 10^{-6}$ |
| 100 m | 7.80E−05 | 4.34E−04 | 1.70E−03 | 4.73E−03 | 9.27E−03 | 1.28E−02 | 1.26E−02 | 8.71E−03 | 4.26E−03 | 1.47E−03 | 3.59E−04 | $6.20 \times 10^{-5}$ |
| 50 m | 4.43E−04 | 2.46E−03 | 9.67E−03 | 2.68E−02 | 5.26E−02 | 7.29E−02 | 7.14E−02 | 4.94E−02 | 2.42E−02 | 8.35E−03 | 2.04E−03 | $3.52 \times 10^{-4}$ |
| 0m | 7.90E−04 | 4.39E−03 | 1.72E−02 | 4.79E−02 | 9.39E−02 | 1.30E−01 | 1.27E−01 | 8.82E−02 | 4.31E−02 | 1.49E−02 | 3.64E−03 | $6.28 \times 10^{-4}$ |
| −50m | 4.43E−04 | 2.46E−03 | 9.67E−03 | 2.68E−02 | 5.26E−02 | 7.29E−02 | 7.14E−02 | 4.94E−02 | 2.42E−02 | 8.35E−03 | 2.04E−03 | $3.52 \times 10^{-4}$ |
| −100m | 7.80E−05 | 4.34E−04 | 1.70E−03 | 4.73E−03 | 9.27E−03 | 1.28E−02 | 1.26E−02 | 8.71E−03 | 4.26E−03 | 1.47E−03 | 3.59E−04 | $6.20 \times 10^{-5}$ |
| −150m | 4.32E−06 | 2.40E−05 | 9.43E−05 | 2.62E−04 | 5.13E−04 | 7.12E−04 | 6.97E−04 | 4.82E−04 | 2.36E−04 | 8.15E−05 | 1.99E−05 | $3.44 \times 10^{-6}$ |

度随时间的变化。假定水库中的扩散系数等于 $15m^2/s$。

13. 一个垂直线源将有毒废水以 $3m^3/s$ 的速率均匀排放到 3m 深的水库中，水库内平均流速为 20cm/s，纵向和横向扩散系数分别为 $10m^2/s$ 和 $1m^2/s$。如果废水含有 100mg/L 的保守有毒污染物，请确定污染源下游 50m 处的稳态浓度。比较精确的稳态浓度和忽略纵向扩散后得到的近似稳态浓度。

14. 500 kg 的保守污染物从 20m 宽的河流旁边溢出 5m。纵向和横向扩散系数分别为 $10m^2/s$ 和 $0.1m^2/s$，河流深度为 2m，河流流速为 20cm/s。确定溢出下游 300m 处河流两侧任意一侧的最大浓度。

15. 工业废水排入宽 50m、深 3m 的矩形河道中。河流流速为 30cm/s，纵向和横向扩散系数分别为 $5m^2/s$ 和 $0.5m^2/s$。将 5m × 1m 宽的废水排放装置放置在河道的底部，使排放的废水能够在排放设施的上方快速充分混合。该设施距离渠道一侧 4m（从渠道一侧 4m 延伸至 9m，并沿上游 / 下游方向延伸 1m）。一场事故导致高毒性物质与污水以 50kg/s 的速度泄漏 10s。将 $5m^2$ 的排放装置分离为 0.5m × 0.5m 的组件，并将连续排放分离为 1s 的“喷口”，估计每 30s 位于排放中心下游 50m 处的有毒物质的浓度。最大模拟时间是 300s。（提示：在电子表格中进行这些计算可能会有帮助。）

16. 一座桥横跨供水进水口上游 4.5km 处的一条河流，近年来，河流与大桥交叉处有几处污染物泄漏，主要位于与供水进水口相对的河流一侧。该河宽 30m、深 3m，平均流量 $13.5m^3/s$，河流纵向扩散系数估计为 $1.27m^2/s$，横向扩散系数估计为 $0.0127m^2/s$。在桥上（与进水口相反的一侧）泄漏多少污染物质会导致进水口污染物浓度等于 1mg/L？

17. 地表径流沿着 1.61km 长的河流由溢流管分配，径流速率为 $0.142m^3/s$，径流的 BOD 为 300mg/L。沿河水流平均流量为 $1.56m^3/s$，BOD 衰减率为 $0.4d^{-1}$，溢流管上游水流的 BOD 为零，水流横截面积为 $18.6m^2$。纵向扩散系数估计为 $1m^2/s$。

（1）写出一个沿河流的 BOD 分析表达式。

（2）评估在计算下游浓度时忽略扩散的有效性。

（3）如果忽略扩散，流速为 $V$、衰减系数为 $k$、源通量为 $S_0$ 的流体的一维对流—扩散方程为：

$$V\frac{dc}{dx}+kc=S_0$$

对于 $x=0$ 时 $c=0$ 的边界条件，此方程的解由下式给出：

$$c=\frac{S_0}{k}(1-e^{-kx/V})$$

用这个结果来计算溢流管起点下游 16km 处的稳态浓度。忽略纵向扩散。

18. 一条 10m 宽、2m 深的受污染河流与未被污染的河流汇合，混合后的水流平均速度为 15cm/s，纵向和横向扩散系数分别为 $1m^2/s$ 和 $0.05m^2/s$。受污染河流中保守污染物的通量为 0.1kg/s。计算距离河流下游 20m、距离堤岸 15m 处的污染物浓度。忽略图像中影响流体边缘的因素。

19. 一个 20m 长的排放器将污染物排放到海洋中，使得在深度方向上初始混合后，浓度为 5mg/L。海洋流速为 15cm/s，初始扩散系数为 $0.1m^2/s$。污染物的一阶衰减常数为 $0.05min^{-1}$。估计排污口下游 200m 处羽流的最大浓度和宽度。

20. 5kg 有毒污染物被释放到海洋深处，并在三个坐标方向上传播。

（1）如果 N–S、E–W 和垂直扩散系数分别为 $15m^2/s$、$20m^2/s$ 和 $0.5m^2/s$，则计算在北 50m、东 50m 和释放点上方 5m 处浓度作为时间的函数。

（2）12h 后释放点的浓度是多少？假设没有反应，也没有对流。

21. 潜水艇在海平面下 25m 的地方释放 100kg 废物。向北的流速为 30cm/s，扩散系数在 N–S、E–W 和垂直方向上的分量分别为 $12m^2/s$、$5m^2/s$、$1m^2/s$。确定最大浓度作为时间的函数和 1h 后释放位置的浓度。利用叠加原理来解释海平面的存在。如何解释废物在你计算中的溶解度？

22. 将 75kg 示踪剂释放到流速为 10cm/s 的海洋中，水平横向和垂直横向的剪切速度分别为 $0.2s^{-1}$ 和 $0.1s^{-1}$，纵向、水平横向和垂直横向的扩散系数分别为 $5m^2/s$、$1m^2/s$ 和 $0.01m^2/s$。示踪剂的一阶衰减常数为 $0.01min^{-1}$。5min 后，估算释放位置下游 30m 处的浓度。

23. 示踪剂以 50kg/s 的速率释放到海洋中，其中平均海洋流速为 30cm/s，垂直和水平方向的扩散系数分别为 $0.5m^2/s$ 和 $2m^2/s$。在下列条件下估算源头下游 500m 处的浓度：

（1）源头远低于海洋表面，示踪剂保守。

（2）源头远低于海洋表面，示踪剂经历一阶衰减，衰减常数为 $0.04min^{-1}$。

（3）源头距离海洋表面 3m，示踪剂经历一阶衰减，衰减常数为 $0.04min^{-1}$。

24. 保守示踪剂以 15kg/s 的速率释放到大量水中 5min。在三个坐标方向上的流速为 5cm/s，扩散系数估计为 $10.0m^2/s$。

（1）估计 15min 后在释放点下游 100m 处的两个目标点的浓度，一个点在羽流中心线上，另一个点距离中心线 40m。

（2）如果示踪剂以 15kg/s 的速率持续释放，那么目标点的稳态浓度是多少？这些浓度与使用近似“流体板”计算的浓度相比如何？

25. 从 2.0m 深的宽渠道中心以 10kg/s 的速率释放示踪剂。渠道中的流速为 15cm/s，横向扩散系数为 $1m^2/s$。如果污染物最初在整个深度方向上混合良好，请估计下游 200m、离渠道中心 3m 处的污染物浓度。

26. 示踪剂以 0.1kg/s 的速率从海洋中的一个点源释放，示踪剂的水平扩散系数为：

$$D=3.5L^{1.15}$$

其中 $D$ 是水平面内的扩散系数（$cm^2/s$），$L$ 是示踪羽流的行进距离（m）。垂直扩散系数为 $3.0cm^2/s$。估计源头下游 50m 处的最大浓度。

27. 将 50kg 示踪剂瞬间释放到 10m 深的水体中，水体流速为 20cm/s，纵向、水平横向和垂直横向的扩散系数分别为 $1m^2/s$、$0.1m^2/s$ 和 $0.01m^2/s$。如果示踪剂的一阶衰减常数为 $0.04min^{-1}$，请估计 5min 后释放位置下游 80m 处示踪剂的最大浓度。

28. 将 8kg 污染物以 1m × 1m × 1m 平行六面体的形式释放到深海中。如果 N–S、E–W 和垂直扩散系数分别为 $15m^2/s$、$10m^2/s$ 和 $0.1m^2/s$，那么在北 25m、东 25m 和初始质量释放质心上方 5m 处的位置，将浓度表示为时间的函数。

29. 测得 200m × 200m 的湖泊中的悬浮固体浓度为 45mg/L，平均沉降速度估计为 0.1m/d。

（1）估算沉积物在湖底积聚的速度。

（2）如果悬浮固体浓度相当稳定并且离开湖泊的水没有明显的悬浮物，则沉淀物质以什么比例进入湖泊？

30. 浮游植物线性圆筛藻的典型直径为 50μm，估计密度为 $1600kg/m^3$。假设浮游植物近似球形，水温为 20℃，使用斯托克斯方程估计沉降速度。将您的计算结果与表 3.5 中给出的沉降速度进行比较，并提供可能造成差异的原因。

31. 雨水排放口将径流排入原始河流（溶解性固体含量可忽略不计），使排放口下游混合水的悬浮固体浓度为 100mg/L。估计沉积物的沉降速度为 2m/d，河流流速为 0.4m/s，河流宽 10m、深 2m。

（1）所有悬浮物沉淀时，距离排放口下游多远？

（2）估算排放口下游悬浮物积聚的速度。

32. 排污口以 80L/s 的速度排放经处理的生活污水，其中进入河流的悬浮固体浓度为 30mg/L。悬浮固体主要由淤泥颗粒组成，河流呈梯形，流动深度为 4m，底宽 6m，边坡 2 ∶ 1（$H$ ∶ $V$）。河中的平均速度为 3cm/s。

（1）估计距排污口的距离，其中在该距离内大部分悬浮颗粒沉积在底部。

（2）估计距排污口 500m 内，河底沉积物积聚的速率。

33. 河流的速度和深度的测量值见表 3.12。

河流速度和深度的测量值　　表 3.12

| 距离（m） | 速度（m/s） | 深度（m） |
|---|---|---|
| 0.00 | 0.00 | 0.00 |
| 2.13 | 0.03 | 0.55 |
| 5.18 | 0.16 | 1.28 |
| 8.23 | 0.30 | 1.28 |
| 11.28 | 0.33 | 1.46 |
| 14.32 | 0.36 | 1.58 |
| 17.37 | 0.35 | 2.01 |
| 20.42 | 0.23 | 1.95 |
| 22.25 | 0.00 | 0.00 |

如果水流中的横向扩散系数为 $120cm^2/s$，请估计纵向扩散系数。

# 第 4 章　河流和溪流

## 4.1　引言

长期以来，作为人类饮用水的主要来源，河流和溪流的水质比其他任何水体都有着更为广泛的研究。溪流被定义为天然排水渠，即用来收集周边区域的地表水和地下水。水文学家根据最初由 Horton 提出后来由 Strahler 修正的分类方法，根据上游支流的数量来进行溪流等级的划分。最小不分支的溪流为一级溪流；位于两个一级溪流交汇下的即为二级溪流；位于两个二级溪流汇合下的即为三级溪流，以此类推。通常，当其变成 7 级或以上的溪流时，溪流称为河流。此外，河流也被定义为第 5~9 级的溪流。亚马逊河是世界上最大的河流，共有 12 级。在本章中，河流和溪流统称为溪流。

所有的溪流都有相关的流域（或集水区），任何流域内的降水都有可能造成地表径流使得污染物流入溪流中。流域的出口有时称为出水口，或直接简称为流域的出口。溪流的流量通常表现出季节性，最高流量发生在春季（高降雨量和高融雪季节），而在降雨量少的季节则显示出较低的流量。从水质角度看，流量表现出的季节性是十分重要的，因为低流量和高温通常与溪流的最小纳污能力有关，并且必须从水质控制的角度来考虑，这种情况通常发生在夏季。无论降雨和融雪条件如何，总包含流水的溪流称为常流河，这些溪流中的流量并不是从地表径流中产生的，而是通常由流入的地下水贡献，被称为基流；特别是在大城市，废水排放是基流的主要贡献者并不罕见。在无降雨期间干涸的河流称为季节性溪流，这种溪流常在气候干旱的区域见到。

病原体、悬浮固体（可造成淤积）、耗氧物质和营养物质是河流和溪流中最常见的污染物。地表水的病原体污染会影响人体健康，从症状较轻的皮疹到急性胃肠炎。病原体的常见来源包括未经有效处理的市政污水排放、农业和城市径流以及野生动物粪便。淤积是指溪流底部堆积的小土壤颗粒（淤泥），从而导致鱼卵窒息，破坏水生昆虫栖息地，损害鱼类和其他野生动物的食物网。淤积可由农业、城市径流、建筑以及森林采伐作业造成。排放到河流和溪流中的耗氧物质将会消耗排放处下游的溶解氧（DO），从而影响水生生物，并对河流或溪流的天然生物产生严重损害。耗氧物质的来源包括城市和工业废水、农业和城市径流。营养物污染通常是指水中氮和（或）磷含量增加。过量的养分加剧了植物和藻类生长，导致氧含量下降，鱼类和其他水生物种数量减少。市政污水和工业废水的排放以及农田、林业和城市地区的径流是主要的营养来源。就美国而言，影响河流和溪流健康的主要因素是农业活动，包括农作物生产和畜牧业。

处理后的污水、工业废水和雨水径流通常流入内陆溪流。当排放的污水不符合溪流水质标准时，通常在排放点附近设有调控混合区。在混合区中，通过稀释将污染物浓度降到满足水质标准的水平。污水可通过多孔扩散器排放到溪流中，多孔扩散器可使污水分布在河流的有限宽度上，也可以通过单一排水口排放污水。

图 4.1 显示了单一排污口流入溪流的情况。在排放口附近，污染物的混合是由排放口处的动量所决定的，排放口的动量依照排放口直径的大小顺序产生。在溪流下游，当排放物被稀释时，排放物的动量消失，溪流中变化的环境速度决定了排放物羽流的进一步混合。随着污染云在溪流深度和宽度上的延伸，部分污染云扩展到具有明显不同的纵向平均速度的区域；除了在三个坐标方向上的扩散之外，污染云在纵向上被“拉伸”。这种拉伸主要是由于纵向平均速度在垂直和横向方向上的变化造成的。拉伸过程通常被称为剪切分散或简单分散。点源污染物通过湍流扩散扩散到垂直和横向方向，直到污染物在河流中很好地混合，此时几乎所有的混合都是由纵向剪切扩散引起的。现场测试表明：多数情况下，平均速度的横向变化（跨越

图 4.1　污染物排入阿尔彭莱茵河（德国）

河道）对剪切扩散的影响比垂直变化对剪切扩散的影响大得多。对应于河道斜率 0.02%~1% 范围内，常见河流和溪流的流速范围为 0.1~1.5m/s（0.3~5ft/s）。

## 4.2　迁移过程

多数情况下，污染物进入河流横截面的特定分区中。例如，通过管道排放的通常在沿河一侧的小面积范围内，而通过水下多孔扩散器排放的通常扩散到河流横截面的较大区域内。在这些情况下，即确定了两个不同的混合区：污染物在河道横截面的垂直、水平方向上混合的初始混合区；污染物在横截面上充分混合，并进一步沿流向纵向分散的充分混合区。

### 4.2.1　初始混合

河流垂直和横向的湍流速度的变化与剪切速度 $u^*$（$LT^{-1}$）的数量级相同，其定义为：

$$u_* = \sqrt{\frac{\tau_0}{\rho}} \tag{4.1}$$

式中　$\tau_0$——溪流周围的平均剪切应力（$FL^{-2}$）；

$\rho$——流体密度（$ML^{-3}$）。

Chin 指出，边界剪切应力 $\tau_0$ 可用达西—韦斯巴赫摩擦系数 $f$（无量纲）和平均（纵向）流速 $V$（$LT^{-1}$）表示。

$$\tau_0 = \frac{f}{8}\rho V^2 \tag{4.2}$$

由公式（4.1）和公式（4.2）可导出剪切速度的表达式：

$$u_* = \sqrt{\frac{f}{8}}V \tag{4.3}$$

摩擦系数 $f$ 一般可以用含有河道粗糙系数、水力半径和雷诺数的科尔布鲁克公式估算，这个公式对于明渠可以近似为：

$$\frac{1}{\sqrt{f}} = -2\log_{10}\left(\frac{k_s}{12R} + \frac{2.5}{Re\sqrt{f}}\right) \tag{4.4}$$

式中　$k_s$——管道的粗糙度高度（L）；

$R$——水力半径（L），定义为过流面积除以湿周；

$Re$——雷诺数（无量纲），定义为：

$$Re = \frac{4VR}{\nu} \tag{4.5}$$

式中　$\nu$——河道中流体的黏性系数（$L^2T^{-1}$），通常是水。

应该谨慎地使用公式（4.4）来估算山区河流中的摩擦系数 $f$，由于河床不规则而存在的暂时性存储区（池）、滞留区以及砾石中存在潜流区都需要特别考虑。潜流区是位于岩石和鹅卵石间的河床下区域。

根据对湍流混合的理论分析，Elder 指出，宽阔明渠中垂直湍流扩散系数 $\varepsilon_v$（$L^2T^{-1}$）的平均值可以通过以下公式估算：

$$\varepsilon_v = 0.067du_* \tag{4.6}$$

式中　$d$——明渠的深度（L）。

由公式（4.6）给出的垂直湍流扩散系数 $\varepsilon_v$ 的理论表达式已在实验室水槽实验中得到证实。公式（4.6）中的系数（= 0.067）有时也为 0.1。垂直混合可以通过产生二级水流（特别是在急转弯处）和流动中的障碍物（如桥墩）获得局部增强。已经证明，公式（4.6）可以描述河流排放口下游污水的垂直混合情况。

在直线矩形渠道中的实验结果表明，横向湍流扩散系数 $\varepsilon_t$ 可以通过以下公式估算：

$$\varepsilon_t = 0.15\,du_* \tag{4.7}$$

其中系数 0.15 可认为是具有 ±50% 的误差界限，这是因为实验结果的产生范围为 $\varepsilon_t/du^*$=0.08~0.24。渠道形状的变化和侧壁的不规则性都会增加横向湍流扩散系数，从而大于公式（4.7）给出的值。天然溪流横向扩散系数中更常见的估算公式是：

$$\varepsilon_t = 0.6\, du_* \tag{4.8}$$

其中系数 0.6 可认为是具有 ±50% 的误差界限，有时也近似为 1。同时，实验研究在继续关注提供更精确地估算横向湍流扩散系数的方法。

在天然溪流中弯曲会产生二级（横向）水流，从而使横向湍流扩散系数远大于按公式（4.8）计算出的值。在此情况下，术语“横向分散”较“横向扩散”能更加准确地描述混合过程；然而，通过（非真实）横向扩散系数 $\varepsilon_t$ 的定量化，可用于和直渠道中的横向扩散进行比较。Yotsukura 和 Sayre 在含有 90° 和 180° 弯曲的密苏里河一带估算 $\varepsilon_t$=3.4$du$*，Seo 等人估计在弯曲（S 形）的渠道中 $\varepsilon_t$ 值高达 2.6$du$*。Yotsukura 和 Sayre 提出用以下方法来估计弯曲渠道中湍流扩散系数 $\varepsilon_t$：

$$\varepsilon_t = K\left(\frac{\bar{U}}{u_*}\right)^2\left(\frac{B}{r_c}\right)^2 du_* \tag{4.9}$$

式中　$K$——无量纲常数，在实验室中可以取 0.04，在天然溪流中取 0.4；

$\bar{U}$——横截面纵向平均速度（$LT^{-1}$）；

$B$——河道顶部宽度（L）；

$r_c$——溪流的曲率半径（L）。

对于横截面是任何形状的直渠道，Deng 等人提出 $\varepsilon_t$ 为：

$$\varepsilon_t = \left[0.145 + \frac{1}{3520}\left(\frac{\bar{U}}{u_*}\right)\left(\frac{B}{d}\right)^{1.38}\right] du_* \tag{4.10}$$

当然，也有关于 $\varepsilon_t$ 更复杂的表达式，如随着河道长度变化 $\varepsilon_t$ 也相应变化。现场试验证明，当使用公式（4.7）~ 公式（4.10）来估算 $\varepsilon_t$ 时，通过使用示踪剂而不是横截面的平均值来表示部分渠道特性（$d$，$u$*），能获得更准确的估算值。现场试验也表明，在北部的河流中，有冰覆盖和无冰覆盖的表面 $\varepsilon_t/du$* 值大致相同。如果需要对 $\varepsilon_t$ 进行可靠的估算，则建议进行实地试验对其进行测量。综上所述，对于相对直的渠道 $\varepsilon_t/du$* 的常见值为 0.1~0.3，对于轻微弯曲的渠道为 0.3~0.9，对于更为弯曲的渠道为 1~3。

通常，在分析混合区时假设横截面处瞬时混合，然后计算排放点下游横截面的纵向平均浓度变化。考虑到特征深度 $d$（L）和宽度 $w$（L）的溪流，用于混合渠道深度的时间尺度 $T_d$（T）可以计算为：

$$T_d = \frac{d^2}{\varepsilon_v} \tag{4.11}$$

从排放点到完全混合处的距离 $L_d$（L）为：

$$L_d = VT_d = \frac{Vd^2}{\varepsilon_v} \tag{4.12}$$

类似地，宽度 $w$ 的混合时间 $T_w$（T）可估算为：

$$T_w = \frac{w^2}{\varepsilon_t} \tag{4.13}$$

相应地，在示踪剂完成混合处的下游距离 $L_w$（L）可估算为：

$$L_w = VT_w = \frac{Vw^2}{\varepsilon_t} \tag{4.14}$$

由公式（4.12）和公式（4.14）可导出：

$$\frac{L_w}{L_d} = \left(\frac{w}{d}\right)^2\left(\frac{\varepsilon_v}{\varepsilon_t}\right) \tag{4.15}$$

根据公式（4.6）和公式（4.8），可以合理推测在天然溪流中 $\varepsilon_t \approx 10\varepsilon_v$，则公式（4.15）可以近似为：

$$\frac{L_w}{L_d} = 0.1\left(\frac{w}{d}\right)^2 \tag{4.16}$$

由于天然溪流的渠道宽度通常远大于渠道深度，典型的宽度 / 深度≥ 20，对于单口排放，可推测示踪剂到达下游溪流完全混合的位置时，长度至少比其深度高一个数量级。因此，深度方向的混合会快于宽度方向的混合。示踪剂达到在宽度尺度上良好混合时的距离由公式（4.14）计算出。位于渠道一侧的单口排放达到完全混合时的实际距离 $L'_w$ 已由现场测量确定：

$$L'_w = 0.4\frac{Vw^2}{\varepsilon_t} \tag{4.17}$$

在估算公式（4.17）的系数时，定义横断面中示踪剂浓度在其平均值的5%以内时为完全混合。公式（4.17）可用在任何排放位置，其中 $w$ 为污染物完全混合时的横截面宽度。例如，若将长度为 $L$ 的扩散器放置在宽度为 $W$ 的溪流中央，当污染物在宽度 $w$ =（$W$–$L$）/2 上混合并且在下游距离 $L_w$ ≥ 2 时发生全横截面完全混合，则 $L'_w$ 为：

$$L'_w = 0.1\frac{V(W-L)^2}{\varepsilon_t} \qquad (4.18)$$

显然，在溪流的中心而不是在一侧的单出口使用多孔扩散器，可以加速横截面混合。

## 【例题 4.1】

市政污水处理厂向宽 10m、深 2m 的溪流旁排放废水。溪流的平均流速为 1.5m/s，摩擦系数估算为 0.03（使用科尔布鲁克方程计算）。（1）估计废水在河道横截面上混合的时间。（2）距离排放点多远的下游可认为达到完全混合？

【解】

（1）根据给定的数据，$f$=0.03 和 $V$=1.5m/s，按公式（4.3）计算出剪切速度 $u*$：

$$u^* = \sqrt{\frac{f}{8}}V = \sqrt{\frac{0.03}{8}} \times 1.5 = 0.092 \text{ m/s}$$

由于 $d$=2m，垂直和横向扩散系数可以估算为：

$$\varepsilon_v = 0.067du_* = 0.067 \times 2 \times 0.092 = 0.012 \text{ m}^2/\text{s}$$

$$\varepsilon_t = 0.6du_* = 0.6 \times 2 \times 0.092 = 0.11 \text{ m}^2/\text{s}$$

垂直混合的时间 $T_d$ 为：

$$T_d = \frac{d^2}{\varepsilon_v} = \frac{2^2}{0.012} = 333\text{s} = 5.6\text{min}$$

横向混合的时间 $T_w$ 为：

$$T_w = \frac{w^2}{\varepsilon_t} = \frac{10^2}{0.11} = 909\text{s} = 15\text{min}$$

约 15min 之后其可在深度和宽度上均匀混合，即在横截面上充分混合。

（2）在 15min（= 909s）的时间内，流出物前进距离 $VT_w$ 为：

$$VT_w = 1.5 \times 909 = 1364\text{m}$$

由 Fischer 等人给出的公式（4.17）表明，完全混合时的下游距离为 $0.4VT_w = 0.4 \times 1364 = 546$m。

## 【例题 4.2】

若废水从溪流中心排出，或废水通过放置在溪流中间的一个 5m 长的多孔扩散器排出，估算例题 4.1 中污水排放到下游的距离。

【解】

由先前的分析可知：$\varepsilon_v$= 0.012m²/s，$\varepsilon_t$= 0.11m²/s，横向混合距离 $s$ 的时间 $T_s$ 由下式给出：

$$T_s = \frac{s^2}{\varepsilon_t}$$

在前面的例题中，废水从河道一侧排出，所以混合宽度 $s$ 即为河道宽度 $w$。

（1）若废水从溪流中心排出，那么废水在河道横截面上的混合宽度 $s$ 为：

$$s = \frac{w}{2} = \frac{10}{2} = 5\text{ m}$$

而相应的时间 $T_s$ 为：

$$T_s = \frac{5^2}{0.11} = 227\text{s} = 3.8\text{min}$$

由于流速 $V$ 为 1.5m/s，所以废水完全混合后的下游距离 $L$ 为：

$$L = 0.4VT_s = 0.4 \times 1.5 \times 227 = 136\text{m}$$

（2）若废水从位于溪流中心的 5m 长的多孔扩散器中排出，则废水在河道横截面上充分混合的宽度 $s$ 为：

$$s = \frac{w-5}{2} = \frac{10-5}{2} = 2.5\text{ m}$$

而相应的时间 $T_s$ 为：

$$T_s = \frac{2.5^2}{0.11} = 56.8\text{s} = 0.95\text{min}$$

由于流速 $V$ 为 1.5m/s，所以废水完全混合后的下游距离 $L$ 为：

$$L = 0.4VT_s = 0.4 \times 1.5 \times 56.8 = 34\text{ m}$$

这个例题的结果表明，废水从位于溪流中心 5m 长的扩散器排出比从溪流中心排出在河道横截面上混合得快。

先前的例题已经解释了通过扩散器通常比单口排放能够实现更快速混合的原因。而且，在距离排放口任意范围内，来自扩散器的排放相较于单口排放，在宽度上能实现更大程度的混合，从而达到更大程度的稀释。考虑一个排污口（单口或多口）的污染物质量为 $\dot{M}$（$MT^{-1}$），污染物在河流宽度 $w$（L）上混合；那么遵循质量守恒定律：

$$\dot{M} = c_m V w d \quad (4.19)$$

式中 $c_m$——混合物的平均浓度（$ML^{-3}$）；

$V$——河流混合部分的平均流速（$LT^{-1}$）；

$d$——河流混合部分的平均深度（L）。

由公式（4.19）给出了混合物的平均浓度 $c_m$：

$$c_m = \frac{\dot{M}}{A_m V} \quad (4.20)$$

式中 $A_m$——污染物混合的面积（$L^2$）（$=wd$）。

## 【例题 4.3】

排放口以 $3m^3/s$ 的速度将工业废水排放到河流中。废水中铬的浓度为 10mg/L，河流的平均流速为 0.5m/s，平均水深为 3m。通过河流示踪试验表明，当废水通过河流中部的单口排放时，在排污口下游 100m 处，其将在 4m 宽的范围内混合；如果使用 4m 长的扩散器，废水完全混合的宽度为 8m。比较单口排放和扩散器排放在下游 100m 处的稀释情况。

**【解】**

根据给定的数据，$Q_o=3m^3/s$，$c_o=10mg/L=0.01kg/m^3$，排放口处铬的质量 $\dot{M}$ 为：

$$\dot{M} = Q_o c_o = 3 \times 0.01 = 0.03\ \text{kg/s}$$

对于单口排放，其在 $A_m=4 \times 3=12m^2$ 面积上混合。由于 $V$=0.5 m/s，排污口下游 100m 处混合时的平均浓度由公式（4.20）计算：

$$c_m = \frac{\dot{M}}{A_m V} = \frac{0.03}{12 \times 0.5} = 0.005\ \text{kg/m}^3 = 5\ \text{mg/L}$$

对于扩散器排放，其在 $A_m=8 \times 3=24m^2$ 面积上混合，并且混合时的平均浓度为：

$$c_m = \frac{\dot{M}}{A_m V} = \frac{0.03}{24 \times 0.5} = 0.0025\ \text{kg/m}^3 = 2.5\ \text{mg/L}$$

因此，在排放口下游 100m 处，扩散器排放的稀释度为 10/2.5=4，而单口排放的稀释度为 10/5=2。

一维模型常假设排出的污染物在排放位置附近的横截面上均匀混合。先前的分析已表明如何进行定量评价这一假设。在扩散器的水流宽度和（或）污水进入水流的排放速率与溪流相当的情况下，假设排放位置附近完全混合是合理的。对于宽广河流两岸的单排放口，与河流流量相比，受污染水的排放量较小，因此在河流中完全混合可能需要相当长的距离。

如图 4.2 所示的污水排放，其中污水排放口上游的河流流量为 $Q_r$（$L^3T^{-1}$），污染物浓度为 $C_r$（$ML^{-3}$），污水排放率为 $Q_w$（$L^3T^{-1}$），污染物浓度为 $C_w$（$ML^{-3}$）。污水排放发生在 A 区，B 区完全混合，污染物质量守恒：

$$Q_r c_r + Q_w c_w = (Q_r + Q_w) c_0 \quad (4.21)$$

式中 $c_0$——在完全混合区（即 B 区）中污水 / 河流混合物的浓度。

公式（4.21）给出了污水与周围河水完全混合后瞬时浓度的表达式：

$$c_0 = \frac{Q_r c_r + Q_w c_w}{Q_r + Q_w} \quad (4.22)$$

其中质量守恒也可用来估算两条或更多溪流汇合处下游的污染物浓度，$N$ 条溪流汇合处下游的污染物浓度 $c$（$ML^{-3}$）由下式给出：

$$c = \frac{\sum_{i=1}^{N} Q_i c_i}{\sum_{i=1}^{N} Q_i} \quad (4.23)$$

$Q_i$（$L^3T^{-1}$）和 $c_i$（$ML^{-3}$）分别是溪流 $i$ 的流量和浓度。

对于混合时出现不同水温的情况，必须进行热平衡计算。物质的热量（也称为焓）$H$（J）由下式给出：

$$H = m c_p T \quad (4.24)$$

式中 $m$——物质的质量（kg）；

$c_p$——恒压下的比热容（J/（kg K））；

$T$——温度（K）。

天然水体的比热容 $c_p$ 只随温度略有变化，对于天

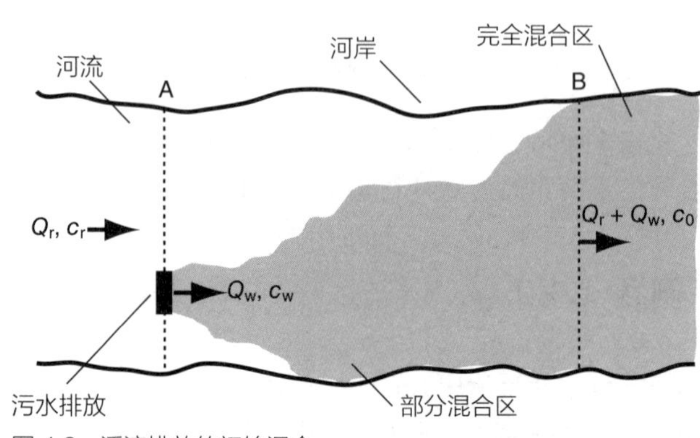


图 4.2　溪流排放的初始混合

然水体来说，$c_p$ 约为 4190J/（kg·K）。混合水体的热量等于河流和排放废物热量的总和，并且假定密度和比热容保持不变，则：

$$Q_r\rho_r c_p T_r + Q_w\rho_w c_p T_w = (Q_w + Q_r)\rho_m c_p T_m \quad (4.25)$$

式中　$\rho_r$、$\rho_w$、$\rho_m$——分别是河流、排放的废水和混合水体的密度（假设都相等）；

$T_r$、$T_w$、$T_m$——分别是河流、排放的废水和混合水体的温度。

公式（4.25）可简化为：

$$T_m = \frac{Q_r T_r + Q_w T_w}{Q_r + Q_w} \quad (4.26)$$

该公式通常用于确定与混合物各组分的密度和比热容近似相等的混合水体的温度。

在使用一维（顺流）对流—扩散方程（ADE）来描述流体中污染物混合的模型中，通常假定在污水排放处即为初始浓度 $c_0$( $ML^{-3}$ )。从公式( 4.22 )可以看出，对于给定的污水，较低的流量会导致高浓度的稀释污水。在分析城市和工业废水排放到河流中的周期和物质运输时，常使用连续 7d 的平均水量作为河流最小流量的设计值，使用 10 年最枯月平均流量作为最小生态流量设计值。这种流动通常使用符号 $aQb$ 来表示，其中 $a$ 是平均天数，$b$ 是平均最小流量的间隔周期。因此，$7Q10$ 表示重现期为 10 年的 7d 平均最小流量。

## 【例题 4.4】

城市污水排放口上游河道 DO 浓度为 10mg/L。(1)若排污口上游 $7Q10$ 河流流量为 50m$^3$/s，排污口处污水流量为 2m$^3$/s，污水 DO 浓度为 1mg/L，计算完全混合后河水 DO 浓度。(2）若上游河流温度为 10℃，污水温度为 20℃，计算混合后河水的温度。

**【解】**

（1）根据给定的数据，$Q_r$=50m$^3$/s，$c_r$=10mg/L，$Q_w$=2m$^3$/s，$c_w$=1mg/L，混合后河水 DO 浓度由公式( 4.22 ) 计算：

$$c_0 = \frac{Q_r c_r + Q_w c_w}{Q_r + Q_w} = \frac{50\times10+2\times1}{50+2} = 9.7\text{ mg/L}$$

（2）由于 $T_r$= 10℃、$T_w$= 20℃，混合后河水温度 $T_m$ 由公式（4.26）算出：

$$T_m = \frac{Q_r T_r + Q_w T_w}{Q_r + Q_w} = \frac{50\times10+2\times20}{50+2} = 10.4°C$$

因此，在这种情况下，排放的污水对河流 DO 和温度的影响相对较小。

### 4.2.2　纵向分散

溪流中的纵向混合主要由剪切分散引起，即由流速的纵向分量在纵向和横向上的变化产生的“拉伸效应”引起。纵向分散系数是均匀混合溪流中示踪剂的纵向参数化，在这种情况下，示踪剂的对流和分散由一维对流—扩散方程（ADE）表示：

$$\frac{\partial c}{\partial t} + V\frac{\partial c}{\partial x} = \frac{\partial}{\partial x}\left(K_L\frac{\partial c}{\partial x}\right) + S_m \quad (4.27)$$

式中　$c$——横截面上示踪剂的平均浓度（$ML^{-3}$）；

$V$——溪流中的平均流速（$LT^{-1}$）；

$K_L$——纵向分散系数（$L^2T^{-1}$）；

$x$——沿溪流测量的坐标（L）；

$S_m$——单位时间单位体积水中示踪剂净流入量（$ML^{-3}T^{-1}$），如果示踪剂是保守的，则 $S_m = 0$。

如果示踪剂发生一阶衰减，则：

$$S_m = -kc \quad (4.28)$$

式中　$k$——一阶衰减常数或衰减因子（$T^{-1}$）。

结合方程（4.27）和公式（4.28）给出了一阶衰减物质的一维（纵向）对流和分散的计算公式：

$$\frac{\partial c}{\partial t} + V\frac{\partial c}{\partial x} = \frac{\partial}{\partial x}\left(K_L\frac{\partial c}{\partial x}\right) - kc \quad (4.29)$$

公式给出了通常的假设，即溪流中的速度 $V$ 在空间和时间上保持不变。如果无法做这样的假设，那么可以使用更复杂的分散模型。

#### 4.2.2.1　$K_L$ 的现场测定

染色法是确定河流纵向分散系数最准确的方法。通常将保守示踪剂（例如罗丹明 WT 或锂）放入河中，并沿河测量下游几个位置处的浓度分布，表示为时间的函数。根据 3.2.3 节提出的 ADE 的瞬时性，分散系数与方程（3.47）~ 方程（3.49）给出的浓度分布的变化有关。在适用于河流的一维 ADE 的情况下，瞬时性由方程（3.47）给出，其可以写为：

$$K_L = \frac{1}{2}\frac{d\sigma_x^2}{dt} \quad (4.30)$$

式中　$\sigma_x^2$——$x$ 方向上浓度的方差（$L^2$）。

方程（4.30）常用于现场测定 $K_L$，通过引入示踪剂，在下游位置 $x_1$ 和 $x_2$ 处测量浓度，进而表示为时间的函数。若已知河道中的平均流速 $V$，则在河道中任何位置 $x$ 处，示踪剂的行进时间 $t$ 可以通过以下公式给出：

$$t=\frac{x}{V} \tag{4.31}$$

在公式（4.31）中，若出现高 Péclet 数形式的流动，与平流输运相比，假设其扩散引起的物质运输可忽略不计。公式（4.31）需要知道浓度随时间分布的方差 $\sigma_t^2$（$T^2$）和浓度随空间分布的方差 $\sigma_x^2$（$L^2$）：

$$\sigma_t^2=\frac{1}{V^2}\sigma_x^2 \tag{4.32}$$

结合有限差分形式的公式（4.30）和公式（4.31）、公式（4.32）得：

$$K_L=\frac{1}{2}\frac{\sigma_x^2(t_2)-\sigma_x^2(t_1)}{t_2-t_1}=\frac{1}{2}\frac{V^2\sigma_{t_2}^2-V^2\sigma_{t_1}^2}{x_2/V-x_1/V} \tag{4.33}$$

可简化为：

$$K_L=\frac{V^3}{2}\frac{\sigma_{t2}^2-\sigma_{t1}^2}{x_2-x_1} \tag{4.34}$$

式中　$\sigma_{t1}^2$、$\sigma_{t2}^2$——分别是在距离排放点 $x_1$ 和 $x_2$ 处测得的浓度分布的时间方差。

公式（4.34）可通过测定沿渠道两处位置随时间变化时的浓度分布，进而估算明渠中的纵向分散系数。

## 【例题 4.5】

用染色法估计河流中的纵向分散系数。从横跨河宽的桥上将染料瞬间倾倒到河里，距离释放处下游 400m 和 700m 处的染料浓度与时间的函数关系见表 4.1。

估算河流的纵向分散系数，并证明上游和下游间质量守恒。

**【解】**

由公式（4.34）计算纵向分散系数：

$$K_L=\frac{V^3}{2}\frac{\sigma_{t2}^2-\sigma_{t1}^2}{x_2-x_1}$$

其中 $x_1$=400m，$x_2$=700m。平均速度 $V$ 和 $x_1$、$x_2$ 的时间方差 $\sigma_{t2}^2$、$\sigma_{t1}^2$，从测量数据中估算。平均速度 $V$ 可用下式估算：

距离释放处下游 400m 和 700m 处的染料浓度与时间的函数关系　　表 4.1

| 时间（min） | 浓度（mg/L） | | 时间（min） | 浓度（mg/L） | |
|---|---|---|---|---|---|
| | 400m | 700m | | 400m | 700m |
| 0 | 0 | 0 | 14 | 0.11 | 2.3 |
| 1 | 0 | 0 | 15 | 0.03 | 3.3 |
| 2 | 0 | 0 | 16 | 0 | 5.9 |
| 3 | 0.10 | 0 | 17 | 0 | 8.4 |
| 4 | 0.17 | 0 | 18 | 0 | 6.1 |
| 5 | 0.39 | 0 | 19 | 0 | 3.5 |
| 6 | 1.4 | 0 | 20 | 0 | 2.1 |
| 7 | 2.9 | 0 | 21 | 0 | 1.3 |
| 8 | 7.1 | 0 | 22 | 0 | 0.65 |
| 9 | 10.5 | 0.01 | 23 | 0 | 0.21 |
| 10 | 7.3 | 0.06 | 24 | 0 | 0.09 |
| 11 | 3.6 | 0.14 | 25 | 0 | 0.04 |
| 12 | 1.8 | 0.69 | 26 | 0 | 0 |
| 13 | 0.53 | 1.1 | 27 | 0 | 0 |

$$V=\frac{x_2-x_1}{\bar{t}_2-\bar{t}_1}$$

$\bar{t}_1$、$\bar{t}_2$ 分别是 $x_1$、$x_2$ 的平均行走时间，因此：

$$\bar{t}_1=\frac{1}{\sum_{i=1}^{27}c_{1i}}\sum_{i=1}^{27}t_i c_{1i}$$

$t_i$ 和 $c_{1i}$ 分别是 $x$=400m 时的时间和浓度，由于：

$$\sum_{i=1}^{27}c_{1i}=35.9\ \text{mg/L}$$

$$\sum_{i=1}^{27}t_i c_{1i}=326\ \text{mg}\cdot\text{min/L}$$

因此：

$$\bar{t}_1=\frac{1}{35.9}\times 326=9.1\ \text{min}$$

在 $x$=700m 处，

$$\bar{t}_2=\frac{1}{\sum_{i=1}^{27}c_{2i}}\sum_{i=1}^{27}t_i c_{2i}$$

$t_i$ 和 $c_{2i}$ 分别是 $x$=700m 时的时间和浓度，由于：

$$\sum_{i=1}^{27}c_{2i}=35.9\ \text{mg/L}$$

$$\sum_{i=1}^{27} t_i c_{2i} = 612 \text{ mg} \cdot \text{min/L}$$

因此：

$$\bar{t}_2 = \frac{1}{35.9} \times 612 = 17.0 \text{ min}$$

河流的平均流速为：

$$V = \frac{x_2 - x_1}{\bar{t}_2 - \bar{t}_1} = \frac{700 - 400}{17.0 - 9.1} = 38.0 \text{ m/min} = 0.63 \text{ m/s}$$

x=400m 处的浓度分布方差为：

$$\sigma_{t1}^2 = \frac{1}{\sum_{i=1}^{27} c_{1i}} \sum_{i=1}^{27} (t_i - \bar{t}_1)^2 c_{1i}$$

其中：

$$\sum_{i=1}^{27} (t_i - \bar{t}_1)^2 c_{1i} = 95.4 \text{ mg} \cdot \text{min}^2/\text{L}$$

因此：

$$\sigma_{t1}^2 = \frac{1}{35.9} \times 95.4 = 2.66 \text{ min}^2 = 9580 \text{ s}^2$$

x=700m 处的浓度分布方差为：

$$\sigma_{t2}^2 = \frac{1}{\sum_{i=1}^{27} c_{2i}} \sum_{i=1}^{27} (t_i - \bar{t}_2)^2 c_{2i}$$

其中：

$$\sum_{i=1}^{27} (t_i - \bar{t}_2)^2 c_{2i} = 175 \text{ mg} \cdot \text{min}^2/\text{L}$$

因此：

$$\sigma_{t2}^2 = \frac{1}{35.9} \times 175 = 4.87 \text{ min}^2 = 17500 \text{ s}^2$$

代入公式（4.34）求出纵向分散系数 $K_L$：

$$K_L = \frac{V^3}{2} \frac{\sigma_{t2}^2 - \sigma_{t1}^2}{x_2 - x_1} = \frac{0.63^3}{2} \times \frac{17500 - 9580}{700 - 400} = 3.30 \text{ m}^2/\text{s}$$

质量守恒要求测量处上、下游的浓度—时间曲线面积相等。上述计算结果表明，上、下游的浓度—时间曲线面积均为 35.9mg·min/L（其中 $\Delta t$=1min）；综上，质量是守恒的。

需要说明的是，如果河流中的纵向混合符合非克定律，则在渠道截面处瞬时释放的示踪剂浓度将沿着渠道（即相对于 $x$）产生高斯分布；但是，在某固定位置（$x=x_{测量}$）测得的浓度将不符合高斯分布。

实地监测表明，泄漏引起的时间—浓度分布曲线高度倾斜并有严重的拖尾。这通常是由于示踪剂被捕获并从边界层和分离流区释放出来的结果，这种效应通常被称为“死区效应”或“存储区效应”。由于它是基于示踪剂向前或向后移动的概率相同的假设，因此 ADE 不产生与存储区效应有关的偏态浓度分布。用于解决这种不一致的替代方法包括使用瞬态存储，随时间变化的分散系数，随机游走模型和利用广义的菲克定律，流量与浓度的 $\alpha$ 阶导数成正比，其中 $\alpha$ 不一定是整数。必须使用专业的现场方法和相关的分析手段来确定存储区模型中与分散有关的参数。一些现场实验表明这些分散参数取决于流量。在 ADE 中易忽视但有时是很重要的一个过程，那就是河底沉积物的吸附和解吸污染物的过程。在这些情况下，可参考底部吸附过程中专门的数值归趋和传输模型。

从速度测量中估算 $K_L$。尽管现场测量 $K_L$ 是确定河流纵向分散系数的最佳方法，但是另一可选择的方式是，利用现场测定的河流截面的流速和深度以及 $K_L$ 与流速、深度之间的理论关系求出 $K_L$。现场测量河流流速和深度有多种方法，其中最有效的是利用声学多普勒流动剖面仪（ADCP）来测量河流断面内多个测点的深度和纵向速度分布。Fischer 提出 $K_L$ 与速度和深度之间的一个常用的理论关系为：

$$K_L = -\frac{1}{A} \int_0^W u'(y) h(y) \mathrm{d}y \int_0^y \frac{1}{\varepsilon_t h(y')} \mathrm{d}y' \int_0^{y'} u'(y'') h(y'') \mathrm{d}y'' \tag{4.35}$$

式中　$y$（L）——从一个堤岸处（即 0）到另一个堤岸处的宽度 $W$（L）的横向坐标；

$A$——溪流的总横截面积（$L^2$）；

$h$——位于 $y$ 时的深度（L）；

$\varepsilon_t$——横向混合系数（$LT^{-2}$）；

$u'(y)$——纵向速度偏差（$LT^{-1}$），$u'(y)=u(y)-\bar{U}$；

$u(y)$——深度方向的纵向平均速度（$LT^{-1}$）；

$\bar{U}$——横截面上的纵向平均速度（$LT^{-1}$）。

方程（4.35）的推导以及举例应用将在 3.6 节中给出。使用方程（4.35）估算 $K_L$ 的有关假设包括：（1）一维扩散。（2）河流的宽度远大于深度，所以横向剪切力决定着分散。通过对比使用方程（4.35）基于 ADCP 估算的 $K_L$ 和染料法的结果表明，基于 ADCP

的估算和染料法的结果是一致的，并且至少该结果与 $K_L$ 的经验估计值一致。其中一些差异可归因于 ADCP 不能准确测量接近水面和渠道边界的流速。

#### 4.2.2.2　$K_L$ 的经验估算

现已证明，纵向分散系数与速度剪切流剖面延伸的距离的平方成正比。通常由于自然溪流的宽度至少是深度的 10 倍，所以与平均速度横向变化相关的纵向分散系数约为与纵向变化相关的纵向分散系数的 100 倍。

因此，在导出关于纵向分散系数和自然溪流中速度分布的表达式时，常忽略平均速度的纵向变化。已有应用经验公式和半经验公式来估算明渠中的纵向分散系数 $K_L$，部分公式列在表 4.2 中，其中 $\bar{d}$ 是溪流的平均深度，$u^*$ 是由公式（4.3）给出的剪切速度，$w$ 是溪流的表面宽度。在应用表 4.2 中的公式时，首先需要明确公式适用于宽阔溪流（$w >> \bar{d}$），其中纵向分散主要受平均速度横向变化的影响，而平均速度纵向变化对纵向分散影响较小。如果只考虑平均速度的纵向变化，且假设速度呈对数分布，则纵向分散系数由下式给出：

$$\frac{K_L}{\bar{d}u_*} = 5.93 \tag{4.36}$$

因此，表 4.2 中给出的公式适用于 $K_L/(\bar{d}u^*)$ 的计算值大于 5.93 的情况；否则表明速度的垂直变化主要影响着分散过程，应采用公式（4.36）来估算 $K_L$。

河流中纵向分散系数的估算公式　　表 4.2

| 公式 | 文献来源 |
|---|---|
| $\frac{K_L}{\bar{d}u^*} = 0.011\left(\frac{w}{\bar{d}}\right)^2\left(\frac{V}{u^*}\right)^2$ | Fischer 等人（1979） |
| $\frac{K_L}{\bar{d}u^*} = 0.18\left(\frac{w}{\bar{d}}\right)^2\left(\frac{V}{u^*}\right)^{0.5}$ | Liu（1977） |
| $\frac{K_L}{\bar{d}u^*} = 0.6\left(\frac{w}{\bar{d}}\right)^2$ | Koussis 和 Rodríguez-Mirasol（1998） |
| $\frac{K_L}{\bar{d}u^*} = 2.0\left(\frac{w}{\bar{d}}\right)^{1.5}$ | Iwasa 和 Aya（1991） |
| $\frac{K_L}{\bar{d}u^*} = 5.915\left(\frac{w}{\bar{d}}\right)^{0.620}\left(\frac{V}{u^*}\right)^{1.428}$ | Seo 和 Cheong（1998） |
| $\frac{K_L}{\bar{d}u^*} = \frac{0.01875}{0.145+\frac{1}{3520}\left(\frac{V}{u^*}\right)\left(\frac{w}{\bar{d}}\right)^{1.38}}\left(\frac{w}{\bar{d}}\right)^{\frac{5}{3}}\left(\frac{V}{u^*}\right)^2$ | Deng 等人（2001） |

公式（4.36）是假设渠道底部的粗糙度产生垂直（对数）速度分布而得到的；然而，在主要由植被覆盖造成底部粗糙的情况下，由相关垂直速度确定的 $K_L$ 值可能比采用公式（4.36）计算的值要大得多。通常在溪流中 $K_L/(\bar{d}u^*)$ 约为 20。值得注意的是，表 4.2 中给出的纵向分散系数估算公式不包括测量弯曲、突然收缩、扩张、死亡区、沙坝、水池、浅滩、桥墩和其他人类活动对自然溪流影响的参数；这些特征相对于顺直渠道而言，可能使溪流的分散系数变大。由于在推导表 4.2 中的公式时使用了来自天然溪流和直明渠的数据，这些公式产生了一系列的数值，其下限特征为直明渠，上限特征为弯曲自然溪流。

已经证明，分散系数对平均速度 $V$ 最敏感，其次为表面宽度 $w$、平均深度 $\bar{d}$ 和剪切速度 $u^*$。$V$ 的相对敏感度约为 $w$ 的 2 倍，约为 $\bar{d}$ 的 2 倍。就大河而言，$K_L$ 大于 $1000m^2/s$，小河则约为 $0.05\sim0.3m^2/s$。

## 【例题 4.6】

在 10 m 宽的河流上以 1 m 的间隔测量了河流的深度和垂直平均速度，结果如表 4.3 所示。

如果河流的摩擦系数为 0.03，使用表 4.2 中的公式估算纵向分散系数。

测量的河流深度和垂直平均速度　　表 4.3

| 一侧的距离 $y$（m） | 0 | 1 | 2 | 3 | 4 | 5 | 6 | 7 | 8 | 9 | 10 |
|---|---|---|---|---|---|---|---|---|---|---|---|
| 深度 $d$（m） | 0.0 | 0.2 | 0.9 | 1.2 | 2.1 | 3.0 | 2.4 | 1.5 | 0.75 | 0.45 | 0.0 |
| 速度 $v$（m/s） | 0.0 | 0.3 | 0.6 | 0.8 | 1.4 | 2.0 | 1.6 | 1.0 | 0.5 | 0.3 | 0.0 |

## 【解】

流动面积 $A$ 可通过对测量点间的梯形面积进行求和来估算：

$$\begin{aligned}A &= (0+0.2+0.9+1.2+2.1+3.0+2.4+1.5\\&\quad+0.75+0.45+0)\times1\\&=12.5\ \mathrm{m}^2\end{aligned}$$

平均速度 $V$ 由下式估算：

$$V = \frac{1}{A}\sum_{i=1}^{10} v_i A_i$$

其中 $v_i$ 和 $A_i$ 是测量的渠道的速度和面积增量，因此：

$$V=\frac{1}{12.5}[0.3(0.2\times1)+0.6(0.9\times1)+0.8(1.2\times1)+1.4(2.1\times1)+2.0(3.0\times1)+1.6(2.4\times1)+1.0(1.5\times1)+0.5(0.75\times1)+0.3(0.45\times1)]$$

$$=1.3\ \text{m/s}$$

由于 $f$=0.03、$V$=1.3m/s，剪切速度 $u^*$ 由公式（4.3）给出：

$$u^*=\sqrt{\frac{f}{8}}V=\sqrt{\frac{0.03}{8}}\times1.3=0.080\ \text{m/s}$$

平均深度 $\bar{d}$ 为：

$$\bar{d}=\frac{A}{w}=\frac{12.5}{10}=1.25\ \text{m}$$

将 $\bar{d}$=1.25m、$u^*$=0.080m/s、$w$=10m 和 $V$= 1.3m/s 代入表 4.2 中的公式得到表 4.4 的结果。

【例题 4.6】计算结果　　表 4.4

| 方法 | $K_L$（$m^2/s$） |
|---|---|
| Fischer 等人（1979） | 19 |
| Liu（1977） | 5 |
| Koussis 和 Rodr í guez-Mirasol（1998） | 4 |
| Iwasa 和 Aya（1991） | 5 |
| Seo 和 Cheong（1998） | 115 |
| Deng 等人（2001） | 63 |

这些结果表明，若渠道满足相对顺直和一致，则纵向分散系数约为 10m²/s，但当渠道出现弯曲并伴有收缩、膨胀和死区时，分散系数将达到 100m²/s。

## 4.3　泄漏模型

河流中出现污染物泄漏的情况，通常与河流或河流附近的运输路线上出现重大事故有关。但也会有其他情况，如非法倾倒和连续大量排放废水。泄漏的特点是在很短的时间内引入大量的污染物。

### 4.3.1　一阶衰减物质

方程（4.29）为污染物在横截面上经历完全混合并发生一阶衰减的纵向分散方程。解该方程需明确泄漏位置处的污染物溢出条件。最常见的溢出条件是瞬间释放和有限间隔的持续释放。

#### 4.3.1.1　瞬间释放

当 $t$=0 时，在溪流横截面上瞬间混合质量为 $M$ 的污染物的情况：

$$c(x,t)=\frac{Me^{-kt}}{A\sqrt{4\pi K_L t}}\exp\left[-\frac{(x-Vt)^2}{4K_L t}\right]\quad(4.37)$$

式中　$c$——溪流中的污染物浓度（$ML^{-3}$）；

$x$——溢出物在下游的距离（L）；

$t$——泄漏后的时间（T）；

$A$——溪流的横截面积（$L^2$）；

$V$——溪流的平均流速（$LT^{-1}$）；

$k$——一级衰减因子（$T^{-1}$）。

当 $k=0$，方程（4.37）描述了浓度分布，如图 4.3 所示。

多数情况下，我们关心的是距离泄漏位置 $x$ 处的最大浓度。最大浓度可通过对方程（4.37）取对数并将结果相对于 $t$=0 求偏导数得出。对于保守污染物（$k$=0），出现最大浓度的时间 $t_0$ 由下式计算：

$$\frac{Vt_0}{x}=-\frac{K_L}{Vx}+\sqrt{\left(\frac{K_L}{Vx}\right)^2+1}.\quad(4.38)$$

方程中包括 Péclet 数，$Pe$ 数由下式计算：

$$Pe=\frac{Vx}{K_L}\quad(4.39)$$

它测量了对流和扩散运输的相对大小。根据 $Pe$ 的计算公式，方程（4.38）可写为：

$$\frac{Vt_0}{x}=-\frac{1}{Pe}+\sqrt{\frac{1}{Pe^2}+1}\quad(4.40)$$

多数情况下，$Pe>>1$，方程（4.40）写为：

$$t_0=\frac{x}{V}\quad(4.41)$$

这表明，瞬间泄漏出现最大浓度的时间等于从泄漏位置的平均行进时间。

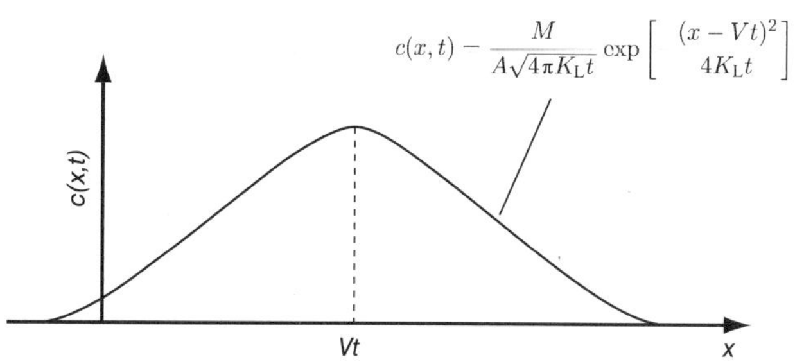


图 4.3　瞬间泄漏的浓度分布图

## 【例题 4.7】

10kg 的保守污染物（$k$=0）在宽 15m、平均深 3m，平均流速为 35cm/s 的溪流中发生泄漏。污染物在溪流横截面上迅速混合。（1）由泄漏点下游 500m 处的污染物浓度推导出一个表达式。（2）如果在泄漏点下游 500m 处观测到 4 mg/L 的峰值浓度，估算溪流的纵向分散系数。（3）根据（2）中的结果，泄漏点下游 1km 处的最大污染物浓度是多少？（4）如果污染物的检测限为 1μg/L，那么在泄漏点下游 1km 处检测到的时间是多久？

## 【解】

（1）已知溪流宽度 $w$=15 m，平均深度 $\bar{d}$=3 m，则溪流的横截面积 $A$ 为：

$$A = w\bar{d} = 15 \times 3 = 45\ \text{m}^2$$

保守污染物（$k$=0）瞬时泄漏引起的浓度分布由方程（4.37）给出：

$$c(x,t) = \frac{M\text{e}^{-kt}}{A\sqrt{4\pi K_\text{L} t}} \exp\left[-\frac{(x-Vt)^2}{4K_\text{L} t}\right]$$

已知 $V$=35cm/s=0.35m/s，$M$=10kg，$x$=500m，因此，泄漏点下游 500m 处的浓度与时间的关系为：

$$c(500,t) = \frac{10}{45\times\sqrt{4\pi K_\text{L} t}} \exp\left[-\frac{(500-0.35t)^2}{4K_\text{L} t}\right]$$
$$= \frac{0.0627}{\sqrt{K_\text{L} t}} \exp\left[-\frac{(500-0.35t)^2}{4K_\text{L} t}\right] \text{kg/m}^3$$

（2）任意 $x$ 处出现最大浓度（大约）的时间 $t_0$ 为：

$$t_0 = \frac{x}{V}$$

在本例题中 $x$=500m，$V$=0.35m/s，因此：

$$t_0 = \frac{500}{0.35} = 1430\,\text{s}$$

此时的浓度 $c_0$ 由下式给出：

$$c_0 = \frac{M}{A\sqrt{4\pi K_\text{L} t_0}} = \frac{0.0627}{\sqrt{K_\text{L} t_0}}\ \text{kg/m}^3$$

当 $c_0$=4mg/L=0.004kg/m$^3$ 和 $t_0$=1430s 时，有：

$$0.004 = \frac{0.0627}{\sqrt{1430K_\text{L}}}$$

$$K_\text{L} = 0.172\ \text{m}^2/\text{s}$$

$x$=500m 时，$Pe=Vx/K_\text{L}$=0.35 × 500/0.172=1017；$x$=1000m 时，$Pe$=2035。由于在 $x$=500m 和 $x$=1000m 处 $Pe$ >> 1，所以假设 $t_0=x/V$ 时出现最大浓度是成立的。

（3）在泄漏点下游 1km 处的最大浓度发生在时间 $t_1$，其中

$$t_1 = \frac{x_1}{V}$$

由于 $x_1$=1000m，$V$=0.35m/s，因此：

$$t_1 = \frac{1000}{0.35} = 2860\,\text{s}$$

泄漏点下游 1km 处的最大浓度 $c_1$ 由下式给出：

$$c_1 = \frac{0.0627}{\sqrt{K_\text{L} t_1}} = \frac{0.0627}{\sqrt{0.172\times 2860}} = 0.00283\,\text{kg/m}^3$$
$$= 2.83\,\text{mg/L}$$

（4）泄漏点下游 1km 处浓度关于时间的函数由下式给出：

$$c(1000,t) = \frac{0.0627}{\sqrt{K_\text{L} t}} \exp\left[-\frac{(1000-0.35t)^2}{4K_\text{L} t}\right] \text{kg/m}^3$$

当 $c$（1000，$t$）=1μg/L=10$^{-6}$kg/m$^3$ 和 $K_\text{L}$=0.172m$^2$/s 时，有：

$$10^{-6} = \frac{0.0627}{\sqrt{0.172t}} \exp\left[-\frac{(1000-0.35t)^2}{4\times 0.172t}\right]$$

求得 $t$=2520s，这个时间相对较为接近最大浓度出现的时间（2860s，相差 340s=5.7min）。需要注意的是，在 $x$=1000m 处浓度等于 1μg/L 的时间有两次：即在达到峰值前后各出现一次。

分散问题求解主要包括预测由已知或假设的泄漏而导致的下游污染物浓度。在某些情况下，也可能会提出（相反）问题——由已知的下游污染物浓度来反推其特征。但是，这个实际问题在数学上是行不通的，且没有唯一解。

### 4.3.1.2 持续释放

对于示踪剂浓度为 $c_0$ 在持续时间为 $\delta$ 的释放，需满足以下初始条件和边界条件：

$$c(x,0) = 0 \tag{4.42}$$

$$c(0,t) = \begin{cases} c_0，& 当\ t \leqslant \delta\ 时 \\ 0，& 当\ t > \delta\ 时 \end{cases} \tag{4.43}$$

$$c(\infty,t) = 0. \tag{4.44}$$

边界条件下一维 ADE 的解为：

$$c(x,t)=\frac{c_0}{2}\exp\left(-\frac{kx}{V}\right)\left\{\operatorname{erf}\left[\frac{x-V(t-\delta)(1+\eta)}{\sqrt{4K_L(t-\delta)}}\right]-\operatorname{erf}\left[\frac{x-Vt(1+\eta)}{\sqrt{4K_Lt}}\right]\right\} \tag{4.45}$$

其中 $\eta$ 被定义为：

$$\eta=\frac{kK_L}{V^2} \tag{4.46}$$

若泄漏时间相对于行进时间较小，则峰值浓度的行进时间 $t_p$ 和到泄漏点的距离 $x$ 的关系为：

$$t_p=\frac{x+V\delta(1+\eta)}{V(1+\eta)} \tag{4.47}$$

在方程（4.45）中，当计算距离 $x$ 处的峰值浓度时用 $t_p$ 替代 $t$。此式可用来预测在有限时间内由泄漏造成的污染物最大浓度。还可以评估污染物对饮用水的影响。

## 【例题 4.8】

某工厂不慎将污染物排放到河中，使污染物以 100mg/L 的浓度在混合区中持续 1h 时间，随后降为零。污染物经历一阶衰减，衰减常数为 $5\text{d}^{-1}$，河流平均流速为 20cm/s，纵向分散系数为 $30\text{m}^2/\text{s}$。估算位于混合区下游 2km 处的供水口处污染物最大浓度。评价作出持续泄漏的时间短于到达供水口总时间的假设是否合适。

**【解】**

根据给定的数据：$c_0$=100mg/L，$\delta$=1h=3600s，$k=5\text{d}^{-1}=5.787\times10^{-5}\text{s}^{-1}$，$V$=20cm/s=0.20m/s，$K_L=30\text{m}^2/\text{s}$，$x$=2km=2000m。参数 $\eta$ 由公式（4.46）计算：

$$\eta=\frac{kK_L}{V^2}=\frac{5.787\times10^{-5}\times30}{0.20^2}=0.0434$$

当 $t$>1h（= 3600s）时，供水口处的污染物浓度由方程（4.45）给出：

$$c(x,t)=\frac{c_0}{2}\exp\left[-\frac{kx}{V}\right]\left\{\operatorname{erf}\left[\frac{x-V(t-\delta)(1+\eta)}{\sqrt{4K_L(t-\delta)}}\right]-\operatorname{erf}\left[\frac{x-Vt(1+\eta)}{\sqrt{4K_Lt}}\right]\right\}$$

$$c(2000,t)=\frac{100}{2}\exp\left(-\frac{5.787\times10^{-5}\times2000}{0.20}\right)\left\{\operatorname{erf}\left[\frac{2000-0.20\times(t-3600)(1+0.0434)}{\sqrt{4\times30(t-3600)}}\right]-\operatorname{erf}\left[\frac{2000-0.20t(1+0.0434)}{\sqrt{4\times30t}}\right]\right\},$$

可简化为：

$$c(2000,t)=28.03\left\{\operatorname{erf}\left[\frac{182.6-0.01905(t-3600)}{\sqrt{t-0.0434}}\right]-\operatorname{erf}\left[\frac{182.6-0.01905t}{\sqrt{t}}\right]\right\} \tag{4.48}$$

公式（4.48）的曲线如图 4.4 所示，峰值浓度为 22.7mg/L，$t$=2.85h。

如果持续泄漏时间短于到达下游 2000m 处进水口的行进时间，则根据公式（4.47），峰值浓度将在 $t_p$ 发生，即：

$$t_p=\frac{x+V\delta(1+\eta)}{V(1+\eta)}=\frac{2000+0.20\times3600(1+0.0434)}{0.20\times(1+0.0434)}$$
$$=13184\text{s}$$
$$=3.66\text{h}$$

由于实际峰值时间为 2.85h，与达到峰值的最短泄漏时间 3.66h 差异较大，因此认为持续泄漏时间短于到达下游行进时间的假设是不合适的。到达下游位置的实际时间等于 $x/V$=2.77h，而持续泄漏时间为 1h。若将假设的峰值时间 3.66h 代入公式（4.48），计算出的最大浓度将为 16.9mg/L，而实际值为 22.7mg/L。

### 4.3.2　挥发性有机物的泄漏

挥发性有机物（VOCs）可直接流入溪流，即泄

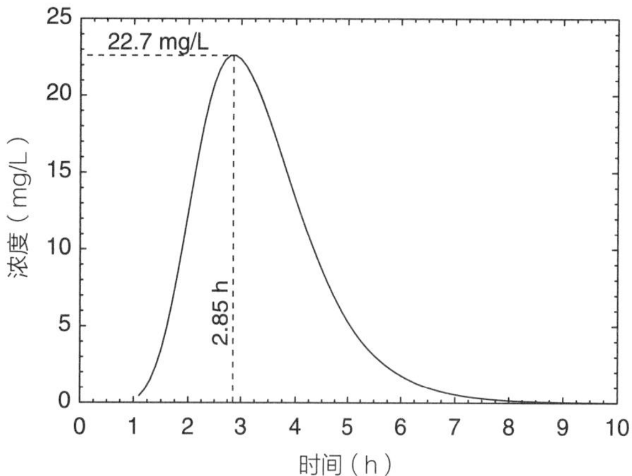

图 4.4　泄漏点下游 2km 处的浓度

漏到排水区随后被冲入溪流，或支流受污染后进入溪流。VOCs 在溪流中的迁移和传输受平流、分散、挥发、微生物降解、吸附、水解、生物光解、化学反应和生物富集等几个过程的影响。多数情况下，挥发和分散是影响溪流中 VOCs 浓度的主要因素。

分散通过纵向分散系数 $K_L$ 来表征，其可以使用表 4.2 中给出的公式来进行计算。挥发是物质从水相穿过水－气界面进入空气的运动，可以用一阶关系来描述：

$$\frac{dc}{dt}=k_v(c_e-c) \tag{4.49}$$

式中 $c$——溪流中 VOCs 浓度（$ML^{-3}$）；

$t$——时间（T）；

$k_v$——挥发系数（$T^{-1}$）；

$c_e$——水与空气中 VOCs 的分压平衡时水中 VOCs 的浓度（$ML^{-3}$）。

多数情况下，上方空气中的 VOCs 浓度可忽略不计，因此 $c_e$ 也可以忽略不计。此时，方程（4.49）写为：

$$\frac{dc}{dt}=-k_v c \tag{4.50}$$

这表明在溪流中，VOCs 的挥发可以由一阶衰减过程来解释，其衰减系数等于 $k_v$。因此，可使用方程（4.37）来估算质量为 $M$ 的 VOCs 在河流中挥发后的下游处浓度：

$$c(x,t)=\frac{Me^{-k_v t}}{A\sqrt{4\pi K_L t}}\exp\left[-\frac{(x-Vt)^2}{4K_L t}\right] \tag{4.51}$$

式中 $A$——河流的横截面积（$L^2$）；

$K_L$——纵向分散系数（$LT^{-2}$）；

$x$——泄漏点下游的距离（L）；

$V$——平均流速（$LT^{-1}$）。

需指出，方程（4.51）假设在河流中质量为 $M$ 的溢出物初始完全混合。利用由 Lewis 和 Whitman 提出的，并由 Rathbun 进一步完善的双膜模型，挥发系数 $k_v$（$d^{-1}$）可利用以下半经验关系估算：

$$k_v=\frac{1}{\bar{d}}\left[\frac{1}{\Phi k_a \bar{d}}+\frac{RT}{H\Psi k_3}\right]^{-1} \tag{4.52}$$

式中 $\bar{d}$——溪流的平均深度（m）；

$k_a$——水中氧气的复氧系数（$d^{-1}$）；

$\Phi$、$\Psi$——取决于具体 VOCs 的常数（无量纲）；

$R$——理想气体常数（J/（K·mol））；

$T$——温度（K）；

$H$——VOCs 的亨利定律常数（$Pa \cdot m^3/mol$）；

$k_3$——溪流中水蒸发的传质系数（m/d）。

水中氧气的复氧系数 $k_a$ 可以用表 4.8 中列出的经验公式来估算；表 4.5 列出了部分 VOCs 的 $\Phi$、$\Psi$ 和 H 值。理想气体常数 $R$ 等于 8.31J/（K·mol），传质系数 $k_3$（m/d）可用经验公式估算：

$$k_3=(416+156V_w)\exp[0.00934(T-26.1)] \tag{4.53}$$

式中 $V_w$——溪流上方的风速（m/s）；

$T$——温度（℃）。

亨利定律为：

$$p_e=Hc_e \tag{4.54}$$

式中 $p_e$——物质在气相中的平衡分压（Pa）；

$c_e$——物质在水中的平衡浓度（$mol/m^3$）。

表 4.5 中给出了在 20℃下亨利定律常数 $H$ 的值，$H$ 随温度的变化可以用以下经验公式表示：

$$\ln H=A-\frac{B}{T} \tag{4.55}$$

式中 $T$——温度（K）。

表 4.5 中列出了部分 VOCs 的 A、B 值。除此之外，在 Rathbun 中可以找到更多 VOCs 的 A、B 值。低挥发性的物质有时显示出 $H<1Pa \cdot m^3/mol$ 的特征，而 VOCs 具有 $H>1Pa \cdot m^3/mol$ 的特征。

## 【例题 4.9】

一条溪流的平均流速为 20cm/s，平均宽度为 10m，平均深度为 1m。水温和气温都是 24℃，平均风速为 3m/s。（1）如果溪流的纵向分散系数为 $1.4m^2/s$，请估算 10kg 三氯乙烯（TCE）泄漏到距离释放点 5km 处时的最大浓度。（2）若忽略挥发，结果是否会发生显著变化?

## 【解】

（1）首先使用公式（4.52）计算 TCE 的挥发系数 $k_v$，其中

$$k_v=\frac{1}{\bar{d}}\left[\frac{1}{\Phi k_a \bar{d}}+\frac{RT}{H\Psi k_3}\right]^{-1}$$

根据给定的数据，$\bar{d}$=1m，$T$=24℃=297.15K，已知 $R$=8.31J/（K·mol）。由表 4.5 已知，$\Phi$=0.617，$\Psi$=0.464，$A$=19.38，$B$=3702。使用公式（4.55），297.15K 时的亨利定律常数 $H$ 为：

用于估计挥发系数 $k_v$ 的参数　表 4.5

| 化合物 | $\Phi$ | $\Psi$ | 亨利定律常数 $H^a$（$Pa \cdot m^3/mol$） | $A^b$ | $B^b$ |
|---|---|---|---|---|---|
| 苯 | 0.638 | 0.590 | 507 | 17.06 | 3194 |
| 氯苯 | 0.601 | 0.499 | 311 | 15.00 | 2689 |
| 氯乙烷 | 0.694 | 0.645 | 1030 | 15.80 | 2580 |
| 三氯甲烷（氯仿） | 0.645 | 0.485 | 310 | 22.94 | 5030 |
| 1，1- 二氯乙烷 | 0.643 | 0.529 | 465 | 17.01 | 3137 |
| 1，2- 二氯乙烷 | 0.643 | 0.529 | 112 | 10.16 | 1522 |
| 乙苯 | 0.569 | 0.512 | 559 | 23.45 | 4994 |
| 甲基叔丁基醚（MTBE） | 0.583 | 0.558 | 64.3[c] | 30.06[d] | 7721[d] |
| 二氯甲烷 | 0.697 | 0.568 | 229 | 20.01 | 4268 |
| 萘 | 0.560 | 0.470 | 56.0[c] | — | — |
| 四氯乙烯 | 0.585 | 0.417 | 1390 | 22.18 | 4368 |
| 甲苯 | 0.599 | 0.547 | 529 | 16.66 | 3024 |
| 1，1，1- 三氯乙烷 | 0.605 | 0.461 | 1380 | 18.88 | 3399 |
| 三氯乙烯（TCE） | 0.617 | 0.464 | 818 | 19.38 | 3702 |
| 氯乙烯 | 0.709 | 0.510 | 2200 | 17.67 | 2931 |
| 1，2- 二甲基苯（邻二甲苯） | 0.569 | 0.512 | 409 | 17.07 | 3220 |
| 1，4- 二甲苯（对二甲苯） | 0.569 | 0.512 | 555 | 15.00 | 2689 |

a　除非另有说明，所有数值均为 20℃下的值。
b　除非另有说明，所有数值均为 10~30℃范围内的值。
c　25℃。
d　温度范围为 20~50℃。

$$\ln H = A - \frac{B}{T} = 19.38 - \frac{3702}{297.15} = 6.922$$

得出 $H$=1014Pa · m³/mol。又已知，$V$=0.2m/s，$d$=1m；由表 4.8 中的公式计算 20℃下的 $k_a$。根据 O'Connor 和 Dobbins 提出的公式：

$$k_a = 3.93\frac{V^{0.5}}{\bar{d}^{1.5}} = 3.93\times\frac{0.2^{0.5}}{1^{1.5}} = 1.76\ \mathrm{d}^{-1}$$

根据 Owens 等人提出的公式：

$$k_a = 5.32\frac{V^{0.67}}{\bar{d}^{1.85}} = 5.32\times\frac{0.2^{0.67}}{1^{1.85}} = 1.81\ \mathrm{d}^{-1}$$

考虑到较小的 $k_a$ 值是保守的，因此 20℃时采用 $k_a=1.76\mathrm{d}^{-1}$。那么在 24℃时，$k_a$ 为：

$$k_{aT} = k_{a20}1.024^{T-20} = 1.76\times1.024^{24-20} = 1.94\ \mathrm{d}^{-1}$$

公式（4.53）给出在 $T$=24℃和风速 $V_w$=3m/s 时的传质系数 $k_a$ 为：

$$\begin{aligned} k_3 &= (416+156V_w)\exp[0.00934(T-26.1)] \\ &= (416+156\times3)\exp[0.00934(24-26.1)] \\ &= 867\ \mathrm{m/d} \end{aligned}$$

将 $\bar{d}$、$\Phi$、$k_a$、$R$、$T$、$H$、$\Psi$、$k_3$ 值分别代入公式（4.52）得：

$$\begin{aligned} k_v &= \frac{1}{\bar{d}}\left[\frac{1}{\Phi k_a \bar{d}} + \frac{RT}{H\Psi k_3}\right]^{-1} \\ &= \frac{1}{1}\left[\frac{1}{0.617\times1.94\times1} + \frac{8.31\times297.15}{1014\times0.464\times867}\right]^{-1} \\ &= 1.19\ \mathrm{d}^{-1} \end{aligned}$$

泄漏点下游 $x$ 处的最大浓度可由方程（4.51）得出，在 $t=x/V$ 时，有：

$$c_{max}(x) = \frac{M\mathrm{e}^{-k_v x/V}}{A\sqrt{4\pi K_L x/V}}$$

根据给定的数据，$M$=10kg，$x$=5km=5000m，$V$=0.2m/s=17280m/d，$A=w\bar{d}=10\times1=10\mathrm{m}^2$，$K_L$=1.4m²/s=120960m²/d。因此，泄漏点下游 5km 处最大浓度为：

$$\begin{aligned} c_{max}(5000) &= \frac{10\mathrm{e}^{-1.19\times5000/17280}}{10\sqrt{4\pi\times120960\times5000/17280}} \\ &= 0.00107\ \mathrm{kg/m^3} \\ &= 1.07\ \mathrm{mg/L} \end{aligned}$$

（2）如果忽略挥发，$k_v=0$ 时：

$$c_{\max}(5000)=\frac{10}{10\sqrt{4\pi\times120960\times5000/17280}}$$
$$=0.00151\ \mathrm{kg/m^3}$$
$$=1.51\ \mathrm{mg/L}$$

可以看出，因挥发最大浓度减少达 0.44mg/L，占 29%。因此，挥发是一个重要的过程。

应该注意的是，TCE 的溶解度在 1000~1100mg/L 范围内（附录 B）。在部分地区，TCE 的浓度大于等于溶解度，TCE 可能存在于非水（纯）相中，且可能在水面以下，这是由于纯 TCE 的密度（1460kg/$m^3$）显著大于水的密度（998kg/$m^3$）。

## 4.4 溶解氧模型

生活污水处理厂和工厂通常会发生污染物排放到河流中的情况。如图 4.5 所示，West Linn 污水处理厂通过一个多孔扩散器将污水排入威拉米特河（俄勒冈州）。高生化需氧量（BOD）的废水持续排放到河流中会耗尽附近水中的溶解氧，进而威胁水生生物的生存。废水产生的入流水中的氧气需求部分被来自河流表面大气的氧气转移所抵消，这一过程通常被称为曝气。天然水体中 DO 浓度是整体水质和水生生境质量的重要指标。

废水排放设计标准通常要求混合区的 DO 值不低于规定的水质标准。在这种情况下，DO 的迁移和归趋模型可用来估算废水排放中允许的 BOD，从而在混合区边界上满足水质标准。

### 4.4.1 废水的需氧量

常通过测量 BOD 反应废水的需氧量，通常用一级反应来描述相关的（去）氧化速率 $S_1$（$ML^{-3}T^{-1}$）：

图 4.5 处理后的生活污水排入河流

$$S_1=-k_d L \tag{4.56}$$

式中 $k_d$——反应速率常数（$T^{-1}$）；

$L$——BOD 含量（$ML^{-3}$）。

反应速率常数 $k_d$ 主要依赖于废水的性质、本土生物利用废物的能力和温度；表 4.6 列出了 20℃时的 $k_d$ 值。其他温度下的 $k_d$ 值，须按表 4.6 中给出的 $k_d$ 值通过下式校正：

$$k_{dT}=k_{d20}\theta^{T-20} \tag{4.57}$$

式中 $T$——溪流温度（℃）；

$k_{dT}$、$k_{d20}$——分别是在温度 $T$ 和 20℃下的 $k_d$ 值；

$\theta$——无量纲温度系数。

Thomann 和 Muelle 建议 $\theta$= 1.04，Tchobanoglous 和 Schroeder、Chapra 及 Novotny 建议 $\theta$=1.047，Schroepfer 等人建议典型生活污水在 4~20 ℃时 $\theta$ =1.135，在 20~30℃时 $\theta$ =1.056。其中后者的值在实际应用中被广泛接受，公式（4.57）中 $\theta$ >1 意味着 BOD 反应在高温下发生得更快。废水同化能力中温度条件选择的是一年中最暖月份的平均温度。如表 4.6 所示，反应速率常数 $k_d$ 有时也称为溪流的脱氧率，与流出物流入溪流前的处理水平成反比。处理后的废水与未经处理的废水相比，由于在处理过程中易降解的有机物比不易降解的有机物更易去除，从而产生了低速率常数。Lung 的研究表明，当明尼苏达州圣保罗市的大都市污水处理厂排放初始污水到密西西比河上游时，$k_d$ 为 0.35$d^{-1}$，当该污水处理厂的设施升级为二级处理时，$k_d$ 降低到 0.25 $d^{-1}$，进一步升级到安装了硝化过程，$k_d$ 降低到 0.073 $d^{-1}$。

常见反应速率常数　　表 4.6

| 水域类型 | 20℃时的 $k_d$ 值（$d^{-1}$） |
|---|---|
| 未经处理的废水 | 0.35~0.7 |
| 处理后的废水 | 0.10~0.35 |
| 受到污染的河水 | 0.10~0.25 |
| 未受污染的河水 | <0.05 |

除了由溶解有机物的一阶衰减降低 BOD 之外，当悬浮物与部分 BOD 相关时，悬浮物的沉降也会降低 BOD。在这种情况下，BOD 的总去除率 $k_r$ 可用下式表示：

$$k_r=k_d+k_s \tag{4.58}$$

式中 $k_d$——与溶解 BOD 有关的反应速率常数；

$k_s$——与沉淀相关的速率常数。

速率常数 $k_d$ 可近似等于 BOD 瓶测试得出的速率常数；但是，只是近似等于，因为河流不同于瓶中消耗微生物的类型和分布。例如，在溪流中，附着在底部的微生物可有效去除 BOD，其速率常数变为关于溪流深度的函数。

一些现象表明，小范围的速度波动对在相对静止的实验室条件下估算 BOD 衰减速率会产生影响。但是，我们在实际应用中常忽略这种影响。除生活污水以外的废水并不都遵循（去）氧化率的一级反应。例如，含糖量高的废水 BOD 反应级数小于 1。符合一级反应速率和小于一级反应速率的废水最显著的区别在于，在一级情况下，需氧量在大部分时间下逐渐接近零，而在小于一级的情况下，需氧量在有限的时间内完成。

### 4.4.2　复氧

氧气从大气转移到溪流中的速率定义为复氧速率 $S_2$（$ML^{-3}T^{-1}$），通常用下式表示：

$$S_2 = k_a(c_s - c) \tag{4.59}$$

式中　$k_a$——复氧常数（$T^{-1}$）；

$c_s$——溶解氧饱和浓度（$ML^{-3}$）；

$c$——溪流中 DO 的实际浓度（$ML^{-3}$）。

表 4.7 给出了 20℃时典型的 $k_a$ 值，这表明复氧常数变化很大，从小型池塘的 $0.1d^{-1}$ 到急流、瀑布的大于 $1.15d^{-1}$。在小型河流中，急流在维持高溶解氧方面发挥着重要作用，并通过疏浚或筑坝消除急流对 DO 的严重影响。表 4.8 中给出了几种最常用的 20℃时计算 $k_a$ 的经验公式，其中 $k_a$ 的单位为 $d^{-1}$，平均流速 $V$ 的单位为 m / s，流速 $Q$ 的单位为 $m^3/s$，平均溪流深度 $\bar{d}$ 和 $D$ 的单位为 m，溪流宽度 $W$ 的单位为 m，平均渠道坡度 $S_0$ 和水面坡度 $S$ 均为无量纲。除 20℃以外的其他温度，$k_a$ 用下式计算：

$$k_{aT} = k_{a20}\theta^{T-20} \tag{4.60}$$

式中　$T$——溪流的温度（℃）；

$k_{aT}$、$k_{a20}$——分别是在温度 $T$ 和 20℃时的 $k_a$ 值；

$\theta$——温度系数，通常取 1.024~1.025。

在实际应用中，O'Connor 和 Dobbins 提出的经验公式具有广泛的适用性，并且提供了多数情况下 $k_a$ 在 20℃时的合理估算。Churchill 等人提出的公式适用于与 O'Connor 和 Dobbins 模型类似的深度，但适用于急流。Owens 等人提出的公式适用于相对较浅的溪流；在小型溪流中，由 Tsivoglou 和 Wallace 提出的公式与观测值更为接近。表 4.8 中最后四个经验公式是基于相对全面数据集最近更新的。公式作者表示，其标准误差在 44%~61% 范围内，而其他方法的标准误差为 65%~115%。表 4.8 中列出的公式显示随着溪流深度的增加，$k_a$ 趋近于零，表明对于深层水体来说，复氧

**典型的复氧常数**　　表 4.7

| 水域 | 20℃时的 $k_a$ 值（$d^{-1}$） |
|---|---|
| 小池塘和死水 | 0.10~0.23 |
| 萧条的溪流和大湖泊 | 0.23~0.35 |
| 低速的大型溪流 | 0.35~0.46 |
| 正常速度的大型溪流 | 0.46~0.69 |
| 急速的溪流 | 0.69~1.15 |
| 急流和瀑布 | >1.15 |

**估算 20℃时复氧常数 $k_a$ 的经验公式**　　表 4.8

| 公式 | 实地条件 | 参考文献 |
|---|---|---|
| $k_a = 3.93\dfrac{V^{0.5}}{\bar{d}^{1.5}}$ | 0.3m<$\bar{d}$<9m，0.15m/s<$V$<0.50m/s | O'Connor 和 Dobbins（1958） |
| $k_a = 5.23\dfrac{V}{\bar{d}^{1.67}}$ | 0.6m<$\bar{d}$<3m，0.55m/s<$V$<1.50m/s | Churchill 等人（1962） |
| $k_a = 5.32\dfrac{V^{0.67}}{\bar{d}^{1.85}}$ | 0.1m<$\bar{d}$<3m，0.03m/s<$V$<1.50m/s | Owens 等人（1964） |
| $k_a = 3.1 \times 10^4\ VS_0$ | 0.3m<$\bar{d}$<0.9m，0.03$m^3$/s<$Q$<0.3$m^3$/s | Tsivoglou 和 Wallace（1972） |
| $k_a = 517(VS)^{0.524}Q^{-0.242}$ | 池塘和浅滩小河，$Q < 0.556\ m^3/s$ | Melching 和 Flores（1999） |
| $k_a = 596(VS)^{0.528}Q^{-0.136}$ | 池塘和浅滩小河，$Q > 0.556\ m^3/s$ | Melching 和 Flores（1999） |
| $k_a = 88(VS)^{0.313}D^{-0.353}$ | 渠道控制溪流，$Q < 0.556\ m^3/s$ | Melching 和 Flores（1999） |
| $k_a = 142(VS)^{0.333}D^{-0.66}W^{-0.243}$ | 渠道控制溪流，$Q > 0.556\ m^3/s$ | Melching 和 Flores（1999） |

可忽略不计。但是实际情况并非如此，因为当水体运动不显著时，风就成为复氧的主导因素。复氧常数在该范围内通常具有最小值：

$$k_{a_{\min}}=\frac{0.6}{\bar{d}}\sim\frac{1.0}{\bar{d}} \tag{4.61}$$

若计算出的 $k_a$ 值小于公式（4.61）给出的最小值范围，则应使用 $k_a=0.6/\bar{d}$。

## 【例题 4.10】

一条带有急流和池塘的河流宽度为 20m，平均深度为 5m，坡度为 0.00003，估计流量为 $47m^3/s$。（1）利用表 4.8 中的公式估算复氧常数。（2）如果河流温度为 20℃，溶解氧浓度为 5mg/L，估算复氧速率。（3）确定沿河每天每米添加的氧气质量。

**【解】**

（1）根据给定的数据，$\bar{d}=5m$，$W=20m$，$S_0=S=0.00003$，$Q=47m^3/s$，平均流速 $V$ 为：

$$V=\frac{Q}{W\bar{d}}=\frac{47}{20\times5}=0.47\ \mathrm{m/s}$$

由 O′Connor 和 Dobbins 及 Melching 和 Flores 提供的经验公式是表 4.8 中唯一适用的公式。由 O′Connor 和 Dobbins 的公式得：

$$k_a=3.93\frac{V^{0.5}}{\bar{d}^{1.5}}=3.93\times\frac{0.47^{0.5}}{5^{1.5}}=0.24\ \mathrm{d}^{-1}$$

由 Melching 和 Flores 的经验公式得：

$$\begin{aligned}k_a&=596(VS)^{0.528}Q^{-0.136}\\&=596(0.47\times0.00003)^{0.528}\times47^{-0.136}\\&=0.97\ \mathrm{d}^{-1}\end{aligned}$$

根据表 4.7，使用 O′Connor 和 Dobbins 公式计算的是常见缓流和大湖的复氧速率，而使用 Melching 和 Flores 经验公式计算的是常见急流的复氧速率。考虑到给出的流速相当大（47cm/s），由 Melching 和 Flores 经验公式计算出的 $k_a$ 值为 $0.97d^{-1}$ 与实际情况更相符。计算出的 $k_a$（$0.24d^{-1}$，$0.97d^{-1}$）大于公式（4.61）给出的 $k_a$ 最小值的范围 0.6/5~1.0/5 或 $0.12\sim0.2d^{-1}$。

（2）复氧速率 $S_2$ 由公式（4.59）给出：

$$S_2=k_a(c_s-c)$$

其中 $c$=5mg/L，20℃时的溶解氧饱和浓度 $c_s$ 为 9.1mg/L。因此，复氧速率 $S_2$ 为：

$S_2$=0.97（9.1–5）=3.98mg/（L·d）=3980mg/（$m^3$·d）

（3）每米河水体积由下式给出：

河水体积 $=W\bar{d}\times1=20\times5\times1=100m^3$

因此，沿河每天每米添加的氧气质量为 3980×100=398000mg/（d·m）=398g/（d·m）。

应谨慎估算 $k_a$ 值，因为这常影响溪流中 DO 浓度的可靠性。使用气体示踪法通过现场测量是获得准确的 $k_a$ 值的方法。当允许的排放值具有显著的经济和环境价值时，强烈建议实地测量。

### 4.4.3 Streeter–Phelps 模型

流入河水中的总氧量 $S_m$（$ML^{-3}T^{-1}$）可以通过生物降解产生的（去）氧化量 $S_1$ 和大气复氧产生的氧气量 $S_2$ 来估算：

$$S_m=-k_dL+k_a(c_s-c) \tag{4.62}$$

假设生物降解是一级过程。河流中氧气的浓度分布可以结合 ADE（方程（4.27））和公式（4.62）给出的源通量来描述：

$$\frac{\partial c}{\partial t}+V\frac{\partial c}{\partial x}=\frac{\partial}{\partial x}\left(K_L\frac{\partial c}{\partial x}\right)-k_dL+k_a(c_s-c) \tag{4.63}$$

假设稳态条件（$\partial c/\partial t=0$），且由于复氧和脱氧，氧气分量远小于平流量和氧通量，方程（4.63）可写为：

$$V\frac{\partial c}{\partial x}=-k_dL+k_a(c_s-c) \tag{4.64}$$

为替代氧气浓度 $c$，方便处理氧亏 $D$，将其定义为：

$$D=c_s-c \tag{4.65}$$

将方程（4.64）和公式（4.65）合并，并用全导数代替偏导数（因为 $c$ 只是 $x$ 的一个函数），得出描述河流氧亏时的微分方程：

$$\frac{\mathrm{d}D}{\mathrm{d}x}=\left(\frac{k_d}{V}\right)L-\left(\frac{k_a}{V}\right)D \tag{4.66}$$

任意时刻 $t$ 的 BOD 剩余量遵循一级反应：

$$\frac{\mathrm{d}L}{\mathrm{d}t}=-k_rL \tag{4.67}$$

其中反应速率常数 $k_r$ 解释了生物溶解消耗的 BOD（$k_d$）和通过沉淀去除的 BOD（$k_s$），从而给出公式（4.58）$k_r=k_d+k_s$。积分式（4.67）给出了以时间为函数的 BOD：

$$L=L_0\exp(-k_r t) \quad (4.68)$$

其中 $L_0$ 是在 $t=0$ 时的 BOD 值。释放时间 $t$ 与行进距离有关：

$$t=\frac{x}{V}$$

结合方程（4.68）和 $t=x/V$ 可得到距离废水排放点 $x$ 处的 BOD 浓度 $L$：

$$L=L_0\exp\left(-k_r\frac{x}{V}\right) \quad (4.69)$$

综上，结合方程（4.66）和公式（4.69）给出河流氧亏时的微分方程，并且这些方程同时满足边界条件：$x=0$ 时 $D=D_0$。

$$D(x)=\begin{cases}\dfrac{k_d L_0}{k_a-k_r}\left[\exp\left(-\dfrac{k_r x}{V}\right)-\exp\left(-\dfrac{k_a x}{V}\right)\right] & \\ \quad +D_0\exp\left(-\dfrac{k_a x}{V}\right) & k_a\neq k_r \\ k_d L_0\dfrac{x}{V}\exp\left(-\dfrac{k_a x}{V}\right)+D_0\exp\left(-\dfrac{k_a x}{V}\right) & k_a=k_r\end{cases} \quad (4.70)$$

此方程最初是由 Streeter 和 Phelps 推导出来的，后来 Phelps 将其用作俄亥俄河的污染研究。方程（4.70）通常称为 Streeter–Phelps 方程，其曲线通常称为 Streeter–Phelps 氧气下降曲线。提出“下降曲线”的原因如图 4.6 所示。根据 Streeter–Phelps 方程（方程（4.70）），生物降解的耗氧量在排放废物后立即开始，当 $x=0$ 时，溪流中的氧亏浓度从其初始值 $D_0$ 增加。由于复氧和氧亏成正比，随着氧亏浓度的增加，复氧率增加，并且在某一点，复氧率等于耗氧率。这一点称为临界点 $x_c$，超过临界点时，复氧率超过耗氧率，导致氧亏值逐渐下降。临界点 $x_c$ 可以通过取 $dD/dx=0$，由方程（4.70）导出：

$$x_c=\begin{cases}\dfrac{V}{k_a-k_r}\ln\left[\dfrac{k_a}{k_r}\left(1-\dfrac{D_0(k_a-k_r)}{k_d L_0}\right)\right] & k_a\neq k_r \\ \dfrac{V}{k_d}\left[\dfrac{k_d}{k_a}-\dfrac{D_0}{L_0}\right] & k_a=k_r\end{cases} \quad (4.71)$$

相应的临界氧亏值 $D_c$ 由下式给出：

$$D_c=\frac{k_d}{k_a}L_0\exp\left(-\frac{k_r x_c}{V}\right) \quad (4.72)$$

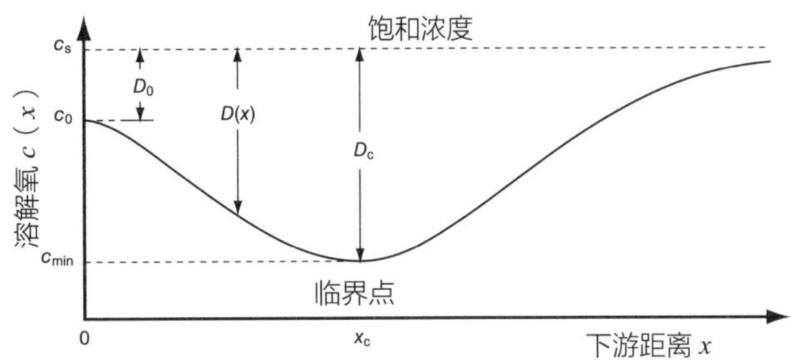


图 4.6　Streeter–Phelps 氧气下降曲线

临界点的位置及该点的氧浓度是急需引起关注的，因为此点的 DO 环境最差。若使用公式（4.71）计算出的 $x_c$ 值小于等于零，则在排放位置处出现最小的氧亏值。这种情况常发生在经良好处理后的生活污水排入小型溪流中。

## 【例题 4.11】

废水通过扩散器排放到平均流速为 3cm/s 缓慢流动的河流中。混合后，河流中溶解氧浓度为 9.5mg/L，温度为 15℃。如果混合河水的最终 BOD 为 30mg/L，则 20℃下的 BOD 速率常数为 $0.6\text{d}^{-1}$，20℃下的复氧速率常数为 $0.8\text{d}^{-1}$，并且 BOD 的沉降去除率可以忽略，估算最小 DO 水平及其在河流中的位置。

### 【解】

当 $T=15$℃时，氧饱和浓度为 10.1mg/L，因此最初的氧亏 $D_0$ 为 10.1–9.5=0.6mg/L。15℃时的 BOD 速率常数 $k_{d15}$ 为：

$$k_{d15}=k_{d20}1.04^{T-20}=0.6\times1.04^{15-20}=0.48\text{d}^{-1}$$

15℃时的复氧常数 $k_{a15}$ 为：

$$k_{a15}=k_{a20}1.024^{T-20}=0.8\times1.024^{15-20}=0.72\text{d}^{-1}$$

由于 $L_0$=30mg/L，$V$=3cm/s=2592m/d，且 $k_r=k_d$，临界氧亏的位置 $x_c$ 由公式（4.71）给出：

$$\begin{aligned}x_c&=\frac{V}{k_a-k_r}\ln\left[\frac{k_a}{k_r}\left(1-\frac{D_0(k_a-k_r)}{k_d L_0}\right)\right]\\&=\frac{2592}{0.72-0.48}\ln\left[\frac{0.72}{0.48}\left(1-\frac{0.6(0.72-0.48)}{0.48\times30}\right)\right]\\&=4270\text{ m}\end{aligned}$$

临界氧亏值 $D_c$ 由公式（4.72）给出：

$$D_c=\frac{k_d}{k_a}L_0\exp\left(-\frac{k_r x_c}{V}\right)=\frac{0.48}{0.72}\times 30\exp\left(-\frac{0.48\times 4270}{2592}\right)=9.0\ \text{mg/L}$$

因此，溪流中的最小 DO 水平是 10.1–9.0=1.1mg/L。这样水平的 DO 将会对水生生态系统造成破坏。

需要注意的是，尽管在物理学上是不可能的，但是使用 Streeter–Phelps 方程（4.70）计算出的氧亏浓度 $D$（数学上）超过了 DO 的饱和浓度。如果由方程（4.70）计算出的氧亏浓度大于 DO 的饱和浓度，则意味着在较早的时间内所有的氧气都已被耗尽。方程（4.70）仅在氧浓度大于等于零的行进时间内才有效；超过这一点，则需采用以下方法。令 $t^*$ 为氧浓度等于零的时间，因此方程（4.70）变为：

$$c_s=\frac{k_d L_0}{k_a-k_r}\left[\exp(-k_r t^*)-\exp(-k_a t^*)\right]+D_0\exp(-k_a t^*) \tag{4.73}$$

其中 $c_s$ 是饱和氧浓度，并且方程（4.73）是 $t^*$ 的隐式方程，需要数值求解才能得到 $t^*$。在行进时间 $t^*$ 之后，氧气消耗不再以 $k_1L$ 的速率进行，但会受到速率或复氧的限制。

$$\frac{dL}{dt}=-k_a c_s \tag{4.74}$$

在 $t=t^*$ 时 $L=L^*$ 的初始条件下，超出行进时间 $t^*$ 的 BOD 由下式给出：

$$L=L^*-k_a c_s\ (t-t^*) \tag{4.75}$$

由复氧提供的氧气刚好满足 BOD 时，水中的氧气浓度就保持为零。在氧气浓度升高到零以上时，复氧的供氧速率等于 BOD 的非限制速率 $k_dL$，在这种情况下：

$$k_a c_s=k_d L \tag{4.76}$$

将公式（4.76）代入公式（4.75）给出氧浓度增高到零以上的行进时间 $t^{**}$：

$$t^{**}=t^*+\frac{1}{k_d}\frac{k_d L^*-k_a c_s}{k_a c_s} \tag{4.77}$$

此时相应的 BOD 剩余浓度 $L^{**}$ 由公式（4.75）给出：

$$L^{**}=L^*-k_a c_s\ (t^{**}-t^*) \tag{4.78}$$

然后在 $t=t^{**}$ 时利用 Streeter–Phelps 方程（4.70）的初始条件 $L=L^{**}$，来计算更远距离的 DO。

## 【例题 4.12】

废水以 5cm/s 的流速排入河流，曝气系数为 $0.4\text{d}^{-1}$，温度为 20℃。在与废水混合后，河流的 DO 浓度为 7mg/L，最终 BOD 为 25mg/L，BOD 衰减常数为 $1.0\text{d}^{-1}$。沉淀对 BOD 去除的影响可以忽略不计。确定距离排放位置下游多远处 DO 能恢复到其初始值 7mg/L。

### 【解】

根据给定的数据：$V$=5cm/s=4320m/d，$k_a=0.4\text{d}^{-1}$，$T$=20℃，$c_0$=7mg/L，$L_0$=25mg/L，$k_r=k_d=1.0\text{d}^{-1}$。20℃时，饱和氧气浓度 $c_s$ 为 9.1mg/L，所以 $D_0=c_s-c_0$=9.1–7=2.1mg/L。临界点位置 $x_c$ 和相应的氧亏 $D_c$ 由公式（4.71）和公式（4.72）给出：

$$x_c=\frac{V}{k_a-k_r}\ln\left[\frac{k_a}{k_r}\left(1-\frac{D_0(k_a-k_r)}{k_d L_0}\right)\right]=\frac{4320}{0.4-1.0}\ln\left[\frac{0.4}{1.0}\left(1-\frac{2.1(0.4-1.0)}{1.0\times 25}\right)\right]=6243\ \text{m}$$

$$D_c=\frac{k_d}{k_a}L_0\exp\left(-\frac{k_r x_c}{V}\right)=\frac{1.0}{0.4}\times 25\exp\left(-\frac{1.0\times 6243}{4320}\right)=14.7\ \text{mg/L}$$

由于临界氧亏值（14.7mg/L）大于 DO 的饱和浓度（9.1mg/L），因此 DO 在某一点将变为零。如果达到 DO 零点的行进时间是 $t^*$，则 $t^*$ 必须满足方程（4.73）：

$$c_s=\frac{k_d L_0}{k_a-k_r}\left[\exp(-k_r t^*)-\exp(-k_a t^*)\right]+D_0\exp(-k_a t^*)$$

$$9.1=\frac{1.0\times 25}{0.4-1.0}\left[\exp(-1.0t^*)-\exp(-0.4t^*)\right]+2.1\exp(-0.4t^*)$$

在 $x=x^*=Vt^*$=1641m 处，$t^*$=0.380d。在 $t=t^*$ 时剩余的 BOD 用 $L^*$ 表示，由公式（4.69）给出：

$$L^*=L_0\exp(-k_r t^*)=25\exp(-1.0\times 0.380)=17.1\ \text{mg/L}$$

当 $t^*\leqslant t\leqslant t^{**}$ 时，DO 保持在 0mg/L，其中 $t^{**}$ 由公式（4.77）给出：

$$t^{**}=t^*+\frac{1}{k_d}\frac{k_d L^*-k_a c_s}{k_a c_s}=0.380+\frac{1}{1.0}\frac{1.0\times 17.1-0.4\times 9.1}{0.4\times 9.1}=4.077\ \text{d}$$

在 $t=t^{**}$ 时，$x=x^{**}=Vt^{**}$=17613m=17.6km。当 $t=t^{**}$ 时，剩余的 BOD 由 $L^{**}$ 表示，由公式（4.79）给出：

$$L^{**}=L^{*}-k_{a}c_{s}(t^{**}-t^{*})=17.1-0.4\times9.1(4.077-0.380)$$
$$=3.64\ \text{mg/L}$$

$t=t^{**}$ 时的 DO 耗损（由 $D_0^{**}$ 表示）为 9.1mg/L，因此当 $t>t^{**}$（即 $x$>17.6km）时河流 DO 浓度由方程（4.70）计算：

$$D(x)=\frac{k_{d}L^{**}}{k_{a}-k_{r}}\left[\exp\left(-\frac{k_{r}(x-x^{**})}{V}\right)-\exp\left(-\frac{k_{a}(x-x^{**})}{V}\right)\right]$$
$$+D^{**}\exp\left(-\frac{k_{a}(x-x^{**})}{V}\right)$$

若 $x^{***}$ 是 DO 浓度等于 7.0mg/L 的位置，则：

$$9.1-7.0=\frac{1.0\times3.64}{0.4-1.0}\left[\exp\left(-\frac{1.0(x^{***}-17613)}{4320}\right)\right.$$
$$\left.-\exp\left(-\frac{0.4(x^{***}-17613)}{4320}\right)\right]$$
$$+9.1\exp\left(-\frac{0.4(x^{***}-17613)}{4320}\right)$$

计算出的 $x^{***}$=38733m=38.73km。即要使 DO 低于初始值需要相当长的距离。图 4.7 显示了 DO 随初始排放距离的变化情况。

应通过限制废水的排放量和（或）浓度以防止河流中发生缺氧情况。

当使用 Streeter–Phelps DO 下降曲线确定排放前污水处理是否充分时，很重要的一点是，使用河流条件将导致最低 DO 浓度。通常情况下，这种情况发生在夏末，河水流量小，气温高。常使用的标准是 10 年 7d 低流量，相当于 10 年的间隔期中 7d 平均最低流量，常称为流量 7$Q$10 流量。在极端的情况下，冬季河流

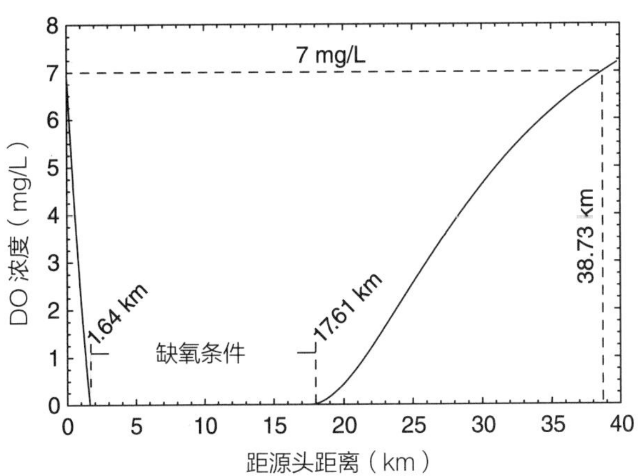

图 4.7 释放点下游处溶解氧的变化

结冰，表面曝气减少到零。在这种情况下，有必要打破冰面，露出水面或将氧气注入扩散器以维持河流具有足够的 DO。

Streeter–Phelps 模型假设河流在横向（即在宽度和深度上）完全混合，与平流相比（DO）的纵向分散通量可忽略不计。平流对分散的重要性由 Péclet 数 $Pe$（无量纲）测量，定义如下：

$$Pe=\frac{VL}{K_{L}} \tag{4.79}$$

式中 $V$——流速（$LT^{-1}$）；

$L$——特征长度（L）；

$K_L$——纵向分散系数（$L^2T^{-1}$）。

当 $Pe$>10 时，假设纵向分散可以忽略是合理的，当 $Pe$<1 时，分散不可以忽略。对处于中间的 $Pe$ 值，必须考虑平流和分散。大部分河流 $Pe\gg10$，即以平流为主。

对于除生活污水以外的废水，BOD 反应速率并不总是一阶的。在 BOD 特定为二阶反应（具有两个速率常数）而非一阶过程（一个速率常数）的情况下，可在 Mamedov 及 Adrian 和 Sanders 的相关研究中可以找到合适的评估氧气量的计算式。当 BOD 被指定为小于一阶过程（如含糖量高的废水）时，可以在 Roider 等人的相关研究中找到适当的计算式。

### 4.4.4 其他因素

除了假设发生完全的横向混合，忽略纵向分散外，Streeter–Phelps 模型还隐含了一些其余的假设，其中最重要的是：（1）混合在渠道的横截面上快速发生；（2）生化需氧量和复氧是唯一重要的氧源和汇。如果以横截面混合公式（4.17）的长度尺度测量，混合不会迅速发生，而在混合前可能发生显著的耗氧，方程（4.22）将不能作为准确测量初始一维氧气浓度下降的模型。在这种情况下，需要更进一步的二维或三维横截面混合模型。

#### 4.4.4.1 硝化作用

在一些溪流中，硝化作用对 DO 的需求量很大，所以 Streeter–Phelps 方程（方程（4.70））中的最终 BOD 浓度 $L_0$ 必须同时包括碳和氮的需求量。在这种情况下，$L_0$（mg/L）可按下式计算：

$$L_{0}=a(\text{CBOD}_{5})+b(\text{TKN}) \tag{4.80}$$

式中 $CBOD_5$——5 日碳化 BOD（mg/L）；

TKN——总凯氏氮（= 有机氮 + 氨）（mg/L）；

$a$、$b$——经验常数。

TKN是总可氧化氮的量度，$a$和$b$的常见值分别是1.2和4.0。在某些情况下，含氮BOD对最终BOD的关系为4.33TKN或4.57TKN，而不是4.0TKN;因此，最终含氮BOD取中间值4.33TKN是合适的。通常情况下，最终的碳化BOD和硝化BOD大致相等。

为了预测由于硝化作用引起的溪流中的耗氧量，有必要描述需氧量（由于硝化作用）随时间的变化。为此，可采取两种方法。在第一种称为NBOD模型的方法中，假设硝化过程在数学上类似等于含碳的生化需氧过程。在此方法中，最终的含氮BOD（NBOD）替代了最终的碳化BOD，硝化的衰减系数替代了碳化BOD的衰减系数，然后利用Streeter-Phelps方程和替代参数来模拟由于硝化造成的氧亏。在第二种称为物种模型的方法中，分别描述了参与硝化过程的氮物种的反应速率及其氧气消耗，从而进一步结合来预测由于硝化造成的氧气的总消耗。在这两种方法中，后一种方法更能代表实际硝化过程，从而更好地描述需氧量随时间的变化，前一种方法因其在数学上更容易处理而得到普遍使用，但由于它并不能代表真实值，所以并不推荐。在两种方法中，由碳化需氧量引起的氧亏$D_{SP}$（$x$）和硝化引起的氧亏$\Delta D_N$（$x$）产生总氧亏D（$x$）（Streeter-Phelps）：

$$D(x)=D_{SP}(x)+\Delta D_N(x) \qquad (4.81)$$

以下为NBOD模型和用于确定$\Delta D_N$（$x$）的组分模型。

NBOD模型。在此模型中，假设需氧量遵循和含碳物质生化氧化一样的过程,因此$\Delta D_N$($x$)由下式给出：

$$\Delta D_N(x)=\begin{cases}\dfrac{k_N L_{0N}}{k_a-k_N}\left[\exp\left(-\dfrac{k_N x}{V}\right)-\exp\left(-\dfrac{k_a x}{V}\right)\right] & k_a\neq k_N\\ k_N L_{0N}\dfrac{x}{V}\exp\left(-\dfrac{k_a x}{V}\right) & k_a=k_N\end{cases} \qquad (4.82)$$

式中　$k_N$——一阶硝化速率常数（$d^{-1}$）；

$L_{0N}$——最终含氮BOD（mg/L），有：

$$L_{0N}=4.33\,\text{TKN} \qquad (4.83)$$

已有研究表明硝化速率常数$k_N$在0.1~15.8$d^{-1}$内，其中深水域$k_N$常见值为0.1~0.5$d^{-1}$，在较浅水域$k_N$>1$d^{-1}$。温度对硝化作用的影响与其他过程不同，硝化热因子$\theta$约为1.1。

## 【例题4.13】

处理后的生活污水排入河流，河流平均流速为30cm/s，估算的复氧常数为0.5$d^{-1}$。混合污水排放的TKN为0.8mg/L，硝化速率常数为0.6$d^{-1}$。（1）估算废水排放下游15km处由硝化造成的氧亏值。（2）若忽略硝化作用，理论氧亏值为6.2mg/L，那么由忽略硝化作用引起的误差百分比是多少?

### 【解】

（1）根据给定的数据,$V$=30cm/s=0.30m/s=25920m/d，$k_a$=0.5$d^{-1}$，TKN=0.8mg/L，$k_N$=0.6$d^{-1}$。最终含氮BOD浓度$L_{0N}$由公式（4.84）给出：

$$L_{0N}=4.33\,\text{TKN}=4.33\times0.8=3.5\text{ mg/L}$$

代入公式（4.82），得出在$x$=15km=15000m处由硝化造成的氧亏值：

$$\begin{aligned}\Delta D_N&=\frac{k_N L_{0N}}{k_a-k_N}\left[\exp\left(-\frac{k_N x}{V}\right)-\exp\left(-\frac{k_a x}{V}\right)\right]\\&=\frac{0.6\times3.5}{0.5-0.6}\left[\exp\left(-\frac{0.6\times15000}{25920}\right)\right.\\&\qquad\left.-\exp\left(-\frac{0.5\times15000}{25920}\right)\right]\\&=0.9\text{ mg/L}\end{aligned}$$

（2）由硝化引起的氧亏值为0.9mg/L。由于忽略硝化作用的理论氧亏值为6.2mg/L，因此实际氧亏值为6.2+0.9mg/L=7.1mg/L，则忽略硝化作用引起的误差为：

$$误差=\frac{0.9}{7.1}\times100=13\%$$

即忽略硝化作用引起的误差达13%，这表明硝化作用作为一重要过程，不应被忽视。

采用硝化作用的NBOD模型，并假设河流中硝化作用随时间的变化类似于碳元素需氧量随时间的变化，忽略使硝化作用变得延迟的其他因素的影响。具体而言，硝化需要足够多对pH敏感的硝化细菌，并且要求DO不超过1~12mg/L，而非抑制因素。

物种模型。上述NBOD模型的缺点在于它没有考虑将有机氮氧化成氨氮，以及氨氮到亚硝酸盐和亚硝酸盐到硝酸盐所需的时间，所有这些都影响溪流中氮的种类。此外，也未考虑pH、氧含量和其他因素对转化率的影响。另一个可选择的模型，它分别考虑不同类型氮的浓度，但相对简单：

$$\frac{dc_o}{dt}=-k_{oa}c_o \tag{4.84}$$

$$\frac{dc_a}{dt}=k_{oa}c_o-k_{ai}c_a \tag{4.85}$$

$$\frac{dc_i}{dt}=k_{ai}c_a-k_{in}c_i \tag{4.86}$$

$$\frac{dc_n}{dt}=k_{in}c_i \tag{4.87}$$

式中　$c$——物质的浓度（$ML^{-3}$），下标 o、a、i 和 n 分别表示有机氮、氨氮、亚硝酸盐和硝酸盐；

$t$——溪流中的行进时间（T）；

$k$——不同元素间转化的速率常数（$T^{-1}$）。

平衡时的氧亏值由下式给出：

$$\frac{dD}{dt}=r_{oa}k_{ai}c_a+r_{oi}k_{in}c_i-k_aD \tag{4.88}$$

式中　$D$——氧亏值（$ML^{-3}$）；

$r_{oa}$、$r_{oi}$——由于硝酸盐和亚硝酸盐消耗的氧气量（无量纲，$gOgN^{-1}$）；

$k_a$——曝气速率常数（$T^{-1}$）。

基于化学计算，$r_{oa}$ 和 $r_{oi}$ 分别为 3.43gO/gN 和 1.14gO/gN。当 $t=0$ 时，初始条件为 $c_0=c_{o0}$ 和 $c_a=c_{a0}$，方程（4.84）~方程（4.87）的连续解为：

$$c_o=c_{o0}e^{-k_{oa}t} \tag{4.89}$$

$$c_a=c_{ao}e^{-k_{ai}t}+\frac{k_{oa}c_{o0}}{k_{ai}-k_{oa}}\left(e^{-k_{oa}t}-e^{-k_{ai}t}\right) \tag{4.90}$$

$$c_i=\frac{k_{ai}c_{a0}}{k_{in}-k_{ai}}\left(e^{-k_{ai}t}-e^{-k_{in}t}\right)+\frac{k_{ai}k_{oa}c_{o0}}{k_{ai}-k_{oa}}\left(\frac{e^{-k_{oa}t}-e^{-k_{in}t}}{k_{in}-k_{oa}}-\frac{e^{-k_{ai}t}-e^{-k_{in}t}}{k_{in}-k_{ai}}\right) \tag{4.91}$$

$$\begin{aligned}c_n=&c_{o0}+c_{a0}-c_{o0}e^{-k_{oa}t}-c_{a0}e^{-k_{ai}t}-\frac{k_{oa}c_{o0}}{k_{ai}-k_{oa}}\left(e^{-k_{oa}t}-e^{-k_{ai}t}\right)\\&-\frac{k_{ai}c_{a0}}{k_{in}-k_{ai}}\left(e^{-k_{ai}t}-e^{-k_{in}t}\right)\\&-\frac{k_{ai}k_{oa}c_{o0}}{k_{ai}-k_{oa}}\left(\frac{e^{-k_{oa}t}-e^{-k_{in}t}}{k_{in}-k_{oa}}-\frac{e^{-k_{ai}t}-e^{-k_{in}t}}{k_{in}-k_{ai}}\right)\end{aligned} \tag{4.92}$$

公式(4.89)~公式(4.92)倾向于分散对 DO 的影响。将公式（4.89）~公式（4.92）的计算结果，代入方程（4.88），可求解与硝化有关的氧亏值。

$$\begin{aligned}D_N(t)=&D_0\exp(-k_at)+\frac{C_{ai}}{k_a-k_{ai}}[\exp(-k_{ai}t)-\exp(-k_at)]\\&+\frac{C_{oa}}{k_a-k_{oa}}[\exp(-k_{oa}t)-\exp(-k_at)]\\&+\frac{C_{in}}{k_a-k_{in}}[\exp(-k_{in}t)-\exp(-k_at)]\end{aligned} \tag{4.93}$$

其中 $t$ 是从源头处的行进时间，$C_{ai}$、$C_{oa}$ 和 $C_{in}$ 定义为：

$$\begin{aligned}C_{ai}=&r_{ao}k_{ai}c_{a0}-r_{oa}k_{ai}\frac{k_{oa}c_{o0}}{k_{ai}-k_{oa}}+r_{oi}k_{in}\frac{k_{ai}c_{a0}}{k_{in}-k_{ai}}\\&-r_{oi}k_{in}\frac{k_{ai}k_{oa}c_{o0}}{(k_{ai}-k_{oa})(k_{in}-k_{ai})}\end{aligned} \tag{4.94}$$

$$C_{oa}=r_{oa}k_{ai}\frac{k_{oa}c_{o0}}{k_{ai}-k_{oa}}+r_{oi}k_{in}\frac{k_{ai}k_{oa}c_{o0}}{(k_{ai}-k_{oa})(k_{in}-k_{oa})} \tag{4.95}$$

$$\begin{aligned}C_{in}=&r_{oa}\frac{k_{ai}^2c_{a0}}{k_{ai}-k_{in}}-r_{oi}k_{in}\frac{k_{ai}k_{oa}c_{o0}}{(k_{ai}-k_{oa})(k_{in}-k_{oa})}\\&+r_{oi}k_{in}\frac{k_{ai}k_{oa}c_{o0}}{(k_{ai}-k_{oa})(k_{in}-k_{ai})}\end{aligned} \tag{4.96}$$

方程（4.93）给出了从源头的行进时间 $t$，利用 $x=Vt$ 可以转换为与源头的距离 $x$，其中 $V$ 是溪流的平均速度。

氧气可抑制硝化过程，因为随着氧气的减少，硝化速率也会降低。考虑氧气对硝化作用的一种方法是将硝化速率 $k_{ai}$ 和 $k_{in}$ 分别乘以一个与氧气量有关的因子 $f_o$。一个关于 $f_o$ 可能的表达式为：

$$f_o=1-\exp(-k_nc) \tag{4.97}$$

式中　$k_n$——硝化抑制系数（$L^3M^{-1}$）；

$c$——DO 浓度（$ML^{-3}$）。

$k_n$ 常取 0.6L/mg，当 DO 浓度 $c$ 小于 3mg/L 时，抑制作用显著，在这种情况下，应使用改进硝化常数 $f_ok_{ai}$ 和 $f_ok_{in}$。当存在抑制作用却未纳入计算时，预测的氧浓度将低于实际值。

## 【例题 4.14】

废水排入溪流中，混合后，DO 浓度为 7mg/L，有机氮和氨氮浓度均为 6mg/L。溪流温度为 20℃，平均流速为 2 cm/s，曝气速率常数为 $0.8d^{-1}$。实验表明，硝化过程中其速率常数 $k_{oa}=0.4d^{-1}$，$k_{ai}=0.3d^{-1}$，

$k_{in}$=0.5d$^{-1}$。确定溪流中的最小 DO，以及如果抑制硝化作用的抑制系数为 0.6L/mg，最小氧气浓度将受到怎样的影响。在没有抑制的情况下，最小 DO 处氨浓度是多少？

【解】

根据给定的数据：$c_0$=7mg/L，$c_{o0}$=6mg/L，$c_{a0}$=6mg/L，$T$=20 ℃，$V$=2cm/s=1728m/d，$k_a$=0.8d$^{-1}$，$k_{oa}$=0.4d$^{-1}$，$k_{ai}$=0.3d$^{-1}$，$k_{in}$=0.5d$^{-1}$。在 20 ℃时，DO 的饱和浓度 $c_s$ 为 9.1mg/L，所以初始氧亏浓度 $D_0$ 为 9.1−7=2.1mg/L。假设氨转化为亚硝酸盐的耗氧率为 $r_{oa}$=3.43gO/gN，亚硝酸盐转化为硝酸盐的耗氧率为 $r_{oi}$=1.14gO/gN。将这些参数代入公式（4.94）~ 公式（4.96）即可得到：

$$C_{ai}=r_{oa}k_{ai}c_{a0}-r_{oa}k_{ai}\frac{k_{oa}c_{o0}}{k_{ai}-k_{oa}}+r_{oi}k_{in}\frac{k_{ai}c_{a0}}{k_{in}-k_{ai}}-r_{oi}k_{in}\frac{k_{ai}k_{oa}c_{o0}}{(k_{ai}-k_{oa})(k_{in}-k_{ai})}$$

$$=3.43\times0.3\times6-3.43\times0.3\times\frac{0.4\times6}{0.3-0.4}+1.14\times0.5\times\frac{0.3\times6}{0.5-0.3}-1.14\times0.5\times\frac{0.3\times0.4\times6}{(0.3-0.4)(0.5-0.3)}$$

$$=56.52\text{ mg/L}$$

$$C_{oa}=r_{oa}k_{ai}\frac{k_{oa}c_{o0}}{k_{ai}-k_{oa}}+r_{oi}k_{in}\frac{k_{ai}k_{oa}c_{o0}}{(k_{ai}-k_{oa})(k_{in}-k_{oa})}$$

$$=3.43\times0.3\times\frac{0.4\times6}{0.3-0.4}+1.14\times0.5\times\frac{0.3\times0.4\times6}{(0.3-0.4)(0.5-0.4)}$$

$$=-65.74\text{ mg/L}$$

$$C_{in}=r_{oa}\frac{k_{ai}^2c_{a0}}{k_{ai}-k_{in}}-r_{oi}k_{in}\frac{k_{ai}k_{oa}c_{o0}}{(k_{ai}-k_{oa})(k_{in}-k_{oa})}+r_{oi}k_{in}\frac{k_{ai}k_{oa}c_{o0}}{(k_{ai}-k_{oa})(k_{in}-k_{ai})}$$

$$=3.43\times\frac{0.3^2\times6}{0.3-0.5}-1.14\times0.5\times\frac{0.3\times0.4\times6}{(0.3-0.4)(0.5-0.4)}+1.14\times0.5\times\frac{0.3\times0.4\times6}{(0.3-0.4)(0.5-0.4)}$$

$$=11.26\text{ mg/L}$$

因此氧亏值随时间 $t$ 变化的函数由方程（4.93）给出：

$$D_N(t)=D_0\exp(-k_at)+\frac{C_{ai}}{k_a-k_{ai}}[\exp(-k_{ai}t)-\exp(-k_at)]+\frac{C_{oa}}{k_a-k_{oa}}[\exp(-k_{oa}t)-\exp(-k_at)]+\frac{C_{in}}{k_a-k_{in}}[\exp(-k_{in}t)-\exp(-k_at)]$$

$$=2.1\exp(-0.8t)+\frac{56.52}{0.8-0.3}[\exp(-0.3t)-\exp(-0.8t)]+\frac{-65.74}{0.8-0.4}[\exp(-0.4t)-\exp(-0.8t)]+\frac{11.26}{0.8-0.5}[\exp(-0.5t)-\exp(-0.8t)] \tag{4.98}$$

方程（4.98）在 $t=t_c$=4.115d 时计算出的最大氧亏浓度为 6.59mg/L，因此最小氧气浓度 $c_{min}$ 和位置 $x_c$ 为：

$$c_{min}=c_s-D_{max}=9.1-6.59=2.51\text{ mg/L}$$

$$x_c=Vt_c=1728\times4.115=7110\text{ m}=7.11\text{ km}$$

最小氧浓度为 2.51mg/L，出现在混合区下游 7.11km 处。若发生硝化抑制，那么 $k_{ai}$ 和 $k_{in}$ 都可以利用与氧浓度相关的因子 $f_o$ 通过公式（4.97）调整：

$$f_o=1-\exp(-k_nc)=1-\exp(-0.6c)$$
$$k'_{ai}=f_ok_{ai}=0.3[1-\exp(-0.6c)]$$
$$k'_{in}=f_ok_{in}=0.5[1-\exp(-0.6c)]$$

在计算中使用最初的 $k'_{ai}$ 和 $k'_{in}$。但是 $k'_{ai}$ 和 $k'_{in}$ 是和时间有关的函数，所以在方程（4.98）中使用 $k'_{ai}$ 和 $k'_{in}$ 会产生一个隐藏的以时间 $t$ 为氧亏方程 $D_N(t)$ 的函数。一个近似解决方式是，在非常短的时间内，利用前一过程的氧气浓度来计算 $f_o$，从而由方程来确定每个时间内的氧亏值。因此，方程（4.98）在 $t=t_c$=4.346 d 时的最大氧亏浓度为 5.95mg/L，因此最小氧浓度 $c_{min}$ 和临界位置 $x_c$ 为：

$$c_{min}=c_s-D_{max}=9.1-5.95=3.15\text{ mg/L}$$
$$x_c=Vt_c=1728\times4.346=7510\text{ m}=7.51\text{ km}$$

因此最小氧浓度为 3.15mg/L，出现在混合区下游 7.51km 处。由方程（4.98）给出的非抑制性和抑制性硝化作用的 DO 曲线（有合适参数）如图 4.8 所示。从结果可以看出，与非抑制性硝化作用相比，抑制性硝化作用在更远的位置（7.51km 和 7.11km），相比产

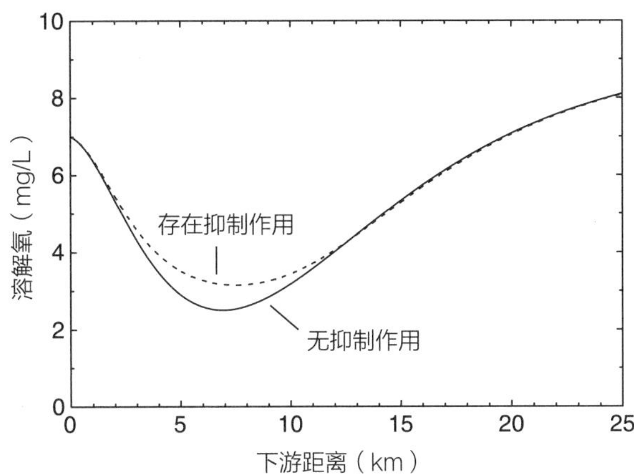


图 4.8 由硝化引起的溶解氧变化

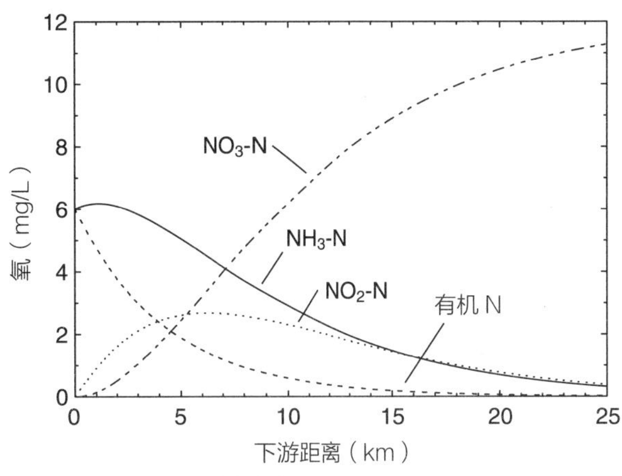


图 4.9 废水中氮物种浓度变化

生较大的最小氧浓度（3.15mg/L 和 2.51mg/L）。

不同氮组分的浓度可以使用公式（4.89）~ 公式（4.92）计算。$t$=4.115d（发生最小氧量）时的氨氮（$NH_3$–N），由公式（4.90）给出：

$$
\begin{aligned}
c_a &= c_{ao}e^{-k_{ai}t} + \frac{k_{oa}c_{o0}}{k_{ai}-k_{oa}}(e^{-k_{oa}t} - e^{-k_{ai}t}) \\
&= (6)e^{-0.3\times4.115} + \frac{0.4\times6}{0.3-0.4}\left[e^{-0.4\times4.115} - e^{-0.3\times4.115}\right] \\
&= 4.10 \text{ mg/L}
\end{aligned}
$$

因此，最低 DO 处 $NH_3$–N 浓度为 4.10mg/L。由公式（4.89）~ 公式（4.92）计算出的，所有氮组分在混合区下游不同距离处的浓度如图 4.9 所示。从结果可以看出，随着距离的增加，有机 N 和 $NH_3$–N 浓度都会下降，$NO_2$–N 浓度将达到峰值，然后变为零，$NO_3$–N 浓度表现为持续上升。

物种模型的一个突出优点在于不同的氮物种浓度指示不同状况的水质。例如，（未电离的）氨对鱼类以及其他水生生物表现出毒性，饮用水中的硝酸盐物质对婴儿具有毒性作用。物种模型得出的氨的总浓度，其摩尔浓度与氨的不同组分有关：

$$[NH_3]_T = [NH_4^+] + [NH_3] \tag{4.99}$$

其中 $[NH_3]_T$、$[NH_4^+]$ 和 $[NH_3]$ 分别是总氨、离子氨和非离子氨的摩尔浓度。氨的解离反应可以表示为：

$$NH_4^+ \rightleftharpoons NH_3 + H^+ \tag{4.100}$$

反应物与产物的比值由解离常数 $K$ 给出：

$$K = \frac{[NH_3][H^+]}{[NH_4^+]} \tag{4.101}$$

解离常数 $K$ 与绝对温度 $T_a$（K）有关，即：

$$pK = 0.09018 + \frac{2729.92}{T_a} \tag{4.102}$$

其中 pK=$-\log_{10}K$。合并方程（4.99）和公式（4.101），可得到非离子氨 $[NH_3]$ 和总氨 $[NH_3]_T$ 摩尔浓度之间的关系：

$$[NH_3] = \left(\frac{1}{1+[H^+]/K}\right)[NH_3]_T \tag{4.103}$$

由于 pH=$-\log[H^+]$，因此氢离子浓度 $[H^+]$ 可由 pH 确定。

## 【例题 4.15】

在河流的临界位置处，估算的氨氮浓度为 4.10mg/L。如果该位置的 pH 值为 7.8，温度为 20℃，则未电离的氨浓度是多少？

### 【解】

根据给定的数据：$c_a$=4.10mg/L，pH=7.8，$T$=20℃，$T_a$=273.15+20=293.15K。因此，$[H^+]$ 和 K 为：

$$pK = 0.09018 + \frac{2729.92}{T_a} = 0.09018 + \frac{2729.92}{293.15} = 9.403$$

$$K = 10^{-pK} = 10^{-9.403} = 3.954\times10^{-10} \text{ mol/L}$$

$$[H^+] = 10^{-pH} = 10^{-7.8} = 1.585\times10^{-8} \text{ mol/L.}$$

将非离子氨的浓度用 $c_{ua}$ 表示，由公式（4.103）得：

$$\frac{c_a}{c_{ua}} = \frac{[NH_3]_T}{[NH_3]} = 1 + \frac{[H^+]}{K} = 1 + \frac{1.585\times10^{-8}}{3.954\times10^{-10}} = 41.1$$

因此。非离子氨的浓度为 4.10/41.1=0.0998mg/L。

#### 4.4.4.2 光合作用、呼吸作用和底栖生物需氧量

Streeter–Phelps 模型假设溪流的氧气需求是由污染物排放的 BOD 引起的，且由溪流中的 DO 提供，然后再由大气通风曝气补给。除了生化需氧和复氧外，沿河分布的其他氧气源和汇还包括光合作用、呼吸作用、底栖生物需氧量和沿河分布（弥散）源的 BOD。

光合作用和呼吸作用。浮游植物和附生生物，特别是藻类的光合作用，在（有光照的）白天为水体贡献氧气，在夜晚和阴天时利用呼吸作用从水体中去除氧气。在溪流和浅水湖泊中，附生生物占主导。光合作用的过程可用以下反应式表示：

$$CO_2 + H_2O + \Delta \rightarrow C(H_2O) + O_2 \qquad (4.104)$$

Δ 是太阳光的能量，C（$H_2O$）表示有机碳，例如葡萄糖是 $C_6H_{12}O_6$ 或 6·C（$H_2O$）。呼吸过程可以用（反向）反应来表示：

$$C(H_2O) + O_2 \rightarrow CO_2 + H_2O + \Delta \qquad (4.105)$$

微生物生态学家将方程式（4.105）描述的呼吸称为有氧呼吸，因为氧被用作电子受体。当缺氧时，发生无氧呼吸，此时利用其他化合物作为电子受体。由于光合作用和呼吸活动的量取决于太阳光的数量和强度，所以光合作用和呼吸作用所导致的溶解氧量存在每日和季节变化。事实上，有时昼夜变化可能非常剧烈，以至于溪流下午过饱和，黎明前氧气严重枯竭。在强日照下使得饱和度过大时，光合作用产生的氧释放到大气中。光合作用和呼吸作用，特别是对于缓慢移动的溪流和湖泊，分别是氧气的主要来源和汇，对于藻类浓度超过 $10g/m^3$（干质量）的藻类来说，光合作用和呼吸作用是显著的。

因与光合作用、呼吸作用有关的氧通量常取决于如温度、营养物浓度、光照、浊度以及植物是漂浮状（浮游植物）还是存在于底部（大型水生植物、附生生物）等变量，所以对其定量是困难的。有研究显示，对于水生生物量高达 10g/($m^2$·d)的中等生产力的地表水域，其 $S_p^*$（平均 24h 内）值在 0.3~3g/（$m^2$·d）范围内。呼吸速率 $S_r^*$ 与光合产氧速率范围大致相同。用于估算光合作用产氧量和呼吸率的公式如下：

$$S_p = 0.25\text{Chl a} \qquad (4.106)$$

$$S_r = 0.025\text{Chl a} \qquad (4.107)$$

式中 $S_p$、$S_r$——分别是以 mg/（L·d）计的日均氧气产量和呼吸速率；

Chl a——以 μg/L 计的叶绿素 a 浓度。

藻类生物质（干重）与藻类叶绿素 a 的比例近似为 100：1。除了使用公式（4.106）和公式（4.107）用叶绿素 a 浓度估算光合生产速率和呼吸速率外，还可以使用 δ 法或光 – 暗瓶法直接测量生产速率和呼吸速率。

底栖生物需氧量。底栖生物需氧量或沉积物需氧量（SOD）主要是来自废水排放点附近的悬浮有机物和当地底栖生物的沉积，且可能是严重污染河流中 DO 的主要来源。大多数底栖污泥经历相对缓慢的厌氧分解过程；但是，在污泥和水之间的界面处可能发生好氧分解。厌氧分解产物为 $CO_2$、$H_2S$ 和 $CH_4$，若产气量很高，则可能发生底泥上浮，从而影响美观以及消耗 DO。在多数应用中，底栖生物需氧量 $S_b^*$（$ML^{-2}T^{-1}$）常被认为是一个常数，而在 ADE 中使用的底栖生物需氧量 $S_b$（$ML^{-3}T^{-1}$）来源于 $S_b^*$：

$$S_b = \frac{S_b^* A_s}{\forall} = \frac{S_b^*}{\bar{d}} \qquad (4.108)$$

式中 $A_s$——溪流底部的表面积（$L^2$）；

∀——包含底部表面积 $A_s$ 的溪流体积（$L^3$）；

$\bar{d}$——平均深度（L）。

在许多水质模拟研究中，通过标定获得 $S_b^*$ 值。在表 4.9 中给出了 20℃时 $S_b^*$ 的典型值，20℃时 $S_b$ 的计算值可以用如下关系式转换成其他温度下的值：

20℃时典型的底栖生物需氧量 $S_b^*$　　表 4.9

| 底部类型 | 范围 [g/( $m^2$·d )] | 平均值[g/( $m^2$·d)] |
|---|---|---|
| 丝状细菌（$10g/m^2$） | – | –7 |
| 排水口附近的市政污水污泥 | –2~–10 | –4 |
| 排水口下游的市政污水污泥（老化） | –1~–2 | –1.5 |
| 河口污泥 | –1~–2 | –1.5 |
| 砂质底部 | –0.2~–1.0 | –0.5 |
| 矿质土壤 | –0.05~–0.1 | –0.07 |

$$S_{bT} = S_{b20}(1.065)^{T-20} \qquad (4.109)$$

式中 $S_{bT}$ 和 $S_{b20}$——分别是在温度 T 和 20℃下的 $S_b$ 值。

在温度低于 10℃时，$S_b$ 的下降速度比公式（4.109）快，在 5~0℃范围内 $S_b$ 接近于零。公式（4.109）中的常数 1.065 有时也认为是在 1.05~1.06 范围内，而不是特定的 1.065。关于是否应该在给定的温度下将 $S_b$ 作为常数一直是存在争议的，因为它是关于沉积物中有

机物含量和上覆水中氧浓度的函数，二者都随着与源点的距离而变化。当上覆水中的氧浓度 $C_o$>3mg/L 时，可以假设 SOD 独立于氧浓度，而当 $C_o \leqslant$ 3mg/L 时，应该考虑 $C_o$ 对 $S_b$ 的影响，因为当 $C_o$ 变为零时 $S_b$ 降低为零。这种影响可使用以下关系式来考虑：

$$S_b = \frac{c_o}{c_o + k_{so}} S_b^0 \tag{4.110}$$

其中 $k_{so}$（$ML^{-3}$）是在 0.7~1.4mg / L 范围内的半饱和常数，而 $S_b^0$ 是没有任何氧气限制时的 SOD。

大部分的 SOD 是由上层氧质间沉积层下的厌氧沉积物中甲烷的生化氧化引起的。一般来说，如果溪流流速很高（>30cm/s），大部分的细小沉积物仍保持悬浮状态，床层主要由砂子和砂石组成，其有机质含量非常低，SOD 也低。

综合模型。将光合作用、呼吸作用和底栖氧气通量合并到氧气下降模型中产生以下修正的 Streeter-Phelps 方程：

$$V\frac{\partial c}{\partial x} = -k_d L + k_a(c_s - c) + (S_p + S_r + S_b) \tag{4.111}$$

方程（4.111）和常规 Streeter-Phelps 方程的区别在于其中的加法项（$S_p$+$S_r$+$S_b$）。方程（4.111）和公式（4.67）可以表示氧亏 $D$（$=c_s-c$）：

$$D(x) = D_{SP}(x) + \Delta D_S(x) \tag{4.112}$$

其中 $D_{sp}(x)$是由原 Streeter-Phelps 方程（方程 4.70）估算的氧亏值，其假定溪流中的 BOD 来源于废水排放，并且唯一的氧源是大气复氧，$\Delta D_s$（$x$）是由光合作用、呼吸作用和底栖生物需氧量引起的额外氧亏，由下式给出：

$$\Delta D_S(x) = -\frac{S_p + S_r + S_b}{k}\left[1 - \exp\left(-k_a \frac{x}{V}\right)\right] \tag{4.113}$$

公式（4.112）和公式（4.113）根据最大氧亏值导出的临界点 $x_c$ 由下式给出：

$$x_c = \begin{cases} \dfrac{V}{k_a - k_r}\ln\left[\dfrac{k_a}{k_r} - \dfrac{k_a D_0(k_a - k_r) + (S_p + S_r + S_b)(k_a - k_r)}{k_d k_r L_0}\right] & k_a \neq k_r \\ \dfrac{V}{k_d}\left[\dfrac{k_d}{k_a} - \dfrac{D_0}{L_0} + \dfrac{S_p + S_r + S_b}{k_a L_0}\right] & k_a = k_r \end{cases} \tag{4.114}$$

相应的临界氧亏值 $D_c$ 由下式给出：

$$D_c = \frac{k_d}{k_a} L_0 \exp\left(-k_r \frac{x_c}{V}\right) - \frac{S_p + S_r + S_b}{k_a} \tag{4.115}$$

## 【例题 4.16】

废水通过排污口排放到平均流速为 3cm/s，平均深度为 3m 的缓慢移动的河流中。初始混合后，河中溶解氧浓度为 9.5mg/L，饱和氧浓度为 10.1mg/L，混合河水的最终 BOD 为 20mg/L，BOD 的溶解速率常数为 $0.48d^{-1}$，复氧速率常数为 $0.72d^{-1}$，沉淀去除的 BOD 可以忽略不计。在夜间，藻类呼吸会产生 2g/（$m^2 \cdot d$）的需氧量，排放口下游的污泥沉积物会产生 4g/（$m^2 \cdot d$）的底栖需氧量。估算最小 DO 和在河流中的位置。

### 【解】

根据给定的数据，初始氧亏浓度 $D_0$=10.1−9.5=0.6mg/L，$k_d$=$k_r$=$0.48d^{-1}$，$k_a$=$0.72d^{-1}$，$S_r^*$=−2g/（$m^2 \cdot d$），$S_b^*$=−4g/（$m^2 \cdot d$）。由于河流的平均深度 $\bar{d}$ 为 3m，所以呼吸和底栖消耗的氧气体积 $S_r$ 和 $S_b$ 分别为：

$$S_r = \frac{S_r^*}{\bar{d}} = -\frac{2}{3} = -0.667\,g/(m^3 \cdot d) = -0.667\,mg/(L \cdot d)$$

$$S_b = \frac{S_b^*}{\bar{d}} = -\frac{4}{3} = -1.33\,g/(m^3 \cdot d) = -1.33\,mg/(L \cdot d)$$

由于 $L_0$=20mg/L，$V$=3cm/s=2592m/d，参照方程（4.114）给出 $x_c$：

$$x_c = \frac{V}{k_a - k_r}\ln\left[\frac{k_a}{k_r} - \frac{k_a D_0(k_a - k_r) + (S_p + S_r + S_b)(k_a - k_r)}{k_d k_r L_0}\right]$$

$$= \frac{2592}{0.72 - 0.48}\ln\left[\frac{0.72}{0.48} - \frac{0.72 \times 0.6 \times (0.72 - 0.48) + (-0.667 - 1.33)(0.72 - 0.48)}{0.48 \times 0.48 \times 20}\right]$$

$$= 4951\,m$$

公式（4.115）给出了临界氧亏 $D_c$：

$$D_c = \frac{k_d}{k_a} L_0 \exp\left(-\frac{k_r x_c}{V}\right) - \frac{S_p + S_r + S_b}{k_a}$$
$$= \frac{0.48}{0.72} \times 20\exp\left(-\frac{0.48 \times 4951}{2592}\right) - \frac{-0.667 - 1.33}{0.72}$$
$$= 8.1\,mg/L$$

因此，溪流中的最小 DO 为 10.1–8.1=2.0mg/L，距离排污口下游 4951m 处。

光合作用、呼吸作用和底栖生物需氧量共同组成氧气源 $S_d$ 的分布（$ML^{-3}T^{-1}$），其中：

$$S_d = S_p + S_r + S_b \tag{4.116}$$

因此，可以直接从公式（4.113）中推导出由沿溪流分布的任何源（或汇）引起的更一般的氧气消耗表达式：

$$\Delta D_S(x) = -\frac{S_d}{k_a}\left[1-\exp\left(-k_a\frac{x}{V}\right)\right] \tag{4.117}$$

结果表明，由分布源 / 汇所产生的氧亏接近（当 $x\to\infty$ 时）$-S_d/k_a$，即：

$$\lim_{x\to\infty}\Delta D_S(x) = -\frac{S_d}{k_a} \tag{4.118}$$

缓慢流动的溪流的典型特征是具有低复氧（$k_a$ 小）的分布式氧亏（$S_d$<0）其渐近氧亏值较大，经过长时间的行进后才会接近该值。相反，快速流动的溪流的典型特征是高复氧（$k_a$ 大），其渐近氧亏值很小，在较短行进时间后即可接近该值。

## 【例题 4.17】

由光合作用、底栖生物需氧量和呼吸作用共同产生 1.997mg/（L·d）的净氧需求量，河流平均流速为 5cm/s，曝气速率系数为 $0.72d^{-1}$。求最终氧亏值。如果这些过程是在某个位置突然开始的，那么从此位置到下游多远距离，使得其产生的氧亏值是最终值的 95%？

### 【解】

根据给定的数据：$S_d$=−1.997mg/（L·d），$V$=5cm/s=4320m/d，$k_a$=$0.72d^{-1}$。最终氧亏浓度由公式（4.118）给出：

$$D_{S\infty} = -\frac{S_d}{k_a} = -\frac{-1.997}{0.72} = 2.77\ \text{mg/L}$$

如果 $x_{95}$ 是达到最终氧亏值的 95% 的距离，那么方程（4.117）需满足：

$$0.95\left(-\frac{S_d}{k_a}\right) = -\frac{S_d}{k_a}\left[1-\exp\left(-k_a\frac{x}{V}\right)\right]$$

$$0.95 = \left[1-\exp\left(-0.72\frac{x_{95}}{4320}\right)\right]$$

计算得 $x_{95}$=17970m。因此，在距离氧气开始下降的 17.97km 处，氧亏浓度将达到其最终值 2.77mg/L 的 95%。

#### 4.4.4.3　BOD 的分布源

BOD 的空间分布源（无额外流量）通常和沉积物分解中的降解产物有关，从沉积物扩散到上覆水中。在有 BOD 分布源的情况下，大气中的氧是河流唯一的氧气来源，DO 的控制方程为：

$$V\frac{\partial c}{\partial x} = -k_d L + k_a(c_s - c) \tag{4.119}$$

$$\frac{dL}{dt} = -k_r L + S_L \tag{4.120}$$

其中 $S_L$ 是分布源处的 BOD（$ML^{-3}T^{-1}$），方程中增加的 $S_L$ 项也是和传统 Streeter–Phelps 方程的唯一区别。求解方程（4.119）和方程（4.120）给出了河流中的氧亏浓度 $D$（$x$）：

$$D(x) = D_{SP}(x) + \Delta D_{BOD}(x) \tag{4.121}$$

其中 $D_{sp}$（$x$）是在点源 $x$=0（若存在）点源时由 Streeter–Phelps 方程（方程 4.70）估算的氧亏值，$\Delta D_{BOD}$（$x$）是由 BOD 分布源引起的氧亏：

$$\Delta D_{BOD}(x)=\begin{cases}\dfrac{k_d S_L}{k_r k_a}\left[1-\exp\left(-\dfrac{k_a x}{V}\right)\right]-\dfrac{k_d S_L}{(k_a-k_r)k_r}\left[\exp\left(-\dfrac{k_r x}{V}\right)-\exp\left(-\dfrac{k_a x}{V}\right)\right] & k_a \neq k_r \\ \dfrac{k_d S_L}{k_r k_a}\left[1-\exp\left(-\dfrac{k_a x}{V}\right)\right]-\dfrac{k_d S_L}{k_r}\exp\left(-\dfrac{k_a x}{V}\right) & k_a = k_r\end{cases} \tag{4.122}$$

作为分布式 BOD 输出的结果，即使不存在分散废水排放（即 $D_{sp}$（$x$）=0）的情况下，通常溪流和河流中的 DO 也可以按分布式 BOD 源来考虑。方程（4.122）表明由分布源 / 汇所产生的氧亏值接近（当 $x\to\infty$ 时）$-k_dS_L$/（$k_rk_a$），即：

$$\lim_{x\to\infty}\Delta D_{BOD}(x) = -\frac{k_d S_L}{k_r k_a} \tag{4.123}$$

在评估溪流的同化能力时，背景氧亏浓度值通常为 0.5~2mg/L。

## 【例题 4.18】

污水处理厂将污水排入平均流速为 3 cm/s、温度为 20℃的河流中。经过初步混合后，混合河水的 DO 浓度为 6mg/L，最终 BOD 为 20mg/L，实验显示河水中

BOD 衰减速率常数为 $0.5d^{-1}$，反应常数为 $0.7d^{-1}$。横向分布的 BOD 源延伸到污水排放下游 4km 处，这些分布源最终平均 BOD 为 3mg/L。沉淀使 BOD 的衰减速率提高 20%。评估分布式 BOD 输入对废水排放下游 4km 处氧气浓度的影响。由分布式 BOD 源引起的渐近性氧亏有多少?

**【解】**

在 20℃时，DO 饱和浓度为 9.1mg/L（参见表 2.2），根据给定的数据，$L_0$=20mg/L，$k_d$=$0.5d^{-1}$，$k_s$=$0.20\times0.5d^{-1}$=$0.1d^{-1}$，$k_a$=$0.7d^{-1}$，$V$ = 3cm/s=2592m/d，$x$=4km=4000m，$D_0$=9.1−6=3.1mg/L。整体 BOD 去除率 $k_r$ 由下式给出：

$$k_r=k_d+k_s=0.5+0.1=0.6d^{-1}$$

根据 Streeter–Phelps 方程（方程 4.70），在没有分布式 BOD 输入的情况下，废水排放下游 4km 处氧亏浓度为：

$$D_{SP}(x)=\frac{k_dL_0}{k_a-k_r}\left[\exp\left(-\frac{k_rx}{V}\right)-\exp\left(-\frac{k_ax}{V}\right)\right]+D_0\exp\left(-\frac{k_ax}{V}\right)$$

$$D_{SP}(4000)=\frac{0.5\times20}{0.7-0.6}\left[\exp\left(-\frac{0.6\times4000}{2592}\right)-\exp\left(-\frac{0.7\times4000}{2592}\right)\right]+3.1\exp\left(-\frac{0.7\times4000}{2592}\right)=6.7\ \text{mg/L}$$

DO 浓度为 9.1−6.7=2.4mg/L。对于沿 4km 长的河流分布的 BOD 源，$k_d$=$0.5d^{-1}$，$S_L$=3mg/L，方程（4.122）给出了分布情况对氧亏浓度的影响为：

$$\Delta D_{BOD}(x)=\frac{k_dS_L}{k_rk_a}\left[1-\exp\left(-\frac{k_ax}{V}\right)\right]-\frac{k_dS_L}{(k_a-k_r)k_r}\left[\exp\left(-\frac{k_rx}{V}\right)-\exp\left(-\frac{k_ax}{V}\right)\right]$$

$$\Delta D_{BOD}(4000)=\frac{0.5\times3}{0.6\times0.7}\left[1-\exp\left(-\frac{0.7\times4000}{2592}\right)\right]-\frac{0.5\times3}{(0.7-0.6)\times0.6}\left[\exp\left(-\frac{0.6\times4000}{2592}\right)-\exp\left(-\frac{0.7\times4000}{2592}\right)\right]=0.9\ \text{mg/L}$$

因此，河流下游 4km 处的分布式 BOD 使氧亏浓度增加了 0.9/6.7×100=13%。在没有分布式 BOD 负荷的情况下，废水排放下游 4km 处的 DO 浓度为 2.4mg/L，在有分布式 BOD 负荷的情况下，DO 浓度为 2.4−0.9=1.5mg/L。一般情况下，DO 至少应达到 5mg/L，因此无论是否存在分布式 BOD 源，计算出的 DO 对当地水生生物是存在毁灭性影响的。

由分布式 BOD 源引起的渐近性氧亏浓度由公式（4.123）给出：

$$\lim_{x\to\infty}\Delta D_{BOD}(x)=-\frac{k_dS_L}{k_rk_a}=-\frac{0.5\times3}{0.6\times0.7}=3.5\ \text{mg/L}$$

因此，DO 浓度为 9.1−3.5=5.6mg/L。这对于水生生物来说将是“过于接近”最低 DO 浓度，应该考虑减少分布式 BOD 的量。

氧气的复合源和汇。若河流的生化需氧量来自污水源和沿渠道分布的生化需氧源，其氧气源是大气复氧和光合作用，而氧气汇则是排放的废水加上呼吸作用和沿渠道的底栖生物需氧量，沿渠道的 $D$（$x$）由下式给出：

$$D(x)=D_{SP}(x)+\Delta D_S(x)+\Delta D_{BOD}(x) \quad (4.124)$$

其中 $\Delta D_S$（$x$）由公式（4.113）给出，$\Delta D_{BOD}$（$x$）由公式（4.122）给出。公式（4.124）明确给出了分布式氧源和汇对 $D$（$x$）的影响，并且提供了一种评估各种氧源和汇对河流 DO 影响的更为便利的形式。

## 【例题 4.19】

污水处理厂将废水排入平均流速为 3cm/s 的河流中。通过分析一段超过 500m 的河段的废物排放和分散式 BOD 输入，预测废水排放口下游 500m 处的 DO 为 5mg/L。分析时，假设复氧常数等于 $0.7d^{-1}$，河流的平均温度为 20℃。河流的光合作用预计产生 3mg/(L·d) 需氧量，植物呼吸为 1mg/（L·d），沉积物需氧量为 0.5mg/(L·d)。预测排放口下游 500m 处 DO 的波动情况。

**【解】**

20℃时，DO 饱和浓度为 9.1mg/L。根据给定的数据，$\Delta D_{SF}+\Delta D_{BOD}$= 9.1−5= 4.1mg/L，$k_a$=$0.7d^{-1}$，$S_p$=3mg/L·d，$S_r$=−1mg/（L·d），$S_b$=−0.5mg/（L·d）。由于河流平均流速为 3cm/s（=0.03m/s=2592m/d），因此行进 500m 的时间 $T$ 为：

$$T=\frac{500}{0.03}=16667\,\text{s}=4.6\,\text{h}$$

由于行进时间小于光照周期，在排放口下游 500m 处，废水在黑暗中行进 4.6h，不存在光合作用，呼吸作用和沉积物需氧量都受影响。在这种情况下，氧亏值由公式（4.124）和公式（4.113）给出：

$$\begin{aligned}D(x)&=[D_{\text{SF}}(x)+\Delta D_{\text{BOD}}(x)]+\Delta D_{\text{S}}(x)\\&=[D_{\text{SF}}(x)+\Delta D_{\text{BOD}}(x)]\\&\quad-\frac{S_{\text{p}}+S_{\text{r}}+S_{\text{b}}}{k_{\text{a}}}\left[1-\exp\left(-k_{\text{a}}\frac{x}{V}\right)\right]\end{aligned}$$

$$\begin{aligned}D(500)&=4.1-\frac{-1-0.5}{0.7}\left[1-\exp\left(-0.7\times\frac{500}{2592}\right)\right]\\&=4.4\,\text{mg/L}\end{aligned}$$

溶解氧浓度为 9.1–4.4=4.7mg/L。

当白天有 4.6h 的行进时间（超过 500m 的距离）时，不存在呼吸作用，有光合作用和沉积物氧需求。在这种情况下，氧亏值由公式（4.124）和公式（4.113）给出：

$$\begin{aligned}D(x)&=[D_{\text{SF}}(x)+\Delta D_{\text{BOD}}(x)]+\Delta D_{\text{S}}(x)\\&=[D_{\text{SF}}(x)+\Delta D_{\text{BOD}}(x)]\\&\quad-\frac{S_{\text{p}}+S_{\text{r}}+S_{\text{b}}}{k_{\text{a}}}\left[1-\exp\left(-k_{\text{a}}\frac{x}{V}\right)\right]\end{aligned}$$

$$D(500)=4.1-\frac{3-0.5}{0.7}\left[1-\exp\left(-0.7\times\frac{500}{2592}\right)\right]=3.6\,\text{mg/L}$$

相应的溶解氧浓度为 9.1–3.6=5.5mg/L。因此在 24h 内，废水排放口下游 500m 处的溶解氧浓度预计会在 3.9~5.5mg/L 的范围内波动。当然，这会对当地水生生物造成很大的影响。

这里提出的解决方案是假设氧气和 BOD 的分布源 / 汇不增加流量，因此可以假设流量 $Q$ 和平均流速 $V$ 为恒定的。除此之外，任何偏离此假设的情况都需要使用数值模型。

### 4.4.5 Chapra–Di Toro 模型

Chapra 和 Di Toro 研究了一个死水体的例子，其中呼吸作用是唯一的氧气汇，而氧气（光合作用）产生速率是时间的函数，在这种情况下，$D$（$\text{ML}^{-3}$）为：

$$\frac{\mathrm{d}D}{\mathrm{d}t}+k_{\text{a}}D=R-P(t) \tag{4.125}$$

式中 $k_{\text{a}}$——复氧系数（$\text{T}^{-1}$）；

$R$——（恒定）呼吸速率（$\text{ML}^{-3}\text{T}^{-1}$）；

$P(t)$——初级生产（光合作用）率（$\text{ML}^{-3}\text{T}^{-1}$）。

定义日出时 $t=0$，$f$ 为光照周期（即光照的持续时间）（T），由光合作用引起的氧气产生率为：

$$P(t)=P_{\text{m}}\max\left[\sin\left(\frac{\pi t}{f}\right),\ 0\right] \tag{4.126}$$

式中 $P_{\text{m}}$——瞬时最大产生率（$\text{ML}^{-3}\text{T}^{-1}$）。

方程（4.126）中 $t=f/2$ 意味着处于正午，在 24h 内积分方程（4.126）可得到日平均产生率为：

$$P_{\text{av}}=\left(\frac{2f}{\pi T}\right)P_{\text{m}} \tag{4.127}$$

其中 $T=24\text{h}$。Chapra 和 Di Toro 认为，在一天开始时的氧亏值等于在一天结束时的值，并且在日落时解是连续的，进而发展了方程（4.125）和方程（4.126）的分段周期性解。在光照期间方程（4.125）和方程（4.126）的解是：

$$D_1(t)=\frac{R}{k_{\text{a}}}-\sigma\left[\sin\left(\frac{\pi t}{f}-\theta\right)+\gamma \mathrm{e}^{k_{\text{a}}t}\right],\quad 0\leqslant t\leqslant f \tag{4.128}$$

黑暗时，解为：

$$D_2(t)=\frac{R}{k_{\text{a}}}-\sigma[\sin(\theta)+\gamma \mathrm{e}^{-k_{\text{a}}f}]\mathrm{e}^{-k_{\text{a}}(t-f)},\quad f\leqslant t\leqslant T \tag{4.129}$$

参数组为：

$$\theta=\tan^{-1}\left(\frac{\pi}{k_{\text{a}}f}\right);\ \gamma=\sin(\theta)\left[\frac{1+\mathrm{e}^{-k_{\text{a}}(T-f)}}{1-\mathrm{e}^{-k_{\text{a}}T}}\right],\quad \sigma=\frac{P_{\text{m}}}{\sqrt{k_{\text{a}}^2+\left(\frac{\pi}{f}\right)^2}} \tag{4.130}$$

方程（4.128）和方程（4.129）给出的解满足 $D_1(f)=D_2(f)$ 以及 $D_1(0)=D_2(T)$，$\theta$ 和 $\gamma$ 为无量纲量，$\sigma$ 的单位为 $\text{M/L}^3$。

常见解和瞬间产生率、DO 剖面如图 4.10 所示。从图 4.10 可以看出，最大和最小氧亏值都出现在光照期，最大氧亏值出现在日出后不久，正午和日落之间出现最小氧亏值。这对于这个模型总是成立的，可通过对方程（4.128）和方程（4.129）对 $t$ 求导并求极值来证明，其中 $D_1$ 有两个而 $D_2$ 没有。通过方程（4.128）和方程（4.129）可将观测的氧亏值（时间的函数）与这些解进行比较，并且通过观测数据和氧亏值的理论变化之间的最佳拟合来提取模型参数 $k_{\text{a}}$、$P_{\text{av}}$、$R$。令方程（4.128）的一阶导数等于零求得氧亏时的最小时间 $t_{\min}$，即：

$$\pi\cos\left[\pi\left(\frac{1}{2}+\frac{\phi}{f}\right)-\theta\right]-(k_a f)\gamma e^{-k_a(\phi+f/2)}=0,\quad \phi>0 \tag{4.131}$$

其中 $\phi$（T）是正午和最小氧亏值之间的时间：

$$\phi=t_{min}-\frac{f}{2} \tag{4.132}$$

方程（4.131）用 $\phi$ 和 $f$ 表示 $k_a$，其可以通过观察时间（$t_{min}$）内 DO 变化和日出 / 日落时间（$f$）来估算。为计算平均产生率 $P_{av}$，使用方程（4.128）和方程（4.129），可推导出以下关系：

$$\frac{\Delta}{P_{av}}=\frac{\pi\delta}{2\sqrt{(k_a f)^2+\pi^2}} \tag{4.133}$$

其中 Δ 是由该式定义的最大、最小氧亏差：

$$\Delta=D_1(t)|_{t=t_{max}}-D_1(t)|_{t=t_{min}} \tag{4.134}$$

其中 $t_{max}$ 和 $t_{min}$ 是通过方程（4.128）中求 $D_1$ 的极值时得出的：

$$\pi\cos\left(\frac{\pi t_{min}}{f}-\theta\right)-(k_a f)\gamma e^{-k_a t_{min}}=0,\quad t_{min}>\frac{f}{2} \tag{4.135}$$

$$\pi\cos\left(\frac{\pi t_{max}}{f}-\theta\right)-(k_a f)\gamma e^{-k_a t_{max}}=0,\quad t_{max}<\frac{f}{2} \tag{4.136}$$

$\delta$ 由公式（4.133）给出：

$$\delta=-\left[\sin\left(\frac{\pi t_{max}}{f}-\theta\right)+\gamma e^{-k_a t_{max}}\right]+\left[\sin\left(\frac{\pi t_{min}}{f}-\theta\right)+\gamma e^{-k_a t_{min}}\right] \tag{4.137}$$

呼吸速率 $R$ 可以通过积分方程（4.128）和方程（4.129）的 $k_a$ 和 $P_{av}$ 进行估算：

$$R=P_{av}+k_a\bar{D} \tag{4.138}$$

其中 $\bar{D}$ 是在 DO 测量中获得的平均昼夜 DO 差。方程（4.131）、公式（4.133）和公式（4.138）根据 $\phi$、Δ 和 $\bar{D}$ 的测量结果估算 $k_a$、$P_{av}$ 和 $R$ 的方法称为 $\delta$ 法。需要注意的是，$\delta$ 法不限制 DO 的最小值，但是出现负值的参数应多加考虑。此外，观察表明日出前有最小 DO 和中午前有最大 DO 时，Chapra 和 Di Toro 的 DO 模型在应用时应多加考虑。

尽管现代可编程计算机可以解关于 $k_a$ 的方程（4.131），但是 McBride 和 Chapra 提出了以下的近似方法来估计 $k_a$，以替代方程（4.131）：

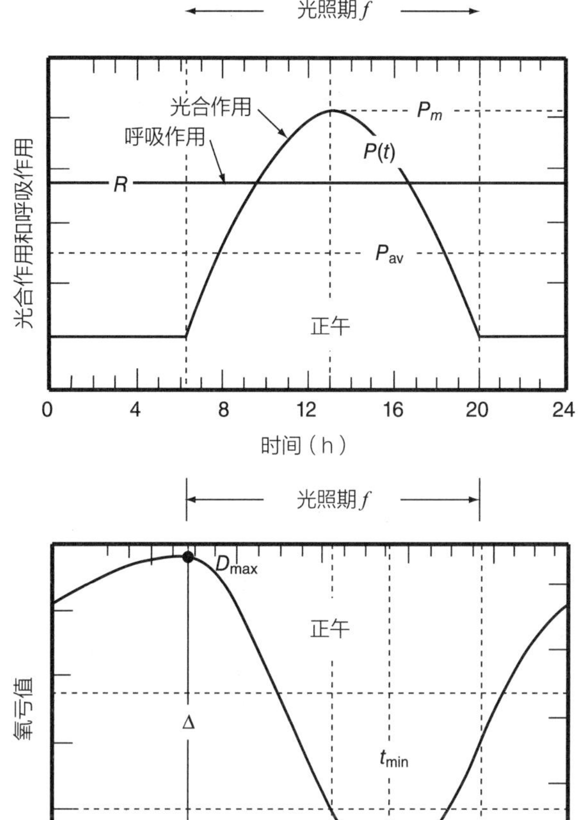


图 4.10 随时间变化的产生率中溶解氧与时间的关系

$$k_a=7.5\left(\frac{5.3\eta-\phi}{\eta\phi}\right)^{0.85}\quad 其中\quad \eta=\left(\frac{f}{14}\right)^{0.75} \tag{4.139}$$

其中 $\phi$ 和 $f$ 的单位为 h，$k_a$ 的单位为 $d^{-1}$。在 $f\geq 17h$ 和 $k_a<1d^{-1}$ 时，方程（4.131）的精确解和方程（4.139）的近似解间差异最为明显。平均产生率 $P_{av}$ 可以用下面的近似关系式代替公式（4.133）：

$$\frac{\Delta}{P_{av}}=\frac{16}{\eta(33+k_a^{1.5})} \tag{4.140}$$

通过 DO 观测值用公式（4.139）和公式（4.140）估算 $k_a$ 和 $P_{av}$ 的方法称为近似 $\delta$ 法，该方法的发展归因于 McBride 和 Chapra。此方法主要适用于中度反应（$k_a<10d^{-1}$）和中等光周期（$f=10\sim14h$）的水体。

## 【例题 4.20】

Chapra 和 Di Toro 对位于密歇根州的格兰德河缓慢流动断面上大量生长的水生植物的监测结果表

明，DO 的昼夜变化特征为：$\phi$=3.93h，Δ=8.4mg/L，$\bar{D}$=−0.272mg/L（即平均过饱和度），$f$=13h（07：00—20：00）。（1）由这些数据确定相应的 $k_a$、$P_{av}$ 和 $R$ 值。（2）将这些值和使用近似关系式得到的值进行比较。

【解】

（1）由公式（4.130）和给定的数据 $f$=13h、$T$=24h 得：

$$\theta=\tan^{-1}\left(\frac{\pi}{k_a f}\right)=\tan^{-1}\left(\frac{\pi}{13k_a}\right) \tag{4.141}$$

$$\gamma=\sin(\theta)\left[\frac{1+e^{-k_a(T-f)}}{1-e^{-k_aT}}\right]=\sin(\theta)\left[\frac{1+e^{-11k_a}}{1-e^{-24k_a}}\right] \tag{4.142}$$

另外，由给定的数据 $\phi$=3.93h 和方程（4.131）得：

$$\pi\cos\left[\pi\left(\frac{1}{2}+\frac{3.93}{13}\right)-\theta\right]-(13k_a)\gamma e^{-k_a(3.93+13/2)}=0 \tag{4.143}$$

同时求解方程（4.141）~ 方程（4.143）得：

$k_a=0.114\ h^{-1}=2.7\ d^{-1}$，$\theta=1.13\ rad$，$\gamma=1.24$

方程（4.135）和方程（4.136）分别给出了最小和最大氧亏值时的时间 $t_{min}$、$t_{max}$：

$$\pi\cos\left(\frac{\pi t^*}{f}-\theta\right)-(k_a f)\gamma e^{-k_a t^*}=0$$

$$\pi\cos\left(\frac{\pi t^*}{13}-1.13\right)-0.114\times13\times1.24e^{-0.114t^*}=0 \tag{4.144}$$

其中 $t^*$ 表示方程（4.144）有多个解，并且当 $t^*>f/2$ 时，$t_{min}=t^*$；当 $t^*<f/2$ 时，$t_{max}=t^*$。方程（4.144）的解为 $t^*$=10.4h 和 0.575h；因此，将 $t_{max}$ = 0.575h 和 $t_{min}$ = 10.4h 代入公式（4.137）得出：

$$\begin{aligned}\delta=&-\left[\sin\left(\frac{\pi t_{max}}{f}-\theta\right)+\gamma e^{-k_a t_{max}}\right]\\&+\left[\sin\left(\frac{\pi t_{min}}{f}-\theta\right)+\gamma e^{-k_a t_{min}}\right]\\=&-\left[\sin\left(\frac{\pi\times0.575}{13}-1.13\right)+1.24e^{-0.114\times0.575}\right]\\&+\left[\sin\left(\frac{\pi\times10.4}{13}-1.13\right)+1.24e^{-0.114\times10.4}\right]\\=&1.04\end{aligned}$$

将 Δ= 8.4 mg/L，$\delta$=1.04，$k_a$=0.114h$^{-1}$，$f$=13h 代入公式（4.133）可得：

$$\frac{\Delta}{P_{av}}=\frac{\pi\delta}{2\sqrt{(k_a f)^2+\pi^2}}$$

$$\frac{8.4}{P_{av}}=\frac{\pi\times1.04}{2\sqrt{(0.114\times13)^2+\pi^2}}$$

解得：

$$P_{av}=17.9\ mg/(L\cdot d)$$

将 $P_{av}$=17.9mg/（L · d），$k_a$=0.114h$^{-1}$=2.7d$^{-1}$，$\bar{D}$=−0.272mg/L 代入公式（4.138）可得：

$R=P_{av}+k_a\bar{D}$=17.9+2.7 ×（−0.272）=17.2mg/（L · d）

综上，计算的 DO 日变化 $k_a$=2.7d$^{-1}$，$P_{av}$=17.9mg/（L·d），$R$=17.2mg/（L · d）。在 Streeter–Phelps 模型中，可以使用这些参数值来评估连续排放废水对河流的影响。

（2）由于满足 $f$<17h 且 $k_a$> 1d$^{-1}$，因此可以使用近似 $\delta$ 法代替 $\delta$ 法来计算 $k_a$、$P_{av}$ 和 $R$ 值。已知 $f$ = 13h 和 $\phi$= 3.93h，由公式（4.139）得：

$$\eta=\left(\frac{f}{14}\right)^{0.75}=\left(\frac{13}{14}\right)^{0.75}=0.946$$

$$k_a=7.5\left(\frac{5.3\eta-\phi}{\eta\phi}\right)^{0.85}=7.5\times\left(\frac{5.3\times0.946-3.93}{0.946\times3.93}\right)^{0.85}$$

$$=2.6\ d^{-1}$$

将 Δ= 8.4 mg/L，$\eta$=0.946，$k_a$=2.6d$^{-1}$ 代入公式（4.140）可得：

$$\begin{aligned}P_{av}&=\frac{\eta(33+k_a^{1.5})}{16}\Delta=\frac{0.946\times(33+2.6^{1.5})}{16}\times8.4\\&=18.5\ mg/(L\cdot d)\end{aligned}$$

将 $P_{av}$=18.5mg/（L · d），$k_a$=2.6d$^{-1}$，$\bar{D}$=−0.272mg/L 代入公式（4.138）可得

$$R=P_{av}+k_a\bar{D}=18.5+2.6\times(-0.272)=17.8\ mg/(L\cdot d)$$

将使用两种方法获得的数值进行比较，$k_a$ 的差异为 0.04%，$P_{av}$ 的差异为 3%，$R$ 的差异为 3%。结果表明，这两种方法的结果相近。

将理论昼夜 DO 曲线与图 4.11 中的测量值进行比较，实曲线基于模型 – 理论关系，虚线基于近似表达式。

### 4.4.6　经验模型

经验模型有时用来描述特定地点 DO 的昼夜变化。

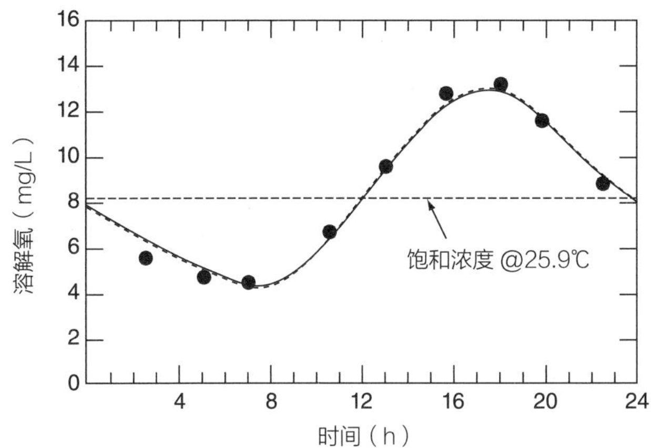


图 4.11　密歇根州格兰德河溶解氧与时间的关系

构建的模型通常也包括和观测值相匹配的正弦函数。经验模型在测量时间是可变的且在一天中的特定时间内估算 DO 的情况下（例如用于监管目的）特别有用。

### 4.4.7　数值模型

DO 的数值模型通常使用完善的计算机程序来计算。在藻类作为影响 DO 的主要因素的情况下，数值模型在确定 DO 水平对不同营养物负荷来源的敏感性特别有用。

## 4.5　营养物模型

氮和磷是从农业用地流入溪流的常见营养物质。过高浓度的营养物质通常会使有害藻类生长，导致溶解氧和 pH 值的显著波动，造成鱼类死亡、供水口堵塞。但是，由于溪流对营养物质的富集也取决于和溪流生境有关的因素，使得藻类的生物量水平不能完全依据营养物质浓度来预测。有研究显示，显著影响营养物质浓度和藻类生物量之间关系的溪流生境因素包括温度、浊度和深度宽度比等。除了广泛使用的将总磷（TP）和总氮（TN）浓度与生物量浓度相关联的经验模型（这些模型在第 7 章中展开进一步讨论）之外，氮还可以通过硝化过程的需氧量直接影响河流的 DO 水平。过量氮的影响在处理过得生活废水排放下游表现得尤为普遍，其中有机氮和氨氮水平较高。

模拟氮在溪流中的迁移和归趋比磷更为普遍，下面将介绍氮模型的要点。

**氮模型：**

溪流中去除氮的过程通常与植物吸收、在沉积物中储存和埋藏、反硝化作用有关。尽管实际情况并非总是如此，但是反硝化作用通常被认为是主要的过程。反硝化作用是厌氧菌将一种或两种离子氮氧化物（$NO_3^-$ 和 $NO_2^-$）还原成气态氧化物（NO 和 $N_2O$），还可进一步还原成 $N_2$。除非在水体中或沉积物中存在厌氧情况，否则不会发生反硝化作用。大部分反硝化作用发生在沉积物—水界面，流动水体中的反硝化作用可以忽略不计，但是水体中生物膜的反硝化作用同样很重要。在沉积物—水界面，硝化过程产生的硝酸盐（与水体中的硝酸盐一起）直接通过水柱扩散到沉积物中的反硝化位点。这通常被称为硝化 - 反硝化过程。根据 Seitzinger 的研究，硝化作用通常是多数水生沉积物中主要或唯一的反硝化作用来源，此外，水体中硝酸盐的浓度也可能是一个影响因素，特别是在亚低温区域，平流运输是反硝化作用的重要运输过程。在多数情况下，溪流中氮的去除率表示为单位时间单位面积内（溪流底部）氮去除的质量，单位为 mg N/（$m^2$·d）。这种恒定的去除率没有考虑氮浓度对去除率的影响，Brigand 等人提出了以下一阶关系：

$$\frac{\mathrm{d}c}{\mathrm{d}t}=-\frac{k_\mathrm{n}}{\bar{d}}c \tag{4.145}$$

式中　$c$——水柱中的硝酸盐浓度（$ML^{-3}$）；

$t$——行进时间（T）；

$k_\mathrm{n}$——传质系数（$T^{-1}$）；

$\bar{d}$——水流的平均深度（L）。

常见的氮去除率在 350~1250mgN/（$m^2$·d）范围内，传质系数在 0.07~0.25m/d 范围内。实验室研究和溪流实地研究相比，氮的去除率下降几倍，甚至超过一个数量级。

### 【例题 4.21】

缓慢流动的溪流中氮的去除主要通过沉积物—水界面发生的反硝化作用，反硝化速率常数为 0.16m/d。如果溪流的平均流速为 3cm/s，平均深度为 3.5m，估算通过反硝化作用去除 50% 氮所需的距离。如果某一特定地点的硝酸盐浓度为 8mg/L，请估计此处硝酸盐的去除率。

**【解】**

根据给定的数据：$k_\mathrm{n}$=0.16m/d，$V$=3cm/s=2592m/d，$\bar{d}$=3.5m，$c_0$=8mg/L。假设反硝化由方程（4.145）描述，以时间 $t$ 为函数的浓度 $c$ 可以表示为：

$$c = c_0 \exp\left[-\frac{k_n}{d}t\right]$$

其中 $c_0$ 是在 $t=0$ 时的浓度。$t_{50}$ 为去除 $NO_3$-N 达 50%的时间，则：

$$0.5c_0 = c_0 \exp\left[-\frac{k_n}{d}t_{50}\right]$$

$$0.5 = \exp\left[-\frac{0.16}{3.5}t_{50}\right]$$

解得 $t_{50}$=15.16d。若去除 50%的距离用 $x_{50}$ 表示，则：

$$x_{50} = Vt_{50} = 2592 \times 15.16 = 39300\,\text{m}$$

因此，去除 50% $NO_3$-N 所需的距离为 39.30km。方程（4.145）给出了 $c$=8mg/L 时 $NO_3$-N 的去除率：

$$\begin{aligned}\frac{dc}{dt} &= -\frac{k_n}{d}c = -\frac{0.16}{3.5}\times 8\\ &= 0.366\ \text{mg/(L·d)}\\ &= 366\ \text{mg/(m}^3\text{·d)}\end{aligned}$$

由于水深为 3.5m，因此单位面积的 $NO_3$-N 去除率可估算为 366/3.5=10.3mg/（$m^2$·d）。

## 4.6　病原体模型

通常通过指示生物来追踪病原体，（淡水）溪流中使用最广泛的指示生物是粪大肠菌群（FC）和大肠杆菌。在有着显著盐度的情况下，如河流入海口处，肠球菌是首选的指示生物。病原体污染有时简称为细菌污染，也是造成美国河流水质下降的主要原因。溪流中 FC 的模型可以分为演绎型和归纳型。演绎模型是基于已定义的方程式，进行分析或数值求解，而归纳模型可以使用回归或人工智能的方式与 FC 水平相关联。归纳模型通常将每日 FC 平均水平与包括流量和浊度在内的变量相关联。

指示生物的衰亡通常描述为以下形式的一阶过程：

$$\frac{dc}{dt} = -k_b c \qquad (4.146)$$

式中　$c$——细菌浓度（$ML^{-3}$）；

$t$——时间（T）；

$k_b$——损耗率（$T^{-1}$）。

用于表示细菌浓度的单位是 CFU/100mL 或 CFU/dL，其中“CFU”是“菌落形成单位”的缩写。影响 $k_b$ 的关键因素有温度、盐度、光照和沉降。这些因素对 $k_b$ 的影响可以通过以下公式来表示：

$$k_b = k_{b1} + k_{b2} + k_{b3} \qquad (4.147)$$

式中　$k_{b1}$、$k_{b2}$、$k_{b3}$——分别为最低死亡率、光损耗率和沉降损耗率。

这些以 $d^{-1}$ 为单位的参数的估算如下：

$$k_{b1} = (0.8 + 0.02S)1.07^{T-20} \qquad (4.148)$$

$$k_{b2} = \frac{\alpha I_0}{k_e H}\left(1 - e^{-k_e H}\right) \qquad (4.149)$$

$$k_{b3} = f_p \frac{v_s}{H} \qquad (4.150)$$

式中　$S$——盐度（ppt 或 g/L）；

$T$——温度（℃）；

$\alpha$——比例常数（无量纲）；

$I_0$——入射到水面的平均光能（$Ly^*$/h）；

$k_e$——消光系数（$m^{-1}$）；

$H$——溪流的总深度（m）；

$f_p$——附着于悬浮物的细菌（无量纲）；

$v_s$——沉降速度（m/d）。

通常情况下，$\alpha$ 约等于 1；$k_e$ 可通过以下公式估算：

$$k_e = \frac{1.8}{SD} \quad \text{或} \quad k_e = 0.55c_{ss} \qquad (4.151)$$

式中　$SD$——Secchi 深度（m）；

$c_{ss}$——悬浮固体浓度（mg / L）。

并且可以使用该关系来估算 $f_p$：

$$f_p = \frac{K_d c_{ss}}{1 + K_d c_{ss}} \qquad (4.152)$$

式中　$K_d$——悬浮物上细菌的分配系数（$m^3$/g）。

## 【例题 4.22】

经二次处理后的废水排入淡水河流中，离开混合区时，河水的悬浮固体浓度为 80mg/L，温度为 15℃。混合河水的实验室测试结果表明，悬浮固体的平均沉降速度为 0.3m/d，悬浮固体上指示细菌的分配系数为 0.8L/mg。水面平均光能为 400Ly/d，水流深度为 3.0m，平均流速为 2cm/s。估算指示细菌损耗达 90%时的距离。

**【解】**

根据给定的数据：$S$=0ppt（淡水），$c_{ss}$=80mg/L，

$T$=15℃，$v_s$=0.3m/d，$K_d$=0.8L/mg，$I_0$=400Ly/d=16.67Ly/h，$H$=3.0m，$V$=2cm/s=1728m/d。假设 $\alpha=1$，以下参数可以从给出的数据中算出：

$$k_e = 0.55c_{ss} = 0.55\times 80 = 44.0\ \mathrm{m}^{-1}$$

$$f_p = \frac{K_d c_{ss}}{1+K_d c_{ss}} = \frac{0.8\times 80}{1+0.8\times 80} = 0.9846$$

$$k_{b1} = (0.8+0.02S)1.07^{T-20} = (0.8+0.02\times 0)\times 1.07^{15-20} = 0.5704\ \mathrm{d}^{-1}$$

$$k_{b2} = \frac{\alpha I_0}{k_e H}\left(1-\mathrm{e}^{-k_e H}\right) = \frac{1\times 16.67}{44\times 3.0}\times\left(1-\mathrm{e}^{-44\times 3.0}\right) = 0.1263\ \mathrm{d}^{-1}$$

$$k_{b3} = f_p\frac{v_s}{H} = 0.9846\times\frac{0.3}{3.0} = 0.09846\ \mathrm{d}^{-1}$$

$$k_b = k_{b1}+k_{b2}+k_{b3} = 0.5704+0.1263+0.09846 = 0.795\ \mathrm{d}^{-1}$$

因此，指示细菌的一阶衰减系数为 $k_b$=0.795d$^{-1}$。由于衰减过程是一阶的，结合方程（4.146）得：

$$c = c_0\exp[-k_b t] = c_0\exp\left[-k_b\frac{x}{V}\right]$$

其中 $c_0$ 是初始浓度，$x$ 是距源头的距离。若 $x_{90}$ 是衰减 90% 的距离，那么：

$$0.1c_0 = c_0\exp\left[-k_b\frac{x_{90}}{V}\right]$$

$$0.1 = \exp\left[-0.795\frac{x_{90}}{1780}\right]$$

解得 $x_{90}$=5160m。因此，指示细菌衰减 90% 时的距离为 5.16km。

## 4.7　污染物负荷

污染物负荷广泛用在调节和管理溪流水质方面。溪流中的污染物负荷定义为给定时间内在给定横截面上输运的污染物的量。污染物负荷可以分为瞬时负荷和长期负荷，瞬时负荷观测的是在给定的时刻输运的污染物的量，长期负荷则是在较长时间内输运的污染物的量，其中溪流的水流条件可能会发生变化，例如在季节和年际上的变化。

任意时间 $t$（T）的瞬时负荷 $L$（$t$）（MT$^{-1}$）与流量 $Q$（$t$）（L$^3$T$^{-1}$）和浓度 $c$（$t$）（ML$^{-3}$）的关系为：

$$L(t) = Q(t)c(t), \qquad (4.153)$$

在时间 $t_1$（T）和 $t_2$（T）间的时间 $T$（T）内的长期污染物负荷 $L_T$（M）由下式给出：

$$L_T = \int_{t_1}^{t_2} L(t)\mathrm{d}t = \int_{t_1}^{t_2} Q(t)c(t)\mathrm{d}t \qquad (4.154)$$

溪流的瞬时负荷由 $Q$ 和 $c$ 同时测量确定，并且广泛用于（至少在美国）评估溪流水质优劣（利用 $c$）、溪流的水文状态（利用 $Q$）以及相对于现有水文状态允许的污染负荷（利用 $Qc$）。当测得的瞬时负荷（$Qc$）超过观测流量条件下的允许负荷时，必须减少污染源负荷，以使溪流满足其适用的水质标准。在此类型的应用中，最大允许负荷称为最大日负荷量（TMDL）。

相反，与 TMDL 分析中使用瞬时负荷不同的是，有时需要对组分负荷进行长期估算，以确定从溪流中去除的组分总量，或是由上游进入下游的组分总量。实际中常用悬浮固体作为组分，总悬浮固体负荷有时和流域土壤侵蚀量有关，或者，由于这些悬浮固体最终会沉降到水柱中，进而降低水库的存储量，所以悬浮物流入水库是值得关注的。

### 4.7.1　最大日负荷量

水质标准通常规定溪流中最高允许污染物浓度 $c_{std}$（ML$^{-3}$），对于任意给定的流量 $Q$（MT$^{-3}$），TMDL 定义为 $Qc_{std}$。由于流域内各种污染源对污染物水平的相对贡献与溪流的流动状态（例如高流量和低流量）密切相关，因此可将 TMDL（= $Qc_{std}$）和流动状态联系起来。TMDL 和流动状态之间的函数关系称为负荷历时曲线（LDC），该曲线构成了流域内污染源分配污染物负荷的基础，以确保符合溪流的水质标准。没有达到相关水质标准的河流被称为受损河流。

#### 4.7.1.1　负荷历时曲线（LDC）的推导

LDC 表示满足水质标准（即 TMDL）所需的污染物负荷与相应的流动状态之间的关系。充分理解 LDC 的含义和应用，最好是理解这条曲线是如何导出的。下面将介绍导出 LDC 的过程。

第 1 步：收集数据。

在感兴趣的河段，找到适用的水质标准 $c_{std}$，并做平均每日流量的长期记录。在美国，美国地质调查局（USGS）在数千个地点做了日平均流量记录，这些记录通常还可在线访问。如果所感兴趣的河段没有长期的流量监测记录，那么可以采用其他的估算方法，如降雨径流模型、测量上游或下游流量比例尺；需要指出的是，这些替代方法通常会影响 LDC 的准确性。

第 2 步：计算流量历时曲线（FDC）。

FDC 表示溪流中流量和超过流量的时间百分比之间的函数关系。推导 FDC 首先是对 $N$ 个测量的日常流量值进行排名，其中 1 表示最高流量，$N$ 表示最低流量。对于排序为 $m$ 的溪流，可以通过 Weibull 公式估算超出百分比：

$$超出百分比=\frac{m}{N+1}\times 100 \qquad (4.155)$$

然后绘制溪流中的流量与超出百分比的 FDC 图，其中流量通常以对数为标度。典型的 FDC 如图 4.12 所示。FDC 作为一种以图形观察流量发生频率的方式，其中只有很少（<10% 的时间）超过高流量，但常超出低流量（>90% 的时间）。不同的流动状态用于表征不同流量范围内的流量，USEPA 提出的分类如图 4.12 所示，并且提出了量化指标，见表 4.10。

不同分类对应的超出百分比 表 4.10

| 分类 | 超出百分比（%） |
|---|---|
| 高流量 | 0~10 |
| 湿润条件 | 10~40 |
| 中等范围流量 | 40~60 |
| 干燥条件 | 60~80 |
| 低流量 | 80~100 |

第 3 步：由 FDC 导出 LDC。

将 FDC 的纵坐标乘以相应污染物的水质标准 $c_{std}$，即可从流量历时曲线（FDC）推导出 LDC。常见的 LDC 如图 4.13 所示。由于流量和 $c_{std}$ 的乘积给出了特定流量的 TMDL，所以 LDC 仅仅是 TMDL 作为流量超出比的函数。非正常情况下，水质标准 $c_{std}$ 随着流动状态的变化而变化，应重点关注 FDC 的纵坐标乘以相应 $c_{std}$ 确定 LDC 时的这种变化。通常，这种调整就是常见的悬移质标准。

在水质标准为季节性（例如夏季和冬季）的情况下，每个季节单独的 LDC 通常比全年的 LDC 更有用。

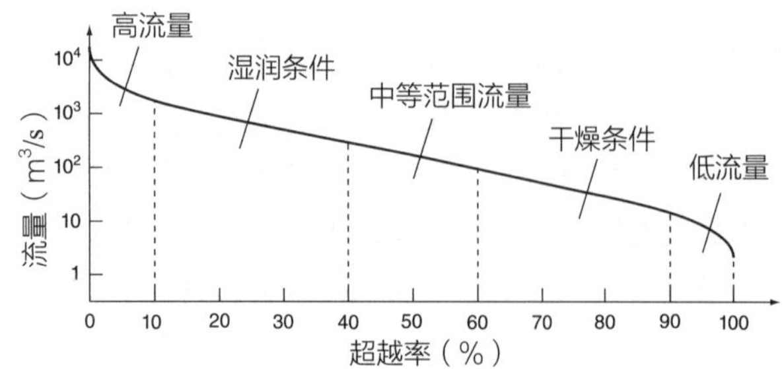

图 4.12 流量历时曲线

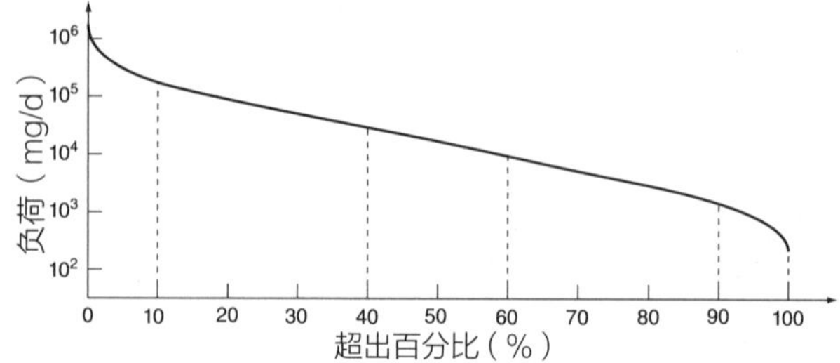

图 4.13 负荷历时曲线

## 【例题 4.23】

表 4.11 为 1970 年至 2007 年期间堪萨斯河下游某段的日流量测量结果。

堪萨斯河下游某段的日流量测量结果 表 4.11

| 序号 | 流量（$m^3/s$） | 序号 | 流量（$m^3/s$） | 序号 | 流量（$m^3/s$） |
|---|---|---|---|---|---|
| 1 | 4728 | 4780 | 170 | 9559 | 61 |
| 341 | 1172 | 5121 | 158 | 9901 | 57 |
| 683 | 903 | 5462 | 145 | 10242 | 54 |
| 1024 | 722 | 5804 | 133 | 10583 | 50 |
| 1366 | 600 | 6145 | 123 | 10925 | 46 |
| 1707 | 495 | 6487 | 114 | 11266 | 42 |
| 2048 | 422 | 6828 | 105 | 11608 | 39 |
| 2390 | 368 | 7169 | 97 | 11949 | 36 |
| 2731 | 331 | 7511 | 90 | 12290 | 33 |
| 3073 | 294 | 7852 | 84 | 12632 | 31 |
| 3414 | 262 | 8194 | 78 | 12973 | 29 |
| 3755 | 235 | 8535 | 74 | 13315 | 25 |
| 4097 | 210 | 8876 | 69 | 13655 | 11 |
| 4438 | 188 | 9218 | 65 | | |

在此期间共进行了 13655 次测量。相对于 200CFU/100mL 的 FC 标准，可认为堪萨斯河下游已受损。确定 FC 的 LDC。如果大多数违规水质事件发生在湿润条件下，并且流量超标为 10%~40%，请估计湿润条件下允许的 FC 负荷中值。

## 【解】

根据给定的数据：$N$=13655，$c_{std}$=200CFU/100mL。由给出的等级 $m$，可以使用公式（4.155）计算超出百

分比 $P_e$：

$$P_e=\frac{m}{N+1}\times100=\frac{m}{13656}\times100 \qquad (4.156)$$

与给定流量 $Q$（$m^3/s$）相对应的 FC 负荷 $L$（CFU/d）由下式给出：

$$L=Qc_{std}\times8.64\times10^8 \qquad (4.157)$$

其中 $c_{std}$ 单位为 CFU/100mL，$8.64\times10^8$ 为换算系数。使用公式（4.156）转换给定的等级，并使用公式（4.157）转换给定的流量，得到的 LDC 如表 4.12 所示。

相应的 LDC 绘制在图 4.14 中。根据这些数据，10% 和 40%超标下的最大允许负荷分别为 $1.04\times10^{14}$CFU/d 和 $2.50\times10^{13}$CFU/d。FC 负荷对应于 10%+（40% –10%）/2= 25%的超出百分比，相应的负荷为 $4.53\times10^{13}$CFU/d。

#### 4.7.1.2 负荷历时曲线的应用

LDC 的应用有：（1）指导进入溪流的污染物负荷分配；（2）指出违规水质的可能来源为点源或非点源；（3）估算溪流达到其适用的水质标准所需减少的负荷，为减负提供依据。

负荷分配。考虑到图 4.15 所示的常见河段，其中上游的污染物负荷为 $L_u$（$MT^{-1}$），点源负荷为 $L_{pi}$（$MT^{-1}$），其中 $i$ 是指不同点源，非点源负荷为 $L_{np}$（$MT^{-1}$），下游总负荷为 $L_T$（$MT^{-1}$），等于 $Qc$，其中 $Q$（$L^3T^{-1}$）和 $c$（$ML^{-3}$）分别是流量和污染物浓度。通常情况下，与点源相关的负荷和溪流的流量 $Q$ 无关，这些点源负荷可以用 LDC 中的水平线表示，如图 4.16 所示。

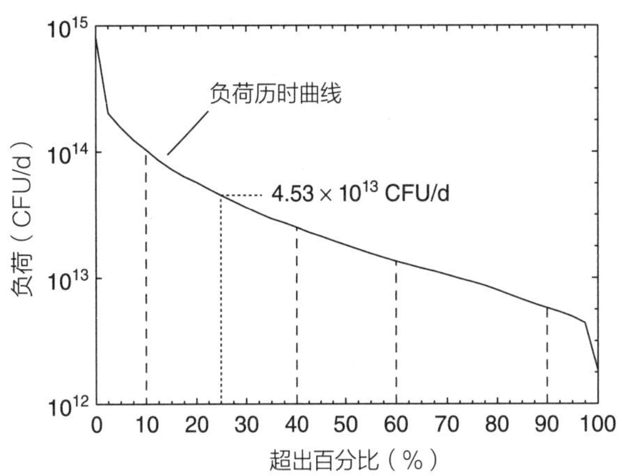

图 4.14 粪大肠菌群负荷历时曲线

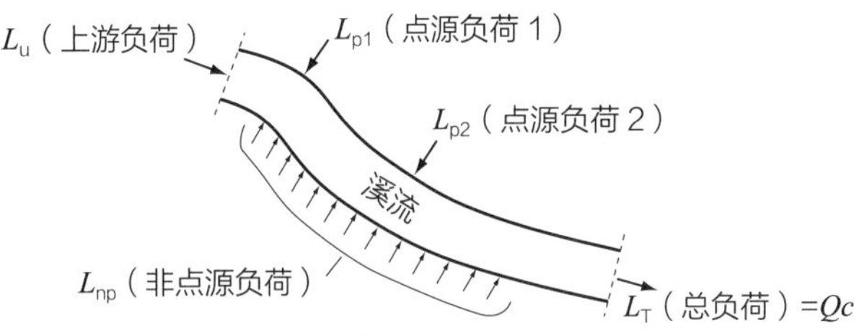

图 4.15 河段的污染物负荷

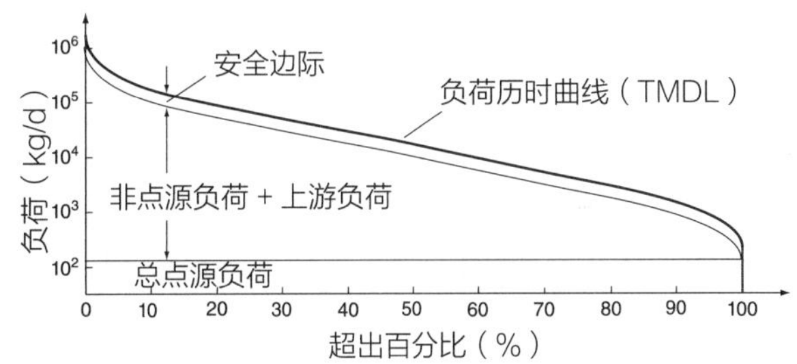

图 4.16 污染负荷的分配

**计算得到的 LDC** 表 4.12

| 超出百分比（%） | 负荷（$\times10^{12}$CFU/d） | 超出百分比（%） | 负荷（$\times10^{12}$CFU/d） | 超出百分比（%） | 负荷（$\times10^{12}$CFU/d） |
|---|---|---|---|---|---|
| 0.0 | 817 | 35.0 | 29.4 | 70.0 | 10.6 |
| 2.5 | 203 | 37.5 | 27.3 | 72.5 | 9.88 |
| 5.0 | 156 | 40.0 | 25.0 | 75.0 | 9.30 |
| 7.5 | 125 | 42.5 | 22.9 | 77.5 | 8.71 |
| 10.0 | 104 | 45.0 | 21.3 | 80.0 | 8.02 |
| 12.5 | 85.6 | 47.5 | 19.7 | 82.5 | 7.34 |
| 15.0 | 72.9 | 50.0 | 18.2 | 85.0 | 6.75 |
| 17.5 | 63.6 | 52.5 | 16.8 | 87.5 | 6.21 |
| 20.0 | 57.2 | 55.0 | 15.6 | 90.0 | 5.77 |
| 22.5 | 50.9 | 57.5 | 14.5 | 92.5 | 5.38 |
| 25.0 | 45.3 | 60.0 | 13.5 | 95.0 | 4.94 |
| 27.5 | 40.6 | 62.5 | 12.7 | 97.5 | 4.39 |
| 30.0 | 36.2 | 65.0 | 11.9 | 100 | 1.86 |

对于不同流量，TMDL（由 LDC 定义）和点源负荷之间的剩余负荷可以分配给上游，非点源负荷直接流入河段。安全边际（MOS）说明了分配负载时的不确定性。尽管有多种方法来解释 MOS，但是常见的方法是将 TMDL 的固定百分比（通常为 10%）分配给 MOS，有时也可合理地假设 MOS 随流动状态而变化。无论采用哪种方法估算安全边际负荷，$L_{MOS}$（$MT^{-1}$）的负荷分配（LA）都必须满足以下关系：

$$\text{TMDL}=\left(\sum_{i=1}^{N}L_{pi}\right)+L_{np}+L_{u}+L_{MOS} \quad (4.158)$$

其中 $N$ 是不同点源负荷的数量。多数情况下，点源 LAs 可以按排放标准和相关规定来设置，由 LDC 可知 TMDL，$L_{MOS}$ 可用百分比法由 TMDL 直接确定，因此 $L_{np}$ 和 $L_u$ 的负荷分配为减去已知负荷后的差。在用 TMDL 计算整个溪流长度的情况下（通常这样做），公式（4.158）中的 $L_u$=0。如果在所有流动状态下，源负荷的总和小于 TMDL，那么溪流不会受到影响。向点源分配负荷通常称为 WLAs，向非点源分配负荷通常称为 LAs。

## 【例题 4.24】

某条河流的 FC 不达标，其 FC LDC 如表 4.13 所示。污水处理厂的点源排放总量为 0.2$m^3$/s，排放符合 FC 水质标准要求的 200CFU/100mL。假设 MOS 等于 10% TMDL，确定非点源 FC 的 LA。

**【解】**

根据给定的数据：$Q_p$=0.2$m^3$/s 和 $c_{std}$=200CFU/100mL。假设点源排放污水符合 FC 水质标准，那么 WLA 为：

$$\begin{aligned}\text{WLA}&=Q_pc_{std}\times8.64\times10^8=0.2\times200\times8.64\times10^8\\&=3.46\times10^{10}\ \text{CFU/d}\end{aligned} \quad (4.159)$$

10% TMDL 的 MOS 为：

$$\text{MOS}=0.1\,\text{TMDL} \quad (4.160)$$

TMDL 定义为：

$$\text{TMDL}=\text{WLA}+\text{LA}+\text{MOS} \quad (4.161)$$

LA 为非点源 LA。结合公式（4.159）~ 公式（4.161）给出 LA：

$$\text{LA}=0.9\,\text{TMDL}-3.46\times10^{10}\ \text{CFU/d} \quad (4.162)$$

由于 TMDL 是已知的（即 LDC），非点源 LA 可以使用公式（4.162）直接计算，如表 4.14 所示。

TMDL 的组成如图 4.17 所示。

污染源的识别。在识别可能的污染源时，分析中使用了多重天气下测量的污染物浓度 $c_i$（$ML^{-3}$）和流速 $Q_i$（$L^3T^{-1}$），其中 $i$ 是测量指标。给定多组配对的测

粪大肠菌群负荷历时曲线　　表 4.13

| 超出百分比（%） | 负荷（$\times10^{10}$CFU/d） | 超出百分比（%） | 负荷（$\times10^{10}$CFU/d） | 超出百分比（%） | 负荷（$\times10^{10}$CFU/d） |
|---|---|---|---|---|---|
| 0.0 | 1520 | 35.0 | 54.7 | 70.0 | 19.6 |
| 2.5 | 377 | 37.5 | 50.7 | 72.5 | 18.4 |
| 5.0 | 290 | 40.0 | 46.6 | 75.0 | 17.3 |
| 7.5 | 232 | 42.5 | 42.7 | 77.5 | 16.2 |
| 10.0 | 193 | 45.0 | 39.7 | 80.0 | 14.9 |
| 12.5 | 159 | 47.5 | 36.7 | 82.5 | 13.6 |
| 15.0 | 136 | 50.0 | 33.8 | 85.0 | 12.6 |
| 17.5 | 118 | 52.5 | 31.3 | 87.5 | 11.6 |
| 20.0 | 106 | 55.0 | 28.9 | 90.0 | 10.7 |
| 22.5 | 94.6 | 57.5 | 26.9 | 92.5 | 10.0 |
| 25.0 | 84.1 | 60.0 | 25.1 | 95.0 | 9.19 |
| 27.5 | 75.4 | 62.5 | 23.6 | 97.5 | 8.16 |
| 30.0 | 67.3 | 65.0 | 22.2 | 100 | 3.46 |
| 32.5 | 60.3 | 67.5 | 21.0 | | |

粪大肠菌群的负荷分配　　表 4.14

| 超出百分比（%） | 非点源负荷（LA）（$\times 10^{10}$CFU/d） | 超出百分比（%） | 非点源负荷（LA）（$\times 10^{10}$CFU/d） | 超出百分比（%） | 非点源负荷（LA）（$\times 10^{10}$CFU/d） |
|---|---|---|---|---|---|
| 0.0 | 1360 | 35.0 | 45.7 | 70.0 | 14.2 |
| 2.5 | 335 | 37.5 | 42.2 | 72.5 | 13.1 |
| 5.0 | 258 | 40.0 | 38.5 | 75.0 | 12.1 |
| 7.5 | 205 | 42.5 | 34.9 | 77.5 | 11.1 |
| 10.0 | 170 | 45.0 | 32.2 | 80.0 | 9.97 |
| 12.5 | 140 | 47.5 | 29.5 | 82.5 | 8.82 |
| 15.0 | 119 | 50.0 | 27.0 | 85.0 | 7.84 |
| 17.5 | 103 | 52.5 | 24.7 | 87.5 | 6.94 |
| 20.0 | 92.3 | 55.0 | 22.6 | 90.0 | 6.20 |
| 22.5 | 81.7 | 57.5 | 20.8 | 92.5 | 5.55 |
| 25.0 | 72.3 | 60.0 | 19.1 | 95.0 | 4.81 |
| 27.5 | 64.4 | 62.5 | 17.8 | 97.5 | 3.89 |
| 30.0 | 57.1 | 65.0 | 16.5 | 100 | 0.00 |
| 32.5 | 50.8 | 67.5 | 15.5 | | |

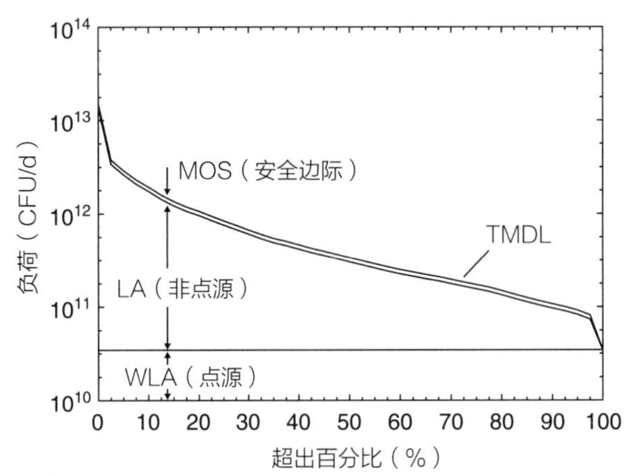


图 4.17　粪大肠菌群 TMDL

量值（$Q_i$，$c_i$），分析过程如下：

第 1 步：对于每个测量流量 $Q_i$，从溪流的流量历时曲线确定相应的超出百分比 $e_i$。测量负荷 $Q_ic_i$ 因此对应于超出百分比 $e_i$ 的流量条件。

第 2 步：对于每组配对的测量值（$Q_i$，$c_i$），在 LDC 上绘制负荷 $Q_ic_i$ 与相应的超出百分比 $e_i$。图 4.18 为示例。

第 3 步：位于 LDC 上方的点（$e_i$，$Q_ic_i$）表示不符合水质标准，位于 LDC 下方的点表示符合水质标准。由于 LDC 和流动状态有关，因此可由此判断出不符合水质标准的流动类型（例如低流量）。若多数不合规发生在低流量条件下，那么其来源可能是点源，相反

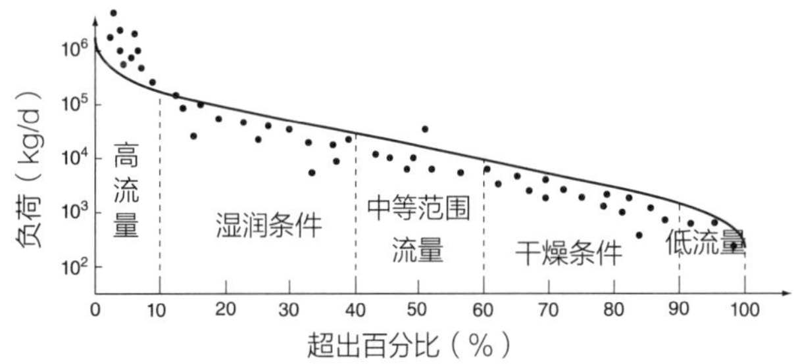


图 4.18　在负荷历时曲线上绘制测量负荷

则可能是非点源。若不合规分布在所有流动状态下，那么两者都有可能是其来源。在图 4.18 所示的例子中，显然多数水质不合规发生在高流量条件下，那么应将非点源的污染物负荷作为主要治理对象，进而改善溪流水质。

在一些情况下，补充分析可能有助于进一步分析污染来源。例如，为提高指示细菌的水平，使用溪流中发现的细菌基因型以追踪细菌来源。

## 【例题 4.25】

对例题 4.24 中描述的溪流进行了几次测量，其 FC 浓度和流量的测量结果如表 4.15 所示。

若该溪流的 FC 水质标准为 200CFU/dL，请确定是点源还是非点源造成的水质不合规。

粪大肠菌群浓度和流量的测量结果　表 4.15

| 浓度（CFU/dL） | 流量（$m^3/s$） | 超出百分比（%） | 浓度（CFU/dL） | 流量（$m^3/s$） | 超出百分比（%） | 浓度（CFU/dL） | 流量（$m^3/s$） | 超出百分比（%） |
|---|---|---|---|---|---|---|---|---|
| 190 | 33.15 | 0.5 | 129 | 3.67 | 31.5 | 255 | 1.08 | 72.1 |
| 160 | 26.42 | 1.3 | 149 | 3.26 | 34.2 | 296 | 0.98 | 75.8 |
| 140 | 21.16 | 2.8 | 188 | 2.95 | 37.4 | 380 | 0.92 | 78.3 |
| 180 | 19.53 | 3.6 | 85 | 2.62 | 40.6 | 276 | 0.82 | 81.4 |
| 166 | 17.84 | 4.4 | 98 | 2.44 | 42.8 | 248 | 0.74 | 84.7 |
| 124 | 16.47 | 5.2 | 164 | 2.35 | 44.3 | 221 | 0.66 | 87.9 |
| 143 | 14.37 | 6.7 | 174 | 2.18 | 46.7 | 200 | 0.61 | 90.8 |
| 192 | 13.42 | 7.5 | 169 | 2.07 | 48.2 | 198 | 0.60 | 91.3 |
| 70 | 12.32 | 8.6 | 117 | 1.93 | 50.5 | 221 | 0.58 | 92.7 |
| 172 | 11.79 | 9.2 | 154 | 1.79 | 52.7 | 210 | 0.57 | 93.1 |
| 155 | 10.79 | 10.4 | 138 | 1.71 | 54.3 | 205 | 0.54 | 94.5 |
| 126 | 8.63 | 13.6 | 193 | 1.59 | 56.6 | 228 | 0.53 | 95.3 |
| 181 | 7.11 | 16.8 | 185 | 1.52 | 58.4 | 205 | 0.49 | 96.7 |
| 195 | 6.21 | 19.7 | 221 | 1.44 | 60.4 | 199 | 0.46 | 97.8 |
| 56 | 5.47 | 22.4 | 232 | 1.32 | 63.8 | 201 | 0.44 | 98.2 |
| 171 | 4.82 | 25.3 | 201 | 1.24 | 66.7 | 193 | 0.40 | 99.1 |
| 148 | 4.09 | 28.9 | 342 | 1.16 | 69.2 | | | |

【解】

对于每一组浓度和流量测量值，分别用 $c_i$（CFU/dL）和 $Q_i$（$m^3/s$）表示相应的负荷 $L_i$（CFU/d），其计算公式如下：

$$L_i = Q_i c_i \times 8.64 \times 10^8 \tag{4.163}$$

根据给定的测量值,应用公式（4.163）得出表 4.16 中所示的负荷历时关系。

将这些数据绘制在已知的 TMDL LDC 上（来自例题 4.24），结果如图 4.19 所示。根据图 4.19 所示的结果，很明显几乎所有的超标 TMDL 都发生在干燥条件下，这表明点源是其来源。

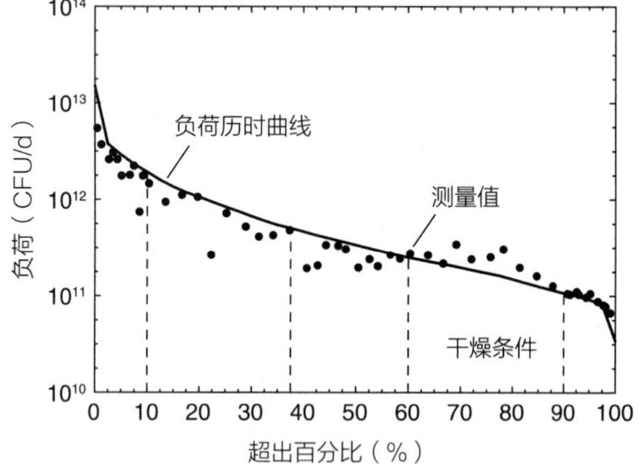


图 4.19　测量结果和 TMDL 的比较

估算所需的减荷量。由图 4.18 和以上所述，将测量的污染物负荷与 LDC 进行比较，可以确定一个或多个流动状态，在这些流动状态下会以不可接受的频率违反适用的水质标准。然后在每个流动状下，分别确定所需的减荷量。在每个流动状态下，对于 LDC 和测量的负荷（$Q_i c_i$）都可以假设具有相同的有代表性的流量，因此 TMDL 的超标主要是由于溪流中污染物浓度的波动所致。因此，在给定流动状态下，对污染物负荷的调整与对污染物浓度的调整是一样的。计算任何给定流量状态下所需调整的负荷过程如下：

第 1 步：分离浓度测量值 $c_i$ 为在指定流动状态下进行的测量。拟合观测浓度的标准概率分布。使用矩量法确定均值和标准偏差的对数正态分布。

第 2 步：指定与水质标准相匹配的浓度分布百分位数，然后为使测量的浓度分布符合水质标准，确定浓度所需减少的分数。

这种方法如图 4.20 所示，其中测量浓度的对数正态分布的均值为 $\mu_{\log c}$，方差为 $\sigma^2_{\log c}$。若水质标准 $c_{std}$

从测量数据中导出的负荷历时关系 表 4.16

| 超出百分比（%） | 负荷（$\times10^{10}$CFU/d） | 超出百分比（%） | 负荷（$\times10^{10}$CFU/d） | 超出百分比（%） | 负荷（$\times10^{10}$CFU/d） |
|---|---|---|---|---|---|
| 0.5 | 544 | 31.5 | 40.9 | 72.1 | 23.8 |
| 1.3 | 365 | 34.2 | 42.0 | 75.8 | 25.0 |
| 2.8 | 256 | 37.4 | 47.9 | 78.3 | 30.1 |
| 3.6 | 304 | 40.6 | 19.2 | 81.4 | 19.6 |
| 4.4 | 256 | 42.8 | 20.7 | 84.7 | 15.8 |
| 5.2 | 176 | 44.3 | 33.3 | 87.9 | 12.6 |
| 6.7 | 178 | 46.7 | 32.8 | 90.8 | 10.5 |
| 7.5 | 223 | 48.2 | 30.2 | 91.3 | 10.3 |
| 8.6 | 74.5 | 50.5 | 19.5 | 92.7 | 11.1 |
| 9.2 | 175 | 52.7 | 23.9 | 93.1 | 10.3 |
| 10.4 | 144 | 54.3 | 20.3 | 94.5 | 9.60 |
| 13.6 | 94.0 | 56.6 | 26.6 | 95.3 | 10.4 |
| 16.8 | 111 | 58.4 | 24.3 | 96.7 | 8.72 |
| 19.7 | 105 | 60.4 | 27.4 | 97.8 | 7.95 |
| 22.4 | 26.5 | 63.8 | 26.5 | 98.2 | 7.72 |
| 25.3 | 71.2 | 66.7 | 21.5 | 99.1 | 6.69 |
| 28.9 | 52.3 | 69.2 | 34.2 | | |

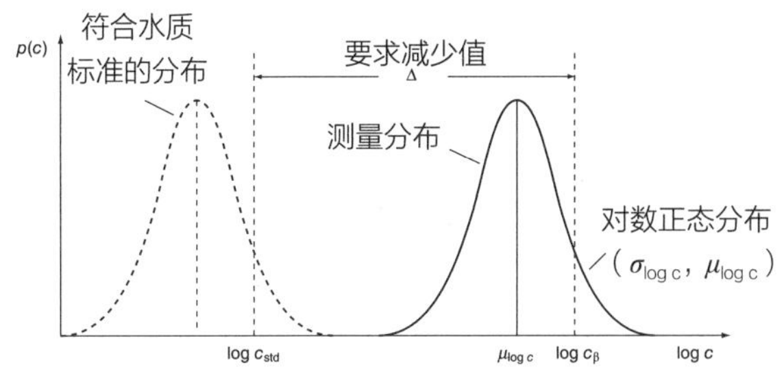


图 4.20 给定流动状态下浓度减少值

与溪流内浓度分布的 $\beta$ 百分位数值相关联，并且所观察到的 $\beta$ 百分位浓度为 $c_\beta$，那么所需降低的对数浓度 Δ 由下式给出：

$$\Delta=\log c_\beta-\log c_{std} \tag{4.164}$$

将这种减少量应用在所有测量的对数浓度中，使之符合水质标准。公式（4.164）可以表示为：

$$c_{std}=c_\beta 10^{-\Delta} \tag{4.165}$$

显然，在特定流动状态下，为符合水质标准，现有负荷将需要减少 $10^{-\Delta}$。一般来说，在所有流动状态下，河流都必须符合水质标准，以免其受到损害，因此，此程序适用于发生水质不合规的所有流动状态下。

此程序的局限性在于，它忽略了估计观测值 $\beta$% 的不准确性，因此观测浓度减少值 Δ 只具有满足水质标准 50% 的可能性。如果要达到更高的准确性，那么可以使用更为复杂的方法，如 Chin 给出的方法。

## 【例题 4.26】

发现在特定溪流中不符合 FC 水质标准主要发生在“湿润条件”下，并且发现在该条件下 FC 浓度呈对数正态分布。当 FC 浓度以 CFU/dL 表示时，FC 的对数（以 10 为底）的均值和标准偏差分别为 2.482 和 0.342。当地水质标准要求 FC 的几何平均浓度小于等于 200CFU/dL，90 百分位浓度小于等于 400CFU/dL。确定为满足两种水质标准要求，在湿润条件下 FC 所需的减少量。

## 【解】

根据给定的数据：$\mu_{\log c}=2.482$ 和 $\sigma_{\log c}=0.342$。对于对数正态分布，几何平均值等于 50 百分位浓度，因此监管限制可以表示为 $c_{50,\,std}$=200 CFU/dL，$c_{90,\,std}$=400CFU/dL。我们将分开考虑为达到每个规定标准所需的最低要求。

50 百分位标准。测量的 50 百分位浓度为 $c_{50}=10^{\mu_{\log c}}=10^{2.48}=302$CFU/dL。由于该值超过了 50 百分位标准(200 CFU/dL),因此相对于几何平均值(= 50 百分位)标准，溪流受损。根据公式（4.164），所需的减少量 Δ 由下式给出：

$$\Delta=\log_{10}(c_{50})-\log_{10}(c_{50,\text{std}})=2.482-\log_{10}200=0.181$$

因此减少因子为 $10^{-\Delta}=10^{-0.181}=0.659$。相当于湿润条件下 FC 负荷减少（1–0.659）× 100=34.1%。

90 百分位标准。测量的 90 百分位浓度 $c_{90}$ 为：

$$\log_{10}c_{90}=\mu_{\log c}+z_{90}\sigma_{\log c} \tag{4.166}$$

其中 90 百分位值标准偏差 $z_{90}=1.282$。将测量的 FC 值代入公式（4.166）得：

$$\log_{10}c_{90}=2.482+1.282\times0.342=2.920$$

对应于 90 百分位的浓度为 $10^{2.920}$=832CFU/dL。由于超过了规定的 90 百分位值（400CFUdL），因此该溪流相对于 90 百分位标准为受损。根据公式（4.164），所需的减少量 Δ 由下式给出：

$$\Delta=\log_{10}(c_{90})-\log_{10}(c_{90,\text{std}})=2.920-\log_{10}400=0.318$$

因此减少因子为 $10^{-\Delta}=10^{-0.318}=0.481$。相当于湿润条件下 FC 负荷减少（1–0.481）× 100 = 51.9%。

根据这些结果，湿润条件下 FC 负荷减少 51.9% 将使溪流符合几何平均值和 90 百分位水质标准。由于水质不合规行为发生在湿润条件下，因此这种减少适用于非点源。通常需要改善流域内的雨水控制措施。

在没有流量数据或者流量很小甚至不存在的情况下，常用所需的浓度减少量来代替所需的源负荷减少量。

### 4.7.2　长期污染物负荷

长期污染物负荷的估算通常需要高频次同时测量流量和污染物浓度，在时间间隔 $T$（T）内通过河流横截面输送的污染物负荷 $L_\text{T}$（M）可用下式计算：

$$L_\text{T}=\int_0^T Q(t)c(t)\text{d}t\approx\sum_{i=1}^{N}Q_ic_i\Delta t \tag{4.167}$$

式中　$N$——测量次数；

$\Delta t$——测量的时间间隔（T）（$\Delta t=T/N$）；

$Q_i$——时间步 $i$ 对应的流量（$\text{L}^3\text{T}^{-1}$）；

$c_i$——时间步 $i$ 对应的浓度（$\text{ML}^{-3}$）。

实际上，流量测量值通常定期提供，而浓度值很少定期提供。在这种情况下，必须使用其他更近似的方法来估计污染物负荷。现有的负荷估算方法可以分为三类：（1）平均估计量；（2）比率估计量；（3）回归方法。这些方法如下所述。

平均估计量。这些估计量采用一定时间间隔内的平均浓度和流量。平均估计量的四个主要步骤如下所述。

（1）第一个步骤，基于两个变量都被测量时获取的数据分别计算出平均流量和平均浓度：

$$L_\text{s}=\frac{\sum_{i=1}^{N}A_ic_i}{\sum_{i=1}^{N}A_i}\frac{\sum_{i=1}^{N}A_iQ_i}{\sum_{i=1}^{N}A_i}N\Delta t=\bar{c}\bar{Q}N\Delta t \tag{4.168}$$

其中 $A_\text{i}$ 表示浓度数据可用性指标（如数据可用为 1，否则为 0）。上划线表示样本算术平均值，$L_\text{s}$ 表示合成负荷。

（2）在第二个步骤中，平均流量 $\bar{Q}$ 由所有测量流量的平均值 $\mu_\text{Q}$ 代替。与第一个步骤不同，该步骤使用了所有可用的数据。

$$L_\text{w}=\frac{\sum_{i=1}^{N}A_ic_i}{\sum_{i=1}^{N}A_i}\frac{\sum_{i=1}^{M}Q_i}{M}N\Delta t=\bar{c}\mu_\text{Q}N\Delta t \tag{4.169}$$

式中　$L_\text{w}$——估算的污染物负荷。

$$\mu_\text{Q}=\frac{\sum_{i=1}^{M}Q_i}{M} \tag{4.170}$$

式中　$M$——测量的流量数量。

Walling、Webb 和 Ferguson 发现，公式（4.168）和公式（4.169）给出的估算量是精确的（即来自同一数据集的不同子样本的结果相似），但存在偏差并导致明显低估实际负荷。公式（4.169）的合理变化是将 $\mu_\text{Q}$ 作为测量浓度间流量的平均值。在这种情况下，公式（4.169）变为：

$$L_\text{w}=\frac{\sum_{i=1}^{N}A_i\mu_{Qi}c_i}{\sum_{i=1}^{N}A_i}N\Delta t=\overline{c\mu_\text{Q}}N\Delta t \tag{4.171}$$

式中　$\mu_{\text{Q}i}$——第 $i$ 个采样间隔内的平均流量。

该方法与第三种方法类似。

（3）在第三个步骤中，首先计算两个变量均测量时的负荷，然后污染物负荷 $L_a$ 由下式给出：

$$L_{\mathrm{a}}=\frac{\sum_{i=1}^{N}A_i c_i Q_i}{\sum_{i=1}^{N}A_i}N\Delta t=\overline{cQ}N\Delta t \qquad (4.172)$$

当浓度数据较少时，这个步骤会产生较大的偏差，为减小这种偏差，在一段确定的时间内，$c_i$ 可用平均浓度值代替。

（4）由公式（4.172）导出的第四个步骤，用所有测量流量的平均值对日均负荷进行加权，并估算 $L_c$，如下所示：

$$L_{\mathrm{c}}=\frac{\dfrac{\sum_{i=1}^{N}A_i c_i Q_i}{\sum_{i=1}^{N}A_i}}{\dfrac{\sum_{i=1}^{N}A_i Q_i}{\sum_{i=1}^{N}A_i}}\frac{\sum_{i=1}^{N}Q_i}{N}N\Delta t=\overline{cQ}\frac{\mu_{\mathrm{Q}}}{\bar{Q}}N\Delta t \qquad (4.173)$$

最后两个步骤，公式（4.172）和公式（4.173）比公式（4.168）和公式（4.169）偏差更小，但是负荷估计量的变化很大。

上述四个平均估计量常用作第一近似值。然而，如果数据集不代表整个流量范围和浓度值，那么偏差就很重要。这些方法是为定期获取的浓度数据而定义的；对于非周期性数据，已经有更适合的方法。

比率估计量。比率估计量将公式（4.173）中的先前估计量 $L_c$ 乘以一个比值，该比值说明负荷与流量值之间的协方差。污染物负荷估算值 $L_{re}$ 由下式给出：

$$L_{\mathrm{re}}=\overline{cQ}\frac{\mu_{\mathrm{Q}}}{\bar{Q}}N\Delta t\left(\frac{1+\dfrac{1}{N_{\mathrm{d}}}\dfrac{S_{\mathrm{cQ}}}{\overline{cQ}\bar{Q}}}{1+\dfrac{1}{N_{\mathrm{d}}}\dfrac{S_{\mathrm{Q^2}}}{\bar{Q}^2}}\right) \qquad (4.174)$$

其中：

$$N_{\mathrm{d}}=\sum_{i=1}^{N}A_i \qquad (4.175)$$

$$S_{\mathrm{cQ}}=\frac{1}{N_{\mathrm{d}}-1}\left(\sum_{i=1}^{N}A_i c_i Q_i-N_{\mathrm{d}}\bar{Q}\overline{cQ}\right) \qquad (4.176)$$

$$S_{\mathrm{Q^2}}=\frac{1}{N_{\mathrm{d}}-1}\left(\sum_{i=1}^{N}A_i Q_i-N_{\mathrm{d}}\bar{Q}^2\right) \qquad (4.177)$$

此方法适合于有大量流量数据，但只有少数浓度数据可用的情况。Preston 等提出了几个由公式(4.174)推导出来的估计量，并且国际联合委员会在美国和加拿大的五大湖地区进行了使用。

回归方法。此方法及其产生的等级曲线定义了流量与浓度之间的经验关系。最常见的回归方程是对数线性等级曲线：

$$\log_{10}c=a+b\log_{10}Q \qquad (4.178)$$

其中 $a$ 和 $b$ 是回归常数。一旦通过最小二乘回归拟合出可用数据，方程（4.178）就可在测量流量的定期时间间隔（$\Delta t$）内生成浓度值，然后通过以下公式利用浓度和流量计算得到污染物负荷 $L_r$：

$$L_{\mathrm{r}}=\sum_{j=1}^{N}c_j Q_j\Delta t \qquad (4.179)$$

估算的 $L_r$ 是精确的，但是在使用对数变换时表现出明显低估了实际负荷。Ferguson 提出了修正 $L_{cr}$，由下式给出：

$$L_{\mathrm{cr}}=L_{\mathrm{r}}\exp(2.651s^2) \qquad (4.180)$$

其中 $s$ 表示以 $\log_{10}$（mg/L）为单位估计的等级曲线估算值的标准误差。回归方法无需大量的数据，但预测的准确与否取决于流量和浓度之间的相关性。在实际应用中，对于沉积物、颗粒物和总磷以及农药常满足这一要求，但对于如含硝酸盐和氯化物等的流动化学品的要求更低。回归方程应该用于内插而不是外推。

在应用上述负荷估计量时，可以通过分层提高负荷估算的准确度。分层策略是将流量值分为一类，并分别计算每一类的估算量。分类的数量和大小的选择是至关重要的，其取决于数据的数量和流量特性。通常使用两类：低流量和高流量；然而，当有大量数据可用时，有时会使用三类（如基流、高流量和洪水流量）。假设流量数据符合对数正态分布，可以确定分类时的间隔。

利用定期流量和非定期浓度的测量结果估算污染物负荷时，建议第一步是验证流量和浓度之间是否存在精确的相关性，以便生成定期浓度值。应该认识到，污染物浓度和流量之间的相关性常表现出，高流量比低流量更好，并且分层方法可能是有用的。在没有显著相关性的情况下，已发现将流量分层方案和比率估计量相结合，可以对污染物负荷进行更充分的估计。在有大量测量的流量和浓度数据的情况下，有着更复杂的浓度－流量关系，例如解释了“初期冲刷”效应的关系和季节差异的关系。

## 【例题 4.27】

河流通过将悬浮固体排放到水库进而对水库造成重大影响。需要计算固体在水库中的质量负荷，以确定水库中固体长期沉降的程度，固体沉降会减少其可用容量。通过 10d 的短暂调查得到的数据见表 4.17。

调查得到的数据　　表 4.17

| 天数 | 流量（$m^3/s$） | 悬浮固体（mg/L） |
|---|---|---|
| 1 | 1.0 | 10 |
| 2 | 1.5 | — |
| 3 | 15.0 | — |
| 4 | 100.0 | — |
| 5 | 20.0 | 40 |
| 6 | 10.0 | 18 |
| 7 | 5.0 | — |
| 8 | 2.5 | 20 |
| 9 | 1.5 | — |
| 10 | 1.0 | 8 |

使用所有可用的方法估算在 10d 内进入水库的固体质量负荷（以 kg 为单位），并据此确定 10d 内负荷的范围。

## 【解】

根据给定的数据：$N$=10，$\Delta t$=1d

$$\bar{c}=\frac{10+40+18+20+8}{5}=19.2\ \text{mg/L}$$

$$\bar{Q}=\frac{1+20+10+2.5+1}{5}=6.9\ \text{m}^3/\text{s}$$

$$\mu_Q=\frac{1+1.5+15+100+20+10+5+2.5+1.5+1}{10}=15.75\ \text{m}^3/\text{s}$$

$$\overline{cQ}=\frac{10\times1+40\times20+18\times10+20\times2.5+8\times1}{5}=209.6\ (\text{mg/L})(\text{m}^3/\text{s})$$

$$S_{cQ}=\frac{1}{5-1}(10\times1+40\times20+18\times10+20\times2.5+8\times1-5\times6.9\times209.6)=-1546\ (\text{mg/L})(\text{m}^3/\text{s})$$

$$S_{Q^2}=\frac{1}{5-1}\left[(1+20+10+2.5+1)-5\times6.9^2\right]=-50.89\ (\text{m}^3/\text{s})^2$$

根据平均估计量和比率估计量，采用这些数据计算负荷（其中 86.4 是单位换算系数）：

$$L_s=\bar{c}\bar{Q}N\Delta t=19.2\times6.9\times10\times1\times86.4=114500\ \text{kg}$$

$$L_w=\bar{c}\mu_Q N\Delta t=19.2\times15.75\times10\times1\times86.4=261300\ \text{kg}$$

$$L_a=\overline{cQ}N\Delta t=209.6\times10\times1\times86.4=181100\ \text{kg}$$

$$L_c=\overline{cQ}\frac{\mu_Q}{\bar{Q}}N\Delta t=209.6\times\frac{15.75}{6.9}\times10\times1\times86.4=413400\ \text{kg}$$

$$L_{re}=\overline{cQ}\frac{\mu_Q}{\bar{Q}}N\Delta t\left(\frac{1+\dfrac{1}{N_d}\dfrac{S_{cQ}}{\overline{cQ}}}{1+\dfrac{1}{N_d}\dfrac{S_{Q^2}}{\bar{Q}^2}}\right)$$

$$=209.6\times\frac{15.75}{6.9}\times10\times1\times86.4\times\left(\frac{1+\dfrac{1}{5}\dfrac{-1546}{209.6\times6.9}}{1+\dfrac{1}{5}\times\dfrac{-50.89}{6.9^2}}\right)$$

$$=413400\ \text{kg}$$

对 $\log_{10}c$ 和 $\log_{10}Q$（其中 $\log_{10}c=a+b\log_{10}Q$）进行最小二乘回归分析得出 $a$=0.9856，$b$=0.4199，标准误差 $s$=0.1372。使用这些数据可以得到表 4.18 中粗体显示的悬浮固体负荷。

通过计算得到的悬浮固体负荷　　表 4.18

| 天数 | 流量（$m^3/s$） | 悬浮固体（mg/L） |
|---|---|---|
| 1 | 1.0 | 10 |
| 2 | 1.5 | 11 |
| 3 | 15.0 | 30 |
| 4 | 100.0 | 67 |
| 5 | 20.0 | 40 |
| 6 | 10.0 | 18 |
| 7 | 5.0 | 19 |
| 8 | 2.5 | 20 |
| 9 | 1.5 | 11 |
| 10 | 1.0 | 8 |

$$L_r = \sum_{j=1}^{N} c_j Q_j \Delta t = (10\times1.0 + 4\times1.5 + 38\times15 + 246\times100 + 40\times20 + 18\times10.0 + 13\times5 + 20\times2.5 + 4\times1.5 + 8\times1.0)\times86.4 = 718800\,\text{kg}$$

$$L_{cr} = L_r \exp(2.651 s^2) = 718\,800 \exp(2.651\times0.1372^2) = 755600\ \text{kg}$$

综上，10d 负荷范围为 114500~755600kg。

通常，由上述负荷估算方法得出的负荷随着流量和浓度采样次数的增加而变得更加精确。然而，对于任何给定的采样频率和负荷估算方法，污染物负荷估算的准确度取决于特定地点特有负荷的时间分布。在径流短暂而强烈的流域中，负荷估算方法通常会大大低估污染物负荷。

## 4.8 管理和修复

溪流遇到的主要水质问题包括：（1）病原体水平过高；（2）淤积；（3）栖息地变化；（4）低氧；（5）营养物水平过高。用于溪流修复的技术分为非结构性技术和结构性技术。非结构性技术通常定义为不需要对河道进行物理改变的方法。结构性技术要求对河道进行物理改变，例如使用抛石来稳定岸坡。

### 4.8.1 非结构性技术

在溪流修复和管理中，非结构性技术通常包括限制或规范某些活动的行政或立法政策和程序。常见的非结构性技术如下所述。

（1）流量调节。包括保留或恢复流量，以满足溪流的使用功能，例如捕鱼、野生动物和娱乐。

（2）绿化带。可以创建缓冲区，通过种植树木、灌木丛、草本植物和草地，逐渐重新造林。溪流两岸的森林带可以保护溪流不受污染。绿化时重点考虑的因素包括场地评估、土壤、种类选择、种植技术和长期维护。

（3）污染防治技术。包括调节溪流、河岸带和周边流域的活动。例如，分阶段施工以限制任何时间内的扰动面积，可大大减少下游悬移质水平。如图 4.21 所示，利用淤泥栅栏来保护施工过程中河流免受泥土流失污染，是一种有效的污染预防技术。通常情况下，淤泥栅栏安装在溪流旁，但也可以在任何有侵蚀风险的地方使用。

淤泥栅栏是一种临时性的结构，很容易受到强水流或由强降雨引起的漂浮物的冲击或被冲走。因此，它们是一种防止侵蚀的工具，但并不是唯一方案。一旦一个地点永久固定下来，它们可能会被移除，并且不再存在加速侵蚀的威胁。在图 4.21 所示的淤泥栅栏前面是一个浑浊的屏障，由于被淤泥栅栏拦截，所以它并不会二次沉积。通过改变施肥类型或施肥的频率和时间，可以改善受草坪施肥影响造成的营养过负荷的溪流。非结构性污染减排活动还包括在河流和河岸周围使用栅栏，这对除牲畜和人类外是有效的。

（4）繁殖设施。用于通过孵化和产卵来繁殖水生物种，这对于一个没有可持续流动鱼群的地区维持捕捞，是一种常用的方法。哥伦比亚河上的一家鱼类孵化场如图 4.22 所示。孵化场饲养的鱼并不总是在野外生存或繁殖。

（5）征用土地。可以通过维护缓冲区和防止流域潜在的破坏性土地用途来保护河道。征用土地的方式可以是建立绿道、缓冲带和公园。这些可以由政府或特殊基金会和信托机构购买，以提供此类保护。

图 4.21 淤泥栅栏

图 4.22 哥伦比亚河上的鱼类孵化场

（6）土地使用规定。河岸带和流域的土地利用调控是控制污染源的有效法律手段。

（7）生物调控。这是一种鱼类管理技术，涉及直接操控鱼类群落和猎物、捕食者或鱼类物种的竞争者等其他生物体。活动包括放养、控制不良鱼类以及增强猎物以补充食物供应。

## 4.8.2　结构性技术

溪流修复和管理的结构性技术需要对河道进行某种类型的物理改变，并可能包括对现有的人造建筑物（如水坝和堤坝）进行改建。结构养护技术包括生物工程技术、河岸加固技术、水生生境改善方法、低流量增加、内流和侧流曝气、鱼梯、拆除河流蓄水池以及清除污染沉积物。以下给出几种结构性技术的描述。

（1）生物工程技术。对于那些由于破坏性行为已经被侵蚀或缺乏植物的河岸，可以用植物代替天然河岸。种植比通过添加溪流覆盖物、遮荫和改善堤岸土质来控制侵蚀能提供更多的生态效益。推荐使用本地植物，因为它们通常适应当地的环境条件。

（2）河岸加固技术。使用岩石、木材、钢铁和其他传统建筑材料来加固河岸。图 4.23 显示了加固河岸（岩石）的一个例子。除了控制侵蚀外，此方法的生态效益并不显著，除非将其和生物工程技术相结合。

（3）水生生境改善方法。通过安装河流中的某些结构来改善水生生境。受干扰的河流往往缺乏多样的形态特征，而改善生境结构会增加砾石层，使结构复杂，限制流量，增加急流和水池。这些功能对于繁殖和养殖水生生物的区域很重要。特定技术或技术组合的选择取决于当前生境存在的问题、流域状况以及目前河道的形态和水文情况。

（4）低流量增加。在出现水质突发事件期间提供更清洁的稀释流，维持鱼类和水生生物生存的适当生态条件。稀释流的来源可能包括上游水库、从邻近水体抽水或者回收（泵送）更清洁和稀释的下游水流。在溪流的主流中使用高度处理的废水也是可接受的来源。

（5）内流和侧流曝气。对于低 DO 的溪流，在溪流内和侧流曝气是可行的。通过发电厂涡轮曝气或通过安装漂浮式、浸没式曝气器完成溪流内曝气。更天然的溪流小瀑布、溢洪道和瀑布也可能提供额外的氧气。

曝气只是一种暂时的措施，可用于以下情况：1）夏季时，在短时间内氧气水平（如在夜间和清晨时段）下降到低于鱼类保护的溶解氧极限（根据鱼类的不同，一般为 4~6mg/L）；2）在冬季，由于冰盖使曝气减少时。对于表现出营养不良条件（由湿地中有机物的快速分解所引起的低 DO）的排水湿地，可作为水体中废物同化能力耗尽时的补充，因为水体接收的大量可生物降解的有机物无法从源头上被清除。随着缺氧增加，曝气效率也增加。

（6）鱼梯。是小型盆地的瀑布，有高度差异，迁徙的鱼在向上游移动时可以轻松克服，并且鱼能够在盆地中休息。典型的鱼梯如图 4.24 所示。鱼梯已经安装在世界各地；然而，在美国太平洋西北部的哥伦比亚河上的这些设备是混合使用的，并且证明不足以使鲑鱼恢复全部迁移。

（7）拆除河流蓄水池。除了建造新的建筑物或改造现有的建筑物之外，拆除河流蓄水池也是一种修复技术。在美国，100 年前许多水坝为各种目的而建造，而在欧洲，建造水堰（低水头大坝）用于向工厂提供水头可以追溯到几个世纪前。这些大坝来自城市和农村的分散水源，排放的废水和下水道污水混合溢出，积累了泥沙。通常，今天的蓄水池充满了沉积物，已停止运转，且含有有毒污染物。Ashuelot 河（新罕布什尔州）上 McGoldrick 水坝的拆除如图 4.25 所示。

（8）清除污染沉积物。在许多情况下，去除受污染的沉积物是很重要的。一些有沉积物污染的地点已宣布为必须清理的有害污染点，最常见的清理方法是去除沉积物和封盖沉积物。由于污染物的再悬浮以及下游受污染的沉积物可能发生移动，捕捞沉积物时必须格外小心。在极端情况下，水下捕捞是不可行的，必须将受污染的场地转移，将沉积物移除到合适的垃圾填埋场，并恢复渠道。封盖沉积物用于渠道不受影响并且上游有稳定的清洁沉积物的情况。受污染的沉积物用一个有或没有土工膜封装的干净盖子封装。

许多河流都存在的问题是流域内由人为活动引起的河岸侵蚀加剧。这种侵蚀会增加沉积物的负荷并抑制水生生物。保持天然河流的稳定性对于减少河流冲刷和沉积物污染至关重要。天然河流的稳定性是通过使河流形成稳定的剖面、形态和稳定的规模来实现的，因此河流系统既不会恶化也不会降解。保存溪流地貌是识别需要修复河段的重要目标，并有助于制定可持续的雨水管理计划。河流地貌学是处理河流自然形成和平衡形态的专业领域。

图 4.23　河岸加固

图 4.24　哥伦比亚河（俄勒冈州）邦纳维尔水坝的鱼梯

图 4.25　McGoldrick 水坝拆除

## 习题

1. 天然河流的顶部宽度为 18m，流量面积为 $75m^2$，湿周为 25m，特征粗糙度为 7mm。如果河流流量为 $100m^3/s$，水温为 20℃，估算摩擦系数和垂直、横向湍流扩散系数。（提示：使用水力深度 [= 流量面积 / 顶部宽度 ] 作为渠道的特征深度。）

2.（1）若第 3 章习题 32 中描述的河流具有 8mm 的特征粗糙度，估算垂直和横向混合系数。

（2）如果排污口在整个底部宽度 6m 处排放污水，估算污水在渠道横截面上完全混合时的下游距离。

3. 单口排污口位于宽 15m、深 3m 的河流一侧，流速为 2m/s。

（1）若摩擦系数为 0.035（使用科尔布鲁克方程计算），排放位置下游多远处污染物能在溪流中充分混合？

（2）如果单口排污口由位于水流中心长 5m 的扩散器取代，将如何影响混合距离？

4. 河流中的调节混合区延伸到长 5m 的工业扩散器下游 200m 处。这条河的平均深度为 3m，平均宽度为 30m，平均流速为 0.8m/s；扩散器排放 $10m^3/s$ 含有毒污染物浓度 5mg/L 的废水。据估计，混合区下游边界的羽流宽度为 15m。计算混合区（下游）边界处的羽流稀释度。

5. 一条含有 5mg/L 悬浮固体，温度为 15℃的相对清澈的河流，与另一条含有 35mg/L 悬浮固体，温度为 20℃的浑浊河流相交。如果相对清澈河流的流量为 $100m^3/s$，浑浊河流的流量为 $20m^3/s$，估算两条河流汇合处下游的悬浮固体浓度和温度。

6. 一条河宽 30m、深 3m，常见粗糙度为 5mm。如果河流中的平均流速为 15cm/s，请确定纵向和横向扩散系数，以便对河流中的混合情况进行估计。

7. 在宽 10m 的溪流中，间隔 1m 的水深和垂直平均速度见表 4.19。若摩擦系数为 0.04，请使用表 4.2 中的公式估算渠道上的纵向分散系数。

8. 河流中的测量表明，其横截面具有近似梯形的形状，底部宽度为 20m，边坡倾斜度为 3∶1，纵向坡度为 0.15%，曼宁粗糙系数约为 0.021。假设河流中的纵向分散系数可以用 Seo 和 Cheong 提出的关系近似得出，请确定纵向分散系数关于水深的函数。如果旱季的平均水深为 2m，而雨季的平均水深为 4m，估算常见雨季和旱季分散系数。如果在枯水季节发生泄漏，

测量的深度和垂直平均速度 表 4.19

| 距岸边距离 $y$（m） | 0 | 1 | 2 | 3 | 4 | 5 | 6 | 7 | 8 | 9 | 10 |
|---|---|---|---|---|---|---|---|---|---|---|---|
| 深度 $d$（m） | 0.0 | 0.3 | 1.3 | 1.8 | 3.1 | 4.5 | 3.6 | 2.2 | 1.2 | 0.7 | 0.0 |
| 速度 $v$（m/s） | 0.0 | 0.45 | 0.9 | 1.2 | 2.1 | 3.0 | 2.4 | 1.5 | 0.75 | 0.45 | 0.0 |

多长时间后，在泄露点下游 200m 处出现最大浓度？

9. 河流瞬间泄露点下游 $x_0$ 处的最大浓度出现在 $t_0$ 时刻，$t_0$ 由下式给出：

$$t_0 = \frac{x_0}{V}\left(-\frac{K_L}{Vx_0} + \sqrt{\left(\frac{K_L}{Vx_0}\right)^2 + 1}\right)$$

其中 $V$ 是溪流平均流速，$K_L$ 是纵向分散系数。确定 $K_L/(Vx_0)$ 的值使得 $t_0$ 和 $x_0/V$ 的偏差不超过 1%。

10. 50kg 保守污染物泄露到一条平均流速为 1m/s、深 10m、宽 52m 的河流中，其摩擦系数约为 0.04。

（1）假设污染物最初在河流中混合良好，预计在泄露点下游 150m 处的最大浓度？

（2）若河流的宽度为 25m，你在计算中使用的 $K_L$ 值为多大？

11.15kg 污染物泄漏到宽 4m、深 2m 的河流中。

（1）如果河流的平均流速为 0.8m/s，纵向分散系数为 0.2m$^2$/s，污染物的一阶衰减常数为 0.05h$^{-1}$，确定泄漏点下游 1km 处饮用水进水口处的最大浓度。

（2）若实际衰减常数是估计值的一半，此浓度将受到怎样的影响？

12. 由保守污染物泄漏而产生的羽流通过泄漏位置下游 1km 处的观测点，确定浓度与时间的函数关系。如果河流的平均流速为 25cm/s，浓度分布为高斯分布，最大浓度为 5mg/L，请估算泄漏位置下游 1.5km 处的最大浓度。

13. 推导公式（4.34）。

14. 从桥上将染料瞬间释放到河里，在释放位置下游 500m 和 1000m 处测量染料浓度随时间的变化。测量的染料浓度见表 4.20。估算河流的纵向分散系数。

15. 污染物不慎释放到河流中，导致泄漏位置污染物浓度为 200mg/L 并持续了 15min。污染物的一阶衰减系数为 10d$^{-1}$，河流平均流速为 15cm/s，纵向分散系数为 20m$^2$/s。假设污染物在河流中混合良好，估计泄漏点下游 3km 处的最大污染物浓度。判断泄漏持续时间小

在释放位置下游处测量的染料浓度 表 4.20

| 时间（min） | 浓度 | | 时间（min） | 浓度 | |
|---|---|---|---|---|---|
| | 500m | 1000m | | 500m | 1000m |
| 0 | 0 | 0 | 16 | 0.17 | 0.35 |
| 1 | 0 | 0 | 17 | 0.04 | 0.73 |
| 2 | 0 | 0 | 18 | 0.01 | 1.10 |
| 3 | 0 | 0 | 19 | 0 | 1.90 |
| 4 | 0 | 0 | 20 | 0 | 2.70 |
| 5 | 0 | 0 | 21 | 0 | 1.90 |
| 6 | 0.03 | 0 | 22 | 0 | 1.10 |
| 7 | 0.05 | 0 | 23 | 0 | 0.67 |
| 8 | 0.12 | 0 | 24 | 0 | 0.41 |
| 9 | 0.45 | 0 | 25 | 0 | 0.21 |
| 10 | 0.92 | 0 | 26 | 0 | 0.07 |
| 11 | 2.30 | 0 | 27 | 0 | 0.03 |
| 12 | 3.30 | 0 | 28 | 0 | 0.01 |
| 13 | 2.30 | 0.02 | 29 | 0 | 0 |
| 14 | 1.10 | 0.04 | 30 | 0 | 0 |
| 15 | 0.57 | 0.22 | | | |

于到下游位置的行进时间的这一假设是否合适？

16. 河流具有近似梯形的形状，底部宽度为 10m，边坡倾斜度为 3 : 1（$H : V$）。估算河流 7$Q$10 流量为 9.5$m^3$/s，曼宁粗糙系数估算值为 0.023，河流中的示踪试验表明 Koussis 和 Rodríguez–Mirasol 提出的公式充分描述了河流的纵向分散。一家工厂以 2.5$m^3$/s 的速率排放含有污染物的工业废水，该污染物的一阶衰减常数为 3$h^{-1}$，该污染物的水质标准为 5mg/L，并且该标准适用于排放位置下游 100m 处的混合区的边界处。渠道流量的水力分析表明在组合流动状态下渠道中间的流动深度为 1.8m。（1）确定在混合区的边界处满足水质标准的污染物最大浓度；（2）确定用于（1）部分排放的最小扩散器长度和位置；（3）估计混合区下游 500m 处的污染物浓度。

17. 若习题 14 中描述的河宽 20m、深 5m，请估算用于示踪研究的染料质量。验证保守染料的假设是否合理。

18. 亨利常数 $H$ 是估计溪流中 VOCs 挥发性的重要参数。使用公式（4.55）估算 20℃时氯乙烷、1，2–二氯乙烷和氯乙烯的 $H$。将这些值与表 4.5 中给出的 $H$ 值进行比较。

19. 河水含有浓度为 22mg/L 的乙苯（$C_8H_{10}$）。以 mol/$m^3$ 表示此浓度。乙苯的分子量为 106.17g/mol。

20. 一条河流的平均流速为 7cm/s，宽度为 20m，深度为 1.3m。水温和气温均为 17℃，平均风速为 8m/s。

（1）如果河流中的纵向分散系数为 2.5$m^2$/s，估算 12kg 四氯乙烯泄漏到河中下游 10km 处的最大浓度。

（2）在泄漏点下游多远处，你会发现非水相中的四氯乙烯？

21. 佛罗里达州的饮用水法规要求 TCE 浓度低于 3μg/L，并且假设水处理厂至少去除了原水中 99% 的 TCE。水处理厂的进水处位于习题 29 中描述的河流中，请您负责制定供水处进水口上游可能的三氯乙烯泄漏应急计划。您的应急计划是基于一辆载着 100L 三氯乙烯的卡车驶入河流，并将 75% 的三氯乙烯泄漏到河流中，那么进水口上游的最大距离为多少时泄漏会导致进水口暂时关闭？陈述您的假设。在进水口关闭的情况下，您将如何向公众供水？

22. 根据平衡关系 $c_0 = Kc$，河流中的污染物有时吸附在悬浮固体上，其中 $c_0$ 是吸附浓度（= 单位质量悬浮固体上污染物质量），$K$ 是平衡常数（$L^3$/M），$c$ 是河流中污染物浓度（M/$L^3$）。已证明沉降可以被认为是河流污染物的一阶衰减过程。如果您已被聘为顾问，请评估习题 28 中所述的 10kg 氯苯泄漏对河流造成的影响。估计挥发系数为 0.52$d^{-1}$，悬浮固体浓度为 7mg/L，氯苯的吸附常数 $K$ 为 4.27$cm^3$/g，平均沉降速度为 0.8m/d。评估泄漏对泄漏位置下游 1km 处城镇供水进水量的影响。氯苯的饮用水质标准为 0.1mg/L。评估供水摄入量对预期氯苯浓度的挥发和沉降的相对重要性。如果城市工程师决定在进水河水超过饮用水标准时关闭供水进水口，那么进水口需要关闭多久？

23. 估计宽 10m、深 2m（平均）的河流的复氧率，河流的斜率为 $4 \times 10^{-5}$，流速为 2$m^3$/s。河流温度为 20℃，DO 浓度为 7mg/L。如果河流温度降至 15℃，复氧率将会受到怎样的影响？

24. 一小型溪流的平均深度为 0.3m，平均流速为 0.5m/s，排放速率为 0.3$m^3$/s，坡度为 0.1%。用表 4.8 中给出的公式估算复氧速率常数的值。并评价您的结果。

25. 在深 5m 的河流中发生排放污水的初始混合后，河流中的 DO 浓度为 7mg/L，温度为 22℃。河流中的平均流速为 6cm/s。

（1）如果混合河水的最终 BOD 为 15mg/L，20℃时 BOD 的速率常数为 0.5$d^{-1}$，沉淀去除的 BOD 可以忽略不计，20℃时的复氧速率常数为 0.7$d^{-1}$，估算河流中的最小溶解氧浓度。

（2）排污口下游多远处会出现最小溶解氧浓度？

26. 在第 3 章习题 32 排出的废水初次混合后，河水的 5 日 BOD 为 15mg/L，DO 浓度为 2mg/L。如果河水温度为 25℃，沉淀去除的 BOD 可以忽略不计，估计排放口下游 500m 处的溶解氧浓度。最小溶解氧浓度是否在排放口下游 500m 内发生？

27. 河流中的测量结果表明，BOD 和复氧速率常数分别为 0.3$d^{-1}$ 和 0.5$d^{-1}$，沉淀去除的 BOD 可以忽略不计，与废水排放混合后的河水最终 BOD 为 20mg/L。如果河流中的平均流速为 5cm/s，DO 饱和浓度为 12.8mg/L，请确定混合河水的初始溶解氧浓度，以及此时排放口处将出现的最小溶解氧浓度。

28. 邻近小镇的一条河流平均宽度为 20m，平均深度为 2.4m，流量为 8.7$m^3$/s，渠道边界平均高度为 25cm。该镇计划在河流中建造一废水排放口，并通过两条从河流两侧延伸出来的 6m 长的扩散器排放废水。预计扩散器会引起完全的垂直混合。预计废水排放量为 0.1$m^3$/s，$BOD_5$ 为 30mg/L，DO 浓度为 2mg/L。天然

河流的 $BOD_5$ 约为 10mg/L，DO 浓度为 8.1mg/L，低于河中饱和氧气浓度 2mg/L。

（1）排放口下游多远处污水在河流中完全混合？称此位置为 $X$。

（2）若 BOD 和复氧速率常数分别为 $0.1d^{-1}$ 和 $0.7d^{-1}$，假设污水在排放口处的河流完全混合，并且沉淀去除的 BOD 可以忽略不计，估计 5 日 BOD 和 $X$ 处的 DO。

（3）你从这个问题的结果中可以得出什么结论？

29. 一家乳制品加工厂正计划以 $5m^3/s$ 的速度将废水排放到 7$Q$10 排放量为 $30m^3/s$ 的河流中。现有资料表明，该河底宽为 20m，边坡为 2 ∶ 1（H ∶ V），深度为 3m，流量为 $35m^3/s$，平均粗糙度为 1.5cm，DO 浓度为 8.5mg/L，$BOD_5$ 为 5mg/L，温度为 22℃，河流上方年平均风速为 5m/s。牛奶加工产生废物的 DO 可忽略不计，温度和河流温度大致相同。对河水和废水的综合实验室测试表明，混合水的 BOD 衰减因子在 22℃时为 $0.15d^{-1}$，由于沉淀去除的 BOD 可以忽略不计。乳制品加工厂所在的州法律要求溪流中 DO 值大于等于 5.0mg/L，混合区的边界位于废水排放点下游 800m 处。

（1）计算扩散器所需的长度，使得在扩散器下游约 100m 处发生完整的横截面混合。在横截面混合过程中 BOD 是否会发生显著衰减？

（2）使用计算出的扩散器长度，估算扩散器下游 100m 处的 DO，并找出乳制品废水的最大 $BOD_5$，使得该条河流在混合区边界上达到 DO 标准。

30. 某河流的上游流量为 $2.27m^3/s$，最终的第一阶段 BOD 为 5mg/L，DO 为 6mg/L。污水以流量 $0.283m^3/s$ 进入河流，$BOD_5$ 为 20mg/L，DO 为零。对废水进行长期 CBOD 测试表明 BOD 衰减常数为 $0.25d^{-1}$，并且沉淀去除的 BOD 可以忽略不计。在 25℃的温度下，河流的溶解氧饱和浓度为 8.26mg/L。河流中的 CBOD 衰减率在 25℃时为 $0.6d^{-1}$，速度为 25cm/s，深度为 178cm。

（1）排污口下游 24km 处的最终 BOD 是多少？

（2）污水排放下游 24km 处的氧亏值是多少？

（3）在污水排放下游 15km 处，必须添加多少氧气（kg/d）才能使 DO 为 7.0mg/L？

（4）是否有可能降低污水 BOD 以使河流中所有地方的 DO 保持在 7mg/L 以上？如果可以，那么污水的目标 BOD 是什么？

31. 皮革厂在下列条件下将废水排入河中（见表 4.21）：

皮革厂废水排放条件　　表 4.21

| 参数 | 废水 | 河流 |
|---|---|---|
| 流量（$m^3/s$） | 1.148 | 7.222 |
| 15℃时 $BOD_\infty$（mg/L） | — | 7.66 |
| DO（mg/L） | 1.00 | 6.00 |
| 温度（℃） | 15.0 | 15.0 |
| 速度（m/s） | — | 0.300 |
| 深度（m） | — | 2.92 |

河流 / 废水混合水中的 BOD 速率常数 $k_d$ 在 20℃时为 $0.379d^{-1}$。确定皮革厂可能排放的最终 BOD 值（单位为 kg/d），并且使 DO 保持在最低值 5mg/L 以上。

32. 某河流的流速为 3cm/s，曝气系数为 $0.5d^{-1}$，温度为 20℃。在和废水混合后，河流 DO 浓度为 8.0mg/L，最终 BOD 为 25mg/L，BOD 衰减常数为 $0.8d^{-1}$。忽略沉淀对 BOD 去除的影响，确定在 DO 小于等于 7mg/L 时的距离。

33. 经处理的生活污水排入河流，河流平均流速为 20cm/s，估算的复氧系数为 $0.4d^{-1}$。混合废水排放的 TKN 为 0.9mg/L，硝化速率常数估计为 $0.5d^{-1}$。

（1）使用 NBOD 模型估算污水排放下游 10km 处硝化造成的氧亏值。

（2）若忽略硝化作用的理论氧亏值是 5.5mg/L，那么忽略硝化作用引起的误差是多少？

34. 在废水排放初期混合后，DO 浓度为 6mg/L，有机氮浓度为 4mg/L，氨氮浓度为 5mg/L。河流温度为 20℃，平均流速为 3cm/s，曝气速率常数为 $0.6d^{-1}$。硝化过程中的速率常数 $k_{oa}=0.3d^{-1}$，$k_{ai}=0.2d^{-1}$，$k_{in}=0.4d^{-1}$。确定溪流中的最小 DO，以及若硝化作用受到抑制，最小氧气浓度将受到什么影响。在没有抑制的情况下，最小 DO 浓度处的氨浓度是多少？

35. 用硝化模型估算在溪流中特定氨氮浓度为 3.77mg/L 时的位置。如果此位置的 pH 值为 8.5，温度为 15℃，未离解的氨浓度是多少？

36. 重复习题 25，考虑呼吸需氧量为 $3g/(m^2 \cdot d)$，底栖需氧量为 $5g/(m^2 \cdot d)$。确定将导致排放口出现临界氧浓度的初始 DO 氧亏值。

37. 某污水处理厂设计排放到 10m 宽的水流，其横截面为矩形，纵向坡度为 0.05%，曼宁系数为 0.01。在设计条件下，流量为 $1.75m^3/s$，DO 浓度为 7mg/L，BOD 为 2mg/L，温度为 25℃。预计污水处理厂排放的 BOD 为 30mg/L，不含溶解氧。现场测量表明，在建议排放处的下游，沉积物需氧量为 $5g/(m^2 \cdot d)$，叶绿素 a 浓度为 20μg/L。根据进一步估计，在污水处理厂排放运行时，混合溪流 / 废水的 BOD 衰减常数为 $0.1d^{-1}$，复氧常数可以充分利用 O'Connor 和 Dobbins 提出的公式计算。水质规范要求在设计条件下，溪流中的 DO 浓度应大于等于 5mg/L。污水处理厂在满足这一规范时的最大排放量为多少？

38. 废水排入河流后，平均流速为 5cm/s，深度为 2.8m。初步混合后，河流温度为 20℃，氧气浓度为 7mg/L，$CBOD_5$ 为 10mg/L，CBOD 速率常数为 $0.8d^{-1}$，TKN 为 3mg/L，硝化常数为 $0.5d^{-1}$。沉淀去除的 BOD 可以忽略不计。河流中叶绿素 a 浓度为 10μg/L。估算河流最小 DO 浓度值和位置。

39. 分布式氧源和汇共产生 1.00mg/（L·d）的净氧需求量，其平均流速为 3cm/s，通风速率系数为 $0.50d^{-1}$。此过程造成的氧亏值为多少？在这些氧源和汇下游多远处使氧亏值为最终值的 95%？

40. 废水排入河流，平均流速为 5cm/s，温度为 20℃。经河流初始混合后，混合河水中的 DO 浓度为 5mg/L，最终 BOD 为 25mg/L，河水中 BOD 衰减速率常数经实验室测试为 $0.4d^{-1}$，复氧常数估计为 $0.8d^{-1}$。BOD 横向分源距离排放位置下游 5km 处，最终 BOD 分布源平均值为 4mg/L。通过沉淀去除的 BOD 会使 BOD 衰减率增加 15%。评估分布式 BOD 对排放位置下游 5km 处氧气浓度的影响。

41. 废水排入河流，平均流速为 6cm/s。分析河流 1km 区域内的废物排放和分布式 BOD 输入情况，预测废水排放口下游 1km 处的 DO 为 8mg/L，假设复氧常数等于 $0.8d^{-1}$，平均温度为 20℃。预计河段内的光合作用可产生 7mg/（L·d）的需氧量，植物呼吸作用产生 4mg/（L·d）的需氧量，沉积物需氧量为 2mg/（L·d）。估算排污口下游 1km 处 DO 的波动情况。

42. 缓慢流动的河流 DO 存在昼夜变化，其中最小 DO 亏损发生在太阳正午 3h 后，DO 在 7.5mg/L 范围内变化，日均氧亏为 1.5mg/L。若光照期为 12h，使用 $\delta$ 方法来估算复氧常数、平均光合速率和平均呼吸速率。这些结果与使用近似增量法获得的结果相比如何？

43. 估计溪流的反硝化速率常数为 0.25m/d，平均流速为 2cm/s，平均深度为 2.5m。计算通过反硝化去除 50% 氮所需的距离，以及硝酸盐浓度为 10mg/L 时硝酸盐去除率。

44. 和排放的废水混合后，淡水河流中悬浮固体浓度为 100mg/L，温度为 25℃。悬浮固体的平均沉降速度为 0.4m/d，指示细菌的分配系数为 $1.0m^3/g$。水面平均光能为 500Ly/d，溪流深度为 2.5m，平均流速为 1cm/s。估算指示细菌减少 50% 所需的距离。

45. 俄勒冈州 John Day 河的每日排放流量测量结果如表 4.22 所示。在约 77 年的时间中，共有 28047 个测量值。相对于大肠杆菌标准 126CFU/100mL，John Day 河已受损。确定大肠杆菌的 LDC。如果大多数水质违规发生在湿润条件下，流量超标率为 60%~90%，估算在湿润条件下允许的大肠杆菌负荷的中位数。

46. 某受损的溪流相对于细菌水质标准的大肠杆菌 LDC 如表 4.23 所示。来自污水处理厂的点源排放量达到 $0.17m^3/s$，排放量需符合大肠杆菌水质标准 126CFU/100mL。假设 MOS 等于 TMDL 的 10%，确定非点源大肠杆菌 LA。

47. 大肠杆菌浓度和流速的测量如习题 36 中描述的流程，测量结果如表 4.24 所示。若该溪流的大肠杆菌水质标准为 126CFU/dL，请确定点源或非点源是否是造成水质违规的原因。

48. 在特定流动状态下，实时测量的大肠杆菌浓度符合对数正态分布。大肠杆菌数据的对数（以 10 为底）的均值和标准偏差分别为 2.328 和 0.481，其中大肠杆菌浓度以 CFU/dL 表示。监管标准要求几何平均浓度小于等于 126CFU/dL，90% 分位数浓度小于等于 252CFU/dL。确定达到符合水质标准时所需的大肠杆菌的减荷量。

John Day 河受损部分的测量流量　　表 4.22

| 序号 | 流量（$m^3/s$） | 序号 | 流量（$m^3/s$） | 序号 | 流量（$m^3/s$） |
|---|---|---|---|---|---|
| 1 | 1031 | 9817 | 47 | 19634 | 11 |
| 701 | 264 | 10518 | 42 | 20335 | 10 |
| 1402 | 209 | 11219 | 37 | 21036 | 9 |
| 2104 | 175 | 11920 | 33 | 21737 | 8 |
| 2805 | 153 | 12622 | 29 | 22438 | 7 |
| 3506 | 134 | 13323 | 25 | 23140 | 7 |
| 4207 | 119 | 14024 | 22 | 23841 | 6 |
| 4908 | 106 | 14725 | 19 | 24542 | 5 |
| 5610 | 92 | 15426 | 17 | 25243 | 4 |
| 6311 | 85 | 16128 | 16 | 25944 | 3 |
| 7012 | 76 | 16829 | 15 | 26646 | 3 |
| 7713 | 68 | 17530 | 14 | 27347 | 2 |
| 8414 | 60 | 18231 | 13 | 28047 | 0 |
| 9116 | 54 | 18932 | 12 | | |

大肠杆菌负荷历时曲线

表 4.23

| 超出百分比(%) | 负荷（×10¹⁰CFU/d） | 超出百分比(%) | 负荷（×10¹⁰CFU/d） | 超出百分比(%) | 负荷（×10¹⁰CFU/d） |
|---|---|---|---|---|---|
| 0.0 | 1090 | 35.0 | 49.9 | 70.0 | 11.6 |
| 2.5 | 278 | 37.5 | 44.6 | 72.5 | 10.6 |
| 5.0 | 220 | 40.0 | 39.2 | 75.0 | 9.75 |
| 7.5 | 185 | 42.5 | 34.7 | 77.5 | 8.73 |
| 10.0 | 161 | 45.0 | 30.2 | 80.0 | 7.81 |
| 12.5 | 141 | 47.5 | 26.3 | 82.5 | 6.88 |
| 15.0 | 125 | 50.0 | 23.3 | 85.0 | 5.95 |
| 17.5 | 112 | 52.5 | 20.5 | 87.5 | 4.96 |
| 20.0 | 101 | 55.0 | 18.4 | 90.0 | 4.13 |
| 22.5 | 90.0 | 57.5 | 16.7 | 92.5 | 3.41 |
| 25.0 | 80.5 | 60.0 | 15.4 | 95.0 | 2.69 |
| 27.5 | 71.8 | 62.5 | 14.3 | 97.5 | 1.88 |
| 30.0 | 63.7 | 65.0 | 13.2 | 100 | 0.18 |
| 32.5 | 56.6 | 67.5 | 12.4 | | |

大肠杆菌浓度和流速的测量

表 4.24

| 浓度（CFU/dL） | 流量（$m^3/s$） | 超出百分比（%） | 浓度（CFU/dL） | 流量（$m^3/s$） | 超出百分比（%） | 浓度（CFU/dL） | 流量（$m^3/s$） | 超出百分比（%） |
|---|---|---|---|---|---|---|---|---|
| 150 | 37.09 | 0.5 | 174 | 5.44 | 31.5 | 106 | 0.99 | 72.1 |
| 145 | 30.22 | 1.3 | 156 | 4.78 | 34.2 | 74 | 0.87 | 75.8 |
| 139 | 24.56 | 2.8 | 139 | 4.12 | 37.4 | 97 | 0.77 | 78.3 |
| 132 | 22.66 | 3.6 | 98 | 3.49 | 40.6 | 87 | 0.67 | 81.4 |
| 190 | 21.15 | 4.4 | 79 | 3.13 | 42.8 | 122 | 0.56 | 84.7 |
| 180 | 19.92 | 5.2 | 114 | 2.88 | 44.3 | 117 | 0.44 | 87.9 |
| 160 | 17.91 | 6.7 | 123 | 2.53 | 46.7 | 120 | 0.35 | 90.8 |
| 175 | 16.98 | 7.5 | 35 | 2.33 | 48.2 | 101 | 0.34 | 91.3 |
| 155 | 15.91 | 8.6 | 108 | 2.08 | 50.5 | 88 | 0.30 | 92.7 |
| 149 | 15.44 | 9.2 | 93 | 1.87 | 52.7 | 113 | 0.30 | 93.1 |
| 182 | 14.48 | 10.4 | 81 | 1.74 | 54.3 | 105 | 0.26 | 94.5 |
| 174 | 12.36 | 13.6 | 94 | 1.59 | 56.6 | 78 | 0.24 | 95.3 |
| 150 | 10.66 | 16.8 | 118 | 1.49 | 58.4 | 90 | 0.20 | 96.7 |
| 215 | 9.42 | 19.7 | 54 | 1.40 | 60.4 | 121 | 0.16 | 97.8 |
| 161 | 8.32 | 22.4 | 62 | 1.26 | 63.8 | 44 | 0.15 | 98.2 |
| 186 | 7.28 | 25.3 | 103 | 1.16 | 66.7 | 108 | 0.11 | 99.1 |
| 239 | 6.15 | 28.9 | 110 | 1.09 | 69.2 | | | |

# 第5章 地下水

## 5.1 引言

地下水是美国饮用水的主要来源之一，提供约40% 的公共设施用水，而且农村家庭的用水几乎都来自于地下水。约 50% 的美国人口依赖地下水源提供饮用水。地下水可直接作为饮用水源，所以地下水常采用饮用水水质标准，这也是为什么地下水污染是一个敏感问题的原因。典型的地下水污染情况如图 5.1 所示，其中污染源位于地表，污染羽流向供水井迁移。当河流水位低于相邻的地下水位时，地下水将频繁地向河流贡献基流。在这种情况下，地下水的流入将会污染河流和溪流。

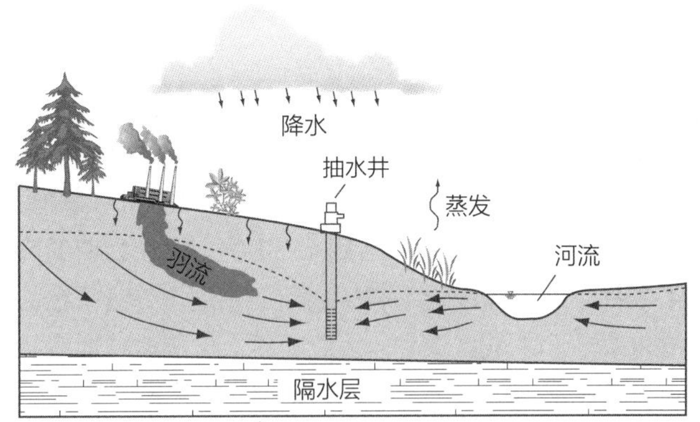

图 5.1 污染物在地下水中的扩散

与地下水和水源保护规划相关的法规要求工程师们预测污染物直接排放到地下水或地下水表面陆地上的迁移和归趋路径。这些定量预测可用于评估现有的或潜在的污染源对地下水质的影响，以及设计减轻有害影响的方案与修复受污染地下水的方案。

## 5.2 污染源

地下水污染的常见来源有化粪池、地下储罐泄漏（LUSTs）、污水的土地利用、灌溉和灌溉回水、固体废物处置场（即垃圾填埋场）、废物处理注入井、有害的农业化学品等。从这些来源进入地下水的污染物包括石油产品、挥发性有机化合物、硝酸盐、杀虫剂和金属等。

### 5.2.1 化粪池

如果饮用水源过于接近化粪池，化粪池会将病原微生物、合成有机化学品、营养物（如氮和磷）和其他污染物直接排放到地下水中，并可能引起疾病。典型的双室化粪池如图 5.2 所示。除了选址问题外，为了保证化粪池的正常工作，在滤床和地下水位之间保留一个非饱和土壤带十分重要，从而避免化粪池的污

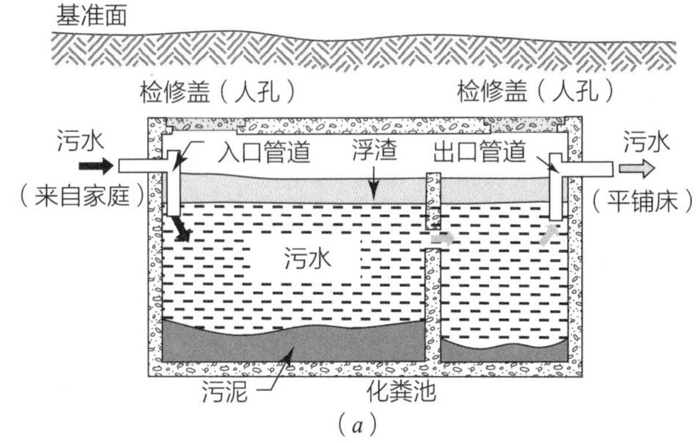

（*a*）

（*b*）

图 5.2 化粪池
（*a*）示意图；（*b*）安装化粪池

水直接进入地下水。

化粪池的排放量一般估计为 280L/（个·d）（75gal/（个 · d）），出水通常含有 40~80mg/L 的氮，10~30mg/L 的磷，200~400mg/L 的 $BOD_5$。化粪池排放物中其他值得关注的成分包括细菌、病毒、合成有机物和有毒金属等。通过合理设计和使用化粪池系统，有机质、$BOD_5$、病原微生物、磷能被有效地去除，因此这些污染物很少出现在低于化粪池排放平面或渗流场 1.5m（5ft）以外的区域。硝化过程通常是在化粪池排水区完成，该排水区常常位于排水良好的土壤中，而可移动的硝态氮则会进入地下水。

化粪池在以下地方最有可能造成地下水污染：（1）高密度的带化粪池住宅区；（2）土壤极易渗透区；（3）地下水位距离地面小于 1m（3ft）的区域。化粪池系统在起伏的地形中效果不好，因为土壤的渗水率很低，而且不透水的土壤层靠近表面。这些土壤在长期的降雨条件下，化粪区、下坡区饱和，导致化粪池系统的渗水失效和下坡区饱和。因此，污水可能通过地表径流直接流向河流。

### 5.2.2 地下储罐泄漏

地下储罐在加油站用于储存汽油，也被各种工业、农业和家庭广泛用于储存石油、危险化学品和化学废物。油箱生锈、老化和意外被刺破可能会引起泄漏，而这些泄漏可能在很长一段时间内未被发现。一个加油站挖掘出的地下储罐如图 5.3 所示，前面是储油罐，后面是加油站。一个典型加油站的巨大汽油储存量很容易从图 5.3 中体现出来。地下储罐有很多，只有一小部分是耐腐蚀的，因此地下储罐泄漏（LUSTs）是造成污染扩散的一个主要原因。

图 5.3 加油站储油罐

### 5.2.3 污水的土地利用

污泥和处理后污水的土地利用是重金属、有毒化学品和病原微生物的重要来源。在污水的土地利用中有三种系统：（1）慢速系统（SRSs）；（2）地表漫流系统（OFSs）；（3）快速渗滤系统（RISs）。这些系统具体介绍如下。

（1）慢速系统（SRSs）。在美国，慢速系统最常用于处理城市污水和干旱地区污水回用中；在欧洲，这些系统已经使用了几个世纪。这些系统的水力负荷大多与作物的灌溉和养分需求以及土壤渗透性相匹配。在干旱地区，水力负荷与灌溉要求、土壤积盐的预防有关。这些系统基本上是灌溉系统，有着类似于灌溉回水的问题，并对地下水和基流有一定的影响。在这三种土地利用系统中，由于作物对养分的吸收以及土壤衰减的联合作用，SRSs 具有最好的营养物去除效果。慢速系统的缺点是场地面积需求很大，通常每天排放 $1000m^3$（约 26 万 gal）处理过的污水就需要 $30hm^2$（75ac）的土地。

（2）地表漫流系统（OFSs）。在污水经过被分级养护的草坪和植被覆盖的斜坡时地表漫流系统对其进行处理，而处理过的污水作为残余径流集中在斜坡底部。由于污水的渗透是有害的，应该通过选择低渗透性土壤、土壤压实和 / 或将这些系统置于不渗透的地下层来使其最小化。在这些条件下，地表漫流系统（OFSs）对地下水资源的影响应该是最小的。地表漫流系统（OFSs）类似于处理城市和农业径流的草地缓冲带。脱氮是在硝化 - 反硝化过程中完成的，取决于 BOD/N 比。如果进水中的氮主要以硝酸盐形式存在，则去除量最小。

（3）快速渗滤系统（RISs）。快速渗滤系统依靠污水在可渗透土壤中的渗透和过滤。如果地基（下层土）透水，污水将到达地下水，而且如果设计不当，可能成为地下水污染的一个原因。通过物理 - 化学相互作用（吸附）和生化降解（需氧和厌氧），可在上层土壤中完成污染物的去除。在这个系统中，植被及其养分吸收并没有纳入考虑中。如果大部分氮是硝酸盐形式，则去除效率大大降低。

污水土地利用的相关问题与化粪池的问题类似，但是更大体积的废水集中在一个较小的区域。可移动污染物如硝酸盐是最受关注的，其他污染物（BOD、病原微生物和磷酸盐）残留在利用区域附近。当废水通过土壤时，细菌和病毒会迅速死去。将处理后的污水作为水源补充的那部分蓄水层不应作为饮用水源，应限制其使用；应在距离上述那部分蓄水层一定安全距离处取水，并在适当的地点安装监测井，以保证其符合水质标准。

污水处理设施产生的污泥通常作为肥料和土壤改良剂被用于农田。污泥的土地利用对地下水水质的影响取决于表层土壤中发生的转化。尽管大部分有毒金属都会被表层土壤所截留，但是污泥中的有毒金属含量还是值得关注的。污水污泥中的有毒金属浓度远远高于原污水中的浓度。

### 5.2.4　灌溉回水

使用溶解性固体含量高的水灌溉一个地区会导致一部分灌溉水通过蒸散（ET）返回大气，而且由于蒸散的水中没有盐分，所以土壤中会存在盐分和污染物的积累。至少，蒸发会使得灌溉水中溶解性固体浓度增加。灌溉水中蒸发至大气的比例在潮湿气候下的高效利用系统中可能不到 20%，而在干旱和半干旱气候条件下的低效利用系统中可上升至几乎 100%。图 5.4 展示了一种常用的移动式灌溉系统，可以从地下水中获取灌溉用水。泵摆在移动支架的顶端，洒水喷头位于支架之间。

为了维持作物生长和土壤肥力以及保持土壤中的盐分含量在可承受的范围内，如果自然降水不足以控制土壤中盐分的积累，就必须使用过量灌溉水。包含增加的盐分和来自土壤的渗滤液的多余灌溉水，要么通过地下排水系统聚集，要么直接渗透到地下水。通过地下排水系统聚集的或渗透到地下水的灌溉水统称为灌溉回水，是与地下水污染扩散相关的一个较为重要的问题。可以根据公式（5.1）计算出通过土壤根层渗透到灌溉回水或地下水的水流的盐分浓度。

图 5.4　使用泵抽取地下水的灌溉系统

$$c_i Q_i = c_{aq}(Q_i - Q_e) \tag{5.1}$$

式中　$c_i$——用于灌溉的水或废水中所含的盐分或污染物浓度（$ML^{-3}$）；

$Q_i$——灌溉用水的量，它也包含不会因地表径流而损失的降水量（$L^3T^{-1}$）；

$c_{aq}$——从根区向下渗透的水中所含的盐分或污染物浓度（$ML^{-3}$）；

$Q_e$——从土壤中蒸发散失的水量（$L^3T^{-1}$）。

用于控制土壤中盐分或污染物积累的过量灌溉水量取决于作物对土壤水中的盐的耐受性、灌溉用水的含盐量、ET 率、作物吸收和系统中的其他损失。淋溶率 $Q_i/Q_e$，来自公式（5.1）的变换：

$$\frac{Q_i}{Q_e} = \frac{c_{aq}}{c_{aq} - c_i} \tag{5.2}$$

灌溉水的盐度通常用每厘米的电导率来表示（1000 μS/cm ≈ 640mg/（L · m）（总溶解性固体））。作物的耐盐性范围从小于 500μS/cm 的盐敏感型作物，如大多数果树和蔬菜（芹菜、草莓或豆类）到超过 1500μS/cm 的耐盐型作物，如棉花、甜菜、大麦、芦笋。最常见的谷类作物和蔬菜对盐具有中等耐受性（500~1500μS/cm）。淋溶条件（LR）定义为：

$$\mathrm{LR} = \frac{Ec_i}{Ec_{aq}} = \frac{c_i}{c_{aq}} \tag{5.3}$$

式中　$Ec_i$——灌溉水的电导率；

$Ec_{aq}$——排水的电导率。

结合公式（5.2）和公式（5.3），淋溶率可以表示为以下形式：

$$\frac{Q_i}{Q_e} = \frac{1}{1-\mathrm{LR}} \tag{5.4}$$

淋溶率给出了超过 ET 要求的灌溉水量的量度，从而产生浓度为 $c_{aq}$ 的盐或污染物的渗滤液。灌溉效率等于用于 ET 的水量，等于淋溶率的倒数。通常情况下，保持回水量在可接受范围内的 LR 约为 10%，相当于约 90% 的灌溉效率。喷灌或滴灌系统可以实现如此高的灌溉效率。大多数农业灌溉系统使用诸如边界或犁沟这样的灌溉方法，其灌溉效率较低，通常在

50%~80% 之间。这种方法留有足够的水分用于淋溶和维持根区的盐分和化学平衡。在没有降雨的情况下，100% 的灌溉效率在理论上只有在用蒸馏水灌溉时才是可持续的。

## 【例题 5.1】

鳄梨作物可耐受 TDS（总溶解性固体）浓度高达 300mg/L 的根区水分，鳄梨需要 10cm 厚的水分以支持春季播种季节的生长。可得的灌溉水量与有效降雨量相结合的 TDS 含量为 60mg/L，春季种植季节土壤蒸发量为 30cm，有效降雨量为 25cm。（1）估计所需的灌溉量和预期的根区 TDS 浓度。（2）求淋溶率，以及为避免根区水分出现过高 TDS 浓度而所需灌溉和降雨的最低量。

**【解】**

（1）灌溉量是根据体积关系确定的。

灌溉量 = 作物需要量 + 蒸发量 – 降雨量

=10+30–25

=15cm

根据给定的数据，$Q_i$= 降雨量 + 灌溉量 =25+15=40cm，$c_i$=60mg/L，$Q_e$=30cm。公式（5.1）给出了在根区中得到的 TDS 浓度即 $c_{aq}$，为：

$$c_{aq}=\frac{c_iQ_i}{Q_i-Q_e}=\frac{60\times40}{40-30}=240\ \text{mg/L}$$

因此，预计根区 TDS 浓度为 240mg/L，低于鳄梨 300mg/L 的最大耐受值。当根区 TDS 浓度超过 300mg/L 时，则需要增加超过 15cm 体积要求的灌溉量，保持 $c_{aq}\leqslant$ 300mg/L。

（2）由公式（5.3）得 LR 为：

$$\text{LR}=\frac{c_i}{c_{aq}}=\frac{60}{300}=0.20$$

由公式（5.4）知淋溶率为：

$$\frac{Q_i}{Q_e}=\frac{1}{1-\text{LR}}=\frac{1}{1-0.20}=1.25$$

这一结果表明，保持根区 TDS 浓度小于 300mg/L 所需的最小灌溉量加有效降雨量 $Q_i$=1.25$Q_e$=1.25 × 30=37.5cm。在这种情况下，灌溉量加有效降雨量为 40cm（≥ 37.5cm），可以保证适度的根区 TDS 浓度。

### 5.2.5 固体废物处置场

固体废物处置场通常被称为垃圾填埋场。现代化的垃圾填埋场采用渗滤液收集和处理系统，但大多数旧垃圾填埋场仅仅是地面上装满废物且用泥土覆盖的大洞。从旧垃圾填埋场泄漏的液体和渗滤液可能是地下水污染的一个重要来源。典型的垃圾填埋场如图 5.5 所示。现代化的垃圾填埋场包括资源回收利用（甲烷的收集和随后转化为能源）、渗滤液收集和后续处理以及每天用土壤覆盖废物等复杂工程操作。停止运营后，垃圾填埋场可以用于其他用途。

虽然固体废物处置场被认为是点源污染，但不卫生的垃圾填埋场和垃圾填埋场的渗滤液会污染大部分的地下水，并在河流中作为受污染的基流出现。危险有毒化合物通常是垃圾渗滤液总体组成的一部分，特别是当垃圾填埋场用于处理有毒化学品时。表 5.1 显示了典型城市固体废物处置场渗滤液中各种化学成分

（*a*）

（*b*）

图 5.5 填埋场
（*a*）封闭（远景）；（*b*）开放（近景）

的浓度范围。

有几种处理渗滤液的方法：土壤自然衰减、防止渗滤液形成、收集和处理、预处理以降低体积和溶解度、在填埋前对危险废物进行去毒化处理。渗滤液经过土壤时通过各种化学、物理和生物过程发生自然衰减。应对每个地点进行针对性评价来判断自然衰减是否足以防止地下水污染。

城市固体废物处置场渗滤液特性　　表5.1

| 组分 | 中值（mg/L） | 所有值的范围（mg/L） |
|---|---|---|
| 碱度（以 $CaCO_3$ 计） | 3050 | 0~20850 |
| 生化需氧量（$BOD_5$） | 5700 | 81~33360 |
| 化学需氧量（COD） | 8100 | 40~89520 |
| 铜（Cu） | 0.5 | 0~9.9 |
| 铅（Pb） | 0.75 | 0~2.0 |
| 锌（Zn） | 5.8 | 3.7~8.5 |
| 氯化物（$Cl^-$） | 700 | 4.7~2500 |
| 钠（$Na^+$） | 767 | 0~7700 |
| 总溶解性固体（TDS） | 8955 | 584~44900 |
| 氨氮（$NH_4^+$） | 218 | 0~1106 |
| 总磷酸盐（$PO_4^{3+}$） | 10 | 0~30 |
| 铁（Fe） | 94 | 0~2820 |
| 锰（Mn） | 0.22 | 0.05~125 |
| pH | 5.8 | 3.7~8.5 |

### 5.2.6　废物处理注入井

废物处理注入井用于将污水、地表径流和危险废物注入地下，从而远离饮用水源。但若注入井设计不良、施工缺陷、对地下地质了解不足或井筒损坏都可能导致污染物进入饮用水源。注入井井口如图5.6所示。

### 5.2.7　农业活动

农药和化肥在农业活动中的使用是地下水中合成有机化学品和营养物质的重要来源。6.3节会对农业活动对地下水水质的影响进行广泛的讨论。

## 5.3　迁移和归趋模型

地下水中的污染物经历了各种迁移和归趋过程。归趋过程改变了污染物的数量，迁移过程促成了污染物的物理运动。在地下水中最常考虑的归趋过程包括固体基质的吸附和一阶衰减。迁移过程包括平均（大尺度）地下水渗流速度的净对流以及与水力传导率的空间变异性相关的水流渗流速度的小尺度变化引起的混合。地下水的典型速度从在密实的黏土中小于1cm/年（2in/年），到在可渗透的砂子和砾石中大于100m/年（300ft/年）。地下水的正常速度范围为1~10m/年（3~30ft/年）。

图5.6　注入井

由于存在固体基质，溶解的示踪剂在地下水中的扩散不同于在地表水中的扩散。在地下水中，示踪剂的扩散通量 $q_i^d$（$ML^{-2}T^{-1}$）以修正的Fickian形式表示。

$$q^d = -D\nabla(nc) \tag{5.5}$$

式中　$D$——包括固体基质（$LT^{-2}$）影响的分散系数；

$c$——地下水中的示踪剂浓度（$ML^{-3}$）；

$n$——多孔介质的孔隙度（无量纲）；

$nc$——单位体积多孔介质的示踪剂质量。

与较大尺度（对流）流体运动相关的质量通量由下式给出：

$$q^a = nVc \tag{5.6}$$

式中　$q^a$——对流示踪剂质量通量（$ML^{-2}T^{-1}$）；

$V$——平均渗流速度（$LT^{-1}$）。

示踪剂的总通量 $q$ 在流体内是对流通量和扩散通量的总和，由下式给出：

$$q = q^a + q^d = nVc - D\nabla(nc) \tag{5.7}$$

考虑图5.7所示的有限控制体积，该控制体积包

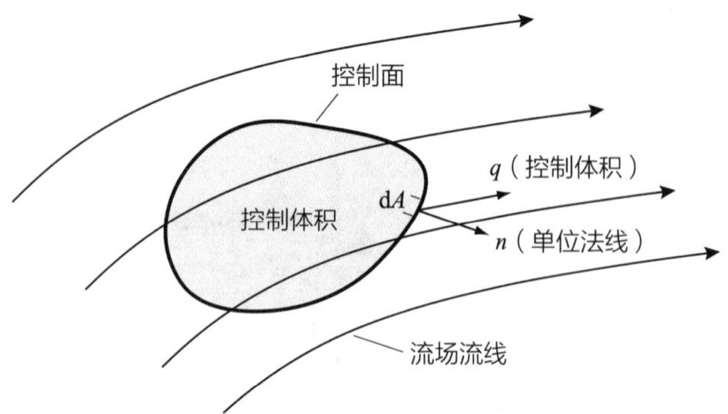


图 5.7　多孔介质中的控制体积

含在多孔介质中。

质量守恒定律要求控制体积内示踪剂质量的净通量（$MT^{-1}$）等于控制体积内示踪剂质量的变化率（$MT^{-1}$）。这种关系可用以下形式表示：

$$\frac{\partial}{\partial t}\int_V cn\,\mathrm{d}V+\int_S q\cdot n\,\mathrm{d}A=\int_V S_m n\,\mathrm{d}V \qquad (5.8)$$

式中　$V$——控制体积的体积（$L^3$）；

$S$——控制体积的表面积（$L^2$）；

$q$——由公式（5.7）给出的通量矢量（$ML^{-2}T^{-1}$）；

$n$——指出控制体积的单位法线（无量纲）；

$S_m$——源自控制体积内的单位体积地下水中的示踪剂质量通量（$ML^{-3}T^{-1}$）。

方程（5.8）可以用散度定理加以简化，散度定理把曲面积分与体积积分联系起来：

$$\int_S q\cdot n\,\mathrm{d}A=\int_V \nabla\cdot q\,\mathrm{d}V \qquad (5.9)$$

结合方程（5.8）和方程（5.9）得到以下结果：

$$\frac{\partial}{\partial t}\int_V cn\,\mathrm{d}V+\int_V \nabla\cdot q\,\mathrm{d}V=\int_V S_m n\,\mathrm{d}V \qquad (5.10)$$

由于控制体积在空间和时间上是固定的，体积积分对时间的导数等于导数相对于时间的体积积分，方程（5.10）可以写成以下形式：

$$\int_V\left(\frac{\partial cn}{\partial t}+\nabla\cdot q-S_m n\right)\mathrm{d}V=0 \qquad (5.11)$$

这个方程要求对于任意的控制体积来说，括号中数量的积分必须等于零，并且只有当被积函数本身等于零时才是正确的。按照这一逻辑，方程（5.11）要求：

$$\frac{\partial cn}{\partial t}+\nabla\cdot q-S_m n=0 \qquad (5.12)$$

这个方程可以与公式（5.7）给出的质量通量的表达式结合起来，并以展开的形式写成：

$$\frac{\partial cn}{\partial t}+\nabla\cdot(nVc-D\nabla nc)=S_m n \qquad (5.13)$$

假设孔隙度 $n$ 在空间和时间上是不变的，方程（5.13）可简化为：

$$\frac{\partial c}{\partial t}+V\cdot\nabla c+c(\nabla\cdot V)=D\nabla^2 c+S_m \qquad (5.14)$$

在不可压缩流体的情况下，流体质量守恒要求：

$$\nabla\cdot V=0 \qquad (5.15)$$

结合方程（5.14）和公式（5.15）得出如下对流－扩散方程：

$$\frac{\partial c}{\partial t}+V\cdot\nabla c=D\nabla^2 c+S_m \qquad (5.16)$$

多孔介质中的分散系数 $D$ 一般是各向异性的（非均质的），设分散系数的主成分为 $D_i$，则对流－扩散方程可以表示为：

$$\frac{\partial c}{\partial t}+\sum_{i=1}^{3}V_i\frac{\partial c}{\partial x_i}=\sum_{i=1}^{3}D_i\frac{\partial^2 c}{\partial x_i^2}+S_m \qquad (5.17)$$

其中 $x_i$ 是扩散系数张量的主方向。这种适用于流过多孔介质的对流－扩散方程的形式与地表水中使用的对流－扩散方程的形式相同。

对于指定的初始条件和边界条件，对流－扩散方程的解可以是解析式，也可以是具体数值。数值模型提供了对流－扩散方程在空间和时间上的离散解，最适合在复杂的地质条件和不规则的边界条件下使用。解析式模型提供了对流－扩散方程在空间和时间上的连续解，最适合在简单的地质条件和简单的边界条件下使用。大多数地下水污染问题可以在稳态流动条件下进行分析，这意味着流速和扩散特性随时间保持恒定。以下几节描述了几种有用的解析式扩散模型。

### 5.3.1　瞬时点源

保守污染物的质量为 $M$（M），其以平均渗流速度 $V$（$LT^{-1}$）被瞬时注入深度为 $H$（L）的均匀含水层中，得到的浓度分布 $c$（$x$，$y$，$t$）由二维对流－扩散方程的基本解给出，可以写成以下形式：

$$c(x,y,t)=\frac{M}{4\pi tHn\sqrt{D_L D_T}}\exp\left[-\frac{(x-Vt)^2}{4D_L t}-\frac{y^2}{4D_T t}\right] \qquad (5.18)$$

式中　$t$——污染物注入后经过的时间（T）；

$n$——孔隙度（无量纲）；

$x$——沿渗流速度方向测量的坐标（L）；

$y$——横向（水平）坐标（L），污染源位于坐标系的原点；

$D_L$、$D_T$——纵向和横向分散系数（$LT^{-2}$）。

方程（5.18）更常用于污染物最初在含水层的深度 $H$ 而不是含水层的整个深度上混合的情况，垂直分散与纵向和横向分散相比可忽略不计。污染物很少能够瞬间释放到地下水中，但如果释放的持续时间与感兴趣的时间相比较短，并且释放的体积足够小而不会显著影响释放点附近的地下水流动模式时，则瞬间释放假设是成立的。污染物质量不能真正地加在深度为 $H$ 的点上。如果污染物质量加在区域 $A_0$ 上，初始浓度为 $c_0$，那么下式可代入方程（5.18）中：

$$\frac{M}{Hn}=c_0A_0 \tag{5.19}$$

且方程（5.18）可以适用于：

$$4\pi t\sqrt{D_L D_T}\gg A_0 \tag{5.20}$$

这种关系的成立需受污染区域的大小比初始泄漏区域面积大得多。

## 【例题 5.2】

10kg 污染物泄漏到含水层的顶部 2m。纵向和横向分散系数分别为 $1m^2/d$ 和 $0.1m^2/d$；垂直混合可以忽略不计；孔隙度为 0.2；平均渗流速度为 0.6m/d。（1）估计泄漏后 1d、1 周、1 个月和 1 年地下水中的最大污染物浓度。（2）1 周后泄漏位置的污染物浓度是多少？

## 【解】

（1）根据给定的数据，$M$=10kg，$H$=2m，$D_L$=$1m^2/d$，$D_T$=$0.1m^2/d$，$n$=0.2，$V$=0.6m/d。根据方程（5.18），最大浓度 $c_{max}$ 出现在 $x=Vt$ 和 $y$=0m 处；因此：

$$c_{max}(t)=\frac{M}{4\pi tHn\sqrt{D_L D_T}}$$

代入给定的参数得到：

$$c_{max}(t)=\frac{10}{4\pi t\times2\times0.2\sqrt{1\times0.1}}=\frac{6.30}{t}\ \mathrm{kg/m^3}=\frac{6300}{t}\ \mathrm{mg/L}$$

产生的结果见表 5.2。

【例题 5.2】计算结果　　表 5.2

| $t$（d） | $c_{max}$（$t$）（mg/L） |
|---|---|
| 1 | 6300 |
| 7 | 900 |
| 30 | 210 |
| 365 | 17.5 |

（2）方程（5.18）给出了作为时间函数的泄漏位置（$x$=0m，$y$=0m）的浓度为：

$$c(0,0,t)=\frac{M}{4\pi tHn\sqrt{D_L D_T}}\exp\left[-\frac{(Vt)^2}{4D_L t}\right]$$

$t$=7d 时得到：

$$c(0,0,7)=\frac{10}{4\pi\times7\times2\times0.2\sqrt{1\times0.1}}\exp\left[-\frac{(0.6\times7)^2}{4\times1\times7}\right]$$
$$=0.48\ \mathrm{kg/m^3}=480\ \mathrm{mg/L}$$

因此，7d 后泄漏点的浓度约为最大浓度 900mg/L 的 53%。

### 5.3.2　连续点源

在初始浓度为 $c_0$ 的保守污染物以 $Q$（$L^3T^{-1}$）的速度连续注入深度为 $H$ 的均匀含水层，且平均渗流速度为 $V$ 的情况下，源的下游浓度分布 $c$（$x$，$y$，$t$）由下式给出：

$$c(x,y,t)=\frac{Qc_0}{4\pi H\sqrt{D_L D_T}}\exp\left(\frac{Vx}{2D_L}\right)[W(0,B)-W(t,B)] \tag{5.21}$$

式中　$x$——坐标在渗流速度的方向上；

$y$——横向（水平）坐标，源位于坐标系的原点；

$D_L$、$D_T$——分别是纵向和横向分散系数。

$W$（$\alpha$，$\beta$）定义为：

$$W(\alpha,\beta)=\int_{\alpha}^{\infty}\frac{1}{y}\exp\left(-y-\frac{\beta^2}{4y}\right)\mathrm{d}y \tag{5.22}$$

$\beta$（无量纲）定义为：

$$B=\left[\frac{(Vx)^2}{4D_L^2}+\frac{(Vy)^2}{4D_L D_T}\right]^{\frac{1}{2}} \tag{5.23}$$

$W$（$\alpha$，$\beta$）与地下水水文学中使用的越流含水层的井函数相同。为了方便评估公式（5.21），表 5.3 列出了 $W$（$\alpha$，$\beta$）的值。当 $t\to\infty$ 时，公式（5.21）给出的浓度分布接近稳态解。

$$c(x,y)=\left[\frac{Qc_0}{2\pi H(D_L D_T)^{1/2}}\right]\exp\left(\frac{Vx}{2D_L}\right)K_0\left\{\left[\frac{V^2}{4D_L}\left(\frac{x^2}{D_L}+\frac{y^2}{D_T}\right)\right]^{\frac{1}{2}}\right\} \tag{5.24}$$

式中 $K_0$——第二类零阶修正贝塞尔函数（参见附录 D.2）。

## 【例题 5.3】

通过一个 4m 深的穿孔井将保守污染物连续注入含水层，平均渗流速度为 0.8m/d，纵向和横向分散系数分别为 $2m^2/d$ 和 $0.2m^2/d$。如果污染水的注入量为 $0.7m^3/d$，污染物浓度为 100mg/L，请估计注入井下游 1m、10m、100m 和 1000m 处的稳态污染物浓度。忽

越流含水层的井函数 表 5.3

| $\alpha$ | $\beta$ | | | | | | | | | |
|---|---|---|---|---|---|---|---|---|---|---|
| | 0.00 | 0.002 | 0.004 | 0.007 | 0.01 | 0.02 | 0.04 | 0.06 | 0.08 | 0.10 |
| 0.00 | | 12.6611 | 11.2748 | 10.1557 | 9.4425 | 8.0569 | 6.6731 | 5.8456 | 5.2950 | 4.8541 |
| $1\times10^{-6}$ | 13.2383 | 12.4417 | 11.2711 | 10.1557 | 9.4425 | 8.0569 | 6.6731 | 5.8456 | 5.2950 | 4.8541 |
| $2\times10^{-6}$ | 12.5451 | 12.1013 | 11.2259 | 10.1554 | 9.4425 | 8.0569 | 6.6731 | 5.8456 | 5.2950 | 4.8541 |
| $5\times10^{-6}$ | 11.6289 | 11.4384 | 10.9642 | 10.1290 | 9.4425 | 8.0569 | 6.6731 | 5.8456 | 5.2950 | 4.8541 |
| $8\times10^{-6}$ | 11.1589 | 11.0377 | 10.7151 | 10.0602 | 9.4313 | 8.0569 | 6.6731 | 5.8456 | 5.2950 | 4.8541 |
| $1\times10^{-5}$ | 10.9357 | 10.8382 | 10.5725 | 10.0034 | 9.4176 | 8.0569 | 6.6731 | 5.8456 | 5.2950 | 4.8541 |
| $2\times10^{-5}$ | 10.2426 | 10.1932 | 10.0522 | 9.7126 | 9.2961 | 8.0558 | 6.6731 | 5.8456 | 5.2950 | 4.8541 |
| $5\times10^{-5}$ | 9.3263 | 9.3064 | 9.2480 | 9.0957 | 8.8827 | 8.0080 | 6.6730 | 5.8456 | 5.2950 | 4.8541 |
| $7\times10^{-5}$ | 8.9899 | 8.9756 | 8.9336 | 8.8224 | 8.6625 | 7.9456 | 6.6726 | 5.8456 | 5.2950 | 4.8541 |
| $1\times10^{-4}$ | 8.6332 | 8.6233 | 8.5937 | 8.5145 | 8.3983 | 7.8375 | 6.6693 | 5.8658 | 5.2950 | 4.8541 |
| $2\times10^{-4}$ | 7.9402 | 7.9352 | 7.9203 | 7.8800 | 7.8192 | 7.4472 | 6.6242 | 5.8637 | 5.2949 | 4.8541 |
| $5\times10^{-4}$ | 7.0242 | 7.0222 | 7.0163 | 6.9999 | 6.9750 | 6.8346 | 6.3626 | 5.8011 | 5.2848 | 4.8530 |
| $7\times10^{-4}$ | 6.6879 | 6.6865 | 6.6823 | 6.6706 | 6.6527 | 6.5508 | 6.1917 | 5.7274 | 5.2618 | 4.8478 |
| $1\times10^{-3}$ | 6.3315 | 6.3305 | 6.3276 | 6.3194 | 6.3069 | 6.2347 | 5.9711 | 5.6058 | 5.2087 | 4.8292 |
| $2\times10^{-3}$ | 5.6394 | 5.6389 | 5.6374 | 5.6334 | 5.6271 | 5.5907 | 5.4516 | 5.2411 | 4.9848 | 4.7079 |
| $5\times10^{-3}$ | 4.7261 | 4.7259 | 4.7253 | 4.7237 | 4.7212 | 4.7068 | 4.6499 | 4.5590 | 4.4389 | 4.2990 |
| $7\times10^{-3}$ | 4.3916 | 4.3915 | 4.3910 | 4.3899 | 4.3882 | 4.3779 | 4.3374 | 4.2719 | 4.1839 | 4.0771 |
| $1\times10^{-2}$ | 4.0379 | 4.0378 | 4.0375 | 4.0368 | 4.0351 | 4.0285 | 4.0003 | 3.9544 | 3.8920 | 3.8190 |
| $2\times10^{-2}$ | 3.3547 | 3.3547 | 3.3545 | 3.3542 | 3.3536 | 3.3502 | 3.3365 | 3.3141 | 3.2832 | 3.2442 |
| $5\times10^{-2}$ | 2.4679 | 2.4679 | 2.4678 | 2.4677 | 2.4675 | 2.4662 | 2.4613 | 2.4531 | 2.4416 | 2.4271 |
| $7\times10^{-2}$ | 2.1508 | 2.1508 | 2.1508 | 2.1507 | 2.1506 | 2.1497 | 2.1464 | 2.1408 | 2.1331 | 2.1232 |
| $1\times10^{-1}$ | 1.8229 | 1.8229 | 1.8229 | 1.8228 | 1.8227 | 1.8222 | 1.8220 | 1.8164 | 1.8114 | 1.8050 |
| $2\times10^{-1}$ | 1.2227 | 1.2226 | 1.2226 | 1.2226 | 1.2226 | 1.2224 | 1.2215 | 1.2201 | 1.2181 | 1.2155 |
| $5\times10^{-1}$ | 0.5598 | 0.5598 | 0.5598 | 0.5598 | 0.5598 | 0.5597 | 0.5595 | 0.5592 | 0.5587 | 0.5581 |
| $7\times10^{-1}$ | 0.3738 | 0.3738 | 0.3738 | 0.3738 | 0.3738 | 0.3737 | 0.3736 | 0.3734 | 0.3732 | 0.3729 |
| 1.0 | 0.2194 | 0.2194 | 0.2194 | 0.2194 | 0.2194 | 0.2194 | 0.2193 | 0.2192 | 0.2191 | 0.2190 |
| 2.0 | 0.0489 | 0.0489 | 0.0489 | 0.0489 | 0.0489 | 0.0489 | 0.0489 | 0.0489 | 0.0489 | 0.0488 |
| 5.0 | 0.0011 | 0.0011 | 0.0011 | 0.0011 | 0.0011 | 0.0011 | 0.0011 | 0.0011 | 0.0011 | 0.0011 |
| 7.0 | 0.0001 | 0.0001 | 0.0001 | 0.0001 | 0.0001 | 0.0001 | 0.0001 | 0.0001 | 0.0001 | 0.0001 |
| 8.0 | 0.0000 | 0.0000 | 0.0000 | 0.0000 | 0.0000 | 0.0000 | 0.0000 | 0.0000 | 0.0000 | 0.0000 |

略垂直扩散。

【解】

根据给定的数据：$H$=4m，$V$=0.8m/d，$D_L$=2m$^2$/d，$D_T$=0.2m$^2$/d，$Q$=0.7m$^3$/d，$c_0$=100mg/L=0.1kg/m$^3$。稳态浓度由方程（5.24）得到：

$$c(x,y)=\left[\frac{Qc_0}{2\pi H(D_L D_T)^{1/2}}\right]\exp\left(\frac{Vx}{2D_L}\right)$$
$$K_0\left\{\left[\frac{V^2}{4D_L}\left(\frac{x^2}{D_L}+\frac{y^2}{D_T}\right)\right]^{\frac{1}{2}}\right\}$$

从而：

$$c(x,0)=\left[\frac{0.7\times0.1}{2\pi\times4(2\times0.2)^{1/2}}\right]\exp\left(\frac{0.8x}{2\times2}\right)$$
$$K_0\left\{\left[\frac{0.8^2}{4\times2}\left(\frac{x^2}{2}\right)\right]^{\frac{1}{2}}\right\}$$

$$\text{污染物}=0.00440\exp(0.2x)K_0(0.2x)\ \text{kg/m}^3$$

下游稳态污染物浓度见表 5.4。

【例题 5.3】计算结果　　表 5.4

| $x$（m） | $c$（$x$，0）（kg/m$^3$） | $c$（$x$，0）（mg/L） |
|---|---|---|
| 1 | 0.0094 | 94 |
| 10 | 0.0037 | 3.7 |
| 100 | 0.0012 | 1.2 |
| 1000 | 0.00039 | 0.39 |

### 5.3.3　连续面源

图 5.8 显示了浓度为 $c_0$ 的污染物从尺度为 $Y\times Z$ 的面源连续释放的情况。由此产生的浓度分布 $c$（$x$,$y$,$z$，$t$）由下式给出：

$$c(x,y,z,t)=\left(\frac{c_0}{8}\right)\operatorname{erfc}\left[\frac{(x-Vt)}{2(\alpha_x Vt)^{1/2}}\right]$$
$$\left\{\operatorname{erf}\left[\frac{(y+Y/2)}{2(\alpha_y x)^{1/2}}\right]-\operatorname{erf}\left[\frac{(y-Y/2)}{2(\alpha_y x)^{1/2}}\right]\right\}$$
$$\left\{\operatorname{erf}\left[\frac{(z+Z)}{2(\alpha_z x)^{1/2}}\right]-\operatorname{erf}\left[\frac{(z-Z)}{2(\alpha_z x)^{1/2}}\right]\right\} \quad (5.25)$$

式中　$V$——平均渗流速度（LT$^{-1}$）；

$a_x$、$a_y$、$a_z$——分别是 $x$、$y$、$z$ 坐标方向上的分散度（L）。

多孔介质中的分散度定义为分散系数除以平均渗

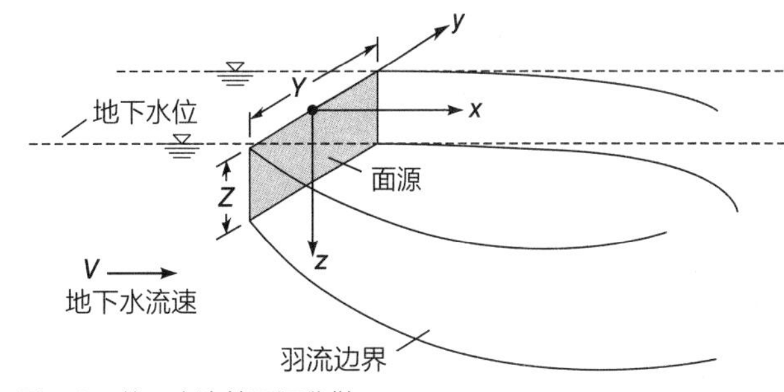


图 5.8　从一个连续面源分散

流速度，即：

$$\alpha_x=\frac{D_x}{V},\ \alpha_y=\frac{D_y}{V},\ \alpha_z=\frac{D_z}{V} \quad (5.26)$$

式中　$D_x$、$D_y$、$D_z$——分别是 $x$、$y$、$z$ 方向的分散系数（L$^2$T$^{-1}$）。

在方程（5.25）中，$x$ 是纵向（流动）方向，$y$ 是水平横向方向，$z$ 是垂直横向方向。如果垂直方向 $z$ 没有扩散，则方程（5.25）中包含的 $z$ 项误差函数可以忽略，$c_0/8$ 变为 $c_0/4$。含水层厚度为 $H$ 时，可以估算污染源到污染羽流混合良好的距离 $x_0$ 为：

$$x_0=\frac{(H-Z)^2}{\alpha_z} \quad (5.27)$$

对于小于 $x_0$ 的距离，方程（5.25）适用；对于大于 $x_0$ 的距离，$z$ 项误差函数的分母中的距离 $x$ 被 $x_0$ 替代，禁止 $x>x_0$ 的进一步扩展。Domenico 指出，对于经过衰减因子为 $\lambda$（T$^{-1}$）的一阶衰减的污染物，方程（5.25）变成：

$$c(x,y,z,t)=\left(\frac{c_0}{8}\right)\exp\left\{\left(\frac{x}{2\alpha_x}\right)\left[1-\left(1+\frac{4\lambda\alpha_x}{V}\right)^{1/2}\right]\right\}$$
$$\operatorname{erfc}\left[\frac{x-Vt(1+4\lambda\alpha_x/V)^{1/2}}{2(\alpha_x Vt)^{1/2}}\right]$$
$$\left\{\operatorname{erf}\left[\frac{(y+Y/2)}{2(\alpha_y x)^{1/2}}\right]-\operatorname{erf}\left[\frac{(y-Y/2)}{2(\alpha_y x)^{1/2}}\right]\right\}$$
$$\left\{\operatorname{erf}\left[\frac{(z+Z)}{2(\alpha_z x)^{1/2}}\right]-\operatorname{erf}\left[\frac{(z-Z)}{2(\alpha_z x)^{1/2}}\right]\right\} \quad (5.28)$$

该变换假定源浓度保持恒定在 $c_0$。方程（5.25）和方程（5.28）都可在实际中广泛应用，在 West 等人、Srinivasan 等人与 Batu 的文章中可以找到关于这些方程局限性的详细讨论，并提出了可替代的半解析和数值方法。在某些情况下，如放射性废物和难以处理的非水相液体（NAPL）泄漏，源浓度也可能衰减，衰减速率不同于溶液中污染物的衰减速率。

## 【例题 5.4】

连续污染源为 3m 宽 ×2m 深，含有浓度为 100mg/L 的污染物。含水层平均渗流速度为 0.4m/d，含水层深度为 7m，纵向、水平横向和垂直横向的分散度分别为 3m、0.3m 和 0.03m。（1）假设污染物是保守的，确定污染羽流在含水层深处充分混合的下游位置。（2）在 10 年后，估计水源下游 10m、100m 和 1000m 处的污染物浓度。（3）如果污染物以 $0.01d^{-1}$ 的衰减速率进行生物降解，估计对污染源下游浓度的影响。

## 【解】

（1）根据给定的数据，$Y$=3m，$Z$=2m，$c_0$=100mg/L=0.1kg/m$^3$，$V$=0.4m/d，$H$=7m，$a_x$=3m，$a_y$=0.3m，$a_z$=0.03m。污染羽流在下游 $x_0$ 处充分混合，其中 $x_0$ 由公式（5.27）得到：

$$x_0=\frac{(H-Z)^2}{\alpha_z}=\frac{(7-2)^2}{0.03}=833\text{ m}$$

（2）方程（5.25）给出了 $y$=0m，$z$=0m 沿线处的浓度：

$$c(x,0,0,t)=\left(\frac{c_0}{8}\right)\text{erfc}\left[\frac{(x-Vt)}{2(\alpha_x Vt)^{1/2}}\right]\left\{\text{erf}\left[\frac{Y/2}{2(\alpha_y x)^{1/2}}\right]-\text{erf}\left[\frac{-Y/2}{2(\alpha_y x)^{1/2}}\right]\right\}\left\{\text{erf}\left[\frac{Z}{2(\alpha_z x)^{1/2}}\right]-\text{erf}\left[\frac{-Z}{2(\alpha_z x)^{1/2}}\right]\right\}$$

因此在 $t$=10 年 =3650d 时：

$$c(x,0,0,3650)=\left(\frac{0.1}{8}\right)\text{erfc}\left[\frac{(x-0.4\times3650)}{2(3\times0.4\times3650)^{1/2}}\right]\left\{\text{erf}\left[\frac{3/2}{2(0.3x)^{1/2}}\right]-\text{erf}\left[\frac{-3/2}{2(0.3x)^{1/2}}\right]\right\}\left\{\text{erf}\left[\frac{2}{2(0.03x)^{1/2}}\right]-\text{erf}\left[\frac{-2}{2(0.03x)^{1/2}}\right]\right\}$$

简化为：

$$c(x,0,0,3650)=0.05\text{erfc}\left(\frac{x-1460}{132}\right)\text{erf}\left(\frac{1.37}{\sqrt{x}}\right)\text{erf}\left(\frac{5.77}{\sqrt{x}}\right)$$

由于污染物在 $x_0$=833m 处混合良好，因此该方法只能用于计算 $x\leqslant$ 833m 处的浓度。当 $x$=10m 和 $x$=100m 时，该等式产生的结果见表 5.5。

10 年后 $x$=10m 和 $x$=100m 处污染物浓度　表 5.5

| x（m） | c（x，0，0，3650）(kg/m$^3$) | c（x，0，0，3650）(mg/L) |
|---|---|---|
| 10 | 0.046 | 46 |
| 100 | 0.009 | 9.0 |

在 $x$=1000m 处，羽流在垂直方向上被充分地混合，污染物浓度通过在 $z$ 项误差函数的分母中用 $x_0$（=833 m）代替 $x$ 来计算得到：

$$\begin{aligned}c(x,0,0,3650)&=0.05\text{erfc}\left(\frac{x-1460}{132}\right)\text{erf}\left(\frac{1.37}{\sqrt{x}}\right)\text{erf}\left(\frac{5.77}{\sqrt{833}}\right)\\&=0.0111\text{erfc}\left(\frac{x-1460}{132}\right)\text{erf}\left(\frac{1.37}{\sqrt{x}}\right)\end{aligned}$$

因此 $c$（1000，0，0，3650）=0.0011kg/m$^3$=1.1mg/L。

（3）如果污染物经过一阶衰减，且 $\lambda$=0.01d$^{-1}$，则 $y$=0m，$z$=0m 沿线的浓度分布由方程（5.28）给出：

$$\begin{aligned}&c(x,0,0,3650)\\&=\left(\frac{0.1}{8}\right)\exp\left\{\left(\frac{x}{2\times3}\right)\left[1-\left(1+\frac{4\times0.01\times3}{0.4}\right)^{1/2}\right]\right\}\\&\text{erfc}\left[\frac{x-0.4\times3650[(1+4\times0.01\times3)^{1/2}]/0.4}{2(3\times0.4\times3650)^{1/2}}\right]\\&\left\{\text{erf}\left[\frac{3/2}{2(0.3x)^{1/2}}\right]-\text{erf}\left[\frac{-3/2}{2(0.3x)^{1/2}}\right]\right\}\\&\left\{\text{erf}\left[\frac{2}{2(0.03x)^{1/2}}\right]-\text{erf}\left[\frac{-2}{2(0.03x)^{1/2}}\right]\right\}\end{aligned}$$

简化为：

$$c(x,0,0,3650)=0.05\exp(-0.0234x)\text{erfc}\left(\frac{x-1665}{132}\right)\text{erf}\left(\frac{1.37}{\sqrt{x}}\right)\text{erf}\left(\frac{5.77}{\sqrt{x}}\right)$$

在 $x$=10m 和 $x$=100m 处产生的结果见表 5.6。

污染物经过一阶衰减后 $x$=10m 和 $x$=100m 处污染物浓度　表 5.6

| x（m） | c（x，0，0，3650）(kg/m$^3$) | c（x，0，0，3650）(mg/L) |
|---|---|---|
| 10 | 0.036 | 36 |
| 100 | 8.66 × 10−4 | 0.87 |

$z$ 项中用 $x_0$（=833 m）代替 $x$ 得到 $c$（1000，0，0，3650）$7.48\times10^{-14}$kg/m$^3$ ≈ 0mg/L。

本例题的结果表明，生物降解会对污染源下游的污染物浓度产生显著影响。在 $x$=1000m 处，生物降解的污染物浓度可以忽略不计。

在地下水污染物迁移的解析解和数值模型的实际

应用中，重要的是要记住模型参数或者有时为输入数据很少能确定。模型参数和输入数据的这种不确定性通常造成模型预测的不确定性，因此任何预测浓度最好表示为概率分布，或者至少给出最可能数值及其置信区间。

## 5.4 迁移过程

污染物在地下水中的分散是由多孔介质的导水率的空间变化引起的，从更小层面来说是由孔隙尺度混合和分子扩散引起的。孔隙尺度混合是地下水通过各种大小和形状的孔隙做不同运动的结果，这种过程被称为机械分散，而机械分散和分子扩散统称为水动力分散。大尺度上导水率变化引起的分散被称为宏观分散。假设一个多孔介质，其中几个特征大小为 $L$ 的样本被用于测试其导水率 $K$。导水率（$K$）则是具有支撑尺度 $L$ 的随机空间函数（RSF）。假设 $K$ 呈对数正态分布，为方便研究定义变量 $Y$ 为：

$$Y = \ln K \tag{5.29}$$

其中 $Y$ 是正态分布的 RSF，其特征包括均值 $\langle Y\rangle$、方差 $\sigma_Y^2$ 以及在 $x_i$ 坐标方向上的相关长度尺度 $\lambda_i$。几何平均导水率 $K_G$ 与 $\langle Y\rangle$ 有关，表示为：

$$K_G = e^{\langle Y\rangle} \tag{5.30}$$

表 5.7 列出了各种地质岩心的数据以及所测量的导水率的统计数据。这些数据的 $\sigma_Y$ 值相对较高，反映了平均导水率的显著变化程度。导水率的方差与支撑尺度的大小成反比，例如较大的支撑尺度导致导水率的方差较小。因此，只要引用 $\sigma_Y$ 的值，应该说明相应的支撑尺度。表 5.7 中显示数据的支撑尺度约为 10cm（4in）。$Y$ 的空间协方差与一个规定的支撑尺度相对应，因为 $\sigma_Y$ 和相关长度尺度 $\lambda_i$ 都取决于支撑尺度。较大的支撑尺度通常会产生更大的相关长度尺度。主方向上导水率的相关长度尺度彼此不同的多孔介质被称为各向异性介质，而主方向上导水率的相关长度尺度相等的多孔介质被称为各向同性介质。在各向同性多孔介质中，平均渗流速度 $V_i$（$LT^{-1}$）如下式所示：

$$V_i = -\frac{K_{eff}}{n_e} J_i \tag{5.31}$$

式中　$K_{eff}$——有效导水率（$LT^{-1}$）；

$n_e$——有效孔隙度（无量纲）；

$J_i$——$i$ 方向水压面的斜率（无量纲）。

在实际应用中，可以通过在监测井处测量的测压头来估计水压面的斜率。各向同性介质中的有效导水率可以用导水场来表示，两者的关系如下式所示：

$$K_{eff} = \begin{cases} K_G\left(1-\dfrac{\sigma_Y^2}{2}\right) & \text{一维流动} \\ K_G & \text{二维流动} \\ K_G\left(1+\dfrac{\sigma_Y^2}{6}\right) & \text{三维流动} \end{cases} \tag{5.32}$$

导水率统计　　表 5.7

| 构成 | $\langle Y\rangle=\langle \ln K\rangle$（$K$ 的单位为 m/d） | $K_G$（m/d） | $\sigma_Y$ |
|---|---|---|---|
| 砂岩 | −2.0 | 0.13 | 0.92 |
| 砂岩 | −0.98 | 0.38 | 0.46 |
| 砂子和砾石 | — | — | 1.01 |
| 砂子和砾石 | — | — | 1.24 |
| 砂子和砾石 | — | — | 1.66 |
| 粉质黏土 | −0.15 | 0.86 | 2.14 |
| 壤砂土 | 0.59 | 1.81 | 1.98 |

## 【例题 5.5】

测压头在含水层的三个位置测量。A 点位于（0km，0km），B 点位于（1km，−0.5km），C 点位于（0.5km，−1.2km），A、B、C 点的测压头分别为 2.157m、1.752m 和 1.629m。确定含水层中的水力梯度。

## 【解】

三角形区域 ABC 中的测压头 $h$ 可以被假定为平面并且由下式得到：

$$h(x, y) = ax + by + c$$

其中 $a$、$b$ 和 $c$ 是常数，（$x$，$y$）是坐标位置。将这个方程应用于点 A、B 和 C（所有线性尺寸都以米为单位）：

$$2.157 = a\times 0 + b\times 0 + c$$

$$1.752 = a\times 1000 + b\times(-500) + c$$

$$1.629 = a\times 500 + b\times(-1200) + c$$

这些方程的解是 $a$=−0.0002337，$b$=0.0003426，$c$=

2.157。从平面前端分布来看，前端梯度的分量 $J_1$ 和 $J_2$ 由下式给出：

$$J_1=\frac{\partial h}{\partial x}=a,\ \ J_2=\frac{\partial h}{\partial y}=b$$

因此，在这种情况下，前端梯度的组成部分是：

$$\frac{\partial h}{\partial x}=-0.0002337\text{ 与 }\frac{\partial h}{\partial y}=0.0003426$$

可以用向量表示法写成：

$$\nabla h=-0.0002337i+0.0003426j$$

其中 $i$ 和 $j$ 是坐标方向上的单位向量。

多孔介质中的分散系数一般可以表示为一个张量 $D_{ij}$（$L^2T^{-1}$），它通常用平均渗流速度 $V$（$LT^{-1}$）来表示：

$$D_{ij}=\alpha_{ij}V \tag{5.33}$$

式中　$\alpha_{ij}$——多孔介质的分散度（L）。

在一般的多孔介质中，$\alpha_{ij}$ 是一个具有六个独立分量的对称张量，可以写成以下形式：

$$\alpha_{ij}=\begin{bmatrix}\alpha_{11}&\alpha_{12}&\alpha_{13}\\\alpha_{21}&\alpha_{22}&\alpha_{23}\\\alpha_{31}&\alpha_{32}&\alpha_{33}\end{bmatrix} \tag{5.34}$$

$\alpha_{ij}=\alpha_{ij}$。在流动方向与导水率的主方向之一一致的情况下，分散度张量中的非对角项等于零，并且 $\alpha_{ij}$ 可以写成如下形式：

$$\alpha_{ij}=\begin{bmatrix}\alpha_{11}&0&0\\0&\alpha_{22}&0\\0&0&\alpha_{33}\end{bmatrix} \tag{5.35}$$

其中 $\alpha_{11}$ 一般取为流动方向的分散度，$\alpha_{22}$ 和 $\alpha_{33}$ 分别为导水率水平横向和垂直横向的分散度。在流动方向上分散度的分量被称为纵向分散度，分散度的其他分量则被称为横向分散度。

用于描述多孔介质中污染物迁移的分散度不能被认为是恒定的，除非污染物已经穿过了多个相关长度尺度的导水率，或者污染物足以涵盖多个相关长度尺度的导水率。如果没有这些条件，分散度随着污染物在多孔介质中移动而增大。随着污染物的移动和尺度的增加，它不断地经历更广泛的导水率。最终，随着整个导水率的经历，分散度接近一个恒定值，被称为渐近宏观分散度或简单的宏观分散度。在各向同性介质中，导水率的相关长度尺度 $\lambda$ 在所有方向上都是相同的，并且可以使用近似关系来估计宏观分散度的分量：

$$\alpha_{11}=\sigma_Y^2\lambda,\ \ \alpha_{22}=\alpha_{33}=0 \tag{5.36}$$

有趣的是，多孔介质的不均匀结构不会产生横向宏观分散。方程（5.36）的求导假设局部平均渗流速度在统计学上是均匀的，并且导水率的空间相关性可以用空间分离的指数函数表示。推导方程（5.36）所用的理论近似值的假设在 $\sigma_Y$=1.5 以内均可被认为是有效的。实际上，横向分散度很少等于零，而且已经表明，像高导水率透镜这样的简单地质结构，不与平均流量对齐可能导致横向分散度为非零。

在多孔介质分层、水平面各向同性、垂直面各向异性的情况下，导水率在水平面的相关长度尺度可用 $\lambda_h$（L）表示，在垂直方向的相关长度尺度可用 $\lambda_V$（L）表示。则各向异性比率 $e$（无量纲）定义为：

$$e=\frac{\lambda_v}{\lambda_h} \tag{5.37}$$

并且各向异性比率 $e$ 在大多数分层介质中通常大约为 0.1。Gelhar 和 Axness 推导出近似关系来估算流体在各向同性平面情况下宏观分散度的分量。在这种情况下，宏观分散度张量的纵向分量和横向分量可以通过下式估算：

$$\alpha_{11}=\sigma_Y^2\lambda_h,\ \ \alpha_{22}=\alpha_{33}=11 \tag{5.38}$$

方程（5.38）给出的关系对于 $\sigma_Y<1$ 是差不多有效的，但确切的有效范围尚未确定。表 5.8 列出了几种地层典型的 $\sigma_Y$、$\lambda_h$ 和 $\lambda_V$ 值。

导水率的方差和相关长度尺度　　表 5.8

| 构成 | $\sigma_Y$ | $\lambda_h$（m） | $\lambda_V$（m） | 参考文献 |
|---|---|---|---|---|
| 砂岩 | 1.5~2.2 | — | 0.3~1.0 | Bakr（1976） |
| 砂岩 | 0.4 | 8 | 3.0 | Goggin 等人（1988） |
| 砂子 | 0.9 | >3 | 0.1 | Byers 和 Stephens（1983） |
| 砂子 | 0.6 | 3 | 0.12 | Sudicky（1986） |
| 砂子 | 0.5 | 5 | 0.26 | Hess（1989） |
| 砂子 | 0.4 | 8 | 0.34 | Woodbury 和 Sudicky（1991） |
| 砂子 | 0.4 | 4 | 0.20 | Robin 等人（1991） |
| 砂子 | 0.2 | 5 | 0.21 | Woodbury 和 Sudicky（1991） |
| 砂子和砾石 | 5.0 | 12 | 1.5 | Boggs 等人（1990） |
| 砂子和砾石 | 2.1 | 13 | 1.5 | Rehfeldt 等人（1989） |
| 砂子和砾石 | 1.9 | 20 | 0.5 | Hufschmied（1986） |
| 砂子和砾石 | 0.8 | 5 | 0.4 | Smith（1978）；Smith（1981） |

从岩心样品中估算出岩心的水力导流场的地质统计量既昂贵又费时。直推工具提供了一种较廉价的替代方法，用于估算导水率在 1.5cm（0.6in）垂直空间分辨率上的空间变化。Neuman 等人根据承压含水层的含水层实验提出了一种估算承压含水层导水系数的方法。

在估计多孔介质中的（总）分散度时，将由方程（5.36）或方程（5.38）计算的宏观分散度加入到由孔隙尺度混合和分子扩散引起的水动力分散的分散度中。

## 【例题 5.6】

各向同性含水层中的几个导水率测量方法表明对数导水率的空间协方差 $C_Y$ 可以近似表示为：

$$C_{\mathrm{Y}}=\sigma_{\mathrm{Y}}^{2}\exp\left[-\frac{r_1^2}{\lambda^2}-\frac{r_2^2}{\lambda^2}-\frac{r_3^2}{\lambda^2}\right]$$

其中 $\sigma_Y$=0.5，$\lambda$=5m，空间滞后 $r_1$ 和 $r_2$ 在水平面上测量，$r_3$ 在垂直面上测量。平均水力梯度为 0.001，有效孔隙度为 0.2，平均对数导水率为 2.5（导水率单位为 m/d），估算含水层的有效导水率和宏观分散系数。

**【解】**

根据给定的数据，通过 $\langle Y\rangle$=2.5，$\sigma_Y$=0.5 和 $\lambda$=5m 来统计描述导水场。几何平均导水率 $K_G$ 由公式（5.30）给出：

$$K_{\mathrm{G}}=\mathrm{e}^{\langle Y\rangle}=\mathrm{e}^{2.5}=12\ \mathrm{m/d}$$

然后，根据公式（5.32）可得到三维流动的有效导水率：

$$K_{\mathrm{eff}}=K_{\mathrm{G}}\left(1+\frac{\sigma_{\mathrm{Y}}^2}{6}\right)=12\left(1+\frac{0.5^2}{6}\right)=12.5\ \mathrm{m/d}$$

含水层的平均渗流速度 $V$ 由公式（5.31）给出：

$$V=-\frac{K_{\mathrm{eff}}}{n_{\mathrm{e}}}J$$

其中 $J$=−0.001，$n_e$=0.2；因此：

$$V=-\frac{12.5}{0.2}\times(-0.001)=0.063\ \mathrm{m/d}$$

由于 $\sigma_Y$=0.5 和 $\lambda$=5 m，纵向宏观分散度 $\sigma_{11}$ 可以通过方程（5.36）估算为：

$$\alpha_{11}=\sigma_{\mathrm{Y}}^2\lambda=0.5^2\times5=1.25\ \mathrm{m}$$

根据方程（5.36），理论上横向宏观分散度均为零。纵向分散系数 $D_{11}$ 由下式给出：

$$D_{11}=\alpha_{11}V=1.25\times0.063=0.079\ \mathrm{m^2/d}$$

对流迁移与分散迁移的相对重要性可以用 Péclet 数 $Pe$ 来表示：

$$Pe=\frac{VL}{D_{\mathrm{L}}}\tag{5.39}$$

式中　$V$——平均渗流速度（$LT^{-1}$）；

$L$——特征长度尺度（L）；

$D_L$——特征纵向分散系数（$L^2T^{-1}$）。

对于 $Pe$>10，对流占主导地位；对于 $Pe$<0.1，分散占主导地位；对于 0.1 ≤ $Pe$ ≤ 10，对流和分散都是重要的。在市政领域中，距离水源数米范围内的 $Pe$ 值偏高，表明污染物迁移以对流为主，分散效应相对较小。

与公式（5.39）给出的用纵向宏观分散系数 $D_L$ 来定义 Péclet 数对应，可以根据分子扩散系数将一个 Péclet 数 $Pe_m$ 定义为：

$$Pe_{\mathrm{m}}=\frac{Vd}{D_{\mathrm{m}}}\tag{5.40}$$

式中　$d$——特征孔径；

$D_m$——分子扩散系数。

以前的研究表明，当 $Pe_m$>10 时，孔隙尺度纵向分散系数比分子扩散系数大得多；当 $Pe_m$>100 时，孔隙尺度横向分散系数远远大于分子扩散系数。实验室规模的实验和数值模拟表明，纵向和横向分散的比 $D_L/D_T$ 取决于 Péclet 数，并且可以得到三种 $Pe_m$ 情况。在第一种情况中，$Pe_m$<1 且 $D_L/D_T$=1，因此分散的唯一途径是通过分子扩散。在第二种情况中，1<$Pe_m$<$Pe_{crit}$，$Pe_{crit}$ 标志着对流占主导地位的开始，并且到 100；对流与扩散均有助于分散，且 $D_L/D_T$ 随着 $Pe_m$ 的增加而增大，从大约 1 增加到大约 7。在第三种情况下，$Pe_m$>$Pe_{crit}$，$D_L$ 和 $D_T$ 几乎均与 $Pe_m$ 线性相关，$D_L/D_T$ ≈ 7。

## 【例题 5.7】

含水层的平均渗流速度为 1m/d，平均孔径为 1mm，某种有毒污染物在水中的分子扩散系数为 $10^{-9}$ m²/s。确定在孔隙污染物迁移模型中是否应考虑分子扩散。

【解】

根据给定的数据，$V$=1m/d，$d$=1mm=0.001m，$D_m$=$10^{-9}m^2/s=8.64\times10^{-5}m^2/d$。Péclet 数 $Pe_m$ 由下式给出：

$$Pe_m=\frac{Vd}{D_m}=\frac{1\times0.001}{8.64\times10^{-5}}=12$$

由于 $Pe_m$>10，分子扩散对纵向分散的贡献相对较小；但由于 $Pe_m$<100，分子扩散将对横向分散有显著贡献。

在大多数实际情况下，纵向分散主要受宏观分散的影响，水平横向分散受到渗流速度时间变化的显著影响，而垂直横向分散主要受小尺度水动力分散的影响。现场研究表明水平横向分散度与纵向分散度有关，可使用纵横比来表示其关系，发现其比值通常在 6~20 范围内。水平横向分散度通常远大于垂直横向分散度。通常的做法是用理论或经验关系比如方程（5.36）来估算纵向分散度，估计水平横向分散度为纵向分散度的十分之一，估计垂直横向分散度为纵向分散度的百分之一。

Gelhar 等人对全球 59 个地点的纵向分散度进行了整理，如图 5.9 所示。来自这些地点的数据产生了纵向分散度的 106 个值，在 0.75m~100km（2.5ft~62mi）的尺度内其弥散度在 0.01~5500m（0.03~18000ft）范围内。根据图 5.9 所示的结果，可以清楚地看出纵向分散度随着污染物云（即尺度）行进距离的扩大而增加，表明油田地层很少是均质的，并且导水率的差异性随着尺度而增加。Gelhar 等人整理的所有实验中，只有 14 项研究被认为提供了高度可靠性的分散度估计，另外 31 项被认为具有中等可靠性，最可靠的分散度估计是在长度尺度的较小端。在导水率的现场测量中，空间统计数据由 <$Y$>、$\sigma_Y$ 和 $\lambda$ 参数化，而在没有导水率现场测量的情况下，图 5.9 为估计多孔地层中分散度提供了有用的基础。图 5.9 中的长度尺度 $L$ 可以被视为从一个点释放的示踪剂云所经过的路程，或是测量示踪云的长度大小。在上述两种情况下，长度尺度 $L$ 测量示踪剂云经过渗流速度变化的空间范围。Neuman 的分析表明，根据关系式知纵向宏观分散度 $a_{11}$ 与行进距离 $L$ 相关，如下式所示：

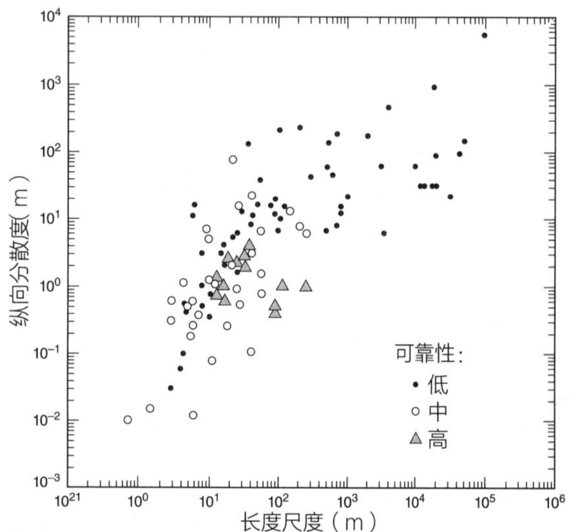

图 5.9 地下水中的纵向分散度与长度尺度

$$\alpha_{11}=\begin{cases}0.0169L^{1.53}, & L<100\text{ m}\\0.0175L^{1.46}, & 100\text{ m}<L<3500\text{ m}\end{cases}\tag{5.41}$$

其中 $a_{11}$ 和 $L$ 均以米为单位进行测量。

Al-Suwaiyan 的分析表明，Gelhar 等人观察的宏观分散度零星分散在平均值（近似公式 5.41）上，散点上限约为平均值的 5 倍，下限约为平均值的五分之一。在用公式（5.41）预测污染物迁移时，应考虑这些不确定性的限制。对于非常小的尺度，按照孔径的大小，分散主要由孔隙尺度的机械分散和分子扩散引起，其中纵向和横向分散度可以通过下式估计：

$$\begin{cases}\alpha_L=\alpha_L^*+\dfrac{D_m}{\tau V}\\ \alpha_T=\alpha_T^*+\dfrac{D_m}{\tau V}\end{cases}\tag{5.42}$$

式中 $a_L^*$ 和 $a_T^*$——分别是孔隙纵向和横向分散度(L)；

$D_m$——水中的分子扩散系数（$L^2T^{-1}$）；

$\tau$——弯曲度（无量纲）（为了说明固体基质扩散的效果）；

$V$——平均渗流速度（$LT^{-1}$）。

分子扩散系数除以弯曲度表示多孔介质中的有效分子扩散系数，有时称为体积扩散系数。$\alpha_L^*$ 的值通常近似于多孔介质的孔径，$\alpha_T^*$ 通常为 $0.1\sim0.01\alpha_L^*$，$\tau$ 通常在 2~100 范围内（较低的值与较粗的材料相关，如砂子；较高的值与较细的材料相关，如黏土），并且在 25℃时分子扩散系数的典型值在 $10^{-5}\sim10^{-3}m^2/d$ 范围内。

对于长度超过 3500m（2mi）的行进距离，纵向分散度倾向于接近上限，这与导水率的有限变化一致。在分散度随着行进距离而增加的情况下，不支持具有恒定分散系数的 Fickian 假设，并且该分散被称为 non–Fickian。然而，通过调整长度尺度的分散系数，可以得到近似 Fickian 的混合过程，而对流 – 扩散方程可以用来近似表示分散过程。表 5.9 列出了不同长度范围的纵向分散度的典型值。

各种长度尺度下的纵向分散度　　表 5.9

| 尺度（m） | 纵向分散度 | |
|---|---|---|
| | 平均值 | 变化范围 |
| <1 | 0.001~0.01 | 0.0001~0.01 |
| 1~10 | 0.1~1.0 | 0.001~1.0 |
| 10~100 | 25 | 1~100 |

## 【例题 5.8】

含水层中的污染羽流长约 50m，宽 10m，深 3m。含水层特征孔径（孔隙大小）为 3mm，分子扩散系数为 $2\times10^{-9}\mathrm{m^2/s}$，弯曲度为 1.5，平均渗流速度为 0.5m/d。估计分散系数的分量。

**【解】**

根据给定的数据，$L_x$=50m，$L_y$=10m，$L_z$=3m，$D_\mathrm{m}$=$2\times10^{-9}\mathrm{m^2/s}=1.73\times10^{-4}\mathrm{m^2/d}$，$\tau$=1.5，$V$=0.5m/d。污染羽流的长度尺度 $L$ 可以近似为该关系：

$$L=\sqrt{L_xL_y}=\sqrt{50\times10}=22\ \mathrm{m}$$

并且由于 $L$<100m，纵向宏观分散度可以通过公式（5.41）估算：

$$\alpha_{11}=0.0169L^{1.53}=0.0169\times22^{1.53}=1.9\ \mathrm{m}$$

水平横向宏观分散度 $\alpha_{22}$ 可以估计为 $0.1\alpha_{11}$，因此：

$$\alpha_{22}=0.1\alpha_{11}=0.1\times1.9=0.19\ \mathrm{m}$$

垂直横向宏观分散度 $\alpha_{33}$ 可以估计为 $0.01\alpha_{11}$，因此：

$$\alpha_{33}=0.01\alpha_{11}=0.01\times1.9=0.019\ \mathrm{m}$$

局部纵向分散度 $\alpha_\mathrm{L}$ 由公式（5.42）给出，其中 $\alpha_\mathrm{L}^*$ 为孔径大小（0.003 m），因此：

$$\alpha_\mathrm{L}=\alpha_\mathrm{L}^*+\frac{D_\mathrm{m}}{\tau V}=0.003+\frac{1.73\times10^{-4}}{1.5\times0.5}=0.0032\ \mathrm{m}$$

取 $\alpha_\mathrm{T}^*=0.1\alpha_\mathrm{L}^*$，得 $\alpha_\mathrm{T}^*$=0.0003m，则根据公式（5.42）得：

$$\alpha_\mathrm{T}=\alpha_\mathrm{T}^*+\frac{D_\mathrm{m}}{\tau V}=0.0003+\frac{1.73\times10^{-4}}{1.5\times0.5}=0.00053\ \mathrm{m}$$

则分散系数的主要分量为：

$$D_{11}=(\alpha_{11}+\alpha_\mathrm{L})V=(1.9+0.0032)\times0.5=0.95\,\mathrm{m^2/d}$$

$$D_{22}=(\alpha_{22}+\alpha_\mathrm{T})V=(0.19+0.00053)\times0.5=0.095\,\mathrm{m^2/d}$$

$$D_{33}=(\alpha_{33}+\alpha_\mathrm{T})V=(0.019+0.00053)\times0.5=0.0097\,\mathrm{m^2/d}$$

必须强调的是，这些分散系数的估计值只是数量级估计值，即 $D_{11}=1\mathrm{m^2/d}$，$D_{22}=0.1\mathrm{m^2/d}$，$D_{33}=0.01\mathrm{m^2/d}$ 的取值是合适的。在纵向和水平横向上，宏观分散明显优于孔尺度的机械分散和分子分散。

通过在特定地点进行现场试验去估计分散度的局部值，该过程包括从注入井释放染料、测量下游井的泄漏染料浓度、基于染料云的方差增长率或匹配测量浓度去估计分散度，从而得到对流 – 扩散方程的解等多个步骤。这些测试可以是自然梯度测试或动力梯度测试。自然梯度测试在自然流动条件下进行，而动力梯度测试在人工（泵送）应力条件下进行。动力梯度条件的例子包括汇聚的径向流动以及通过在泵井的上游放置注入井从而引起的流动等。值得注意的是，在不同压力条件下估算的分散度往往不同。Tiedeman 和 Hsieh 得到的结果表明，在动力梯度试验中，汇聚的径向流动试验倾向于产生最小的纵向分散度（$\alpha_{11}$），等强度双井试验倾向于产生最大的 $\alpha_{11}$，并且强度不等的双井试验倾向于产生中间值的 $\alpha_{11}$。Tiedeman 和 Hsieh 也指出，在动力梯度条件下估计的 $\alpha_{11}$ 值可能会显著低于在自然梯度流动条件下的 $\alpha_{11}$。为了验证这个结果，Chao 等人报道，基于点源的数值模拟，径向流动测试的 $\alpha_{11}$ 比自然梯度测试的 $\alpha_{11}$ 小 5~10 倍。

## 5.5　归趋过程

归趋过程包括从水相中除去示踪剂的所有机制。这些过程包括化学反应、衰减和吸着（到固体基质）。吸着过程包括吸附、化学吸附和吸收三类，其中吸附是溶质附着于固体表面的过程，化学吸附是溶质通过离子交换而结合到固体表面的过程，而吸收是指当溶质扩散进入固体基质时会被吸附到内表面上的过程。地下水的归趋过程很复杂，难以进行现场尺度的研究，通常在理想的实验室条件下进行研究，结果符合理想化的模型。地下水中最常见的归趋过程是吸着和衰减。

### 5.5.1　吸着

描述溶解物质分布到固体表面上的模型称为吸附等温线，因为它们描述了在恒定温度下的吸附。最广泛使用的吸附等温线是 Freundlich 等温线，为：

$$F = K_F c_{aq}^n \quad (5.43)$$

式中　$F$——单位质量固体基质对示踪剂的吸附量（$MM^{-1}$）；

$c_{aq}$——溶解在水中的示踪剂浓度（含水浓度）（$ML^{-3}$）；

$K_F$、$n$——经验常数。

常数 $n$ 通常在 0.7~1.2 范围内。对于低浓度的许多污染物，$n$ 近似等于 1，在这种情况下公式（5.43）的 Freundlich 等温线是线性的，可写成：

$$F = K_d c_{aq} \quad (5.44)$$

式中　$K_d$——分配系数（$L^3M^{-1}$），并被定义为单位质量固体基质吸附的示踪剂质量与含水浓度的比。

尽管 Freundlich 等温线在实际中被广泛使用，但其具有重要的局限性，即对固体基质的吸附能力没有限制。Langmuir 等温线允许在固体基质上有最大的吸附能力，其被定义为：

$$F = \frac{K_1 \bar{S} c_{aq}}{1 + K_1 c_{aq}} \quad (5.45)$$

式中　$K_1$——Langmuir 常数（$L^3M^{-1}$）；

$\bar{S}$——固体基质的最大吸附容量（$MM^{-1}$）。

在低溶质浓度下，即 $K_1c_{aq}<<1$ 时，Langmuir 等温线与线性 Freundlich 等温线相似，$F$ 与 $c_{aq}$ 呈线性关系；而在高溶质浓度下，即 $K_1c_{aq}>>1$ 时，$F$ 接近 $\bar{S}$ 的极限值。尽管使用 Langmuir 等温线具有明显的优势，但线性 Freundlich 等温线仍然是应用最广泛的等温线。

在使用线性等温线，如公式（5.44）时，应该注意由于等温线通常是分段线性的，因此不推荐超出实验条件范围估计 $K_d$。公式（5.44）中的 $K_d$ 值范围可从接近 0 到 103cm$^3$/g 或更大。

当固体基质吸附有机化合物时，单位质量固体基质可吸附的有机化合物质量主要取决于固体基质中有机碳的量，因此更应该利用有机碳吸附系数 $K_{oc}$，其定义为单位质量有机碳吸附的有机化合物质量与含水浓度的比率。因此，分配系数 $K_d$ 与有机碳吸附系数 $K_{oc}$ 有关。

$$K_d = f_{oc} K_{oc} \quad (5.46)$$

式中　$f_{oc}$——多孔介质中有机碳的百分数（$MM^{-1}$）。

$f_{oc}$ 的值通常在 0.02%~3% 范围内，表 5.10 给出了几种土壤的推荐 $f_{oc}$ 值。天然有机物质在土壤中的质量分数可以用两种不同的符号表示：$f_{om}$ 代表土壤中有机物的质量分数，$f_{oc}$ 代表土壤中有机碳的质量分数。$f_{om}$ 的考虑整个有机分子的质量，而 $f_{oc}$ 只考虑有机物质中存在的碳的质量。根据经验法则，有机质的质量大约是有机碳质量的两倍，因此可用近似值 $f_{om} \approx 2f_{oc}$。

土壤中碳含量的典型值　　表 5.10

| 土壤 | $f_{oc}$ |
|---|---|
| 粉质黏土 | 0.01~0.16 |
| 砂壤土 | 0.10 |
| 粉质壤土 | 0.01~0.02 |
| 不分层的淤泥、砂子、砾石 | 0.001~0.006 |
| 中等的细砂 | 0.0002 |
| 砂子 | 0.0003~0.10 |
| 砂子和砾石 | 0.00008~0.0075 |
| 粗砂砾 | 0.0011 |

当有机部分超过 0.1% 时，公式（5.46）描述的等式均适用，且附录 B.2 给出了在受污染的地下水中常见几种有机化合物的 $K_{oc}$ 值。当有机部分小于 0.1%时，有机化合物在非有机固体上的吸附可能变得显著，土壤或含水层有机碳并不会成为有机化合物分配的主要表面。辛醇 - 水分配系数 $K_{ow}$ 是一种广泛使用并且容易测量的参数，其给出了相互接触的正辛醇和水之间各种物质的相对浓度。辛醇 - 水分配系数定义为：

$$K_{ow} = \frac{c_o}{c_w} \quad (5.47)$$

式中　$c_o$——辛醇中的浓度；

$c_w$——水中的浓度。

辛醇作为有机介质的一般替代物，并且使用辛醇是具有历史原因的。在药物研究的早期阶段，研究人员发现辛醇可以作为人体组织的廉价替代物，因此药物研究通常包括使用辛醇作为生物体吸收药物指标的分配测试。现在 $K_{ow}$ 是大多数合成有机化学物质的指标。大量有机污染物研究表明 $\log K_{oc}$ 和 $\log K_{ow}$ 之间为线性关系，且两者若存在非线性是由对土壤矿物部分的吸附造成的。两者的一些实证关系如表 5.11 所示，

其中 $K_{oc}$ 的单位为 $cm^3/g$，$K_{ow}$ 为无量纲。显然，从更容易测量的 $K_{ow}$ 中推导 $K_{oc}$ 没有通用关系的，尽管使用表 5.11 中的方程得出的 $K_{oc}$ 可能落入表 5.11 中的所有方程组合预测 $K_{oc}$ 几何平均值的一个标准偏差之内。几种有机化合物的 $\log K_{ow}$ 值如表 5.12 所示，且最好通过相似化学品的经验关系式来利用这些数据估算 $K_{oc}$。$K_{ow}$ 的数值范围跨越许多数量级（通常为 $10^1$~$10^7$），因此 $K_{ow}$ 通常以 $\log K_{ow}$（通常为 1~7）形式出现。$K_{ow}$ 的值越高，化合物从水分配到有机相的可能性就越大。

单位体积的多孔介质的吸附质量 $c_s$（$ML^{-3}$）与单位固体质量吸附的示踪剂质量 $F$（$MM^{-1}$）有关，表现为：

$$c_s = \rho_b F \tag{5.48}$$

式中　$\rho_b$——固体基质的体积密度（$ML^{-3}$）（= 土壤样品的烘干质量除以样品体积）。

表 5.13 给出了几种多孔介质体积密度的典型值。结合公式（5.44）和公式（5.48）得到吸附质量浓度 $c_s$ 与溶解质量浓度 $c_{aq}$ 之间的线性关系，如下式：

$$c_s = \beta c_{aq} \tag{5.49}$$

式中　$\beta$——无量纲常数，由下式得到：

$$\beta = \rho_b K_d \tag{5.50}$$

对流－扩散方程（5.17）中的转化项 $S_m$（$ML^{-3}T^{-1}$）等于单位体积水中示踪剂加到水中的速率。在吸附的情况下，示踪剂添加到水相中的速率等于示踪剂从固相中失去的速率。因此，单位体积水中加入示踪剂的速率 $S_m$，由下式给出：

$$S_m = -\frac{1}{n}\frac{\partial c_s}{\partial t} = -\frac{\beta}{n}\frac{\partial c_{aq}}{\partial t} \tag{5.51}$$

在多孔介质中的水流中，含水污染物浓度 $c_{aq}$ 通常用 $c$ 表示，因此公式（5.51）可写成：

$$S_m = -\frac{\beta}{n}\frac{\partial c}{\partial t} \tag{5.52}$$

将这个吸附模型代入对流－扩散方程（5.17），得到：

$$\left(1+\frac{\beta}{n}\right)\frac{\partial c}{\partial t} + \sum_{i=1}^{3} V_i \frac{\partial c}{\partial x_i} = \sum_{i=1}^{3} D_i \frac{\partial^2 c}{\partial x_i^2} \tag{5.53}$$

其中 $(1+\frac{\beta}{n})$ 通常被称为阻滞系数 $R_d$，即：

$$R_d = 1+\frac{\beta}{n} \tag{5.54}$$

用方程（5.53）的两侧除以 $R_d$，产生以下形式的对流－扩散方程：

$$\frac{\partial c}{\partial t} + \sum_{i=1}^{3}\left(\frac{V_i}{R_d}\right)\frac{\partial c}{\partial x_i} = \sum_{i=1}^{3}\left(\frac{D_i}{R_d}\right)\frac{\partial^2 c}{\partial x_i^2} \tag{5.55}$$

将多孔介质上吸附污染物的方程（5.55）与保守污染物的对流－扩散方程（5.17）进行比较，清楚地表明两个方程具有相同的形式，其中通过减少平均渗流速度和扩散系数至原来的 $1/R_d$ 来解释吸附的效果。换句话说，吸附示踪剂的转化和迁移过程可以通过忽略吸附来模拟，但是要降低平均渗流速度和扩散系数至原来的 $1/R_d$。如果存在，具有较高分配系数（$K_d > 10^3 cm^3/g$）

**$K_{oc}$ 与 $K_{ow}$ 之间的关系**　　表 5.11

| 公式 | 化学品 | 参考文献 |
|---|---|---|
| $\log K_{oc} = 1.00 \log K_{ow} - 0.21$ | 10 种多环芳烃 | Karickhoff 等人（1979） |
| $\log K_{oc} = 1.00 \log K_{ow} - 0.201$ | 混杂有机物 | Karickhoff 等人（1979） |
| $\log K_{oc} = 0.544 \log K_{ow} + 1.377$ | 45 种有机物，主要是杀虫剂 | Kenaga 和 Goring（1980） |
| $\log K_{oc} = 1.029 \log K_{ow} - 0.18$ | 13 种杀虫剂 | Rao 和 Davidson（1980） |
| $\log K_{oc} = 0.94 \log K_{ow} + 0.22$ | S- 三嗪和二硝基菁 | Rao 和 Davidson（1980） |
| $\log K_{oc} = 0.989 \log K_{ow} - 0.346$ | 5 种多环芳烃 | Karickhoff（1981） |
| $\log K_{oc} = 0.937 \log K_{ow} - 0.006$ | 芳烃、聚芳烃、三嗪 | Brown 和 Flagg（1981） |
| $\log K_{oc} = 1.00 \log K_{ow} - 0.317$ | 滴滴涕、四氯联苯、林丹、2，4-D 和二氯丙烷 | McCall 等人（1983） |
| $\log K_{oc} = 0.72 \log K_{ow} + 0.49$ | 甲基苯和氯化苯 | Schwarzenbach 和 Westall（1981） |
| $\log K_{oc} = 1.00 \log K_{ow} - 0.317$ | 22 种多环芳香烃 | Hassett 等人（1980） |
| $\log K_{oc} = 0.524 \log K_{ow} + 0.855$ | 芳基脲和烷基－正苯基氨基甲酸酯 | Briggs（1973） |

所选有机化合物的 $K_{ow}$ 值　表 5.12

| 化合物 | $\log K_{ow}$ | 参考文献 |
|---|---|---|
| 丙酮 | −0.24 | Schwarzenbach 等人（1993） |
| 阿特拉津 | 2.56 | Schwarzenbach 等人（1993） |
| 苯 | 2.01~2.13[a] | Hansch 和 Leo（1979），MacKay（1991） |
| 四氯化碳 | 2.64~2.83 | Schnoor（1996），Hansch 和 Leo（1979），Chou 和 Jurs（1979） |
| 氯苯 | 2.49~2.84[a] | Hansch 和 Leo（1979），MacKay（1991） |
| 氯仿 | 1.95~1.97[a] | Hansch 和 Leo（1979） |
| DDT | 4.98~6.91 | Hansch 和 Leo（1979），Schnoor（1996） |
| 狄氏剂 | 5.48 | Schwarzenbach 等人（1993） |
| 林丹 | 3.78 | Schwarzenbach 等人（1993） |
| 马拉硫磷 | 2.89 | Schwarzenbach 等人（1993） |
| 萘 | 3.29~3.35[a] | MacKay（1991），Schnoor（1996） |
| 正辛烷 | 5.18 | Schwarzenbach 等人（1993） |
| 对硫磷 | 3.81 | Schwarzenbach 等人（1993） |
| 苯酚 | 1.46[a]~1.49 | Hansch 和 Leo（1979），MacKay（1991） |
| 多氯联苯 | 4.09~8.23 | Schwarzenbach 等人（1993） |
| 2，3，7，8- 四氯 - 对 - 二噁英 | 6.64 | Schwarzenbach 等人（1993） |
| 甲苯 | 2.69[a] | MacKay（1991） |
| 1，1，1- 三氯乙烷 | 2.47a~2.51 | MacKay（1991），Schnoor（1996） |
| 三氯乙烯（TCE） | 2.29[a] | MacKay（1991） |
| 对二甲苯 | 3.12~3.18 | Schwarzenbach 等人（1993） |

a 在 25℃下的数值。

多孔介质体积密度和孔隙度的典型值　表 5.13

| 多孔介质 | 体积密度（$kg/m^3$） | 孔隙度 |
|---|---|---|
| 石灰石和页岩 | 2780 | 0.01~0.20 |
| 砂岩 | 2130 | 0.10~0.20 |
| 砾石和砂子 | 1920 | 0.30~0.35 |
| 砾石 | 1870 | 0.30~0.40 |
| 细到中等混合砂子 | 1850 | 0.30~0.35 |
| 均匀的砂子 | 1650 | 0.30~0.40 |
| 中等到粗糙的混合砂子 | 1530 | 0.35~0.40 |
| 淤泥 | 1280 | 0.40~0.50 |
| 黏土 | 1220 | 0.45~0.55 |

的污染物将以非常缓慢的速度移动。值得注意的是，（恒定）阻滞系数的使用假设吸附等温线是线性的，分配反应相对地下水来说流速非常快，并且污染物在水相和吸附相间达到平衡。当这些假设无效时，地下水中污染物转化和迁移过程的预测可能会出现重大错误。

## 【例题 5.9】

1kg 污染物泄漏进入 1m 深的地下水中，并以 0.1m/d 的平均渗流速度随着地下水传播。纵向和横向分散系数分别为 $0.03m^2/d$ 和 $0.003m^2/d$；孔隙度为 0.2；含水层材料密度为 $2.65g/cm^3$；$\log K_{oc}$ 为 1.72（$K_{oc}$ 的单位为 $cm^3/g$）；含水层中的有机碳含量为 5%。（1）计算 1h、1d 和 1 周后泄漏位置的浓度。（2）将这些值与忽略吸附情况下的对应浓度进行比较。

**【解】**

（1）分配系数 $K_d$ 由下式给出：

$$K_d = f_{oc}K_{oc}$$

其中 $f_{oc}$=0.05，$K_{oc}=10^{1.72}=52.5cm^3/g$，因此：

$$K_d = 0.05\times52.5 = 2.63\ cm^3/g$$

无量纲常数 $\beta$ 由下式给出：

$$\beta = \rho_b K_d = (1-n)\rho_s K_d$$

其中 $n$=0.2，$\rho_s$=2.65g/cm$^3$，因此：

$$\beta = (1-0.2)\times 2.65\times 2.63 = 5.58$$

阻滞系数 $R_d$ 由下式给出：

$$R_d = 1+\frac{\beta}{n} = 1+\frac{5.58}{0.2} = 29$$

对于瞬间释放，其浓度分布由下式给出：

$$c(x,y,t) = \frac{M}{4\pi tHn\sqrt{D_L D_T}}\exp\left[-\frac{(x-Vt)^2}{4D_L t}-\frac{y^2}{4D_T t}\right]$$

其中 $M$=1kg，$H$=1m，$D_L$=0.03/$R_d$ m$^2$/d，$D_T$=0.003/$R_d$m$^2$/d，$n$=0.2，$V$=0.1/$R_d$m/d，$x$=0m，$y$=0m。将这些数值代入上面表达式中得到的浓度分布为：

$$c(0,0,t) = \frac{1\times R_d}{4\pi t\times 1\times 0.2\sqrt{0.03\times 0.003}}\exp\left[-\frac{(-0.1/R_d t)^2}{4(0.03/R_d)t}\right]$$
$$= \frac{41.95R_d}{t}\exp\left[-\frac{0.083t}{R_d}\right]\text{kg/m}^3$$

在没有吸附的情况下，$R_d$=1；而对于吸附污染物来说 $R_d$=29。则 $t$=1h、1d 和 1 周时的浓度见表 5.14。

**【例题 5.9】计算结果　　表 5.14**

| 时间 | 没有吸附（$R_d$=1）（kg/m$^3$） | 有吸附（$R_d$=29）（kg/m$^3$） |
|---|---|---|
| 1h | 199 | 28960 |
| 1d | 7.7 | 1215 |
| 1 周 | 0.67 | 170 |

（2）吸附会导致泄漏点附近的地下水中产生更高的污染物浓度。这是因为需要更高的水浓度来维持吸附质量平衡。早期计算的虚拟高浓度是模型假设泄漏发生在无限小体积上的结果。事实上，计算的浓度一定会小于污染物的溶解度。

金属和放射性核素的吸附特性比有机化合物更难预测。金属通常在水相中作为阳离子存在，并且金属分配到固体基质上的程度取决于固体基质的阳离子交换能力以及竞争交换位点上存在的其他阳离子。具有高黏土含量和有机质的基质中阳离子交换能力最大。一些金属常以氧化态形式存在，并且常常与存在于水相中的配体络合。金属的移动性取决于氧化态及其形态。通常，黏土对于特定的无机溶质具有最大的 $K_d$ 值，阳离子比阴离子更容易被吸附，并且二价阳离子比一价形态更容易被吸附。Thibault 等人根据土壤质地估算了土壤中金属的 $K_d$ 值：其中包含超过 70% 砂子大小颗粒的土壤归为砂子；包含超过 35% 黏土大小颗粒的土壤归为黏土；壤土有均匀分布的砂土、黏土和泥沙大小的颗粒或者由高达 80% 的泥沙大小的颗粒组成；有机土壤含有超过 30% 的有机质。表 5.15 列出了不同土壤中几种金属和其他元素的几何平均 $K_d$ 值。

**各种土壤中的 $K_d$ 值（cm$^3$/g）　　表 5.15**

| 元素 | 砂土 | 壤土 | 黏土 | 有机土 |
|---|---|---|---|---|
| Am | 1900 | 9600 | 8400 | 112000 |
| C | 5 | 20 | 1 | 70 |
| Cd | 80 | 40 | 560 | 800 |
| Co | 60 | 1300 | 550 | 1000 |
| Cr | 70 | 30 | 1500 | 270 |
| Cs | 280 | 4600 | 1900 | 270 |
| I | 1 | 5 | 1 | 25 |
| Mn | 50 | 750 | 180 | 150 |
| Mo | 10 | 125 | 90 | 25 |
| Ni | 400 | 300 | 650 | 1100 |
| Np | 5 | 25 | 55 | 1200 |
| Pb | 270 | 16000 | 550 | 22000 |
| Pu | 550 | 1200 | 5100 | 1900 |
| Ra | 500 | 36000 | 9100 | 2400 |
| Se | 150 | 500 | 740 | 1800 |
| Sr | 15 | 20 | 110 | 150 |
| Tc | 0.1 | 0.1 | 1 | 1 |
| Th | 3200 | 3300 | 5800 | 89000 |
| U | 35 | 15 | 1600 | 410 |
| Zn | 200 | 1300 | 2400 | 1600 |

阻滞系数 $R_d$，通常被用来作为一个换算系数，应用于平均流速（如前面所述）。然而，这个系数也可用作测量孔隙水中污染物的比例。为了清楚地说明这点，公式（5.54）定义的阻滞系数可以用下式表示。

$$R_d = 1+\frac{K_d\rho_b}{n} = \frac{Vnc+K_d\rho_b Vnc}{Vnc} = \frac{\text{土壤和水中的污染物质量}}{\text{水中的污染物质量}} \tag{5.56}$$

式中　$V$——总体积；

$c$——孔隙水中的污染物浓度。

根据公式（5.56），阻滞系数的倒数表示水中存在的污染物的比例。例如，阻滞系数为 5 的示踪剂在水相的部分占其质量的 20%，而余下的 80% 吸附到含水层基质上。为了说明阻滞系数在这方面的应用，假设含水层中含有质量为 $M$ 的污染物，并用抽水井提取污染水。提取第一个孔隙体积后，剩余含水层中的污染物质量为 $M(1-R_d^{-1})$。同样，提取第二个孔隙体积后，剩余的污染物质量为 $M(1-R_d^{-1})^2$，并且在提取了 $j$ 个孔隙体积之后，剩余的污染物质量等于 $M(1-R_d^{-1})^j$。因此，初始质量 $M$ 在提取 $j$ 个孔隙体积后，提取的质量比例 $F_j$ 为：

$$F_j=\frac{M-M(1-R_d^{-1})^j}{M}=1-(1-R_d^{-1})^j \quad (5.57)$$

这种关系特别适用于决定为了达到场地修复的要求标准而必须从含水层中去除的孔隙体积的数量。公式（5.57）假设土壤水分吸附－解吸平衡瞬间发生。当污染物从土壤中解吸的速度比通过污染区的水流速度慢得多时，污染物浓度将低于预测平衡浓度，导致更小比例的污染物被去除。在吸附－解吸过程相对较慢的情况下，地下水中的污染物浓度分布出现长尾分布，不同于近似高斯分布。

## 【例题 5.10】

据估计，一个受污染含水层中含有 30kg 污染物，分布在 100m³ 含水层上。含水层的孔隙度为 0.2，污染物阻滞系数为 5。估算必须去除的含水层孔隙体积，以减少含水层中污染物质量的 90%。

### 【解】

根据给定的数据，$M$=30kg，$V$=100m³，$n$=0.2，$R_d$=5，$F_j$=0.9。公式（5.57）给出了为了提取 90% 污染物质量而必须从含水层中去除的孔隙体积数 $j$，其中：

$$F_j=1-\left(1-R_d^{-1}\right)^j$$
$$0.9=1-\left(1-5^{-1}\right)^j$$

得到：$j$=10.3

孔隙水提取体积 $=jnV=10.3\times0.2\times100=206\text{m}^3$

因此，必须提取 10.3 个孔隙体积或 206m³，以使含水层中的污染物质量减少 90%。

应重点记住的是，如果吸附等温线是线性的，则阻滞系数是常数，且可以用单个参数来描述，即分配系数。在吸附等温线是非线性的情况下，阻滞系数将取决于含水浓度，且随着含水浓度增加而增加。

### 5.5.2 一阶衰减

环境中的许多化合物通常会通过化学反应（如水解或生物降解）分解成其他化合物。地下水中的生物降解速率远远低于土壤中的生物降解速率，这主要是由于地下水中微生物密度较低。最常用的分解模型是一阶衰减模型，如下式所示：

$$S_m=-\lambda c \quad (5.58)$$

式中 $S_m$——单位体积地下水中示踪剂加到地下水中的速率（$ML^{-3}T^{-1}$）；

$c$——地下水中示踪剂浓度（$ML^{-3}$）；

$\lambda$——一阶衰减系数（$T^{-1}$）。

将这个衰减模型代入对流－扩散方程（5.17），得到：

$$\frac{\partial c}{\partial t}+\sum_{i=1}^{3}V_i\frac{\partial c}{\partial x_i}=\sum_{i=1}^{3}D_i\frac{\partial^2 c}{\partial x_i^2}-\lambda c \quad (5.59)$$

上式可通过将变量从 $c$ 更改为 $c^*$ 来进行变换，其中：

$$c=c^*e^{-\lambda t} \quad (5.60)$$

将公式（5.60）代入方程（5.59）并将两侧同除以 $e^{-\lambda t}$ 得到：

$$\frac{\partial c^*}{\partial t}+\sum_{i=1}^{3}V_i\frac{\partial c^*}{\partial x_i}=\sum_{i=1}^{3}D_i\frac{\partial^2 c^*}{\partial x_i^2} \quad (5.61)$$

这与保守示踪剂的对流－扩散方程完全相同。该结果的实际意义在于：经过一阶衰减的示踪剂转化和迁移与示踪剂最初被假定为保守性时是相同的，并且所得浓度分布按照因子 $e^{-\lambda t}$ 进行递减，其中 $t$ 是自示踪剂释放后的时间。

一阶衰减系数 $\lambda$ 通常用半衰期 $T_{50}$（T）表示，$T_{50}$（T）是 50% 初始质量衰减所需的时间，与一阶衰减系数的关系如下式所示：

$$T_{50}=\frac{\ln 2}{\lambda} \quad (5.62)$$

表 5.16 概述了几种有机化合物在土壤中的半衰期。表 5.16 中所示衰减率的差异性反映了假设生物降解可由简单的一阶衰减模型模拟是错误的，以及环境条件差异性可影响生物降解，主要包括地下水中存在的细菌数量和类型、地质和水力特性、温度以及地下水中溶解氧的浓度。监测井污染物浓度实地测量所估计的一阶衰减率的准确性受到含水层的非均质性以及估计衰减率方法的显著影响，通常会高估衰减率。

土壤中有机化合物的一阶衰减率　　表 5.16

| 化合物 | 半衰期 $T_{50}$（d） | 一阶衰减率 $\lambda$（$d^{-1}$） |
|---|---|---|
| 丙酮 | 2~14 | 0.050~0.35 |
| 苯 | 10~730 | 0.00095~0.069 |
| 邻苯二甲酸二（2- 乙基己）酯 | 10~389 | 0.00178~0.069 |
| 四氯化碳 | 7~365 | 0.0019~0.099 |
| 氯乙烷 | 14~56 | 0.0124~0.0495 |
| 氯仿 | 56~1800 | 0.000385~0.0124 |
| 1，1- 二氯乙烷 | 64~154 | 0.00450~0.0108 |
| 1，2- 二氯乙烷 | 100~365 | 0.00190~0.00693 |
| 乙苯 | 6~228 | 0.00304~0.116 |
| 甲基叔丁基醚（MTBE） | 56~365 | 0.00190~0.0124 |
| 二氯甲烷 | 14~56 | 0.0124~0.0495 |
| 萘 | 1~258 | 0.00269~0.693 |
| 苯酚 | 0.5~7 | 0.099~1.39 |
| 甲苯 | 7~28 | 0.0248~0.099 |
| 1，1，1- 三氯乙烷 | 140~546 | 0.00127~0.00495 |
| 三氯乙烯 | 321~1650 | 0.000420~0.00216 |
| 氯乙烯 | 56~2880 | 0.000241~0.0124 |
| 二甲苯 | 14~365 | 0.00190~0.0495 |

## 【例题 5.11】

10kg 污染物泄漏进入地下水中，并且在 1m 深度内混合良好。含水层的平均渗流速度为 0.5m/d，孔隙度为 0.2，纵向分散系数为 $1m^2/d$，水平横向分散系数为 $0.1m^2/d$，垂直混合可忽略不计，污染物的一阶衰减常数为 $0.01d^{-1}$。（1）确定地下水中污染物在 1d、10d、100d 和 1000d 后的最大浓度。（2）将这些浓度与没有衰减时的最大浓度进行比较。

## 【解】

（1）根据给定的数据，$M$=10kg，$H$=1m，$D_L$=$1m^2/d$，$D_T$=$0.1m^2/d$，$n$=0.2，$V$=0.5m/d，$\lambda$=$0.01d^{-1}$。忽略衰减，泄漏点下游的污染物浓度由下式给出：

$$c^*(x,y,t)=\frac{M}{4\pi Hnt\sqrt{D_L D_T}}\exp\left[-\frac{(x-Vt)^2}{4D_L t}-\frac{y^2}{4D_T t}\right]$$

并且在 $x=Vt$ 处得到最大浓度，如下式：

$$c^*_{\max}(t)=\frac{M}{4\pi Hnt\sqrt{D_L D_T}}$$

从而：

$$c^*_{\max}(t)=\frac{10}{4\pi\times1\times0.2t\sqrt{1\times0.1}}=\frac{12.6}{t}\ \mathrm{kg/m^3}$$
$$=\frac{12600}{t}\ \mathrm{mg/L}$$

若考虑一阶衰减，最大浓度 $c^*_{\max}$（$t$）由下式给出：

$$c_{\max}(t)=c^*_{\max}(t)e^{-\lambda t}=\frac{12600}{t}e^{-0.01t}$$

因此，1d、10d、100d 和 1000d 的最大浓度见表 5.17。

【例题 5.11】计算结果　　表 5.17

| $t$（d） | $c^*_{\max}$（$t$）（mg/L） | $c_{\max}$（$t$）（mg/L） |
|---|---|---|
| 1 | 12600 | 12450 |
| 10 | 1260 | 1140 |
| 100 | 126 | 46.5 |
| 1000 | 12.6 | 0.0005 |

（2）随着时间的增加，衰减效应变得更加明显。例如 100d 后，没衰减的最大浓度为 126mg/L，而衰减的最大浓度为 46.5mg/L。计算出的含水浓度应与污染物的溶解度相比较。如果计算出的浓度超过污染物在水中的溶解度，则不是所有泄漏的污染物都会溶解，并且泄漏位置处的初始浓度等于溶解度。

### 5.5.3　联合吸着和衰减

在某些情况下，吸附过程和一阶衰减过程同时发生。假设吸附符合线性吸附等温线方程（5.49），并且吸附质量衰减是一阶衰减过程，则存在：

$$\frac{\partial c_s}{\partial t}=-\lambda c_s \tag{5.63}$$

式中　$c_s$——单位体积多孔介质的吸附质量。

由吸附引起的单位体积地下水进入水相的质量通量 $S_m^1$ 如下式所示：

$$S_m^1=-\frac{\beta}{n}\frac{\partial c_{aq}}{\partial t}-\frac{\lambda c_s}{n}=\frac{\beta}{n}\frac{\partial c_{aq}}{\partial t}-\frac{\lambda\beta c_{aq}}{n} \tag{5.64}$$

式中　$c_{aq}$——污染物的含水浓度。

在多孔介质中的水流中，对流 - 扩散方程中使用的污染物浓度 $c$ 等于含水浓度 $c_{aq}$，因此：

$$c_{aq}=c \tag{5.65}$$

公式（5.64）可以表示为：

$$S_{\mathrm{m}}^{1}=-\frac{\beta}{n}\frac{\partial c}{\partial t}-\lambda\frac{\beta}{n}c \tag{5.66}$$

除了由于解吸引起的进入水相的质量通量之外，由于溶解污染物的衰减，额外的质量通量 $S_{\mathrm{m}}^{2}$ 从地下水中被去除，则：

$$S_{\mathrm{m}}^{2}=-\lambda c \tag{5.67}$$

地下水中添加质量的总速率 $S_{\mathrm{m}}$ 等于由于解吸导致进入地下水的质量通量与由于溶解污染物的一阶衰减引起的质量通量之和。因此：

$$\begin{aligned}S_{\mathrm{m}}&=S_{\mathrm{m}}^{1}+S_{\mathrm{m}}^{2}\\&=-\frac{\beta}{n}\frac{\partial c}{\partial t}-\lambda\frac{\beta}{n}c-\lambda c\\&=-\frac{\beta}{n}\frac{\partial c}{\partial t}-\left(1+\frac{\beta}{n}\right)\lambda c\end{aligned} \tag{5.68}$$

将这个转化模型代入对流－扩散方程（5.17），并简化得到：

$$\frac{\partial c}{\partial t}+\sum_{i=1}^{3}\left(\frac{V_i}{R_{\mathrm{d}}}\right)\frac{\partial c}{\partial x_i}=\sum_{i=1}^{3}\left(\frac{D_i}{R_{\mathrm{d}}}\right)\frac{\partial^2 c}{\partial x_i^2}-\lambda c \tag{5.69}$$

其中 $R_{\mathrm{d}}$ 是由公式（5.54）定义的阻滞系数。方程（5.69）表明同时经历吸附和一级衰减的示踪剂的转化和迁移与忽略吸附时相同，但平均流体速度和扩散系数按照因子 $1/R_{\mathrm{d}}$ 下降。方程（5.69）可以通过将变量从 $c$ 变为 $c^*$ 来进一步简化（见公式（5.60））。

将公式（5.60）代入方程（5.69）并简化为：

$$\frac{\partial c^*}{\partial t}+\sum_{i=1}^{3}\left(\frac{V_i}{R_{\mathrm{d}}}\right)\frac{\partial c^*}{\partial x_i}=\sum_{i=1}^{3}\left(\frac{D_i}{R_{\mathrm{d}}}\right)\frac{\partial^2 c^*}{\partial x_i^2} \tag{5.70}$$

这是一个保守污染物的对流－扩散方程，并且证明经过一阶衰减的吸附示踪剂的转化和迁移可以通过以下方式建模：（1）流体速度和分散系数按照因子 $1/R_{\mathrm{d}}$ 下降；（2）忽略吸附和衰减；（3）所得到的浓度分布按照因子 $e^{-\lambda t}$ 减小，其中 $t$ 是自示踪剂释放后的时间。方程（5.70）假定衰减常数 $\lambda$ 对水相污染物和吸附污染物都是相同的。在这些衰减系数不同的情况下，“集中”衰减系数可以取为：

$$\lambda=\lambda_{\mathrm{aq}}+\frac{\rho_{\mathrm{b}}K_{\mathrm{d}}}{n}\lambda_{\mathrm{s}} \tag{5.71}$$

式中　$\lambda_{\mathrm{aq}}$、$\lambda_{\mathrm{s}}$——分别是水相和吸附相的衰减系数（$\mathrm{T}^{-1}$）。

值得注意的是，一些有机化学品在水中能快速生物降解，但吸附到固体基质上时不能降解。

## 【例题 5.12】

3kg 污染物泄漏进入 1m 深的地下水，其平均渗流速度为 0.1m/d。纵向和水平横向分散系数分别为 $0.05\mathrm{m^2/d}$ 和 $0.005\mathrm{m^2/d}$，垂直分散忽略不计，孔隙度为 0.2。如果阻滞系数等于 20，一阶衰减系数为 $2\mathrm{d^{-1}}$，请计算 1d 和 1 周后泄漏位置的浓度。

## 【解】

浓度分布（考虑吸附但在校正衰减之前）由下式给出：

$$c^*(x,y,t)=\frac{M}{4\pi Hnt\sqrt{D_{\mathrm{L}}D_{\mathrm{T}}}}\exp\left[-\frac{(x-Vt)^2}{4D_{\mathrm{L}}t}-\frac{y^2}{4D_{\mathrm{T}}t}\right]$$

其中 $M$=3kg，$H$=1m，$D_{\mathrm{L}}=0.05/R_{\mathrm{d}}=0.05/20=0.0025\mathrm{m^2/d}$，$D_{\mathrm{T}}=0.005/R_{\mathrm{d}}=0.005/20=0.00025\mathrm{m^2/d}$，$n$=0.2，$V=0.1/R_{\mathrm{d}}=0.1/20=0.005\mathrm{m/d}$，$x$=0m，$y$=0m。将这些值代入前面的公式中：

$$\begin{aligned}c^*(0,0,t)&=\frac{3}{4\pi t\times1\times0.2\sqrt{0.0025\times0.00025}}\\&\quad\exp\left[-\frac{(0.005t)^2}{4\times0.0025t}\right]\\&=\frac{1510}{t}\exp[-0.0025t]\ \mathrm{kg/m^3}\end{aligned}$$

校正衰减需要乘以 $e^{-\lambda t}$，其中 $\lambda=2\mathrm{d^{-1}}$，因此实际浓度作为时间函数，如下式所示：

$$\begin{aligned}c(0,0,t)=c^*(0,0,t)\mathrm{e}^{-2t}&=\frac{1510}{t}\exp[-0.0025t-2t]\\&=\frac{1510}{t}\exp[-2.0025t]\ \mathrm{kg/m^3}\end{aligned}$$

因此，在 $t$=1d 时，$c(0,0,t)=205\mathrm{kg/m^3}=205000\mathrm{mg/L}$；在 $t$=7d 时，$c(0,0,t)=1.75\times10^{-4}\mathrm{kg/m^3}=0.175\mathrm{mg/L}$。

尽管在大多数情况下利用吸附和衰减来量化地下水中污染物的转化，但考虑其他转化过程（如导致污染物完全消耗的化学反应）可能产生根本不同的结果。例如，只考虑在转化和迁移模型中的吸附和衰减，会产生一个直径不断增加的羽流，同时考虑到羽流前端的污染物完全被消耗，会产生一个不会增加的羽流，如一些实地情况所示。其他常见的被忽视的过程，例如将污染物转移到含水层的不可移动区域以及传质速率的空间变化，也会产生异常结果，则需要利用特别转化和迁移过程来模拟。

### 5.5.4　生物胶体

水生病原体，如隐孢子虫、大肠杆菌、十二指肠贾第鞭毛虫等被归类为生物胶体，而地下水中生物胶体的归趋和迁移通常采用 Yao 等人最初提出的胶体过滤理论来模拟。生物胶体在多孔介质中的迁移归因于对流、分散、滤除和吸着。滤除是指胶体颗粒在孔喉中被永久物理俘获，因孔喉太小而不允许胶体颗粒通过。滤除是粒径小于生物胶体直径 20~100 倍的多孔介质对生物胶体的主要去除过程。

#### 5.5.4.1　传统的胶体过滤理论

传统的胶体过滤理论最初是为应用于工程系统（如砂滤器）开发而产生的，但也被用于描述微生物在地下水中的迁移过程。一维对流 – 扩散 – 过滤方程可表示为：

$$\frac{\partial c}{\partial t}+\frac{\rho_{\mathrm{b}}}{n}\frac{\partial S}{\partial t}+v\frac{\partial c}{\partial x}=D\frac{\partial^{2}c}{\partial x^{2}} \tag{5.72}$$

式中　$c$——悬浮在孔隙水中的胶体浓度（$ML^{-3}$）；

$t$——时间（T）；

$\rho_b$——堆密度（$ML^{-3}$）；

$n$——孔隙度（无量纲）；

$S$——滤除的胶体浓度（$MM^{-1}$）（例如，mg 胶体 /g 固体基质）；

$v$——渗流速度（$LT^{-1}$）；

$x$——平行于流动的坐标（L）；

$D$——分散系数（$LT^{-2}$）。

在传统的胶体过滤理论中，滤除速率（$\partial S/\partial t$）是质量通量的固定比例，可以表示为：

$$\frac{\rho_{\mathrm{b}}}{n}\frac{\partial S}{\partial t}=fvc \tag{5.73}$$

式中　$f$——过滤系数（$L^{-1}$），假定其在时间和空间上是恒定的。

根据传统的胶体过滤理论可知，过滤系数 $f$ 与胶体和多孔介质的物理性质相关，为：

$$f=\frac{3}{2}\frac{(1-n)}{d_{\mathrm{g}}}\eta \tag{5.74}$$

式中　$d_g$——多孔介质的粒度直径中位数；

$\eta$——收集效率，即胶体接近颗粒表面而与表面发生物理接触的概率。

#### 5.5.4.2　修正的胶体过滤理论

许多微生物的表面带有负电荷，许多砂质含水层含有的石英颗粒表面也带有负电荷，从而造成不利的附着条件。相反，覆盖在一些沉积颗粒上的氧化铁主要是带正电的，为附着作用创造了有利条件。这些对微生物附着的有利条件和不利条件可能共存于许多含水层中，导致当胶体过滤理论应用于微生物时应进行以下修正：（1）加入碰撞效率系数 $a_c$，即微生物与矿物表面之间的碰撞将导致微生物附着的概率（无量纲）；（2）加入脱离速率以表示次极小附着位的微生物的移动。在修正的胶体过滤理论中，滤除速率（$\partial S/\partial t$）是质量通量的固定比例，可以表示为：

$$\frac{\rho_{\mathrm{b}}}{n}\frac{\partial S}{\partial t}=\frac{3}{2}\frac{(1-n)}{d_{\mathrm{g}}}\eta\alpha_{\mathrm{c}}c-rS \tag{5.75}$$

式中　$r$——脱离速率系数（$ML^{-3}T^{-1}$）。

方程（5.76）中的系数 $a_c$ 和 $r$ 取决于细胞膜的电化学性质、胞外结构、矿物表面和流体动力，这些参数通常通过模型拟合从实验观察中估算。方程（5.75）和方程（5.72）的组合描述了水环境中微生物的浓度。

#### 5.5.4.3　考虑死亡

由方程（5.72）给出的对流 – 扩散 – 过滤方程不考虑通过死亡去除的生物胶体。为了在传统的胶体过滤理论和修正的胶体过滤理论中纳入死亡过程，通常需要包含死亡系数，方程（5.72）变为：

$$\frac{\partial c}{\partial t}+\frac{\rho_{\mathrm{b}}}{n}\frac{\partial S}{\partial t}+v\frac{\partial c}{\partial x}=D\frac{\partial^{2}c}{\partial x^{2}}-\lambda_{\mathrm{c}}c-\lambda_{\mathrm{s}}\frac{\rho_{\mathrm{b}}}{n}S \tag{5.76}$$

式中　$\lambda_c$、$\lambda_s$——分别为水相和吸附生物胶体的衰减系数（T）。

## 5.6　非水相液体

许多有机化合物微溶于水，且在地下水中溶解相和纯相都存在。不溶解的纯液体被称为非水相液体（NAPL）。NAPL 通常由单一化学品或几种化学品的混合物组成。NAPL 被进一步分类为轻质 NAPL（LNAPL），其密度小于水，倾向于漂浮在地下水位上；而重质 NAPL（DNAPL）比水的密度要大，倾向于沉入含水层底部。典型的 LNAPL 和 DNAPL 泄漏如图 5.10 所示。溶解度低于 20000mg/L 的化合物可能以 NAPL 的形式存在。受污染的地下水中常见的 NAPL 可根据其相似化学品结构、流体性质以及地下行为分为四类：（1）氯代烃类；（2）石油产品；（3）焦油和杂酚油；（4）多氯联苯（PCBs）和油类的混合物。

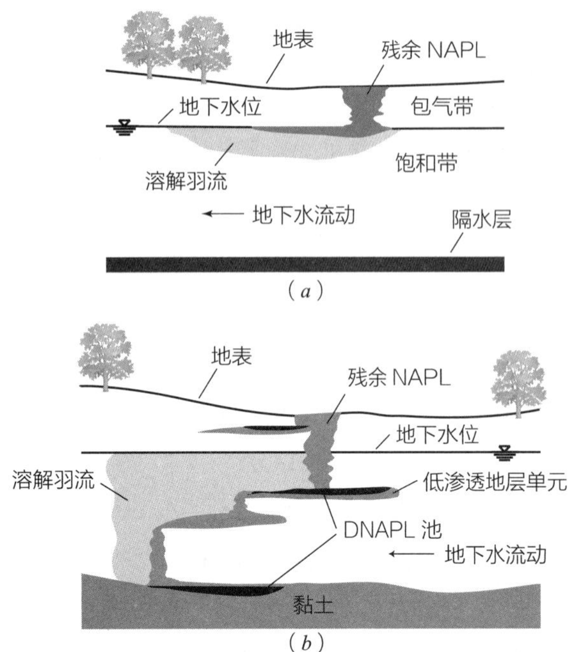


图 5.10　典型的 LNAPL 和 DNAPL 泄漏
（*a*）LNAPL 泄漏；（*b*）DNAPL 泄漏

氯代烃类是低分子量化合物，微溶于水，易挥发，密度比水大。因此，它们是 DNAPL。氯代烃类主要用作工业、商业和军事设施中的溶剂和脱脂剂。通常遇到的氯代烃有四氯乙烯（PCE）、三氯乙烯（TCE）、四氯化碳（CT）和 1，1，1- 三氯乙烷（TCA）。石油产品通常是低分子量碳氢化合物，其溶解度与氯化烃类的溶解度相似，但密度小于水。因此，它们是 LNAPL。通常遇到的石油产品有苯、甲苯、乙苯和二甲苯（统称为 BTEX 化合物），它们是汽油中最可溶的成分。焦油是焦炭和天然气生产的副产品，杂酚油是一种广泛使用的木材防腐剂。焦油和杂酚油是 DNAPL，微溶于水。多氯联苯在许多工业中得到应用，包括液压油和电力变压器液体中的阻燃剂。1979 年以来，美国禁止生产多氯联苯。然而，它们的疏水性导致它们主要存在于土壤和沉积物中，作为其长期释放到环境中的来源。多氯联苯一般比水密度大，因此是 DNAPL。表 5.18 给出了几种 NAPL 的密度和溶解度。

地下水流过吸附有 NAPL 的多孔介质固体基质导致可溶性化合物的溶解和一个对应的下游羽流。在一些情况下，溶解的浓度足以显著影响水的密度，引起一个垂直地下水速度 $v_z$（$LT^{-1}$），如下式所示：

$$v_z = -\frac{K_z}{n_e}\left(\frac{\rho}{\rho_o} - 1\right) \tag{5.77}$$

式中　$K_z$——多孔介质的垂直导水率；

$n_e$——有效孔隙度（无量纲）；

$\rho$——溶解混合物的密度（$ML^{-3}$）；

$\rho_o$——天然地下水的密度（$ML^{-3}$）。

$v_z$ 相对于水平渗流速度的相对大小将说明污染物羽流在与地下水流动方向相同的方向上移动的程度。

NAPL 的密度和溶解度　　表 5.18

| 液体 | | 15℃时密度（$kg/m^3$） | 10℃时溶解度（mg/L） |
|---|---|---|---|
| LNAPL | 中间馏分油（燃料油） | 820~860 | 3~8 |
| | 石油馏分（喷气燃料） | 770~830 | 10~150 |
| | 汽油 | 720~780 | 150~300 |
| | 原油 | 800~880 | 3~25 |
| DNAPL | 三氯乙烯（TCE） | 1460 | 1070 |
| | 四氯乙烯（PCE） | 1620 | 160 |
| | 1，1，1- 三氯乙烷（TCA） | 1320 | 1700 |
| | 二氯甲烷（$CH_2Cl_2$） | 1330 | 13200 |
| | 氯仿（$CHCl_3$） | 1490 | 8200 |
| | 四氯化碳（$CCl_4$） | 1590 | 785 |
| | 杂酚油 | 1110 | 20 |

由于 LNAPL 在自然条件下不能深入渗透到含水层中并且可生物降解，因此它们通常被认为是比 DNAPL 更容易处理的环境问题，而 DNAPL 往往被困在含水层深处。导致 DNAPL 污染更难以处理的其他因素有：（1）氯化溶剂不能快速生物降解并在地下水中长期留存，事实上，氯化溶剂的微生物降解产物有时比母体化合物毒性更大；（2）氯化溶剂的物理性质，例如小的黏度，可以通过非常小的裂缝而且向下渗透到很远的距离。含水层中的 DNAPL 渗透模式通常被称为黏性指法。不可渗透边界上的 DNAPL 池通常难以定位和修复。

### 5.6.1　残余饱和度

非水相液体在地下水中的运动主要受重力、浮力和毛细管力的影响。在低浓度时，非水相液体容易变得不连续，并被毛细管力固定，最终被困在含水层的孔隙中，如图 5.11 所示。在包气带中，被吸附的非水相液体被空气和水包围；而在饱和带中，被吸附的非水相液体通常被地下水包围。被吸附的非水相液体的浓度称为残余饱和度，其被定义为在周围地下水流动条件下残余非水相液体占据总孔隙体积的分数。在不饱和区域中，残余饱和度值通常在 5%~20% 范围内；

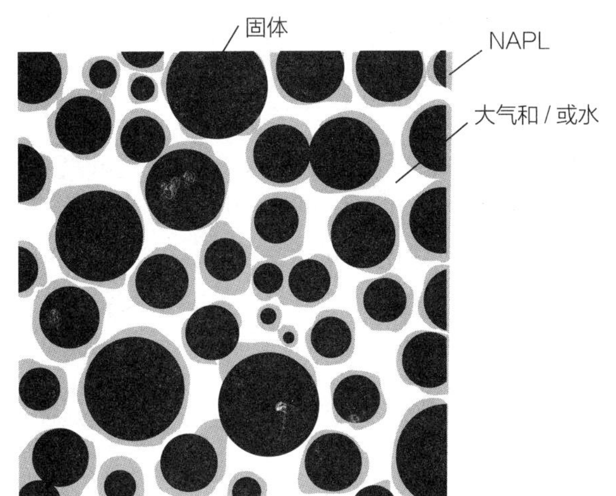

图 5.11　多孔介质中的残余饱和度

而在饱和区域中，这个值通常更高并且在 15%~50% 范围内。残余饱和度似乎对组成非水相液体的化学物质类型不敏感，但对土壤性质和非均匀性非常敏感。非水相液体的残余饱和度 $S_r$ 可以很好地衡量纯物质在土壤中渗透后会保留在土壤中的含量。残余饱和度也是非水相液体在所有纯物质从含水层中被抽出之后，饱和带中剩余非水相液体的量的一个很好的衡量指标。表 5.19 给出了各种石油燃料在土壤中的残余饱和度，可用下式计算残余质量分数 $M_f$（$MM^{-1}$）：

$$M_f=\frac{\rho_f nS_r}{\rho_s(1-n)+\rho_f nS_r} \qquad (5.78)$$

式中　$\rho_f$——非水相液体的密度（$ML^{-3}$）（见附录 B.2）；

$n$——土壤的孔隙度（无量纲）；

$\rho_s$——土壤的密度（$ML^{-3}$）。

在用表 5.19 所示的残余饱和度时，$\rho_f$ 的值通常为汽油 750kg/m$^3$，中间馏分油 800kg/m$^3$，燃料油 900kg/m$^3$。

石油燃料的残余饱和度　　表 5.19

| 土壤 | 汽油 | 中间馏分 | 燃油 |
|---|---|---|---|
| 粗砂砾 | 0.0063 | 0.013 | 0.025 |
| 粗砂 | 0.019 | 0.038 | 0.075 |
| 细砂 / 泥沙 | 0.05 | 0.10 | 0.20 |

## 【例题 5.13】

通过抽取地下水表面的游离产物来清除中砂中的汽油，以 mg/kg 为单位估算残余质量分数。假设含水层的孔隙度为 0.23，砂子密度为 2600kg/m$^3$。

**【解】**

根据给定的数据，$n$=0.23，$\rho_s$=2600kg/m$^3$，汽油的密度可以取为 $\rho_f$=750kg/m$^3$。对于中砂，根据表 5.19 中粗砂和细砂残余饱和度的中间值使 $S_r$=0.035。将给出的数据代入公式（5.78），可得到残余饱和时的质量分数 $M_f$：

$$\begin{aligned}M_f&=\frac{\rho_f nS_r}{\rho_s(1-n)+\rho_f nS_r}\\&=\frac{750\times0.23\times0.035}{2600(1-0.23)+750\times0.23\times0.035}\\&=0.0030\text{ kg/kg}=3000\text{ mg/kg}\end{aligned}$$

因此，当所有游离产物中的汽油从污染的土壤中被去除时，大约 3000mg/kg 仍将被吸附在固体基质的孔隙中。这部分汽油最终将被蒸发、溶解、生物和化学降解等过程所去除。

即使在残余饱和水平下，NAPL 也能污染大量的水，除非在流动的地下水中溶解，否则很难被去除。下面的例题将说明流动地下水中去除残留 NAPL 所需的时间。

## 【例题 5.14】

1m$^3$ 含水层的孔隙度为 0.3，含有 20% 残留饱和度的 TCE。如果 TCE 的密度为 1470kg/m$^3$，TCE 在水中的溶解度为 1100mg/L，地下水的平均渗流速度为 0.02m/d，估计 TCE 通过溶解被去除的时间。

**【解】**

根据给定的数据，$n$=0.3，剩余饱和度 $S_r$=0.20，因此 1m$^3$ 含水层中 TCE 的剩余体积由下式给出：

$$\text{TCE 的体积}=0.20\times0.3\times1=0.06\text{m}^3$$

由于 TCE 的密度为 1470kg/m$^3$，0.06m$^3$ 对应于 0.06 × 1470=88.2kgTCE。在溶解度为 1100mg/L=1.1kg/m$^3$ 的情况下，溶解 88.2kgTCE 所需的水量见下式：

$$\text{所需溶解水量}=\frac{88.2}{1.1}=80.2\text{ m}^3$$

由于地下水的渗流速度为 0.02m/d，假设污染体积为 1m × 1m × 1m 含水层块，80.2m$^3$ 水流过 1m$^3$ 污染含水层所需的时间为：

$$\text{时间}=\frac{80.2}{0.02n(1\times1)}=\frac{80.2}{0.02\times0.3\times1}=13367\text{d}=36.6\text{ 年}$$

因此，剩余的 NAPL 将在饱和水平（1100 mg/L）下产生 36.6 年的污染羽流。这个结果被认为是近似值，因为溶解速率高度依赖于 NAPL 斑点的范围和大小分布。

## 5.6.2 拉乌尔定律

在 NAPL 由物质混合组成的情况下，单个物质在混合溶液中的溶解度小于纯物质的溶解度。另外，如果 NAPL 混合物暴露于大气中，周围空气中单个物质的饱和蒸气压小于纯物质的饱和蒸汽压。可以使用拉乌尔定律来估计混合物的组成对混合物中单组分的溶解度和饱和蒸气压的影响程度。

### 5.6.2.1 对饱和蒸气压的影响

根据拉乌尔定律，在 NAPL 由物质混合组成的情况下，第 $i$ 个组分的最大蒸气压 $p_i$ 与纯组分的饱和蒸气压 $p_i^o$ 相关，关系式如下：

$$p_i = x_i \gamma_i p_i^o \tag{5.79}$$

式中 $x_i$——NAPL 相第 $i$ 个组分的摩尔分数；

$\gamma_i$——第 $i$ 个组分的活度系数。

公式（5.79）中的活度系数 $\gamma_i$ 解释了气体行为的非理想性，并且在许多情况下，$\gamma_i$ 可以被认为近似等于 1。气相中污染物的浓度 $c_i$ 与理想气体定律中的蒸气压 $p_i$ 相关：

$$c_i = \frac{p_i m_i}{RT} \tag{5.80}$$

式中 $m_i$——污染物的摩尔质量（g/mol）；

$R$——气体常数（$R$=8.31J/（K · mol））；

$T$——绝对温度（K）。

结合公式（5.79）和公式（5.80）给出了用于计算泄漏导致的最大土壤气体浓度 $c_i$ 的以下关系：

$$c_i = \frac{x_i \gamma_i p_i^o m_i}{RT} \tag{5.81}$$

附录 B.2 给出了地下水中常见的几种污染物的饱和蒸气压值 $p_i^o$ 和摩尔质量 $m_i$。在混合物组成未知的情况下，公式（5.79）中的摩尔分数 $x_i$ 可以近似为质量分数。

## 【例题 5.15】

纯苯泄漏渗入环境温度为 18℃的地面。（1）计算土壤气体样品中苯的最大浓度。（2）与含有摩尔分数为 1% 的苯的汽油泄漏导致的苯的最大土壤气体浓度相比较。

**【解】**

（1）对于纯苯泄漏，苯的最大蒸气浓度由公式（5.81）给出，其中 $x_i$=1，$\gamma_i$=1（对于理想情况），$p_i^o$=7.0kPa=7000Pa（附录 B.2），$m_i$=78.1g/mol（附录 B.2），$R$=8.31J/（K · mol），并且 $T$=273.15+18=291.15K。代入公式（5.81）得到：

$$c_i = \frac{x_i \gamma_i p_i^o m_i}{RT} = \frac{1 \times 1 \times 7000 \times 78.1}{8.31 \times 291.15} = 226\ \text{g/m}^3 = 226\ \text{mg/L}$$

（2）在汽油泄漏的情况下，除了 $x_i$=0.01 而不是 $x_i$=1 之外，其他所有参数与纯苯相同。因此，由公式（5.81）得到：

$$c_i = 0.01 \times 226 = 2.26\ \text{mg/L}$$

这些结果表明，由纯苯泄漏引起的土壤气体浓度比仅含有 1% 苯的汽油泄漏要高得多。

### 5.6.2.2 对饱和浓度的影响

拉乌尔定律描述了饱和区内 NAPL 和水相之间有机物的分配。拉乌尔定律指出，在理想条件下，与纯相构成平衡的水相浓度等于水相溶解度乘以 NAPL 相组分的摩尔分数。对于组分 $i$ 拉乌尔定律可写为：

$$c_i = x_i \gamma_i c_{s_i} \tag{5.82}$$

式中 $x_i$——摩尔分数；

$\gamma_i$——活度系数；

$c_{si}$——NAPL 中第 $i$ 个组分的溶解度。

对于理想的 NAPL 混合物，活度系数 $\gamma_i$ 等于 1。如果任何一种成分占据的总体积和总表面积的分数等于该成分在 NAPL 中的摩尔分数，则该混合物被称为理想混合物。通常情况下，由相似成分组成的 NAPL 表现为理想或接近理想，而由不同化合物组成的 NAPL 预计会表现出非理想行为。对于环境问题，如汽油、柴油和煤焦油等几个 NAPL，实验表明，理想 NAPL 的假设在估计平衡水溶解度方面产生 10% 的误差。与迁移参数的测量误差或可变性可能导致一个或多个数量级的不确定性相比，这种误差大小通常是可以接受的。因此，理想 NAPL 的假设产生了从多组分 NAPL 释放污染物的平衡含水浓度的合理估计。

拉乌尔定律特别适用于汽油等石油类碳氢化合物，它由 100 多种化学成分组成。表 5.20 给出了用于表示汽油的简化混合物。

简化的汽油混合物　　表 5.20

| 组分 | 浓度（g/L） |
|---|---|
| 苯 | 8.2 |
| 甲苯 | 43.6 |
| 二甲苯 | 71.8 |
| 1- 己烯 | 15.9 |
| 环己 | 2.1 |
| 正己烷 | 20.4 |
| 其他芳香族化合物 | 74.0 |
| 其他石蜡（$C_4$~$C_8$） | 336.7 |
| 重尾馏分（$>C_8$） | 145.1 |
| 合计 | 717.8 |

## 【例题 5.16】

（1）浮在水面上的纯苯溶解导致的地下水中苯的最大浓度是多少？（2）将其与含有摩尔分数为 1% 苯的汽油溶解产生的苯的最大水相浓度相比较。

**【解】**

（1）根据拉乌尔定律，地下水中苯的最大浓度由下式给出：

$$c_i = x_i \gamma_i c_{s_i}$$

对于纯苯 $x_i$=1，$\gamma_i$=1，$c_{si}$=1745mg/L（附录 B.2）代入上式得：

$$c_i = 1 \times 1 \times 1745 = 1745 \text{ mg/L}$$

该结果证实，对于纯苯泄漏来说，地下水中苯的最大浓度等于苯在水中的溶解度。

（2）对于汽油中的苯，除了 $x_i$=0.01 而不是 $x_i$=1 之外，其他所有参数与纯苯相同。因此，地下水中苯的最大浓度由下式给出：

$$c_i = 0.01 \times 1745 = 17.45 \text{ mg/L}$$

在实践中，当地下水样品中苯的浓度超过此处计算的最大浓度的 1% 时，将表明苯作为 NAPL 存在。重要的是要注意，随着 NAPL 用水冲洗，更多可溶成分被耗尽，从而改变摩尔分数。

饱和含水层中的 NAPL 一般发生在周围地下水的有效溶解度水平上。因此，NAPL 通常发生在地下水中（溶解）污染物浓度超过有效污染物溶解度 1% 的地方。所谓的 1% 规则是：当地下水中观察到的浓度超过溶解度的 1% 时，就会显示纯物质的存在。污染物在有效溶解度水平很少被发现，因为额外的稀释导致监测井的筛管长度远远大于浓度处于溶解度水平的区域的厚度。

### 5.6.2.3　土壤和含水层样品

除了在解释地下水样品中的污染物浓度时考虑有效溶解度之外，在解释土壤和含水层样品中的污染物浓度时，还必须考虑拉乌尔定律。就土壤和含水层样品而言，污染物浓度以单位质量样品中污染物质量表示，通常以 mg/kg 为单位。对这些样品，在土壤或含水层的样品可以通过计算样品中的污染物量是否超过污染物在水相中的溶解度以及通过均衡分配吸附到所需水平的土壤量来估计残余 NAPL 的存在。分析中要遵循的步骤是：

第 1 步：确定污染物的有效溶解度 $c_0$ 和有机碳吸附系数 $K_{oc}$。

第 2 步：进行土壤样品分析以确定土壤中有机碳的分数 $f_{oc}$；土壤的密度 $\rho_b$；充水孔隙率 $\theta_w$ 以及饱和土壤中有机化合物的浓度 $c_s$（通常以 mg/kg 计）。

第 3 步：计算理论孔隙水浓度 $c_w$，假设没有 NAPL，则：

$$c_w = \frac{c_s \rho_b}{\rho_b f_{oc} K_{oc} + \theta_w} \tag{5.83}$$

第 4 步：将 $c_w$ 与有效溶解度 $c_0$ 进行比较，如果 $c_w>c_0$，则表明存在残余的 NAPL。

## 【例题 5.17】

土壤样品的分析表明含有苯 150 mg/kg，土壤基质中有 2% 的有机碳，堆积密度为 1800kg/m$^3$，充水孔隙度为 0.29。如果土壤中的苯是汽油泄漏的结果，汽油含有摩尔分数为 1.5% 的苯，请确定汽油是否作为 NAPL 存在于土壤中。根据拉乌尔定律，地下水中苯的最大浓度可以取为汽油中苯的摩尔分数乘以纯苯在水中的溶解度。

**【解】**

根据给定的数据，$c_s$=150mg/kg=1.5×10$^{-4}$ kg/kg，$f_{oc}$=2%=0.02，$\rho_b$=1800kg/m$^3$，$\theta_w$=0.29。 附录 B.2 给出 $K_{oc}$=10$^{1.92}$=83.2cm$^3$/g= 0.0832m$^3$/kg，纯苯溶解度为 1780mg/L。由于泄漏的汽油含有 1.5% 的苯，因此来

自汽油的苯的有效溶解度为 0.015×1780=26.7mg/L。根据公式（5.83），假设没有 NAPL，理论孔隙水浓度 $c_w$ 由下式得到：

$$c_w = \frac{c_s \rho_b}{\rho_b f_{oc} K_{oc} + \theta_w} = \frac{1.5\times10^{-4}\times1800}{1800\times0.02\times0.0832\ +0.29} = 82\ \text{mg/L}$$

因为 $c_w$ 值超过了苯在水中的溶解度（=26.7mg/L），所以明显表明汽油作为 NAPL 存在。

根据经验，如果土壤基质中的碳氢化合物浓度超过 10000mg/kg（土壤质量的 1%），则样品可能含有一些 NAPL。

## 5.7 监测井

监测井是涉及饱和带的所有地下勘探的重要组成部分，监测井的合理设计是获得具有代表性的地下水水质的先决条件。图 5.12 显示了一个典型的监测井。监测井基本上由安装在钻孔中的固体管道（称为套管或立管）上的多孔管（称为筛管或入口）构成。井与钻孔之间的环形区域充满砂子或砾石（称为砾石充填层）直至筛管正上方的水平面，用密封剂覆盖并用灌浆回填到地面。监测井的一般规格如下：

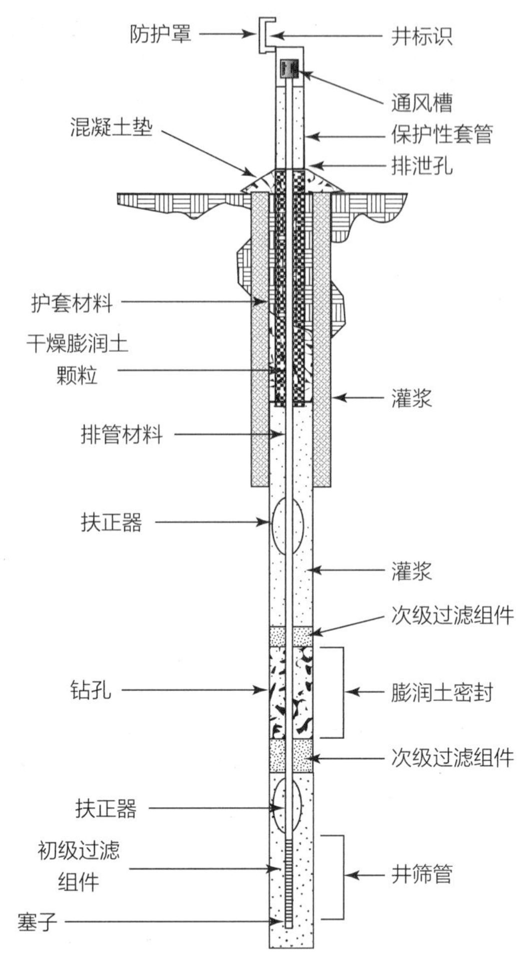


图 5.12 典型的监测井

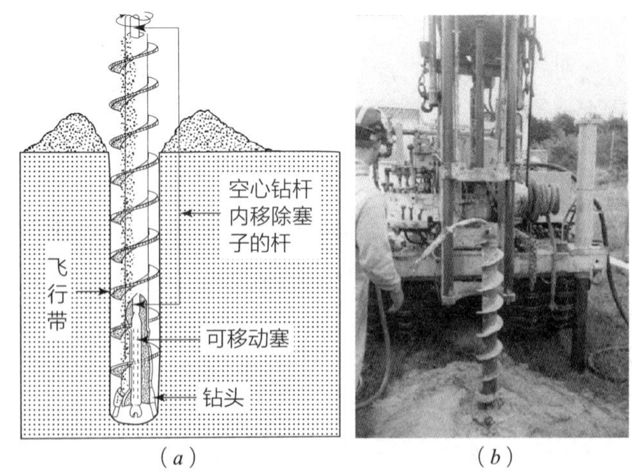


图 5.13 空心螺旋钻
（a）示意图；（b）正在钻孔

钻孔：在未固结材料中监测井通常使用空心螺旋钻进行安装，这些螺旋钻钻进地面以带出泥土并形成钻孔。图 5.13（*a*）展示了一个典型的空心螺旋钻。空心螺旋钻钻进软土，飞行带向上运载钻屑。当达到所需的深度时，从钻头上取下塞子并从空心钻杆中抽出。然后可以将一个直径为 50mm（2in）的监测井插入空心钻杆的底部，并将螺旋钻拔出，留下小直径监测井。空心螺旋钻的典型内径为单层 11cm（4.25in），嵌套井 30.5cm（12in）。图 5.13（*b*）显示了使用空心螺旋钻将水样管插入地面的钻机。采用直径为 50mm（2in）的分叉式取样器以 1.5m（5ft）的深度收集土壤样品。尺寸和深度可能会根据特定地点的要求而有所不同。钻孔日志记录土壤样品的物理特性。这些物理特性包括颜色、视觉尺寸分类（例如，细、中和粗）、湿度（例如，干燥、潮湿和非常潮湿）、VOCs 的光电离检测器读数和气味。每个土壤样品的一部分被保存并送到实验室对其所关注的污染物及其粒度分布进行分析。

套管：直径为 50mm（2in）的井一般安装在直径为 150mm（6in）的钻孔中；直径为 100mm（4in）的井一般安装在直径为 250mm（10in）的钻孔中。大多数井采样设备都可以安装在直径为 50mm（2in）的井内。一些管理机构规定了其管辖范围内所要求的套管直径。例如，新泽西州环境保护部门在所有条件下都

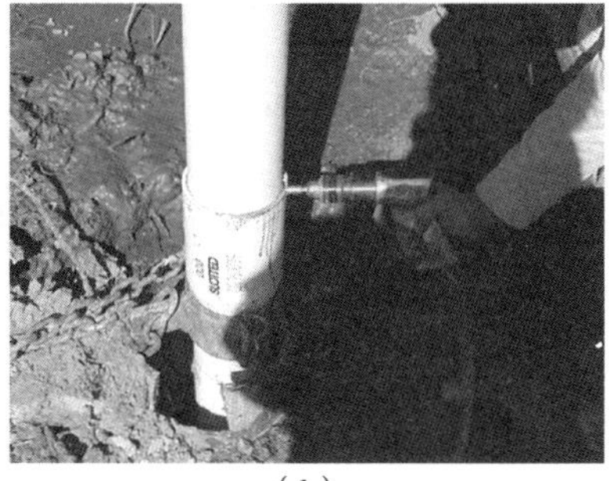

（*a*）　　（*b*）

图 5.14　安装井套管
（*a*）将套管下入钻孔；（*b*）套管节段被连接

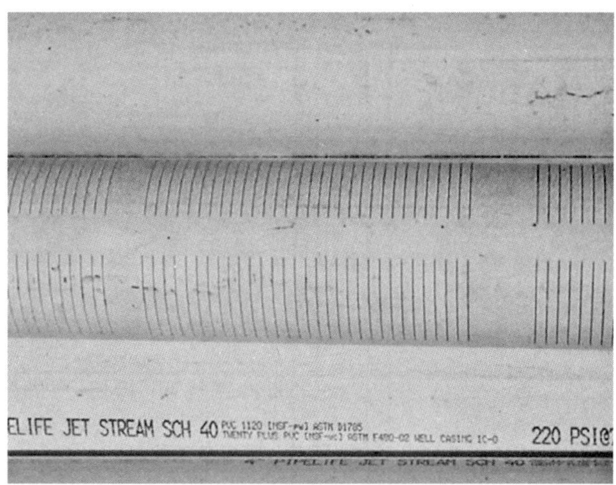


图 5.15　井筛管

要求 100mm（4in）直径的监测井套管。通常情况下，井套管由 40 号聚氯乙烯（PVC）管组成，该管从井眼底部向上延伸至地表以上约 1m（3ft）。图 5.14（*a*）中显示了一个井套管的安装，图 5.14（*b*）中显示了套管节段拧紧在一起的特写视图。在大多数监测井中，筛管具有相同的直径并且由与井套管相同的材料制成。

套管（和筛管）的直径和材料可能因场地条件、经济性和用途而异。套管和筛管直径都受井总深度的影响，因为井越深，套管和筛管就需要越坚固，以抵抗外侧土压力和套管本身重量。给定外径的管子（外壳）制成不同的管号，它们具有不同的壁厚和内径。由于壁厚较厚，较重的套管（例如 40 号或 80 号）更为坚固。大多数监测井由 PVC 或不锈钢制成，PTFE① 不太常见。在由 PVC 构成的井网中，由于不鼓励使用含有有机溶剂的胶水，所以通常规定采用螺纹接头。Driscoll、Parker 等人、Ranney 和 Parker 已经报道了有关各种筛管和套管材料与常见污染物相容性的信息。这些数据表明，为了监测有机物，一般选择不锈钢而避免使用 PTFE。对于无机物监测来说，PVC 是首选材料，作为监测有机物和无机物的折中材料，PVC 看起来是最好的，成本也最低。在使用 PVC 材料的情况下，应使用专门为井套管生产的 PVC，并应标明 *NSF wc*，表明该套管符合美国国家卫生基金会饮用水标准 14 的要求。如果有机化合物作为 NAPL 存在，则不应使用 PVC。

筛管：井筛管中的开口通常采用称为槽的矩形开口的形式，图 5.15 中显示了典型的 PVC 井筛管。井筛管有各种开口尺寸，一般在 0.2~6.4mm（0.008~0.25in）范围内。开口为 0.25mm（0.010in）的筛管称为“10 槽”筛管，筛管通常由筛孔大小确定。例如，20 槽筛管的开口尺寸为 0.50 mm（0.020in）。最常用的筛管是 10 槽和 20 槽的筛管。筛管开口应选择保留 90% 的砾石充填层。

为了检测饱和带中是否存在非水相污染物，井筛管与含水层顶部（用于 LNAPL）或底部（用于 DNAPL）相交。在监测地下水位以确定是否存在 LNAPL 时，筛管必须足够长，以便在每年的波动范围内与地下水位相交。在大多数应用中，水位监测井的最小筛管长度为 3m（10ft），上面 1.5m（5ft）比平均水位高度低 1.5m（5ft）。如果地下水位波动超过 1.5m（5ft），则需要更长的筛管。为了准确测量地下水中溶解污染物的浓度，通常优选长度小于 3m（10ft）的较短筛管，因为在有限的深度间隔内存在的污染物可能被较长的筛管过度稀释。如果监测井的目的是测量含水层内的电位，通常 1~2m（3~6ft）的筛管就足够了。

砾石充填层：钻孔与井筛管之间的环形空间通常填充有干净的砂子和细砾石，这被称为砾石充填层或过滤组件。图 5.16 显示了未固结地层中典型的砾石充填层。这种砾石充填物的放置需要插入一个临时外部套管以保持钻孔在砾石从井眼中注入时打开，然后抽出临时套管以完成砾石充填装置。砾石充填层通常延伸至井筛管顶部 60~90cm（2~3ft）以上，以便在打井时沉降砾石充填材料，砾石充填层应为 5~8cm（2~3in）厚。如果至少有 90% 的含水层基质被 10 槽筛管保留，则可能不需要人工砾石充填层，井抽真空时会形成天然砾石充填层。放置在井筛管和含水层地层之间的

① 聚四氟乙烯（PTFE）通常以商品名“Teflon”熟知。

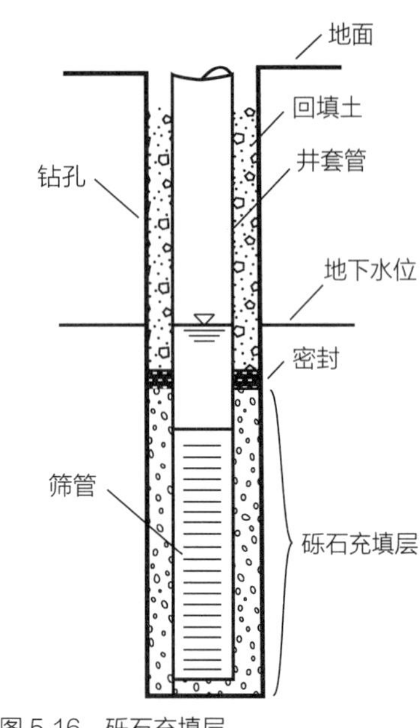


图 5.16　砾石充填层

砾石充填层通常由渐变硅砂组成。喷砂和其他用途的砂不应作为砾石充填层，因为它们可能含有吸附溶解金属的物质，可能会损害地下水样品的完整性。砾石充填材料的平均粒径应该是含水层基质平均粒径的两倍，且均匀系数（$d_{60}/d_{10}$）在 2~3 之间。砾石充填层被设计为保留约 70% 的含水层基质（回想到，筛管缝隙的大小可保留 90% 的砾石充填层）。砾石充填层上方的钻孔中的环形空间通常被密封以防止水从地表面和含水层的其他部分沿着砾石充填层向下移动。

密封：环形密封通常由膨润土颗粒或水泥浆组成，密封通常为 30~100cm（1~3ft）厚。将膨润土颗粒倒入井套管中并膨胀形成密封；颗粒直径通常可用 10mm（0.4in）和 13mm（0.5in），浸入水中时膨胀到干燥尺寸的 10~15 倍。对于同一钻井中的嵌套井而言，膨润土颗粒密封装置设置在深井过滤组件的顶部和浅井过滤组件的底部之间的整个长度上，高度约为 1m（3ft），高于浅井过滤组件。钻井过程中，密封上方的环形空间通常回填有从含水层提取的天然材料。监测井在地面完成，带有锁定盖和 / 或套管以防止破坏，并有混凝土表面垫保护环形密封。在一些情况下，从膨润土颗粒密封的地面到顶部的环形空间填充有水泥：膨润土质量比为 19：1 的水泥 - 膨润土混合物。根据现场条件，这种组合可能会改变。

井开挖、清洗和取样：监测井通常使用潜水泵进行开挖，直到抽水中不含沉淀物。在井开挖过程中记录水位、pH 值、比电导率和温度。应在每次采样之前清洗井。如果采用干式钻眼方法将井安装在低渗透性含水层中，则抽出 3~10 个套管体积可能足以收集具有代表性的地下水样品。如果钻井过程中引入了流体，则必须去除大量的水。在常规采集地下水样品的过程中，3~5 个套管体积的去除是普遍接受的最小净化量。或者清洗井直到水质参数（如温度、比电导率和 pH 值）的测量结果稳定。清洗后，应允许井内的水位恢复。水质样品有时使用一次性聚乙烯桶来收集。可以在现场测量特定的电导率、pH 值、溶解氧和地下水的温度。收集到的水样被储存、密封并运送到指定的实验室进行分析。

去污和废物处理：钻孔螺旋钻、螺旋钻头、分液勺取样器和其他脏污设备应在使用前用蒸汽清洗，在自来水中冲洗两次，最后用蒸馏水冲洗。所得钻屑以及液体废物（包括开挖用水）都应进行集装箱化以便适当处置。

井的测量：监测井套管顶部的位置和标高应进行测量，并连接到相应的状态或其他平面坐标，并参照垂直基准。调查信息应在现场地图上注明，并与其他监测井记录保持一致。

## 【例题 5.18】

安装一个监测井来测量含水层的水质。含水层基质的粒度分析表明：$d_{10}$=0.15mm，$d_{30}$=0.2mm，$d_{60}$=0.6mm，$d_{90}$=1.6mm。（1）确定是否需要人造砾石充填层。如果需要砾石充填层，写出砾石充填层的规格。（2）假设所有天然和人造砾石充填层具有 $d_{60} \approx 1.1d_{50}$ 的特性，请确定井筛管所需的筛孔大小。

## 【解】

（1）当含水层材料的含水量少于 90% 时，需要人工砾石充填层。10 槽筛管的尺寸为 0.25mm。根据给定的数据，90% 的含水层基质的粒径大于 $d_{10}$=0.15mm。因此，10 槽筛管将保留少于 90% 的含水层基质，并需要人工砾石充填层。砾石充填层的平均粒径应该是含水层基质平均粒径的两倍。将含水层基质的平均粒径作为 $d_{50}$，对给定的数据（在 $d_{30}$ 和 $d_{60}$ 之间）进行插值得到 $d_{50} \approx 0.47$mm。因此，砾石充填层的规格为：平均粒径 =2×0.47=0.94mm；均匀系数 =2~3；厚度 =5~8cm；砾石层应该延伸到筛管顶部以上 60~90cm。

（2）井筛管的筛孔大小可保留 90% 的砾石充填层。

图 5.17　监测井群

因此，将砾石充填层的筛管尺寸设为 $d_{10}$。如果 $U_c$ 是砾石充填层的均匀系数，则：

$$d_{10}=\frac{d_{60}}{U_c}$$

取 $d_{60}=1.1d_{50}=1.1\times0.94=1.0\text{mm}$，$U_c=2$，得到：

$$d_{10}=\frac{1.0}{2}=0.50\text{ mm}$$

因此，建议使用 20 槽的筛管（筛孔大小 =0.50mm）。

在大多数现场调查中，在同一个地点需要几个不同深度的水样。在这种情况下，可以使用一组井或单井内的多级采样器采样。在井组中，每个井都在自己的钻孔中完成采样，典型的井群如图 5.17 所示。

## 5.8　地下水污染修复

地下水污染通常是由有毒物质泄漏或有毒化学品从储存容器（储罐）泄漏引起的。值得关注的污染物包括非水相液体污染物（NAPL），它们在土壤残余饱和度水平上留下污染物痕迹，如果有足够的污染物泄漏，非水相液体污染物会到达饱和带，在那里要么漂浮在水面成为 LNAPL，要么下沉到含水层的底部成为 DNAPL。土壤和含水层基质内残留的 NAPL 可作为污染源，因为残留的 NAPL 会产生一种溶解态羽流，产生随着水渗入包气带的 NAPL 或流过饱和带的 NAPL。

地下水污染的其他来源通常存在于覆盖的土壤中，因此，污染地下水的修复通常需要清除土壤中的污染源和受污染的地下水。含有 NAPL 源的土壤或含水层基质通常被称为源区，含有溶解态污染物的地下水通常被称为污染羽流。由于 LNAPL 和 DNAPL 在土壤和含水层中的行为差异很大，修复手段通常会反映出这些差异。

大多数被 LNAPL 污染的地方涉及石油碳氢化合物的释放，这些石油碳氢化合物可以被原生微生物有氧降解。这种自然降解通常会限制溶解的 LNAPL 羽流的发展。目前的生物降解概念模型假设在残留的 NAPL 中不会发生显著的生物转化，而是发生在溶解阶段。

在实际操作中，经常会遇到泄漏的汽油，通常最受关注的汽油成分是苯、乙苯、甲苯和二甲苯（BTEX），它们的总重量约占汽油的 10%。二甲苯化合物和燃料添加剂是汽油中最易溶解的成分。

### 5.8.1　修复目标

修复目标是制定修复手段的基础。修复目标的关键组成部分是：（1）目标（污染物浓度）标准的定义；（2）达标区域的划定；（3）在该期限内实现承诺的时限声明。包气带污染土壤和饱和带污染地下水的修复目标通常是分别定义的。

#### 5.8.1.1　包气带

包气带是地表和地下水位之间的不饱和区域，包含地下水以上的土壤。土壤中污染物的目标水平通常由监管机构制定，一般基于人类暴露的可能性以及对人类健康所造成的风险确定。这些目标水平通常被称为监管指导值（RGV）。风险基础 RGV 通常与儿童摄入、吸入和皮肤暴露有关。苯、甲苯、乙苯、二甲苯、总石油烃是美国和全球五种最常见的土壤污染物之一。苯的典型 RGV 为 1mg/kg，甲苯、乙苯和二甲苯的典型 RGV 均为 100mg/kg 左右。土壤中总石油烃（TPHs）的目标水平通常在 10~100mg/kg 范围内。

#### 5.8.1.2　饱和带

饱和带是地下水位以下的区域，该区域所有的孔隙都充满了地下水。饱和带地下水修复的目标标准通常涉及：饮用水的最大污染物浓度（MCLs）或污染物最大浓度目标值（MCLGs），基于风险的考虑和 / 或资源保护目标。通常使用最大污染物浓度或基于风险的目标标准。通过假设人类直接消耗水，MCLs 是从可接受的风险水平推导出来的，而基于风险的目标水平考虑了人类或生态受体暴露的潜在机制、地下水的使用、污染源与供水井之间的距离以及污染源和供水井之间的衰减。其他暴露途径包括吸入蒸汽和排放到地表水体。基于风险的目标标准可能超过或低于 MCLs，具体取决于特定地点的条件以及暴露于受污染地点的有毒化合物而导致的可接受的疾病风险。由致癌化学物质引起的疾病的可接受风险通常在 $10^{-5}$~$10^{-6}$ 范围内。基于风险分析的地下污染修复被称为基于风险的纠正措施（RBCA）。与使用 MCLs 或基于风险的考虑相比，资源保护目标适用于可接受的无污染地下水，在这些情况下，目标标准为零或为背景浓度。资源保护目标通常是最难实现的目标。

地下水清除目标标准可以应用在一个达标区的边界或地下水的任何地方。对各处污染地下水进行清理应该首先考虑，但并不总是实际可行的，有时需要对达标区进行协商。达标区类似于地表水排放中的混合区，混合区污染物浓度可能超过达标区内的目标水平。

一般情况下，应根据具体情况确定背景浓度，因为这些值可能是特定地点和深度的。对于一个小型场地，确定背景浓度的最佳方法通常是安装几个逆梯度井，理想情况下，这些井应在与可疑污染物相同的流动区进行筛选。土地使用的历史记录应始终考虑在内，任何相关的历史数据都应用于确定背景浓度。

## 5.8.2 修复手段

修复手段旨在完成明确的修复目标。有各种各样的修复手段，适用于任何特定情况的修复手段取决于若干因素，包括场地水文地质、污染物性质、污染物在地下的分布、目标标准、清理时限、清理工人和公众的曝光、技术可行性以及经济考虑。地下水修复的一个特别关注点是地下特征、转化和迁移模型以及各种补救手段的表现存在很大不确定性。在这种情况下，应该考虑进行概率风险评估，评估中考虑了不确定性与修复成本之间的平衡。

修复手段可以分组为：（1）去除在土壤和地下水中作为污染源的残留的 NAPL 污染物，称为源区处理；（2）针对含有溶解污染物的地下水进行处理，将地下水恢复到目标标准，称为含水层恢复；（3）防止污染物的进一步迁移，称为迁移预防。一些修复手段属于多个组，表 5.21 列出了几种常用的修复手段。需要注意的是，修复手段通常是在不确定性很大的条件下设计的，系统设计在很大程度上依赖于概念模型、筛选级计算、经验主义、启发、经验、监控和细化。修复手段的有效性取决于对污染源的了解，因为只有详细了解污染源时，才能选择最佳的修复手段。遵循合理的设计做法并不能保证成功，但肯定提供了更高的成功率。

**地下水修复手段** **表 5.21**

| 技术 | 目的 | | |
|---|---|---|---|
| | 源区处理 | 含水层恢复 | 迁移预防 |
| 游离产物回收 | · | | |
| 开挖和处理 | · | | |
| 土壤气相抽提 | · | | |
| 生物通气 | · | | |
| 空气喷射 | · | · | |
| 空气喷射截流沟 | | | · |
| 抽出 – 处理 | · | · | · |
| 生物修复 | | · | |
| 原位反应墙 | | | · |
| 原位遏制 | | | · |
| 自然衰减 | | · | · |

### 5.8.2.1 游离产物回收

大多数监管机构要求去除可以在监测井中采集的任何可移动且可泵送的不混溶的游离产物液体。对于 LNAPL 来说，游离产物通常位于地下水位正上方的毛细管区域内，尽管水位高程的季节性波动会导致游离产物被困在地下水位以下。在 DNAPL 的情况下，通常在含水层的底部发现游离产物。为了回收 LNAPL 的游离产物，通常在含有游离产物的区域中检查回收井，并且将 LNAPL 从井中抽出。但是，需要注意的是回收井中的游离产物厚度并不能真实反映含水层中的游离产物厚度。其原因是在含大部分地下水的毛细管边缘的不同饱和度水平上都分布着 NAPL。安装井筛管网使 NAPL 从整个毛细管边缘和上方渗入井中，将井填充至周围多孔介质中存在大量 NAPL 的程度。由于井周围含水层物质的孔隙没有被 NAPL 完全饱和，井中 NAPL 的深度会对井周围含水层的 NAPL 的深度给出错误指示。回收井中的游离产物厚度 $H_w$ 和含水层中等价的游离产物厚度 $H_a$ 之间的关系可以通过以下关系式估算：

$$H_a = H_w - 3h_s \tag{5.84}$$

式中 $h_s$——土壤中水分的毛细管上升高度，可用表 5.22 估算。

疏松材料中的毛细管上升高度　　表 5.22

| 材料 | 粒度（mm） | 毛细管上升高度（cm） |
|---|---|---|
| 细砾 | 2~5 | 2.5 |
| 极粗砂 | 1~2 | 6.5 |
| 粗砂 | 0.5~1 | 13.5 |
| 中砂 | 0.2~0.5 | 24.6 |
| 细砂 | 0.1~0.2 | 42.8 |
| 淤泥 | 0.05~0.1 | 105.5 |

由于细含水层材料在细粒含水层中的毛细管上升高度增加，因此在监测井中测得的游离产物厚度会高于含水层中游离产物的实际厚度数十厘米。公式（5.84）也表明，在地下水中，与被粗粒材料包围的井相比，被细粒材料包围的井的游离产物厚度会更大。Hampton 和 Miller 提出的另一种关系是：

$$H_a = \frac{\rho_w - \rho_f}{\rho_w} H_w \tag{5.85}$$

式中　$\rho_w$——水的密度（$ML^{-3}$）；

$\rho_f$——LNAPL 的密度（$ML^{-3}$）。

Charbeneau 考虑到土壤质地对含水层游离产物厚度 $H_a$ 与监测井厚度 $H_w$ 之间关系的作用，提出了如下关系式：

$$H_a = \beta(H_w - \alpha) \tag{5.86}$$

其中 $\alpha$（L）和 $\beta$（无量纲）是表 5.23 中给出的各种密度的 LNAPL 的经验常数。公式（5.86）中的参数 $\alpha$ 表示井中 LNAPL 在井和含水层之间自由流动的最小厚度。通常，回收井中的游离产物厚度比含水层中的游离产物厚度厚 2~10 倍。需要注意的是，如果筛选的区间仅包含残余的 NAPL，则监测井可能不含有 NAPL。

参数（$\alpha$, $\beta$）　　表 5.23

| 土壤质地 | LNAPL 密度（$kg/m^3$） | | |
|---|---|---|---|
| | 700 | 775 | 850 |
| 砂子 | （0.10，0.397）[a] | （0.20，0.391） | （0.30，0.384） |
| 壤砂土 | （0.175，0.363） | （0.25，0.352） | （0.40，0.344） |
| 砂壤土 | （0.325，0.340） | （0.44，0.324） | （0.65，0.310） |
| 壤土 | （0.65，0.303） | （0.85，0.278） | （1.10，0.247） |
| 砂质黏壤土 | （0.55，0.252） | （0.69，0.232） | （0.90，0.211） |
| 粉砂壤土 | （1.00，0.273） | （1.25，0.237） | （1.60，0.195） |
| 淤泥 | （1.12，0.273） | （1.45，0.234） | （1.80，0.183） |
| 黏壤土 | （1.07，0.195） | （1.35，0.166） | （1.75，0.134） |
| 砂黏土 | （1.07，0.159） | （1.35，0.134） | （1.75，0.110） |
| 粉质黏壤土 | （1.47，0.150） | （1.85，0.116） | （2.50，0.083） |
| 黏土 | （1.52，0.071） | （2.02，0.052） | （2.90，0.036） |
| 粉质黏土 | （1.90，0.056） | （2.65，0.038） | （4.20，0.024） |

注：$\alpha$ 以米为单位，$\beta$ 是无量纲量。

## 【例题 5.19】

一个加油站周围的几个监测井在其覆盖的 $2500m^2$ 的面积上监测出一层 30cm 厚的汽油层。汽油的密度为 $750kg/m^3$，地下水的温度为 15℃，含水层材料由（水）毛细管上升高度 8cm 的中等砂子组成，含水层孔隙度为 0.23。估计在地下水上漂浮的汽油量。

## 【解】

根据给定的数据，$H_w$=30cm=0.30m，$A_{spill}$=$2500m^2$，$h_s$=8cm=0.08m，$n$=0.23，$\rho_f$=$750kg/m^3$，并且在 15 ℃下 $\rho_w$=$999.1kg/m^3$。从表 5.23 内插得到砂质地的 $\alpha$=0.167m、$\beta$=0.393。根据 Kemblowski 和 Chiang，公式（5.84）给出了含水层中汽油的厚度 $H_a$：

$$H_a = H_w - 3h_s = 0.30 - 3\times0.08 = 0.06m = 6cm$$

利用 Hampton 和 Miller 提出的关系式（5.85）得：

$$H_a = \frac{\rho_w - \rho_f}{\rho_w} H_w = \frac{999.1 - 750}{999.1}\times0.30 = 0.075m = 7.5cm$$

用 Charbeneau 提出的关系式（5.86）可得：

$$H_a = \beta(H_w - \alpha) = 0.393(0.30 - 0.167) = 0.052\,m = 5.2\,cm$$

浮在水位上的汽油体积 $V$ 由下式给出：

$$V = nA_{spill}H_a = 0.23\times2500\,H_a = 575H_a$$

因此，由 Kemblowski 和 Chiang 给出的公式得 $V$=575×0.06=$35m^3$，由 Hampton 和 Miller 给出的公式得 $V$=575×0.075=$43m^3$，由 Charbeneau 给出的公式得 $V$=575×0.052=$30m^3$。保守估计的汽油量是 $43m^3$。

抽水井回收系统包括：（1）仅适用于 NAPL 的撇渣系统；（2）泵送水和游离产物混合物的单总流体泵；（3）双回收泵系统，其中地下水泵用于压低地下水位，而第二个泵用于撇去流入井中的 LNAPL 游离产物。当没有大量的 NAPL 被困在地下水位以下时，使用撇渣系统，不需要水位降低来加速向井的流动，含水层由渗透性非常低的材料组成，并且成本高昂不可能处理地面上产生的地下水。当有大量的 NAPL 被困在水

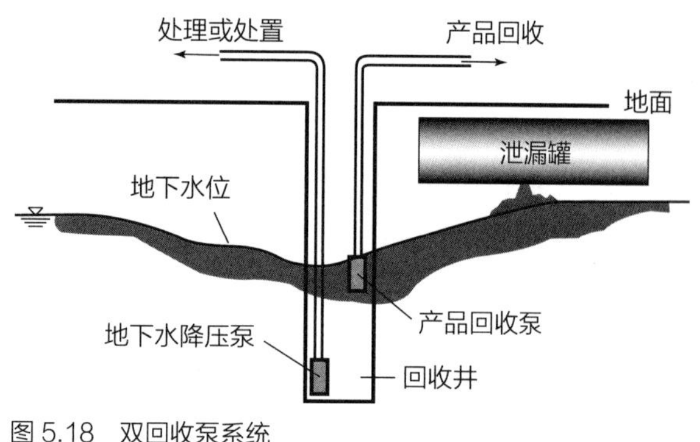


图 5.18 双回收泵系统

图 5.19 在某超级基金场址进行土壤开挖

位以下时，使用单泵和双泵回收系统，需要水位降低来加速向井的流动，并且地层由相对可渗透的材料组成。一个典型的双回收泵系统如图 5.18 所示。单泵系统倾向于乳化水和油，需要使用油水分离系统，而双泵系统不需要地上油水分离器，并且可以最大限度地减少地上处理系统的负载。在双泵系统中，水泵和产品回收泵都安装在单井中，井必须具有足够的直径以容纳两个泵，并且容纳用于打开和关闭泵的产物检测探头。双泵系统比单泵系统具有更高的成本和维护要求。

游离产物回收系统通常包括拦截器沟槽，它用于水位浅的情况，或者一些浅的限制层将液体渗透的最大深度限制在地表以下少于 6m（20ft）。沟槽被挖掘到液体产物的下方，根据土壤的稳定性，沟槽宽度通常为 1~3m（3~10ft），并且沟槽的长度延伸超过游离产物长度的限制。沟槽深度通常在地下水位以下 1~2m（3~6ft）处。将一个或多个垂直井放置在沟槽中，然后用可渗透的砾石对其进行回填，并且通常在沟槽的顶部表面密封以最小化蒸气损失。沟槽中的水位下降必须足以扭转沟槽下降侧的地下水梯度，以使漂浮的产物不能流出。液体产物回收速率很少超过 20L/min（5gal/min）。通常在拦截器沟槽不可行的情况下使用垂直回收井。

#### 5.8.2.2 开挖和处理

在有限的土壤被有害物质污染的情况下，可以开挖和处理污染的土壤。挖出的土壤被运送到危险废物焚烧炉而完全热破坏有机污染物。这种方法通常用于高度难降解的有机化合物，如多氯联苯和一些杀虫剂，土壤开挖的例子如图 5.19 所示。将大量土壤开挖运送到另一个地方的费用通常较高，而现场处理土壤（称为非原位处理）应始终被视为一种选择。现场处理（非原位处理）通常包括从土壤中去除污染物并替换现场处理过的土壤的过程。非原位处理技术包括土壤清洗、生物混合、低温热解吸和高温焚烧。对于大量受污染的土壤，通常的回收方法涉及在生物反应器中进行土壤开挖和沉积，在较短的时间内实现污染物的生物降解。这就需要控制适当的水分、氧气和营养物质来促进微生物的发展和生长。受污染土壤的全面开挖有时不切实际，例如当污染物深入地下、建筑物下方出现污染物或存在 NAPL 时。

#### 5.8.2.3 土壤气相抽提

土壤气相抽提（SVE）系统的设计目的是通过挥发来最大限度地去除污染物。这些系统用鼓风机或真空泵从包气带中抽取空气，地上处理系统从抽取的空气中去除有毒蒸气。SVE 系统经常用于去除渗透性土壤中的挥发性污染物，类似于地下水的泵送 - 处理系统。 SVE 系统的示意图如图 5.20（*a*）所示，气相抽提管道离开地面时的典型地上视图如图 5.20（*b*）所示。在诸如汽油等复杂混合溶剂的泄漏中，SVE 系统首先去除蒸气压较高的组分。使用 SVE 系统的优点是它可以对污染土壤产生最小的干扰，它可以用标准设备制造，成本效益高，而且灵活性强，可以在设计或操作过程中调节多个变量。抽提井的设计通常是为了充分渗透到包气带，并延伸到地下水位以下。地下水位高度的季节性下降和抽水造成的下降引起地下水位的渗透。抽提井通常包括一个上部 1.5m（5ft）的固体塑料外壳，连接到置于可渗透填料中的开槽塑料管上。通常采用水泥灌浆的方法在钻孔顶部的套管周围封住钻孔，以防止空气从表面直接进入筛管井入口。SVE 井的典型半径范围为 1.3~5cm（0.5~2in）。如果包气带相

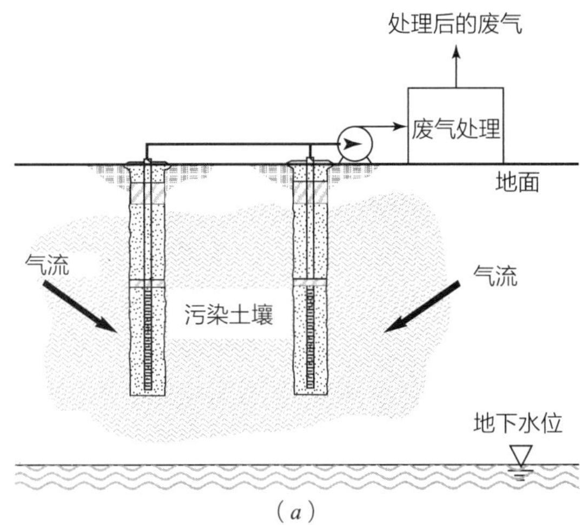


(a)

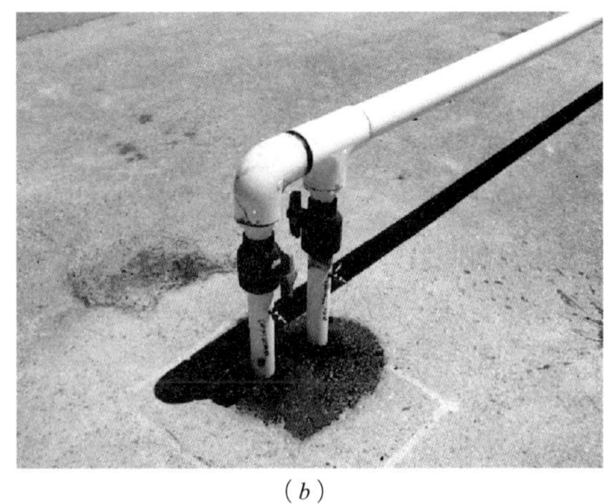

(b)

图 5.20 土壤气相抽提系统
(a) SVE 系统示意图；(b) 气相抽提管道的地面视图

对较薄，深度小于 3m（10ft），或者如果污染的土壤接近地面，则可将抽提井水平放置在通过包气带挖掘至季节性高水位之上的气相抽提槽中。通过安装进气口或注入井，可以在关键位置增强土壤中的气流。进气口允许空气在特定位置被吸入地下，而注入井迫使空气进入地面，并可用于闭环系统。进气口和注入井的构造与抽提井相似。如果化学品的排放率较低或易于在大气中降解，则可能不需要对抽取的空气进行蒸气处理。SVE 是用于清理不饱和环境中的燃料泄漏和工业溶剂的主要方法，它提供了一种可供选择的方法，从纯有机液体经常发生残余饱和的包气带中去除土壤。已经通过气相抽提成功去除的化合物包括三氯乙烯、三氯乙烷、四氯乙烯和大多数汽油组分；不易去除的化合物包括三氯苯、丙酮和较重的石油流体。提取土壤气相的典型处理系统包括液体蒸气冷凝、粒状活性炭吸附、催化和热氧化以及生物过滤器。

达西定律可以认为对由砂粒和砾石组成的粗粒土壤中的空气流动有效。然而，在对空气流动应用达西定律时，空气密度不是恒定的，且不能使用与不可压缩流体相同的液压头定义。必须使用更一般的流体势能 $\Phi^*$，其中 $\Phi^*$ 被 Hubbert 定义为①：

$$\Phi^* = gz + \int_{p_0}^{p} \frac{\mathrm{d}p}{\rho} \tag{5.87}$$

其中密度 $\rho$ 被认为只是流体压力的函数，$p$ 和 $p_0$ 是参考压力。用 $\Phi^*/g$ 代替达西方程中的测压头 $\phi(=p/\gamma+z)$ 得：

$$q = -\frac{k_a}{\mu}(\nabla p + \rho g k) \tag{5.88}$$

式中 $q$——整体空气流速；

$k_a$——多孔介质对气流的固有渗透率；

$\mu$——空气的动态黏度。

多孔介质的固有渗透率通常在整个孔隙空间可用于流体流动的情况下得出，并且在气流情况下通常必须进行调整以考虑土壤湿度和 NAPL 剩余饱和度。对于气流的固有渗透率 $k_a$ 可以用饱和多孔介质中的地下水流动的固有渗透率 $k$ 来导出：

$$k_a = k(1 - S_{NAPL} - S_{water})^3 \tag{5.89}$$

式中 $S_{NAPL}$——NAPL 的剩余饱和度；

$S_{water}$——土壤水分饱和度。

对于大多数气流来说，密度 $\rho$ 很小，并且与压力梯度相关的力远大于重力，因此公式（5.88）可以近似为：

$$q = -\frac{k_a}{\mu}\nabla p \tag{5.90}$$

公式（5.90）对于水平气流是精确的。多孔介质中空气的连续性方程可写为：

$$\theta_a \frac{\partial \rho}{\partial t} + \nabla \cdot (\rho q) = 0 \tag{5.91}$$

式中 其中 $\theta_a$——体积空气含量，空气的来源和下沉已被忽略。

假设迁移过程是等温的，理想气体定律成立：

$$p = \frac{p_0}{\rho_0}\rho \tag{5.92}$$

式中 $p_0$、$\rho_0$——在某种参考状态下的压力和密度。

结合公式（5.90）~ 公式（5.92）得出：

$$\theta_a \frac{\partial p}{\partial t} + \nabla \cdot \left( p \frac{k_a}{\mu} \nabla p \right) = 0 \tag{5.93}$$

① Hubbert（1940）包括一个额外的动能项 $v^2/2$，其中 $v$ 是渗流速度。动能项相对较小，通常被忽略，从而得到公式（5-87）.

方程（5.93）在 $p$ 中是非线性的，难以求解。然而，在与 SVE 系统相关的应用中，可以通过假设压力 $p$ 等于大气压力 $P_{atm}$ 再加上一个小的扰动 $p^*$，将方程（5.93）来线性化，其中：

$$p = p_{atm} + p^* \tag{5.94}$$

且 $p^* << p_{atm}$。在这些条件下，蒸气的黏度也几乎是恒定的，方程（5.93）和公式（5.94）结合得：

$$\frac{\theta_a \mu}{k_a p_{atm}} \frac{\partial p^*}{\partial t} = \nabla^2 p^* \tag{5.95}$$

其中气流的固有渗透率 $k_a$ 被假定为常数。在从井中抽取空气的一般情况下，井周围的压力分布是径向对称的，方程（5.95）可方便地用径向坐标表示为：

$$\left(\frac{\theta_a \mu}{k_a p_{atm}}\right) \frac{\partial p^*}{\partial t} = \frac{1}{r} \frac{\partial}{\partial r}\left(r \frac{\partial p^*}{\partial r}\right) \tag{5.96}$$

该方程将根据下列初始条件和边界条件求解：

$$\begin{cases} p^*(r,0) = 0 \\ p^*(\infty, t) = 0 \\ \lim\limits_{r \to 0} r \dfrac{\partial p^*}{\partial r} = -\dfrac{Q}{2\pi (k_a/\mu) b} \end{cases} \tag{5.97}$$

式中　$b$——气流区厚度；

$Q$——空气泵流量。

方程（5.96）的解服从方程（5.97）：

$$p^* = \frac{Q}{4\pi b (k_a/\mu)} W(u) \tag{5.98}$$

$W$（$u$）是井函数，而：

$$u = \frac{r^2 \theta_a \mu}{4 k_a p_{atm} t} \tag{5.99}$$

通常情况下，对于砂质土壤，压力分布在 1~7d 内接近稳定状态，稳态压力分布由 Johnson 等人给出：

$$p(r)^2 - p_w^2 = \left(p_{atm}^2 - p_w^2\right) \frac{\ln(r/r_w)}{\ln(R/r_w)} \tag{5.100}$$

式中　$p_w$——井半径为 $r_w$ 时的压力，并且在影响半径 $R$ 处有 $p=p_{atm}$。

利用公式（5.100）给出的压力分布，可以利用达西定律得出由井提取得到的气流 $Q$：

$$Q = L\pi \frac{k_a}{\mu} p_w \frac{[(p_{atm}/p_w)^2 - 1]}{\ln(R/r_w)} \tag{5.101}$$

其中 $L$（=b）是井入口（筛管）的长度，压力是绝对压力。井的压力 $p_w$ 通常由鼓风机特性决定。根据 $p_w$，公式（5.101）给出相应的气流。一般情况下，$p_w$ 在大气压下是 5~10kPa（0.7~1.5psi），而影响半径 $R$ 通常是由 $p$ 与 $r$ 之间的关系图来估计的。根据土壤条件，典型的 $R$ 值在 10~30m（30~90ft）范围内，砂质土壤较小，粉质和黏土地层较大。幸运的是，公式（5.101）对 $R$ 不太敏感，如果没有数据可用，则可以使用 12m（40ft）的值而不会明显降低精度。一般情况下，如果固有渗透率 $k_a$ 小于 1 达西（$10^{-12}m^2$），流速可能太低以致无法在合理的时间范围内实现有效修复。在预先设计的研究中使用了透气性测试。在透气性测试中，把空气从抽提井中去除，测量地下压力分布，并把测得的分布与公式（5.98）相比以确定渗透率 $k_a$。这种方法与泰斯公式中确定饱和带的透射率和储存系数使用的程序几乎相同。

公式（5.101）假定气流稳定且水平。但空气源通常直接来自地面大气，所以垂直流动分量可能很重要。由于与解析解相关的理想条件在现实中很少存在，因此分析关系，如公式（5.101），对于筛选目的和探索变量之间的关系最为有用，并且其实际适用性仅限于较简单的问题。对于更复杂的问题，通常需要数值模型。气相中浓度为 $c$ 的污染物的去除率 $\dot{M}$ 可近似为：

$$\dot{M} = fQc \tag{5.102}$$

式中　$f$——流过污染土壤的泵送空气的分数。

泵送空气中的污染物浓度 $c$ 可以用拉乌尔定律、道尔顿分压定律和理想气体定律来估算：

$$c = \sum_i \frac{x_i p_i m_i}{RT} \tag{5.103}$$

式中　$x_i$——组分 $i$ 在液相残余物中的摩尔分数；

$p_i$——温度 $T$ 时的纯组分蒸气压；

$m_i$——组分 $i$ 的摩尔质量；

$R$——通用气体常数；

$T$——绝对温度。

SVE 系统的去除率 $M$ 通常需要大于 1kg/d 才能被认为是有效的。SVE 系统中所需的最少抽提井数 $N_{wells}$，可以通过以下公式估算：

$$N_{wells} = \frac{M}{fQct} \tag{5.104}$$

式中　$M$——泄漏的污染物质量；

$t$——所需的清理时间。

固有渗透率分布的不确定性可能导致在给定清理时间内所需抽提井的数量和位置存在实质性的不确

定，以及与抽提井给定排列相对应的清理时间的不确定性。然而，SVE 系统的灵活性允许在操作过程中进行一些调整，包括从系统中添加或移除井以及调整和重新分配排气速率。为了使 SVE 成为有效的修复手段，碳氢化合物的大部分浓度通常必须超过 500mg/kg，在这种情况下，碳氢化合物可能会以非水相存在。

SVE 系统广泛用于修复被挥发性和半挥发性有机化合物污染的土壤。它流行的部分原因是 SVE 相对于其他可用策略成本低，特别是当污染发生在地下相对较深处时。

## 【例题 5.20】

含有 30% 苯、60% 甲苯和 10% 邻二甲苯的 NAPL 污染，应使用 SVE 治理。土壤样品显示，工业现场的一个大型储罐泄漏了 $10^6$kgNAPL。现场安装的抽提井直径为 150mm，进气口（筛管）长度为 5m，进气压力保持在大气压以下 10kPa。测得土壤中气温为 20℃，土壤固有渗透率约为 150 达西（地质学，漂白土和多孔岩石渗透力单位），每个抽提井的影响半径为 25m。如果每个井抽取的空气有 30% 通过污染的土壤，估计一年内清理漏油所需的井数。

**【解】**

泄漏的 NAPL 是苯、甲苯和邻二甲苯的混合物，其特性见表 5.24。

NAPL 的特性　　表 5.24

| 组分 | 质量分数 | 摩尔质量 $m_i$（g） | 摩尔分数 $x_i$ | 饱和蒸气压 $p_i$（kPa） |
|---|---|---|---|---|
| 苯 | 0.3 | 78.1 | 0.34 | 6.9 |
| 甲苯 | 0.6 | 92.1 | 0.58 | 3.7 |
| 邻二甲苯 | 0.1 | 106.2 | 0.08 | 0.9 |

已知，$T$=273.15+20=293.15R，$R$=8.31J/（K·mol）。公式（5.103）给出了流过污染土壤的气体污染物的浓度 $c$：

$$c=\sum_{i=1}^{3}\frac{x_i p_i m_i}{RT}=\frac{1}{8.31\times 293.15}(0.34\times 6900\times 78.1+0.58\times 3700\times 92.1+0.08\times 900\times 106.2)=159\ \text{g/m}^3$$

公式（5.101）给出了每个抽提井的空气流量 $Q$，若每个井的压力保持在大气压以下 10kPa，大气压力 $p_{atm}$ 取 101kPa，那么井的压力 $p_w$=101−10=91kPa。已知 $L$=5m，$k_a$=150 达西 =$1.48\times10^{-10}$m²，$\mu$=0.0182mPa·s=$1.82\times10^{-5}$Pa·s（附录 B.3，20℃下的空气），$r_w$=150/2=75mm=0.075m，$R$=25m。

将这些参数代入公式（5.101）：

$$Q=L\pi\frac{k_a}{\mu}p_w\frac{[(p_{atm}/p_w)^2-1]}{\ln(R/r_w)}=5\pi\frac{1.48\times10^{-10}}{1.82\times10^{-5}}\times 91\times10^3\times\frac{[(101/91)^2-1]}{\ln(25/0.075)}=0.464\ \text{m}^3/\text{s}$$

这个分析假定固有渗透率保持在 $1.48\times10^{-10}$m²，而实际上固有渗透率将由于 NAPL 的去除而稍微增加。由于抽取的空气有 30% 经污染土壤，$f$=0.30，公式（5.102）给出了从每个井抽取污染物质量的速率 $\dot{M}$：

$$\dot{M}=fQc=0.30\times0.464\times159=22.1\ \text{g/s}=1912\ \text{kg/d}$$

在一年（365d）内净化受 $10^6$kgNAPL 污染的土壤所需的井数由公式（5.104）给出：

$$N_{wells}=\frac{M}{fQct}=\frac{10^6}{1912\times365}=1.43$$

因此，两个抽提井可以在 1 年内清理泄漏的 NAPL。这里假设污染土壤在两个井的影响半径之内。

#### 5.8.2.4　生物通气法

在生物通气系统中，空气被注入包气带，目的是最大限度地减少污染物的原位生物降解，同时最大限度地减少蒸气排放。生物通气系统与土壤通气系统是相反的，并且具有不需要地上处理系统的优点。然而，在生物通气系统中，主要的处理过程是生物降解，而土壤通气的主要处理过程则是挥发。土壤气相抽提系统可以承担生物通气系统的双重任务。大多数脂肪族和单芳香族石油烃是有氧生物降解，随着分子量的增加，芳香环的数量和支化结构增加，降解的容易程度降低。许多氯化溶剂，如三氯乙烯和四氯乙烯，不容易有氧生物降解。与增强生物修复相比，生物通气的优势在于，氧气在空气中（280mg/L$O_2$ 的空气）比在水中（10mg/L$O_2$ 的水）更容易运输。

#### 5.8.2.5　空气喷射

空气喷射是一种常用于修复饱和带内的挥发性有机化合物污染的技术，有时被称为原位空气剥离或原位挥发。在这个过程中，无污染的空气通过喷射井或井点注入污染羽流的下方，以促进溶解态和吸附态挥发性有机化合物的挥发，并输送氧气以促进有氧降解。图 5.21 为一个空气喷射系统的示意图。空气喷射在处理溶解态碳氢化合物羽流方面比在处理源区方面更有效，通常是抽出－处理系统的可行替代方案。一般来说，空气喷射已被证明可有效去除亨利定律常数（$K_H>10^{-5}$）相对较高的几种污染物，其中包括大部分碳氢化合物燃料和低分子量氯化溶剂。空气喷射系统通常与土壤气相抽提系统结合，去除进入包气带的蒸气。空气喷射也用于改善毛细管区域附近的空气流动分布以实现生物排放目的，输送碳氢化合物蒸气（如甲烷、乙烷和丙烷）以促进氯代化合物的共代谢降解，并建立大的循环池从而将受污染的水移到抽提井。空气喷射的主要优点是取消了地表水处理设备和处理，并加速了毛细管边缘吸附污染物的修复。

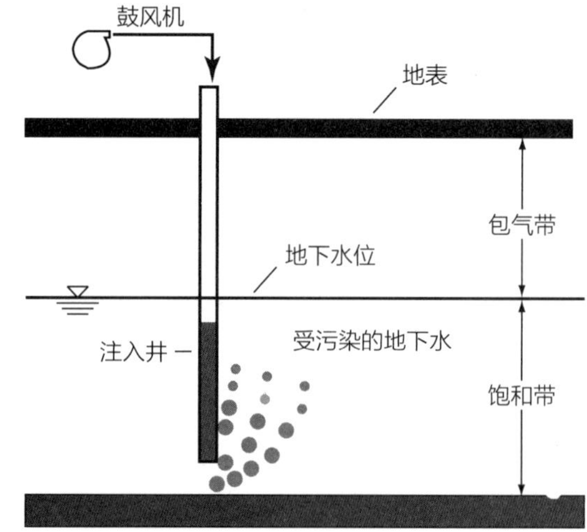


图 5.21　空气喷射系统

### 5.8.2.6　抽出－处理系统

在抽出－处理系统中，受污染的地下水被抽出含水层，进行处理，然后使用或直接返回含水层。用于抽取受污染的地下水的井被称为抽提井，向含水层注入经处理（清洁）水的井被称为注入井。图 5.22 中显示了典型抽提井周围流场的平面图，其中流向井的周围区域被称为捕获带。对于图 5.22 所示的单抽提井，当关闭泵时，地下水在均匀稳定的渗流速度下流动（这是区域流动）；当打开泵时，一部分流动（即捕获带内的区域）被抽提井拦截。对于位于笛卡尔坐标系原点处的单抽提井，捕获带的边界可以通过以下关系来估计：

$$\frac{y}{x}=-\tan\left(\frac{2\pi KbJ}{Q}y\right) \tag{5.105}$$

式中　$K$——含水层的水力传导率（$LT^{-1}$）；

$b$——饱和含水层的厚度（L）；

$Q$——井泵送速率（$L^3T^{-1}$）；

$J$——没有泵送时的压力梯度（无量纲）。

在潜水含水层中，$J$ 可以近似为在没有抽水（即区域梯度）的情况下水位的斜率。方程（5.105）假设含水层是均质的、各向同性的、横截面均匀、宽度无限，并且抽提井的进水口延伸到整个饱和厚度。虽然这些假设很少能达到，但在很多情况下它们提供了足够接近的近似值，使得方程（5.105）提供了一个合理的近似值。如果 $\phi$ 表示原点（即抽提井所在的位置）与捕获带曲线上的点之间的角度（以弧度为单位），则：

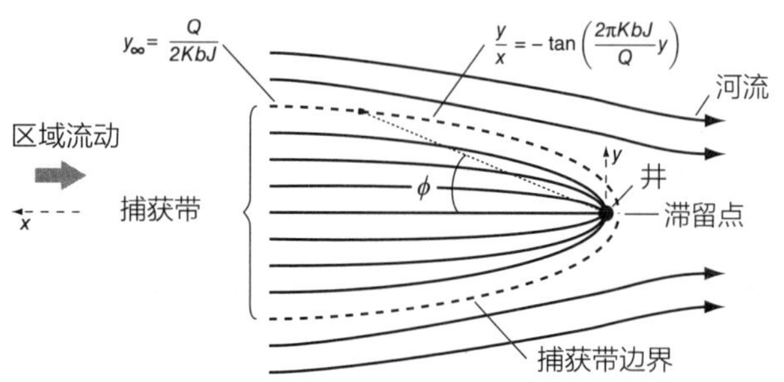


图 5.22　区域流动单抽提井

$$\tan\phi=\frac{y}{x} \tag{5.106}$$

结合方程（5.105）和公式（5.106）给出了捕获带边界的以下迭代方程：

$$y=\frac{Q}{2KbJ}\left(1-\frac{\phi}{\pi}\right),\quad 0\leqslant\phi\leqslant 2\pi \tag{5.107}$$

当 $x\rightarrow\infty$ 时，公式（5.106）中的 $\phi\rightarrow 0$，公式（5.107）等于下式：

$$y=\frac{Q}{2KbJ} \tag{5.108}$$

因此，由于捕获带的宽度为 $2y$，所以捕获带的最大宽度 $W_1$，max 由下式给出：

$$W_{1,\max}=2\left(\frac{Q}{2KbJ}\right)=\frac{Q}{KbJ} \tag{5.109}$$

从公式（5.109）可以看出，对于任何给定的含水层，捕获带的最大宽度 $W_{1,\max}$ 与泵送速率 $Q$ 成正比，表明可以通过增加抽速来扩大捕获带的宽度。但是，增加泵送速度会导致水位降低增加，并且允许的水位降低通常会限制可以使用的最大泵送速率。因此，通过增加单个抽提井的泵送速度可以增加捕获带宽度的限制。而且，在一些情况下，抽提井和污染区域之间的可用或期望的距离可能使得污染区域上捕获带的宽度小于公式（5.109）给出的最大宽度。例如，污染区域和抽提井需位于现有建筑红线内，这将限制抽提井和污染区域之间的距离；或者如果抽提井和受污染的地下水之间有大量未受污染的地下水则这可能是不可取的，因为不必要抽取大量干净的水从而增加清理污染区域所需的时间和成本。在受污染区域的宽度超过捕获带的宽度的情况下，可以使用多个抽提井来扩大捕获带的宽度。

图 5.23 显示了使用两个和三个抽提井的情况。

在两个抽提井的情况下，使地下水不会通过两井间时，两个井的最大间距 $\Delta_{2,\max}$ 为

$$\Delta_{2,\max}=\frac{Q}{\pi KbJ} \tag{5.110}$$

并且以此间隔，捕获带的最大宽度 $W_{2,\max}$ 由下式给出：

$$W_{2,\max}=\frac{2Q}{KbJ} \tag{5.111}$$

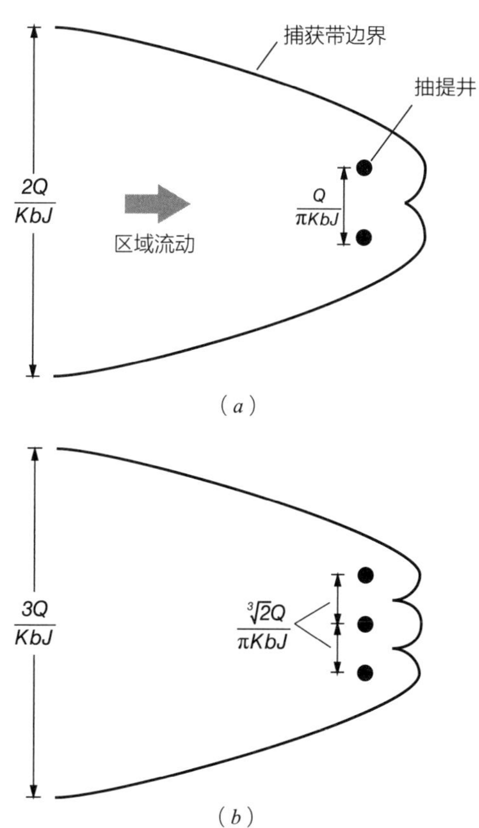


图 5.23　均匀流动的多个抽提井
（a）两个抽提井；（b）三个抽提井

公式（5.109）给出的宽度是单抽提井最大捕获带宽度的两倍。对于三个抽提井的情况，最大井距 $\Delta_{3,\max}$ 和捕获带的最大宽度 $W_{3,\max}$ 分别为：

$$\Delta_{3,\max}=\frac{\sqrt[3]{2}Q}{\pi KbJ} \tag{5.112}$$

$$W_{3,\max}=\frac{3Q}{KbJ} \tag{5.113}$$

在 $n$ 个井以其最大间距隔开（不允许它们之间流动）的情况下，捕获带的边界由下式给出：

$$y=\frac{Q}{2KbJ}\left(n-\frac{1}{\pi}\sum_{i=1}^{n}\phi_i\right) \tag{5.114}$$

式中　$\phi_i$——穿过第 $i$ 个井的水平线与捕获带边界上的点之间的角度。

对应于公式（5.114），在 $n$ 个井处于其最佳分离的情况下，捕获带的最大宽度 $W_{n,\max}$ 由下式给出：

$$W_{n,\max}=\frac{nQ}{KbJ} \tag{5.115}$$

一般来说，公式（5.114）和公式（5.115）适用于所部署的井数对应的捕获带，包括与含水层中可接受的最大污染物浓度相对应的污染物浓度等高线。含水层允许的水位降低是决定抽提井的数量、位置和抽出率的一个限制因素。

## 【例题 5.21】

如图 5.24 所示，在工业区发现了一股被污染的地下水。长 60m，宽 30m，穿透 28m 深的含水层。该物业的现有建筑物要求抽提井位于羽流下游 50m 处。含水层的导水率为 25m/d，区域水流沿着羽状轴线，水位斜率为 0.1%。（1）使用一个抽提井，求所需的提取速率；（2）使用两个间隔 3m 的抽提井，求所需的提

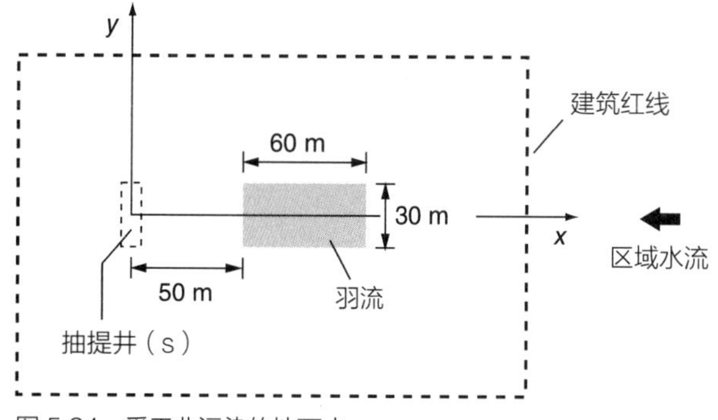


图 5.24　受工业污染的地下水

取速率。

【解】

根据给定的数据：$l$=60m，$w$=30m，$d$=50m，$b$=28m，$K$=25m/d，$J$=0.1%=0.001。

（1）对于一个抽提井，捕获带的边界可以用公式（5.107）来描述。如果羽流需要在捕获带的边界上，则公式（5.107）需满足：

$$x = 50\text{ m}$$
$$y = 15\text{ m}$$
$$\phi = \tan^{-1}\left(\frac{y}{x}\right) = \tan^{-1}\left(\frac{15}{50}\right) = 0.2915\text{ rad}$$

将这些值与给定的数据一起代入公式（5.107）：

$$y = \frac{Q}{2KbJ}\left(1 - \frac{\phi}{\pi}\right)$$
$$15 = \frac{Q}{2 \times 25 \times 28 \times 0.001}\left(1 - \frac{0.2915}{\pi}\right)$$

由此得出 $Q$=23.14m$^3$/d。因此，泵送速率约为 23.1m$^3$/d 的单个(完全渗透)抽提井足以捕获污染羽流。

（2）对于多个抽提井，捕获带的边界可以用公式（5.114）来描述。使用两个抽提井的情况如图 5.25 所示，其中 $x_1$ 是羽流半宽度，$x_2$ 是羽流前缘与抽提井的距离，$W$ 是抽提井之间的距离。在本例题中：$x_1$=15m，$x_2$=50m，$W$=3.0m。从图 5.25 可以看出：

$$\phi_1 = \tan^{-1}\left(\frac{x_1 - W/2}{x_2}\right) = \tan^{-1}\left(\frac{15 - 1.5}{50}\right) = 0.2637\text{ rad}$$

$$\phi_2 = \tan^{-1}\left(\frac{x_1 + W/2}{x_2}\right) = \tan^{-1}\left(\frac{15 + 1.5}{50}\right) = 0.3187\text{ rad}$$

将 $n$=2 代入公式（5.114）：

$$y = \frac{Q}{2KbJ}\left(n - \frac{1}{\pi}\sum_{i=1}^{n}\phi_i\right)$$
$$15 = \frac{Q}{2 \times 25 \times 28 \times 0.001}\left(2 - \frac{0.2637 + 0.3187}{\pi}\right)$$

由此得出 $Q$=11.57m$^3$/d。两个抽提井的最大允许间距 $\Delta_{2,\max}$ 由公式（5.110）给出：

$$\Delta_{2,\max} = \frac{Q}{\pi KbJ} = \frac{11.57}{\pi \times 25 \times 28 \times 0.001} = 5.26\text{ m}$$

由于 3m 的指定井距小于 5.26m 的最大允许间距，所以 3m 的指定井距是足够的。这两个抽提井的泵送速率约为 11.6m$^3$/d。

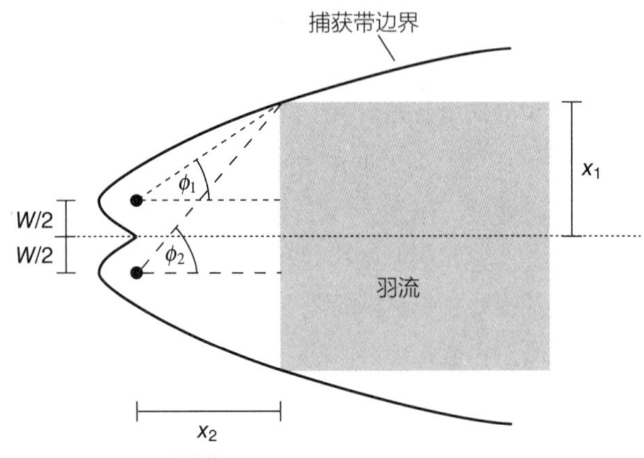

图 5.25 井的捕获带

经处理的地下水常常使用注入井泵送回含水层。这种做法通常需要一个监管许可证，而且注入水通常必须满足水质标准。此外，还必须考虑注入井堵塞的趋势和定期维护的必要性。与抽水井相结合的注水井可以通过创建更陡峭的水力梯度而显著减少清理时间，从而使地下水可以更快地向抽水井流动。Satkin 和 Bedient 研究了几种注水井和抽水井的布置方式，他们得出结论认为井的最佳布置具有很高的地点特殊性。在水力梯度较低的情况下，双联装置特别有效。双联井由抽水井和作为抽出－处理系统一部分的注入井组成。双联井在含水层内形成循环单元，常被用作注入和去除含水层缓解溶质的手段，例如助溶剂、表面活性剂或两者都有。通常情况下，补给井的位置直接从排放井升高，泵送和注入速率的大小是相同的。这种安排将地下水中的循环单元隔离起来，有时也称为水力隔离。循环单元的上游和下游边界分别由点（$-x_s$，0）和（$x_s$，0）定义，其中 $x$ 轴平行于区域地下水流的方向，原点的坐标系位于两个井的中点。停滞点（$-x_s$，0）和（$x_s$，0）是方程的根。

$$\frac{q_0 H d}{Q_w} + \frac{1}{2\pi}\left[\frac{x/d}{(x/d+1)^2} - \frac{x/d}{(x/d-1)^2}\right] = 0 \quad (5.116)$$

式中 $q_0$——区域流的比流量；

$2d$——井间距；

$Q_w$——泵送速率（= 注入速率）。

循环单元的边界由下式定义：

$$\frac{q_0 H y}{Q_w} + \frac{1}{2\pi}\left[\tan^{-1}\left(\frac{y/d}{x/d+1}\right) - \tan^{-1}\left(\frac{y/d}{x/d-1}\right)\right] = \frac{1}{2} \quad (5.117)$$

循环单元关于 $y$ 轴对称。通过先估计停滞点，在

0 和 $x_s$ 之间变化 $x$，然后用方程（5.117）求解 $y$ 来描绘循环单元。

## 【例题 5.22】

双联井被用作抽出 – 处理系统的一部分来修复受污染的地下水。污染物羽流长约 80m，宽 25m。区域水力梯度为 0.25%，含水层平均导水率为 8m/d，饱和含水层厚度为 30m。如果现场处理系统能够以 60L/min 的速度抽水，那么所需井的间距是多少，以便含水层内的循环单元涵盖整个羽流？

### 【解】

根据给定的数据：$L$=80m，$W$=25m，$J$=0.25%=0.0025，$K$=8m/d，$H$=30m，$Q_w$=60L/min=86.4m$^3$/d。区域流的比流量 $q_0$ 由达西方程给出：

$$q_0 = KJ = 8\times 0.0025 = 0.02\ \text{m/d}$$

使上游和下游停滞点（$-x_s$，0）和（$x_s$，0）与污染物羽流的上游和下游边缘重合，需要满足 $2x_s$=80。

由此得出：

$$x_s = 40\ \text{m}$$

将给定的数据代入方程（5.116）得出：

$$\frac{q_0 Hd}{Q_w} + \frac{1}{2\pi}\left[\frac{x/d}{(x/d+1)^2} - \frac{x/d}{(x/d-1)^2}\right] = 0$$

$$\frac{0.02\times 30d}{86.4} + \frac{1}{2\pi}\left[\frac{40/d}{(40/d+1)^2} - \frac{40/d}{(40/d-1)^2}\right] = 0$$

上式可以写为：

$$\frac{0.278}{\chi} + 0.159\chi\left[\frac{1}{(\chi+1)^2} - \frac{1}{(\chi-1)^2}\right] = 0 \quad (5.118)$$

其中：

$$\chi = \frac{40}{d}$$

方程（5.118）的唯一可行解是：

$$\chi = 2.93$$

由此得出：

$$d = 13.7\ \text{m}$$

因此，对于上游和下游的双停滞点与污染物羽流的上游和下游边缘重合，抽水井和注水井必须相隔 2×13.7=27.4m，并对称放置在污染物羽流中。

有必要验证循环单元包含污染物羽流的整个宽度。循环单元的最大宽度为 $2y$，发生在 $x$=0 时，并由方程（5.117）给出：

$$\frac{q_0 Hy}{Q_w} + \frac{1}{2\pi}\left[\tan^{-1}\left(\frac{y/d}{x/d+1}\right) - \tan^{-1}\left(\frac{y/d}{x/d-1}\right)\right] = \frac{1}{2}$$

$$\frac{0.02\times 30y}{86.4} + \frac{1}{2\pi}\left[\tan^{-1}\left(\frac{y/13.7}{0/13.7+1}\right) - \tan^{-1}\left(\frac{y/13.7}{0/13.7-1}\right)\right] = \frac{1}{2}$$

上式可以写为：

$$0.0951\chi + 0.159\left[\tan^{-1}(\chi) - \tan^{-1}(-\chi)\right] = \frac{1}{2} \quad (5.119)$$

其中：

$$\chi = \frac{y}{13.7}$$

方程（5.119）的唯一可行解是 $x$=1.75，由此得出。$y$=24.0m。循环单元的宽度为 2×24.0=48.0m，大于 25m 的羽流宽度。因此，当注入井和回收井相隔 27.4m 时，羽流完全包含在双联井中。

典型的抽出 – 处理系统如图 5.26 所示。受污染的水可以使用井、排水管、埋入式多孔管和 / 或开挖沟槽和回填砾石来泵送。在水重新注入含水层、排放到受纳水体、用于灌溉或释放到表面卫生系统之前，通常需要现场处理。大多数无机污染物是金属，可以通过沉淀（通过添加石灰或曝气）去除，挥发性有机污染物可以通过吹脱法去除，挥发性较小的有机物可以通过吸附到活性炭或生物处理去除。特殊的方法如紫外光和电子束可用于最难降解的有机化合物。抽出 – 处理系统的典型地上视图如图 5.27 所示。图 5.27（$a$）中显示了泵、管道和处理系统，图 5.27（$b$）中显示了处理后的水排放到附近的泻湖。

尽管他们的设计基于合理的原则，但许多抽出 – 处理系统在应用中表现不佳。抽出 – 处理系统性能差的原因通常是由于水文地质控制措施的存在，例如低导水率区和含水单元中存在残余 NAPL。在操作的初始阶段污染物去除率通常较高；然而，在第二阶段，污染物去除速率受限于在低导水率区中捕集的污染物的扩散速率。第二阶段的过程可能导致抽水中的污染物浓度在几年甚至几十年内保持微小的污染并且大致恒定，可能导致泵送和处理系统在合理时期无法达到

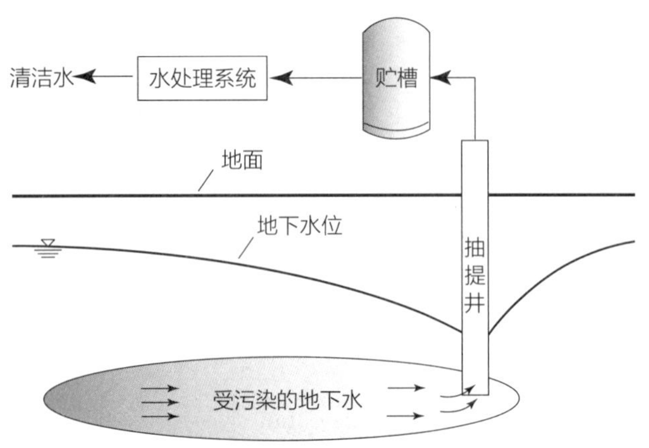


图 5.26 抽出 - 处理系统

（a） （b）

图 5.27 抽出 - 处理系统的典型地上视图
（a）抽出 - 处理系统；（b）处置

图 5.28 生物修复系统

地下水修复的目标水平。

事实上，如果泵送停止，污染物水平可以立即恢复到更高的值。当去除率由对流控制时，溶解污染物的抽出 - 处理系统工作效果最佳。如果速率限制过程变得可控，如 NAPL 溶解速率或扩散速率，抽出 - 处理系统将无法有效地进行大尺度清除。在这种情况下，可以在注入含水层的水中加入增强微生物活性的表面活性剂和微生物活性营养物等添加剂；然而，这样的材料应该进行选择，以免造成其他类型的污染。在许多情况下，使用抽出 - 处理手段将地下水净化到饮用水标准是不切实际的。

#### 5.8.2.7 生物修复

生物修复通常在原位进行，并通过添加营养元素和电子受体来刺激地下的微生物。典型的生物修复系统如图 5.28 所示，其中上游注水井为流向污染区的地下水增加了营养物质和 / 或 $O_2$，下游抽水井将通过污染区的水抽出。典型的营养元素是氮、钾和磷，典型的电子受体是氧、硝酸盐、硫酸盐以及二氧化碳。氧气是好氧生物降解中最受欢迎的电子受体，通常通过喷射将空气、纯氧、过氧化氢或臭氧加到地下水。应该注意使用对某些微生物有毒的过氧化氢。在许多情况下，浅层地下水中有足够的营养物质，因此制约生物修复成功的唯一因素就是氧气。有多种污染物适合于生物降解，包括汽油碳氢化合物、喷气燃料、油、芳香烃、酚、杂酚油、氯化酚、硝基甲苯和多氯联苯。氯化有机化合物如四氯乙烯（PCE）和三氯乙烯（TCE）的生物修复在厌氧条件下最为有效，其中硝酸盐、硫酸盐和二氧化碳可用作电子受体。

为了使生物修复成为一种可行的补救措施，导水率必须足够高以允许电子受体和营养物质通过含水层迁移，并且微生物必须以足够的数量和类型存在以降解污染物。超过 1m/d（3ft/d）的导水率被认为足以在地下运输营养物质和氧气；然而，含水层材料中的微生物生长会导致渗透性下降 1000 倍。生物修复工程通常先进行微生物刺激的实验室试验及营养物质输送和迁移的建模研究，以确保系统有效的运行。在强化生物修复技术中，采用了通过向含水层被污染部分注入营养物质和循环的系统。

当污染物是可被微生物用作生长底物的有机化合物时，本地微生物群体可能在没有工程措施干预的情况下以显著的速率生物降解污染物。这被称为内在生物净化、自然衰减或生物衰老。只有当自然污染物生物降解比迁移速度快时，内在生物净化才被认为是一种合适的修复方法，使污染物羽流稳定或收缩。

原位生物修复的主要优点是：污染物被就地销毁，并以最小的迁移速度到达地表。限制原位生物修复可行性的一个重要因素是污染物对微生物攻击的有效性。即，具有非常低的溶解度的污染物，强烈吸附固体或者物理上不可接近。

### 5.8.2.8　原位反应墙

原位反应墙是含有与地下水中的污染物发生反应的材料的挖掘沟。水在沟渠的一侧流动并从沟渠的另一侧流出，因此被命名为反应墙。在某些情况下，低渗透截流壁用于引导地下水流经反应墙。这些系统被称为漏斗门系统，其中防渗屏障为“漏斗”，反应墙为“闸门”。化学、物理和生物处理屏障已在实践中得到应用。例如，放置在反应墙中的颗粒元素铁会诱导一些氯化污染物（例如三氯乙烯和 PCE）脱氯，并通过还原和沉淀去除溶解的金属，如 –Cr（VI）。地上处理标准的反应速率通常很慢，但地下水系统的反应速度足够快。

### 5.8.2.9　原位遏制

污染物的迁移可以通过使用各种遏制措施来加以限制。当残留的污染物位于渗流区的情况下，可以覆盖场地，以最大限度地减少降雨接触以及随后污染物渗入地下水中。通常使用天然土壤、商业设计材料或废料建造表面盖，并且通常是倾斜的，以便雨水流失而不是渗入。例如黏土、混凝土、沥青、石灰、粉煤灰和合成垫层。

固化和稳定化技术涉及处理受污染的土壤以改变土壤的物理特性以及降低土壤中污染物的可淋溶性和流动性。通常用搅拌螺旋钻或挖掘工具对土壤进行适当处理，以使污染土壤适应混合添加剂。常见的添加剂包括水泥、石灰粉煤灰或硅酸钠、沥青以及各种有机聚合物。在一些应用中，添加剂组合在一起使用。通过调整添加剂的数量，可以实现土壤的永久固化（称为整体处理），或者土壤处理后可以更容易运输。土壤固化和稳定化技术似乎在稳定金属和有机化合物如多氯联苯中是最有效的。

防止地下水流动的物理障碍通常被称为地下防渗墙，包括泥浆墙、灌浆帷幕、板桩和压实衬垫或土工膜。图 5.29 展示了泥浆墙的构造。在浅层含水层中，物理障碍最为有效，其基础为固体基岩或黏土层。最受欢迎的防渗墙是一种泥浆墙，通过在污染区周围挖掘 0.5~2m（1.5~6ft）宽的狭窄沟渠并用泥浆填充沟渠来建造。泥浆在挖掘过程中起到维持沟渠稳定的作用，通常由土壤或水泥、膨润土和水的混合物组成。膨润土防渗墙通常允许一些污染物穿过墙壁，这取决于膨润土渗透系数的变化。沟渠通常是用挖掘机或反铲挖掘机挖掘的，而厚度小于 18m（60ft）且底层是不透水层或基岩的含水层最适合于泥浆墙施工。泥浆墙的

图 5.29　泥浆墙的构造

施工范围限制在沟渠可以建造的深度内。灌浆帷幕是通过井点注入泥浆（液体、泥浆或乳液）到地下而建造的。不同地点的浆液渗透量不同，但可能相对较小，需要密集的注入孔：例如，每 1.5m（5ft）一个孔。地下水流量受到在间隙孔隙空间中固化的泥浆阻碍，并且通过在两个或三个交错行中注入水泥浆制成接触帷幕来确保或多或少连续的屏障。大多数的浆液只能注入，粒径较大的材料中。灌浆的花费和浆液中与潜在的污染相关的问题限制了其用途。板桩打桩涉及将钢板的互锁部分推入地面。桩通常通过含水层驱动，并使用打桩机向下压入固结区。在粗糙致密的材料中，板桩可能不太有效，因为连锁腹板在施工期间可能会被破坏。

包含在防渗墙内的地下水可以通过污染区周围的墙和不透水盖永久隔离，或者可以从防渗墙的逆梯度侧泵入受污染的地下水，进行处理，并从防渗墙的顺梯度侧注入地下水。最有效的方法通常取决于经济因素。

### 5.8.2.10　自然衰减

自然衰减包括物理、化学和生物过程，这些过程在没有人为干预的情况下可以减少土壤或地下水中污染物的质量、毒性、流动性、体积或浓度。图 5.30 显示了影响含水层石油碳氢化合物转化的重要自然衰减过程。

自然衰减包括分散、吸附、降解（生物降解或非生物过程如水解）、挥发等过程，以及影响地下水中溶解污染物浓度的其他自然过程。除了地下水位低于 5m（15ft）的情况外，大部分含水层的挥发相对不重要，而包气带由高度渗透的土壤组成。非生物化学转化，

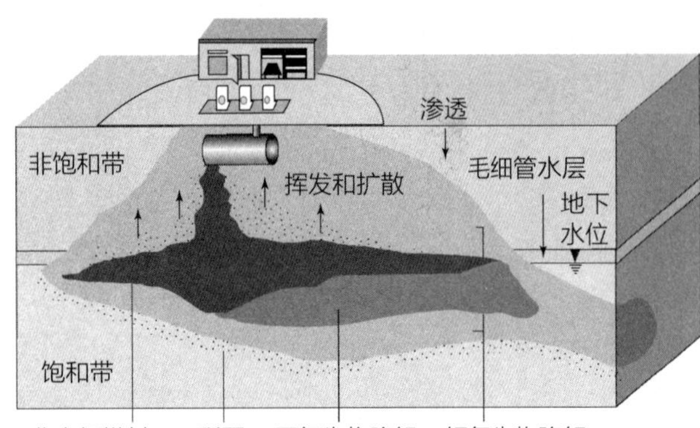

图 5.30 自然衰减过程

包括水解和消除反应，对于石油烃来说不是重要的过程，但对于某些氯化有机化合物可能是重要的。生物降解通常是从地下水中去除石油烃和氯化溶剂的最重要的自然过程。在许多情况下，在饱和带采用自然衰减手段的可行性取决于监管目标是否为了净化羽流达到饮用水标准，或者是否采用较不严格的以风险为基础的目标，例如防止羽流扩大。

## 习题

1. 橙子树能耐受根区 TDS 浓度高达 500mg/L 的水，橙子树需要 15cm 厚的水以支持春季播种季节的生长。可用灌溉水和有效降雨量相结合后 TDS 含量为 90mg/L，春季播种季节土壤蒸发量为 35cm，有效降雨量为 20cm。

（1）估计所需的灌溉用水量和预期的根区 TDS 浓度。

（2）为避免根区内过高的 TDS 浓度，试确定 LR、淋溶率以及灌溉加降雨的最低要求。

2. 5kg 的保守污染物被泄漏到地下水中，并且在顶部 1m 处混合良好。纵向和（水平）横向分散系数分别为 $0.5m^2/d$ 和 $0.05m^2/d$；垂直混合可以忽略不计；平均渗流速度为 0.3m/d；含水层的孔隙度为 0.2。确定泄漏后 7d 内泄漏位置的浓度。假设的泄漏深度对你的计算浓度有怎样的影响？

3. 确定习题 2 中泄漏后 7d 内的最大污染物浓度。

4. 将污染物连续注入 3m 深的含水层，其平均渗流速度为 0.45m/d，纵向和横向分散系数分别为 $1m^2/d$ 和 $0.1m^2/d$。注入速率为 $0.4m^3/d$，浓度为 130mg/L。估算注入位置下游 30m 处的稳态污染物浓度。

5. 对于习题 4 中描述的情况，确定注入位置到污染物浓度为注入浓度 1%的点之间的距离。

6. 污染源为 5m 宽 ×2m 深，并持续释放浓度为 70mg/L 的保守污染物。含水层的平均渗流速度为 0.1m/d，含水层为 10m 深，纵向、水平横向和垂直分散度分别为 1m，0.1m 和 0.01m。

（1）确定污染羽流在含水层深处充分混合的下游位置。

（2）在运行 5 年后，估算水源下游 200m 处的污染物浓度。

7. 重复习题 6，对于污染物以 0.01d–1 的衰减率进行生物降解的情况，评估生物降解是否对下游浓度有显著影响。

8. 纯 TCE 以残余饱和度水平存在于 10m 长、5m 宽、2m 深的含水层的一部分。该部分被称为含水层中 TCE 的源区。随着地下水流经源区，TCE 溶解在地下水中，TCE 以溶解度浓度随地下水离开源区。地下水的流动是正常的源区宽度，地下水中 TCE 的一阶衰减系数为 $0.02d^{-1}$，渗流速度为 0.3m/d，纵向分散度为 10m，水平横向分散度为 1m，垂直横向分散度为 0.1m。一个小型供水井位于源区下游 200m 处。确定水井水质标准为 5μg/L 时 TCE 是否超标。

9. 取自各向同性含水层的 50cm 核心样品的导水率测量值（m/d）表明，可变对数导水率可用 3.2 的均值、1.6 的方差和 1.3m 的相关长度尺度描述。

（1）估算含水层的有效导水率和宏观分散度。

（2）如果含水层的平均水力梯度为 0.005，有效孔隙度为 0.15，估算宏观分散系数的分量。

10. 在含水层的三个位置测量的测压头分别是 3.62m，2.20m 和 2.10m。测量地点的坐标分别为（1km，2.5km）、（2.3km，1.4km）和（1.7km，1.3km）。确定含水层中的水力梯度。

11. 如果含水层具有各向异性，即水平相关长度尺度为 1.3m，各向异性比率为 0.1，那么习题中的分散度估计值会发生怎样的变化？

12. 含水层的平均渗流速度为 1m/d，平均孔径为 3mm，地下水中有毒污染物的分子扩散系数为 $2\times10^{-9}m^2/s$。要在孔隙污染物迁移模型中考虑分子扩散吗？

13. 市政井场周围的渗流速度在 5m/d 左右，井场是半径大约为 70m 的圆形，纵向分散系数约为 $50m^2/d$。确定从井场边界迁移的污染物是对流还是弥散占主导地位。

14. 含水层中的污染物泄漏产生一个长 11m、宽 5m、深 2m 的污染云。含水层的孔隙大小为 2mm，分

子扩散系数为 $10^{-9}m^2/s$，曲折度为 1.3，平均渗流速度为 0.1m/d。估算应用于羽流迁移模型的分散系数的组成部分。

15. 围绕井的渗流速度 $v$ 由下式给出：

$$v=\frac{Q}{2\pi rbn}$$

其中 $Q$ 是井的抽水速率，$r$ 是距井的径向距离，$b$ 是含水层厚度，而 $n$ 是含水层的有效孔隙度。对于一个特定的井，抽水速率为 20000L/min，饱和带的厚度为 15m，有效孔隙度为 0.15。估计井周围区域对流迁移占宏观分散的程度。（提示：使用 Péclet 数 $vr/D_L$ 作为你分析的基础。）

16. 确定公式（5.41）给出的分散度是否和表 5.9 的值一致。

17. 对土壤基质的吸附可以用 Langmuir 等温线描述：

$$F=\frac{K_1\bar{S}c_{aq}}{1+K_1c_{aq}}$$

其中 $F$ 是单位固体基质对示踪剂的吸附量，$c_{aq}$ 是含水浓度，$K_1$ 是 Langmuir 常数，$\bar{S}$ 是土壤基质的最大吸附容量。

（1）如果土壤基质的吸附能力为 5000mg/kg，低含水浓度下的线性等温线分布系数为 60L/kg，估计 Langmuir 常数并将 Langmuir 等温线表示成仅为 $F$ 和 $c_{aq}$ 之间的关系式。

（2）估计线性等温线偏离 Langmuir 等温线小于 10%的含水浓度范围。考虑到 Langmuir 等温线提供了更真实的吸附过程表示，在实践中使用线性等温线有什么优势？

18. 地下水中 TCE 的测量浓度为 100mg/L，固体基质中有机碳的比例估计为 1.5%，并且含水层的体积密度大约为 $1800kg/m^3$。估算单位体积含水层的 TCE 吸附质量。

19. 3kg 四氯乙烯被泄漏到超过 1.2m 深的地下水中，传播方向随着地下水的移动而移动，平均速度为 0.2m/d。纵向、横向分散系数分别为 $0.05m^2/d$ 和 $0.005m^2/d$；孔隙度为 0.15；该含水层材料的密度为 $2.65g/cm^3$；$\log K_{oc}$=2.42（$K_{oc}$ 的单位为 $cm^3/g$）；土壤中有机碳含量为 8%。计算在 1h、1d 和 1 周后泄漏位置的浓度。将这些值与忽略吸附获得的浓度进行比较。

20. 使用表 5.11 中的所有经验关系来估算 TCE 的有机碳吸附系数。假设 TCE 的 $\log K_{ow}$=2.29（如表 5.12 所示）。验证附录 B 给出的 $\log K_{oc}$ 的实际值在表 5.11 中列出的经验公式给出的预测平均值的 1 个标准偏差之内。

21. 含水层中含有的污染物可以传播 $500m^3$ 的体积。该含水层的孔隙度为 0.15，并且污染物的阻滞系数为 10。估算必须去除的孔隙体积，以减少含水层中污染物质量的 99%。

22. 一个含有 10kg 污染物的埋鼓突然破裂并将其所有物质泄漏到 1m 深的地下水中。该含水层的平均渗流速度为 0.5m/d，孔隙度为 0.2，纵向分散系数为 $1m^2/d$，水平横向分散系数为 $0.1m^2/d$，垂直混合可以忽略不计，而且污染物的一阶衰减常数为 $0.02d^{-1}$。确定 100d 后地下水的最大浓度。将此浓度与没有衰减的最大浓度进行比较。

23. 如果习题 22 中的衰减系数可以通过向地下水中添加营养物质而增加，请确定计算出的最大浓度减少 90%时所需的衰减率。

24.5kgTCE 泄漏到 0.8m 深的地下水中，平均渗流速度为 0.2m/d。含水层的孔隙度为 0.2，垂直分散可以忽略不计，纵向和横向分散系数分别为 $0.1m^2/d$ 和 $0.01m^2/d$。如果阻滞系数等于 15 并且一阶衰减系数为 1d−1，请计算 1d 和 1 周后泄漏位置处的浓度。

25. 工业废水以 $35m^3/d$ 的速率注入含水层，并且废水将在含水层 12m 的饱和厚度内均匀排放。现场测量表明含水层的渗流速度为 1m/d，孔隙度为 0.2，体积密度为 $1600kg/m^3$。现有数据表明，污染物的半衰期可能为 200d，分配系数为 $0.1cm^3/g$。监管要求是：注入井周围的区域限制进入，使地下水浓度至少降低到注入浓度的 10%。通过以下假设，井下游多远应该限制进入：（1）污染物是保守的；（2）污染物会衰减；（3）污染物能吸附；（4）污染物吸附和衰减。考虑到这些情形，您将选择多远距离为受限区？

26. 在各向同性含水层中进行了六次抽水试验，由这些试验计算出的导水率分别为 512m/d、253m/d、487m/d、619m/d、320m/d 和 402m/d。据估计，这些导水率都和半径为 100m 的圆柱体的特征相同，并且导水率的相关长度尺度在 50m 的量级上。地下水的温度为 25℃，含水层的特征孔径 $d$ 与含水层的有效渗透系数 $K_{eff}$ 的关系由海森公式给出：

$$K_{eff}=1.02\times10^{-3}\frac{\gamma}{\mu}d^2$$

其中 $\gamma$ 是地下水的重度，$\mu$ 是动态黏度。

（1）如果平均渗流速度为 1m/d，孔隙度为 0.2，含水层基质的体积密度为 1.8g/cm$^3$，估算用于模拟含水层中污染物分散的分散系数。忽略孔隙尺度分子扩散。

（2）一家脱脂商店在含水层的顶部 2m 以上泄漏了 50kg 三氯乙烯（$C_2HCl_3$）。如果含水层基质含有 2% 的有机碳，一阶衰减系数为 0.02d$^{-1}$，请估算 100d 后含水层中 TCE 的最大浓度。假设泄漏超过 10min，使用 TCE 的溶解度来确定在泄漏点附近 TCE 是否会以 NAPL 的形式存在。

27. 通过从地下水中抽取游离产物来清除泄漏到细砂中的燃料油时，残余质量分数是多少？该残余质量分数与燃料油泄漏到粗砂中相比如何？假设粗砂的孔隙度为 0.20，细砂的孔隙率为 0.30，砂粒密度为 2650kg/m$^3$。

28. 含水层的 2m × 2m × 3m（深）部分含有残余饱和度为 15% 的氯苯。如果含水层污染部分的孔隙度为 0.17，氯苯密度为 1110kg/m$^3$，氯苯在水中的溶解度为 500mg/L，周围地下水的平均渗流速度为 0.05m/d，请估计氯苯通过溶解去除所需的时间。

29. 500m × 500m 工业场地的一部分已经被乙苯和苯的混合物（体积比为 50 ∶ 50）污染。受污染区域位于场地中心，尺寸为 20m × 20m，污染延伸至饱和带 2m 深处。饱和带厚度为 25m，估算的含水层的导水率为 15m/d，有效孔隙度为 0.19，水力梯度为 0.5%。

（1）如果饱和区内的污染区含有乙苯和苯，残余饱和度为 25%，请估算场地边界乙苯和苯的稳态浓度。

（2）衰减是计算边界浓度的重要因素吗？

（3）估计通过溶解从 NAPL 残余物中去除苯所需的时间。

30.（1）20℃的土壤气体样品中 TCE 的最大浓度是多少？

（2）如果含有 35% TCE 的液体泄漏，预期土壤气体中 TCE 的最大浓度是多少？

31. 在一个受污染的地下水羽流中，邻二甲苯的最大浓度是多少？将其与含有摩尔分数为 9% 邻二甲苯的汽油泄漏所产生的地下水中邻二甲苯的最大浓度进行对比。

32. 含水层中的污染体积面积为 5m × 5m，深度为 2m。污染体积位于地下水位的下方，含水层的渗流速度估计为 0.45m/d，方向与污染区域的一边一致。含水层中的污染物是几种化合物的混合物，并且含有摩尔分数（和近似质量分数）为 20% 的 PCE。实验室测试表明含水层中混合物的残余饱和度为 10%，含水层基质的材料密度为 2.65g/cm$^3$，体积密度为 1.67g/m$^3$，孔隙度为 0.37，有机碳分数为 1%。文献综述表明 PCE 具有以下特性：在水中的饱和浓度 = 160mg/L，溶于水的 PCE 的半衰期 =500d，辛醇 – 水分配系数 =200，有机碳分配系数 =100cm$^3$/g，密度 =1620kg/m$^3$。

（1）确定在污染体积下游 200m 处的地下水中 PCE 的最大浓度。

（2）估计通过自然过程清理污染体积需要多长时间。

33. 对土壤样品的分析表明，单位质量固体基质中有机化合物的质量为 $c_s$（M/M），土壤的密度为 $\rho_b$，含水孔隙度为 $\theta_w$，土壤中有机碳分数为 $f_{oc}$，有机碳吸附系数为 $K_{oc}$，间隙地下水中有机化合物的平衡浓度 $c_w$ 由下式给出：

$$c_w = \frac{c_s \rho_b}{\rho_b f_{oc} K_{oc} + \theta_w}$$

通过 $c_s$、$\rho_b$、$\theta_w$、$f_{oc}$ 和 $K_{co}$ 的测量结果计算 $c_w$，如果 $c_w$ 的计算值超过化合物的饱和浓度，则说明其含义。

34. 考虑浅层非承压含水层的一般情况，其中地下水位位于地表以下 $d$。地表和地下水位之间的土壤密度为 $\rho_b$，孔隙度为 $n$，有机碳分数等于 $f_{oc}$。你考虑给一个商业设施选址，用于处理危害性化学品，其中地下水的最大允许浓度为 $c$*，密度为 $\rho$，有机碳分配系数为 $K_{co}$。当泄漏的污染物通过降雨渗透到土壤时，污染物可能会进入地下水。

（1）如果渗透雨水中的浓度不超过地下水中的最大允许浓度，就可以得出单位地面面积的最大泄漏体积的一般表达式。

（2）推导出与满足地下水水质标准的渗透雨水一致的限制土壤浓度（mg/kg）的一般表达式。

（3）你所考虑的商业农药设施的选址，将用于在现场处理适量的氯丹。地下水位低于地表 1m，土壤密度为 1700kg/m$^3$，孔隙度为 0.32，有机碳含量为 2%。该场地年平均降水量为 1500mm，其中大约 50% 通过土壤渗透并进入含水层的饱和带。地下水中氯丹的最高允许浓度为 2μg/L，氯丹的密度为 1600kg/m$^3$，有机碳分配系数为 3090cm$^3$/g。估计现场可能泄漏的氯丹的最大量（以 mL/m$^2$ 计）并且不违反地下水水质标准。估计土壤中氯丹的最大量（mg/kg）是否符合地下水水质标准。

（4）上述农药设施的土壤调查表明，在 $5m^2$ 面积内，土壤中的氯丹含量为 4mg/kg。如果年降雨量的 50% 通过包气带渗入地下水，估计需要多长时间渗滤液浓度才能达到 2μg/L 的水质标准。

35. 含水层基质的粒度分析表明，$d_{10}$=0.10mm，$d_{30}$=0.15mm，$d_{50}$=0.50mm，$d_{90}$=1.2mm。

（1）确定安装在该含水层中的监测井是否需要人工砾石充填层。

（2）如果需要砾石充填层，请编写砾石充填层的规格并确定井筛管所需的筛缝大小。（假设砾石充填层的 $d_{60}$=1.1$d_{50}$）

36. 在工业现场发生的大量氯乙烷泄漏导致地下水中出现纯氯乙烷透镜。监测井指示在 $5000m^2$ 的面积上延伸 62cm 的厚度。现场调查表明，地下水的温度为 18℃，含水层材料由毛细管上升 11cm 的粗砂组成，含水层的孔隙度为 0.20。估算含水层中纯氯乙烷的体积。

37. 安装在 LUSTs 加油站附近的监测井显示，在半径为 30m 的圆形区域内，水位顶部漂浮着一层 2.3m 厚的纯汽油。汽油的密度和黏度分别为 $750kg/m^3$ 和 0.31mPa・s。

（1）如果含水层材料由孔隙度为 0.23、饱和厚度为 27.3m、导水率为 5m/d 的砂质壤土组成，估计含水层饱和带有多少游离产物汽油存在。

（2）经济方面的考虑表明，双泵系统可以最有效地从地下水位的顶部去除游离产物汽油。Cooper-Jacob 方程可以用来把回收井的压降 $s_w$ 与抽水率 $Q_w$ 联系起来：

$$s_w = \frac{Q_w}{4\pi T}\left[-0.5772 - \ln\left(\frac{r_w^2 S}{4Tt}\right)\right]$$

其中 $T$ 是透射率（= 导水率 × 含水层的饱和厚度），$r_w$ 是井的半径，$S$ 是比产量（≈孔隙度），$t$ 是自泵送开始以来的时间。当地法规允许 1 年后最大压降为 2m，150mm 直径的回收井具有 50m 的影响半径。确定回收井的最大允许泵送速率。

38. 含有 60% 氯乙烷和 40% 乙苯的有机化合物泄漏，应使用 SVE 进行清理。土壤样品表明已经有 1000kg 的质量泄漏。要使用的抽提井的直径为 125mm，筛管长度为 3m，进气压力应保持在低于大气压 5kPa。土壤中的空气温度为 18℃，气流的土壤固有渗透率为 110 达西，气相抽提井的影响半径为 20m。如果从每个井抽取的空气中有 25% 通过污染土壤，估计在 2 周内清理泄漏所需的井数。

39. 大量的 PCE 泄漏到一个超过 $100m^2$ 的包气带。包气带厚度为 2.5m，孔隙度为 0.3，土壤基质密度为 $2600kg/m^3$，土壤有机碳含量为 2%。土壤样品分析表明 PCE 浓度为 3500mg/kg，估计 50% 的孔隙空间充满水。

（1）验证 PCE 以 NAPL 形式存在，并估算土壤中 PCE 的残余饱和度。

（2）SVE 系统被用于修复受污染的土壤。SVE 系统使用穿透整个包气带的 100mm 直径的抽提井，每个井的影响半径可以取为 25m，进气压力保持在低于大气压 15kPa。如果土壤温度为 20℃，固有渗透率为 300 达西，估计需要多少抽提井才能在 1 年内修复受污染的土壤。

40.SVE 井被设计用来修复 100kg 混合物（40% 四氯乙烯和 60% 三氯乙烯）泄漏引起污染的土壤。包气带厚度为 3.5m，气流的固有渗透率为 100 达西。抽提井的影响半径为 30m，土壤蒸汽应用具有以下性能曲线的鼓风机抽出：

$$p_{atm} - p_w = 53 - 3.25Q^2$$

其中 $p_{atm}$ 是大气压力（kPa），$p_w$ 是进口处的压力（kPa），$Q$ 是空气抽提率（$m^3/s$）。

（1）如果抽提井的直径为 100mm，土壤中的空气温度为 20℃，请计算鼓风机从包气带中除去空气的速度。

（2）如果抽提井被设置成使得 50% 的抽吸空气流过污染区域，则需要多长时间来修复土壤？

41. 一个 50m 长、10m 宽的污染羽流通过抽出 - 处理系统去除。含水层饱和厚度为 25m，区域特定排放量为 0.5m/d。如果抽提井可以放置在羽流中心下游最大 200m 处，并且每个井的最大允许排放速率为 650L/min，请确定所需抽提井的数量、位置和排放速率。

42. 一段受污染的地下水长 120m、宽 60m、穿透 20m 深的整个含水层。因场地限制，要求抽提井位于污染羽流下游 70m 处。估计含水层的导水率为 30m/d，区域流量沿着羽流轴线，水位斜率为 0.05%。

（1）确定使用一个抽提井所需的泵送速率。

（2）确定使用两个相隔 5m 的抽提井所需的提取速率。

43. 使用可处理 100L/min 的抽出 - 处理系统修复 50m 长、60m 宽的污染羽流。抽水井和注水井应设置成双层布置，以防止含水层中羽流的进一步迁移。区域水力梯度为 0.15%，平均导水率为 15m/d，含水层饱和厚度为 25m。抽水井和注水井之间的距离是多少？

# 第 6 章　流域

## 6.1　引言

流域是指汇集大气降水（雨和雪），并将由此产生的地表径流排入河流、湖泊或河口等地表水体的区域。在河流和溪流的情况下，流域通常与整个河流的长度相关联，并且顺流而下，流域中任何位置的流量都在增加。将地表径流贡献给给定河段的部分流域称为子流域。图 6.1 显示了典型流域的特征。大型的流域有时被称为池（例如科罗拉多河池或萨斯奎汉纳河池）。从概念上讲，地球上所有的陆地表面都可以分成不同的流域，每个流域对应一个水体或溪流。最重要的是，由于水体的污染物输入是由流域内的活动产生的，因此控制流域内的污染活动和地表径流途径是水质控制的基本组成部分。这种方法通常被称为基于水质的流域管理。当由一个单一的政府实体管辖整个流域时，这种方法最有效。

基于水质的流域管理的主要目标是控制流域内的活动，从而限制污染物进入受纳水体。流域规模的风险评估涉及污染源与地表水质量之间的定量随机关系。流域管理的其他目标包括防洪、侵蚀控制、地下水保护和生境保护。

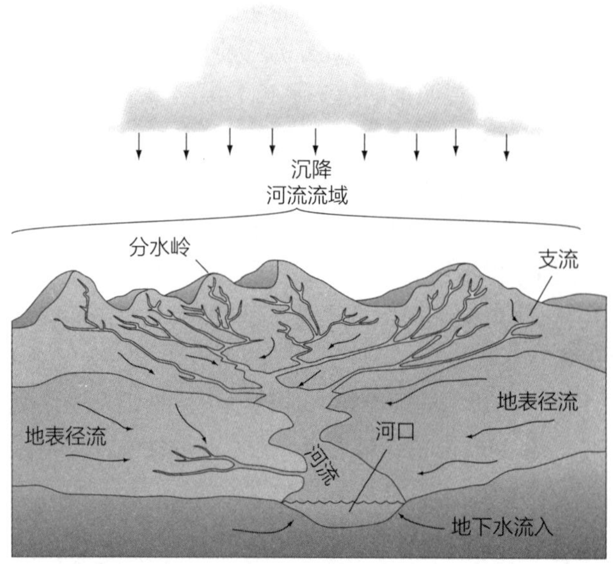

图 6.1　典型流域

有效的流域管理涉及许多科学学科，包括地质学、生物学、化学和水文学；然而，社会经济和政治因素往往是有效流域管理的决定性因素。公众对流域内污染活动与受纳水体质量之间关系的认识可以大大促进水质保护。

最影响地下水和地表水质量的两类土地用途是城市和农业用地。本章介绍与城市和农业用地有关的污染源，上述两类土地所产生的污染物的迁移和归趋，以及可用于限制源自这些土地的污染的雨水控制措施（SCMs）。

## 6.2　城市流域

城市发展与人口增长、交通网络和其他城市基础设施的发展有关，也与交通密度以及商业和工业发展有关的污染源的增加有关。城市化不可避免地增加了流域内不透水区域的比例，而不透水性和排水基础设施是迄今为止与污染负荷相关的最重要特征。不透水表面包括高速公路路面、人行道、停车场、车道和屋顶。道路和停车场是阻隔雨水渗透进入土地的最主要的两种类型，占城市总体不透水覆盖面积的 70%，其中多达 80% 为直接覆盖。随着人口密度的增加，汽车排放的废气也越来越多，不透水表面上堆积的宠物粪便和垃圾也越来越多，农药和停放的汽车渗漏出的油类越来越多，以及其他直接随着雨水冲入污水管道或倾倒入污水管道的废弃物越来越多。由于不透水面积增加，导致渗入地下的雨水量减少，地表径流量增加，同时带走了在不透水表面上堆积的污染物。

城市排水系统处理三种类型的流量：污水（下水道）流量雨水径流和入渗流量。污水通常被送到污水处理厂，并在通过管道或扩散器排放到受纳水体之前对污水进行处理。在多雨的天气条件下，街道、道路和其他不透水区域将产生雨水径流。排水系统中的水流也可能在干旱天气条件下由以下情况产生，例如灌溉和地下水的渗入以及洗车等活动。“城市径流”一词是指在城市环境中流经的雨水、灌溉水或其他流经地表的水，它们将化学物质、微生物、沉淀物和其他污染物直接带入受纳水体并造成污染。在某些情况下，特别是在老城区，污水和雨水径流经同一个管道送至污水处理厂，汇合流量往往超过了污水处理厂的接收能力，因此超出污水处理厂接收能力的部分污水不经处理即排放到受纳水体中。入渗的来源是地下水渗入污水管、泄漏的街道井盖、雨水管道的交叉连接以及其他来源。尽管渗入下水道的水通常是干净的水，但因为增加了雨水管道的流量，从而增加了未经处理的废水溢流的频率，最终增加了进入受纳水体的污染物量。由于渗入下水道的水而导致的其他不利影响是：废水到达污水处理厂之前被渗入的水所稀释，这降低了污水处理厂的处理效率。在不透水面积较少的地区（不透水面积比例（不透水度）低于 40%），可能不需要雨水管，可以通过路边的洼地、草地水渠、小溪和运河进行雨水排放。这种自然排水是郊区社区的典型特点。

不透水比例小于 10%~20% 的流域通常被认为对受纳河流的水文和水质影响最小，而不透水比例大于 30%~50% 的流域则不可避免地导致受纳河流中发生生物降解。但是，即使在不透水比例较低的情况下，流域内城市发展的分布也可能是影响流域内河段水文条件的重要因素。在流域应用中，“不透水面积”一词通常指总不透水面积（TIA），即直接不透水面积（DCIA）和非直接不透水面积（NDCIA）之和。然而，使用 TIA 描述的一个流域，则代表忽略了 DCIA 是主要影响受纳河流的水文和水质的因素。尽管如此，不透水面积（即 TIA）对溪流水质的影响在图 6.2 中生动地表现出来。图 6.2 在应用中被称为不透水覆盖模型。图 6.2 明确指出，虽然流域不透水面积是影响河流水质的重要因素，但其他流域指标如森林覆盖率、道路密度、河岸连续性等也会影响水质。因此，流域不透水面积不应该是用来预测河流质量的唯一指标，尤其是在流域不透水比例非常低的情况下。根据图 6.2 从实地研究得出的条件，得出以下几点：（1）使用图 6.2 一般应该限制在 1~3 级河流（上游源头）；（2）图 6.2 可能不适用于主要污染物排放点或位于河网内的大型蓄水池或水坝；（3）图 6.2 最适用于位于相同地理区域内的流域。

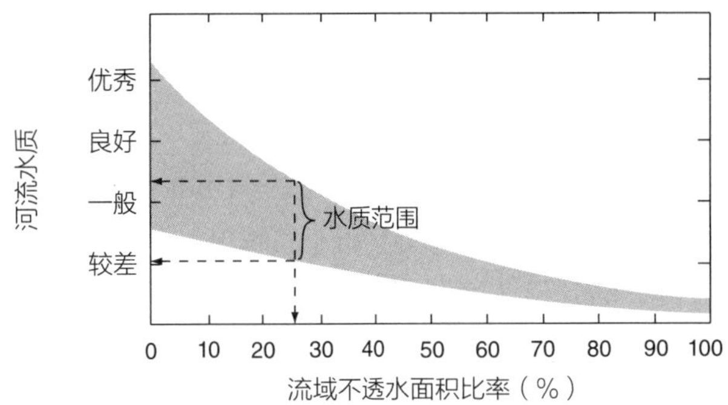


图 6.2 不透水率对河流水质的影响

在有下水道的地区，两种主要的排水方式分别为没有预处理的方式和有预处理的方式。在没有预处理的排水系统中，有时称为正排水系统，雨水径流被收集并直接输送到最近的水体。在有预处理的排水系统中，雨水被收集并滞留或部分原位保留后，然后进入雨水管道。这种沉淀预处理或渗透处理方法使得收集的雨水被排放到受纳水体之前消除了大量的污染。

城市环境中的径流通常受到物理、化学和生物方面的污染影响。径流增加的幅度和频率增加了河流达到其临界侵蚀速度的频率，达到此速度时河流开始侵蚀。这会导致河道被加深、扩大、拉直和污染物沉积。大部分的城市河流廊道都被拉直、封闭或通道化。这种现象由于增加了河道坡度，往往会将问题转移到下游，并破坏了重要水生物种的栖息地，从而降低了生物多样性。

### 6.2.1 污染物来源

城市水污染的主要来源如下。

（1）大气沉降。污染物的大气沉降分为干沉降和湿沉降。湿沉降是指空气中的污染物随雨雪降落至地面，而干沉降则是大气重力沉降。大气中的污染物通常来自本地或者其他远处的工业、城市、交通和农业活动。在大部分较大的城市，大气颗粒物在湿、干降落物中的沉积速率范围在 7~30g/（$m^2$·月）。在拥挤的市区和工业区，沉积速率往往较高一些。而在住宅和其他低密度郊区，则往往有较低的沉积速率。在具体地点进行的大气沉降速度的研究通常不能扩展到其他地区。

（2）街道垃圾。尺寸大于灰尘（>60μm）的颗粒被视为街道垃圾或街道污物。这些沉积物可以进一步分为中等大小的沉积物（60μm~2mm）和垃圾

（> 2mm）。街道污物的来源有很多，往往难以控制；然而，可以合理地假设一部分垃圾是由一些大颗粒垃圾破裂而产生的。

（3）植物。在住宅区，秋季的落叶和植物残骸（包括草屑）在街道垃圾成分中占主要地位。在落叶期间，一棵成熟的树可以产生 15~25kg（35~55ld）的有机叶渣，其中含有大量的营养物质。落叶中约含有 90% 的有机磷以及 0.05%~0.28% 的无机磷。城市地区的落叶污染物及其被冲入雨水管的部分是生物可降解有机物的重要来源。

（4）城市动物和鸟类。包括宠物和鸟类在内的城市动物的粪便是城市径流中细菌污染的重要来源。Bannerman 等人已经发现城市径流中的大肠杆菌的浓度大于 $10^6$CFU/100mL，然而更典型的值通常在 20000CFU/100mL 左右；在温暖的月份，大肠杆菌的浓度值往往更高，而在寒冷的月份则会低一些。虽然这些粪大肠菌群浓度很高，但这个指标可能对识别城市径流中的健康风险没有帮助。

（5）交通。机动车辆交通直接导致大量的污染物沉积，包括有毒的碳氢化合物、金属、石油和油类。除了废气排放之外，轮胎磨损、轮胎和车身上携带的固体、部件的磨损和损坏以及润滑液的损失都会增加污染物输入。已经发现道路和停车场的车辆油耗是多环芳烃（PAHs）的主要来源。控制废气排放和车辆磨损的监管行动、强制性车辆排放测试以及改进的燃料添加剂都有助于减少与交通有关的污染。但交通量的增加仍会造成污染，尤其是重金属污染。

（6）有毒化学品的其他来源。城市径流是有毒污染物的主要来源，如有毒金属和有机毒物，如多环芳烃和农药。这些化合物的主要来源总结在表 6.1 中。

城市径流中有毒和有害物质的来源　　表 6.1

| 有毒或有害物质 | | 来源 | | |
|---|---|---|---|---|
| | | 汽车 | 农药 | 工业 / 其他用途 |
| 重金属 | 铜 | 金属腐蚀 | 灭藻剂 | 油漆、木材防腐剂、电镀 |
| | 铅 | 电池 | — | — |
| | 锌 | 金属腐蚀、轮胎、路面、盐 | 木材防腐剂 | 油漆、金属腐蚀 |
| | 铬 | 金属腐蚀 | — | 油漆、金属腐蚀、电镀 |
| 卤化脂肪族 | 二氯甲烷 | — | 熏蒸剂 | 塑料、脱漆剂、溶剂 |
| | 氯甲烷 | 汽油 | 熏蒸剂 | 制冷剂、溶剂 |
| 邻苯二甲酸酯 | 邻苯二甲酸二（2- 乙基）酯 | — | — | 增塑剂 |
| | 邻苯二甲酸丁基苄基酯 | — | — | 增塑剂 |
| | 邻苯二甲酸正丁酯 | — | 杀虫剂 | 增塑剂、印刷油墨、纸张、着色剂、胶粘剂 |
| 多环芳烃 | 苯并菲 | 汽油、机油、油脂 | — | — |
| | 菲 | 汽油 | — | 木材 / 煤炭燃烧 |
| | 芘 | 汽油、油、沥青 | 木材防腐剂 | 木材 / 煤炭燃烧 |
| 其他挥发物 | 苯 | 汽油 | — | 溶剂 |
| | 氯仿 | 从盐中形成 | 杀虫剂 | 溶剂，由氯化而成 |
| | 甲苯 | 汽油、沥青 | — | 溶剂 |
| 农药和酚类 | 林丹（γ-BHC） | — | 蚊子控制、种子预处理 | — |
| | 氯丹 | — | 白蚁防治 | — |
| | 狄氏剂 | — | 杀虫剂 | 木材加工 |
| | 五氯酚 | — | — | 木材防腐剂、油漆 |
| | 多氯联苯（PCBs） | — | — | 电气绝缘（美国禁止使用新的用途） |
| 石棉类 | 石棉 | 刹车和离合器衬里、轮胎添加剂 | — | — |

（7）来自肥料的营养物。过度使用草坪肥料可能是景观城市地表径流中磷和氮的重要来源。来自被大面积草坪覆盖的土地的径流可以显著影响受纳水体的磷含量。

（8）来自草坪和高尔夫球场的农药。在城市地区施用的许多杀虫剂污染了地表水和地下水，在许多情况下，草皮是这些水质影响的主要来源。

（9）除冰化学品。美国、加拿大以及欧洲许多国家的积雪地区都采用除冰化学品和磨料来提供安全驾驶条件。在美国，公路（街道）车道施用除冰盐的量为 75~330kg/km（270~1200lb/mi）。典型的道路除冰盐是 96%~98% 的氯化钠。一些较低温度的情况下使用氯化钙（$CaCl_2$），既可以是液体也可以是与盐（NaCl）的干燥混合物。氯化钙的水溶液比盐的水溶液具有更低的凝固点，通常在 -25~0℃。砂和其他磨料与道路盐以各种比例混合的混合物已被用于许多社区和一些国家公路部门。磨料会堵塞城市雨水渠和路边的洼地，并增加了城市地区的清理费用。

（10）机场除冰。大多数飞机防冰和除冰化学品都是基于乙烯或丙二醇制成的。乙二醇本身不具有剧毒性。然而，已经发现除冰和防冰混合物具有显著的慢性毒性。含有高浓度乙二醇的机场径流可能对动物有毒害（如果动物舔食，宠物和动物可能喜欢这种味道）。乙二醇在土壤和水生环境中是可生物降解的，并且具有非常高的 BOD。因此，含有除冰化学品的径流对受纳水体中的含氧量造成很大的危害，通常情况下在排放前必须进行处理。机场融雪水中的 $BOD_5$ 可能高达 22000mg/L，而对于每架 1000L（260gal）的大型飞机的应用率，单次应用的 BOD 负荷相当于大约 10000 人 /d 所产生污水的 BOD 负荷。

（11）侵蚀。城市侵蚀可分为透水面地表侵蚀和河道侵蚀。地表侵蚀是由降雨和地表径流所产生的，而河道侵蚀则与河道流量有关。施工现场侵蚀最为严重，可能是造成城市和城市下游主要河段沉积物负荷的主要原因。尽管施工场地的沉积物负荷只是总侵蚀负荷的一小部分，但对于来自小流域的城市河流来说也是最具破坏性的，这些小流域也受到不透水区域和许多城市活动中污染固体冲刷的影响。潮湿地区的城市透水面通常受到植被很好的保护，只有在极端的暴风雨天气下才会产生污染物。

（12）交叉排放和非法排放到雨水管道。非法排放和交叉排放可能会对雨水管道中的污染物负荷产生重大影响。雨水管道中的非雨水排放主要来自于厕所下水道、化粪池发生故障、含污染物的地下水渗透以及车辆维修活动所排放的污水和工业废水。在美国的大部分地区，蓄意向雨水管道中倾倒垃圾、废油和油漆是非法的。

在美国的一些（较老的）城市以及许多其他国家，合流制管道溢流（CSO）时有发生并且是一个较为严峻的问题。合流制下水道中包括暴雨径流和污水。通常，城市合流制下水道系统设计为承载大约是平均干燥天气流量（污水流量）的 4~8 倍的流量，而这些系统的处理设备通常被设计为处理混合流量，其是平均干燥天气流量的 4~6 倍。表 6.2 列出了合流污水溢流（CSO）的平均水质特征。由于有机固体积累所导致的下水道黏液在干旱时期增长，因此合流制下水道中的污染物远远多于雨水流量相对较低的雨水管道中的污染物。

合流制管道溢流的平均水质　　表 6.2

| 参数 | 平均浓度 |
|---|---|
| $BOD_5$（mg/L） | 115 |
| TSS（mg/L） | 370 |
| TN（mg/L） | 9~10 |
| $PO_4$-P（mg/L） | 1.9 |
| Pb（mg/L） | 0.37 |
| 总大肠菌群（MPN/100 mL） | $10^2$~$10^4$ |

## 6.2.2　归趋和迁移过程

城市流域的污染物归趋和迁移过程非常复杂，污染物特异性强，受到众多因素的影响。但是当解决一个实际问题时，通常使用相对简单的集中参数模型来描述从城市流域到受纳水体的污染物通量。最常用的模型是次降雨径流平均浓度（EMC）模型和地表污染物累积 - 冲刷模型。下面详细介绍了这些模型。

### 6.2.2.1　次降雨径流平均浓度（EMC）模型

一项名为“全国城市径流计划（NURP）”的开创性研究于 1978~1983 年在美国进行，以调查城市土地利用与城市地表径流产生的污染负荷之间的相互关系。NURP 研究对位于美国各地的 28 个实验流域的数千次暴风雨进行了分析。NURP 研究得出的一个关键结论是，与提供二级处理的城市污水处理厂的排放量相比，在住宅、商业和轻工业地区无控制排放的废水中的年总悬浮固体量（TSS）要多出 10 倍。NURP 研究还表明，城市雨水径流比经二级处理后的排放水中的污染物的年负荷要高，包括化学需氧量（COD）、铅（Pb）、铜（Cu）、油脂和多环芳烃（PAHs）。NURP 研究的结果在今天仍被认为是适用的。有所改变的是，由于从含铅汽油转向无铅汽油，雨水径流中典型的 Pb 浓度已经至少下降至 1/4。

NURP 研究表明，在雨水径流中没有一致的污染物浓度模型。因此，目前的研究集中在次降雨径流平均浓度（EMC）模型的统计评估上，定义为：

$$\text{EMC}=\frac{\text{径流中污染物的质量}}{\text{径流的总体积}}=\frac{\sum Q_i C_i}{\sum Q_i} \tag{6.1}$$

其中 $Q_i$ 和 $C_i$ 分别表示在该径流中，在时间 $i$ 时的流量和污染物浓度。EMC 代表流量加权平均浓度。NURP 研究发现、地理位置、土地利用类型，径流量和其他因素在统计学上与 EMC 无关，并不能解释不同样品点之间或不同暴雨径流之间的不一致性。其中一个原因可能是径流中的污染物与不同地理位置和土地的使用类型无关，而与土地上的污染物输入和污染活动有关。在大多数实际情况下，污染物的总质量和 EMC 比单个径流内的浓度分布要重要得多。NURP 研究的一个有用的发现是，大多数污染物的 EMC 符合对数正态分布，中值和协方差（COV）如表 6.3 所示。COV 被定义为观测值的标准偏差除以平均值。在任何特定地点，假定 EMC 对于不同暴雨径流有所不同，表 6.3 中显示的值反映了这种差异。应该注意的是，对于许多污染物来说，COV ≈ 1，这表明 EMC 具有数量级的变化。场地平均浓度（SMC）是场地特征径流浓度，可以作为 EMC 的中值。在美国，通常使用缩略语 EMC 和 SMC 互换地表示实际应用中的 EMC 的中值。

继 NURP 研究之后，美国开发了一个国家雨水质量数据库（NSQD）用以汇编管理雨水排放所需的监测结果。表 6.4 给出了从这个数据集编制的 EMC。

NURP 统计的城市用地次降雨径流平均浓度（EMC） 表 6.3

| 污染物 | 单位 | 住宅 | | 混合 | | 商业 | | 开放 / 非城市 | |
|---|---|---|---|---|---|---|---|---|---|
| | | 中值 | COV | 中值 | COV | 中值 | COV | 中值 | COV |
| $BOD_5$ | mg/L | 10 | 0.41 | 7.8 | 0.52 | 9.3 | 0.31 | — | — |
| COD | mg/L | 73 | 0.55 | 65 | 0.58 | 57 | 0.39 | 40 | 0.78 |
| TSS | mg/L | 101 | 0.96 | 67 | 1.14 | 69 | 0.85 | 70 | 2.92 |
| 总铅 | μg/L | 144 | 0.75 | 114 | 1.15 | 104 | 0.68 | 30 | 1.52 |
| 总铜 | μg/L | 33 | 0.99 | 27 | 1.32 | 29 | 0.81 | — | — |
| 总锌 | μg/L | 135 | 0.84 | 154 | 0.78 | 226 | 1.07 | 195 | 0.66 |
| TKN | μg/L | 1900 | 0.73 | 1288 | 0.50 | 1179 | 0.43 | 965 | 1.00 |
| $NO_{2+3}$–N | μg/L | 736 | 0.83 | 558 | 0.67 | 572 | 0.48 | 543 | 0.91 |
| 总磷 | μg/L | 383 | 0.69 | 263 | 0.75 | 201 | 0.67 | 121 | 1.66 |
| 可溶性磷 | μg/L | 143 | 0.46 | 56 | 0.75 | 80 | 0.71 | 26 | 2.11 |

NSQD 统计的城市用地次降雨径流平均浓度（EMC） 表 6.4

| 污染物 | 单位 | 住宅 | | 商业 | | 工业 | | 高速公路 | | 开放空间 | |
|---|---|---|---|---|---|---|---|---|---|---|---|
| | | 中值 | COV | 中值 | COV | 中值 | COV | 中值 | COV | 中值 | COV |
| COD | mg/L | 50 | 1.0 | 63 | 1.0 | 59 | 1.3 | 64 | 1.0 | 21 | 0.6 |
| TSS | mg/L | 59 | 2.0 | 55 | 1.7 | 73 | 1.7 | 53 | 2.6 | 11 | 1.8 |
| 总铅 | μg/L | 6 | 2.1 | 15 | 1.7 | 20 | 2.0 | 49 | 1.1 | 48 | 0.9 |
| 总铜 | μg/L | 12 | 1.9 | 17.9 | 1.4 | 19 | 2.1 | 18 | 2.2 | 9 | 0.4 |
| 总锌 | μg/L | 70 | 3.3 | 110 | 1.4 | 156 | 1.7 | 100 | 1.4 | 57 | 0.8 |
| TKN | μg/L | 1200 | 1.2 | 1300 | 0.9 | 1400 | 1.1 | 1700 | 1.2 | 400 | 1.2 |
| 总磷 | μg/L | 300 | 1.6 | 200 | 1.2 | 200 | 1.4 | 300 | 5.2 | 0 | 1.5 |
| 粪大肠菌群 | $dL^{-1}$ | 4200 | 5.7 | 3000 | 3.0 | 2850 | 6.1 | 2000 | 2.7 | 2300 | 1.2 |

从这些数据可以看出，NSQD 数据的中位数与 NURP 数据的中位数相对接近；然而，在大多数情况下，NSQD 的 COV 值比 NURP 数据要高得多。这可能是因为 NSQD 数据覆盖范围比 NURP 数据更广。

许多其他特定地点的调查发现，在城市地区，NURP 研究和 NSQD 分析出的 EMC 值的数量级相同，并且为断定 EMC 是对数正态分布提供了额外的依据。在其他一些特定地点的研究中，已经报道了显著大于表 6.3 和表 6.4 所示中值的数值，如 COD 高达 1000mg/L，总悬浮固体（TSS）高达 2000mg/L，总磷（TP）高达 15mg/L。对于营养物质（TKN、$NO_{2+3}$-N、TP 和可溶性 P），用于估算城市径流中 EMC 的更详细的回归模型已经被提出。

表 6.5 显示了几个特定地点 EMC 研究的结果，这些研究的作者观察到 EMC 的几个显著特点。例如，Passeport 和 Hunt 曾告诫不要在停车场使用高速公路氮的 EMC，因为停车场氮的 EMC 预计将明显低于高速公路氮的 EMC；然而，高速公路和停车场中 TP 的 EMC 预计将具有可比性。Schiff 和 Tiefenthaler 观察到城市流域在酸性条件下，SS 的 EMC 值具有季节性变化：在干旱的气候条件下，在雨季开始时的暴雨产生的 EMC 是本季度晚些时候的暴雨 EMC 的 3~10 倍；其他雨水污染物，包括六种微量金属（Cd、Cr、Cu、Pb、Ni 和 Zn）与 TSS 高度相关，同时也表现出显著的季节性冲刷特点。Mackay 等人报道重新铺设的路面重金属的 EMC 与重新铺设前相应的 EMC 没有显著差异。对于细菌的 EMC 并不经常被报道（在表 6.5 中没有显示）；但是在美国，河流中细菌是最受关注的，因为大多数河流被超过水质标准（浓度）的细菌所污染。Hathaway 等人报道，在北卡罗来纳州的一个城市流域表明：大肠杆菌的 EMC 在 700~84700MPN/100mL 范围内；粪大肠菌群的 EMC 在 1500~342400MPN/100mL 范围内；肠球菌的 EMC 在 1300~181800MPN/100mL 范围内。德克萨斯州奥斯汀的一项详细研究将几种 EMC 量化为不透水面积、商业用地、未开发用地、单户住宅和工业用地的比例的一个（多元）线性函数。在解释所有 EMC 数据时，重要的是要认识到 EMC 的定量估算结果与采集水质样品的方法选择有关；流量加权采样器通常以最低精度采集样品并产生最准确的结果。

土地使用信息通常是获得任何特定区域的 EMC 的基础，而所需的土地使用信息通常是从公共记录中获得的。在没有可获得的土地使用数据或者负担不起进行数据获取的地区，从公众可用的卫星图像估算土地使用数据是一个可行的选择。但是，在假设土地用途是影响径流质量的唯一因素时应小心，因为已经有研究表明，地质背景对营养物质、金属和悬浮固体在自然地点的组成水平有显著的影响，当地的气候对雨水径流中的悬浮固体含量具有主导作用。对于地理条件不均匀的大型流域，利用 EMC 预测地表径流质量可以在 GIS 平台上轻松实现。

污水处理厂的二次处理通常预计将从未处理的污水中去除至少 85% 的 BOD 和 SS，并且处理后的废水中的 BOD 和 SS 低于 30mg/L 之后再排入受纳水体。考虑到表 6.3 中所示的城市径流的典型特征，这表明城市径流中 BOD 和 SS 的浓度与处理过的污水相当或高得多。

利用以下关系式可以估算未受干扰的城市流域径流污染物的单位负荷：

$$\text{负荷}\ (\text{kg/hm}^2) = 0.01 C \cdot P \cdot \text{EMC} \tag{6.2}$$

式中 $C$——径流系数（无量纲）；

$P$——降雨深度（mm）；

EMC——流量加权平均浓度（mg/L 或 $g/m^3$）。

$C$ 由下式定义：

$$C = \frac{\text{径流的体积}}{\text{雨水的体积}} \tag{6.3}$$

径流系数 $C$ 可以使用图 6.3 中绘制的（NURP）数据或任何能更好地描述当地条件的其他数据来估算。根据 Schueler 的说法，图 6.3 所示的径流系数 $C$ 可以近似为：

$$C = 0.05 + 0.9 \frac{I}{100} \tag{6.4}$$

式中 $I$——集水区中不透水面积百分比。

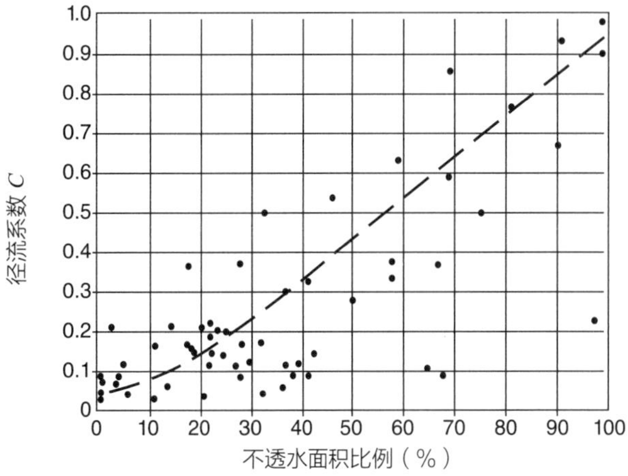


图 6.3 NURP 研究的径流系数

文献报道的城市用地场次降雨污染物平均浓度（EMC） 表 6.5

| 参考文献 | 土地利用 | TSS（mg/L） | Cd（μg/L） | Cu（μg/L） | Pb（μg/L） | Zn（μg/L） | $NO_3$-N（mg/L） | $NO_2$-N（mg/L） | TKN（mg/L） | TP（mg/L） |
|---|---|---|---|---|---|---|---|---|---|---|
| Stotz（1987） | 乡村 | 137 | 5.9 | 97 | 202 | 360 | — | — | — | 0.25 |
| | 乡村 | 181 | 5.9 | 117 | 245 | 620 | — | — | — | 0.35 |
| | 乡村 | 252 | 2.8 | 58 | 163 | 320 | — | — | — | 0.31 |
| Harper 和 Baker（2007） | 乡村 | 8 | — | — | — | — | — | — | — | 0.15 |
| Wu 等人（1998）[b] | 乡村 / 住宅 | 283 | — | 24.2 | 21.0 | — | 2.25 | — | 1.42 | 0.43 |
| | 乡村 / 住宅 | 93 | — | 11.5 | 13.9 | — | 0.22 | — | 1.18 | 0.52 |
| | 乡村 / 住宅 | 30 | — | 4.6 | 6.5 | — | 0.14 | — | 1.00 | 0.47 |
| Barrett 等人（1998）[c] | 商业 / 住宅 | 129 | — | 37 | 53 | 222 | 1.07 | — | — | 0.33 |
| | 乡村 / 住宅 | 91 | — | 7 | 15 | 44 | 0.71 | — | — | 0.11 |
| | 商业 / 住宅 | 19 | — | 12 | 3 | 24 | 0.37 | — | — | 0.10 |
| Legret 和 Pagotto（1999）[b] | 乡村 | 77 | 1 | 45 | 58 | 356 | — | — | 2.3 | — |
| Deletic 和 Maksimovic（1998）[a] | 住宅 / 商业 | 96–673 | — | — | — | — | — | — | — | — |
| | 停车场 | 5–417 | — | — | — | — | — | — | — | — |
| Stotz 和 Krauth（1994）[b] | — | 64 | 0.9 | 49 | 137 | 441 | 0.85 | 0.14 | — | — |
| | | 49 | 2.5 | 88 | 58 | 737 | 3.11 | 0.29 | — | — |
| Harper 和 Baker（2007） | 商业 | 58–70 | — | 15–18 | 5 | 94–160 | — | — | — | 0.18–0.35 |
| Harper 和 Baker（2007）[e] | 工业 | 60 | — | 3 | 2 | 57 | — | — | — | 0.26 |
| Sansalone 和 Buchberger（1997）[a] | 城市 | — | 5–11 | 43–325 | 37–97 | 459–15244 | — | — | — | — |
| Brezonik 和 Stadelmann（2002） | 城市 | — | — | — | — | — | — | — | 2.62 | 0.58 |
| Choe 等人（2002） | 城市 | — | — | — | — | — | — | — | 6.76 | 1.96 |
| Flint 和 Davis（2007）[b] | 城市 | 420 | 35 | 110 | 220 | 1180 | 1.0 | 0.14 | 3.4 | 0.56 |
| Ellis 和 Mitchell（2006）[c] | 城市 | 90 | — | — | 140 | 300 | — | — | — | 0.34 |
| Harper 和 Baker（2007） | 城市 / 住宅 | 23–80 | — | 8–16 | 2–6 | 31–86 | — | — | — | 0.19–0.52 |
| Pitt 和 Maestre（2005）[c] | 住宅 | 48 | — | 12 | 12 | 73 | — | — | 1.4 | 0.3 |
| USEPA（1983a） | 高速公路 | — | — | — | — | — | — | — | - | 0.33 |
| Driscoll 等人（1990） | 高速公路 | 142 | — | 54 | 400 | 329 | — | — | 0.87 | — |
| Barrett 等人（1995） | 高速公路 | — | — | — | — | — | 0.36–1.25 | — | — | 0.1–0.42 |
| Irish 等人（1995）[c] | 高速公路 | — | — | — | — | — | 0.73–1 | — | — | 0.08–0.41 |
| Wu 等人（1996）[c] | 高速公路 | 215 | — | 15 | 15 | — | — | — | 0.88 | 0.14 |
| Wu 等人（1998）[c] | 高速公路 | 215 | — | 15 | 15 | — | — | — | — | 0.43–0.52 |
| Kayhanian 和 Borroum（2000） | 高速公路 | — | — | — | — | — | 1.8 | — | 5.2 | 0.7 |
| Kayhanian 等人（2003） | 高速公路 | — | — | — | — | — | 1.1 | — | 2 | 0.3 |
| Kayhanian 等人（2007） | 高速公路 | — | — | — | — | — | 1.07 | — | 2.06 | 0.29 |
| Li 等人（2008）[d] | 高速公路 | 76–92 | — | 14–16 | 6–7 | 99–122 | — | — | — | — |
| | 高速公路 | 44–132 | — | 19–29 | 8–12 | 125–163 | — | — | — | — |
| Harper 和 Baker（2007） | 高速公路 | 38 | — | 32 | 11 | 126 | — | — | — | 0.22 |
| Rushton（2001） | 停车场 | — | — | — | — | — | 0.273–0.28 | — | — | 0.105–0.106 |
| Hope 等人（2004） | 停车场 | — | — | — | — | — | 3.4–26.6 | — | — | — |
| Passeport 和 Hunt（2009） | 停车场 | — | — | — | — | — | 0.36 | — | 1.19 | 0.19 |

a EMC 范围。
b 平均 EMC 范围。
c EMC 中值。
d 德克萨斯州大学城的三个地点和德克萨斯州奥斯汀的三个地点的中位数。
e 佛罗里达州的典型值。

Guo 和 Cheng 提出的使用相同数据的 $C$ 的替代估算是：

$$C = 0.858\left(\frac{I}{100}\right)^3 - 0.780\left(\frac{I}{100}\right)^2 + 0.774\left(\frac{I}{100}\right) + 0.04 \tag{6.5}$$

利用公式（6.2）计算城市地表径流污染物负荷的方法称为简单方法，适用于面积小于 2.6km$^2$（1 平方英里）的地区。公式（6.2）中的降雨深度 $P$ 可以用以下形式表示：

$$P = P_o P_j \tag{6.6}$$

式中　$P_o$——期望的时间间隔内的降雨深度；

$P_j$——针对不产生径流的暴雨修正 $P_o$ 的因子。

因子 $P_j$ 等于不产生径流的年度或季节降雨分数，对于单独的暴雨，通常假定 $P_j = 1$。

## 【例题 6.1】

估计某城市（住宅）面积的 40% 为不透水面积，年平均降雨量为 1320mm，估计年降雨量的 50% 不会产生径流。假设悬浮固体的 EMC 分布为正态分布，估算径流中悬浮固体的中位数和第 90 百分位负荷。

**【解】**

从表 6.3 的 NURP 数据可以看出，一个居民点的径流中位悬浮固体（SS）浓度为 101mg/L，协方差为 0.96。由于悬浮固体的 EMC 分布为正态分布，EMC 的均值 $\mu$ 和标准偏差 $\sigma$ 由下式给出：

$$\mu = 101 \text{ mg/L}$$

$$\sigma = 0.96 \times 101 = 97 \text{ mg/L}$$

正态分布的第 90 百分位频率因子从附录 C 获得为 1.28，因此悬浮固体的第 90 百分位 $\text{EMC}_{90}$ 为：

$$\text{EMC}_{90} = \mu + 1.28\sigma = 101 + 1.28 \times 97 = 225 \text{ mg/L}$$

当不透水面积为 40% 时，径流系数 $C$ 可由图 6.3 估算为 0.34。根据给定的数据，$P_o = 1320\text{mm}$，$P_j = 0.50$，因此年有效降雨量 $P$ 由公式（6.6）给出：

$$P = P_o P_j = 1320 \times 0.50 = 660 \text{ mm}$$

公式（6.2）给出了悬浮固体的年平均负荷（= 平均值）：

$$\begin{aligned}\text{负荷} &= 0.01C \times P \times \text{EMC} \\ &= 0.01 \times 0.34 \times 660 \times 101 \\ &= 227 \text{ kg/hm}^2\end{aligned}$$

第 90 百分位的负荷为：

$$\begin{aligned}\text{负荷} &= 0.01C \times P \times \text{EMC}_{90} \\ &= 0.01 \times 0.34 \times 660 \times 225 \\ &= 505 \text{ kg/hm}^2\end{aligned}$$

这些估计的污染物负荷统计数据反映了一个典型的城市流域，根据当地的条件，例如该地区正在进行的建筑数量，上述估算值可能会有很大的不同。

在估算城市径流中污染物负荷时，应谨慎采用 EMC 方法，因为一些城市流域的雨水排水系统中含有非降雨径流，并且在该系统排放的年度污染物负荷中占相当大的比例。雨水排水系统中的旱季径流通常来自地下水流入、废水排放、非法排放、过量灌溉、汽车洗涤以及其他住宅和商业用途的废水。

除仅使用公式（6.2）估算城市径流中的污染物负荷外，也可以利用复合质量负荷法来预测城市径流中的污染负荷。下面的例题说明了这种方法。

## 【例题 6.2】

某流域包含各种土地用途和土壤，总磷负荷见表 6.6。

**各种土地用途和土壤的总磷负荷　　表 6.6**

| 土地用途 | | 总磷 [kg/（hm$^2$·年）] | | | |
|---|---|---|---|---|---|
| | | 土壤分类 | | | |
| | | A | B | C | D |
| 开放空间 | | 0.09 | 0.09 | 0.09 | 0.09 |
| 草地 | | 0.09 | 0.09 | 0.09 | 0.09 |
| 新分级 | | 3.47 | 5.26 | 6.27 | 7.39 |
| 森林 | | 0.09 | 0.09 | 0.09 | 0.09 |
| 商业 | | 1.79 | 1.79 | 1.79 | 1.79 |
| 工业 | | 1.46 | 1.51 | 1.51 | 1.46 |
| 住宅 | ≤ 0.05hm$^2$ | 1.79 | 1.79 | 1.90 | 1.96 |
| | 0.10~0.13hm$^2$ | 1.01 | 1.23 | 1.23 | 1.23 |
| | 0.2~0.4hm$^2$ | 0.78 | 1.01 | 1.06 | 1.06 |
| | 0.8~1.6hm$^2$ | 0.27 | 0.37 | 0.37 | 0.37 |
| 光滑的表面 | | 2.24 | 2.24 | 2.24 | 2.24 |

流域面积以 B 型土壤为主，其中住宅用地 24.3hm²，商业用地 8.9hm²，工业用地 4.1hm²，开放空间 2.0hm²。估算流域出口处的年总磷负荷。

**【解】**

根据给定的数据，计算并总结流域各类地区年总磷负荷。这些计算结果汇总在表 6.7 中。

表 6.7

| 土地用途 | 面积（ha） | 面积百分比（%） | 土壤分组 | 单位负荷率 [kg/hm²·年] | 总计（kg/年） |
|---|---|---|---|---|---|
| 住宅 | 24.3 | 62 | B | 1.01 | 24.5 |
| 商业 | 8.9 | 23 | B | 1.79 | 16.0 |
| 工业 | 4.1 | 10 | B | 1.51 | 6.1 |
| 开放空间 | 2.0 | 5 | B | 0.09 | 0.2 |
| 总计 | 39.3 | 100 | | | 46.8 |

根据这些结果，预计流域径流将包含 46.8kg/ 年的总磷负荷。

#### 6.2.2.2 地表污染物累积 – 冲刷模型

虽然不透水和透水的城市表面均可以在降雨天气下产生城市径流，但大多数城市径流来自地表不透水表面，通常只有较大的降雨会产生明显的径流。不透水地区的污染物负荷通常与道路上固体物质的积累有关，通常采用两步法估算这些地区的污染物负荷。在第一步中，使用一个模型来定量预测固体的累积作为时间（自变量）的函数，在第二步中，使用模型来量化预测累积 – 冲刷的固体污染物。固体负荷乘以固体中污染物的含量可以得到某污染物负荷。尽管对街道表面污染物积累和冲刷的精确计算具有高度的不确定性，但下面所描述的模型已被纳入到城市流域模型中，这些模型的使用者应该熟悉这些模型所体现的基本概念。

（1）累积模型。几乎所有的街道垃圾都可以在路边 1m（3ft）的范围内找到，而污染物质的积累通常以每米路缘表示。街道固体的质量平衡积累函数通常表示为以下形式：

$$\frac{\mathrm{d}m}{\mathrm{d}t}=p-\xi m \tag{6.7}$$

式中 $m$——路边存储的污染物的量（$\mathrm{ML^{-1}}$）；

$t$——时间（T）；

$p$——所有污染物输入量之和（$\mathrm{ML^{-1}T^{-1}}$）；

$\xi$——去除系数（$\mathrm{T^{-1}}$）。

方程（6.7）量化了一个过程，即在最后一次径流或街道清扫之后，污染物积累速率最大，然后由于几个因素（如风和车辆效应或者某些成分的化学或者生物衰减）而减小并最终达到一个恒定的速率。Novotny 等人给出了估计去除系数 $\xi$（$\mathrm{d^{-1}}$）的公式：

$$\xi=0.0116\mathrm{e}^{-0.08H}(\mathrm{TS}+\mathrm{WS}) \tag{6.8}$$

式中 $H$——路边高度（cm）；

TS——交通速度（km/h）；

WS——风速（km/h）。

公式（6.8）预测的 $\xi$ 与直接由实测数据导出的 $\xi$ 之间的相关系数为 0.86。方程（6.7）可以被整合为以时间为自变量，以污染物负荷为因变量的函数：

$$m(t)=\frac{p}{\xi}\left(1-e^{-\xi t}\right)+m(0)e^{-\xi t} \tag{6.9}$$

式中 $m$（0）——固体的初始负荷。

在这个过程中，总是有一种趋于平衡的趋势，即方程（6.7）产生：

$$\text{当 } p=\xi m_{\mathrm{eq}}\text{ 时，}\ \frac{\mathrm{d}m}{\mathrm{d}t}=0 \tag{6.10}$$

并且方程（6.7）可以写成关于平均固体积累量 $m_{\mathrm{eq}}$ 的形式：

$$\frac{\mathrm{d}m}{\mathrm{d}t}=-\xi(m-m_{\mathrm{eq}}) \tag{6.11}$$

这个表达式说明，街道路边储存固体的积累速率可以是正值或负值，取决于初始污染物负荷 $m$（0）是大于还是小于平衡负荷 $m_{\mathrm{eq}}$。Novotny 等人描述了积累方程（6.9）的统计评估和验证，这些结果表明中等密度住宅区的去除系数 $\xi$ 是相当稳定的，达到约 0.2~0.4$\mathrm{d^{-1}}$，这意味着约 20%~40% 的固体积聚在路边。风和来往车辆每天吹扫这些堆积在路边的固体污染物。

由三个主要来源即垃圾沉积（$p_{\mathrm{r}}$）、大气干沉降（$p_{\mathrm{a}}$）和交通（$p_{\mathrm{t}}$）将固体输入到路边，$p$ 可以由下式进行表述：

$$p=p_{\mathrm{r}}+p_{\mathrm{a}}+p_{\mathrm{t}} \tag{6.12}$$

其中 $p_{\mathrm{r}}$、$p_{\mathrm{a}}$ 和 $p_{\mathrm{t}}$ 的污染物输入量（g/（m·d））可以用以下关系来估计：

$$p_{\mathrm{r}}=\mathrm{LIT} \tag{6.13}$$

$$p_{\mathrm{a}}=\frac{1}{2}\mathrm{ATMFL}\cdot\mathrm{SW} \tag{6.14}$$

$$p_t = \frac{1}{2} \mathrm{TE} \cdot \mathrm{TD} \cdot \mathrm{RCC} \tag{6.15}$$

式中 LIT——垃圾和街道垃圾沉积率（g/（m·d））；

ATMFL——大气干沉降率（g/（$m^2$·d））；

SW——街道宽度（m）；

TD——交通排放率（g/（轴·m））；

TE——交通密度（轴 /d）；

RCC——路况系数（无量纲）。

由于风和来往车辆对街道固体积聚的影响在冬季与夏季差别很大，冬季沉积物累积模型与方程（6.9）所描述的有很大的不同，除雪除冰化学品的应用使这一过程进一步复杂化。雪堆是街边污染（包括大量的盐）的有效聚集地。由于固体和污染物被结合到雪中，并且不会被风和来往车辆从积雪中除去，因此积聚率几乎是线性的，并且远高于非冬季。因此，积雪期结束时路边积聚的污染物量很高。当雪堆和冻冰位于街道两侧时，使用清扫设备去除冬季道路污染物的可能性非常有限。有人提出将严重污染的雪运送到适当区域处理的策略；然而，识别“严重污染”的雪的技术往往是非常不确定的。

（2）冲刷模型。最简单和最广泛使用的冲刷模型是基于以下一阶去除概念的模型：

$$\frac{\mathrm{d}m}{\mathrm{d}t} = -k_{\mathrm{U}} i m \tag{6.16}$$

式中 $m$——街道表面上剩余的固体质量（M）；

$t$——时间（T）；

$k_U$——一个常数，称为城市冲刷系数，取决于街道表面特征（$L^{-1}$）；

$i$——降雨强度（$LT^{-1}$）。

方程（6.16）假设降雨的污染物冲刷负荷与径流前流域积累的污染物质量成正比，污染物冲刷负荷是降雨率的直接函数。对方程（6.16）积分得：

$$m(t) = m(0)\exp(-k_{\mathrm{u}} i t) \tag{6.17}$$

式中 $m$（0）——储存在街道上的初始质量（M）。

当颗粒的粒径在一定范围内（10μm~1mm）时，$k_u$ 几乎是独立的常数。在使用这一概念的城市径流模型中，$k_u$ 通常为 0.19$mm^{-1}$。方程（6.17）有时通过假设不是所有的固体都会通过交通所转移而修正得来。

$$m(t) = a m(0)\exp(-k_{\mathrm{u}} i t) \tag{6.18}$$

式中 $a$——可用性因子（无量纲），用以说明颗粒的非均匀化及尘埃及尘埃颗粒之间行进距离的变化。

可用性因子可以使用以下经验关系来估计：

$$a = 0.057 + 0.04 i^{1.1} \tag{6.19}$$

式中 $i$ 的单位是 mm/h，$a$ 的最大值是 1.0。通过引入必须估算的额外冲刷参数，可能会部分地抵消可用性因子的优势。

方程（6.7）和方程（6.16）给出的累积和冲刷模型主要用于预测不可渗透表面上固体的堆积和地表径流的去除。这些模型也被用来预测与固体积累不正常相关的其他污染物的积累和冲刷，例如总石油碳氢化合物—柴油（TPH–D）、溶解的有机氮和锌。当然，模型参数取决于正在模拟的污染物。

由方程（6.7）和方程（6.16）给出的累积和冲刷模型可与分析降雨径流模型相结合，直接将污染物负荷与降雨特征联系起来。累积和冲刷模型也被用来模拟与车辆交通无关的污染物的迁移，例如模拟路边使用的除草剂的归趋和迁移，这些污染物可能对受纳水体的初级生产力产生重大不利影响。

## 【例题 6.3】

一条 8m 宽的城市道路的 100m 段排入附近一个违反水质标准的湖泊。实地调查表明，道路垃圾和街道垃圾沉积率为 10g/（m·d），干沉降率为 1g/（$m^2$·d），交通排放率为 0.05g/（轴·m），交通密度为 50 轴 /d，路况系数为 0.8。路边高度为 20cm，平均车速为 60km/h，平均风速为 8km/h。估计城市冲刷系数为 0.1$mm^{-1}$。在最近一次 2h 暴雨产生 50mm 降雨量的前 10d，道路段上的固体物质估计为 0.6kg/m。（1）估算通过暴雨径流进入湖泊的固体质量。（2）道路上固体的平衡水平是多少？

## 【解】

（1）根据给定的数据，LIT=10g/（m·d），ATMFL=1g/（$m^2$·d），SW=8m，TE=0.05g/（轴·m），TD=50 轴 /d，RCC=0.8，$H$=20cm，TS=60km/h，WS=8km/h，$m$（0）=0.6kg/m=600g/m，$k_U$=0.1$mm^{-1}$，$i$=50/2=25mm/h。由公式（6.9）给出的作为时间 $t$ 的函数的单位路缘长度的固体质量 $m$（$t$）为：

$$m(t) = \frac{p}{\xi}\left(1 - \mathrm{e}^{-\xi t}\right) + m(0)\mathrm{e}^{-\xi t}$$

固体输入到路边存储 $p$，由公式（6.12）~ 公式

（6.15）给出：

$$\begin{aligned}p&=p_{\mathrm{r}}+p_{\mathrm{a}}+p_{\mathrm{t}}\\&=\mathrm{LIT}+\frac{1}{2}\mathrm{ATMFL}\times\mathrm{SW}+\frac{1}{2}\mathrm{TE}\times\mathrm{TD}\times\mathrm{RCC}\\&=10+\frac{1}{2}1\times8+\frac{1}{2}0.05\times50\times0.8\\&=44\mathrm{g/(m\cdot d)}\end{aligned}$$

去除系数 $\xi$ 由公式（6.8）给出：

$$\begin{aligned}\xi&=0.0116\mathrm{e}^{-0.08H}(\mathrm{TS}+\mathrm{WS})\\&=0.0116\mathrm{e}^{-0.08\times20}(60+8)=0.16\ \mathrm{d}^{-1}\end{aligned}$$

将 $p$=44g/（m·d），$\xi$=0.16d$^{-1}$，$t$=10d，$m$（0）=600g/m 代入公式（6.9），得到在暴雨开始时沿着道路的固体的质量。

$$m(t)=\frac{44}{0.16}(1-\mathrm{e}^{-0.16\times10})+600\mathrm{e}^{-0.16\times10}=98\ \mathrm{g/m}$$

公式（6.18）给出了暴雨开始后 $t$ 时刻沿道路的固体质量：

$$m(t)=am(0)\exp(-k_{\mathrm{U}}it)$$

其中可用性因子 $a$ 由公式（6.19）给出：

$$a=0.057+0.04i^{1.1}=0.057+0.04\times25^{1.1}=1.44$$

由于 $a$>1，取 $a$=1。将 $a$=1，$m$（0）=98g/m，$k_{\mathrm{U}}$=0.1mm$^{-1}$，$i$=25mm/h，$t$=2h 代入公式（6.18）得到在暴雨结束时沿路边的剩余质量为：

$$m(t)=1\times98\exp(-0.1\times25\times2)=0.67\ \mathrm{g/m}$$

由于暴雨后道路上剩余的固体质量为 0.67g/m，暴雨前沿道路的质量为 98g/m，故冲洗量等于 98–0.67=97.3g/m。由于道路段长 100m，故：

暴雨径流中的总固体 =100 × 97.3=9730g=9.73kg

因此，估计这场暴雨将大约 10kg 固体从道路路面冲入湖中。

（2）道路路面上固体的平衡质量 $m_{\mathrm{eq}}$ 由公式（6.10）给出：

$$m_{\mathrm{eq}}=\frac{p}{\xi}=\frac{44}{0.16}=275\ \mathrm{g/m}$$

在没有任何冲刷的情况下，道路上的累积质量预计接近 275g/m。

### 6.2.3 雨水控制措施

雨水控制措施也被广泛称为最佳管理措施（BMPs），被定义为去除、减少、减缓或防止目标雨水径流成分、污染物以及污染物到达受纳水体的装置、措施或方法。雨水控制措施的这一定义区分了结构性和非结构性雨水控制措施，前者主要是针对特定地点管理雨水的工程和 / 或生物工程解决方案，后者主要是指导开发工具或工具优化操作。

有许多非结构性和结构性雨水控制措施被用来减少排入受纳水体之前的城市污染物。这些方法通常分为以下五类：（1）预防；（2）源头控制；（3）水文优化；（4）减少运输系统中的污染物和流量；（5）末端污染控制。预防措施可以防止污染物在城市景观中沉积；源头控制措施可以防止污染物与降水和雨水径流接触；水文优化降低了降水产生的径流；减少运输系统中的污染物和流量涉及污染物衰减的特殊通道特征，如洼地和颗粒去除结构；末端污染控制包括诸如在排入受纳水体之前的湿地等处理措施。雨水控制措施通常由当地的排水规定来执行。

#### 6.2.3.1 源头控制措施

源头控制措施是控制城市径流污染的最有效措施。这些措施通常包括减少不透水表面的污染物积累、减少透水层的侵蚀和现场径流渗透。一些最先进的城市发展项目具有零排放雨水管理功能：通过促成储存、渗透和蒸散等一系列的雨水控制措施来消耗城市径流。最有效的源头控制措施如下所述。

（1）从街道表面清除固体。从街道表面清除固体是一种常用的源头控制措施。包括垃圾控制方案和街道清洁。垃圾包括纸张、植物残渣、动物粪便、瓶子、碎玻璃和塑料。在秋季，落叶通常是街道垃圾最主要的组成部分，并且已经表明垃圾控制方案可以将污染物的沉积量减少多达 50%。平均每年一棵成熟的树可以产生 14.5~26kg（30~60ld）有机叶渣，来自落叶和草坪夹层的渗滤液是城市径流中磷的来源。排放至人行道和城市街道上的宠物粪便是城市径流中的粪便细菌、营养物质和需氧化合物的来源。许多社区制定了有关宠物粪便的规定，并要求宠物所有者妥善处理宠物粪便。街道冲洗是另一种措施，通过罐车喷水冲洗街道；冲洗清理整条街道，而不仅仅是一个狭窄的地带附近的路边。清扫在美国是比较常见的，而在欧洲更多的是冲洗。街道清扫对减少污染负荷的影响更多的是清扫频率和清扫效率。不管扫路机对污染物的去除效率如何，不经常清扫（相隔超过 1 周）往往效果不佳。然而在很多情况下，街道清扫是为了美观而不是为了提高水质。

（2）侵蚀控制。来自透水地区的侵蚀往往是污染源。草坪和植被具有减少侵蚀的作用，并且对于一些地区是十分重要的控制侵蚀的措施。用任何一种可用的覆盖物来覆盖暴露的区域通常会增加表面粗糙度和污染物的存储率，保护表面免受降雨影响，并且随后减少侵蚀。

（3）化学品应用。控制化学品应用的措施包括控制在透水草地（草坪和高尔夫球场）上使用除草剂。由于缺乏法律支撑，很难控制个体房主使用化学品所造成的污染。

（4）冬季城市公路污染治理。除冰化学品，如氯化钠（NaCl），是冬季径流污染的主要原因。 为了减少除冰化学品和磨料的环境威胁，除冰化学品的选择及其使用率必须是合法的以及有针对性的。已经发现用液体（非颗粒状）化学浆料预湿路面的做法是降低除水化学品施用率的有效方法。

#### 6.2.3.2 水文优化

城市流域的水文优化包括减少进入雨水管网或合流管网的城市径流量和强度的措施及做法。水文优化可以分为以下三种做法：加强渗透；增加原位存储；减少直接连接到下水道系统的不透水区域面积。

在应用增强渗透的做法时，通常必须小心谨慎，因为这些做法的长期应用可能会因缺乏预处理、施工做法不当、在不合适的地方使用、不经常维护以及设计错误而受到严重限制。 最常见的水文优化方法在下面进行更详细地描述。

（1）透水铺装。透水铺装是传统路面的一种替代方式，通过这种路面降雨可以渗入路面进入底基层。透水铺装由沥青或（透水）混凝土制成，其中填充有细小的镂空部分或是模块化的镂空。事实上，水泥渗透性路面能够减少径流，过滤和处理渗透性径流，减少热污染，并提供传统刚性混凝土路面的承载能力。模块化透水铺装通常由混凝土互锁模块或塑料加强网格摊铺机组成。透水铺装的主要好处是显著减少或完全消除了不透水区域的地表径流，并且大多数透水铺装已被证明具有类似的性能。渗透水补给地下水是第二个好处，降低雨水排放需求是第三个好处。如果底土渗透性很好，则可能不需要安装雨水渠。当底土渗透性好，地面坡度相对平坦时，透水铺装是最可行的。在地下排水不畅的地区，或者路面位于不透水基础上，则需要安装排水系统。透水铺装在停车场、小街道、消防车道、人行道和驾车途中具有极好的使用潜力。透水铺装在施工和 / 或运行期间可能会发生堵塞；然而，可以通过冲洗和清扫来弥补其局限性。透水铺装的选址和维护不当可能会导致无效运行，并且由于这一原因导致一些管理机构不接受透水铺装作为雨水控制措施。图 6.4 为一个车道上使用透水铺装的实例。当节省的雨水排放设施也包括在内时，透水铺装的施工成本与传统路面相当甚至更低。

（2）增加表面储存。平屋顶上的屋顶储存、临时积水以及限制雨水入口均用于地表径流的控制。将天台收集的雨水转移到储水池中，随后再用于灌溉和其他非饮用水已经在许多国家实行了几个世纪，这是一个可行的雨水管理和再利用替代方案。图 6.5 为这种做法的一个实例。

（3）减少直接的不透水区域面积（DCIA）。直接的不透水区域定义为直接排入排水系统而不经过可渗

图 6.4 透水铺装

图 6.5 雨水桶

透区域的不透水区域。道路是 DCIA 最常见的例子，径流直接从路面排到雨水口，如图 6.6 所示。人们普遍认识到，DCIA 的最小化是迄今为止最有效的径流质量控制方法，因为它可以延迟峰值流量进入下水道，并使渗透最大化。用于最小化 DCIA 的做法包括将雨水管与屋顶排水沟断开，允许地表径流溢流到相邻的透水表面，并将雨水径流引导至干井，渗透池和沟渠等渗透结构。

（4）增加渗透。渗透池和渗透沟是增加雨水径流入渗最常用的结构。这些做法在下面更详细地描述。

1）渗透池。渗透池是通过建造一个堤防或挖掘一个地区到相对透水性的土壤而形成。渗透池暂时储存雨水径流，直到渗透到池的底部和两侧。渗透池通常是干燥的，可作为开放区域甚至休闲区域（如运动场地）的景观设计元素。图 6.7 显示了一个大型停车场的渗透池的实例，从停车场到渗透池的混凝土衬里的排水通道在池远端清晰可见。

图 6.6　道路和雨水口之间直接连接

渗透池需要在合理的时间内排水和干燥，以防止由藻类、细菌和真菌形成的黏泥层堵塞底部。如果在大多数气候条件下，水在池内存放超过 72h（=3d），那么形成黏液的可能性就很高。下面的公式可以用来计算池的最大允许积水深度，以达到给定的设计积水时间：

$$d_{\max} = fT_{\mathrm{p}} \tag{6.20}$$

其中 $d_{\max}$ 是最大设计深度（L），$f$ 是土壤入渗率（$LT^{-1}$），$T_{\mathrm{p}}$ 是设计积水时间（T）。为了保持池的渗透能力，避免过多的沉积物负荷是很重要的。佛罗里达州的研究发现，带有草底的渗透池往往比裸地的池要好。维护需求包括大暴雨后的检查和年度检查，每年至少割草两次，清除杂物，控制水土流失，控制恶臭或蚊虫问题。可能需要每隔 5~10 年深耕一次，以打破阻塞的表层。

2）渗透沟。传统的渗透沟是一个浅的沟槽，用石头回填以形成地下蓄水池。渗透沟与渗透池类似，具有相似的污染物去除能力。图 6.8（*a*）显示了一个正在建设的渗透沟，其中用于填充沟槽的粗骨料和用于向沟槽输送径流的多孔管道（通过集水池）清晰可见。完成的渗透沟如图 6.8（*b*）所示。渗透沟的维护要求包括每年和大暴雨之后的检查，缓冲带的维护和修剪，以及在开始发生堵塞时修复沟槽。表面堵塞可以通过更换沟槽的顶层来重新设置，但底部堵塞需要清除所有的过滤器和石块。为了最大限度地减少施工期间沟槽堵塞的可能性，在施工沟槽之前和施工过程中，与渗透结构相关的区域应该是稳定的。由于油和

图 6.7　渗透池

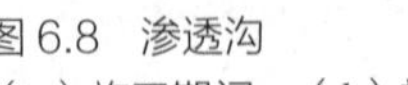

（*a*）

（*b*）

图 6.8　渗透沟

（*a*）施工期间；（*b*）施工后

油脂难以去除并会对地下水构成威胁，因此在它们进入渗透沟之前应将其清除干净。

渗透池和渗透沟都容易被沉积的固体堵塞，并且当处理预计含有沉积物的雨水时，它们的渗透时间会增加，建议在入流前进行沉积物收集。最好的预处理装置是沿池或沟槽周边的草地过滤器或缓冲带，其中广泛推荐过滤带至少宽 6.5m（20ft）才有效。

#### 6.2.3.3 污染物的衰减

用于削弱和减少污染物从源头到受纳水体的运输的最常见做法是过滤带和缓冲区。这些在下面进行更详细地描述。

（1）过滤带。过滤带是土地的植被部分，旨在接收来自上游的径流或来自高速公路或停车场的径流。过滤带通过过滤去除径流中的污染物，通过渗透来减缓径流，促进沉淀。图 6.9 为一条巷道和一个渗透沟（充满石头）之间的过滤带的实例。在（NRCS）A 型或 B 型土壤的地区，过滤带可以促进渗透，而不需要底孔。过滤带不能处理高速水流，因此通常用于小型排水区。 草坪过滤带比草坪洼地具有更高的污染物去除率。过滤带和洼地之间的区别在于流动的类型。 过滤带中的流动深度小于草的高度，从而产生增强沉降和过滤效果的层流。 洼地中的水流集中，水流深度大于草的高度，这通常导致湍流。在低密度道路和停车场附近并且有小的排水区和区域时，植物过滤带是可行的。在过滤带中需要维持密集的草用以防止沟渠和渠道的形成。草的高度应保持在 15cm（6in）或更高。农药和化肥的使用应限制在致密生长所需的最低限度。过滤带可有效清除沉积物和与沉积物相关污染物，如细菌、颗粒状营养物、杀虫剂和金属。渗透可能是过滤带中重要的去除机制，许多污染物（包括磷）为溶解态或与非常细小的颗粒结合在一起，这些颗粒随着渗透水进入土壤。用过滤带去除 100%沉积物的地表径流距离称为临界距离，对百慕大草的一项研究显示，超过 3m（10ft）的距离可以去除 99%以上的砂子，超过 15m（45ft）的距离可以去除 99%的淤泥以及超过 120m（400ft）的距离可以去除 99%的黏土。已经证明，当草坪覆盖 90%以上的路边时，在路面边缘的前 4m（13ft）范围内预计会有显著的沉积物和金属的去除。

（2）生态走廊和缓冲区。靠近受纳水体的植被土地是城市污染区和受纳水体之间的缓冲区。这些区域通常被称为生态走廊。如果雨水排放口绕过这些植被地区，直接排入受纳水体或直接连接到水体的集中水道，这些走廊就会失去作用。有时会在走廊的景观中加入暴雨径流的处理过程，如植被过滤器、渗透池、滞留塘以及湿地。

由不均匀的岸线植被构成的缓冲带也可用于减弱到达受纳水体的径流污染物。图 6.10 显示了一条典型的与河流相邻的缓冲带，通常称为河岸缓冲带。美国和加拿大的缓冲带的典型宽度在 10~30m（30~100ft）范围内。

（3）沉积物屏障和淤泥栅栏。这些是在扰动区域内或周边的不同点上使用的小的暂时性结构，以短时间滞留径流并截留较重的沉积物颗粒。沉积物屏障由多种材料制成，例如稻草包、连接到电线或木栅栏的过滤织物、稻草上的过滤织物以及砾石和泥土护岸。这些障碍物被放置在含有沉积物的径流路径上，这些径流通常来自建筑工地和地面采矿场。典型的淤泥栅栏如图 4.21 所示。淤泥栅栏通过沉淀去除沉积物，过

图 6.9 过滤带

图 6.10 河岸缓冲带

滤去除是次要的。广泛使用的替代名称“过滤栅栏”指的是一个淤泥栅栏是不正确的，它没有指明该系统作为形成临时滞留池的作用。增加淤泥栅栏后面的存储容量，如使用淤泥栅栏端部的回接，都有助于提高系统的整体效能。精心设计的淤泥栅栏，最大限度地通过沉淀和过滤一起发挥去除功能将产生最佳的结果。

#### 6.2.3.4 收集系统污染控制

收集系统污染控制措施包括在离开来源区后从径流中去除污染物的方法和应用。这些方法包括草地水道和稳定通道、乱石堆和石笼、雨水口。这些在下面描述。

（1）草地水道和稳定通道。当使用运输通道时，可以通过设计液压稳定通道来控制通道侵蚀。草地水道可能是运输和处理水中最便宜、最有效的手段。举一个简单的例子，一个路边草坪洼地将会比一个昂贵的埋藏式雨水管的效果更好。如图 6.11 所示，一个典型的草坪洼地是一个浅坡道，坡度约为 3∶1（$H:V$），仅用于地面径流的输送，因此大部分时间是干燥的，只有在下雨时才是潮湿的。与草坪过滤带类似，洼地和草地水道均通过减缓水流、草地过滤、渗透和植物养分吸收来去除污染物。然而，与草坪过滤带相反，洼地的草被水流淹没，导致流经洼地时水流紊乱，因此对于去除颗粒物的效果不如草坪过滤带好。一般来说，坡度和速度越小，洼地的处理性能越好。当沼泽深度不大于 30~45cm（1~1.5ft），水流速度不超过 0.9~1.8m/s（3~6ft/s）时，污染物可被有效去除。通过拦砂坝和（或）用草捆和布制成的临时障碍物可以降低坡度。

图 6.11 典型的路边草坪洼地

（2）乱石堆和石笼。乱石堆是在易受侵蚀的土壤表面放置的一层松散的岩石或混凝土块，而石笼则是由填充有较小岩石或砾石的金属丝网制成的块体。图 6.12 中展示了乱石堆和石笼。乱石堆和石笼都主要用于维持高侵蚀区域的河道稳定，如下水道、狭窄的桥梁和靠近高速通道的连接处的尖锐弯道以及下水道出口下方的能量消能器（静水池）。

（*a*）

（*b*）

图 6.12 乱石堆和石笼
（*a*）乱石堆；（*b*）石笼

（3）雨水口。雨水口是一个室或井，通常建在街道的路边，雨水通过它进入下水道系统。一个雨水口通常有一个池子，它的底部应该足够大，以便为被困

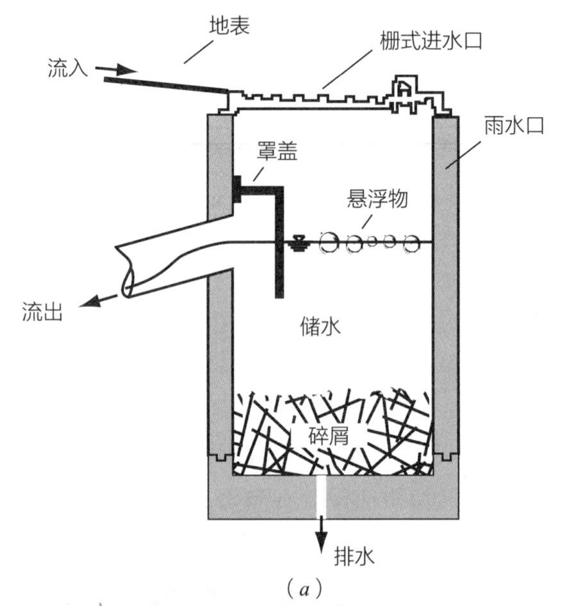


（*a*）

（*b*）

图 6.13 雨水和排水系统的连接
（*a*）示意图；（*b*）安装了带有相关管道的水槽

的碎片提供储存空间。图 6.13 显示了一个典型的雨水口。图 6.13（*a*）中的雨水口示意图显示了阻挡漂浮物进入下水道系统的罩盖，以及可用于渗透性土壤以排除雨水口中储存的水的底部排水沟。图 6.13（*b*）中的典型系统显示了罩盖，并且还显示了雨水口的多个排水管的入口。为保持雨水口对污染物去除的有效性，必须根据当地条件每年清理两次。

#### 6.2.3.5　调蓄设施

池塘和蓄水池是城市雨洪管理中最常见的设施。池塘（储存和处理）、湿地（处理）和渗透或灌溉基础设施的结合可以实现零排放可持续雨水处理和再利用。蓄水池的大小最好通过连续的模拟模型来设计，因为它需要考虑瞬时流入造成的存储变化以及暴雨后蓄水池清空的速率。关键设计参数通常是水池的总体积，称为水质容积。用于城市径流质量控制的两类调蓄设施分别为湿式滞留塘和扩建或改造的干式滞留塘。

（1）湿式滞留塘。湿式滞留塘有一个永久性的水池，一个简单的湿式滞留塘相当于一个效率较低的沉淀池。图 6.14 给出了一个典型的具有出口结构的湿式滞留塘，其中出口结构由简单的波纹金属立管（即波纹金属管）组成。积累的固体必须被去除（疏浚）以保持池塘的去除效率和美观。不正确的设计和维护工作可能会使这些设施变得不合时宜，并且会导致蚊虫滋生。一个典型的精心设计的湿式滞留塘包括：1）一个永久性水池；2）一个足够大的空间：以峰值排放速率进行储存和释放雨水时，空间足够容纳临时增加的深度；3）充当生物过滤器的浅水区。湿式滞留塘的深度应在 1~3m（3~10ft）范围内，重要的是池塘的边坡应小于 5∶1（*H*∶*V*），以尽量减少溺水危险的发生。湿式滞留塘在清除污染物方面对于不同污染物清除效果也不同，并且去除效率很少可以预先确定。在北美和欧洲的积雪带中，一些湿式滞留塘会接收极高浓度的盐。高盐度增加了金属在沉积物和水中的溶解度，导致池塘中积累的沉积物成为金属的来源。因此，冬季的去除效率远远低于非冬季的去除效率。

（2）干式滞留塘。干式滞留塘或干式滞留池是一个在通常情况下干燥的雨水滞留设施，用于在径流高峰流量时临时存放雨水。图 6.15 显示了一个干式滞留池的例子，其中图 6.15（*a*）显示了引导地表径流从停车场流入干式滞留池的流入结构，图 6.15（*b*）显示了在一个矩形堰下的流出结构；图 6.15（*c*）显示了干式滞留池的全景，其中左侧为流入结构、后面为流

图 6.14　湿式滞留池

（*a*）

（*b*）

（*c*）

图 6.15　干式滞留池
（*a*）流入结构；（*b*）流出结构；（*c*）全景

出结构。安全溢流通道是池的一部分，当池的存储空间用完时用于输送部分雨水。用于防洪的干式滞留池的出口大小适合大暴雨，但是大部分较小且具有污染性的径流通过这些池塘后，没有明显的污染负荷衰减。这种干式滞留池对城市径流质量控制不利。通过将干式滞留池与位于池底部的渗透系统相结合或延长入口与出口之间的通道，污染控制能力得到加强，并可有效去除污染。这种结构被称为改良的干式滞留池，也被称为延长式干式滞留池，是有效的污染控制装置。

与地表水沉降池不同的是，有时可能将地表径流转移到地面补给池（地表径流可渗入土壤）。这些补给池要求有足够的土地面积可供使用，土壤应具有足够的多孔性。地下水补给池被分类为“干”和“湿”两类，后者是永久性水池。在地下水位足够低的地区，径流的渗流也可以通过使用干井来完成，干井是多孔土壤中回填岩石的坑或沟。使用地下水补给池的一个重要问题是，径流中的污染物会污染地下水。然而，这种可能性在污染物与悬浮固体相关的程度上是微乎其微的，因为渗透水通过土壤通常会去除接近100%的悬浮固体。通过渗滤过程，从动物粪便中获得的病原体也几乎100%被去除。然而，许多污染物没有被渗滤有效地去除，并且可能污染城市地下水。

## 6.3 农业流域

农业作业对水环境有很大的影响，尤其是非点源径流、危险废物处理和栖息地破坏等方面。此外，土地转化为农业涉及景观的巨大变化，如砍伐森林、湿地排水和干旱土地的灌溉。对水质造成损害的主要农业污染物是盐类、营养物质（氮和磷）、细菌和杀虫剂。

集约化作物生产需要添加肥料以维持作物产量。最广泛使用的肥料是石灰（保持土壤适当的pH）、氮（N）、磷（P）和钾（K）。与施用化肥有关的主要水质问题是地表水体富营养化，对于藻类生物质和溶解氧具有破坏性以及导致地下水中硝酸盐的污染。为了确保作物生长的最佳条件，氮通常以商业（化学）肥料的形式添加到土壤中。商业肥料最常见的形式是硝酸铵和无水氨（$NH_3$）。连作单一作物的土地可能会导致土壤中营养物质的消耗，作物轮作常被用来替代化肥来提高土壤肥力。由于地表径流，土壤中的氮会以硝酸盐浸出或者氮气（$N_2$）、一氧化二氮（$N_2O$）和氨气（$NH_3$）向大气释放的形式损失。土壤中氨氮和有机氮的流动性有限，但硝酸盐的流动性很强。

农业用地通常分为以下几关：（1）旱地农田；（2）灌溉农田；（3）牧场（天然）；（4）牧场（人工）；（5）林地；（6）有限制的动物饲养作业；（7）特殊领域（如水产养殖、果园作物和野生动物栖息地）。这些分类在水质规划工作和非点源污染控制方面很有用，因为每种类型的土地都有一组与这种土地利用相关的污染物，除此之外，目前大多数BMP参考指南均使用上述类别划分而不是以污染物划分。表6.8列出了农业和造林作业的径流和地下渗滤污染的典型来源和类型。

农业用地与污染类型　　表6.8

| 土地使用 | | 需关注的污染物 |
|---|---|---|
| 旱地农田 | | 沉积物、吸附的营养物质、杀虫剂 |
| 灌溉农田 | | 沉积物、吸附的和溶解的营养物质和杀虫剂、痕量的某些金属、盐类，有时还有细菌、病毒和其他微生物 |
| 牧场（天然） | | 细菌、营养物质、沉积物，有时还有杀虫剂 |
| 牧场（人工） | | 沉积物、细菌、营养物质，偶尔还有金属或杀虫剂 |
| 林地 | | 由于采伐作业产生的沉积物、有机物质和吸附的营养物质 |
| 有限制的动物饲养作业 | | 细菌、病毒和其他微生物；溶解的和吸附的营养物质、沉积物、有机物质、盐类和金属 |
| 特殊领域 | 水产养殖 | 溶解的营养物质、细菌和其他病原体 |
| | 果园和苗圃 | 营养物质（通常为溶解的）、农药，盐类、细菌、有机物质和微量金属 |
| | 野生动物栖息地 | 如果野生动物数量失衡，细菌和营养物质就会失衡 |

### 6.3.1 污染源

地表径流造成的侵蚀和土壤流失及硝酸盐渗入地下水是农田污染的主要来源。其他负面环境影响包括农用化学品和农药的浸出。与耕作有关的扰乱性的活动增加了农田的侵蚀潜力。除干旱土地外，田间土壤侵蚀损失至少比背景负荷高一个数量级。

土壤侵蚀是许多农业地区扩散污染的主要原因，沉积物也是最明显的污染物。据报道，农田的养分（N和P）损失约90%与土壤流失有关。来自农田的营养物损失占施用肥料的相对较小部分；然而，径流中的浓度几乎总是超过防止受纳水体加速富营养化的最低限。

土壤能够保留许多颗粒形式的污染物，这种污染物远没有溶解形式的污染物对环境损害大。这与土壤中保留的磷酸盐、疏水性有机化学物质、铵和金属特别相关。土壤保留和吸收污染物的能力取决于其组成和氧化还原状态。最重要的组成部分是土壤有机质，其次是 pH 值、黏土含量、土壤湿度和阳离子交换容量（CEC）。通常，在某一点，土壤会被污染物饱和，而多余的污染物会以溶解的形式释放到地下水和地表水的基流中。对某些污染物来说，土壤保留能力已经耗尽的第一个迹象是地下水和地表水中硝酸盐污染的急剧增加。良好气容性的农业土壤具有较低的保留氮的能力，氮容易被硝化成活泼的硝酸盐形式。对于其他污染物，只要土壤保留能力没有耗尽，污染物就会在土壤中累积。通常，施用的大部分保留在土壤中，并且通常在过量施用磷的几年内达到饱和。

动物污染源可以分为牧场和集中动物饲养操作（饲养场）两类。值得注意的是，一头奶牛或小母牛的磷产量大约为 18kg/ 年（40ld/ 年），其中很大一部分可能会到达受纳水体，这取决于农场到水道的距离以及地表径流过程中污染物衰减的程度。一头牛的磷负荷相当于 18~20 人的磷负荷。厩肥径流的 BOD 浓度超过污水两个数量级，因此厩肥径流可能导致受纳水体显著的氧气消耗。饲养场的径流、放牧牧场的径流及未经处理的污水中 $BOD_5$、COD、TN 和 TP 的典型浓度见表 6.9。厩肥径流也携带致病微生物，如原生动物隐孢子虫，这些微生物可以从家畜传播到人类，包括沙门氏菌、葡萄球菌、破伤风、口蹄疫、疯牛病和结核病等疾病。到达地表水中的饲养场废物大部分通过地表径流传输。如果不对生活（城市）污水处理厂的生物固体进行处理，以减少病原微生物的含量，那么这些生物固体也可能成为污染的一个重要来源。病原微生物通常存在于地表径流中的水相和（悬浮）固态相之间，而黏土土壤比砂质土壤更有可能成为地表水中病原体的来源。肠道病毒通常集中在污水污泥中，因为它们倾向于与固体结合，因此，向生物固体中添加石灰（CaO）所产生的碱性条件可有效灭活病毒。

在牧场上，动物漫步并以天然植物为食；牧场通常是放养大规模但低密度的动物。如果没有适当的侵蚀控制措施，或允许牧场牲畜接近或进入地表水域时，牧场将成为扩散污染的重要来源。过度放牧和允许牲畜接近并进入水域是牧场的主要污染活动。如果这些活动得到控制，来自这些土地的污染可以降到最低。

不受干扰的森林或林地代表了土地免受泥沙和污染损失的最佳保护。由于地面覆盖和地形粗糙，林地和森林对地表径流具有高度抵抗力。即使是高地下水位的低地森林也会吸收大量的降水，并积极保留水分和污染物。过度的伐木作业（切割）扰乱了森林对侵蚀的抵抗力，并且观测表明，几乎所有来自林地的沉积物都源自伐木道路的建设。

### 6.3.2　归趋和迁移过程

农业污染物从其来源到受纳水体的两条主要途径是通过陆地流入地表水体或通过土壤渗透进入地下水。在陆地上流动的情况下，大部分污染物通常被吸附到侵蚀的沉积颗粒上并与这些颗粒一起迁移。在通过土壤渗透到地下水中的情况下，污染物存在于附着于土壤颗粒的水溶液（溶解的）相和吸附（固体）相中，并且仅污染物的溶解相影响饱和区。下面的章节将介绍陆地上流动和地下流动的归趋和迁移过程。

#### 6.3.2.1　侵蚀

每年有数百万吨的土壤和风化的地质材料从地表被冲刷到受纳水体，人类活动和土地使用可能会显著增加侵蚀速度。例如，降雨量大和高坡度地区的森林砍伐可能会对水质和水流造成破坏。

产生大量沉积物的土地利用或流域改造被认为是污染活动。侵蚀的土壤颗粒带有污染物，这些污染物可能对受纳水体和人类的生态环境有害。然而，一些细沉积物（主要是黏土和有机颗粒物）对污染物的强吸附性，使得污染物对生物的毒性降低，因此，排砂对于部分水质来说具有益处。

术语“剥蚀”是指母岩石材料的风化或破裂，以及风化碎屑的夹带、运输和沉积过程。术语“侵蚀”通常与剥蚀同义使用，侵蚀适用于由水和风引起的碎屑夹带和运输，但不适用于风化。地貌学是处理地球

由动物产生的污染物浓度　　表 6.9

| 污水类型 | $BOD_5$（mg/L） | COD（mg/L） | TN（mg/L） | TP（mg/L） | 来源 |
|---|---|---|---|---|---|
| 饲养场的径流 | 800~11000 | 3000~30000 | 100~2100 | 10~500 | Miner 等人（2000） |
| 放牧牧场的径流 | — | — | 4.5 | 7 | Robins（1985） |
| 未经处理的污水 | 160 | 235 | 30 | 10 | Novotny 等人（1989） |

表面形状的科学，包括侵蚀、构造过程、风化和其他压力（包括人类造成的压力）。侵蚀可分为片蚀、线蚀、沟蚀、河滩侵蚀、漫滩冲刷、岸线侵蚀或断流侵蚀等一系列过程。

当泥沙被夹带并通过片流运输时，通常在平坦的地区（如道路）发生片蚀；当泥沙被夹带并在河谷的小侵蚀通道中运输时发生线蚀；当泥沙被夹带并在沟壑的大型侵蚀通道中运输时发生沟蚀。如图 6.16（*a*）所示，片蚀、线蚀和沟蚀是连续的，这些演变的侵蚀特征显示在图 6.16（*b*）的陡坡上。通常情况下，沟槽深度只有几厘米，主要发生在耕作土壤中，而当沟槽长到 0.5~30m（1.5~100ft）时，沟渠就形成了。就通道而言，沟渠侵蚀通常是针对农业用地而定义的，若通道太深，则不能用普通的农业耕作设备轻易修复。图 6.17 显示了一个沟槽和沟渠的例子，沟槽的大小由一个人的手来作为比例尺，而沟渠的大小由一个人的高度来作为比例尺。

侵蚀通常以单位时间（年或季节）或每场暴雨的 t/ha 计量。表层土壤的易被侵蚀性称为可蚀性，流域可分为泥沙侵蚀地区和沉积物沉积区域。侵蚀过程称为退化，沉积物的沉积称为沉积。侵蚀和土壤流失通常不是坡度在 0~2% 范围内的平面流域中的主要问题，然而，对于坡度大于 1% 的淋溶土壤，（百慕大）草覆盖物已被证明是可以显著减少侵蚀裸露地面的条件。侵蚀控制意味着采取行动减少土壤流失，随后从源区向受纳水体输送沉积物。侵蚀控制通常由土地管理、缓冲带、渠道改造、沉积物收集器以及其他结构性和非结构性操作来完成。与侵蚀有关的主要土壤属性是土壤质地和组成。土壤质地决定土壤的渗透性和可蚀性；高渗透性土壤的水文活性较低。植被通过降低降雨能量来影响沉积物产量，与土壤结合并通过其根系增加孔隙度，以及通过蒸散减少土壤湿度，从而增加渗透量。

侵蚀模型大致分为经验模型、概念模型和基于过程的模型。经验模型是适合野外观测的推导表达式，概念模型基于空间集总连续性以及水和沉积物的线性储存流量方程，而基于过程的模型则基于沉积物的质量守恒。虽然所有类型的模型都在世界各地使用，但

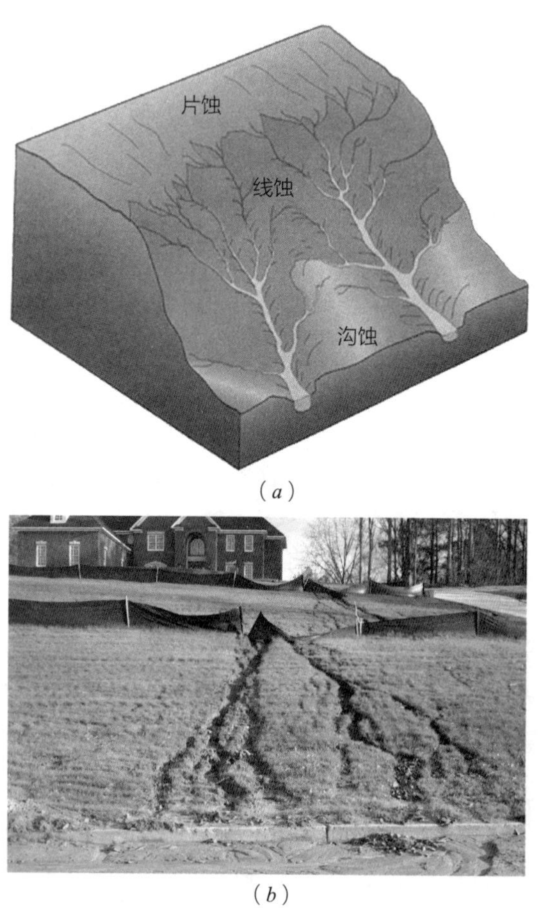


图 6.16 片蚀、线蚀和沟蚀之间的顺序关系
（*a*）示意图；（*b*）陡峭的山坡上

（*a*）

（*b*）

图 6.17 沟槽和沟渠
（*a*）沟槽；（*b*）沟渠

经验性的通用土壤流失模型在美国最为常用。

通用土壤流失方程（USLE）是陆地侵蚀引起的土壤流失最广泛使用的估计方程。USLE最初由Wischmeier和Smith制定，用于估算平均长度为22m（72ft）的小地块的年土壤流失量，主要包括片蚀和线蚀。通用土壤流失方程的当前版本被称为修正的通用土壤流失方程（RUSLE），由下式给出：

$$A = RK(LS)CP \tag{6.21}$$

式中　$A$——土壤流失量或年潜在土壤侵蚀量（t/（$hm^2$·年））；

$R$——降雨能量因子或侵蚀因子（MJ·mm/（$hm^2$·h·年））；

$K$——土壤可蚀性因子（t·h/（MJ·mm））；

$LS$——坡长和陡度因子（无量纲）；

$C$——覆盖管理因子（无量纲）；

$P$——支撑实践因子（无量纲）。

估算RUSLE参数的准则如下：

侵蚀因子$R$通常按降雨动能（$E$）和最大30min降雨强度（$I_{30}$）在平均期（通常为一年）期间的乘积计算。$EI_{30}$被称为“侵蚀指数”，而“侵蚀因子$R$”等于“侵蚀指数”。单场暴雨的总动能定义为：

$$E = \int_0^{t_d} e_r i \mathrm{d}t \tag{6.22}$$

式中　$t_d$——暴雨持续时间（T）；

$e_r$——单位降雨动能（$EL^{-3}$）；

$i$——降雨强度（$LT^{-1}$）；

$t$——时间（T）。

单位降雨动能取决于雨滴的中值大小和末端速度，这与降雨强度有关。根据对现有数据的广泛回顾，Brown和Foster指出，$e_r$可以用下式进行相当准确的估计：

$$e_r = e_{rm}[1 - \alpha \exp(-\beta i)] \tag{6.23}$$

式中　$e_{rm}$——降雨强度接近无穷大时的最大单位动能（$EL^{-3}$）；

$\alpha$、$\beta$——系数。

根据Brown和Foster的研究，$e_{rm}$=0.29MJ/（$hm^2$·mm），$\alpha$= 0.72，$\beta$ = 0.05。

美国的平均年侵蚀因子$R_r$已经确定，如图6.18所示。更详细的侵蚀因子也可用于几个单独的州。降雨能量侵蚀（细沟内侵蚀）和表面径流（细沟侵蚀）造成的土壤颗粒脱落都会造成土壤流失。因此，降雨

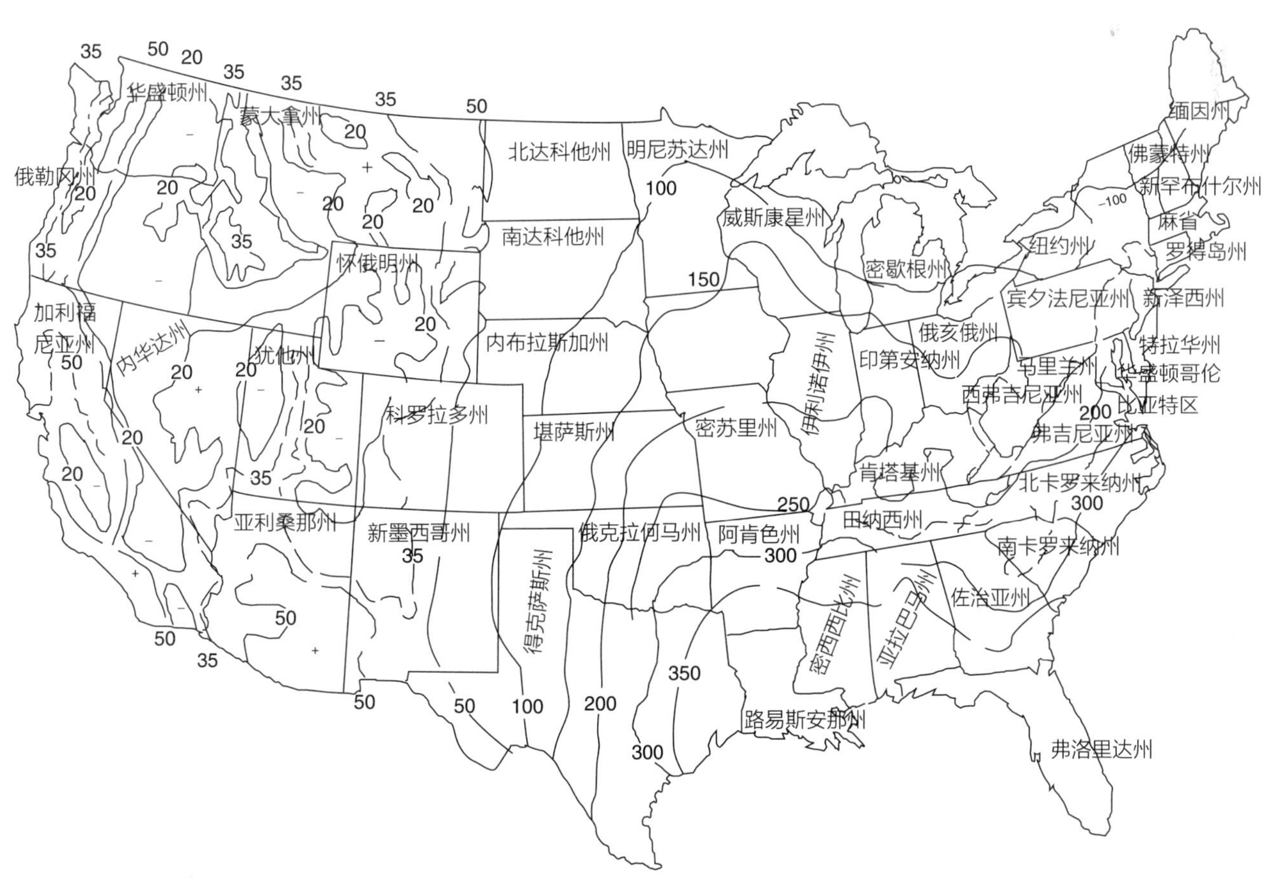


图6.18　年降雨侵蚀因子$R_r$（t/英亩）

能量因子 $R$ 也应该包括径流的影响。当 RUSLE 被用来估计单场暴雨中的土壤流失时，Foster 等人建议用以下关系式估计 $R$：

$$R = aR_r + bcQq^{1/3} \tag{6.24}$$

式中 $R_r$——单场暴雨的降雨能量因子（$N \cdot h^{-1}$）；

$a$、$b$——加权参数（$a+b=1$）；

$c$——相等系数；

$Q$——径流量（cm）；

$q$——峰值径流量（cm/h）。

有人认为，雨水径流和雨水能量的分离是均匀分布的（$a=b=0.5$），相等系数 $c$ 为 15，将 $a$、$b$ 和 $c$ 的值代入公式（6.24）给出了 RUSLE（公式（6.21））中的整体降雨能量因子 $R$（$Nh^{-1}$）为：

$$R = 0.5R_r + 7.5Qq^{1/3} \tag{6.25}$$

在应用公式（6.25）时，应该注意的是降雨和径流侵蚀率之间的比例在不同地区可能差别很大，并且公式（6.25）考虑了高峰径流率对土壤侵蚀的影响。公式（6.25）已被用于将降雨径流模型与侵蚀预测联系起来。

利用公式（6.23）给出的单位能量关系，Renard 等人提供了用于计算单场暴雨事件的 $R$ 值的方法的细节。Froehlich 使用了 NRCS 无量纲降雨分布，并且显示 24h 持续暴雨的侵蚀因子 $R$（$=EI_{30}$）可以通过以下关系式估算：

$$R = EI_{30} = \begin{cases} 0.0232P_{24}^{2.229} & \text{I 型暴雨} \\ 0.0090P_{24}^{2.278} & \text{IA 型暴雨} \\ 0.0657P_{24}^{2.161} & \text{II 型暴雨} \\ 0.0424P_{24}^{2.187} & \text{III 型暴雨} \end{cases} \tag{6.26}$$

其中 $EI_{30}$ 单位为 $MJ \cdot mm \cdot ha^{-1} \cdot h^{-1} \cdot 年^{-1}$ 并且为 24h 降水，$P_{24}$ 单位为 mm。公式（6.26）适用于估计单场 24h 持续暴雨的 $R$ 值。对于持续时间不是 24h 的暴雨，Froehlich 开发的近似分析表达式可用于估算 $R$ 值。

由 Loureiro 和 Coutinho 开发的估算 $R$（$MJ \cdot mm \cdot ha^{-1} \cdot h^{-1} \cdot yr^{-1}$）的替代公式如下：

$$R = \frac{1}{N}\sum_{i=1}^{N}\sum_{m=1}^{12}(7.05 \cdot \text{rain}_{10} - 88.92 \cdot \text{days}_{10})_{m,i} \tag{6.27}$$

式中 $N$——观测年数；

$\text{rain}_{10}$——月降雨量，（≥ 10mm 时），否则为 0；

$\text{days}_{10}$——月降雨量≥ 10mm 的天数。

RUSLE 中的土壤可蚀性因子 $K$（$t \cdot h \cdot MJ^{-1} \cdot mm^{-1}$）是土壤相对于 22m（72ft）长的地表径流（在清洁耕作的连续休耕土壤中以 9% 的坡度）侵蚀的潜在可蚀性的度量。这个因子是土壤质地、有机质含量和渗透率的函数，$K$ 的值可以用表 6.10 估算。特定位置的 $K$ 值可能与表 6.10 中给出的值大不相同。例如，Ranzi 等人根据越南北部高地流域单元的数据假设 $K$=0.022$t \cdot h \cdot MJ^{-1} \cdot mm^{-1}$，其假设值也与中国类似条件下的 $K$ 值一致。

公式（6.21）中的坡长因子 $LS$（无量纲）是地表径流长度和坡度的函数，它调整了长度和场地坡度对土壤损失估计值的影响。$LS$ 因子可以用下面的关系式来估计：

$$LS = \left(\frac{L}{22.1}\right)^m (0.065 + 0.04579S + 0.0065S^2) \tag{6.28}$$

式中 $L$——从地表径流的起点到坡度降低到开始沉积的程度或到径流进入限定通道的点的长度（m）；

$S$——在径流长度上的平均坡度（%）；

$m$——依赖于坡度陡度的指数，如表 6.11 所示。

如果在计算 $LS$ 因子时使用平均斜率，则当实际斜率线为凸型时，将低估 $LS$ 因子，当实际斜率线为凹型时，将高估侵蚀。为了尽量减少这些误差，大面积应分解成相当均匀的斜坡区域，较小的 $LS$ 因子将控制侵蚀量。实验结果表明，无论地块大小和地表径流浓度如何，最大径流流速发生在 58%~84% 范围内的斜坡上。

公式（6.21）中的覆盖管理因子 $C$（无量纲）也称为植被覆盖因子，估算了地被条件、土壤条件和一般管理措施对侵蚀率的影响。这个数量范围从管理良好的林地的 0.001 到连续休耕地的 1.0，其被定义为上下倾斜且没有植被和地表涂层的土地。植被对侵蚀率的影响来源于树冠保护、降低降雨能量以及植物残体、根系和地膜对土壤的保护。表 6.12 列出了农业用地、永久性牧场和闲置农村土地的典型 $C$ 值。通常，$C$ 值反映了土壤表面的保护对雨滴的影响和随后土壤颗粒的损失。草地和城市地区的 $C$ 因子与永久性牧场类似。

RUSLE（公式（6.21））中的侵蚀控制实践因子 $P$（无

量纲）说明了这种土地处理的侵蚀控制效果，如等高耕作、压实、沉积池和其他控制措施。各种农业做法的 $P$ 值见表 6.13。$P$ 的这些值具有高度的经验性，应该仅用作第一个近似值。在坡度大于 15% 的土地斜坡上，通常建议将农业田间作业转移到等高带状种植上，并适当选择作物。没有土地侵蚀控制时，$P$=1.0。

RUSLE 应谨慎使用，因为它是专门为以下应用设计的：

（1）预测特定土地使用和管理条件下特定农田边坡的年平均土壤移动；

（2）指导选择特定地点的保护措施；

（3）估计农民在耕作制度或文化习俗方面可能作出的各种改变所减少的土壤损失；

土壤可蚀性因子 $K$（$t \cdot h \cdot MJ^{-1} \cdot mm^{-1}$）的大小　　表 6.10

| 土壤质地 | 有机质含量 | | |
|---|---|---|---|
| | 0.5% | 2% | 4% |
| 砂土 | 0.05 | 0.03 | 0.02 |
| 细砂土 | 0.16 | 0.14 | 0.10 |
| 极细砂土 | 0.42 | 0.36 | 0.28 |
| 壤质砂土 | 0.12 | 0.10 | 0.08 |
| 壤质细砂土 | 0.24 | 0.20 | 0.16 |
| 壤质极细砂土 | 0.44 | 0.38 | 0.30 |
| 砂质壤土 | 0.27 | 0.24 | 0.19 |
| 细砂质壤土 | 0.35 | 0.30 | 0.24 |
| 极细砂质壤土 | 0.47 | 0.41 | 0.33 |
| 壤土 | 0.38 | 0.34 | 0.29 |
| 粉砂壤土 | 0.48 | 0.42 | 0.33 |
| 粉土 | 0.60 | 0.52 | 0.42 |
| 砂黏土壤土 | 0.27 | 0.25 | 0.21 |
| 黏质壤土 | 0.28 | 0.25 | 0.21 |
| 粉质黏土壤土 | 0.37 | 0.32 | 0.26 |
| 砂质黏土 | 0.14 | 0.13 | 0.12 |
| 粉质黏土 | 0.25 | 0.23 | 0.19 |
| 黏土 | — | 0.13~0.29 | — |

估计坡长因子的指数参数　　表 6.11

| 坡度（%） | $m$ |
|---|---|
| <1 | 0.2 |
| 1~3.5 | 0.3 |
| 3.5~4.5 | 0.4 |
| ≥ 4.5 | 0.5 |

（4）确定某个特定场地在轮廓、梯田或条带田中可种植的作物密度；

（5）确定田间可接受的种植和管理的最大坡长；

（6）向农业技术人员、保护机构和其他人员提供当地土壤流失数据，以便他们在与农民和承包商讨论侵蚀计划时使用。

降雨侵蚀因子 $R$ 对于每场降雨都有对应的大于零的值；因此，对于每场降雨后，侵蚀和土壤流失可以通过土壤流失方程进行预测。与 RUSLE 相结合的水文降雨超量模型将消除降雨造成的侵蚀，而且这种组

农田、牧场和林地的 $C$ 值　　表 6.12

| 土地覆盖或土地使用类型 | | | $C$ |
|---|---|---|---|
| 连续休耕上下坡 | | | 1.0 |
| 播种和收获后不久 | | | 0.3~0.8 |
| 对于生长季节主要部分的作物 | | 玉米 | 0.1~0.3 |
| | | 小麦 | 0.05~0.15 |
| | | 棉花 | 0.4 |
| | | 黄豆 | 0.2~0.3 |
| | | 草地 | 0.01~0.02 |
| 永久性的牧场、闲置的土地、无人管理的林地 | 地面覆盖率 85%~100% | 草 | 0.003 |
| | | 杂草 | 0.01 |
| | 地面覆盖率 80% | 草 | 0.01 |
| | | 杂草 | 0.04 |
| | 地面覆盖率 60% | 草 | 0.04 |
| | | 杂草 | 0.09 |
| 受管理的林地 | 树冠 | 75%~100% | 0.001 |
| | | 75%~100% 到 40%~75% | 0.002~0.004 |
| | | 75%~100% 到 20%~40% | 0.003~0.01 |
| 其他 | | 水稻和蔬菜 | 0.60 |
| | | 灌木丛、灌木、草地 | 0.18 |
| | | 天然森林 | 0.003 |

农业用地 $P$ 值　　表 6.13

| 坡度（%） | 带状耕种和梯田 | | |
|---|---|---|---|
| | 等高耕作 | 交替草甸 | 密植作物 |
| 0~2.0 | 0.6 | 0.3 | 0.45 |
| 2.1~7.0 | 0.5 | 0.25 | 0.40 |
| 7.1~12.0 | 0.6 | 0.30 | 0.45 |
| 12.1~18.0 | 0.8 | 0.40 | 0.60 |
| 18.1~24.0 | 0.9 | 0.45 | 0.70 |
| >24.0 | 1.0 | 1.0 | 1.0 |

合模式的准确性在小流域已经得到证实。已经发现，土壤侵蚀模型对与渗透有关的参数非常敏感。

在流域中，所有从地表被侵蚀的土壤最终都不会进入到受纳水体中。最终进入受纳水体的侵蚀土壤的量称为侵蚀产沙量，而最终侵蚀产沙量占总侵蚀量的比例称为输沙率；即：

$$输沙率=\frac{侵蚀产沙量}{总侵蚀量} \tag{6.29}$$

公式（6.29）分母中的总侵蚀量由 RUSLE 给出（公式（6.21）中的 $A$），农业用地的输沙率一般在 1%~30% 的范围内，对于大于 200km$^2$（77mi$^2$）的流域而言，其典型值为 10%。河流中的泥沙输送通常与河道的稳定性和流域土壤的特性有关。

在美国东南部，稳定河流的中等负荷范围为南部海岸平原的 2.8t/（年・km$^2$）（8t/（年・m$^2$））至密西西比河谷黄土平原的约 79t/（年・km$^2$）（230t/（年・m$^2$））。

## 【例题 6.4】

乔治亚州中部的一个 200ha 的棉花农场主要由含有约 2% 有机质的黏质壤土组成，地表大约有 3% 的坡度。在休耕季节，棉花地被上下翻耕。年径流量为 30cm，最大径流量为 5cm/h。（1）如果从地表径流起点到排水道的地表径流距离为 1.4km（具有代表性），请估算年平均土壤流失量。（2）如果输沙率估计为 15%，则受纳水体的年沉积负荷是多少？

## 【解】

（1）年土壤流失量可以使用 RUSLE 公式（6.21）进行估算：

$$A=RK(LS)CP$$

根据图 6.18，乔治亚州中部的年平均降雨侵蚀因子 $R_r$ 为：

$$\begin{aligned} R_r &= 300\,\text{t}/\text{英亩}=2.47\times300\,\text{t/ha}\\ &=672\,\text{t/ha}\end{aligned}$$

根据给定的数据，$Q$=30cm，$q$=5cm/h；因此，降雨能量因子 $R$ 可以通过公式（6.25）估算：

$$\begin{aligned} R &= 0.5R_r+7.5Qq^{1/3}=0.5\times672+7.5\times30\times5^{1/3}\\ &=721\,\text{t/ha}\end{aligned}$$

对于有机质含量为 2% 的黏质壤土，表 6.10 给出 $K$=0.25。根据给定的数据，从地表径流起点到排水道的距离 $L$ 为 1.4km=1400m，平均坡度 $S$ 为 3%；表 6.11 给出了 $m$=0.3，并且公式（6.28）给出了坡长因子 $LS$，如下：

$$\begin{aligned} LS &= \left(\frac{L}{22.1}\right)^m\left[0.065+0.04579S+0.0065S^2\right]\\ &=\left(\frac{1400}{22.1}\right)^{0.3}\left[0.065+0.04579\times3+0.0065\times3^2\right]\\ &=1.37\end{aligned}$$

对于棉花，表 6.12 给出了作物覆盖管理因子 $C$ 为 0.4。在休耕季节，当土地被上下翻耕时，表 6.12 给出了 $C=1$；因此，可以取 $C$ 的年平均值：

$$C=\frac{1.0+0.4}{2}=0.7$$

由于没有实施特殊的侵蚀控制措施，因此 $P$=1，由 RUSLE 公式（6.21）得：

$$\begin{aligned} A &= RK(LS)CP=721\times0.25\times1.37\times0.7\times1\\ &=173\,\text{t/ha}\end{aligned}$$

预计 200ha 的土壤年侵蚀量为 173 × 200=34600t。

（2）如果输沙率为 15%，受纳水体的沉积负荷估计为 0.15 × 34600= 5190t。

#### 6.3.2.2 土壤污染

农业中使用的化学品是土壤污染的主要来源，当这种污染变得过度时，这些污染物往往最终会影响水质。土壤剖面分为三层，如图 6.19（$a$）所示。土壤层是具有相似的土壤颜色、质地、结构或孔隙度，与地球表面大致水平的一层。土壤剖面通常包含一层腐烂的有机碎片（碎屑）很少有土壤的表面层，称为 O 层或有机层。A 层通常有几厘米到几分之一米厚，是最受关注的土壤层，因为根、土壤微生物和有机物在那里的密度最大。它也是一个相当大的淋滤层，通常被称为表土。A 层通常被刮掉并出售用于草坪表土或用于施工现场的土壤修复。在 A 层下面的 B 层是一层底土，大部分从 A 层滤出的盐、化学物质和黏土都沉积在这里。它通常具有较少的有机物质和很少的植物根，因为只有大型植物和树木具有穿透底土的根系。B 层通常称为底土，从 A 层淋滤下来的物质积累通常会形成具有黏土堆积和明显土壤结构的高密度土壤。C 层从 B 层底部一直延伸到母质基岩顶部，而母质基岩是土壤风化演变的基础。C 层具有松散风化母质的特征。

A 层对于污染扩散具有相当重要的意义，因为它是污染物发生吸附和生化降解最多的层。污染物和营养物（氮和磷）分解或转化的微生物过程主要局限于此层。图 6.19（*b*）显示了田间观察到的典型土壤剖面，其中土壤剖面的较暗部分对应于 A 层。只有可溶性（流动）污染物才能渗透到更深的土壤区域，最终污染地下水。在大多数情况下，B 层的渗透性比表土低，导致了局部交汇，即 A 层和 B 层之间的横向流动。饱和带通常位于 C 层。

地表渗透能力与表层土壤的质地有关，这是由砂土、粉土和黏土组分决定的。根据表 6.14 所示的粒径范围，土壤可以分为不同的土壤组成，土壤质地由砂土、粉土和黏土的相对比例决定（美国农业部（USDA）土壤质地三角形），如图 6.20 所示。NRCS 土壤地图和地理信息系统数据库通常用于推断各类土壤的地理分布。经常将坡度分类作为土壤系列名称的下标，表 6.15 给出了用于此目的的 USDA 坡度分类。从表 6.15 可以看出，由于局部土壤和地形条件，坡度分类重叠。地形坡度对于评估流域径流和侵蚀潜力非常重要。在对土壤进行分类时，土壤地图中报告的土壤名称由两部分组成：当地名称和坡度。例如，在威斯康星州东南部的土壤地图中，代码 RoB 表示坡度 B 类（2%~6% 坡度）中的 Rosseau 壤质细砂土。

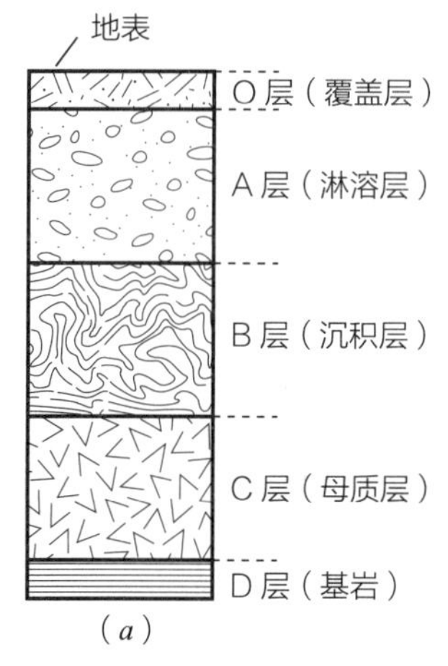


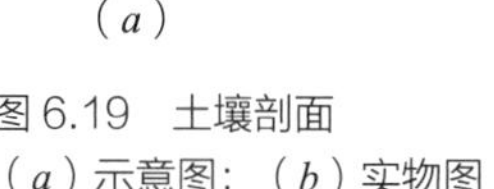
图 6.19 土壤剖面
（*a*）示意图；（*b*）实物图

USDA 土壤粒组　　表 6.14

| 组分 | 直径（mm） |
|---|---|
| 非常粗的砂子 | 2.00~1.00 |
| 粗砂 | 1.00~0.50 |
| 中砂 | 0.50~0.25 |
| 细砂 | 0.25~0.10 |
| 非常细的砂子 | 0.10~0.05 |
| 淤泥 | 0.05~0.002 |
| 黏土 | ＜ 0.002 |

USDA 坡度分类　　表 6.15

| 类别 | 坡度分组（%） |
|---|---|
| A 或者无坡度分级 | 0~3，0~5 |
| B | 0~8，3~8 |
| C | 8~15，8~20，8~25 |
| D | 15~25，15~30 |
| E | 25~70 |
| F | 45~65 |

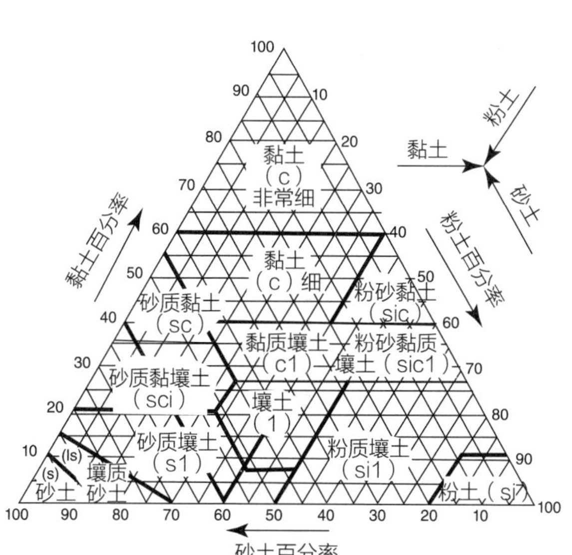


图 6.20 土壤质地三角形

许多地区因集约化农业做法而引起了污染土壤和可淋滤残留物。例如磷酸盐饱和土壤、硝酸盐浸出和某些有机农药如阿特拉津和其他化学品的浸出。某些农业做法可能会提高或降低一些污染物的流动性。例如，提高土壤 pH 值的耕作方法降低了金属的流动性。此外，养殖土壤有机质含量较高，可增加某些有机化学品的保留量，使其保持氧化状态，并保持有氧环境，这可能更有利于生物降解。

有机质是土壤和沉积物的组成部分。一些有机土壤、饲养场土壤、湿地和水生沉积物中的土壤有机质含量从小于 1% 到大于 40% 不等。土壤有机质含量通常以有机质百分比或有机碳百分比表示。有氧的土壤通常具有比饱和水分的土壤更小的有机质含量。土壤和沉积物中被称为腐殖质的有机成分是微生物间接生物降解过程的产物。它含有丰富的营养物质，并可长期保存作为微生物的重要供应品。大部分土壤有机质是不可生物降解的，几乎所有的有机质都存在于土壤剖面的 O 层和 A 层。土壤中的有机质在保留并固定其他污染物的过程中起着重要作用。它具有很高的金属和有机化学品储存能力，它集中在土壤和大气之间的界面以及土壤和植物之间的界面。

由于颗粒污染物迁移是沉积物侵蚀和运动过程的一部分，因此许多模型使用效能因子或透射系数的任意比例因子来将沉积物负荷与其他污染物负荷联系起来。此关系可表达为下式：

$$Y_i = p_i Y_s \tag{6.30}$$

式中 $Y_i$——污染物 $i$ 的负荷或浓度（$MT^{-1}$）；

$p_i$——污染物的效能因子（无量纲）；

$Y_s$——来自土壤的沉积物的负荷或浓度（$MT^{-1}$）。

效能因子与表土中污染物的浓度和污染物的富集率相关如下式所示：

$$p_i = S_{si} \cdot ER_i \tag{6.31}$$

式中 $S_{si}$——表土中污染物的浓度（$MM^{-1}$）；

$ER_i$——污染源与流域或流域出口点之间的富集比率（无量纲）。

富集比率是被侵蚀材料中污染物的浓度除以其在母体土壤材料中的浓度。富集比率，有时被称为富集因子，取决于土壤和目标污染物，一般在 1.0~4.0 范围内。富集比率通常大于 1，因为被侵蚀的质地较细的土壤单位质量的吸附能力比母体土壤更大。

## 【例题 6.5】

堪萨斯州东部的希尔斯代尔湖由 369km$^2$ 的流域环绕，流域表层土壤的平均磷浓度为 0.71g 磷 /kg 土壤。2002 年的测量结果显示，湖泊每年的沉积物负荷为 21.9 × 10$^6$kg，磷的典型富集比率为 2.4。估计 2002 年希尔斯代尔湖的年度磷负荷（来自含泥沙的径流）。

### 【解】

根据给定的数据，$S_s$=0.71g/kg，$ER$=2.4，$Y_s$=21.9 × 10$^6$kg/ 年。磷的效能因子 $p$ 由公式（6.31）给出：

$$p = S_s \cdot ER = 0.71 \times 2.4 = 1.7\,\text{g/kg}$$

希尔斯代尔湖的年度磷负荷 $Y$ 由公式（6.30）给出：

$$Y = pY_s = 1.7 \times 21.9 \times 10^6 = 37.2 \times 10^6\,\text{g/年} = 37200\,\text{kg/年}$$

这种磷负荷（2002 年为 37200kg/ 年）可能与湖中磷浓度有关，以评估是否需要减少磷负荷。

土壤、沉积物和泥沙水中的污染物以几个相存在。它们可以沉淀和 / 或强烈吸附到颗粒（固相）上，也可以在水或土壤水分（液相）中溶解、分解、挥发或气化。土壤和沉积物吸附和保留污染物的能力取决于其组成。对于有机微污染物来说，土壤中最重要的成分是有机颗粒物，它具有最强的结合能力。对于无机污染物如有毒金属，应考虑有机和无机土壤沉积物颗粒的吸附能力。吸附能力与颗粒的表面积有关，因此小颗粒如黏土矿物具有最高的吸附能力。重要的容量控制参数是土壤有机质含量和阳离子交换容量(CEC)，它是由颗粒表面积决定的。大多数黏土和有机质都具有净负电荷，使它们有效地保持带正电的粒子（阳离子），如 Al、Fe、$H^+$ 和 Ca。使用下列关系式估算每 100g 土壤中毫克当量的 CEC：

$$\text{CEC} = 2.5(\%\text{有机质}) + 0.57(\%\text{黏土}) \tag{6.32}$$

污染物吸附或络合成颗粒形式也可以固定污染物，并使其在大多数情况下无法被生物利用。通常，水溶性（亲水）化合物弱吸附到土壤颗粒上；因此，它们具有更高的生物利用度并且更容易进入地下水中。有机化合物在土壤和沉积物中的流动性与辛醇—水分配系数 $K_{ow}$ 有关。第 5.5.1 节描述的等温线对吸附平衡进行了量化。Langmuiy、Freundlich 和线性等温线都被广泛使用和接受，其中线性等温线的应用最为广泛。在污染物的一部分被吸附的情况下，土壤中污染物的总浓度 $c_T$（$ML^{-3}$）等于水溶液（溶解的）浓度 $c_{aq}$（$ML^{-3}$）与吸附颗粒浓度 $c_p$（$ML^{-3}$）之和；因此：

$$c_T = \theta c_{aq} + c_p = \theta c_{aq} + F\rho_b \tag{6.33}$$

式中 $\theta$——土壤的含水量（无量纲）；

$F$——污染物的吸附浓度（$MM^{-1}$）；

$\rho_b$——土壤的体积密度（$ML^{-3}$）。

如果通过线性等温线描述吸附，则吸附浓度 $F$ 和水溶液浓度 $c_{aq}$ 通过下式进行描述：

$$F = K_d c_{aq} \tag{6.34}$$

式中 $K_d$——分配系数（$L^3M^{-1}$）。

公式（6.33）和公式（6.34）的组合给出了水溶液浓度 $c_{aq}$ 和总浓度 $c_T$ 之间的以下关系：

$$c_{aq}=\frac{1}{\theta+K_d\rho_b}c_T \tag{6.35}$$

## 【例题 6.6】

发现 $1m^3$ 土壤样品中含有 53g 阿特拉津（一种除草剂），含水量为 0.15，体积（干）密度为 $1610kg/m^3$。如果土壤有机碳含量为 1%，已估算出的分配系数为 1.6mL/g，请估算孔隙水中阿特拉津的浓度。阿特拉津的溶解度为 33mg/L。

**【解】**

根据给定的数据，$c_T=53g/m^3=53mg/L$，$\theta=0.15$，$\rho_b=1610kg/m^3$，$K_d=1.6mL/g=1.6\times10^{-3}m^3/kg$。将这些数据代入公式（6.35）即可得出结果：

$$c_{aq}=\frac{1}{\theta+K_d\rho_b}c_T=\frac{1}{0.15+1.6\times10^{-3}\times1610}\times53$$
$$=19\ mg/L$$

因此，孔隙水中阿特拉津的浓度估计为 19mg/L。由于阿特拉津的溶解度为 33mg/L，因此应用公式（6.35）进行验证：如果计算出的孔隙浓度大于溶解度，则阿特拉津的实际孔隙水浓度将等于溶解度，一些纯相阿特拉津将在土壤中，公式（6.35）将无效。

值得注意的是，阿特拉津的饮用水标准为 0.003mg/L。因此，孔隙水浓度为 19mg/L 表明地下水可能被污染了。

物质挥发的可能性与物质的饱和蒸气压有关；然而，实际从土壤中挥发也受许多其他因素的影响，如大气空气流动、温度和土壤特性。如果某种物质在土壤中除了以液相和固相存在外，还以蒸气相存在，则公式（6.33）需加以扩展，以包括蒸气相，如下所示：

$$c_T=\theta c_{aq}+F\rho_b+ac_g \tag{6.36}$$

式中　$a$——体积空气含量 $a=n-\theta$，其中 $n$ 是体积孔隙度）（无量纲）；

$c_g$——化学物质的蒸气密度（$ML^{-3}$）。

亨利定律给出了（孔）水溶液中化学物质的蒸气密度和相应浓度之间的关系：

$$c_{aq}=K_Hc_g \tag{6.37}$$

式中　$K_H$——化学物质的亨利常数（无量纲）。

使用 $K_H$ 应注意：在技术参考中常见的是将无量纲亨利常数定义为 $K_H$ 的倒数。结合公式（6.36）和公式（6.37）给出了水溶液浓度 $c_{aq}$ 和总浓度 $c_T$ 之间的关系：

$$c_{aq}=\frac{1}{\theta+K_d\rho_b+\frac{n-\theta}{K_H}}c_T \tag{6.38}$$

## 【例题 6.7】

发现 $1m^3$ 土壤样品中含有 53g 阿特拉津，含水量为 0.15，孔隙率为 0.20，体积（干）密度为 $1610kg/m^3$。如果土壤的估算分配系数为 1.6mL/g，阿特拉津的亨利常数为 $1.03\times10^7$，请估算孔隙水中阿特拉津的浓度，并评估阿特拉津挥发对水溶液浓度的影响。

**【解】**

根据给定的数据，$c_T=53g/m^3=53mg/L$，$\theta=0.15$，$n=0.20$，$K_H=1.03\times10^7$，$\rho_b=1610kg/m^3$，$K_d=1.6mL/g=1.6\times10^{-3}m^3/kg$。将这些数据代入公式（6.38）即可得出结果：

$$c_{aq}=\frac{1}{\theta+K_d\rho_b+\frac{n-\theta}{K_H}}c_T$$
$$=\frac{1}{0.15+1.6\times10^{-3}\times1610+\frac{0.20-0.15}{1.03\times10^7}}\times53$$
$$=19\ mg/L$$

因此，孔隙水中阿特拉津的浓度估计为 19mg/L。与例题 6.6 具有完全相同的参数，即使忽略蒸气化，仍产生相同的 19mg/L 的水溶液浓度。这一结果表明，阿特拉津的挥发对阿特拉津在水环境中的归趋和迁移可能具有微不足道的影响。

物质的生物降解通常意味着由活的微生物将其分解为更简单的化合物，最终分解为二氧化碳、水、甲烷、铵，还可能分解为其他简单的副产品。土壤中物质的生物转化是由微生物或真菌完成的，在好氧和厌氧环境中都可能发生生物降解。生物降解通常用莫诺方程表示：

$$\frac{dc_{aq}}{dt}=-\frac{\mu_mXc_{aq}}{K_s+c_{aq}} \tag{6.39}$$

式中　$\mu_m$——最大基质利用速率（$T^{-1}$）；

$X$——单位体积孔隙水中微生物量（$ML^{-3}$）；

$K_s$——化学物质的半饱和常数（$ML^{-3}$）。

对于土壤中浓度较小的化学物质和充足且恒定的微生物群体，生物降解通常由一阶反应表示：

$$\frac{dc_{aq}}{dt} = -k_b c_{aq} \tag{6.40}$$

式中 $k_b$——衰减常数（$T^{-1}$）。

如果 $c_{aq}$ 相对于 $k_s$ 较大，方程（6.39）表明生物降解可以用线性方程描述：

$$\frac{dc_{aq}}{dt} = 常数 \tag{6.41}$$

通常，由于信息缺乏，无法量化具体的降解率。对于许多有机化学物质唯一可用的信息是其在土壤中的半衰期和/或总体持久性。使用方程（6.40）给出的一阶反应，作为时间的函数的水溶液浓度（在土壤水中）由下式给出：

$$c_{aq}(t) = c_{aq}(0)e^{-k_d t} \tag{6.42}$$

式中 $c_{aq}$（$t$）、$c_{aq}$（0）——分别是时间 $t$ 和零时的水溶液浓度；

$k_d$——总体降解系数。

使用公式（6.42），半衰期 $t_{0.5}$（T）与总体降解系数 $k_d$（$T^{-1}$）的关系由下式给出：

$$t_{0.5} = -\frac{\ln 0.5}{k_d} \tag{6.43}$$

表 6.16 列出了几种农药（杀虫剂）在土壤中的半衰期。

**土壤中杀虫剂的半衰期　　表 6.16**

| 杀虫剂 | 半衰期（月） |
|---|---|
| 阿耳德林 | 3~8 |
| 氯丹 | 10~12 |
| DDT | ≈ 30 |
| 狄氏剂 | ≈ 27 |
| 七氯 | 8~10 |
| 林丹 | 12~20 |

## 【例 6.8】

阿特拉津的半衰期估计为 100d。如果土壤中阿特拉津的孔隙水浓度为 19mg/L，估计阿特拉津的浓度需要多长时间才能降低到 0.003 mg/L 的饮用水标准。

**【解】**

根据给定的数据，$t_{0.5}$=100d，$c_{aq}$（0）=19mg/L，$c_{aq}$（$t$）=0.003mg/L。总体降解系数 $k_d$ 由公式（6.43）给出：

$$k_d = -\frac{\ln 0.5}{t_{0.5}} = -\frac{\ln 0.5}{100} = 0.00693\ d^{-1}$$

公式（6.42）给出了阿特拉津浓度从 19mg/L 降至 0.003mg/L 的时间 $t$，其中：

$$c_{aq}(t) = c_{aq}(0)e^{-k_d t}$$

$$0.003 = 19e^{-0.00693t}$$

得出：

$$t = 1263\,d$$

因此，如果土壤中不再添加阿特拉津，阿特拉津浓度衰减到饮用水标准需要约 3.5 年（= 1263d）。

### 6.3.3 最佳管理措施

最佳管理措施（BMP）是防止或减少非点源污染以达到与水质目标相适应的水平的方法和措施。选择 BMP 时，重要的是要知道污染物的种类和迁移形式。

可以通过两种方式选择 BMP：（1）控制特定污染源（例如来自玉米地或奶牛饲养场的径流）的已知或可疑类型的污染（例如磷或细菌）；（2）防止来自土地利用活动（如农业成排种植或集装箱化育苗灌溉回流）的污染。选择 BMP 来解决水质问题的建议程序如下：

第 1 步：确定水质问题，例如湖中一年一度的夏季藻类爆发。

第 2 步：确定导致水质问题的污染物及其可能的来源，例如邻近湖泊的化粪系统的营养物质和附近马牧场的径流。

第 3 步：确定每种污染物如何输送到水中（例如，当系统过载时，来自化粪池排水沟的可溶性营养物质会上升至地表，在暴雨和融雪期间通过地表径流输送到湖中）。

第 4 步：为水体设定合理的水质目标，并确定达到该目标所需的处理水平。

第 5 步：评估可行的 BMP 对水质的有效性，对地下水的影响，经济可行性和实践与现场的适应性。

当选择 BMP 来减少污染问题时，可以采用更基于技术的方法。这种方法将农业用地划分为灌溉农田和牧场等使用类别，并规定了保护资源基础所需的最低限度的处理水平。以下描述了几种用于减少污染物对水质影响的常见 BMP。

#### 6.3.3.1　耕作技术

覆盖作物、轮作和保护性耕作是用于 BMP 的耕作技术。这些做法在关键时期给植被覆盖施压，其主要目标是减少侵蚀和相关的土壤流失。

覆盖作物指某地区严重侵蚀期间用密集生长的草、豆科植物或小谷类作物覆盖土壤。覆盖作物的一个例子如图 6.21（*a*）所示，其中密集生长的草覆盖了树木之间出土前的作物。已经发现覆盖作物对减少侵蚀有 40%~60% 的效果，对总磷的去除有 30%~50% 的效果。

轮作是指定期改变在特定土地上生长的作物。当豆类作为覆盖作物或作为轮作作物的一部分时，它们为后续作物提供氮源，从而最大限度地减少添加商业化肥。对水质保护最有效的轮作包括在 4 年的轮作中至少有 2 年的草地或豆类。轮作通过改善土壤结构以减少侵蚀和相关的吸附的污染物负荷。据估计，一些轮作每年将减少 50% 的氮需求量和 30% 的磷需求量。

保护性耕作是指在种植后，至少有 30% 的土壤表面覆盖有作物残留物的耕作方法；在这种情况下，土壤只被耕种到为苗床所需的程度即可。保护性耕作的一个例子如图 6.21（*b*）所示。保护性耕作被发现在减少侵蚀方面非常有效，但对控制可溶性营养物质和农药影响甚微。

#### 6.3.3.2　病虫害综合管理

病虫害综合管理（IPM）是在控制作物病虫害（昆虫、杂草、疾病）的同时减少污染的做法。IPM 采用选择抗性作物品种、轮作以及改良种植日期等做法，并结合复杂的农药应用管理来共同抑制病虫害。IPM 主要通过减少农药或农作物保护化学品的数量以及选择毒性最小、流动性最小和 / 或最不持久的杀虫剂来达到目的。IPM 的一个例子如图 6.22 所示，除草器附件仅将除草剂施用于生长在大豆冠层上方的杂草。关于 IPM 有效性的完整研究显示了不同的结果。

#### 6.3.3.3　养分管理

养分管理是一系列旨在通过改进施肥时机、施肥量和施肥地点来降低过量养分率的做法。目前的养分管理是基于限制营养概念，即肥料施用量应该基于植物为了获得最佳生长所需的养分，通常是硝基。这种做法在控制营养物质的可溶相方面特别有效。图 6.23 显示了养分管理的一个例子，施用于田间的氮肥的水平与附近的住房开发相适应，这意味着要限制地下水中的硝酸盐含量，并尽量减少对附近排水渠中养分水平的影响。

#### 6.3.3.4　梯田和改道

一个梯田是一个土堤、通道或在斜坡上构建的组合脊和通道，以拦截径流。梯田通过将田地划分成不太陡峭或接近水平的斜坡段来减少坡度对侵蚀的影响。因此，土壤颗粒和吸附的污染物不会从田间迁移，梯田会保留所有的水分，从而减少溶解污染物的损失。图 6.24 显示了加州索诺玛县的山坡葡萄园。梯田可以去除高达 95% 的沉积物，高达 90% 的相关吸附营养物，以及 30% ~70% 的溶解养分。改道可以减少 30%~60% 的沉积物运动并吸收 20%~45% 的营养物质。

#### 6.3.3.5　关键区域处理

分级稳定结构和关键区域种植都被认为是关键区域处理。在天然或人工渠道中，采用分级稳定结构来

（*a*）

（*b*）

图 6.21　耕作技术
（*a*）覆盖作物；（*b*）保护性耕作

图 6.22　病虫害综合管理

图 6.23　养分管理

图 6.24　梯田

图 6.25　落差结构

控制坡度。这些结构降低了水的流速，从而防止了额外的沉淀物分离并降低了水的运输能力。结构可以由金属、木材、岩石、混凝土或土壤构成，并且结构周围的区域必须稳定。落差结构是一种分级稳定结构，有时建在草地水道的出口处以稳定水道并允许径流离开水道而不引起沟渠侵蚀。典型的落差结构如图 6.25

图 6.26　动物废物处理泻湖

所示。关键区域种植涉及在高度不稳定的地点种植合适的植被（如草、树木或灌木）。通常需要采用强化方法，例如使用腐蚀毛毯、捆扎物、石笼、覆盖物、水力渗透、提高播种率和手工种植。

#### 6.3.3.6　沉淀池和滞留塘

池和塘通常由泥土堤坝组成，用于捕集和储存沉积物及其他污染物。尾水滞留塘用于收集农田径流以进行储存和污染控制。这种滞留塘有时被称为尾水回收池。沉淀池可以去除 40%~90% 的沉积物、高达 30% 的吸附氮和 40% 的吸附磷。滞留塘，特别是那些有水生植被的滞留塘有效性通常较高。沉淀池可能无法有效去除毒性或溶解的有毒化合物。

#### 6.3.3.7　动物废物的储存和处理

动物废物的管理措施包括处理后的废物储存和土地处置。使用粪肥储存箱和液体废物储存池容纳废物，直到可以施用到土地而不引起水污染问题。废物处理工艺包括处理液体废物以减少营养物质和 BOD 含量的生物泻湖，沼气池中的厌氧处理，滴滤池中的好氧处理和活性污泥等悬浮生长过程以及堆肥。图 6.26 显示了一个用于 900 头生猪场的最先进的泻湖废物管理系统，该设备完全自动化并控制温度。

动物废物经常被归类为点源，并且在许多州需要排放许可证。然而，污染是由污染场地产生的径流引起的，除了处理和 / 或安全处置之外，通常还需要径流控制。径流控制的基本原则是源自饲养场或存储区域外的“干净”径流应该转向，使它不与污染土壤接触，并且源自饲养场内的径流应该进行处理使其污染潜力降至最小。

#### 6.3.3.8　牲畜隔离栅栏

在河流中安装围栏和交叉口，使动物远离河流，将减少粪便物质（一种营养物质和细菌来源）的沉积，消除河流中的浊度，并消除河岸沉积物的分离。

#### 6.3.3.9　过滤带和田间边界

过滤带和田间边界利用生长密集的植被条带，如草皮或束草或小粒作物来保护水质。过滤带通常设置在正在使用的农业土地和被保护的水体之间。它们旨在通过减缓水流速度和沉降去除悬浮物质及任何吸附的污染物，从而减少坡面流中的沉积物和其他污染物。

田间边界通常由种植在田间边缘的多年生植被构成，以控制侵蚀，尽管它们与水十分接近。田间边界可有效防止边界覆盖区域上的土壤颗粒脱落，但对控制侵蚀或污染物分离或从它们周围的田间迁移影响甚微。过滤带对去除沉积物和沉积物结合氮非常有效（35%~90%），但对去除磷、细沉积物和可溶性营养物质（如硝酸盐（14%）或正磷酸盐（5%~50%））效果较差。

#### 6.3.3.10　湿地修复

修复和开发湿地涉及恢复、修复或加强现有湿地，使之成为一个能处理、清除、转移和储存污染物的自我维持生态系统。湿地对沉积物的去除效率为 80%~90%，对氮的去除效率为 40%~80%，对磷的去除效率为 10%~70%。

有效缓冲带宽度准则　　表 6.17

| 目的 | 宽度 | |
|---|---|---|
| | （m） | （ft） |
| 河岸稳定 | 3~10 | 10~30 |
| 水温适中 | 3~20 | 10~70 |
| 水质 | 15~30 | 50~100 |
| 除氮 | 8~40 | 25~130 |
| 去除沉积物 | 10~50 | 30~160 |
| 野生动物栖息地 | 10~90 | 30~300 |

#### 6.3.3.11　河岸缓冲带

河岸缓冲带是沿水体周边的植被区。缓冲带内的草和低植被可以过滤地表和地下径流，而较高植被的

图 6.27　与 Bear Creek 相邻的过滤带

根系可以吸收并转化来自浅层地下水的污染物和营养物质。图 6.27 显示了一个河岸缓冲带。缓冲带越宽，缓冲带执行其功能的机会就越大。缓冲带的理想宽度可以与其功能相关，如表 6.17 所示。

#### 6.3.3.12　灌溉水管理

灌溉水管理（IWM）是控制灌溉水以防止污染和减少水分流失的组合。IWM 包括适当的调度、高效的应用、高效的运输系统、尾水和径流的利用和再利用以及排水管理。IWM 对减少地下水的氮和农药负荷以及减少地表水的盐负荷非常有效。尾水坑（这是在田间尽头捕获从犁沟中跑出的水的坑）对沉积物的去除效率大约为 50%，并且在营养物质和农药污染控制方面非常有效（只要重复使用收集来的水并且不排放）。

#### 6.3.3.13　河岸稳定化

河岸稳定化包括通过结构或植被来保护河岸免受侵蚀。可以使用抛石、混凝土、木材或石笼，但对污染控制最有效的是植被稳定。有效的稳定化可以使沉积物负荷减少 90%，但高度依赖于植被类型和复垦区域的稳定性。

#### 6.3.3.14　放牧和牧场管理

放牧和牧场管理由保护牧场和牧场植被覆盖的系统组成。它包括播种和再播种、灌木管理、适当的

（*a*）

（*b*）

图 6.28 放牧和牧场管理
（*a*）牧场；（*b*）草籽播撒机

载畜率、适当的放牧使用和延迟轮作系统。牧场通常是天然草地，并作为一片牧场进行管理，而牧场通常种植的是改良的草种，并通过农艺措施进行管理。将土地永久地覆盖在高质量的密集植被中，可将土壤损失减少到可以忽略不计的程度，而沉积物和被吸附的污染物则不会从土地表面上消失。由于牧场设有施肥，如果管理得当那么它可以代表一个低投入的系统。图 6.28（*a*）展示了典型的牧场，图 6.28（*b*）展示了一种用于将原生牧草与牧草杂交的草籽播撒机。

## 6.4 空气域

空气域通常被定义为导致 75% 的空气污染物排放到水体中的地理区域。由于不同的污染物在大气中的表现不同，因此给定水体的空气域可能因目标污染物而异。虽然流域是景观的实际物理特征，但空气域是利用大气沉积的数学模型来确定的。空气域对解释污染物的迁移非常有用，并且可以更有效地管理水体。空气中的污染物可能会在雨滴、灰尘或简单的重力作用下掉落到地面。随着污染物的掉落，它可能会流入溪流、湖泊或河口，并会影响水质。

空气污染物可以多种形式沉积到地面或水中。当空气污染物随着雨、雪或雾而下落时发生湿沉降。干沉降是污染物以干颗粒或气体的形式沉降。污染物可以直接沉降到水中，也可以间接沉降到地面，然后以径流的形式冲刷到水中。

有五类大气污染物最有可能影响水质：硝基化合物、汞、其他金属、农药和燃烧排放物。这些类别是基于排放方法和污染物的其他特征。由于汞在环境中的行为与其他金属的行为差异很大，因此自成一类。化石燃料的燃烧是大气中氮氧化物的主要来源。然而，由于氮对生态系统的影响与其他燃烧排放物的影响非常不同，所以氮自成一类。农药和燃烧排放物完全是人造的，而汞、其他金属和硝基化合物则来自天然和人造资源。

## 习题

1. 一个城市（住宅）区域估计 45% 为不透水，平均年降雨量为 700mm，估计年降雨量的 60% 不会产生径流。假设磷的 EMC 分布为正态分布，估计径流中所含磷的中位和 90% 分位数的负荷。

2. 一个 25km$^2$ 的地区将被开发成住宅区和商业区，其产生的径流将被输送到一个大型休闲湖泊。为了避免休闲湖泊受损，不应超过 1300kg/ 年的 TP 负荷分配。预计住宅区面积的 30% 为不透水，商业面积的 60% 为不透水。如果该地区的年降雨量为 1500mm，并且该降雨的 30% 不会产生径流，请估算发达地区的商业最大百分比，以免超出负荷分配。

3. 一条 10m 宽的城市道路的 150m 段排入附近的河流。实地调查表明，道路垃圾和街道垃圾沉积率为 15g/（m · d），干沉降率为 5g/（m$^2$ · d），交通排放率为 0.1g/(轴·m)，交通密度为 100 轴 /d，路况系数为 0.5。路边高度为 15cm，平均车速为 80km/h，平均风速为 10km/h。据估计，城市冲刷系数为 0.15mm$^{-1}$。在最近 3h 的暴雨产生 100mm 径流之前的 5d，道路段上的固体估计为 1kg/m。

（1）估算通过暴雨径流进入河流的固体质量。

（2）道路上固体的平衡水平是多少？

4. 位于爱荷华州中部的一个 150ha 的小麦农场主要由壤砂土组成，其含有大约 1% 的有机质，地表大约有 1% 的坡度。在休耕季节，会上下翻耕土地。年径流量为 10cm，最大径流量为 3cm/h。

（1）如果从地表径流起点到排水道的地表径流距离为 1.1km，请估算年平均土壤流失量。

（2）如果输沙率为 5%，则受纳水体的沉积负荷是多少？

5. 某流域的土壤平均汞浓度为 1.2μg/kg，径流年沉积物负荷为 7.2×10$^5$kg，平均富集比率为 3.5。估算通过含泥沙径流进入受纳水体的年度汞负荷。

6. 内布拉斯加州中部一个典型的 1000ha 的玉米农场平均年径流量为 200mm，平均最大径流量为 10m$^3$/s。土壤主要由 70% 的砂子、15% 的淤泥和 15% 的黏土组成，pH 值为 6.8，体积密度为 1600kg/m$^3$，孔隙率为0.3，含有2%的有机质。平均地面坡度为1%，农民试图通过犁过坡面来控制侵蚀。在生长季节，农民通常施用50kgP/ha和250kgN/ha$^2$，与相邻溪流的典型传输比约为0.15，约10%的肥料固定在易受侵蚀的土壤中（顶部15cm），富集比率约为2.5。估计邻近农场的水道中磷的年负荷量和农田土壤中磷的年累积量。

7. 杀虫剂马拉硫磷通常应用于50ha$^2$牧场，草率为60%。牧场以2%的坡度向河流倾斜，沿河流方向的平均长度为300m。土壤分析将土壤质地分类为壤土，含水量为0.1，体积密度为1700kg/m$^3$，有机碳含量为4%。特别值得关注的是，土壤分析还表明，马拉硫磷以2mg/g的浓度存在于土壤中，并且可能被冲刷到河中，吸附在被侵蚀的沉积物上。对于侵蚀和马拉硫磷迁移，预计传输比为15%，富集比率为2。文献综述表明，马拉硫磷的溶解度为145mg/L，辛醇－水分配系数的对数为2.89。

（1）估算土壤孔隙水中马拉硫磷的水溶液浓度，并确定是否会在土壤中发现作为NAPL的马拉硫磷。

（2）如果流域位于具有Ⅲ型降雨特征的地区，估计由于单场24h暴雨（降水量为200mm）而带入河流中的马拉硫磷的质量（吸收到侵蚀的土壤上），径流量为85mm，峰值径流量为2cm/h。

8. 发现0.5m$^3$土壤样品中含有32g呋喃丹（一种杀虫剂），含水量为0.2，体积（干）密度为1600kg/m$^3$。如果土壤的估计分配系数为0.3mL/g，请估算孔隙水中呋喃丹的浓度。呋喃丹的溶解度为700mg/L。

9. 重复习题8，以$K_H$=7.9×10$^6$和土壤孔隙度为0.25计算呋喃丹的蒸发。

10. 估计呋喃丹的半衰期为35d。如果土壤中呋喃丹的孔隙水浓度为5mg/L，请估计呋喃丹浓度需要多长时间才能降低到0.040mg/L的饮用水标准。

# 第 7 章　湖泊与水库

## 7.1　引言

湖泊占据了全球可利用水资源的很大一部分，并且湖泊对一个地区的重要性在一定程度上取决于湖泊的数量和分布。在斯堪的纳维亚，湖泊占其总陆地面积的近 10%，而在中国和阿根廷，仅占不到 1%。据估计，世界上有 300 万 ~600 万个天然湖泊，面积达 160 万 ~300 万 $km^2$。关于湖泊与水库的相关研究，属于地球物理学的一个领域，称之为湖沼学。湖泊和水库有多种用途，包括娱乐、供水、水电和防洪。天然湖泊和水库的许多特点是相似的，其利用和管理方法也是相似的。

湖泊是大型的水库，水流主要由风驱动。影响湖泊中水流分布的其他因素还包括水深、密度分布、流入和流出特点等。图 7.1 是一个典型的湖泊。与地下水水位相交并与地下水发生显著相互作用的湖泊称为渗水湖，这些湖泊的水位随着地下水水位的波动而波动。而主要由流入的溪流供给水源的湖泊称为排水湖。输入湖泊的水源包括直接降水、溪流流入和地下水流入；流出湖泊的水包括蒸发、溪流流出、地下水流出和人工取水，如供水和灌溉等。

图 7.1　典型的湖景

淡水系统分为死水（静止）和活水（流动）两种。死水系统，如湖泊、水库和池塘等比活水系统更容易受到污染，因为它们作为汇，将截留污染物；而活水系统，如溪流和河流，则是将污染物冲刷到下游地区。更具体地说，湖泊和水库与河流和溪流有几种重要的区别：（1）湖泊很少接收足以造成严重氧耗的有机物质；（2）湖泊中污染物的停留时间比大多数河流都要长得多；（3）与溪流相比，湖泊的主要水质梯度是在垂直方向，而不是在纵向方向。通常被称为池塘的水体比湖泊更小而浅，阳光通常穿透湖底，那里需要光合作用的植物可以生长，整个水柱的水温变化不大。

湖泊的自然形成过程包括构造作用、火山作用、滑坡、冰川作用、河床演变和陨石；天然湖泊多在冰川区域形成。水库通常是由一条主要支流补给的筑坝河流或溪谷。天然湖泊和人工水库的一个关键区别就是天然湖泊的流出往往不受控制，而水库可以控制流出。长条形和树枝状是由筑坝河流所形成的水库的典型形式，而天然湖泊则更多趋向于圆形。一般情况下，水库相比于湖泊具有更大的水位波动及更好的混合能力。水库的污染物负荷通常大于位于土地用途相似的流域的湖泊。这主要是因为水库的流域一般比湖泊的大。在美国的湖泊和水库的样本中，水库流域面积与水体（表面）面积的比率平均比湖泊高出 14 倍。

湖泊的指定用途包括供水、娱乐、防洪、发电和航行。湖泊生态系统支持复杂而重要的食物网相互作用，并提供必要的栖息地来支持众多濒危物种的生存。影响湖泊、水库和池塘的最常见污染物是营养物质、金属和淤积，主要污染源是农业径流和城市径流。营养物质，主要是氮和磷，有助于增加生物量，有时达到不良水平。主要的营养源包括农业径流、工业和城市污水排放以及大气沉降。大多数关于湖泊中金属污染的报道都是由于检测到鱼类组织中的汞，而湖泊中汞污染的主要来源被认为是来自发电厂排放的废气经过大气迁移和沉积。在整个地质时期，湖泊会自然充满沉积物，沉积物倾向于从外边缘（速度最低的地方）向中间集中沉积。

由于湖泊和水库等蓄水池系统的水力停留时间很长，导致其水污染问题可能会持续很久。水力停留时间 $t_d$（T）用公式（7.1）计算：

$$t_d = \frac{V_L}{Q_0} \tag{7.1}$$

式中 $V_L$——蓄水池的平均体积（$L^3$）；

$Q_0$——平均流出率（$L^3T^{-1}$）。

水力停留时间 $t_d$ 也称为滞留时间或停留时间。大型湖泊的水力停留时间通常是几年左右，而河流和溪流的水力停留时间通常是几天左右。湖泊和水库的水力停留时间一般短的小于 1 年，长的超过 1 年。在水力停留时间较短的湖泊或水库中，分层程度与水力停留时间有关，而在水力停留时间较长（>1 年）的情况下，湖泊会充分分层，且与水力停留时间无关。在很短的水力停留时间（<14d）的情况下，不会形成分层。

## 【例题 7.1】

北美洲五大湖的容积和流出速率如表 7.1 所示。试确定五大湖的水力停留时间。

五大湖的容积和流出速率　　表 7.1

| 湖泊 | 容积（$10^9m^3$） | 流出速率（$10^9m^3$/年） |
|---|---|---|
| 苏必利尔湖 | 12000 | 67 |
| 密歇根湖 | 4900 | 36 |
| 休伦湖 | 3500 | 161 |
| 安大略湖 | 1634 | 211 |
| 伊利湖 | 468 | 182 |

### 【解】

采用公式（7.1）计算出的结果见表 7.2。

五大湖的水力停留时间　　表 7.2

| 湖泊 | $V_L$（$10^9m^3$） | $Q_0$（$10^9m^3$/年） | $t_d$（年） |
|---|---|---|---|
| 苏必利尔湖 | 12000 | 67 | 179 |
| 密歇根湖 | 4900 | 36 | 136 |
| 休伦湖 | 3500 | 161 | 22 |
| 安大略湖 | 1634 | 211 | 8 |
| 伊利湖 | 468 | 182 | 3 |

基于以上结果，五大湖的停留时间从伊利湖的 3 年到苏必利尔湖的 179 年不等。

取湖泊的表面积 $A_L$（$L^2$）作为其体积 $V_L$（$L^3$）的量度。并取排水面积 $A_D$（$L^2$）作为平均流入与流出速率 $Q_0$（$L^3T^{-1}$）的量度。从湖泊的角度，可以用经验关系式（7.2）来估计天然湖泊的水力停留时间 $t_d$（d）。

$$\log_{10} t_d = 4.077 - 1.177 \log_{10} \frac{A_D}{A_L} \quad 1d < t_d < 6000d \tag{7.2}$$

经验公式（7.2）只适用于不受控制排放的天然湖泊。长的水力停留时间不一定与大型湖泊相对应，因为低流出速率的小型湖泊相比高流出速率的大型湖泊具有更长的水力停留时间。大多数天然湖泊由一条或多条溪流供给，并由一个流出通道排出。当湖泊排水面积与表面积的比（$A_D/A_L$）较大时，通常表示湖泊潜在的高含沙量和高营养物负荷。

## 【例题 7.2】

某天然湖泊的体积为 $9 \times 10^5 m^3$，表面积为 $85000m^2$，平均流出速率为 $310m^3/d$。试估算湖泊的水力停留时间和径流入湖的流域面积。

### 【解】

根据给定的数据，$V_L=9 \times 10^5 m^3$，$Q_0=310m^3/d$，采用公式（7.1）得到水力停留时间 $t_d$：

$$t_d = \frac{V_L}{Q_0} = \frac{9 \times 10^5}{310} = 2900\,d = 8.0\text{年}$$

通过水力停留时间与排水面积的经验关系式（7.2），取 $A_L$=$85000m^2$，得出：

$$\log_{10} 2900 = 4.077 - 1.177 \log_{10} \frac{A_D}{85000}$$

计算得到：

$$A_D = 2.8 \times 10^5\ m^2$$

因此，估算流域面积约为湖泊大小的 3.3 倍。

水力停留时间的倒数被称为冲洗率。水力停留时间较长的蓄水池（几个月或几年）通常存在水质问题，例如过高的生物生产力。藻类生长和发育所需的最短水力停留时间为几个星期。

由于流速低、水力停留时间长，大多数湖泊的环境有利于沉积，导致大部分沉积物进入湖泊，并且许多生物在湖底生长和死亡，积累于湖底之中。经过长时间的沉积，可以永久地改变湖泊的特性，极大地增加了其有机质含量，最终将其转化为淤积池塘、沼泽或其他类型的湿地。

水力负荷和形状因子是反映湖泊生物生产力潜力的两个参数。水力负荷 $Q_s$（m/ 年）用以下公式来计算：

$$Q_s = \frac{Q}{A} \tag{7.3}$$

其中 $Q$ 是湖泊水的年流入量（$m^3$/ 年），$A$ 是湖泊的表面积（$m^2$）。蓄水池的生物生产力潜力与水力负荷 $Q_s$ 成反比。形状因子被定义为湖泊的长度除以其宽度。细长的山谷水库（形状因子 >>1）比圆形开阔的湖泊更不容易受到过度生物生产力的影响（形状因子≈ 1）。

蓄水池附近的浅水被称为沿岸带，其中根生（漂浮型）的水生植物（大型藻）可以生长。湖泊和水库的沿岸带对产卵和鱼类生长是必不可少的，因此，理想的湖泊深度不应是均匀的，底面地形应该提供各种景观。更深的氧气区被用来隔离夏季沿岸地区的高温。

## 7.2 物理过程

### 7.2.1 循环

湖泊水的运动状况影响着水体中营养物质、微生物和浮游生物的分布，进而影响生物生产力和生物群。产生湖流的主要驱动力包括风、流入 / 流出和科里奥利力。对于较小的浅水湖泊，特别是长而窄的湖泊，流入 / 流出特征最为重要，其优势流是通过湖泊的稳态流。对于非常大的湖泊，风是产生湖流的主要驱动力，除局部影响外，流入 / 流出对湖泊环流的影响相对较小。科里奥利效应是地球自转的一个函数，它是一种增强力，在大湖泊（如北美五大湖）的环流中也起着重要的作用。

图 7.2 显示了浅水湖泊和深水湖泊典型的风致环流模式，它们最主要的区别是浅水湖泊往往有一个单一的环流单元，而深水湖泊往往有多个环流单元。如果湖泊的深度小于 7~10m（20~30ft），则通常被划分为浅水湖泊；如果湖泊的深度超过 10m（30ft），则被划分为深水湖泊。在某些情况下，深水湖泊被定义为深度大于 5m（15ft）的湖泊。深度与风对湖泊的热结构具

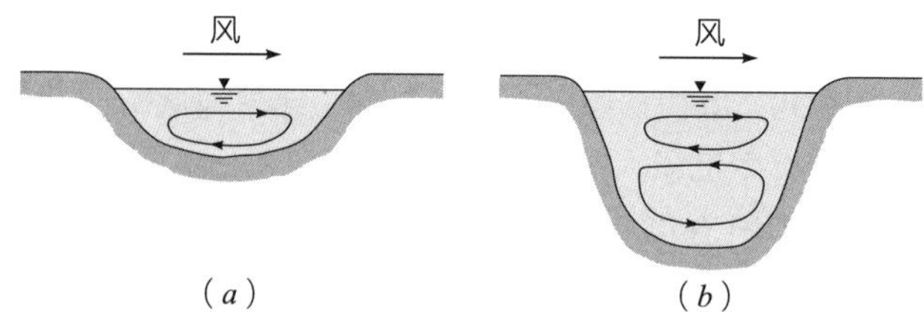


图 7.2 湖泊中的风致环流模式
（a）浅水湖泊；（b）深水湖泊

有重大影响，比如小于 10m（30ft）的浅水湖泊很少出现分层；而非常深的湖泊（> 30m（100ft））会出现长期分层，无论是在炎热气候中还是在炎热以外的季节。湖泊中的环流模式依赖于湖泊的表面积，因为表面积较大的湖泊可受到更大的风力，更容易形成单一（垂直）环流单元。因此，决定水体的浅深程度，更恰当的是用水体表面积与深度的比率。在需要详细估计湖泊环流的情况下，可适当地使用水动力环流模型。

风偏流，即风致表面流的大小，取决于湖泊的特性，而这些风致表面流通常约为风速的 2%~3%。湖面上的风应力由以下公式给出：

$$\tau = C_D \rho_a U^2 \tag{7.4}$$

式中 $\tau$——风应力（$FL^{-3}$）；

$C_D$——阻力系数（无量纲）；

$\rho_a$——空气密度（$ML^{-3}$）；

$U$——风速（$LT^{-1}$）。

空气密度取决于周围的温度、压力和湿度，通常在 1.2~1.3kg/$m^3$ 之间。当风速达到 5m/s 时，$C_D$ 可视为 $1.0 \times 10^{-3}$，当风速为 15m/s 时，$C_D$ 会线性增加到 $1.5 \times 10^{-3}$。

比如，佛罗里达州奥基乔比湖就是一个水流由风驱动的浅水湖泊。奥基乔比湖是美国第三大湖，仅次于密歇根湖和伊利亚那湖（位于阿拉斯加）。其表面积约为 1900$km^2$（730$mi^2$），平均水深约为 3m（10ft）。Chen 和 Sheng 已经证实了由风力产生的水流有时足以激起大量的底泥。从悬浮物中解吸的磷对湖泊中的磷浓度有重要的影响，一般在 50~100μg/L 范围内。该结果的含义是，若要充分预测奥基乔比湖的磷浓度，则需要一个环流（水动力）模型，并结合一个泥沙输运模型来描述沉积物的再悬浮过程，并建立一个水质模型来描述吸附态磷与溶解态磷之间的关系。如果奥基乔比湖是一个深水湖泊，由风驱动的水流可能不会造成严重的泥沙悬浮，则更可能简单地描述磷的归趋和迁移。

## 【例题 7.3】

当平均风速为 20mi/h 时，湖泊中的泥沙会再次悬浮。那湖面上对应的剪应力是多少？根据这一剪应力，估算将在湖表层引起的湍流速度运动的数量级。

### 【解】

根据给定的数据：$U$=20mi/h=8.94m/s。假设空气密度为 1.25kg/m$^3$。由于在风速为 5m/s 和 15m/s 时，阻力系数分别为 0.001 和 0.0015，因此在这种情况下的阻力系数可以插值为：

$$C_\mathrm{D}=0.001+\frac{0.0015-0.001}{15-5}(8.94-5)=0.0012$$

因此，湖面的剪应力 $\tau$ 用公式（7.4）来计算：

$$\tau=C_\mathrm{D}\rho_\mathrm{a}U^2=0.0012\times1.25\times8.94^2=0.120\mathrm{Pa}$$

诱导速度具有与剪切速度相似的数量级 $\mu^*$。因此，如果湖水的密度 $\rho_\mathrm{w}$ 估算为 $\rho_\mathrm{w}$=998kg/m$^3$（20℃的纯水），则：

$$\mu^*=\sqrt{\frac{\tau}{\rho_\mathrm{w}}}=\sqrt{\frac{0.120}{998}}=0.011\ \mathrm{m/s}$$

因此，湖表层将产生 1.1 cm/s 的速度变化。该速度变化值约为风速的 0.1%。

### 7.2.2　沉降

从流域得到的淤积泥沙是湖泊中一个重要的物理过程。由于湖泊中的水流速度较低，使得沉积物在水体中倾向于沉降。在很大程度上，沉积速率取决于流域的地形特征和湖泊的各种特征。一般而言，沉积速率可以通过定期调查沉积物或流域侵蚀和河床负荷进行估算。多年来，湖泊沉积物的积累可以通过减少蓄水能力来降低水体的寿命。沉积物进入湖泊也减少了光线的穿透，破坏了许多动植物的底层栖息地，并携带着吸收的化学物质和有机物，这些化学物质和有机物沉降到湖底，对湖底生态是有害。泥沙淤积是一个主要问题，应考虑适当的流域管理，包括侵蚀和泥沙控制。

湖泊中的沉降可以通过 Stokes 方程进行描述，当应用于均匀的球形颗粒时，由下式给出：

$$v_\mathrm{s}=\frac{g(\rho_\mathrm{p}/\rho_\mathrm{w}-1)d_\mathrm{p}^2}{18\nu}\qquad(7.5)$$

式中　$v_\mathrm{s}$——沉降速度（LT$^{-1}$）；

$g$——重力加速度（LT$^{-2}$）；

$\rho_\mathrm{p}$——颗粒密度（ML$^{-3}$）；

$\rho_\mathrm{w}$——水的密度（ML$^{-3}$）；

$\nu$——水的运动黏度（L$^2$T$^{-1}$）。

从公式（7.5）可以明显看出沉降速度随粒径平方的增大而增大，因此大颗粒的沉降速度比小颗粒的沉降速度快得多。当 $v_\mathrm{s}d_\mathrm{p}/\nu\leqslant1$ 时，公式（7.5）严格适用于无黏性沉积物。黏性沉积物的沉降速度通常取决于悬浮泥沙的浓度。

悬浮泥沙在水柱中的垂直分布与湍流强度和颗粒沉降速度有关。对于沉降速度较高的颗粒，需要较高的湍流强度才能使颗粒悬浮。对于稳定和水平均匀的水流，悬浮泥沙在水柱中的分布情况用方程（7.6）描述：

$$\frac{\varepsilon_\mathrm{v}}{h}\frac{\mathrm{d}S}{\mathrm{d}z}=-v_\mathrm{s}S\qquad(7.6)$$

式中　$\varepsilon_\mathrm{v}$——垂直湍流扩散系数（LT$^{-2}$）；

$h$——水深（L）；

$S$——悬浮泥沙的浓度（ML$^{-3}$）；

$z$——垂直坐标（L）；

$v_\mathrm{s}$——沉降速度（LT$^{-1}$）。

方程（7.6）的解为：

$$S=S_0\exp\left[-\frac{v_\mathrm{s}h}{\varepsilon_\mathrm{v}}(z-z_0)\right]\qquad(7.7)$$

式中　$S_0$——$z$=$z_0$ 时的悬浮泥沙浓度。

图 7.3 显示了方程（7.7）所描述的悬浮泥沙分布。

从图 7.3 中可以明显看出，悬浮固体的浓度通常随深度而增加。对于较大的沉降速度，悬浮泥沙很少留在水柱中，而对于较小的沉降速度，大部分悬浮泥沙将均匀地混合在水柱中。

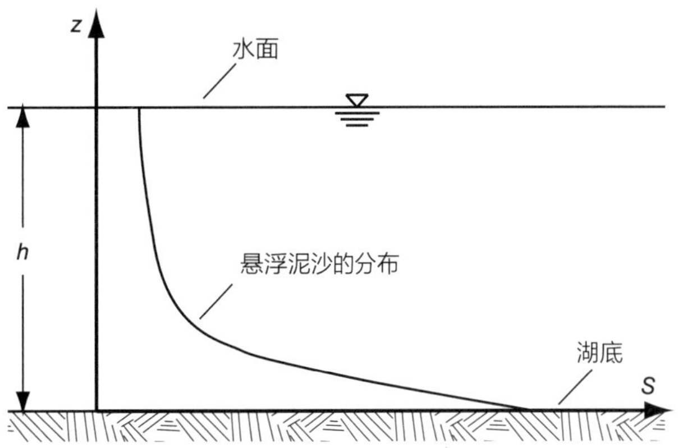


图 7.3　悬浮固体在水柱中的分布

## 【例题 7.4】

在夏季，约 3.0m 深的湖泊通常存在 5cm/s 的风致底流，湍流扩散系数为 $6cm^2/s$，温度为 20℃。在此条件下，湖底以上 10cm 的悬浮泥沙浓度为 70mg/L，水样中颗粒的典型直径为 5μm。单个颗粒的密度估计为 $2650kg/m^3$。试求在这些条件下湖面附近的悬浮泥沙浓度。

**【解】**

根据给定的数据，$h$=3.0m、$V$=5cm/s、$\varepsilon_v=6cm^2/s=6\times10^{-4}m^2/s$、$T$=20 ℃、$z_0$=10cm、$S_0$=70mg/L、$d_p$=5μm、$\rho_p=2650kg/m^3$。在 20℃时，水的密度和运动黏度分别为 $\rho_w=998kg/m^3$，$\nu=1.00\times10^{-6}m^2/s$。用公式（7.5）得到颗粒的沉降速度 $v_s$：

$$v_s=\frac{g(\rho_p/\rho_w-1)d_p^2}{18\nu}=\frac{9.81\times(2650/998-1)\times(5\times10^{-6})^2}{18\times1.00\times10^{-6}}=2.26\times10^{-5}\ \text{m/s}$$

在 $z$=3.0m 时，湖面附近的悬浮泥沙浓度用公式（7.7）表示：

$$S=S_0\exp\left[-\frac{v_s h}{\varepsilon_v}(z-z_0)\right]=70\exp\left[-\frac{2.26\times10^{-5}\times3.0}{6\times10^{-4}}(3.0-0.1)\right]=50\,\text{mg/L}$$

因此，在给定的条件下，湖面附近的悬浮泥沙浓度预计在 50mg/L 左右，浑浊程度较为严重。

### 7.2.3 光穿透

水体中光线的透过性影响着初级生产力（浮游植物和大型植物的生长）、生物体的分布及鱼类行为。有限的光穿透造成的有害影响是，只有在阳光穿透时，本地植物和藻类才能产生氧气。光线透过湖水减少的量是与散射和吸收相关的函数。光的传输受到水面薄膜、漂浮物、悬浮颗粒、浊度、藻类和细菌的数量以及颜色的影响。在一个典型的清澈湖泊中，50% 的入射阳光被吸收在水面以下 2m（6ft），很少有光能穿透水面以下 10m（30ft）以上。

光穿透到一个开放的水体，如湖泊或水库，可用比尔定律进行描述：

$$I(d)=I_s e^{-k_e d} \tag{7.8}$$

式中 $I(d)$——穿透到水面以下深度 $d$（L）的太阳辐射（$PL^{-2}$）；

$I_s$——水体表面的太阳辐射（$PL^{-2}$）；

$k_e$——吸光系数（$L^{-1}$）。

$k_e$ 的值受悬浮固体浓度影响较大，而在对奥基乔比湖的研究中得到了一个经验关系：

$$k_e=0.1219\,\text{TSS}+1.236 \tag{7.9}$$

式中 $k_e$ 吸光系数（$m^{-1}$）；TSS——悬浮固体浓度（mg/L）。

基于光的传输的一项重要测量是光合作用的可能深度。光合作用所需的最低光强约为入射表面太阳光的 1%。从湖泊表面到 1% 强度发生的深度的部分称为互生带，净光合作用等于零的深度称为补偿深度、补偿点或补偿极限。透光带下面是光敏带，该带的光穿透可以忽略不计。无光带（缺乏光线）中没有底栖植物，许多湖泊的深度或浑浊程度足以阻止底栖植物的生长，除非是在海岸线附近（即沿岸带内）。如果无光带营养丰富，那么如果无光带的水与透光带的水混合，则无光带的产量将随之增加，这一过程在所有水生系统中都有规律地发生。

## 【例题 7.5】

估算悬浮固体浓度为 30mg/L 的湖泊中的强光带深度。

**【解】**

根据给定的数据：TSS=30mg/L。利用公式（7.9）得出其吸光系数 $k_e$：

$$k_e=0.1219\,\text{TSS}+1.236=0.1219\times30+1.236=4.893\ \text{m}^{-1}$$

根据公式（7.8）求出补偿深度 $d_c$：

$$0.01I_s=I_s e^{-k_e d_c}$$

$$0.01=e^{-4.893d_c}$$

得到 $d_c$=0.941m，因此强光带的深度约为 0.94m。

## 7.3 富营养化

初级生产是指藻类、植物和某些细菌通过光合作用产生的有机物；次级生产是指消耗由初级生产者生产的有机物的非光合生物产生的有机物。根据（生物）

生产力水平，可将水体按其营养状态划分为：贫营养（营养不良）、中营养（中度营养）、富营养（营养良好）和过营养（营养过剩）。这些湖泊的类别如下所述：

贫营养湖泊生物生产力低，藻类浓度低，水体透明度高。水足够清澈，即使在较深水域，湖底依然清晰可见。

中营养湖泊介于富营养化湖泊和贫营养湖泊之间。虽然由于植物的呼吸和分解作用，湖泊中可能会出现大量的氧气消耗，但湖水仍然是好氧的。中营养湖泊是娱乐、水质和游乐渔业的首选。

富营养化湖泊由于营养丰富，生产力高。富营养化湖泊通常具有较高的藻类浓度。高度富营养化湖泊具有大片的浮藻，其给水中产生令人不愉快的气味。当藻类完成它们的生命周期，它们会被细菌和其他生物消耗氧气并产生气味。溶解氧的减少足以导致鱼类的死亡。

过营养化湖泊具有高度富营养化、藻类生产力高、藻类密集的特点。它们通常是相对较浅的湖泊，积累了大量的有机沉积物。它们有着广泛的、密集的杂草床和经常聚集的丝状藻类。过营养化湖泊水域的娱乐利用往往受到损害。

作为正常老化过程的一部分，从贫营养状态到富营养化状态有着自然的进展，这是由于营养物质的长期循环和积累，通常是在几个世纪的时间尺度上进行的。例如，进入湖泊中的氮元素被藻类所吸收；当藻类死亡时，被同化的氮大部分将被释放出来，一部分被水体中的其他藻类再次吸收，另一部分还会向水体中添加新的氮源。因此，氮在湖中逐渐得到积累，增加营养水平。由于人口密度很大，而且在湖泊集水区农业用地占主导地位，这一自然老化过程可以加速几个数量级。然而，由于没有受到影响，自上一次冰河期以来，许多营养不足的湖泊一直处于贫营养状态。湖泊变得富营养的过程称为富营养化，当这一过程被人为(人类)来源的有机废物和/或营养物质所加速时，这个过程被称为人为富营养化。

富营养化会对水体产生诸多有害的影响：(1) 浮游植物的过度生长降低了水体透明度，堵塞了水处理厂的挡泥板，并且产生异味；(2) 与富营养化区的光合作用与呼吸作用相关的 $O_2$ 和 $CO_2$ 产生波动，水体的低溶解氧状态导致水体中鱼类的死亡，而过氧也会导致鱼类气泡病；(3) 水生植物的沉积导致沉积物需氧量的增加，进而导致水体底部区域的低溶解氧水平；(4) 水生生态系统多样性丧失；(5) $CO_2$ 的增多导致水体的 pH 值增加，从而提高了某些化合物的毒性，比如，氨在 pH=8 时的毒性是 pH=7 时的 10 倍。图 7.4 为富营养化湖泊中的藻席。在卫星图像上可以很容易地看到这类藻席。富营养化并不是污染的同义词，但污染可以加速富营养化的速度。

富营养化导致的一个总体趋势是生物数量的增加和物种多样性的减少，特别是在静态物种之间。与富营养化系统相关联的物种有时不如贫营养系统的物种特征令人满意。蓝藻常与有机营养富集有关，是一类与水质不良有关的有机体。在某些水生系统中，大规模地杀死鱼类和由于氧耗而导致的理想物种的灭绝可能造成严重的富营养化后果。高海拔和高纬度的湖泊只能维持少数几种生物和鱼类的生存能力，而且由于水温低，它们可能不适合进行娱乐活动。由于它们的美学和自然价值以及水生生物群的高度敏感性，这类水体需要高度的保护。

在地表水中生长的水生植物，包括藻类，广义上可以根据它们是在水中自由移动，还是保持在原地进行分类。在水中自由移动的植物被称为浮游植物（如自由漂浮的藻类）；附生植物包括固着生物（如附生或底栖藻类）和大型植物（如根状、血管状水生植物）。附生植物的类型取决于水的深度和清晰度。湖泊富营养化水平通常是用单位体积水中浮游植物的数量来衡量的。常用的包括总干重（g/L）、浮游植物中碳含量（mg/L）、浮游植物中叶绿素 a 含量（μg/L）、分解浮游植物的需氧量（mg $O_2$/L）。叶绿素 a 是所有藻类均含有的一种绿色光合色素，因此，常常作为藻类生物量的一个直接指标。叶绿素 a 和有机碳是湖泊和水库以及一些缓慢流动的溪流中最常用的植物浓度测定方法。当夏末浮游植物藻类的浓度超过一定的阈值时，这种情况

图 7.4　藻席

称为藻类水华。叶绿素 a 的水平有时被用来衡量娱乐用水的可接受性，底栖浓度低于 150Chl a/$m^2$ 情况下通常被认为是可以接受的。

### 7.3.1 生物量 – 营养关系

至少有 19 种元素是生命所必需的，这些基本元素统称为营养元素。这些营养元素中有五种是大量需要的：C、H、O、N、P。前三种（C、H、O）在水（$H_2O$）或溶解的二氧化碳（$CO_2$）中都很容易获取，因此并不是水生植物生长的长期限制因素。然而，天然水体中溶解的氮、磷含量却相对较低，通常是这两种元素之一为水生植物生长的限制因素。因此，氮或磷元素通常被认为是自然水体富营养化的原因。根据利比格的最小定律，植物的生长受最低供应量营养元素的制约。如果所有的营养物质都有充足的供应，可能会导致大量的藻类和大型植物繁殖，并带来严重的后果。在湖泊中，磷是水生植物生长的限制性营养元素。在这种情况下，充分控制磷，特别是人为来源的磷，可以控制有害水生植物的生长。

相比其他任何污染物，营养物一贯被认为是导致湖泊损害的主要原因。从内部来源获得大部分营养的湖泊称为自养湖泊，从外部来源获得大部分营养的湖泊称为异养湖泊。在相关术语中，异地营养物是指那些来源于流入湖泊的小流域的营养物质，通常来自非点源，而本地营养物则包括储存在湖水和沉积物中的营养物质。

氮和磷主要通过农业和城市径流、市政和工业排放以及合流制排水系统污水溢流排入地表水中。磷和氮通常以多种组合形式存在，通常用总磷（TP）和总氮（TN）来量化它们的浓度。磷和氮的结合形式，如图 7.5 和图 7.6 所示。

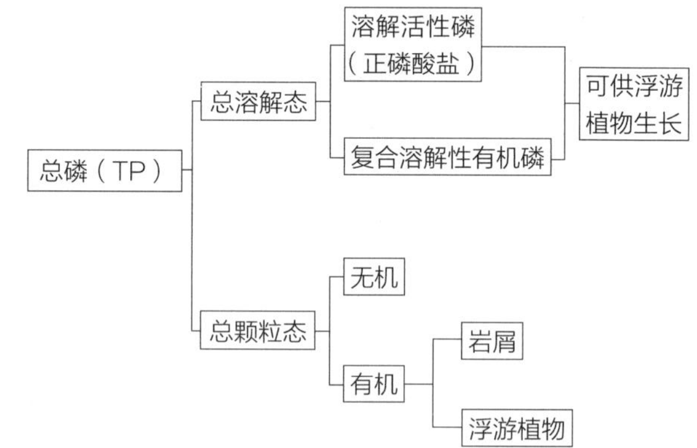


图 7.5 总磷的成分图

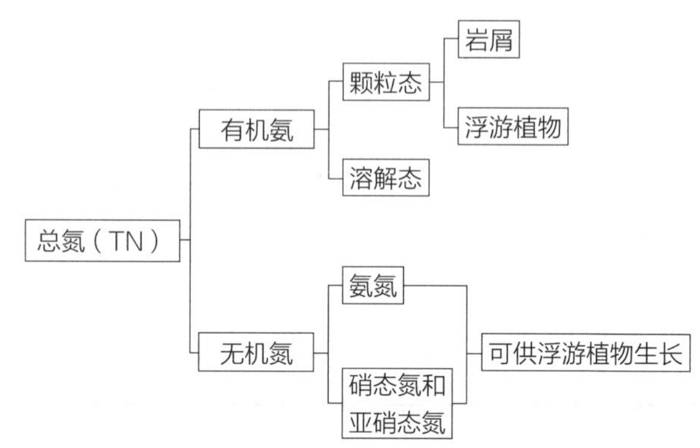


图 7.6 总氮的成分图

由于 TP 和 TN 中并不是所有成分都能被浮游植物所吸收，因此划定水中的成分是很重要的。TP 的两个主要成分是溶解态磷和颗粒态磷。溶解态磷包括几种形式，其中溶解活性磷（正磷酸盐，$PO_4^{3-}$）可用于浮游植物的生长。有效磷通常被认为是经过 0.45 μm 膜过滤后的正磷酸盐。TN 的主要成分为有机氮、氨、亚硝酸盐（$NO_2^-$）和硝酸盐（$NO_3^-$），其中氨、亚硝酸盐和硝酸盐形式可被浮游植物利用来促进生长。

控制富营养化系统的设计基于确定有限的营养物质和允许的营养水平，以保持水中植物生物量的理想浓度。通过比较水中可供植物生长的氮磷比（N/P）与植物生长所需的氮磷比，可以确定植物生长限制性营养元素。浮游植物的细胞化学计量学结果表明，磷含量为 0.5~2.0μgP/μgChla，氮含量为 7~10μgN/μgChla，这意味着 N/P 比以 10 : 1 应用于植物生长过程中。因此，如果水中有效氮与有效磷的比值明显超过 10，则磷将成为限制性营养元素。而如果水中 N/P 比显著小于 10，则氮是限制性营养元素。Stumm 和 Morgan 的研究结果表明，在光合作用过程中需要一个磷原子和 16 个氮原子来产生 154 个氧分子（该氮磷比被称为雷德菲尔德比率）。并且 Ryther 和 Dunstan 也报道过微藻生长所需的 N/P 比在 3~30 范围内，平均为 16。确定氮或磷哪个是限制性营养元素的另一种方法是在算术图上绘制氮浓度与磷浓度的对比图。最佳拟合直线将截取氮或磷的轴，而耗尽的养分（由截距决定）是限制性营养元素。在一种相关的方法中，一些研究利用磷和氮水平与叶绿素 a 浓度的相关性来确定限制性营养元素。限制性营养元素与叶绿素 a 紧密相关。

富营养化的控制通常需要指定目标生物量浓度（以 μg Chla/L 为单位）；北方温带湖泊的典型目标生物量浓度在 1~4μg Chl a/L 之间，富营养化湖泊在 5~10μg Chl a/L 之间。许多湖泊模型假定磷是限制性营养元素，在这种情况下，水体中的生物量（叶绿素 a）浓度 $c_b$ 是根据 TP 浓度估算的。这种方法隐含地假定 TP 与有效磷（正磷酸盐，$PO_4^{3-}$）之间存在稳定的关系，并且忽略其他影响藻类生长的变量，如沉淀、捕食、营养循环和氧含量。表 7.3 列出了 $c_b$ 和 TP 之间的几种经验关系，其中 $c_b$ 和 TP 的单位为 μg/L。表 7.3 中公式的多样性反映了确定这些关系的湖泊之间的季节、气候、生态和水文变化。表 7.3 中给出的关系应该谨慎使用，因为它们并不适用于 TP 的所有值。根据 Jφrgensen 等人的研究结果，随着 TP 浓度的增加，藻类生物量首先缓慢增加，然后较快增长，随后几乎呈线性上升，直到在高浓度时生物量达到一定的渐近值。这种非线性关系导致当湖泊中的磷浓度在外部磷负荷减少之前非常高时，即使磷浓度显著下降也并不一定会导致叶绿素 a 浓度的下降。据估计，磷浓度应在 10~15μg/L 以下，以限制藻华的发生。TP 浓度为 10μg/L 和 20μg/L，一般认为是贫营养态、中营养态和富营养化态之间的分界线。

在具有活性污泥处理（不除磷）的市政废水中，氮往往是限制性营养元素，在混合的农业和城市径流中，磷往往是限制性营养元素。表 7.4 显示了各种水体典型的限制性营养元素。磷是典型的内陆湖泊和雨水滞留池的限制性营养元素。在海洋系统中，氮通常被认为是限制性营养元素。

各种水体的限制性营养元素　　表 7.4

| 营养源 | | N/P 比 | 限制性营养元素 |
|---|---|---|---|
| 河流和溪流 | 未除磷的点源占主导地位 | <<10 | N |
| | 除磷的点源占主导地位 | >>10 | P |
| | 非点源占主导地位 | >>10 | P |
| 湖泊 | 大，非点源占主导地位 | >>10 | P |
| | 小，点源占主导地位 | <<10 | N |

## 【例题 7.6】

（1）对湖泊水质进行测定表明，有效磷约为 60μg/L，有效氮约为 2mg/L。则该湖泊受氮或磷哪一种元素限制呢?

（2）如果 TP 浓度为 90μg/L，TN 浓度为 4mg/L，试估算湖泊的生物量浓度和营养状态。

## 【解】

（1）有效氮与有效磷的比值为 $2\times10^3/60=33$。由于这一比例大于 10，故该湖泊中磷是限制性营养元素。

（2）根据给定的数据，TP=90μg/L，TN=4000μg/L，使用表 7.3 中的公式得到的结果见表 7.5。

生物量浓度 $c_b$ 的计算结果　　表 7.5

| 公式 | $c_b$（μg/L） |
|---|---|
| Smith 和 Shapiro | 52 |
| Bartsch 和 Gakstatter | 24 |
| Rast 和 Lee | 17 |
| Dillon 和 Rigler | 50 |
| Harper 和 Barker | 46 |

因此，估算生物量浓度在 17~52μg/L 之间。根据该生物量浓度（>10μg/L）和 TP 浓度（>20μg/L），可将湖泊划分为富营养化湖泊。

### 7.3.2　营养状态的测量

营养状态不是用单一、唯一、明确的方式进行衡量的。目前的方法是测量症状（如浮游植物浓度，μg Chl a/L）或原因（如 TP 浓度）。典型的症状性指标描述为：贫营养水体中叶绿素 a 浓度小于 4μg Chl a/L，

生物量与 TP 浓度之间的经验关系　　表 7.3

| 公　式 | 参考文献 |
|---|---|
| $\log_{10} c_b = 1.55\log_{10} \mathrm{TP} - 1.55\log_{10}\left[\dfrac{6.404}{0.0204(\mathrm{TN/TP})+0.334}\right]$ | Smith 和 Shapiro（1981） |
| $\log_{10} c_b = 0.807\log_{10} \mathrm{TP} - 0.194$ | Bartsch 和 Gakstatter（1978） |
| $\log_{10} c_b = 0.76\log_{10} \mathrm{TP} - 0.259$ | Rast 和 Lee（1978） |
| $\log_{10} c_b = 1.449\log_{10} \mathrm{TP} - 1.136$ | Dillon 和 Rigler（1974） |
| $\ln c_b = 1.058\ln \mathrm{TP} - 0.934$ | Harper 和 Barker（2007）[a] |

a 佛罗里达湖。

中营养水体中叶绿素 a 浓度为 4~10μg Chl a/L，富营养化水体叶绿素 a 浓度大于 10μg Chl a/L。典型的因果准则是贫营养水体中 TP 浓度小于 10μg/L，中营养水体中 TP 浓度为 10~20μg/L，富营养化水体中 TP 浓度已超过 20μg/L。藻类对营养物质的吸收量在夏季最高，导致营养物质浓度较低。因此，关键营养物质浓度应在冬季或春季测量，或者当湖发生翻转时测量。

塞氏盘深度常被用作藻类丰度和一般生产力的指标。塞氏盘是一个圆形的盘子，分为四部分，分别画成黑色和白色。盘片被绑在绳子上，放进水中，直到看不见为止。此时塞氏盘的深度称为塞氏盘深度或简称为塞氏深度。图 7.7 显示了正在使用的塞氏盘。水的透明度受到藻类、沉积物颗粒和其他悬浮在水中的物质的影响，而塞氏深度是水的透明度的一种度量。较高的塞氏深度表示清澈的水，较低的塞氏深度表示浑浊或有色的水。清澈的水让光线更深入地渗透到湖中，这种光线使光合作用发生从而产生氧气。经验法则是，光可以穿透到 1.7 倍的塞氏深度，另一个经验法则是，塞氏深度对应于 85% 的表面光被阻挡的深度。虽然它只是一个指标，但是塞氏深度是最简单的，也是估算湖泊生产力的最有效工具之一。根据经验关系，塞氏深度与叶绿素 a 浓度有关。

$$\log(\mathrm{SD}) = -0.473\log(\mathrm{Chl\ a}) + 0.803 \tag{7.10}$$

式中　SD——塞氏深度（m）；

　　Chl a——叶绿素 a 的浓度（μg/L）。

图 7.7　塞氏盘

对于磷限制的湖泊，可以采用塞氏深度转化为营养状态指数（trophic status index，TSI）来评估湖泊的营养状态。

$$\mathrm{TSI} = 60 - 14.43\ln(\mathrm{SD}) \tag{7.11}$$

式中　SD——塞氏深度（m）。

利用叶绿素 a 浓度、TP 和塞氏深度之间的关系，TSI 也可以通过以下关系进行估算：

$$\mathrm{TSI} = 30.56 + 9.81\ln(\mathrm{Chl\ a}) \tag{7.12}$$

$$\mathrm{TSI} = 4.14 + 14.43\ln(\mathrm{TP}) \tag{7.13}$$

式中　Chl a——叶绿素 a 的浓度（μg/L）；

　　TP——TP 的浓度（μg/L）。

在评估公式（7.11）、公式（7.12）或公式（7.13）作为营养状态指标的有效性时，必须注意到各湖间营养状态的最佳指标各不相同，若湖泊的浑浊是由于藻类以外的因素引起的，那么塞氏深度可能是错误的。据报道，TSI 在北温带湖泊中作为营养状态指标的效果最好，而在有过多杂草的湖泊中表现不佳。根据对北方几个湖泊的观测结果，发现大多数贫营养湖泊的 TSI 值小于 40，中营养湖泊的 TSI 值在 35~45 之间，富营养化湖泊的 TSI 值大于 45，过营养化湖泊的 TSI 值大于 60。当 TSI 值分别用 SD、Chl a 和 TP 的独立值采用公式（7.11）~ 公式（7.13）估算时，用这三个公式给出的平均 TSI 值来测量营养状态。

用于评估湖泊营养状态的标准总结于表 7.6 中。由于缺乏精确的营养状态，因此很难开发一个精确的工程工具来估计某一水体富营养化过程的阶段。

## 【例题 7.7】

在湖泊中的测量结果表明，塞氏深度为 3.0m，叶绿素 a 浓度为 6μg/L，TP 浓度为 17μg/L。估计该湖泊的营养状态。

**【解】**

根据给定的数据：SD=3.0m，Chl a=6μg/L，TP=17μg/L，再结合表 7.6 中的数据，该湖泊为中营养状态。利用给定的数据来确定 TSI：

$$TSI = \begin{cases} 60 - 14.43\ln(\mathrm{SD}) = 60 - 14.43\ln 3.0 = 44 \\ 30.56 + 9.81\ln(\mathrm{Chl\ a}) = 30.56 + 9.81\ln 6 = 48 \\ 4.14 + 14.43\ln(\mathrm{TP}) = 4.14 + 14.43\ln 17 = 45 \end{cases}$$

湖泊的营养状态　表 7.6

| 水质 | 贫营养 | 中营养 | 富营养化 | 来源 |
|---|---|---|---|---|
| 总磷（μg/L） | < 10 | 10~20 | >20 | USEPA（1974） |
| | < 10 | 10~30 | >30 | Nürnberg（1996） |
| 叶绿素 a（μg/L） | < 4 | 4~10 | >10 | USEPA（1974） |
| | 0.8~3.4 | 3~7.4 | 6.7~31 | Ryding 和 Rast（1989） |
| | < 4 | 4~10 | >10 | Novotny 和 Olem（1994） |
| | < 3.5 | 3.5~9 | >9 | Nürnberg（1996） |
| | < 3.5 | 3.5~9 | 9~25 | Smith（1998） |
| | 0.3~3 | 2~15 | >10 | Wetzel（2001） |
| 塞氏盘深度（m） | >4 | 2~4 | < 2 | USEPA（1974）和 N ü rnberg（1996） |
| 均温层含氧量（% 饱和度） | >80 | 10~80 | < 10 | USEPA（1974） |
| 浮游植物产量（g 有机碳 /（$m^2$·d）） | 7~25 | 75~250 | 350~700 | Mason（1991） |
| 营养状态指数（TSL） | <40 | 35~45 | >45 | Carlson（1977） |

这些结果的平均值为（44+48+45）/3=46，根据表 7.6，该湖泊处于富营养化状态。尽管在这方面的指标并不一致，但是这里的证据表明该湖泊是中营养型的。

比尔定律（公式 7.8）描述了光通过这种关系进入水体的情况：

$$I(d)=I_s e^{-k_e d}$$

在使用塞氏深度作为水体中悬浮固体浓度的情况下，$k_e$（L）的值可用公式（7.14）进行估算：

$$k_e=\frac{a}{SD} \tag{7.14}$$

式中　SD——塞氏深度（L）；

$a$——常量，典型值在 1.7~1.9 范围内。

通过公式（7.8）和公式（7.14），可以用塞氏深度来估算出透光带的深度：

$$d=-\ln\left[\frac{I(d)}{I_s}\right]\frac{SD}{a} \tag{7.15}$$

将 $I(d)/I_s$=0.01 与 $a$=1.8 代入后，得出透光带深度 $d_e$ 为：

$$d_e=2.6SD \tag{7.16}$$

这表明透光带的深度大约是塞氏深度的 2~3 倍。

## 【例题 7.8】

估算一个贫营养湖泊中透光带的最小深度。

**【解】**

根据表 7.6，贫营养水体中的最小塞氏深度为 4m，将 SD 值代入公式（7.16）得：

$$d_e=2.6SD=2.6\times4=10.4\text{ m}$$

因此，在一个贫营养湖泊中，透光带的最小深度为 10.4m。

### 7.3.3　缺氧深度

当一个湖泊被用作雨水管理的滞留池时，该湖泊的有效容积仅包括好氧部分，因此需要估算可能是厌氧的湖泊体积。在这种情况下，当溶解氧浓度超过 1mg/L 时，就可以假定存在好氧条件。利用一个包含 426 组塞氏深度、叶绿素 a、TP 和缺氧深度的测量数据集，规定溶解氧浓度低于 1mg/L，Harper 和 Baker 导出了佛罗里达州中部和南部水体的以下关系：

$$d_a=3.035SD-0.004979TP+0.02164c_b \tag{7.17}$$

式中　$d_a$——缺氧深度（m）；

SD——塞氏深度（m）；

TP——TP 浓度（μg/L）；

$c_b$——生物质浓度（μg Chl a/L）。

SD 和 $c_b$ 的值与 TP 相关，可以使用以下由佛罗里达州的湖泊导出的关系：

$$\ln c_b=1.058\ln TP-0.934 \tag{7.18}$$

$$SD=\frac{24.24+0.3041c_b}{6.063+c_b} \tag{7.19}$$

利用公式（7.17）~ 公式（7.19）计算缺氧深度对于确定在暴雨管理系统中用作滞留池的人工湖泊的适当深度是有用的，因为这样的湖泊的有效容积仅包括需氧部分。这些人工湖泊的正常运行通常要求它们的最小停留时间为 2~4 周，其停留时间等于有效湖泊容积除以平均出流速率。

### 【例题 7.9】

在拟建的住宅开发项目中，一个湖泊将作为雨水管理系统的一部分。在设计条件下，进入湖泊的年径流量为 $6.4\times10^4\text{m}^3$，该类型土地利用的径流中 TP 平均浓度可达 0.327mg/L。水力停留时间要求湖泊容积为 $3.53\times10^4\text{m}^3$，可假定湖泊将同化 80% 的 TP 负荷。估算使整个湖泊内存在好氧条件的最大湖深。

**【解】**

根据给定的数据：$V_r$=$6.4\times10^4\text{m}^3$，$c_r$=0.327mg/L=$3.27\times10^{-4}$kg/m$^3$，$V_L$=$3.53\times10^4\text{m}^3$，$r$=0.8。因此，可计算出湖泊的年 TP 负荷 $L_a$ 值：

$$L_a = V_r \cdot c_r = 6.4\times10^4\times3.27\times10^{-4} = 20.9\ \text{kg/年}$$

考虑到湖泊中 TP 的同化作用，可计算出净负荷 $L_0$ 为：

$$L_0 = (1-r)L_a = (1-0.8)\times20.9 = 4.18\ \text{kg/年}$$

该质量的 TP 将分布在湖泊容积和湖泊出流中。假设湖泊的入流和出流近似相等，则湖泊的平均 TP 浓度为：

$$\begin{aligned}\text{TP} &= \frac{L_0}{V_r + V_L}\\ &= \frac{4.18}{64000+35300}\\ &= 4.21\times10^{-5}\ \text{kg/m}^3\\ &= 42.1\ \mu\text{g/L}\end{aligned}$$

利用公式（7.17）~ 公式（7.19），可计算出生物量浓度（Chl a）、$c_b$、塞氏深度、SD、缺氧深度 $d_a$。

$$\begin{aligned}c_b &= \exp[1.058\ln\text{TP} - 0.934]\\ &= \exp[1.058\ln 42.1 - 0.934]\\ &= 20.6\,\mu\text{g/L}\end{aligned}$$

$$\text{SD} = \frac{24.24+0.3041c_b}{6.063+c_b} = \frac{24.24+0.3041\times20.6}{6.063+20.6} = 1.14\,\text{m}$$

$$\begin{aligned}d_a &= 3.035\text{SD} - 0.004979\text{TP} + 0.02164c_b\\ &= 3.035\times1.14 - 0.004979\times42.1 + 0.02164\times20.6\\ &= 3.70\ \text{m}\end{aligned}$$

因此，缺氧深度不应超过 3.70m 左右，整个湖泊才能有效去除 TP。如果选择大于 3.70m 的湖泊深度，则可选择人工混合湖泊。

## 7.4　热分层

在大型水库中，热平衡通常以水面的大气热交换为主，大部分的直接热交换发生在水库的上层。如果水库内的混合是有限的，这种热交换模式通常会导致显著的热分层。湖泊中的热分层对水质有显著影响，因为温度对化学及生物反应速率有显著影响，并且强烈的温度梯度可以明显限制溶解氧从水面扩散到湖底。温度及其在湖泊和水库中的分布不仅影响湖泊内水质，而且影响湖泊下游河流系统的热状况和水质。温度和溶解氧通常被用来评估湖泊是否是各种鱼类和水生生物的合适栖息地。

热分层有三种不同的层次：强分层、弱分层和非分层。强分层湖泊通常较深，以水平等温线为特征，弱分层湖泊以沿湖纵轴倾斜的等温线为特征，而非分层湖泊以基本垂直的等温线为特征，在这种情况下，任意位置的温度分布与深度大致一致。

湖泊的密度分层主要是由于温度差造成的，虽然盐度和悬浮固体浓度也可能影响密度。估计水密度 $\rho_w$（kg/m$^3$）的经验公式是温度、盐度和悬浮固体浓度的函数，形式如下：

$$\rho_w = \rho(T) + \Delta\rho(T,S) + \Delta\rho(\text{TSS}) \tag{7.20}$$

其中，$\rho$（$T$）表示密度作为温度 $T$（℃）的函数，$\Delta\rho$（$T$，$S$）和 $\Delta\rho$（TSS）是由于温度 $T$（℃）、盐度 $S$（ppt）及总悬浮固体 TSS（mg/L）所引起的额外修正。具体函数可估计如下：

$$\rho(T) = \begin{cases} 1028.14 - 0.0735T - 0.00469T^2 & \text{(Cowley, 1968)}\\ 1000\left[1 - \dfrac{T+288.9414}{508929.2(T+68.12963)}(T-3.9863)^2\right] & \text{(Gill, 1982)}\end{cases} \tag{7.21}$$

$$\Delta\rho(T,S) = \begin{cases} (0.802-0.002T)(S-35) & \text{(Cowley, 1968)} \\ AS+BS^{\frac{3}{2}}+CS^2 & \text{(Gill, 1982)} \end{cases} \tag{7.22}$$

$$\Delta\rho(\text{TSS}) = \text{TSS}\left[1-\frac{1}{\text{SG}}\right]\times10^{-3} \quad \text{(Gill, 1982)} \tag{7.23}$$

其中 Gill（1982）公式中的 $\Delta\rho(T, S)$ 使用下列 $A$、$B$、$C$ 的值：

$$A = 0.824493-4.0899\times10^{-3}T+7.6438\times10^{-5}T^2 -8.2467\times10^{-7}T^3+5.3875\times10^{-9}T^4 \tag{7.24}$$

$$B = -5.72466\times10^{-3}+1.0227\times10^{-4}T-1.6546\times10^{-6}T^2 \tag{7.25}$$

$$C = 4.8314\times10^{-4} \tag{7.26}$$

SG 表示悬浮固体的相对密度。湖泊中的水生群落高度依赖于热结构。影响湖泊热分层的基本过程是湖泊表面的热量和动量传递以及重力作用于湖泊内的密度差。

## 【例题 7.10】

在一个淡水湖，其顶部和底部的测量温度分别为 15℃和 12℃，并且相应的悬浮固体浓度分别为 2mg/L 和 75mg/L。悬浮固体的相对密度为 2.85。确定湖泊顶部和底部的水密度差。密度差、温度和悬浮固体，三者哪个更重要？

**【解】**

根据给定的数据：$T_t$=15 ℃，$T_b$=12 ℃，$TSS_t$=2 mg/L，$TSS_b$=75 mg/L，SG=2.85。利用 Gill（1982）公式得出：

$$\rho_t = 1000\left[1-\frac{T_t+288.9414}{508929.2(T_t+68.12963)}(T_t-3.9863)^2\right] = 999.1285\ \text{kg/m}^3$$

$$\rho_b = 1000\left[1-\frac{T_b+288.9414}{508929.2(T_b+68.12963)}(T_b-3.9863)^2\right] = 999.5261\ \text{kg/m}^3$$

$$\Delta\rho(\text{TSS}_t) = \text{TSS}_t\left[1-\frac{1}{\text{SG}}\right]\times10^{-3} = 0.0013\ \text{kg/m}^3$$

$$\Delta\rho(\text{TSS}_b) = \text{TSS}_b\left[1-\frac{1}{\text{SG}}\right]\times10^{-3} = 0.0487\ \text{kg/m}^3$$

用公式（7.20）来估计湖泊顶部和底部的密度：

$$\rho_{wt} = \rho_t+\Delta\rho(\text{TSS}_t) = 999.1285+0.0013 = 999.1298\ \text{kg/m}^3$$

$$\rho_{wb} = \rho_b+\Delta\rho(\text{TSS}_b) = 999.5261+0.0487 = 999.5748\ \text{kg/m}^3$$

因此，密度差为 999.5748–999.1298=0.4450kg/m³。如果只考虑温差，则结果为999.5261–999.1285=0.3976kg/m³；如果只考虑悬浮固体，则结果为0.0487–0.0013=0.0474kg/m³。因此，密度差主要（89%）是由温差引起的。

### 7.4.1 层特征

在温暖的夏季，深湖（>10m（30ft））表面的热量集中在顶部几米处，形成一层温暖的、密度较低的混合层，覆盖着明显较冷和混合较弱的下层。混合良好的表层被称为变温层，混合较弱的下层被称为均温层。较温暖的变温层与较冷的均温层之间有一层薄薄的温度梯度，称之为中间层。中间层中的尖锐温度梯度称为温跃层，并且在淡水湖中，温跃层的最小温度梯度为 1℃ /m（0.3℃ /ft）。当温跃层不存在时，变温层及均温层便不复存在。在浅湖或深湖的浅部，温跃层最终会截至湖底，从而使湖底不存在均温层。由于湖水表面热在浑水中快速衰减，因此，浊度对变温层厚度有着很强的影响。变温层的深度与湖的大小有关，在小湖泊中可以浅至 1m（3ft），在大湖泊中深度可达 20m（65ft）或更深。变温层中的水有良好的充氧能力，而均温层中的水氧含量较低。深湖通常在变温层有温水鱼，在均温层有冷水鱼。在夏季分层的富营养化湖泊中，温水鱼可以生活在变温层，而低溶解氧含量则使冷水鱼从均温层迁出，如果没有合适的栖息地，它们可能会死亡。

### 7.4.2 重力循环

在中高纬度的大型深水水体中，重力循环的年循环是很常见的，在那里有四个明确的季节。在凉爽的秋季，深湖的表层开始变凉，比底层的水更致密，导致重力循环，再加上风，导致湖水翻滚且混合得更好。在冬季，湖泊通常不分层，除非在较高纬度地区，在寒冷的冬季条件下，湖泊进一步冷却到 4℃以下，导致湖泊表层温度低于 4℃，使其密度低于底层的水，湖泊再次分层。随着春季气温的升高，表层水温度升高到 4℃，比底层的水更致密，导致湖水的翻滚。随着温暖夏季的到来，湖泊又开始分层，季节循环也就

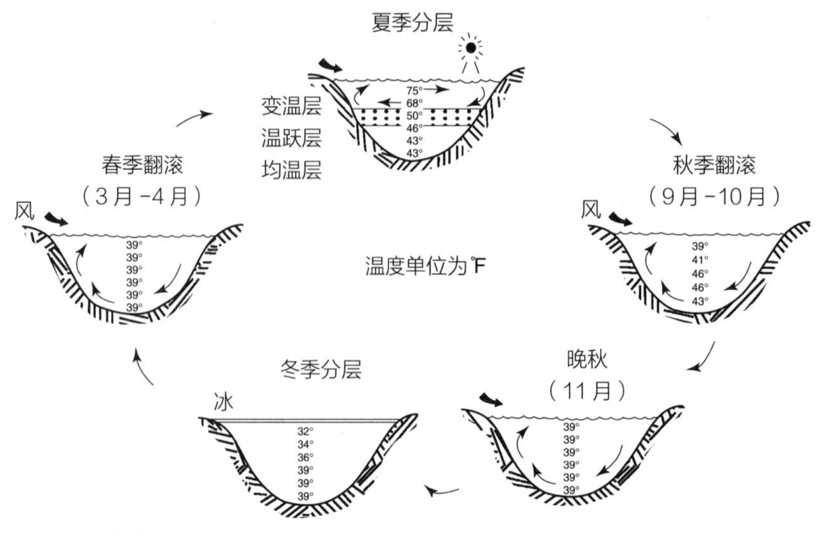


图 7.8　湖泊分层循环

完成了。图 7.8 显示了温带湖中湖泊分层循环的一个典型例子，该湖泊在夏季和冬季稳定分层，期间有季节性翻滚。

湖泊可以根据其每年的翻滚模式分类。这些分类说明如下：

永冻湖永不翻滚，永远被冰覆盖。这些类型的湖泊存在于南极和极高的山脉中。

完全对流湖由于风力循环自上而下地混合在一起。具体分类为：

（1）少循环湖：以不寻常的、不规则的、持续时间短的翻滚为特征。这些类型的湖泊一般都是中小热带湖泊或很深的湖泊。

（2）单循环湖：每年有一次定期翻滚的湖泊。冬季温度不低于 4 ℃的暖湖可能是单循环湖，夏季水温不超过 4℃的冷湖也可能是单循环湖。热带地区和北纬 40° 处的湖泊一般是单循环的。寒冷的单循环湖与高纬度和高海拔相关，每年大部分时间都会结冰。

（3）二次循环湖：每年在春、秋季节出现两次翻滚的湖泊，是低温地区最常见的年度混合类型之一，比如北美中部和东部。在温带气候中，大多数湖泊的夏季水温在 4℃以上，冬季温度在 4℃以下，是二次循环湖。

（4）多循环湖：经常或持续循环，持续接近或略高于 4℃的冷湖，或气温变化很小的暖赤道湖。

局部循环（半对流）湖在整个湖泊中不循环。底层水处于永远停滞状态。

值得注意的是，与温带地区以季节性气候为特征相比，热带地区的湖泊以昼夜气候（昼夜变化）为特征。因此，在热带地区发现了更广泛的多循环湖。从实际的角度来看，有时根据早晨水混合在一起时在浅热带水中进行的水质测量得出的结论是不准确的，因为在白天它可能会变成分层和缺氧。热带地区的湖泊和水库水质监测必须比温带地区更严格地考虑这些日变化，在温带地区，在几个小时的时间内，一些变量（如 pH、氧和营养物质浓度）的差异并不明显。

### 7.4.3　水质影响

湖泊中关注的主要水质参数是溶解氧，因为几乎所有的水生生物都需要氧气来呼吸，所以通常认为水柱的所有部分都需要氧气。湖水层间氧迁移的阻滞导致湖层间水质和生物的急剧分化。当氧气在均温层中被消耗而不被补充时，许多生物体的生命功能就会受到损害，而对水质很重要的生物介导反应也会被改变。由于均温层阳光有限，进入这一区域的藻类只能呼吸，这就增加了对氧气的需求，再加上底栖生物的氧气需求，导致均温层转变为缺氧状态（例如无氧状态）。均温层中的缺氧条件引发还原化学反应，使某些化合物从氧化态转化为还原态。通常，减少的化学物质在水中更容易溶解。底部沉积物中的缺氧条件也会导致铁和锰等金属的溶解，从而影响饮用水的使用。一些有毒化合物（如汞），可在底部沉积物中进行微生物甲基化，这使得它们比其他形式的化合物具有更大的毒性。同样地，在均温层和沉积物的缺氧条件下磷酸盐从沉积物中释放出来。分解后产生的气体如硫化氢（$H_2S$）、甲烷（$CH_4$）和二氧化碳（$CO_2$），往往会在底部水中溶解，特别是当湖较深和底部压力较高时。

水流入湖泊将穿过具有相同密度和湖深度，直到混合均匀。如果进水比湖水的温度低、密度大，当入流速度下降时，进水将“突降”到湖面之下，并有可能发生广泛的混合。如果进水中含有大量的营养物质，这些营养物质就会与湖水混合。如果进入均温层的营养物质中有机质含量较高，则微生物的代谢就会耗尽氧气的供应。除了入流的影响，湖泊的排放，无论是从水面溢洪道还是从湖底的出口管道排放，都会对湖泊的温度、金属离子的深度、排放的水温和受纳溪流有较大的影响。这种湖泊排放能够显著地影响水质和氧含量，进而影响受纳溪流的水生生物的组成。下游漫温、低溶解氧下层滞水的释放会导致 BOD 去除率降低和曝气率降低，进而导致氧气水平降低和废物吸收能力总体下降。此外，低温下层滞水的释放可能会影响接触性娱乐，如游泳。为了避免这些负面后果，一些大型水坝将排放水储存在下游水库中，以便在下游水释放之前提高温度和溶解氧水平。

湖泊中溶解氧的极度消耗可能发生在冰雪覆盖的湖泊中，在这些湖泊中光无法进行光合作用。如果溶解氧的消耗足够大，鱼类可能会死亡。

## 7.4.4　混合电位测量

在分层期间，变温层中陡峭的温度梯度（即温跃层）抑制了许多传质现象，它们原本负责湖泊中水质成分的垂直迁移。在强烈分层的湖泊中，变温层与均温层之间水和溶解成分的交换可以降低分子扩散速率。

### 7.4.4.1　理查森数

为了实现充分混合，分层水柱的重力稳定性必须通过水柱内的速度剪切来克服。这些影响的相对大小是通过理查森数 $Ri$（无量纲）来测量的，它给出了浮力与剪力的比值：

$$Ri=\frac{\text{浮力}}{\text{剪力}}=\frac{-\dfrac{g}{\rho}\dfrac{\partial\rho}{\partial z}}{\left(\dfrac{\partial u}{\partial z}\right)^2} \tag{7.27}$$

式中　$g$——重力加速度（$LT^{-2}$）；

$\rho$——水的密度（$ML^{-3}$）；

$z$——垂直坐标（L）；

$u$——水库中水的水平速度（$LT^{-1}$）。

公式（7.27）中，分子中的负号代表在稳定环境中的情况，$\rho$ 随着 $z$ 的增加而减少，因此，负号可以保证 $Ri$ 值是正的。在 $Ri$>>0.25 的情况下，分层足以抑制混合，而对于 $Ri$<<0.25 的情况，可以发生明显的混合以克服分层。

分层通常以浮力频率 $N$ 为特征：

$$N=\sqrt{-\frac{g}{\rho}\frac{\partial\rho}{\partial z}} \tag{7.28}$$

浮力频率 $N$ 也被称为布伦特－维萨拉频率，典型值为 $10^{-3}$Hz。浮力频率 $N$，是垂直移动的流体在静态稳定的环境中振荡的频率。结合公式（7.27）和公式（7.28）得到了理查森数用浮力频率表示的替代形式：

$$Ri=\frac{N^2}{\left(\dfrac{\partial u}{\partial z}\right)^2} \tag{7.29}$$

理查森数是一种广泛使用的测量垂直混合可能性的指标，无论是在湖沼学还是海洋学，分层情况是很常见的。

## 【例题 7.11】

某湖泊深为 10.0m，平均温度为 13.5℃，湖面与湖底的温度差表明，其密度差为 0.500kg/m$^3$。如果风引起 4.5cm/s 的表面流速，而湖底的洋流可以忽略不计，请评估是否有可能在湖中发生明显的风致混合？

**【解】**

根据给定的数据：$\Delta z$=10.0m，$T$=13.5 ℃，$\Delta\rho$=0.500kg/m$^3$，$\Delta u$=4.5cm/s=0.045m/s。在给定的湖泊平均温度（13.5℃）下，利用 Gill（1982）给出的公式（7.21）计算出的水密度为 $\rho$=999.34kg/m$^3$。利用这些数据，可以作出以下估计：

$$N=\sqrt{-\frac{g}{\rho}\frac{\partial\rho}{\partial z}}\approx\sqrt{\frac{g}{\rho}\frac{\Delta\rho}{\Delta z}}=\sqrt{\frac{9.81}{999.34}\times\frac{0.500}{10}}=0.0222\text{ Hz}$$

$$\frac{\partial u}{\partial z}\approx\frac{\Delta u}{\Delta z}=\frac{0.045}{10}=0.0045\text{ Hz}$$

理查森数通过公式（7.29）得出：

$$Ri=\frac{N^2}{\left(\dfrac{\partial u}{\partial z}\right)^2}\approx\frac{N^2}{\left(\dfrac{\Delta u}{\Delta z}\right)^2}=\frac{0.0222^2}{0.0045^2}=24$$

由于 $Ri$ >>0.25，因此，在给定的条件下，湖泊中的风致混合不太可能发生。

#### 7.4.4.2 密度弗劳德数

某些条件下，湖泊的稳定性是由密度弗劳德数 $Fr_D$（无量纲）来衡量的，它是衡量惯性力与浮力之比的指标：

$$Fr_D=\frac{\text{惯性力}}{\text{浮力}}=\frac{V}{\sqrt{\frac{\Delta\rho}{\rho_0}gd}} \tag{7.30}$$

式中 $V$——湖的平均流速（$LT^{-1}$）；

$\Delta\rho$——密度随深度的变化（$ML^{-3}$）；

$\rho_0$——水体的平均密度（$ML^{-3}$）；

$g$——重力加速度（$LT^{-2}$）；

$d$——湖的平均深度（L）。

低的 $Fr_D$ 值表示浮力在流体运动中起主导作用，而高的 $Fr_D$ 值表示浮力在流体运动中起相对较小的作用。Long 在实验室中的模拟测量表明，如果 $Fr_D<<0.32$，这个蓄水池很可能发生分层；如果 $Fr_D\approx 0.32$，这个蓄水池很可能发生弱分层；如果 $Fr_D>>0.32$，这个蓄水池很可能发生垂直混合。

通常情况下，分层良好的湖泊 $Fr_D<<0.1$，弱分层湖泊 $0.1<Fr_D<1$，均匀混合的湖泊 $Fr_D>1$。平均流速 $V$ 和密度变化 $\Delta\rho$ 可用以下形式表示：

$$V=\frac{QL}{V_L} \tag{7.31}$$

$$\Delta\rho=\beta d \tag{7.32}$$

式中 $Q$——通过蓄水池（湖泊或水库）的容积流量（$L^3T^{-1}$）；

$L$——蓄水池的长度（L）；

$V_L$——蓄水池容积（$L^3$）；

$\beta$——平均密度梯度，定义为单位深度的密度变化（$ML^{-4}$）。

对于淡水蓄水池，$\beta$ 和 $\rho_0$ 通常分别近似为 $10^{-3}kg/m^4$ 和 $1000kg/m^3$。

## 【例题 7.12】

在一个 10m 深的湖泊中的测量表明，平均流速为 10cm/s，湖面与湖底的密度差为 $4.1kg/m^3$。如果湖水的平均密度为 $998kg/m^3$，请估算分层强度。

**【解】**

根据给定的数据：$d$=10m，$V$=10cm/s=0.1m/s，$\Delta\rho$=$4.1kg/m^3$，$\rho_0$=$998kg/m^3$，利用公式（7.30）得出密度弗劳德数。

$$Fr_D=\frac{V}{\sqrt{\frac{\Delta\rho}{\rho_0}gd}}=\frac{1}{\sqrt{\frac{4.1}{998}\times 9.81\times 10}}=0.16$$

由于 $0.1<Fr_D<1$，故该湖应该分类为弱分层。

### 7.4.5 人工去分层

机械搅拌装置、水泵和气泡羽流系统都是用来对湖泊和水库进行去分层处理的。最常见的方法是气泡羽流系统，在这个系统中，压缩空气通过水库底部的一个穿孔管道来输送。由不断上升的气泡引起的气流将携带着均温层水从水库的底部向水库的顶部移动。这种系统的效率取决于空气被注入水中的速率和分层的强度。

气泡羽流的行为由以下无量纲参数控制：

$$M_M=\frac{Q_0 p_a(\lambda^2+1)}{4\pi\alpha^2\rho_w H^2 u_B^3} \tag{7.33}$$

$$C_M=\left(\frac{N^3H^4}{gQ_0}\right)\left(\frac{H}{h_a}\right) \tag{7.34}$$

式中 $Q_0$——在大气压下空气注入水中的速度（$m^3/s$）；

$p_a$——大气压力（Pa）；

$H$——扩散器水平绝对压头（m）；

$h_a$——大气压表示为等效水头，通常取 10.2m（33.5ft）；

$N$——浮力频率（$s^{-1}$），用公式（7.28）表示；

$u_B$——一个速度标度（m/s）。

$$u_B=u_s(\lambda^2+1) \tag{7.35}$$

式中 $u_s$——气泡相对于羽流中液体的滑移速度，一般取 0.3m/s（1ft/s）；

$\lambda$——分散项，通常被视为 0.3；

$\rho_w$——水的平均密度（$kg/m^3$）；

$\alpha$——逸入系数，一般取 0.083。

公式（7.33）给出的无量纲参数 $M_M$ 测量空气源相对于周围流体的压头的强度，$C_M$ 测量相对于源强度的分层强度。较高的 $C_M$ 值代表与源强度相比分层是很强的。另一方面，相对于分层水平，$C_M$ 的低值代表了高的源强度，有利于气泡羽流到达表面而不受任何内部的损伤。具有相同 $M_M$ 和 $C_M$ 值的曝气系统将促进水中相同的混合模式。最好通过现场调查确定 $M_M$ 和

$C_M$ 的最优值；然而，较低的 $C_M$ 值通常是更好的。

**【例题 7.13】**

通过注射 $5.0m^3/s$ 的空气产生的气泡羽流对 10m 深的湖泊进行分层处理，该湖泊的平均温度为 15℃，浮力频率为 0.2Hz。湖泊区域的大气压力为 101kPa。各种曝气系统的测试结果适用于不同的 $M_M$ 和 $C_M$ 值。在本例中 $M_M$ 和 $C_M$ 的值是多少？

**【解】**

根据给定的数据：$Q_0=5.0m^3/s$，$d=10.0m$，$T=15℃$，$N=0.2Hz$，$P_a=101kPa=1.01\times10^5Pa$。在 15 ℃ 下，可用 Gill（1982）给出的公式（7.21）计算出水的密度，$\rho_w=999.13kg/m^3$，因此 $\gamma_w=\rho_w g=999.13\times9.81=9801N/m^3$。得出：

$$h_a=\frac{p_a}{\gamma_w}=\frac{1.01\times10^5}{9801}=10.3\text{ m}$$

$$H=h_a+d=10.3+10.0=20.3\text{ m}$$

假设 $u_s=0.3m/s$，$\lambda=0.3$，$\alpha=0.083$，下面的数值可以分别用公式（7.35）、公式（7.33）和公式（7.34）来计算：

$$u_B=u_s(\lambda^2+1)=0.3(0.3^2+1)=0.327\text{ m/s}$$

$$\begin{aligned}M_M&=\frac{Q_0p_a(\lambda^2+1)}{4\pi\alpha^2\rho_wH^2u_B^3}\\&=\frac{5.0\times1.01\times10^{-5}\times(0.3^2+1)}{4\times\pi\times0.083^2\times999.13\times20.3^2\times0.327^2}\\&=442\end{aligned}$$

$$C_M=\left(\frac{N^3H^4}{gQ_0}\right)\left(\frac{H}{h_a}\right)=\left(\frac{0.2^3\times20.3^4}{9.81\times5.0}\right)\left(\frac{20.3}{10.3}\right)=55$$

因此，在目前的情况下，$M_M=442$、$C_M=55$。这些值可作为评估其他湖泊系统在类似条件下的性能的依据。

## 7.5　水质模型

水质模型通常用于评估各种湖泊管理方案。理想的情况下，湖泊水质模型可以模拟湖泊过程及其相互联系和相互独立的关系。以下是几种常用于湖泊的水质模型。

### 7.5.1　零维（完全混合）模型

湖泊对污染物输入的响应有时可以通过假定湖泊均匀混合来估计。这种近似需要满足以下几个条件:（1）风致循环较强；（2）当分析的时间尺度足够长（大约一年）时，季节性混合过程产生一个完全混合的湖泊。完全混合模型通常称为零维模型，因为它们没有任何空间维度。

#### 7.5.1.1　质量守恒模型

流入湖泊的污染物可以来自各种来源，包括市政和工业废物排放、受污染河流的流入、直接地表径流、沉积物中污染物的释放以及降雨中所含污染物（大气源）。以 $\dot{M}$（$MT^{-1}$）表示污染物流入湖泊的速率，假设湖泊均匀混合，并假定污染物以衰减因子 $k$（$T^{-1}$）经历一阶衰减，污染物质量守恒定律为：

$$\frac{d}{dt}(V_Lc)=\dot{M}-Q_0c-kV_Lc \tag{7.36}$$

式中　$V_L$——湖泊的体积（$L^3$）；

$c$——湖泊中的平均污染物浓度（$ML^{-3}$）；

$Q_0$——平均出流速率（$L^3T^{-1}$）。

一阶衰减因子 $k$ 是所有一级衰减过程的衰减因子之和，该过程中污染物被从水中去除，包括化学和生物的转变。公式（7.36）表示湖泊中污染物质量的变化率，d（$V_Lc$）/dt 等于质量通量减去质量流出速率 $Q_oc$，再减去由一阶衰减去除的质量的速率 $kV_Lc$。这里强调指出，质量通量 $\dot{M}$ 包括所有来源的污染物的质量通量，包括直接从排水口中排放的污染物和沉积物释放的污染物。公式（7.36）有时也被称为 Vollenweider 模型。假设湖泊的体积 $V_L$ 保持不变，则公式（7.36）可以用以下形式表示：

$$V_L\frac{dc}{dt}+(Q_0+kV_L)c=\dot{M} \tag{7.37}$$

它可以简化为以下描述湖泊中污染物浓度随时间变化的微分方程：

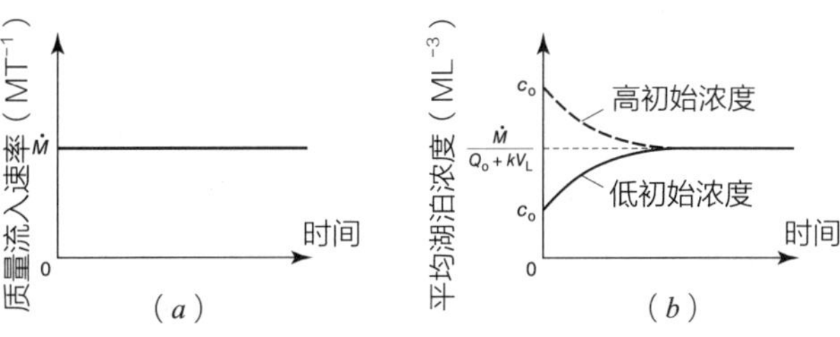

（a）　（b）

图 7.9　均匀混合的湖泊对恒定污染物流入速率的响应
（a）质量流入速率；（b）湖泊响应

$$\frac{\mathrm{d}c}{\mathrm{d}t}+\left(\frac{Q_o}{V_L}+k\right)c=\frac{\dot{M}}{V_L} \tag{7.38}$$

取质量流入速率 $\dot{M}$ 为常数，从 $t$=0 开始，取初始条件为：

$$t=0\text{时}\quad c=c_o \tag{7.39}$$

方程（7.38）的解为：

$$c(t)=\frac{\dot{M}}{Q_o+kV_L}\left\{1-\exp\left[-\left(\frac{Q_o}{V_L}+k\right)t\right]\right\}+c_o\exp\left[-\left(\frac{Q_o}{V_L}+k\right)t\right] \tag{7.40}$$

公式（7.40）右侧的第一项给出了由于连续的质量输入 $\dot{M}$ 造成的浓度积累，第二项表示初始浓度 $c_o$ 的衰减。当初始浓度 $c_o$ 小于和大于公式（7.40）所给出的渐近浓度时，公式（7.40）中的质量流入速率 $\dot{M}$ 和污染物浓度 $c$ 随时间的变化如图 7.9 所示。取公式（7.40）中的 $t\to\infty$，得到如下渐近浓度 $c_\infty$：

$$c_\infty=\frac{\dot{M}}{Q_o+kV_L} \tag{7.41}$$

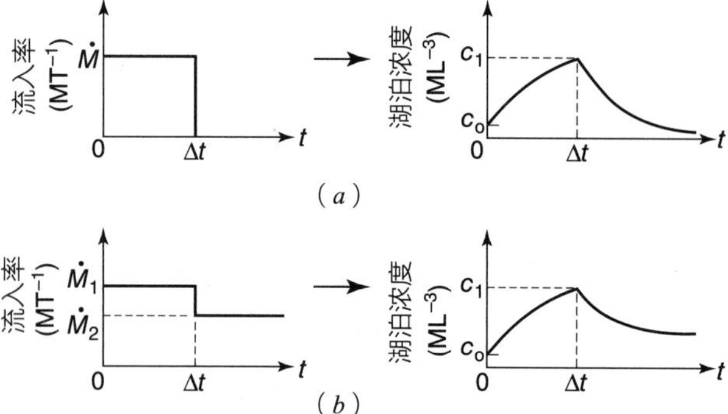


图 7.10　均匀混合的湖泊对可变污染物流入速率的响应
（$a$）质量流入速率；（$b$）可变质量流入速率

公式（7.40）也可用于计算在有限区间 $\Delta t$ 内湖泊对质量流入的响应。图 7.10（$a$）说明了质量流入速率 $\dot{M}$ 在区间 $\Delta t$ 内的这种情况。该响应可以由公式（7.40）进行描述，直到 $t=\Delta t$，超过 $\Delta t$ 之后应由下式描述：

$$c(t)=c_1\exp\left[-\left(\frac{Q_o}{V_L}+k\right)(t-\Delta t)\right] \tag{7.42}$$

它是从公式（7.40）导出的，其中污染物质量流入速率为 0，初始浓度为 $c_1$。在图 7.10（$b$）所示的可变质量流入速率的情况下，从 $t$=0 到 $t=\Delta t$ 污染物质量流入速率为 $\dot{M}_1$，之后为 $\dot{M}_2$，湖泊的响应用公式（7.40）描述，直达到 $t=\Delta t$，超过 $\Delta t$ 之后湖泊的浓度由下式描述：

$$c(t)=\frac{\dot{M}_2}{Q_o+kV_L}\left\{1-\exp\left[-\left(\frac{Q_o}{V_L}+k\right)(t-\Delta t)\right]\right\}+c_1\exp\left[-\left(\frac{Q_o}{V_L}+k\right)(t-\Delta t)\right] \tag{7.43}$$

它是从公式（7.40）导出的，其中从 $t=\Delta t$ 开始质量流入速率为 $\dot{M}_2$，初始浓度为 $c_1$。

这里所描述的分析也适用于通过沉淀湖中的悬浮固体而去除污染物的情况。在这种情况下，污染物被吸附到悬浮固体上，通过沉淀的去除率可以用沉降速度 $v_s$ 来描述，质量守恒方程可以写成：

$$\frac{\mathrm{d}}{\mathrm{d}t}(V_Lc)=\dot{M}-Q_oc-kV_Lc-v_sA_Lc \tag{7.44}$$

式中　$A_L$——产生沉降的湖泊的表面积。

方程（7.44）可以进一步整理为以下形式：

$$\frac{\mathrm{d}}{\mathrm{d}t}(V_Lc)=\dot{M}-Q_oc-k'V_Lc \tag{7.45}$$

其中：

$$k'=k+\frac{v_sA_L}{V_L} \tag{7.46}$$

由于方程（7.45）与忽略沉降作为去除过程的守恒方程（7.36）是一致的，只是用有效衰减系数 $k'$ 代替了衰减系数 $k$，所以所有以前的结果都适用于 $k'$ 代替 $k$。沉降速度 $v_s$ 的典型值为 10~16m/年（30~50ft/年）。

完全混合模型的几种变形已在实际中得到应用。在存在明显垂直分层的情况下，该湖泊可被认为是一个均匀混合的变温层覆盖在一个均匀混合的均温层之上，两层之间的相互作用有限。此外，在 $A_L$>50~100km$^2$ 的大型湖泊中，可能需要将湖泊细分为一些均匀混合的小型湖泊。

## 【例题 7.14】

湖泊中 TP 的平均浓度为 30μg/L，并试图通过降低磷进入湖中来降低湖泊中的磷含量。目标磷浓度为 15μg/L。（1）如果湖泊的排放量平均为 0.09m$^3$/s，磷的一阶衰减速率为 0.01d$^{-1}$，湖泊的体积为 300000m$^3$ 时，估算出以 kg/年为单位的最大允许磷进入量。（2）如果该负荷维持 3 年，但在第四年突然翻倍，请估算第四年后 1 个月湖中磷的浓度。

【解】

（1）根据给定的数据：$Q_o$=0.09m³/s=7776m³/d，$k$=0.01d⁻¹，$V_L$=300000m³。最终浓度 $c_\infty$=15μg/L=15×10⁻⁶kg/m³ 由公式（7.41）给出：

$$c_\infty = \frac{\dot{M}}{Q_o + kV_L}$$

重新整理成：

$$\dot{M} = (Q_o + kV_L)c_\infty = (7776 + 0.01\times300000)\times15\times10^{-6} = 0.16\ \text{kg/d} = 59\ \text{kg/年}$$

（2）质量负荷 0.16kg/d 维持 3 年（=1095d），Co=30μg/L=30×10⁻⁶kg/m³，时间 $t$ 时的浓度由公式（7.40）给出：

$$c(t) = \frac{\dot{M}}{Q_o + kV_L}\left\{1-\exp\left[-\left(\frac{Q_o}{V_L}+k\right)t\right]\right\} + c_o\exp\left[-\left(\frac{Q_o}{V_L}+k\right)t\right]$$

当 $t$=1095d 时，有：

$$c(1095) = \frac{0.16}{7776+0.01\times300000}\left\{1-\exp\left[-\left(\frac{7776}{300000}+0.01\right)\times1095\right]\right\} + 30\times10^{-6}\exp\left[-\left(\frac{7776}{300000}+0.01\right)\times1095\right] = 15\mu\text{g/L}$$

因此，3 年后，磷水平已降至 15μg/L 的目标水平。在第四年，质量通量增加两倍达到 $\dot{M}_2$=2×0.16=0.32kg/d，浓度随时间的变化由公式（7.43）计算：

$$c(t) = \frac{\dot{M}_2}{Q_o + kV_L}\left\{1-\exp\left[-\left(\frac{Q_o}{V_L}+k\right)(t-\Delta t)\right]\right\} + c_1\exp\left[-\left(\frac{Q_o}{V_L}+k\right)(t-\Delta t)\right]$$

其中 $c_1$=15μg/L = 15×10⁻⁶kg/m³，Δ$t$=1095d，1 个月后，$t$=1095+30=1125d。则湖泊浓度为：

$$c(1125) = \frac{0.32}{7776+0.01\times300000}\left\{1-\exp\left[-\left(\frac{7776}{300000}+0.01\right)(1125-1095)\right]\right\} + 15\times10^{-6}\exp\left[-\left(\frac{7776}{300000}+0.01\right)(1125-1095)\right] = 25\mu\text{g/L}$$

因此，湖泊浓度在 1 个月内几乎恢复到了初始浓度，这是对湖中相对较短的停留时间的反映。

虽然完全混合模型不能预测湖泊和水库内个别地点水质的具体变化，但如果模拟的时间尺度足够长，例如几个月或几年，这种模型在估计行为和水质趋势方面特别有用。在一个水体中含磷时间较长的情况下，湖底沉积物中可能积累了大量的磷，则达到平衡浓度的估计时间需增加数年。

由方程（7.36）给出的稳态 Vollenweider 模型通常用于预测湖泊中与不同负荷率相对应的营养水平，并且它在确定对应于湖泊中所需营养水平的营养负荷方面特别有用。湖泊中所需的营养水平可以从理想的营养状态、水质标准或低于水质标准的目标浓度（以考虑 Vollenweider 模型中的不确定性）中得出。在所有这些应用中，达到目标浓度 $c_\infty$（ML⁻³）所需的负荷率 $\dot{M}$（MT⁻¹）由下式给出：

$$\dot{M} = (Q_o + k'V_L)c_\infty \tag{7.47}$$

其中 $Q_o$ 是湖泊的出流量（L³T⁻¹），$k'$ 是衰减和沉降的系数（T⁻¹），$V_L$ 是湖泊的体积（L³）。一般认为 $Q_o$、$k'$、$V_L$ 是不能确定的变量，因此 $\dot{M}$ 的任何计算值都是不确定的。假设 Vollenweider 模型是正确的，则可以将公式（7.47）作为把 $\dot{M}$ 的概率分布与 $Q_o$、$k'$、$V_L$ 的概率分布联系起来的基础。这种方法在许多情况下是可行的，并使 $\dot{M}$ 以它的不确定性界限为特征。

#### 7.5.1.2　能量守恒模型

能量守恒模型通常用于估算湖泊的温度变化，对于均匀混合的水库其能量（热）平衡可以用以下形式表示：

$$V\rho c_p\frac{dT}{dt} = Q\rho c_p T_{in} - Q\rho c_p T + A_s J \tag{7.48}$$

式中　$V$——水库的体积（L³）；

$\rho$——水的密度（ML⁻³）；

$c_p$——水的比热容（EL⁻³℃⁻¹）；

$T$——水库中的水温（℃）；

$t$——时间（T）；

$Q$——流入流出率（L³T⁻¹）；

$T_{in}$——流入水库的水温（℃）；

$A_s$——水库的表面积（L²）；

$J$——通过表面进入水库的能量净通量（EL⁻²）。

纯水的比热容 $c_p$ 一般取值为 4186J/（kg·℃），虽然该值是在 15℃下取得的，但是温度对水的比热容影响较小。方程（7.48）是能量守恒定律的一个表达式，其中左边的项是水库内热量的变化率，右边的所有项等于进入水库的净热量。如果 $J$ 代表从大气中流入的表面热，那么 $J$ 可以用它的成分来表示：

$$J = \underbrace{J_{\text{sn}}}_{\text{净太阳能}} + \underbrace{\sigma(T_{\text{air}}+273)^4(A+0.031\sqrt{e_{\text{air}}})(1-R_{\text{L}})}_{\text{大气长波辐射}} - \underbrace{\varepsilon\sigma(T_{\text{s}}+273)^4}_{\text{水长波辐射}} - \underbrace{c_1 f(V_{\text{w}})(T_{\text{s}}-T_{\text{air}})}_{\text{热传导}} - \underbrace{f(V_{\text{w}})(e_{\text{s}}-e_{\text{air}})}_{\text{蒸发}} \tag{7.49}$$

式中 $J_{sn}$——净太阳短波辐射（$W/m^2$）；

$\sigma$——玻尔兹曼常数（$4.903\times10^{-9}MJ\ m^{-2}K^{-4}d^{-1}$）；

$T_{air}$——空气的温度（℃）；

$A$——系数（无量纲），在 0.5~0.7 范围内；

$e_{air}$——空气中的（水）蒸气压（mmHg）；

$R_L$——反射系数（无量纲），通常为 0.03；

$\varepsilon$——水的放射率，约为 0.97；

$c_1$——鲍文系数（0.47mmHg℃$^{-1}$）；

$V_w$——在水库表面上方一定距离处测量的风速（m/s）；

$f(V_w)$——一个风速函数，可表示为：

$$f(V_{\text{w}}) = 19.0 + 0.95V_{\text{w}}^2 \tag{7.50}$$

式中 $V_w$——在水库上方 7m 测量的值；

$T_s$——水面温度（℃）；

$e_s$——水库表面的饱和（水）蒸气压（mmHg）。

任何温度 $T$（℃）下的饱和水蒸气压 $e_s$（kPa）都可以用以下经验公式来估算：

$$e_{\text{s}} = 0.6108\exp\left(\frac{17.27T}{T+237.3}\right) \tag{7.51}$$

实际的蒸气压 $e_{air}$（kPa）可以用相对湿度 $RH$（%）或露点温度 $T_d$（℃）来估算，其关系如下：

$$e_{\text{air}} = \begin{cases} \dfrac{\text{RH}}{100}e_{\text{s}}, & \text{已知}\ RH \\ 0.6108\exp\left(\dfrac{17.27T_{\text{d}}}{T_{\text{d}}+237.3}\right), & \text{已知}\ T_{\text{d}} \end{cases} \tag{7.52}$$

在公式（7.49）中，右边第二项代表了 $e_{air}$ 仅取决于大气条件的净吸收辐射，而后三项则反映了 $e_{air}$ 取决于水库内水温的热增量。

## 【例题 7.15】

某湖泊约长 100m、宽 100m、深 10m，并且其平均流入流出速率为 3500m$^3$/d。在典型条件下，风速为 12km/h，相对湿度为 70%，气温为 24℃，湖上净太阳（短波）辐射入射量为 640W/m$^2$。如果入湖水体的平均温度为 18℃，请估算该湖泊的稳态温度。

## 【解】

根据给定的数据，$L$=100m，$W$=100m，$d$=10m，$Q$=3500m$^3$/d，$V_w$=12km/h=3.33m/s，$RH$=70%，$T_{air}$=24 ℃，$J_{sn}$=640W/m$^2$，$T_{in}$=18℃。在稳态条件下，方程（7.48）需满足：

$$\underbrace{Q\rho c_{\text{p}}T_{\text{in}}}_{\text{第1项}} - \underbrace{Q\rho c_{\text{p}}T}_{\text{第2项}} + \underbrace{A_{\text{s}}J}_{\text{第3项}} = 0 \tag{7.53}$$

未知的是湖的稳态温度 $T$。在方程（7.53）中，第 1 项是流入能量，第 2 项是输出能量，第 3 项是湖面上的附加能量，根据给定的数据，可以确定下列导出变量：

$$A_{\text{s}} = LW = 100\times100 = 10^4\ \text{m}^2$$

$$\begin{aligned} e_{\text{sat}} &= 0.6108\exp\left(\frac{17.27T_{\text{air}}}{T_{\text{air}}+237.3}\right) \\ &= 0.6108\exp\left(\frac{17.27\times24}{24+237.3}\right) \\ &= 2.98\ \text{kPa} = 22.4\ \text{mm Hg} \end{aligned}$$

$$e_{\text{air}} = \frac{RH}{100}e_{\text{sat}} = \frac{70}{100}\times22.4 = 15.7\ \text{mm Hg}$$

$$f(V_{\text{w}}) = 19.0 + 0.95V_{\text{w}}^2 = 19.0 + 0.95\times3.33^2 = 29.5$$

$$\begin{aligned} e_{\text{s}} &= 0.6108\exp\left(\frac{17.27T}{T+237.3}\right)\text{kPa} \\ &= 4.58\exp\left(\frac{17.27T}{T+237.3}\right)\text{mm Hg} \end{aligned}$$

方程（7.53）中的每一项都可以按以下方式分开计算：

第 1 项：假设 $\rho$=998kg/m$^3$（20℃），$c_p$=4186J/（kg·℃），因此：

$$Q\rho c_{\text{p}}T_{\text{in}} = 3500\times998\times4186\times18 = 2.63\times10^{11}\ \text{J/d}$$

第 2 项：

$$Q\rho c_{\text{p}}T = 3500\times998\times4186T = 1.46T\times10^{10}\ \text{J/d}$$

第 3 项：这一项的组成在公式（7.49）中给出，并将使用各常量的典型值分别计算：

净太阳能：

$$A_{\text{s}}J_{\text{sn}} = 10^4\times640 = 6.40\times10^6\ \text{W} = 5.53\times10^{11}\ \text{J/d}$$

大气长波辐射：取 $\sigma$=4.903×$10^{-9}$MJ/（$m^2$·$K^4$·d），$R_L$=0.3，得：

$$A_s\sigma(T_{air}+273)^4(A+0.031\sqrt{e_{air}})(1-R_L)$$
$$=10^4\times4.903\times10^{-9}(24+273)^4(0.6+0.031\sqrt{15.7})$$
$$(1-0.3)\times10^6$$
$$=1.93\times10^{11}\text{ J/d}$$

水长波辐射：取 $\varepsilon$ =0.97，得：

$$A_s\varepsilon\sigma(T_s+273)^4=10^4\times0.97\times4.903\times10^{-9}(T+273)^4\times10^6$$
$$=47.6(T+273)^4\text{ J/d}$$

热性导：取 $c_1$=0.47，得：

$$A_sc_1f(V_w)(T_s-T_{air})=10^4\times0.47\times29.5(T-24)$$
$$=1.39\times10^5(T-24)W$$
$$=1.20\times10^{10}(T-24)\text{ J/d}$$

蒸发：

$$A_sf(V_w)(e_s-e_{air})$$
$$=10^4\times29.5\left[4.58\exp\left(\frac{17.27T}{T+237.3}\right)-15.7\right]W$$
$$=2.55\times10^{10}\left[4.58\exp\left(\frac{17.27T}{T+237.3}\right)-15.7\right]\text{J/d}$$

将以上各项化入方程（7.53），给出以下稳态能量方程：

$$2.63\times10^{11}-1.46T\times10^{10}+5.53\times10^{11}+1.93\times10^{11}$$
$$-47.6(T+273)^4-1.20\times10^{10}(T-24)$$
$$-2.55\times10^{10}\left[4.58\exp\left(\frac{17.27T}{T+237.3}\right)-15.7\right]$$
$$=0$$

求解该方程得到 $T$=25.7℃，因此，该湖泊的稳态温度为 25.7℃。

## 7.5.2 一维（垂直）模型

与零维（完全混合）模型一样，在质量浓度和温度随湖面以下深度变化而变化的情况下，质量和热量的归趋和迁移都是令人感兴趣的。质量模型用于预测溶解物质的浓度分布，并以平流扩散方程为基础；温度模型用于预测温度分布，并以能量守恒定律为基础。

### 7.5.2.1 质量守恒模型

在整个湖泊深度范围内水质存在显著变化的情况下，通常使用一维（垂直）模型来模拟水质成分的归趋和迁移。水质的垂直变化通常是湖泊或水库热分层的结果。湖泊一维水质模型通常将水体离散为均匀

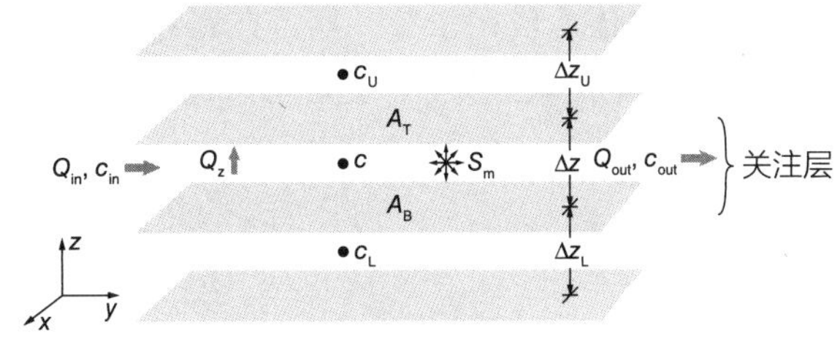


图 7.11 湖泊中的一维质量守恒模型

（完全混合）层，在这种情况下，对流—扩散方程可以写成以下形式：

$$V\frac{\partial c}{\partial t}=AK_z\frac{\partial^2c}{\partial z^2}\Delta z+Q_z\frac{\partial c}{\partial z}\Delta z+Q_{in}c_{in}-Q_{out}c+VS_m \tag{7.54}$$

式中 $V$——一层的体积（$L^3$）；

$c$——示踪剂的浓度（$ML^{-3}$）；

$\Delta z$——一层的厚度（L）；

$A$——一层的平面面积（$L^2$）；

$K_z$——垂直扩散系数（$L^2T^{-1}$）；

$Q_{in}$——流入量（$L^3T^{-1}$）；

$Q_{out}$——流出量（$L^3T^{-1}$）；

$Q_z$——垂直对流量（$L^3T^{-1}$）；

$c_{in}$——入流中的示踪剂浓度（$ML^{-3}$）；

$S_m$——层内示踪剂质量的源和 / 或汇（$ML^{-3}T^{-1}$）。

方程（7.54）的评估通常采用离散化的数值，如图 7.11 所示。对于任何关注层，$Q_{in}$、$C_{in}$、$Q_{out}$、$Q_z$、$S_m$、$\Delta z$ 以及关注层上面和下面的层厚 $\Delta Z_V$、$\Delta Z_L$，关注层顶部和底部平面面积 $A_T$、$A_B$ 都有规定的值。对于给定的初始时间 $t$，假定示踪剂在上层和下层中的浓度 $c_U$ 和 $c_L$ 以及在关注层中的浓度 $c$ 已知，并且在一段时间 $\Delta t$ 后关注层中的示踪剂浓度 $c$（$t$+$\Delta t$）是可以得到的。使用给定的离散变量，方程（7.54）中的下列项可以近似得出：

$$A\approx\frac{1}{2}(A_T+A_B) \tag{7.55}$$

$$V\approx A\Delta z \tag{7.56}$$

$$\frac{\partial^2c}{\partial z^2}\approx\left[\frac{c_U-c}{(\Delta z_U+\Delta z)/2}-\frac{c-c_L}{(\Delta z+\Delta z_L)/2}\right]\frac{1}{\Delta z} \tag{7.57}$$

$$\frac{\partial c}{\partial z}\approx\left[\frac{c_U-c}{(\Delta z_U+\Delta z)/2}+\frac{c-c_L}{(\Delta z+\Delta z_L)/2}\right]\frac{1}{2} \tag{7.58}$$

$$\frac{\partial c}{\partial t}\approx\frac{c(t+\Delta t)-c}{\Delta t} \tag{7.59}$$

将方程（7.55）~ 方程（7.59）代入方程（7.54），得到一个单一方程，其中 $c$（$t$+$\Delta t$）是唯一未知的。然

后将这些方程依次应用于每一层，直到各层在时间 $t+\Delta t$ 处的估计浓度收敛为止。这种方法通常要求将部分衍生的 $\partial^2 c/\partial z^2$ 和 $\partial c/\partial z$ 作为其在 $t$ 和 $t+\Delta t$ 处的值的加权平均值。

## 【例题 7.16】

将一个 1hm$^2$ 的湖泊离散为 1m 的层状以估算湖泊上部的氧气（$O_2$）分布，估计浮游植物以 1.25mg/（L·d）的速率产生 $O_2$，$O_2$ 的扩散系数为 0.35cm$^2$/s。在所研究的季节里，湖泊的侧向流入和流出可以忽略不计，湖泊的垂直平流也可以忽略不计。模拟中使用 1d 的时间步长，在每个时间步长内计算偏导数时使用 0.5 的权重。在初始条件下，关注层的 $O_2$ 浓度为 7mg/L，该层上、下层的 $O_2$ 浓度分别为 8mg/L 和 5mg/L。经过第一次迭代，估算出该层的 $O_2$ 浓度为 6.2mg/L，该层上、下层的 $O_2$ 浓度分别为 7.5mg/L 和 4.2mg/L。确定下一次迭代关注层中 $O_2$ 的估算浓度。

**【解】**

根据给定的数据：$A$=1hm$^2$=10$^4$m$^2$，$\Delta z$=1m，$S_m$=1.25mg/（L·d），$K_z$=0.35cm$^2$/s=3.0m$^2$/d，$Q_{in}$=$Q_{out}$=0m$^3$/s，$\Delta t$=1d，$w$=0.5，$c_{U,t}$=8.0mg/L，$c_{L,t}$=5.0mg/L，$c_t$=7.0mg/L，$c_{U,t+\Delta t}$=7.5mg/L，$c_{L,t+\Delta t}$=4.2mg/L，$c_{t+\Delta t}$=6.2mg/L。关注层的体积由公式（7.56）给出：

$$V = A\Delta z = 10^4 \times 1 = 10^4\,\mathrm{m}^3$$

在 $t$ 和 $t+\Delta t$ 时刻，由方程（7.57）~ 方程（7.59）给出了 $O_2$ 浓度分布的导数值：

$$\left.\frac{\partial^2 c}{\partial z^2}\right|_t \approx \left[\frac{c_{U,t}-c_t}{(\Delta z_U+\Delta z)/2} - \frac{c_t - c_{L,t}}{(\Delta z+\Delta z_L)/2}\right]\frac{1}{\Delta z}$$
$$= \left[\frac{8.0-7.0}{1} - \frac{7.0-5.0}{1}\right]\frac{1}{1}$$
$$= -1.0\,\mathrm{mg/(L\cdot m^2)}$$

$$\left.\frac{\partial c}{\partial z}\right|_t \approx \left[\frac{c_{U,t}-c_t}{(\Delta z_U+\Delta z)/2} + \frac{c_t - c_{L,t}}{(\Delta z+\Delta z_L)/2}\right]\frac{1}{2}$$
$$= \left[\frac{8.0-7.0}{1} + \frac{7.0-5.0}{1}\right]\frac{1}{2}$$
$$= 1.5\,\mathrm{mg/(L\cdot m)}$$

$$\left.\frac{\partial^2 c}{\partial z^2}\right|_{t+\Delta t} \approx \left[\frac{c_{U,t+\Delta t}-c_{t+\Delta t}}{(\Delta z_U+\Delta z)/2} - \frac{c_{t+\Delta t} - c_{L,t+\Delta t}}{(\Delta z+\Delta z_L)/2}\right]\frac{1}{\Delta z}$$
$$= \left[\frac{7.5-6.2}{1} - \frac{7.0-4.2}{1}\right]\frac{1}{1}$$
$$= -1.5\,\mathrm{mg/(L\cdot m^2)}$$

$$\left.\frac{\partial c}{\partial z}\right|_{t+\Delta t} \approx \left[\frac{c_{U,t+\Delta t}-c_{t+\Delta t}}{(\Delta z_U+\Delta z)/2} + \frac{c_{t+\Delta t} - c_{L,t+\Delta t}}{(\Delta z+\Delta z_L)/2}\right]\frac{1}{2}$$
$$= \left[\frac{7.5-6.2}{1} + \frac{7.0-4.2}{1}\right]\frac{1}{2}$$
$$= 2.05\,\mathrm{mg/(L\cdot m)}$$

$$\frac{\partial c}{\partial t} \approx \frac{c_{t+\Delta t,\mathrm{new}} - c_t}{\Delta t} = \frac{c_{t+\Delta t,\mathrm{new}} - 7.0}{1} = c_{t+\Delta t,\mathrm{new}} - 7.0\,\mathrm{mg/(L\cdot d)}$$

其中 $c_{t+\Delta t,\mathrm{new}}$ 是 $c_{t+\Delta t}$ 的新的迭代估计，其权重 $w$=0.5，浓度分布的空间导数估计为：

$$\frac{\partial^2 c}{\partial z^2} \approx w\left(\left.\frac{\partial^2 c}{\partial z^2}\right|_t\right) + (1-w)w\left(\left.\frac{\partial^2 c}{\partial z^2}\right|_{t+\Delta t}\right)$$
$$= 0.5(-1.0) + (1-0.5)(-1.5)$$
$$= -1.25\,\mathrm{mg/(L\cdot m^2)}$$

$$\frac{\partial c}{\partial z} \approx w\left(\left.\frac{\partial c}{\partial z}\right|_t\right) + (1-w)\left(\left.\frac{\partial c}{\partial z}\right|_{t+\Delta t}\right)$$
$$= 0.5\times 1.5 + (1-0.5)\times 2.05$$
$$= 1.78\,\mathrm{mg/(L\cdot m)}$$

将给定的数据和计算出的导数代入质量平衡方程（7.54）得到：

$$V\frac{\partial c}{\partial t} = AK_z\frac{\partial^2 c}{\partial z^2}\Delta z + Q_z\frac{\partial c}{\partial t}\Delta z + Q_{in}c_{in} - Q_{out}c + VS_m$$

$$(c_{t+\Delta t,\mathrm{new}} - 7.0)\times 10^4$$
$$= 10^4\times 3.0\times(-1.25)\times 1 + 0\times 1.78\times 1$$
$$+ 0 - 0 + 10^4\times 1.25$$

得出 $c_{t+\Delta t,\mathrm{new}}$=4.5 mg/L。因此，在下一次迭代中，在 $t+\Delta t$ 时刻，该流层中的 $O_2$ 浓度为 4.5mg/L。显而易见的是，在计算空间导数时使用 $c_{t+\Delta t,\mathrm{new}}$ 的数值格式很可能会使时间 $t+\Delta t$ 的浓度分布更快地收敛。

### 7.5.2.2 能量守恒模型

一维热模型主要关注于预测大型水域温度的垂直变化。最简单的一维稳态热模型是一个同时存在等温的、均匀混合的变温层和等温的、均匀混合的均温层的模型，变温层和均温层之间存在稳态热交换，并且在水库表面存在着与大气的稳态热交换。这种情况下的控制方程如下：

$$V_e\rho c_p\frac{\mathrm{d}T_e}{\mathrm{d}t} = Q\rho c_p T_{in}(t) - Q\rho c_p T_e + JA_s + v_t A_t\rho c_p(T_h - T_e) \tag{7.60}$$

$$V_h\rho c_p\frac{\mathrm{d}T_h}{\mathrm{d}t} = v_t A_t\rho c_p(T_e - T_h) \tag{7.61}$$

式中　$V_e$、$V_h$——分别为变温层和均温层的体积（L$^3$）；

$\rho$——水的密度（$ML^{-3}$）；

$c_p$——水的比热容（$EM^{-1}℃^{-1}$）；

$T_e$、$T_h$——分别为变温层和均温层的温度（℃）；

$t$——时间（T）；$Q$——进入变温层的流量（$L^3T^{-1}$）；

$T_{in}$——入流的温度（℃）；

$J$——进入变温层的表面热通量（$EL^{-2}T^{-1}$）；

$A_s$——水库的表面积（$L^2$）；

$v_t$——温跃层的传热系数（$L^{-1}$）；

$A_t$——温跃层界面的表面积（$L^2$）。

温跃层的传热系数 $v_t$ 与温跃层中的垂直扩散系数 $E_t$（$L^2T^{-1}$）有关：

$$v_t = \frac{E_t}{H_t} \tag{7.62}$$

式中　$H_t$——温跃层的厚度（L）。

现场测量表明，$E_t$ 与水库的平均深度 $H$（L）高度相关，以下关系与数据很好地吻合：

$$E_t = 7.07\times10^{-4} H^{1.1505} \tag{7.63}$$

其中 $E_t$ 的单位为 $cm^2/s$，$H$ 的单位为 m。

方程（7.60）和方程（7.61）给出的一维热模型的一个特例是，当变温层的温度在一个季节内保持不变时（通常是夏季），那么均温层的温度 $T_h$ 根据方程（7.61）逐渐变化：

$$\frac{dT_h}{dt}+\left(\frac{v_tA_t}{V_h}\right)T_h=\left(\frac{v_tA_t}{V_h}\right)\bar{T}_e \tag{7.64}$$

式中　$\bar{T}_e$——变温层的平均温度。

对方程（7.64）进行积分，初始条件为当 $t$=0 时 $T_h$=$T_{h,i}$，则得到：

$$T_h = T_{h,i}e^{-\lambda t}+\bar{T}_e(1-e^{-\lambda t}) \tag{7.65}$$

其中 $\lambda$ 由以下参数组成：

$$\lambda=\frac{v_tA_t}{V_h} \tag{7.66}$$

除了预测均温层温度随时间的变化外，公式（7.65）还可以与实测数据一起用于估算温跃层的传热系数 $v_t$，并给出一种比公式（7.65）更为简便的形式：

$$v_t=\left(\frac{V_h}{A_tt}\right)\ln\left(\frac{\bar{T}_e-T_{h,i}}{\bar{T}_e-T_h}\right) \tag{7.67}$$

式中　$t$——与均温层温度 $T_h$ 相对应的时间。

## 【例题 7.17】

一个 18.0m 深的湖泊通常在夏季出现温度分层现象，以致变温层的温度在整个夏季大致保持不变。历史温度测量结果表明，变温层与均温层之间的传热系数约为 9.0cm/d，变温层、温跃层和均温层的厚度通常分别为 2.5m、0.5m 和 15.0m。如果在某一特定夏季的分层季节开始时变温层和均温层的温度分别为 15℃和 12℃，试估计在分层季节开始 60d 后，均温层的温度。如果第 60 天的温度测量为 13.2℃，试估计相应的温跃层的传热系数和垂直扩散系数。

### 【解】

根据给定的数据：$v_t$=9.0cm/d=0.090m/d，$H_e$=2.5m，$H_t$=0.5m，$H_h$=15.0m，$\bar{T}_e$=15℃，$T_{h,i}$=12℃，$t$=60d。根据这些数据，可得到 $V_h/A_t$=$H_h$=15.0 m。将给定的数据代入公式（7.66）得到：

$$\lambda=\frac{v_tA_t}{V_h}=\frac{0.090}{15}=0.006\ d^{-1}$$

将该入值代入公式（7.65）得到：

$$\begin{aligned}T_h &= T_{h,i}e^{-\lambda t}+\bar{T}_e(1-e^{-\lambda t})\\ &=12e^{-0.006\times60}+15(1-e^{-0.006\times60})\\ &=12.9°C\end{aligned}$$

因此，根据历史数据及计算，60d 后均温层的预期温度为 12.9℃。

如果实际温度为 13.2℃，则公式（7.67）估计的传热系数为：

$$\begin{aligned}v_t &=\left(\frac{V_h}{A_tt}\right)\ln\left(\frac{\bar{T}_e-T_{h,i}}{\bar{T}_e-T_h}\right)\\ &=\frac{15}{60}\ln\left(\frac{15.0-12.0}{15.0-13.2}\right)\\ &=0.128\ d^{-1}\end{aligned}$$

基于 $v_t$=0.128$d^{-1}$，用公式（7.62）计算温跃层中的垂直扩散系数 $E_t$：

$$E_t=v_tH_t=0.128\times0.5=0.064\ m^2/d=640\ cm^2/d$$

因此，估算出温跃层中的（热）扩散系数为 640$cm^2$/d。

#### 7.5.2.3　垂直扩散系数的估算

垂直混合一般是密度分布的函数，在湖泊中，密度分布与温度分布直接相关。根据温度数据估算湖泊垂直扩散系数的一种广泛应用的方法是由 Jassby 和

Powell 提出的通量梯度法。湖泊的热结构是太阳加热和湖面风应力相互作用的结果，假定水平均匀，描述水柱中热量垂直迁移的扩散方程由下式给出：

$$\frac{\partial T}{\partial t}=\frac{\partial}{\partial z}\left(K_z\frac{\partial T}{\partial z}\right)-S_T \tag{7.68}$$

其中 $T$ 是温度，$S_T$ 是水柱中的热源或汇，比如太阳辐射。方程（7.68）右边第一项代表垂直方向的热量扩散迁移，扩散系数 $K_z$ 是湖泊的热结构及水流结构的函数。热源项 $S_T$ 通常可以省略，除非靠近湖表面，因为消光通常会限制太阳辐射进入深水。一个典型的温度分布如图 7.12 所示，对方程（7.68）从湖底到深度 $z$ 进行积分得：

$$K_z\frac{\partial T}{\partial z}=\int_{-h}^{z}\frac{\partial T}{\partial t}\mathrm{d}z \tag{7.69}$$

其中在 $z$=$-h$ 处的进入沉积物的热通量及被沉积物吸收的辐射不被包括在内。方程（7.69）可以重新整理为以下表达垂直混合系数的形式：

$$K_z(z)=\frac{\int_{-h}^{z}\frac{\partial T}{\partial t}\mathrm{d}z}{\frac{\partial T}{\partial z}} \tag{7.70}$$

其中分子代表 $z$ 与湖底之间蓄热的累积变化率，分母是深度 $z$ 处的温度梯度。方程（7.70）不适用于湖表面，因为不包括 $z$=0 时的太阳辐射。准确的温度读数是成功应用通量梯度法的关键，由于测量温度梯度的误差，在计算过程中会出现不具有物理意义的 $K_z$ 负值。在热分层湖泊中，典型的 $K_z$ 值为 $10^{-9}$~$10^{-6}\mathrm{m^2/s}$。

当 $\partial T/\partial z$ 接近于零时，通量梯度法得到了初始扩散系数，因此该方法在零梯度条件下不适用。垂直扩散系数有时用理查森数表示为稳定效应的函数：

$$K_z(z)=\frac{K_0}{1+kRi} \tag{7.71}$$

式中 $K_0$——不分层的垂直扩散系数（$L^2T^{-1}$）（$Ri$=0）；

$k$——一个经验常数（无量纲）；

$Ri$——由公式（7.27）定义的理查森数（无量纲），可表示为：

$$Ri=-\alpha_v g z^2\frac{\left(\frac{\partial T}{\partial z}\right)}{u^{*2}} \tag{7.72}$$

式中 $\alpha_v$——水的体积热膨胀系数（℃$^{-1}$）；

$\mu^*$——剪切速度（$LT^{-1}$）。

使用公式（7.71）估计 Kz 的优点在于易于使用，且计算过程简单。

## 【例题 7.18】

如图 7.13 所示，一个湖泊在 10 月份到 11 月份之间经历了相当迅速的去分层作用。表 7.7 显示了实际的温度测量值与深度的关系。试估计垂直混合系数关于深度的函数。

### 【解】

根据给定的数据，密度分布在一个月内发生了变化，因此取 $\Delta t$=30d。方程（7.70）将用于计算混合系数 $K_z$ 的垂直分布，并按以下方式离散：

$$K_z(z)=\frac{\int_{-h}^{z}\frac{\partial T}{\partial t}\mathrm{d}z}{\frac{\partial T}{\partial z}}=\frac{\sum_{i=1}^{n}\frac{\Delta T}{\Delta t}\Delta z}{\frac{\Delta T}{\Delta z}} \tag{7.73}$$

其中 $n$ 是从湖底到 $z$ 高程的深度间隔数。表 7.8 概述了 $K_z$（$z$）的计算结果。

第（1）~（3）列包含给定的数据，其中 $T_1$ 和 $T_2$ 分别是 10 月和 11 月的温度。使用这些给定的数据，

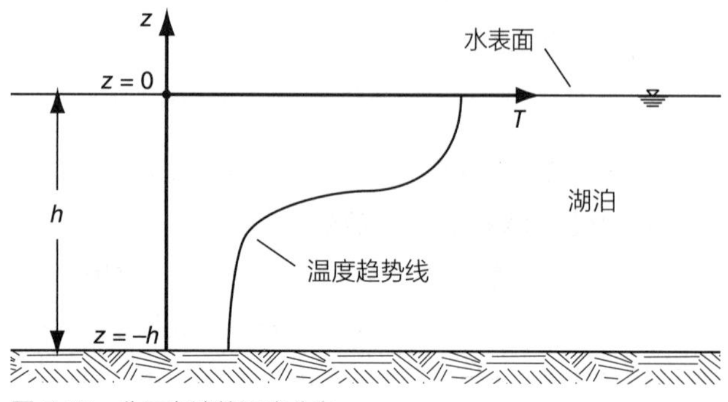

图 7.12　分层湖泊的温度分布

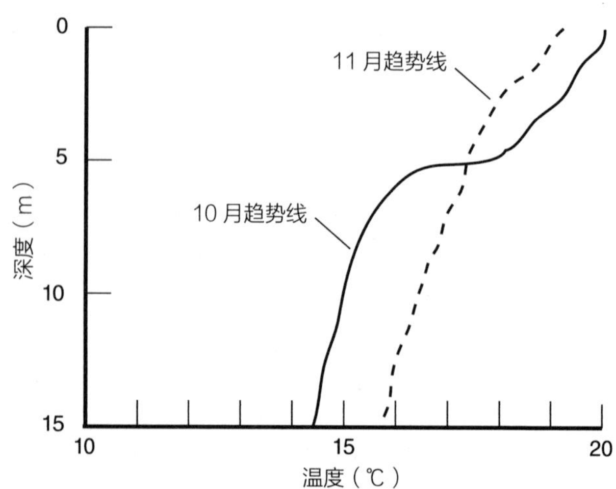

图 7.13　湖泊温度分布

从第（4）列到第（10）列的计算过程如下：

第（4）列：这是 10 月每个测量点之间的垂直温度梯度，使用以下关系式计算：

$$\frac{\partial T_1}{\partial z}=\frac{T_1(z_U)-T_1(z_L)}{z_U-z_L}$$

其中 $z_U$ 和 $z_L$ 分别是每一层的上、下海拔高度。

实际的温度测量值与深度的关系　表 7.7

| 深度（m） | 温度（℃） | | 深度（m） | 温度（℃） | | 深度（m） | 温度（℃） | |
|---|---|---|---|---|---|---|---|---|
| | 10 月 | 11 月 | | 10 月 | 11 月 | | 10 月 | 11 月 |
| 0 | 20.0 | 19.3 | 6 | 16.0 | 17.3 | 12 | 14.7 | 16.2 |
| 1 | 19.8 | 19.0 | 7 | 15.5 | 17.0 | 13 | 14.6 | 16.0 |
| 2 | 19.4 | 18.5 | 8 | 15.3 | 16.8 | 14 | 14.5 | 15.9 |
| 3 | 19.0 | 18.0 | 9 | 15.1 | 16.7 | 15 | 14.4 | 15.7 |
| 4 | 18.5 | 17.7 | 10 | 15.0 | 16.5 | | | |
| 5 | 17.5 | 17.4 | 11 | 14.8 | 16.4 | | | |

$K_z(z)$ 的计算结果　表 7.8

| （1）深度（m） | （2）$T_1$（℃） | （3）$T_2$（℃） | （4）$\frac{\partial T_1}{\partial z}$（℃/m） | （5）$\frac{\partial T_2}{\partial z}$（℃/m） | （6）$\frac{\partial T}{\partial z}$（℃/m） | （7）$\frac{\partial T}{\partial t}$（℃/d） | （8）$\frac{\partial T}{\partial t}\Delta z$（℃/d） | （9）$\sum\frac{\partial T}{\partial t}\Delta z$（℃/d） | （10）$K_z$（$m^2/d$） |
|---|---|---|---|---|---|---|---|---|---|
| 0 | 20.0 | 19.3 | | | | −0.023 | | | |
| | | | 0.2 | 0.3 | 0.25 | | −0.025 | 0.333 | 1.33 |
| 1 | 19.8 | 19.0 | | | | −0.027 | | | |
| | | | 0.4 | 0.5 | 0.45 | | −0.028 | 0.358 | 0.80 |
| 2 | 19.4 | 18.5 | | | | −0.030 | | | |
| | | | 0.4 | 0.5 | 0.45 | | −0.032 | 0.387 | 0.86 |
| 3 | 19.0 | 18.0 | | | | −0.033 | | | |
| | | | 0.5 | 0.3 | 0.40 | | −0.030 | 0.418 | 1.05 |
| 4 | 18.5 | 17.7 | | | | −0.027 | | | |
| | | | 1.0 | 0.3 | 0.65 | | −0.015 | 0.448 | 0.69 |
| 5 | 17.5 | 17.4 | | | | −0.003 | | | |
| | | | 1.5 | 0.1 | 0.80 | | 0.020 | 0.463 | 0.58 |
| 6 | 16.0 | 17.3 | | | | 0.043 | | | |
| | | | 0.5 | 0.3 | 0.40 | | 0.047 | 0.443 | 1.11 |
| 7 | 15.5 | 17.0 | | | | 0.050 | | | |
| | | | 0.2 | 0.2 | 0.20 | | 0.050 | 0.397 | 1.98 |
| 8 | 15.3 | 16.8 | | | | 0.050 | | | |
| | | | 0.2 | 0.1 | 0.15 | | 0.052 | 0.347 | 2.31 |
| 9 | 15.1 | 16.7 | | | | 0.053 | | | |
| | | | 0.1 | 0.2 | 0.15 | | 0.052 | 0.295 | 1.97 |
| 10 | 15.0 | 16.5 | | | | 0.050 | | | |
| | | | 0.2 | 0.1 | 0.15 | | 0.052 | 0.243 | 1.62 |
| 11 | 14.8 | 16.4 | | | | 0.053 | | | |
| | | | 0.1 | 0.2 | 0.15 | | 0.052 | 0.192 | 1.28 |
| 12 | 14.7 | 16.2 | | | | 0.050 | | | |
| | | | 0.1 | 0.2 | 0.15 | | 0.048 | 0.140 | 0.93 |
| 13 | 14.6 | 16.0 | | | | 0.047 | | | |
| | | | 0.1 | 0.1 | 0.10 | | 0.047 | 0.092 | 0.92 |
| 14 | 14.5 | 15.9 | | | | 0.047 | | | |
| | | | 0.1 | 0.2 | 0.15 | | 0.045 | 0.045 | 0.30 |
| 15 | 14.4 | 15.7 | | | | 0.043 | | | |

第（5）列：这是 11 月每个测量点之间的垂直温度梯度，使用以下关系式计算：

$$\frac{\partial T_2}{\partial z}=\frac{T_2(z_{\mathrm{U}})-T_2(z_{\mathrm{L}})}{z_{\mathrm{U}}-z_{\mathrm{L}}}$$

第（6）列：这是每一层在 10 月至 11 月之间的平均垂直温度梯度，并根据以下关系式使用每一层的第（4）列和第（5）列中的数据进行计算：

$$\frac{\partial T}{\partial z}=\frac{1}{2}\left(\frac{\partial T_1}{\partial z}+\frac{\partial T_2}{\partial z}\right)$$

第（7）列：这是 10 月至 11 月期间各测量海拔 $z$ 处的温度变化率，并利用以下关系式计算：

$$\frac{\partial T}{\partial t}(z)=\frac{T_2(z)-T_1(z)}{\Delta t}$$

第（8）列：这是根据第（7）列中的数据使用以下关系式计算出的每一层的平均数量：

$$\frac{\partial T}{\partial t}\Delta z=\frac{1}{2}\left[\frac{\partial T}{\partial t}(z_{\mathrm{U}})+\frac{\partial T}{\partial t}(z_{\mathrm{L}})\right]\Delta z$$

第（9）列：这是从湖底开始的第（8）列中层数据的总和：

$$\sum\frac{\partial T}{\partial t}\Delta z=\sum_{i=1}^{n}\left[\frac{\partial T}{\partial t}\Delta z\right]_i$$

其中下标 $i$ 表示层指标，$i$=1 是底层，$n$ 是当前层的层数。

第（10）列：这是根据方程（7.73）并使用第（6）列和第（9）列中相应的层数据计算出的每一层的垂直混合系数 $K_z$：

$$K_z(z)=\frac{\sum\frac{\partial T}{\partial t}\Delta z}{\frac{\partial T}{\partial z}}$$

结果表明，$K_z$ 在 0.30~2.31m$^2$/d 范围内变化，并且在中深度附近有较高的混合系数。

### 7.5.3 二维模型

对于将重要的垂直水质梯度与水平水质梯度耦合起来的较深水库，二维水质模型已经得到了建立与应用。通常，二维模型求解沿水库垂直纵向平面上的对流—扩散方程。这些模型通过年度分层周期主要用于预测较深水库的二维温度结构。深度集成二维模型也已开发用于浅宽型湖泊，这些模型通常由风切变驱动，不包含分层效应。一个简化的二维模型是近岸混合模型，如下所述。

近岸混合模型用于预测污染物在排入大型水体附近的分布情况，如湖泊水体。考虑图 7.14 所示的废水排放，其中对流可以忽略不计，并给出了具有一阶衰减的稳态对流—扩散方程：

$$D\left(\frac{\partial^2 c}{\partial x^2}+\frac{\partial^2 c}{\partial y^2}\right)-kc=0 \tag{7.74}$$

式中 $D$——扩散系数（L$^2$T$^{-1}$）；

$c$——污染物浓度（ML$^{-3}$）；

$k$——一阶衰减常数（T$^{-1}$）。

方程（7.74）可以用极坐标（$r$，$\theta$）写成：

$$\frac{\partial^2 c}{\partial r^2}+\frac{1}{r}\frac{\partial c}{\partial r}+\frac{1}{r^2}\frac{\partial^2 c}{\partial \theta^2}-\frac{k}{D}c=0 \tag{7.75}$$

对于径向对称浓度分布，$\partial c/\partial\theta$ 和 $\partial^2 c/\partial\theta^2$ 均等于零，方程（7.75）简化为：

$$\frac{\mathrm{d}^2 c}{\mathrm{d}r^2}+\frac{1}{r}\frac{\mathrm{d}c}{\mathrm{d}r}-\frac{k}{D}c=0 \tag{7.76}$$

得到的通解为：

$$c(r)=AI_0\sqrt{\frac{kr^2}{D}}+BK_0\sqrt{\frac{kr^2}{D}} \tag{7.77}$$

式中 $A$、$B$——常数（无量纲）；

$I_0$、$K_0$——分别是修正的第一类和第二类贝塞尔函数，均为零阶（见附录 D.2）。

考虑以下边界条件：

$$\begin{cases}c(r_0)=c_0\\ c(\infty)=0\end{cases} \tag{7.78}$$

要求在距离排放点 $r_0$ 的混合区边界上浓度等于 $c_0$，污染物浓度在距离排放点很远的地方衰减为零。将方程（7.78）所给出的边界条件强加于方程（7.77）上，

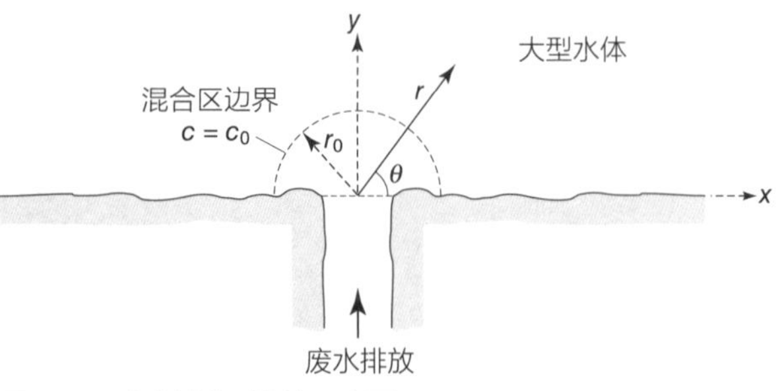

图 7.14　废水排放到湖泊示意图

可以得到湖泊中浓度的分布情况。

$$c = \frac{K_0\sqrt{\dfrac{kr^2}{D}}}{K_0\sqrt{\dfrac{kr_0^2}{D}}}c_0 \tag{7.79}$$

方程（7.79）的应用有点局限性，因为它是基于混合区边缘的浓度（$c_0$）而非实际条件。在已知源质量通量 $\dot{M}$ 的情况下，边界条件 $c$（$r_0$）$=c_0$ 可以替换为以下条件：在 $r=0$ 时源质量通量等于 $\dot{M}$，从而产生：

$$c = \frac{\dot{M}}{\pi HD}K_0\sqrt{\frac{kr^2}{D}} \tag{7.80}$$

式中　$H$——水深（L）。

在方程（7.80）中，源被理想化为强度为 $\dot{M}$（$MT^{-1}$）的垂直线源，并且在靠近源处应用这个方程时要小心，因为当 $r\to 0$ 时，$c\to\infty$。

## 【例题 7.19】

某工业厂房通过单口排污口向湖岸线区域排放废水，现场测量表明，该湖泊的分散系数为 $1m^2/s$，污染物的衰减率为 $0.1d^{-1}$，距离排放口 30m 处的稀释倍数为 12。估计若要达到稀释倍数为 100，则距离排放口多少米？

**【解】**

稀释倍数等于初始浓度除以最终浓度。因此，如果 $c_{30}$ 是距离排放口 30m 处的污染物浓度，而 $c_i$ 是排放点的浓度，则：

$$\frac{c_i}{c_{30}} = 12$$

方程（7.79）给出了距离排放点 $r$ 的浓度

$$c_r = \frac{K_0\sqrt{\dfrac{kr^2}{D}}}{K_0\sqrt{\dfrac{k30^2}{D}}}c_{30} = \frac{K_0\sqrt{\dfrac{kr^2}{D}}}{K_0\sqrt{\dfrac{k30^2}{D}}}\left(\frac{c_i}{12}\right)$$

因此，在距离排放点 $r$ 处的稀释倍数 $S_r$ 由下式给出：

$$S_r = \frac{c_i}{c_r} = 12\frac{K_0\sqrt{\dfrac{k30^2}{D}}}{K_0\sqrt{\dfrac{kr^2}{D}}}$$

由于 $S_r=100$，$k=0.1d^{-1}$，$D=1m^2/s=8.64\times10^4m^2/d$，故：

$$100 = 12\frac{K_0\sqrt{\dfrac{0.1\times30^2}{8.64\times10^4}}}{K_0\sqrt{\dfrac{0.1r^2}{8.64\times10^4}}} \text{ 或者 } \frac{0.0323}{0.00108r} = 8.33$$

求解得到 $r=918$ m。因此，如要达到稀释 100 倍，则至少需要距离排放口 918m。这一公式是否适用于距离湖岸线 918m 的地方，有些令人怀疑。

前面的例子使用的模型中，唯一的归趋和迁移过程是一阶衰减和湍流扩散。在存在沿岸流的情况下，主要的质量平衡方程是：

$$U\frac{\partial c}{\partial x} = D\left(\frac{\partial^2 c}{\partial x^2}+\frac{\partial^2 c}{\partial y^2}\right)-kc \tag{7.81}$$

式中　$U$——沿岸流速（$LT^{-1}$）。

对于在原点处强度为 $\dot{M}$（$MT^{-1}$）且距离源极远时浓度可忽略不计的垂直线源，方程（7.91）的解由下式给出：

$$c = \frac{\dot{M}}{\pi HD}\exp\left(\frac{Ux}{2D}\right)K_0\sqrt{\frac{kr^2}{D}+\left(\frac{U}{2D}\right)^2} \tag{7.82}$$

式中　$r$——径向坐标（L），由下式给出：

$$r = \sqrt{x^2+y^2} \tag{7.83}$$

正如预期的那样，当 $U=0$ 时，方程（7.82）转换为方程（7.80）。如果湖泊的宽度使得计算出的浓度在湖的对岸不可忽略，那么图像源就可以用来确保湖的对岸满足零通量边界条件。如果湖面宽度为 $W$，则叠加图像以满足零通量边界条件，得到浓度分布 $C$（$x,y$）如下：

$$C(x,y) = c(x,y)+\sum_{n=1}^{\infty}[c(x,y+2nW)+c(x,y-2nW)] \tag{7.84}$$

其中 $c$（$x$，$y$）由方程（7.82）给出。通常，不需要取 $n$ 到 ∞，因为 $n$ 只要足够大，$C$（$x$，$y$）的计算就不会随附加图像的增加而显著变化，在实践中，“显著变化”通常意味着四位数以内的变化。

## 【例题 7.20】

在 3m 深、45m 宽的湖泊一侧，污染物以 1.0kg/s 的速度释放到湖泊中。据估计，该湖的分散系数为

$1.0\text{m}^2/\text{s}$，沿岸流速为15cm/s。估算得出污染物的一阶衰减常数为$0.15\text{min}^{-1}$。试计算源下游30m处的稳态浓度。

【解】

根据给定的数据：$\dot{M}$=1.0kg/s，$H$=3.0m，$W$=45m，$D=1.0\text{m}^2/\text{s}$，$U$=15cm/s=0.15m/s，$k=0.15\text{min}^{-1}=0.0025\text{s}^{-1}$。图7.15说明了这种情况，其中（$x$，$y$）坐标的原点在源位置，$P$点是估计（30m，0m）处浓度的地方。对于位于（$x_i$，$y_i$）的真实源或图像源，方程（7.82）给出了在$P$点的浓度$c_i$：

$$c=\frac{\dot{M}}{\pi HD}\exp\left(\frac{Ux}{2D}\right)K_0\sqrt{\frac{kr^2}{D}+\left(\frac{U}{2D}\right)^2}$$

$$c_i=\frac{1.0}{\pi\times3.0\times1.0}\exp\left(\frac{0.15\times30}{2\times1.0}\right)K_0\sqrt{\frac{0.0025[(30-x_i)^2+y_i^2]}{1.0}+\left(\frac{0.15}{2\times1.0}\right)^2}$$

$$c_i=1.007K_0\sqrt{0.0025\ [(30-x_i)^2+y_i^2]+0.005625}\ \text{kg/m}^3$$

$$c_i=1007K_0\sqrt{0.0025[(30-x_i)^2+y_i^2]+0.005625}\ \text{mg/L} \tag{7.85}$$

实际源位于（0m，0m），图像源位于（0m，$\pm45n$m），其中$n$表示指定图像对。根据方程（7.85）得到的结果见表7.9。

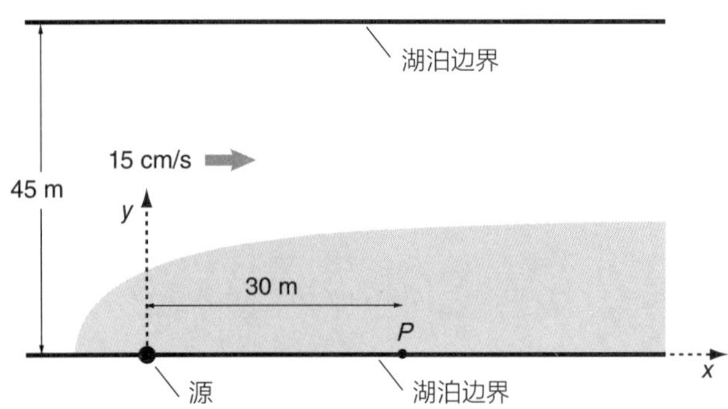


图7.15 湖泊边缘的污染源

【例题7.20】计算结果 表7.9

| $i$ | $x_i$（m） | $y_i$（m） | $c_i$（mg/L） |
|---|---|---|---|
| 1 | 0 | 0 | 214.1 |
| 2 | 0 | 90 | 4.9 |
| 3 | 0 | −90 | 4.9 |
| 4 | 0 | 180 | 0.0 |
| 5 | 0 | −180 | 0.0 |
| 总计 | | | 224.5 |

根据这些结果可以看出，一对图像源足以解释湖泊的有限宽度，源下游30m处的预期稳态浓度约为225mg/L。

## 7.6 管理和修复

对于湖泊而言，其最好的湖岸线是天然形成的。天然湖岸线的保护，如本地物种、木本生长和灌丛灌木，为陆地和水生物种提供了栖息地，同时也为雨水径流过程中被冲刷到植被上的污染物提供了缓冲。天然植被抵御湖岸线侵蚀的能力也是一个重要的考虑因素，因为天然植被的根系往往会给土壤提供一个支撑结构，使湖岸线连接在一起。这种支持不存在于草场等浅层植被中，一些人认为这是最糟糕的湖岸线。理想情况下，湖泊周围应该有一个不受干扰的缓冲区；然而，湖畔性能的可取性往往被给予更高的优先级。

### 7.6.1 富营养化控制

水体富营养化的后果是杂草丛生的浅水区，藻类大量繁殖；耗氧的深水域，饮用水供应下降，娱乐用水受限、渔业退化，存储容量减小，下游的生物群落被破坏。富营养化的预防和控制是大多数湖泊特别是饮用水源湖泊关注的重要问题。大多数控制富营养化的技术都是为了管理流入湖泊中的营养物质和沉积物。人们普遍认识到，湖泊底部沉积的沉积物作为营养源起着决定性作用。即使沉积物－水界面存在有氧条件，底栖沉积物也能通过扩散向水柱持续释放营养物质。磷通常是影响富营养化的限制性养分，控制富营养化的措施通常分为以下几类：（1）点源控制；（2）非点源控制；（3）限制湖泊磷含量；（4）限制内源负荷；（5）限制湖泊中藻类的生长，而不改变磷的平衡。

在某些情况下，在一个较大的湖泊富营养化是一个局部的问题，因为高浓度可能与当地河流流入有关。在这种情况下，机械混合装置在湖中重新分配营养物质可能足以控制富营养化。

#### 7.6.1.1 点源控制

磷的点源通常包括生活污水排放，生活污水通常含有5~10mg/L P和20~40mg/L N。采用混凝、沉淀和/或过滤的深度废水处理是去除生活污水中磷的传统方法。

#### 7.6.1.2 非点源控制

磷的非点源通常与农业作业有关。磷的其他非点源包括来自未与污水系统连接的人口密集地区的废水（如化粪池）、孤立农舍的排水、水鸟和露天洗浴设施。

最佳管理措施（BMPs）通常被用于控制营养物质的非点源。农业区的控制措施包括：以与植物生长和湖泊保护相适应的方式施用动物粪便，支流沿线种植常绿带，使用与地面坡度、土壤状况、种植区域与湖泊距离相适应的作物。例如，玉米种植在坡面上尤其不利，因为在暴雨过程中会发生灾难性的侵蚀。

#### 7.6.1.3　磷的化学处理

铝盐，如硫酸铝（明矾，$Al_2(SO_4)_3$）和铝酸钠（$Na_2Al_2O_4$）或氯化亚铁（$FeCl_2$），对吸附无机磷和去除水柱中的含磷颗粒物质具有很强的亲和力，这是形成有机碳的一部分。其结果是，在有机碳沉淀后，不仅降低了磷的有效性，而且大大提高了水的透明度。如果明矾的用量过高，可能会产生不良影响。特别是在酸性较弱的水域，过量的铝盐可降低湖水 pH 值，导致水体中溶解铝的浓度对鱼类和其他生物群有毒性。因此，一些专家建议不要在湖泊中使用明矾。

#### 7.6.1.4　限制内源负荷

湖底的沉积物是内源磷负荷的主要来源。控制来自底栖沉积物的内源负荷的常规措施包括覆盖、清淤、去除下层滞水和人工去分层。

覆盖：有时用薄片覆盖底部沉积物，但通常必须对薄片加重以防止其漂浮。不能用砂子和砾石来保持薄片的位置，因为它们在 1~2 年后会为大型植物幼苗提供良好的基质。薄片应当是透气的，以防止从沉积物中释放的气体使薄片膨胀。可用铝箔、黏土、碎砖或其他惰性材料来替代薄片覆盖湖底。

清淤：清淤只能用来清除小而浅的湖中的沉积物。主要考虑因素是清除的物质的处理和堆积，以及需要特别注意现有有毒金属的量。从湖泊和浅层区域去除沉积物的做法比用合成薄片覆盖它更有效，因为营养物质实际上是从湖面上去除的。然而，它确实涉及更多的技术问题和较高的成本，只有在有一个可用于有效清除的沉积物的地点时，才能做到这一点。清淤的主要优点是其效果较长，但清淤作业会对底栖动物群落造成广泛的破坏，这可能是鱼类的重要食物来源，如果不精心设计和实施，可能会扰乱鱼类的产卵习性。

去除下层滞水：这种方法去除了湖中均温层内的水，这种水通常具有较低的氧含量和丰富的营养。在堤坝中通过选择性地使用虹吸管或深水出口来取出营养丰富的下层滞水，可以减少水体中储存和循环的营养物质的量。然而，下层滞水的取出也可能引发热不稳定和湖泊翻滚。此外，富营养化湖泊中富含营养的厌氧水体的排放可能会对下游受纳水体造成不利影响。

增氧：增加湖泊下部的氧含量可以减少底栖沉积物中磷的释放。然而，尽管在厌氧条件下，底栖沉积物中磷的释放速率要高得多，但在好氧条件下，大量的磷酸盐和刺激藻类生长的物质仍会从沉积物中释放出来。底栖沉积物中的磷释放通常发生在上覆水中氧含量小于 5mg/L 时，而厌氧条件通常与低于 2mg/L 的氧浓度有关。厌氧条件下比好氧条件下从底栖沉积物中释放的磷多的原因在于，天然水中的铁和锰的氧化形式与磷形成不溶的沉淀，从而限制了好氧条件下溶解态磷的量。

人工去分层：分层湖泊的人工去分层可以改变藻类种群的组成、减少藻类数量和藻类生长速率，使湖泊充气以补偿代谢活动造成的氧气不足。随着湖泊的人工循环，水体各深度的氧含量都增加了。具体而言，在沉积物 – 水界面处，形成了好氧条件，抑制了沉积物中营养物质的释放。

总之，从长期来看，湖内处理只有在减少外部营养负荷的同时才能有效。湖内处理通常需要对设备、化学品和劳动力进行明显的支出。

#### 7.6.1.5　藻类繁殖的限制

在不改变磷平衡的情况下，用于限制湖中藻类生长的控制措施包括：人工混合、操纵浮游食物网（生物模拟）、减少湖水的水力停留时间，以及使用无毒的天然产品来控制藻类的生长。控制藻类的常用物质包括五水硫酸铜和其他螯合铜化合物。在某些情况下，高锰酸钾也可有效控制藻类。硫酸铜的应用方法和剂量因湖泊或水库条件而异。需要注意的是，硫酸铜的加入可能会对鱼类和其他水生生物产生有害影响。为此，一些专家建议在紧急情况下禁止使用硫酸铜。通常有效硫酸铜浓度为 1~2mg/L。应用方法包括使用由船拉着的多孔袋溶解硫酸铜晶体，使用带有直接将硫酸铜晶体输送到水体表面的应用漏斗的特殊设计的船只，或使用喷雾泵，通过泵将溶解的硫酸铜沿着水面喷洒。应用的时机很重要。定期监测藻类数量或叶绿素 a，以确定藻华何时开始，从而在藻华发生前使用除藻剂。

### 7.6.2　溶解氧（DO）水平控制

由于自然条件和人为富营养化，湖泊中可能出现低水平的溶解氧。湖泊的热分层通常是由于夏季近水表面强烈的太阳加热导致的，由此导致的分层限制了氧气迁移到下层滞水中。因此，在夏末热分层过程中，溶解氧最低浓度倾向于出现在均温层的较深水域。同样的情况也发生在冬季长时间的冰雪覆盖期间，或夜间密集的大型植物层中，或长时间的云层覆盖之后。低溶解氧的问题可以通过人工循环和曝气来缓解。

#### 7.6.2.1 人工循环

人工循环消除热分层或阻止它的形成由两种方式实现，一是通过湖底的管道或陶瓷扩散器注入压缩空气形成气泡羽流，二是机械搅拌。气泡羽流的优点是能够覆盖更大的水平范围，并且具有岸上的机械部件，而机械搅拌器的优点是能够直接进入和携带富氧的表面水。

图 7.15 所示为一个陶瓷扩散器系统，图 7.16（*a*）中显示了两个运行中的扩散器正在释放空气泡,图 7.16（*b*）中显示了由扩散器单元环绕的控制器。如果有足够的动力，上升的气泡柱将产生湖宽混合。这样就消除了产生下层滞水耗氧的条件（把较深的水域与大气隔离开来，在这些较深、较暗的水域中几乎没有初级生产）。人工循环是最常用的湖泊修复技术之一。这项技术最好用于不受营养限制的湖泊；在均温层中，营养物质的浓度往往较高，因此，混合可以促进藻类的生长。此外，人工循环并不是冷水鱼类的一种可行选择，因为它们在夏季时可以利用均温层作为避暑场所。如果适用的话，曝气—去分层必须在春季翻滚时开始，并且连续进行。夏季缺氧时，湖泊通过曝气机制去分层，有时会造成很大的损害，因为低氧的下层滞水被带到水面时，可能会导致鱼类死亡。

（*a*）

（*b*）

图 7.16 扩散式空气循环系统
（*a*）运行中的空气扩散器；（*b*）由扩散器单元环绕的控制器

用于去分层的机械混合器性能的运行数据取决于各个混合器的特性，在部署之前应向设备制造商征求。Hill 等人的研究表明，在任何特定情况下效率最高的机械混合器的特征用理查森数 $Ri_0$ 表示，约为 0.1：

$$Ri_0 = \frac{g'H}{R^2\omega^2} \tag{7.86}$$

式中 $g'$——有效重力加速度（$=g\Delta\rho/\rho$）（$LT^{-2}$）；

$\Delta\rho$——混合器上、下水的密度差（$ML^{-3}$）；

$\rho$——平均密度（$ML^{-3}$）；

$g$——重力加速度（$LT^{-2}$）；

$H$——叶轮的高度（L）；

$R$——叶轮的半径（L）；

$\omega$——叶轮的转速（$T^{-1}$）。

在给定的分层条件下，用公式（7.86）用于指导叶轮（混合器）尺寸和转速的选择。

#### 7.6.2.2 喷泉

喷泉将湖泊表层的水注入空气中，在该过程中，湖水进行曝气。喷泉对湖水的曝气作用有限，因为它们倾向于从已经被良好曝气的上层湖面抽取水。喷泉有几种设计，一些更受欢迎的设计如图 7.17 所示。在为特定的湖泊选择喷泉时，美学通常是主要的考虑因素，而通风则是次要的。

#### 7.6.2.3 下层滞水曝气

在下层滞水中氧气严重不足、具有气味问题以及锰和铁浓度增加的情况下，采用下层滞水曝气。下层滞水曝气系统必须处理更困难的问题，即在更深处给水充氧。如果目的是建立或维持一个冷水渔场，则必须在不干扰湖泊热分层的情况下实现下层滞水曝气。在大多数应用中，采用气提装置将冷的下层滞水带到表面，水通过与大气的接触而充气，在厌氧条件下积聚的气体如甲烷、硫化氢和二氧化碳散失，然后水被返回到均温层。下层滞水曝气器需要一个大的均温层才能正常工作，一般在浅水湖泊和水库中不起作用。成本取决于所需压缩空气的数量，而压缩空气量又是

图 7.17 喷泉

均温层面积、湖中耗氧速率和热分层程度的函数。

#### 7.6.2.4 氧气注入

研究表明，在一些用于供水的湖泊中，有时将纯氧注入均温层，而不是将空气注入或通过气提系统给均温层加气，这样做更符合成本效益和实用性。

#### 7.6.2.5 泵—挡板曝气系统

使用这种方法，从湖的近岸地区抽取贫氧水，泵送到位于岸边的滑槽顶部，然后大量倾泻到一组由木板建造的挡板上。当水流过挡板时产生的湍流有助于使水重新充气。然后，再充氧的水被返回到湖的另一部分，远离入口区域，形成一个富氧水区。一般来说，湖的容积大约有 10% 应该被曝气。与其他通常用于冰覆盖湖泊的曝气技术相比，泵—挡板系统有几个主要的优势。特别是，如果操作得当，湖冰覆盖的一小部分就会被打开。露天地区和薄冰是曝气系统操作人员需要面临的安全隐患。所有的主要设备都在岸上。此外，滑槽可以安装在拖车上，并根据需要从一个湖移到另一个湖或移到湖的不同区域。一般来说，为了防止冻死，根据冬季的情况，需要曝气约 2 个月。通过监测湖泊中的溶解氧水平，系统只能在需要时进行操作。泵—挡板系统由湖泊协会建造，也可以作为一个装置从制造商手中购买。

#### 7.6.2.6 除雪以增加光穿透

从湖面清除雪以增加冰下的光穿透和光合作用（产生氧气）是曝气器的一种替代方式，该方式具有低科技、低成本的特点，它足以防止低溶解氧湖的冻死。雪比冰能更有效地吸收光。虽然 85% 的可用光将穿透 12.5cm（5in）的透明冰，但如果 7.5cm（3in）的冰上有 5cm（2in）的雪将遮挡几乎所有的光线。即使是薄薄的雪层，也会大大降低光线的穿透率，降低初级生产力，从而导致氧气耗尽和冻死。

### 7.6.3 酸度控制

湖水可能是天然酸性的：例如，在有天然酸性土壤的地区，或者当湖泊是湿地系统的一部分时。人为的湖泊酸度是由有机酸的大量输入、酸性矿井排水或酸性大气沉降引起的。酸性大气沉降（酸雨）主要分布在北半球的工业地区，如美国东北部和加拿大的邻近地区、斯堪的纳维亚半岛、大不列颠和爱尔兰部分地区以及中欧和亚洲的一小部分地区。低 pH/ 高酸度是由于湖水的低缓冲能力（低碱度）不足以中和这些酸性输入引起的。酸化湖泊的主要水质问题是水体中的重金属浓度增加。

通过各种中和剂和应用技术，对湖泊水体中和试验方法进行了广泛的研究。处理酸性湖泊的最常见方法如下：

石灰石加入到湖泊表面：小石灰石颗粒、石灰石粉末或石灰石浆料通过船、飞机或直升机分散到湖面上。在冬天，石灰石可能会通过卡车在冰上扩散，当春天冰融化时进入湖中。直接向湖面添加石灰石是降低湖泊酸度最常用的方法。由于石灰石用于农业石灰开采，因此成本低廉。然而，石灰石分散的成本可能是很高的，特别是对于没有道路通行的偏远湖泊。通常需要重复使用石灰石，对于水力停留时间较短的湖泊每年都需要进行处理。

向湖泊沉积物中注入基材：石灰石、水化石灰或碳酸钠可以注入湖泊沉积物中，导致湖泊酸度逐渐下降。这项技术主要是实验性的，仅适用于小型浅水湖泊，其中含有软有机沉积物和用于运输应用设备的道路。这种处理方式可能比表面应用的有效性时间要长得多，但湖底群落会受到干扰，浊度可能增加，费用也更高。

机械流投药器：通过中和上游支流中的酸性水可以降低湖泊的酸度。机械投药器是一种自动化设备，可将干粉或湿石灰石直接释放到河流中，材料的投加量随河流流量或化学组分而改变。这种处理方式是连续的、昂贵的，通常不推荐用于湖泊，除非其他所有的替代方式都不可行。

石灰石加入到集水区：石灰石分散在湖泊的全部或部分集水区上，降低了径流和进入湖泊的浅层地下水的酸度。虽然这种方式的成本较高，但总体成本可能低于石灰石应用于水体表面的成本，因为其影响要持久得多。集水区石灰可能特别适合于水力停留时间较短（少于 6 个月）的湖泊。土壤的石灰化也增加了土壤的肥力和污染物保持能力。

抽取碱性地下水：如果有充足的碱性地下水供应，这些水可以直接排入湖泊或湖泊支流，降低湖泊酸度。这种方法的应用受到了限制。

### 7.6.4 水生植物控制

在湖泊和水库中，大型植物覆盖了湖底的很大比例，可能需要一个水生植物控制计划，以提高大型捕食性鱼类的产量，并提高蓝鳃太阳鱼、白莓鲈、黑莓鲈等可食用鱼类的生长速度。对于湖泊用途，如游泳和划船，尽量减少大型植物床是可取的。另一方面，对渔业管理来说，水生植物的适度生长能促进渔业发展。彻底消除大型植物床对植物的危害可能与过度的植物生长一样有害。

水生植物管理的目标是提供适当数量的水生植物，同时考虑到大型植物对鱼类群落、其他湖泊用途（例如游泳和划船）、营养循环和美学的影响。大型植物和陆地植被也有助于稳定湖床和湖岸线，减少湖岸侵蚀和高浊度问题。

由于富营养化或不小心引入外来的大型植物物种而导致的植物过度生长是一个常见的湖泊问题。控制有害植物生长的方法如下所述：

沉积物清除和耕作：湖泊可以通过疏浚以清除沉积物和加深湖泊，使较少的湖底获得足够的光，从而促进大型植物的生长。如图 7.18 所示，在疏浚之前，部分湖泊经常干涸。大型植物生长所需的最大深度取决于水的透明度和植物种类。在南方水域，一种讨厌的外来植物——黑藻，可以比本地植物在更低的光强度下生长，从而限制了湖泊加深的效果。减少营养负荷以控制富营养化可以提高湖泊的透明度，增加大型植物生长的深度，并抵消疏浚减少大型植物生长的效果。沉积物清除和耕作（例如，利用耕作设备进行轮耕）也可用来干扰湖底，拔出植物的根部，以进行短期的大型植物控制。疏浚和耕作都会产生负面影响，包括破坏底栖生物群落及增加浊度和淤积。

水位下降：在可以控制水位的湖泊中，湖泊水位可以降低，使沿岸地区的大型植物遭受长期的干燥和 / 或冰冻。一些种类的植物被这些条件永久地破坏，使整个植物死亡，包括根和种子，暴露时间为 2~4 周。其他植物种类不受影响，甚至还会增加。冬季的水位下降往往比夏季更有效。

遮阳和沉积物覆盖：可以在水或沉积物表面放置覆盖物，作为植物生长或阻挡光线的物理屏障。用聚丙烯、玻璃钢或类似材料制成的沉积物覆盖层可以有效地防止小面积区域的植物生长，如码头和游泳区，

图 7.18 湖泊疏浚

但通常大面积安装过于昂贵。淤泥、砂子、黏土或砾石也被使用过，但植物最终会在其中生根。为了降低生长速度，可以通过漂浮的聚乙烯薄片或沿着湖岸种植常青树来遮阳。

草鱼引种：草鱼是一种以大型植物为食的外来鱼类；然而，草鱼并不会食用所有水生植物，它们一般会避开水花生、水葫芦、香蒲、莼蓬草和睡莲。这种鱼更喜欢的植物种类包括伊乐藻、眼子菜（眼子菜属）和黑藻。图 7.19 所示即为草鱼。草鱼的低放养密度可使其对所食用的植物物种做出优先选择。

寄生于大型植物中的昆虫引进：几种外来昆虫已被引进到美国，并得到了美国农业部的批准，用于大型植物的控制。每种昆虫只以选择的目标植物为食。特别是在南方水域，昆虫被用来帮助控制水花生和水葫芦。由于昆虫种群的生长速度往往比植物慢，因此昆虫与另一种植物控制技术（例如收割或除草剂）结合使用时效果最好。

机械收割：在低负压驳船上建造的机械收割机可用于切割和移除根生植物和漂浮的水葫芦。典型的机械收割机如图 7.20 所示。切割速率范围一般在

图 7.19 草鱼

图 7.20 机械收割机

0.1~0.3ha/h（0.25~0.75ac/h），取决于机器大小。收割机可以有效地清除一片植被，尽管其效益只是暂时的。植物再生的速度可以很快（在几周内），但如果刀具叶片被降到上层沉积物层，则可以减缓生长速度。切割的植物被从湖中移走，消除了营养物质和有机物质的内部来源，具有潜在的长期益处。然而，一些植物物种，如蓍草，可能被切碎和分散，在收割作业后实际上会大量增加。此外，小鱼也可能被机械收割机捕获和杀死。收割作业应该在产卵期之前进行，避开重要的产卵和育苗区。

除草剂：虽然除草剂处理可以迅速减少大型植物的生长，但其益处是短期的，潜在的负面效应很大。植物留在湖中死亡和分解，释放植物营养物质，在某些情况下，导致氧气耗尽和藻华。植物一般在几个星期或几个月后重新生长，或者被其他耐性更强的大型植物所取代。一般来说，因为除草剂不能去除湖中的营养物质或有机物，也不能消除引起水生植物问题的原因，所以除草剂只能在其他技术无法接受或无效的情况下使用。

## 习题

1. 一个矩形防洪湖平面尺寸为 100m × 70m，平均深度为 5m。

（1）如果平均流入流出速率为 $0.05m^3/s$，请估算湖中水力停留时间。

（2）请与一个平均流入流出速率为 $0.1m^3/s$、平面尺寸为 200m × 140m、深 10m 的大型湖泊的水力停留时间相比较。

2. 一个大型天然湖泊表面积为 $2.5\times10^6m^2$，该湖泊的集水区面积为 $2.0\times10^7m^2$。估算湖泊的水力停留时间。

3. 当风速为 35m/h 时，湖面的剪应力是多少？估算湖泊表层湍流速度波动的数量级。

4. 一个 4.0m 深的湖泊在风致环流下的湍流扩散系数为 $4cm^2/s$，温度为 20℃。湖底以上 10cm 处的悬浮沉积物浓度为 100mg/L，典型的颗粒粒径为 10μm，如果估算出每个颗粒的密度为 $2650kg/m^3$，请估算湖面附近的悬浮沉积物浓度。

5. 若某湖泊的悬浮固体浓度为 3mg/L，试估算该湖泊透光带的深度。

6. 湖中正磷酸盐浓度为 30μg/L，有效氮浓度为 0.2mg/L。确定藻类生长的限制性营养元素。如果湖中的生物量浓度过高，建议一种限制生物量增长的方法。

7. 某湖中 TP 浓度的测量值为 15μg/L，TN 浓度约为 0.17mg/L，试估计该湖泊的生物量浓度及营养状态。

8. 在湖泊中的测量结果表明，塞氏深度为 2.0m，叶绿素 a 浓度为 10μg/L，TP 浓度为 20 μg/L。评估该湖泊的营养状态。

9. 估算富营养化湖泊中透光带的最大深度。

10. 河口顶部和底部的实测温度分别为 15℃和 12℃，相应的盐度分别为 2ppt 和 20ppt。估算河口顶部和底部水的密度差，并确定密度差、温度或盐度哪一个更重要。

11. 一个 20.0m 深的湖泊平均温度为 12℃，湖泊顶部和底部的温度差表明密度差为 $0.400kg/m^3$。如果风引起的表面流速为 10.0cm/s，湖底的海流可以忽略不计，请评估是否有可能发生风致混合？

12. 一个 7m 深的湖泊顶部与底部的密度差为 $3.5kg/m^3$，湖水的平均密度为 998 $kg/m^3$。当湖内流速一般为风速的 2% 时，估计湖泊保持强烈分层的最大风速。

13. 在一个 7m 深的湖泊中，水流速约为 5cm/s。当水的平均密度为 $998kg/m^3$ 时，估计湖泊顶部和底部的密度差以使湖泊呈强烈的分层状态。与该密度变化对应的温度差是多少？

14. 由注入 $1.0m^3/s$ 空气所产生的气泡羽流，旨在使一个平均温度为 15℃、浮力频率为 0.1Hz 的 7m 深的湖泊分层，湖区的大气压力为 101kPa。$M_M$ 和 $C_M$ 的值是多少？

15. 对沃博艮湖中的叶绿素 a 和 TP 的测量结果见表 7.10。

确定这些参数之间的近似经验关系。并将你得出的经验关系与其他人的经验关系进行对比。

沃博艮湖中叶绿素 a 和 TP 的测量结果　表 7.10

| TP（μg/L） | 叶绿素 a（μg/L） |
|---|---|
| 10.0 | 3.99 |
| 15.8 | 4.50 |
| 25.1 | 12.7 |
| 39.8 | 14.4 |
| 63.1 | 40.7 |
| 100.0 | 45.9 |

16. 假如你已被任命为项目工程师，指导城市发展中污染湖泊的清理工作。该湖泊半径约为100m，平均深度为5 m，目标生物量浓度为5μg/L(叶绿素 a)，目前的生物量浓度估计为15μg/L（叶绿素 a）。若湖泊的平均流入流出量为5L/s，请估算入湖TP的允许浓度，以使目标生物量浓度在6个月内达到。磷的衰减速率可以采用$0.01d^{-1}$。

17. 防洪湖的TP平均浓度为25μg/L，每天进出湖泊的水量一般在$0.13m^3/s$左右。

（1）如果TP的衰减速率为$0.2d^{-1}$，湖泊的体积为$2.8\times10^5m^3$，试估计必须保持的质量负荷以使最终TP浓度降至15μg/L。

（2）如果该质量负荷维持一周，估计每天结束时TP的浓度。

18. 一个富营养化湖泊的平均总磷浓度为47μg/L，在该年的波动为±50%。

（1）估算该湖泊生物量的相应百分比波动。

（2）如果湖泊为200m×100m×3m（长×宽×深），平均流入流出速率为$0.1m^3/s$，磷的衰减速率为$0.03d^{-1}$，比较湖内停留时间和磷衰减的时间尺度。你可以从这个结果推断出湖泊中磷的去向是什么？

（3）如果将磷的流入浓度降低到20μg/L，预期湖中最终的磷浓度是多少？

（4）平均磷浓度下降一半需要多长时间？

19. 如果习题17中TP的质量负荷在第一周结束时突然下降到零，试估计第二周每日的TP浓度。

20. 如果习题17中TP的质量负荷在第一周结束时增加了1倍，试估计第二周每日的TP浓度。

21. 一个休闲湖近似为圆形，直径为700m，平均深度为3m。富营养化导致湖泊中藻类浓度过高。TP浓度的测量值为40μg/L，湖中磷的一阶衰减因子估计为$0.008d^{-1}$。年平均入湖量37.6L/s，年降雨量150cm，年蒸发量130cm。

（1）估算目前磷的质量负荷（以kg/年为单位），以及将湖中藻类浓度降低一半所需的质量负荷。

（2）随着质量负荷的减少，经过多长时间湖中的磷浓度可以达到平衡磷浓度的5%以内？

22. 习题17所描述的湖泊表面积为$28000m^2$。如果TP的有效沉降速度为0.1m/d，重复习题17以评估沉降对TP浓度的影响。

23. 如图7.21所示，两个水库排入一条共同的河流。流量、进水浓度和体积显示，该物质是保守的。

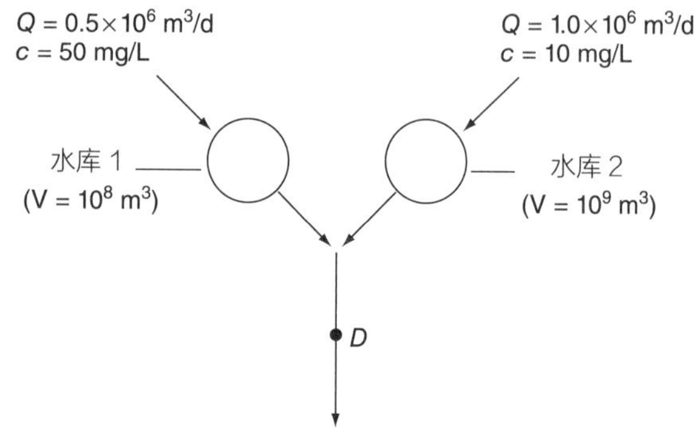

图7.21　两个水库排入一条共同的河流

假设在整个系统中，进入水库的流量和进水浓度有足够长的时间达到稳定状态，当时间$t$=0时，水库1的进水浓度下降到零，流量保持不变。在$D$点的浓度降低到稳定状态预还原值的50%之前，需要多少天？

24. 某湖泊的表面积为$1km^2$，平均流入流出速率为$8000m^3/d$。典型条件下风速为10km/h，相对湿度为80%，气温为20℃，入射在湖面上的净太阳辐射为$750W/m^2$。如果进水的平均温度为15℃，试估计湖泊的稳态温度。

25. 在平面面积约$5000m^2$的湖中以1m深度增量进行DO测量。大约在中深度处，连续层中的DO被发现分别为8mg/L、7mg/L和6.5mg/L，以增加深度。一个星期后，这些层中的测量值分别为7.2mg/L、6.4mg/L和5.1mg/L。如果垂直扩散系数被估计为$1cm^2/s$，试确定在这三个层的中间层中添加或消耗氧的速率。对此源/汇可能造成什么后果？

26. 将一个10ha的湖泊离散成0.5m的层，以估算湖泊中氧气（$O_2$）的分布。浮游生物以4.0mg/（L·d）的速率产生$O_2$，$O_2$的扩散系数为$0.20cm^2/s$，湖泊的横向流入和流出可以忽略不计，垂直平流可以忽略不计。仿真采用1d的时间步长，每一时间步长内的偏导数计算采用0.5的权值。在初始条件下，关注层的$O_2$浓度为6.5mg/L，该层上、下的$O_2$浓度分别为7.5mg/L和4.5mg/L。第一次迭代后，该层的$O_2$浓度估计为5.7mg/L，该层上、下的$O_2$浓度分别为7.0mg/L和3.7mg/L。确定关注层中$O_2$浓度的下一次迭代估计值。

27. 湖水温度测量表明，夏季变温层温度为常数，变温层与均温层之间的传热系数约为5.0cm/d。温跃层与均温层的典型厚度分别为0.8m和20.0m。如果在某一特定夏季的分层季节开始时变温层和均温层的温度分别为16℃和14℃，试估算出夏季条件开始90d

后均温层的温度。如果第 90 天的温度随后被测量为 14.6℃，试估计相应的温跃层的传热系数和垂直扩散系数。

28. 某湖泊平面面积为 50m × 100m，深度为 3m。在类似湖泊中的测量结果表明，Rast 和 Lee 提出的关于 TP 和生物量之间的关系适用于该湖泊。

（1）假定湖泊中的光衰减仅仅是由于藻类所致，并且含氧水的深度可以近似于补偿深度，试估计 TP 浓度的上限，该浓度对应于整个湖泊具有足够的氧气水平。在这种情况下，湖泊的营养状态是什么？

（2）如果湖泊被周围的森林保护得很好，而变温层的深度等于 90% 的入射阳光衰减的深度，请估算出变温层的深度。

（3）通常，变温层的温度为 23℃，而均温层的温度为 21℃。在特别炎热的一天结束时，变温层的温度达到了 25℃，而均温层的温度保持在 21℃，试估计 12h 后均温层升高的温度（由于热量的向下扩散）。

29. 1974 年 5 月 21 日（$T_1$）和 6 月 6 日（$T_2$）在密歇根州白湖测量的温度分布见表 7.11。

密歇根州白湖温度分布　　表 7.11

| 深度(m) | $T_1$(℃) | $T_2$(℃) | $\Delta T_1/\Delta z$(℃/m) | $\Delta T_2/\Delta z$(℃/m) |
|---|---|---|---|---|
| 15 | 11.0 | 12.1 | 2.290 | 0.225 |
| 14 | 12.1 | 12.3 | 0.275 | 0.142 |
| 13 | 12.1 | 12.4 | −0.0917 | 0.167 |
| 12 | 12.1 | 12.7 | −0.0083 | 0.483 |
| 11 | 12.1 | 13.3 | 0.042 | 0.475 |
| 10 | 12.2 | 13.7 | 0.158 | 0.625 |
| 9 | 12.4 | 14.7 | 0.208 | 1.510 |
| 8 | 12.6 | 16.4 | 0.200 | 1.040 |
| 7 | 12.8 | 16.8 | 0.208 | 0.792 |
| 6 | 13.0 | 18.0 | 0.158 | 0.650 |
| 5 | 13.1 | 18.0 | 0.033 | 0.017 |
| 4 | 13.1 | 18.2 | 0.042 | 0.117 |
| 3 | 13.2 | 18.2 | 0.083 | −0.0167 |
| 2 | 13.3 | 18.2 | 0.267 | 0.000 |
| 1 | 13.7 | 18.2 | 0.450 | $0.763\times10^{-5}$ |

试估计 1974 年 5 月 21 日与 6 月 6 日在整个湖泊深度上垂直扩散系数的变化。

30. 考虑一个湖泊其变温层厚度为 $h$、温度为 $T_e$，均温层厚度为 $H$、温度为 $T_h$，温跃层的厚度可以忽略不计。如果在一个时间间隔 $\Delta t$ 内，变温层与均温层中 $\Delta h$ 深度进行混合，则变温层的温度预期会降低 $\Delta T_{e1}$，即：

$$\Delta T_{e1}=\frac{T_e-T_h}{h}\Delta h \tag{7.87}$$

如果变温层的热损失速率为 $H_e$，则变温层在时间间隔 $\Delta t$ 内的温度由下式给出：

$$\Delta T_{e2}=\frac{H_e\Delta t}{c_p\rho_w h} \tag{7.88}$$

其中 $c_p$ 和 $\rho_w$ 分别表示水的比热容和密度。一个动态两层模型用于估算水库降温季节变温层的增长：

$$\alpha\Delta Tgh\frac{dh}{dt}=c_k^f u_f^3 \tag{7.89}$$

式中　$\alpha$——水的热膨胀系数；

$\Delta T$——变温层与均温层的温度差；

$c_k^f$——无量纲常数，通常取为 0.13；

$u_f$——诱导热的自由落体速度，如下：

$$u_f=\left[\frac{\alpha g H_e}{c_p\rho_w}\right]^{1/3} \tag{7.90}$$

9 月初，安大略湖变温层 15m 深处的温度为 17.74℃，而均温层 75m 深处的温度为 5.2℃。在秋季初，日平均热损失为 100W/m$^2$。用公式（7.89）计算每一步变温层深度的变化（还要用到公式（7.87）和公式（7.88））。继续你的计算，直到变温层的温度不再超过均温层的温度为止。根据这一结果，您认为安大略湖何时能混合均匀？计算中使用的时间步（即时间间隔）为 10d，并假定水的物理特性是恒定的：$\alpha=2.57\times10^{-4}$ ℃$^{-1}$，$c_p$=4179J/（kg · ℃），$\rho_w$=997kg/m$^3$。

31. 污染物从单排污口近岸排入湖中，距排放位置 10m 处的污染物浓度为 10mg/L。湖泊中的水流可以忽略不计，湖泊的分散系数为 5m$^2$/s，污染物的衰减速率为 0.01d$^{-1}$。试估计距排放位置 100m 处的污染物浓度。

32. 在湖泊近岸排污口附近的测量表明，距离排污口 20m 处的污染物浓度大约是距离排污口 40m 处的污染物浓度的两倍。观测还表明，湖泊中的水流可以忽略不计，污染物的衰减常数为 0.05 d$^{-1}$。估计分散系数。

33. 污染物以 0.5kg/s 的速率在深度为 2.0m、宽度为 30m 的湖边释放，湖泊的分散系数为 1.5m$^2$/s，近岸流速为 10cm/s，污染物的一阶衰减常数为 0.10min$^{-1}$，污染源下游 50m 处的稳态浓度是多少？

# 第 8 章　湿地

## 8.1　引言

湿地是指在一年的不同时期内，存在地表过湿或积水的地区。长期的地表积水不仅为具有特殊适应性的植物（水生植物）创造了生长条件，也促进了湿地土壤的发展。虽然湿地通常处于潮湿状态，但也存在非长期潮湿的湿地，实际上，一些最重要的湿地都是季节性的湿地。

湿地可分为天然湿地和人工湿地。天然湿地是自然形成的，人类对其影响有限，而人工湿地则是人工设计成如天然湿地一样运作的工程系统，常用来处理市政和工业废水、农业径流和城市径流。

## 8.2　天然湿地

天然湿地位于陆地和水的交界处，是水流、养分循环和太阳能量交汇的过渡区，形成了一个独特的生态系统。湿地生态系统独特的水文、土壤和植被特点，使之成为流域的重要特征。湿地是世界上最具生产力的生态系统之一，可与雨林和珊瑚礁相媲美，它们发挥着多种基本生态功能。浅水、高营养水平和初级生产力的结合有利于构成食物网的有机基础，并且供养了许多鱼类、两栖动物、贝类和昆虫。湿地不仅是地下水的补给点，而且可以吸收水和空气中的污染物、减少洪水、控制侵蚀、循环矿物质（如氮类）、通过固碳作用生产有机物，并为各种各样的鱼类和野生动物提供食物和繁殖生境。美国有超过三分之一的濒危物种生活在湿地，近一半的物种会在某些阶段使用湿地。

除南极洲外，世界上所有大陆都存在湿地，湿地总面积占地球陆地表面的 5%~8%。湿地一般位于陆地生态系统（如山地森林和草原）和水生生态系统（如河流、湖泊和海洋）的交界处，同时在一些孤立的地区也可能有湿地的存在，其附近的水生生态系统通常是地下水含水层。美国的湿地面积居世界第二，各州的湿地面积分别为佛罗里达州 450 万 $hm^2$、路易斯安那州 360 万 $hm^2$、明尼苏达州 350 万 $hm^2$、德克萨斯州 310 万 $hm^2$，而阿拉斯加州约有一半的面积被划分为湿地（7000 万 ~8000 万 $hm^2$）。

过去，湿地被认为是疾病（疟疾）的来源，并且认为湿地阻碍了人类利用土地资源来促进农业和经济发展的进程，但事实上，湿地除了可以减少地表径流（防洪）和拥有多种生态功能外，也能够去除地表水中的许多人为污染物和营养物质，在保护地表水水质方面起着重要的作用，因此，湿地有时被称为“地球之肾”。

### 8.2.1　分类

天然湿地广义上可分为滨海湿地和内陆湿地，滨海湿地受潮间带交替涨落的影响，内陆湿地则是非潮汐湿地。根据湿地邻近远海还是河口，滨海湿地可进一步分为海洋湿地和河口湿地。与滨海湿地相比，内陆湿地常分布于河流和溪流沿岸的泛洪平原（河流湿地）、被旱地包围的孤立洼地（沼泽湿地）、湖泊和池塘的沿岸带（湖泊湿地）以及地下水拦截土壤表面或降水常常使土壤饱和的其他低洼地区。其中，河流湿地和湖泊湿地有时统称为河岸湿地。天然湿地一般也可细分为草本沼泽、木本沼泽、藓类泥炭沼泽和草本泥炭沼泽。

#### 8.2.1.1　草本沼泽

草本沼泽是经常性或持续被水淹没的湿地，其特征是生长有适应水饱和土壤的软茎挺水植被，一个典型的草本沼泽如图 8.1 所示。从美国中部和北部的草原坑洼到佛罗里达州的大沼泽地，分布有许多不同种类的草本沼泽。草本沼泽常见于滨海和内陆地区，有淡水的，也有咸水的，其大部分水来自地表径流，并且许多沼泽地与地下水直接相连。草本沼泽可通过向溪流供水来补给地下水和中等溪流，这在干旱时期是

图 8.1　草本沼泽

图 8.2　森林木本沼泽

特别重要的一个功能；草本沼泽也可通过减缓和储存洪水来减少洪水所造成的破坏；草本沼泽在保护地表水水质方面也发挥着重要的作用，当水缓慢流经草本沼泽时，水中的沉积物和其他污染物会沉淀到沼泽底部，并且，其中的植被和微生物也可利用水中过量的营养物质来避免其污染地表水。

草本沼泽有时可被进一步细分。静水水深在一年的大多数时间里超过 30cm（1ft）的草本沼泽被称为深水沼泽，有着浸水土壤的浅草本沼泽有时被称为莎草草甸或湿草甸，介于两者之间的则被称为湿地草原。

淡水草本沼泽相比咸水或潮汐草本沼泽有着更大、更多样化的植物种群，不规则的淹水盐沼则生长着最少的植物种类。咸水草本沼泽的植被主要由灯心草、莎草和禾本科植物组成，动物可在茂密的沼泽植被中躲避掠食者。当沼泽植物死后，其中的微生物会将植物残骸分解成碎屑，成为许多小动物的食物来源。

#### 8.2.1.2　木本沼泽

木本沼泽是以木本植物为主的湿地，其特征是生长季节期间土壤处于水饱和状态，并且每年都存在地表积水期。木本沼泽在防洪、营养物去除和沉积物去除方面起着至关重要的作用。木本沼泽依据植被类型分为两大类：森林木本沼泽和灌木木本沼泽。

森林木本沼泽。森林木本沼泽是经常被来自附近河流和溪流的洪水淹没的湿地，一个典型的森林木本沼泽如图 8.2 所示。在极干旱时期，森林木本沼泽可能是几千米内存在的唯一浅水，对湿地依赖型物种的生存非常重要，如木鸭、水獭、棉口蛇。森林湿地中的常见树种是美国北部的红枫树和针叶栎、南部的琴叶栎和柏树、西北部的柳树和西部铁杉。

沿着美国东南部和中南部的河流和溪流，通常可以在宽阔的泛洪平原上发现滩地阔叶林木本沼泽。此类森林湿地生长的植被通常由不同种类的树胶、栎木和落羽松组成，这些树种可以在季节性淹水或一年中大多数时间淹水的地区生存。滩地阔叶林木本沼泽可通过提供蓄洪区域来降低下游地区的洪水风险和破坏程度，在流域中发挥着关键作用。此外，阔叶林也可通过过滤和冲洗营养物质、处理有机废物和减少沉积物来改善水质。

灌木木本沼泽。灌木木本沼泽与森林木本沼泽类似，仅在植被方面存在差异，灌木木本沼泽的优势植被有风箱树、柳树、山茱萸和沼泽蔷薇等。红树林沼泽是一种常见的灌木木本沼泽，植被以红树林为主，如图 8.3 所示，大多数红树林沼泽的植被密度比图 8.3（*a*）所示高，一个典型的密集红树林沼泽的近景如图 8.3（*b*）所示。红树林沼泽是滨海湿地，分布于热带和亚热带地区。红树林一词既指湿地本身，也指湿地的优势植被——耐盐树种。佛罗里达州的西南海岸是世界上最大的红树林沼泽之一。美国大陆上仅存在三种红树林，红色、黑色和白色红树林：红色红树林以其拱形树根为识别特征；黑色红树林一般分布

（*a*）

（*b*）

图 8.3　红树林沼泽

（*a*）孤立的红树林；（*b*）密集的红树林

在内陆，生长有根部凸起，有利于为淹水土壤中的植物提供空气；白色红树林分布在更远的内陆，并且没有突出的根系结构。红树林沼泽中的营养物质可以通过地表淡水径流和潮汐作用不断得到补充；红树林具有多种重要生态功能，如缓冲海岸线以抵御巨浪、过滤水中的沉积物和污染物、防止海岸线侵蚀、为各种涉水鸟类提供栖息地等；红树林也为许多幼鱼物种提供了重要的鱼类栖息地，如梭鱼和鲤鱼。

#### 8.2.1.3 藓类泥炭沼泽

藓类泥炭沼泽是北美最具特色的湿地之一，其特征是具有海绵状泥炭沉积、酸性水域和被一层厚厚的海绵苔覆盖的地表，一个典型的藓类泥炭沼泽如图 8.4 所示。藓类泥炭沼泽的全部或大部分水分来源于降水，而非地表径流、地下水或溪流，因此，此类沼泽地能为植物生长发育提供的营养成分很少，并且沼泽地中所形成的酸性泥炭苔藓会进一步加剧这样的环境条件，这种独特而苛刻的物理和化学特性促使了对低营养水平、淹水条件和酸性水域（如食肉植物）适应性强的动植物群落的存在。在美国，分布于冰河东北部和大湖区的藓类泥炭沼泽被称为北沼泽，分布于东南部的藓类泥炭沼泽被称为浅沼泽。藓类泥炭沼泽可通过吸收降水在保护下游免遭洪水方面发挥重要的生态功能，也可通过泥炭沉积中储存大量碳在调节全球气候方面发挥重要的作用。

#### 8.2.1.4 草本泥炭沼泽

草本泥炭沼泽是一种泥炭形成的湿地，其养分来源除降水之外，通常是周围斜坡矿质土壤上的地表径流，一个典型的草本泥炭沼泽如图 8.5 所示，从图中可以清楚地看出沼泽上方坡地的存在。与藓类泥炭沼泽相比，草本泥炭沼泽的酸性较低、营养水平较高，能够支持更多样化的动植物群落的生存。草本泥炭沼泽通常被草、莎草、草丛和野花所覆盖，主要分布在北半球，如美国东北部、大湖地区、岩石山脉和加拿大大部分地区，其分布与地区内低温和生长季节短的特点有关，充足的降水和高湿度可使过量水分积聚。草本泥炭沼泽在流域内有着预防或减少洪水风险、改善水质、为特殊动植物群落提供栖息地等重要生态环境功能。

图 8.4 藓类泥炭沼泽鸟瞰图

图 8.5 草本泥炭沼泽

藓类泥炭沼泽和草本泥炭沼泽均是泥炭堆积湿地系统，有时被统称为泥炭地，也可被称为沼泽和泥岩沼泽。

### 8.2.2 湿地的定义

世界各地对湿地有着各自的理解和定义。美国将湿地定义为“地表积水或土壤水饱和的频率和时长充足，能够供养（在正常情况下）那些适应于在水饱和土壤环境下生长的植被的区域”。以管理为目的定义的湿地称为管辖湿地。在美国，湿地的科学定义必须考虑三个因素：植被、土壤和水文。

#### 8.2.2.1 植被

湿地植被是指适应于生长在土壤淹水或水饱和条件下的大型植物。为了更好地定义湿地，湿地植被可分为五类：专性湿地植物（OBLs）、兼性湿地植物（FACWs）、兼性植物（FACs）、兼性陆地植物（FACUs）和专性陆地植物（UPLs），表 8.1 中列出了这五种植物的特点。根据湿地植被的要求，在定义的湿地区域中，优势物种的 50% 以上必须是 OBLs、FACWs 或 FACs，这些类别中的植物物种列表可在 USACE（1987）中找到。沼泽禾草和落羽松（见图 8.6），都是几乎只在湿地中生长的植物。

#### 8.2.2.2　土壤

湿地土壤，也称为水成土壤，指在生长季内水饱和、淹水或积水的时间足够长，能够在土壤上层形成有利于水生植物生长和再生厌氧条件的土壤。大多数土壤，包括水成土壤，主要由石英、长石和黏土矿物类的矿物组成。水成土壤的土壤表面由于有大量的有机质积累，所以土壤表层通常呈暗色，若土壤中有机质含量（以有机碳计）大于土壤质量的 20%~30%，且富有机层的厚度超过 40 cm（1.3 ft），则被认为是有机土壤。泥炭主要由经部分分解的植物碎片组成，而淤泥含有的是高度分解的有机物质。当腐殖质土排出过量水并进行精心管理时，便可成为美国东部最重要的蔬菜生产土壤之一。

（*a*）

（*b*）

图 8.6　湿地植物
（*a*）沼泽禾草；（*b*）落羽松

水成土壤经排水后，除非其优势植被是水生植物，且水文指标符合水成土壤的要求，否则将不再称其为水成土壤。

#### 8.2.2.3　水文学

对于非潮汐区，决定某一地区是否为湿地的水文因素是淹水或土壤饱和的频率、时间和持续时长，如表 8.2 所示。Ⅰ区是水域，Ⅱ区、Ⅲ区和Ⅳ区是湿地，Ⅵ区是高地，Ⅴ区需综合考虑其他指标，可能是湿地，也可能不是湿地。一般可以通过记录邻近河流和湖泊的水位数据以及模型预测建立一个地区的水文条件。

如果某一地区符合有关植被、土壤和水文的任一湿地标准，该地区即可归类为湿地。

### 8.2.3　水量平衡

湿地是景观镶嵌体的一部分，能够提供多种流域功能，移除或改变湿地可显著影响广阔景观的健康和

**湿地定义中的植物种类**　　表 8.1

| 类别 | 符号 | 定义 |
|---|---|---|
| 专性湿地植物 | OBLs | 在自然条件下，植物几乎只生长在湿地中（估计概率 >99%），在非湿地中很少生长（估计概率 <1%），如：互花米草和红豆杉 |
| 兼性湿地植物 | FACWs | 植物通常生长在湿地中（估计概率 >67%~99%），在非湿地中生长的可能性较低（估计概率 >1%~33%），如：白曲霉和匍匐茎玉米 |
| 兼性植物 | FACs | 植物在湿地和非湿地中有相似的生长可能性（估计概率为 33%~67%），如：三叶皂荚和圆叶石竹 |
| 兼性陆地植物 | FACUs | 植物可能生长在湿地中（估计概率为 1%~33%），在非湿地中生长的可能性较高（估计概率 >67%~99%），如：红栎和软角栎 |
| 专性陆地植物 | UPLs | 在自然条件下，植物很少在湿地中生长（估计概率 <1%），几乎只生长在非湿地中（估计概率 >99%），如：松属和马尾松 |

**非潮汐区水文区划分**　　表 8.2

| 区域 | 名称 | 淹水时间百分比 | 备注 |
|---|---|---|---|
| Ⅰ | 永久性淹水 | 100% | 平均淹水水深 >2m（6ft）。属水域而非湿地 |
| Ⅱ | 半永久性淹水或饱和 | 75%~100% | 平均淹水水深 <2m（6ft） |
| Ⅲ | 定期性淹水或饱和 | 25%~75% | |
| Ⅳ | 季节性淹水或饱和 | 12.5%~25% | |
| Ⅴ | 不规则性淹水或饱和 | 5%~12.5% | 许多具有这些水文特征的地区都不是湿地 |
| Ⅵ | 间歇性或永不淹水或饱和 | <5% | 具有这些水文特征的地区都不是湿地 |

功能。湿地的水文特征创造了独特的物理化学条件，形成了一种不同于排水陆地系统和深水水生系统的生态系统。通过降雨、地表径流、地下水流动、潮汐和洪水等水文路径，可将能量和养分在湿地中输入输出。水文的输入和输出也影响着湿地水深、水流形态及淹水的持续时间和频率，这些因素可直接影响土壤的生物化学特性和湿地的生物群特点。除藓类泥炭沼泽等养分贫乏的湿地外，水输入是湿地养分的主要来源。当湿地的水文特征发生变化时，即使是轻微的变化，也可能导致生物群的物种组成、丰富度和生态系统的生产力发生巨大改变。有些动物因其对湿地水文变化和后续变化的显著贡献而受到关注，如著名的海狸筑坝、麝鼠掘穴和过度消耗湿地植被的鹅（尤其是加拿大鹅，如图 8.7 所示）。

水文周期指湿地水位的季节性变化，可认为是湿地的水文特征。影响水文周期的因素有：（1）流入和流出之间的平衡;（2）景观的表面轮廓;（3）地下土壤、地质和地下水条件。流入和流出之间的平衡决定了湿地的水量平衡，而表面轮廓和地下条件决定了湿地的蓄水能力。对于不是潮间带或永久淹没的湿地，湿地含有积水的时间称为淹水持续时间，且在特定时间内湿地淹水的平均次数称为淹水频率。每个淹水深度都有一定范围的淹水持续时间，每个淹水持续时间也都有对应的淹水频率。

湿地的水文平衡由关系式（8.1）给出：

$$\frac{\Delta V}{\Delta t}=P_{\mathrm{n}}+S_{\mathrm{n}}+G_{\mathrm{n}}-ET \qquad (8.1)$$

式中 $\Delta V$——在时间 $\Delta t$ 内湿地的水体积增量；

$P_{\mathrm{n}}$——净降水量；

图 8.7 加拿大鹅

$S_{\mathrm{n}}$——包括洪流在内的净地表水流入量；

$G_{\mathrm{n}}$——净地下水流入量；

$ET$——蒸散量。

净降水量等于降水量减去植被拦截的降水量。下面讨论湿地水量平衡的组成部分。

#### 8.2.3.1 净地表水流入量

湿地可通过多种形式获得地表水资源。坡面漫流是一种非通道化的薄片流，一般在降雨或春季解冻期间或之后发生，或随着滨海湿地潮汐上升时发生。与城市化相关的水流通道化通常会对有显著坡面漫流的功能性湿地产生重大影响，此外，道路的存在可能会阻碍或严重改变该系统的流出动态，通过暗渠增加流量也可成为湿地运作和鱼类迁徙的主要障碍。地表漫流的特例发生在邻近河流或溪流的泛洪平原上的河岸湿地或者偶尔会被这些河流或溪流淹没的河岸湿地，如密西西比河的三角洲草本沼泽和美国东南部的硬木木本沼泽。而一些更加孤立的湿地，包括加利福尼亚州的沼泽池、中西部的草原坑洼湿地以及南部高原的普拉亚湖，只接收间歇性的地表水输入。

#### 8.2.3.2 净地下水流入量

湿地可以补给地下水，也可以接受地下水的补给。地下水进出湿地的运动是关于土壤渗透性的函数，其中，植被和土壤类型是土壤渗透性的部分影响因素。因邻近地区城市化而导致的地下水位下降，可能对湿地功能产生一些不利影响，包括积水期缩短、水位下降、向干旱转变、非湿地植物物种和动物物种死亡、鱼类和两栖类动物减少、鸟类和野生动物数量减少以及火灾损失增加等。

#### 8.2.3.3 蒸散量

在大多数湿地系统中，蒸散量通常占每年水量平衡中失水量的 20%~80%。蒸散不仅在防洪中扮演着重要角色，还可以维持湿地中的土－水氧化还原条件，并且水输入变化、植被损失和土壤条件变化等均能通过影响蒸散量进而改变湿地的功能。经研究，草原坑洼系统中的蒸腾失水量可超过的蒸发失水量。

一般来说，天然湿地在寒冷或潮湿的气候下比在炎热或干燥的气候下存在更为普遍；在平缓倾斜的地区比在陡峭的地区存在更为普遍。湿地通常广泛分布在降水量超过蒸散和地表径流造成的失水量的地区，在美国，东部降水过剩与西部降水赤字之间的大致分界线是密西西比河。

## 8.3　人工湿地

人工湿地是利用有关湿地植被、土壤及其相关微生物集合体的自然过程，以协助（至少部分）处理废水出水或其他水源的工程化系统。建造人工湿地的主要目标是改善水质，通常用于处理市政和工业污水以及农业和雨水源的污染水。人工湿地的建设和运营成本低，适合于小型社区和大型市政系统的最终处理阶段。对于那些富有低成本土地却缺少技术熟练操作人员的小型社区，利用人工湿地来处理城市废水是一个好的选择；当处于干旱地区或社区达到供水极限时，可以利用人工湿地系统进行水的再利用，实现保护水资源和野生动物栖息地的目标。相比传统的废水处理技术，人工湿地的缺点是运行速度相对较慢。目前，人工湿地已被证明能够有效去除废物流中的金属，然而，如果涉及大量废物，在处理过程中可能需要大面积湿地和严格的区域轮转，并且，一旦植物吸收并富集了金属，其本身就成为一种必须妥善处置的危险废物。人工湿地虽然模仿了天然湿地的属性，但却是一种创造出来的生态系统，并不属于某个地区的原始湿地资源，因此，是可进行污水连续淹水的。

### 8.3.1　分类

人工湿地有三种类型：自由表面流人工湿地、水平潜流人工湿地和垂直流人工湿地，如图 8.8 所示。自由表面流人工湿地（FWS）(见图 8.8（*a*）) 在外观上与天然沼泽相似，有着开阔的水域和优势坡面漫流；水平潜流人工湿地（HSSF）(见图 8.8（*b*）)，有时可称为植物浸没床，其水流水平流过砾石床，水位始终保持在有湿地植被的砾石床以下；垂直流人工湿地（VF）(见图 8.8（*c*）)，其水流散布在有湿地植被的砂层或砾石层的表面，并在水流下渗到植物根区时对其进行处理。

FWS、HSSF 和 VF 湿地均可用于处理城市污水。然而，FWS 湿地在接收少于二级处理的废水时，具有潜在的健康危害并会产生气味，不适合在公园、游乐场和类似公共设施附近建造使用；具有砾石床的 HSSF 系统则更为合适。在使用人工湿地处理城市径流、农业径流和畜禽废弃物时，FWS 湿地是最为常用的，主要是因为其能有效应对脉冲流量和水位变化；FWS、HSSF 和 VF 湿地均可在垃圾填埋场中建造使用。总体而言，在高使用率要求下，HSSF 湿地比 FWS 湿地能够更有效地去除污染物，但超负荷、地表淹水和基质堵塞会导致地下系统的效率降低。

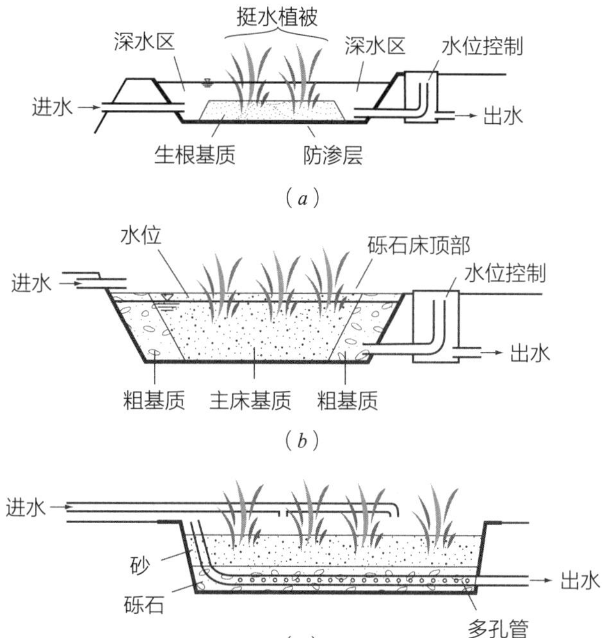


图 8.8　人工湿地处理系统
(*a*) 自由表面流人工湿地；(*b*) 水平潜流人工湿地；(*c*) 垂直流人工湿地

#### 8.3.1.1　自由表面流人工湿地

FWS 湿地致力于重现天然表面流湿地。FWS 湿地通常由以黏土或防渗土工材料（内衬）作为地下屏障的盆地或水道组成，这些盆地被深度约为 40cm（1.3ft）的土壤所填充，并种植着挺水植被。如果 FWS 湿地中的土壤来自于现有湿地，可能不需进行播种操作，但播种和植被种植是施工过程的一部分。FWS 湿地的水深通常在 5~80cm（0.2~2.6ft）之间，设计流量为 4~75000m$^3$/d。

大多数用于处理生活污水的 FWS 系统其完全植被区是厌氧的，这种厌氧条件通常由进水的显著需氧量和浮萍的二次入侵引起，浮萍的二次入侵几乎总是伴随着挺水植被的碎屑，从而有效地抑制了水流中的大气再生。在厌氧条件下，即使在挺水植被密集且生物量大的地方，生物反应也非常缓慢。附着生长的微生物负责大部分生物处理，然而，挺水植被形成的阴影使得水流温度一直比在开放地带低，并且缺乏阳光的穿透也限制了开放水域中病原体天然杀灭的发生。在完全植被区废水中的污染物主要通过物理作用去除，若水流在完全植被区的停留时间约为 2.5d，则由于在密集植物茎中曲折流动引起的絮凝和高速沉降可有效去除可沉降物（>100μm）、超胶体物质（1~100μm）和总悬浮固体（TSS）的胶体组分（<1μm）、BOD、重金属和总氮磷有机成分。除了可产生符合污水二级处理标准的完全植被区外，FWS 湿地还可包含满足更高处理标准的开放水域。在开放水域，沉水植被和大气复氧产生的氧气可使好氧条件占优势，好氧条件下高速的生化反应能够氧化可溶性 BOD 和硝化氨氮，同时太阳辐射也会增强对病原体的杀灭。另外，防止开放水域发生藻华的关键之一是缩短停留时间，水力停留时间取决于温度，通常为 2~3d。FWS 湿地的最后一部分是另一个完全植被区，使开放水域的好氧反应产生的生物质絮凝沉降、硝酸盐氮脱氮，并使野生动物（特别是鸟类）远离出水收集系统，尽量减少其对出水水质的影响。一个典型的表面流人工湿地如图 8.9 所示，从图中很容易看出进水管道和沉积区（前池）在湿地的前部。

图 8.9　表面流人工湿地

若要建造出一个低维护性的湿地，自然演替必须能够持续进行。一般情况下，人工湿地的一些植被属于外来植物的入侵初期，但如果维持适当的水文和营养条件，这种入侵情况通常只是暂时的。

#### 8.3.1.2　水平潜流人工湿地

水平潜流人工湿地的本质是砾石过滤器，处理工艺类似于 FWS 湿地的第一个完全植被区。通过这些湿地系统的水会留在多孔介质表面之下，并流入植物的根部和周围。由于水在湿地中移动时不会暴露，减少了人类和野生动物暴露于水中病原体的风险，也不会提供蚊子栖息地。HSSF 湿地因其尺寸较小，且能避免与人类的接触，已被用作在土壤吸收之前、化粪池之后的现场处理设施；HSSF 系统也可用于经初沉后的生活污水处理，且出水水质能够很好地满足二级污水排放标准（TSS、BOD ≤ 30mg/L）。

HSSF 湿地中含有砂土、砾石或岩石基质，挺水水生植物扎根在这些基质中。美国最常用的湿地基质是砾石，而欧洲已经开始使用砂子和土壤。大多数对照研究表明，在没有植物生长的情况下，HSSF 湿地系统的处理效果表现得如同有植物生长的一样好。在美国使用的系统中，多孔基质的深度一般在 30~90cm（1~3ft）范围内，设计流量为 190~13000$m^3$/d。HSSF 湿地系统的底层是一层不透水的黏土或合成衬里，系统的进水口和出水口之间的倾斜度为 1%~3%。一个典型的 HSSF 湿地如图 8.10 所示，其表面植被处于生长初期。进水管道、截水沟以及由水位控制的出水管道也属于 HSSF 湿地的基本构造。

图 8.10　水平潜流人工湿地

当 HSSF 系统用于去除氮或执行系统未有的功能时，会出现一定的问题。在 FWS 和 HSSF 湿地中，物理作用对污染物的去除可能是暂时的，因为厌氧区域的化学和微生物降解作用可以通过将颗粒物质转化成其他更易溶解的物质将一些沉降的有机和无机物质返回到水流当中。

HSSF 湿地以根区法、水生植物系统、土壤滤沟、生物植物床和植被浸没床为名在欧洲得到了广泛使用。

#### 8.3.1.3　垂直流人工湿地

VF 湿地类似于间歇式砂滤器，但与单纯的砂滤器不同的是，它有一个出水管会将空气传输到过滤器的底部（见图 8.8（*c*））来提供更大的氧化能力。因此，在 VF 湿地中会进行氨的氧化和废水的硝化作用，使 VF 湿地特别适用于垃圾渗滤液和食品加工废水的处理；同时，VF 湿地的一些变化可能导致空气不能进入系统的底部，从而形成有利于固定金属的厌氧条件；

此外，VF 系统也可进行超浓缩废水处理和污泥脱水处理。

### 8.3.2 FWS 湿地的设计

FWS 湿地的设计目标已从单单提供处理功能发展到现在的既能提供先进处理，又能增加野生动物栖息地和公共娱乐，人工湿地的规模也从小型单位发展到占地超过 15000ha 的用作农业径流处理区的大型系统。关于 FWS 湿地的设计，不是基于技术就是基于性能，基于技术的方法只是简单使用监管规定的处理负荷率来确定湿地的规模，而基于性能的方法则是使用目标出水浓度、目标初始负荷和 / 或目标去除率来确定湿地的规模。小型湿地和城市雨水湿地的设计通常使用基于技术的方法，而大型系统的设计则使用基于性能的方法。

#### 8.3.2.1 水文学和水力学

水文是湿地设计中最重要的变量。如果发展出合适的水文条件，化学和生物条件也将作出相应的反应。用于描述人工湿地水文条件的参数包括水文周期、季节性脉冲、水力负荷率和停留时间。对于大型湿地而言，由于降水输入及蒸散和入渗输出的发生，离开湿地的水量很少与进入湿地的水量相等。

水文周期。水文周期定义为水深随时间波动的规律。具有季节性水深波动的湿地最有可能发展植物、动物和生物地球化学过程的多样性；土壤的交替淹水和曝气促进了硝化 - 反硝化作用，无挺水植物的深水区域也为鱼类（如食蚊鱼）提供了栖息地；水位的波动可以为有机沉积物提供其所需的氧化条件，并且在某些情况下可以使系统恢复到更高的化学保留水平。水位通常由进水和出水结构控制，如进水泵、闸门和堰，图 8.11 显示了一个由拦污栅保护的典型出水口堰。在启动时期，需要低水位以避免淹没新生挺水植物，植物发展的启动期可能需要 2~3 年，而一个充足的杂物沉积物室的发展可能需要另外 2~3 年。

图 8.11 湿地出水口堰

季节性脉冲。暴风雨和季节性洪水会显著影响为控制非点源地表径流而设计的湿地的性能。来自农业源的最高营养负荷发生在施肥后的第一次暴风雨期间，一个良好的湿地设计应利用这些脉冲进行系统补充，如果养分保持是主要目标，则应提供过量的潮湿天气储存。罕见的洪水和干旱对将生物物种分散到湿地和调整常住物种组成也具有重要意义。

水力负荷率。水力负荷率 $q$ 衡量的是湿地去除颗粒的特征沉降速度，由公式（8.2）定义：

$$q=\frac{\bar{Q}}{A} \tag{8.2}$$

式中 $\bar{Q}$——通过湿地的平均流量（$L^3T^{-1}$）；

$A$——湿地的表面积（$L^2$）。

生活污水的水力负荷率通常在 0.7~5cm/d（0.3~2in/d）之内。

停留时间。停留时间 $\tau$（T）衡量的是通过湿地的特征行进时间，由公式（8.3）定义：

$$\tau=\frac{Vn}{\bar{Q}} \tag{8.3}$$

式中 $V$——湿地中水的体积（$L^3$）；

$n$——湿地的孔隙度（无量纲）；

$\bar{Q}$——通过湿地的平均流量。

孔隙度 $n$ 由公式（8.4）定义：

$$n=\frac{\text{水体积}}{\text{总体积}} \tag{8.4}$$

对于 FWS 湿地，$n$=0.9~1，取决于植被的生长密度。在湿地进水和出水流量不同的情况下，例如由大量降水和 / 或蒸散所引起的情况，水回收率 $R$（无量纲）由公式（8.5）定义：

$$R=\frac{Q_o}{Q_i} \tag{8.5}$$

式中 $Q_o$——出水流量（$L^3T^{-1}$）；

$Q_i$——进水流量（$L^3T^{-1}$）。

当0.5<R<2时，可使用平均流量$\bar{Q}$计算停留时间$\tau$，产生的误差小于4%。当R<0.5或R>2时，停留时间$\tau$可使用公式（8.6）进行估算：

$$\tau = \tau_i \left(\frac{\ln R}{R-1}\right) \tag{8.6}$$

式中 $\tau_i$——使用进水流量计算的停留时间（T）。

市政污水处理的最佳停留时间为5~14d。停留时间有时称为保留时间，但由于湿地中的水不是被保留而是被停留，因此这个术语有点用词不当。

湿地水力学。曼宁方程被广泛用于描述水在自然湿地和FWS湿地中的流动。然而，从基本观点来看，曼宁方程通常不严格适用于湿地的水流，其原因在于该方程的构建是为了描述明渠中的湍流，其中主要的水力阻力源在渠道底部，而在天然湿地和FWS湿地中，水流很少出现湍流，而水力阻力主要是由于挺水植物茎的拖曳引起的，这些不一致性有时通过人为地使用随流动深度而变化的粗糙系数来修正。最常用的曼宁方程形式由公式（8.7）给出：

$$v = \frac{1}{n} y^{2/3} S^{1/2} \tag{8.7}$$

式中 $v$——平均流速（m/s）；

$n$——曼宁粗糙系数（无量纲）；

$y$——流动深度（m）；

$S$——水力坡度（无量纲）。

在湿地应用中，使用$n$来修正曼宁方程的不足，$n$可以根据流动深度$y$（m），通过关系式（8.8）给出：

$$n = \frac{\alpha}{y^{1/2}} \tag{8.8}$$

式中 $\alpha$——阻力因子，可依据表8.3估出。

在许多情况下更为适用于天然湿地和人工湿地的另一种流动模型是假设挺水植物茎秆和叶片上的阻力是水力阻力的主要来源，最初由Nepf提出，可以用公式（8.9）表示：

$$v = \frac{K_1}{n_s} S \tag{8.9}$$

修正曼宁方程的n中的阻力因子　　表8.3

| 湿地描述 | 阻力因子 α（s·m$^{1/6}$） |
|---|---|
| 稀疏、低矮的植被，y>0.4m（1.3ft） | 0.4 |
| 中等密度的植被，y ≥ 0.3m（1ft） | 1.6 |
| 非常茂密的植被和褥草，y<0.3m（1ft） | 6.4 |

式中 $v$——流速（m/s）；

$K_1$——具有给定茎直径的植被输送系数（1/m·s），是常数；

$n_s$——每单位面积的茎数（茎数/m$^2$）；

$S$——水面坡度（无量纲）。

公式（8.9）已经在实验室得到验证，并且在该领域一定限度内使用。公式（8.9）和曼宁方程之间的主要功能差异是流速与$S$成正比，而不是$S^{1/2}$，并且对于任何给定的$S$，流速与流动深度无关，而在一些真实的湿地中，流速和流动深度实际上强烈负相关，观察现象表明这是由于微地形效应引起的。

实地证据表明，通过天然湿地和FWS湿地的流动一般不使用曼宁方程或Nepf方程来描述，一些中间经验公式可能更合适。下面的通用公式（8.10）描述了流速与流动深度$y$及水面坡度$S$的关系。

$$v = a y^{b-1} S^c \tag{8.10}$$

式中 $a$——特定湿地的常数；

$v$——流速（m/s）；

$y$——流动深度（m）；

$S$——水力坡度（无量纲）。

$a$、$b$和$c$的建议值如下所示：

$$a = \begin{cases} 1.0 \times 10^7\ \mathrm{m^{-1}d^{-1}} & （植被密集） \\ 5.0 \times 10^7\ \mathrm{m^{-1}d^{-1}} & （植被稀疏） \end{cases} \tag{8.11}$$

$$b = 3.0 \tag{8.12}$$

$$c = 1.0 \tag{8.13}$$

这些建议参数包含了Nepf模型中的线性斜率相关性和流速的水深依赖性。将公式（8.10）应用于人工湿地时，需计算出在给定流速下进水口处的水深和出水口处的（控制）水深。这是一个常规的回水计算，可通过求解下面的连续方程来完成：

$$aWy^b \left[-\frac{\mathrm{d}(y+z)}{\mathrm{d}x}\right]^c = \bar{Q} \tag{8.14}$$

式中 $W$——湿地的宽度（L）；

$z$——湿地底部的高度（L）；

$x$——流动方向上的坐标（L）；

$\bar{Q}$——通过湿地的平均流量（L$^3$T$^{-1}$）。

方程（8.14）的边界条件是：

$$y(L) = y_0 \tag{8.15}$$

式中 $L$——湿地的长度（L）；

$y_0$——出水口处的水深（L）。

在使用方程（8.14）和方程（8.15）计算出进水口处的水深 $y$（0）之后，有必要确保流动容器结构具有足够的高度以约束湿地内的水流流动，这在高流量情况下尤为重要。

## 【例题 8.1】

一个植被密集型人工湿地，宽 30m、长 100m，设计流量为 $0.30m^3/s$。湿地纵向坡度为 0.1%，出水口地面高程为 6.084m。出水口结构是一个堰，在设计条件下，出水断面的水深为 0.600m。估算进水断面的水面高程。

**【解】**

根据给定的数据：$W$=30m，$L$=100m，$\bar{Q}=0.30m^3/s$，$S_0$=0.1% =0.001，$z_2$=6.084m，$y_2$=0.600m，如图 8.12 所示。

进水断面的地面高程 $z_1$ 由下式给出：

$$z_1 = z_2 + S_0 L = 6.084 + 0.001 \times 100 = 6.184\text{m}$$

进水断面的流动深度 $y_1$ 可以通过方程（8.14）的有限差分近似得出，可写为以下形式：

$$aW\left(\frac{y_2+y_1}{2}\right)^b\left[\frac{(y_1+z_1)-(y_2+z_2)}{L}\right]^c = \bar{Q} \quad (8.16)$$

式中 $z_1$——进水断面底部高程。

使用公式（8.11）~ 公式（8.13）估算植被密集型的参数 $a$、$b$ 和 $c$：

$$a = 1.0\times10^7\ \text{m}^{-1}\text{d}^{-1} = 115.7\ \text{m}^{-1}\text{s}^{-1}$$

$$b = 3.0$$

$$c = 1.0$$

将这些参数和其他给定的数据代入方程（8.16）得：

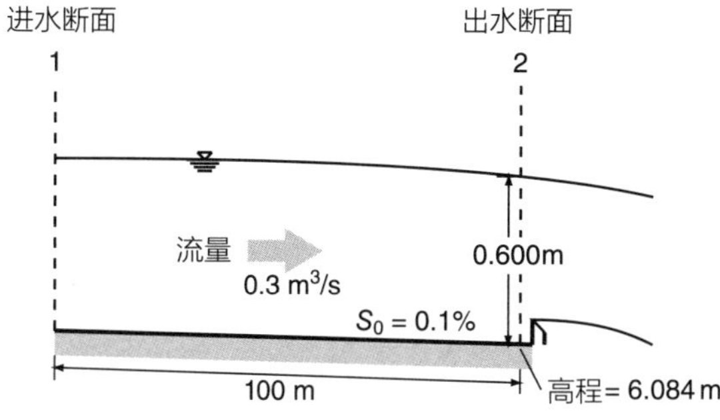


图 8.12 通过湿地的水流示意图

$$115.7\times30\left(\frac{0.600+y_1}{2}\right)^{3.0}\left[\frac{(y_1+6.184)-(0.600+6.084)}{100}\right]^{1.0} = 0.30$$

得到 $y_1$=0.546m。因此，进水断面的高程为 6.184+0.546=6.730m，这个结果是基于公式（8.10）能充分描述流动的假设。

该流动可以由公式（8.7）和公式（8.8）的组合来替代描述，得出：

$$v = \left(\frac{1}{\alpha}\right)y^{7/6}S^{1/2} \quad (8.17)$$

对于非常密集的植被，$y$<0.3m 时，$\alpha=6.4\text{s}\cdot\text{m}^{1/6}$；对于中等密度的植被，$y \geqslant 0.3$m 时，$\alpha=1.6\text{s}\cdot\text{m}^{1/6}$。由于 $y_2$=0.6m，因此 $\alpha=1.6\text{s}\cdot\text{m}^{1/6}$ 为合适估计值。公式（8.10）和公式（8.17）的对比表明了之前的构想可以在此使用，给出：

$$a = \frac{1}{\alpha} = \frac{1}{1.6} = 0.625$$

$$b - 1 = \frac{7}{6} \rightarrow b = \frac{13}{6}$$

$$c = \frac{1}{2}$$

将这些参数和其他给定的数据代入方程（8.16）得：

$$0.625\times30\left(\frac{0.600+y_1}{2}\right)^{13/6}\left[\frac{(y_1+6.184)-(0.600+6.084)}{100}\right]^{1/2} = 0.30$$

得到 $y_1$=0.678m，并且假定 $y \geqslant 0.3$m 被证实。因此，进水断面高程为 6.184+0.678=6.862m，大于使用公式（8.10）~ 公式（8.13）计算的结果（6.730m），则保守估计进水断面的设计高程应为 6.862m。

湿地进水口和出水口水面的水头差提供了克服摩擦阻力所需的能量。建设一个有倾斜底部的湿地虽然可以提供一些水头差，但首选是建造一个具有最小坡度的底部，在有需要时能够实现完全排水，并提供一个允许调节水位的出水口结构，克服随流动时间增加而加大的阻力。FWS 湿地出水口附近的水位通常由尖顶堰结构控制，其中水位与出水量的关系由公式（8.18）（尺寸不均匀）给出：

$$Q_0 = C_w L(H_0 - H_w)^{\frac{3}{2}} \quad (8.18)$$

式中 $Q_0$——出流量（$m^3/s$）；

$C_w$——堰系数（无量纲）；

$L$——堰的长度（m）；

$H_0$——湿地出水口水位（m）；

$H_w$——出水堰的顶部高度（m）。

图 8.13 是一个典型的堰结构示意图。只要下游水面保持在堰顶以下，就可使用公式（8.18），且只要（$H_0$–$H_w$）/$H_w$ ≤ 0.4（通常情况下），堰系数可取为 1.83。若下游水面高于堰顶，堰上流量 $Q$（$L^3T^{-1}$）由公式（8.19）给出：

$$\frac{Q}{Q_0}=\left[1-\left(\frac{\Delta}{H_0-H_w}\right)^{3/2}\right]^{0.385} \tag{8.19}$$

式中　Δ——堰顶与下游水面的高度差（L）。

## 【例题 8.2】

一个位于湿地出水口处的尖顶堰高 30cm、长 30m。若湿地的设计流量为 1.7m³/s，并且下游水面低于堰顶，估算堰上游的水深；若下游水面高于堰顶 5cm，深度会有怎样的变化？

**【解】**

根据给定的数据：$H_w$=30cm=0.30m，$L$=30m，$Q_0$=1.7m³/s。下游水面低于堰顶时，假设（$H_0$–$H_w$）/$H_w$ ≤ 0.4，则 $C_w$=1.83，由公式（8.18）得：

$$1.7=1.83\times30(H_0-0.30)^{3/2}$$

得到，$H_0$=0.40m。由于（$H_0$–$H_w$）/$H_w$=0.33 ≤ 0.4，所以假设 $C_w$=1.83 是合理的。因此，堰上游的水深为 0.40m。

若下游水面高于堰顶 5cm，且通过湿地的流量保持在 1.7m³/s，则 Δ=0.05m，$Q$=1.7m³/s，由公式（8.18）和公式（8.19）得：

$$\frac{Q}{C_wL(H_0-H_w)^{3/2}}=\left[1-\left(\frac{\Delta}{H_0-H_w}\right)^{3/2}\right]^{0.385}$$

$$\frac{1.7}{1.83\times30(H_0-0.30)^{3/2}}=\left[1-\left(\frac{0.05}{H_0-0.30}\right)^{3/2}\right]^{0.385}$$

得到 $H_0$=0.41m。由于（$H_0$–$H_w$）/$H_w$=0.37 ≤ 0.4，所以假设 $C_w$=1.83 是合理的。因此，堰上游的水深为 0.41m；当下游水面从堰顶下方升至比堰顶高 5cm，且堰上流量保持不变时，堰上游的水面上升 0.41–0.40=0.01m=1cm。

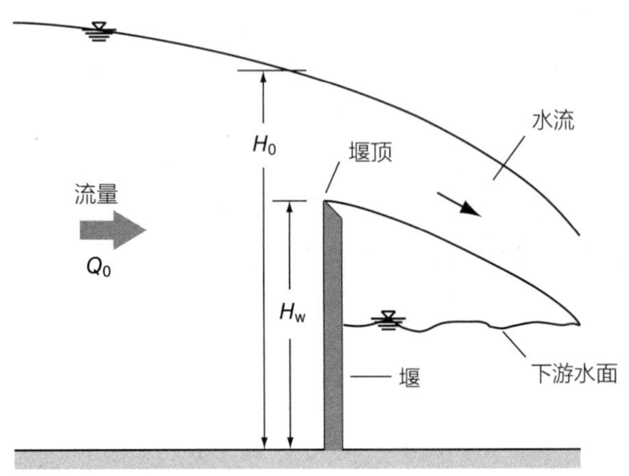


图 8.13　水流过堰示意图

### 8.3.2.2　基于性能的设计

描述人工湿地中湿地水力学和污染物衰减的首选模型是处理池串联式（TIS）模型（见图 8.14），其将人工湿地概念化为一系列连续搅拌池式反应器。

对于没有水分损失或收益的稳定流动情况，第 $j$ 个处理池的质量平衡由公式（8.20）给出：

$$QC_{j-1}-QC_j=kA(C_j-C^*) \tag{8.20}$$

式中　$Q$——通过系统的流量（$L^3T^{-1}$）；

$C_{j-1}$——进水浓度（$ML^{-3}$）；

$C_j$——出水浓度（$ML^{-3}$）；

$k$——面积速率系数（$LT^{-1}$）；

$A$——面积（$L^2$）；

$C^*$——背景浓度（$ML^{-3}$）。

对于一系列处理池，质量平衡由公式（8.20）给出。

$$\frac{C-C^*}{C_i-C^*}=\left(1+\frac{k\tau}{N\bar{y}}\right)^{-N} \tag{8.21}$$

式中　$C$——系统出水浓度（$ML^{-3}$）；

$C_i$——进水浓度（$ML^{-3}$）；

$\tau$——停留时间（T）；

$\bar{y}$——平均流动深度（L）；

$N$——处理池数量（无量纲）。

将方程（8.21）应用于真实湿地时，参数值被视为经验拟合参数，方程（8.21）通常表示为：

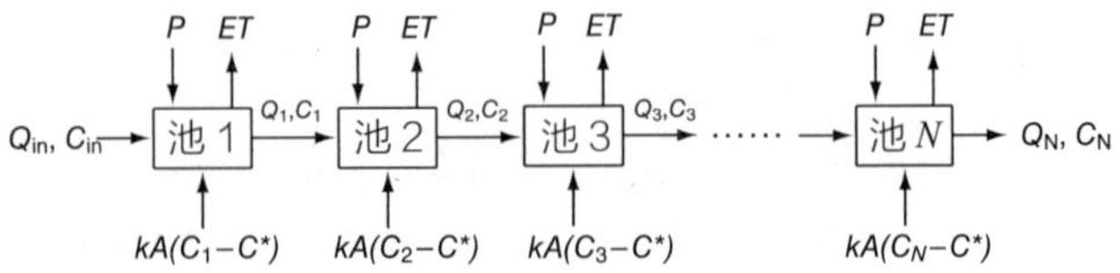

图 8.14　湿地混合模型

$$\frac{C-C^*}{C_i-C^*}=\left(1+\frac{k}{Pq}\right)^{-P} \quad (8.22)$$

式中 $q$——设计溢流速率（$=\bar{y}/\tau$）；

$P$——串联处理池的表观数量（TIS）。

将方程（8.22）应用于观测数据时，三个可调参数是 $P$、$k$ 和 $C^*$，因此方程（8.22）有时称为 $P$-$k$-$C^*$ 模型。面积速率系数 $k$ 的值通常取决于温度，由 Arrhenius 方程（8.23）描述：

$$k=k_{20}\theta^{T-20} \quad (8.23)$$

式中 $k_{20}$——20℃时的 $k$ 值；

$\theta$——一个取决于相关组成的因子。

方程（8.22）包含 Damköhler 数 $Da$，由下式定义：

$$Da=\frac{k}{q} \quad (8.24)$$

$Da$ 衡量的是平流时间尺度相对于衰减时间尺度的比率，当 $Da>1$ 时，衰减是显著的，在湿地中几乎总是如此（这正是我们使用它们的原因）。

如果湿地进水和出水流量之间存在较大差异（$Q_o/Q_i>2$ 或 $Q_o/Q_i<0.5$），则在方程（8.22）中使用平均流量 $\bar{Q}$ 不合适。在此情况下，第 $j$ 段的水平衡由下式给出：

$$Q_j=Q_{j-1}+A_j(R-ET-I) \quad (8.25)$$

式中 $Q_j$——出水流量（$L^3T^{-1}$）；

$Q_{j-1}$——进水流量（$L^3T^{-1}$）；

$A_j$——面积（$L^2$）；

$R$——降雨量（L）；

$ET$——蒸散量（L）；

$I$——渗透量（L）。

在确定特定成分的质量平衡时，由于蒸腾作用会将一些组分质量输送到土壤中，因此需将蒸散分离成蒸发和蒸腾部分。若假定蒸腾量等于 $\alpha ET$，其中 $\alpha$ 是蒸腾因子，那么第 $j$ 段的质量平衡是：

$$Q_jC_j=Q_{j-1}C_{j-1}-(IA_jC_j)-(\alpha ETA_jC_j)-kA_j(C_j-C^*) \quad (8.26)$$

式中 $C_j$——出水组分浓度（$ML^3$）；

$C_{j-1}$——进水组分浓度（$ML^3$）。

假定在出口浓度处出现渗透。结合公式（8.25）和公式（8.26）给出以下公式来计算第 $j$ 段中的出水浓度：

$$C_j=\frac{Q_{j-1}C_{j-1}+kA_jC^*}{Q_j+\alpha ETA_j+IA_j+kA_j} \quad (8.27)$$

然后将公式（8.27）依次应用于湿地系统中的每个单元，应用时的参数是处理池数量（$P$）、进水浓度（$C_{in}$）、背景浓度（$C^*$）、速率系数（$k$）和蒸腾因子（$\alpha$）。处理池数量 $P$ 反映了湿地的水力效率，并度量了湿地内均匀混合区域的数量；$P$ 受到设计者的有限控制，且一般所需湿地的大小对 $P$ 值不是很敏感，湿地单元的典型值是 $P$=3。当目标浓度接近 $C^*$ 时，会出现湿地的大小对 $P$ 值敏感的情况，$P$ 值变得更加重要，在这种情况下，最好使用湿地串联式单元，串联三个单元使用通常会使 $P$ 值在 6~9 的范围内，超过这个范围收益则会递减。进水浓度（$C_{in}$）需根据湿地单元要处理的水的类型和质量确定。表 8.4 中列出了 $C^*$ 的典型值，然而，出于操作目的，一旦湿地建成后，$C^*$ 值应由现场测量确定。速率系数 $k$ 在湿地之间可以有很大差异，受水质、植被类型和气候等因素的影响。理想情况下，设计应用中的 $k$ 值应用概率分布来表示。表 8.5 中给出了在 Arrhenius 方程中使用的，在 20℃下 $k$ 的典型（中位数）值（$k_{20}$）和温度修正因子 $\theta$。表 8.5 中的数值表明，$BOD_5$ 和有机氮的速率系数通常对温度不敏感，尽管一些个别研究结果与此相反。表 8.5 中缺少 TSS 的数据，这是因为 TSS 的衰减率足够高，不会成为 FWS 湿地大小的限制条件。蒸腾因子 $\alpha$ 通常是湿地植被和开放水面的函数。对于完全植被湿地，一般 $\alpha$=0.50~0.67。

公式（8.22）和公式（8.27）是 FWS 湿地基于性能的设计中所使用的主要湿地设计公式。湿地的建设目标可以是各种各样的，三个最常见的目标是：（1）达到湿地出水的目标成分浓度（s）；（2）达到

FWS 湿地中背景浓度 $C^*$ 的典型值　　表 8.4

| 成分 | 低负荷 | 高负荷 |
|---|---|---|
| $BOD_5$（mg/L） | 2 | 10 |
| TSS（mg/L） | 2 | 15 |
| 有机氮（mg/L） | 1 | 3 |
| 氨氮（mg/L） | <0.1 | <0.1 |
| 氧化氮（mg/L） | <0.1 | <0.1 |
| 总磷（mg/L） | <0.01 | 0.04 |
| 粪大肠菌群（CFU/dL） | 10~50 | 100~500 |

数据来源：Kadle and Wallace，（2009）。

FWS 湿地中面积速率系数 $k_{20}$ 和温度因子 $\theta$　表 8.5

| 成分 | $k_{20}$（m/ 年） | $\theta$ |
|---|---|---|
| $BOD_5$ | 33~41 | ≈ 1 |
| 有机氮 | 17.3 | ≈ 1 |
| 氨氮 | 14.2 | 1.049 |
| TKN | 21.0 | 1.036 |
| 氧化氮 | 30.6 | 1.102 |
| 总氮 | 21.5 | 1.056 |
| 总磷 | 18.0 | 1.006 |
| 粪大肠菌群 | 83.0 | 0.963 |

数据来源：Kadlec and Wallace，(2009)。

湿地出水的目标成分负荷；(3) 达到湿地的目标成分去除率。为了分析和设计符合这些目标的湿地，公式(8.25)和公式(8.27)特别适用于电子表格计算，其中湿地的面积可以变化，直到达到最严格的设计目标。此外，还应考虑各种流量，来调查湿地性能的季节性变化。

## 【例题 8.3】

要设计一个处理 3785m³/d、含有 5mg/L 总磷（TP）污水的人工湿地。该地区年均降雨量为 1397mm，年均蒸散量为 914mm，其中 50% 为蒸腾量，湿地内地下水渗透量仅为 25.4mm/ 年。预计湿地内水的平均深度为 0.40m，该水深下湿地孔隙度为 0.95，水的平均温度为 23℃。估算湿地面积为 20 ha 时的出水浓度；要达到 0.50 mg/L 的出水标准，湿地面积应为多大?

## 【解】

根据给定的数据：$Q_{in}$=3785m³/d，$C_{in}$=5mg/L，$R$=1397mm/ 年 =0.003827m/d，$ET$=914mm/ 年 =0.002505m/d，$\alpha$=0.50，$I$=25.4mm/ 年 =$6.96\times10^{-5}$m/d，$\bar{y}$=0.40m，$n$=0.95，$T$=23℃，$A$=20ha=$2\times10^5$m²。从表 8.4 和表 8.5 的数据可推断，$C^*$=0.01mg/L，$k_{20}$=18m/ 年 =0.0493m/d，$\theta$=1.006。因此，用公式（8.23）计算 23℃时的面积速率系数 $k$：

$$k = k_{20}\theta^{T-20} = 0.0493\times1.006^{23-20} = 0.0502 \text{ m/d}$$

利用湿地单元的典型特征作串联的三个连续搅拌处理池（即 $P$=3），每个池的面积和体积为：

$$A_{\text{tank}} = \frac{A}{P} = \frac{2\times10^5}{3} = 6.67\times10^4 \text{ m}^2$$

$$V_{\text{tank}} = nA\bar{y} = 0.95\times6.67\times10^4\times0.4 = 2.52\times10^4 \text{ m}^3$$

使用给定和推导出的数据，连续地在每个处理池中应用公式（8.25），计算出每个处理池的水量平衡，得到表 8.6 所示的结果，其中处理池 3 的出水量是整个湿地的出水量。基于上述结果，显然由于净降雨量的累积，湿地的流量出现了增加。将公式（8.27）应用于具有给定和导出参数的每一个连续处理池，得到表 8.7 所示的结果，因此湿地出水 TP 浓度为 0.73mg/L。此外，TP 负荷的去除率为 84.5%，大部分存储在了湿地中。

湿地中的水量平衡　表 8.6

| 项目 | 进水 | 池 1 | 池 2 | 池 3 | 合计 |
|---|---|---|---|---|---|
| 流量 $Q$（m³/d） | 3785 | 3869 | 3952 | 4036 | |
| 降雨量 $R$（m³/d） | — | 255 | 255 | 255 | 765 |
| 蒸散量 $ET$（m³/d） | — | 167 | 167 | 167 | 501 |
| 渗透量 $I$（m³/d） | — | 5 | 5 | 5 | 14 |

湿地中总磷的浓度和质量通量　表 8.7

| 项目 | 流入 | 池 1 | 池 2 | 池 3 | 去除量（kg） | 去除率（%） |
|---|---|---|---|---|---|---|
| 浓度 $C$（mg/L） | 5.00 | 2.60 | 1.36 | 0.73 | — | — |
| 进水 / 出水负荷（kg/ 年） | 6908 | — | — | 1070 | 5839 | 84.5 |
| 渗透负荷（kg/ 年） | — | 4 | 2 | 1 | 8 | 0.1 |
| 存储负荷（kg/ 年） | — | — | — | — | 5831 | 84.4 |

若要求出水 TP 浓度小于或等于 0.50mg/L，则必须在不同的假定（总）湿地面积下重复进行上述计算，直至出水 TP 浓度等于 0.50mg/L。这个计算过程可通过使用电子表格来完成。将这种方法应用于本例题中，对于出水浓度 0.50mg/L 所需湿地面积为 25.9ha。

在确定了 FWS 湿地的大小后，强烈建议对湿地中的生物地球化学循环进行复查，以确保它们能够支持规模计算中隐含的同化速率，通常需对湿地中的碳、氮和磷循环进行评估。对季节性流量的评估表明，湿地在某一季节（通常是冬季）的流量和特征会产生极端的面积要求，在这种情况下，对湿地进水进行储存（供春季释放）可能是适当的做法。如果目标出水浓度要达到一个高置信度，则可以假设这些目标浓度置信限为 90%，并且使用一个缩减因子来估计（较低）平均目标浓度，而这个较低的浓度用于确定湿地的大小。

#### 8.3.2.3　其他设计考虑

在湿地设计中必须考虑的其他小变量包括盆地形态、化学负荷、土壤组成、植被和后期管理。

位置。人工湿地的理想场地是靠近湿地水源，并且建设高度允许重力流到湿地、湿地的各个结构单元之间以及最终排放点；场地选择成本应合理，不需要为了建造进行大量的清理或土方工程，应该有一个深层非敏感地下水位，并含有在压实时提供合适衬里的底土。

构造。大型湿地通常被划分为多个湿地单元，其作为单个较小的湿地发挥作用。理想情况下，人工湿地应至少有两个平行的湿地单元，以能使单元休息、流动旋转和维护。植被退化、湿地污染和湿地构造失灵可能需要关闭湿地单元。最终，湿地还必须符合可用于湿地开发的土地的轮廓和边界。

预处理。一些初步处理通常先于湿地处理系统。所需的预处理水平取决于湿地的功能、公共预期暴露水平和保护栖息地价值的需要。市政污水的最低初级处理相当于用于小型系统的化粪池或污水池或在大型系统的污泥淤积区池塘单元完成的初级处理。在允许公众进入湿地或开发促进鸟类和其他野生动物生长的特定栖息地之前，提供相应的二级处理被认为是谨慎的，这一水平的处理可以在公共通道受到限制、栖息地价值最小化的第一阶段的湿地单元完成，而在排放到用于保护现有栖息地和生态系统的天然湿地之前，可能需要进行三级处理去除养分。

盆地形态。在设计湿地时需要考虑人工湿地盆地形态的几个方面。一个典型的湿地设计如图 8.15 所示。人工湿地设计应尽可能避免刚性结构和直线渠道。低坡海滨区为挺水植物提供了适宜的水深，从而使更多的湿地植物更快地发育并刺激更多样化的植物群落。如果盆地的水位因流量高于预期而上升，植物也可能会向上生长。对于用于控制径流的湿地，推荐使用小于 1% 的纵向坡度，对于用于处理废水的湿地，推荐坡度小于 0.5%。

水流条件应使整个湿地均有效，这可能需要几个进水点，以避免流动的渠道化。Steiner 和 Freeman 建议最大长宽比为 10：1，Mitsch 和 Gosselink 建议最小长宽比为 2：1，长宽比在 2：1~10：1 范围内是目前被广泛认为可接受的。理想情况下，为了使这些长宽比有效，并尽量减少湿地内的死角，在湿地进水口处流量应均匀分布，并在出水口处均匀收集，通常通过建设交叉渠道和 / 或水下交叉护坡来达到此目的。

提供各种深层和浅层的区域是最适宜的。深度大于 50cm（1.5ft）的深层区域为鱼类提供了栖息地，增加了湿地保留沉积物的能力和硝化作用，并提供可以重新分配水流的低速区域；深度小于 50cm（1.5ft）的浅层区域可为某些化学反应（如反硝化作用）提供最大的土壤水分接触，并可适应更多样性的挺水维管植物。

植被。用于水处理的人工湿地的植被通常与天然湿地的植被不同。人工湿地的主要目标是改善水质，而创造或恢复天然湿地的目标是发展多样化的植被覆盖和栖息地。人工湿地的水中通常含有较高浓度的营养物质和其他人为活动物质，其限制了湿地中存活的植物数量。在高营养、高 BOD、高沉积物水中生长的植物相对较少，有香蒲（见图 8.16）、灯心草和芦苇。

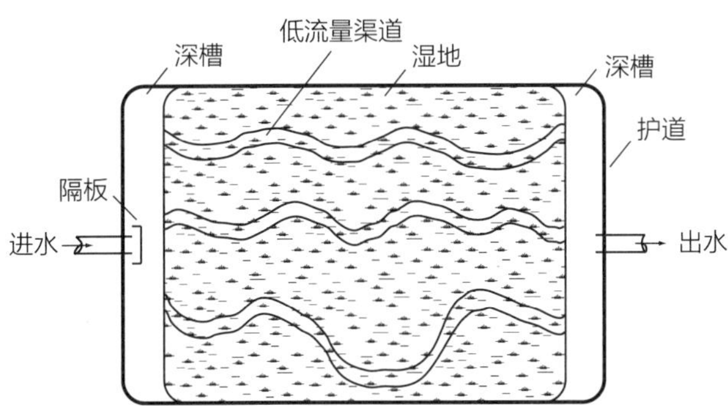

图 8.15　典型湿地设计

图 8.16　香蒲

当水深超过 30cm( 1ft )时，挺水植物的生长会遇到困难，表面流湿地可能会被温带地区的浮萍和热带地区的水葫芦所覆盖。

人工湿地的管理。在湿地培育野生动物通常是可取的，但海狸和麝鼠等动物可能会造成水流障碍、植被破坏，并可能钻入堤岸；加拿大鹅在水中掠过挺水植物时会造成大规模破坏，而更深的湿地往往会成为不良鱼类的避风港，例如导致水过度浑浊和植物连根拔起的鲤鱼。如果处理的污水或其他水源具有毒性或对野生动物造成严重威胁，则应使用禁止野生动物进入的防护装置，如噪声制造装置或网和栅栏。图 8.17 是一个野生动物隔离围栏。典型的围栏由高张力围栏材料制成，编织成紧密的图案以形成防止侵入的屏障，围栏的底部通常进入地面以下 30cm（1ft），以防止穴居动物进入。电力来源各不相同，但主要是太阳能和电池供电。

有大量死水区的湿地是蚊子的滋生地，有时可通过化学或生物方法来防治，如食蚊鱼、棘鱼、蝙蝠和北美洲紫燕等。

在人工湿地中，从进水水流中去除的营养物质可能被沉积在沉积物中、释放到大气中（氮气）或被植物根部和地面芽叶所吸收。通过收割植物通常不能去除大量的如营养物类的污染物，除非在生长季节进行多次植物收割。当木本植被被认为是不良入侵时，有时通过燃烧来控制这种入侵，这会造成湿地中水位下降。当控制湿地内的燃烧时，应考虑到其对野生动物的影响和从灰烬和沉积物中向水体中引入无机营养素的可能性。

表面流人工湿地的水位是水质改善和植被发育的关键。用于处理市政废水的湿地通常对进水的流量难以控制，除非有关部门已批准在必要时绕过湿地或在湿地的上游建造废水蓄泻湖。大多数人工湿地具有控制湿地深度的出水控制结构，如堰或阀门；在人工湿地中，水深约 30cm（1ft）是许多湿地草本植物生长的最佳深度；高水位有利于处理沉淀和类似过程产生的磷，而低水位会使沉积物更接近上覆水，在生长季节期间使水生系统中产生厌氧或接近厌氧的条件。低水位有利于通过反硝化作用减少硝酸盐类氮。

图 8.17　野生动物隔离围栏

## 习题

1. 一个植被密集型人工湿地宽 50m、长 150m，设计流量为 $0.40m^3/s$。在设计条件下，纵向坡度为 0.05%，出水口距地面高度为 10.100m，出水断面水流深度为 0.500m。估算进水断面的水位。

2. 位于湿地出水口处的尖顶堰设计流量为 $1.5m^3/s$，堰高 40cm、长 35m。如果下游水面低于堰顶，估算湿地出水口处的水深；如果下游水面高于堰顶 10cm，出水口处水深会有多大变化？

3. 一个人工湿地将处理 $5000m^3/d$ 的废水，$BOD_5$ 为 80mg/L，年均降雨量为 700mm，年均蒸散量为 550mm，其中 50% 为蒸腾量，湿地内地下水渗透量为 300mm/ 年。湿地内平均水深约为 0.50m，该水深下湿地孔隙度为 0.95，水的平均温度为 22℃。在该湿地进行的实验表明，背景 $BOD_5$ 可估算为 10mg/L，衰减常数为 37m/ 年。估算湿地面积为 10ha 时的出水浓度。要达到 $BOD_5$ 为 30mg/L 的出水标准，湿地面积应为多大？

4. 设计一个自由表面流人工湿地，将 TP 浓度从进水的 1mg/L 降低至出水的 0.1mg/L，进水流量为 2700L/min，蒸散量为 900mm/ 年，蒸腾因子为 0.6，渗透量可忽略不计，降雨量为 1500mm/ 年。预计湿地中 TP 背景浓度为 0.04mg/L，水温为 20℃，面积速率系数为 18m/ 年，湿地可设计为单池系统。确定所需的湿地面积。

5. 设计一个湿地，将农业径流中的磷（P）浓度从 0.1mg/L 降至 0.05mg/L，流量为 $5000m^3/d$，温度为 20℃。湿地所在地的坡度为 0.1%，当地的设计指南要求人工湿地的最小尺寸为 $2\text{~}4ha/1000m^3/d$，水力负荷为 2.5~5cm/d，最大水深为 50cm，最小长宽比为 2∶1，最短停留时间为 7.5d，最大负荷为 0.81kgP/（ha・d）。

设计出所需湿地的尺寸并显示其满足所有设计要求。

6. 美国环保局提出的人工湿地设计模型由下式给出：

$$\frac{c_e}{c_0} = A\exp\left[-0.7K_T A_v^{1.75}\frac{Lwdn}{Q}\right] \quad (8.28)$$

式中 $c_e$——出水浓度；

$c_0$——进水浓度；

$A$——靠近湿地渠首可沉降固体 $BOD_5$ 的去除比例；

$A_v$——微生物活性的比表面积（$m^2/m^3$）；

$L$、$w$、$d$——湿地的长度、宽度和深度；

$n$——孔隙度；

$Q$——流量；

$K_T$——温度速率常数，可通过下式估算：

$$K_T = K_{20}(1.1)^{T-20}$$

式中 $T$——温度；

$K_{20}$——20℃时的速率常数。

加拿大安大略省 334m 长的湿地渠道在夏季和冬季期间测量的 BOD 去除的数据见表 8.8。

BOD 去除数据 表 8.8

| 距进水口的距离（m） | $c/c_0$ | |
|---|---|---|
| | 夏季 | 冬季 |
| 0 | 0.52 | 0.52 |
| 67 | 0.36 | 0.40 |
| 134 | 0.41 | 0.20 |
| 200 | 0.30 | 0.19 |
| 267 | 0.27 | 0.17 |
| 334 | 0.17 | 0.17 |

测量结果还显示夏季和冬季的平均温度分别为 17.8℃和 3℃，夏季和冬季的平均流量分别为 $35m^3/d$ 和 $18m^3/d$，$A$=0.52，$n$=0.75，$w$=4m，$d$=0.14m（夏季）和 0.24m（冬季），$K_{20}=0.0057d^{-1}$。估算最能表征湿地的 $A_v$ 值，并量化与建议的湿地模型有关的误差线。

# 第 9 章　海洋与河口

## 9.1　引言

沙滩、沿海水域、河口以及海洋等地经常被用来开展商业和娱乐活动。在这些地区经常发现的污染物有细菌、过剩的营养物质以及藻类，污染物的主要来源是城市径流和生活污水的处理。污水排放的病原体污染将会导致贝壳捕捞区和海水浴场关闭。污水排放的过高营养水平将会导致赤潮发生，同时赤潮会消耗氧气并且吸引捕食者，例如海胆和棘冠海星，而它们又会使活珊瑚遭到破坏。

河口是一个半封闭的沿海水体，与公海自由连通，且包含可测量的海水量。河口的大小和形状可以有很大的不同，有时候也被称作海湾、泻湖、港口、水湾或者海峡，尽管不是所有被称作这些名字的水体都是河口。河口常见于海洋潮汐和河流水流相互作用的河流下游。一个典型的河口如图 9.1 所示，朝向海洋。美国一些耳熟能详的河口有旧金山湾、普吉特海峡、切萨皮克湾以及坦帕湾。一般来说，河口是所有发生在对其有贡献的流域的污染活动的汇聚点，而来自城市地区的径流通常是造成河流损害的主要原因。河流三角洲，如密西西比河三角洲和尼罗河三角洲，通常不被视为河口，因为大型河流流进三角洲的咸水极少，淡水的影响延伸至海洋中。河流与海洋的汇合口是被称作河口还是三角洲，取决于河流所携带的泥沙流量和流沙量。

## 9.2　海洋排水口排放

许多沿海社区通过海洋排水口将经处理的生活污水排入公海水域。在一些情况下，经处理的生活污水在排放之前会与其他来源的废水混合。由海洋排水口排放的废水在排水口附近经历快速混合，伴随着由于淡水羽流在密度较高的海水环境中上升导致的周围夹带的海水的稀释。当周围海水被夹带时，出水羽流密度变得更大，一直上升直到羽流密度与周围海水的密度一致。如果海洋（密度）是分层的，那么就有可能在羽流到达表面之前，污水羽流的密度与周围海水的密度就已达到平衡。相反，如果海洋是不分层的，淡水羽流的密度将绝不可能与周围海水的密度相等（无论有多少海水被夹带），那么当羽流到达海洋表面时，将有可能形成明显的沸腾。捕集海洋表面下的污水羽流是可行的，因为污染物通过表面借助风流更容易被运输至岸上。图 9.2 给出了一个排水口和一个在分层环境中上升（和被困）的羽流的例子。沿海水域的密度分层可能是由温度差异（由于上层加热）和 / 或盐度差异（由于河流流入）造成的。沸腾处附近有时会发生内部水跃，导致稀释比沸腾中心高出 3~5 倍。洋流使羽流离开排水口，而这些水流的空间变化致使污水羽流进一步混合。在排水口附近，混合由浮力作用主导的区域被称为近场；而在远离排水口的地方，混合由洋流中空间变化主导的区域被称为远场。

海洋排水口的设计一般应尽量减少废水排放对底栖生物和远洋生物群落的不利影响。底栖生物群落生活在海底基质上或其内部，而远洋生物群落生活在水域内，很少或根本不存在于底部。底栖生物有时也被称为海底生物。

如果从海洋排水口排放的污水不符合周围环境水

图 9.1　英国 Mawddach 河口

质标准，而现实情况也通常如此，则监管机构通常会允许在排水口周围划定一个混合区，在此混合区内有足够的稀释度，以使混合区边缘上以及之外的水质达到周围环境水质标准。海洋排水口周围混合区的最大尺寸通常有法定限制。在佛罗里达州，公海水域的混合区面积要求小于或等于 50.3ha（124ac），等于一个以 400m（1300ft）为半径的圆的面积，而新泽西州将混合区划定为距离污水排放处 100m（330ft）以内的区域。生活污水排入海洋中的污染物（有时称为压力源）可能会对生态或者人类健康造成影响。生态压力源包括营养物质、金属、挥发性化合物和合成化合物，而人类健康压力源包括病原微生物、金属、有机化合物和内分泌干扰物。除了水生生物水质标准之外，人类健康水质标准也必须被考虑到，其中最严格的标准是优先考虑的。与经处理的生活污水排入海洋有关的主要人类健康标准通常与人类在公共海水浴场沙滩的含有致病细菌的海水中的暴露有关。

（*a*）

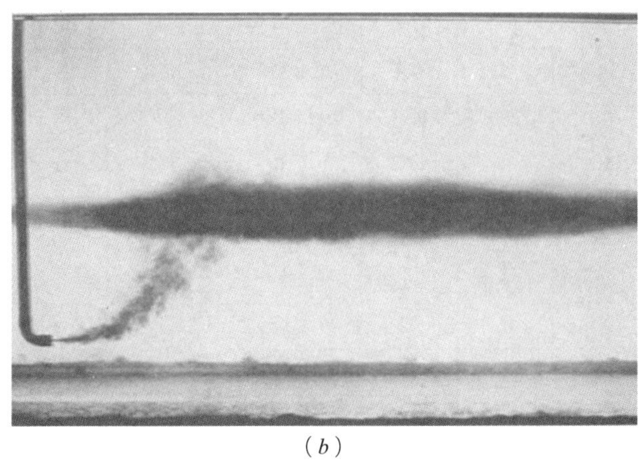

（*b*）

图 9.2　排水口及在分层环境中上升的羽流
（*a*）排水口；（*b*）羽流在分层环境中上升

多年来海洋排水口的设计和羽流稀释分析一直是一个研究课题，如今已相当成熟。然而，远场混合的分析就不那么确定了。远场混合过程决定了海洋排放物对沙滩的影响，并且对选择合适的排水口位置很重要，因为排放出来的污水必须持续不断地从排放的地方被清除。

图 9.3 显示的是一个典型的海洋排水口扩散器。扩散器包含多个端口，每个端口设计为以相同的速率排放污水。将污水从陆上处理厂运输至扩散器的排水管通常被埋到水深足以保护它们免受波浪影响的地方，一般约为 10m（30ft）。在埋藏部分之外，排水管被搁置在海洋底部，侧面是岩石，以防止水流在底部比较软的地方将排水管切断。图 9.4 显示了海洋排水口的建设以及扩散器向海底的下降。在排水管和扩散器完全被埋至海底的情况下，使用立管喷嘴组件将排放物排入海洋。典型的立管喷嘴组件由垂直管（立管）组成，在立管顶部有 4~8 个喷嘴；喷嘴通常也被称为端口。大多数海洋排水口安装在深度为 30~70m（100~230ft）和距离岸边 1~8km（0.6~5mi）的地方，几个海洋排水口的特征见表 9.1。大部分排水口的单位长度排水量约为 0.01m$^2$/s（0.03ft$^2$/s）。

在浅水区域，来自多端口扩散器各个端口的羽流往往在汇合之前到达海洋表面，在这种情况下，污水

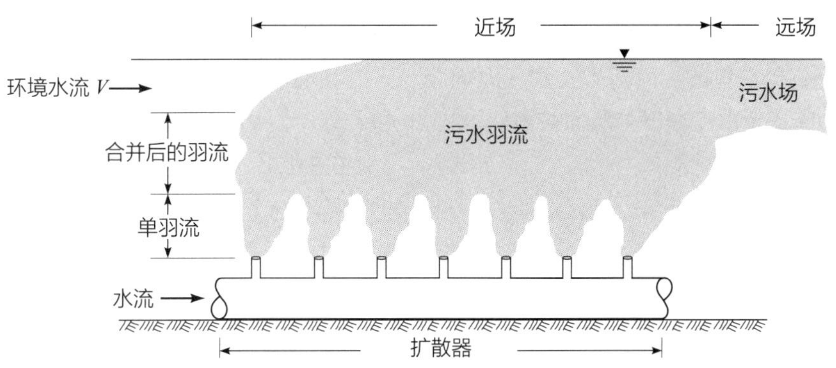


图 9.3　污水从海洋排水口扩散器排出

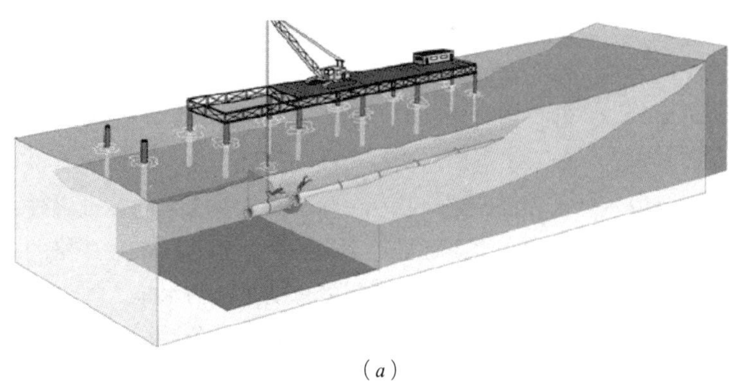

（a）

（b）

图 9.4 排水口施工
（a）铺设排水管；（b）将扩散器降低至海底

几个海洋排水口的特征 表 9.1

| 名称 | 位置 | 设计排放量（$m^3/s$） | 深度（m） | 离岸距离（m） | 扩散器长度（m） | 端口数 | 端口间距（m） | 端口直径（m） | 端口方向 | 开始运行年份 |
|---|---|---|---|---|---|---|---|---|---|---|
| 亥伯龙 | 洛杉矶 | 18.4 | 59.4 | 8389 | 2114 | 165 | 14.6 | 0.17~0.21 | — | 1960 |
| 鹿岛 | 波士顿 | 16.0 | 32.0 | 14000 | 2008 | 55 | 37.2 | 0.157 | 8 个端口 | 2000 |
| 奥兰治县 | 加利福尼亚 | 12.7 | 56.4 | 6522 | 1829 | 500 | 3.7 | 0.075~0.105 | — | 1971 |
| 圣地亚哥 | 圣地亚哥 | 10.3 | 62.5 | 3505 | 819 | 56 | 1.8 | 0.203~0.229 | — | 1963 |
| 白点 No.4 | 洛杉矶 | 9.66 | 54.1 | 2268 | 1352 | 740 | 1.8 | 0.051~0.091 | — | 1965 |
| 南湾 | 圣地亚哥 | 7.71 | 29.0 | 5800 | 1204 | — | — | — | — | 1998 |
| 白点 No.3 | 洛杉矶 | 6.57 | 62.5 | 2408 | 731 | 100 | 7.3 | 0.165~0.191 | — | 1956 |
| 中心区 | 迈阿密 | 6.26 | 28.2 | 5730 | 39 | 5 | 9.8 | 1.22 | 垂直 | — |
| 西点军校 | 西雅图 | 5.49 | 68.6 | 930 | 183 | 200 | 0.91 | 0.114~0.146 | — | 1965 |
| 北区 | 迈阿密 | 4.91 | 29.0 | 3350 | 110 | 12 | 12.2 | 0.61 | 水平 | — |
| 沙岛 | 火奴鲁鲁 | 4.64 | 67~72 | 2780 | 1031 | 285 | 7.3 | 0.076~0.090 | — | 1975 |
| 布劳沃德县（FL） | — | 3.51 | 32.5 | 2130 | — | 1 | — | 1.37 | 水平 | — |
| 好莱坞（FL） | 好莱坞 | 1.84 | 28.5 | 3050 | — | 1 | — | 1.52 | 水平 | — |
| SCRWWTP | 德尔雷比奇 | 1.01 | 27.3 | 1515 | — | 1 | — | 0.91 | 45° | — |
| 波卡拉顿 | 波卡拉顿 | 0.77 | 29.0 | 1600 | — | 1 | — | 0.76 | 水平 | — |

羽流的稀释度取决于从每个端口排出的单羽流的动力学状态。浅水排水口处表面波对近场稀释的影响经常被忽略；但在某些情况下，这些影响可能是很显著的。在深水排水口，来自各个端口的羽流通常在到达海面之前很好地混合在一起或者由于密度分层而被困住。

## 9.2.1 近场混合

近场混合或初始稀释的动力取决于来自扩散器端口的出水羽流在被捕获或到达海洋表面之前是否合并。在相邻羽流不合并的情况下，每个羽流的行为（近似）是独立且相同的，并且近场混合可以通过分析单羽流来推断。在相邻羽流能在被捕获或到达海洋表面之前很好融合的情况下，（合并的）羽流表现得就好像出水是从长槽或者管道排出一样。这样的羽流被称为线状羽流。在本节中，近场区域被定义为排水结构和/或出水特性对出水稀释有显著影响的区域。

### 9.2.1.1 单羽流

考虑一个单一污水羽流的情况，如图 9.5 所示。污水通过直径为 $D$（L）的端口以速度 $u_e$（$LT^{-1}$）排放，其中污水密度为 $\rho_e$（$ML^{-3}$）且含有浓度为 $c_e$ 的污染物（$ML^{-1}$）。进一步考虑周围海水具有 $\rho_a$（$ML^{-3}$）的密度（假设在非分层的条件下），深度平均速度为 $u_a$（$LT^{-1}$），

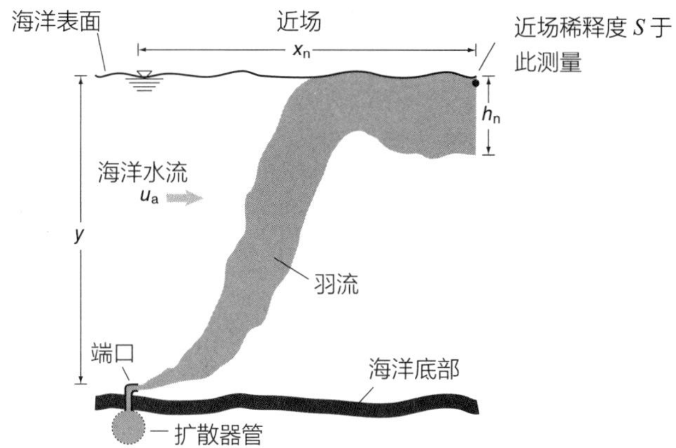

图 9.5　未分层海洋中的羽流

并且我们有兴趣计算近场末端的污染物浓度 $c$（$ML^{-3}$），此排放端口位于海洋表面下方距离 $y$（L）处。图 9.5 显示了污水羽流的关键几何特征，包括离开近场时的污水场厚度 $h_n$ 以及近场边界与排放端口之间的距离 $x_n$。

污染物浓度 $c$ 与污水羽流稀释度的控制参数之间的关系可写成如下函数形式：

$$c = f_1(c_e, u_e, D, \rho_e, \rho_a, g, u_a, y) \tag{9.1}$$

这种函数关系假定端口排放是完全湍流，因此排放的黏度可以忽略不计。假设污水与海水之间的密度差与它们的绝对密度相比较小，则污水羽流的动力并不明确地由污水羽流和周围海水的绝对密度决定，而是取决于其密度差和由此产生的浮力效应。这种近似称为布辛涅斯克近似。浮力效应通过有效重力加速度 $g'$（$LT^{-2}$）测量，定义为：

$$g' = \frac{\rho_a - \rho_e}{\rho_e} g \tag{9.2}$$

函数式（9.1）中排放端口之上距离 $y$ 处的污水羽流中的污染物浓度可表示为：

$$c = f_2(c_e, u_e, D, g', u_a, y) \tag{9.3}$$

通过定义体积通量 $Q_0$（$L^3T^{-1}$）、比动量通量 $M_0$（$L^4T^{-2}$）和比浮力通量 $B_0$（$L^4T^{-3}$）可以简化这种关系，定义如下：

$$Q_0 = u_e \pi \left(\frac{D}{2}\right)^2 \tag{9.4}$$

$$M_0 = Q_0 u_e = u_e^2 \pi \left(\frac{D}{2}\right)^2 \tag{9.5}$$

$$B_0 = Q_0 g' = u_e \pi \left(\frac{D}{2}\right)^2 g' \tag{9.6}$$

变量 $Q_0$、$M_0$ 和 $B_0$ 仅涉及 $u_e$、$D$ 和 $g'$，因此可以用来替代函数式（9.3）中的 $u_e$、$D$ 和 $g'$，以得出关于污水羽流中污染物浓度的以下函数表达式：

$$c = f_3(c_e, Q_0, M_0, B_0, u_a, y) \tag{9.7}$$

基于 Buckingham π 定理，函数式（9.7）可以表示为四个无量纲群组之间的关系，下面是非常便捷的一种分组方式：

$$\frac{Q_0 c_e}{u_a L_b^2 c} = f_4\left(\frac{L_M}{L_Q}, \frac{L_M}{L_b}, \frac{y}{L_b}\right) \tag{9.8}$$

$L_M$、$L_Q$、$L_b$ 为长度尺度（L），定义如下：

$$L_Q = \frac{Q_0}{M_0^{1/2}} = \frac{\sqrt{\pi}}{2} D \tag{9.9}$$

$$L_M = \frac{M_0^{3/4}}{B_0^{1/2}} \tag{9.10}$$

$$L_b = \frac{B_0}{u_a^3} \tag{9.11}$$

长度尺度 $L_Q$ 测量端口几何形状影响羽流运动的距离，$L_M$ 测量初始动量占重要地位时的距离，$L_b$ 测量环境水流开始在控制羽流运动上发挥比羽流浮力更重要的作用时的距离。$L_M$ 有时被称为射流 / 羽流转换长度尺度，而 $L_b$ 有时被称为羽流 / 横流长度尺度。实际上，如果以 $x$ 表示沿着羽流中心线的距离，则当 $x<L_Q$ 时，端口几何形状影响羽流的稀释；当 $L_Q< x <L_M$ 时，特定动量控制羽流稀释；当 $L_M< x <L_b$ 时，特定浮力通量控制羽流稀释；当 $x >L_b$ 时，环境水流控制羽流稀释。

以 $S$ 表示羽流稀释度，定义为：

$$S = \frac{c_e}{c} \tag{9.12}$$

表达式（9.8）给出的函数关系可表示为：

$$\frac{SQ_0}{u_a L_b^2} = f_4\left(\frac{L_M}{L_Q}, \frac{L_M}{L_b}, \frac{y}{L_b}\right) \tag{9.13}$$

在大多数污水排放口中，端口的几何形状对污水羽流的近场稀释影响相对较小。在这些情况下，稀释度变得对 $L_Q$ 值不敏感，则羽流稀释度的函数表达式（9.13）变为：

$$\frac{SQ_0}{u_a L_b^2} = f_5\left(\frac{L_M}{L_b}, \frac{y}{L_b}\right) \tag{9.14}$$

通过考虑长度尺度比 $L_M/L_b$ 的物理意义可进一步

简化这种关系。当 $L_M/L_b>>1$ 时，在浮力超过流出动量之前，环境水流压倒了羽流浮力，并且可预期羽流动量是由环境水流而非浮力控制的。另一方面，当 $L_M/L_b<<1$ 时，在环境水流控制羽流运动之前，羽流浮力成为影响羽流稀释的重要因素。对于许多海洋排水口，$L_M/L_b$ 足够小，以至于这些羽流要么在整个深度上受浮力控制（其中 $y/L_b<<1$），要么由浮力和环境水流共同影响（其中 $y/L_b>>1$）。这些状况通常分别被称作浮力占优近场（BDNF）和浮力占优远场（BDFF）。浮力占优远场有时也被称为平流热体制。Lee 和 Neville-Jones 提出了以下公式，适用于未分层环境海水中的水平羽流排放：

$$\frac{SQ_0}{u_a L_b^2}=\begin{cases} C_{\mathrm{BDNF}}\left(\dfrac{y}{L_b}\right)^{5/3}, & \dfrac{y}{L_b}\ll 1\,(\mathrm{BDNF}) \quad (9.15)\\ C_{\mathrm{BDFF}}\left(\dfrac{y}{L_b}\right)^{2}, & \dfrac{y}{L_b}\gg 1\,(\mathrm{BDFF}) \quad (9.16)\end{cases}$$

图 9.6 显示了显著环境流下羽流的实验室高速照片。许多不同研究者发现的 $C_{\mathrm{BDNF}}$ 与 $C_{\mathrm{BDFF}}$ 的数值列于表 9.2 中，其中这些数值的变化主要受稀释位置测量点影响，某种程度上也受端口设置的影响。浮力羽流撞击水面时发生的额外稀释通常不被考虑。根据 Lee 和 Neville-Jones 的研究，当 $y/L_b\leqslant 5$ 时使用公式（9.15），而当 $y/L_b>5$ 时使用公式（9.16）。

需要注意的是，公式（9.15）和公式（9.16）都不包含动量长度尺度 $L_M$，因为在这两种情况下，初始排放动量对羽流稀释并不具有显著影响。公式（9.15）和公式（9.16）包括已建立在水面的阻塞效应，也可用于描述垂直排放的稀释，因为对于浮力占主导地位的排放，垂直排放和水平排放表现相似。重新排列公式（9.15）和公式（9.16）表明环境水流速度 $u_a$ 在 BDNF 公式中是不存在的，而污水浮力 $Q_0g'$ 在 BDFF 公式中是不存在的。当环境水流为零（即静止的环境）时，由公式（9.15）给出的最小稀释度可更方便地表示为：

$$S=C_{\mathrm{BDNF}}\frac{B_0^{1/3}}{Q_0}y^{5/3} \qquad (9.17)$$

在静止的（即不流动的）海洋环境中，扩散层的厚度 $h_n$ 以及近场边界与排放端口的距离 $x_n$ 如图 9.5 所示，均由排放深度表示，可近似得：

$$\frac{h_n}{y}=0.11\sim0.16\,,\quad \frac{x_n}{y}=2.8 \qquad (9.18)$$

这表明废水场厚度为排放深度的 11%~16%，并且近场边界与排放端口的距离大约为 2.8 倍的排放深度。

图 9.6　环境流存在下的单羽流

单羽流的稀释系数　　表 9.2

| $C_{\mathrm{BDNF}}$ | $C_{\mathrm{BDFF}}$ | 数据来源 | 参考文献 |
|---|---|---|---|
| — | 0.41 | 实验室 | Chu（1979） |
| 0.31 | 0.32 | 实地研究 | Lee 和 Neville-Jones（1987） |
| 0.26 | — | 实验室 | Tian 等人（2004a） |
| — | 0.25 | 实验室 | Wright（1977a） |

## 【例题 9.1】

位于迈阿密（佛罗里达州）的中区排水口将处理过的家庭污水排放到深度为 28.2m 的扩散器中，该扩散器包括 5 个间隔 9.8m 且直径为 1.22m 的端口。平均出水流量为 5.73m³/s，第 10 百分位的环境水流为 11cm/s，周围海水密度为 1.024g/cm³。污水的密度可假定为 0.998g/cm³。确定污水羽流的长度尺度并计算近场稀释度。忽略相邻羽流的合并。

## 【解】

计算污水羽流的基本特征：

$$\text{有效重力加速度 } g'=\frac{\Delta\rho}{\rho}g=\frac{1.024-0.998}{0.998}\times 9.81$$
$$=0.256\ \mathrm{m/s^2}$$

$$\text{端口排放量 } Q_0=\frac{5.73}{5}=1.15\ \mathrm{m^3/s}$$

$$\text{端口面积 } A_p=\frac{\pi}{4}\times1.22^2=1.169\ \mathrm{m^2}$$

$$\text{端口速度 } u_e=\frac{Q_0}{A_p}=\frac{1.15}{1.169}=0.984\ \mathrm{m/s}$$

$$\text{动量通量 } M_0=Q_0u_e=1.15\times0.984=1.13\ \mathrm{m^4/s^2}$$

$$\text{浮力通量 } B_0=Q_0g'=1.15\times0.256=0.294\ \mathrm{m^4/s^2}$$

长度尺度由这些羽流特征计算得出：

$$L_Q=\frac{Q_0}{M_0^{1/2}}=\frac{1.15}{1.13^{1/2}}=1.08\text{ m}$$

$$L_M=\frac{M_0^{3/4}}{B_0^{1/2}}=\frac{1.13^{3/4}}{0.294^{1/2}}=2.02\text{ m}$$

$$L_b=\frac{B_0}{u_a^3}=\frac{0.294}{0.11^3}=221\text{ m}$$

基于这些长度尺度，可以预知端口的几何形状只在距离排放端口 1.08 m 范围内是重要的，在 2.02m 之后浮力将成为影响羽流运动的主要因素，而环境水流在到达羽流表面之前（$y<<L_b$）不会是控制羽流运动的主导因素。使用公式（9.15）和 $C_{BDNF}$=0.29 来计算稀释度：

$$\frac{1.15S}{0.11\times221^2}=0.29\left(\frac{28.2}{221}\right)^{5/3} \tag{9.19}$$

得到 $S$=44。因此，中区排水口的近场稀释度估计为 44。

图 9.7 展示了在有环境水流存在的条件下单羽流排入密度分层的海洋的情况。在这种情况下，污水羽流在较低的海面与较高密度的海水融合，接着一直上升直到羽流的密度等于周围海水的密度。由于这可能在羽流到达海洋表面之前发生，因此不能保证羽流能够到达海洋表面，并且之前用于非分层受纳水体的公式（9.15）和公式（9.16）在这里并不适用。羽流的关键几何参数是污水场的厚度 $h_n$、近场区域内羽流上升的最大高度 $z_m$ 以及从排放水平面到近场最小稀释位置的高度 $z_n$。

对于线性分层的环境，以浮力频率 $N$（$T^{-1}$）来描述其特征，定义为：

$$N=\sqrt{-\frac{g}{\rho_0}\frac{d\rho_a}{dz}} \tag{9.20}$$

式中　$\rho_0$——排放位置（$z$=0）处的环境密度（$ML^{-3}$）；

$\rho_a$——位于排放位置以上距离 $z$ 处的环境密度（$ML^{-3}$）。

在单羽流的量纲分析中考虑分层的情况，引入一个附加的长度尺度 $L_N$（L），定义为：

$$L_N=\frac{B_0^{1/4}}{N^{3/4}} \tag{9.21}$$

式中　$B_0$——由公式（9.6）定义的初始浮力通量。

长度尺度 $L_N$ 测量单个浮力羽流在分层效应变得重要之前的行进距离。对于排入分层静止环境中的单羽流，量纲分析给出了最小的近场稀释度为：

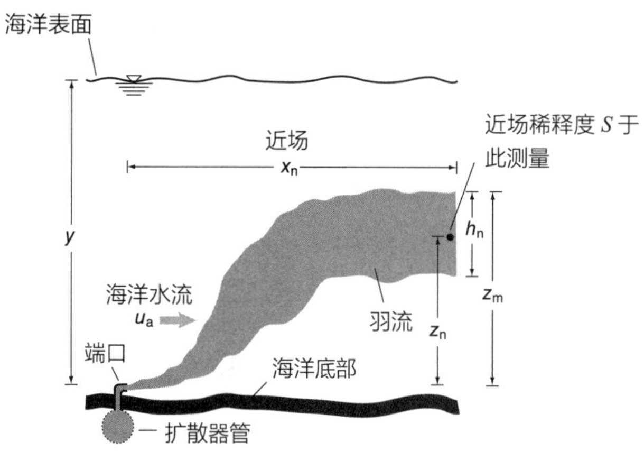


图 9.7　分层海洋中的羽流

$$\frac{SQ_0N^{5/4}}{B_0^{3/4}}=C_{SSS} \tag{9.22}$$

$C_{SSS}$ 是一个常数（无量纲）。公式（9.22）忽略了黏性效应、端口几何形状以及端口排放的动量通量。表 9.3 列出了 $C_{SSS}$ 的文献报道值。对于排入分层流动环境中的单羽流，量纲分析给出了最小的近场稀释度为：

$$\frac{SQ_0N^{4/3}}{u_a^{1/3}B_0^{2/3}}=C_{SSF} \tag{9.23}$$

$C_{SSF}$ 是一个常数（无量纲）。公式（9.23）忽略了黏性效应、端口几何形状以及端口排放的动量通量。表 9.3 列出了 $C_{SSF}$ 的文献报道值，其中 $\theta$（=90°）是流动方向和排放方向之间的角度。

分层环境中值得研究的单羽流的几何特征包括扩散层的厚度（污水场厚度）$h_n$、上升到最小稀释水平的高度 $z_n$（L）、到达扩散层顶部的高度 $z_m$（L）以及与近场边界间的距离 $x_n$（L）。这些几何特征的测量均是通过分层长度尺度 $L_N$ 来缩放衡量的，文献报道结果如表 9.4 所示。

分层环境中单羽流的稀释系数　　表 9.3

| $C_{SSS}$ | $C_{SSF}$（$\theta$=90°） | 数据来源 | 参考文献 |
|---|---|---|---|
| 0.90 | — | 实验室 | Daviero 和 Roberts（2006） |
| — | 1.3 | 实验室 | Tian 等人（2006） |
| 0.95 | — | 实验室 | Wong（1985） |
| — | 1.33 | 实验室 | Wright（1984） |

分层环境中单羽流的测量 表 9.4

| 环境 | $\frac{h_n}{L_N}$ | $\frac{z_n}{L_N}$ | $\frac{z_m}{L_N}$ | $\frac{x_n}{L_N}$ | 参考文献 |
|---|---|---|---|---|---|
| 静止 | 1.6 | 2.7 | 3.5 | 4.1 | Daviero 和 Roberts（2006） |
| | 1.7 | 2.9 | — | — | Wong（1985） |
| 流动 | — | $1.9\left(\frac{L_b}{L_N}\right)^{1/9}$ | $2.9\left(\frac{L_b}{L_N}\right)^{1/9}$ | — | Tian 等人（2006） |

## 【例题 9.2】

污水从海洋表面以下 60m 处的端口以 $1m^3/s$ 的速度排放。现场测量表明，海水通常是分层的，排放深度处的密度为 $1025.0kg/m^3$，海洋表面处的密度为 $1023.5kg/m^3$。淡水排放的密度为 $998kg/m^3$。估计羽流的稀释度、上升高度以及污水场厚度。速度为 15cm/s 的水流对这些羽流特征有何影响？

## 【解】

根据给定的数据：$Q_0=1m^3/s$，$\Delta z=60m$，$\rho_0=1025.0kg/m^3$，$\rho_1=1023.5kg/m^3$，$\rho_e=998kg/m^3$。浮力频率 $N$ 和排放浮力通量 $B_0$ 估计为：

$$N=\sqrt{-\frac{g}{\rho_0}\frac{\mathrm{d}\rho_a}{\mathrm{d}z}}\approx\sqrt{-\frac{9.81}{1025.0}\times\frac{1023.5-1025.0}{60}}=0.0155\mathrm{Hz}$$

$$\begin{aligned}B_0&=Q_0g'=Q_0\frac{\rho_0-\rho_e}{\rho_e}g\\&=1\times\frac{1025.0-998}{998}\times9.81\\&=0.0271\ \mathrm{m^4/s^3}\end{aligned}$$

分层长度尺度 $L_N$ 由公式（9.21）定义为：

$$L_N=\frac{B_0^{1/4}}{N^{3/4}}=\frac{0.0271^{1/4}}{0.0155^{3/4}}=9.25\ \mathrm{m}$$

因此，在上升 9.25m 的高度之后，分层将会显著影响羽流动力。可以用公式（9.21）和表 9.3 中给出的 $C_{SSS}$ 的值估算羽流稀释度。更保守的羽流稀释度 $S$ 的估计是通过取 $C_{SSS}=0.90$ 获得的，由下式给出：

$$\frac{SQ_0N^{5/4}}{B_0^{3/4}}=C_{SSS}$$

$$\frac{1\times0.0155^{5/4}S}{0.0271^{3/4}}=0.90$$

得到 $S=11$。上升高度 $z_m$ 和羽流厚度 $h_n$ 可用表 9.4 中的经验关系估计，得到：

$$z_m=3.5L_N=3.5\times9.25=32.4\ \mathrm{m}$$

$$h_n=\begin{cases}1.6L_N=1.6\times9.25=14.8\ \mathrm{m},\ \text{Daviero 和 Roberts (2006)}\\1.7L_N=1.7\times9.25=15.7\ \mathrm{m},\ \text{Wong (1985)}\end{cases}$$

因此，最大上升高度约为 32m，（被捕获）羽流厚度在 14.8~15.7m 范围内，可近似视为 15m。

如果存在 15cm/s 的环境水流，那么 $u_a=0.15m/s$，羽流 / 交叉流长度尺度 $L_b$ 可通过公式（9.11）估计为：

$$L_b=\frac{B_0}{u_a^3}=\frac{0.0271}{0.15^3}=8.02\ \mathrm{m}$$

因此，在上升大约 8m 的高度之后，洋流将会显著影响羽流动力。可以用公式（9.23）和表 9.3 中给出的实验室稀释系数值估算羽流稀释度。羽流稀释度 $S$ 的保守估计是通过取 $C_{SSF}=1.3$ 获得的，由下式给出：

$$\frac{SQ_0N^{4/3}}{u_a^{1/3}B_0^{2/3}}=C_{SSF}$$

$$\frac{1\times0.0155^{4/3}S}{0.15^{1/3}\times0.0271^{2/3}}=1.3$$

得到 $S=16$。相应的上升高度 $z_m$ 由表 9.4 给出为：

$$z_m=2.9\left(\frac{L_b}{L_N}\right)^{1/9}L_N=2.9\left(\frac{8.02}{9.25}\right)^{1/9}\times9.25=26.4\ \mathrm{m}$$

这表明最大上升高度约为 26m，比在静止环境中的 32m 上升高度小。羽流厚度没有由实验得出的经验关系，但可以通过质量守恒定律来估计羽流厚度：

$$Q_0c_0=Q_pc_p$$

式中 $c_0$ 和 $c_p$ 是羽流排放口和最终高度处的示踪剂浓度，$Q_p$ 是羽流在最终高度处的体积流量。取 $c_0/c_p=S$ 和 $Q_p=u_a\pi D^2/4$，其中 $D$ 是上升高度处的羽流直径，因此：

$$Q_0 \frac{c_0}{c_p} = Q_p$$

$$Q_0 S = u_a \pi \frac{D^2}{4}$$

$$1 \times 16 = 0.15 \times \pi \times \frac{D^2}{4}$$

得到 $D$=11.7m，因此在最终上升高度处羽流厚度约为 12 m。图 9.8 说明了静止和流动条件下的羽流特征。很明显，环境水流的存在减小了羽流的上升高度和厚度，与此同时，稀释度从 11 增加到了 16。

#### 9.2.1.2　线羽流

从多端口扩散器排出的羽流其直径随着其在水柱中的上升而变大，并且在某些情况下，相邻羽流会在它们到达最终上升高度之前汇合在一起。在相邻羽流合并的情况下，单羽流的稀释公式不能再被用于预测近场稀释。许多研究人员推荐了不同的条件来使用单羽流公式和线羽流公式，表 9.5 给出了其中几个用于端口间距 $s_p$ 和排放深度 $y$ 的条件。Tian 等人指出 Liseth 和 Wood 等人提出的限制较小，因为他们没有考虑到近场内扩散层的额外稀释。Tian 等人进行了实验，结果表明，为了使单羽流公式适用于流动环境，需要非常宽的间隔，而这可能是由于扩散层间的相互作用。这表明单羽流结果可能不适用于预测流动环境中多端口扩散器的近场稀释。重要的是要注意，一旦端口间距足够近以适用线羽流稀释公式，那么在更近间隔的地方增加端口将不具有成本效益。

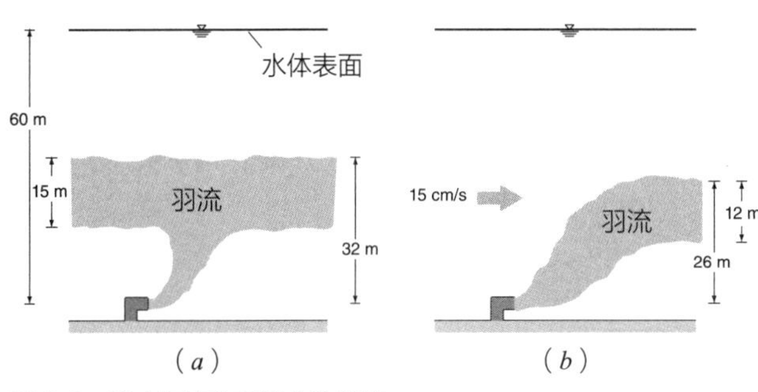


（a）　（b）

图 9.8　静止和流动环境中的羽流
（a）静止环境；（b）流动环境

对于浅水中的标准扩散器，对于任何给定长度的扩散器，最大稀释是通过使用最近的端口间距来实现的，这样相邻羽流就不会合并到适用于线羽流公式的程度，因为更近的端口间距不会增加稀释。浅水扩散器通常在深度小于 30m（100ft）处使用，在美国东海岸以及诸如新西兰等拥有广阔大陆架的国家常见。在较深的水域，为了防止相邻羽流合并而设置较大的端口间隔是不现实的，且来自各个端口的羽流通常在上升高度以下就已合并在一起。如果相邻羽流在上升高度以下汇合在一起，而扩散器的长度比水深大得多，那么流出的羽流就表现得好像它们是从狭槽而不是从单独的端口排放出来的。图 9.9 显示了在垂直于扩散器的环境水流存在下的羽流（实验室规模）平面图。线羽流是深水排放口的特征，例如那些通常在美国西海岸发现的排水口。

考虑以速度 $u_e$（$LT^{-1}$）通过宽度为 $B$（L）的槽排出的浮力射流的情况；污水密度为 $\rho_e$（$ML^{-3}$），并且含有浓度为 $c_e$（$ML^{-3}$）的污染物。进一步考虑海洋环境具有密度 $\rho_a$（$ML^{-3}$）（假设为非分层的情况），深度平均速度为 $u_a$（$LT^{-1}$），我们拟计算排放口以上距离 $y$（L）处的浓度 $c$（$ML^{-3}$）。污染物浓度 $c$ 与控制污水羽流稀释度的参数之间的关系可写成以下函数形式：

$$c = f_1'(c_e, u_e, B, \rho_e, \rho_a, g, u_a, y) \tag{9.24}$$

这种函数关系假定端口排放是完全湍流，因此可

**使用单羽流和线羽流公式的条件**　　表 9.5

| | 单羽流公式 | 线羽流公式 | 参考文献 |
|---|---|---|---|
| 未分层，静止的环境 | — | $s_p<0.2y$ | Liseth（1976） |
| | $s_p>0.21y$ | — | Papanicolaou（1984） |
| | $s_p>y$ | $s_p<0.3y$ | Tian 等人（2004a） |
| | $s_p>0.33y$ | — | Wood 等人（1993） |
| 未分层，流动的环境 | $s_p>4.5y$ | $s_p<0.5y$ | Tian 等人（2004b） |
| 分层，静止的环境 | $s_p>3l_N$ | $s_p<0.5l_N$ | Daviero 和 Roberts（2006） |
| | — | $s_p<0.26l_N$ | Wright 等人（1982）[a] |
| 分层，流动的环境 | $s_p>6l_N$ | $s_p<1.0l_N$ | Tian 等人（2006） |

a 忽略羽流在扩散层中的相互作用。

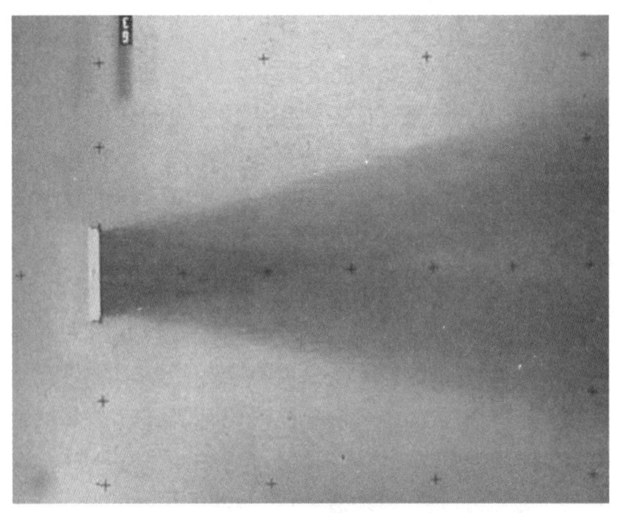
图 9.9 一个线羽流平面图

以忽略端口排放的黏度。与单个圆形羽流的情况一样，可以假定密度差与绝对密度（Boussinesq 假设）相比较小，因此羽流的动力不明确取决于污水羽流和周围海水的绝对密度，而是密度差以及由此产生的由有效重力加速度 $g'$（LT.2）参数化的浮力效应，由公式（9.2）定义。因此，函数式（9.24）中排放端口上方距离 $y$ 处的污水羽流中的污染物浓度的函数表达式可写成：

$$c = f_2'(c_e, u_e, B, g', u_a, y) \tag{9.25}$$

通过定义体积通量 $q_0$（$L^2T^{-1}$）、比动量通量 $m_0$（$L^3T^{-2}$）和比浮力通量 $b_0$（$L^3T^{-3}$）可以简化这种关系，定义如下：

$$q_0 = u_e B \tag{9.26}$$

$$m_0 = q_0 u_e = u_e^2 B \tag{9.27}$$

$$b_0 = q_0 g' = u_e g' B \tag{9.28}$$

变量 $q_0$、$m_0$ 和 $b_0$ 仅涉及 $u_e$、$B$ 和 $g'$，因此可以用它们代替函数式（9.25）中的 $u_e$、$B$ 和 $g'$，以得到以下关于污水羽流中污染物浓度的函数表达式：

$$c = f_3'(c_e, q_0, m_0, b_0, u_a, y) \tag{9.29}$$

使用 Buckingham π 定理，函数式（9.29）可以表示为四个无量纲群组之间的关系，且以下分组方式尤为便捷：

$$\frac{q_0 c_e}{u_a y c} = f_4'\left(\frac{l_M}{l_Q}, \frac{l_M}{l_m}, \frac{y}{l_m}\right) \tag{9.30}$$

其中 $l_M$、$l_Q$ 和 $l_m$ 为长度尺度（L），由以下关系定义：

$$l_Q = \frac{q_0^2}{m_0} = B \tag{9.31}$$

$$l_M = \frac{m_0}{b_0^{2/3}} = \left(\frac{u_e^4 B}{g'^2}\right)^{1/3} \tag{9.32}$$

$$l_m = \frac{m_0}{u_a^2} = \frac{u_e^2 B}{u_a^2} \tag{9.33}$$

长度尺度 $l_Q$ 测量端口几何形状影响羽流运动的距离，$l_M$ 测量在控制羽流运动中羽流浮力开始变得比排放动量更重要的距离，$l_m$ 测量在控制羽流运动中环境羽流开始变得比射流动量更重要的距离。$l_M$ 有时被称为射流 / 羽流转换长度尺度，而 $l_m$ 有时被称为射流 / 横流长度尺度。按以下关系定义羽流稀释度 $S$：

$$S = \frac{c_e}{c}$$

表达式（9.30）中的函数关系可写作下面这种形式：

$$\frac{Sq_0}{u_a y} = f_5'\left(\frac{l_M}{l_Q}, \frac{l_M}{l_m}, \frac{y}{l_m}\right) \tag{9.34}$$

在大多数污水排放口中，端口几何形状对污水羽流的稀释影响相对较小。在这些情况下，稀释度变得对 $l_Q$ 值不敏感，则羽流稀释度的函数表达式（9.34）可写为：

$$\frac{Sq_0}{u_a y} = f_6'\left(\frac{l_M}{l_m}, \frac{y}{l_m}\right) \tag{9.35}$$

通过考虑长度尺度比 $l_M/l_m$ 的物理意义可进一步简化这种关系。使用公式（9.23）和公式（9.33）中给出的 $l_M$ 和 $l_m$ 的定义，有：

$$\frac{l_M}{l_m} = \left(\frac{u_a^3}{b_0}\right)^{2/3} \tag{9.36}$$

它用于衡量环境水流和浮力对羽流运动动力的相对重要性。实践中通常使用环境 / 排放弗劳德数 $F$，其定义为：

$$F = \frac{u_a^3}{b_0} \tag{9.37}$$

则 $l_M/l_m$ 可按照如下关系以 $F$ 来表示：

$$\frac{l_M}{l_m} = F^{2/3} \tag{9.38}$$

因此，羽流稀释度的函数表达式变为：

$$\frac{Sq_0}{u_a y} = f_7'\left(F, \frac{y}{l_m}\right) \tag{9.39}$$

Roberts 和 Tian 等人进行了确定函数式（9.39）中

所给关系的经验方程的实验，其中射流的初始通量忽略不计。在这种情况下，污水动量通量忽略不计，这意味着 $m_0$ 不会被包括在量纲分析中，函数式（9.39）变为：

$$\frac{Sq_0}{u_a y}=f_8'(F) \quad (9.40)$$

图 9.10 显示了这个由 Roberts 和 Tian 等人从实验中得出的函数关系，其中 $\theta$ 表示水流相对于扩散器排放的方向。图 9.10 中显示的结果清楚地表明垂直于扩散器排放的水流产生最大的稀释度。例如，当 $F\approx 100$ 时，垂直走向（$\theta$=90°）会导致比平行走向（$\theta$=0°）大 4 倍的稀释度。在 $F$ 较小的情况下，与浮力对羽流动力的影响相比，环境水流对羽流动力的影响最小。在这些情况下（$F$<0.1），羽流行为与静止环境中的大致相同，且根据量纲分析，可以表示为以下形式：

$$\frac{Sq_0}{u_a y}=C_{LS}F^{-1/3} \quad (9.41)$$

式中　$C_{LS}$——静止条件下的（线）羽流稀释系数。

表 9.6 给出了不同研究人员发现的 $C_{LS}$ 值。当环境水流显著时，图 9.10 表明对于任何给定的 $\theta$ 和 $F$>>1，线羽流稀释度由下式给出：

$$\frac{Sq_0}{u_a y}=C_{LF}(\theta) \quad (9.42)$$

式中　$C_{LF}$——一个取决于 $\theta$ 的常数。

不同研究人员获得的 $\theta$=90° 下的 $C_{LF}$ 值见表 9.6。

Fischer 等人指出，Roberts 的实验室实验是在低雷诺数下进行的，这些结果在实地扩散器上的应用尚未解决。随后 Wood 等人的分析表明，Roberts 的结果可能会产生对实地稀释度的保守估计。Méndez-Díaz 和 Jirka 的实验研究表明，当 $F$>0.2 时，环境水流对羽流产生显著影响，Roberts 的结果或许仅限于那些污水射流非常接近水柱底部的情况。Tian 等人的实验结果表明，对于 $\theta$=90° 的情况，当 $F$>0.3 时，表 9.6 中给出的 $C_{LF}$ 值就是合适的，并且与 Roberts 通过狭缝扩散器实验得到的值相比，其更适合实际扩散器。

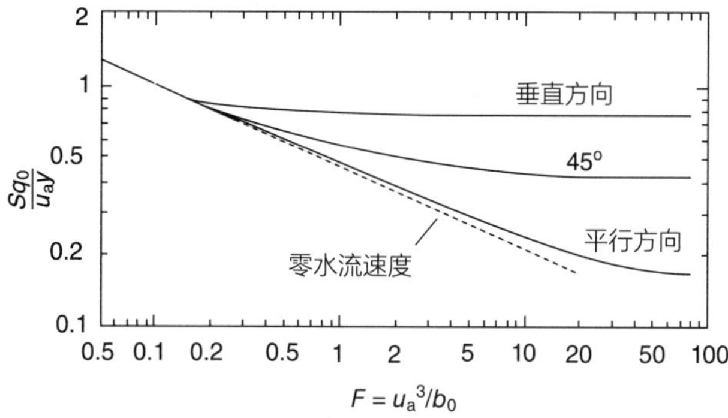


图 9.10　线羽流稀释特征

未分层环境中线羽流的稀释系数　表 9.6

| $C_{LS}$ | $C_{LF}$（$\theta$=90°） | 数据来源 | 参考文献 |
|---|---|---|---|
| 0.38 | — | 理论 | Koh 和 Brooks（1975） |
| 0.27 | 0.6 | 实验室 | Roberts（1979） |
| 0.49 | — | 实验室 | Tian 等人（2004a） |
| 0.41 | — | 实验室 | Tian 和 Roberts（2011） |
| — | 0.77 | 实验室 | Tian 等人（2004b） |

在静止环境中，与线羽流相关的扩散层通常是排放深度的 30%~40%，与静止环境中的单羽流扩散层相比是相当厚的，后者通常是排放深度的 11%~16%。扩散层的厚度 $h_n$ 随着弗劳德数（$F$）的增加而增加，并且取决于端口间距 $s_p$，有如下经验关系：

$$\frac{h_n}{y}=\begin{cases}0.65F^{1/3}, & 当 s_p=0.21y 时\\ 0.3F^{1/6}, & 当 s_p=3.0y 时\end{cases} \quad (9.43)$$

如图 9.7 所示，近场边界与排放端口之间的距离 $x_n$ 是按排放深度进行缩放的，可近似为：

$$\frac{x_n}{y}=0.9 \quad (9.44)$$

这表明近场边界与排放端口之间的距离约为 0.9 个排放深度。

## 【例题 9.3】

迈阿密（佛罗里达州）的中心区排水口通过扩散器排放处理过的生活污水，扩散器包含 5 个直径为 1.22m 的端口，间隔 9.8m，扩散器位于海洋表面以下 28.2m。平均污水流量为 5.73m³/s，第 10 百分位环境水流为 11cm/s，海水的密度为 1.024g/cm³。污水的密度可假设为 0.998g/cm³。假设扩散器可视为线源，计算垂直和平行于扩散器的水流的预期最小稀释度。评估将扩散器视为线源是否合理。

### 【解】

对于间隔 9.8m 的 5 个端口，扩散器的长度 $L$ 可视为：

$$L=4\times 9.8=39.2\text{m}$$

有效重力加速度 $g'$ 为：

$$g'=\frac{\rho_a-\rho_e}{\rho_e}g=\frac{1.024-0.998}{0.998}\times 9.81=0.256\ \text{m/s}^2$$

体积通量 $q_0$ 由下式给出：

$$q_0=\frac{Q}{L}=\frac{5.73}{39.2}=0.146\ \text{m}^2/\text{s}$$

浮力通量 $b_0$ 由下式给出：

$$b_0=q_0g'=0.146\times 0.256=0.0374\text{m}^3/\text{s}^3$$

根据给定的数据，$u_a$=11cm/s=0.11m/s，因此图 9.10 中的弗劳德数 $F$ 是：

$$F=\frac{u_a^3}{b_0}=\frac{0.11^3}{0.0374}=0.0356$$

图 9.10 表明当 $F$=0.0356 时，最小稀释度与环境水流方向无关，且：

$$\frac{Sq_0}{u_a y}=0.27F^{-1/3}=0.27\times 0.0356^{-1/3}=0.82$$

因此，与扩散器成任何角度的水流的最小稀释度 $S$ 由下式给出：

$$S=0.82\frac{u_a y}{q_0}=0.82\times\frac{0.11\times 28.2}{0.146}=17.4$$

扩散器上方的污水最小稀释度为 17.4。

由于扩散器深度 $y$ 为 28.2m，端口间距为 9.8m，则端口间距与深度之比 $s_p/y$ 为：

$$\frac{s_p}{y}=\frac{9.8}{28.2}=0.35$$

因为该比率（0.35）小于表 9.5 所示的流动环境中线羽流的限制比（0.5），因此将扩散器作为线源是合理的。将计算出的线羽流稀释度（=17.4）与例题 8.1 中计算出的单羽流稀释度（=28）进行比较，证实了对于给定的扩散器长度，包含非相互作用羽流的多端口扩散器比线羽流具有更高稀释度的断言。

在线羽流的量纲分析中考虑分层的情况，引入额外的长度尺度 $l_N$（L），定义为：

$$l_N=\frac{b_0^{1/3}}{N} \tag{9.45}$$

式中 $b_0$——由公式（9.28）定义的初始浮力通量（$L^3T^{-3}$）；

$N$——与线性密度分布相关的浮力频率（$T^{-1}$），由公式（9.20）定义。

长度尺度 $l_N$ 给出了在分层效应变得重要之前线羽流行进距离的度量。对于排入分层静止环境中的线羽流，量纲分析给出的最小近场稀释度为：

$$\frac{SqN}{b^{2/3}}=C_{LSS} \tag{9.46}$$

式中 $C_{LSS}$——常数。

公式（9.46）忽略了黏性效应、端口几何形状以及端口排水的动量通量。表 9.7 展示了文献报道的 $C_{LSS}$ 值。对于排入分层流动环境中的线羽流，量纲分析给出的最小近场稀释度为：

$$\frac{SqN}{b^{2/3}}=C_{LSF}F^{1/6} \tag{9.47}$$

式中 $C_{LSF}$——常数；

$F$——由公式（9.37）定义的弗劳德数。

公式（9.47）忽略了黏性效应、端口几何形状以及端口排水的动量通量。表 9.7 展示了文献报道的 $C_{LSF}$ 值。

分层环境中线羽流的稀释系数　　表 9.7

| $C_{LSS}$ | $C_{LSF}$（$\theta$=90°） | 数据来源 | 参考文献 |
|---|---|---|---|
| 0.86 | — | 实验室 | Daviero 和 Roberts（2006） |
| 0.88 | — | 理论 | Fischer 等人（1979） |
| 0.97 | — | 实验室 | Roberts 等人（1989a） |
| 0.73 | — | 理论 | Roberts（1979） |
| — | 1.23 | 实验室 | Tian 等人（2006） |
| 0.88 | — | 实验室 | Wallace 和 Wright（1984） |
| 0.76 | — | 实验室 | Wright 等人（1982） |

值得研究的分层环境中的线羽流的几何测量包括扩散层的厚度（污水场厚度）$h_n$（L）、上升到最小稀释水平的高度 $z_n$（L）、到扩散层顶部的高度 $z_m$（L）以及到近场区域边界的距离 $x_n$（L）。这些几何特征的测量均是通过分层长度尺度 $l_N$ 来缩放衡量的，文献报道结果如表 9.8 所示。

当满足以下条件时，来自端口间距为 $s$ 的多端口扩散器的污水可被视为线羽流：$s/y\leqslant 0.3$，$s/l_N\leqslant 0.5$，$l_M/y\leqslant 0.25$，以及 $l_M/l_N\leqslant 0.2$。

#### 9.2.1.3 设计考量

多端口扩散器的主要目的是在排放端口之间分配

分层环境中线羽流的测量 表 9.8

| | $\frac{h_n}{l_N}$ | $\frac{z_n}{l_N}$ | $\frac{z_m}{l_N}$ | $\frac{x_n}{l_N}$ | 参考文献 |
|---|---|---|---|---|---|
| 静止环境中 | 1.5 | 1.7 | 2.5 | 2.3 | Daviero 和 Roberts（2006） |
| | 1.8 | 1.7 | — | — | Roberts 等人（1989a） |
| 流动环境中 | 2.2 | $1.4F^{1/6}$（$F>0.3$） | $2.4F^{1/6}$（$F>0.3$） | — | Tian 等人（2006） |
| | — | 1.7（$F<0.1$） | 3.2（$F<0.1$） | — | Tian 等人（2006） |
| | — | $1.5F^{1/6}$（$F>0.3$） | — | — | Roberts 等人（1989b） |

污水，从而达到所需的初始稀释度。扩散器的水力设计决定了扩散器和排放端口的形状和尺寸，使得：（1）排放端口污水分布均匀；（2）通过排放端口的速度足以防止海水侵入扩散器；（3）端口直径足够大以防止堵塞；（4）扩散器管中的速度足以防止悬浮物质沉积在管内。

每个端口的污水量 $Q_0$（$LT^{-3}$）可用孔口方程估算：

$$Q_0 = C_D A_p \sqrt{2g\Delta h} \tag{9.48}$$

式中 $C_D$——排放系数（无量纲）；

$A_p$——端口面积（$L^2$）；

$g$——重力加速度（$LT^{-2}$）；

$\Delta h$——端口总水头差值（L）。

对于直接投射到扩散器壁上的端口，$C_D$ 可用下式估计：

$$C_D = \begin{cases} 0.975\left(1-\dfrac{V_d^2}{2g\Delta h}\right)^{3/8} & \text{（圆形入口）} \quad (9.49) \\ 0.63-0.58\dfrac{V_d^2}{2g\Delta h} & \text{（尖锐入口）} \quad (9.50) \end{cases}$$

式中 $V_d$——扩散器管中的速度（$LT^{-1}$）。

扩散器外的水头通常沿着扩散器保持恒定并且与海洋表面的高度相等，扩散器内的摩擦水头损失导致穿过端口的水头差 $\Delta h$ 随着沿着扩散器的距离而减小。根据公式（9.48），为了保证所有端口的排水量相等，端口面积 $A_p$ 必须沿着扩散器增加以补偿水头差 $\Delta h$ 的减小。沿着扩散器的水头损失可使用达西—维斯巴赫方程计算。对于水平扩散器，端口的尺寸可以设计为无论总排水量如何，端口排水量均是相等的。然而，当扩散器铺设在斜坡上时，端口排水量的分布取决于总污水排放量，并且不是所有水流都相同。

为使扩散器中充满水流，任何管段下游的总端口面积与管段面积之比不应超过 0.7，理想情况下应在 0.3~0.7 范围内。该标准通常要求扩散器管的直径在沿着扩散器分布的离散点处减小。

通过保持端口弗劳德数 $F_p$ 远大于 1 来防止海水进入扩散器，其中 $F_p$ 定义为：

$$F_p = \frac{u_e}{\sqrt{g'D}} \tag{9.51}$$

式中 $u_e$——端口排放速度（$LT^{-1}$）；

$g'$——有效重力加速度（$LT^{-2}$）；

$D$——端口直径（L）。

端口必须光滑，为喇叭形，足够大以防止堵塞，并且要由能够抵抗贻贝和杂草生长的材料制成。关于最小端口尺寸存在很多争议，对于未经处理的污水，典型的推荐尺寸是 200mm（8in），对于经过二次处理的污水为 65mm（2.5in），对于经过三次处理的污水为 50mm（2in）。在某些情况下，扩散器端口被一个橡胶阀覆盖，该阀可以防止海水流入扩散器。这种橡胶端口阀如图 9.11 所示，其中还显示了没有阀门的扩散器端口。

扩散器直径必须保证使扩散器中的速度超过防止悬浮固体沉积所需的临界速度。临界速度通常取决于污水的处理水平。当污水通过管道的端口排出时，扩

图 9.11 扩散器端口

散器管中的流量逐渐减小，必须减小扩散器直径使管道速度始终高于临界值。

设计浅水扩散器的长度和间隔距离通常是一个相对简单的过程，其中给出了所需的初始稀释度 $S$ 和扩散器深度 $y$，并且所需的端口排水量 $Q_0$ 可以使用单羽流方程计算得出。然后设置最小端口间距，使得相邻羽流不会合并。将总污水排放量除以 $Q_0$ 得到端口数 $N_p$。实际考虑通常要求端口间距是管段长度的倍数或分数。可以用以下关系计算出所需的扩散器长度 $L$：

$$L = (N_p - 1)s_p \tag{9.52}$$

实践中使用的设计种类繁多，端口直径通常在 10~30cm（4~12in）范围内，端口间距在 1~10m（3~30ft）范围内。端口可以是切入分配管的简单的孔，也可以是立管顶端的喷嘴，直接从管道中流出。设计深水排水口比设计浅水排水口更复杂，因为水柱中的密度梯度通常会导致污水羽流被困在水面以下，且相邻羽流合并的情况更为常见。

在实际应用中，近场稀释被假定发生在特定的调节混合区内，这可能跟与近场稀释方程相关的近场混合区的物理范围不一致。尽管存在这种不匹配，但通常假定近场稀释方程在调节混合区内产生稀释。调节混合区通常的估计是初始稀释区，其被定义为初始混合区，为从扩散器上的任意点延伸一个水深的区域，包括该区域上方的水柱。

## 【例题 9.4】

一个扩散器位于 30m 的水中，以 $5.73m^3/s$ 的速度排放经过二级处理的生活污水，初始稀释度为 20：1。防止扩散器中发生沉积所需的临界速度为 60cm/s，上游端口的总水头将由陆上泵站维持在 32m。污水密度为 $998kg/m^3$，海水密度为 $1024kg/m^3$，设计环境水流为 11cm/s。设计扩散器的长度、端口间距、端口数以及扩散器中最上游端口的直径。

## 【解】

根据给定的数据，$S$=20，$y$=30m，$Q=5.73m^3/s$，$\rho_e=998kg/m^3$，$\rho_a=1024kg/m^3$，$u_a$=11cm/s=0.11m/s。有效重力加速度 $g'$ 可以由给定数据算出：

$$g' = \frac{\rho_a - \rho_e}{\rho_e} g = \frac{1024 - 998}{998} \times 9.81 = 0.256 \text{ m/s}^2$$

羽流 / 横流长度尺度 $L_b$ 可导出为：

$$L_b = \frac{B_0}{u_a^3} = \frac{Q_0 g'}{u_a^3} = \frac{0.256 Q_0}{0.11^3} = 192 Q_0$$

扩散器将设计为具有非合并羽流的浅水扩散器。假设羽流将以公式（9.15）描述的 BDNF 方式运行，并且根据表 9.2，$C_{BDNF}$ 的值在 0.26~0.31 范围内，中间值为 $C_{BDNF}$=0.29。基于这些假设，羽流稀释度 $S$=20 满足该关系：

$$\frac{SQ_0}{u_a L_b^2} = C_{BDNF}\left(\frac{y}{L_b}\right)^{5/3}$$

$$\frac{20Q_0}{0.11(192Q_0)^2} = 0.29\left(\frac{30}{192Q_0}\right)^{5/3}$$

于是有：

$$Q_0 = 4.35 \text{ m}^3/\text{s}$$

因为总排放量 $Q$ 为 $5.73m^3/s$，则需要的端口数量 $N_P$ 为：

$$N_p = \frac{Q}{Q_0} = \frac{5.73}{4.35} = 1.3$$

因此，扩散器中应设置 2 个端口。设置 2 个端口则每个端口中的流量为 $5.73/2=2.87m^3/s$。对于 $Q_0=2.87m^3/s$ 的情况，$L_b=192Q_0=192\times2.87$=551m。因为 $y/L_b$=30/551=0.05，BDNF 假设（$y/L_b$<<1）得到验证，并且使用 2 个端口的羽流稀释度 $S$ 由下式给出：

$$\frac{SQ_0}{u_a L_b^2} = C_{BDNF}\left(\frac{y}{L_b}\right)^{5/3}$$

$$\frac{2.87S}{0.11 \times 551^2} = 0.29\left(\frac{30}{551}\right)^{5/3}$$

得到 $S$=26，该稀释度超过了 $S$=20 的目标最小稀释度。

由于扩散器深度 $y$ 为 30m，因此可以估算羽流不合并的最小端口间距 $s_p$ 为（见表 9.5）：

$$s_p = 0.5y = 0.5 \times 30 = 15\text{m}$$

使用此端口间距，所需的扩散器长度 $L$ 为：

$$L = (N_p - 1)\, s_p = (2-1) \times 15 = 15\text{m}$$

对于 60cm/s 的临界速度 $V_c$，扩散器的最大允许直径 $D_d$ 由下式给出：

$$\frac{\pi}{4}D_d^2 = \frac{Q}{V_c} = \frac{5.73}{0.60}$$

得到：$D_d$=3.48m

因此，任何直径小于或等于 3.48m 的扩散器都足以在扩散器中维持自净速度。

在扩散器的最上游端口处，通过端口的水头差 $\Delta h$ 由下式给出：

$$\Delta h=32-30=2\text{m}$$

使用直接投射到扩散器壁上的圆形入口端口，公式（9.49）给出了排放系数 $C_D$ 为：

$$C_D = 0.975\left(1-\frac{V_d^2}{2g\Delta h}\right) = 0.975\left(1-\frac{0.60^2}{2\times 9.81\times 2}\right) = 0.966$$

端口排放量由公式（9.48）给出：

$$Q_0 = C_D A_p \sqrt{2g\Delta h}$$

$$2.87 = 0.966\left(\frac{\pi}{4}D_p^2\right)\sqrt{2\times 9.81\times 2}$$

得到 $D_p$=0.777m。因此，在可用的水头差下，需要 0.777m 直径的端口来保证污水以所需排放速率排放。端口面积 $A_p$ 由下式给出：

$$A_p = \frac{\pi}{4}D_p^2 = \frac{\pi}{4}\times 0.777^2 = 0.474\ \text{m}^2$$

污水流速 $u_e$ 由下式给出：

$$u_e = \frac{Q_0}{A_p} = \frac{2.87}{0.474} = 6.05\ \text{m/s}$$

端口弗劳德数 $F_p$ 由公式（9.51）给出

$$F_p = \frac{u_e}{\sqrt{g'D_p}} = \frac{6.05}{\sqrt{0.256\times 0.777}} = 13.6$$

因为 $F_p$>>1，预计不会出现盐水进入扩散器的问题。而且，因为推荐用于排放二级处理污水的最小端口直径为 65mm，因此预计不会出现端口堵塞的问题。

总而言之，扩散器应为 15m 长，直径小于 3.48m，并且有 2 个间隔 15m 的端口。沿着扩散器的第一个端口直径为 0.777m。

### 9.2.2　远场混合

远场混合发生在初始羽流稀释（近场混合）之后。远场混合主要受洋流空间和时间变化的影响，远场模型通常适用于污水羽流的动量和浮力通量被洋流掩盖的情况。从近场到远场的过渡如图 9.12 所示，其中集中沸腾是由堆叠的羽流引起的，而羽流下游的对流是远场迁移的指示。

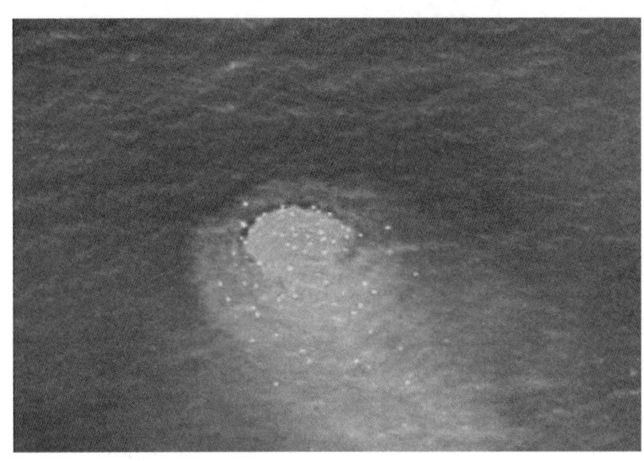

图 9.12　从近场混合到远场混合的过渡

海洋中的扩散系数随着污染羽流的大小而增加，这种现象几乎在所有的海洋示踪实验中都可以观察到，其原因在于，随着示踪云的增长，云的速度范围也会更广，这导致了增长率和扩散系数的增大。在一组具有里程碑意义的实验中，Okubo 分析了几个现场染料实验的结果，得到了海洋扩散系数作为示踪云大小的函数的经验表达式。在观察到的示踪云中，以每条等浓度线围成的面积定义一个与其面积相等的半径为 $r$ 的圆，然后用如下关系式计算整个示踪云的方差 $\sigma_{rc}^2$（$L^2$）：

$$\sigma_{rc}^2 = \frac{\int_0^\infty r_e^2 c 2\pi r_e \mathrm{d}r_e}{\int_0^\infty c 2\pi r_e \mathrm{d}r_e} \tag{9.53}$$

其中 $c$（$r_e$，$t$）（$ML^{-3}$）是在时间 $t$ 时具有半径为 $r_e$ 的等效圆的浓度。用 $\sigma_{rc}^2$ 描述示踪剂的方差可以与双变量高斯分布的方差描述作比较，双变量高斯分布需要指定沿主要和次要轴的方差。如果示踪剂的分布是高斯分布，并且沿主要和次要轴的方差分别为 $\sigma_x^2$ 和 $\sigma_y^2$，则方差 $\sigma_{rc}^2$ 可表示为：

$$\sigma_{rc}^2 = 2\sigma_x\sigma_y \tag{9.54}$$

绘制 $\sigma_{rc}^2$ 与沿海水域表层几次瞬时染料释放的时间关系图，表明以下经验关系式为观测提供了一个相当好的拟合：

$$\sigma_{rc}^2 = 0.0108t^{2.34} \tag{9.55}$$

其中 $\sigma_{rc}^2$ 以 $cm^2$ 为单位进行测量，$t$ 是自释放以来的时间，以 s 为单位测量，$t$ 值的范围在 2h 到近 1 个月。示踪云的方差作为时间的函数可用于计算表观扩散系数 $K_a$，关系式如下：

$$K_a = \frac{\sigma_{rc}^2}{4t} \tag{9.56}$$

示踪云的长度尺度 $L$ 定义为：

$$L = 3\sigma_{rc} \tag{9.57}$$

用现场染料研究的结果绘制表观扩散系数 $K_a$ 与示踪云的长度尺度 $L$ 的关系，如图 9.13 所示。这些数据显示出与经验关系的良好匹配。

$$K_a = 0.0103L^{1.15} \tag{9.58}$$

其中 $K_a$ 的单位为 $cm^2/s$，$L$ 的单位为 cm。公式(9.58)在实践中被广泛应用于估计表观扩散系数，而表观扩散系数为释放到海洋中的污染物的长度尺度的函数。Zimmerman 和 Roberts 的研究报告表明，对于几小时的行进时间，典型的表观扩散系数为 0.1~1$m^2/s$(0.3~3$ft^2/s$)；对于长达 1d 左右的时间，垂直速度剪切通常是最重要的，导致表观扩散系数大致为 10$m^2/s$（30$ft^2/s$）；而对于更长的时间，水平剪切占优势且表观扩散系数可以在 100~1000$m^2/s$（300~3000$ft^2/s$）范围内。

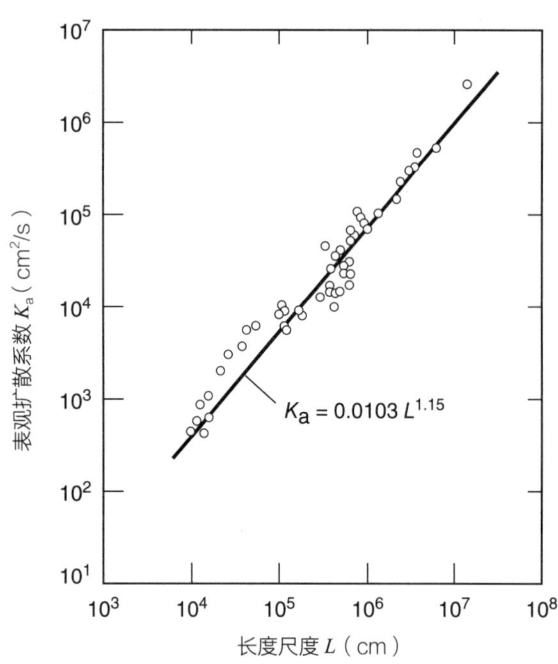


图 9.13　沿海水域表观扩散系数与长度尺度的关系

## 【例题 9.5】

（1）将特征尺寸为 50m 的油泄漏的表观扩散系数与尺寸为 100m 的油泄漏进行比较。（2）估算小型油泄漏长到 50m 所需的时间。

## 【解】

（1）表观扩散系数 $K_a$ 与油泄漏的长度尺度 $L$ 有如下关系：

$$K_a = 0.0103L^{1.15}\ cm^2/s$$

当 $L$=50m=5000cm 时，有：

$$K_a = 0.0103 \times 5000^{1.15} = 185\ cm^2/s$$

当 $L$=100m=10000cm 时，有：

$$K_a = 0.0103 \times 10000^{1.15} = 410\ cm^2/s$$

因此，当油泄漏大小增加一倍即从 50m 增加到 100m 时，表观扩散系数增加不止一倍，从 185$cm^2/s$ 增加到 410$cm^2/s$。

（2）油泄漏的方差为时间的函数，可通过下式估算：

$$\sigma_{rc}^2 = 0.0108t^{2.34}\ cm^2$$

或者：

$$\sigma_{rc} = 0.104t^{1.17}\ cm$$

以 $L=3\sigma_{rc}$ 定义长度尺度 $L$，则：

$$L = 0.312t^{1.17}\ cm$$

当 $L$=50m=5000cm 时，有：

$$5000 = 0.312t^{1.17}$$

得到 $t$=3930s=65.5min=1.09h

因此，一个小型油泄漏需要大约 1.09h 长到 50m。

对于具有紧密间隔端口的多端口扩散器，远场模型通常假设污染源是一个矩形平面，该平面垂直于羽流捕获水平的平均水流，如图 9.14 所示，其中平面区域（污染源）的宽度与扩散器的长度相等，平面区域的深度与捕获高度处的羽流厚度相等。对于非分层环境中的表面羽流，初始羽流厚度可以取为总深度的 30%。假设离开扩散器的污染物质量通量等于捕获水平处穿过污染源平面的污染物质量通量，那么有：

$$Qc_e = u_a Lhc_0 \tag{9.59}$$

式中　$Q$——污水的体积流量（$L^3T^{-1}$）；

$c_e$——污水中的污染物浓度（$ML^{-3}$）；

$u_a$——环境速度（$LT^{-1}$）；

$L$——扩散器的长度（L）；

$h$——污水场的高度（L）；

$c_0$——穿过污染源平面的污染物浓度（$ML^{-3}$）。

公式（9.59）可以改写为更简便的形式，为：

$$c_0 = \frac{Qc_e}{u_a Lh} \tag{9.60}$$

Brooks 提出了一种简单的远场模型，该模型假设

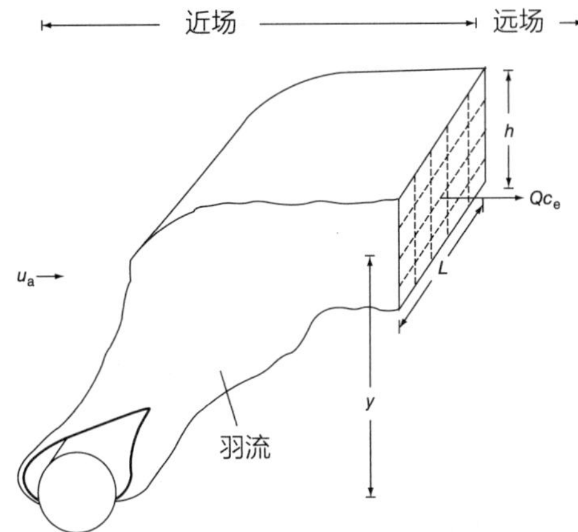


图 9.14 近场模型和远场模型间的接口

环境速度 $u_a$ 恒定，并且忽略了垂直扩散和流动方向上的扩散。这些假设通过以下观察得到证实：流动方向上的扩散通量通常远小于平流通量，垂直扩散由于浮力作用显著衰减，并且垂直扩散系数远小于横向扩散系数。因此有稳态对流－扩散方程：

$$u_a \frac{\partial c}{\partial x} = \frac{\partial}{\partial y}\left(\varepsilon_y \frac{\partial c}{\partial y}\right) \tag{9.61}$$

边界条件为：

$$c(0, y) = \begin{cases} c_0 & |y| < \dfrac{L}{2} \\ 0 & |y| > \dfrac{L}{2} \end{cases} \tag{9.62}$$

$$c(x, \pm\infty) = 0 \tag{9.63}$$

其中 $x$ 是在流动方向上（L），$y$ 是在横向（水平）方向上（L），$\varepsilon_y$ 是横向扩散系数（$L^2T^{-1}$）。Brooks 假设横向扩散系数 $\varepsilon_y$ 随着羽流的大小而增加，符合 Richardson 最初提出的四分之三定律，并得到了 Okubo 的实地结果的支持。根据四分之三定律，横向扩散系数 $\varepsilon_y$ 可以表示为以下形式：

$$\varepsilon_y = \varepsilon_0 \left(\frac{\ell}{L}\right)^{4/3} \tag{9.64}$$

式中 $\varepsilon_0$——排水口处（$x$=0）的横向扩散系数（$LT^{-2}$）；

$\ell$——羽流的横向尺寸，随着与扩散器的距离 $x$ 而变化。

羽流的横向尺寸 $\ell$ 可以用浓度分布来定义：

$$\ell = 2\sqrt{3}\sigma_y \tag{9.65}$$

式中 $\sigma_y$——距离污染源 $x$ 处的横截面浓度的标准偏差。

无法得到产生浓度分布的解析表达式，但最大浓度（沿羽流中心线）由下式给出：

$$c(x, 0) = c_0 \operatorname{erf}\left[\sqrt{\frac{3}{2\left(1+\dfrac{2}{3}\dfrac{\beta x}{L}\right)^3 - 1}}\right] \tag{9.66}$$

$\beta$ 定义为：

$$\beta = \frac{12\varepsilon_0}{u_a L} \tag{9.67}$$

对应于公式（9.66），距离污染源 $x$ 处的羽流的横向尺寸 $\ell$ 由下式给出：

$$\frac{\ell}{L} = \left(1 + \frac{2}{3}\beta\frac{x}{L}\right)^{3/2} \tag{9.68}$$

用于预测排水口下游污染物浓度的公式（9.66）已广泛应用于预测海洋排水口排放的远场混合，它的广泛应用无疑是因为其简单性以及最大浓度以可测量的数量表示的事实。

## 【例题 9.6】

一个 39.2m 长的多端口扩散器以 5.73m$^3$/s 的速度在 28.2m 的深度排放处理过的生活污水。若环境水流为 11cm/s，估算扩散器到下游稀释度等于 100 的距离。

**【解】**

用公式（9.60）估计远场模型中的初始稀释度：

$$\frac{c_e}{c_0} = \frac{u_a L h}{Q}$$

其中 $u_a$=11cm/s=0.11m/s，$L$=39.2m，$h$=0.3×28.2=8.46m，$Q$=5.73m$^3$/s，因此有：

$$\frac{c_e}{c_0} = \frac{u_a L h}{Q} = \frac{0.11 \times 39.2 \times 8.46}{5.73} = 6.37$$

即远场模型的初始羽流稀释度估计为 6.37。此初始稀释度的估计肯定不如使用近场模型估计初始稀释度那样准确，但是当远场稀释远大于近场稀释时，这种近似是可接受的。如果使用近场模型来估算初始稀释度，公式（9.60）依然有效，但是污水场的初始高度 $h$ 不再被视为深度的 30%。公式（9.66）给出的远场稀释度如下：

$$\frac{c_{\max}}{c_0}=\operatorname{erf}\left[\sqrt{\frac{3}{2\left(1+\frac{2}{3}\frac{\beta x}{L}\right)^3-1}}\right]$$

总稀释度 $c_e/c_{max}$ 由下式给出：

$$\frac{c_e}{c_{\max}}=\frac{c_e}{c_0}\cdot\frac{c_0}{c_{\max}}=6.37\left\{\operatorname{erf}\left[\sqrt{\frac{3}{2\left(1+\frac{2}{3}\frac{\beta x}{L}\right)^3-1}}\right]\right\}^{-1} \tag{9.69}$$

其中 $\beta$ 的定义由公式（9.67）给出。

扩散器的扩散系数 $\varepsilon_0$ 可用扩散器长度 $L$=39.2m=3920cm 和 Okubo 关系估算，如下：

$$\varepsilon_0=0.0103L^{1.15}=0.0103\times3920^{1.15}=140\ \mathrm{cm^2/s}$$
$$=0.014\ \mathrm{m^2/s}$$

因此公式（9.67）给出的参数 $\beta$ 为：

$$\beta=\frac{12\varepsilon_0}{u_a L}=\frac{12\times0.014}{0.11\times39.2}=0.0390$$

代入公式（9.69），得到稀释度为 100 时与扩散器的距离 $x$，有：

$$100=6.37\left\{\operatorname{erf}\left[\sqrt{\frac{3}{2\left(1+\frac{2}{3}\times\frac{0.0390x}{39.2}\right)^3-1}}\right]\right\}^{-1}$$

简化得到：

$$0.0637=\operatorname{erf}\left[\sqrt{\frac{3}{2(1+0.000663x)^3-1}}\right]$$

使用附录 D 中给出的误差函数得到：

$x$=10200m=10.2km

因此，稀释度在扩散器下游约 10.2km 处达到 100。

远场扩散的 Brooks 模型假设排放的污水中污染物是保守的。在污染物不是保守的并且衰减过程可以通过具有衰减参数 $k$（$T^{-1}$）的一阶反应来近似表示的情况下，公式（9.66）给出的羽流中心线的浓度分布增加为 $e^{-kx/u_a}$ 倍，如下：

$$c(x,0)=c_0e^{-kx/u_a}\operatorname{erf}\left[\sqrt{\frac{3}{2\left(1+\frac{2}{3}\frac{\beta x}{L}\right)^3-1}}\right] \tag{9.70}$$

衰减系数 $k$（$T^{-1}$）通常以时间 $T_{90}$（T）表示，即由于衰减导致质量减少 90% 所需的时间，其中：

$$T_{90}=\frac{\ln10}{k}\approx\frac{2.30}{k} \tag{9.71}$$

粪大肠杆菌和大肠杆菌是非保守示踪剂，常用作远场扩散模型中的指示生物，特别是在评估病原微生物对海滩的潜在污染方面。海洋中粪大肠杆菌的灭活主要是由太阳辐射造成的，次要原因是营养缺乏、温度、盐度和天然微生物群的捕食等。来自世界各地的实地研究报告了粪大肠杆菌的 $T_{90}$ 值白天在 0.6~2.4h，夜晚在 60~100h。夏威夷马马拉湾的一项研究表明，在白天，保守估计大肠杆菌的 $T_{90}$ 值为 6.9h，而在夜间，衰减可假设为忽略不计。在近场模型中很少考虑衰减，因为近场混合的时间尺度通常为几分钟，这比衰减过程的时间尺度短得多。在远场模型中，如果行进时间小于夜间持续时间，则忽略衰减是合理的。评估海洋排水口对海滩影响的最坏情况相当于假设在夜间持续存在陆上（风致）水流。在海洋排水口附近观察到了这种最坏情况。

## 【例题 9.7】

海洋排水口排放离岸 6km 的生活污水，在最坏情况下，陆上风导致 22cm/s 的表面水流将污染物羽流直接移向休闲海滩。近场模型表明初始稀释度为 20，并且 Brooks 模型对保守污染物的应用表明海滩与初始稀释区域（ZID）之间的稀释度为 110。如果排放的污水中粪大肠杆菌浓度为每 40000CFU/100mL，海水中 90% 衰减的时间为 6h，确定海滩上的粪大肠杆菌浓度。如果忽略衰减，这与大肠杆菌浓度相比如何？

## 【解】

根据给定的数据，$x$=6km=6000m，$u_a$=22cm/s=0.22m/s，$c_e$=40000CFU/100mL，近场和远场稀释度（忽略衰减）由下式给出：

$$\frac{c_e}{c_0}=20\ 以及\ \frac{c_0}{c_b}=110$$

其中 $c_e$ 是污水中大肠杆菌的浓度，$c_0$ 是初始稀释后的大肠杆菌浓度，$c_b$ 是海滩上的大肠杆菌浓度。忽略衰减，$c_b$ 为：

$$c_b=c_e\cdot\frac{c_0}{c_e}\cdot\frac{c_b}{c_0}=40000\times\frac{1}{20}\times\frac{1}{110}=18/100\ \mathrm{mL}$$

如果考虑衰减，$T_{90}$=6h，则公式（9.71）给出的衰减系数 $k$ 为：

$$k = \frac{\ln 10}{T_{90}} = \frac{2.30}{6} = 0.383\ \text{h}^{-1} = 0.000106\ \text{s}^{-1}$$

并且：

$$\frac{c_b}{c_0} = \frac{1}{110}e^{-kx/u_a} = \frac{1}{110}e^{-0.000106\times6000/0.22} = 0.000505$$

因此，远场稀释度为：

$$\frac{c_0}{c_b} = \frac{1}{0.000505} = 1980$$

海滩上的粪大肠杆菌浓度 $c_b$ 为：

$$c_b = c_e \cdot \frac{c_0}{c_e} \cdot \frac{c_b}{c_0} = 40000 \times \frac{1}{20} \times \frac{1}{1980} = 1/100\ \text{mL}$$

因此，考虑大肠杆菌衰减会使海滩上粪大肠杆菌的预期水平降低一个数量级。

远场混合模型比近场混合模型更复杂。Chin 和 Roberts 及 Chin 等人提出了远场混合的综合模型。由于此类努力的成本和复杂性，对排水口稀释的远场模型的现场验证是有限的。在 Roberts 等人的研究中，可以找到波士顿排水口远场混合模型的一个综合现场验证研究的例子。

## 9.3 河口

河口可以广义定义为连接河流和海洋的水体。根据这一定义，河口是复杂的过渡水体，流入为非潮汐淡水，流出为潮汐盐水。典型河口系统的示意图如图 9.15 所示。在上游段，一条非潮汐淡水河过渡到潮汐河，

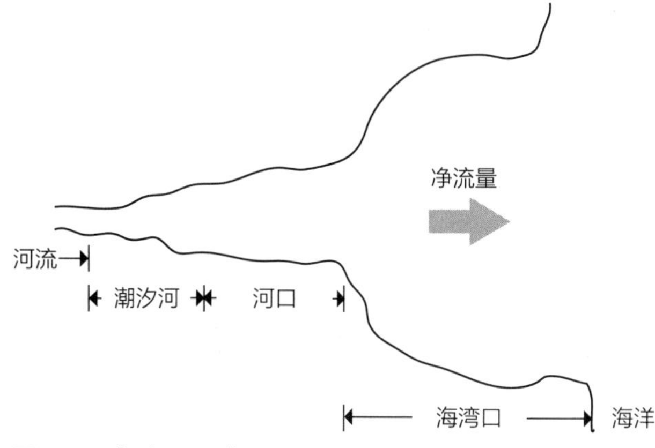


图 9.15　典型河口系统

潮汐运动在一定程度上影响流量，但水仍为淡水。潮汐河接着向河口上部过渡，这条河（物理上）看起来仍然像一条河，但是存在完全的潮汐逆转，且水是咸水。河口的下部通常会延伸到一个海湾，它是潮汐的，比河口河段的含盐量高得多。河口和海湾口的主要区别在于河口的流量可以近似为一维，而海湾口的流量则是二维或三维的，取决于海湾的深度。

因为可以很方便地利用海洋和内陆河流系统进行水运，许多大型人口和工业中心在河口附近发展起来。由这些大型人口 / 工业中心产生的废水经常被排放到河口水域，他们很少或根本没有意识到受纳河口的生物重要性或污染物在河口内保留的趋势。表 9.9 给出了美国一些主要河口及其相关水质威胁的简要说明。从该表中可以明显看出，城市和农业区的污水排放及径流是造成河口水质恶化的主要原因。

### 9.3.1　河口分类

通过使用分类系统对相似类型的河口进行比较，

美国主要河口样例　表 9.9

| 河口 | 面积 | | 流域面积 | | 特点 | 主要威胁 |
|---|---|---|---|---|---|---|
| | (km²) | (mi²) | (km²) | (mi²) | | |
| 旧金山湾 | 4140 | 16.0 | 155400 | 600 | 两条主要流入河流：Sacramento 和 San Joaquin。中央海湾的平均深度为 13.1m（43ft），南部和北部地区为 4.6~5.2m（15~17ft），最深处海拔低于 110m（360ft），位于金门大桥下 | 来自污水排放、农业和城市径流的各种污染物 |
| 长岛海峡 | 3420 | 13.2 | 43560 | 168 | 平均深度为 19.2m（63ft） | 低溶解氧，有毒物质，病原体，可漂浮的碎片，生物资源和栖息地。生活和工业废水是重要污染源 |
| 加尔维斯顿湾 | 1550 | 6.0 | 10980 | 42 | 平均深度为 2.1m（6.9ft） | 来自污水排放和城市径流的各种污染物 |
| 坦帕湾 | 1040 | 4.0 | 5700 | 22 | 四条主要流入河流：Hillsborough、Alafia、Manatee 以及 Little Manatee。平均仅有 3.7m（12ft）深 | 来自雨水和污水排放的过量氮，栖息地丧失 |

可以简化对河口的分析。最常见的分类是基于地貌和分层。河口的地貌分类如下：（1）沿海平原河口；（2）峡湾；（3）条状河口；（4）由构造活动、断裂、滑坡和火山喷发等造成的其他河口。这些类型的河口描述如下：

沿海平原河口向河口（即河口与海洋交汇的地方）平缓倾斜，有时会分层。例如切萨皮克湾、特拉华河河口和纽约湾。沿海平原河口由古河口淹没而形成，这是由于上一个冰河期末海平面上升造成的。

峡湾由冰川形成，通常是强烈分层的、深的，并且为狭窄的峡谷形状。峡湾通常有较高的纬度，许多存在于挪威和阿拉斯加。普吉特海湾是冰川冲刷形成河口的一个例子。

条状河口或泻湖是由古代沙洲（障碍岛）的破坏及其后面地区由于海平面上升导致的洪水形成的。它们通常混合良好，位于墨西哥湾沿岸或美国南大西洋地区。例如北卡罗来纳州的帕姆利科湾和佛罗里达州南部的比斯坎湾。

其他不符合前三类的河口如旧金山湾是由构造力量形成的。

浅的部分混合的河口往往非常多产，并且对养分的输入非常敏感，而狭长的深河口往往是溯河鱼类和降海产卵鱼类的迁徙路线，对营养物的输入不太敏感。溯河鱼类大部分时间生活在盐水中而会返回淡水中产卵（例如鲱鱼和鲑鱼），而降海产卵鱼类大部分时间生活在淡水中而会返回到盐水中产卵（例如鳗鱼）。

### 9.3.2 水质问题

关于河口健康的最关键的水质指标通常是溶解氧（DO）、叶绿素 a、营养物质、有毒物质和病原体。DO 是所有渔业用途水的重要水质指标。叶绿素 a 是藻类浓度和营养物质过度富集的最常用的指标，这反过来又与藻类呼吸引起的白天 DO 抑制有关。河口最受关注的营养物质是氮和磷。通常，控制磷的水平可以限制河口顶部的藻类生长，而控制氮的水平可以限制河口出口处的藻类生长;然而,这些关系取决于氮 / 磷（N/P）比和光穿透潜力等因素。过多的浮游植物会导致水面 DO 日变化较大。过多的叶绿素 a 会导致遮蔽效应，这会降低水下水生植被（SAV）的光穿透率。预防富营养化对于健康的 SAV 可能是最重要的水质要求。

污水处理厂通常是与城市地区相邻的河口的营养物质的主要来源，特别是磷。农业用地和城市土地用途代表了营养物质重要的非点源来源，尤其是氮。营养物质的点源通常比非点源更易于控制。由于从城市废水排放中除磷通常比除氮更便宜，所以控制磷排放通常是预防或逆转上游河口损害的首选方法。然而，河口上游的营养物质控制可能导致下游的藻类大量繁殖。发生这种情况是因为上游的磷控制可以减少那里的藻类繁殖，但是这样做会增加输送到下游的氮元素量，其中氮是限制性营养元素，导致那里的藻类大量繁殖。

通常必须考虑有毒物质（如杀虫剂、除草剂、重金属和氯化废水）的潜在影响，因为存在于水柱底部沉积物中过量浓度的某些有毒物质可能会妨碍 DO 和叶绿素 a 满足水质标准的河口达到指定用途（特别是渔业繁殖和海草栖息地用途）。病原菌和病毒通常不构成对河口水生生物的威胁；然而，贝类可以积累病原体，在人类捕食和食用它们时引起疾病。

### 9.3.3 盐度分布

盐度是单位质量水中盐的质量，通常以千分之一（ppt）或 g/L（当考虑水的密度时）表示；这两个单位表征的盐度大致相同。盐度与氯化物浓度存在以下近似关系式：

$$S = 1.80655c_c \tag{9.72}$$

式中 $S$——盐度（ppt）；

$c_c$——氯化物浓度（ppt 或 g/L）。

河口的盐度通常在 0~35ppt 范围内，开阔海洋的盐度大约等于 35ppt。水的密度 $\rho$ 取决于盐度 $S$ 和温度 $T$，这种关系可近似为：

$$\rho = \rho_0 + aS + bS^{3/2} + cS^2 \tag{9.73}$$

式中 $\rho$——水的密度（$kg/m^3$）；

$S$——盐度（ppt）；

$\rho_0$——淡水的密度（$kg/m^3$）；

$a$、$b$、$c$——常数。

公式（9.73）中的参数以温度 $T$（℃）表示：

$$\rho_0 = 999.84 + 6.7939\times10^{-2}T - 9.0953\times10^{-3}T^2 + 1.0017\times10^{-4}T^3 - 1.1201\times10^{-6}T^4 + 6.5363\times10^{-9}T^5 \tag{9.74}$$

$$a = 8.2449\times10^{-1} - 4.0899\times10^{-3}T + 7.6438\times10^{-5}T^2 - 8.2467\times10^{-7}T^3 + 5.3875\times10^{-9}T^4 \tag{9.75}$$

$$b = -5.7246\times10^{-3} + 1.0227\times10^{-4}T - 1.6546\times10^{-6}T^2 \quad (9.76)$$

$$c = 4.8314\times10^{-4} \quad (9.77)$$

20℃时纯水的密度约为 998kg/m$^3$，相同温度的海水密度约为 1026kg/m$^3$；因此，在稳定的等温条件下，低盐度的水会出现在高盐度的水之上。在河口，这种状况通常通过比流入的溪流更冷的海水进一步加强。

盐水中溶解氧的饱和浓度 $c_s$ 也取决于盐度 $S$ 和温度 $T$，这种关系可近似为：

$$c_s = c_0 \exp\left[-S\left(0.017674 - \frac{10.754}{T_a} + \frac{2140.7}{T_a^2}\right)\right] \quad (9.78)$$

式中　$c_s$——盐水中溶解氧的饱和浓度（mg/L）；

$c_0$——淡水中溶解氧的饱和浓度（mg/L）；

$S$——盐度（ppt）；

$T_a$——温度（K）。

$c_0$ 的值（在 1atm 的条件下）可以通过以下关系式估算：

$$c_0 = \exp\left(-139.34 + \frac{1.5757\times10^5}{T_a} - \frac{6.6423\times10^7}{T_a^2} + \frac{1.2438\times10^{10}}{T_a^3} - \frac{8.6219\times10^{11}}{T_a^4}\right) \quad (9.79)$$

从公式（9.78）可以明显看出，随着盐度的增加，DO 的饱和浓度降低。

盐度分布对河口中的混合具有显著影响。高度分层（稳定）的河口对垂直混合具有显著的抵抗力。河口中的典型（垂直）盐度剖面图如图 9.16 所示。在分层河口中，盐度存在明显的垂直变化，顶层和底层均相对均匀，中间有一个尖锐的盐度梯度。在完全混合的河口，盐度的垂直变化相对较小，部分混合的河口在分层和完全混合之间的某处有垂直的盐度分布。

河口中淡水的两个最重要的来源是溪流和降雨，溪流通常贡献更大。溪流控制的河口的盐度梯度的位置在很大程度上是溪流的作用，并且等浓度线的位置可能根据流量的高低显著变化。这反过来可能影响河口生物，导致生物数量的变化，因为生物物种随盐度的变化在变化。大多数河口物种通过迁移或其他一些机制（如贻贝可以关闭它们的壳体）来适应盐度的暂时变化而存活。然而，许多河口生物无法无限期地承受这些变化。特别值得关注的是防洪坝，它可以控制河口的排放，而不是在高流量期间产生相对较短但大规模的排放。在低流量期间运行水坝以供水可能会大大改变淡水流入河口的模式，虽然年排放量可能保持不变，但季节性变化可能对河口盐度分布及其生物群产生重大影响。

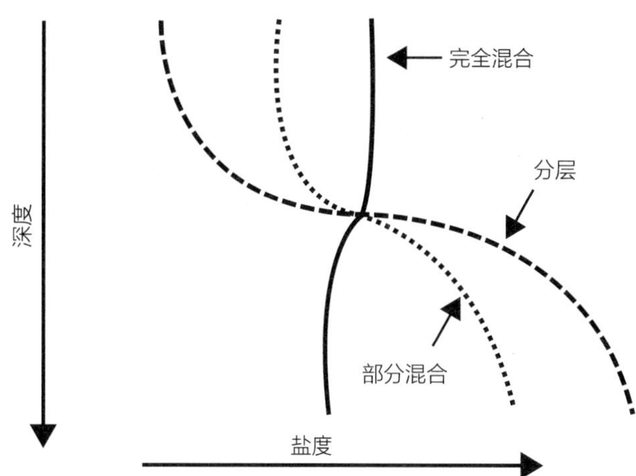


图 9.16　河口中的盐度梯度

河口的分层分类。分层最常用于对受潮汐和淡水流入影响的河口进行分类。河口的三个分层类别是：（1）高度分层的河口；（2）部分混合的河口；（3）垂直均质的河口。用于对河口分层潜力分类的主要参数是理查森数 $Ri$，其测量的是浮力与剪切力的比率，对于河口可以采用以下关系式：

$$Ri = \frac{\Delta\rho}{\rho}\frac{gQ_f}{WU_t^3} \quad (9.80)$$

式中　$\Delta\rho$——淡水和海水的密度差，通常为 25kg/m$^3$；

$\rho$——参考密度，通常为 1000kg/m$^3$；

$g$——重力加速度（m/s$^2$）；

$Q_f$——淡水流入量（m$^3$/s）；

$W$——河口的宽度（m）；

$U_t$——平均潮汐速度（m/s）。

如果 $Ri$ 很大（>0.8），预计河口将是强烈分层的并且由密度水流控制，如果 $Ri$ 很小（<0.08），预计河口将很好地混合。从混合良好的河口到强烈混合的河口的过渡发生在 $0.08 < Ri < 0.8$ 的范围内。表 9.10 列出了美国几个河口的分层分类。

### 9.3.4　溶解氧：河口 Streeter-Phelps 模型

Streeter-Phelps 模型可以适用于河口，在这种情

河口的分层分类　　表 9.10

| 类型 | 河流流量 | 案例 |
|---|---|---|
| 高度分层 | 大 | 密西西比河（路易斯安纳州） |
| | | 莫比尔河（阿拉巴马州） |
| 部分混合 | 中 | 切萨皮克湾（马里兰州、弗吉尼亚州） |
| | | 詹姆斯河河口（弗吉尼亚州） |
| | | 波托马克河（马里兰州、弗吉尼亚州） |
| 垂直均质 | 小 | 特拉华河口（特拉华州、新泽西州、宾夕法尼亚州） |
| | | 比斯坎湾（佛罗里达州） |
| | | 坦帕湾（佛罗里达州） |
| | | 旧金山湾（加利福尼亚州） |
| | | 圣地亚哥湾（加利福尼亚州） |

况下，DO 和 BOD 的控制方程由下式给出：

$$V\frac{\mathrm{d}D}{\mathrm{d}x}=K_{\mathrm{L}}\frac{\mathrm{d}^2D}{\mathrm{d}x^2}+k_{\mathrm{d}}L-k_{\mathrm{a}}D \tag{9.81}$$

$$V\frac{\mathrm{d}L}{\mathrm{d}x}=K_{\mathrm{L}}\frac{\mathrm{d}^2L}{\mathrm{d}x^2}-k_{\mathrm{r}}L \tag{9.82}$$

式中　$V$——纵向平均速度（$LT^{-1}$）；

$D$——氧亏（L）；

$x$——沿溪流的坐标（L）；

$K_L$——纵向分散系数（$L^2T^{-1}$）；

$k_d$——与溶解的有机物相关的 BOD 衰减常数（$T^{-1}$）；

$L$——剩余的 BOD（$ML^{-3}$）；

$k_a$——复氧常数（$T^{-1}$）；

$k_r$——与溶解有机物消耗的 BOD 及通过沉降去除的 BOD 相关的 BOD 衰减常数。

方程（9.81）和方程（9.82）类似于经典的 Streeter-Phelps 方程，唯一的区别在于这里包括扩散项 $K_L\mathrm{d}^2D/\mathrm{d}x^2$ 和 $K_L\mathrm{d}^2L/\mathrm{d}x^2$。方程（9.81）和方程（9.82）的解由下式给出：

$$L(x)=\begin{cases}L_0\mathrm{e}^{j_{1\mathrm{r}}x} & x\leqslant 0\\ L_0\mathrm{e}^{j_{2\mathrm{r}}x} & x\geqslant 0\end{cases} \tag{9.83}$$

$$D(x)=\begin{cases}\dfrac{k_{\mathrm{d}}L_0\alpha_{\mathrm{r}}}{k_{\mathrm{a}}-k_{\mathrm{r}}}\left(\dfrac{\mathrm{e}^{j_{1\mathrm{r}}x}}{\alpha_{\mathrm{r}}}-\dfrac{\mathrm{e}^{j_{1\mathrm{a}}x}}{\alpha_{\mathrm{a}}}\right) & x\leqslant 0\\ \dfrac{k_{\mathrm{d}}L_0\alpha_{\mathrm{r}}}{k_{\mathrm{a}}-k_{\mathrm{r}}}\left(\dfrac{\mathrm{e}^{j_{2\mathrm{r}}x}}{\alpha_{\mathrm{r}}}-\dfrac{\mathrm{e}^{j_{2\mathrm{a}}x}}{\alpha_{\mathrm{a}}}\right) & x\geqslant 0\end{cases} \tag{9.84}$$

其中 $L_0$ 是源位置（即 $x=0$）初始混合后的最终 BOD，公式（9.83）和公式（9.84）中的其他参数定义为：

$$\alpha_{\mathrm{r}}=\sqrt{1+\frac{4k_{\mathrm{r}}K_{\mathrm{L}}}{V^2}} \tag{9.85}$$

$$\alpha_{\mathrm{a}}=\sqrt{1+\frac{4k_{\mathrm{a}}K_{\mathrm{L}}}{V^2}} \tag{9.86}$$

$$j_{1\mathrm{r}}=\frac{V}{2K_{\mathrm{L}}}(1+\alpha_{\mathrm{r}}) \tag{9.87}$$

$$j_{2\mathrm{r}}=\frac{V}{2K_{\mathrm{L}}}(1-\alpha_{\mathrm{r}}) \tag{9.88}$$

$$j_{1\mathrm{a}}=\frac{V}{2K_{\mathrm{L}}}(1+\alpha_{\mathrm{a}}) \tag{9.89}$$

$$j_{2\mathrm{a}}=\frac{V}{2K_{\mathrm{L}}}(1-\alpha_{\mathrm{a}}) \tag{9.90}$$

$\alpha_r$ 和 $\alpha_a$ 的值包含重要的无量纲群，可用于测量扩散和对流的相对重要性，其中：

$$\frac{k_{\mathrm{r}}K_{\mathrm{L}}}{V^2},\frac{k_{\mathrm{a}}K_{\mathrm{L}}}{V^2}>20\ \text{扩散占主导地位} \tag{9.91}$$

$$\frac{k_{\mathrm{r}}K_{\mathrm{L}}}{V^2},\frac{k_{\mathrm{a}}K_{\mathrm{L}}}{V^2}<0.05\ \text{对流占主导地位} \tag{9.92}$$

公式（9.83）和公式（9.84）需要事先估算曝气常数 $k_a$，可以使用现场测量（如气体示踪法）或表 4.7 中任何一种适当的公式来完成。但是，必须根据以下指南选择在这些公式中使用的适当速度：

（1）当净非潮汐速度 $V_0$ 大于平均潮汐速度 $V_T$ 时，使用净非潮汐速度。

（2）当平均潮汐速度 $V_T$ 大于或等于净非潮汐速度 $V_0$ 时，使用平均潮汐速度。

平均潮汐速度 $V_T$（$LT^{-1}$）由下式给出：

$$V_{\mathrm{T}}=\frac{2}{T}\int_0^{T/2}V_{\max}\sin\left(\frac{2\pi t}{T}\right)\mathrm{d}t=\frac{2}{\pi}V_{\max} \tag{9.93}$$

适用于具有周期 $T$（T）和幅度 $V_{\max}$（$LT^{-1}$）的正弦变化的潮汐速度。

## 【例题 9.8】

一条潮汐河流的平均流速为 5cm/s，复氧常数为 $0.75d^{-1}$，纵向分散系数为 $120m^2/s$。废水排入河中，初始混合后，河水的最终 BOD 为 10mg/L，BOD 衰减常数为 $0.4d^{-1}$。如果河水的温度为 20℃，试确定排污口下游 200m 处的氧亏值，并评估考虑纵向扩散对于预测废水对河流中 DO 水平的影响是否重要。

【解】

根据给定的数据，$V$=5cm/s=4320m/d，$k_d$=$k_r$=0.4d$^{-1}$，$k_a$=0.75d$^{-1}$，$K_L$=120m$^2$/s=1.04×10$^7$m$^2$/d，$L_0$=10mg/L。公式（9.85）和公式（9.86）给出：

$$\alpha_r=\sqrt{1+\frac{4k_rK_L}{V^2}}=\sqrt{1+\frac{4\times0.4\times1.04\times10^7}{4320^2}}=1.37$$

$$\alpha_a=\sqrt{1+\frac{4k_aK_L}{V^2}}=\sqrt{1+\frac{4\times0.75\times1.04\times10^7}{4320^2}}=1.63$$

并且在 $x$>0 的条件下，联合公式（9.84）~ 公式（9.90），得到排污口下游 200m 的氧亏值为：

$$\begin{aligned}D(200)=&\frac{10\times0.4\times1.37}{0.75-0.4}\\&\left\{\frac{1}{1.37}\exp\left[\frac{4320\times200}{2\times1.04\times10^7}(1-1.37)\right]\right.\\&\left.-\frac{1}{1.63}\exp\left[\frac{4320\times200}{2\times1.04\times10^7}(1-1.63)\right]\right\}\\=&1.9\text{ mg/L}\end{aligned}$$

要考虑的相关无量纲数是：

$$\frac{k_rK_L}{V^2}=\frac{0.4\times1.04\times10^7}{4320^2}=0.22$$

$$\frac{k_aK_L}{V^2}=\frac{0.75\times1.04\times10^7}{4320^2}=0.42$$

将这些值与公式（9.91）和公式（9.92）中给出的极限值进行比较，结果表明应同时考虑对流和扩散，但两者都不占优势。

公式（9.84）可以相对于 $x$ 来区分以确定最小 DO 的位置，就像经典的 Streeter–Phelps 方程，临界点 $x_c$ 的位置以及临界氧亏 $D_c$ 由下式给出：

$$x_c=\frac{\ln\left(\frac{\alpha_r}{\alpha_a}\frac{j_{2a}}{j_{2r}}\right)}{j_{2r}-j_{2a}}\tag{9.94}$$

$$D_c=\frac{k_dL_0\alpha_r}{k_a-k_r}\left(\frac{e^{j_{2r}x_c}}{\alpha_r}-\frac{e^{j_{2a}x_c}}{\alpha_a}\right)\tag{9.95}$$

其中，从定义上来讲，在源的下游进行测量得到 $x_c$。

## 【例题 9.9】

在与废水排放初始混合后，潮汐河流的最终 BOD 为 15mg/L，BOD 衰减常数为 0.50d$^{-1}$。河流的平均流速为 3cm/s，复氧常数为 0.80d$^{-1}$，纵向分散系数为 100 m$^2$/s，温度为 20℃。试确定最大氧亏的位置及大小。

【解】

根据给定的数据：$L_0$=15mg/L，$k_d$=$k_r$=0.50d$^{-1}$，$V$=3cm/s=2592m/d，$k_a$=0.80d$^{-1}$，$K_L$=100m$^2$/s=8.64×10$^6$m$^2$/d，$T$=20℃。使用这些数据，可以计算出以下参数：

$$\alpha_r=\sqrt{1+\frac{4k_rK_L}{V^2}}=\sqrt{1+\frac{4\times0.50\times8.64\times10^6}{2592^2}}=1.89$$

$$\alpha_a=\sqrt{1+\frac{4k_aK_L}{V^2}}=\sqrt{1+\frac{4\times0.80\times8.64\times10^6}{2592^2}}=2.26$$

$$j_{1r}=\frac{V}{2K_L}(1+\alpha_r)=\frac{2592}{2\times8.64\times10^6}(1+1.89)=4.33\times10^{-4}$$

$$j_{2r}=\frac{V}{2K_L}(1-\alpha_r)=\frac{2592}{2\times8.64\times10^6}(1-1.89)=-1.33\times10^{-4}$$

$$j_{1a}=\frac{V}{2K_L}(1+\alpha_a)=\frac{2592}{2\times8.64\times10^6}(1+2.26)=4.89\times10^{-4}$$

$$j_{2a}=\frac{V}{2K_L}(1-\alpha_a)=\frac{2592}{2\times8.64\times10^6}(1-2.26)=-1.89\times10^{-4}$$

将这些参数代入公式（9.94）和公式（9.95）得出：

$$x_c=\frac{\ln\left(\frac{\alpha_r}{\alpha_a}\frac{j_{2a}}{j_{2r}}\right)}{j_{2r}-j_{2a}}=\frac{\ln\left(\frac{1.89}{2.26}\times\frac{-1.89\times10^{-4}}{-1.33\times10^{-4}}\right)}{-1.33\times10^{-4}+1.89\times10^{-4}}=3034\text{m}$$

$$\begin{aligned}D_c&=\frac{k_dL_0\alpha_r}{k_a-k_r}\left(\frac{e^{j_{2r}x_c}}{\alpha_r}-\frac{e^{j_{2a}x_c}}{\alpha_a}\right)\\&=\frac{0.50\times15\times1.89}{0.80-0.50}\left(\frac{e^{-1.33\times10^{-4}\times3040}}{1.89}-\frac{e^{-1.89\times10^{-4}\times3040}}{2.26}\right)\\&=4.9\text{ mg/L}\end{aligned}$$

根据这些计算，得到最大氧亏为 4.9mg/L，约在废水排放下游 3.04km 处。

### 9.3.5　流动与循环

不管是以怎样的方式形成，河口往往是具有高生产力的生态系统，因为河口环流模式的特征就是高生产力生态系统的特征。由于淡水的密度比同等温度的咸水小，因此河口系统中存在一种自然趋势，即从陆地径流到河口入口再到河口出口的淡水沿着地表流动；而海水移动则是沿着潮汐进出底部。这种典型的河口水运动模式如图 9.17 所示。如图 9.17 中的弯曲箭头所示，通常有一些海水向上混合到淡水中，这样一些进入底部附近河口的海水就会回流到接近水面的地方。因此，在水柱上部的河口处有一个水的净流出（淡水与一些盐水混合在一起），在水柱下部有一个海水的净流入。如果淡水进入河口的流量与海水的潮汐进出流量相比较大，那么水柱顶部的淡水和下面的盐水之间通常存在明显的界限。由于海水和淡水的混合，这个剧烈的过渡区域在接近河口时逐渐变得模糊。这样的河口通常被称为盐楔河口，因为当从纵向剖面观察河口时，水柱下部的盐水呈“楔形”。如果潮汐进出流量与淡水流量相比较大，那么除了顶部附近外，淡水和海水往往在整个河口彻底混合在一起。这样的河口通常被称为完全混合河口。毫无疑问，许多河口通常被归为具有介于典型盐楔和完全混合河口之间的环流模式的河口。重要的是要记住无论环流模式的细节是否与盐楔形、完全混合型或中间型的情况最接近，在水面附近有一个净流出的水流，在所有河口的底部附近有一个净流入。由于在河口底部有一个净流入和海水向上混合，从水面混合层下沉的碎屑和来自河口较深部分的再生营养物质不断被带回河口并混合进入地表水。悬浮的有机物质从河口表面流出，随后沉入近海或者被吃掉后排泄到近海，它们往往会被底层水

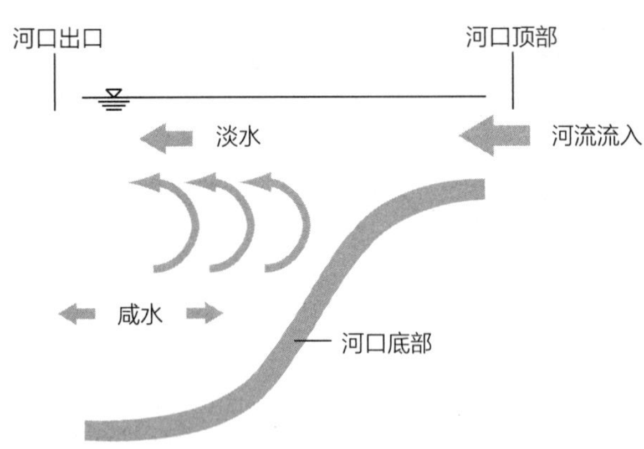


图 9.17 河口水流运动的典型模式

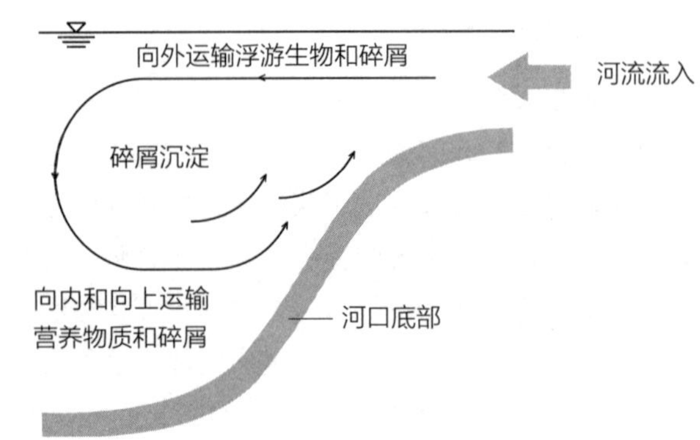


图 9.18 河口中营养物质的循环

的净流入冲回河口。图 9.18 描绘了受河口环流模式影响的河口营养物质和有机物质的循环。河口的物理循环模式为回收食物和无机营养物质提供了一种自然的机制，从而在河口系统中保持了高水平的生产。通过类似的方式，引入河口的污染物倾向于以与营养物质相同的方式再循环。因此，河口不希望接收受污染的水，因为污染物往往不会直接冲到海里并分散。如果污水被排放到分层河口的底部水层并具有中性浮力，它可以向上游移动直到它到达盐水楔的末端并且受到向海移动的上层水的影响。如果它具有负浮力，它可能永远不会向海上移动。一般来说，河口环流模式可以放大污染物排放的影响。

河口特别容易受到与人为富营养化相关的问题的影响，因为河口环流模式倾向于循环排放的营养物质，从而放大它们对生产和生物量的影响。河口是天然的富营养系统，因为河口环流模式会高效回收营养物质，并且由于其高生产率，那些沿着美国海岸线的河口被发现在美国一些重要的沿海渔业占有分量，并且作为许多与公海相关的海洋生物的繁殖和 / 或育苗场，如鲨鱼和鲸鱼。

河口潮汐屏障通常由河口处完全或部分浸没的堰组成，有时用于抑制天然潮汐的侵入、混合和冲刷过程，否则会在没有屏障的情况下发生。这些结构可以增强河口的美学、娱乐和环境质量。但是，如果设计不当，这些屏障也会导致河口水质恶化。

#### 9.3.5.1 冲刷时间

用于描述河口水流的一个重要参数是冲刷时间，冲刷时间可以定义为从河口某一点将颗粒移动到大海的平均时间。通常使用下式计算冲刷时间 $T_\mathrm{f}$（T）：

$$T_\mathrm{f} = \frac{V_\mathrm{f}}{Q_\mathrm{f}} \tag{9.96}$$

式中 $V_\mathrm{f}$——河口中的淡水体积（$\mathrm{L}^3$）；

$Q_\mathrm{f}$——淡水流入河口的速度（$\mathrm{L}^3\mathrm{T}^{-1}$）。

河口中的淡水体积 $V_\mathrm{f}$ 使用以下关系计算：

$$V_\mathrm{f} = \int_V \frac{S_0 - S}{S_0} \mathrm{d}V = V\left(1 - \frac{\bar{S}}{S_0}\right) \tag{9.97}$$

式中 $S_0$——纯海水的盐度；

$S$——河口中的盐度；

$\bar{S}$——河口中的平均盐度；

$V$——河口的体积。

河口中的平均盐度使用以下关系计算：

$$\bar{S}=\frac{1}{V}\int_V S\mathrm{d}V \quad (9.98)$$

结合公式（9.96）和公式（9.97）得出了冲刷时间：

$$T_\mathrm{f}=\frac{V}{Q_\mathrm{f}}\left(1-\frac{\bar{S}}{S_0}\right) \quad (9.99)$$

替代公式也被用于计算冲刷时间。可以使用由下式给出的纳潮量公式计算冲刷时间的下限：

$$T_\mathrm{f}=\frac{V}{V_\mathrm{tp}}T \quad (9.100)$$

式中　$V_\mathrm{tp}$——纳潮量（$\mathrm{L}^3$）；

$T$——潮汐周期（T），对于 $M_2$ 潮汐来说等于 12.42h。

如果河口的表面积在高潮和低潮之间没有显著差异，纳潮量可以通过以下公式估算：

$$V_\mathrm{tp}=\Delta H\times A_\mathrm{e} \quad (9.101)$$

式中　$\Delta H$——潮差；

$A_\mathrm{e}$——河口的平面面积。

纳潮量公式（公式（9.100））是假设涨潮时带入河口的海水与河流中的淡水完全混合，退潮时海水完全流出河口。无论用于计算冲刷时间的方法如何，长的冲刷时间通常与较差的水质条件相关，并且影响冲刷时间的因素是潮差、淡水流入和风。典型的冲刷时间从小河口的数天到大河口的几个月不等。短冲刷时间（不到 1~2 周）的河口不太可能出现藻华，因为藻类可能在大量生长之前就被冲走了。

在河口，有时使用置换时间而不是冲刷时间，并定义为河口中所有水由潮汐流代替所需的时间，并且可以使用以下关系估计置换时间 $t_\mathrm{R}$：

$$t_\mathrm{R}=0.4\frac{L^2}{E_\mathrm{L}} \quad (9.102)$$

式中　$L$——河口的长度（L）；

$E_\mathrm{L}$——纵向分散系数（$\mathrm{L^2T^{-1}}$）。

表 9.11 给出了美国和英国几个河口的纵向分散系数的大小。

**一些河口的纵向分散系数　　表 9.11**

| 河口 | 河流流量（$\mathrm{m^3/s}$） | 分散系数（$\mathrm{m^2/s}$） |
|---|---|---|
| 库伯河（SC） | 283.2 | 900 |
| 萨凡纳河（GA，SC） | 198.2 | 300~600 |
| 哈德逊河（NY） | 141.6 | 600 |
| 德瓦拉河（DE，NJ） | 70.8 | 150 |
| 菲尔河（NC） | 28.3 | 60~300 |
| 哈德逊河航道（TX） | 25.5 | 800 |
| 波托马克河（MD，VA） | 15.5 | 30~300 |
| 下拉里坦河（NJ） | 4.3 | 150 |
| 康普顿溪（NJ） | 0.3 | 30 |
| 沃平和鱼难小溪（NY） | 0.1 | 15~30 |
| 东河（NY） | 0.0 | 300 |
| 旧金山湾南部湾 | | 18~180 |
| 旧金山湾北部湾 | | 46~1800 |
| 泰晤士河（UK） | （低流量） | 53~84 |
| 泰晤士河（UK） | （高流量） | 338 |

## 【例题 9.10】

一个河口表面积为 $12\mathrm{km}^2$，平均深度为 15m，平均盐度为 10ppt，潮差为 6cm，潮汐周期为 12.42h。流入河口的河流平均流量为 $10\mathrm{m^3/s}$，周围沿海水域的平均盐度为 35ppt。试估计河口的冲刷时间。

**【解】**

根据给定的数据：$A_\mathrm{e}$=12km$^2$=1.2×10$^7$m$^2$，$H$=15m，$\bar{S}$=10ppt，$\Delta H$=6cm=0.06m，$T$=12.42h=0.5175d$^{-1}$，$Q_\mathrm{f}$=10m$^3$/s=8.64×10$^5$ m$^3$/d，$S_0$=35ppt。河口的体积 $V$ 和纳潮量 $V_\mathrm{tp}$ 可以由以下关系式估算：

$$V=A_\mathrm{e}H=1.2\times10^7\times15=1.8\times10^8\ \mathrm{m}^3$$

$$V_\mathrm{tp}=A_\mathrm{e}\times\Delta H=1.2\times10^7\times0.06=7.2\times10^5\ \mathrm{m}^3$$

如果使用公式（9.99）来估计冲刷时间 $T_\mathrm{f}$，则：

$$T_\mathrm{f}=\frac{V}{Q_\mathrm{f}}\left(1-\frac{\bar{S}}{S_0}\right)=\frac{1.8\times10^8}{8.64\times10^5}\left(1-\frac{10}{35}\right)=149\ \mathrm{d}$$

或者，如果使用公式（9.100）来估计冲刷时间 $T_\mathrm{f}$，则：

$$T_\mathrm{f}=\frac{V}{V_\mathrm{tp}}T=\frac{1.8\times10^8}{7.2\times10^5}\times0.5175=129\ \mathrm{d}$$

因此，估算的河口的冲刷时间范围为 129~149d。

#### 9.3.5.2　净流量

在以潮汐流为主的河口中，横向平均流量有时可以近似为呈正弦变化，潮汐流入发生在半正弦涨潮，潮汐流出发生在半正弦退潮；当潮汐反向时，流量为零，这种情况称为平潮。退出河口的流量 $Q$（$L^3T^{-1}$）可以表示为以下关系：

$$Q=\begin{cases} Q_e\sin\left[\dfrac{\pi t}{T_e}\right] & 0\leqslant t\leqslant T_e \\ Q_f\sin\left[\pi+\dfrac{\pi(t-T_e)}{T_f}\right] & T_e\leqslant t\leqslant T_e+T_f \end{cases} \tag{9.103}$$

式中 $Q_e$、$Q_f$——分别是退潮和涨潮时的最大流量（$L^3T^{-1}$）；

$t$——时间（T）；

$T_e$、$T_f$——分别是退潮和涨潮的持续时间（T）。

根据公式（9.103）给出的正弦近似，在每个潮汐周期中河口的净流出量 $V_{out}$ 是：

$$V_{out}=Q_e\int_0^{T_e}\sin\left[\frac{\pi t}{T_e}\right]dt+Q_f\int_0^{T_f}\sin\left[\pi+\frac{\pi(t-T_e)}{T_f}\right]dt \tag{9.104}$$

上式可以简化为：

$$V_{out}=\frac{2}{\pi}(Q_eT_e-Q_fT_f) \tag{9.105}$$

当 $V_{out}$ 很小时，应该谨慎使用公式（9.105），因为这个结果通常对应于大流出量约等于大流入量的情况，在这种情况下，可能没有或很少有数值上的差异。

## 【例题 9.11】

在洪水循环期间，到一个小河口的潮汐峰值流入量估计为 $5.0\times10^4 m^3/s$，并且在退潮周期内的峰值流出量估计为 $6.0\times10^4 m^3/s$。如果洪水和退潮周期各持续约 12h，试估算每个潮汐周期河口的净流出量。

### 【解】

根据给定的数据：$Q_f=5.0\times10^4 m^3/s$，$Q_e=6.0\times10^4 m^3/s$，$T_f=T_e=12h$。洪水量 $V_f$、落潮量 $V_e$ 和净流出量 $V_{out}$ 如下：

$$V_f=\frac{2}{\pi}Q_fT_f=\frac{2}{\pi}\times5.0\times10^4\times12\times3600=2.16\times10^9\ m^3$$

$$V_e=\frac{2}{\pi}Q_eT_e=\frac{2}{\pi}\times6.0\times10^4\times12\times3600=2.592\times10^9\ m^3$$

$$V_{out}=2.592\times10^9-2.16\times10^9=4.32\times10^8\ m^3$$

因此，每个潮汐循环期间的净流出量为 $4.32\times10^8 m^3$。这是退潮量的 17% 和洪水量的 20%，因此估计的流出量是合理的。

## 习题

1. 单口排水口将处理后的城市污水排放到 15m 深的非分层静态海洋中。排水口直径为 0.7m，排水速度为 3m/s，废水密度为 998kg/m³，环境海水密度为 1024kg/m³。试估算羽流稀释度。

2. 重复习题 1，对于环境水流为 15cm/s 的情况，确定羽流从 BDNF 变为 BDFF 状态的大致流速。

3. 海洋排水口在 31m 的深度处通过扩散器排放，该扩散器包含 7 个直径 1m、间隔 10m 的端口。平均污水流量为 7.5m³/s，环境水流为 8cm/s，环境海水密度为 1.024g/cm³，污水密度为 0.998g/cm³。确定污水羽流的长度尺度，并计算最小稀释度（忽略相邻羽流的合并）。

4. 废水以 1.5m³/s 的速度从海洋表面以下 40m 处的单个端口排出。海洋通常是分层的，在排放深度处的密度为 1025.5kg/m³，在海洋表面处的密度则为 1023.5kg/m³。排放的淡水密度为 998kg/m³。试估算羽流的稀释度、上升高度和污水场厚度。速度为 10cm/s 的水流对这些羽流特征有何影响？

5. 一个排污口在 20m 深的水中以 3m³/s 的速度排放处理过的生活污水，其中第 10 百分位的水流流速为 5cm/s。

（1）如果将废水简单地从直径为 900mm 的排水管末端排出，废水会被稀释多少？

（2）如果废水沿着 12m 长的扩散器通过间隔很小的端口排出，废水会被稀释多少？假设废水和海水密度为典型值。

6. 重复习题 3，将扩散器视为线源。

（1）分别计算垂直于和平行于扩散器的水流的稀释度。

（2）确定羽流稀释度与水流方向无关时的污水排放速率。

7. 使用公式（9.41）推导出在静态环境中槽羽的稀释度的表达式。用 $y$、$g'$、$L$ 和 $Q$ 表示稀释度。

8. 在 20m 深度处设计一个排放 1.75m³/s 污水的海洋排水扩散器，并实现近场稀释度为 25 ∶ 1。污水密度为 998kg/m³，海水密度为 1024kg/m³。

（1）如果忽略环境水流的稀释效应，确定扩散器所需的长度，并说明关于端口间距的假设。

（2）如果污水只是简单地从排水管的末端排出，会达到什么样的稀释效果？根据你的分析，在这种情况下，扩散器或管末端排放哪种方式更可取？

9. 扩散器位于 28 m 深的水中，以 3.90$m^3$/s 的速率排放经过初级处理的生活污水，并提供 30 ： 1 的初始稀释。防止在扩散器中沉积所需的临界速度为 60cm/s，并且上游端口的总水头维持在 31m。废水的密度可取为 998kg/$m^3$，海水密度为 1024kg/$m^3$，排水口应设计为静态的环境条件。试设计扩散器的长度、端口间距、端口数量以及扩散器中最上游端口的直径。

10. 15kg 的罗丹明 WT 染料块在一点瞬间释放到海洋中，在可以看到染料的情况下，在日光照射的 12h 内每隔 3h 测量染料的浓度分布。染料云的水平方差随时间的变化见表 9.12。

**染料云的水平方差随时间的变化　　表 9.12**

| 时间 $t$（h） | $\sigma_z^2$（$cm^2$） | $\sigma_y^2$（$cm^2$） |
|---|---|---|
| 0 | $1.1 \times 10^4$ | $1.2 \times 10^4$ |
| 3 | $3.3 \times 10^7$ | $3.0 \times 10^7$ |
| 6 | $1.5 \times 10^8$ | $1.6 \times 10^8$ |
| 9 | $4.1 \times 10^8$ | $3.9 \times 10^8$ |
| 12 | $7.9 \times 10^8$ | $7.7 \times 10^8$ |

试估计表观扩散系数关于时间的函数。并将你的结果与 Okubo 关系进行比较（公式 9.58）。

11.（1）将特征尺寸为 100m 的污染云的表观扩散系数与尺寸为 200m 的污染云的表观扩散系数进行比较。

（2）估算小型污染物泄漏长到 100m 所需的时间。

12. 一个 50m 长的多端口扩散器以 6.5$m^3$/s 的速率在 32m 的深度排放污水。如果环境水流为 20 cm/s，估算扩散器到下游稀释度等于 150 的距离。假设初始污水场厚度为深度的 30%。

13. 如果使用 Roberts 的线羽流模型更严密地分析习题 12 中描述的排水口的近场混合，请比较假定的污水场厚度（30%）与使用近场稀释模型得出的厚度。假设水流垂直于排水口，排水密度为 998kg/$m^3$，海水密度为 1025kg/$m^3$，羽流中的平均稀释度为最小稀释度的$\sqrt{2}$倍。

14. 当环境水流为 15cm/s 时，调节混合区的边界距离海洋排水口 500m。在混合区内，近场模型和远场模型表明废水中含有的保守污染物的稀释度分别为 18 和 40。

（1）混合区边界的保守污染物稀释度是多少？

（2）如果海水中污染物衰减 90% 的时间为 2h，那么这种污染物在混合区边界的稀释度是多少？

15. 为什么在近场稀释模型中不考虑衰减？

16. 近场海洋排水口稀释模型表明，达到最小初始稀释度 $S$ 所需的扩散器长度 $L$（m）由下式给出：

$$L = 0.277S^{3/2}$$

排水口距离一个受欢迎的海滩 20km，预计风引起的流向海滩的水流最大流速为 30 cm/s。污水中的粪大肠菌群浓度为 80000CFU/100mL，海滩上粪大肠菌群的最大允许浓度为 200CFU/100mL。试估算排水口所需的最小长度。在你的分析中，如何证明忽略粪大肠菌群衰减？还有哪些其他因素可以决定扩散器长度的选择？

17.（1）佛罗里达州好莱坞市通过位于海上 3.05km 处的单口排污口排放处理过的生活污水。这个排污口只是一个直径 1.52m、深度为 28.5m 的开口管。排污口位置第 10 百分位的水流流速为 8cm/s，排污口的水流排放速度在 0.88~1.93$m^3$/s 范围内变化，平均值为 1.40$m^3$/s。海水的平均密度为 1.024g/$cm^3$，污水的平均密度为 0.998g/$cm^3$。使用长度尺度分析来评估环境水流是否对近场羽流稀释产生显著影响。试估算排污口的预期稀释度。将计算出的稀释度与完全忽略水流影响时的稀释度进行比较。这个结果是否证实了你的长度尺度分析？佛罗里达州行政法典 62–4.244（3）（c）对所有位于佛罗里达州的排污口有以下要求：“应通过使用多端口扩散器或单一端口排污口来确保快速稀释，该排污口设计为在污水到达水面之前实现至少 20 : 1 的稀释。”好莱坞市的排污口符合这些规定的要求吗？

（2）在好莱坞市工作的工程师建议用一个直径为 1m、端口间隔 5m 的三端口扩散器替换单一端口排污口。这个精明的工程师声称最好将端口隔开，这样羽流不会合并。试比较羽流不合并时与合并时的稀释度。

（3）假设近场稀释度为 30，具有合并羽流的三端口扩散器，污水中的大肠菌群浓度为 100000CFU/100mL，估计最靠近扩散器的海滩处的大肠菌群浓度。如果海滩的大肠菌群浓度标准是 50CFU/100mL，那么海滩是否应该对公众开放？

18. 废水排入平均流速为 5cm/s 的大潮汐河流，复氧速率常数为 0.6$d^{-1}$，纵向分散系数为 30 $m^2$/s。在与废水初始混合后，河流的最终 BOD 为 15mg/L，BOD 衰减常数为 0.3$d^{-1}$。在确定排污口下游 1km 处的氧亏时考虑纵向分散。评估在这种情况下考虑纵向分散是否重要。

19. 潮汐河的平均速度为 1cm/s，复氧常数为 0.75 $d^{-1}$，纵向分散系数为 50$m^2$/s，温度为 20℃。在与废水初始混合后，河流的最终 BOD 为 12mg/L，BOD 衰减常数为 0.55$d^{-1}$。试确定最大氧亏的位置及大小。

20. 一个河口表面积为 20$km^2$，平均深度为 7.5m，平均盐度为 15ppt，潮差为 10cm，潮汐周期为 12.42h。进入河口的平均淡水流量为 15$m^3$/s，周围沿海水域的平均盐度为 35ppt。试估计该河口的冲刷时间。

21. 在洪水循环期间某河口的潮汐峰值流入量估计为 $2.0 \times 10^4 m^3/s$，并且在退潮周期内的峰值流出量估计为 $1.5 \times 10^4 m^3/s$。如果洪水和退潮周期各持续约 12h，试估算每个潮汐周期河口的净流出量。

# 第 10 章　水质测量分析

## 10.1　引言

水质数据通常由随机变量的测量值组成，这些随机变量只能用概率分布来表征。此类数据与测量值不变的确定性变量形成对比。导致水质变化随机性的因素包括天然的时空变异性与人为的测量偏差。

用来描述随机变量的概率分布是许多水质数据分析方法的基础。然而，真正遵循概率分布的水质变量很少，如果明确遵循该分布，也必须根据检测数据近似估算。使用测量数据来估算随机变量的随机性质是统计学领域常用的方法。因此，需要了解概率和统计的基本原理，以适当应用分析水质数据时常用的数据分析方法。水质标准有时以概率的形式表述，在这种情况下必须对水质测量数据进行概率分析。

概率论和统计学的领域相当广泛。然而，在分析水质数据时通常遇到的条件非常狭窄，因此采用概率论和统计学的方法来分析水质数据是适当的。本章的目的是提供这样一个阐述。

## 10.2　概率分布

概率函数定义了随机过程的结果与该结果发生的概率之间的关系。如果样本空间 $S$ 包含离散元素，则样本空间称为离散样本空间；如果 $S$ 是连续的，则样本空间称为连续样本空间。随机变量的样本空间通常用大写字母（例如 $X$）表示，相应的小写字母表示样本空间的元素（例如 $x$）。离散概率分布描述了离散样本空间中结果的概率，连续概率分布描述了连续样本空间中结果的概率。水质数据通常是从一个连续样本空间得出的，所以本章的重点是连续概率分布。

### 10.2.1　概率分布的性质

如果 $X$ 是一个具有连续样本空间的随机变量，那么可能的结果数目是无限的，并且任何单个 $X$ 值出现的概率都是零。可通过将结果在 $[x, x+\Delta x]$ 范围内的概率定义为 $f(x)\Delta x$ 来解决这个问题，其中 $f(x)$ 是概率密度函数。根据此定义，任何有效的概率密度函数都必须满足以下两个条件：

$$f(x) \geqslant 0 \quad 和 \quad \int_{-\infty}^{+\infty} f(x')\,\mathrm{d}x' = 1 \tag{10.1}$$

用 $F(x)$ 表示的累积分布函数（CDF）描述随机过程的结果小于或等于 $x$ 的概率，并且通过以下方程式与概率密度函数相关：

$$F(x) = \int_{-\infty}^{x} f(x')\mathrm{d}x' \tag{10.2}$$

该式也可以写作：

$$f(x) = \frac{\mathrm{d}F(x)}{\mathrm{d}x} \tag{10.3}$$

在描述多于一个随机变量的概率分布时，使用联合概率密度函数。在有两个变量 $X$ 和 $Y$ 的情况下，$x$ 在 $[x, x+\Delta x]$ 范围内且 $y$ 在 $[y, y+\Delta y]$ 范围内的概率近似为 $f(x, y)\Delta x\Delta y$，其中 $f(x, y)$ 是 $x$ 和 $y$ 的联合概率密度函数。从联合概率密度函数可以引出其他概率分布如二元累积分布函数（CDF）$F(x, y)$、边际概率密度函数 $g(x)$ 和 $h(y)$ 以及条件概率密度函数 $p(x|y_0)$，它们被定义为：

$$F(x, y) = \int_{-\infty}^{x}\int_{-\infty}^{y} f(x', y')\,\mathrm{d}x'\,\mathrm{d}y' \tag{10.4}$$

$$g(x) = \int_{-\infty}^{\infty} f(x, y')\,\mathrm{d}y' \tag{10.5}$$

$$h(y) = \int_{-\infty}^{\infty} f(x', y)\,\mathrm{d}x' \tag{10.6}$$

$$p(x|y_0) = f(x, y_0) \tag{10.7}$$

其中 $p(x|y_0)$ 是 $y_0$ 在 $[y_0, y_0 + \mathrm{d}y_0]$ 范围内时 $x$ 的概率密度。类似的表达式可以由多于两个变量的联合概率密度函数导出。

### 10.2.2 数学期望与矩

假设 $x$ 是随机变量 $X$ 的结果，$f(x)$ 是 $X$ 的概率密度函数，$g(x)$ 是 $x$ 的任意函数，那么 $g$ 的期望值 $E(g)$ 由以下方程定义：

$$E(g)=\int_{-\infty}^{+\infty} g(x)f(x)\,\mathrm{d}x \tag{10.8}$$

有几个随机函数在表征随机变量的分布方面特别有用。第一个很简单，即：

$$g(x)=x \tag{10.9}$$

在这种情况下，$E(g)=E(x)$ 对应于无穷多个实际结果的算术平均值。$E(x)$ 的值被称为随机变量的均值，通常用 $\mu_x$ 表示。根据方程（10.8），连续随机变量的 $\mu_x$ 由下式定义：

$$\mu_x=\int_{-\infty}^{+\infty} xf(x)\,\mathrm{d}x \tag{10.10}$$

常用的第二个随机函数是：

$$g(x)=(x-\mu_x)^2 \tag{10.11}$$

这等于随机结果与其平均值的偏差的平方。这个值的期望值被称为随机变量的方差，通常用 $\sigma_x^2$ 表示。根据方程（10.8），连续随机变量的方差由下式给出：

$$\sigma_x^2=\int_{-\infty}^{+\infty}(x-\mu_x)^2 f(x)\,\mathrm{d}x \tag{10.12}$$

方差的平方根 $\sigma_x$ 被称为 $x$ 的标准偏差，表示随机变量偏离其平均值的平均幅度。随机变量出现的随机结果小于或大于均值 $\mu_x$，这些结果关于 $\mu_x$ 的对称性是通过偏态或偏态系数来衡量的，其是以下函数的期望值：

$$g(x)=\frac{(x-\mu_x)^3}{\sigma_x^3} \tag{10.13}$$

如果随机结果关于均值是对称的，则偏态等于零；否则，非对称分布将具有正或负偏态。现在还没有表示偏态的通用符号，但在本书中偏态将由 $g_x$ 表示。对于连续的随机变量有：

$$g_x=\frac{1}{\sigma_x^3}\int_{-\infty}^{+\infty}(x-\mu_x)^3 f(x)\,\mathrm{d}x \tag{10.14}$$

参数 $\mu_x$、$\sigma_x$ 和 $g_x$ 分别为均值、均值可变性和均值对称性的量度。

在双变量概率密度函数如 $f(x, y)$ 的情况下，随机变量 $x$ 和 $y$ 的协方差通常用 $\sigma_{xy}$ 表示，并被定义为：

$$\sigma_{xy}=\int_{-\infty}^{+\infty}(x-\mu_x)(y-\mu_y)f(x,y)\mathrm{d}x\mathrm{d}y \tag{10.15}$$

$x$ 和 $y$ 的方差由下式给出：

$$\sigma_x^2=\int_{-\infty}^{+\infty}\int_{-\infty}^{+\infty}(x-\mu_x)^2 f(x,y)\mathrm{d}x\mathrm{d}y \tag{10.16}$$

$$\sigma_y^2=\int_{-\infty}^{+\infty}\int_{-\infty}^{+\infty}(y-\mu_y)^2 f(x,y)\mathrm{d}x\mathrm{d}y \tag{10.17}$$

涉及两个以上随机变量的概率密度函数的类似表达式也有待发展；然而，这些功能在分析水质数据时并没有得到广泛使用。

## 10.3 概率分布基本原理

通常使用概率分布对彼此独立的水质数据进行分析。在这种情况下，首先将数据与总体概率分布进行匹配，然后使用总体概率分布对数据进行概率分析。用于分析水质数据的总体概率分布有很多种。这些概率分布大部分源自于正态分布或对数正态分布。

### 10.3.1 正态分布

正态分布（也称为高斯分布）是描述连续随机变量的概率密度的对称钟形曲线。正态分布的函数形式由下式给出：

$$f(x)=\frac{1}{\sigma_x\sqrt{2\pi}}\exp\left[-\frac{1}{2}\left(-\frac{x-\mu_x}{\sigma_x}\right)^2\right] \tag{10.18}$$

式中参数 $\mu_x$ 和 $\sigma_x$ 分别等于 $x$ 的均值和标准偏差。正态分布的随机变量通常用简写符号 $N(\mu,\sigma^2)$ 来描述，正态分布的形状如图 10.1 所示。由于正态分布的随机变量范围是 [−∞, ∞]，而且许多水质变量的负值是没有

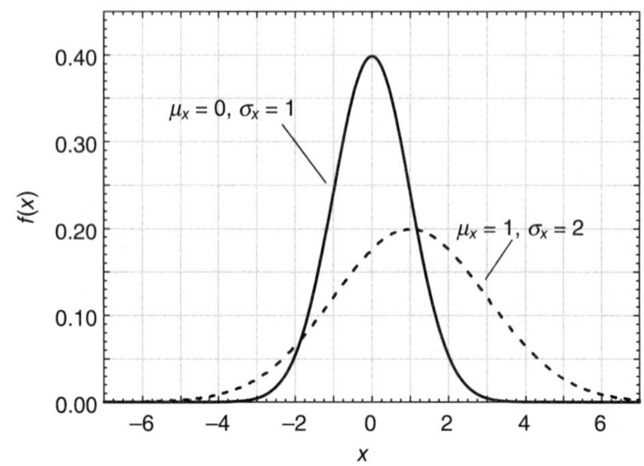


图 10.1 正态概率分布

意义的，所以大多数水质参数不符合正态分布。但是，如果随机变量的均值比其标准偏差大 3 倍或 4 倍以上，那么在许多情况下，正态分布假设的误差可忽略。

通常使用由下式定义的标准正态偏差 $z$ 更方便：

$$z=\frac{x-\mu_x}{\sigma_x} \tag{10.19}$$

式中 $x$ 是正态分布的。因此 $z$ 的概率密度函数由下式给出：

$$f(z)=\frac{1}{\sqrt{2\pi}}\mathrm{e}^{-z^2/2} \tag{10.20}$$

公式（10.19）可确保 $z$ 是均值为 0、方差为 1 的正态分布，因此是属于 $N$（0，1）的变量。标准正态偏差的累积分布 $F$（$z$）由下式给出：

$$F(z)=\int_{-\infty}^{z}f(z')\,\mathrm{d}z'=\frac{1}{\sqrt{2\pi}}\int_{-\infty}^{z}\mathrm{e}^{-z'^2/2}\,\mathrm{d}z' \tag{10.21}$$

式中 $F$（$z$）有时被称为标准正态曲线下的面积，这些值列于附录 C.1。$F$（$z$）的值可以用解析关系近似得出：

$$F(z)\approx\begin{cases}B, & z\leqslant 0\\ 1-B, & z\geqslant 0\end{cases} \tag{10.22}$$

式中：

$$B=\frac{1}{2}\Big[1+0.196854|z|+0.115194|z|^2+0.000344|z|^3+0.019527|z|^4\Big]^{-4} \tag{10.23}$$

使用公式（10.22）时的 $F$（$z$）误差小于 0.00025。累积分布函数（CDF）$F$（$z$）可以从大多数电子表格和统计程序以及许多在线实用程序轻松方便地获得。对于正态分布的变量，约 68% 的值位于均值的 1 个标准偏差内，约 95% 的值位于均值的 2 个标准偏差内。

## 【例题 10.1】

湖中的水质样本显示污染物浓度随机波动，可以近似为正态分布，均值为 10mg/L，标准偏差为 3mg/L。（1）估计污染物浓度超过 12 mg/L 的可能性；（2）估计只有 5% 的时间可能超过的污染物浓度。

## 【解】

根据给定的数据：$\mu_x$=10mg/L，$\sigma_x$=3mg/L。假定抽样的总体分布是正态分布。

（1）对于 $x$ = 12mg/L 的浓度，相应的标准正态偏差 $z$ 和相应的 $B$ 值由下式给出：

$$z=\frac{x-\mu_x}{\sigma_x}=\frac{12-10}{3}=0.6667$$

$$\begin{aligned}B&=\frac{1}{2}\Big[1+0.196854|z|+0.115194|z|^2+0.000344|z|^3+0.019527|z|^4\Big]^{-4}\\&=\frac{1}{2}\Big[1+0.196854\times0.6667+0.115194\times0.6667^2+0.000344\times0.6667^3+0.019527\times0.6667^4\Big]^{-4}\\&=0.2524\end{aligned}$$

因此 $z$=0.6667，$B$=0.2524，由公式（10.22）得到浓度小于 12mg/L 的概率为：

$$F(0.6667)=1-B=1-0.2524=0.7476$$

因此浓度超过 12mg/L 的可能性为 1–0.7476=0.2524，或约 25%。

（2）$x_{95}$ 是超过 5% 时间的浓度，$z_{95}$ 是相应的标准正态偏差，则：

$$F(z_{95})=0.95$$

$$B_{95}=1-F(z_{95})=0.05$$

使用公式（10.23）要求，

$$B_{95}=\frac{1}{2}\Big[1+0.196854|z_{95}|+0.115194|z_{95}|^2+0.000344|z_{95}|^3+0.019527|z_{95}|^4\Big]^{-4}$$

$$0.05=\frac{1}{2}\Big[1+0.196854|z_{95}|+0.115194|z_{95}|^2+0.000344|z_{95}|^3+0.019527|z_{95}|^4\Big]^{-4}$$

可以用数字方式求解（例如用电子数据表中的求解器工具），得出 $z_{95}$=1.643，因此：

$$z_{95}=\frac{x_{95}-\mu_x}{\sigma_x}$$

$$1.643=\frac{x_{95}-10}{3}$$

得出 $x_{95}$=14.9mg/L。因此，只有 5% 的时间会超过 14.9mg/L 的浓度。低于 5% 的时间会出现更高的浓度。

任何随机变量都可预期遵循正态分布是由中心极限定理所决定的。该定理指出：

如果 $S_n$ 是 $n$ 个独立同分布的随机变量 $X_i$ 的总和，每个随机变量的均值为 $\mu$，方差为 $\sigma^2$，则在 $n$ 的极限值接近无穷大时，$S_n$ 的分布接近正态分布，其均值为 $n\mu$，方差为 $n\sigma^2$。

虽然极少情况下能确定水质变量是独立同分布随机变量的总和，但在一些非常普遍的条件下，可以证明，如果 $X_1$，$X_2$，…，$X_n$ 是 $n$ 个均值为 $\mu_1$，$\mu_2$，…，$\mu_n$ 且标准偏差分别为 $\sigma_1^2$，$\sigma_2^2$，…，$\sigma_n^2$ 的随机变量，则总和 $S_n$ 定义为：

$$S_n = X_1 + X_2 + \cdots + X_n \tag{10.24}$$

$S_n$ 是一个随机变量，其概率分布接近正态分布，其均值 $\mu$ 和方差 $\sigma^2$ 由下式给出：

$$\mu = \sum_{i=1}^{n} \mu_i \tag{10.25}$$

$$\sigma^2 = \sum_{i=1}^{n} \sigma_i^2 \tag{10.26}$$

应用该结果通常需要总和 $S_n$ 中包括大量的独立变量，并且每个 $X_i$ 的概率分布对 $S_n$ 的分布的影响可以忽略不计。

### 10.3.2 对数正态分布

在随机变量 $X$ 等于 $n$ 个随机变量 $X_1$，$X_2$，…，$X_n$ 的乘积的情况下，即：

$$X = X_1 X_2 \cdots X_n \tag{10.27}$$

那么 $X$ 的对数等于 $n$ 个随机变量对数的和，即：

$$\ln X = \ln X_1 + \ln X_2 + \cdots + \ln X_n \tag{10.28}$$

因此，根据中心极限定理，ln$X$ 将是渐近正态分布的，并且 $X$ 被认为具有对数正态分布。随机变量 $Y$ 由下式定义：

$$Y = \ln X \tag{10.29}$$

如果 $Y$ 是正态分布的，则可以用随机函数理论表示 $X$ 的概率密度函数，即对数正态分布，由下式给出：

$$f(x) = \frac{1}{x\sigma_y\sqrt{2\pi}}\exp\left[-\frac{1}{2}\left(\frac{\ln x-\mu_y}{\sigma_y}\right)^2\right], \quad x>0 \tag{10.30}$$

式中 $\mu_y$ 和 $\sigma_y^2$ 分别是 $Y$ 的均值和方差。对于 $\mu_y$ 和 $\sigma_y$ 的各值，对数正态分布的形状如图 10.2 所示。

根据对数转换变量 $\mu_y$ 和 $\sigma_y$ 的参数，对数正态分布变量 $X$ 的均值、方差和偏态分别为：

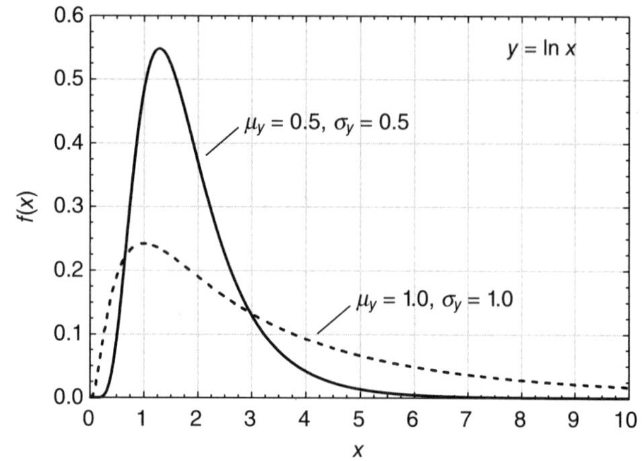


图 10.2 对数正态概率分布

$$\mu_x = \exp\left(\mu_y + \frac{\sigma_y^2}{2}\right) \tag{10.31}$$

$$\sigma_x^2 = \mu_x^2[\exp(\sigma_y^2) - 1] \tag{10.32}$$

$$g_x = 3C_v + C_v^3 \tag{10.33}$$

其中 $C_v$ 是变异系数，其定义如下：

$$C_v = \frac{\sigma_x}{\mu_x} \tag{10.34}$$

如果 $Y$ 由下式定义：

$$Y = \log_{10} X \tag{10.35}$$

那么函数式（10.30）仍然可描述 $X$ 的概率密度，其中 $\ln x$ 由 $\log x$ 代替，并且 $X$ 的矩与 $Y$ 的矩根据下式相关：

$$\mu_x = 10^{\mu_y + \sigma_y^2/2} \tag{10.36}$$

$$\sigma_x^2 = \mu_x^2(10^{\sigma_y^2} - 1) \tag{10.37}$$

$$g_x = 3C_v + C_v^3$$

## 【例题 10.2】

从沿岸水中采集的浓度数据的自然对数遵循正态分布，均值为 2.97，标准偏差为 0.301，浓度以 mg/L 为单位。（1）估算所测浓度数据的均值、标准偏差和偏态；（2）浓度超过 30mg/L 的概率是多少？（3）如果假设测量数据的分布为正态分布，则（2）部分估计的超越概率会受到怎样的影响？

**【解】**

根据给定的数据：$\mu_y$=2.97 和 $\sigma_y$=0.301。

（1）使用公式（10.31）~ 公式（10.34）计算得到：

$$\mu_x = \exp\left(\mu_y + \frac{\sigma_y^2}{2}\right) = \exp\left(2.97 + \frac{0.301^2}{2}\right) = 20.4 \text{ mg/L}$$

$$\sigma_x^2 = \sqrt{\mu_x^2[\exp(\sigma_y^2) - 1]} = \sqrt{20.4^2[\exp(0.301^2) - 1]}$$
$$= 6.28 \text{ mg/L}$$

$$C_v = \frac{\sigma_x}{\mu_x} = \frac{6.28}{20.4} = 0.308$$

$$g_x = 3C_v + C_v^3 = 3 \times 0.308 + 0.308^3 = 0.953$$

因此，所测浓度的均值、标准偏差和偏态分别为 20.4mg/L、6.28mg/L 和 0.953。

（2）对于 $c$=30mg/L 的浓度，超过的概率由下式计算确定：

$$\ln c = \ln 30 = 3.40$$

$$z = \frac{\ln c - \mu_y}{\sigma_y} = \frac{3.40 - 2.97}{0.301} = 1.43$$

$$B = \frac{1}{2}\Big[1 + 0.196854|z| + 0.115194|z|^2 + 0.000344|z|^3$$
$$+ 0.019527|z|^4\Big]^{-4}$$
$$= \frac{1}{2}\Big[1 + 0.196854 \times 1.43 + 0.115194 \times 1.43^2$$
$$+ 0.000344 \times 1.43^3 + 0.019527 \times 1.43^4\Big]^{-4} = 0.075$$

因此，样本浓度超过 30mg/L 的概率为 0.075 或 7.5%。

（3）如果假定浓度为从 $\mu_x$=20.4mg/L 和 $\sigma_x$=6.28mg/L 的标准总体中提取，则：

$$z = \frac{c - \mu_x}{\sigma_x} = \frac{30 - 20.4}{6.28} = 1.53$$

$$B = \frac{1}{2}\Big[1 + 0.196854 \times 1.53 + 0.115194 \times 1.53^2$$
$$+ 0.000344 \times 1.53^3 + 0.019527 \times 1.53^4\Big]^{-4} = 0.063$$

这表明样本浓度超过 30 mg/L 的概率是 0.063 或 6.3%。这个结果与将样本表示为从对数正态分布中获得的结果没有显著差异，但这些超出估计的差异会随着数据的偏态增加而增加。

许多水质变量表现出明显的偏态，很大程度上是因为它们不能为负值。而正态分布允许随机变量的范围从负无穷到正无穷，对数正态分布具有零下限和正无穷上限，这与水质数据更加一致。对数正态分布已被用于描述公用水分配系统中细菌（大肠菌群）的出现和溪流中的细菌。对数正态分布的局限性在于一旦指定了均值和方差，偏态的值是固定的，如公式（10.33）和公式（10.34）所证明。因此，如果观测数据的偏态与对数正态分布的偏态（基于均值和方差）不匹配，则应该寻找替代的总体分布。

### 10.3.3　均匀分布

均匀分布描述了随机变量的特性，其中所有可能的结果在值域 [$a$，$b$] 内均等。对于一个连续的随机变量 $x$，均匀概率密度函数 $f(x)$ 由下式给出：

$$f(x) = \frac{1}{b-a}, \quad a \leqslant x \leqslant b \qquad (10.38)$$

参数 $a$ 和 $b$ 定义了随机变量的值域。均匀分布的形状如图 10.3 所示。均匀分布的随机变量的均值 $\mu_x$ 和方差 $\sigma_x^2$ 由下式给出：

$$\mu_x = \frac{1}{2}(a+b) \qquad (10.39)$$

$$\sigma_x^2 = \frac{1}{12}(b-a)^2 \qquad (10.40)$$

**【例题 10.3】**

基于河流历史采样的证据表明，大肠杆菌浓度在 1~100mg/L 范围内。基于该轶事报告，估计可能超过总体中 10% 的大肠杆菌浓度。

**【解】**

由于没有迹象表明任何数值比其他数值更易测

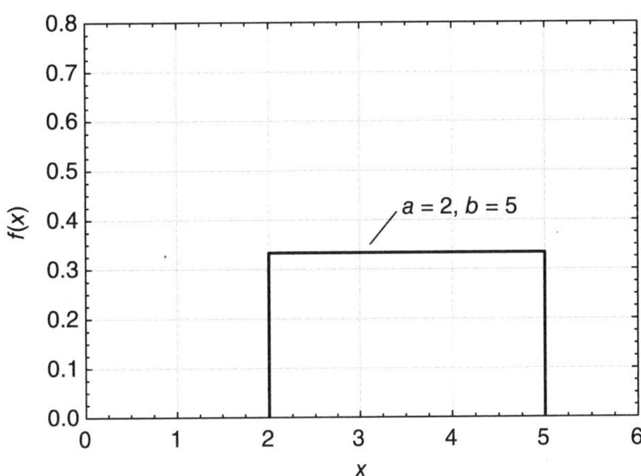


图 10.3　均匀概率分布

出，所以假设在 1~100mg/L 之间遵循均匀概率分布是合适的。因此，$a$=1mg/L，$b$=100mg/L，并且浓度的概率分布由公式（10.38）给出：

$$f(c)=\frac{1}{b-a}=\frac{1}{100-1}=\frac{1}{99}(\mathrm{mg/L})^{-1}$$

因此，如果 $c_{90}$ 是具有 10% 超越概率的浓度，则：

$$(100-c_{90})\times\frac{1}{99}=0.10$$

得到 $c_{90}$=90.1mg/L。如果有更多的可用数据，可以根据测量的分布细化对 $c_{90}$ 的估算。

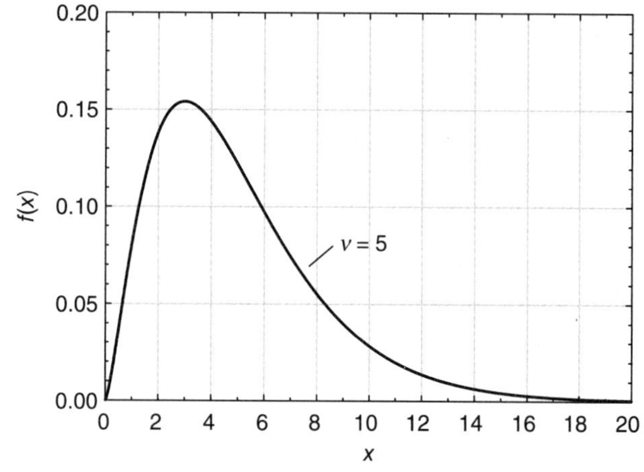


图 10.4 卡方概率分布

## 10.4 派生概率分布

利用正态分布和对数正态分布可导出几种有用的概率分布。这些派生的概率分布中的大多数描述了从假定为正态分布的随机变量计算得出的随机变量的特性。派生的概率分布通常用于描述根据样本数据计算得出的统计概率分布（称为抽样分布），也用于检验测量数据是否支持来自特定总体分布的假设。

### 10.4.1 卡方分布

卡方分布是通过将 $\nu$ 正态分布的随机变量的平方相加而获得的变量的概率分布，所有这些变量的均值为 0 且方差为 1。也就是说，如果 $X_1$，$X_2$，…，$X_\nu$ 是均值为 0 且方差为 1 的正态分布的随机变量，并且定义新的随机变量 $\chi^2$ 如下式：

$$\chi^2=\sum_{i=1}^{\nu}X_i^2 \tag{10.41}$$

那么 $\chi^2$ 的概率密度函数定义为卡方分布，由下式给出：

$$f(x)=\frac{x^{-(1-\nu/2)}\mathrm{e}^{-x/2}}{2^{\nu/2}\Gamma(\nu/2)},\quad x,\nu>0 \tag{10.42}$$

其中 $x=\chi^2$，$\nu$ 称为自由度的数量。卡方分布的形状如图 10.4 所示。卡方分布的均值和方差由下式给出：

$$\mu_{\chi^2}=\nu \tag{10.43}$$

$$\sigma_{\chi^2}^2=2\nu \tag{10.44}$$

累积卡方分布见附录 C.3。

### 【例题 10.4】

一个随机变量记为 10 个均值为 0、标准偏差为 1 的正态分布变量的平方和。总和大于 20 的概率是多少？总和的期望值是多少？

**【解】**

这里引用的随机变量 $\chi^2$ 是一个自由度为 10 的变量。$\chi^2$ 变量的累积分布在附录 C.3 中作为自由度数量 $\nu$ 和超越概率 $\alpha$ 的函数给出。在这种情况下，对于 $\nu$=10 和 $\chi^2$=20，附录 C.3 给出了（通过插值）$\alpha=0.031$。

因此，10$N$（0，1）变量的平方和超过 20 的概率为 0.031 或 3.1%。

根据定义，总和的期望值等于均值 $\mu_{\chi^2}$，由公式（10.43）给出：

$$\mu_{\chi^2}=\nu=10$$

### 10.4.2 学生 $t$ 分布

如果 $X$ 和 $Y$ 是独立的随机变量，其中 $X$ 是均值为 0 且方差为 1 的正态分布，$Y$ 是自由度为 $\nu$ 的卡方分布，则由下式定义的随机变量：

$$T=\frac{X}{\sqrt{Y/\nu}} \tag{10.45}$$

有一个概率分布由下式给出：

$$f(t)=\frac{\Gamma[(\nu+1)/2](1+t^2/\nu)^{-(\nu+1)/2}}{\sqrt{\nu\pi}\Gamma(\nu/2)},\quad -\infty<t<\infty,\quad \nu>0 \tag{10.46}$$

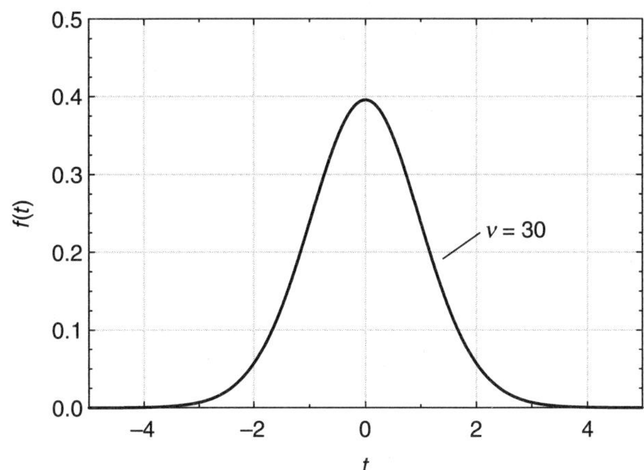


图 10.5 学生 $t$ 概率分布

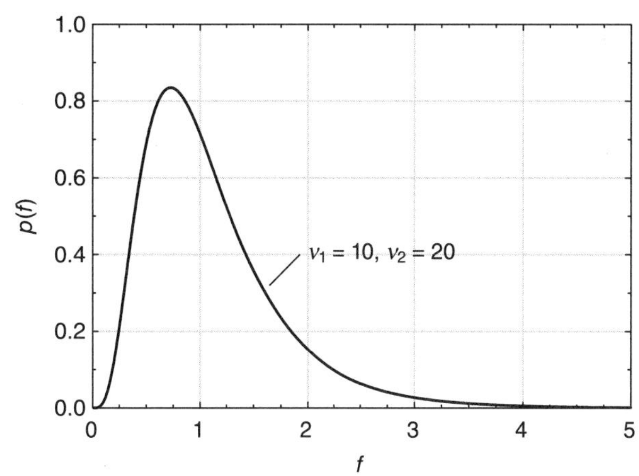


图 10.6 $F$ 概率分布

分布函数 $f(t)$ 称为自由度为 $v$ 的学生 $t$ 分布。学生 $t$ 分布的形状如图 10.5 所示。分布的均值和方差为：

$$\mu_T = 0 \tag{10.47}$$

$$\sigma_T^2 = \frac{v}{v-2}\text{，当 } v > 2 \text{ 时} \tag{10.48}$$

累积 $t$ 分布见附录 C.2。$t$ 分布与正态分布具有相似的形状；然而，与正态分布相比，$t$ 分布尾部的面积更大。有时认为 $t$ 分布比正态分布具有"更重的尾部"。随着自由度数量 $v$ 变大，$t$ 分布接近标准正态分布。当 $v>30$ 时，可以使用标准正态分布代替 $t$ 分布。

## 【例题 10.5】

变量 $Z$ 使用下式计算：

$$Z = \frac{X}{\sqrt{Y/v}}$$

式中 $X$ 是 $N$（0，1）变量，$Y$ 是具有自由度 $v$ 的卡方变量。如果 $v$=20，估计 $Z$ 大于 2.0 的概率。$Z$ 的期望值是多少?

### 【解】

从给定的信息来看，$Z$ 符合学生 $t$ 分布。累积概率分布在附录 C.2 中作为自由度数量 $v$ 和超越概率 $\alpha$ 的函数给出列表。对于 $v$=20 和 $Z$=2.0，附录 C.2 给出了(通过插值)$\alpha$=0.031。因此，$Z$ 超过 2.0 的概率为 0.031 或 3.1%。

$Z$ 的期望值等于 $\mu_Z$，由公式（10.47）给出 $\mu_Z$=0。

### 10.4.3 $F$ 分布

如果 $X_1$ 和 $X_2$ 分别是自由度为 $v_1$ 和 $v_2$ 的独立卡方分布随机变量，则由下式定义的随机变量：

$$F = \frac{X_1/v_1}{X_2/v_2} \tag{10.49}$$

有一个概率密度函数由下式给出：

$$p(f) = \frac{\Gamma[(v_1+v_2)/2)]v_1^{v_1/2}v_2^{v_2/2}f^{(v_1/2)-1}(v_2+v_1 f)^{-(v_1+v_2)/2}}{\Gamma(v_1/2)\Gamma(v_2/2)},\quad v_1, v_2, f > 0 \tag{10.50}$$

概率密度函数 $p$（$f$）定义了 $F$ 分布，其具有 $v_1$ 和 $v_2$ 的自由度。$F$ 分布的形状如图 10.6 所示。$F$ 分布的均值和方差由下式给出：

$$\mu_F = \frac{v_1}{v_2 - 2} \tag{10.51}$$

$$\sigma_F^2 = \frac{v_2^2(v_1+2)}{v_1(v_2-2)(v_2-4)} \tag{10.52}$$

累积 $F$ 分布在附录 C.4 中给出。

## 【例题 10.6】

随机变量 $X_3$ 由以下关系式定义：

$$X_3 = \frac{X_1/v_1}{X_2/v_2}$$

其中 $X_1$ 和 $X_2$ 分别是具有 $\nu_1$ 和 $\nu_2$ 自由度的卡方变量。如果 $v_1$=20 且 $v_2$=20，试确定超越概率为 5% 的 $X_3$ 的值。$X_3$ 的预期值是多少?

【解】

随机变量 $X_3$ 符合具有 $\nu_1$ 和 $\nu_2$ 自由度的 $F$ 分布。附录 C.4 给出了超越概率为 5%（$\alpha$= 0.05）的 $X_3$ 的值作为 $\nu_1$ 和 $\nu_2$ 的函数。对于 $\nu_1$=20 和 $\nu_2$=20，附录 C.4 给出 $X_3$=2.12。

$X_3$ 的期望值 $\mu_{X_3}$ 由公式（10.51）给出：

$$\mu_{X_3} = \frac{\nu_1}{\nu_2 - 2} = \frac{20}{20-2} = 1.11$$

## 10.5 从样本数据估计总体分布

水质数据分析通常分为两步。第一步，将样本概率分布与各种理论分布函数进行比较，并将最符合样本概率分布的理论分布函数作为总体分布。第二步，使用理论总体分布分析数据的特性。

根据测量数据估算总体分布的最常用方法是：（1）将样本概率分布与各种理论分布进行直观比较，选取与生成样本数据的基本过程相一致的最接近分布；（2）使用假设检验方法来评估各种概率分布是否与样本概率分布一致。假设检验方法的基础是确定一个统计量，用以衡量样本分布与拟定总体分布之间的差异，然后确定此统计量的显著性水平。统计量的显著性水平 $\alpha$ 等于计算的统计量被超过的概率，关于样本分布是从拟定的总体分布中抽取的无效假设成立。在假设检验中，显著性水平 $\alpha$ 通常代表错误拒绝无效假设的风险。

### 10.5.1 样本概率分布

为了帮助确定充分描述观测数据的理论总体概率分布，通常采取的有效方法是将观测数据的概率分布与各种理论概率分布进行图形比较。划分样本概率分布的第一步是对数据进行排序，使得对于 $N$ 个观测值，将顺位 1 分配给最大量纲的观测值，并将顺位 $N$ 分配给最小量纲的观测值。由 $P_X$（$X>x_m$）表示的 $m$ 级观测值超越概率 $x_m$ 通常由下式估算：

$$P_X(X > x_m) = \frac{m}{N+1}, \quad m = 1, \cdots, N \quad (10.53)$$

或作为累积分布函数（CDF）：

$$P_X(X < x_m) = 1 - \frac{m}{N+1}, \quad m = 1, \cdots, N \quad (10.54)$$

公式（10.53）称为威布尔公式，在实践中被广泛使用。威布尔公式用于估计测量数据的累积概率分布的主要缺点是，它仅在具有基本均匀分布的群体（因为观测数量接近无穷大）时渐近准确，而这在实际中相对较少。为了解决这个缺点，Gringorten 提出用下式估计观测数据的超越概率：

$$P_X(X > x_m) = \frac{m-a}{N+1-2a}, \quad m = 1, \cdots, N \quad (10.55)$$

其中 $a$ 是一个取决于总体分布的参数。对于正态 / 对数正态分布和伽马分布，$a$=0.375；对于未知分布的情况而言 $a$=0.40 是一个很好的折中取值。样本概率分布与各种理论总体分布的目视比较给出了初步的观点，即哪种理论分布可以与观察数据最佳拟合。

## 【例题 10.7】

对于一个沿河监测站，30 月周期中每月采样的结果如表 10.1 所示。从对数正态分布中抽取样本，其自然对数均值为 1.20，标准偏差为 0.80。比较观测的和理论的累积分布，并进行视觉层面的评估。

【解】

根据给定的数据：$N$=30，$\mu_y$=1.20，$\sigma_y$=0.80，其中 $y$=ln$x$，$x$ 代表测量数据。取 $a$=0.40，公式（10.52）给出样本浓度 $c$ 的累积分布函数（CDF）$F$（$c$）如下：

$$\begin{aligned} F(c) &= 1 - \frac{m-a}{N+1-2a} = 1 - \frac{m-0.40}{30+1-2\times 0.40} \\ &= 1 - \frac{m-0.40}{30.2} = 1.013 - 0.033m \end{aligned} \quad (10.56)$$

其中 $m$ 是数据的排序。对测量数据进行排序并应用公式（10.56）得出表 10.2 中所示的结果。

监测站每月采样浓度　　表 10.1

| 样本 | 浓度（mg/L） | 样本 | 浓度（mg/L） | 样本 | 浓度（mg/L） |
|---|---|---|---|---|---|
| 1 | 1.02 | 11 | 2.72 | 21 | 0.78 |
| 2 | 1.63 | 12 | 14.30 | 22 | 1.10 |
| 3 | 14.30 | 13 | 4.71 | 23 | 4.28 |
| 4 | 1.69 | 14 | 1.93 | 24 | 4.00 |
| 5 | 2.20 | 15 | 2.67 | 25 | 1.34 |
| 6 | 2.89 | 16 | 4.91 | 26 | 2.48 |
| 7 | 2.52 | 17 | 1.17 | 27 | 3.29 |
| 8 | 1.83 | 18 | 2.52 | 28 | 0.39 |
| 9 | 15.49 | 19 | 4.88 | 29 | 3.26 |
| 10 | 11.57 | 20 | 3.14 | 30 | 6.41 |

浓度测量值的累积分布函数　表 10.2

| 序号 | $F(c)$ | $c$（mg/L） | 序号 | $F(c)$ | $c$（mg/L） | 序号 | $F(c)$ | $c$（mg/L） |
|---|---|---|---|---|---|---|---|---|
| 1 | 0.980 | 15.49 | 11 | 0.649 | 3.29 | 21 | 0.318 | 1.98 |
| 2 | 0.947 | 14.30 | 12 | 0.616 | 3.26 | 22 | 0.285 | 1.83 |
| 3 | 0.914 | 14.30 | 13 | 0.583 | 3.14 | 23 | 0.252 | 1.69 |
| 4 | 0.881 | 11.57 | 14 | 0.550 | 2.89 | 24 | 0.219 | 1.63 |
| 5 | 0.848 | 6.41 | 15 | 0.517 | 2.72 | 25 | 0.185 | 1.34 |
| 6 | 0.815 | 4.91 | 16 | 0.483 | 2.67 | 26 | 0.152 | 1.17 |
| 7 | 0.781 | 4.88 | 17 | 0.450 | 2.52 | 27 | 0.119 | 1.10 |
| 8 | 0.748 | 4.71 | 18 | 0.417 | 2.52 | 28 | 0.086 | 1.02 |
| 9 | 0.715 | 4.28 | 19 | 0.384 | 2.48 | 29 | 0.053 | 0.78 |
| 10 | 0.682 | 4.00 | 20 | 0.351 | 2.20 | 30 | 0.020 | 0.39 |

对数正态分布的累积分布函数（CDF）可以表示为：

$$F(c)=\Phi\left(\frac{\ln c-\mu_y}{\sigma_y}\right) \text{ 或 } F(c)=\frac{1}{2}+\frac{1}{2}\text{erf}\left(\frac{\ln c-\mu_y}{\sqrt{2\sigma_y^2}}\right)$$

式中 Φ（·）表示标准正态偏差的累积分布函数（CDF）。使用大多数电子表格和统计分析程序中的内置统计函数可以轻松评估对数正态累积分布函数（CDF）。在图 10.7 中将 $F(c)$ 的样本值与 $F(c)$ 的理论值（$\mu_y$=1.20，$\sigma_y$=0.80）进行比较。基于此比较，很明显，对于 $c$ <7mg/L，$F(c)$ 的样本值始终大于 $F(c)$ 的理论值。因此，基于这种目视比较，样本分布与所提出的对数正态总体分布之间似乎并不是紧密匹配的。然而，在得出任何统计学上重大的结论之前，应使用统计测量进行定量比较。

## 10.5.2　概率分布的比较

除了样本概率分布与各种理论概率分布的目视比较之外，还会使用假设检验进行定量比较。卡方检验和 Kolmogorov–Smirnov（KS）检验是用于评估观测概率分布是否可以通过给定（理论）总体分布近似替换的两种最常见的假设检验。

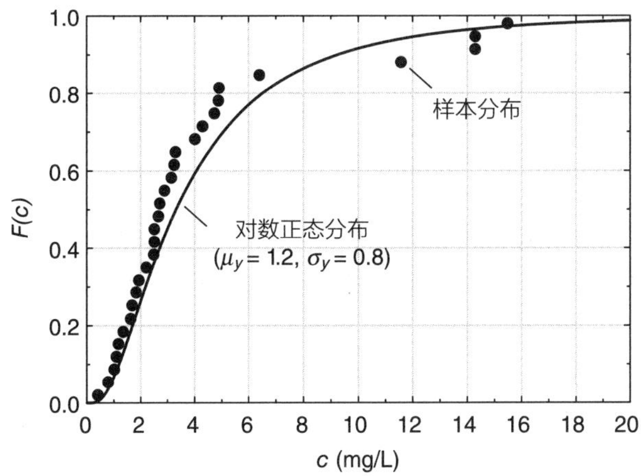


图 10.7　样本分布和对数正态分布的比较

### 10.5.2.1　卡方检验

基于抽样理论，已知如果将 $N$ 个结果划分为 $M$ 个类别，其中 $X_m$ 是类别 $m$ 中结果的数量，$p_m$ 是结果在类别 $m$ 中的理论概率，则随机变量遵循卡方分布，即：

$$\chi^2=\sum_{m=1}^{M}\frac{(X_m-Np_m)^2}{Np_m} \tag{10.57}$$

如果无需从样本统计中估计总体参数就可以计算出预期频率，则自由度的数量为 $M$–1，而如果预期频率需通过估算来自样本统计的 $n$ 个总体参数来计算，则自由度的数量为 $M$–1–$n$。在应用卡方检验判断适应性时，无效假设为样本从拟定的总体概率分布中抽取，若 $\chi^2\in[0,\chi_\alpha^2]$，则无效假设在 $\alpha$ 显著性水平上被认可，否则拒绝。

如果被称为单元格的数据间隔的数量小于 5，并且任意单元格结果的预期数量少于 5，则卡方检验的有效性会降低。

## 【例题 10.8】

例题 10.7 中给出的水质样本是从对数正态分布中抽取的，其自然对数均值为 1.20，标准偏差为 0.80。使用下列类别的数据（见表 10.3），评估对数正态性的假设是否能在 5% 的显著性水平得到保证。

数据类别（一） 表 10.3

| 类别 | 范围（mg/L） |
|---|---|
| 1 | [0，1.5] |
| 2 | （1.5，2.5] |
| 3 | （2.5，3.5] |
| 4 | （3.5，5.0] |
| 5 | （5.0，∞ ] |

**【解】**

根据给定的数据：$\mu_y$=1.2，$\sigma_y$=0.8，$N$=30。给定数据的分析总结在表 10.4 中

给定数据的分析结果 表 10.4

| $m$ | $c$（mg/L） | $X$（$m$） | $z$ | $F$（$z$） | $p_m$ |
|---|---|---|---|---|---|
| 1 | [0，1.5] | 6 | [−∞，−0.993] | [0，0.160] | 0.160 |
| 2 | （1.5，2.5] | 6 | [−0.993，−0.355] | [0.160，0.361] | 0.201 |
| 3 | （2.5，3.5] | 8 | [−0.355，0.066] | [0.361，0.526] | 0.165 |
| 4 | （3.5，5.0] | 5 | [0.066，0.512] | [0.526，0.696] | 0.170 |
| 5 | （5.0，∞ ] | 5 | [0.512，−∞ ] | [0.696，1.000] | 0.304 |

其中 $m$= 类别，$c$= 测量浓度，$X$（$m$）= 类别 $m$ 中的观测数目，$z$ = 对应于 $c$ 的标准正态偏差，$F$（$z$）=$z$ 的累积分布函数（CDF），$p_m$= 类别 $m$ 中出现的 $c$ 的概率。使用下式计算 $z$ 和 $p_m$ 的值：

$$z=\frac{\ln c-\mu_y}{\sigma_y}=\frac{\ln c-1.2}{0.8}$$

$$p_m=F(z_{\mathrm{U}})-F(z_{\mathrm{L}})$$

其中 $z_{\mathrm{U}}$ 和 $z_{\mathrm{L}}$ 是界定给定类别的 $z$ 的上限值和下限值。由于共有五类，并且分布参数不是根据数据估计的，所以自由度的数量是 5−1=4。由公式（10.57）给出的卡方统计量计算如下：

$$\begin{aligned}\chi^2&=\sum_{m=1}^{M}\frac{(X_m-Np_m)^2}{Np_m}\\&=\frac{(6-30\times0.160)^2}{30\times0.160}+\frac{(6-30\times0.201)^2}{30\times0.201}+\frac{(8-30\times0.165)^2}{30\times0.165}\\&\quad+\frac{(5-30\times0.170)^2}{30\times0.170}+\frac{(5-30\times0.304)^2}{30\times0.304}\\&=4.042\end{aligned}$$

对应于自由度为 4 的卡方值 4.042，其置信水平是 0.4004。由于这个置信水平远大于 0.05（即 5%），因此数据从对数正态分布中得出的假设可以被认可。

#### 10.5.2.2 Kolmogorov–Smirnov 检验

该检验与卡方检验的不同之处在于，不需要从观察数据中估计理论概率分布的参数。由此，KS 检验被分类为非参数检验。应用 KS 检验的步骤如下：

第 1 步：设 $P_X$（$x$）为无效假设下的指定理论累积分布函数（CDF）。

第 2 步：设 $S_N$（$x$）为基于 $N$ 个观测值的样本累积分布函数（CDF）。对于任何观测到的 $x$，$S_N$（$x$）= $k/N$，其中 $k$ 是小于或等于 $x$ 的观测值数目。

第 3 步：确定最大偏差 $D$，其定义为：

$$D=\max|P_X(x)-S_N(x)| \qquad (10.58)$$

第 4 步：如果对于选定的显著性水平，$D$ 的观测值大于或等于附录 C.5 中列出的 KS 统计量的临界值，则该假设被否定。

KS 检验相对于卡方检验的优势在于，不需要将数据划分为间隔；因此，避免了与间隔的数量或大小相关的任何判断错误。

通常在使用此检验时建议最小样本量为 50。当样本量很小时，KS 检验通常比卡方检验更有效。

然而，这些检验都不是非常高效，因为其接受错误假设的可能性非常高，特别是对于小样本。此外，尽管概率分布显示出与观察数据非常吻合，但其可能在拟合分布的尾部的结果频率方面表现不佳。如果存在多个竞争分布，则可以使用拟合优度统计对竞争分布的有效性进行排名。

### 【例题 10.9】

表 10.5 中所示的一组浓度测量值（单位为 mg/L）来自于周期为 50 个月的样本。使用 KS 统计来评估以下假设，即这些样本是从对数正态分布中抽取的，其（自然对数）均值为 1.2，标准偏差为 0.8。

**【解】**

根据给定的数据：$\mu_y$=1.2，$\sigma_y$=0.8，$N$=50。将浓度数据 $c$ 从最低到最高排序，计算相应的对数正态累积分布 $P_X$（$c$），并计算样本累积分布 $S_N$（$c$）（=$k/N$）得到表 10.6 所示的结果。

基于这些结果，$|P_X-S_N|$ 的最大值是 0.061。根据附录 C.5 给出的关键 KS 值，对于 5% 的显著性水平，

KS 统计量为 0.190。由于 0.061<1.190，因此数据是对数正态分布的假设可以被认可。

测量浓度 表 10.5

| | | | | | | | | | |
|---|---|---|---|---|---|---|---|---|---|
| 2.44 | 10.44 | 2.68 | 6.18 | 17.62 | 15.64 | 8.33 | 1.42 | 2.66 | 2.90 |
| 3.51 | 18.79 | 6.67 | 0.89 | 3.52 | 2.53 | 7.27 | 7.80 | 3.35 | 3.62 |
| 2.19 | 0.78 | 3.54 | 8.55 | 5.45 | 5.00 | 1.79 | 3.75 | 1.53 | 1.24 |
| 2.12 | 3.25 | 7.66 | 6.89 | 1.22 | 1.09 | 2.19 | 6.65 | 4.62 | 4.87 |
| 1.02 | 0.71 | 4.46 | 3.67 | 1.70 | 1.74 | 1.97 | 6.82 | 6.34 | 2.43 |

## 10.6 总体分布参数估计

随机变量 $X$ 的总体概率分布通常以 $f_X(x)$ 的形式写出。然而，该分布可以更明确地以 $f_X(x|\theta_1, \theta_2, \cdots, \theta_m)$ 的形式书写，以表明随机变量的概率分布也取决于 $m$ 个参数 $\theta_1$，$\theta_2$，…，$\theta_m$ 的值。当使用样本统计来估计总体参数时，由于样本统计本身是随机变量，所以这种概率分布的显式表达更为适宜。根据测量数据估计概率分布参数的最常用方法是：矩估计法、最大似然估计法、L- 矩估计法。

### 10.6.1 矩估计法

矩估计法基于观测结果，即概率分布的参数通常可以用分布的前几个矩来表示。可以使用样本统计量来估计这些矩，然后可以使用总体参数和矩之间的关系来计算分布的参数。最常用的三个矩是均值、标准偏差和偏态，由公式（10.10）、公式（10.12）、公式（10.14）定义，用于连续概率分布。在实际应用中，这些矩是从有限的样本估计的，下面的公式通常能够得出最优估算：

$$\hat{\mu}_x = \frac{1}{N}\sum_{i=1}^{N} x_i \tag{10.59}$$

$$\hat{\sigma}_x^2 = \frac{1}{N-1}\sum_{i=1}^{N}(x_i - \hat{\mu}_x)^2 \tag{10.60}$$

$$\hat{g}_x = \frac{N}{(N-1)(N-2)} \frac{\sum_{i=1}^{N}(x_i - \hat{\mu}_x)^3}{\hat{\sigma}_x^3} \tag{10.61}$$

式中 $\hat{\mu}_x$、$\hat{\sigma}_x^2$ 和 $\hat{g}_x$ 是 $x$ 的 $N$ 个样本（由 $x_i$ 表示）的总体分布的均值（$\mu_x$）、方差（$\sigma_x^2$）和偏态（$g_x$）的无偏估计值。方差 $\hat{\sigma}_x^2$ 和偏态 $\hat{g}_x$ 的无偏估计值通常取决于潜在的总体分布。偏态 $\hat{g}_x$ 估计的准确性通常是最受关注的，因为它涉及偏离平均值的立方和，并因此受到由不准确的异常值导致的较大误差的影响。

由公式（10.59）~ 公式（10.61）给出的对均值、方差和偏态的估计是基于随机变量的样本，因此是随机变量本身的值。估算参数的标准偏差通常被称为标准误差，估计均值、方差和偏态的标准误差由下式给出：

$$S_{\hat{\mu}_x} = \frac{\hat{\sigma}_x}{\sqrt{N}} \tag{10.62}$$

$$S_{\hat{\sigma}_x} = \hat{\sigma}_x\sqrt{\frac{1+0.75\hat{g}_x}{2N}} \tag{10.63}$$

$$S_{\hat{g}_x} = \left[10^{A-B\log_{10}(N/10)}\right]^{0.5} \tag{10.64}$$

浓度测量的统计特性 表 10.6

| $k$ | $c$（mg/L） | $P_X(c)$ | $S_N(c)$ | $\lvert P_X-S_N\rvert$ | $k$ | $c$（mg/L） | $P_X(c)$ | $S_N(c)$ | $\lvert P_X-S_N\rvert$ |
|---|---|---|---|---|---|---|---|---|---|
| 1 | 0.71 | 0.027 | 0.020 | 0.007 | 26 | 3.52 | 0.529 | 0.520 | 0.009 |
| 2 | 0.78 | 0.035 | 0.040 | 0.005 | 27 | 3.54 | 0.533 | 0.540 | 0.007 |
| 3 | 0.89 | 0.051 | 0.060 | 0.009 | 28 | 3.62 | 0.542 | 0.560 | 0.018 |
| ● | ● | ● | ● | ● | ● | ● | ● | ● | ● |
| ● | ● | ● | ● | ● | ● | ● | ● | ● | ● |
| 11 | 1.74 | 0.209 | 0.220 | 0.011 | 36 | 6.18 | 0.781 | 0.720 | 0.061 |
| ● | ● | ● | ● | ● | ● | ● | ● | ● | ● |
| ● | ● | ● | ● | ● | ● | ● | ● | ● | ● |
| 23 | 3.25 | 0.490 | 0.460 | 0.030 | 48 | 15.64 | 0.974 | 0.960 | 0.014 |
| 24 | 3.35 | 0.504 | 0.480 | 0.024 | 49 | 17.62 | 0.982 | 0.980 | 0.002 |
| 25 | 3.51 | 0.528 | 0.500 | 0.028 | 50 | 18.79 | 0.985 | 1.000 | 0.015 |

式中 $A$ 和 $B$ 由下式给出：

$$A=\begin{cases}-0.33+0.08|\hat{g}_x|, \text{当}|\hat{g}_x|\leqslant 0.90\text{时}\\ -0.52+0.30|\hat{g}_x|, \text{当}|\hat{g}_x|>0.90\text{时}\end{cases} \quad (10.65)$$

$$B=\begin{cases}0.94-0.26|\hat{g}_x|, \text{当}|\hat{g}_x|\leqslant 1.50\text{时}\\ 0.55, \text{当}|\hat{g}_x|>1.50\text{时}\end{cases} \quad (10.66)$$

结合公式（10.59）~ 公式（10.66），可以证明，对于给定的样本量，偏态的相对精度远低于均值和标准偏差的相对精度，特别是对于小样本量。

## 【例题 10.10】

在 30 月的周期内每个月从受污染湖泊中采集样本，所测量的目标物质浓度（mg/L）见表 10.7。

目标物质浓度 表 10.7

| | | | | |
|---|---|---|---|---|
| 14.44 | 2.56 | 3.44 | 2.90 | 1.80 |
| 1.44 | 7.25 | 7.34 | 3.43 | 2.16 |
| 1.75 | 1.74 | 3.91 | 1.33 | 36.56 |
| 1.04 | 3.54 | 11.25 | 3.33 | 2.32 |
| 7.91 | 6.28 | 4.72 | 2.75 | 1.31 |
| 2.70 | 0.38 | 1.46 | 6.83 | 1.20 |

估算所抽样本总体的均值、标准偏差和偏态，并评估参数估计值的不确定性。

### 【解】

测量的浓度由 $c_i$ 表示，$i$=1，…，$N$，其中 $N$=30。使用公式（10.59）~ 公式（10.61）得出以下参数估计值：

$$\hat{\mu}_c=\frac{1}{N}\sum_{i=1}^{N}c_i=\frac{1}{30}\times 149.1=4.97\,\text{mg/L}$$

$$\hat{\sigma}_c=\sqrt{\frac{1}{N-1}\sum_{i=1}^{N}(c_i-\hat{\mu}_c)^2}=\sqrt{\frac{1}{30-1}\times 1330.3}=6.77\,\text{mg/L}$$

$$\hat{g}_c=\frac{N}{(N-1)(N-2)}\frac{\sum_{i=1}^{N}(c_i-\hat{\mu}_c)^3}{\hat{\sigma}_c^3}$$
$$=\frac{30}{(30-1)(30-2)}\times\frac{32087.1}{6.77^3}=3.82$$

参数估计值的不确定性可以用公式（10.62）~ 公式（10.64）给出的标准误差来衡量，其中：

$$S_{\hat{\mu}_c}=\frac{\hat{\sigma}_c}{\sqrt{N}}=\frac{6.77}{\sqrt{30}}=1.24\,\text{mg/L}$$

$$S_{\hat{\sigma}_c}=\hat{\sigma}_c\sqrt{\frac{1+0.75\hat{g}_c}{2N}}=6.77\sqrt{\frac{1+0.75\times 3.82}{2\times 30}}=1.72\,\text{mg/L}$$

$$A=-0.52+0.30|3.82|=0.62$$

$$B=0.55$$

$$S_{\hat{g}_c}=\left[10^{A-B\log_{10}(N/10)}\right]^{0.5}=\left[10^{0.62-0.55\log_{10}(30/10)}\right]^{0.5}=1.52$$

参数估计值的相对不确定性可以方便地用标准误差作为均值的一小部分来表示。在这种情况下，均值、标准偏差和偏态的相对不确定性分别为 25%、25% 和 40%。由这些结果可断言：偏态的相对精度通常小于均值和标准偏差的相对精度。

### 10.6.2 最大似然估计法

最大似然估计法选择可最大化观测结果可能性的总体参数。考虑 $n$ 个独立结果 $x_1$，$x_2$，…，$x_n$ 的情况，其中任何结果的概率 $x_i$ 由 $p_X$（$x_i|\theta_1$，$\theta_2$，…，$\theta_m$）给出，其中 $\theta_1$，$\theta_2$，…，$\theta_m$ 是总体参数。然后，$n$ 个观测（独立）结果的概率由每个结果的概率的乘积给出。这个乘积被称为似然函数，用 $L$（$\theta_1$，$\theta_2$，…，$\theta_m$）表示，即：

$$L(\theta_1,\theta_2,\cdots,\theta_m)=\prod_{i=1}^{n}p_X(x_i\,|\,\theta_1,\theta_2,\cdots,\theta_m) \quad (10.67)$$

使 $L$ 的值最大化的参数值被称为参数的最大似然估计值。由于假定概率函数的形式 $p_X$（$x|\theta_1$，$\theta_2$，…，$\theta_m$）是已知的，所以最大似然估计值可以从公式（10.67）通过利用 $L$ 的偏导数将每个参数 $\theta_i$ 归零得到。导出以下 $m$ 个等式：

$$\frac{\partial L}{\partial\theta_i}=0,\quad i=1,\cdots,m \quad (10.68)$$

然后可以同时求解这组 $m$ 个方程以产生 $m$ 个最大似然参数 $\hat{\theta}_1$，$\hat{\theta}_2$，…，$\hat{\theta}_m$。在某些情况下，最大化似然函数的自然对数比最大化似然函数本身更为方便。当概率分布函数涉及指数项时，这种方法特别方便。应该注意的是，由于对数函数是单调的，所以使似然函数的对数最大化的估计参数值也使得似然函数最大化。

矩估计法和最大似然估计法并不总是产生相同的总体参数估计值。最大似然估计法通常优于矩估计法，特别是对于大样本。如果数据在分布的尾部存在误差，在该时刻存在很长的臂，并且在高偏态分布中特别严重，那么矩估计法就会受到严重影响。相比之下，高阶四分位数（即高回报周期事件）的相对渐近偏差对于矩估计法而言最小，同时当真实分布为对数正态分布且使用另一分布拟合它时，对于最大似然估计法而言相对渐近偏差最大。

## 【例题 10.11】

假定从正态分布中抽取样本，求使用最大似然估计得出的均值和标准偏差的估算值。

**【解】**

对于正态分布，概率分布可以表示为：

$$p(x \mid \mu_x, \sigma_x) = \frac{1}{\sigma_x\sqrt{2\pi}}\exp\left[-\frac{1}{2}\left(\frac{x-\mu_x}{\sigma_x}\right)^2\right]$$

因此对于 $N$ 个测量的似然函数由公式（10.67）给出：

$$\begin{aligned} L(\mu_x, \sigma_x) &= \prod_{i=1}^{N} p(x_i \mid \mu_x, \sigma_x) \\ &= \left(\frac{1}{\sigma_x\sqrt{2\pi}}\right)^N \exp\left[-\frac{1}{2\sigma_x^2}\sum_{i=1}^{N}(x_i-\mu_x)^2\right] \end{aligned}$$

使用由下式给出的对数似然函数更方便：

$$\ln[L(\mu_x,\sigma_x)] = -N\ln\sqrt{2\pi} - N\ln\sigma_x - \frac{1}{2\sigma_x^2}\sum_{i=1}^{N}(x_i-\mu_x)^2$$

取 $\ln L$ 的偏导数并将结果设为零：

$$\frac{\partial \ln L}{\partial \mu_x} = \frac{1}{\hat{\sigma}_x^2}\sum_{i=1}^{N}(x_i-\hat{\mu}_x) = 0 \qquad (10.69)$$

$$\frac{\partial \ln L}{\partial \sigma_x} = -\frac{N}{\hat{\sigma}_x} + \frac{1}{\hat{\sigma}_x^3}\sum_{i=1}^{N}(x_i-\hat{\mu}_x)^2 = 0 \qquad (10.70)$$

式中 $\hat{\mu}_x$ 和 $\hat{\sigma}_x$ 分别是 $\mu_x$ 和 $\sigma_x$ 的最大似然估计值。联立公式（10.69）和公式（10.70）得：

$$\hat{\mu}_x = \frac{1}{N}\sum_{i=1}^{N}x_i$$

$$\hat{\sigma}_x = \sqrt{\frac{1}{N}\sum_{i=1}^{N}(x_i-\hat{\mu}_x)^2}$$

从这些结果显而易见的是，$\mu_x$ 的最大似然估计值与使用矩估计法的估计值相同，而 $\sigma_x$ 的最大似然估计值与矩估计法估计值的不同之处在于因子 $\sqrt{N/N-1}$。这些结果仅适用于从正态分布中抽取的样本。

### 10.6.3　L– 矩估计法

通常用于表征水质变量的小样本量可以估算出通常很不确定的第三和更高的矩。而这可以引出使用替代系统估算称为 L 矩的概率分布的参数。第 $r$ 的概率加权矩 $\beta_r$，由下式定义：

$$\beta_r = \int_{-\infty}^{+\infty} x[F_X(x)]^r f_X(x)\mathrm{d}x \qquad (10.71)$$

式中 $F_X$ 和 $f_X$ 分别是 $x$ 的累积分布函数（CDF）和概率密度函数。L– 矩 $\lambda_r$ 是概率加权矩 $\beta_r$ 的线性组合，前四个 L– 矩通过下式计算：

$$\lambda_1 = \beta_0 \qquad (10.72)$$

$$\lambda_2 = 2\beta_1 - \beta_0 \qquad (10.73)$$

$$\lambda_3 = 6\beta_2 - 6\beta_1 + \beta_0 \qquad (10.74)$$

$$\lambda_4 = 20\beta_3 - 30\beta_2 + 12\beta_1 - \beta_0 \qquad (10.75)$$

由于概率加权矩涉及增大 $F_X$ 的值而不是 $x$ 的幂，并且因为 $F_X \leqslant 1$，所以概率加权矩和 L– 矩的估计不易受到样本中一些或大或小的值的影响。因此，对于估算水质变量的概率分布参数，L– 矩通常优于矩。

考虑一个随机变量 $X$ 的 $N$ 个测量值样本。为了估算从中抽取样本的概率分布的 L– 矩，首先将这些值排序为 $x_1 \leqslant x_2 \leqslant x_3 \leqslant \cdots \leqslant x_N$，并且通过以下方法估算概率加权矩：

$$b_0 = \frac{1}{N}\sum_{i=1}^{N}x_i \qquad (10.76)$$

$$b_1 = \frac{1}{N(N-1)}\sum_{i=2}^{N}(i-1)x_i \qquad (10.77)$$

$$b_2 = \frac{1}{N(N-1)(N-2)}\sum_{i=3}^{N}(i-1)(i-2)x_i \qquad (10.78)$$

$$b_3 = \frac{1}{N(N-1)(N-2)(N-3)}\sum_{i=4}^{N}(i-1)(i-2)(i-3)x_i \qquad (10.79)$$

然后在公式（10.72）~ 公式（10.75）中分别用 $b_0$ 到 $b_3$ 代替 $\beta_0$ 到 $\beta_3$，计算前四个 L– 矩的样本估计值，分别用 $L_1$ 到 $L_4$ 表示。正态概率分布和对数正态概率分布的 L– 矩由表 10.8 中的分布参数给出。将样本的 L–

常见概率分布的矩和 L- 矩　　　表 10.8

| 分布 | 参数 | 矩 | L- 矩 |
|---|---|---|---|
| 正态 | $\mu_X, \sigma_X$ | $\mu_X=\mu_X$<br>$\sigma_X=\sigma_X$ | $\lambda_1=\mu_X$<br>$\lambda_2=\dfrac{\sigma_X}{\sqrt{\pi}}$ |
| 对数－正态（$Y=\ln X$） | $\mu_Y, \sigma_Y$ | $\mu_Y=\mu_Y$<br>$\sigma_Y, \sigma_Y$ | $\lambda_1=\exp\left(\mu_Y+\dfrac{\sigma_Y^2}{2}\right)$<br>$\lambda_2=\exp\left(\mu_Y+\dfrac{\sigma_Y^2}{2}\right)\mathrm{erf}\left(\dfrac{\sigma_Y}{2}\right)$ |

矩等同于理论分布的 L- 矩，然后求解分布参数就是 L- 矩估计法。

## 【例题 10.12】

据估计例题 10.10 中的浓度数据可以用对数正态分布表示。使用 L- 矩估计法来估算对数正态分布的均值和标准偏差。

**【解】**

根据给定的数据，$N$=30，可以使用公式（10.72）~公式（10.79）计算 L- 矩：

$$b_0=\frac{1}{N}\sum_{i=1}^{N}c_i=\frac{1}{30}\times 149.1=4.97$$

$$b_1=\frac{1}{N(N-1)}\sum_{i=2}^{N}(i-1)c_i=\frac{1}{30(30-1)}\times 3310.6=3.81$$

$$L_1=b_0=4.97$$

$$L_2=2b_1-b_0=2\times 3.81-4.97=2.64$$

使用表 10.8 中给出的分布参数和 L- 矩之间的关系，需满足：

$$\mathrm{erf}\left(\frac{\hat{\sigma}_y}{2}\right)=\frac{L_2}{L_1}=\frac{2.64}{4.97}=0.531$$

得到$\hat{\sigma}_y$=1.03mg/L，表 10.8 中的参数关系还需满足：

$$\hat{\mu}_y=\ln L_1-\frac{\hat{\sigma}_y^2}{2}=\ln 4.97-\frac{1.03^2}{2}=1.08\,\mathrm{mg/L}$$

因此，基于这些结果，使用 L- 矩估计法的对数正态分布的参数估计结果为$\hat{\mu}_y$=1.08mg/L，$\hat{\sigma}_y$=1.03mg/L。

## 10.7　样本统计的概率分布

一个样本由观测结果组成，而一个总体则包含一系列可能的结果。总体概率分布中的常量称为参数，从样本中引出的对总体参数的估算称为样本统计量，或简称为统计量。假设一个样本集由 $N$ 个测量值组成，每个测量值由随机变量 $X_i$（$i\in[1, N]$）给出，那么由样本集估算的任何参数将取决于测量值 $x_i$（$i\in[1, N]$）。因此，任何导出的统计量必然是一个随机变量，其概率分布取决于观测结果的数量和每个结果 $X_i$（$i\in[1, N]$）的概率分布。随机样本的统计概率分布称为抽样分布。在多数实际所需的情况下，计算所得的统计数据为总体参数的估计值，例如均值和方差。

### 10.7.1　均值

$N$ 个实际样本的平均值 $\bar{X}$ 由下式定义：

$$\bar{X}=\frac{1}{N}\sum_{i=1}^{N}X_i \tag{10.80}$$

如果 $X_i$ 的概率分布相同，其（总体）均值为 $\mu_x$，方差为$\hat{\sigma}_x^2$，那么可以证明 $\bar{X}$ 的期望值 $E$（$\bar{X}$）等于总体均值 $\mu_x$，即：

$$E(\bar{X})=\mu_x \tag{10.81}$$

并且 $\bar{X}$ 的标准偏差 $\sigma_{\bar{X}}$ 与 $X_i$ 的标准偏差 $\sigma_x$ 有关，如下式：

$$\sigma_{\bar{X}}=\frac{\sigma_x}{\sqrt{N}} \tag{10.82}$$

样本统计量的标准偏差通常称为标准误差。公式（10.81）和公式（10.82）给出的结果将随机函数 $\bar{X}$ 的性质与随机变量 $X_i$ 相关联。如果 $X$ 的总体分布是正态分布，那么 $\bar{X}$ 的抽样分布将是正态分布。如果总体分布不是正态分布，则 $\bar{X}$ 的分布将比总体分布更接近正态分布。

### 10.7.2　方差

随机变量 $X_i$（$i\in[1, N]$）的 $N$ 个实际样本的方差 $S_x^2$ 由下式定义：

$$S_x^2=\frac{1}{N-1}\sum_{i=1}^{N}(X_i-\bar{X})^2 \tag{10.83}$$

取随机变量 $S_x^2$ 的期望值为 $E$（$S_x^2$），通过下式与总体方差 $\sigma_x^2$ 相关：

$$E(S_x^2)=\sigma_x^2 \tag{10.84}$$

基于此结果，总体的标准偏差可以用 $S_x$ 来估计，

并且可以证明 $S_x$ 的标准偏差可由下式得出：

$$\sigma_{S_x}=\frac{\sigma_x}{\sqrt{2N}} \quad (10.85)$$

公式（10.85）忽略了总体分布的偏态。

### 10.7.3　偏态系数

随机变量 $X_i$（$i\in[1, N]$）的 $N$ 个实际样本的偏态 $C_s$ 由下式定义：

$$C_s=\frac{1}{S_x^3}\cdot\frac{N}{(N-1)(N-2)}\sum_{i=1}^{N}(X_i-\bar{X})^3 \quad (10.86)$$

$S_x$ 是由公式（10.83）导出的样本标准偏差。使用公式（10.86）估算的偏态系数是总体偏态系数 $g_x$ 的近似无偏估计，准确的偏差取决于随机变量的基本分布。使用公式（10.86）得出的 $C_s$ 的标准误差 $\sigma_{C_s}$ 可以由下式估算：

$$\sigma_{C_s}=\sqrt{\frac{6N(N-1)}{(N+1)(N+2)(N+3)}} \quad (10.87)$$

### 10.7.4　中位数

中位数 $X_{50}$ 被定义为数据集的中间值，使得 50% 的数据大于中位数，并且 50% 的数据小于中位数。中位数对数据中存在的异常值敏感性较低，在数据分布偏斜的情况下，中位数是衡量数据集中趋势的较好指标。中位数的标准误差 $\sigma_{X50}$ 由下式给出：

$$\sigma_{X50}=\sigma_x\sqrt{\frac{1}{2N}} \quad (10.88)$$

如果 $x$ 的总体分布为正态分布或近似正态分布，那么对 $\sigma_{X50}$ 的估算是合适的，且对于 $N\geqslant 30$，中位数的抽样分布非常接近正态分布。

### 10.7.5　变异系数

变异系数 $C_v$ 的定义是数据总体的标准偏差与均值的比值。因此：

$$C_v=\frac{\sigma_x}{\mu_x}$$

$C_v$ 的大小通常用作衡量总体变化的相对值。从不同地点采集的各种类型的水质数据显示增加的方差对应增加的平均值，但变异系数大致保持恒定。细菌浓度尤其如此。$C_v$ 的值也是偏态的一个指标，特别是当只考虑 $x$ 的正值且 $C_v$>1 时。对样本 $C_v$ 的估算可以通过统计 COV 从样本数据中导出，其中：

$$\text{COV}=\left(1+\frac{1}{4N}\right)\frac{S_x}{\bar{\bar{X}}} \quad (10.89)$$

COV 的期望值为 $C_v$。COV 的标准误差 $\sigma_{\text{COV}}$ 由下式给出：

$$\sigma_{\text{COV}}=\frac{C_v\sqrt{1+2C_v^2}}{\sqrt{2N}} \quad (10.90)$$

如果总体分布为正态分布或接近正态分布且 $N\geqslant 100$，则用这种方法估算 $\sigma_{\text{COV}}$ 是合适的。

## 【例题 10.13】

使用例题 10.9 中给出的样本数据，计算均值、标准偏差、偏态系数、中位数和变异系数的期望值和标准误差。

**【解】**

根据给定的数据，$N$=50，样本统计量计算如下：

$$\bar{C}=\frac{1}{N}\sum_{i=1}^{N}C_i=\frac{1}{50}\times 233.5=4.67\text{ mg/L}$$

$$S_c=\sqrt{\frac{1}{N-1}\sum_{i=1}^{N}(C_i-\bar{C})^2}=\sqrt{\frac{1}{50-1}\times 801.2}=4.04\text{ mg/L}$$

$$C_s=\frac{1}{S_c^3}\cdot\frac{N}{(N-1)(N-2)}\sum_{i=1}^{N}(C_i-\bar{C})^3$$

$$=\frac{1}{4.04^3}\times\frac{50}{(50-1)(50-2)}\times 6097.3=1.96$$

$$C_{50}=3.52\text{ mg/L}$$

$$\text{COV}=\left[1+\frac{1}{4N}\right]\frac{S_c}{\bar{\bar{C}}}=\left[1+\frac{1}{4\times 50}\right]\frac{4.04}{4.67}=0.870$$

样本统计量的标准误差计算如下：

$$\sigma_{\bar{C}}=\frac{S_c}{\sqrt{N}}=\frac{4.04}{\sqrt{50}}=0.572\text{ mg/L}$$

$$\sigma_{S_c}=\frac{S_c}{\sqrt{2N}}=\frac{4.04}{\sqrt{2\times 50}}=0.404\text{ mg/L}$$

$$\sigma_{C_s}=\sqrt{\frac{6N(N-1)}{(N+1)(N+2)(N+3)}}$$

$$=\sqrt{\frac{6\times 50(50-1)}{(50+1)(50+2)(50+3)}}=0.323$$

$$\sigma_{C50}=S_c\sqrt{\frac{1}{2N}}=4.04\sqrt{\frac{1}{2\times 50}}=0.404\text{ mg/L}$$

$$\sigma_{COV}=\frac{C_v\sqrt{1+2C_v^2}}{\sqrt{2N}}=\frac{0.870\sqrt{1+2\times0.870^2}}{\sqrt{2\times50}}=0.138$$

通过统计量的期望值来使标准误差标准化通常是有效的。在这种情况下，均值、标准偏差、偏态、中位数和变异系数的归一化标准误差分别为 12%、10%、16%、11% 和 16%。这些值给出了统计数据的不确定性的度量，即使在采集了 50 个样本之后，这些值仍然在 10% 左右。

### 10.7.6 一些有用的定理

有几个变量的概率分布特别有用，这些变量及其相关的概率分布包含在以下定理中：

定理 10.1：如果 $N$ 个随机样本取自一个均值为 $\mu_x$ 的正态分布的总体，并且样本均值和方差分别为 $\bar{X}$ 和 $S_x^2$，那么变量 $T$ 由下式定义：

$$T=\frac{\bar{X}-\mu_x}{S_x/\sqrt{N}} \tag{10.91}$$

遵循自由度为 $N$–1 的学生 $t$ 分布。

这个定理在解决给出样本均值和方差分别为 $\bar{X}$ 和 $S_x^2$，总体均值是否可能等于 $\mu_x$ 的问题时特别有用。学生 $t$ 检验通常用于检验无效假设，$H_0$ ：$\mu$= 目标，与对立假设对比，如 $H_1$ ：$\mu\neq$目标。$t$ 检验最初是由英国统计学家 W.S. Gossett（1876—1937）在爱尔兰啤酒厂工作时提出的。Gosset 以“学生”为笔名出版，作为一种方法在工业界广泛应用。

定理 10.2：如果随机样本 $X_i$（$i\in[1,N]$）取自一个方差为 $\sigma_x^2$ 的正态分布总体，则量 $C_x$ 由下式定义：

$$C_x=\frac{(N-1)S_x^2}{\sigma_x^2} \tag{10.92}$$

遵循自由度为 $N$–1 的卡方分布。

假设样本方差是 $S_x^2$，这个定理在解决总体方差是否等于 $\sigma_x^2$ 的问题时很有用。

定理 10.3：如果两个大小为 $M$ 和 $N$ 的样本是从两个正态总体中得到的，总体的方差分别为 $\sigma_1^2$ 和 $\sigma_2^2$，样本的方差分别为 $S_1^2$ 和 $S_2^2$，那么量 $F$ 由下式定义：

$$F=\frac{S_1^2/\sigma_1^2}{S_2^2/\sigma_2^2} \tag{10.93}$$

遵循自由度为（$M$–1，$N$–1）的 $F$ 分布。

这个定理在确定从具有相同方差的总体中抽取样本的似然估计时特别有用。

## 10.8 置信区间

抽样理论涉及样本统计量的概率分布。由于测量仪产生样本统计量的单一结果，因此计算得出的统计量仅被视为总体参数的近似值。因此，在利用样本统计量来估算总体参数时，通常希望能够得到参数估算的置信区间。置信区间定义为一个随机函数的结果可能出现的百分比的范围，置信限定义为置信区间的下限和上限。置信区间主要用于确定样本统计量的准确性，并检验观测结果是否为来自假设总体的假设。这些应用如下所示。

### 10.8.1 均值

定理 10.1 指出，如果样本统计量 $\bar{X}$ 和 $S_x^2$ 是从取自正态分布的 $N$ 个样本中获得的，则变量 $T$ 可由下式定义：

$$T=\frac{\bar{X}-\mu_x}{S_x/\sqrt{N}}$$

遵循自由度为 $N$–1 的学生 $t$ 分布。此外，如果定义置信限使得 $\alpha$ 是置信区间外的结果发生的概率，那么对于结果（1–$\alpha$），我们期望：

$$t_{1-\alpha/2}\leqslant\frac{\bar{X}-\mu_x}{S_x/\sqrt{N}}\leqslant t_{\alpha/2} \tag{10.94}$$

其中 $t_\alpha$ 是使得 $P$（$T\geqslant t$）=$\alpha$ 的 $t$ 值。因此，根据任何计算出的 $\bar{X}$ 和 $S_x$ 的值，估算总体均值的 1–$\alpha$ 置信区间用下面的不等式表示：

$$\bar{X}-t_{\alpha/2}\frac{S_x}{\sqrt{N}}\leqslant\mu_x\leqslant\bar{X}-t_{1-\alpha/2}\frac{S_x}{\sqrt{N}} \tag{10.95}$$

其中，由于 $T$ 分布的对称性，$t_{\alpha/2}$ 和 $t_{1-\alpha/2}$ 具有相等的幅度但符号相反。作为超越概率 $\alpha$ 和自由度 $v$ 的函数 $t$ 的值在附录 C.2 中给出。

## 【例题 10.14】

61 个浓度样本（单位为 mg/L）的自然对数显示均值和标准偏差分别为 1.26 和 0.827。确定总体均值的 95% 置信区间。

**【解】**

根据给定的数据：$\bar{Y}$=1.26，$S_y$=0.827，$N$=61，$\alpha$=0.05。自由度 $N$–1=60 所需的临界 $t$ 值可以从附录 C.2 中的表中直接读出，即：

$$t_{\alpha/2} = t_{0.025} = 2.000$$

$$t_{1-\alpha/2} = t_{0.975} = -t_{0.025} = -2.000$$

在公式（10.95）中使用这些数据可以得出：

$$\bar{Y} - t_{\alpha/2}\frac{S_y}{\sqrt{N}} \leqslant \mu_y \leqslant \bar{Y} - t_{1-\alpha/2}\frac{S_y}{\sqrt{N}}$$

$$1.26 - 2.000 \times \frac{0.827}{\sqrt{61}} \leqslant \mu_y \leqslant 1.26 - (-2.000) \times \frac{0.827}{\sqrt{61}}$$

$$1.05 \leqslant \mu_y \leqslant 1.47$$

因此，总体均值的 95% 置信区间为 1.05~1.47。

### 10.8.2 方差

样本方差的置信区间的推导遵循与样本均值相同的步骤。从定理 10.2 可知，量（$N$–1）$S_x^2/\sigma_x^2$ 遵循自由度为 $N$–1 的卡方分布。因此，结果在值域内有 1–$\alpha$ 的概率使：

$$\chi^2_{1-\alpha/2} \leqslant \frac{(N-1)S_x^2}{\sigma_x^2} \leqslant \chi^2_{\alpha/2} \qquad (10.96)$$

式中 $\chi_\alpha^2$ 是超越概率为 $\alpha$ 的 $\chi^2$ 的值，重新排列方程（10.96），$\sigma_x^2$ 的 1–$\alpha$ 置信区间由下式给出：

$$\frac{S_x^2(N-1)}{\chi^2_{\alpha/2}} \leqslant \sigma_x^2 \leqslant \frac{S_x^2(N-1)}{\chi^2_{1-\alpha/2}} \qquad (10.97)$$

作为超越概率 $\alpha$ 和自由度 $v$ 的函数 $\chi^2$ 的值在附录 C.3 中给出。

## 【例题 10.15】

61 个浓度样本（单位为 mg/L）的自然对数显示均值和标准偏差分别为 1.26 和 0.827。确定总体标准偏差的 95% 置信区间。

## 【解】

根据给定的数据：$\bar{Y}$=1.26，$S_y$=0.827，$N$=61，$\alpha$=0.05。自由度 $N$–1=60 所需的临界 $\chi^2$ 值可直接从附录 C.3 中的表中读取，即：

$$\chi^2_{\alpha/2} = \chi^2_{0.025} = 83.298$$

$$\chi^2_{1-\alpha/2} = \chi^2_{0.975} = 40.482$$

在公式（10.97）中使用这些数据可以得出：

$$\frac{S_y^2(N-1)}{\chi^2_{\alpha/2}} \leqslant \sigma_y^2 \leqslant \frac{S_y^2(N-1)}{\chi^2_{1-\alpha/2}}$$

$$\frac{0.827^2(61-1)}{83.298} \leqslant \sigma_y^2 \leqslant \frac{0.827^2(61-1)}{40.482}$$

$$0.492 \leqslant \sigma_y^2 \leqslant 1.014$$

$$0.701 \leqslant \sigma_y \leqslant 1.01$$

因此，总体标准偏差的 95% 置信区间为 0.701~1.01。

### 10.8.3 方差比

定理 10.3 指出，如果样本 $N$ 和 $M$ 是从具有方差 $\sigma_1^2$ 和 $\sigma_2^2$ 的两个总体中抽取的，且样本方差为 $S_1^2$ 和 $S_2^2$，则量 $F$ 由下式定义：

$$F = \frac{S_1^2/\sigma_1^2}{S_2^2/\sigma_2^2}$$

遵循自由度为 $N$–1 和 $M$–1 的 $F$ 分布。将 $F$ 的 1–$\alpha$ 置信区间定义为：

$$F_{1-\alpha/2} \leqslant \frac{S_1^2/\sigma_1^2}{S_2^2/\sigma_2^2} \leqslant F_{\alpha/2} \qquad (10.98)$$

导出 $\sigma_2^2/\sigma_1^2$ 的 1–$\alpha$ 置信区间为：

$$F_{1-\alpha/2}\frac{S_2^2}{S_1^2} \leqslant \frac{\sigma_2^2}{\sigma_1^2} \leqslant F_{\alpha/2}\frac{S_2^2}{S_1^2} \qquad (10.99)$$

$F$ 分布具有两个自由度，通常表示为 $v_1$ 和 $v_2$，并且这些自由度必须单独指定以便以给定的超越概率 $\alpha$ 确定 $F$ 值。当 $\alpha$=0.05 时，作为 $v_1$ 和 $v_2$ 的函数的 $F$ 值在附录 C.4 中给出。在确定 $F$ 的临界值时，重要的是要记住，自由度的顺序非常重要，以使 $F_\alpha(v_1, v_2) \neq F_\alpha(v_2, v_1)$，第一自由度通常对应于正在估算的比率的分子，第二自由度对应于分母。$F_\alpha(v_1, v_2)$ 的列表值通常用于确定置信上限，下式在确定相应的置信下限时很有用：

$$F_{1-\alpha}(v_1, v_2) = \frac{1}{F_\alpha(v_2, v_1)} \qquad (10.100)$$

该关系式可以用于确定公式（10.99）中定义的置信区间。

## 【例题 10.16】

对周围流域开发前从湖泊采集的 61 个水质样本进行分析，结果表明对浓度对数转换的标准偏差为 0.683。对 41 个开发后样本的分析显示标准偏差为 0.752。假设开发前和开发后数据均来自对数正态分布，确定开发前和开发后标准偏差比率的 90% 置信区间。对周围流域的开发是否与湖水自然水质波动发生变化相关？

【解】

根据给定的数据：$N$=61，$S_1$=0.683，$M$=41，$S_2$=0.752，$\alpha$=0.05。自由度由下式给出：

$$n_1 = N - 1 = 61 - 1 = 60$$

$$n_2 = M - 1 = 41 - 1 = 40$$

参照附录 C.4，$F_{0.05}$（60，40）=1.64，$F_{0.05}$（40，60）=1.59，因此通过公式（10.100）可给出：

$$F_{0.95}(60, 40) = \frac{1}{F_{0.05}(40, 60)} = \frac{1}{1.59} = 0.629$$

公式（10.99）给出了开发前与开发后方差之比的置信区间：

$$F_{1-\alpha/2}\frac{S_2^2}{S_1^2} \leqslant \frac{\sigma_2^2}{\sigma_1^2} \leqslant F_{\alpha/2}\frac{S_2^2}{S_1^2}$$

$$F_{0.95}(60, 40)\frac{S_2^2}{S_1^2} \leqslant \frac{\sigma_2^2}{\sigma_1^2} \leqslant F_{0.05}(60, 40)\frac{S_2^2}{S_1^2}$$

$$0.629 \times \frac{0.752^2}{0.683^2} \leqslant \frac{\sigma_2^2}{\sigma_1^2} \leqslant 1.64 \times \frac{0.752^2}{0.683^2}$$

$$0.762 \leqslant \frac{\sigma_2^2}{\sigma_1^2} \leqslant 1.98$$

$$0.873 \leqslant \frac{\sigma_2}{\sigma_1} \leqslant 1.41$$

根据这些结果，有 90% 的置信度，使开发前和开发后标准偏差的比率在 0.873~1.41 的范围内。由于水质波动不变对应这个比例为 1.0，测量数据并不表明水质波动发生改变。

## 10.9　假设检验

假设检验的目的是确定从总体中抽取的随机样本是否支持对总体参数的假设。在假设检验中，根据定义的验收标准认可或否定假设。正在提出的假设被称为无效假设，用 $H_0$ 表示，否定无效假设而认可的对立假设为 $H_1$。在假设检验中有两种类型的错误：错误类型Ⅰ和错误类型Ⅱ。如果假设实际上是真的但被否定了，则会发生错误类型Ⅰ，如果假设在实际中被错误地认可，则会发生错误类型Ⅱ。犯错误类型Ⅰ的概率是认可或否定假设的基础，称为检验的显著性水平。应用于样本统计量的假设检验与使用置信区间来限制总体参数的可能性是等价的。通过以下常见假设来说明经典假设检验的程序。

### 10.9.1　均值

抽样理论表明，如果 $N$ 个样本是从均值为 $\mu_x$ 的正态总体中抽取的，那么随机变量 $T$ 由下式定义：

$$T = \frac{\bar{X} - \mu_x}{S_x}\sqrt{N} \tag{10.101}$$

遵循自由度为 $N$–1 的学生 $t$ 分布，考虑无效假设 $H_0$：样本是从均值为 $\mu_x$ 的正态总体中抽取的。为了确定是否认可或否定基于样本测量的假设，必须先指定检验该假设的显著性水平 $\alpha$；然后，如果无效假设为真，则存在 1–$\alpha$ 的概率使 $T$ 的任何单一结果 $t$ 满足在 $t \in [t_{1-\alpha/2}, t_{\alpha/2}]$ 的范围内。因此，如果发现 $t$ 在 $[t_{1-\alpha/2}, t_{\alpha/2}]$ 范围内，则在 $\alpha$ 显著性水平上认可假设 $H_0$（样本是从均值为 $\mu_x$ 的正态总体中抽取的）。采用这种方法，犯错误类型Ⅰ的概率为 $\alpha$。对立假设 $H_1$ 为样本不是从均值为 $\mu_x$ 的正态总体中抽取的。

考虑无效假设 $H_0$：样本是从均值大于 $\mu_x$ 的正态总体中抽取的。在这种情况下，只有来自假设均值的正偏差支持该假设。因此，在 $\alpha$ 显著性水平上，如果 $t \in [0, t_\alpha]$，那么这个假设将被认可，否则被否定。采用类似的方法来评估样本来自均值小于 $\mu_x$ 的总体的假设，只考虑单侧偏差的检验被称为单尾检验。如果偏差可能出现正或负均有意义，则假设检验被称为双尾检验。

## 【例题 10.17】

分析 31 个对数浓度测量值显示样本均值为 0.864，样本标准偏差为 0.429。这表明总体均值为 0.900。能否在 5% 的显著性水平接受这个假设？

【解】

根据给定的数据：$N$=31，$\bar{Y}$=0.864，$S_y$=0.429，$\mu_y$=0.900。假设样本来自对数正态总体，那么与样本结果相对应的 $t$ 统计量由公式（10.101）给出：

$$t = \frac{\bar{Y} - \mu_y}{S_y}\sqrt{N} = \frac{0.864 - 0.900}{0.429}\sqrt{31} = -0.467$$

如果所提出的假设在 5% 的显著性水平上是正确的，那么 $t \in [t_{0.975}, t_{0.025}]$，其中 $t$ 值是由自由度 $N$–1=30

导出的。使用附录 C.2 中的临界 $t$ 值可给出 $t_{0.975}=-2.042$，$t_{0.025}=2.042$。因此，如果 $t\in[-2.042, 2.042]$，则所提出的假设在 5% 的显著性水平上被认可。由于在这种特殊情况下发现的 $t=-0.467$ 落在要求范围内，因此总体均值等于 0.900 的假设在 5% 的显著性水平上被认可。

### 10.9.2 方差

抽样理论表明，如果一个大小为 $N$ 的样本是从方差为 $\sigma_x^2$ 的正态总体中抽取的，那么随机变量 $\chi^2$ 定义为：

$$\chi^2=\frac{(N-1)S_x^2}{\sigma_x^2} \tag{10.102}$$

遵循自由度为 $N$–1 的卡方分布。考虑无效假设 $H_0$：样本是从方差为 $\sigma_x^2$ 的正态总体中抽取的。如果 $\chi^2$ 是从一个测量样本计算出来的，且 $\chi^2\in[\chi^2_{1-\alpha/2}, \chi^2_{\alpha/2}]$，那么 $H_0$ 在 $\alpha$ 显著性水平被接受，并且如果 $\chi^2\notin[\chi^2_{1-\alpha/2}, \chi^2_{\alpha/2}]$，则对立假设即总体不是方差为 $\sigma_x^2$ 的正态分布被认可。

## 【例题 10.18】

通过对 31 个对数浓度测量值的分析显示样本均值为 0.864，样本标准偏差为 0.429。这表明总体标准偏差等于 0.500。能否在 5% 的显著性水平接受这个假设?

**【解】**

根据给定的数据：$N$=31，$\bar{Y}$=0.864，$S_y$=0.429，$\sigma_y$=0.500。假设样本来自对数正态总体，那么对应样本结果的 $\chi^2$ 统计量由公式（10.102）给出：

$$\chi^2=\frac{(N-1)S_y^2}{\sigma_y^2}=\frac{(31-1)\times0.429^2}{0.500^2}=28.8$$

如果所提出的假设在 5% 的显著性水平上是正确的，那么 $\chi^2\in[\chi^2_{0.975},\chi^2_{0.025}]$，其中 $\chi^2$ 值是通过自由度 $N$–1=30 导出的。使用附录 C.3 中的关键 $\chi^2$ 值给出 $\chi^2_{0.975}$=16.791，$\chi^2_{0.025}$=46.979。因此，如果 $\chi^2\in[16.791, 46.979]$，则所提出的假设在 5% 的显著性水平上被接受。由于在这种特殊情况下 $\chi^2$=28.80 落在要求范围内，所以标准偏差等于 0.500 的假设在 5% 的显著性水平上被接受。

### 10.9.3 总体差异

在某些情况下，分析的目的是评估两组数据是来自同一总体，还是来自具有不同统计数据的总体。这些检验特别适用于比较不同时间或地点采集的水质数据或使用不同测量技术的情况。下面给出了用于检验总体差异显著性的有效统计检验。

#### 10.9.3.1 *t* 检验

如果大小为 $N_1$ 和 $N_2$ 的样本来自同一正态总体，并且具有样本均值 $\bar{X}_1$ 和 $\bar{X}_2$ 以及样本方差 $S_1^2$ 和 $S_2^2$，则采样理论表明随机变量 $T$ 由下式给出：

$$T=\frac{\bar{X}_1-\bar{X}_2}{\left\{\left[\frac{1}{N_1}+\frac{1}{N_2}\right]\left[\frac{(N_1-1)S_1^2+(N_2-1)S_2^2}{(N_1-1)+(N_2-1)}\right]\right\}^{\frac{1}{2}}} \tag{10.103}$$

遵循自由度为 $N_1+N_2-2$ 的学生 $t$ 分布。考虑无效假设 $H_0$：两个样本是从具有相同均值和方差的正态总体中抽取的。如果计算结果 $t$ 满足 $t\in[t_{1-\alpha/2}, t_{\alpha/2}]$，则假设被认可；如果 $t\notin[t_{1-\alpha/2}, t_{\alpha/2}]$，则在 $\alpha$ 显著性水平上将否定无效假设。

## 【例题 10.19】

填埋场下游地下水中特定有毒物质的浓度（单位 μg/L）来自对数正态分布。填埋场建成之前，采集了 41 个样本，测得的对数浓度的均值和标准偏差分别为 0.563 和 0.421。填埋场建成后，发现 21 个样本的对数浓度的均值和标准偏差分别等于 0.623 和 0.403。评估在 5% 的显著性水平下，填埋场的有毒物质浓度分布在填埋场建成前后是否有显著差异。

**【解】**

根据给定的数据：$N_1$=41，$\bar{Y}_1$=0.563，$S_1$=0.421，$N_2$=21，$\bar{Y}_2$=0.623，$S_2$=0.403。假设样本来自对数正态总体，那么对应样本结果的 $t$ 统计量由公式（10.103）给出：

$$\begin{aligned}t&=\frac{\bar{Y}_1-\bar{Y}_2}{\left\{\left[\frac{1}{N_1}+\frac{1}{N_2}\right]\left[\frac{(N_1-1)S_1^2+(N_2-1)S_2^2}{(N_1-1)+(N_2-1)}\right]\right\}^{\frac{1}{2}}}\\&=\frac{0.563-0.623}{\left\{\left[\frac{1}{41}+\frac{1}{21}\right]\left[\frac{(41-1)\times0.421^2+(21-1)\times0.403^2}{(41-1)+(21-1)}\right]\right\}^{\frac{1}{2}}}\\&=-0.539\end{aligned}$$

如果所提出的假设在 5% 的显著性水平上为真，

那么 $t \in [t_{0.975}, t_{0.025}]$，其中 $t$ 值是由自由度 $N_1+N_2-2=60$ 导出的。使用附录 C.2 中的临界 $t$ 值可给出 $t_{0.975}=-2.000$ 和 $t_{0.025}=2.000$。因此，如果 $t \in [-2.000, 2.000]$，则所提出的假设在 5% 的显著性水平上被接受。由于在这种特殊情况下 $t=-0.539$ 落在要求的范围内，所以填埋场建成前后有毒物质浓度概率分布相同的假设在 5% 的显著性水平上被接受。

基于两个数据集的均值和方差相同的假设，使用公式（10.101）推导出公式（10.103）。均值差异的显著性可以使用方程（10.95）单独评估，方差差异的显著性可以使用方程（10.97）进行评估。方差比的 $F$ 检验也可用于评估方差的差异。

#### 10.9.3.2 Kruskal–Wallis 检验

Kruskal–Wallis（KW）检验用于评估 $K$ 个独立数据集的均值之间的差异。这些数据集不需要从正态甚至对称的基本分布中得出，但 $K$ 分布假定形状相同。适用于中等数量的绑定和未检测（ND）值。无效假设由 $H_0$ 给出：已经抽出的 $K$ 个数据集的总体具有相同的均值。对立假设为，至少有一个总体的均值大于或小于至少一个其他总体的均值。在 KW 检验中使用的数据点可以表示为 $x_{k,j}$，其中 $k$ 是数据集，$k \in [1, K]$，$j$ 是数据点，$j \in [1, J_k]$，$J_k$ 是第 $k$ 个数据集内的数据点的数目。数据总数 $N$ 可以表示为：

$$N = J_1 + J_2 + \cdots + J_k \tag{10.104}$$

式中 $J_k$ 不必相同。应用 KW 检验的步骤如下：

第 1 步：将 $N$ 个数据点从最小值到最大值排序，将序号 1 分配给最小的数据。如果存在绑定值，分配中间值。如果未检测值（ND）出现，则将它们视为一组小于数据集中最小数值的绑定值。

第 2 步：计算每个数据集的序号总和。用 $R_k$ 表示第 $k$ 个数据集的序号总和。

第 3 步：如果没有绑定值或未检测值（ND），则按下式计算 KW 统计量：

$$K_{\mathrm{w}} = \left[\frac{12}{N(N+1)}\sum_{k=1}^{K}\frac{R_k^2}{J_k}\right] - 3(N+1) \tag{10.105}$$

第 4 步：如果有绑定值或未检测值（ND）被视为绑定值，则通过将 $K_{\mathrm{w}}$（公式 10.105）除以绑定值的校正方法来计算优化 KW 统计量，即：

$$K_{\mathrm{w}'} = \frac{K_{\mathrm{w}}}{1 - \dfrac{1}{N(N^2-1)}\displaystyle\sum_{k=1}^{g} t_k(t_k^2-1)} \tag{10.106}$$

式中 $g$——绑定值组的数量；

$t_k$——第 $k$ 组中绑定值的数量。

当没有绑定值时，公式（10.106）简化为公式（10.105）。

第 5 步：对于 $\alpha$ 水平的检验，如果 $K_{\mathrm{w}'}>\chi^2_{\alpha,K-1}$ 则否定 $H_0$，其中 $\chi^2_{\alpha,K-1}$ 是自由度为 $K-1$ 的卡方分布 $\alpha$ 显著性水平。

## 【例题 10.20】

在不同流域开发时期从湖泊采集两组浓度数据。每组数据有 25 个样本，每个样本组的测量浓度（单位为 mg/L）见表 10.9。

每个样本组的测量浓度　　表 10.9

| 组 1 | 组 2 | 组 1 | 组 2 | 组 1 | 组 2 | 组 1 | 组 2 | 组 1 | 组 2 |
|---|---|---|---|---|---|---|---|---|---|
| 2.44 | 1.42 | 15.64 | 6.18 | 10.44 | 2.66 | 8.33 | 17.62 | 2.68 | 2.90 |
| 3.51 | 7.80 | 2.53 | 0.89 | 18.79 | 3.35 | 7.27 | 3.52 | 6.67 | 3.62 |
| 2.20 | 3.75 | 5.00 | 8.55 | 0.78 | 1.53 | 1.79 | 5.45 | 3.54 | 1.24 |
| 2.12 | 6.65 | 1.09 | 6.89 | 3.25 | 4.62 | 2.19 | 1.22 | 7.66 | 4.87 |
| 1.02 | 6.82 | 1.74 | 3.67 | 0.71 | 6.34 | 1.97 | 1.70 | 4.46 | 2.43 |

使用 KW 检验来确定抽取数据的总体均值在 5% 水平上是否显著不同。

**【解】**

根据 KW 的步骤，首先将数据组合并排序，得出的结果见表 10.10。

基于这些结果，通过对组 1 和组 2 中的序号求和来计算以下 KW 参数，结果为：$R_1=605$，$R_2=670$。当 $J_1=25$，$J_2=25$，$N=J_1+J_2=50$，且 $K=2$ 时，由公式（10.105）给出的 KW 统计量为：

$$K_{\mathrm{w}} = \left[\frac{12}{N(N+1)}\sum_{k=1}^{K}\frac{R_k^2}{J_k}\right] - 3(N+1)$$
$$= \left[\frac{12}{50(50+1)}\left(\frac{605^2}{25} + \frac{670^2}{25}\right)\right] - 3(50+1) = 0.398$$

附录 C.3 给出了 5% 显著性水平下自由度为 $K-1=2-1=1$ 的卡方统计量，即 $\chi^2_{0.05}=3.841$。由于 $K_{\mathrm{w}}$（$=0.398$）的计算值小于 $\chi^2_{0.05}$（$=3.841$），所以两个数据集的总体均值相同的假设在 5% 的显著性水平上被接受。

数据组合排序结果　　表 10.10

| 数据 | 组 | 序号 | 数据 | 组 | 序号 | 数据 | 组 | 序号 |
|---|---|---|---|---|---|---|---|---|
| 0.71 | 1 | 1 | 2.44 | 1 | 18 | 5.45 | 2 | 35 |
| 0.78 | 1 | 2 | 2.53 | 1 | 19 | 6.18 | 2 | 36 |
| 0.89 | 2 | 3 | 2.66 | 2 | 20 | 6.34 | 2 | 37 |
| 1.02 | 1 | 4 | 2.68 | 1 | 21 | 6.65 | 2 | 38 |
| 1.09 | 1 | 5 | 2.90 | 2 | 22 | 6.67 | 1 | 39 |
| 1.22 | 2 | 6 | 3.25 | 1 | 23 | 6.82 | 2 | 40 |
| 1.24 | 2 | 7 | 3.35 | 2 | 24 | 6.89 | 2 | 41 |
| 1.42 | 2 | 8 | 3.51 | 1 | 25 | 7.27 | 1 | 42 |
| 1.53 | 2 | 9 | 3.52 | 2 | 26 | 7.66 | 1 | 43 |
| 1.70 | 2 | 10 | 3.54 | 1 | 27 | 7.80 | 2 | 44 |
| 1.74 | 1 | 11 | 3.62 | 2 | 28 | 8.33 | 1 | 45 |
| 1.79 | 1 | 12 | 3.67 | 2 | 29 | 8.55 | 2 | 46 |
| 1.97 | 1 | 13 | 3.75 | 2 | 30 | 10.44 | 1 | 47 |
| 2.12 | 1 | 14 | 4.46 | 1 | 31 | 15.64 | 1 | 48 |
| 2.19 | 1 | 15 | 4.62 | 2 | 32 | 17.62 | 2 | 49 |
| 2.20 | 1 | 16 | 4.87 | 2 | 33 | 18.79 | 1 | 50 |
| 2.43 | 2 | 17 | 5.00 | 1 | 34 | | | |

### 10.9.4　正态性

总体分布的正态性（或对数正态性）假设是许多统计分析的基础，因此通常有必要评估数据（或对数转换数据）是否支持总体分布为正态分布的判断。

#### 10.9.4.1　Shapiro-Wilk 检验

Shapiro-Wilk 检验有时被称为 W 检验，它是正态性的最佳检验之一，特别适用于检测样本分布的尾部是否偏离正态性。应用此检验的步骤如下：

第 1 步：将样本数据排序。

第 2 步：计算最极端观测值之间差异的加权和 $b$。

第 3 步：将加权和除以标准偏差的倍数，并将结果平方以得到 Shapiro-Wilk 统计量 $W$，其定义为：

$$W=\left(\frac{b}{S_x\sqrt{N-1}}\right)^2 \qquad (10.107)$$

式中分子的计算方式如下：

$$b=\sum_{i=1}^{k}a_{N-i+1}(x_{N-i+1}-x_i)=\sum_{i=1}^{k}b_i \qquad (10.108)$$

式中 $x_i$ 表示第 $i$ 对极值中的最小序号值，如 Shapiro 和 Wilk 大量列出的，系数 $a_i$ 取决于样本大小 $N$，$k$ 值是小于或等于 $N/2$ 的最大整数。表 10.11 显示了在置信度水平 $\alpha$ 为 0.01 和 0.05 下对于选定样本大小的 $W$ 值。通常，进一步关联 $W$、$N$ 和 $\alpha$ 可用于统计分析程序，例如 MATLAB® 和 Statistica®。

当计算出的 Shapiro-Wilk 统计量小于表 10.11 给出的适用值时，正态性假设在 $\alpha$ 显著性水平上被否定。

## 【例题 10.21】

观测到的浓度（单位为 mg/L）与数值水质模型预测的浓度的偏差见表 10.12。

使用 Shapiro-Wilk 检验评估这些随机波动在 5% 显著性水平下的正态性。样本大小为 20 时，Shapiro-Wilk 常数见表 10.13。

Shapiro-Wilk 统计量 $W$ 的值　　表 10.11

| 样本大小 $N$ | 置信度水平 $\alpha$ | |
|---|---|---|
| | 0.01 | 0.05 |
| 3 | 0.753 | 0.767 |
| 5 | 0.686 | 0.762 |
| 10 | 0.781 | 0.842 |
| 15 | 0.835 | 0.881 |
| 20 | 0.868 | 0.905 |
| 25 | 0.888 | 0.918 |
| 30 | 0.900 | 0.927 |
| 35 | 0.910 | 0.934 |
| 40 | 0.919 | 0.940 |
| 45 | 0.926 | 0.945 |
| 50 | 0.930 | 0.947 |

观测到的浓度与数值水质模型预测的浓度的偏差　表 10.12

| | | | |
|---|---|---|---|
| -0.393 | 1.807 | 0.971 | 2.558 |
| 0.467 | 1.476 | 2.598 | 0.924 |
| 1.404 | 1.007 | 1.069 | 1.893 |
| 2.697 | 4.175 | 0.751 | -0.434 |
| 3.276 | 2.048 | 2.642 | 1.164 |

Shapiro-Wilk 常数值　　表 10.13

| $n$ | $a_n$ | $n$ | $a_n$ |
|---|---|---|---|
| 20 | 0.4734 | 15 | 0.1334 |
| 19 | 0.3211 | 14 | 0.1013 |
| 18 | 0.2565 | 13 | 0.0711 |
| 17 | 0.2085 | 12 | 0.0422 |
| 16 | 0.1686 | 11 | 0.0140 |

【解】

根据给定的数据：$N$=20，$k$=10。第 1 步是对样本数据进行排序，见表 10.14。

样本数据排序结果　　表 10.14

| 序号 | 数据 | 序号 | 数据 | 序号 | 数据 | 序号 | 数据 |
|---|---|---|---|---|---|---|---|
| 1 | −0.434 | 6 | 0.971 | 11 | 1.476 | 16 | 2.598 |
| 2 | −0.393 | 7 | 1.007 | 12 | 1.807 | 17 | 2.642 |
| 3 | 0.467 | 8 | 1.069 | 13 | 1.893 | 18 | 2.697 |
| 4 | 0.751 | 9 | 1.164 | 14 | 2.048 | 19 | 3.276 |
| 5 | 0.924 | 10 | 1.404 | 15 | 2.558 | 20 | 4.175 |

表 10.15 中总结了使用公式（10.108）计算的排序数据中的 $b_i$ 值。

$b_i$ 值计算结果　　表 10.15

| $i$ | $N-i+1$ | $x_{N-i+1}-x_i$ | $a_{N-i+1}$ | $b_i$ |
|---|---|---|---|---|
| 1 | 20 | 4.609 | 0.4734 | 2.182 |
| 2 | 19 | 3.668 | 0.3211 | 1.178 |
| 3 | 18 | 2.230 | 0.2565 | 0.572 |
| 4 | 17 | 1.890 | 0.2085 | 0.394 |
| 5 | 16 | 1.674 | 0.1686 | 0.282 |
| 6 | 15 | 1.587 | 0.1334 | 0.212 |
| 7 | 14 | 1.041 | 0.1013 | 0.106 |
| 8 | 13 | 0.824 | 0.0711 | 0.059 |
| 9 | 12 | 0.642 | 0.0422 | 0.027 |
| 10 | 11 | 0.071 | 0.0140 | 0.001 |
| | | | 合计 | 5.012 |

基于这些算得 $b=\sum_{i=1}^{k} b_i=5.012$。算得样本标准偏差为 $S_x=2.067$，应用公式（10.107）得出：

$$W=\left(\frac{b}{S_x\sqrt{N-1}}\right)^2=\left(\frac{5.012}{2.067\sqrt{20-1}}\right)^2=0.309$$

在 5% 显著性水平下，表 10.11 给出 $W$ 统计量的临界值为 0.905。由于计算得出的统计量（= 0.309）小于临界统计量（= 0.905），因此可以在 5% 的显著性水平上判断数据不是从正态分布中得出的。

#### 10.9.4.2 Shapiro–Francia 检验

Shapiro–Francia 检验是对 Shapiro–Wilk 检验的一个小的优化，当样本大小 $N$ 大于 50 时，推荐使用 Shapiro–Wilk 检验。Shapiro–Francia 检验与 Shapiro–Wilk 检验具有相同的优点。应用 Shapiro–Francia 检验的步骤如下：

第 1 步：将样本数据进行排序。

第 2 步：使用下式计算观测值的加权和：

$$\text{加权和}=\sum_{i=1}^{N} m_i x_i \tag{10.109}$$

式中 $m_i$ 的值可以近似计算为：

$$m_i=\Phi^{-1}\left(\frac{i}{N+1}\right) \tag{10.110}$$

式中 $\Phi^{-1}$ 是标准正态累积分布函数的倒数。

第 3 步：将加权和的平方除以样本标准偏差的倍数以获得 Shapiro–Francia 统计量 $W'$，其定义为：

$$W'=\frac{\left(\sum_{i=1}^{N} m_i x_i\right)^2}{(N-1)S_x^2\sum_{i=1}^{N} m_i^2} \tag{10.111}$$

表 10.16 显示了在置信度水平 $\alpha$ 为 0.01 和 0.05 下对于选定样本大小的 $W'$ 值。

当计算出的 Shapiro–Francia 统计量小于表 10.16 给出的适用值时，正态性假设在 $\alpha$ 显著性水平上被否定。

Shapiro–Francia 统计量 $W'$ 的值　表 10.16

| 样本大小 $N$ | 置信度水平 $\alpha$ | |
|---|---|---|
| | 0.01 | 0.05 |
| 50 | 0.935 | 0.953 |
| 55 | 0.940 | 0.958 |
| 65 | 0.948 | 0.965 |
| 75 | 0.956 | 0.969 |
| 85 | 0.961 | 0.972 |
| 95 | 0.965 | 0.974 |

#### 10.9.4.3 数据转换以达到正态性

由于许多统计检验和分析方法都是基于潜在总体分布遵循正态分布的假设，所以在数据不是正态分布的情况下，可以将数据转换为符合正态分布的数据。在这些情况下，对转换后的数据进行统计分析，并通过转化后的数据得出结论，这些结论与未经转换数据的统计特性相关联。表 10.17 列出了常用的数据转换，其中转换值用 $y$ 表示，样本值用 $x$ 表示。

转换后标度上对称的置信区间在转换回原始标度时不再对称。

数据转换　　表 10.17

| 四则运算 | 倒数 | 对数 | 平方根 | 立方根 |
|---|---|---|---|---|
| $y=x+c$ | $y=x^{-1}$ | $y=\log x$ 或 $y=\ln x$ | $y=x^{\frac{1}{2}}$ | $y=x^{\frac{1}{3}}$ |

## 10.9.5　趋势

在许多情况下，需对数据随时间是否具有统计学上的显著趋势进行评估。趋势分析的目的有时是用来评估是否因改变土地使用方法而导致污染增加，或确定污染控制计划启动后污染水平是否下降。下面给出了常用的趋势分析统计检验。

### 10.9.5.1　Mann-Kendall 检验

Mann-Kendall 趋势检验是检验时间序列显著趋势的使用最广泛的非参数检验之一。该检验使用观测值而非实际值，并且具有不受数据实际分布影响的理想属性，对异常值较不敏感，并且允许存在缺失值。相反，参数趋势检验虽然功能更强大，但要求数据为正态分布且对异常值更敏感。

Mann-Kendall 趋势检验基于时间序列等级与时间顺序之间的相关性。对于时间序列 $X=\{x_1, x_2, \dots, x_N\}$，检验统计量由下式给出：

$$S=\sum_{i=1}^{N-1}\sum_{j=i+1}^{N}\operatorname{sign}(x_j-x_i) \qquad (10.112)$$

式中：

$$\operatorname{sign}(x_j-x_i)=\operatorname{sign}(R_j-R_i)=\begin{cases}+1 & x_i<x_j\\ 0 & x_i=x_j\\ -1 & x_i>x_j\end{cases} \qquad (10.113)$$

$R_i$ 和 $R_j$ 分别是时间序列的观测值 $x_i$ 和 $x_j$ 的等级。在假设数据是独立且均匀分布的情况下，公式（10.112）中 $S$ 统计量的均值和方差由下式给出：

$$\mu_S=0 \qquad (10.114)$$

$$\sigma_S^2=\frac{1}{18}N(N-1)(2N+5) \qquad (10.115)$$

其中 $N$ 是观测值的数量。数据中绑定排序的存在导致 $S$ 的方差减小至：

$$\hat{\sigma}_S^2=\frac{1}{18}N(N-1)(2N+5)-\sum_{j=1}^{m}\left[\frac{1}{18}t_j(t_j-1)(2t_j+5)\right] \qquad (10.116)$$

其中 $m$ 是绑定排序组的数量，每个绑定观测值都是 $t_j$。随着观测值数量变大（$N>10$），$S$ 的分布倾向于正态分布。使用标准化变量 $Z$ 检验趋势的显著性，$Z$ 由下式给出：

$$Z=\begin{cases}\dfrac{S-1}{\sigma_S} & S>0\\ 0 & S=0\\ \dfrac{S+1}{\sigma_S} & S<0\end{cases} \qquad (10.117)$$

随后将 $Z$ 与期望的显著性水平 $\alpha$ 处的标准正态变量进行比较。$Z$ 为正值表示增加的趋势，而 $Z$ 为负值表示减少的趋势。

**【例题 10.22】**

在 10 年的时间里，危险废物填埋场下游地下水的浓度每年测量一次，结果见表 10.18。

危险废物填埋场下游地下水的浓度测量结果　表 10.18

| 年份 $i$ | $c_i$（mg/L） | 年份 $i$ | $c_i$（mg/L） |
|---|---|---|---|
| 1 | 3.53 | 6 | 1.56 |
| 2 | 0.24 | 7 | 5.51 |
| 3 | 1.34 | 8 | 5.73 |
| 4 | 2.26 | 9 | 5.78 |
| 5 | 4.56 | 10 | 6.97 |

使用 Mann-Kendall 检验来评估数据在 5% 显著性水平上是否存在趋势。

**【解】**

由测量的数据组可知 $N$=10，使用给定的浓度测量值序列和公式（10.113）给出的符号规则，得出的结果见表 10.19。

基于这些结果，Mann-Kendall 检验的统计量为：

$$S=1+8+7+4+3+4+3+2+1=33$$

$$\sigma_S=\sqrt{\frac{1}{18}N(N-1)(2N+5)}=\sqrt{\frac{1}{18}\times10\times(10-1)\times(2\times10+5)}=11.18$$

$\sum_{j=i+1}^{10}\text{sign}(c_j-c_i)$计算结果　　表 10.19

| $i$ | $\sum_{j=i+1}^{10}\text{sign}(c_j-c_i)$ | $i$ | $\sum_{j=i+1}^{10}\text{sign}(c_j-c_i)$ |
|---|---|---|---|
| 1 | 1 | 6 | 4 |
| 2 | 8 | 7 | 3 |
| 3 | 7 | 8 | 2 |
| 4 | 4 | 9 | 1 |
| 5 | 3 | | |

$$Z=\frac{S-1}{\sigma_S}=\frac{33-1}{11.18}=2.862$$

标准正态偏差的累积分布函数（CDF）表明 $Z$=2.862 的超越概率为 0.002 或 0.2%。因此，可以断定测量的浓度数据在显著性水平为 5% 时具有显著的正向（向上）斜率。

#### 10.9.5.2　Sen′s 斜率估计量

如果在时间序列中存在线性趋势，则可以使用由 Sen 提出的简单非参数程序来估算斜率。首先使用下式计算 $M$ 对数据的斜率估计值：

$$Q_i=\frac{x_j-x_k}{j-k}\text{（其中 }i=1,\ldots,M\text{）}\tag{10.118}$$

其中 $x_j$ 和 $x_k$ 分别是时间 $j$ 和 $k$（其中 $j>k$）时的数据值。然后对 $Q_i$ 的计算值进行排序，并且这些 $Q_i$ 的 $M$ 值的中值即 Sen′s 检验的斜率估计值由下式给出：

$$Q_{\text{med}}=\begin{cases}Q_{[(M+1)/2]} & M\text{ 为奇数}\\ \frac{1}{2}(Q_{[M/2]}+Q_{[(M+2)/2]}) & M\text{ 为偶数}\end{cases}\tag{10.119}$$

数据的估计斜率为 $Q_{\text{med}}$。估计斜率的 100（1−$\alpha$）置信区间可以使用下列过程确定：

第 1 步：选择显著性水平 $\alpha$，并确定标准正态偏差 $z_{\alpha/2}$。

第 2 步：使用公式（10.115）（无绑定值）或公式（10.116）（有绑定值）确定 $\sigma_S$。计算参数 $C_\alpha$，其中 $C_\alpha=z_{\alpha/2}\sigma_S$。

第 3 步：计算 $M_1$ 和 $M_2$ 的排序，其中：

$$M_1=\frac{1}{2}(M-C_\alpha)$$

$$M_2=\frac{1}{2}(M+C_\alpha)$$

其中 $M$ 是用于计算 Sen 估计值的斜率数量。

第 4 步：确定斜率 $Q_i$ 对应 $M_1$ 和 $M_2$ 排序的排序值；分别为估计斜率的 $\alpha$ 置信上限和置信下限。

## 【例题 10.23】

使用例题 10.22 给出的浓度测量值，使用 Sen′s 斜率估计值来估算时间序列测量值的斜率和斜率的 95% 置信区间。

**【解】**

根据给定的数据，$N$=10，根据公式（10.118）对数据进行差分得出的斜率估计值见表 10.20。

$Q_i$ 的计算结果　　表 10.20

| $k$ | $j$ | | | | | | | | |
|---|---|---|---|---|---|---|---|---|---|
| | 2 | 3 | 4 | 5 | 6 | 7 | 8 | 9 | 10 |
| 1 | −3.29 | −1.10 | −0.42 | 0.26 | −0.39 | 0.33 | 0.31 | 0.28 | 0.38 |
| 2 | | 1.10 | 1.01 | 1.44 | 0.33 | 1.05 | 0.91 | 0.79 | 0.84 |
| 3 | | | 0.92 | 1.61 | 0.07 | 1.04 | 0.88 | 0.74 | 0.80 |
| 4 | | | | 2.30 | −0.35 | 1.08 | 0.87 | 0.70 | 0.78 |
| 5 | | | | | −3.00 | 0.48 | 0.39 | 0.31 | 0.48 |
| 6 | | | | | | 3.95 | 2.08 | 1.41 | 1.35 |
| 7 | | | | | | | 0.22 | 0.14 | 0.49 |
| 8 | | | | | | | | 0.05 | 0.62 |
| 9 | | | | | | | | | 1.19 |

由 $Q_i$ 的这些结果得出估计值 $M$=45，中值 $Q_{\text{med}}$=0.70mg/（L・年）。为了确定 95% 置信区间，取 $\alpha$=0.05，其对应的标准正态偏差 $z_{\alpha/2}$=1.960。以下参数可以根据 Sen 方法计算：

$$\sigma_S=\sqrt{\frac{1}{18}N(N-1)(2N+5)}=\sqrt{\frac{1}{18}\times10\times(10-1)\times(2\times10+5)}=11.18$$

$$C_\alpha=z_{\alpha/2}\sigma_S=1.960\times11.18=21.91$$

$$M_1=\frac{1}{2}(M-C_\alpha)=\frac{1}{2}(45-21.91)=11.54$$

$$M_2=\frac{1}{2}(M+C_\alpha)=\frac{1}{2}(45+21.91)=33.46$$

$Q_i$ 第 11 位和第 12 位的值分别为 0.26 和 0.28，所以 $Q_i$ 排序第 11.54 的插值为 0.27。类似地，$Q_i$ 第 33 位和第 34 位的值分别为 1.01 和 1.04，因此 $Q_i$ 排序第 33.46 的插值为 1.03。因此，估计斜率（= 0.70）的

95% 置信区间为 [0.27，1.03]。这个置信区间进一步支持了斜率显著非零的判断。

## 10.10　变量之间的关系

有时需要获取并评估变量之间的关系。通常使用相关性和回归分析来完成。

### 10.10.1　相关性

两个变量 $x$ 和 $y$ 之间的相关系数 $\rho_{xy}$ 被定义为：

$$\rho_{xy}=\frac{\sigma_{xy}}{\sigma_x\sigma_y} \tag{10.120}$$

其中 $\sigma_{xy}$ 是 $x$ 和 $y$ 之间的协方差，$\sigma_x$ 和 $\sigma_y$ 分别是 $x$ 和 $y$ 的标准差。$\rho_{xy}$ 的样本估计值通常用 $r_{xy}$ 表示，该值是使用下式从样本数据中计算出来的：

$$r_{xy}=\frac{\sum_{i=1}^{N}(x_i-\bar{x})(y_i-\bar{y})}{\left[\sum_{i=1}^{N}(x_i-\bar{x})^2\right]^{\frac{1}{2}}\left[\sum_{i=1}^{N}(y_i-\bar{y})^2\right]^{\frac{1}{2}}} \tag{10.121}$$

相关系数 $r_{xy}$ 通常简单地用 $r$ 表示，有时也称为皮尔逊积矩相关系数。$r_{xy}$ 的值可以为 [−1，1] 范围内的任何值。当总体相关系数 $\rho_{xy}$ 为零时，可发现统计量 $t^*$ 被定义为：

$$t^*=r_{xy}\frac{\sqrt{N-1}}{\sqrt{1-r_{xy}^2}} \tag{10.122}$$

假如 $x$ 和 $y$ 都是正态分布的，则 $t^*$ 遵循自由度为 $N-2$ 的 $t$ 分布。表 10.21 给出了 $\alpha=0.05$ 时对应不同 $N$ 值的 $r_{xy}$ 的极限值，显然 $r_{xy}$ 的值远高于 0 通常是表现出显著相关性所必需的。对于较大的 $N$ 值，$t$ 分布非常接近正态分布，$\alpha=0.05$ 时 $r_{xy}$ 的极限值可近似为：

$$r_{xy}=\pm\frac{1.96}{\sqrt{N}} \tag{10.123}$$

只有当两个随机变量之间的关系被认为是线性时，才应计算相关系数。当关系为非线性时，有时可以通过数据转换使关系变为线性。必须始终牢记两个变量之间的高度相关并不意味着因果关系。另外，尽管独立变量通常是不相关的，但不相关的变量并不总是独立的。例如，两个变量可能通过非线性函数紧密相关，并且其相关系数的计算可能得出 $r_{xy}=0$。

## 【例题 10.24】

两种水质变量 $X$ 和 $Y$ 的几个同时测量值见表 10.22。确定 $X$ 和 $Y$ 之间的相关系数，并评估在 5% 显著性水平上是否有显著相关性。

**【解】**

根据给定的数据，$N=22$，$x$ 和 $y$ 的均值计算如下：

$$\bar{x}=\frac{1}{N}\sum_{i=1}^{N}x_i=22.06$$

$$\bar{y}=\frac{1}{N}\sum_{i=1}^{N}y_i=57.88$$

使用这些均值，其方差计算为：

$$\sum_{i=1}^{N}(x_i-\bar{x})(y_i-\bar{y})=127.4$$

$$\sum_{i=1}^{N}(x_i-\bar{x})^2=892.6$$

$$\sum_{i=1}^{N}(y_i-\bar{y})^2=184.0$$

使用公式（10.121）计算 $r_{xy}$：

$\alpha=0.05$ 时 $r_{xy}$ 的零相关极限值　　表 10.21

| $N$ | $r_{xy}$ |
|---|---|
| 5 | ± 0.75 |
| 10 | ± 0.58 |
| 20 | ± 0.42 |
| 30 | ± 0.35 |
| 50 | ± 0.27 |
| 100 | ± 0.20 |

两种水质变量 $X$ 和 $Y$ 的测量值　　表 10.22

| $x$ | $y$ | $x$ | $y$ | $x$ | $y$ | $x$ | $y$ |
|---|---|---|---|---|---|---|---|
| 11.78 | 57.25 | 17.73 | 59.71 | 23.97 | 58.48 | 29.24 | 64.54 |
| 12.07 | 55.89 | 18.90 | 60.59 | 24.32 | 57.36 | 30.77 | 64.19 |
| 13.62 | 58.26 | 19.72 | 52.89 | 25.59 | 59.94 | 31.78 | 59.86 |
| 14.62 | 58.79 | 20.12 | 55.20 | 26.31 | 55.29 | 32.60 | 57.17 |
| 15.25 | 55.63 | 21.93 | 60.30 | 27.79 | 54.44 | | |
| 16.40 | 55.55 | 22.43 | 55.41 | 28.30 | 56.66 | | |

$$r_{xy}=\frac{\sum_{i=1}^{N}(x_i-\overline{x})(y_i-\overline{y})}{\left[\sum_{i=1}^{N}(x_i-\overline{x})^2\right]^{1/2}\left[\sum_{i=1}^{N}(y_i-\overline{y})^2\right]^{1/2}}=\frac{127.4}{892.6^{1/2}\times184.0^{1/2}}=0.314$$

因此，估算得出的相关系数为 0.314。$r_{xy}$ 的 95% 置信限使用公式（10.122）计算，其中 $t^*=t_{0.025}$，自由度为 $N-2=20$，附录 C.2 给出 $t_{0.025}=2.086$。代入公式（10.122）得：

$$t^*=r_{xy}\frac{\sqrt{N-1}}{\sqrt{1-r_{xy}^2}}$$

$$2.086=r_{xy}\frac{\sqrt{22-1}}{\sqrt{1-r_{xy}^2}}$$

得到 $r_{xy}=\pm0.414$。由于 $r_{xy}$（=0.314）的计算值在此范围内，因此在 95% 的置信水平上相关系数与 0 没有显著差异。

相关系数有时用于评估同一变量在不同时间的测量值之间是否存在（线性）关系。这些变量的序列称为时间序列，计算出的相关关系称为序列相关或自相关。序列相关和自相关通常通过不同的时间间隔的测量计算。当相关系数与零没有显著差异的时间延迟时，样本测量值是独立的。

### 10.10.2 回归分析

回归分析的目的是确定一个方程和相关的参数值，以充分描述两个或更多变量之间的关系。回归分析的常用方法是首先选择数据拟合的方程的函数形式，然后调整方程的参数，直到数据偏离假设函数的平方和最小。该方法的一个明显限制为，存在无数适合数据的可能函数，并且通常无法确定哪一个最好。另一种替代方法是进行数据转换，如表 10.17 所示，直到变量之间的关系近似为线性，然后为观测数据匹配一个线性关系或分段线性关系。基于这些考虑，使用线性关系的回归是非常常见的，这里给出两个变量之间的线性回归的一般方法。

如果两个变量 $x$ 和 $y$ 之间的关系是线性的，其中 $x$ 是确定变量（即可以确定的），$y$ 是随机变量，那么线性回归假定 $x$ 和 $y$ 的值分别用 $x_i$ 和 $y_i$ 表示，并且二者存在以下关系：

$$y_i=\alpha+\beta x_i+\varepsilon_i \qquad (10.124)$$

其中 $\alpha$ 和 $\beta$ 是常数，$\varepsilon_i$ 是从正态分布中抽取的随机结果，其均值为 0，标准偏差为 $\sigma_\varepsilon$。基于这些判断，$y_i$ 是均值为 $\alpha+\beta x_i$、标准偏差为 $\sigma_\varepsilon$ 的正态分布。如果 $a$ 和 $b$ 表示从测量样本估算所得的 $\alpha$ 和 $\beta$ 的估计值，则 $y_i$ 的期望值 $E(y_i)$ 通过下式估算：

$$E(y_i)=a+bx_i \qquad (10.125)$$

对样本方差 $\sigma_\varepsilon{}^2$ 的估算表示为 $S_e^2$，其计算为：

$$S_e^2=\frac{1}{N-2}\sum_{i=1}^{N}[y_i-(a+bx_i)]^2=\frac{S_{xx}S_{yy}-S_{xy}^2}{N(N-2)S_{xx}} \qquad (10.126)$$

其中 $S_e$ 称为估算的标准误差，$S_{xx}$、$S_{yy}$ 和 $S_{xy}$ 由下式定义：

$$S_{xx}=N\sum_{i=1}^{N}x_i^2-\left(\sum_{i=1}^{N}x_i\right)^2 \qquad (10.127)$$

$$S_{yy}=N\sum_{i=1}^{N}y_i^2-\left(\sum_{i=1}^{N}y_i\right)^2 \qquad (10.128)$$

$$S_{xy}=N\sum_{i=1}^{N}x_iy_i-\left(\sum_{i=1}^{N}x_i\right)\left(\sum_{i=1}^{N}y_i\right) \qquad (10.129)$$

通过满足以下关系使公式（10.126）中的 $S_e^2$ 最小化：

$$\frac{\partial S_e^2}{\partial a}=0 \qquad (10.130)$$

$$\frac{\partial S_e^2}{\partial b}=0 \qquad (10.131)$$

得到以下 $a$ 和 $b$ 的估计值用于公式（10.125）：

$$b=\frac{S_{xy}}{S_{xx}} \qquad (10.132)$$

$$a=\overline{y}-b\overline{x} \qquad (10.133)$$

其中 $\overline{x}$ 和 $\overline{y}$ 分别是 $x$ 和 $y$ 的样本均值。统计量 $a$ 和 $b$ 的抽样分布由下式给出：

$$t=\begin{cases}\dfrac{a-\alpha}{S_e}\sqrt{\dfrac{NS_{xx}}{S_{xx}+(N\overline{x})^2}} & \text{对于 } a\\[2ex] \dfrac{b-\beta}{S_e}\sqrt{\dfrac{S_{xx}}{N}} & \text{对于 } b\end{cases} \qquad (10.134)$$

其中 $t$ 是自由度为 $N-2$ 的 $t$ 分布。使用这些结果

可得出 $\alpha$ 和 $\beta$ 的 $\alpha$ 置信限：

$$\alpha = a \pm t_{\alpha/2} S_e \sqrt{\frac{S_{xx} + (N\bar{x})^2}{N S_{xx}}} \qquad (10.135)$$

$$\beta = b \pm t_{\alpha/2} S_e \sqrt{\frac{N}{S_{xx}}} \qquad (10.136)$$

## 【例题 10.25】

两种水质变量 $X$ 和 $Y$ 同时测量，结果见表 10.23。

两种水质变量 $X$ 和 $Y$ 的测量结果　　表 10.23

| $x$ | $y$ | $x$ | $y$ | $x$ | $y$ | $x$ | $y$ |
|---|---|---|---|---|---|---|---|
| 11.21 | 60.08 | 16.91 | 55.22 | 22.95 | 56.09 | 28.90 | 56.73 |
| 12.14 | 54.09 | 17.98 | 56.69 | 23.96 | 62.74 | 30.02 | 57.64 |
| 12.79 | 52.24 | 19.14 | 59.34 | 25.22 | 54.80 | 31.12 | 60.85 |
| 14.20 | 57.90 | 20.10 | 52.23 | 26.25 | 59.54 | 32.19 | 61.81 |
| 14.78 | 54.03 | 21.06 | 57.06 | 26.87 | 58.92 | | |
| 16.15 | 56.45 | 21.89 | 54.90 | 28.18 | 58.12 | | |

估算两个变量线性相关的参数和参数的 95% 置信区间。可以假定 $X$ 是确定变量。

**【解】**

根据给定的数据，$N$=22。形式为 $y=a+bx$ 的线性方程将更适合给定的数据。对 $a$ 和 $b$ 的计算如下：

$$\bar{x} = \frac{1}{N}\sum_{i=1}^{N} x_i = 21.54$$

$$\bar{y} = \frac{1}{N}\sum_{i=1}^{N} y_i = 57.16$$

$$S_{xx} = N\sum_{i=1}^{N} x_i^2 - \left(\sum_{i=1}^{N} x_i\right)^2 = 19574$$

$$S_{yy} = N\sum_{i=1}^{N} y_i^2 - \left(\sum_{i=1}^{N} y_i\right)^2 = 3838$$

$$S_{xy} = N\sum_{i=1}^{N} x_i y_i - \left(\sum_{i=1}^{N} x_i\right)\left(\sum_{i=1}^{N} y_i\right) = 4161$$

$$S_e = \sqrt{\frac{S_{xx}S_{yy} - S_{xy}^2}{N(N-2)S_{xx}}} = 2.59$$

$$b = \frac{S_{xy}}{S_{xx}} = \frac{4161}{19574} = 0.213$$

$$a = \bar{y} - b\bar{x} = 57.16 - 0.213 \times 21.54 = 52.6$$

因此，线性关系的参数为 $a$=52.6 和 $b$=0.213。为了确定 95% 置信区间，使用 $\alpha$=0.05，并且自由度为 $N-2$=20 的适用的 $t$ 统计量为 $t_{\alpha/2}=t_{0.025}$=2.086。公式（10.135）和公式（10.136）给出对应 $a$ 和 $b$ 的总体参数 $\alpha$ 和 $\beta$ 的置信区间为：

$$\alpha = a \pm t_{\alpha/2} S_e \sqrt{\frac{S_{xx} + (N\bar{x})^2}{N S_{xx}}}$$
$$= 52.6 \pm 2.086 \times 2.59 \sqrt{\frac{19574 + (22 \times 21.54)^2}{22 \times 19574}}$$
$$= [48.5, 56.6]$$

$$\beta = b \pm t_{\alpha/2} S_e \sqrt{\frac{N}{S_{xx}}}$$
$$= 0.213 \pm 2.086 \times 2.59 \sqrt{\frac{22}{19574}}$$
$$= [0.031, 0.394]$$

因此，$\alpha$ 和 $\beta$ 的 95% 置信区间分别为 [48.5，56.6] 和 [0.031，0.394]。

#### 10.10.2.1　预测的置信限

除了在线性回归中指定参数的置信限外，有时还需要指定线性回归方程的预测值的置信限。用于拟合线性函数的形式为：

$$\hat{y} = a + bx \qquad (10.137)$$

式中 $\hat{y}$ 是随机变量 $y$ 的期望值，$x$ 是确定变量，则 $y$ 的 $\alpha$ 置信限（由 $y_\alpha$ 表示）由下式给出：

$$y_\alpha = (a+bx) \pm t_{\alpha/2} S_e \sqrt{1 + \frac{1}{N} + \frac{x-\bar{x}}{\sum_{i=1}^{N}(x_i - \bar{x})^2}} \qquad (10.138)$$

式中 $t_{\alpha/2}$ 是自由度为 $N-2$ 的 $t$ 变量，具有 $\alpha/2$ 的显著性水平。值得注意的是，随着 $x$ 偏离均值 $\bar{x}$，预测区间增加。

## 【例题 10.26】

使用例题 10.25 中的数据和结果估算在 $x$=22 和 $x$=32 时 $y$ 的预测值的 95% 置信区间。比较这些置信区间的宽度。

**【解】**

根据例题 10.25 中的数据和分析，将数据拟合为 $y=a+bx$ 的线性函数形式，并且已知以下结果：$a$=52.6，

$b$=0.213，$S_e$=2.59，$N$=22，$\bar{x}$=21.54。对数据进行附加分析得：

$$\sum_{i=1}^{N}(x_i-\bar{x})^2=889.7$$

对于95%置信区间且自由度为$N$−2=20时，$t_{\alpha/2}$=$t_{0.025}$=2.086。将这些数据代入公式（10.138），使$x$=22，得：

$$y_\alpha=(a+bx)\pm t_{\alpha/2}S_e\sqrt{1+\frac{1}{N}+\frac{x-\bar{x}}{\sum_{i=1}^{N}(x_i-\bar{x})^2}}$$

$$y_{0.05}=(52.6+0.213\times 22)$$

$$\pm 2.086\times 2.59\sqrt{1+\frac{1}{22}+\frac{22-21.51}{889.7}}$$

$$=57.3\pm 5.5$$

因此，不确定度（= 5.5）约为$y$的预测值（= 57.3）的9.7%。重复这些计算并使$x$ =32，得到$y_{0.05}$=59.4 ± 5.6，在这种情况下，不确定度（=5.6）约为$y$的预测值（=59.4）的9.4%。总的来说，这些结果表明置信区间的宽度随着$x$偏离$\bar{x}$而增加；但预测值中的百分比误差随之减小（在这种特定情况下）。

#### 10.10.2.2 决定系数

决定系数通常表示为$R^2$，其被定义为：

$$R^2=1-\frac{\sum_{i=1}^{N}(y_i-\hat{y})^2}{\sum_{i=1}^{N}(y_i-\bar{y})^2} \tag{10.139}$$

式中 $y_i$——$y$的第$i$个测量值；

$\hat{y}$——$y$的期望值，通常由线性回归方程预测；

$\bar{y}$——$y$的$N$个样本的平均值。

在通过自变量$x$的线性回归来估算$y$的情况下，可发现，决定系数等于$x$和$y$之间的相关系数的平方，即：

$$R^2=r_{xy}^2 \tag{10.140}$$

公式（10.139）给出的表达式表明$R^2$具有以下属性：

（1）当线性回归线完美预测样本数据时，所有残差均为零，且$R^2$=1。

（2）当残差的方差与数据平均值的方差相同时，$R^2$=0。

（3）$R^2$是使用线性回归线解释的样本方差分数的度量。

一般而言，由于以下缺点，统计量$R^2$或（等同）$r_{xy}$应仅被用作变量之间关系的宽泛指标：

（1）$r_{xy}$和$R^2$（以及一个线性回归线）的值对于比其他数据点高得多或低得多的单个数据可能非常敏感。

（2）$r_{xy}$和$R^2$的值取决于当前研究的关系的斜率陡度，在较陡的线与斜率较小的线具有相同残差的情况下，$r_{xy}$和$R^2$较大。

## 10.11 随机变量的函数

在许多情况下，随机变量被组合形成其他随机变量。这种组合通常以函数的形式表示，即因变量是自变量的函数。如果一个或多个自变量是随机的，那么因变量也是随机的。例如，质量流量等于浓度和体积流量的乘积，因此测量浓度和/或体积流量的随机性将导致质量流量的随机性。在处理随机变量的函数时，通常希望能够将因变量的概率分布与自变量的概率分布联系起来。这种联系通常很复杂，很难通过分析来确定。然而，因变量和自变量的矩（包括均值和方差）之间的联系通常可以近似估计，并且在某些情况下可以精确估计。

考虑一个因变量$y$，它是一组独立随机变量$x$的函数，即：

$$y=f(x) \tag{10.141}$$

如果以$\hat{x}$表示自变量集合的期望值，则由$\hat{y}$表示$y$的期望值，由下式给出：

$$\hat{y}=f(\hat{x}) \tag{10.142}$$

$y$的方差通常取决于函数$f$的形式。最基本的算术运算只涉及加法、减法、乘法和除法，虽然函数通常可能更复杂。下面给出了基本算术运算以及其他常见函数的差异关系。

### 10.11.1 加法和减法

一般情况下$n$个随机变量的加法和/或减法可以表示为：

$$y=a_0+\sum_{i=1}^{n}a_ix_i \tag{10.143}$$

式中$x_i$是随机变量，$a_i$是常系数。$y$的均值和方差记为$\mu_y$和$\sigma_y^2$，分别由下式给出：

$$\mu_y=a_0+\sum_{i=1}^{n}a_i\mu_i \tag{10.144}$$

$$\sigma_y^2=\sum_{i=1}^{n}a_i^2\sigma_i^2+\sum_{i=1}^{n}\sum_{j=1,j\neq i}^{n}a_ia_j\sigma_{ij} \tag{10.145}$$

其中 $\mu_i$ 和 $\sigma_i^2$ 分别是 $x_i$ 的均值和方差，$\sigma_{ij}$ 是 $x_i$ 和 $x_j$ 之间的协方差。

在 $x_i$ 是独立（不相关）随机变量的情况下，$y$ 的均值和方差可简化为：

$$\mu_y = a_0 + \sum_{i=1}^{n} a_i \mu_i \tag{10.146}$$

$$\sigma_y^2 = \sum_{i=1}^{n} a_i^2 \sigma_i^2 \tag{10.147}$$

公式（10.144）~ 公式（10.147）中给出的关系对于加法和减法都有效，因为减法仅仅对应于负系数。例如，两个独立随机变量之和的方差等于随机变量之差的方差，并且在这两种情况下，所得到的方差是独立随机变量的方差之和。

## 【例题 10.27】

从湖中采集了两组浓度测量值。第一组由 20 个测量值组成，并且统计分析表明这些样本来自均值和标准偏差分别为 5.83mg/L 和 1.94mg/L 的总体分布。第二组由 30 个测量值组成，这些样本来自均值和标准偏差分别为 6.43mg/L 和 2.31mg/L 的总体分布。假设两组测量值彼此独立，确定这些数据加权平均值的均值和标准偏差。

**【解】**

根据给定的数据：$N_1$=20，$\mu_1$=5.83mg/L，$\sigma_1$=1.94mg/L，$N_2$=30，$\mu_2$=6.43mg/L，$\sigma_2$=2.31mg/L。如果 $c$ 是浓度测量值的加权平均值，那么：

$$\begin{aligned} c &= \left(\frac{N_1}{N_1+N_2}\right)c_1 + \left(\frac{N_2}{N_1+N_2}\right)c_2 \\ &= \left(\frac{20}{20+30}\right)c_1 + \left(\frac{30}{20+30}\right)c_2 = 0.4c_1 + 0.6c_2 \end{aligned}$$

其中 $c_1$ 和 $c_2$ 分别是从第一和第二数据组得出的浓度。根据公式（10.146），由 $\mu_c$ 表示的 $c$ 的均值由下式给出：

$$\mu_c = 0.4\mu_1 + 0.6\mu_2 = 0.4\times 5.83 + 0.6\times 6.43 = 6.19 \text{ mg/L}$$

根据公式（10.147），$c$ 的方差 $\sigma_c^2$ 由下式给出：

$$\begin{aligned} \sigma_c^2 &= 0.4^2\sigma_1^2 + 0.6^2\sigma_2^2 = 0.4^2\times 1.94^2 + 0.6^2\times 2.31^2 \\ &= 2.52\ (\text{mg/L})^2 \end{aligned}$$

其中 $\sigma_c$= $\sqrt{2.52}$ =1.59mg/L。因此，加权平均浓度的均值和标准偏差分别为 6.19mg/L 和 1.59mg/L。值得注意的是，加权平均值的标准偏差同时小于两组浓度平均值的标准偏差。

### 10.11.2 乘法

考虑两个随机变量 $x_1$ 和 $x_2$ 相乘的情况，即：

$$y = x_1 x_2 \tag{10.148}$$

$y$ 的均值和方差分别记为 $\mu_y$ 和 $\sigma_y^2$，由下式表示：

$$\mu_y = \mu_1\mu_2 + \rho_{12}\sigma_1\sigma_2 \tag{10.149}$$

$$\begin{aligned} \sigma_y^2 =& \sigma_1^2\mu_2^2 + \sigma_2^2\mu_1^2 + 2\rho_{12}\sigma_1\sigma_2\mu_1\mu_2 - \rho_{12}^2\sigma_1^2\sigma_2^2 \\ &+ E[(x_i-\mu_1)^2(x_2-\mu_2)^2] + 2\mu_1 E[(x_1-\mu_1)(x_2-\mu_2)^2] \\ &+ 2\mu_1 E[(x-\mu_1)(y-\mu_2)] \end{aligned} \tag{10.150}$$

其中 $\mu_i$ 和 $\sigma_i^2$ 分别表示 $x_i$ 的均值和方差，$\rho_{ij}$ 是 $x_1$ 和 $x_2$ 之间的相关系数，$E[\cdot]$ 表示期望值。

在 $x_i$ 是独立（不相关）随机变量的情况下，均值和方差要简单得多。在 $n$ 个独立随机变量相乘的情况下，即：

$$y = x_1\cdot x_2\cdot x_3\cdots x_n = \prod_{i=1}^{n} x_i \tag{10.151}$$

其中 $x_i$ 是独立随机变量，$y$ 的均值和方差由下式给出：

$$\mu_y = \prod_{i=1}^{n}\mu_i \tag{10.152}$$

$$\sigma_y^2 = \prod_{i=1}^{n}(\mu_i^2+\sigma_i^2) - \prod_{i=1}^{n}\mu_i^2 \tag{10.153}$$

## 【例题 10.28】

据估算，河流流量的概率分布的均值和标准偏差分别为 1.24m³/s 和 0.911m³/s，河中有毒污染物的浓度的均值和标准偏差分别为 10.4kg/m³ 和 5.26kg/m³。假设污染物浓度与流量无关，估算河流污染物质量通量的均值和标准偏差。

**【解】**

根据给定的数据：$\mu_Q$=1.24m³/s，$\sigma_Q$=0.911m³/s，$\mu_c$=10.4kg/m³，$\sigma_c$=5.26kg/m³。质量通量 $m$ 由下式给出：

$$m = Qc$$

其中 $Q$ 和 $c$ 分别是流量和污染物浓度。由于 $Q$ 和 $c$ 是独立的,因此 $m$ 的均值和方差分别由 $\mu_m$ 和 $\sigma_m{}^2$ 表示，由公式（10.152）和公式（10.153）给出：

$$\mu_m = \mu_Q\mu_c = 1.24\times 10.4 = 12.9 \text{ kg/s}$$

$$\begin{aligned}\sigma_m^2 &= (\mu_Q^2+\sigma_Q^2)(\mu_c^2+\sigma_c^2)-\mu_Q^2\mu_c^2 \\ &= (1.24^2+0.911^2)(10.4^2+5.26^2)-1.24^2\times 10.4^2 \\ &= 155.3\ (\text{kg/s})^2\end{aligned}$$

式中 $\sigma_m=\sqrt{155.3}$ =12.5kg/s。因此,河流中污染物质量通量的均值和标准偏差分别为 12.9kg/s 和 12.5kg/s。值得注意的是，质量通量的变化系数大于流量和污染物浓度的变化系数。

### 10.11.3 除法

考虑两个随机变量 $x_1$ 和 $x_2$ 相除的情况，即：

$$y=\frac{x_1}{x_2} \tag{10.154}$$

对商的均值和方差没有精确的分析表达式；然而，当方差和协方差很小时，可以使用以下近似表达式：

$$\mu_y \approx \frac{\mu_1}{\mu_2} \tag{10.155}$$

$$\sigma_y^2 \approx \left(\frac{1}{\mu_2^2}\right)\sigma_1^2+\left(\frac{\mu_1^2}{\mu_2^4}\right)\sigma_2^2-2\left(\frac{\mu_1}{\mu_2^3}\right)\sigma_{12} \tag{10.156}$$

其中 $\mu_i$ 和 $\sigma_i^2$ 分别是 $x_i$ 的均值和方差，$\sigma_{12}$ 是 $x_1$ 和 $x_2$ 之间的协方差。

在 $x_i$ 是独立（不相关的）随机变量的情况下，均值和方差可以近似为：

$$\mu_y \approx \frac{\mu_1}{\mu_2} \tag{10.157}$$

$$\sigma_y^2 \approx \left(\frac{1}{\mu_2^2}\right)\sigma_1^2+\left(\frac{\mu_1^2}{\mu_2^4}\right)\sigma_2^2 \tag{10.158}$$

## 【例题 10.29】

用粗糙的仪器测量河流的流量，流量的均值和标准偏差分别为 3.23m³/s 和 1.50m³/s。对流动面积的单独测量也是不准确的，流动面积具有 30m² 的均值和 6m² 的标准偏差。假设流量和流动面积的误差是不相关的，估算河流平均流速的均值和标准偏差是多少？

【解】

根据给定的数据：$\mu_Q$=3.23m³/s，$\sigma_Q$=1.50m³/s，$\mu_A$=30m²，$\sigma_A$=6m²。河流中的平均流速 $V$ 由下式给出：

$$V=\frac{Q}{A}$$

式中 $Q$ 和 $A$ 分别是流量和流动面积。由于 $Q$ 和 $A$ 被假定为不相关，所以分别由 $\mu_V$ 和 $\sigma_V{}^2$ 表示 $V$ 的均值和方差，由公式（10.157）和公式（10.158）给出：

$$\mu_V \approx \frac{\mu_1}{\mu_2}=\frac{3.23}{30}=0.108 \text{ m/s}$$

$$\begin{aligned}\sigma_V^2 &\approx \left(\frac{1}{\mu_2^2}\right)\sigma_1^2+\left(\frac{\mu_1^2}{\mu_2^4}\right)\sigma_2^2=\left(\frac{1}{6^2}\right)\times 1.5^2+\left(\frac{3.23^2}{30^4}\right)\times 6^2 \\ &= 0.290\ (\text{m/s})^2\end{aligned}$$

其中 $\sigma_V=\sqrt{0.290}$ =0.539m/s。因此，河流平均流速的均值和标准偏差分别为 0.108m/s 和 0.539m/s 的。值得注意的是，$V$ 的变异系数远大于 $Q$ 和 $A$ 的变异系数，这表明应该非常小心地评估随机变量之比的不确定性。

### 10.11.4 其他函数

在水质分析中常用的许多函数不仅涉及加法、减法、乘法和除法。表 10.24 给出了其中的几个函数及其相关方差。在一般情况下，随机变量与函数的形式有关：

$$y=f(x_1,x_2,\ldots,x_n) \tag{10.159}$$

$y$ 的均值和方差分别记作 $\mu_y$ 和 $\sigma_y{}^2$，可由下式估算：

$$\mu_y \approx f(\mu_1,\mu_2,\ldots,\mu_n) \tag{10.160}$$

$$\sigma_y^2 \approx \sum_{i=1}^{n}\left(\frac{\partial f}{\partial x_i}\right)^2\sigma_i^2+2\sum_{i=1}^{n-1}\sum_{j=i+1}^{n}\frac{\partial f}{\partial x_i}\frac{\partial f}{\partial x_j}\sigma_{ij} \tag{10.161}$$

式中 $\mu_i$ 和 $\sigma_i^2$ 分别是 $x_i$ 的均值和方差，$\sigma_{ij}$ 是 $x_i$ 和 $x_j$ 之间的协方差。公式（10.160）和公式（10.161）给出的近似值仅限于其方差 $\sigma_i^2$ 很小的情况。公式（10.161）给出的方差估算方法有时被称为估算因变量方差的 $\delta$ 方法。

在 $x_i$ 是独立（不相关）随机变量的情况下，均值和方差估算简化为：

$$\mu_y \approx f(\mu_1,\mu_2,\ldots,\mu_n) \tag{10.162}$$

$$\sigma_y^2 \approx \sum_{i=1}^{n}\left(\frac{\partial f}{\partial x_i}\right)^2\sigma_i^2 \tag{10.163}$$

随机函数的方差　　表 10.24

| $y$ | $\sigma_y$ |
|---|---|
| $\ln x$ | $\frac{\sigma_x}{\mu_x}$ |
| $\log_{10}x$ | $\frac{\sigma_x}{\mu_x}\log_{10}e$ |
| $\sqrt{x}$ | $\frac{\sigma_x}{2\sqrt{\mu_x}}$ |
| $\exp(ax)$ | $a\sqrt{\exp(a\mu_x)}$ |

## 【例题 10.30】

一个明渠中的流量 $Q$ 有时使用下式进行估算：

$$Q = K\sqrt{S_0}$$

其中 $K$ 是渠道的输送量，$S_0$ 是渠道底部的斜率。在特殊情况下，$K$ 和 $S_0$ 的估计值是不确定的，这时 $K$ 的均值和标准偏差分别为 3400m$^3$/s 和 500m$^3$/s，$S_0$ 的均值和标准偏差分别为 0.01 和 0.005。假设估计 $K$ 和 $S_0$ 的误差是不相关的，请估算 $Q$ 的均值和标准偏差。

**【解】**

根据给定的数据：$\mu_K$=3400m$^3$/s，$\sigma_K$=500m$^3$/s，$\mu_{S_0}$=0.01，$\sigma_{S_0}$=0.005。用于估算 $Q$ 的方差的偏导数如下：

$$\frac{\partial Q}{\partial K} = \sqrt{S_0}$$

$$\frac{\partial Q}{\partial S_0} = \frac{1}{2}S_0^{-\frac{1}{2}}K = \frac{K}{2\sqrt{S_0}}$$

应用公式（10.162）和公式（10.163）得出以下结果：

$$\mu_Q \approx \mu_K\sqrt{\mu_{S_0}} = 3400\sqrt{0.01} = 340\ \mathrm{m^3/s}$$

$$\sigma_Q^2 \approx \left(\frac{\partial Q}{\partial K}\right)^2\sigma_K^2 + \left(\frac{\partial Q}{\partial S_0}\right)^2\sigma_{S_0}^2 = \left(\sqrt{S_0}\right)^2\sigma_K^2 + \left(\frac{K}{2\sqrt{S_0}}\right)^2\sigma_S^2$$

$$= \left(\sqrt{0.01}\right)^2 \times 500^2 + \left(\frac{3400}{2\sqrt{0.01}}\right)^2 \times 0.005^2 = 9725\ (\mathrm{m^3/s})^2$$

其中 $\sigma_Q=\sqrt{9725}$ =98.6m$^3$/s。因此，渠道中估算流量的均值和标准偏差分别为 340m$^3$/s 和 98.6m$^3$/s。

## 10.12 KRIGING（克里金插值法）

克里金插值法是为了纪念 D.G. Krige 而命名的数据分析程序，是一种最佳的地质统计学技术。使用这种方法，随机空间函数（RSF）的值可以在一个指定的点进行估算，在空间分布的几个点上给定函数的测量值。该方法特别适用于相关长度尺度超过测量位置间距的随机空间函数（RSF），在这种情况下，测量值包含在随机空间函数（RSF）任意点上插值的相关信息。克里金插值法在水质工程中的应用包括溶质浓度的插值。有两种使用克里金插值法的常见案例：静态案例和内蕴案例。

### 10.12.1 静态案例

如果满足以下两个条件，则由 $Z(x)$ 表示的随机空间函数（RSF）可以认为是二阶平稳的：

条件 1：$Z(x)$ 的期望值在空间上是均匀的，即：

$$\langle Z(x)\rangle = \mu \tag{10.164}$$

式中 $\mu$ 是任意位置 $x$ 的预期值。在本节中使用符号 <•> 来表示封闭量的期望值，同时也由 $E(\cdot)$ 表示。

条件 2：在任何两个位置测量的 $Z(x)$ 之间的协方差仅取决于两个位置之间的距离，而不取决于位置本身。因此：

$$\langle [Z(x_1)-\mu][Z(x_2)-\mu]\rangle = C(h) \tag{10.165}$$

式中 $C(h)$ 是协方差函数，$h$ 是点 $x_1$ 和 $x_2$ 之间的间隔向量，其中：

$$h = x_2 - x_1 \tag{10.166}$$

方程（10.165）可以写成以下形式：

$$C(h) = \langle Z(x_1)Z(x_2)\rangle - \mu^2 \tag{10.167}$$

当均值 $\mu$ 和协方差函数 $C(h)$ 已知时，可以通过下式将 $Z(x)$ 变换为零均值的 $Y(x)$，即：

$$Y(x) = Z(x) - \mu \tag{10.168}$$

并且 $Y(x)$ 的值可以通过下式由位置 $x_1$，$x_2$，...，$x_n$ 处 $Y$ 的测量值估算：

$$\hat{Y}(x) = \sum_{i=1}^{n}\lambda_i Y_i \tag{10.169}$$

式中　$\hat{Y}(x)$——$Y(x)$ 的估算值；

$\lambda_i$——在 $x_i$ 处给出的测量值的权重；

$Y_i$——在 $x_i$ 处 $Y$ 的测量值。

权重 $\lambda_i$ 是位置 $x$ 的函数，式中 $Y$ 为估计值。权重 $\lambda_i$ 可以被优化，使得在 $x$ 处估计 $Y$ 的均方误差最小化，其中：

$$均方误差=\langle(\hat{Y}-Y)^2\rangle \qquad (10.170)$$

公式（10.169）是“无偏”的线性预测公式（$\langle\hat{Y}(x)=Y(x)\rangle$），在具有最小方差（公式 10.170）的意义上是“最优的”。因此，公式（10.169）有时被称为最优线性无偏预测。结合公式（10.169）和公式（10.170）可得到以下结果：

$$\begin{aligned}\left\langle(\hat{Y}-Y)^2\right\rangle&=\left\langle\left(\sum_{i=1}^{n}\lambda_iY_i-Y\right)^2\right\rangle\\&=\left\langle\left(\sum_{i=1}^{n}\lambda_iY_i\right)\left(\sum_{j=1}^{n}\lambda_jY_j\right)\right\rangle-2\left\langle\sum_{i=1}^{n}\lambda_iY_iY\right\rangle+\left\langle Y^2\right\rangle\\&=\sum_{i=1}^{n}\sum_{j=1}^{n}\lambda_i\lambda_j\left\langle Y_iY_j\right\rangle-2\sum_{i=1}^{n}\lambda_i\left\langle Y_iY\right\rangle+\left\langle Y^2\right\rangle\end{aligned} \qquad (10.171)$$

根据定义，协方差函数由下式给出：

$$\left\langle Y_iY_j\right\rangle=C(x_i-x_j) \qquad (10.172)$$

式中包含条件 $Y$ 的均值等于零。结合方程（10.171）和方程（10.172）得到：

$$\left\langle(\hat{Y}-Y)^2\right\rangle=\sum_{i=1}^{n}\sum_{j=1}^{n}\lambda_i\lambda_jC(x_i-x_j)-2\sum_{i=1}^{n}\lambda_iC(x_i-x_j)+C(0) \qquad (10.173)$$

其中 $C$（0）等于 $Y$ 的方差，即等于零滞后的协方差。通过对 $\lambda_i$ 取偏导数，并使偏导数等于零，然后求解 $\lambda_i$ 的 $n$ 个值，来导出使 $\langle(\hat{Y}-Y)^2\rangle$ 最小化的 $\lambda_i$ 的值。关于 $\lambda_i$ 的导数在等于 0 时简化为：

$$2\sum_{j=1}^{n}\lambda_jC(x_i-x_j)-2C(x_i-x)=0,\quad i=1,\ldots,n \qquad (10.174)$$

导出下面的 $n$ 个方程组：

$$\sum_{j=1}^{n}\lambda_jC(x_i-x_j)=C(x_i-x),\quad i=1,\ldots,n \qquad (10.175)$$

如果 $C$（$h$）是正定函数而 $x_i$ 是不同的位置，则这个方程组只有一个解。从方程（10.175）的解得出的权重 $\lambda_i$ 对应的是去除均值的 RSF $Y$（$x$），因此，初始 RSF 是通过下式估算的：

$$\hat{Z}(x)=\mu+\sum_{i=1}^{n}\lambda_i(Z_i-\mu) \qquad (10.176)$$

其中 $\mu$ 是 $Z$（$x$）的平均值。使用方程（10.176）对随机空间函数的估算方法称为简单克里金插值法。

克里金插值估计值的一个有效特点是能够估算 RSF 的克里金值的方差，对此方差的估算由下式给出：

$$\begin{aligned}\mathrm{var}(\hat{Y}-Y)&=\left\langle\left[(\hat{Y}-Y)-\left\langle\hat{Y}-Y\right\rangle\right]^2\right\rangle\\&=\left\langle(\hat{Y}-Y)^2\right\rangle-\left\langle(\hat{Y}-Y)\right\rangle^2\end{aligned} \qquad (10.177)$$

右边的第二项等于零，因为：

$$\left\langle(\hat{Y}-Y)\right\rangle=\left\langle\hat{Y}\right\rangle-\left\langle Y\right\rangle=\sum_{i=1}^{n}\lambda_i\left\langle Y_i\right\rangle-\left\langle Y\right\rangle=0 \qquad (10.178)$$

其中 $<Y>$ 和 $<Y_i>$ 等于零，因为均值已经从初始的 RSFZ 中减去得到 $Y$。因此方程（10.177）中的估算方差可写为：

$$\mathrm{var}(\hat{Y}-Y)=\left\langle(\hat{Y}-Y)^2\right\rangle \qquad (10.179)$$

方程（10.179）的右边是由方程（10.173）根据站权重 $\lambda_i$ 和协方差函数 $C$（$h$）给出的。$\lambda_i$ 的值由方程（10.175）的解给出，可以写作以下形式：

$$\sum_{i=1}^{n}\sum_{j=1}^{n}\lambda_i\lambda_jC(x_i-x_j)=\sum_{i=1}^{n}\lambda_iC(x_i-x) \qquad (10.180)$$

结合方程（10.180）与方程（10.173），并将结果代入方程（10.179），可导出下面给出的 $Y$ 的克里金值的估算方差：

$$\mathrm{var}(\hat{Y}-Y)=\mathrm{var}(Y)-\sum_{i=1}^{n}\lambda_iC(x_i-x) \qquad (10.181)$$

也可以用初始变量 $Z$ 以下式表示：

$$\mathrm{var}(\hat{Z}-Z)=\mathrm{var}(Z)-\sum_{i=1}^{n}\lambda_iC(x_i-x) \qquad (10.182)$$

该公式在计算克里金数据中的不确定值的分布时很有用，并且可以用作内插数据精度的度量。

估算克里金插值权重的基础是空间协方差函数 $C$（$h$），该函数通常使用方程（10.167）从概要测量中计算得出。在大多数情况下，算得的协方差函数可拟合为假定在空间中各向同性且均匀的分析协方差函数。表 10.25 列出了几种常用的分析协方差函数。高斯指数和球形模型有两个参数：方差 $\sigma^2$ 和长度尺度 $L$ 或 $\alpha$，长度尺度用于度量随机变量能够保持（空间）相关的间距。其值域定义为相关性为 0.05 的间距，并与协方差函数中的长度尺度直接相关（见表 10.25）。

高斯模型是在原点（$C(h) \sim h^2$）处具有抛物线特性的唯一模型，通常用于表示区域化变量，该区域化变量被定义为在大面积上平均，并且光滑到可以微分的变量。指数模型由于其简单的分析形式在实际中应用非常普遍，并且与球形模型一起适用于区域化变量不太平滑的随机区域。连续但不可微分的随机变量可以用指数模型和球形模型描述。在随机区域的协方差函数不随距离单调衰减的情况下使用空穴效应模型，并且适用于平均值以上的波动由平均值以下的波动补偿的过程。当所有的测量结果在空间上不相关但是局部可变时，则使用块金效应模型。

在上述演化中，空间协方差函数 $C(h)$ 表示为间隔向量 $h$ 的函数。在空间协方差函数依赖于间隔 $h$ 的距离和方向的情况下，该过程是各向异性的，在协方差函数仅依赖于间隔 $|h|$ 的距离的情况下，该过程是各向同性的。大多数分析都假定这个过程是各向同性的。

**常用的静态协方差函数　　表 10.25**

| 模型 | 表达式 | 值域 |
|---|---|---|
| 高斯 | $C(h)=\sigma^2\exp\left(-\dfrac{h^2}{L^2}\right)$ | $1.75L$ |
| 指数 | $C(h)=\sigma^2\exp\left(-\dfrac{h}{L}\right)$ | $3L$ |
| 球形 | $C(h)=\begin{cases}\left(1-\dfrac{3}{2}\dfrac{h}{\alpha}+\dfrac{1}{2}\dfrac{h^3}{\alpha^3}\right)\sigma^2 & 0\leqslant h\leqslant\alpha\\ 0 & h>\alpha\end{cases}$ | $\alpha$ |
| 空穴效应 | $C(h)=\sigma^2\left(1-\dfrac{h}{L}\right)\exp\left(-\dfrac{h}{L}\right)$ | — |
| 块金效应 | $C(h)=\sigma^2\delta(h)=\begin{cases}0 & h>0\\ \sigma^2 & h=0\end{cases}$ | — |

## 【例题 10.31】

降雨测量的天气分析表明，一个地区的月降雨量平均为 11.6cm，空间相关性由指数协方差函数描述，即：

$$C(h)=10.2\exp\left(-\frac{h}{3.2}\right)$$

式中 $h$ 以 km 为单位，$C(h)$ 以 $cm^2$ 为单位。协方差函数的值域是多少？根据附近 4 个站点测得的降雨量估算位置 $X$ 处的降雨量，其中站点的坐标和降雨量测量值由表 10.26 给出。

**各站点的坐标和降雨量测量值　　表 10.26**

| 站点 | 坐标（km，km） | 降雨量测量值（cm） |
|---|---|---|
| $X$ | （0，0） | — |
| 1 | （1.27，1.25） | 7.2 |
| 2 | （−1.44，1.92） | 6.5 |
| 3 | （−2.68，−1.55） | 8.3 |
| 4 | （2.07，−1.74） | 7.8 |

$X$ 处估算降雨量的误差方差是多少？

**【解】**

将降雨量的协方差函数与表 10.25 中给出的指数协方差函数的形式进行比较，表明降雨量方差 $\sigma^2$ 为 $10.2cm^2$，长度尺度 $L$ 为 3.2km。协方差函数的值域为 $3L=3\times3.2=9.6$km。

每个站点的站点权重 $\lambda_1$、$\lambda_2$、$\lambda_3$ 和 $\lambda_4$ 可以通过求解方程（10.175）来获得，方程（10.175）可写成：

$$\begin{aligned}
i=1:&\quad \lambda_1C_{11}+\lambda_2C_{12}+\lambda_3C_{13}+\lambda_4C_{14}=C_{1X}\\
i=2:&\quad \lambda_1C_{21}+\lambda_2C_{22}+\lambda_3C_{23}+\lambda_4C_{24}=C_{2X}\\
i=3:&\quad \lambda_1C_{31}+\lambda_2C_{32}+\lambda_3C_{33}+\lambda_4C_{34}=C_{3X}\\
i=4:&\quad \lambda_1C_{41}+\lambda_2C_{42}+\lambda_3C_{43}+\lambda_4C_{44}=C_{4X}
\end{aligned}$$

式中：

$$C_{ij}=C(|x_i-x_j|)=10.2\exp\left[-\frac{\sqrt{(x_i-x_j)^2+(y_i-y_j)^2}}{3.2}\right]$$

使用给定的站点坐标来计算 $C_{ij}$，得到站点权重的以下四阶方程组（注意 $C_{ij}=C_{ji}$）：

$$\begin{aligned}
i=1:&\quad 10.2\lambda_1+0.893\lambda_2+0.00672\lambda_3+0.511\lambda_4=3.78\\
i=2:&\quad 0.893\lambda_1+10.2\lambda_2+0.146\lambda_3+0.00330\lambda_4=1.69\\
i=3:&\quad 0.00672\lambda_1+0.146\lambda_2+10.2\lambda_3+0.00874\lambda_4=0.510\\
i=4:&\quad 0.511\lambda_1+0.00330\lambda_2+0.00874\lambda_3+10.2\lambda_4=1.04
\end{aligned}$$

该方程组的解为：

$$\lambda_1=0.355,\ \lambda_2=0.134,\ \lambda_3=0.0478,\ \lambda_4=0.0841$$

根据方程（10.176），站点 $X$ 的估算降雨量 $Z_X$ 由下式给出：

$$Z_X=\mu+\sum_{i=1}^{4}\lambda_i(Z_i-\mu)$$

其中 $\mu$=11.6cm，并且降雨量测量值 $Z_i$ 给出为 $Z_1$=7.2cm，$Z_2$=6.5cm，$Z_3$=8.3cm，$Z_4$=7.8cm，因此：

$$\begin{aligned}
Z_X&=11.6+0.355(7.2-11.6)+0.134(6.5-11.6)\\
&\quad+0.0478(8.3-11.6)+0.0841(7.8-11.6)\\
&=8.88\,\text{cm}
\end{aligned}$$

因此站点 $X$ 的估算降雨量为 8.88cm。

误差方差 $\sigma_e^2$ 通过方程（10.182）估算：

$$\sigma_e^2 = \sigma^2 - \sum_{i=1}^{4} \lambda_i C_{iX}$$
$$= 10.2 - (0.355 \times 3.78 + 0.134 \times 1.69 + 0.0478 \times 0.510 + 0.0841 \times 1.04) = 8.51 \text{ cm}^2$$

### 10.12.2 内蕴案例

具有有限方差的二阶平稳性假设不适用于某些特殊情况。在使用实测数据计算的方差（称为实验方差）随考虑面积的增大而增大的情况下尤其如此，例如多孔介质中水力电导率的情况。不严格的假设，称为内蕴假设，通过克里金插值法将其引用进行估计。内蕴假设指出随机空间函数（RSF）$Z$ 可以用下列统计量表征：

$$\langle Z(x+h) - Z(x) \rangle = m(h) \tag{10.183}$$

$$\text{var}[Z(x+h) - Z(x)] = 2\gamma(h) \tag{10.184}$$

其中函数 $m$ 和 $\gamma$ 仅取决于间隔 $h$，而函数 $\gamma$（$h$）称为变差函数，更多时候被称为半变异函数，在这种情况下 $2\gamma$（$h$）称为变差函数。术语“变差函数”最初是由 Matheron 提出的。方程（10.183）和方程（10.184）给出的内蕴假设的基本假定要求 $Z$（$x$）的增量统计是均匀的（在空间中），遵循这些假定且与内蕴假设（方程（10.183）和方程（10.184））关联的随机空间函数显示出内蕴平稳性。对于从数据中去除均值或者均值均匀的情况，方程（10.183）变成：

$$\langle Z(x+h) - Z(x) \rangle] = 0 \tag{10.185}$$

方程（10.185）也适用于均值未知且逐渐变化的情况，前提是均值可假定在距离 $|h|$ 内近似恒定。在这种情况下，由方程（10.184）和方程（10.185）给出的内蕴假设适用于均值可假定为近似恒定（即使均值在空间中逐渐变化）的距离。基于内蕴假设的插值被称为普通克里金插值法，而非简单克里金插值法。它需要二阶平稳性和一个已知的常数均值。结合方程（10.184）和方程（10.185）得出半变异函数 $\gamma$（$h$）的以下表达式：

$$\gamma(h) = \frac{1}{2} \langle [Z(x+h) - Z(x)]^2 \rangle \tag{10.186}$$

如果存在协方差，则可以证明半变异函数和协方差函数由下式关联：

$$\gamma(h) = C(0) - C(h) \tag{10.187}$$

零滞后的协方差函数 $C$（0）等于随机函数的方差，并且协方差通常随着测量间隔的增加而减小。相反，零滞后的半变异函数等于零，随着间隔的增加渐近地增加至方差 $C$（0）。这个渐近线称为半变异函数的域，而半变异函数达到其渐近值的间隔称为半变异函数的值域。规模一词有时用来指值域。当间隔接近零时，块金值是半变异函数的极限值。图 10.8 说明了典型的半变异函数的块金值、域和值域。应小心定义半变异函数的值域，因为域经常渐近地接近。通常建议分析人员定义用来确定域起始点的标准。块金效应与微观变化和测量误差有关。

根据方程（10.187），半变异函数是协方差函数的镜像。如果调查数量不存在有限的方差，那么半变异函数不具有水平渐近线，也不能确定值域和域。

基于内蕴假设的克里金插值法与基于二阶平稳性假设的克里金插值法非常相似，只是没有关于 RSF 的均值和协方差函数的假设是已知的。RSF 的估算值 $\hat{Z}$ 被表示为位于 $x_i$ 处的测量值 $Z_i$ 的加权平均值：

$$\hat{Z} = \sum_{i=1}^{n} \lambda_i Z_i \tag{10.188}$$

假设 $Z$（$x$）的均值在空间中均匀分布，并且 $\hat{Z}$ 的均值等于 $Z$（$x$）的均值，那么：

$$\langle \hat{Z} \rangle = \langle Z(x) \rangle = \mu \tag{10.189}$$

代入方程（10.188）的期望值得：

$$\langle \hat{Z} \rangle = \sum_{i=1}^{n} \lambda_i \langle Z_i \rangle$$

$$\mu = \sum_{i=1}^{n} \lambda_i \mu$$

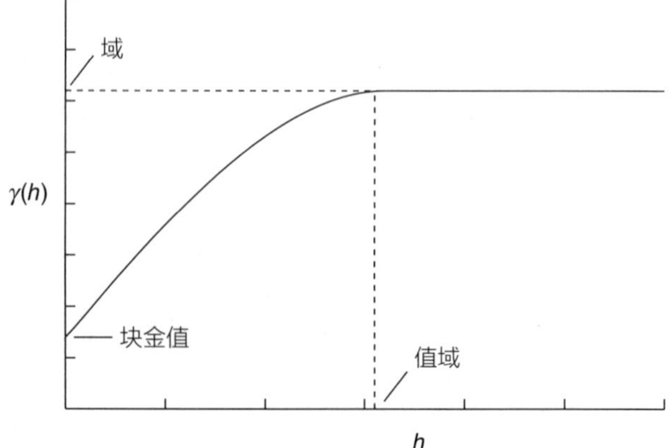


图 10.8 半变异函数属性

引出以下有关权重的条件：

$$\sum_{i=1}^{n}\lambda_i=1 \tag{10.190}$$

我们现在强制要求均方估算误差最小化。均方误差由下式给出：

$$\begin{aligned}\left\langle(\hat{Z}-Z)^2\right\rangle&=\left\langle\left(\sum_{i=1}^{n}\lambda_i Z_i-Z\right)^2\right\rangle=\left\langle\left(\sum_{i=1}^{n}\lambda_i Z_i-\sum_{i=1}^{n}\lambda_i Z\right)^2\right\rangle\\&=\left\langle\left(\sum_{i=1}^{n}\lambda_i(Z_i-Z)\right)^2\right\rangle\\&=\left\langle\sum_{i=1}^{n}\lambda_i(Z_i-Z)\sum_{j=1}^{n}\lambda_j(Z_j-Z)\right\rangle\\&=\sum_{i=1}^{n}\sum_{j=1}^{n}\lambda_i\lambda_j\langle(Z_i-Z)(Z_j-Z)\rangle\end{aligned} \tag{10.191}$$

从公式（10.186）给出的半变异函数的定义得到：

$$\begin{aligned}\gamma(x_i-x_j)&=\frac{1}{2}\left\langle(Z_i-Z_j)^2\right\rangle=\frac{1}{2}\left\langle[(Z_i-Z)-(Z_j-Z)]^2\right\rangle\\&=\frac{1}{2}\left\langle(Z_i-Z)^2\right\rangle+\frac{1}{2}\left\langle(Z_j-Z)^2\right\rangle\\&\quad-\langle(Z_i-Z)(Z_j-Z)\rangle\\&=\gamma(x_i-x)+\gamma(x_j-x)-\langle(Z_i-Z)(Z_j-Z)\rangle\end{aligned} \tag{10.192}$$

结合公式（10.191）和公式（10.192）导出以半变异函数形式表示的估算误差：

$$\begin{aligned}\left\langle(\hat{Z}-Z)^2\right\rangle=&-\sum_{i=1}^{n}\sum_{j=1}^{n}\lambda_i\lambda_j\gamma(x_i-x_j)+\sum_{i=1}^{n}\sum_{j=1}^{n}\lambda_i\lambda_j\gamma(x_i-x)\\&+\sum_{i=1}^{n}\sum_{j=1}^{n}\lambda_i\lambda_j\gamma(x_j-x)\end{aligned} \tag{10.193}$$

使用方程（10.190）并注意到：

$$\sum_{i=1}^{n}\lambda_i\gamma(x_i-x)=\sum_{j=1}^{n}\lambda_j\gamma(x_j-x) \tag{10.194}$$

那么估算误差的方程（10.193）就变成了：

$$\left\langle(\hat{Z}-Z)^2\right\rangle=-\sum_{i=1}^{n}\sum_{j=1}^{n}\lambda_i\lambda_j\gamma(x_i-x_j)+2\sum_{i=1}^{n}\lambda_i\gamma(x_i-x) \tag{10.195}$$

估算误差的约束最小化由方程（10.195）给出，该方程与站点权重 $\lambda_i$ 相关，并受制于使用拉格朗日乘数 $\alpha$ 得到的方程（10.190）所给出的约束，在这种情况下，最小化的表达式为：

$$\frac{1}{2}\left\langle(\hat{Z}-Z)^2\right\rangle-\alpha\left(\sum_{i=1}^{n}\lambda_i-1\right) \tag{10.196}$$

估算误差除以 2，并在 $\alpha$ 之前放置减号以简化后续表达式。取这个表达式关于 $\lambda_i$ 和 $\alpha$ 的偏导数，导出下面的 $n$+1 个线性方程组：

$$\begin{cases}\displaystyle\sum_{j=1}^{n}\lambda_j\gamma(x_i-x_j)+\alpha=\gamma(x_i-x), \quad i=1,\dots,n\\ \displaystyle\sum_{i=1}^{n}\lambda_i=1\end{cases} \tag{10.197}$$

这个方程组的解给出站点权重 $\lambda_i$，用于以内蕴假设为基础的克里金插值法。结合方程（10.195）和方程（10.197），然后可以使用下式来估计估算误差的方差：

$$\mathrm{var}(\hat{Z}-Z)=\left\langle(\hat{Z}-Z)^2\right\rangle=\sum_{i=1}^{n}\lambda_i\gamma(x_i-x)+\alpha \tag{10.198}$$

估计内蕴案例下克里金插值权重的基础是半变异函数 $\gamma(h)$。在实践中，$\gamma(h)$ 首先由综观现场测量值计算，其中根据现场数据计算的半变异函数称为实验半变异函数或经验半变异函数。半变异函数的定义由公式（10.186）给出，经验半变异函数通常使用下式计算：

$$\hat{\gamma}(h)=\frac{1}{2N_{\mathrm{h}}}\sum_{(i,j)\in G_{\mathrm{h}}}\{Z(s_i)-Z(s_j)\}^2 \tag{10.199}$$

其中 $G_{\mathrm{h}}$ 是对应点（$s_i$，$s_j$）满足 $s_i-s_j=h$ 的所有指数对集合，$N_{\mathrm{h}}$ 是 $G_{\mathrm{h}}$ 中不同指数对（点）的数目。如公式（10.199）所示，通过找到所有由 $h$ 分隔的点并计算它们之间的平均平方偏差的一半来计算给定 $h$ 值的经验半变异函数。如果过程是各向同性的，则 $h$ 可以由标量距离 $|h|$ 代替。

实验半变异函数通常拟合成分析函数。在大多数情况下，假设分析半变异函数是各向同性的，表 10.27 列出了一些常用的分析半变异函数。幂模型包括广泛使用的线性模型 $\gamma(h)=\theta h$，作为特例。对数模型只应用于有限体积的平均变量（即区域变量），不能用于描述点观测值。在表 10.27 所示的线性模型中，块金值为 $\theta_1$，由于 $h\to\infty$ 时，该半变异函数不会收敛于渐近线，因此域和值域均未定义。球形模型下的块金值为 $\theta_1$，域为 $\theta_1+\theta_2$，值域为 $\theta_3$。在指数模型（也称作线性指数变式模型）中，块金值为 $\theta_1$，域为 $\theta_1+\theta_2$。这种情况下，域的实际获得不是通过半变异函数，而是通过真实的渐近线。因此，值域未定义。对于将值域定义为 $\gamma(h)$ 达到域大部分百分比的点的分析师，指数模型提出了一个复杂的问题，即一个值域将始终为 $\theta_3$ 的函数，但从来不完全等于它。在这个模型下可以给出的对 $\theta_3$ 的最好解释是它控制 $\gamma(h)$ 接近 $\theta_1+\theta_2$ 的速率。在表 10.27 所示的高斯模型中，块金值为 $\theta_1$，域为 $\theta_1+\theta_2$，但从未实际得到域，因此值域未定义。参数 $\theta_3$ 与指数模型中具有相同的解释。

常用的内蕴半变异函数　　表 10.27

| 模型 | 表达式 |
|---|---|
| 线性 | $\gamma(h)=\begin{cases}0 & 如果h=0\\ \theta_1+\theta_2 h & 如果h>0\end{cases}$ |
| 幂 | $\gamma(h)=\theta h^s$，式中 $\theta>0$ 且 $0<s<2$ |
| 球形 | $\gamma(h)=\begin{cases}0 & 如果h=0\\ \theta_1+\theta_2\left[\dfrac{3h}{2\theta_3}-\dfrac{1}{2}\left(\dfrac{h}{\theta_3}\right)^3\right] & 如果0<h<\theta_3\\ \theta_1+\theta_2 & 如果h\geqslant\theta_3\end{cases}$ |
| 指数 | $\gamma(h)=\begin{cases}0 & 如果h=0\\ \theta_1+\theta_2\left[1-\exp\left(-\dfrac{h}{\theta_3}\right)\right] & 如果h>0\end{cases}$ |
| 高斯 | $\gamma(h)=\begin{cases}0 & 如果h=0\\ \theta_1+\theta_2\left[1-\exp\left(-\dfrac{h}{\theta_3}\right)^2\right] & 如果h>0\end{cases}$ |
| 对数 | $\gamma(h)=A\log h$，式中 $A>0$ |

## 【例题 10.32】

对含水层透射率的测量表明其形式为半变异函数：

$$\gamma(h)=56.5h^{1.2}$$

式中 $h$ 的单位为 m，$\gamma(h)$ 的单位为 $m^4/d^2$。该地区的平均透射率估计为 $2000m^2/d$。根据附近 4 个测量站测得的透射率来估算位置 $X$ 处的透射率 $T$，各测量站的坐标和透射率测量值由表 10.28 给出。

各测量站的坐标和透射率测量值　　表 10.28

| 站点 | 坐标（km，km） | 透射率（$m^2/d$） |
|---|---|---|
| $X$ | （0，0） | — |
| 1 | （173，100） | 2150 |
| 2 | （134，−120） | 2390 |
| 3 | （−163，−281） | 2280 |
| 4 | （−235，85） | 2060 |

$X$ 处估算透射率的误差方差是多少？

**【解】**

每个站点的站点权重 $\lambda_1$、$\lambda_2$、$\lambda_3$ 和 $\lambda_4$ 由方程（10.197）导出，可写成：

$$\begin{aligned}
i=1:&\quad \lambda_1\gamma_{11}+\lambda_2\gamma_{12}+\lambda_3\gamma_{13}+\lambda_4\gamma_{14}+\alpha=\gamma_{1X}\\
i=2:&\quad \lambda_1\gamma_{21}+\lambda_2\gamma_{22}+\lambda_3\gamma_{23}+\lambda_4\gamma_{24}+\alpha=\gamma_{2X}\\
i=3:&\quad \lambda_1\gamma_{31}+\lambda_2\gamma_{32}+\lambda_3\gamma_{33}+\lambda_4\gamma_{34}+\alpha=\gamma_{3X}\\
i=4:&\quad \lambda_1\gamma_{41}+\lambda_2\gamma_{42}+\lambda_3\gamma_{43}+\lambda_4\gamma_{44}+\alpha=\gamma_{4X}\\
&\quad \lambda_1+\lambda_2+\lambda_3+\lambda_4+0=1
\end{aligned}$$

其中半变异函数 $\gamma_{ij}$ 可以写成：

$$\gamma_{ij}=\gamma(x_i-x_j)=56.5\left(\sqrt{(x_i-x_j)^2+(y_i-y_j)^2}\right)^{1.2}$$

使用给定的站点坐标来计算 $\gamma_{ij}$，得出以下关于站点权重的方程组：

$$\begin{aligned}
i=1:&\quad 0\lambda_1+37200\lambda_2+99800\lambda_3+76800\lambda_4+\alpha=32600\\
i=2:&\quad 37200\lambda_1+0\lambda_2+61200\lambda_3+79900\lambda_4+\alpha=28700\\
i=3:&\quad 99800\lambda_1+61200\lambda_2+0\lambda_3+68900\lambda_4+\alpha=58400\\
i=4:&\quad 76800\lambda_1+79900\lambda_2+68900\lambda_3+0\lambda_4+\alpha=42600\\
&\quad \lambda_1+\lambda_2+\lambda_3+\lambda_4+0=1
\end{aligned}$$

此方程组的解为：

$$\lambda_1=0.284,\lambda_2=0.330,\lambda_3=0.081,\lambda_4=0.305,$$
$$\alpha=-1.12\times10^4$$

根据公式（10.188），站点 $X$ 处的估算透射率 $T_X$ 由下式给出：

$$T_X=\sum_{i=1}^{4}\lambda_i T_i$$

式中 $T_i$ 是测得的透射率，$T_1=2150m^2/d$，$T_2=2390m^2/d$，$T_3=2280m^2/d$，$T_4=2060m^2/d$。因此：

$$\begin{aligned}
T_X&=0.284\times2150+0.330\times2390+0.081\times2280\\
&\quad+0.305\times2060\\
&=2210\ m^2/d
\end{aligned}$$

误差方差 $\sigma_e^2$ 由方程（10.198）估算：

$$\sigma_e^2 = \sum_{i=1}^{4} \lambda_i \gamma_{iX} + \alpha$$
$$= 0.284 \times 32600 + 0.330 \times 28700 + 0.081 \times 58400 + 0.305 \times 42600 - 1.12 \times 10^4$$
$$= 2.53 \times 10^4 \ \mathrm{m}^4/\mathrm{d}^2$$
$$\sigma_e = \sqrt{2.53 \times 10^4} = 159 \ \mathrm{m}^2/\mathrm{d}$$

已证明，对于相对均匀且密集的采样网格，普通克里金插值法（之前描述过的以内蕴假设为基础）提供了一种有效的内插方案。对于不规则且稀疏的空间采样网格，非线性克里金插值法，如排序克里金插值法可能效果更好。当分配给相邻点的权重取决于实际数据值时，克里金插值法为非线性。

## 习题

1. 使用下式计算变量 $W$：

$$W = \frac{Q}{\sqrt{R/v}}$$

其中 $Q$ 为 $N$（0，1）变量，$R$ 是自由度为 $v$ 的卡方变量。如果 $v$=28 且 $W$ 的计算值为 1.80，请估算 $W$ 大于 1.80 的概率。$W$ 的期望值是多少?

2. 随机变量 $Z$ 由下式定义：

$$Z = \frac{X/v_X}{Y/v_Y}$$

其中 $X$ 和 $Y$ 分别是自由度为 $v_X$ 和 $v_Y$ 的卡方变量。如果 $v_X$=15、$v_Y$=23，请确定超越概率为 5% 的 $Z$ 值。$Z$ 的期望值是多少?

3. 来自表观正态分布的污染物浓度数据显示其均值为 50mg/L，标准偏差为 10mg/L。

（1）估算浓度超过 60mg/L 的可能性；

（2）估算污染物浓度可能超过 10% 的时间。

4. 以 mg/L 为单位测量的浓度数据遵循对数正态分布，其中自然对数转换数据的均值和标准偏差分别为 1.5 和 1.0。

（1）估算浓度测量值的均值、标准偏差和偏态；

（2）测量浓度超过 10mg/L 的概率是多少?

（3）如果假设测量数据遵循正态分布，则（2）部分估算的超越概率会受到怎样的影响?

5. 报告表明，观测到湖泊中的污染物浓度范围在 0~30μg/L。估算超越概率为 5% 的污染物浓度。

6. 某湖泊的单个监测站的水质样本产生了表 10.29 所示的结果。将观测到的分布与自然对数平均值为 0.60、标准偏差为 1.00 的对数正态分布进行比较，并对一致水平进行目视评估。

7. 一位分析师判断，例题 10.6 中的水质样本是从对数正态分布中抽取的，自然对数均值为 0.60，标准偏差为 1.00。使用以下类别的数据（见表 10.30），评估对数正态性假设是否支持 5% 的显著性水平。

8. 样本在 50 个月内的浓度测量值（单位为 mg/L）见表 10.31。

**湖中污染物浓度的测量值　　表 10.29**

| 样本 | 浓度（mg/L） | 样本 | 浓度（mg/L） | 样本 | 浓度（mg/L） |
|---|---|---|---|---|---|
| 1 | 1.02 | 11 | 1.24 | 21 | 2.15 |
| 2 | 2.18 | 12 | 8.70 | 22 | 9.33 |
| 3 | 4.88 | 13 | 4.17 | 23 | 0.74 |
| 4 | 1.29 | 14 | 1.76 | 24 | 1.51 |
| 5 | 1.21 | 15 | 0.84 | 25 | 0.65 |
| 6 | 2.56 | 16 | 7.35 | 26 | 2.63 |
| 7 | 2.73 | 17 | 0.45 | 27 | 14.36 |
| 8 | 5.18 | 18 | 5.71 | 28 | 2.59 |
| 9 | 0.62 | 19 | 1.32 | 29 | 0.72 |
| 10 | 1.60 | 20 | 0.81 | 30 | 0.59 |

**数据类别（二）　　表 10.30**

| 类别 | 范围（mg/L） |
|---|---|
| 1 | [0，1.0] |
| 2 | （1.0，1.5] |
| 3 | （1.5，2.5] |
| 4 | （2.5，5.0] |
| 5 | （5.0，∞] |

**浓度测量值　　表 10.31**

| | | | | |
|---|---|---|---|---|
| 0.18 | 3.28 | 1.23 | 1.02 | 2.24 |
| 3.90 | 7.82 | 1.95 | 1.42 | 0.50 |
| 1.70 | 2.46 | 0.46 | 0.84 | 1.86 |
| 1.01 | 8.20 | 2.25 | 4.49 | 1.13 |
| 0.51 | 1.24 | 3.45 | 38.00 | 0.64 |
| 0.94 | 5.07 | 2.11 | 1.06 | 10.28 |
| 1.88 | 4.98 | 2.70 | 1.06 | 2.59 |
| 0.96 | 0.50 | 5.45 | 2.22 | 8.56 |
| 0.33 | 1.46 | 1.31 | 3.81 | 2.26 |
| 3.76 | 9.10 | 0.33 | 1.84 | 0.68 |

使用 Kolmogorov-Smirnov 统计量来评估以下假设：这些样本是从对数正态分布中抽取的，自然对数均值为 0.6，标准偏差为 1.0。

9. 月度样本以 mg/L 为单位的测量浓度，由表 10.32 给出。

月度样本测量浓度　　表 10.32

| | | | | |
|---|---|---|---|---|
| 30.10 | 1.74 | 2.52 | 1.13 | 0.43 |
| 2.56 | 1.22 | 0.49 | 1.71 | 0.71 |
| 3.91 | 0.79 | 0.26 | 0.60 | 2.17 |
| 0.37 | 2.02 | 1.39 | 0.96 | 1.23 |
| 0.92 | 4.57 | 0.16 | 1.77 | 6.86 |
| 3.08 | 3.52 | 2.36 | 2.14 | 0.99 |

估算抽取这些样本的总体的均值、标准偏差和偏态，并评估参数估算值的不确定性。

10. 考虑从威布尔分布 $f(x)$ 中抽取 $N$ 个随机样本的情况，威布尔分布 $f(x)$ 由下式给出：

$$f(x)=\frac{a}{b^a}x^{a-1}\exp\left[-\left(\frac{a}{b}\right)^a\right],\quad x\geqslant 0$$

其中 $a$ 和 $b$ 为分布的参数。估计 $a$ 和 $b$ 的最大似然值。

11. 假设例题 10.9 中的浓度数据可以用对数正态分布表示，请使用 L- 矩估计法来估算对数正态分布的均值和标准偏差。

12. 使用例题 10.8 给出的样本数据，计算均值、标准偏差、偏态系数、中位数、变异系数的期望值和标准误差。

13. 基于 20 年的数据，大沼泽地国家公园的年平均降雨量计算为 1295.4mm（51in），标准偏差估计为 259.08mm（10.2in），偏态为 0.3。年降雨量的均值、标准偏差和偏态的标准误差是多少?

14. 对 41 个浓度样本（单位为 mg/L）的自然对数分析显示其均值和标准偏差分别为 0.893 和 0.786。确定总体均值的 90% 置信区间。

15. 年湖泊蒸发量的均值和标准偏差通过计算分别为 1160mm 和 221mm。如果这些样本统计量来源于 24 年的数据，那么平均湖泊蒸发量的 90% 置信区间是多少?

16. 对 41 个浓度样本（单位为 mg/L）的自然对数分析显示其均值和标准偏差分别为 0.893 和 0.786。确定总体标准偏差的 90% 置信区间。

17. 由 26 年的记录估算出大流域年降雨量的均值和标准偏差分别为 1520mm 和 389mm。估算年降雨量标准偏差的 90% 置信区间。

18. 在沿海水域附近的两个地点收集水质样本。位置一的 31 个水质样本显示特定物质的对数转换浓度的标准偏差为 1.08，位置二的 21 个样本的分析显示标准偏差为 1.53。假设两组数据均来自对数正态分布，请确定实际标准偏差比率的 90% 置信区间。

19. 1966 年之前的 20 年降雨量记录表明方差为 $239cm^2$，1966 年以后的 23 年记录表明方差为 $255cm^2$。估算 1966 年以后与 1966 年以前方差比率的 90% 置信区间的置信上限。

20. 41 个对数浓度测量值的分析显示样本均值为 0.523，样本标准偏差为 0.725。假设总体均值等于 0.680。你会在 10% 的显著性水平上接受这个假设吗?

21. 对某河流 7 月份平均月流量的 24 年记录分析表明，均值和标准偏差分别为 $42m^3/s$ 和 $8.1m^3/s$。假设总体为正态分布，均值为 $38m^3/s$，数据是否支持这一假设? 另一个假设是，总体遵循正态分布，均值大于 $45m^3/s$。数据是否支持这个假设? 以 10% 的显著性水平考虑两个假设。

22. 41 个对数浓度测量值的分析显示样本均值为 0.523，样本标准偏差为 0.725。假设总体标准偏差等于 0.900。你会在 10% 的显著性水平上接受这个假设吗?

23. 从 25 年的记录中得出的降雨统计数据的均值为 1201mm，标准偏差为 125mm。使用 10% 的显著性水平，你会接受总体降雨量遵循标准偏差为 100mm 的正态分布的假设吗?

24. 在湖泊周围开发之前，21 个水样本显示对数浓度的均值和标准偏差分别为 0.851 和 0.806。在开发之后，21 个样本的均值和标准偏差分别为 0.903 和 0.951。评估在 10% 的显著性水平下，开发后浓度分布是否与开发前浓度分布显著不同。

25. 1970 年以前 20 年的年降雨量均值为 1320mm，标准偏差为 250mm，而 1970 年以后 17 年的均值为 1450mm，标准偏差为 220mm。数据是否支持所有测量值均来自具有相同均值和方差的正态分布的假设? 使用 10% 的显著性水平。

26. 浓度数据是从不同时期的水体中收集的。每组数据有 25 个样本，每个样本组的测量浓度见表 10.33。

样本浓度测量值　　表 10.33

| 组 1 | 组 2 | 组 1 | 组 2 | 组 1 | 组 2 | 组 1 | 组 2 | 组 1 | 组 2 |
|---|---|---|---|---|---|---|---|---|---|
| 0.18 | 2.11 | 0.94 | 1.02 | 3.28 | 1.06 | 5.07 | 2.24 | 1.23 | 10.28 |
| 3.90 | 2.70 | 1.88 | 1.42 | 7.82 | 1.07 | 4.98 | 0.50 | 1.95 | 2.59 |
| 1.70 | 5.45 | 0.96 | 0.84 | 2.46 | 2.22 | 0.49 | 1.86 | 0.46 | 8.56 |
| 1.01 | 1.31 | 0.33 | 4.49 | 8.20 | 3.81 | 1.46 | 1.13 | 2.25 | 2.26 |
| 0.51 | 0.34 | 3.76 | 38.00 | 1.24 | 1.84 | 9.10 | 0.64 | 3.45 | 0.68 |

使用 Kruskal–Wallis 检验来确定数据由来的总体均值在 10% 水平上是否有显著差异。

27. 考虑表 10.34 给出的随机数据。

随机数据　　表 10.34

| | | | |
|---|---|---|---|
| −0.727 | 1.333 | 1.295 | 1.109 |
| 1.160 | 1.612 | 1.487 | 0.640 |
| 0.452 | 0.903 | 2.597 | −0.352 |
| 0.144 | 2.960 | 2.308 | 1.073 |
| 0.398 | 0.662 | −0.207 | −0.807 |

使用 Shapiro–Wilk 检验评估这些随机波动在 5% 显著性水平下的正态性。

28. 在水体特定位置每年进行一次浓度测量，结果见表 10.35。

水体浓度测量结果　　表 10.35

| 年份 $i$ | $c_i$（mg/L） | 年份 $i$ | $c_i$（mg/L） |
|---|---|---|---|
| 1 | 38.46 | 6 | 56.59 |
| 2 | 46.34 | 7 | 38.90 |
| 3 | 51.34 | 8 | 47.89 |
| 4 | 54.65 | 9 | 53.95 |
| 5 | 56.74 | 10 | 51.11 |

使用 Mann–Kendall 检验来评估数据在 5% 显著性水平上是否存在趋势。

29. 使用习题 28 给出的浓度数据利用 Sen's 斜率估计值来估算时间序列测量值的斜率和斜率的 90% 置信区间。

30. 同时测量两个水质变量 $X$ 和 $Y$，结果见表 10.36。

确定 $X$ 和 $Y$ 之间的相关系数，并评估在 10% 显著性水平上是否有显著相关性。

31. 同时测量水质变量 $X$ 和 $Y$，结果见表 10.37。

水质变量 $X$ 和 $Y$ 的测量结果　　表 10.36

| $x$ | $y$ | $x$ | $y$ | $x$ | $y$ | $x$ | $y$ |
|---|---|---|---|---|---|---|---|
| 35.72 | 60.57 | 41.66 | 59.29 | 47.33 | 57.57 | 53.39 | 57.37 |
| 36.32 | 57.01 | 42.95 | 55.77 | 48.62 | 61.57 | 54.59 | 58.81 |
| 37.25 | 59.08 | 43.85 | 60.97 | 49.51 | 62.96 | 55.99 | 60.13 |
| 38.60 | 56.95 | 44.92 | 67.67 | 50.15 | 63.43 | 56.53 | 59.81 |
| 39.75 | 60.03 | 45.78 | 58.42 | 51.23 | 59.02 | — | — |
| 40.27 | 59.37 | 46.60 | 60.38 | 52.72 | 61.43 | — | — |

水质变量 $X$ 和 $Y$ 的测量值　　表 10.37

| $x$ | $y$ | $x$ | $y$ | $x$ | $y$ | $x$ | $y$ |
|---|---|---|---|---|---|---|---|
| 34.77 | 66.96 | 40.95 | 68.92 | 46.91 | 72.75 | 52.81 | 74.16 |
| 36.04 | 71.67 | 42.09 | 73.71 | 48.10 | 71.85 | 53.92 | 73.41 |
| 37.25 | 71.43 | 42.89 | 72.31 | 49.05 | 73.57 | 54.86 | 76.48 |
| 38.07 | 70.78 | 43.87 | 71.67 | 50.18 | 73.33 | 55.77 | 72.29 |
| 39.22 | 72.65 | 45.24 | 69.67 | 51.15 | 70.44 | — | — |
| 40.03 | 70.79 | 45.77 | 71.61 | 52.01 | 74.02 | — | — |

估计与两个变量相关的线性方程的参数和参数的 90% 置信区间。

32. 使用习题 31 中的数据和结果估算 $x$=45 和 $x$=55 处 $y$ 预测值的 90% 置信区间。比较这些置信区间的宽度。

33. 结合两组浓度测量值。第一组由 15 个测量值组成，假定来自均值和标准偏差分别为 1.26mg/L 和 0.89mg/L 的总体分布。第二组由 20 个测量值组成，假定来自均值和标准偏差分别为 1.12mg/L 和 0.74mg/L 的总体分布。假设两组测量值彼此独立，请确定这些数据加权平均值的均值和标准偏差。

34. 排水渠中流量的均值和标准偏差分别为 5.21$m^3$/s 和 3.89$m^3$/s，总氮浓度的均值和标准偏差分别为 2.86kg/$m^3$ 和 1.59kg/$m^3$。假设总氮浓度与流量无关，估算排水渠中总氮质量通量的均值和标准偏差。

35. 流量的均值和标准偏差分别为 8.86$m^3$/s 和 1.80$m^3$/s，独立测量表明流动面积的均值为 35$m^2$，标准偏差为 4$m^2$。假设流量和流动面积的误差是不相关的，那么平均流速的均值和标准偏差是多少？

36. 矩形堰上的流量 $Q$（$m^3$/s）可以使用下式估算：

$$Q = 1.83LH^{\frac{3}{2}}$$

式中 $L$ 为堰的长度（m），$H$ 为堰上的水头（m）。在特定的情况下，$L$ 和 $H$ 的估算值是不确定的，使得

$L$ 的均值和标准偏差分别为 3m 和 0.5m，$H$ 的均值和标准偏差分别为 0.31m 和 0.03m。假设 $L$ 和 $H$ 估算值的误差不相关，估算 $Q$ 的均值和标准偏差。

37. 流域的雨水径流量 $Q$（$m^3/s$）通常使用下式进行估算：

$$Q = CIA$$

式中 $C$ 为径流系数（无量纲），$I$ 为降雨强度（m/s），$A$ 为流域面积（$m^2$）。变量 $C$、$I$ 和 $A$ 是受测量误差影响的随机变量，其均值和标准偏差见表 10.38。

**$C$、$I$、$A$ 的均值和标准偏差　　表 10.38**

| 随机变量 | 均值 | 标准偏差 |
|---|---|---|
| $C$ | 0.85 | 0.12 |
| $I$ | 25mm/h | 5mm/h |
| $A$ | 10ha | 0.70ha |

使用一阶不确定性分析来估算径流 $Q$ 估算值的均值和标准偏差。

38. 证明方程（10.172）。

39. 证明方程（10.177）。

40. 使用半变异函数 $\gamma(h)$ 和协方差函数 $C(h)$ 的定义来证明它们有以下关系：

$$\gamma(h) = C(0) - C(h)$$

41. 对降雨测量值分析表明，一个地区的月降雨量均值为 13.2cm，空间相关性通过高斯协方差函数充分描述：

$$C(h) = 13.6\exp\left(\frac{h^2}{8.5}\right)$$

式中 $h$ 以 km 为单位，$C(h)$ 以 $cm^2$ 为单位。协方差函数的值域是多少？根据附近 4 个站点测得的降雨量估算位置 $X$ 处的降雨量，其中站点的坐标和降雨量测量值由表 10.39 给出。

**站点坐标和降雨量测量值　　表 10.39**

| 站点 | 坐标（km，km） | 测量降雨量（cm） |
|---|---|---|
| $X$ | （0，0） | — |
| 1 | （0.96，1.08） | 8.1 |
| 2 | （−1.20，1.43） | 9.3 |
| 3 | （−1.50，−0.98） | 6.9 |
| 4 | （1.23，−1.89） | 10.4 |

估算降雨量的误差方差是多少？

42. 对含水层透射率的测量发现该半变异函数形式为：

$$\gamma(h) = 43.1h^{1.5}$$

式中 $h$ 的单位为 m，$\gamma(h)$ 的单位为 $m^4/d^2$。该地区的平均透射率估算值为 $1500m^2/d$。根据附近 4 个测量站测得的透射率估算位置 $X$ 处的透射率 $T$，测量站的坐标和透射率测量值由表 10.40 给出。

**测量站坐标和透射率测量值　　表 10.40**

| 站点 | 坐标（km，km） | 透射率（$m^2/d$） |
|---|---|---|
| $X$ | （0，0） | — |
| 1 | （120，105） | 2150 |
| 2 | （155，−180） | 2390 |
| 3 | （−133，−148） | 2280 |
| 4 | （−192，106） | 2060 |

$X$ 处估算透射率的误差方差是多少？

# 第 11 章　水质建模

## 11.1　引言

我们通常将计算机代码与计算机模型或数字模型这些术语相混淆。计算机代码是计算机的一种通用的源代码。它是由 C++ 或 FORTRAN（公式翻译）语言编写而成，来发出求解一组对应于某些概念模型的过程方程的指令。计算机代码中的过程方程和须由代码用户指定的参数有关。例如，代码 MODFLOW 要求用户输入参数，如指定网格的各个单元中的水力传导率和具体容量，从而同时解答了达西方程和连续性方程。当计算机代码与点位实际参数一起应用时，特定数据输入后将和通用的计算机代码组合产生点位特定现象的模型。例如，如果将佛罗里达州南部的比斯坎湾含水层的地下条件对应的水文地质特征输入到 MODFLOW 代码中，将会产生比斯坎湾含水层中地下水水头的 MODFLOW 模型。

在开发、测试水文模型时，通常需要进行拆分样本测试（包括在数据可用时期的模型校准，然后使用另一个相似长度的时期进行验证）。在给出模型模拟的结果时，不确定性分析是必不可少的。不确定性分析为模型输出提供了误差界限，而在根据模型输出采取任何实质性行动时都必须考虑这些界限。在美国，估算受损水域时必须确定污染物的最大日负荷总量（TMDL），此时不确定性问题尤为重要。水文风险管理中的可持续决策需要有关模型输出的概率密度函数（pdf）的详细信息。只有这样才能推导出特定管理方案的失败概率或临界阈值（如污染物）超标的可能性。如果在水质模拟时忽略了模型预测中的不确定性，即使存在违反水质标准的重大风险，确定性模型也完全有可能预测安全的水资源条件。

模型预测的不确定性主要来自三项不确定性来源：（1）物理、化学和生物过程的不确定性，称之为结构不确定性或模型不确定性；（2）模型参数的不确定性，称之为参数不确定性；（3）用于校准模型的输入和输出数据的不确定性，称之为数据不确定性或观测不确定性。结构不确定性是由于对建模系统的不完全理解或是无法用数学方程精确地重现其过程而产生的。参数不确定性是由于对参数值、范围、物理意义以及时间和空间变化的知识欠缺而产生的。数据不确定性主要来自测量误差。数据不确定性可以进一步划分为强制输入的不确定性和输出响应的不确定性。在模型预测中常常被忽视的其他不确定性来源包括模型边界和初始条件的不确定性以及模型数值公式的不确定性。

在工程实践中，使用计算机模型是司空见惯的。在制定这些模型时，通常有多种代码可供某一特定应用选择，但在由监管机构审查的工作中，由美国政府机构开发和维护的代码具有最高的可信度。更为重要的是，这些代码在申请许可证支持和维护设计协议方面几乎被普遍接受。这些也是水质工程中使用的几个广泛被接受的商业代码，相对而言很少会为了特定应用去开发新代码。

## 11.2　代码的选择

计算机代码是典型的概念模型（如达西定律所描述的流动），用来描述系统如何起作用。每一个概念模型都是用一个算法来表示的，而算法是由变量和参数组成的数学表达式构成的。在代码开发之后，通常将代码生成的解与简化系统的分析模型的已知解进行比较来验证。代码的验证旨在确保计算机代码能准确地包含概念模型，毕竟开发者已经验证了最卓越的代码。

模型中使用的过程方程必须和模型的规模相对应。对于相同的现象，适当的过程方程显著地取决于过程的规模，在精细模型中多使用力学公式（使用力学的基本方程），在粗略模型中多使用功能公式（使用经验方程和连续性关系）。用于评估模型性能的输入参数和观测值的采样与测量（包括空间和时间）方案都必须与模型方案一致。为特定的空间规模建立的模型必须用同等规模的数据进行校准。否则，模型参数几乎没有任何物理意义，建模的方法也不可信。通常模型输出对规模的敏感性会随着输出变量的变化而改变。某些具体的应用要求将过程表示为确定的规模。例如，评估渗流区的非点源污染需要现场和流域规模的化学归趋和迁移模型。作为一项普遍的指导，表现最好的模型可能是一个具有与用户感兴趣的模型输出值高度相关的可用数据的模型，这些数据的空间和时间分辨率大致相同。计算机代码的开发或选择基于以下标准：

（1）代码必须经过验证，没有任何错误。

（2）代码必须能代表在模型应用的规模上预期发生的关键过程。

（3）与代码中的概念模型相关的假设对于正在考虑的特定应用必须是合理的。

（4）所需的输入数据必须是容易获得的。

（5）代码必须提供用户感兴趣的输出。

对于大多数应用都可以找到几个计算机代码来解决不同程度的复杂问题。在这些情况下，模型的选择需要考虑很多因素，特别是：

（1）应用的目的；

（2）开发和使用该模型的专业意见的获取途径；

（3）数据可用性；

（4）时间和资金来源。

规划层次的分析通常使用更为简单的模型，在大多数情况下，数据的可用性是模型选择中的约束条件。

在水资源工程中，计算机代码主要集中在地表水或地下水中使用，也有少数模型将地表水和地下水水文学整合在一起。在选择合适的代码时，地表水和地下水之间反馈的重要性是一个必须要考虑的因素。

一旦开发或选择了一个验证的计算机代码，在开发计算机模型时要遵循的步骤是：模型的校准、验证和应用。以下部分介绍了这些步骤的要点。

## 11.3 校准

校准是调整模型参数并将模型输出与测量数据进行比较，直到达到可接受的一致水平的过程。选择模型参数的方法可以分为以下三类：直接测量、与模型表达直接拟合、与整体模型间接拟合。要采取的方法取决于应用模型的规模以及所研究区域实测数据的可用性。下面将更详细地描述这些估算模型参数的方法。

直接测量。模型参数是通过独立测量获得的，无需使用模型。例如饱和导水率、土壤保水功能、体积密度、土壤有机碳含量、土壤质地和阳离子交换量都可以使用建模地点的土壤岩芯样品进行测量。在现场尺度模型中，原位现场尺度测量比实验室岩芯样品土壤水力特性测量具有更高的精度。

直接拟合。可以通过将研究地点的数据直接拟合到模型使用的过程方程来估算参数值。该方法的优点在于，只有对应于特定概念模型的过程方程被用来找到最佳拟合参数，而不是整个模型。

间接拟合。在这种方法中，建模者调整一些相关参数，直到模型预测值与在校准中使用的测量结果一致。间接拟合的一个缺点是，对特定工艺参数的调整不能保证这些参数的真实值。由此产生的参数估计值只是那些优化预测和测量之间匹配的参数。间接拟合的另一个缺点是存在多个不确定或交叉相关的输入参数，并且建模者通常不知道要调整哪个参数以改进模型预测值和实验测量值之间的拟合。灵敏度分析将有助于建模者决定哪些模型输入参数对模型预测有最大的影响，哪些参数可以在校准过程中略去。对模型预测影响最大的参数是那些在给定的输入参数变化水平下模型预测值产生最大变化的参数。这些参数是需要最精确定量的参数，因为指定这些输入参数值时的微小误差就会导致模型预测中出现相对较大的误差。

校准是在合理范围内改变参数值，直至观测值和预测值之间的差异最小。对于每个感兴趣的变量，通常使用误差值来进行各种参数集的模型的性能评估，误差值即观测值 $y_j$ 和模型输出值 $\hat{y}_j$ 之间的差值。常用的误差值是平均相对误差、决定系数和模型效率，这些误差值在本章后续会进行详细的介绍。用于测量模型性能的误差值或其组合通常被称为目标函数。一些校准目标涉及误差值的最大化，如纳什 – 苏特克利夫系数，同时涉及其他值的最小化，如偏差。校准并不一定会产生一组独特的参数。因此，最佳的专业判断往往是确定什么是可接受的，什么是不可接受的关键因素。同样好的模型模拟可能通过不同的参数组合获得，或者不同的模型可以产生同样好的结果，这一现象被称为等效性，这种现象在水文模拟中经常出现。校准周期应反映系统中通常遇到的系统应力，否则，校准参数可能会受到校准期间遇到的特定应力影响。

在水文模型中，已经证明至少 5 年的校准周期可以表示大部分的时间变化。

与上述基于定义的目标函数来确定最佳参数集的方法相反，一些校准过程处理模型参数本身是不确定的，并且由上下界之间的均匀概率分布表征。例如，Abbaspour 等人使用的校准程序，首先假设参数不确定性大到使得在计算值为 2.5 时观测初始值落在 95% 的预测不确定性（95PPU）内，由拉丁超立方抽样和蒙特卡罗方法得到的输出变量达到97.5%的累计分布。这个模型的不确定性通过逐步减少参数的不确定性而逐步减小，直到满足两个规则：（1）95PPU 括号中的"大部分观测值"；（2）95PPU 的上限值（在 97.5%水平）和下限值（在 2.5%水平）之间的平均距离很小。

校准利用一系列条件下的数据集，这些条件能最终确定模型的现场界限。严格来说，这限制了模型在校准发生的区域和类似于校准期间遇到的条件下使用。例如，在降雨径流模型中，最好在低强度降雨条件下校准不透水性参数，并在高强度降雨条件下校准渗透参数。这种方法发现模型输出对低强度降雨事件的不透水性参数和高强度降雨事件的渗透参数最为敏感。

在校准综合水质模型时，人们发现必须首先对模型的水力和水温部分进行校准，因为这是污染物迁移的基础。其次，对保守示踪剂的分散进行校准，以提供对水力部分的单独检查，并证明组分迁移是适当的。第三，校准过程中最不确定的部分——非保守水质组分。一旦校准了物理过程，在水质校准过程中就不应该再修改它们。

当模型预测多个感兴趣的变量时，例如在污染物迁移模型中，流量和组分浓度是关键输出变量，需要进行多变量校准。在多变量校准的情况下，建模者通常首先校准流量，然后校准组分浓度。这种方法是合理的，因为精确模拟污染物迁移需要准确地描述流量分布。

自动校准通常比手动校准更可取。在实践中，自动校准在地下水模型中比在地表水模型中更为普遍和常见。强烈建议不要使用自动程序对模型进行专门校准，因为模型输出的一些特征通常需要目视检查以确保模型输出具有理想的特性，而这些特性并不是通过误差统计明确测量的。PEST 是一个广泛使用的参数估算软件程序，可与任何数值模型一起使用。PEST 通过实现非线性参数估计的 Gauss Marquardt–Levenberg 方法的一个特别强大的变式，使一个或多个用户指定的目标函数最小化。现在 PEST 已广泛用于地下水模拟，但在地表水模拟中应用极少。

在某些极端情况下，由于缺少校准所需的流量等测量数据，无法进行模型校准。在这种情况下，模型参数必须通过最佳的专业判断来估计。最近的一些研究表明，将模型参数估计为最近集水区的校准参数可能是最佳选择。

### 11.3.1　灵敏度分析

灵敏度分析是确定模型输出相对于模型输入变化的变化率的过程。灵敏度分析提供了识别对模型输出影响最大的模型参数的一种方法，从而指示哪些参数应该被更准确地测量，哪些参数应该在校准过程中进行调整，或在参数估算中哪部分需要投入最多精力。灵敏度分析最适合于初步模型筛选，从一大组模型参数中筛选出重要参数。灵敏度分析通常被认为是建模所必需的，一般是模型校准的第一步，它决定了校准过程中使用的参数集。

模型输出对给定输入参数的灵敏度被定义为因变量相对于参数的偏导数，可以用下列公式表示：

$$S_{ij}^{1}=\frac{\partial\hat{y}_i}{\partial a_j} \tag{11.1}$$

式中　$S_{ij}^1$——模型因变量$\hat{y}_i$对第 $i$ 个观测点的第 $j$ 个参数的灵敏度系数。

灵敏度分析可以有效地确定模型试错校准中最重要的（灵敏的）参数。公式（11.1）给出的灵敏度系数可以通过在保持其他所有参数不变时，参数 $a_j$ 的微小变化来近似得到。

$$S_{ij}^{1}=\frac{\partial\hat{y}_i}{\partial a_j}\approx\frac{\hat{y}_i(a_j+\Delta a_j)-\hat{y}_i(a_j)}{\Delta a_j} \tag{11.2}$$

式中　$\Delta a_j$——微小的变化（微扰）参数。

在使用灵敏度系数来测量单个模型输出$\hat{y}$（$a$）对参数向量 $a$ 中单个参数 $a_j$ 的灵敏度时，$a_j$ 的微扰 $\Delta a_j$ 的基本效应如下式：

$$S^{1}(\hat{y}|a_j)=\frac{\hat{y}(a_1,\ldots,a_{j-1},a_j+\Delta a_j,a_{j+1},\ldots,a_p)-\hat{y}(a)}{\Delta a_j} \tag{11.3}$$

从公式（11.3）计算出的基本灵敏度$S^1(\hat{y}|a_j)$取决于为参数向量 $a$ 的其他元素选择的值。$S^1(\hat{y}|a_j)$的分布

是通过对参数范围的不同点进行采样得到的，也就是参数集 $a$ 的不同选择。$S^1(\hat{y}|a_j)$在参数范围内的平均值表明参数 $a_j$ 对模型输出$\hat{y}$的整体影响，而$S^1(\hat{y}|a_j)$的方差表明其他参数 $a_{i\neq j}$ 的相互作用和非线性效应。

由公式（11.1）给出的灵敏度系数可以通过参数值进行归一化，使得对于任何参数的灵敏度系数具有与因变量相同的单位，这时灵敏度系数取为 $S_{ij}^2$：

$$S_{ij}^2=\frac{\partial \hat{y}_i}{\partial a_j/a_j}\approx\frac{\hat{y}_i(a_j+\Delta a_j)-\hat{y}_i(a_j)}{\Delta a_j/a_j} \qquad (11.4)$$

灵敏度分析在确定输入变量需要测量的准确度水平以及可调参数需要校准时非常有用。

一些建模者使用相对灵敏度 $S_{ij}^3$ 来评估灵敏度，其由下式定义：

$$S_{ij}^3=\left(\frac{a_j}{\hat{y}_i}\right)\left(\frac{\hat{y}_i^{+10}-\hat{y}_i^{-10}}{a_j^{+10}-a_j^{-10}}\right) \qquad (11.5)$$

式中 $a_i$——与模型输出$\hat{y}_i$对应的参数；

$a_j^{+10}$和 $a_j^{-10}$、$\hat{y}_i^{+10}$ 和 $\hat{y}_i^{-10}$——分别相当于参数和相应输出值的 ±10%。

在使用相对灵敏度来测量单个模型输出$\hat{y}$（$a$）对参数向量 $a$ 中单个参数 $a_j$ 的敏感度时，$a_j$ 的微扰 $\Delta a_j$ 的基本效应如下式：

$$S^3(\hat{y}|a_j)=\frac{\Delta\hat{y}/\hat{y}}{\Delta a_j/a_j} \qquad (11.6)$$

式中 $\hat{y}$——模型输出变量的基础值；

$\Delta\hat{y}$——输出变量的变化值。

一般来说，$S_{ij}^3$ 的值越大，模型输出变量$\hat{y}_i$对参数 $a_j$ 越灵敏。使用 $S_{ij}^3$ 评估输出变量的灵敏度的局限是模型参数与线性假设相关，缺乏对参数之间相关性的考虑，以及缺乏对每个参数不同程度的不确定性的考虑。

在进行灵敏度分析时，指定参数值的百分比变化和输出变量的相应变化并不总是合适的，因为一些参数值的预期变化比其他参数大多。例如，与渗流区的饱和水力传导率相比，曲线数通常在相当窄的范围内变化，其通常在几个数量级上变化。因此，用于灵敏度分析的特定参数值的变化必须与适合该参数的范围一致。一些建模者为每个参数确定高、中、低值，然后计算每个值的输出变量的值。当参数值从低到高变化时，如果输出显著变化，则模型输出被认为对参数敏感。校准工作主要集中在灵敏参数上。

上述灵敏度分析可计算模型输出对各个参数的灵敏度，并需要确定其他模型参数的值。这种类型的灵敏度分析有时被称为局部灵敏度分析。相比之下，全局灵敏度分析考虑了模型输出对各种参数集的灵敏度，从而为模型输出和参数值之间的关系提供了一个更完整的视角。全局灵敏度分析中常用的方法是广义似然不确定性估计（GLUE）方法和马尔可夫链蒙特卡罗（MCMC）模拟。在后面的章节中将更详细地讨论这些方法。

### 11.3.2 性能分析

模型的性能是通过模型预测值和观测值之间的一致程度来衡量的。用于评估观测值和模型预测值之间一致性水平的定量测量包括统计学指标、假设检验、线性回归、残差分析的拟合优度标准、非参数比较和图形比较。如果模型符合与这些方法相关的指定的性能标准，那么该模型被认为是有效的。否则，模型是无效的，建模者应该考虑一个性能更好的替代模型。

用于评估模型性能的方法一般取决于模型输出的哪些成分与特定应用最相关。常用的评估实验测量值和模型预测值之间一致性的方法总结如下。

统计学指标。如果模型输出变量是正态分布的，那么测量值和预测值之间的一致性可以使用经典的统计方法来评估，例如均值和标准偏差。对于对数正态分布的变量，在估计均值和方差之前应该使用对数转换。对于非正态或对数正态分布的变量，应使用非参数法比较测量值和预测值，如中位数、值域、夹角范围和中位数绝对偏差。

假设检验。通常情况下，无效假设是指测量值和预测值之间没有差异，并且有各种统计检验可用来检验无效假设。对于正态分布变量，这些检验方法包括双样本配对 $t$ 检验、$f$ 因子检验或 Kolmogorov-Smirnov 检验。对于非正态分布变量，可以使用非参数 Wilcoxon 秩和检验。

线性回归。用于模型校准和验证的最简单但最不严格的方法之一是使用模型预测与实验观测的普通最小二乘法回归。统计分析的结果有三个特征十分重要：回归线的斜率应接近于 1，回归线的截距应接近于零，相关系数（$r$）应该与 0 有显著差异，最好是接近于 1。总之，回归线的截距和斜率的值是模型预测偏差的一个指标。例如，远大于 1 的斜率和远小于零的截距表明该模型下预测小值，上预测大值。可以使用 $t$ 检验来确定回归线的斜率是否明显不同于 1。线性回归分析经常被误用，而最常见的情况之一是仅根据相关系数（$r$）值的信息来评估模型的准确性。相关系数本身是一个几乎没有意义的模型精度标准。例如，考虑回归线的斜率为 0 和 $r$ 值为 0.9 的情况。虽然 $r$ 值很大，但是模型在很多情况下都没有预测能力。这种预测能力的缺乏可能是由于模型对主导迁移过程的不准确表示。当使用线性回归作为模型性能的标准时，应对回归线的斜率、截距和 $r$ 值一起进行评估，然后才能对模型精度作出结论。

残差分析。用于残差分析的方法包括最大误差（ME）、标准化均方根误差（RMSE）、确定系数（CD）、建模效率（EF）和剩余质量系数（CRM）。当模型预测值与测量值完全匹配时，ME、RMSE 和 CRM 都是零，CD 和 EF 都是 1。这些合适的度量方法适用于服从正态分布且没有异常值的大中型数据集。非参数替代方法可用于 RMSE、CD 和 EF。目前对于这些统计数据应该建立什么样的临界值来确定不可接受的模型精度水平尚未达成共识。

图形比较。用于评估模型预测值的统计学标准，对于小数据集、离群数少的中等规模的数据集以及在几个连续的时间进行多个观测的数据集来说是有限的。在这些情况下，可以使用观测值与预测值的图形比较来评估模型性能。根据模型输出的类型，可以进行各种图形比较。其中包括观测值与预测值在不同时间点的平均值，观测值与预测值之间的差值，不同时间四分位间距的误差值，以及观测值与预测累积分布函数或超标概率。在进行图形比较时，建议在图形上显示统计量和合适的性能指标。

#### 11.3.2.1 误差统计

用于水资源模拟的大多数模型都可以用以下通式表示：

$$Y=f(X,\ \theta) \tag{11.7}$$

其中 $Y=\{y_n;\ n=1\cdots N\}$ 是响应矩阵，包括在一系列时间 $t=\{t_n;\ n=1\cdots N\}$ 内直接观察到的数量，$X=\{x_n;\ n=1\cdots N\}$ 是包含同一系列时间的强制变量的输入矩阵，$\theta=\{\theta_n;\ n=1\cdots P\}$ 是模型参数。模型参数 $\theta$ 既是物理性的又是概念性的。物理参数是指那些可以使用独立于可观察到的集水区响应的程序来推断的参数。例如，使用岩芯样本或含水层透水试验获得的局部水力传导率。概念性参数，如流量系数，没有具体的物理意义，只能通过匹配模型输出和观测值来推断。通过调整概念参数来校准模型是必需的，因为根据定义，这些参数是无法独立测量的。

传统的校准技术使用强制变量的测量值 $\tilde{X}$ 来估计模型响应 $f(\tilde{X},\ \theta)$。误差矩阵 $\tilde{X}$ 通过模型响应 $f(\tilde{X},\ \theta)$ 和观测响应值 $\tilde{Y}$ 的差值来计算。

$$\tilde{E}=f(\tilde{X},\ \theta)-\tilde{Y} \tag{11.8}$$

其中（$\tilde{X}$，$\tilde{Y}$）表示（$X$，$Y$）的测量值，这些测量值由于现场测量特有的观测误差而不同。使用公式（11.8），估算的误差矩阵 $\tilde{E}$ 和相关的误差统计值被表示为参数向量 $\theta$ 的函数。参数估计包括将 $\theta$ 变化到所选误差值的最小值或最大值。

在改变 $\theta$ 以使公式（11.8）给出的误差的平方和最小的情况下，参数估计方法被称为标准最小二乘法。虽然标准最小二乘法应用广泛，但它有一个重大的缺点，即忽略了强制变量中可能的错误。事实上，实际的误差矩阵 $E$ 由下式给出：

$$E=f(X,\ \theta)-\tilde{Y} \tag{11.9}$$

它体现了模型预测应该来自强制变量的实际值 $X$，而不是强制变量的测量值 $\tilde{X}$（这可能是错误的）。降水估计通常是水文逻辑模型中最不确定的强制变量。从公式（11.9）中推导出的误差统计是有问题的，因为强制变量的实际值 $X$ 没有被观察到但必须被估计。使得误差的平方和最小化并且考虑到强制变量中的误差的参数估计方法被称为总体最小二乘方法，有时也被称为变量误差法。

使用标准最小二乘法的一个重要问题是最小二乘法不能识别实际的模型参数，因为它忽略了强制变量的不确定性，并且通常会产生对模型参数的有偏估计。其中最严重的后果是模型在用于预测时会产生有偏差的结果，特别是当强制变量中的误差偏离校准条件下的误差时。其他局限性与模型区域化的局限性有关，并且模糊了模型本身的不足之处。

统计中常用的误差分析包括偏差、平均对称误差（MSYE）、平均绝对误差（MAE）、残差平方和（RSS）、均方误差（MSE）、均方根误差（RMSE）、标准误差（SE）和相对误差（RE）。

（1）偏差。模型预测的偏差由下式给出：

$$\text{Bias}=\frac{1}{N}\sum_{j=1}^{N}(\hat{y}_j-y_j) \tag{11.10}$$

通常当将偏差标准化（即除以测量值的平均值）

时，其更为容易解释；它被称为相对偏差或百分比偏差，可以用下式表示：

$$\text{Relative Bias} = \left[\frac{\sum_{j=1}^{N}(y_j - \hat{y}_j)}{\sum_{j=1}^{N} y_j}\right] \tag{11.11}$$

相对偏差可以清楚地表明不好的模型性能，绝对值大于5%的相对偏差被认为是显著的。当流量是要研究的变量时，在校准水文模型中通常使用相对流量体积误差作为相对偏差值。

（2）平均对称误差。平均对称误差（以百分比表示）由下式给出：

$$\text{MSYE} = \frac{100}{N}\sum_{j=1}^{N}\frac{\hat{y}_j - y_j}{y_j} \tag{11.12}$$

式中 $y_j$——观测值；

$\hat{y}_i$——第 $j$ 个观测值的预测值；

$N$——观测数。

MSYE 测量对应完全一致曲线的预测对称性。

（3）平均绝对误差。平均绝对误差由下式给出：

$$\text{MAE} = \frac{1}{N}\sum_{j=1}^{N}|\hat{y}_j - y_j| \tag{11.13}$$

（4）残差平方和。残差平方和由下式给出：

$$\text{RSS} = \sum_{j=1}^{N}(y_j - \hat{y}_j)^2 \tag{11.14}$$

（5）均方误差。均方误差由下式给出：

$$\text{MSE} = \frac{1}{N-p}\sum_{j=1}^{N}(y_j - \hat{y}_j)^2 \tag{11.15}$$

式中 $p$——模型中参数的数量。

（6）均方根误差。均方根误差是一种绝对误差度量，它用变量的单位来量化误差，由下式给出：

$$\text{RMSE} = \sqrt{\frac{1}{N}\sum_{j=1}^{N}(y_j - \hat{y}_j)^2} \tag{11.16}$$

RMSE 统计被认为是最有用的，因为它可以直接比较测量的数据点。RMSE 值应该相对于观测值的不确定性进行评估。根据 Singh 等人的建议，开发了一个被称为 RMSE 观测标准偏差率（RSR）的模型评估统计。RSR 使用观测值的标准偏差来标准化 RMSE，并使用以下关系式来计算：

$$\text{RSR} = \frac{\sqrt{\sum_{j=1}^{N}(y_j - \hat{y}_j)^2}}{\sqrt{\sum_{j=1}^{N}(y_j - \bar{y})^2}} \tag{11.17}$$

式中 $\bar{y}$——观测值的平均值。

RSR 可在最佳值 0（表示零 RMSE 或残差的变化以及由此产生的完美的模型模拟）到较大的正值之间变化。

作为示例应用，Henriksen 等人使用 RSR 统计来测量地下水水头预测值与观测值之间的偏差。

（7）标准误差。标准误差由下式给出：

$$\text{SE} = \sqrt{\frac{1}{N-1}\sum_{j=1}^{N}(y_j - \hat{y}_j)^2} \tag{11.18}$$

其中 $N$–1 有时被 $N$ 代替，对于大的 $N$ 值产生可比较的结果。SE 有时与 RMSE 交替使用。

（8）相对误差。相对误差用于评估单个输出变量的预测精度，由下式给出（以百分比表示）：

$$\text{RE} = \frac{|\hat{y}_j - y_j|}{y_j} \times 100 \tag{11.19}$$

平均相对误差（MRE）可用于测量模型精确模拟峰值径流率的能力，由下式给出：

$$\text{MRE} = \frac{100}{N}\sum_{j=1}^{N}\frac{|\hat{y}_j - y_j|}{y_j} \tag{11.20}$$

评估模型在模拟观测数据方面的性能时，通常建议使用几个独立的统计量。统计量的集合通常随研究的变量而变化。上面提到的每个统计量都提供了不同的模型性能图，所以通常最好使用多个统计量来评估模型的性能。偏差说明了模型预测值与观测值在整体意义上的区别，MAE 和 RMSE 显示了单个预测值和观测值之间的离散程度或变异程度。偏差、MAE 和 RMSE 接近零时与观测值最为一致。

#### 11.3.2.2 误差统计修正

拟合优度通常不会考虑观测数据的不确定性，观测数据的不确定性通常可用以下方法表征：误差范围；概率分布。采取了这些措施的拟合优度的修正如下所述。

（1）误差范围。观测数据的误差 $e$ 可以用绝对范围（如 $\pm e$）表征，也可以用与每个观测值相关的百分比误差（±%）表征。按百分比误差指定误差范围更为常见。不管用于指定误差范围的方法如何，第 $j$

个观测值 $y_j$ 都有一个上误差限和一个下误差限，分别用 $y_j^U$ 和 $y_j^L$ 表示。大多数误差统计是用观测值 $y_j$ 和模型预测值 $\hat{y}_i$ 之间的差异表示的，使得模型预测的第 $j$ 个数据点的误差由以下公式计算：

$$e_j = y_j - \hat{y}_j \qquad (11.21)$$

当考虑数据的不确定性时，误差 $e_j$ 可以按下式修正：

$$e_j = \begin{cases} 0 & \text{当 } y_j^L \leqslant \hat{y}_j \leqslant y_j^U \text{ 时} \\ y_j^U - \hat{y}_j & \text{当 } \hat{y}_j > y_j^U \text{ 时} \\ y_j^L - \hat{y}_j & \text{当 } \hat{y}_j < y_j^L \text{ 时} \end{cases} \qquad (11.22)$$

因此，当应用公式（11.21）给出的表示误差的常规拟合优度检验时，可以通过使用公式（11.22）表示每个模型预测数据点的误差来考虑观测数据的不确定性。

（2）误差概率分布。观测值的不确定性可以通过使用 pdf 或累积分布函数（cdf）来解释。一个概率分布可以应用于所有的测量数据，或者一个独特的分布可以应用于每个观测值。无论哪种情况，由公式（11.21）定义的拟合优度统计中的误差 $e_j$ 也可用以下公式计算：

$$e_j = \frac{CF_j}{0.5}(y_j - \hat{y}_j) \qquad (11.23)$$

式中 $CF_j$——基于观测值 $y_j$ 的概率分布的校正因子；

$\hat{y}_j$——$y_j$ 的模型预测值。

公式（11.23）假定每个测量值的概率分布是对称的，并且每个测量值代表该分布的均值和中值。在这些假设下，根据测量不确定度使用校正因子 $CF_j$ 来调整每个偏差。如公式（11.23）所示，$CF_j$ 除以 0.5，这是单侧 pdfs 代表偏差比例的最大概率，可由每个 $y_j$ 的概率分布来解释。校正因子 $CF_j$ 可以使用以下公式来计算：

$$CF_j = \begin{cases} P(y_j < y < \hat{y}_j) & \text{当 } \hat{y}_j > y_j \text{ 时} \\ P(\hat{y}_j < y < y_j) & \text{当 } \hat{y}_j \leqslant y_j \text{ 时} \end{cases} \qquad (11.24)$$

其中 $P(y)$ 是观测数据 $y$ 的累积概率分布函数。将公式（11.24）应用于具有正常和三角形分布 pdf 的观测数据可参考 Harmel 和 Smith 的研究。

使用公式（11.23）调整模型误差有时被称为基于误差的加权。Foglia 等人提出的基于误差的加权方法的一个变形是取模型误差（$y_j$-$\hat{y}_j$）加权误差的倒数，其中误差方差可以直接从各个测量值的规定变化系数中确定。

#### 11.3.2.3 决定系数

决定系数 $R^2$ 是皮尔逊积矩相关系数的平方，其描述了观测数据中可以用模型解释的总方差的比例。它的范围从 0.0 到 1.0，值越高其一致性越好。确定系数可由下式计算：

$$R^2 = \left( \frac{\sum_{j=1}^{N} (y_j - \bar{y})(\hat{y}_j - \bar{\hat{y}})}{\sqrt{\sum_{j=1}^{N} (y_j - \bar{y})^2} \sqrt{\sum_{j=1}^{N} (\hat{y}_j - \bar{\hat{y}})^2}} \right)^2 \qquad (11.25)$$

式中 $\hat{y}$——模型预测值 $y$ 的平均值。

当模型预测值有偏差时，$R^2$ 的有效性降低。通常，$R^2$ 值大于 0.5 时被认为是可接受的。虽然 $R^2$ 已被广泛用于模型评估，但这个统计量对高极端值（异常值）过于敏感，并且对模型预测值和测量值之间的累积和比例差异不敏感。

在一个示例应用中，White 和 Chaubey 使用 $R^2$ 统计来评估 SWAT 模型在模拟 Beaver 水库流域（阿肯色州）的流量、沉积物和养分产量方面的性能。$R^2$ 值在 0.41~0.91 之间，具有典型的多点、多变量模型校准的特点。

#### 11.3.2.4 模型效率

模型效率或效率系数 $E$ 是无量纲的标准化度量，可用于比较不同长度数据集的模型，由下式给出：

$$E = 1.0 - \frac{\sum_{j=1}^{N} (y_j - \hat{y}_j)^2}{\sum_{j=1}^{N} (y_j - \bar{y})^2} \qquad (11.26)$$

模型效率 $E$ 有时也被称为 Nash-Sutcliffe 效率（NSE）、Nash-Sutcliffe 系数、效率指数或 Nash-Sutcliffe 指数。公式（11.26）包括两个平方和的比率，其中分子测量了不能由模型解释的数据变化，而分母测量了可能由模型解释的总变化。由公式（11.26）给出的 $E$ 值的范围从 $-\infty$ 到 1.0，其中较高的值表示模型预测值和观测值之间一致性更好。如果 $E$ 大于零，则该模型被认为能比观测值的均值更好地预测系统行为。由于 $R^2$ 对模型模拟值和观测值之间的累积和比例差异是不敏感的，所以认为 $E$ 值更适合于评估模型的拟合优度。然而，像 $R^2$ 一样，$E$ 对极端值过于敏感，因为它是差异值的平方。因此，当同时关注低流量和高流量时，NSE 在水文应用中可能表现不佳。

为了减少高值对 NSE 的影响，有时会使用修正的

效率系数 $E'$，由下式给出：

$$E' = 1.0 - \frac{\sum_{j=1}^{N} |y_j - \hat{y}_j|}{\sum_{j=1}^{N} |y_j - \bar{y}|} \tag{11.27}$$

$\bar{y}$ 是观测值的平均值。在某些情况下，只要没有模型偏差（即 $\hat{y}_i=\bar{y}$），公式（11.27）就是 NSE 的定义。对于使用最小二乘法进行优化的模型，$E$ 是对 $R^2$ 的等效度量。效率系数 $E$ 将 1 ∶ 1（$y_j$ : $\hat{y}_j$）左右的方差与观测数据的方差进行比较。

在模型产生有偏差的预测的情况下，Nash-Sutcliffe 效率系数的有效性降低，因此，强烈建议同时考虑模型的偏差与效率。一般而言，不建议仅在 NSE 的基础上评估模型的性能。其他统计工具，如散点图，可揭示关于模型在不同范围内再现因变量的能力的重要信息，用于得出有关模型性能的明确结论。即使是较差的模型也可能在 0.60 附近产生 $E$ 值，这些情况需要仔细研究模型结果，然后才能得出有关其适用性或其他方面的结论。

Gupta 等人提出了一个 NSE 的分解方式，表明 NSE 包括模拟值和观测值之间的相关性、偏差和相对变异性这三个独特的组成部分。NSE 分解的形式由下式给出：

$$\text{NSE} = 2 \cdot \alpha \cdot r - \alpha^2 - \beta^2 \tag{11.28}$$

其中：

$$\alpha = \frac{\sigma_s}{\sigma_o} \tag{11.29}$$

$$\beta = \frac{\mu_s - \mu_o}{\sigma_o} \tag{11.30}$$

其中 $\mu$ 和 $\sigma$ 代表均值和标准偏差，下标“o”和“s”代表观测值和模拟值，$r$ 是观测值和模拟值之间的相关系数。集合参数 $\alpha$ 测量模拟值和观测值的相对变率，$\beta$ 是观测值的标准偏差归一化的偏差。很显然，NSE 的三个组成部分（公式（11.28））中的两个与模型重现观测分布的一阶矩和二阶矩的能力有关，而第三个与模型根据相关系数来再现时间和形状的能力有关。三者的理想值是 $r$=1、$\alpha$=1、$\beta$=0。从这个角度来看，这三个组成部分的“好”值是非常可取的。因此，优化 NSE 本质上是寻求三个组成部分之间的均衡解决方案，当三个组成部分同时取最优值时，NSE 总体最大化。然而，很明显，偏差部分（$\mu_s$-$\mu_o$）以标准化的形式出现，按观察到的流量的标准偏差进行缩放。这意味着在径流变化较大的盆地中，偏差部分在 NSE 的计算和优化中会有较小的贡献，可能导致模型模拟具有较大的体积平衡误差。这相当于对偏差部分应用权重较低的加权目标函数。公式（11.28）显而易见的第二个问题是 $\alpha$ 出现两次，表现出与线性相关系数 $r$ 有问题的相互作用。可以证明，当 $\alpha$=$r$ 时，得到最大 NSE 值，由于 $r$ 总是小于 1，这意味着最大化 NSE 倾向于选择一个低于流量变化的 $\alpha$ 值（这将有利于产生低估变异性的模拟流量的模型）。应该注意的是，当 $\beta$=0 且 $\alpha$=$r$ 时，NSE 相当于 $r^2$。因此，如果其他两部分能够达到其最佳值，则 $r^2$ 可以作为 NSE 的最大值（潜在值）。

$E$ 的统计显著性（$P$ 值）可以用引导百分比 $t$ 方法或抽样分布法来估算。使用 McCuen 等人提出的方法，$E$ 的抽样分布可以通过以下累积分布函数近似得到：

$$P(E|E_0, N) = \left(\frac{e^x - 1}{e^x + 1}\right)^2 \tag{11.31}$$

其中：

$$x = \ln\left(\frac{1+E}{1-E}\right) + \frac{2z}{(N-3)^{0.5}} \tag{11.32}$$

$$z = \frac{\varepsilon - m_\varepsilon}{S_\varepsilon} \tag{11.33}$$

$$\varepsilon = 0.5\ln\left(\frac{1+E^{0.5}}{1-E^{0.5}}\right) \tag{11.34}$$

$$m_\varepsilon = 0.5\ln\left(\frac{1+E_0^{0.5}}{1-E_0^{0.5}}\right) \tag{11.35}$$

$$S_\varepsilon = (N-3)^{-0.5} \tag{11.36}$$

其中 $E_0$ 是实际（总体）模型效率。公式（11.31）可以用来检验各种假设，这些假设是关于是否所提出的模型效率（$E_0$）是由其于 $N$ 个测量值计算的模型效率（$E$）支持的。

已经有数项研究使用 NSE（=$E$）来评估模型性能。White 和 Chaubey 使用 $E$ 值来评估 SWAT 模型在模拟 Beaver 水库流域（阿肯色州）的流量、沉积物和养分产量方面的性能。$E$ 值的范围为 0.50~0.89，具有典型的多点、多变量模型校准的特点。Muñoz-Carpena 等人使用 $E$ 值来评估佛罗里达州南部的地下水水质模型，并且当 $E$ ⩾ 0.5 时分类模型性能为满意。Mishra 等人提出，如果 $E \geqslant 0.95$，则分类模型性能为非常好；如果 $0.90 \leqslant E<0.95$ 则为好；如果 $0.75 \leqslant E<0.90$ 则为满意；如果 $E<0.75$ 则为差。Henriksen 等人使用 $E$ 值来评估特定河流测量站的排水水文模型。如果 $E \geqslant 0.85$，则模型性能被认为是极好的；如果 $0.65 \leqslant E<0.85$ 则为非常好；如果 $0.50 \leqslant E<0.65$ 则为好；如果 $0.20 \leqslant E<0.50$ 则为差；如果 $E<0.20$ 则为极差。

基于 NSE 值的模型性能（例如"好"）的表征通常取决于模型的类型。例如，一个"好的"水文模型对于预测地表径流中的微生物浓度将具有更高的 NSE 阈值。

#### 11.3.2.5　一致性指数

一致性指数 $d$ 最初是由 Willmott 提出的，由下式给出：

$$d = 1 - \frac{\sum_{j=1}^{N} (y_j - \hat{y}_j)^2}{\sum_{j=1}^{N} \left( |\hat{y}_j - \bar{\bar{y}}_j| + |y_j - \bar{\bar{y}}_j| \right)^2} \tag{11.37}$$

一致性指数在 0~1 之间变化，其中 1 表示测量值与预测值完全一致，0 表示完全不一致。一致性指数不是衡量相关性的指标，而是衡量模型的预测值无误差的程度。有人认为 $d$ 比 $R^2$ 更适合模型评估，但它对极端值过于敏感。

#### 11.3.2.6　水文指标

模型校准中通常使用的水文指标包括：（1）与水量平衡有关的流量；（2）观测和预测的水文地貌形状一致性；（3）峰值流量特性的一致性，如时间和峰值流量；（4）干涸期和低流量时期的一致性。

通常建议在校准水文模型时使用足够长的连续降雨径流事件来提供预热期，以便在预测时间内使得初始条件的影响变得微不足道。然而现已表明，对于初始湿度记录具有中等影响的小流域，只要事件涵盖大范围的峰值流量、总径流量和初始土壤水分条件，降雨径流模型仍然可以在一组具有代表性的事件中可靠地进行校准。基于事件的参数集可以提供比总体水文形状、峰值时间和峰值流量方面的连续校准更准确的结果，而连续事件参数集在径流量估计中表现更好。

#### 11.3.2.7　性能指标的选择

模型评估应该将图形技术和误差统计相结合。流量模拟的图形技术应该包括水文图和超越概率曲线（例如流量持续时间曲线），以及定量统计：NSE、偏差和 RSR。Moriasi 等人提出了推荐统计数据的性能评级，在典型的不确定性测量数据中，如果 NSE> 0.50 且 RSR<0.70，并且如果偏差在流量 ±25%、沉积物 ±55%、养分（N 和 P）±70% 范围内，则模型模拟被判断为"令人满意的"。

传统意义上，相关系数和 SE 已被用于测量水文模型校准的拟合优度。Kim 等人使用决定系数（$R^2$）、效率系数（$E$）和 RMSE 来衡量弗吉尼亚北河的 HSPF 模型在模拟流量方面的性能。

### 11.3.3　参数估计

可以手动或自动完成参数调整以确定最佳参数组。在手动过程中，将模拟和观测到的输出响应进行比较，试图增加参数调整的试错过程（在可行的参数空间内），以使模拟响应更接近观测水域的响应。手动过程通常由于必须调整大量的参数而变得复杂，参数对模型输出具有相似或补偿（相互作用）的影响，没有独特明确的方式来评估预测和观测输出的紧密程度，而输入数据、模型概念化和输出数据在一定程度上都是不确定的。尽管面临这些挑战，主要的模拟机构，如负责为美国大约 4000 个地点开发河流预测模型的国家气象局（NWS），在手动校准技术方面的效果优于自动校准。对于手动校准而言，NWS 比率是手动校准过程允许建模师深入了解数据和模型及其局限性。尽管如此，自动校准方案已被证明可以通过手动校准获得改进的 NWS 模型校准。

自动校准方法试图使校准过程自动化。自动校准过程在地下水模型中取得了很好的成功，在地表水和水质模型中取得了有限的成功。传统自动校准方法的主要问题是它们潜在的假设，即可用的模型结构是正确的，导致难以找到一个唯一的最优参数集。通常情况下，模型输出与观测值的紧密程度是通过一个目标函数来测量的，并且通常有大的可行参数空间区域，而目标函数值非常相似。这一观察被认为是模型间等效性的证据，它是指可用数据不足以区分竞争参数集的条件。在某些情况下，目标函数对参数值的不敏感性被认为是与数据的信息内容相关过于复杂的模型的证据，从而导致模型被过度参数化。自动校准的一个主要缺点是识别过程对单目标函数的依赖，无论多么谨慎地选择，常常不足以正确测量重要的观测数据的所有特征。简单地说，单目标校准方法通常不提供水文学家可以接受的参数估计。自动校准方法对单目标函数的依赖与手动校准过程相反，手动校准过程通常使用许多互补的方式来评估模型性能。在某些情况下，手动校准完成后，使用自动校准对参数组进行微调。在许多情况下，开发新型自动校准方法时，使用手动校准来检查与通过自动校准选择的参数组相关的模型结果的真实性。

常用的自动校准方法包括模拟退火算法、遗传算法和 SCE（Shuffled Complex Evolution）算法。当收集新的数据以及用于匹配测量值的能谱而不是实际的测量值时，提出了另外的方法来实时更新模型参数，其中后一种方法大都适用于测量值稀疏的情况。随着自动校准理论和实践的不断发展，改进方法不断涌现。这里再次强调，无论自动校准方法多么先进，它们都只针对在特定情况下使用的目标函数提供最佳解决方案。通常情况下，目标函数无法充分捕捉输出的所有特征，并且受到校准数据误差的高度影响。此外，模型结构的不足会导致参数不敏感和参数间的相互依赖。

### 11.3.3.1　多目标优化

传统的多目标优化方法是选择几个不同的模型性能指标，然后将它们合并成一个单一的函数进行优化。然而，保持各项性能指标的独立性具有显著的优势，应该进行多目标优化来确定整体最优解。多目标优化问题可以用以下公式来表示：

$$\min F(\theta)=\min\{f_1(\theta), f_2(\theta), \ldots, f_m(\theta)\} \qquad (11.38)$$

其中 $f_m(\theta)$ 是与参数集 $\theta$ 有关的性能指标。$P(\Theta)$ 是这个问题的解，它在可行参数空间中被称为帕累托最优解集，其定义了可以实现的最小参数不确定性，而无需进行主观相对优选来达到 $F(\theta)$ 最小化。帕累托集合的定义中提到集合中的任何元素 $\theta_i$ 具有以下性质：

（1）对于所有非元素 $\theta_j$，存在至少一个元素 $\theta_i$ 使得 $F(\theta_i)$ 严格小于 $F(\theta_j)$；

（2）在帕累托集合中找不到 $\theta_j$ 使得 $F(\theta_j)$ 严格小于 $F(\theta_i)$，其中“严格小于”是指：

$$f_m(\theta_j) < f_m(\theta_i)\ \forall m \in [1, M]$$

多目标公式导致将可行参数空间划分为“好”解（帕累托解）和“坏”解。在没有附加信息的情况下，不可能将任何“好”解（帕累托解）区分为客观上比任何其他“好”解更好的解（即没有唯一的最佳解）。此外，帕累托集合中的每个元素 $\theta_i$ 都会比帕累托集合中的其他元素更好地匹配系统行为的某些特征，但是这种折中将会使系统行为的某些其他特征不能很好地匹配。这种方法的一个强大优势是它包含了向量 $F(\theta)$ 的每个误差分量的最佳解，这意味着每个分离函数的经典单目标最优值是帕累托集合的一个元素。识别帕累托解的算法见 Gupta 等人的文章。

因为参数在帕累托集合内变化，所以帕累托集合可以通过确定模型输出的范围来量化模型预测中的不确定性。

### 11.3.3.2　贝叶斯法

在观测输入数据$\tilde{X}$和观测输出变量$\tilde{Y}$下，贝叶斯方程产生模型参数 $\theta$ 的（后验）pdf 和由下式计算的$p(\theta|\tilde{X}, \tilde{Y})$：

$$p(\theta|\tilde{X}, \tilde{Y}) = \frac{p(\tilde{Y}|\theta, \tilde{X})p(\theta)}{p(\tilde{Y}|\tilde{X})} \qquad (11.39)$$

其中分母$p(\tilde{Y}|\tilde{X})$ 确保 pdf 整合为 1。模型参数的后验 pdf $p(\theta|\tilde{X}, \tilde{Y})$是识别最有可能的（即最高可能性）模型参数值的基础，后验 pdf 可以与模型函数相结合来估计由参数不确定性导致的模型输出的不确定性。在应用公式（11.39）时，通常没有必要明确评估$p(\tilde{Y}|\tilde{X})$，似然函数 $p(\tilde{Y}|\tilde{X})$ 中 $\theta$ 的任何独立因素可以转换为比例常数，如下式：

$$p(\theta|\tilde{X}, \tilde{Y}) = L(\tilde{Y}|\theta, \tilde{X})p(\theta) \qquad (11.40)$$

如果施加了非信息性先验分布，则公式（11.40）变成下式：

$$p(\theta|\tilde{X}, \tilde{Y}) = L(\tilde{Y}|\theta, \tilde{X}) \qquad (11.41)$$

虽然先验 pdf 在经典贝叶斯分析中有着重要的作用，但是水文应用倾向于使用非信息先验分布，理由是“让数据自己说话”。公式（11.40）和公式（11.41）中的似然函数$L(\tilde{Y}|\theta, \tilde{X})$代表在给定模型参数 $\theta$、观测数据$\tilde{X}$和假定模型结构下观测数据$\tilde{Y}$的可能性。似然函数的形式反映了误差和不确定性通过系统传播的方式。

在大多数情况下，模型误差和强制变量的误差不能被分开或被混合在一起。为了分离这些误差，提出了一种称为贝叶斯全误差分析（BATEA）的方法，其中明确地规定了误差模型，因此可以分别明确地处理模型的充分性和误差。

Homoscedastic 模型误差。模型预测中的误差有时直接用下式表示：

$$\tilde{y}_i = f(\tilde{x}_i,\ \theta) + \varepsilon_i \tag{11.42}$$

式中　$\tilde{y}_i$——预测变量 $y$ 在时间 $t_i$（$i$=1，…，$N$）时的观测值；

$f$——模型函数；

$\tilde{x}_i$——强制变量在 $t_i$ 时刻的观测或指定矢量；

$\theta$——参数矢量；

$\varepsilon_i$——模型预测$\tilde{y}_i$的误差。

公式（11.42）给出的模型与假设一致，因此模型 $f(\tilde{x}_i,\ \theta)$ 是精确的，误差 $\varepsilon_i$ 与观测值和测量值的不准确有关。通常假设 $\varepsilon_i$ 是一组正态分布的自变量，均值为零，标准偏差为 $\sigma$，每个预测点的误差具有相同的方差使得误差是同方差的。有了这个假设，观测值$\tilde{y}$整个系列的似然函数可以用下式表示：

$$L(\tilde{y}|\theta,\tilde{x}_i,\sigma^2) \propto \frac{1}{\sigma^N}\prod_{i=1}^{N}\exp\left\{-\frac{1}{2\sigma^2}[\tilde{y}_i - f(\tilde{x}_i,\theta)]^2\right\} \tag{11.43}$$

假设 $\theta$ 在指定的区间内均匀分布且 $\sigma$ 的先验分布在 $\log\sigma$ 上是均匀的，则非信息先验分布如下：

$$p(\theta,\sigma^2) \propto \frac{1}{\sigma^2} \tag{11.44}$$

根据贝叶斯方程（公式（11.40）），利用这种先验分布并组合公式（11.43）和公式（11.44），得到联合后验分布如下：

$$p(\theta,\sigma^2|\tilde{y},\tilde{x}) \propto \frac{1}{\sigma^{N+2}}\prod_{i=1}^{N}\exp\left\{-\frac{1}{2\sigma^2}[\tilde{y}_i - f(\tilde{x}_i,\theta)]^2\right\} \tag{11.45}$$

这个公式给出了模型参数和误差方差的概率或可能性分布，并且是对参数进行推论的基础。

由公式（11.45）给出的参数的后验概率分布是估计预测变量$\tilde{y}_i = f(x_i,\ \theta)$ 的不确定性边界的基础。该过程是将输出变量的每个值出现的频率等同于引起该输出变量的参数集出现的频率。这通常是通过对来自后验分布的参数集进行抽样来实现的。

由公式（11.45）给出的同方差模型误差的模型参数的后验概率分布可以使用基于 Metropolis-Hastings 算法的马尔可夫链蒙特卡罗（MCMC）方法获得。然而，在使用传统的 MCMC 方法来确定参数概率分布时应该注意其会导致参数空间的样本不足，因此参数概率分布不完整。现已提出了解决 MCMC 方法中一些限制的改进方法。

#### 11.3.3.3　广义似然不确定性估计

由 Binley 和 Beven 最先提出的 GLUE 方法是一种贝叶斯不确定性估计方法，它使用参数集的随机样本计算相应的模型输出，并使用模型输出和观测值的一致性水平来估计参数的概率分布和模型输出的概率分布。GLUE 方法考虑了参数集的等结果概念，这意味着不同的参数集可以产生同样符合观测值的模型预测。使用 GLUE 方法，没有要求最小化（或最大化）任何测量统计量或目标函数，但是单个参数集的性能由可能性度量（例如 Nash-Sutcliffe 度量）来表征。在典型应用中，选择参数范围，从这些范围生成蒙特卡罗模拟（MCS），并且查看每个参数的可能性图以确定最优集合和参数不敏感性。

为了说明 GLUE 方法的应用，考虑一个通用模型，该模型用于基于一组输入强制变量 $x$ 和模型参数 $\theta$ 来预测单个变量 $y$ 的一组值。这样的模型可以用下式来表示：

$$y = f(x,\ \theta) \tag{11.46}$$

（$x$，$y$）的观测值包含一些误差，用（$\tilde{x}$，$\tilde{y}$）表示，对于一个可行参数集的实现，关于 $\theta$ 的似然函数 $L(\theta\,|\,\tilde{x},\ \tilde{y})$ 基于 Nash Sutcliffe 效率（NSE）标准表示为：

$$L(\theta|\tilde{x},\tilde{y}) = \left(1 - \frac{\sigma_\varepsilon^2}{\sigma_0^2}\right) \tag{11.47}$$

式中　$\sigma_\varepsilon^2$——模型模拟值和观测值之间的误差方差；

$\sigma_0^2$——观测值的方差。

如果 $L(\theta\,|\,\tilde{x},\ \tilde{y})$ 为负值，则表示模型描述系统行为的可能性几乎为零。在这种情况下，一个优选的可能性度量如下：

$$L(\theta|\tilde{x},\tilde{y}) = \max\left[\left(1 - \frac{\sigma_\varepsilon^2}{\sigma_0^2}\right),0\right] \tag{11.48}$$

从公式（11.48）可以得到随机选择的参数集的每个模拟情况的可能权重，然后通过将它们中的每一个除以它们的总和来重新调整这些权重。产生的结果如下：

$$\sum_{m=1}^{M} L(\theta_m|\tilde{x},\tilde{y}) = 1 \tag{11.49}$$

其中 $M$ 是用于确定似然函数的参数集的数量。使用似然函数 $L(\theta_m\,|\,\tilde{x},\ \tilde{y})$，每个时间步 $t$ 的模型预测分位数可以根据以下经验式来计算：

$$P[y \leqslant \hat{y}] = \sum_{y \leqslant \hat{y}} L(\theta_m | \tilde{x}, \tilde{y}) \qquad (11.50)$$

其中 $y$ 表示在时刻 $t$ 估计的输出变量 $\hat{y}$ 的可能值。预测限由分位数 $p/2$ 和 $1-p/2$（其中 $p$ 是 0~1 之间的数字）来定义，通常称为 1-$p$[GLUE] 不确定性范围。

GLUE 方法的主要特点与其主观性和基本概率理论的不一致性有关。具体而言，GLUE 方法在似然函数的选择、模型参数的可行范围、采样策略、参数向量的先验似然分布的定义以及评估周期的定义方面是主观的。GLUE 方法的一个主要缺点是大量的蒙特卡罗模拟需要对可行的参数空间进行采样；然而，像 MCMC 技术这样的替代抽样技术可以显著提高 GLUE 方法的效率。已经提出了 GLUE 方法的新变形来解决该方法中的一些缺点，但是这些变式中几个变式尚未在水资源中得到广泛使用。

除了 Nash-Sutcliffe（公式（11.48））之外的各种似然函数已经用于 GLUE 方法。例如，在有单一性能指标的情况下，也使用误差和及误差平方和。在多重性能评估的案例中，已经使用了几种替代方法。例如，将单个可能性结合起来的模糊逻辑方法，基于单个可能性加权组合的综合可能性以及所有性能测量值都必须高于某个定义的阈值以使似然函数为非零的综合可能性。

#### 11.3.3.4　其他方法

在降雨径流模型的校准数据记录很短（<2 年）的情况下，常规方法校准具有高度不确定性且过于参数化。为了解决这个问题，Perrin 等人提出了一种方法，该方法简单地选择一个从其他集水区的校准参数集中获得的模型参数集。选择与观察到的数据最匹配的参数集。虽然这种所谓的离散参数化方法在长时间序列用于校准时不如传统的校准方法有效，但当用于校准的时间序列小于 2 年时，它提供了更可靠的参数集。

## 11.4　验证

验证是评估校准模型预测的准确性、不确定性和偏差的过程。另外，模型验证可以被定义为证明模型反映现实情况的过程。验证过程的目的是确保模型准确地表示研究地点的物理、化学、生物过程和响应。验证与校准的不同之处在于两个重要方面：一是在验证过程中不调整模型参数，二是使用与校准中使用的测试集合不同的数据集验证模型的性能。在验证阶段，使用与校准中使用的统计和图形技术类似的统计和图形技术，评估模型的准确性。如果模拟的空间尺度覆盖较大范围，则对模型性能的严格评估应该包括对多个现场过程的评估。在更大的尺度上，模型预测值和实验观测值之间的比较可能较为困难，因为较大尺度的模型输出不太可能涉及可测量的量，并且空间和时间的变化对模型预测的影响可能在较小的尺度上更大。如果模型在验证阶段 / 区域的准确性和预测能力显示其在预定的可接受限度内，则认为该模型是有效的。

验证必须是一个持续的动态过程，并且不断依赖于新的和更可靠的数据。越来越多的科学研究已经清楚地表明，特定地点的模型能够提供历史上匹配数据过程的良好表征，但在未来的时间内仍然不能提供准确的预测结果。一个好的校准匹配不能证明有效性，也不足以保证可接受性。为了科学有效或可以接受，不仅模型须符合观测数据，而且必须是正确的。换言之，模型的“稳定性”也是首要的考虑因素。评估必须考虑到准确性和稳定性。Vogel 和 Sankarasuramanian 认为验证过程的一个重要组成部分是模型输出也显示了与实际过程相似的协方差结构，并且在参数估计之前应该证明这方面的一致性。

在校准和预测方面为了使所有建模方法都是有效和有用的，必须密切关注实验中什么是可以确定的。

## 11.5　模拟

建模过程的最后一步是模拟。无论是出于理解还是预测的目的，模拟都不仅仅是为一系列商定的输入和条件运行模型。了解与每个模拟相关的不确定性水平是至关重要的。模拟结果的图谱只有在附有相关的不确定性图时才有价值。

## 11.6　不确定性分析

对于模型结果的正确应用和解释，需要量化与水文预测相关的不确定性。模型预测的不确定性可以追溯到五个方面：输入、状况说明、过程定义、模型结构和输出。这些误差来源在水文模型中具有特别重要的意义，如下所示：

（1）输入不确定性。气象输入是基于点本身的观察，本身是不确定的，有时会与间接测量结合，如雷达或卫星信息。

（2）状况不确定性。气候（如水分条件和积雪）的实际状况通常不是直接观测到的，而是使用模型方程计算得到的。

（3）过程不确定性。主要的水文过程用只能捕获复杂自然过程的一部分的方程来描述。

（4）模型结构不确定性。由于复杂的实际系统的固有简化，模型结构本身导致不确定性。

（5）输出不确定性。观测到的排放、地下水位、土壤水分、电导率和其他观测值也是基于流量特性曲线、点测量或遥感得到的，可能会被测量误差和忽略的空间变化所破坏。

在这些不同的误差来源中，过程定义和模型结构误差一般是最难理解和处理的，它们对水文预测的影响可能远大于参数误差和数据误差。大多数的不确定性分析方法要么处理不确定性的各个组成部分，要么将所有不确定性归结为单个模型预测误差项，现已提出了将模型不确定性分解到各种来源的几种方法。

水文模型预测的不确定性通常是由输出变量的概率分布或者由上下百分位数（通常是 5% 和 95%）表示为时间的函数来表征的。

### 11.6.1　贝叶斯分析和 GLUE 分析

贝叶斯不确定性分析基于以下关系式：

$$f(y_p|x_p, Y_n, X_n) = \int_{\Theta} f(y_p|x_p, \theta) g(\theta|Y_n, X_n) \mathrm{d}\theta \quad (11.51)$$

式中　$y_p$——（观测）预期值；

$x_p$——协变量的相应值；

$Y_n$——历史预测观测值（例如水位和排放量）的集合；

$X_n$——历史协变量的集合（例如降雨量、上游流入量）；

$f(y_p|x_p, Y_n, X_n)$——排除参数不确定性后的概率密度，取决于历史观测值和协变量；

$\Theta$——所有可能的参数实现的集合；

$f(y_p|x_p, \theta)$——参数集 $\theta$ 以协变量为条件的预期值的概率密度；

$g(\theta|Y_n, X_n)$——给定历史观测值的参数的后验密度，也称为似然函数。

尽管 GLUE 近似与贝叶斯概率理论的基本原理并不完全一致，但方程（11.51）通常用 GLUE 方法来近似。

前面已经详细描述的 GLUE 公式与经典贝叶斯方法的主要不同在于似然函数的选择，可以通过下式近似其不确定性：

$$f(\hat{y}_p|x_p, Y_n, X_n) = \int_{\Theta} f(\hat{y}_p|x_p, \theta) g(\theta|Y_n, X_n) \mathrm{d}\theta \quad (11.52)$$

式中　$\hat{y}_p$——模型输出。

作为方程（11.52）的结果，使用 GLUE 方法得到的不确定性估计被正确表征为由参数不确定性造成的模型输出不确定性，而不是由方程（11.51）给出的预测不确定性。这两种不确定性经常被混淆，应该注意解决 GLUE 应用的结果。在大多数地表水水文模型中，预测不确定性远大于模型输出不确定性，所以 GLUE 方法在估计预测不确定性方面可能不是特别有用。然而，在地下水应用中，已经发现由参数不确定性导致的模型输出不确定性与预测不确定性相当。

GLUE 不确定性分析方法的主要步骤是：（1）从（主观）先验概率分布中选择参数；（2）使用主观的似然函数；（3）选择行为（即可接受的）参数的标准；（4）通过 Monte Carlo 抽样导出参数的后验概率分布；（5）导出预测概率分布。GLUE 方法考虑（明示或暗示）若干不确定性来源，但是，必须注意确保 GLUE 输出中的不确定性对 GLUE 方法中使用的可能性度量、模拟次数以及行为参数的定义不敏感。一些研究显示，落在预测的 GLUE 置信区间内的观测次数比预测的要少很多，而识别行为参数集所需的模拟次数可能过多。现在已经提出了对 GLUE 方法进行修改以改善这些缺点的方法，但尚未得到广泛使用。

### 11.6.2　蒙特卡罗分析

蒙特卡罗模拟涉及假设模型中每个不确定参数的概率分布，重复运行模型，从预定的概率分布中随机选择每个不确定参数的值，建立模型输出的概率分布。总的来说，它用于不确定性分析没有严重的问题。然而，该方法的应用受以下因素的影响：（1）为参数选择的概率分布的适当性；（2）分析中使用的模拟次数。一些水文建模研究人员认为，模型参数的均值和方差的良好估计比其概率分布的实际形式更重要。为每个不确定参数选择一个适当的概率分布通常是理论依据和经验证据之间的折中，而达到收敛所需的模拟数量往往是通过平衡期望的精度和负担得起的计算负担来确定的。通常限制这种蒙特卡罗方法的约束是完成足够的模拟所需的计算机时间，使得感兴趣的输出百分比值对模拟次数不敏感。已经提出了多种混合蒙特卡罗方法来缓解部分限制，例如双蒙特卡罗方法。

蒙特卡罗模拟被认为是通过简单模型或复杂模型传播不确定性的最稳健的方法，并已成为解决复杂水文和水质模型中不确定性的首选方法。

### 11.6.3 分析概率模型

分析概率模型假定模型输出中的不确定性基本上是模型输入中的不确定性的结果，并且模型输出中的不确定性可以从输入 pdfs 的传播分析理论上确定。使用确定性函数关系跟踪 pdfs 传播的模型被称为分析概率模型。

分析概率模型的数学背景可以追溯到变量的变换。pdfs 传播的数学问题可以被描述为：如果两个随机变量 $x$ 和 $y$ 是相关的，使得与两个变量相关的函数 $y=g(x)$，总是递增或递减的，且对于每个 $x$ 值只有一个 $y$ 值，那么 pdfs 与 $x$、$p_X(x)$ 和 $y$、$p_Y(y)$ 的关系如下：

$$p_Y(y)=p_X(x)\left|\frac{\mathrm{d}x}{\mathrm{d}y}\right|=p_x(g^{-1}(y))\left|\frac{\mathrm{d}g^{-1}(y)}{\mathrm{d}y}\right| \quad (11.53)$$

其中上标 −1 表示反函数。因此，概率密度的直接传播受限于单调递增或递减的函数或者可以在相应的单调分支中分离的函数，从而导出反函数。如果不能得到反函数的解析解，则可以应用半解析近似。

分析概率模型的应用可以在 Kunstmann 和 Kastens 的文章中找到，Behera 等人将其用于估算城市集水区径流污染物负荷。分析概率模型通常用于初步规划和设计，更复杂的模型用于详细设计。

Kunstmann 和 Kastens 使用分析概率模型来表明，在某些情况下，依赖变量 pdf 的类型（例如正态、对数正态和威布尔）的先验假设是不可能的，因为它取决于参数空间中的位置和输入 pdf 中的具体值。这个观察指出了观测变量总是具有相同类型的概率分布的假设。

### 11.6.4 一阶不确定性分析

测量变量中的误差被定义为测量值与变量真实值之间的差异。通常可以假定误差是随机的，并以概率分布为特征。另外，在测量数据用于计算不能直接测量的数量的情况下，计算量偏离其真实值，其误差概率分布取决于测量数据中的误差概率分布。不确定性分析的目的是估计从不确定数据计算的数量的统计。无论何时使用数学模型来估计来自测量数据的数量，计算量的不确定性可能来自四个方面：（1）参数值和模型方程中的常数的不确定性；（2）测量或估算数据的不确定性；（3）用数值方法求解模型方程时引入的误差；（4）使用所选方程来描述建模过程时的误差。本节介绍不确定性的前两个来源。误差的第三个来源可以通过数值实验进行识别，其中模型的数值解与精确解析解的结果进行比较。误差的第四个来源与模型本身的有效性有关，只有在所有其他不确定性可以忽略的简单情况下，才能通过比较模型预测值和相同数量的直接测量值来估计这些误差。

考虑使用 $N$ 个测量的变量 $X_i$（$i=1, \cdots, N$）来估计计算量 $Y$ 的典型情况，该公式可写为：

$$Y=\phi(X) \quad (11.54)$$

其中 $X$ 是元素 $X_i$ 的向量。如果测量的量的真实值由 $\langle X_i\rangle$ 表示，并且假设模型是有效的，则 $Y$ 的真实值 $\langle Y\rangle$ 由下式计算：

$$\langle Y\rangle=\phi(\langle X\rangle) \quad (11.55)$$

其中 $\langle X\rangle$ 是元素 $\langle X_i\rangle$ 的向量。$Y$ 的误差 $\Delta Y$ 由下式给出：

$$\Delta Y=Y-\langle Y\rangle=\phi(X)-\phi(\langle X\rangle) \quad (11.56)$$

使用多维泰勒展开式，$\phi(X)$ 可以表示为以下形式：

$$\begin{aligned}\phi(X)=&\phi(\langle X\rangle)+\sum_{i=1}^{N}\left.\frac{\partial\phi}{\partial X_i}\right|_{X=\langle X\rangle}(X_i-\langle X_i\rangle)\\&+\frac{1}{2!}\sum_{i=1}^{N}\sum_{j=1}^{N}\left.\frac{\partial^2\phi}{\partial X_i\partial X_j}\right|_{X=\langle X\rangle}(X_i-\langle X_i\rangle)(X_j-\langle X_j\rangle)\\&+R\end{aligned} \quad (11.57)$$

其中余数 $R$ 包括误差（$X_i-\langle X_i\rangle$）的高阶乘积。如果测量误差小，那么高阶项比低阶项小得多，并且仅保留方程（11.57）中的一阶项导致以下近似关系：

$$\phi(X)=\phi(\langle X\rangle)+\sum_{i=1}^{N}\left.\frac{\partial\phi}{\partial X_i}\right|_{X=\langle X\rangle}(X_i-\langle X_i\rangle) \quad (11.58)$$

结合公式（11.56）和公式（11.58）给出计算量 $\Delta Y$ 中的误差，其中 $\Delta X_i=(X_i-\langle X_i\rangle)$，于是有：

$$\Delta Y=\sum_{i=1}^{N}\phi'_{\langle X_i\rangle}\Delta X_i \quad (11.59)$$

其中 $\phi'_{\langle X_i\rangle}$ 可由下式计算：

$$\phi'_{\langle X_i\rangle} = \left.\frac{\partial \phi}{\partial X_i}\right|_{X=\langle X\rangle} \tag{11.60}$$

方程（11.59）是一个将导出量 $\Delta Y$ 中的误差与测量量 $\Delta X_i$ 中的误差联系起来的随机方程，假设后一种误差较小。取方程（11.59）的整体平均值得出：

$$\langle \Delta Y\rangle = \sum_{i=1}^{N} \phi'_{\langle X\rangle_i} \langle \Delta X_i\rangle \tag{11.61}$$

这表明估计量的平均误差是测量量的平均误差的总和，通过灵敏度 $\phi'_{\langle X\rangle_i}$ 加权。假设测量值没有偏差，在这种情况下，平均误差〈 $\Delta X_i$〉等于零，根据公式（11.61），所有计算结果也没有偏差。另一个有趣的统计参数是计算量 $Y$ 的方差，用 $\sigma_Y^2$ 表示，由下式定义：

$$\sigma_Y^2 = \langle (\Delta Y)^2\rangle \tag{11.62}$$

结合公式（11.59）和公式（11.62）得出：

$$\sigma_Y^2 = \sum_{i=1}^{N}\sum_{j=1}^{N} \phi'_{\langle X\rangle_i}\phi'_{\langle X\rangle_j} \langle \Delta X_i \Delta X_j\rangle \tag{11.63}$$

其中〈 $\Delta X_i \Delta X_j$〉是 $X_i$ 和 $X_j$ 的误差之间的协方差。在许多情况下，不同测量量的误差是不相关的，导致误差的协方差为零。在这种情况下，公式（11.63）变为下式：

$$\sigma_Y^2 = \sum_{i=1}^{N} (\phi'_{\langle X\rangle_i})^2 \sigma_{X_i}^2 \tag{11.64}$$

这种分析通常被称为一阶二阶矩（FOSM）分析，并且被限制在与模型参数相关的简单模型上。此外，当变异系数大于 10%~20% 时，FOSM 近似会恶化，这是相当常见的。

一阶不确定性分析有时被称为一阶误差分析。一阶不确定性分析（FOUA）的主要优点在于其简单性，仅需要知道基本变量的前两个统计矩，并且通过简单的灵敏度分析来计算模型输入增量变化对应的模型输出增量变化。FOUA 估计了数据和参数不确定性的综合影响，并允许将模型输出不确定性划分为其来源。然而，FOUA 的适用性本质上受到模型非线性程度的限制。对于非线性系统，这个分析变得越来越不准确，因为基本变量偏离了它们的中心值。

# 附录 A　单位和换算因子

## A.1　单位

国际单位体系（国际单位制或 SI 系统）于 1960 年由第 11 届度量衡大会（CGPM）通过，现在几乎被全世界所采用。在 SI 系统中，所有数量均以七个基本单位表示。这些基本单位及其标准缩写如下：

米（m）：光在真空中传播 1/299792458s 的距离。

千克（kg）：保存在巴黎的铂铱合金圆柱体的质量。

秒（s）：与铯 –133 原子基态的两个超细能级之间的跃迁相对应的 9192631770 个辐射周期的持续时间。

安培（A）：当流过两根在真空中相隔 1m 的可忽略横截面的长平行线中的每一根时，导致每米长度的两根线之间的力为 $2 \times 10^{-7}$N 的电流大小。

开尔文（K）：通过将 273.16K 分配给水的三相点（凝固点，273.16K=0℃）来定义热力学标度。

坎德拉（cd）：在铂的凝固温度下（2042K），辐射腔的 $1/600000\text{m}^2$ 的发光强度。

摩尔（mol）：包含尽可能多的指定实体（分子、原子、离子、电子、光子等）的物质的量，$0.012\text{kgC}^{12}$ 所包含的原子个数就是 1mol。

除了 SI 系统的七个基本单位之外，还有两个补充的 SI 单位：弧度和球面度。弧度（rad）被定义为弧长等于半径的弧所对应的圆心角，球面度（sr）被定义为面积等于半径平方的球表面对球心的立体角，其顶点位于球体的中心。SI 单位不应与现存的过时公制单位混淆，后者是大约 200 年前在拿破仑法国开发的。公制单位和 SI 单位之间的主要区别在于前者使用厘米和克来测量长度和质量，而这些量在 SI 单位中以米和千克为单位。美国正在逐步转向使用 SI 单位；然而，英氏的单位制度仍然广泛使用，也被称为“美国惯性”或“英国引力”单位。

除了七个 SI 基本单位之外，还有几个派生单位被赋予特殊名称。这些派生单位是为了使用方便而非必要，并列于表 A.1。

当单位以人的名字命名时，如牛顿（N）、焦耳（J）和帕（Pa），它们在缩写时是大写的，而在拼出时则不是大写的。表示升的缩写大写 L 是一个特例，用于避免与数字 1 混淆。在 SI 系统中，绝对温度单位是开尔文温度，开尔文是 K 的缩写，没有度数符号。秒、分钟、小时、日和年的单位被正确地缩写为 s、min、h、d 和 y。

在使用 SI 单位的前缀时，工程使用中首选 $10^3$ 倍，如果可能的话避免使用厘米等其他倍数。传统做法是按空格而不是逗号将数字序列分成三组。

SI 派生单位　　表 A.1

| 单位名称 | 量 | 符号 | 用基本单位表示 |
|---|---|---|---|
| 贝克勒尔 | 放射性核素的活度 | Bq | $s^{-1}$ |
| 库伦 | 电量、电荷 | C | A・s |
| 摄氏度 | 摄氏温度 | ℃ | K |
| 法拉 | 电容 | F | C/V |
| 戈瑞 | 电离辐射吸收剂量 | Gy | J/kg |
| 亨利 | 感应系数 | H | Wb/A |
| 赫兹 | 频率 | Hz | $s^{-1}$ |
| 焦耳 | 能量、功、热量 | J | N・m |
| 流明 | 光通量 | lm | cd・sr |

续表

| 单位名称 | 量 | 符号 | 用基本单位表示 |
|---|---|---|---|
| 勒克斯 | 照明 | lx | $lm/m^2$ |
| 牛顿 | 力 | N | $kg \cdot m/s^2$ |
| 欧姆 | 电阻 | Ω | V/A |
| 帕斯卡 | 压力 | Pa | $N/m^2$ |
| 西门子[a] | 电导率 | S | A/V |
| 西弗特 | 电离辐射剂量当量 | Sv | J/kg |
| 特斯拉 | 磁通密度 | T | $Wb/m^2$ |
| 伏特 | 电势、电位差 | V | W/A |
| 瓦特 | 功率、辐射通量 | W | J/s |
| 韦伯 | 磁通量 | Wb | V・s |

a 西门子以前被称为姆欧。

**单位换算乘法因子** 表 A.2

| 量 | 转换自 | 转换为 | 乘以倍数 |
|---|---|---|---|
| 面积 | ac | ha | 0.404687 |
| | $mi^2$ | $km^2$ | 2.59000 |
| 能量 | Btu | J | 1054.350264 |
| | cal | J | 4.184[a] |
| 能量 / 面积 | ly | $kJ/m^2$ | 41.84[a] |
| 流量 | cfs | $m^3/s$ | 0.02831685 |
| | gpm | L/s | 0.06309 |
| | mgd | $m^3/s$ | 0.04381 |
| | | $m^3/d$ | 3785.412 |
| 力 | lbf | N | 4.4482216152605[a] |
| 长度 | ft | m | 0.3048[a] |
| | in | m | 0.0254[a] |
| | mi（美国系列） | km | 1.609344[a] |
| | mi（美国航海标准） | km | 1.852000[a] |
| | yd | m | 0.9144[a] |
| 质量 | g | kg | 0.001[a] |
| | lbm | kg | 0.45359237[a] |
| 磁导率 | darcy | $m^2$ | $0.987 \times 10^{-12}$ |
| 功率 | hp | W | 745.69987 |
| 压力 | atm | kPa | 101.325[a] |
| | bar | kPa | 100.000[a] |
| | mmHg（0℃时） | kPa | 0.133322 |
| | psi | kPa | 6.894757 |
| | torr | kPa | 0.133322 |
| 速度 | knot | m/s | 0.514444444 |
| 黏度（动力学） | cp | Pa・s | 0.001[a] |
| 黏度（运动学） | cs | $m^2/s$ | $10^{-6}$[a] |
| 体积 | gal | L | 3.785411784[a] |

a 精确转换。

## A.2 单位换算因子

在大多数情况下，单位换算因子的应用导致转换数字比原始数字具有更多的数字。在这些情况下，转换的数字应该舍入，使得舍入误差与转换数字的舍入误差一致。

**【例题 A.1】**

据报道，水控制结构的高度为 19.3ft。将此尺寸转换为米。

**【解】**

表 A.2 给出的换算因子为 1ft=0.3048m，因此 19.3ft= 19.3 × 0.3048=5.88264m。

由于 19.3ft 可以使任意数在 19.25~19.35ft 之间四舍五入，因此最大可能舍入误差为 ± 0.05/19.3= ± 0.26%。同样，5.88264m 舍入至 5.88m 的最大舍入误差为 ± 0.005/5.88= ± 0.085%，舍入至 5.9m 的误差为 ± 0.05/5.9= ± 0.85%。因此，将 19.3ft 换算为 5.9m 会失去准确性，而 5.88m 比用 19.3ft 表示更加精确。通常谨慎的做法是不要放弃准确性，因此取 19.3ft=5.88m。

一个好的经验法则是，转换后的数字应该具有与原始数字相同的有效位数，假设转换因子总是比原来的数字更精确。

# 附录 B　流体性质

## B.1　水

表 B.1 中所列是纯水的性质。纯水在自然界中很少存在，水的实际密度可以通过状态方程显著地受盐度、温度和潜在的其他性质的影响。已经发现水密度对温度的一般依赖性近似为抛物线形，在 4℃时水的密度最大。然而，对应于最大水密度的温度随着盐度的增加而变化，对于高盐度系统而言降低至约 0℃。对于一阶近似，密度在正常范围的大部分线性地取决于盐度。

## B.2　水中发现的有机化合物

表 B.2 给出了污染水中常见的几种有机化合物的性质。沸点等于或低于 100℃的物质被归类为挥发性有机化合物（VOCs）。表 B.2 中给出的化学性质最常用于环境中有机污染物归趋的定量分析。

水的性质

表 B.1

| 温度（℃） | 密度（$kg/m^3$） | 动力黏度（mPa・s） | 蒸发热（MJ/kg） | 饱和蒸气压（kPa） | 表面张力（mN/m） | 体积模量（$10^6$ kPa） |
|---|---|---|---|---|---|---|
| 0 | 999.8 | 1.781 | 2.499 | 0.611 | 75.6 | 2.02 |
| 5 | 1000.0 | 1.518 | 2.487 | 0.872 | 74.9 | 2.06 |
| 10 | 999.7 | 1.307 | 2.476 | 1.227 | 74.2 | 2.10 |
| 15 | 999.1 | 1.139 | 2.464 | 1.704 | 73.5 | 2.14 |
| 20 | 998.2 | 1.002 | 2.452 | 2.337 | 72.8 | 2.18 |
| 25 | 997.0 | 0.890 | 2.440 | 3.167 | 72.0 | 2.22 |
| 30 | 995.7 | 0.798 | 2.428 | 4.243 | 71.2 | 2.25 |
| 40 | 992.2 | 0.653 | 2.405 | 7.378 | 69.6 | 2.28 |
| 50 | 988.0 | 0.547 | 2.381 | 12.340 | 67.9 | 2.29 |
| 60 | 983.2 | 0.466 | 2.356 | 19.926 | 66.2 | 2.28 |
| 70 | 977.8 | 0.404 | 2.332 | 31.169 | 64.4 | 2.25 |
| 80 | 971.8 | 0.354 | 2.307 | 47.367 | 62.6 | 2.20 |
| 90 | 965.3 | 0.315 | 2.282 | 70.113 | 60.8 | 2.14 |
| 100 | 958.4 | 0.282 | 2.256 | 101.325 | 58.9 | 2.07 |

水中常见有机物的性质

表 B.2

| 化合物 | 化学式 | 分子量 | 沸点（℃） | 20℃时的密度（$kg/m^3$） | 20℃时的动力黏度（mPa・s） | 20℃时在水中的溶解度（mg/L） | 吸附系数 $\log K_{oc}$（log mL/g） | 20℃时的饱和蒸气压（kPa） | 20℃时的亨利定律常数（Pa $m^3$/mol） |
|---|---|---|---|---|---|---|---|---|---|
| 丙酮（二甲基酮） | $CH_3COCH_3$ | 58.08 | 56.1~56.2 | 790 | — | 440600 | −0.59~0.34 | 3.07~35.97 | 3.3~10 |
| 苯 | $C_6H_6$ | 78.11 | 80.1 | 870~880 | — | 1710~1796 | 1.39 ~2.95 | 1.20~12.67 | 458~557 |

续表

| 化合物 | 化学式 | 分子量 | 沸点（℃） | 20℃时的密度（$kg/m^3$） | 20℃时的动力黏度（mPa·s） | 20℃时在水中的溶解度（mg/L） | 吸附系数 $\log K_{oc}$（log mL/g） | 20℃时的饱和蒸气压（kPa） | 20℃时的亨利定律常数（$Pa\ m^3/mol$） |
|---|---|---|---|---|---|---|---|---|---|
| 邻苯二甲酸二辛酯（DEHP） | $C_{24}H_{38}O_4$ | 390.57 | 230~387 | 985 | — | 0.041~0.285 | 3.77~5.15 | $1.09\times10^{-9}$ ~$26.7\times10^{-9}$ | 0.0011 |
| 氯苯 | $C_6H_5Cl$ | 112.56 | 132 | 1106 | 0.8 | 466~500 | 1.92~2.63 | 1.17~1.2 | 263~288 |
| 氯乙烷 | $CH_3CH_2Cl$ | 64.5 | — | 897~920 | — | 5710~5740 | 0.51 ~1.57 | 133.3~133.7 | 1030 |
| 三氯甲烷 | $CHCl_3$ | 119.4 | 62 | 1480~1490 | 0.56 | 8000~8200 | 1.46 ~1.94 | 20.2~25.9 | 278~486 |
| 1，1-二氯乙烷 | $C_2H_4Cl_2$ | 99.0 | 57.3 | 1174~1180 | 0.5 | 5100~5500 | 1.48~1.80 | 23.9~29.5 | 435~550 |
| 1，2-二氯乙烷 | $C_2H_4Cl_2$ | 99.0 | 83.5 | 1235~1253 | 0.84 | 8000~8800 | 1.15~1.57 | 8.13~10.9 | 92~152 |
| 乙苯 | $C_8H_{10}$ | 106.2 | — | 867~870 | — | 150~152 | 1.98~3.13 | 0.911~1.28 | 559~882 |
| 汽油 | — | — | — | 680~750 | 0.29~0.31 | — | — | 55.2 | — |
| 甲基叔丁基醚（MTBE） | $(CH_3)COCH_3$ | 88.2 | — | 740 | — | 48000 | 0.55~1.05 | 32.7 | 64.3 |
| 二氯甲烷 | $CH_2Cl_2$ | 84.9 | — | 1327~1336 | — | 13000~20000 | 0.94 | 48.2 | 229 |
| 萘 | $C_{10}H_8$ | 128.2 | — | 1030~1162 | — | 31.7~38 | 2.62~5.00 | 0.0113~0.0307 | 56.0 |
| 苯酚 | $C_6H_6O$ | 94.1 | — | 1058~1070 | — | 93000 | 1.15~3.49 | 0.027~0.045 | 0.030 |
| 四氯乙烯（PCE） | $CCl_2CCl_2$ | 165.8 | 121.4 | 1623~1630 | 0.9 | 149~200 | 2.25~2.99 | 1.87~2.53 | 1327~1763 |
| 甲苯 | $C_6H_5CH_3$ | 92.1 | — | 867~870 | — | 500~535 | 1.57~3.05 | 2.93~3.75 | 529~578 |
| 1，1，1-三氯乙烷 | $CCl_3CH_3$ | 133.4 | — | 1339~1350 | 0.84 | 480~4400 | 2.02~3.40 | 13.3~16.6 | 1337~1824 |
| 三氯乙烯（TCE） | $C_2HCl_3$ | 131.5 | 86.71 | 1460 | 0.57 | 1000~1100 | 1.66~2.83 | 7.70~10.0 | 722~1013 |
| 氯乙烯 | $CH_2CHCl$ | 62.5 | — | 910~912 | — | 90~267 | 0.39~1.76 | 355~400 | 2200 |
| 邻二甲苯（1，2-二甲苯） | $C_6H_4(CH_3)_2$ | 106.2 | — | 880 | — | 152~175 | 1.92~2.92 | 0.667~0.912 | 409~537 |
| 对二甲苯（1，4-二甲苯） | $C_6H_4(CH_3)_2$ | 106.2 | — | 861~881 | — | 160 | 2.31~2.72 | — | 555 |

# 附录C 统计表

## C.1 标准正态曲线下的面积

标准正态曲线下的面积　　表C.1

| z | 0.00 | 0.01 | 0.02 | 0.03 | 0.04 | 0.05 | 0.06 | 0.07 | 0.08 | 0.09 |
|---|---|---|---|---|---|---|---|---|---|---|
| −4.00 | 0.0000 | 0.0000 | 0.0000 | 0.0000 | 0.0000 | 0.0000 | 0.0000 | 0.0000 | 0.0000 | 0.0000 |
| −3.90 | 0.0000 | 0.0000 | 0.0000 | 0.0000 | 0.0000 | 0.0000 | 0.0000 | 0.0000 | 0.0000 | 0.0000 |
| −3.80 | 0.0001 | 0.0001 | 0.0001 | 0.0001 | 0.0001 | 0.0001 | 0.0001 | 0.0001 | 0.0001 | 0.0001 |
| −3.70 | 0.0001 | 0.0001 | 0.0001 | 0.0001 | 0.0001 | 0.0001 | 0.0001 | 0.0001 | 0.0001 | 0.0001 |
| −3.60 | 0.0002 | 0.0002 | 0.0001 | 0.0001 | 0.0001 | 0.0001 | 0.0001 | 0.0001 | 0.0001 | 0.0001 |
| −3.50 | 0.0002 | 0.0002 | 0.0002 | 0.0002 | 0.0002 | 0.0002 | 0.0002 | 0.0002 | 0.0002 | 0.0002 |
| −3.40 | 0.0003 | 0.0003 | 0.0003 | 0.0003 | 0.0003 | 0.0003 | 0.0003 | 0.0003 | 0.0003 | 0.0002 |
| −3.30 | 0.0005 | 0.0005 | 0.0005 | 0.0004 | 0.0004 | 0.0004 | 0.0004 | 0.0004 | 0.0004 | 0.0003 |
| −3.20 | 0.0007 | 0.0007 | 0.0006 | 0.0006 | 0.0006 | 0.0006 | 0.0006 | 0.0005 | 0.0005 | 0.0005 |
| −3.10 | 0.0010 | 0.0009 | 0.0009 | 0.0009 | 0.0008 | 0.0008 | 0.0008 | 0.0008 | 0.0007 | 0.0007 |
| −3.00 | 0.0013 | 0.0013 | 0.0013 | 0.0012 | 0.0012 | 0.0011 | 0.0011 | 0.0011 | 0.0010 | 0.0010 |
| −2.90 | 0.0019 | 0.0018 | 0.0018 | 0.0017 | 0.0016 | 0.0016 | 0.0015 | 0.0015 | 0.0014 | 0.0014 |
| −2.80 | 0.0026 | 0.0025 | 0.0024 | 0.0023 | 0.0023 | 0.0022 | 0.0021 | 0.0021 | 0.0020 | 0.0019 |
| −2.70 | 0.0035 | 0.0034 | 0.0033 | 0.0032 | 0.0031 | 0.0030 | 0.0029 | 0.0028 | 0.0027 | 0.0026 |
| −2.60 | 0.0047 | 0.0045 | 0.0044 | 0.0043 | 0.0041 | 0.0040 | 0.0039 | 0.0038 | 0.0037 | 0.0036 |
| −2.50 | 0.0062 | 0.0060 | 0.0059 | 0.0057 | 0.0055 | 0.0054 | 0.0052 | 0.0051 | 0.0049 | 0.0048 |
| −2.40 | 0.0082 | 0.0080 | 0.0078 | 0.0075 | 0.0073 | 0.0071 | 0.0069 | 0.0068 | 0.0066 | 0.0064 |
| −2.30 | 0.0107 | 0.0104 | 0.0102 | 0.0099 | 0.0096 | 0.0094 | 0.0091 | 0.0089 | 0.0087 | 0.0084 |
| −2.20 | 0.0139 | 0.0136 | 0.0132 | 0.0129 | 0.0125 | 0.0122 | 0.0119 | 0.0116 | 0.0113 | 0.0110 |
| −2.10 | 0.0179 | 0.0174 | 0.0170 | 0.0166 | 0.0162 | 0.0158 | 0.0154 | 0.0150 | 0.0146 | 0.0143 |
| −2.00 | 0.0228 | 0.0222 | 0.0217 | 0.0212 | 0.0207 | 0.0202 | 0.0197 | 0.0192 | 0.0188 | 0.0183 |
| −1.90 | 0.0287 | 0.0281 | 0.0274 | 0.0268 | 0.0262 | 0.0256 | 0.0250 | 0.0244 | 0.0239 | 0.0233 |
| −1.80 | 0.0359 | 0.0351 | 0.0344 | 0.0336 | 0.0329 | 0.0322 | 0.0314 | 0.0307 | 0.0301 | 0.0294 |
| −1.70 | 0.0446 | 0.0436 | 0.0427 | 0.0418 | 0.0409 | 0.0401 | 0.0392 | 0.0384 | 0.0375 | 0.0367 |
| −1.60 | 0.0548 | 0.0537 | 0.0526 | 0.0516 | 0.0505 | 0.0495 | 0.0485 | 0.0475 | 0.0465 | 0.0455 |
| −1.50 | 0.0668 | 0.0655 | 0.0643 | 0.0630 | 0.0618 | 0.0606 | 0.0594 | 0.0582 | 0.0571 | 0.0559 |
| −1.40 | 0.0808 | 0.0793 | 0.0778 | 0.0764 | 0.0749 | 0.0735 | 0.0721 | 0.0708 | 0.0694 | 0.0681 |
| −1.30 | 0.0968 | 0.0951 | 0.0934 | 0.0918 | 0.0901 | 0.0885 | 0.0869 | 0.0853 | 0.0838 | 0.0823 |
| −1.20 | 0.1151 | 0.1131 | 0.1112 | 0.1093 | 0.1075 | 0.1056 | 0.1038 | 0.1020 | 0.1003 | 0.0985 |

续表

| z | 0.00 | 0.01 | 0.02 | 0.03 | 0.04 | 0.05 | 0.06 | 0.07 | 0.08 | 0.09 |
|---|---|---|---|---|---|---|---|---|---|---|
| -1.10 | 0.1357 | 0.1335 | 0.1314 | 0.1292 | 0.1271 | 0.1251 | 0.1230 | 0.1210 | 0.1190 | 0.1170 |
| -1.00 | 0.1587 | 0.1562 | 0.1539 | 0.1515 | 0.1492 | 0.1469 | 0.1446 | 0.1423 | 0.1401 | 0.1379 |
| -0.90 | 0.1841 | 0.1814 | 0.1788 | 0.1762 | 0.1736 | 0.1711 | 0.1685 | 0.1660 | 0.1635 | 0.1611 |
| -0.80 | 0.2119 | 0.2090 | 0.2061 | 0.2033 | 0.2005 | 0.1977 | 0.1949 | 0.1922 | 0.1894 | 0.1867 |
| -0.70 | 0.2420 | 0.2389 | 0.2358 | 0.2327 | 0.2297 | 0.2266 | 0.2236 | 0.2206 | 0.2177 | 0.2148 |
| -0.60 | 0.2743 | 0.2709 | 0.2676 | 0.2643 | 0.2611 | 0.2578 | 0.2546 | 0.2514 | 0.2483 | 0.2451 |
| -0.50 | 0.3085 | 0.3050 | 0.3015 | 0.2981 | 0.2946 | 0.2912 | 0.2877 | 0.2843 | 0.2810 | 0.2776 |
| -0.40 | 0.3446 | 0.3409 | 0.3372 | 0.3336 | 0.3300 | 0.3264 | 0.3228 | 0.3192 | 0.3156 | 0.3121 |
| -0.30 | 0.3821 | 0.3783 | 0.3745 | 0.3707 | 0.3669 | 0.3632 | 0.3594 | 0.3557 | 0.3520 | 0.3483 |
| -0.20 | 0.4207 | 0.4168 | 0.4129 | 0.4090 | 0.4052 | 0.4013 | 0.3974 | 0.3936 | 0.3897 | 0.3859 |
| -0.10 | 0.4602 | 0.4562 | 0.4522 | 0.4483 | 0.4443 | 0.4404 | 0.4364 | 0.4325 | 0.4286 | 0.4247 |
| 0.00 | 0.5000 | 0.5040 | 0.5080 | 0.5120 | 0.5160 | 0.5199 | 0.5239 | 0.5279 | 0.5319 | 0.5359 |
| 0.10 | 0.5398 | 0.5438 | 0.5478 | 0.5517 | 0.5557 | 0.5596 | 0.5636 | 0.5675 | 0.5714 | 0.5753 |
| 0.20 | 0.5793 | 0.5832 | 0.5871 | 0.5910 | 0.5948 | 0.5987 | 0.6026 | 0.6064 | 0.6103 | 0.6141 |
| 0.30 | 0.6179 | 0.6217 | 0.6255 | 0.6293 | 0.6331 | 0.6368 | 0.6406 | 0.6443 | 0.6480 | 0.6517 |
| 0.40 | 0.6554 | 0.6591 | 0.6628 | 0.6664 | 0.6700 | 0.6736 | 0.6772 | 0.6808 | 0.6844 | 0.6879 |
| 0.50 | 0.6915 | 0.6950 | 0.6985 | 0.7019 | 0.7054 | 0.7088 | 0.7123 | 0.7157 | 0.7190 | 0.7224 |
| 0.60 | 0.7257 | 0.7291 | 0.7324 | 0.7357 | 0.7389 | 0.7422 | 0.7454 | 0.7486 | 0.7517 | 0.7549 |
| 0.70 | 0.7580 | 0.7611 | 0.7642 | 0.7673 | 0.7704 | 0.7734 | 0.7764 | 0.7794 | 0.7823 | 0.7852 |
| 0.80 | 0.7881 | 0.7910 | 0.7939 | 0.7967 | 0.7995 | 0.8023 | 0.8051 | 0.8078 | 0.8106 | 0.8133 |
| 0.90 | 0.8159 | 0.8186 | 0.8212 | 0.8238 | 0.8264 | 0.8289 | 0.8315 | 0.8340 | 0.8365 | 0.8389 |
| 1.00 | 0.8413 | 0.8438 | 0.8461 | 0.8485 | 0.8508 | 0.8531 | 0.8554 | 0.8577 | 0.8599 | 0.8621 |
| 1.10 | 0.8643 | 0.8665 | 0.8686 | 0.8708 | 0.8729 | 0.8749 | 0.8770 | 0.8790 | 0.8810 | 0.8830 |
| 1.20 | 0.8849 | 0.8869 | 0.8888 | 0.8907 | 0.8925 | 0.8944 | 0.8962 | 0.8980 | 0.8997 | 0.9015 |
| 1.30 | 0.9032 | 0.9049 | 0.9066 | 0.9082 | 0.9099 | 0.9115 | 0.9131 | 0.9147 | 0.9162 | 0.9177 |
| 1.40 | 0.9192 | 0.9207 | 0.9222 | 0.9236 | 0.9251 | 0.9265 | 0.9279 | 0.9292 | 0.9306 | 0.9319 |
| 1.50 | 0.9332 | 0.9345 | 0.9357 | 0.9370 | 0.9382 | 0.9394 | 0.9406 | 0.9418 | 0.9429 | 0.9441 |
| 1.60 | 0.9452 | 0.9463 | 0.9474 | 0.9484 | 0.9495 | 0.9505 | 0.9515 | 0.9525 | 0.9535 | 0.9545 |
| 1.70 | 0.9554 | 0.9564 | 0.9573 | 0.9582 | 0.9591 | 0.9599 | 0.9608 | 0.9616 | 0.9625 | 0.9633 |
| 1.80 | 0.9641 | 0.9649 | 0.9656 | 0.9664 | 0.9671 | 0.9678 | 0.9686 | 0.9693 | 0.9699 | 0.9706 |
| 1.90 | 0.9713 | 0.9719 | 0.9726 | 0.9732 | 0.9738 | 0.9744 | 0.9750 | 0.9756 | 0.9761 | 0.9767 |
| 2.00 | 0.9772 | 0.9778 | 0.9783 | 0.9788 | 0.9793 | 0.9798 | 0.9803 | 0.9808 | 0.9812 | 0.9817 |
| 2.10 | 0.9821 | 0.9826 | 0.9830 | 0.9834 | 0.9838 | 0.9842 | 0.9846 | 0.9850 | 0.9854 | 0.9857 |
| 2.20 | 0.9861 | 0.9864 | 0.9868 | 0.9871 | 0.9875 | 0.9878 | 0.9881 | 0.9884 | 0.9887 | 0.9890 |
| 2.30 | 0.9893 | 0.9896 | 0.9898 | 0.9901 | 0.9904 | 0.9906 | 0.9909 | 0.9911 | 0.9913 | 0.9916 |
| 2.40 | 0.9918 | 0.9920 | 0.9922 | 0.9925 | 0.9927 | 0.9929 | 0.9931 | 0.9932 | 0.9934 | 0.9936 |
| 2.50 | 0.9938 | 0.9940 | 0.9941 | 0.9943 | 0.9945 | 0.9946 | 0.9948 | 0.9949 | 0.9951 | 0.9952 |
| 2.60 | 0.9953 | 0.9955 | 0.9956 | 0.9957 | 0.9959 | 0.9960 | 0.9961 | 0.9962 | 0.9963 | 0.9964 |
| 2.70 | 0.9965 | 0.9966 | 0.9967 | 0.9968 | 0.9969 | 0.9970 | 0.9971 | 0.9972 | 0.9973 | 0.9974 |

续表

| z | 0.00 | 0.01 | 0.02 | 0.03 | 0.04 | 0.05 | 0.06 | 0.07 | 0.08 | 0.09 |
|---|---|---|---|---|---|---|---|---|---|---|
| 2.80 | 0.9974 | 0.9975 | 0.9976 | 0.9977 | 0.9977 | 0.9978 | 0.9979 | 0.9979 | 0.9980 | 0.9981 |
| 2.90 | 0.9981 | 0.9982 | 0.9982 | 0.9983 | 0.9984 | 0.9984 | 0.9985 | 0.9985 | 0.9986 | 0.9986 |
| 3.00 | 0.9987 | 0.9987 | 0.9987 | 0.9988 | 0.9988 | 0.9989 | 0.9989 | 0.9989 | 0.9990 | 0.9990 |
| 3.10 | 0.9990 | 0.9991 | 0.9991 | 0.9991 | 0.9992 | 0.9992 | 0.9992 | 0.9992 | 0.9993 | 0.9993 |
| 3.20 | 0.9993 | 0.9993 | 0.9994 | 0.9994 | 0.9994 | 0.9994 | 0.9994 | 0.9995 | 0.9995 | 0.9995 |
| 3.30 | 0.9995 | 0.9995 | 0.9995 | 0.9996 | 0.9996 | 0.9996 | 0.9996 | 0.9996 | 0.9996 | 0.9997 |
| 3.40 | 0.9997 | 0.9997 | 0.9997 | 0.9997 | 0.9997 | 0.9997 | 0.9997 | 0.9997 | 0.9997 | 0.9998 |
| 3.50 | 0.9998 | 0.9998 | 0.9998 | 0.9998 | 0.9998 | 0.9998 | 0.9998 | 0.9998 | 0.9998 | 0.9998 |
| 3.60 | 0.9998 | 0.9998 | 0.9999 | 0.9999 | 0.9999 | 0.9999 | 0.9999 | 0.9999 | 0.9999 | 0.9999 |
| 3.70 | 0.9999 | 0.9999 | 0.9999 | 0.9999 | 0.9999 | 0.9999 | 0.9999 | 0.9999 | 0.9999 | 0.9999 |
| 3.80 | 0.9999 | 0.9999 | 0.9999 | 0.9999 | 0.9999 | 0.9999 | 0.9999 | 0.9999 | 0.9999 | 0.9999 |
| 3.90 | 1.0000 | 1.0000 | 1.0000 | 1.0000 | 1.0000 | 1.0000 | 1.0000 | 1.0000 | 1.0000 | 1.0000 |
| 4.00 | 1.0000 | 1.0000 | 1.0000 | 1.0000 | 1.0000 | 1.0000 | 1.0000 | 1.0000 | 1.0000 | 1.0000 |

## C.2　*t*分布的临界值

*t*分布的临界值　　表C.2

| ν | α | | | | | ν | α | | | | |
|---|---|---|---|---|---|---|---|---|---|---|---|
| | 0.10 | 0.05 | 0.025 | 0.01 | 0.005 | | 0.10 | 0.05 | 0.025 | 0.01 | 0.005 |
| 1 | 3.078 | 6.314 | 12.706 | 31.821 | 63.657 | 19 | 1.328 | 1.729 | 2.093 | 2.539 | 2.861 |
| 2 | 1.886 | 2.920 | 4.303 | 6.965 | 9.925 | 20 | 1.325 | 1.725 | 2.086 | 2.528 | 2.845 |
| 3 | 1.638 | 2.353 | 3.182 | 4.541 | 5.841 | 21 | 1.323 | 1.721 | 2.080 | 2.518 | 2.831 |
| 4 | 1.533 | 2.132 | 2.776 | 3.747 | 4.604 | 22 | 1.321 | 1.717 | 2.074 | 2.508 | 2.819 |
| 5 | 1.476 | 2.015 | 2.571 | 3.365 | 4.032 | 23 | 1.319 | 1.714 | 2.069 | 2.500 | 2.807 |
| 6 | 1.440 | 1.943 | 2.447 | 3.143 | 3.707 | 24 | 1.318 | 1.711 | 2.064 | 2.492 | 2.797 |
| 7 | 1.415 | 1.895 | 2.365 | 2.998 | 3.499 | 25 | 1.316 | 1.708 | 2.060 | 2.485 | 2.787 |
| 8 | 1.397 | 1.860 | 2.306 | 2.896 | 3.355 | 26 | 1.315 | 1.706 | 2.056 | 2.479 | 2.779 |
| 9 | 1.383 | 1.833 | 2.262 | 2.821 | 3.250 | 27 | 1.314 | 1.703 | 2.052 | 2.473 | 2.771 |
| 10 | 1.372 | 1.812 | 2.228 | 2.764 | 3.169 | 28 | 1.313 | 1.701 | 2.048 | 2.467 | 2.763 |
| 11 | 1.363 | 1.796 | 2.201 | 2.718 | 3.106 | 29 | 1.311 | 1.699 | 2.045 | 2.462 | 2.756 |
| 12 | 1.356 | 1.782 | 2.179 | 2.681 | 3.055 | 30 | 1.310 | 1.697 | 2.042 | 2.457 | 2.750 |
| 13 | 1.350 | 1.771 | 2.160 | 2.650 | 3.012 | 40 | 1.303 | 1.684 | 2.021 | 2.423 | 2.704 |
| 14 | 1.345 | 1.761 | 2.145 | 2.624 | 2.977 | 60 | 1.296 | 1.671 | 2.000 | 2.390 | 2.660 |
| 15 | 1.341 | 1.753 | 2.131 | 2.602 | 2.947 | 120 | 1.289 | 1.658 | 1.980 | 2.358 | 2.617 |
| 16 | 1.337 | 1.746 | 2.120 | 2.583 | 2.921 | ∞ | 1.282 | 1.645 | 1.960 | 2.326 | 2.576 |
| 17 | 1.333 | 1.740 | 2.110 | 2.567 | 2.898 | | | | | | |
| 18 | 1.330 | 1.734 | 2.101 | 2.552 | 2.878 | | | | | | |

# C.3 卡方分布的临界值

卡方分布的临界值　　表 C.3

| $v$ | $\alpha$ | | | | | | | |
|---|---|---|---|---|---|---|---|---|
| | 0.995 | 0.990 | 0.975 | 0.950 | 0.050 | 0.025 | 0.010 | 0.005 |
| 1 | 0.000 | 0.000 | 0.001 | 0.004 | 3.841 | 5.024 | 6.635 | 7.880 |
| 2 | 0.010 | 0.020 | 0.051 | 0.103 | 5.991 | 7.378 | 9.210 | 10.597 |
| 3 | 0.072 | 0.115 | 0.216 | 0.352 | 7.815 | 9.348 | 11.345 | 12.838 |
| 4 | 0.207 | 0.297 | 0.484 | 0.711 | 9.488 | 11.143 | 13.277 | 14.861 |
| 5 | 0.412 | 0.554 | 0.831 | 1.145 | 11.071 | 12.833 | 15.086 | 16.750 |
| 6 | 0.676 | 0.872 | 1.237 | 1.635 | 12.592 | 14.449 | 16.812 | 18.548 |
| 7 | 0.989 | 1.239 | 1.690 | 2.167 | 14.067 | 16.013 | 18.476 | 20.279 |
| 8 | 1.344 | 1.646 | 2.180 | 2.733 | 15.507 | 17.535 | 20.090 | 21.956 |
| 9 | 1.735 | 2.088 | 2.700 | 3.325 | 16.919 | 19.023 | 21.666 | 23.590 |
| 10 | 2.156 | 2.558 | 3.247 | 3.940 | 18.307 | 20.483 | 23.210 | 25.189 |
| 11 | 2.603 | 3.053 | 3.816 | 4.575 | 19.675 | 21.920 | 24.725 | 26.757 |
| 12 | 3.074 | 3.571 | 4.404 | 5.226 | 21.026 | 23.337 | 26.217 | 28.300 |
| 13 | 3.565 | 4.107 | 5.009 | 5.892 | 22.362 | 24.736 | 27.688 | 29.819 |
| 14 | 4.075 | 4.660 | 5.629 | 6.571 | 23.685 | 26.119 | 29.141 | 31.319 |
| 15 | 4.601 | 5.229 | 6.262 | 7.261 | 24.996 | 27.488 | 30.578 | 32.801 |
| 16 | 5.142 | 5.812 | 6.908 | 7.962 | 26.296 | 28.845 | 32.000 | 34.267 |
| 17 | 5.697 | 6.408 | 7.564 | 8.672 | 27.587 | 30.191 | 33.409 | 35.718 |
| 18 | 6.265 | 7.015 | 8.231 | 9.390 | 28.869 | 31.526 | 34.805 | 37.156 |
| 19 | 6.844 | 7.633 | 8.907 | 10.117 | 30.144 | 32.852 | 36.191 | 38.582 |
| 20 | 7.434 | 8.260 | 9.591 | 10.851 | 31.410 | 34.170 | 37.566 | 39.997 |
| 21 | 8.034 | 8.897 | 10.283 | 11.591 | 32.671 | 35.479 | 38.932 | 41.401 |
| 22 | 8.643 | 9.542 | 10.982 | 12.338 | 33.924 | 36.781 | 40.289 | 42.796 |
| 23 | 9.260 | 10.196 | 11.689 | 13.091 | 35.172 | 38.076 | 41.638 | 44.181 |
| 24 | 9.886 | 10.856 | 12.401 | 13.848 | 36.415 | 39.364 | 42.980 | 45.559 |
| 25 | 10.520 | 11.524 | 13.120 | 14.611 | 37.652 | 40.646 | 44.314 | 46.928 |
| 26 | 11.160 | 12.198 | 13.844 | 15.379 | 38.885 | 41.923 | 45.642 | 48.290 |
| 27 | 11.808 | 12.879 | 14.573 | 16.151 | 40.113 | 43.195 | 46.963 | 49.645 |
| 28 | 12.461 | 13.565 | 15.308 | 16.928 | 41.337 | 44.461 | 48.278 | 50.993 |
| 29 | 13.121 | 14.256 | 16.047 | 17.708 | 42.557 | 45.722 | 49.588 | 52.336 |
| 30 | 13.787 | 14.953 | 16.791 | 18.493 | 43.773 | 46.979 | 50.892 | 53.672 |
| 40 | 20.707 | 22.164 | 24.433 | 26.509 | 55.758 | 59.342 | 63.691 | 66.766 |
| 50 | 27.991 | 29.707 | 32.357 | 34.764 | 67.505 | 71.420 | 76.154 | 79.490 |
| 60 | 35.534 | 37.485 | 40.482 | 43.188 | 79.082 | 83.298 | 88.379 | 91.952 |
| 70 | 43.275 | 45.442 | 48.758 | 51.739 | 90.531 | 95.023 | 100.425 | 104.215 |
| 80 | 51.172 | 53.540 | 57.153 | 60.391 | 101.879 | 106.629 | 112.329 | 116.321 |
| 90 | 59.196 | 61.754 | 65.647 | 69.126 | 113.145 | 118.136 | 124.116 | 128.299 |
| 100 | 67.328 | 70.065 | 74.222 | 77.929 | 124.342 | 129.561 | 135.807 | 140.170 |

## C.4 $F$分布的临界值（$\alpha$=0.05）

$F$分布的临界值（$\alpha$=0.05） 表C.4

| $v_2$ | $v_1$ | | | | | | | | |
|---|---|---|---|---|---|---|---|---|---|
| | 1 | 2 | 3 | 4 | 5 | 6 | 7 | 8 | 9 |
| 1 | 161.45 | 199.50 | 215.71 | 224.58 | 230.16 | 233.99 | 236.77 | 238.88 | 240.54 |
| 2 | 18.51 | 19.00 | 19.16 | 19.25 | 19.30 | 19.33 | 19.35 | 19.37 | 19.38 |
| 3 | 10.13 | 9.55 | 9.28 | 9.12 | 9.01 | 8.94 | 8.89 | 8.85 | 8.81 |
| 4 | 7.71 | 6.94 | 6.59 | 6.39 | 6.26 | 6.16 | 6.09 | 6.04 | 6.00 |
| 5 | 6.61 | 5.79 | 5.41 | 5.19 | 5.05 | 4.95 | 4.88 | 4.82 | 4.77 |
| 6 | 5.99 | 5.14 | 4.76 | 4.53 | 4.39 | 4.28 | 4.21 | 4.15 | 4.10 |
| 7 | 5.59 | 4.74 | 4.35 | 4.12 | 3.97 | 3.87 | 3.79 | 3.73 | 3.68 |
| 8 | 5.32 | 4.46 | 4.07 | 3.84 | 3.69 | 3.58 | 3.50 | 3.44 | 3.39 |
| 9 | 5.12 | 4.26 | 3.86 | 3.63 | 3.48 | 3.37 | 3.29 | 3.23 | 3.18 |
| 10 | 4.96 | 4.10 | 3.71 | 3.48 | 3.33 | 3.22 | 3.14 | 3.07 | 3.02 |
| 11 | 4.84 | 3.98 | 3.59 | 3.36 | 3.20 | 3.09 | 3.01 | 2.95 | 2.90 |
| 12 | 4.75 | 3.89 | 3.49 | 3.26 | 3.11 | 3.00 | 2.91 | 2.85 | 2.80 |
| 13 | 4.67 | 3.81 | 3.41 | 3.18 | 3.03 | 2.92 | 2.83 | 2.77 | 2.71 |
| 14 | 4.60 | 3.74 | 3.34 | 3.11 | 2.96 | 2.85 | 2.76 | 2.70 | 2.65 |
| 15 | 4.54 | 3.68 | 3.29 | 3.06 | 2.90 | 2.79 | 2.71 | 2.64 | 2.59 |
| 16 | 4.49 | 3.63 | 3.24 | 3.01 | 2.85 | 2.74 | 2.66 | 2.59 | 2.54 |
| 17 | 4.45 | 3.59 | 3.20 | 2.96 | 2.81 | 2.70 | 2.61 | 2.55 | 2.49 |
| 18 | 4.41 | 3.55 | 3.16 | 2.93 | 2.77 | 2.66 | 2.58 | 2.51 | 2.46 |
| 19 | 4.38 | 3.52 | 3.13 | 2.90 | 2.74 | 2.63 | 2.54 | 2.48 | 2.42 |
| 20 | 4.35 | 3.49 | 3.10 | 2.87 | 2.71 | 2.60 | 2.51 | 2.45 | 2.39 |
| 21 | 4.32 | 3.47 | 3.07 | 2.84 | 2.68 | 2.57 | 2.49 | 2.42 | 2.37 |
| 22 | 4.30 | 3.44 | 3.05 | 2.82 | 2.66 | 2.55 | 2.46 | 2.40 | 2.34 |
| 23 | 4.28 | 3.42 | 3.03 | 2.80 | 2.64 | 2.53 | 2.44 | 2.37 | 2.32 |
| 24 | 4.26 | 3.40 | 3.01 | 2.78 | 2.62 | 2.51 | 2.42 | 2.36 | 2.30 |
| 25 | 4.24 | 3.39 | 2.99 | 2.76 | 2.60 | 2.49 | 2.40 | 2.34 | 2.28 |
| 26 | 4.23 | 3.37 | 2.98 | 2.74 | 2.59 | 2.47 | 2.39 | 2.32 | 2.27 |
| 27 | 4.21 | 3.35 | 2.96 | 2.73 | 2.57 | 2.46 | 2.37 | 2.31 | 2.25 |
| 28 | 4.20 | 3.34 | 2.95 | 2.71 | 2.56 | 2.45 | 2.36 | 2.29 | 2.24 |
| 29 | 4.18 | 3.33 | 2.93 | 2.70 | 2.55 | 2.43 | 2.35 | 2.28 | 2.22 |
| 30 | 4.17 | 3.32 | 2.92 | 2.69 | 2.53 | 2.42 | 2.33 | 2.27 | 2.21 |
| 40 | 4.08 | 3.23 | 2.84 | 2.61 | 2.45 | 2.34 | 2.25 | 2.18 | 2.12 |
| 60 | 4.00 | 3.15 | 2.76 | 2.53 | 2.37 | 2.25 | 2.17 | 2.10 | 2.04 |
| 120 | 3.92 | 3.07 | 2.68 | 2.45 | 2.29 | 2.18 | 2.09 | 2.02 | 1.96 |
| ∞ | 3.84 | 3.00 | 2.61 | 2.37 | 2.22 | 2.10 | 2.01 | 1.94 | 1.88 |

| $v_2$ | $v_1$ | | | | | | | | | |
|---|---|---|---|---|---|---|---|---|---|---|
| | 10 | 12 | 15 | 20 | 24 | 30 | 40 | 60 | 120 | ∞ |
| 1 | 241.88 | 243.91 | 245.95 | 248.01 | 249.05 | 250.09 | 251.14 | 252.20 | 253.25 | 254.23 |
| 2 | 19.40 | 19.41 | 19.43 | 19.45 | 19.45 | 19.46 | 19.47 | 19.48 | 19.49 | 19.49 |
| 3 | 8.79 | 8.74 | 8.70 | 8.66 | 8.64 | 8.62 | 8.59 | 8.57 | 8.55 | 8.53 |

续表

| $v_2$ | $v_1$ | | | | | | | | | |
|---|---|---|---|---|---|---|---|---|---|---|
| | 10 | 12 | 15 | 20 | 24 | 30 | 40 | 60 | 120 | ∞ |
| 4 | 5.96 | 5.91 | 5.86 | 5.80 | 5.77 | 5.75 | 5.72 | 5.69 | 5.66 | 5.63 |
| 5 | 4.74 | 4.68 | 4.62 | 4.56 | 4.53 | 4.50 | 4.46 | 4.43 | 4.40 | 4.37 |
| 6 | 4.06 | 4.00 | 3.94 | 3.87 | 3.84 | 3.81 | 3.77 | 3.74 | 3.70 | 3.67 |
| 7 | 3.64 | 3.57 | 3.51 | 3.44 | 3.41 | 3.38 | 3.34 | 3.30 | 3.27 | 3.23 |
| 8 | 3.35 | 3.28 | 3.22 | 3.15 | 3.12 | 3.08 | 3.04 | 3.01 | 2.97 | 2.93 |
| 9 | 3.14 | 3.07 | 3.01 | 2.94 | 2.90 | 2.86 | 2.83 | 2.79 | 2.75 | 2.71 |
| 10 | 2.98 | 2.91 | 2.85 | 2.77 | 2.74 | 2.70 | 2.66 | 2.62 | 2.58 | 2.54 |
| 11 | 2.85 | 2.79 | 2.72 | 2.65 | 2.61 | 2.57 | 2.53 | 2.49 | 2.45 | 2.41 |
| 12 | 2.75 | 2.69 | 2.62 | 2.54 | 2.51 | 2.47 | 2.43 | 2.38 | 2.34 | 2.30 |
| 13 | 2.67 | 2.60 | 2.53 | 2.46 | 2.42 | 2.38 | 2.34 | 2.30 | 2.25 | 2.21 |
| 14 | 2.60 | 2.53 | 2.46 | 2.39 | 2.35 | 2.31 | 2.27 | 2.22 | 2.18 | 2.13 |
| 15 | 2.54 | 2.48 | 2.40 | 2.33 | 2.29 | 2.25 | 2.20 | 2.16 | 2.11 | 2.07 |
| 16 | 2.49 | 2.42 | 2.35 | 2.28 | 2.24 | 2.19 | 2.15 | 2.11 | 2.06 | 2.01 |
| 17 | 2.45 | 2.38 | 2.31 | 2.23 | 2.19 | 2.15 | 2.10 | 2.06 | 2.01 | 1.96 |
| 18 | 2.41 | 2.34 | 2.27 | 2.19 | 2.15 | 2.11 | 2.06 | 2.02 | 1.97 | 1.92 |
| 19 | 2.38 | 2.31 | 2.23 | 2.16 | 2.11 | 2.07 | 2.03 | 1.98 | 1.93 | 1.88 |
| 20 | 2.35 | 2.28 | 2.20 | 2.12 | 2.08 | 2.04 | 1.99 | 1.95 | 1.90 | 1.84 |
| 21 | 2.32 | 2.25 | 2.18 | 2.10 | 2.05 | 2.01 | 1.96 | 1.92 | 1.87 | 1.81 |
| 22 | 2.30 | 2.23 | 2.15 | 2.07 | 2.03 | 1.98 | 1.94 | 1.89 | 1.84 | 1.78 |
| 23 | 2.27 | 2.20 | 2.13 | 2.05 | 2.01 | 1.96 | 1.91 | 1.86 | 1.81 | 1.76 |
| 24 | 2.25 | 2.18 | 2.11 | 2.03 | 1.98 | 1.94 | 1.89 | 1.84 | 1.79 | 1.73 |
| 25 | 2.24 | 2.16 | 2.09 | 2.01 | 1.96 | 1.92 | 1.87 | 1.82 | 1.77 | 1.71 |
| 26 | 2.22 | 2.15 | 2.07 | 1.99 | 1.95 | 1.90 | 1.85 | 1.80 | 1.75 | 1.69 |
| 27 | 2.20 | 2.13 | 2.06 | 1.97 | 1.93 | 1.88 | 1.84 | 1.79 | 1.73 | 1.67 |
| 28 | 2.19 | 2.12 | 2.04 | 1.96 | 1.91 | 1.87 | 1.82 | 1.77 | 1.71 | 1.66 |
| 29 | 2.18 | 2.10 | 2.03 | 1.94 | 1.90 | 1.85 | 1.81 | 1.75 | 1.70 | 1.64 |
| 30 | 2.16 | 2.09 | 2.01 | 1.93 | 1.89 | 1.84 | 1.79 | 1.74 | 1.68 | 1.62 |
| 40 | 2.08 | 2.00 | 1.92 | 1.84 | 1.79 | 1.74 | 1.69 | 1.64 | 1.58 | 1.51 |
| 60 | 1.99 | 1.92 | 1.84 | 1.75 | 1.70 | 1.65 | 1.59 | 1.53 | 1.47 | 1.39 |
| 120 | 1.91 | 1.83 | 1.75 | 1.66 | 1.61 | 1.55 | 1.50 | 1.43 | 1.35 | 1.26 |
| ∞ | 1.83 | 1.75 | 1.67 | 1.57 | 1.52 | 1.46 | 1.40 | 1.32 | 1.22 | 1.04 |

## C.5 Kolmogorov-Smirnov 检验统计临界值

Kolmogorov-Smirnov 检验统计临界值　　表 C.5

| 样本大小 $n$ | 显著性水平 | | | | |
|---|---|---|---|---|---|
| | 0.20 | 0.15 | 0.10 | 0.05 | 0.01 |
| 1 | 0.900 | 0.925 | 0.950 | 0.975 | 0.995 |
| 2 | 0.684 | 0.726 | 0.776 | 0.842 | 0.929 |
| 3 | 0.585 | 0.597 | 0.642 | 0.708 | 0.829 |
| 4 | 0.494 | 0.525 | 0.564 | 0.624 | 0.734 |

续表

| 样本大小 $n$ | 显著性水平 | | | | |
|---|---|---|---|---|---|
| | 0.20 | 0.15 | 0.10 | 0.05 | 0.01 |
| 5 | 0.446 | 0.474 | 0.510 | 0.563 | 0.669 |
| 6 | 0.410 | 0.436 | 0.470 | 0.521 | 0.618 |
| 7 | 0.381 | 0.405 | 0.438 | 0.486 | 0.577 |
| 8 | 0.358 | 0.381 | 0.411 | 0.457 | 0.543 |
| 9 | 0.339 | 0.360 | 0.388 | 0.432 | 0.514 |
| 10 | 0.322 | 0.342 | 0.368 | 0.409 | 0.486 |
| 11 | 0.307 | 0.326 | 0.352 | 0.391 | 0.468 |
| 12 | 0.295 | 0.313 | 0.338 | 0.375 | 0.450 |
| 13 | 0.284 | 0.302 | 0.325 | 0.361 | 0.433 |
| 14 | 0.274 | 0.292 | 0.314 | 0.349 | 0.418 |
| 15 | 0.266 | 0.283 | 0.304 | 0.338 | 0.404 |
| 16 | 0.258 | 0.274 | 0.295 | 0.328 | 0.391 |
| 17 | 0.250 | 0.266 | 0.286 | 0.318 | 0.380 |
| 18 | 0.244 | 0.259 | 0.278 | 0.309 | 0.370 |
| 19 | 0.237 | 0.252 | 0.272 | 0.301 | 0.361 |
| 20 | 0.231 | 0.246 | 0.264 | 0.294 | 0.352 |
| 25 | 0.210 | 0.220 | 0.240 | 0.264 | 0.320 |
| 30 | 0.190 | 0.200 | 0.220 | 0.242 | 0.290 |
| 35 | 0.180 | 0.190 | 0.210 | 0.230 | 0.270 |
| 40 | | | | 0.210 | 0.250 |
| 50 | | | | 0.190 | 0.230 |
| 60 | | | | 0.170 | 0.210 |
| 70 | | | | 0.160 | 0.190 |
| 80 | | | | 0.150 | 0.180 |
| 90 | | | | 0.140 | |
| 100 | | | | 0.140 | |
| 渐近公式 | $\frac{1.07}{\sqrt{n}}$ | $\frac{1.14}{\sqrt{n}}$ | $\frac{1.22}{\sqrt{n}}$ | $\frac{1.36}{\sqrt{n}}$ | $\frac{1.63}{\sqrt{n}}$ |

# 附录 D 特殊函数

## D.1 误差函数

误差函数 erf（$z$）由以下关系定义：

$$\mathrm{erf}(z)=\frac{2}{\sqrt{\pi}}\int_0^z \mathrm{e}^{-x^2}\mathrm{d}x \tag{D.1}$$

误差函数与正态概率分布的累积分布函数密切相关，并且定义为 $-\infty \leqslant z \leqslant \infty$。误差函数是反对称的，即：

$$\mathrm{erf}(-z)=-\mathrm{erf}(z) \tag{D.2}$$

公式（D.1）中积分符号之前的常数是简单的归一化常数，使得当 $z$ 接近无穷大时，erf（$z$）接近 1。对于较小的 $z$ 值，使用 $\mathrm{e}^{-x^2}$ 的级数展开是很方便的。

$$\mathrm{erf}(z)=\frac{2}{\sqrt{\pi}}\int_0^z\left[\sum_{n=0}^{\infty}\frac{(-1)^n x^{2n}}{n!}\right]\mathrm{d}x \tag{D.3}$$

由于该序列是一致收敛的，因此可以逐项地对其进行积分，得到：

$$\mathrm{erf}(z)=\frac{2}{\sqrt{\pi}}\left[\sum_{n=0}^{\infty}\frac{(-1)^n z^{2n+1}}{(2n+1)n!}\right] \tag{D.4}$$

也可以写成以下形式：

$$\mathrm{erf}(z)=\frac{2}{\sqrt{\pi}}\left[z-\frac{z^3}{3}+\frac{z^5}{2!5}-\frac{z^7}{3!7}+\ldots\right] \tag{D.5}$$

这种关系在估计较小 $z$ 值的 erf（$z$）时特别有用。与误差函数密切相关的函数是互补误差函数 erfc（$z$），其由下式定义：

$$\mathrm{erfc}(z)=1-\mathrm{erf}(z) \tag{D.6}$$

误差函数 erf（$z$）的值见表 D.1。

误差函数　　表 D.1

| $z$ | erf（$z$） | $z$ | erf（$z$） | $z$ | erf（$z$） | $z$ | erf（$z$） |
|---|---|---|---|---|---|---|---|
| 0.00 | 0.00000 | 0.80 | 0.74210 | 1.60 | 0.97635 | 2.40 | 0.99931 |
| 0.10 | 0.11246 | 0.90 | 0.79691 | 1.70 | 0.98379 | 2.50 | 0.99959 |
| 0.20 | 0.22270 | 1.00 | 0.84270 | 1.80 | 0.98909 | 2.60 | 0.99976 |
| 0.30 | 0.32863 | 1.10 | 0.88021 | 1.90 | 0.99279 | 2.70 | 0.99987 |
| 0.40 | 0.42839 | 1.20 | 0.91031 | 2.00 | 0.99532 | 2.80 | 0.99992 |
| 0.50 | 0.52050 | 1.30 | 0.93401 | 2.10 | 0.99702 | 2.90 | 0.99996 |
| 0.60 | 0.60386 | 1.40 | 0.95229 | 2.20 | 0.99814 | 3.00 | 0.99998 |
| 0.70 | 0.67780 | 1.50 | 0.96611 | 2.30 | 0.99886 | ∞ | 1.00000 |

## D.2 贝塞尔函数

### D.2.1 定义

具备如下形式的一种二阶线性齐次微分方程称为贝塞尔方程。

$$x^2\frac{\mathrm{d}^2y}{\mathrm{d}x^2}+x\frac{\mathrm{d}y}{\mathrm{d}x}+(x^2-n^2)y=0,\quad n\geqslant 0 \tag{D.7}$$

贝塞尔方程的一般解是

$$y=AJ_n(x)+BJ_{-n}(x), n\neq 1,2,\ldots \tag{D.8}$$

$$y=AJ_n(x)+BY_n(x),\ 所有 n \tag{D.9}$$

$J_n$（$x$）称为第一类 $n$ 阶贝塞尔函数，$Y_n$（$x$）称为第二类 $n$ 阶贝塞尔函数。

如果贝塞尔方程（方程（D.7））稍加修改并写成以下形式：

$$x^2\frac{d^2y}{dx^2}+x\frac{dy}{dx}-(x^2+n^2)y=0,\quad n\geqslant 0 \tag{D.10}$$

那么将这个方程称为修正的贝塞尔方程。修正的贝塞尔方程的通解是：

$$y=AI_n(x)+BI_{-n}(x), n\neq 1,2,\ldots \tag{D.11}$$

$$y=AI_n(x)+BK_n(x),\ 所有n \tag{D.12}$$

其中 $I_n$（$x$）称为修正的第一类 $n$ 阶贝塞尔函数，$K_n$（$x$）称为修正的第二类 $n$ 阶贝塞尔函数。

## D.2.2 贝塞尔函数的解

贝塞尔函数的解在大多数微积分文献中可以找到，例如 Hildebrand。贝塞尔函数一般不能用封闭形式表示，通常表示为无穷级数。

### D.2.2.1 第一类 $n$ 阶贝塞尔函数

这个函数由下式给出：

$$J_n(x)=\frac{x^n}{2^n\Gamma(n+1)}\left\{1-\frac{x^2}{2(2n+2)}+\frac{x^4}{2\times 4(2n+2)(2n+4)}-\cdots\right\} \tag{D.13}$$

$$=\sum_{k=0}^{\infty}\frac{(-1)^k(x/2)^{n+2k}}{k!\Gamma(n+k+1)} \tag{D.14}$$

贝塞尔函数 $J$–$n$（$x$）可以从公式（D.14）中通过简单地用 $-n$ 替换公式中的 $n$ 来导出。形成以下便利的关系：

$$I_{-n}(x)=I_n(x), n=0,1,2,\ldots \tag{D.15}$$

### D.2.2.2 第二类 $n$ 阶贝塞尔函数

这个函数由下式给出：

$$Y_n(x)=\begin{cases}\dfrac{J_n(x)\cos n\pi-J_{-n}(x)}{\sin n\pi}, & n\neq 0,1,2,\ldots\\ \lim\limits_{p\to n}\dfrac{J_p(x)\cos p\pi-J_{-p}(x)}{\sin p\pi}, & n=0,1,2,\ldots\end{cases} \tag{D.16}$$

### D.2.2.3 修正的第一类 $n$ 阶贝塞尔函数

这个函数由下式给出：

$$I_n(x)=\frac{x^n}{2^n\Gamma(n+1)}\left\{1+\frac{x^2}{2(2n+2)}+\frac{x^4}{2\times 4(2n+2)(2n+4)}+\cdots\right\} \tag{D.17}$$

$$=\sum_{k=0}^{\infty}\frac{(x/2)^{n+2k}}{k!\Gamma(n+k+1)} \tag{D.18}$$

贝塞尔函数 $I$–$n$（$x$）可以从公式（D.18）中通过简单地用 $-n$ 替换公式中的 $n$ 来导出。形成以下便利的关系：

$$I_{-n}(x)=I_n(x), n=0,1,2,\ldots \tag{D.19}$$

### D.2.2.4 修正的第二类 $n$ 阶贝塞尔函数

这个函数由下式给出：

$$K_n(x)=\begin{cases}\dfrac{\pi}{2\sin n\pi}[I_{-n}(x)-I_n(x)], & n\neq 0,1,2,\ldots\\ \lim\limits_{p\to n}\dfrac{\pi}{2\sin p\pi}[I_{-p}(x)-I_p(x)], & n=0,1,2,\ldots\end{cases} \tag{D.20}$$

### D.2.2.5 有用的贝塞尔函数的列表值

有用的贝塞尔函数 表 D.2

| $x$ | $I_0$（$x$） | $K_0$（$x$） | $I_1$（$x$） | $K_1$（$x$） | $x$ | $I_0$（$x$） | $K_0$（$x$） | $I_1$（$x$） | $K_1$（$x$） |
|---|---|---|---|---|---|---|---|---|---|
| 0.001 | 1.0000 | 7.0237 | 0.0005 | 999.9962 | 0.020 | 1.0001 | 4.0285 | 0.0100 | 49.9547 |
| 0.002 | 1.0000 | 6.3305 | 0.0010 | 499.9932 | 0.030 | 1.0002 | 3.6235 | 0.0150 | 33.2715 |
| 0.003 | 1.0000 | 5.9251 | 0.0015 | 333.3237 | 0.040 | 1.0004 | 3.3365 | 0.0200 | 24.9233 |
| 0.004 | 1.0000 | 5.6374 | 0.0020 | 249.9877 | 0.050 | 1.0006 | 3.1142 | 0.0250 | 19.9097 |
| 0.005 | 1.0000 | 5.4143 | 0.0025 | 199.9852 | 0.060 | 1.0009 | 2.9329 | 0.0300 | 16.5637 |
| 0.006 | 1.0000 | 5.2320 | 0.0030 | 166.6495 | 0.070 | 1.0012 | 2.7798 | 0.0350 | 14.1710 |
| 0.007 | 1.0000 | 5.0779 | 0.0035 | 142.8376 | 0.080 | 1.0016 | 2.6475 | 0.0400 | 12.3742 |
| 0.008 | 1.0000 | 4.9443 | 0.0040 | 124.9782 | 0.090 | 1.0020 | 2.5310 | 0.0450 | 10.9749 |
| 0.009 | 1.0000 | 4.8266 | 0.0045 | 111.0871 | 0.100 | 1.0025 | 2.4271 | 0.0501 | 9.8538 |
| 0.010 | 1.0000 | 4.7212 | 0.0050 | 99.9739 | 0.110 | 1.0030 | 2.3333 | 0.0551 | 8.9353 |

续表

| $x$ | $I_0(x)$ | $K_0(x)$ | $I_1(x)$ | $K_1(x)$ | $x$ | $I_0(x)$ | $K_0(x)$ | $I_1(x)$ | $K_1(x)$ |
|---|---|---|---|---|---|---|---|---|---|
| 0.120 | 1.0036 | 2.2479 | 0.0601 | 8.1688 | 0.510 | 1.0661 | 0.9081 | 0.2634 | 1.6149 |
| 0.130 | 1.0042 | 2.1695 | 0.0651 | 7.5192 | 0.520 | 1.0688 | 0.8921 | 0.2689 | 1.5749 |
| 0.140 | 1.0049 | 2.0972 | 0.0702 | 6.9615 | 0.530 | 1.0715 | 0.8766 | 0.2744 | 1.5364 |
| 0.150 | 1.0056 | 2.0300 | 0.0752 | 6.4775 | 0.540 | 1.0742 | 0.8614 | 0.2800 | 1.4994 |
| 0.160 | 1.0064 | 1.9674 | 0.0803 | 6.0533 | 0.550 | 1.0771 | 0.8466 | 0.2855 | 1.4637 |
| 0.170 | 1.0072 | 1.9088 | 0.0853 | 5.6784 | 0.560 | 1.0800 | 0.8321 | 0.2911 | 1.4292 |
| 0.180 | 1.0081 | 1.8537 | 0.0904 | 5.3447 | 0.570 | 1.0829 | 0.8180 | 0.2967 | 1.3960 |
| 0.190 | 1.0090 | 1.8018 | 0.0954 | 5.0456 | 0.580 | 1.0859 | 0.8042 | 0.3024 | 1.3638 |
| 0.200 | 1.0100 | 1.7527 | 0.1005 | 4.7760 | 0.590 | 1.0889 | 0.7907 | 0.3080 | 1.3328 |
| 0.210 | 1.0111 | 1.7062 | 0.1056 | 4.5317 | 0.600 | 1.0920 | 0.7775 | 0.3137 | 1.3028 |
| 0.220 | 1.0121 | 1.6620 | 0.1107 | 4.3092 | 0.610 | 1.0952 | 0.7646 | 0.3194 | 1.2738 |
| 0.230 | 1.0133 | 1.6199 | 0.1158 | 4.1058 | 0.620 | 1.0984 | 0.7520 | 0.3251 | 1.2458 |
| 0.240 | 1.0145 | 1.5798 | 0.1209 | 3.9191 | 0.630 | 1.1017 | 0.7397 | 0.3309 | 1.2186 |
| 0.250 | 1.0157 | 1.5415 | 0.1260 | 3.7470 | 0.640 | 1.1051 | 0.7277 | 0.3367 | 1.1923 |
| 0.260 | 1.0170 | 1.5048 | 0.1311 | 3.5880 | 0.650 | 1.1084 | 0.7159 | 0.3425 | 1.1668 |
| 0.270 | 1.0183 | 1.4697 | 0.1362 | 3.4405 | 0.660 | 1.1119 | 0.7043 | 0.3483 | 1.1420 |
| 0.280 | 1.0197 | 1.4360 | 0.1414 | 3.3033 | 0.670 | 1.1154 | 0.6930 | 0.3542 | 1.1181 |
| 0.290 | 1.0211 | 1.4036 | 0.1465 | 3.1755 | 0.680 | 1.1190 | 0.6820 | 0.3600 | 1.0948 |
| 0.300 | 1.0226 | 1.3725 | 0.1517 | 3.0560 | 0.690 | 1.1226 | 0.6711 | 0.3659 | 1.0722 |
| 0.310 | 1.0242 | 1.3425 | 0.1569 | 2.9441 | 0.700 | 1.1263 | 0.6605 | 0.3719 | 1.0503 |
| 0.320 | 1.0258 | 1.3136 | 0.1621 | 2.8390 | 0.710 | 1.1301 | 0.6501 | 0.3778 | 1.0290 |
| 0.330 | 1.0274 | 1.2857 | 0.1673 | 2.7402 | 0.720 | 1.1339 | 0.6399 | 0.3838 | 1.0083 |
| 0.340 | 1.0291 | 1.2587 | 0.1725 | 2.6470 | 0.730 | 1.1377 | 0.6300 | 0.3899 | 0.9882 |
| 0.350 | 1.0309 | 1.2327 | 0.1777 | 2.5591 | 0.740 | 1.1417 | 0.6202 | 0.3959 | 0.9686 |
| 0.360 | 1.0327 | 1.2075 | 0.1829 | 2.4760 | 0.750 | 1.1456 | 0.6106 | 0.4020 | 0.9496 |
| 0.370 | 1.0345 | 1.1832 | 0.1882 | 2.3973 | 0.760 | 1.1497 | 0.6012 | 0.4081 | 0.9311 |
| 0.380 | 1.0364 | 1.1596 | 0.1935 | 2.3227 | 0.770 | 1.1538 | 0.5920 | 0.4142 | 0.9130 |
| 0.390 | 1.0384 | 1.1367 | 0.1987 | 2.2518 | 0.780 | 1.1580 | 0.5829 | 0.4204 | 0.8955 |
| 0.400 | 1.0404 | 1.1145 | 0.2040 | 2.1844 | 0.790 | 1.1622 | 0.5740 | 0.4266 | 0.8784 |
| 0.410 | 1.0425 | 1.0930 | 0.2093 | 2.1202 | 0.800 | 1.1665 | 0.5653 | 0.4329 | 0.8618 |
| 0.420 | 1.0446 | 1.0721 | 0.2147 | 2.0590 | 0.810 | 1.1709 | 0.5568 | 0.4391 | 0.8456 |
| 0.430 | 1.0468 | 1.0518 | 0.2200 | 2.0006 | 0.820 | 1.1753 | 0.5484 | 0.4454 | 0.8298 |
| 0.440 | 1.0490 | 1.0321 | 0.2254 | 1.9449 | 0.830 | 1.1798 | 0.5402 | 0.4518 | 0.8144 |
| 0.450 | 1.0513 | 1.0129 | 0.2307 | 1.8915 | 0.840 | 1.1843 | 0.5321 | 0.4581 | 0.7993 |
| 0.460 | 1.0536 | 0.9943 | 0.2361 | 1.8405 | 0.850 | 1.1889 | 0.5242 | 0.4646 | 0.7847 |
| 0.470 | 1.0560 | 0.9761 | 0.2415 | 1.7916 | 0.860 | 1.1936 | 0.5165 | 0.4710 | 0.7704 |
| 0.480 | 1.0584 | 0.9584 | 0.2470 | 1.7447 | 0.870 | 1.1984 | 0.5088 | 0.4775 | 0.7564 |
| 0.490 | 1.0609 | 0.9412 | 0.2524 | 1.6997 | 0.880 | 1.2032 | 0.5013 | 0.4840 | 0.7428 |
| 0.500 | 1.0635 | 0.9244 | 0.2579 | 1.6564 | 0.890 | 1.2080 | 0.4940 | 0.4905 | 0.7295 |

续表

| $x$ | $I_0(x)$ | $K_0(x)$ | $I_1(x)$ | $K_1(x)$ | $x$ | $I_0(x)$ | $K_0(x)$ | $I_1(x)$ | $K_1(x)$ |
|---|---|---|---|---|---|---|---|---|---|
| 0.900 | 1.2130 | 0.4867 | 0.4971 | 0.7165 | 2.400 | 3.0493 | 0.0702 | 2.2981 | 0.0837 |
| 0.910 | 1.2180 | 0.4796 | 0.5038 | 0.7039 | 2.500 | 3.2898 | 0.0623 | 2.5167 | 0.0739 |
| 0.920 | 1.2231 | 0.4727 | 0.5104 | 0.6915 | 2.600 | 3.5533 | 0.0554 | 2.7554 | 0.0653 |
| 0.930 | 1.2282 | 0.4658 | 0.5171 | 0.6794 | 2.700 | 3.8417 | 0.0493 | 3.0161 | 0.0577 |
| 0.940 | 1.2334 | 0.4591 | 0.5239 | 0.6675 | 2.800 | 4.1573 | 0.0438 | 3.3011 | 0.0511 |
| 0.950 | 1.2387 | 0.4524 | 0.5306 | 0.6560 | 2.900 | 4.5027 | 0.0390 | 3.6126 | 0.0453 |
| 0.960 | 1.2440 | 0.4459 | 0.5375 | 0.6447 | 3.000 | 4.8808 | 0.0347 | 3.9534 | 0.0402 |
| 0.970 | 1.2494 | 0.4396 | 0.5443 | 0.6336 | 3.100 | 5.2945 | 0.0310 | 4.3262 | 0.0356 |
| 0.980 | 1.2549 | 0.4333 | 0.5512 | 0.6228 | 3.200 | 5.7472 | 0.0276 | 4.7343 | 0.0316 |
| 0.990 | 1.2604 | 0.4271 | 0.5582 | 0.6122 | 3.300 | 6.2426 | 0.0246 | 5.1810 | 0.0281 |
| 1.000 | 1.2661 | 0.4210 | 0.5652 | 0.6019 | 3.400 | 6.7848 | 0.0220 | 5.6701 | 0.0250 |
| 1.100 | 1.3262 | 0.3656 | 0.6375 | 0.5098 | 3.500 | 7.3782 | 0.0196 | 6.2058 | 0.0222 |
| 1.200 | 1.3937 | 0.3185 | 0.7147 | 0.4346 | 3.600 | 8.0277 | 0.0175 | 6.7927 | 0.0198 |
| 1.300 | 1.4693 | 0.2782 | 0.7973 | 0.3725 | 3.700 | 8.7386 | 0.0156 | 7.4357 | 0.0176 |
| 1.400 | 1.5534 | 0.2437 | 0.8861 | 0.3208 | 3.800 | 9.5169 | 0.0140 | 8.1404 | 0.0157 |
| 1.500 | 1.6467 | 0.2138 | 0.9817 | 0.2774 | 3.900 | 10.3690 | 0.0125 | 8.9128 | 0.0140 |
| 1.600 | 1.7500 | 0.1880 | 1.0848 | 0.2406 | 4.000 | 11.3019 | 0.0112 | 9.7595 | 0.0125 |
| 1.700 | 1.8640 | 0.1655 | 1.1963 | 0.2094 | 5.000 | 27.2399 | 0.0037 | 24.3356 | 0.0040 |
| 1.800 | 1.9896 | 0.1459 | 1.3172 | 0.1826 | 6.000 | 67.2344 | 0.0012 | 61.3419 | 0.0013 |
| 1.900 | 2.1277 | 0.1288 | 1.4482 | 0.1597 | 7.000 | 168.5939 | 0.0004 | 156.0391 | 0.0005 |
| 2.000 | 2.2796 | 0.1139 | 1.5906 | 0.1399 | 8.000 | 427.5641 | 0.0001 | 399.8731 | 0.0002 |
| 2.100 | 2.4463 | 0.1008 | 1.7455 | 0.1227 | 9.000 | 1093.5880 | 0.0001 | 1030.9150 | 0.0001 |
| 2.200 | 2.6291 | 0.0893 | 1.9141 | 0.1079 | 10.000 | 2815.7170 | 0.0000 | 2670.9880 | 0.0000 |
| 2.300 | 2.8296 | 0.0791 | 2.0978 | 0.0950 | | | | | |

## D.3 Γ 函数

Γ 函数 表 D.3

| $z$ | $\Gamma(z)$ | $z$ | $\Gamma(z)$ | $z$ | $\Gamma(z)$ | $z$ | $\Gamma(z)$ | $z$ | $\Gamma(z)$ | $z$ | $\Gamma(z)$ |
|---|---|---|---|---|---|---|---|---|---|---|---|
| 1.00 | 1.00000 | 1.10 | 0.95135 | 1.20 | 0.91817 | 1.30 | 0.89747 | 1.40 | 0.88726 | 1.50 | 0.88623 |
| 1.01 | 0.99433 | 1.11 | 0.94740 | 1.21 | 0.91558 | 1.31 | 0.89600 | 1.41 | 0.88676 | 1.51 | 0.88659 |
| 1.02 | 0.98884 | 1.12 | 0.94359 | 1.22 | 0.91311 | 1.32 | 0.89464 | 1.42 | 0.88636 | 1.52 | 0.88704 |
| 1.03 | 0.98355 | 1.13 | 0.93993 | 1.23 | 0.91075 | 1.33 | 0.89338 | 1.43 | 0.88604 | 1.53 | 0.88757 |
| 1.04 | 0.97844 | 1.14 | 0.93642 | 1.24 | 0.90852 | 1.34 | 0.89222 | 1.44 | 0.88581 | 1.54 | 0.88818 |
| 1.05 | 0.97350 | 1.15 | 0.93304 | 1.25 | 0.90640 | 1.35 | 0.89115 | 1.45 | 0.88566 | 1.55 | 0.88887 |
| 1.06 | 0.96874 | 1.16 | 0.92980 | 1.26 | 0.90440 | 1.36 | 0.89018 | 1.46 | 0.88560 | 1.56 | 0.88964 |
| 1.07 | 0.96415 | 1.17 | 0.92670 | 1.27 | 0.90250 | 1.37 | 0.88931 | 1.47 | 0.88563 | 1.57 | 0.89049 |
| 1.08 | 0.95973 | 1.18 | 0.92373 | 1.28 | 0.90072 | 1.38 | 0.88854 | 1.48 | 0.88575 | 1.58 | 0.89142 |
| 1.09 | 0.95546 | 1.19 | 0.92089 | 1.29 | 0.89904 | 1.39 | 0.88785 | 1.49 | 0.88595 | 1.59 | 0.89243 |

续表

| z | Γ(z) | z | Γ(z) | z | Γ(z) | z | Γ(z) | z | Γ(z) | z | Γ(z) |
|---|---|---|---|---|---|---|---|---|---|---|---|
| 1.60 | 0.89352 | 1.67 | 0.90330 | 1.74 | 0.91683 | 1.81 | 0.93408 | 1.88 | 0.95507 | 1.95 | 0.97988 |
| 1.61 | 0.89468 | 1.68 | 0.90500 | 1.75 | 0.91906 | 1.82 | 0.93685 | 1.89 | 0.95838 | 1.96 | 0.98374 |
| 1.62 | 0.89592 | 1.69 | 0.90678 | 1.76 | 0.92137 | 1.83 | 0.93969 | 1.90 | 0.96177 | 1.97 | 0.98768 |
| 1.63 | 0.89724 | 1.70 | 0.90864 | 1.77 | 0.92376 | 1.84 | 0.94261 | 1.91 | 0.96523 | 1.98 | 0.99171 |
| 1.64 | 0.89864 | 1.71 | 0.91057 | 1.78 | 0.92623 | 1.85 | 0.94561 | 1.92 | 0.96877 | 1.99 | 0.99581 |
| 1.65 | 0.90012 | 1.72 | 0.91258 | 1.79 | 0.92877 | 1.86 | 0.94869 | 1.93 | 0.97240 | 2.00 | 1.00000 |
| 1.66 | 0.90167 | 1.73 | 0.91467 | 1.80 | 0.93138 | 1.87 | 0.95184 | 1.94 | 0.97610 | | |

## D.4 指数积分

指数积分的标准定义是：

$$E_n(x)=\int_1^{\infty}\frac{e^{-xt}}{t^n}dt,\quad x>0,\quad n=0,1,\ldots \qquad (D.21)$$

由积分的主值定义的函数

$$Ei(x)=-\int_{-x}^{\infty}\frac{e^{-t}}{t}dt=\int_{-\infty}^{x}\frac{e^{t}}{t}dt,\quad x>0 \qquad (D.22)$$

也称为指数积分。注意，$Ei(x)$ 通过解析开拓与 $E_1(x)$ 有关，其中：

$$Ei(-x)=-E_1(x) \qquad (D.23)$$